CHANYE ZHUANLI FENXI BAOGAO

产业专利分析报告

（第33册） ——智能识别

杨铁军◎主编

1.指纹识别

2.面部识别

3.虹膜识别

4.语音识别

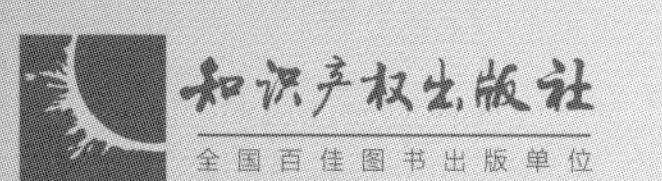

图书在版编目（CIP）数据

产业专利分析报告．第33册，智能识别/杨铁军主编．—北京：知识产权出版社，2015.6
ISBN 978－7－5130－3345－9

Ⅰ．①产…　Ⅱ．①杨…　Ⅲ．①人工智能—应用—模式识别—专利—研究报告—世界
Ⅳ．①G306.71②TP391.4

中国版本图书馆CIP数据核字（2015）第025696号

内容提要

本书是智能识别行业的专利分析报告。报告从该行业的专利（国内、国外）申请、授权、申请人的已有专利状态、其他先进国家的专利状况、同领域领先企业的专利壁垒等方面入手，充分结合相关数据，展开分析，并得出分析结果。本书是了解该行业技术发展现状并预测未来走向，帮助企业做好专利预警的必备工具书。

责任编辑：卢海鹰　胡文彬　　**责任校对**：董志英
内文设计：王祝兰　胡文彬　　**责任出版**：刘译文

产业专利分析报告（第33册）
——智能识别
杨铁军　主　编

出版发行：知识产权出版社有限责任公司　　**网　　址**：http://www.ipph.cn
社　　址：北京市海淀区马甸南村1号　　**邮　　编**：100088
责编电话：010－82000860转8031　　**责编邮箱**：huwenbin@cnipr.com
发行电话：010－82000860转8101/8102　　**发行传真**：010－82000893/82005070/82000270
印　　刷：保定市中画美凯印刷有限公司　　**经　　销**：各大网络书店、新华书店及相关专业书店
开　　本：787mm×1092mm　1/16　　**印　　张**：44.75
版　　次：2015年6月第1版　　**印　　次**：2015年6月第1次印刷
字　　数：980千字　　**定　　价**：186.00元
ISBN 978-7-5130-3345-9

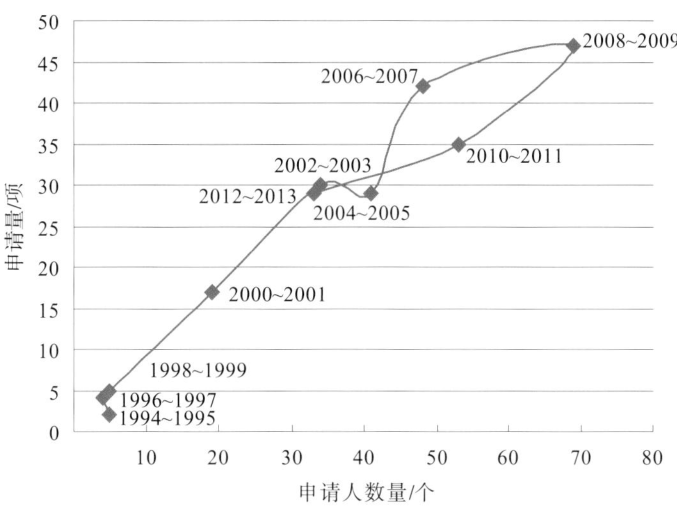

（关键技术一）**图3-2-2　指纹活体检测技术的生命周期**

（正文说明见第54页）

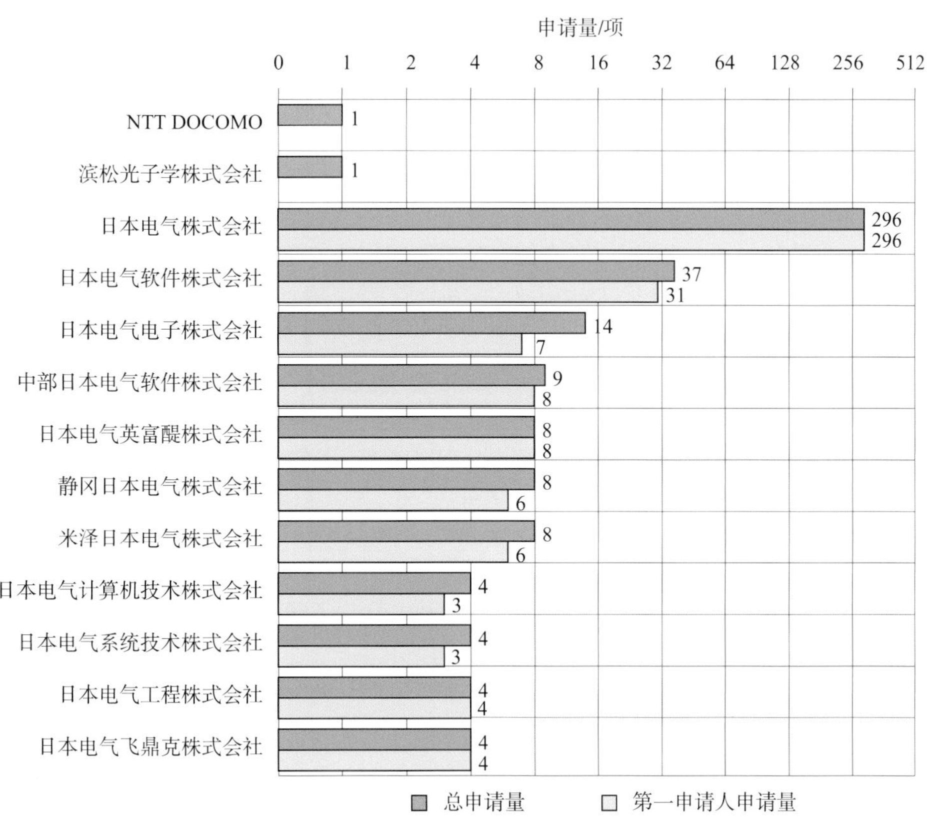

（关键技术一）**图4-4-1　NEC指纹识别领域分公司及联合申请情况**

（正文说明见第92～94页）

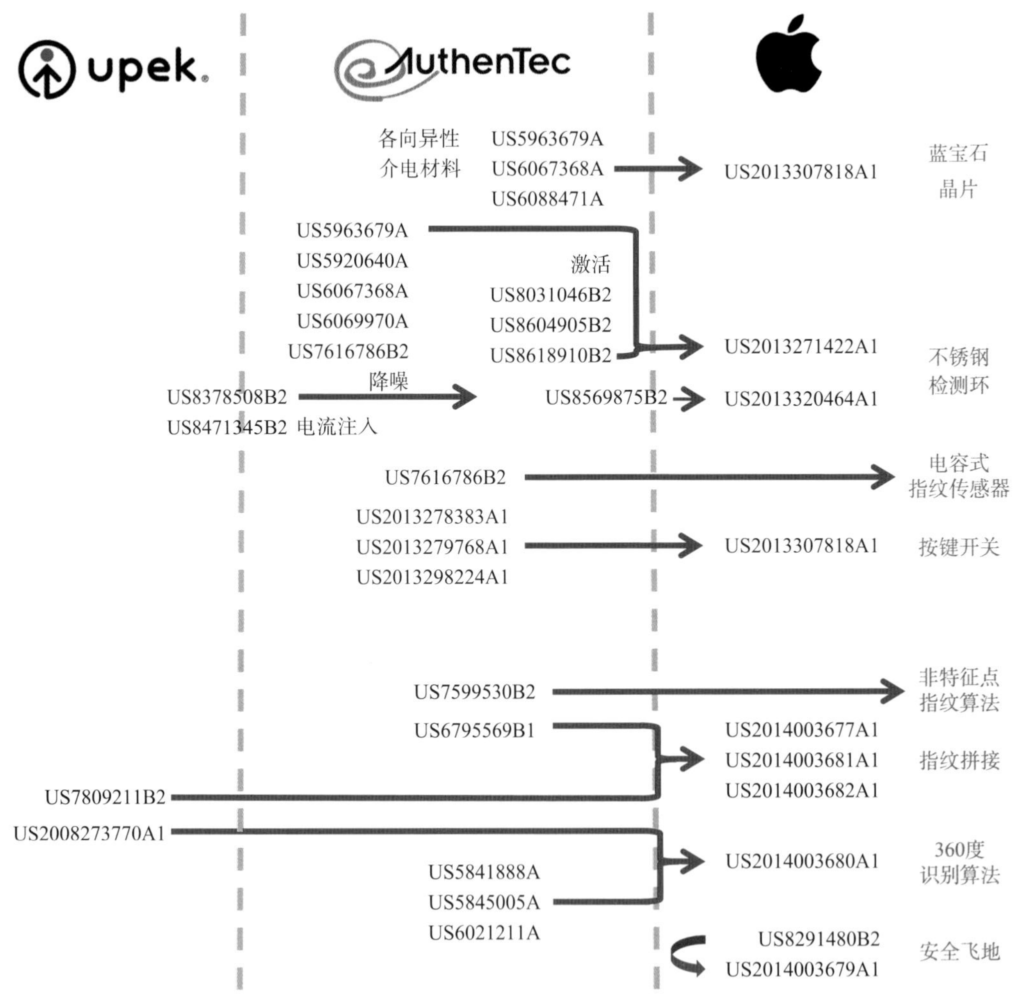

（关键技术一）图5-3-3 苹果iPhone指纹识别核心技术专利申请发展路线

（正文说明见第125页）

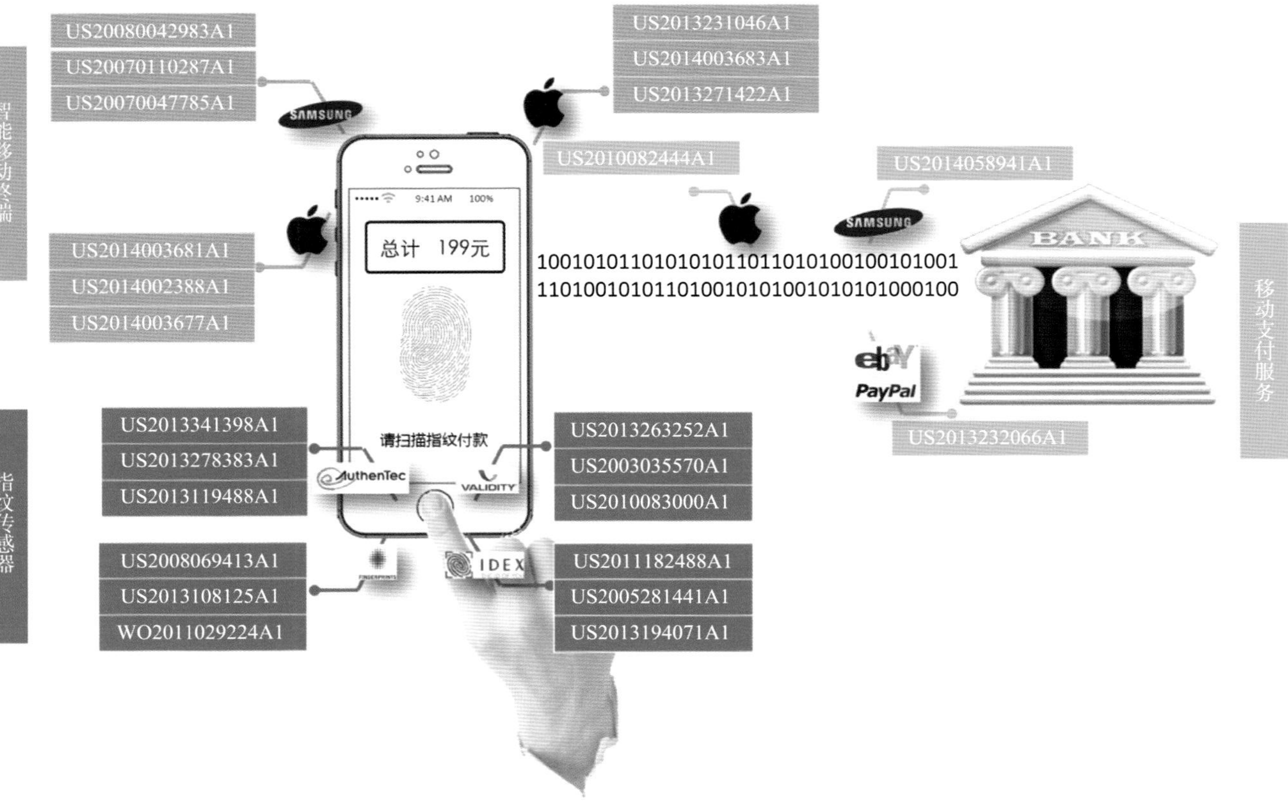

（关键技术一）图6-5-1　指纹在线支付产业链示意图

（正文说明见第173页）

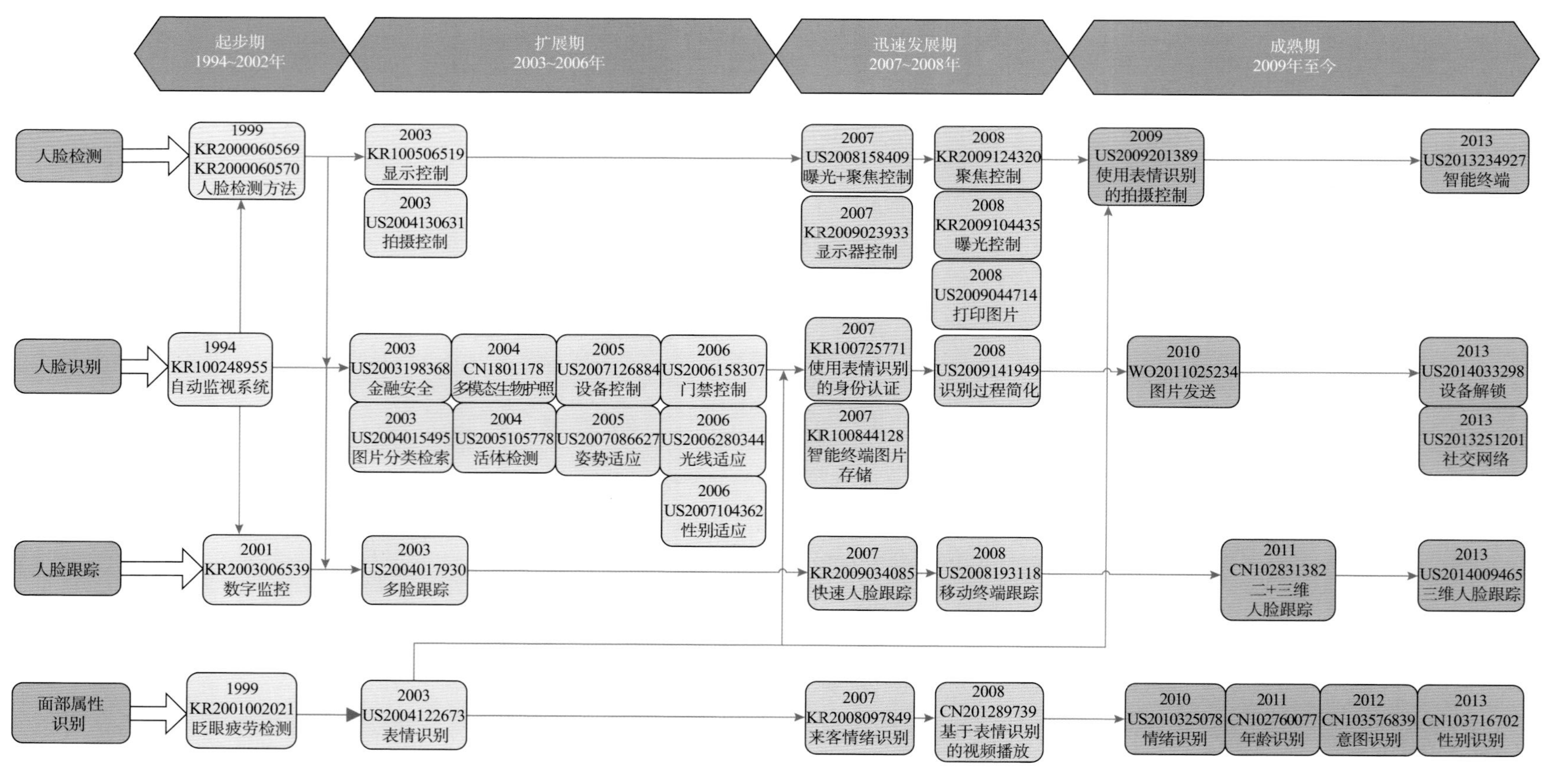

（关键技术二）图5-5-1　三星面部识别专利技术发展路线

（正文说明见第264～265页）

识别算法

US2010172549
US2010172579
US2006039600
WO2006019350
US2011080402
US2011081074
US8295610
US2011292051
US2011305394
US8705811
继续研究
US2012114236
US2012314962
US2012307096
EP2608108

设备管理

US2004223649
US2011249144
US2011317872
US2012081392
US2012083294
适应调整
US2012287031
WO2012155105
TW201250519
WO2012167128

适应调整

摄像

iSight
US2009175509
US2010079449
US2010208091
US2010225773
US2010303345
US2011249961
US2011249142
US2011317917
WO2011046710
US2012201426
EP2428864
US2012235790
US2012327258
US2013182139

社交网络

US2011182482
US2011296324

图片处理

US2005036704
WO2005020584
iPhoto
iAperture
US2010302272
US2010309336
US2011069085
US2010172551
US2011099199
US2011141219
WO2010078553
US8649612
US2011182507
US2011181746
US2011249756
WO2010078586
US2011182509
US2011182503
US2011182520
US2012081385
US2012198337
US2012243780
US2012243783
US2012096356
US2012051658
US2012176401
US2012242861
US2012242675
US2012308132
WO2013010103
WO2013010116
US2014044359
US2014050404
US2014071308
WO2014042764

2003年 2004年 2005年 2008年 2009年 2010年 2011年 2012年 2013年

（关键技术二）图6-2-5　苹果和Polar Rose专利申请构成

（正文说明见第291页）

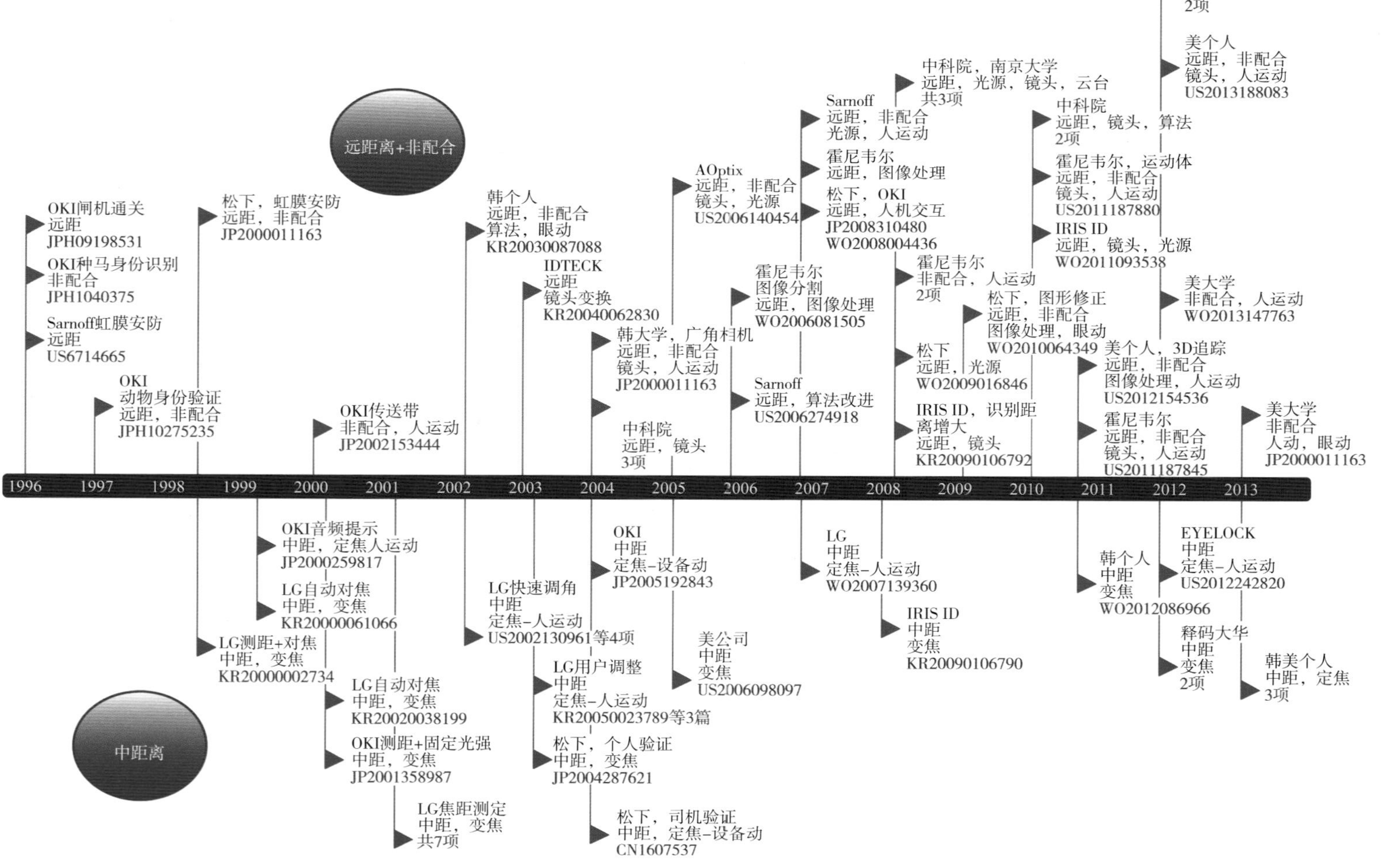

（关键技术三）**图4-3-1 中远距离虹膜识别技术发展路线**

（正文说明见第418页）

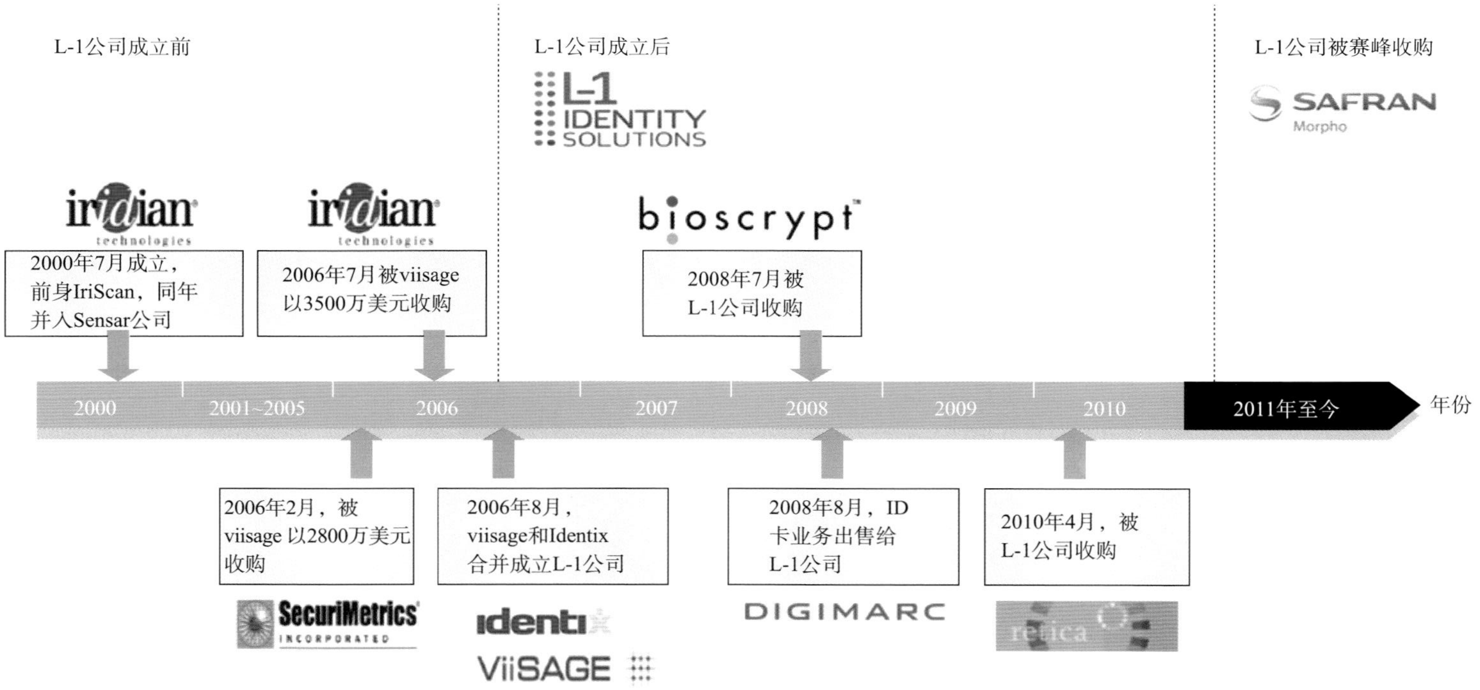

L-1公司成立前

L-1公司成立后

L-1公司被赛峰收购

iridian technologies

2000年7月成立，前身IriScan，同年并入Sensar公司

iridian technologies

2006年7月被viisage以3500万美元收购

L-1 IDENTITY SOLUTIONS

bioscrypt

2008年7月被L-1公司收购

SAFRAN Morpho

2000　2001~2005　2006　2007　2008　2009　2010　2011年至今　年份

2006年2月，被viisage 以2800万美元收购

SecuriMetrics INCORPORATED

2006年8月，viisage和Identix合并成立L-1公司

identix

ViiSAGE

2008年8月，ID卡业务出售给L-1公司

DIGIMARC

2010年4月，被L-1公司收购

retica

（关键技术三）图6-1-1　L-1公司发展中生物识别技术领域的主要收购和兼并

（正文说明见第453页）

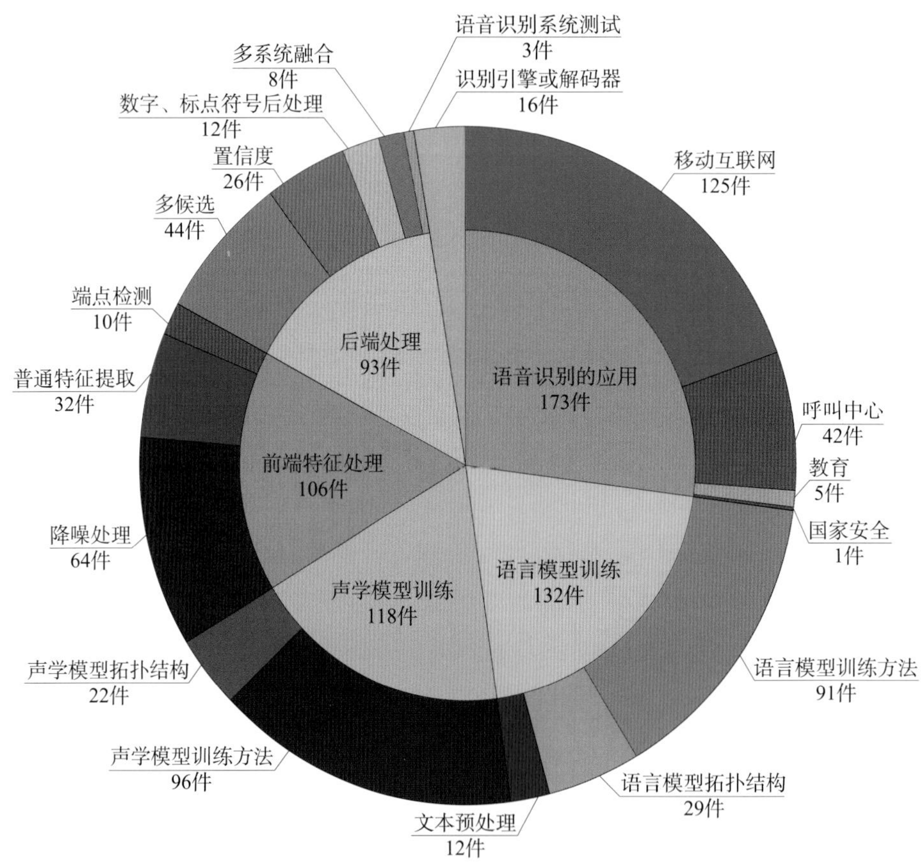

（关键技术四）图4-4-2　语音内容识别技术分支申请量分布

（正文说明见第572页）

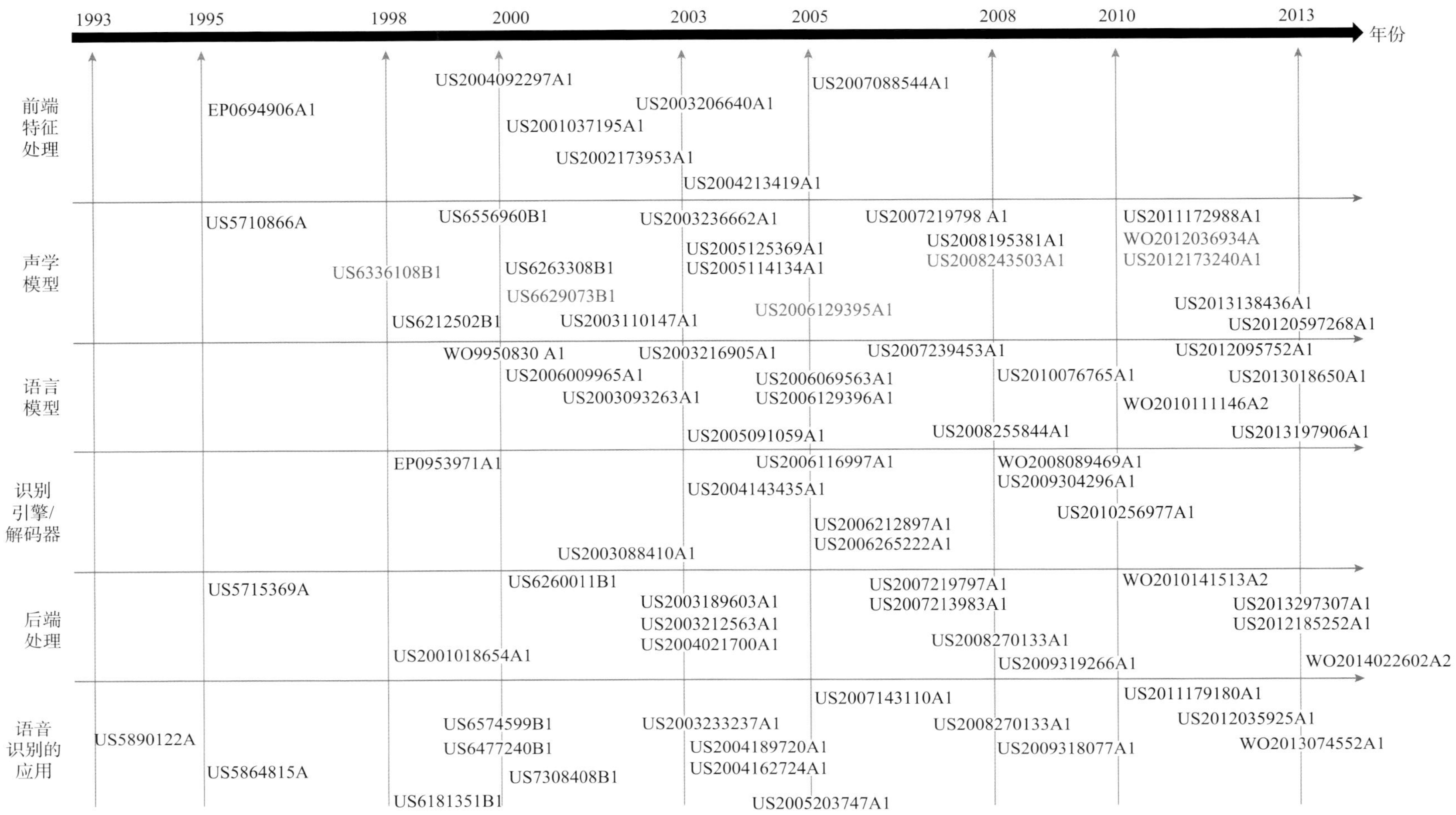

1993 1995 1998 2000 2003 2005 2008 2010 2013 年份

前端特征处理
EP0694906A1
US2004092297A1
US2001037195A1
US2002173953A1
US2003206640A1
US2004213419A1
US2007088544A1

声学模型
US5710866A
US6336108B1
US6212502B1
US6556960B1
US6263308B1
US6629073B1
US2003110147A1
US2003236662A1
US2005125369A1
US2005114134A1
US2006129395A1
US2007219798 A1
US2008195381A1
US2008243503A1
US2011172988A1
WO2012036934A
US2012173240A1
US2013138436A1
US20120597268A1

语言模型
WO9950830 A1
US2006009965A1
US2003093263A1
US2003216905A1
US2005091059A1
US2006069563A1
US2006129396A1
US2007239453A1
US2008255844A1
US2010076765A1
WO2010111146A2
US2012095752A1
US2013018650A1
US2013197906A1

识别引擎/解码器
EP0953971A1
US2003088410A1
US2004143435A1
US2006116997A1
US2006212897A1
US2006265222A1
WO2008089469A1
US2009304296A1
US2010256977A1

后端处理
US5715369A
US2001018654A1
US6260011B1
US2003189603A1
US2003212563A1
US2004021700A1
US2007219797A1
US2007213983A1
US2008270133A1
US2009319266A1
WO2010141513A2
US2013297307A1
US2012185252A1
WO2014022602A2

语音识别的应用
US5890122A
US5864815A
US6181351B1
US6574599B1
US6477240B1
US7308408B1
US2003233237A1
US2004189720A1
US2004162724A1
US2005203747A1
US2007143110A1
US2008270133A1
US2009318077A1
US2011179180A1
US2012035925A1
WO2013074552A1

（关键技术四）图4-4-16 微软在语音识别技术领域的技术路线

（正文说明见第586～587页）

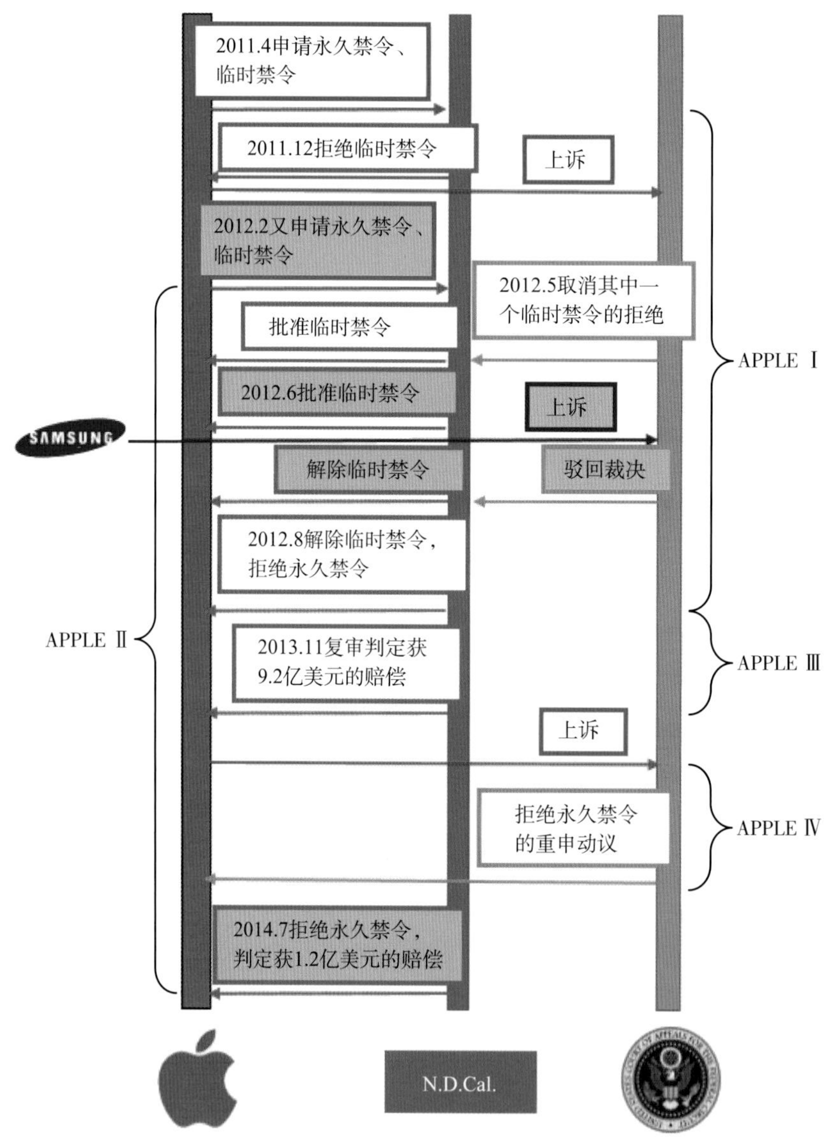

（关键技术四）**图6-3-1　苹果与三星的专利诉讼案例分析**

（正文说明见第641～642页）

编 委 会

序

新常态带来新机遇，新目标引领新发展。自党的十八大提出了“实施知识产权战略，加强知识产权保护”的重大命题后，知识产权与经济发展的联系变得越加紧密。促进专利信息利用与产业发展的融合，推动专利分析情报在产业决策中的运用，对于提升我国创新主体的创新水平和运用知识产权的能力具有重要意义。

国家知识产权局在“十二五”期间组织实施的专利分析普及推广项目已经步入第五年，该项目选择战略性新兴产业、高新技术产业等关系国计民生的重点产业开展专利分析，在定量与定性、专利与市场、技术与经济等方面不断对分析方法作出有益的尝试，形成了一套科学规范的专利分析方法。作为项目成果的重要载体，《产业专利分析报告》丛书从专利的分析入手，致力于做到讲研发、讲市场、讲竞争、讲价值，切实解决迫切的产业需求，推动产业发展。

《产业专利分析报告》（第29~38册），定位于服务我国科技创新和经济转型过程中的关键产业，着眼于探索解决产业发展道路上的实际问题，精心为广大读者奉献了项目的最新研究成果。衷心希望，在国家知识产权局开放五局专利数据的背景下，《产业专利分析报告》丛书的相继出版，可以促进广大企业专利运用水平的提升，为“大众创业、万众创新”和加快实施创新驱动发展战略提供有益的支撑。

国家知识产权局副局长

杨铁军

前　言

“十二五”期间，专利分析普及推广项目每年选择若干行业开展专利分析研究，推广专利分析成果，普及专利分析方法。《产业专利分析报告》（第1~28册）出版以来，受到各行业广大读者的广泛欢迎，有力推动了各产业的技术创新和转型升级。

2014年度专利分析普及推广项目继续秉承“源于产业、依靠产业、推动产业”的工作原则，在综合考虑来自行业主管部门、行业协会、创新主体的众多需求后，最终选定了10个产业开展专利分析研究工作。这10个产业包括绿色建筑材料、清洁油品、移动互联网、新型显示、智能识别、高端存储、关键基础零部件、抗肿瘤药物、高性能膜材料、新能源汽车，均属于我国科技创新和经济转型的核心产业。近一年来，约200名专利审查员参与项目研究，对10个产业的35个关键技术进行深入分析，几经易稿，形成了10份内容实、质量高、特色多、紧扣行业需求的专利分析报告，共计约900万字、2000余幅图表。

2014年度的产业专利分析报告继续加强方法创新，深化了研发团队、专利并购、标准与专利、外观设计专利的分析等多个方面的方法研究，并在课题研究中得到了充分的应用和验证。例如，智能识别课题组在如何识别专利并购对象方面做了有益的探索，进一步梳理了专利并购的方法和策略；新能源汽车课题组对外观设计专利分析方法做了有益的探索；移动互联网课题组则对标准与专利的交叉运用做了进一步的探讨。

2014年度专利分析普及推广项目的研究得到了社会各界的广泛关注和大力支持。例如，中国工程院院士沈倍奋女士、中国电子学会秘书长徐晓兰女士、中国电子企业协会会长董云庭先生等专家多次参与课题评审和指导工作，对课题成果给予较高评价。高性能膜材料课题组的合作单位中国石油和化学工业联合会组织大量企业参与课题具体研究工作，为课题研究的顺利开展奠定了基础。《产业专利分析报告》（第29~38册）凝聚社会各界智慧，旨在服务产业发展。希望各地方政府、各相关行业、相关企业以及科研院所能够充分发掘专利分析报告的应用价值，为专利信息利用提供工作指引，为行业政策研究提供有益参考，为行业技术创新提供有效支撑。

由于报告中专利文献的数据采集范围和专利分析工具的限制，加之研究人员水平有限，报告的数据、结论和建议仅供社会各界借鉴研究。

《产业专利分析报告》丛书编委会

2015年5月

项目联系人

褚战星　62084456/18612188384/chuzhanxing@ sipo. gov. cn

王　冀　62085829/18500089067/wangji@ sipo. gov. cn

李宗韦　62084394/15101508208/lizongwei@ sipo. gov. cn

指纹识别行业专利分析课题研究团队

一、项目指导

国家知识产权局： 杨铁军　张茂于　胡文辉　葛　树　郑慧芬　毕　囡　韩秀成

二、项目管理

国家知识产权局专利局： 冯小兵　张小凤　褚战星　王　冀　李宗韦

三、课题组

承 担 部 门： 国家知识产权局专利局专利审查协作北京中心

课题负责人： 曲淑君

课题组组长： 王艳妮

课题组成员： 刘　莹　佟晓惠　张　蔚　陈晓川　崔　皓　王　兴

四、研究分工

文献检索： 刘　莹　张　蔚　佟晓惠　陈晓川

数据清理： 刘　莹　张　蔚　佟晓惠　陈晓川

数据标引： 刘　莹　张　蔚　佟晓惠　陈晓川

图标制作： 刘　莹　张　蔚　佟晓惠　陈晓川

报告执笔： 王艳妮　刘　莹　张　蔚　佟晓惠　陈晓川

报告统稿： 曲淑君　王艳妮

报告编辑： 刘　莹　张　蔚　佟晓惠　陈晓川

报告审校： 曲淑君　崔　皓　王　兴

五、报告撰稿

王艳妮： 主要执笔第1章、第7章

刘　莹： 主要执笔第2章、第3章，参与执笔第6章

张　蔚： 主要执笔第6章，参与执笔第2章

佟晓惠： 主要执笔第4章，参与执笔第2章

陈晓川： 主要执笔第5章，参与执笔第4章

六、指导专家

行业专家

应　骏　浙江维尔科技股份有限公司

技术专家（按姓氏音序排序）

丁晓青　清华大学

张文生　中科院自动化所

专利分析专家

褚战星　国家知识产权局专利局审查业务管理部

王　兴　国家知识产权局专利局专利审查协作北京中心

崔　皓　国家知识产权局专利局专利审查协作北京中心

七、合作单位（排序不分先后）

中国生物识别产业技术创新战略联盟、中国自动识别技术协会、中科院自动化所、浙江维尔科技股份有限公司、北京海鑫科金高科技股份有限公司、浙江中正智能科技有限公司、汉王科技股份有限公司、清华大学

面部识别行业专利分析课题研究团队

一、项目指导

国家知识产权局： 杨铁军　张茂于　胡文辉　葛　树　郑慧芬
毕　囡　韩秀成

二、项目管理

国家知识产权局专利局： 冯小兵　张小凤　褚战星　王　冀　李宗韦

三、课题组

承 担 部 门： 国家知识产权局专利局专利审查协作北京中心

课题负责人： 曲淑君

课题组组长： 于行洲

课题组成员： 王　玥　张飞弦　康丹丹　刘婉姬　李丽娜
崔　皓　王　兴

四、研究分工

数据检索： 王　玥　张飞弦　康丹丹

数据清理： 王　玥　张飞弦　康丹丹

数据标引： 王　玥　张飞弦　康丹丹　刘婉姬　李丽娜

图表制作： 康丹丹　王　玥　张飞弦　刘婉姬

报告执笔： 王　玥　张飞弦　康丹丹　刘婉姬

报告统稿： 曲淑君　于行洲

报告编辑： 张飞弦　王　玥　康丹丹　刘婉姬

报告审校： 曲淑君　崔　皓　王　兴

五、报告撰稿

王　玥： 主要执笔第1章，第2章第2.1节，第3章第3.2节、第3.4节，第4章，第8章第8.2节；参与执笔第7章第7.2节、第7.3节

张飞弦： 主要执笔第2章第2.2节、第2.4节，第3章第3.1节、第3.3节、第3.5节，第6章，第8章第8.1节、第8.4节；参与执笔第5章

康丹丹： 主要执笔第2章第2.3节、第5章、第8章第8.3节，参与执笔第3章第3.4节、第6章

刘婉姫： 主要执笔第7章、第8章第8.5节；参与执笔第2章第2.1节、第2.2节，第4章第4.5节

六、指导专家

行业专家

任川霞　汉王科技股份有限公司

技术专家（按姓氏音序排序）

丁晓青　清华大学

张文生　中科院自动化所

专利分析专家

褚战星　国家知识产权局专利局审查业务管理部

王　冀　国家知识产权局专利局光电技术发明审查部

李宗韦　国家知识产权局专利局化学发明审查部

崔　皓　国家知识产权局专利局专利审查协作北京中心

王　兴　国家知识产权局专利局专利审查协作北京中心

七、合作单位（排序不分先后）

中国生物识别产业技术创新战略联盟、中国自动识别技术协会、汉王科技股份有限公司、中科院自动化所、清华大学

虹膜识别行业专利分析课题研究团队

一、项目指导

国家知识产权局： 杨铁军　张茂于　胡文辉　葛　树　郑慧芬
毕　因　韩秀成

二、项目管理

国家知识产权局专利局： 冯小兵　张小凤　褚战星　王　冀　李宗韦

三、课题组

承 担 部 门： 国家知识产权局专利局专利审查协作北京中心

课题负责人： 曲淑君

课题组组长： 李秀改

课题组成员： 黄　彬　王少伟　王馨宁　高　霖　贾　杨
崔　皓　王　兴

四、研究分工

数据检索： 李秀改　黄　彬　王少伟　王馨宁　高　霖

数据清理： 李秀改　黄　彬　王少伟　王馨宁　高　霖

数据标引： 李秀改　黄　彬　王少伟　王馨宁　高　霖

图表制作： 李秀改　黄　彬　王少伟　王馨宁　高　霖

报告执笔： 李秀改　黄　彬　王少伟　王馨宁　高　霖

报告统稿： 曲淑君　李秀改

报告编辑： 黄　彬

报告审校： 曲淑君　崔　皓　王　兴

五、报告撰稿

李秀改： 主要执笔第1章第1.1节，第2章，第7章第7.2节、第7.3节，第8章第8.1节

黄　彬： 主要执笔第1章第1.2节，第3章，第7章第7.1节、第7.4节，第8章第8.2节

王少伟： 主要执笔第1章第1.2节、第6章、第8章第8.5节

王馨宁： 主要执笔第1章第1.2节、第5章、第8章第8.4节

高　霖：主要执笔第4章

贾　杨：主要执笔第1章第1.2节、第8章第8.3节，参与执笔第4章

六、指导专家

行业专家（按姓氏音序排序）

马　力　北京中科虹霸技术有限公司

孙哲南　中科院自动化所、中国生物识别产业技术创新战略联盟

技术专家（按姓氏音序排序）

李星光　北京中科虹霸技术有限公司

胥建民　西安凯虹电子科技有限公司

张文生　中科院自动化所

专利分析专家

褚战星　国家知识产权局专利局审查业务管理部

王　冀　国家知识产权局专利局光电技术发明审查部

李宗韦　国家知识产权局专利局化学发明审查部

崔　皓　国家知识产权局专利局专利审查协作北京中心

王　兴　国家知识产权局专利局专利审查协作北京中心

七、合作单位（排序不分先后）

中国生物识别产业技术创新战略联盟、中国自动识别技术协会、北京中科虹霸技术有限公司、西安凯虹电子科技有限公司、北京天诚盛业科技有限公司、北京思源科安软件技术有限公司、北京释码大华科技有限公司、汉王科技股份有限公司、清华大学、中科院自动化所

语音识别行业专利分析课题研究团队

一、项目指导

国家知识产权局： 杨铁军　张茂于　胡文辉　葛　树　郑慧芬
毕　囡　韩秀成

二、项目管理

国家知识产权局专利局： 冯小兵　张小凤　褚战星　王　冀　李宗韦

三、课题组

承 担 部 门： 国家知识产权局专利局光电技术发明审查部

课 题 负 责 人： 曲淑君

课 题 组 组 长： 李　璐

课 题 组 成 员： 张　鑫　祝　晔　孙　毅　韦　斌　崔　皓　王　兴

四、研究分工

数据检索： 张　鑫　祝　晔

数据清理： 张　鑫　祝　晔　孙　毅　韦　斌

数据标引： 张　鑫　祝　晔　孙　毅　韦　斌

图表制作： 孙　毅

报告执笔： 张　鑫　祝　晔　孙　毅　韦　斌

报告统稿： 李　璐　张　鑫　祝　晔　孙　毅　韦　斌

报告编辑： 张　鑫

报告审校： 曲淑君

五、报告撰稿

李　璐： 主要执笔第1章；参与执笔第5章第5.5节、第5.6节，第7章

张　鑫： 主要执笔第2章第2.1节、第2.2节，第4章，第5章，第7章

祝　晔： 主要执笔第2章第2.3节、第2.4节，第3章，参与执笔第1章

孙　毅： 主要执笔第6章第6.1节、第6.3节、第6.4节

韦　斌： 主要执笔第6章第6.2节，参与执笔第4章第4.5节、第4.6节

六、指导专家

行业专家（按姓氏音序排序）

王　坚　北京搜狗科技发展有限公司

王春光　腾讯科技（深圳）有限公司

技术专家（按姓氏音序排序）

卢　鲤　腾讯科技（深圳）有限公司

赵庆卫　中国科学院声学研究所

专利分析专家

褚战星　国家知识产权局专利局审查业务管理部

王　冀　国家知识产权局专利局光电技术发明审查部

李宗韦　国家知识产权局专利局化学发明审查部

崔　皓　国家知识产权局专利局专利审查协作北京中心

王　兴　国家知识产权局专利局专利审查协作北京中心

七、合作单位（排序不分先后）

腾讯科技（深圳）有限公司、北京搜狗科技发展有限公司、科大讯飞股份有限公司、中国科学院声学研究所

总 目 录

引　言

一、课题研究背景

（一）产业和技术发展概况

1. 指纹识别

随着科技的持续发展以及社会信息化水平的提高，在人们的日常生活中，越来越多的场合需要进行身份识别及认证以获取访问权限，以确保个人和公共信息安全。指纹识别技术是利用每个个体所普遍具有，并且各不相同的指纹特征进行身份识别的技术。由于指纹具有终生不变，不会被遗忘或丢失，难于伪造或模仿的特点，所以很适合于用来进行身份识别。随着现代计算机技术的不断发展，数字图像处理、模式识别以及人工智能等相关学科的蓬勃兴起，基于指纹识别的自动身份认证逐渐取代了传统的身份认证技术，日益成为一种准确、快速、方便的自动化身份认证方法。目前，指纹识别技术作为一种安全便捷的身份认证工具，在银行信用卡、计算机用户认证系统、门禁系统、身份证等需要身份认证的领域，以及网络传输安全加密等信息安全、司法鉴定等技术领域，得到越来越广泛的应用。

据国际权威的生物识别行业分析机构 IBG 预测，在近五年内，指纹识别行业将形成近百亿元的市场发展空间。目前中国指纹产业正处在一个高速增长期。未来几年，将成为中国指纹识别企业成长和获得利润的关键时期。从多个角度比较，指纹识别产业也是全球信息产业中增长较快的一个产业，中国指纹识别产业相对国际指纹识别产业具有后发性，因而其未来增长潜力将更甚于全球指纹识别产业。

近期，由于身份证信息的非法窃取、冒用给个人和社会带来了重大损失，再度引发人们对第二代居民身份证中加入指纹信息的思考，新修订的《居民身份证法》规定了公民申领、换领、补领居民身份证应当登记指纹信息。此外，苹果在 iPhone 5s 中支持用户使用指纹解锁手机。最近，三星正试图为 Galaxy S 系列设备引入指纹识别密码保护机制，进一步提高产品在消费者尤其是商务领域的安全性能。作为新型的安全保护技术，加上苹果、三星等消费电子产品巨头的推动，尤其是上述企业在业界的引领作用，指纹识别技术更容易成为资本市场聚光的焦点并有望获得爆发式发展。

相对于其他身份鉴定技术，指纹识别技术之所以优于其他身份鉴定技术而被广泛采用的原因：

① 指纹是独一无二的，两人之间不存在相同的指纹；

② 指纹是相当固定的，不会随年龄、健康状况的变化而改变；

③ 指纹样本易于采集，难以伪造，便于开发，实用性强；

④ 每个人十指的指纹皆不相同，可以利用多个指纹构成多重口令，提高系统的安全性；

⑤ 指纹识别中使用的模板并非最初的指纹图像，而是由图像提取的关键特征，使所需存储的信息量减小，而且在实现异地确认时，可以大大减少网络传输负担，支持网络功能。

可以看出，指纹识别技术相对于其他识别方法有许多独到之处，具有很高的实用性和可行性。因此，指纹识别成为最流行、最方便、最可靠的身份认证方式，已经在社会生活的诸多方面得到广泛应用。

2013 年全球指纹识别市场规模约 30 亿美元，目前 iPhone 5s 用的指纹识别模组价格在 15 美元左右，假设未来 3 年 50% 的智能手机和平板电脑配备指纹识别模组，指纹识别市场将达到 131 亿美元，市场空间将增加 330%，带来增量空间超过 100 亿美元。

中国指纹识别行业的发展虽然与国际先进国家相比还有一定的滞后，但目前同国际生物识别行业发展程度一样，也同样步出了导入期，进入了成长期的初期。因为缺乏大规模集成电路设计与制造优势，中国目前还没有在指纹识别传感器上有所突破。所有目前采用的指纹传感器，不论是光学的还是晶体的，几乎都由美国等西方国家的厂商提供，在产业链中中国并未占据核心地位。由于指纹传感器的发展需要指纹应用开发配合，可以带动指纹应用的发展，而中国的传感器技术水平差距较大，也就必然缺少指纹应用的开发力量。应用处于表示层面的，中国有不少庞大的应用开发队伍，在指纹应用方面，经过努力可以占得一席之地。中国的指纹识别算法单纯从学术角度看，并不落后。在国际指纹识别算法大赛上，中国有包括中国科学院自动化研究所（以下简称“中科院自动化所”）在内的多家院所和企业参加，曾多次获奖，中国在指纹识别算法方面的研究有望走在世界前列。从地区看，指纹识别技术在中国的发展较不平衡，主要集中在经济发达地区，北京、上海、深圳三地应用总和占据一半以上的国内市场份额。

2. 面部识别

面部识别又称为人脸识别，广义的人脸识别实际包括构建人脸识别系统的一系列相关技术，包括人脸图像采集、人脸定位、人脸识别预处理、身份确认以及身份查找等；而狭义的人脸识别特指通过人脸进行身份确认或者身份查找的技术或系统。面部识别是一个热门的计算机技术研究领域，属于生物特征识别技术。面部识别技术发展历经以下 4 个主要阶段。

第一阶段：人类最早的研究工作至少可追溯到 20 世纪 50 年代在心理学方面的研究和 60 年代在工程学方面的研究。

第二阶段：关于面部的机器识别研究开始于 20 世纪 70 年代，主要研究面部识别所需要的面部特征，用计算机实现了较高质量的面部灰度图模型。这一阶段工作的特点是识别过程全部依赖于操作人员，不是一种可以完成自动识别的系统。

第三阶段：人机交互式识别阶段。研究者用几何特征参数来表示面部正面图像，如采用多维特征矢量表示面部特征，并设计了基于这一特征表示法的识别系统，以及采用统计识别方法、欧氏距离来表征面部特征。但这类方法需要利用操作员的某些先验知识，仍然摆脱不了人的干预。

第四阶段：机器自动识别阶段。20 世纪 90 年代以来，随着高性能计算机的出现，面部识别方法有了重大突破，进入了真正的机器自动识别阶段。

据 BCC 最新市场研究报告表明，全球市场对生物识别产品的需求在 2010 年已达到 71 亿美元。在未来五年，生物识别设备的综合性年增长将率将达到 21.3%，面部识别市场年增长率为 24%。作为简便快捷的生物特征识别方式，面部识别技术正在或未来将要在以下方面进行广泛应用。❶

反恐应用的摄像监视系统：可在机场、体育场、超级市场等公共场所对人群进行监视，例如，在机场安装监视系统以防止恐怖分子登机。如银行的自动提款机，用户如果遇到卡片和密码被盗，就可能会被他人冒取现金。如果同时应用人脸识别技术，就会避免这种情况的发生。

人脸自动对焦和笑脸快门技术人脸检测：首先是面部捕捉。它根据人的头部的部位进行判定，首先确定头部，然后判断眼睛和嘴巴等头部特征，通过特征库的比对，确认是人面部，完成面部捕捉。然后以人脸为焦点进行自动对焦，可以大大提升拍出照片的清晰度。笑脸快门技术就是在人脸识别的基础上，完成面部捕捉，然后开始判断嘴的上弯程度和眼的下弯程度，以判断是不是笑了。以上所有的捕捉和比较都是在对比特征库的情况下完成的，所以特征库是基础，里面有各种典型的面部和笑脸特征数据。

公安刑侦破案：通过查询目标人像数据寻找数据库中是否存在重点人口基本信息。例如，在机场或车站安装系统以抓捕在逃案犯。

移动网络支付：如信用卡的网络支付，利用人脸识别辅助信用卡网络支付，以防止非信用卡的拥有者使用信用卡等。2013 年 7 月，芬兰一家企业推出全球首个“刷脸”支付系统。结账时，消费者只需在收银台面对 POS 机屏幕上的摄像头，系统自动拍照，扫描消费者面部，等身份信息显示出后，在触摸显示屏上点击确认完成交易，无须信用卡、钱包或手机。整个交易过程不超 5 秒钟。芬兰初创公司 Uniqul 已为这套基于面部识别技术的“刷脸”支付系统申请专利。

身份辨识：如电子护照及身份证。这或许是未来规模最大的应用。国际民航组织已确定，从 2010 年 4 月 1 日起，其 118 个成员国家或地区，必须使用机读护照，人脸识别技术是首推识别模式，该规定已经成为国际标准。美国已经要求和它有出入免签证协议的国家在 2006 年 10 月 26 日之前必须使用结合了人脸、指纹等生物特征的电子护照系统。到 2006 年底已经有 50 多个国家使用了这样的系统。美国运输安全署（Transportation Security Administration）计划在全美推广一种基于生物特征的国内通用旅

---

❶ 2012 年全球生物识别将达 71 亿美元［EB/OL］.（2010－06－23）. http://www.asmag.com.cn/news/th－29344.shtml.

行证件。欧洲很多国家也在计划或者正在实施类似的计划，用包含生物特征的证件对旅客进行识别和管理。

面部识别技术在众多领域得到了广泛的应用和推广，随着越来越多企业跨界进入面部识别领域，该领域的竞争势必加剧。

3. 虹膜识别

虹膜位于晶状体和角膜之间，呈扁圆盘状；人眼的角膜是透明的，因此虹膜是外部可见的。从外观上看，虹膜是位于瞳孔与巩膜之间的环形区域，外圆直径约12mm。虹膜内部血管分布不均匀，在近红外光源的照射下呈现出许多相互交错的纹理形状，如斑点、冠状、条纹、细丝、隐窝等，这些构成了虹膜独特的纹理特征。虹膜识别技术就是利用这些丰富的纹理信息作为特征来进行个人身份识别或认证的。对于每个人来说，虹膜的结构都是各不相同并且在一生中几乎不发生变化。从生物识别所依照的一系列指标值来评判，虹膜非常适合于作为身份鉴别的特征，比如它的纹理之中可用于识别的特征点数约为266个，常用特征点数一般不少于177个，接近于指纹识别的10倍，因此其精度呈几何级数倍增。据统计，虹膜识别的错误率（包括拒真率和认假率）是各种生物特征识别技术中最低的。虹膜识别技术以其精确、非侵犯性、易于使用等优点得到了快速发展，被广泛认为是最有前途的生物认证技术之一。例如雅典奥运会在敏感区域已经用上了虹膜识别系统，英国于2005年初已经启动了出入境人员生物特征护照计划，虹膜是其中重要的一项判别指标。美国和日本都已经研制成功银行虹膜ATM取款机并在小范围试用，储户使用信用卡交易前必须也只需通过自己的虹膜认证。

掌握虹膜识别核心算法的国外研究机构主要有美国的Iridian公司（现已被法国莫佛公司收购）和Iritech、韩国的Jiris公司。Iridian公司是目前全球最大的专业虹膜识别技术和产品提供商，其技术来源于剑桥大学的John Daugman以及医学博士Leonard Flom和Aran Safiro。它和Irisguard、LG、松下、OKI和NEC等国际知名企业进行合作，以授权方式提供虹膜识别核心算法，支持合作伙伴研发虹膜识别系统。Iridian公司的核心技术还包括图像处理协议和数据标准、识别服务器、开发工具及虹膜识别摄像头等。Iritech总部在美国，主要负责产品以及技术的研发，生产授权外包，而对于市场的推广以及产品的销售则主要是通过提供核心软件以及镜头，由其他公司在此基础上开发应用的系统，并且负责销售，其商业模式与Iridian公司大致是相同的，但是其发展的时间并不长，在规模上还无法与Iridian公司相提并论。Jiris公司于2003年在韩国成立，具有自己的虹膜识别算法，目前的产品主要针对的是小型的用于移动电话或者台式电脑以及笔记本电脑的虹膜识别仪。

中科院自动化所模式识别国家重点实验室是国内最早从事虹膜识别研究的单位之一，于2000年初开发出了虹膜识别的核心算法，相对于国际上其他单位的核心算法，中科院自动化所的核心算法速度更快，占用的内存空间更小，整体性能更加优异。该算法已经非排他性授权给美国Sarnoff、英国Irisguard以及美国肯塔基大学等机构，标志着我国在虹膜识别领域通过自主创新掌握的核心技术，突破了国外早期的技术封锁和产品封锁，从受制于人的被动局面走向了技术出口的主动局面。

国内从事虹膜识别技术研究的机构还有浙江大学、华中科技大学、中国科学技术大学、上海交通大学、沈阳工业大学、哈尔滨工程大学、太原科技大学等，但除了中科院自动化所以外，其他基本都还停留在理论研究阶段，尚未实现产业化。随着中科院投资、推广虹膜技术，在行业进入门槛已大为降低的情况下，中国市场开始有大批投资者进入该领域。投资者开始致力于将核心软硬件技术结合，生产自有知识产权的产品，成为真正意义的产品供应商。透过稳定、可靠的技术，投资者看到了光明的前景；大批企业的加入，促进了行业更大规模的发展。目前国内虹膜识别领域的企业主要有：中科虹霸科技有限公司、北京思源科安软件技术有限公司、北京天诚盛业科技有限公司、北京虹安翔宇信息科技有限公司、北京凯平艾森信息技术有限公司、北京释码大华科技有限公司、北京火眼金睛信息技术有限公司。另外还有广州创展虹膜信息技术有限公司、懿诺贸易（上海）有限公司、上海邦震科技发展有限公司、杭州倪宸生物技术有限公司、西安凯虹电子科技有限公司、西安艾瑞生物识别科技有限公司、西安慧眼信息技术有限公司以及东莞市虹膜实业有限公司。

虽然随着行业的发展，虹膜识别产品的价格也一路呈下降趋势，但目前即使是国产的产品，价格也仍保持在万元以上，相对于低档指纹识别产品百元以下的价格显得昂贵很多，再加上虹膜识别的市场认知度较低，让本想了解虹膜识别的人们望而却步，阻碍了虹膜识别产业的发展。

虹膜识别技术的特点决定了其产品的主要市场应在政府级别领域，技术和市场前景主要取决于政府推动，而目前我国的虹膜识别技术在应用方面尚未引起政府相关部门重视，缺少政策引导，因此，与国外在机场、港口、军队反恐等领域的大规模应用相比，我国虹膜识别目前仅仅实现了少数几个领域的小规模应用。

4. 语音识别

语音识别，就是与机器进行语音交流，让机器明白你在说什么。这是人们长期以来梦寐以求的事情，我们一般形象地把语音识别比作“机器的听觉系统”，通俗来讲，就是人能够直接通过语音来控制各种机器。近二十年来，语音识别技术取得显著进步，开始从实验室走向市场。人们预计，未来20年内，语音识别技术将全面进入工业、家电、通信、汽车电子、医疗、家庭服务、消费电子产品等各个领域。如语音识别听写机在一些领域的应用被美国新闻界评为1997年计算机发展十件大事之一。很多专家都认为语音识别技术是2000～2010年信息技术领域十大重要的科技发展技术之一。

语音作为当前通信系统中最自然的通信媒介，语音识别技术是非常重要的人机交互技术，发展至今已经是一门交叉学科。随着计算机和语音处理技术的发展，语音识别系统的实用性将进一步提高。

目前中国语音市场主要有两大类公司：一类是传统的IT巨头，如微软、IBM、Intel等；一类是专业语音技术厂商，国外有Nuance公司、国内有科大讯飞、中科信利、中科模识和捷通华声等。

智能语音行业通过高技术壁垒形成寡头垄断的格局。智能语音技术的技术壁垒很高，其研究周期长、投入大，需要企业在统计学、声学、语言学、计算机科学等多个领域具有较强的综合实力。国外对语音产品的研究开始比较早，早在1952年贝尔研究所Davis等人研究成功了世界上第一个能识别10个英文数字发音的实验系统。经过五十多年的努力和积淀，尤其进入20世纪90年代后，语音识别技术进一步成熟，开始向市场提供商业化运作比较成熟的产品。许多发达国家如美国、日本、韩国以及IBM、苹果、Nuance公司、微软等公司都为语音识别系统的实用化开发研究投以巨资。

中国高科技发展计划（“863”计划）、《当前优先发展的高技术产业化重点领域指南》《中共中央关于制定国民经济和社会发展第十一个五年规划的建议》《科技助推西部地区转型发展行动计划（2013—2020年）》等国家决策或规范指导确立了语音识别技术的重要地位，我国的语音识别技术已然进入前所未有的发展阶段。

目前我国研究制定的语音识别技术在数据交换格式、系统架构与接口、系统分类与评测、数据库格式与标准等方面的电子行业标准，推动了中文语音标准的制定，可以满足邮政、金融、物流、文化、教育、卫生、旅游等多方面的服务应用，但与其他发达国家相比，我国的语音识别技术仅是针对汉语识别方面具有优势，其他语音识别相关应用则仍具有一定的差距，在语音识别产品的性能、品牌、规模、知识产权保护等方面仍需进一步提高。

（二）产业技术分解（见表1）

表1　智能识别产业五级技术分解表

<table>
<tr><th>一级分类</th><th>二级分类</th><th>三级分类</th><th>四级分类</th><th>五级分类</th></tr>
<tr><td rowspan="17">指纹识别</td><td rowspan="7">电容式指纹传感器</td><td rowspan="4">硬件结构</td><td>电路结构</td><td>—</td></tr>
<tr><td>层膜结构</td><td>—</td></tr>
<tr><td>电极结构</td><td>—</td></tr>
<tr><td>封装结构</td><td>—</td></tr>
<tr><td rowspan="3">信号处理方法</td><td>纹路采集</td><td>—</td></tr>
<tr><td>图像处理</td><td>—</td></tr>
<tr><td>特征提取</td><td>—</td></tr>
<tr><td rowspan="10">指纹活体检测</td><td rowspan="10">活体检测方法</td><td rowspan="6">生理属性检测</td><td>分泌物</td></tr>
<tr><td>汗腺</td></tr>
<tr><td>毛孔</td></tr>
<tr><td>脉搏</td></tr>
<tr><td>血流</td></tr>
<tr><td>静脉</td></tr>
<tr><td rowspan="4">物理属性检测</td><td>光谱</td></tr>
<tr><td>灰度</td></tr>
<tr><td>颜色</td></tr>
<tr><td>温度</td></tr>
</table>

续表

一级分类	二级分类	三级分类	四级分类	五级分类
指纹识别	指纹活体检测	活体检测方法	电属性检测	介电常数
				电感值
				阻抗值
				电容值
			外观形态检测	三维成像
				压触形变
				纹理图案
		指纹活体检测装置	光学	—
			半导体	—
			超声波	—
面部识别	面部检测	基于特征的检测	—	—
		基于图像的检测	线性子空间	—
			神经网络	—
			其他统计方法	—
		基于活动轮廓模型	—	—
		单面部检测	—	—
		多面部检测	—	—
	面部跟踪	基于运动信息	—	—
		基于肤色模型	—	—
		基于局部特征	—	—
		基于面部检测	—	—
	面部表征	主动形状模型 ASM	—	—
		主动表观模型 AAM	—	—
		光流	—	—
		三维形变模型	—	—
		编码组合特征	—	—
		灰度特征	—	—
		变形/运动特征	—	—
		频域特征	—	—
		代数特征	矩阵分解	—
		统计属性特征	—	—
		局部分析特征	—	—

续表

一级分类	二级分类	三级分类	四级分类	五级分类
面部识别	面部识别	识别方法	特征脸	—
			弹性图匹配	—
			结构匹配	—
			红外面部图像识别	—
			深度面部图像	—
			隐马尔科夫模型	—
			人工神经网络	—
			支持向量机	—
			AdaBoost	—
			线性判别分析	—
			最近邻法	—
			模糊决策	—
			核判别分析	—
		识别环境	光照适应	自然光
				热成像
				多光源
			姿态适应	—
			遮挡适应	—
		三维面部识别	数据采集	三维扫描仪
				二维照相机结合激光源
				基于二维面部图像构建
			三维重建	—
			算法改进	几何特征
				模板匹配
				统计模型
			多模态	三维 + 二维
				三维 + 其他非面部识别方式
			应用	—

续表

一级分类	二级分类	三级分类	四级分类	五级分类
面部识别	应用	表情分析	—	—
		物理分类	年龄	—
			男女	—
			种族	—
		活体检测	盲检测	三维深度信息
				脸部表情变化
				光流
				面部生理活动
				频谱
				红外辐射测温
				基于纹理信息分析
				颜色空间
				瞳孔区域变化
				其他
			人机交互	用户主动配合
				用户被动配合
			多模态	联合声音识别
				联合指纹识别
				联合其他识别技术
		人机交互	设备管理	开机
				解锁
			操作	—
			拍照	—
			显示	—
		安全应用	公共安全	—
			信息安全	—
			金融安全	—
			户籍管理	—
		企业应用	考勤	—
		其他应用	—	—

续表

一级分类	二级分类	三级分类	四级分类	五级分类
虹膜识别	采集设备	光源	无光源	—
			有光源	红外光源
				其他光源
				滤光器
		镜头	镜头设置	单镜头
				多镜头
			镜头调焦	定焦
				变焦
				云台
		传感器	—	—
	算法	图像预处理算法	人眼定位	—
			虹膜内外边缘定位	—
			眼睑和睫毛检测	—
			虹膜图像增强	—
			图像分割	—
			归一化	—
			图像展开与增强	—
		特征参数提取算法	虹膜信息提取	—
			虹膜信息编码	—
		匹配算法	—	—
	人机交互	视觉交互	—	—
		听觉交互	—	—
		触觉交互	—	—
	识别设备	配合式	移动设备	—
			固定设备	近距离
				中距离
				远距离
		非配合式	人类虹膜识别	中距离
				远距离
			动物虹膜识别	—
	系统应用	门禁通道	—	—
		考勤安全	—	—
		信息安全	—	—
		个人证件	—	—
		社会安全	—	—

续表

一级分类	二级分类	三级分类	四级分类	五级分类
语音识别	前端特征处理	端点检测	—	—
		降噪处理	纯软件算法	—
			麦克风阵列	—
			回声消除	—
		普通特征提取	梅尔倒谱系数（MFCC）	—
			感知线性预测	—
			特征（PLP）	—
		特征变换	说话人特征	—
			区分性特征	—
		识别单元选取	声学建模单元	—
			语言建模单元	—
			搜索单元	—
	声学模型	模型拓扑结构	高斯混合模型 - 隐马尔科夫模型	—
			深度神经网络	—
		模型训练方法	最大似然估计	—
			区分性训练	—
			自适应训练	—
			无监督训练	—
	语言模型	文本预处理	—	—
		模型拓扑结构	N - gram 语言模型	—
			神经网络语言模型	—
		模型训练方法	类语言模型	—
			高阶语言模型	—
			区分性训练语言模型	—
			语言模型自适应	—
	识别引擎	加权有限状态机（WFST）	解码准确率	—
			解码效率	—

续表

一级分类	二级分类	三级分类	四级分类	五级分类
语音识别	后端处理	置信度	—	—
		多候选	—	—
		数字、标点符号后处理	—	—
		多系统融合	—	—
语音识别的应用	移动互联网	查找	—	—
		录入	—	—
		控制	—	—
	呼叫中心	关键词检索	—	—
		自动客服	—	—
		数据挖掘	—	—
	教育	—	—	—
	国家安全	—	—	—

（三）关键技术选取背景

1. 指纹识别

目前，中国指纹识别行业的发展，在广度和深度两方面都呈现出高速增长的局面。在广度方面，包括政府、军队、金融、电信、信息、制造、教育等多个行业都开始呈现大规模应用指纹识别技术的趋势。而以PC和手机为代表的个人应用也呈现出极为美好的前景。金融行业目前已准备在包括柜员机、上岗操作、银行账号等方面采用指纹识别技术。在中国指纹识别行业步入成熟期之前，中国指纹识别产业还有一个高速增长期。未来几年将成为中国指纹识别企业成长和获得利润的关键时期。就未来5年而言，我国指纹技术行业将有近百亿元的市场等待企业去开拓，指纹识别技术即将迎来一个黄金发展时期，市场前景广阔。

2012年11月1日，为规范居民身份证指纹采集器供应市场，确保指纹采集器的质量，公安部居民身份证登记指纹信息工作领导小组办公室组织制定了《居民身份证指纹采集器通用技术要求》（GA/T 1011—2012），发布公告邀请国内知名企业参加“居民身份证指纹采集器选型推荐项目”，并对几十家厂商送检的指纹采集器进行对照检测。

近期，受到“棱镜事件”的影响，生物特征信息正面临收集、集中和不恰当运用的风险，生物特征识别技术面临着挑战，也迎来了机遇。为此，全国信息安全标准化技术委员会就信息安全生物特征识别标准及技术应用召开研讨会，正加紧国家标准《信息安全技术　指纹识别系统技术要求》的编制。

2. 面部识别

国家发展和改革委员会在2013年8月22日发布了《关于组织实施2013年国家信息安全专项有关事项的通知》，此次专项重点支持包括金融信息安全领域、云计算与大数据信息安全领域、信息安全分级保护领域、工业控制信息安全四大领域。因此作为信息安全领域应用主力军——生物识别产业迎来政策利好后的快速增长。过去十来年与国内高速增长的整体经济相伴，中国生物识别产业年增长率一直维持在40%以上的高位。面部识别在商用智能监控和分析系统的应用发展速度非常快，国外在传媒分析、广告受众统计、消费者人群监控分析等方面的应用很快也都被国内的应用集成商学习借鉴，并开始规模化布局应用，形成面部识别应用新的方向。面部识别产业技术高度密集，是一个复合型高科技行业，美、欧、日、韩一直是全球面部识别产业的重点区域，由于欧、美、日、韩的企业技术实力强，产业程度高，中国企业在技术上存在较大差距，整个面部识别行业面临关键技术难以突破、核心技术缺乏等问题的困扰。因此，对面部识别行业的相关专利进行全面系统分析，从专利技术角度探索解决制约行业发展的瓶颈问题，对促进生物识别产业健康发展具有重要现实意义。

3. 虹膜识别

虹膜识别的整体发展趋势呈现出立体多角度发展模式，从采集距离的角度，由早期的接触式到中期的近距离，以及发展到现在和未来的远距离识别，从静态配合式采集到动态非配合式采集，整体趋势朝着用户接口更加友好、智能化发展。根据对虹膜识别的全球专利的整体态势和应用领域分布，课题组确定了将移动设备虹膜识别和远距离虹膜识别作为两个重要技术点进行研究，这不但是整个行业的发展趋势所致，而且也是经过了大量的企业调研所获得的企业需求。

虹膜识别技术的首要研究发展方向就是与移动计算技术应用的结合。近年来，移动应用正在成为新经济发展的主要推动力和主要增长点，移动应用的发展意味着工作方式和生活习惯的又一次改变。商务活动离不开交易，身份认证则是决定网上交易能否达成的关键，基于虹膜识别的身份认证技术将在这一移动应用领域大显身手，模块化虹膜识别产品是一个重要的发展方向。移动身份认证是移动应用的关键技术，传统身份认证技术的脆弱性已成为现有电子商务等应用的发展障碍，移动应用对身份认证的可靠性要求更高，更加需要变革性的身份认证技术，特别是可靠、实用、廉价的生物识别功能部件，虹膜识别模块产品将成为理想的选择。移动应用的基础设施是无线互联网，其计算与处理功能的物质载体则是手机。手机正成为移动应用的基本设备，移动商务、移动政务、移动银行、移动信息服务的迅速发展，将为虹膜识别模块产品带来无限商机。同时，正如手机和电话座机同时发展一样，计算机应用和移动应用的发展也并行不悖。传统身份认证同样不能满足计算机应用的要求，同样需要实用、廉价的虹膜识别技术，需要实现多种产品和虹膜识别模块产品的集成。许多嵌入式产品也需要身份认证功能，这类嵌入式产品多用于社会安全领域和军事领域，使用虹膜识别标准部件，通过嵌入式产品生产商，将使虹膜识别应用到各个可能的领域。

除了移动应用和计算机应用外，虹膜识别产品还将有更广泛的涉足。如虹膜门禁、金融系统、港口控制等需要高度安全的领域。有专家非常乐观地看待中国未来的虹膜识别市场。从“人配合机器”到“机器主动适应人”是生物特征识别技术未来发展的必然趋势，虹膜识别也不例外。另外，针对大规模人群的虹膜识别技术也将得到研发和应用，例如虹膜产品在车站码头、体育场馆、大型集会等领域的应用。随着该项技术的日臻成熟，在不久的将来，虹膜识别技术将越来越深入到人们的日常生活中。

4. 语音识别

语音信号是十分复杂的平稳信号，它不仅包含语义信息，还有个人特征信息，对其特征参数的研究是语音识别的基础。换句话说，特征参数应能完全、准确地表达语音信号，那么特征参数也能完全、准确地表达语音信号所携带的全部信息。本报告关键技术四的第2章，选择目前语音识别中最广泛使用的特征参数梅尔倒谱系数作为研究对象，对涉及该参数的语音识别专利进行分析。

今天许多用户已经享受到了语音技术的优势，但距离真正的人机交流的前景似乎还很远。目前，计算机还需要对用户做大量训练才能识别用户的语音，并且，识别率也并不总是尽如人意，换言之，语音识别技术还有一段路需要走。语音识别技术要进入大规模商用，还要在用户独立性、自然语言的能力、处理插入的能力以及软件身份验证的能力等多方面作出改进。

其中用户的独立性，是指语音识别软件能够识别有不同嗓音和口音的用户，而无须通过训练软件来使其识别一个特殊用户的声音。目前的许多语音识别软件是基于标准的发音来进行识别的；而实际上，人们说话千差万别，发音也各不相同，特别对于有口音的语音来说，更是对语音识别软件提出了严峻的挑战。深度神经网络是近年来语音识别在提高用户独立性方面炙手可热的方法，该技术模仿人类大脑对沟通的理解方法，可提供“接近即时”的语音文本转换服务，比目前的语音识别技术快2倍，同时准确率提高15%。本报告关键技术四的第3章将从专利的角度对深度神经网络在语音识别中的应用作详细分析。

二、课题研究方法及相关约定

（一）数据检索

本报告的专利文献数据主要来自国家知识产权局专利检索与服务系统（以下简称“S系统”）。

课题组对本报告所要研究的关键技术采用总分模式，主要借助关键词与分类号相结合的方式进行检索。采用摘要库和全文库分别进行检索后汇总的方式，提高数据的全面性。通过使用同位算符、全文检索中频次、多种分类号有效去噪。最后，再对获得的大量检索结果进行人工浏览和手工去噪。虽然牺牲了一定的效率，但是能够获得较好的查全率和查准率结果。

（1）专利文献来源

DWPI（德温特世界专利索引数据库）；CNABS（中国专利文摘数据库）；同时还使用了全文数据库 WOTXT、EPTXT、JPTXT 和 USTXT 作为补充数据库。

（2）非专利文献来源

非专利文献来源于 CNKI、Baidu 搜索引擎、Google 搜索引擎。诉讼相关数据来自 Westlaw 和 lexisnexis 数据库。

（3）法律状态查询

中文法律状态数据来自 CNPAT 数据库。

（4）引用频次查询

引文数据来自 DII（德温特引文数据库）。

（二）数据质量评估

查全率和查准率是评估检索结果优劣的指标。查全率用来评估检索结果的全面性，查准率用来衡量检索结果的准确性。设 S 为待验证的待评估查全专利文献集合，P 为查全样本专利文献集合（P 集合中的每一篇文献都必须与要分析的主题相关，即“有效文献”），则查全率 r = num（P∩S）/num（P），其中 P∩S 表示 P 与 S 的交集，num（ ）表示集合中元素的数量。设 S 为待评估专利文献集合中的抽样样本，S′为 S 中与分析主题相关的专利文献，则查准率 p = num（S′）/num（S）。

查全率的评估通常在初步查全和去噪后进行，查准率的评估通常在查全工作结束后进行。课题组根据上述方法对检索结果的查全率和查准率进行了验证，查全率均超过为 90%，查准率接近 100%，满足研究需要。

（三）数据处理

在数据处理中检索的全球数据专利是通过外文专利检索系统 EPOQUE 系统中的 WPI 数据库得出的。单独的专利以件计数。而该数据库中将同一项发明创造在多个国家申请专利而产生的一组内容相同或基本相同的系列专利申请，称为同族专利。在全球数据库中检索获取的数据，将这样的一组同族专利视为一项专利申请。

本报告所作的专利分析工作以中国国家知识产权局提供的专利数据库中获得的专利文献数据为基础，结合标准、诉讼、行业等其他相关数据，综合运用了定量分析与定性分析方法。

（四）相关事项和约定

以下对本报告中反复出现的各种专利术语或现象，一并给出如下解释：

项：同一项发明可能在多个国家或地区提出专利申请，DWPI 数据库将这些相关申请作为一条记录收录。在进行专利申请数据统计时，对于数据库中以一族（同族）数据的形式出现的一系列专利文献，计算为“1 项”。一般情况下，专利申请的项数对应于技术的数目。

件：在进行专利统计时，例如为了分析申请人在不同国家、地区或组织所提出的专利申请的分布情况，将同族专利申请分开进行统计，所得到的结果对应于申请的件数。1 项专利申请可能对应于 1 件或多件专利申请。

专利族、同族专利：同一项发明创造在多个国家或地区申请专利而产生的一组内容相同或基本相同的专利文献，称为一个专利族或同族专利。从技术角度看，属于同一专利族的多件专利申请可视为同一项技术。在本报告中，针对技术和专利首次申请国家/地区分析时对同族专利进行了合并统计，针对专利在国家或地区的公开情况进行分析时对各件专利进行了单独统计。

专利被引频次：专利文献被在后申请的其他专利文献引用的次数。

国内申请：中国申请人在中国国家知识产权局的专利申请。

在中国申请：申请人在中国国家知识产权局的专利申请。

无效审查：有他人向中国国家知识产权局专利复审委员会就申请人的某件发明提出的无效请求。

图表数据约定：本报告检索的最后截止日根据各个技术分支而有所不同。由于发明专利申请自申请日（有优先权的，自优先权日）起 18 个月（主动要求提前公开的除外）才能被公布，实用新型专利申请在授权后才能获得公布（即其公布日的滞后程度取决于审查周期的长短），而 PCT 专利申请可能自申请日起 30 个月甚至更长时间之后才进入到国家阶段（导致其相对应的国家公布时间更晚），因此在实际数据中会出现 2013 年之后的专利申请量比实际申请量少的情况。这反映到本报告中的各技术申请量年度变化的趋势图中，可能表现为自 2012 年之后出现较为明显的下降，但这并不能说明 2012 年和 2013 年申请量的真实趋势，将在后续各章节进行具体分析。

1. 主要申请人名称约定

由于在 CPRS 数据库与 WPI 数据库中，同一申请人存在多种不同的表述方式，或者同一申请人在多个国家或地区拥有多家子公司，为了正确统计各申请人实际拥有的申请量与专利权数量，以下对 CPRS 数据库与 WPI 数据库中出现的主要申请人进行统一约定，并约定在报告中均使用标准化后的申请人名称。其中，在德温特数据库中同一公司代码约定为相同公司；依据 NEXIS 商业数据库中母子公司的关系约定为母公司；依据各公司官网上有关收购、子公司建立等信息，将子公司和收购的公司约定为母公司；公司合并的情况，以合并后的公司作为统一约定的申请人。申请人的名称约定见附录表 1。

2. 相关术语解释

专利所属国家或地区：在本报告中，专利所属的国家或地区是以专利申请的首次申请优先权国别来确定的，没有优先权的专利申请以该项申请的最早申请国别确定。

有效：在本报告中，“有效”专利是指到检索截止日为止，专利权处于有效状态的专利申请。

无效：在本报告中，“无效”专利是指到检索截止日为止，已经丧失专利权的专利或者自始至终未获得授权的专利申请，包括专利申请被视为撤回或撤回、专利申请被驳回、专利权被宣告无效、放弃专利权、专利权因费用终止、专利权届满等。

未决：在本报告中，“未决”专利指的是该专利申请可能还未进入实质审查程序或者处于实质审查程序中，也有可能处于复审等其他法律状态。

关键技术一

指纹识别

中國書店

目　录

第1章　前　　言

1.1　指纹识别的发展历史

中国是世界上公认的“指纹术”发祥地，在指纹应用方面具有非常悠久的历史，是第一个利用指纹作为保密措施的国家。秦汉时代（公元前221～公元25）盛行封泥制，当时的公私文书大都写在木简或木牍上，差发时用绳捆绑，在绳端或交叉处封以黏土，盖上印章或指纹，作为信验，以防私拆。这种泥封指纹做为个人标识，也表示真实和信义，还可防止伪造，这种保密措施可靠易行。[1]

指纹最早应用在中国，但指纹技术的形成却是西方人对世界的贡献。亨利·福尔茨博士是英国皇家内外科医师学会会员，1880年11月28日，第23期英国《自然》杂志发表了他的文章——《手的皮肤垄沟》，并最终形成了亨利指纹法。自亨利指纹法提出以来，世界各国都开始在自己的刑侦领域广泛使用这一分类方法。那时指纹的建档是通过指纹卡作为载体来存储指纹的，处于人工指纹识别阶段。

直到20世纪60年代，以电子计算机为代表的信息技术的逐步兴起，指纹识别进入自动识别阶段。1961年，有记载关于自动比较指纹的论文发表。当时的法国、英国、俄罗斯、加拿大、日本也开始了类似的研究。目前全球著名的自动指纹识别系统（AFIS）公司大多都是这一阶段创立和发展起来的，如SAGEM（Morpho System）、UltraScan、Printrak Motorola、NEC、Biolink、Idenicator、Cogent等。

随着计算机图像处理和模式识别理论及大规模集成电路技术的不断发展与成熟，指纹自动识别系统发生了质的飞跃，体积缩小，速度提高，实现成本以及对运行环境的要求逐步降低，指纹采集的速度和方便性都得到提高。这些都使指纹认证技术的实用化向前迈进了一大步，大量应用于政府、银行、税务、社保、学校和公司机构等部门的文件保密、信息安全、门禁控制、考勤管理与证卡管理等各类需要计算机进行自动身份认证的场合。

1.2　研究背景

经过多年的发展，指纹识别技术的产品在主流社会中开始了比较大规模的应用，在很多国家，政府采用法律规定的方式来保证生物识别技术的应用。如在美国，“9·11”以后，三个相关法案（爱国者法案、边境签证法案、航空安全法案）都要求必须采用

[1] 赵向欣. 中华指纹学［M］. 北京：群众出版社，1997.

生物识别技术作为法律实施保证。

微软创始人比尔·盖茨曾经预测过："生物识别技术，例如指纹，将成为未来几年IT产业的重要革新。"指纹产品在欧美国家已经发展到一定的程度，成为衡量生活品质高低的重要指标。作为消费电子产品界大亨的苹果也嗅出了其中的商机，通过在iPhone 5s上增加一个指纹识别器，苹果让人们看到了智能手机发展趋势，未来用户要进入工作场所、移动电子商务或现实世界购物和活动可能都要通过带有生物识别技术的手机。三星和HTC也迅速跟进，预计这将成为智能终端的另一个流行热潮。

尽管中国指纹产品发展还处于初级阶段，但充满了诱人的研发和市场前景。目前，指纹识别市场以高端的外国品牌和中低端的国产品牌为主。国内厂商受一些技术障碍和市场信息的限制，难以认清研发方向和市场布局、突破技术壁垒，因此对其进行专利分析是非常迫切和必要的。

1.3 指纹识别技术发展现状

1.3.1 指纹识别传感器发展现状

指纹传感器是获取指纹图像的传感器，用于实现指纹自动采集，在指纹识别系统中起到关键的作用，指纹传感器包括光学传感器、半导体传感器、超声波传感器等。光学传感器是最早的指纹传感器，其使用时间长、性能可靠、价格便宜，是现阶段使用最为普遍的指纹传感器，光学传感器的缺点是体积大。半导体传感器于1998年开始用于商业产品，它将指纹特征转化为压电、热辐射、电容、电场等信号，目前市场上最常见的是电容式指纹传感器。超声波传感器和固态电子传感器同期出现，这种传感器采集的图像清晰，但是由于体积大等原因，仍难以用于商业用途。表1-3-1是上述几种指纹采集技术的主要性能指标。

表1-3-1　几种指纹采集技术的主要性能指标

项目	光学传感器	半导体传感器	超声波传感器
成像能力	干手指差，汗多和稍胀的手指成像模糊，易受皮肤上的脏物和油渍的影响	干手指好，潮湿、粗糙手指亦可成像，易受皮肤上的脏物和油渍的影响	非常好
成像区域	大	小	中
分辨率	低于500dpi	可达600dpi	1000dpi
设备体积	大	小	中
耐用性	非常耐用	较耐用	一般
功耗	较大	小	较小
成本	较高	低	很高

因为缺乏大规模集成电路设计和制造优势，目前的指纹传感器几乎都由日本、美国等西方国家厂商提供，中国不占核心地位。未来指纹传感器的发展方向主要集中在：①高精度；②高可靠性；③微型化；④智能化。

1.3.2 指纹识别算法发展现状

指纹识别算法的研究由来已久，虽然历经长期改进发展，但基于大数据库指纹识别和模糊指纹识别等仍然是模式识别领域方面的难题，很多关键步骤比如指纹增强、指纹匹配等还有很大的改进空间。一般而言，指纹识别会经历预处理、特征提取、特征匹配等阶段。

指纹预处理是指纹特征提取前的不可缺少的一个重要环节，主要用于突出指纹图像中的纹理、方向信息，消除或者减弱噪声等无用信息。指纹图像预处理包括指纹图像分割、图像增强、二值化、细化等。指纹图像分割是图像预处理中的一个关键步骤，它是将指纹的有效区域从背景和噪声区域中分离出来，有效区域的分割不仅简化了后续处理，更显著提高了细节特征提取的可靠性。指纹图像增强，就是对低质量的指纹图像采用一定的算法进行处理，使其纹线结构清晰化，尽量突出和保留固有的特征信息以避免产生伪特征信息，其目的是保证特征信息提取的准确性和可靠性。二值化处理将一幅灰度图像转化为二值图像，它提高了指纹图像中脊线和谷线间的对比度，使细节点的提取变得方便，二值化的关键问题是选取一个合适的阈值。作为细节提取前的最后一个步骤，细化是一种基于形态学的处理方法，它持续腐蚀原有的脊线到一个像素宽为止。

在自动指纹识别技术的特征提取中，一般使用两种细节点特征：纹线端点和分叉点。纹线端点指的是纹线突然结束的位置，而纹线分叉点则是纹线突然一分为二的位置。大量统计结果和实际应用证明，这两类细节点在指纹中出现的机会最多，也最稳定，而且比较容易获取。更重要的是，使用这两类细节点足以描述指纹的唯一性。通过算法检测指纹中这两类细节点的数量以及每个细节点的类型、位置和所在区域的纹线方向是特征提取算法的任务。

指纹匹配要解决的问题是对两幅给定的图像提取特征信息，进行匹配，判断两枚指纹是否是同源的，即是否来自同一个指头。传统的点模式指纹匹配一般是基于细节点实现的。指纹匹配主要是比较两枚指纹的细节点特征来决定指纹的唯一性。

在众多的指纹分析和识别算法中，Anil Jain 与 Lin Hong 在 1998 年提出的 Gabor 滤波指纹图像增强法❶，Stephan Huckemann、Thomas Hotz 等人在 2008 年提出的利用全局特征分析缺失指纹方向方法❷，Raffaele Cappelli 等人于 2009 年提出的三维指纹特征匹

---

❶ LIN HONG, YIFEI WAN, ANIL JAIN. Fingerprint Image Enhancement Algorithm and Performance Evaluation [J]. IEEE Transaction on Pattern Analysis and Machine Intelligence, 1998, 20 (8): 777 -789.

❷ HUCKEMANN S, HOTZ, MUNK A. Global models for the orientation field of fingerprints: an approach based on quadratic differentials [J]. IEEE Transaction on Pattern Analysis and Machine Intelligence, 2008, 30 (9): 1507 -1519.

配算法均是这一方面的高水平研究成果。[1] 另外，指纹识别算法与神经网络、机器视觉等前沿学科也有较大的关联。随着科技的不断进步，人们对指纹识别系统的性能和便携性提出了更高的要求，因此，近年来还出现了许多用单一指纹识别专用芯片代替复杂的嵌入式系统的情况。

我国的指纹识别算法单纯从学术研究角度来看并不显得落后，中科院自动化所曾在国际指纹识别竞赛（FVC）上获得冠军，关键是需要考虑如何将这些算法应用到实际中。

1.3.3 指纹识别芯片的发展现状

为了满足便携式指纹系统的需要，近年来，国内外的信息安全产品设计商推出了许多的指纹识别专用芯片，这些芯片集成了图像传感器、指纹识别处理单元等，使得嵌入式指纹识别系统得到飞速发展。这些发展与现代基础电路的发展密不可分。其中，杭州某 IC 设计公司在 2009 年设计出指纹识别电子签名芯片，该指纹识别芯片能够代替通常的 PIN 码输入，杜绝电子签名骗签现象，既便捷又保障了网络环境的身份认证安全。与常规加解密芯片相比，指纹电子签名芯片不论是性能、整体成本还是资源配置，都增强了 10 倍以上。同年，深圳市某指纹锁企业推出其第二代指纹识别芯片，该芯片号称是目前国内体积最小、识别率最高的指纹识别芯片，并且在第 24 届世界大学生冬季运动会的安防系统上发挥功能。在国外，NEC 的指纹识别系统应用广泛，其在指纹识别算法、传感器等领域具有领先地位。

1.4 指纹识别产业链分析

指纹识别产业链共由 7 种产业角色构成，分别是指纹算法提供商、指纹传感器提供商、指纹应用软件提供商、指纹识别 IC 提供商、指纹产品提供商、指纹应用方案提供商和指纹识别产品经销商。指纹算法提供商和指纹传感器提供商是产业链的两个源点。

对于指纹算法提供商，一般衍生于长期以来从事计算机图像处理、模式识别或者人机交互的研究院所或厂商。它们拥有顶尖的算法人才，对模式识别和图像处理有丰富的研究经验和成功积累，可以对外提供成套的指纹识别算法软件，如基于 PC 或更大型计算机系统的指纹识别算法和基于嵌入式系统的指纹识别算法。其指纹识别算法的商用化程度很高，除了可以提供 SDK、EDK 软件开发包外，同时还以开放源码的形式向指纹识别系统厂商提供源码供厂商进行定制开发。

对于指纹传感器提供商，其一般都与传统的光学传感器厂商或者半导体设计公司之间有一定的技术或资金渊源。如 Digital Persona、AuthenTec、UPEK 等，其中 UPEK

---

[1] RAFFAELE CAPPELLI, MATTEO FERRARA, DAVIDE MALTONI. Minutia Cylinder – Code: a new representation and matching technique for fingerprint recognition [J]. IEEE Transaction on Pattern Analysis and Machine Intelligence, 2010, 32 (12): 2128 –2141.

就是业界顶尖的半导体公司意法半导体通过风险投资在幕后支持的公司。Digital Persona则有Logitek的身影。除此之外，传统IT大鳄富士通、卡西欧、索尼以及著名的半导体公司Atmel等也在生产指纹传感器。从技术的角度看，指纹传感器是传感技术、芯片设计、芯片制造工艺、活体采集技术、软件技术的高科技集合。其种类包括光学触摸式、光学滑动式、光电式、晶体电容按压式、晶体压感、晶体热敏、晶体电容滑动式、RF射频式等8种，目前使用最多的是晶体电容式和光学触摸式的，RF是新型的指纹采集技术。指纹传感器提供商AuthenTec、UPEK、富士通是以提供晶体电容芯片为主。Digital Persona是以提供光学按压式传感器为主，Atmel以提供热敏指纹传感器为主。指纹传感器是产业链中不可缺少的源头，是指纹终端产品的核心，指纹传感器对产业链的重要性如英特尔处理器对PC的重要性，指纹识别将是未来的电脑、手机等智能设备的标配，因此指纹传感器的市场之大，不可想象。单从指纹采集技术来讲，指纹传感器技术已经相当成熟。目前在指纹传感器的扩展功能上，还有很多积极的研究。如手指导航、双击、单击等，可以用作TOUCHPAD，或者用于新型鼠标。指纹芯片另一个发展方向是提供面向手机、PDA等不同使用场景的芯片，与这些产品之间更好地进行技术衔接，进一步扩大指纹传感器的应用领域，使之更加普及化。由此可见指纹传感器提供商正是目前产业的主导力量。

其中，产业链中涉及的指纹应用软件提供商是产业链的价值实现者。目前能够提供指纹识别应用软件或系统的公司多分布在美国、英国、加拿大、印度和中国台湾。这些软件商中有很多并不是单纯的指纹识别软件商，它们是一直从事身份识别、身份管理或者安全软件开发的综合软件开发商。这些应用软件商不仅能够提供指纹识别软件，而且能够提供兼容多数生物识别技术，如脸形识别，手纹识别等多重识别技术的生物识别软件，甚至可以兼容SmartCard、USBKey等身份识别技术的全套身份管理软件。单纯提供指纹识别软件的开发商如Softex、ABIG、ARATEK等，提供面向PC环境的单机版指纹识别软件和面向网络环境的指纹识别平台软件。PC版指纹软件一般是与指纹终端设备配合使用，实现电脑保护、文件保护、密码银行等功能，比如Omnipass、Bio-me等。面向网络环境使用的指纹识别软件平台，一般应用于电子商务网络支付等场合。比如，Biopay、Trustlink等。对于将来，指纹识别应用技术的发展更具吸引力的应用前景在网络和大型应用系统上。指纹身份应用将是网络业务系统和企业业务系统中不可或缺的一部分，如以提供指纹认证服务或者指纹应用中间件的形象出现，未必不是一个有价值的发展方向。

至于指纹识别IC提供商，其是直接提供一个具备指纹识别能力，兼容多种指纹传感器的芯片厂商。它的出现大大降低了进入指纹嵌入式产品研发的门槛，并使得在嵌入式产品中指纹算法的成本大大降低。指纹识别IC的出现，使得一大批只需具备硬件PCBA设计能力的厂商，都可以进入指纹识别产业。不过，此类供应商目前数量还比较少，产品还不算成熟，没有批量出货。所以在当前的产业合作关系中，仍以“指纹算法提供商直接向嵌入式指纹产品开发商提供算法”为主要方式。

至于指纹识别产品提供商，是面向终端客户提供各种指纹识别产品及服务的厂商，处于指纹产业链的汇聚点。指纹识别产业的各种新技术、新方法，以及新的商业模式，都将在指纹识别产品提供商身上得到展现，犹如整个产业的指示灯。指纹识别产品提供商处于产业链的下游，直面客户，能够体察到一线需求，包括在功能和价格上都能准确把握客户的期望点，同时又是指纹识别技术产品化的实现者，对产业链来讲，起一个承上启下的枢纽作用。

至于指纹识别应用方案提供商，是为用户提供全流程全方位的指纹应用实施解决方案。一般对整个指纹识别软硬件系统，包括指纹算法软件、指纹应用软件、指纹采集设备、指纹库运行管理等，都比较熟悉。在企业应用中表现为指纹终端产品的选型、应用软件的开发、集成或部署，系统的指纹身份权限规划等。在互联网应用中，表现为向网络上的各业务系统提供第三方身份认证服务。指纹识别应用方案提供商是指纹识别产业完全走向成熟的标志，能够称得上是方案提供商的如美国的 Sagem Morpho、Motorola Printrak，瑞典的 Precise Biometrics，美国的 Identix，日本 NEC 等。指纹识别应用方案提供商将是继指纹传感芯片厂商之后在产业应用方向上的领导者。作为处于指纹识别产业最终端，指纹应用方案提供商决定产业的走向，带动整个产业链发展和壮大。未来指纹应用的新方式，如指纹支付、指纹控制、指纹版权，都将会是指纹应用方案提供商研究和发力的方向。

指纹识别产品经销商的加入是产业成熟的标志之一。它们通过自己的眼光审视着产品在最终市场的接受程度，也同时冒着风险推销着一个新的产品形态。

总体来讲，整个指纹识别产业链才开始处于成形、发展阶段。产业链的上游角色指纹算法提供商和指纹传感器提供商在现阶段看来发展比较充分。产业链的中下游，如指纹应用软件提供商与指纹产品提供商之间并没有形成明确的产业分工。指纹应用软件提供商也在生产自己的指纹产品设备。指纹产品提供商的数量，相对整个市场需求来讲仍然非常少。指纹应用方案提供商更是少得不足以支撑这个产业角色。

1.5 指纹识别市场应用分布

据国际生物识别集团（IBG）最新权威报告显示，目前生物识别产业中，北美洲占据份额最高，达到33.5%；亚太地区随后，为23.8%；欧洲、中东和印度、中南美洲、非洲依次为16.5%、11.0%、9.1%和6.1%。

（1）美国

美国是全球最主要的生物识别市场，规模达到10亿美元左右，除了商业用途比较普及之外，政府也是生物识别技术最大的用户。“9·11”事件后，全美115座机场和14个主要港口设立了“美国访客和移民身份显示技术”系统，可以进行指纹识别、虹膜识别、面部图像扫描以及掌纹识别等。而27个免签证国公民前往美国，必须持生物识别护照。为了加强安保防范，美国国土安全部投入100亿美元实施了大规模美国访问（US-VISIT）计划，开展生物识别系统的研究。该计划具有生物识别数据的收集和储存功能，并为决策者提供数据分析。目前，每天约有3万名联邦、州和地方政府的授权用户查询 US－VISIT 的数据。

（2）欧洲

欧洲各国政府通过严格的安全标准和特殊规范，使得欧洲地区的生物识别技术市场在近年内取得了快速成长，2010 年市场规模超过 6 亿欧元。除了推行国际民航组织（ICAO）和生物识别应用程序接口联盟等行业组织制定的一系列标准外，欧洲各国在普及生物识别护照、国民身份证计划和第二代申根信息系统的同时，积极推动生物识别技术产业的发展。Frost & Sullivan 公司的研究显示，目前欧洲市场关键的增长领域包括非指纹自动识别系统（Non－AFIS）、指纹自动识别系统（AFIS）、面部识别、扫描眼（虹膜和视网膜）、掌形验证、声音验证和签名验证等。

（3）印度

目前，印度生物识别技术市场仍处于萌芽期。国内主要的生物识别解决方案提供商有 Bartronics、BioenableTech、Jaypeetex、Fusion 等生物识别公司，主要生物识别技术系统集成商有 Zicom、Datamatics、Johnson 等。印度政府和私营企业对生物识别技术的高度认可，推动了市场的快速发展。印度生物识别市场现在仍集中在指纹技术。此外，为解决身份被冒用而阻碍国家发展的问题，印度政府从 2010 年 9 月开始为全国 12 亿人口建立国民身份数据库，在全球首开用指纹识别系统的先例。

（4）中国

我国生物识别产业，尤其是指纹识别技术领域，已进入成熟发展期，产品和应用日渐普及，市场潜力巨大。我国生物识别产业细分市场分布为：商业应用，主要用于门禁、考勤和身份认证；公共和社会安全应用，主要用于出入境管理和证照系统、治安管理；公众项目应用，主要用于社保、医疗和教育应用；大众消费类应用，主要用于指纹识别门锁、箱柜锁、电脑手机开机认证等；司法应用，主要用于自动指纹识别系统（AFIS）和自动人脸识别系统（刑侦用途）。相比国外，大部分应用都在政府和公共服务领域的重大型项目，国内市场多数均是小型商业部门应用，随着第二代身份证中指纹识别技术的运用和手机终端中指纹识别技术的发展，这一局面将得到改善，随着电子政务和电子商务中指纹识别技术的应用，可以想象未来的发展空间巨大。

1.6　指纹识别产业政策

各国政府出于国家安全考虑，实施的生物识别护照、国民身份证计划等政策很大程度上对生物识别技术的研发设计、普及应用起到了巨大的推动作用。而国际生物识别和鉴定协会、生物识别联盟、生物识别应用程序接口联盟等行业组织在行业标准制定、交流培训、协调政府与产业界等方面也功不可没。以下对美国、中国等国家的产业政策进行介绍。

1.6.1　美　　国

美国是代表国际上生物特征识别先进技术的主要国家。20 世纪 90 年代，美国生物特征识别技术应用的标准化工作已开始启动，当时的主要任务是针对应用在法律实施中的指纹身份自动识别系统（AFIS），随后陆续制定了一系列的技术标准和行业标准。

1993 年美国国家标准与技术研究所（NIST）的计算机系统实验室制定了国家标准：ANSI/NIST - CSL. 1 - 1993：信息系统和指纹信息交换数据格式和刑事审判信息服务标准。

1997 年，国家标准与技术研究所信息技术实验室（ITL）修订了 1993 年的标准，发布了 ANSI/NIST - ITL. la - 1997 国家标准：信息系统和指纹、脸形、文身信息交换数据格式。1998 年，美国召开了另一个指纹数据交换会议，进一步修正、整理并更新了 ANSI/NIST - CSL. 1 - 1993 和 ANSI/NIST - ITL. la - 1997 标准，美国国家标准与技术研究所将这个文件发布为：NIST 特别资料 SP500 - 245。该文件规定了用于不同的管辖范围和相异的系统之间有效地交换指纹、脸形、伤疤、标记和文身身份识别数据的一个通用格式。

1998 年美国生物特征识别应用软件联盟成立，并于 2000 年 3 月发布了一个行业规范：BioAPI 规范版本 1. 0 - 2000。

2001 年 1 月，在 BioAPI 联盟和认可标准委员会 X9 共同合作下，国家标准与技术研究所发布了 NI - STIR 6529 - 2001 生物特征识别通用文件交换格式。

2001 年 3 月，发布了美国国家标准 X9. 84 - 2001：生物认证信息的管理与安全。该标准定义了在金融界使用生物信息的管理与安全要求（如顾客身份识别、雇员身份识别，包括指纹、虹膜扫描图像、声纹等）。

2002 年 10 月，共有 21 位注册的生物认证通用文件交换格式（CBEFF）所有者，在美国规定的“对象识别符注册机构——国际生物认证行业协会（IBIA）”进行了注册。

为了促进生物认证技术的标准化，美国的信息技术标准化国际委员会（INCITS）于 2001 年 11 月成立了生物认证技术委员会：INCITS M1。与此同时，美国加大了对 ISO/IEC JTC1/SC37 分技委的影响，将来 ISO/IEC JTC1/SC37 的工作将会以美国技术咨询专家组为主导开展相应的标准化工作。

1.6.2 中　国

2007 年 7 月，由杭州中正生物认证技术有限公司作为主要起草方之一进行制定的强制性标准《指纹防盗锁通用技术条件》（GA701—2007）就已正式通过公安部技术监督委员会的审批。

2012 年 7 月 18 日，全国安全防范报警系统标准化技术委员会报批的《安防指纹识别应用系统第 7 部分：指纹采集设备》行业标准经公安部技术监督委员会批准发布，其编号为 GA/T 894. 7—2012，名称为《安防指纹识别应用系统第 7 部分：指纹采集设备》，该标准于发布之日起实施。

2012 年 11 月 1 日，为规范居民身份证指纹采集器供应市场，确保指纹采集器的质量，公安部居民身份证登记指纹信息工作领导小组办公室组织制定了《居民身份证指纹采集器通用技术要求》（GA/T 1011—2012），发布公告邀请国内知名企业参加“居民身份证指纹采集器选型推荐项目”，并对几十家厂商送检的指纹采集器进行对照检测。

近期，受到“棱镜事件”的影响，生物特征信息正面临收集、集中和不恰当运用的风险，生物特征识别技术面临着挑战也迎来了机遇。为此，全国信息安全标准化技术委员会就信息安全生物特征识别标准及技术应用召开研讨会，正加紧国家标准《信息安全技术　指纹识别系统技术要求》的编制。

第2章　电容式指纹传感器

2.1 概　　述

2.1.1 技术点研究边界

本报告对电容式指纹传感器的研究，主要涉及用于指纹识别的电容式传感器在结构、材料、封装、电路等方面的改进技术。本报告的检索时间截止到2014年3月5日。截止到本报告的检索时间，最早优先权日为2012～2013年的申请尚未完全公开，因此，2012～2013年的实际数据可能比检索到的多。

2.1.2 技术重要性

指纹光学传感器是最早出现的采集技术，其采用光源照射、CCD采集指纹图像，但光学传感器体积大、对于手指条件要求高的特点限制了其发展。

指纹超声波传感器是新兴技术，利用皮肤与空气对于超声波阻抗的差异，来分辨指纹上的谷和峰，从而采集指纹图像。超声波传感器具有采集时间长、价格昂贵、不能活体指纹识别的特点，所以目前使用较少。

电容式指纹传感器于20世纪90年代大规模投入使用，其利用手指纹线的脊和谷相对于平滑的传感器之间的电容差，形成灰度图像。其图像质量较好、一般无畸变、尺寸较小、成本低、易集成，尤其是其发出的电信号穿过手指的表面和死性皮肤层，达到手指皮肤的体层（实皮层），间接读取指纹图案，能够实现活体指纹识别，从而大大提高了系统的安全性，是目前市场上的主流。

电容式指纹传感器具有体积小、功耗低、成本低等诸多优点，在实际生产中得到了广泛应用，在智能终端领域日益受到重视。例如，在智能手机领域，目前苹果在iPhone 5s中使用电容式指纹传感器支持用户使用指纹解锁手机，三星也已为Galaxy S系列设备中引入了指纹识别密码保护机制，进一步提高产品在商务领域的安全性能。作为新型的安全保护技术，加上苹果、三星等消费电子产品巨头的推动，尤其是上述企业在业界的引领作用，指纹识别技术容易成为资本市场聚光的焦点并有望获得爆发式发展。

但是，电容式指纹传感器制备工艺复杂，单元面积上传感单元多，包含高端的IC设计工艺、大规模集成电路制备工艺、IC芯片封装工艺，所以电容式指纹传感器多数是由美国、欧洲、中国台湾等设计、制造。目前中国大陆厂家在生产设计上存在较高的技术壁垒。因此选择电容式指纹传感器这个技术点进行研究有利于了解国外相关申请人的专利布局、技术发展路线以及并购意图，为指纹识别行业的国内申请人提供参考。

2.2 全球专利概况

2.2.1 全球专利申请趋势分析

图2-2-1示出了电容式指纹传感器全球专利申请的发展趋势，其中横轴的年份指代专利最早优先权年，纵轴的数值指代专利申请数量。从图2-2-1中可以了解电容式指纹传感器技术从问世之初截至目前的全球专利申请的趋势，综观该图，可以把电容式指纹传感器技术的相关专利申请态势分为以下3个阶段。

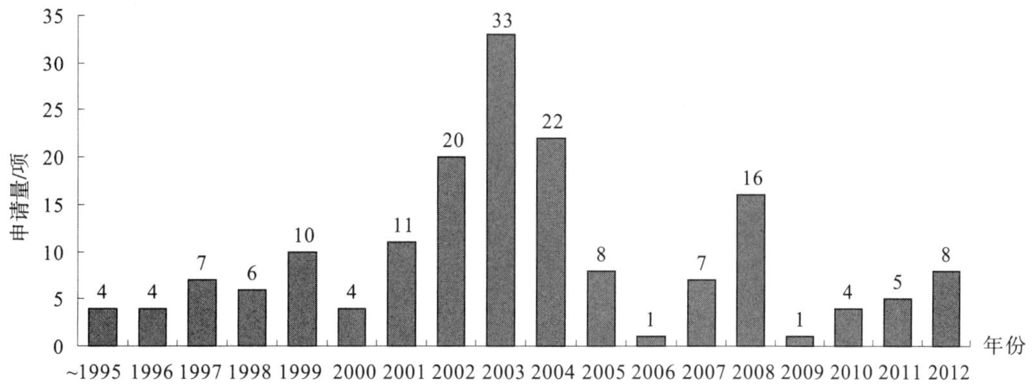

图2-2-1 电容式指纹传感器全球专利申请的发展趋势

（1）技术积累期：2000年以前

电容式指纹传感器技术作为第二代指纹识别传感技术于1998年面向市场，然而其相关的专利申请时间却远远早于该时间点。飞利浦电子和联合工业有限公司于1990年提出发明专利申请GB2244164A，正式提出了电容式指纹传感器用于指纹识别的整体概念。而在1995年之前，累计的专利申请总量为4项，由此可以确定1995年之前属于电容式指纹传感器技术的起步阶段。而从1996年开始，专利申请的数量和持续性都有所进步，专利申请数量平均每年保持在4项以上，申请总量呈缓慢的稳定增长。总体而言，这一阶段是电容式指纹传感器技术的储备阶段，可以称之为技术积累期。

（2）跳跃式增长期：2001~2004年

历经了前一阶段的技术积累，2001~2004年，专利申请量出现跳跃式增长，从之前的每年不足10余项突破性增长到2001年和2002年的10项以上，2003年更是迎来了专利申请的高峰，进一步增长到33项。这种跳跃式增长的出现有多种原因，比如国际反恐、互联网应用等众多因素，使得生物识别技术特别是指纹识别技术炙手可热，许多公司投入大量的人力、财力进行相关产品和技术的研发。指纹识别技术得到了快速的发展，而电容传感技术基于其准确性高、防伪性能好、体积小等显著优点，也得到了显著的重视。总体来说，这一阶段短短4年的专利申请总量超出之前所有专利申请的总和，该时期可称为跳跃式增长期。

值得一提的是，在这一阶段，国外各大企业开始对中国进行技术输出，逐步开始重视在中国的专利布局。

（3）震荡调整期：2005～2012年

从2005～2012年，这一阶段的申请量震荡调整，各年的年申请量均在10项左右，分析原因可能是历经了此前4年的技术快速发展，导致电容式指纹传感器技术发展相对较为成熟。此外，人脸、虹膜等各种其他方式的生物识别技术成为新的技术增长点，部分公司转而研发其他生物识别方式，导致其在电容式指纹传感器上的研发投入减少。然而，2013年苹果推出其搭载了电容式指纹传感技术的iPhone 5s智能手机，引发了将电容传感芯片应用于手机、平板电脑等移动终端的热潮。可以预言，这将引发电容式指纹传感器技术的又一次技术革命。在未来几年，电容式指纹传感器技术将会迎来又一波申请小高峰。

2.2.2 区域国别分布

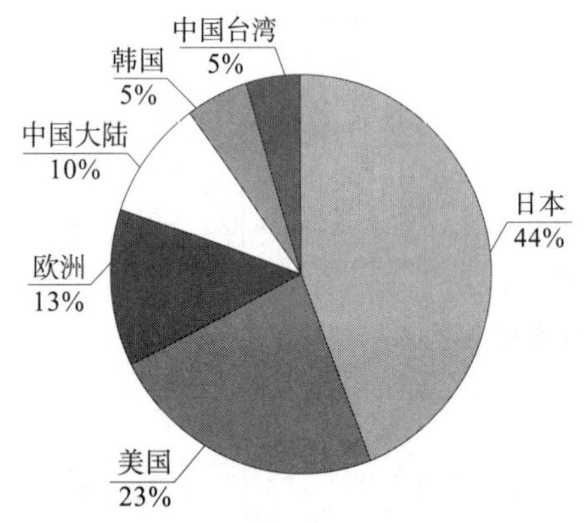

图2－2－2　全球电容式指纹传感器的专利申请技术来源分布

（1）技术原创国分布

图2－2－2是全球电容式指纹传感器的专利申请技术来源（最早优先权国家或地区）的分布图。其中，美国、日本、欧洲是电容传感技术的强国或地区，如日本的精工爱普生、阿尔卑斯、富士通、夏普、索尼，美国的苹果、AuthenTec，欧洲的意法半导体等。全球专利呈现阶梯状分布，其中，有44%的专利申请来自日本，这一数量约是第二位美国的2倍，而美国申请量约是第三位欧洲的2倍，来自美国、日本、欧洲的电容传感技术专利申请占据了全球的约八成。

中国台湾是世界IC制造基地，具有多家实力较强的厂商，如联宝、峻星、祥群等，全球有5%的申请来源于中国台湾。韩国的指纹识别技术起步较晚，但受西方指纹识别技术的影响，近年来三星、LG为代表的韩国公司技术发展迅猛，其申请量已经赶上了中国台湾。

电容式指纹传感技术在中国大陆起步较晚，但在近年成为大热门技术，申请量有了大幅度增加，已经占据了全球申请量的一成。

（2）技术目标国分布

图2－2－3是全球电容式指纹传感器的目标市场分布图。由该图可看出：与原创国分布基本一致，美国、日本、欧洲是全球电容式指纹传感器的主要目标市场，这3个国家和地区拥有众多顶级厂商，这些厂商对国内市场的重视程度高，优先在本国或

地区内部寻求专利保护，进行了大量的专利布局，专利申请量基本持平，均占据专利申请总量的20%以上，3个专利技术强国或地区专利数量叠加，占据了全球专利申请总量的60%以上。仅次于美国、日本、欧洲，中国大陆迅速发展起来的指纹识别市场像一块磁石一样，牢牢吸引住各国厂商，在成为具有一定份额的原创国的同时，也成为最大的发展中国家目标市场。亚洲的韩国和中国台湾在技术上发展迅速，市场非常活跃，也拥有较大申请量。图2-2-3中所示的其他目标市场包括澳大利亚、加拿大、西班牙、墨西哥、中国香港等国家或地区以及向世界知识产权局提交的PCT国际申请。

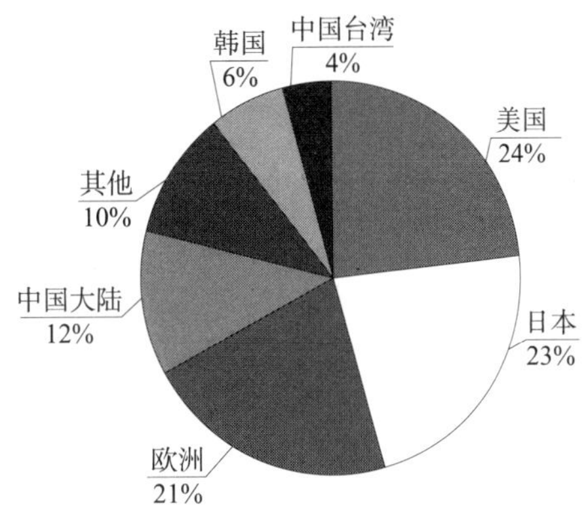

图2-2-3　全球电容式指纹传感器的目标市场分布

2.2.3　主要目标市场专利年代趋势分布

图2-2-4是电容式指纹传感器的主要目标国专利申请年代趋势分布图。欧洲、中国、日本和美国4个国家和地区作为电容式指纹传感器技术专利申请的主要目标市场，2000年以前，欧洲、美国和日本的申请量占比相当，中国专利申请量相对较少。2001~2004年，中国、日本和美国的专利申请量均形成大量增长的局面，欧洲维持原有规模。2005年以后，中国专利申请占比显著增加，赶超日本，成为全球第二大目标市场。这说明我国市场活跃，技术上发展迅速，专利申请量也迅速实现攀升。

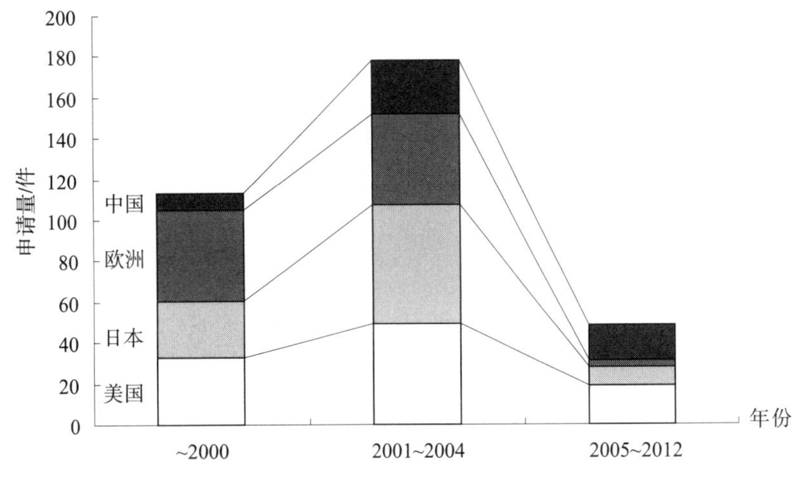

图2-2-4　电容式指纹传感器的主要目标国年代趋势分布

2.2.4　申请人概况

图2-2-5示出了全球电容式指纹传感器主要申请人的申请概况。由此图可以看

出：在申请量排名靠前的主要申请人中，包括精工爱普生、阿尔卑斯、索尼、东光、日本电信电话、富士通6家日本公司，可见日本公司在电容式指纹传感器技术上处于领先地位，具有群体性的优势。此外，中国台湾的奇景光电，欧洲的飞利浦、意法半导体、IDEX以及美国的ULTRA－SCAN也均有相当数量的专利申请。

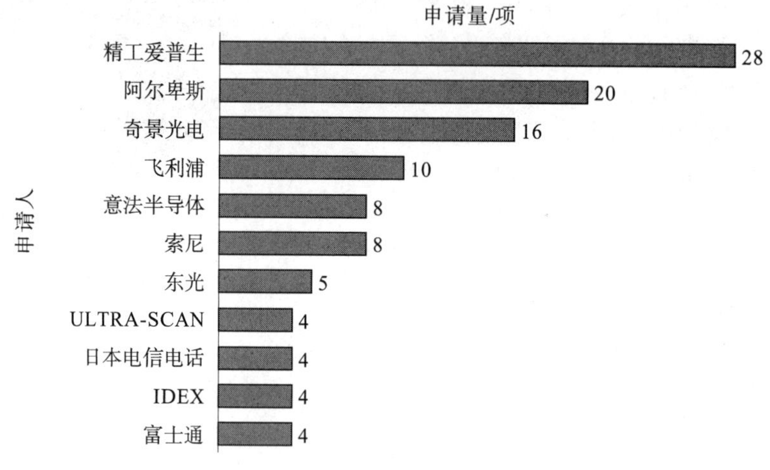

图2－2－5　全球电容式指纹传感器主要申请人申请概况

2.3　中国专利概况

2.3.1　中国专利申请趋势分析

图2－3－1示出了电容式指纹传感器中国专利申请的发展趋势，其中横轴代表专利申请最早优先权年，纵轴代表专利申请项数。综观该图，可以把电容式指纹传感器技术的中国专利申请态势分为3个阶段。

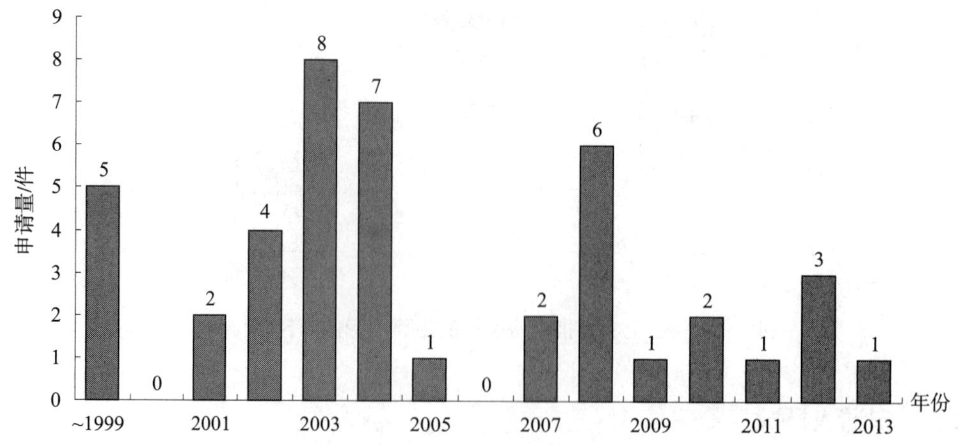

图2－3－1　电容式指纹传感器中国专利申请的发展趋势

（1）技术累积期：1997～2001年

在这一阶段，每年的专利产出量均在2件以下，很大原因在于作为第二代指纹识别传感技术核心的电容传感技术在1998年才面向市场，在此之前人们对电容式指纹传感器的关注很少，尤其是在国内。另外，结合图2－2－1可知，中国专利申请在该阶段的发展态势与全球专利申请发展态势大致相同，都是处于技术起步阶段，不同的是中国市场自1997年开始才有专利布局，但是该时间仍然早于电容传感器的面世时间，这从侧面体现了中国市场的重要性。

（2）跳跃式增长期：2002～2004年

中国电容式指纹传感器领域的专利产出在这三年出现了小幅增长，尤其是2003年和2004年，每年的专利产出量均超过了5件。这与该阶段电容式指纹传感器技术的成熟以及包括在电子信息等领域不断增长的需求不无关系。并且，随着半导体指纹传感器的市场应用逐步广泛，以及电容式指纹传感器在功耗、体积、成本方面的优势被人们逐步认识，相关研究机构和企业把电容式指纹传感器潜在的应用作为其中的关注点，客观上也成为推动电容式指纹传感器领域在这一阶段专利申请量增长较快的积极因素。

（3）申请回落期：2005～2013年

在这一阶段，除2008年专利产出量突破5件以外，其他年份的专利产出量均在5件以下。相比上一阶段每年均超过5件以上专利产出量相比，出现了大幅回落。这与整个世界范围内电容式指纹传感器相关专利申请态势的发展是遥相呼应的，即不仅仅是中国市场出现了申请回落，而是世界范围内的低迷期，分析原因可能是历经了此前几年的技术快速发展，导致电容式指纹传感器技术发展相对较为成熟，各公司暂时遇到了技术瓶颈，很难找到大规模新的技术突破点，也可能是电容式传感器的概念应用未得到有效的推广，导致各公司的研发热情消退。

然而，自2013年苹果推出其搭载了电容式指纹传感技术的iPhone 5s智能手机以后，引发了将电容传感芯片应用于智能手机、平板电脑等移动终端的热潮，并且随着指纹支付等概念的推广、智能设备的广泛应用以及互联网金融业务的崛起，可以预言：电容式指纹传感器的应用优势将进一步被人们所认识，相关研究和专利申请企业将不断增加，该项技术的研发将重新成为热点，在未来几年，电容式指纹传感器技术将会迎来又一次专利产出小高峰，进而引发电容式指纹传感器的专利申请风暴。

需要说明的是截至目前，2013年的申请公开量仅为1件，这是因为发明专利申请从申请到公开有一个滞后期，2012～2013年的申请尚未完全公开。

2.3.2 专利申请的国别分析

图2－3－2示出了电容式指纹传感器的主要国家申请人在中国专利申请量比例分布。从申请人所属的国家/地区看，处于前列的国家/地区是日本和中国台湾，其次是中国大陆、德国和美国。此外，在英国、挪威、芬兰以及中国香港也分别有少量申请

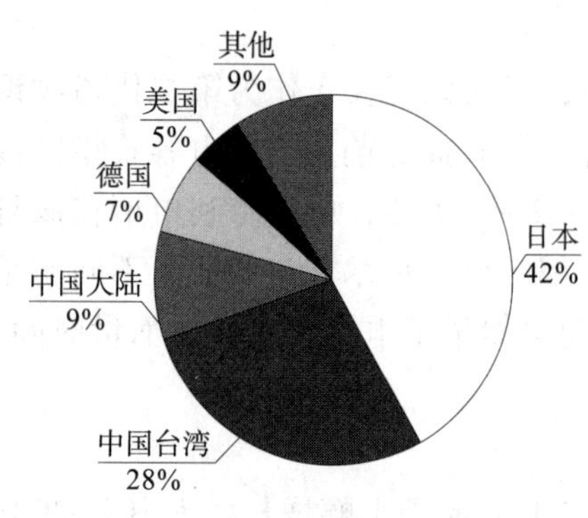

图2-3-2　电容式指纹传感器的主要国家申请人在中国专利申请量比例分布

人分布。其中，向中国国家知识产权局递交的该领域的发明专利申请中，42%的申请来自日本，28%来自中国台湾，即中国专利申请中超过70%的申请量来自日本和中国台湾。而来自中国大陆的申请量仅占9%，与日本和中国台湾相比，中国大陆的申请人对于专利布局的意识尚待提高。但是，我们还可以从另外一个方面看出，除了日本和中国台湾，其他国家和地区，比如欧洲、美国等电容式指纹传感器技术发展较为成熟的国家和地区目前在中国的专利布局尚未完善，由此，国内申请人尚有较大的发展空间。

2.4　法律状态

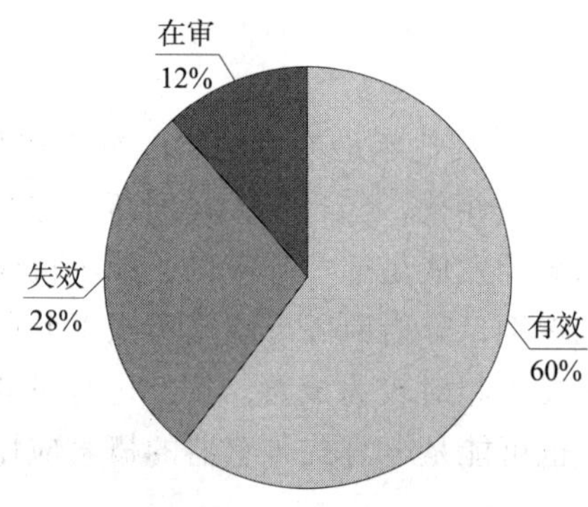

图2-4-1　电容式指纹传感器在中国的发明专利申请的法律状态

图2-4-1示出了电容式指纹传感器在中国的发明专利申请的法律状态。其中，有效是授权后正常缴费，也未被无效，未决是专利申请未结案，其他案件主要包括视撤、驳回等未能授予专利权的结案以及因各种原因授权后未缴费而导致终止的案件。经过数据分析可知：1990~2013年，涉及电容传感器的中国专利申请共43件，其中已授权并维持专利权的专利申请占60%，仍在审批中的专利申请占12%，视撤的专利申请、授权后放弃以及被驳回的专利申请总量占28%。从这些数据可以看出，目前在中国的相关专利申请整体质量较高，专利稳定性较好。而较低的放弃比率也证明了这一领域目前的发展势头良好，各申请人持有的技术对于自身较为重要，因此，均努力设法保证专利有效。此外，12%的在审率同样表明各申请人对一技术领域的发展具有浓厚的兴趣，新申请量较多。

2.5　技术分析

2.5.1　涉及电容式指纹传感器的技术发展路线图

在指纹识别领域，相对于传统的光学传感器，应用电容传感器进行传感识别的技术显示出更高的准确度和灵敏度。近年来，随着电容式指纹识别芯片在智能手机、移动支付上的应用设想，其越来越受到本领域科研工作者和从事指纹识别的各大公司的重视，成为目前本领域研究的热点。本节以技术发展情况结合重要专利得出该技术分支的技术发展路线图参见图2-5-1。

申请人	专利	年份	专利	申请人
飞利浦	整体GB2244164A	1990		
AT&T	整体EP0779497A2	1995	电极JPH08305832A	日本电报电话
意法半导体	电极EP0790479A2	1996	开关电路WO9740744A2 电极WO9803934A2	飞利浦
HARRIS	集成封装EP0789334A2			
意法半导体	电极EP0902387A2 封装EP0889521A2	1997	整体JPH11118415A	索尼
			增益调整电路WO9852135A2	AVERIDICOM
意法半导体	整体EP0929050A2	1998	电路连接WO9945496A2	飞利浦
飞利浦	层膜WO0124102A1	1999	层膜JP2001056204A	索尼
日本电报电话	层膜EP0940652A2		开关电路JP2001076130A	THOMSON
意法半导体	整体EP1187056A2	2000	信号处理WO0182218A2	VERIDICOM
			电极EP1059602A2	日本电报电话
意法半导体	层膜EP1308878A2	2001	电路改进JP2003078365A	索尼
HYNIX	信号处理KR20030073508A			
富士通	电极US2003178714A1	2002	电极WO03075210A2	IDEX
意法半导体	层膜EP1408442A2		信号处理US2004222802A1	TUNING
阿尔卑斯	信号处理EP1521203A2	2003	信号处理JP2005049194A	精工爱普生
芯微	层膜CN1564189A	2004	信号处理JP2006112848A	精工爱普生
EGIS	层膜US2007001249A1	2005	电极JP2006343257A	精工爱普生
QIB	层膜US2007092117A1	2006	层膜US2008088322A1	富士通
夏普	层膜JP2009156637A	2007	晶体管US2009146669A1	HIMAX
HIMAX	晶体管CN101520837A	2008	信号处理US2009123039A1	AuthenTec
BENKLEY	层膜US2011176037A1	2010	层膜WO2011130493A2	AuthenTec
		2011	层膜US2013076486A1	AuthenTec
苹果	信号处理US2013314148A1	2012	近场通信US2013231046A1	苹果
苹果	蓝宝石封装AU2013205186A1	2013	层膜US2013201153A1 电荷分享US2013200907A1	ULTRA-SCAN
		年份		

图2-5-1 电容式指纹传感器技术发展路线

图2－5－1表示电容式指纹传感器的技术发展路线图。综观该图可以发现，电容式指纹传感器技术没有一个明显的阶段性技术发展趋势，因此，本报告以时间轴结合专利分析的形式对电容式指纹传感器技术发展进行梳理。

1990年，飞利浦所申请的英国专利申请（GB2244164A）公开了一种电容式指纹识别传感器，该申请提出了采用电容式传感器替代传统的光学传感器来进行指纹识别，并公开了电容式指纹传感器的基本结构和工作原理，即利用一定间隔安装两个电容板，利用指纹的凹凸，通过识别电容值的变化来对指纹进行识别，实现了指纹识别检测准确性的提高。

在此基础上，飞利浦于1996年又提交了2项专利申请（WO9740744A2和WO9803934A2），这2项申请分别对于电容式指纹传感器的电路结构以及层膜结构提出了进一步的改进，实现了检测效率和耐磨程度的提高。

与此同时，其他公司也开始进军电容传感器的研发市场。1995年，日本电信电话和AT&T分别提出专利申请，日本电信电话的专利申请（JPH08305832A）涉及一种小而薄的轻便型电容式指纹传感器，该传感器通过检测电路与每一个设置在主平面上的电极相连，基于与手指槽线产生的粗糙不同的电极电容值获取指尖图像图案；AT&T的专利申请（EP0779497A2）同样涉及一种基于电容式指纹传感技术的指纹识别器，其在电容片表面设置绝缘面，实现了指纹识别的准确检测。总体来说，1995年之前，涉及电容式指纹传感器的专利申请很少，而且主要涉及整体装置，可以说，这一时间是电容式指纹传感器的起步阶段。

1996～1998年，电容式指纹传感器技术出现了技术分支，不仅仅限于整体概念性的技术构思，而是具体到了比如开关电路（WO9740744A2，飞利浦），电极/层膜改进（WO9803934A2，飞利浦），电极（EP0790479A2，意法半导体）以及集成封装（EP0789334A2，HARRIS），解决的技术问题也从之前的准确性向高精度、低成本迈进。另外，申请人的数量也呈明显增多的趋势，一些重要的申请人如意法半导体、索尼、VERIDICOM开始陆续有专利产出。

1999～2001年的技术热点主要体现在层膜结构的改进上，其中关于层膜结构改进的专利申请量占这3年申请总量的40%，通过对不同层膜结构的改进，解决了包括高灵敏度、静电保护、防损等多个技术问题。比如：日本电信电话于1999年提出的专利申请（EP0940652A2）公开了在传感器电极上设置多个层间电介质膜，在其上是电介质的半导体衬底，通过这样的层膜结构达到了高灵敏度的技术效果；飞利浦于1999年提出的专利申请（WO0124102A1）公开了用介电传感层覆盖传感电极，解决了防止静电损伤传感器芯片的技术问题；意法半导体于2001年提出的专利申请（EP1308878A2）则公开了在感应表面下具有电容传感板的一块上板，下方有平行相邻布置的两块下板，在其下方有第三下板的层膜结构，提高了指纹识别的准确性。

2002～2005年，这3年专利产出量出现了激增，技术发展方向也是百花齐放，在原有的关于层膜结构改进的基础上，又出现了信号处理、电极改进、开关电路，集成电路等多个技术发展分支，其中尤以涉及信号处理和电极改进的技术居多。

在信号处理方面，HYNIX 于 2001 年提出的专利申请（KR20030073508A）公开了采用开关电容积分单元对信号进行放大以提高准确性；ALPS 于 2003 年提交的专利申请（EP1521203A2）公开了通过电容检测单元检测被选行列交点的电容变化总和转换成的电压，来实现低电容检测；而精工爱普生于 2004 年提交的专利申请（JP2006112848A）则公开了通过参考电容与在探测电极与指纹之间的静电电容的比，基于固定门电势，通过信号放大晶体管调制漏电流，来提高识别精度。

在电极改进方面，富士通于 2002 年提交的专利申请（US2003178714A1）公开了在半导体芯片层设置通孔连接电极和背电极，使得保护层结构减薄。IDEX 同年提交的专利申请（WO03075210A2）则是公开了将外部电极接地以达到静电保护的技术效果。同样是为了静电保护，TUNING 公司（US2004222802A1）对于电极的改进是采用预设间隔分隔的十字片电极金属网。

2006 年和 2007 年，电容式指纹传感器技术的整体专利产出开始回落，这两年的专利产出数量很低，只有 6 项，其中 3 项涉及层膜结构的改进，富士通的专利申请（US2008088322A1）提出在传感器顶部层形成具有 400 ~ 700 纳米厚的绝缘膜，绝缘膜由聚酰胺酯型聚酰亚胺，优选感光性聚酰亚胺，通过对绝缘膜厚度和材料的改进实现了高灵敏度和防损的技术效果。其他 3 项专利中，有代表性的是 QIB 于 2006 年提出的专利申请（US2007092117A1），该申请通过在电容变换电路中设置电阻放电电路，从而构成该装置的电路对供应电压的变化或波动不敏感，达到了降低外部噪声的技术效果。

2008 年 90% 的专利申请来自中国台湾的奇景光电，该公司提交的系列申请主要涉及多晶体管的电容式指纹传感器，如专利申请（CN101520837A）就是公开了一种包含一指纹电容 CF、一参考电容、一第一晶体管及一第二晶体管的电容式指纹感应器。该指纹电容 CF 的电容值为一凹部电容值 CFV 或一凸部电容值 CFR。该参考电容具有一电容值 CS，且 CFV < CS < CFR。该第一晶体管用于在一预充电阶段时预充电该参考电容及指纹电容。该第二晶体管用于在一估算阶段时输出该指纹电容的电压至一读出线。该预充电阶段由一第一读出选择线所控制，该估算阶段由一第二读出选择线所控制，该第二读出选择线紧邻于该第一读出选择线，且存取该读出线的有效时间位于该第二读出选择线的启动期间内。该公司的其他专利申请均是在晶体管的数量或排布上作出一系列的改进。2008 年另外一项专利申请来自 AuthenTec，该专利申请（US2009123039A1）公开了在衬底上分别设置两个间隔分布的导体，该两个导体分别连接两个电路，具有输入电容器，检测电容器和反馈电容器，通过这样的结构设置结合后续的信号处理有效地提高了成像质量。

2010 年和 2011 年的专利，主要技术重心又重新回归层膜结构的改进，AuthenTec 于 2010 提交的专利申请（WO2011130493A2）公开了手指感测装置包括被附接在基于电场的手指感测元件的阵列之上的保护板，该保护板具有在所有方向上大于 5 的介电常数和大于 40 微米的厚度，以限定用于基于电场的手指感测元件的阵列的电容透镜。同样是该公司，于 2011 年提交的关于层膜改进的专利申请（US2013076486A1）则公开了在安装基板和多个手指传感芯片具有半导体插件以提高成像质量。

2012 ~2013 年，苹果有 2 项专利产出，其中，2012 年提出的专利申请（US2013231046A1）公开了在电容式指纹传感器电路中具有导电结构耦合到近场通信电路（NFC）以实现近场通信。2013 年提出的专利申请（AU2013205186A1）公开了采用蓝宝石封装，在提高采集效果的同时解决了传感器易损的技术问题。

2.5.2 主要技术功效分析

2.5.2.1 全球技术功效分析

图 2－5－2 为电容式指纹传感器全球专利申请主要技术功效图。该图由对电容式指纹传感器改进的 8 项技术手段和 7 项功效需求组成。从该图可以看出，对于提高识别能力、保护传感器以及提高获取图像质量三方面的功效需求较为强烈，提高识别能力，一般是指提高传感器的准确性、灵敏度和提高识别效率。本着该功效需求的问题出发，对传感器内部的衬底、电介质层等进行优化，是提高传感器探测能力的最基本方法。此外，大量申请人通过放大电路、差分电路等电路结构，对已经检测到的信号进行处理，同样实现了对于识别准确性的提高。而通过对晶体管在电路中的特殊设计以达到同样效果的专利申请，则主要来自奇景光电。提高电容式指纹传感器的灵敏度，而其中最核心的问题在于使传感器针对任何温度、湿度的手指均能够较好地实现识别。针对该功效需求，则较常采用传感器层膜结构的优化、重新设计电极结构、进行电路改进等方式实现。

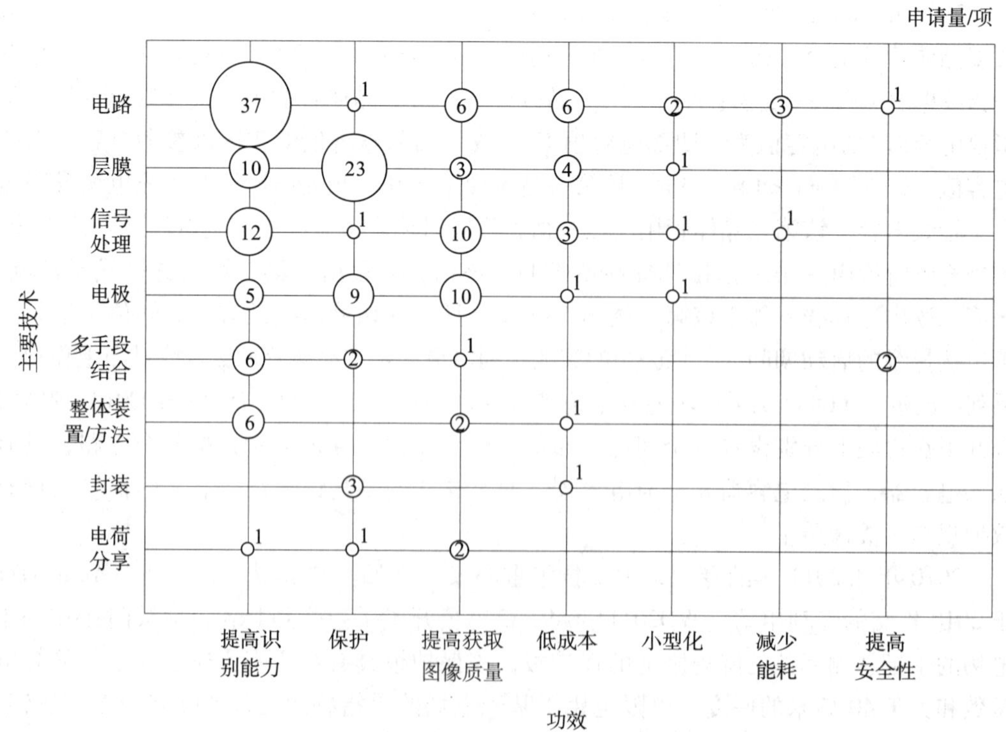

图 2－5－2 电容式指纹传感器全球专利申请主要技术功效图

此外，另一个热点需求在于提高获取图像质量，一般是指处理图像以提高其精度、减低其噪声。针对该项功效需求，可以采取改进识别算法的方法对提取的数据进行处理。

保护传感器，一般是指物理加固以及静电防护。静电防护方面也同样是本领域研究的一个热点。在干燥的情况下，人的手指容易产生静电，从而对传感器造成损坏。而显然，通过优化电极结构，或更为直接地在传感器外部设置绝缘保护层（即层膜结构的改进）是改善这一问题的最直接手段。此外，通过电荷分享原理对电路结构进行改造，也同样能够起到静电防护的效果，但是由于其技术改造难度较大，相应的专利申请量较小。

而从技术手段上来讲，对于电路、层膜以及信号处理方面的改造与优化占了整个专利申请的1/2以上。可见电容式指纹传感器发展的热点还在于以上3个方面。

2.5.2.2 中国技术—功效分析

图2－5－3表示电容式指纹传感器中国专利申请主要技术功效图，与全球专利申请主要技术功效图不同，中国专利申请中不但关注提高识别能力的技术问题，而且对保护传感器这一技术问题也十分重视，而在解决相应问题的技术手段中，使用电路改进、层膜结构以解决相应技术问题，获得相应技术功效的数量相对较多。

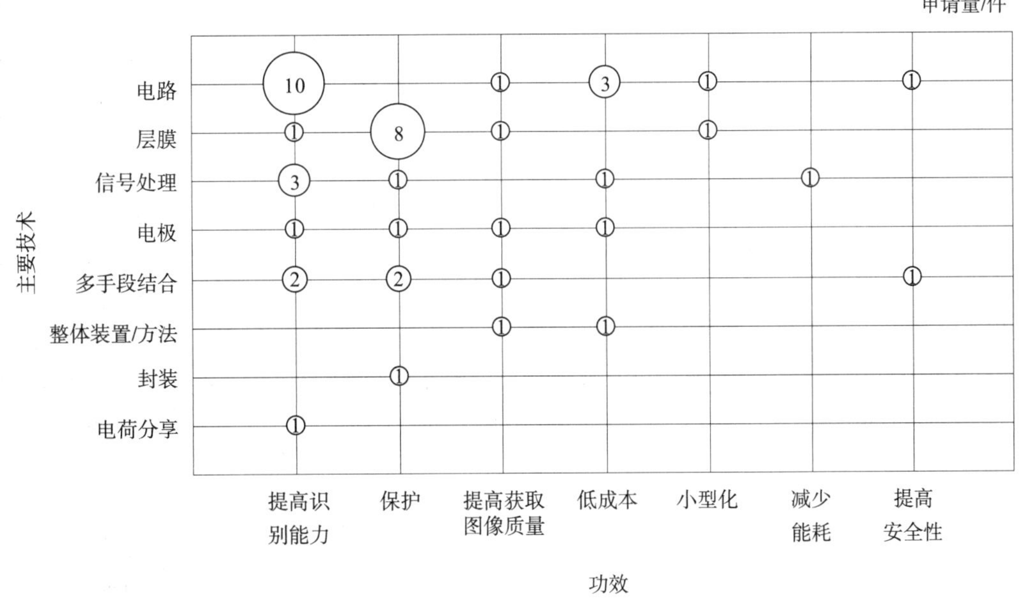

图2－5－3 电容式指纹传感器中国专利申请主要技术功效图

针对电容式指纹传感器的中国专利申请人中，来自中国大陆的申请量占据整个申请总量的近1/10（参见图2－3－2）。而国内对于电容式指纹传感器的研究相比国外略晚，而且在核心技术方面具有明显劣势。因此，国内申请人的专利申请主要集中在传感器的外围方面，如降低探测期间的噪声、提高传感器的抗静电能力以达到提高识别能力的目的等。而在解决手段方面，对于传感器内部构造的改进，如对于电极等的优化则较少。相对应地，结合其他已经成熟的指纹识别技术，以提高指纹识别的准确性与精度，则成为不少国内申请人的选择。虽然从专利布局上讲，由于国外申请人在上述方面的专利申请较少，有利于国内相关企业在该方面的发展，但是由于该方面的技术难度较小，且不属于该领域全球技术发展的热点。因此，国内企业还应该更加重视对于传感器核心技术的研发，以获得在电容式指纹传感器方面的突破。

2.5.3 重要专利研究

2.5.3.1 重要专利筛选过程

重要专利的筛选依据专利被引用频次和该专利的优先权日作为筛选条件。选取优先权日在2000年（含）以前的被引用频次最高的6项专利，以及优先权日在2001年（含）以后的被引用频次最高的4项专利，共计10项专利作为相关的重要专利，依据引用频次排序，列于表2－5－1。

表2－5－1 电容传感器代表性专利

<table>
<tr><td>公开号</td><td>US5325442A</td><td>优先权日</td><td>1990－05－18</td><td>引用频次</td><td>301</td><td>申请人</td><td>飞利浦</td></tr>
<tr><td colspan="3">技术内容</td><td colspan="3">说明书附图</td><td colspan="2">同族信息</td></tr>
<tr><td colspan="3">涉及电容传感器的整体装置概念的提出，主要是：传感器获取阵列中独立传感器元件的电容信息</td><td colspan="3"> 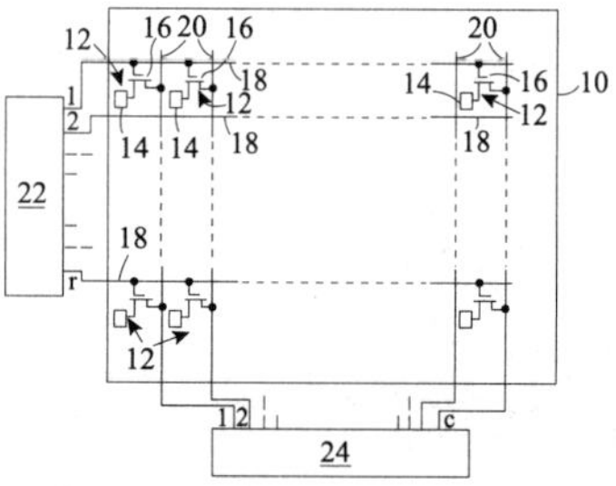</td><td colspan="2">EP457398A1
GB2244164A
EP457398A3
US5325442A
EP457398B1
DE69115558D1
JP03007714B2</td></tr>
<tr><td>公开号</td><td>US5862248A</td><td>优先权日</td><td>1996－01－26</td><td>引用频次</td><td>116</td><td>申请人</td><td>HARRIS</td></tr>
<tr><td colspan="3">技术内容</td><td colspan="3">说明书附图</td><td colspan="2">同族信息</td></tr>
<tr><td colspan="3">指纹识别装置，包括：集成电路芯片；包围着所述集成电路芯片的一块密封材料，其上面具有展露部分所述集成电路芯片的窗口；以及安装到窗口附近的所述密封材料块的框架</td><td colspan="3"> 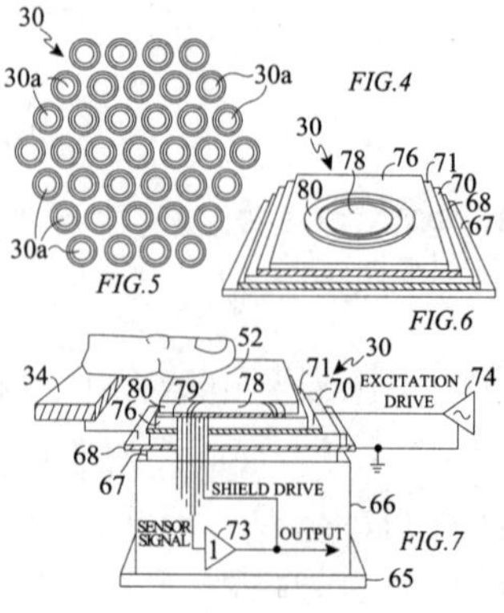</td><td colspan="2">EP789334A2
JP9289268A
KR1998006151A
US5862248A
EP789334B1
DE69711964D1
CN1163477A
CN1183589C
KR486994B
JP04024335B2</td></tr>
</table>

续表

<table>
<tr><td>公开号</td><td>US6114862A</td><td>优先权日</td><td>1996－02－14</td><td>引用频次</td><td>85</td><td>申请人</td><td>ST 微电子公司</td></tr>
<tr><td colspan="3">技术内容</td><td colspan="3">说明书附图</td><td colspan="2">同族信息</td></tr>
<tr><td colspan="3">指纹识别装置，采用电容传感器阵列，每对电容电极之间通过手指桥接，在手指放置时，每一对电容器连接到介质表面，感测电路通过感测介质板与手指之间的距离，来识别指纹，所述电容器之间具有放大反馈电路</td><td colspan="3"> 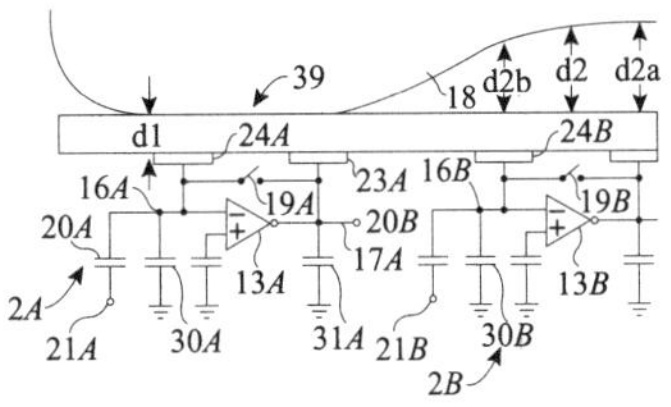</td><td colspan="2">EP889521A
JP11123186
US6011859
EP889521B1
DE69825367D1
DE69825367T2
JP04169395B2</td></tr>
<tr><td>公开号</td><td>US6046920A</td><td>优先权日</td><td>1995－12－15</td><td>引用频次</td><td>81</td><td>申请人</td><td>VERDICOM</td></tr>
<tr><td colspan="3">技术内容</td><td colspan="3">说明书附图</td><td colspan="2">同族信息</td></tr>
<tr><td colspan="3">涉及一种指纹识别的装置及其方法，具有增益调整电路，根据指纹获取质量，对电流的增益进行调节，增益调节包括调整对多个感测元件的电流反馈或者调整测量电流信号前的时间间隔</td><td colspan="3"> 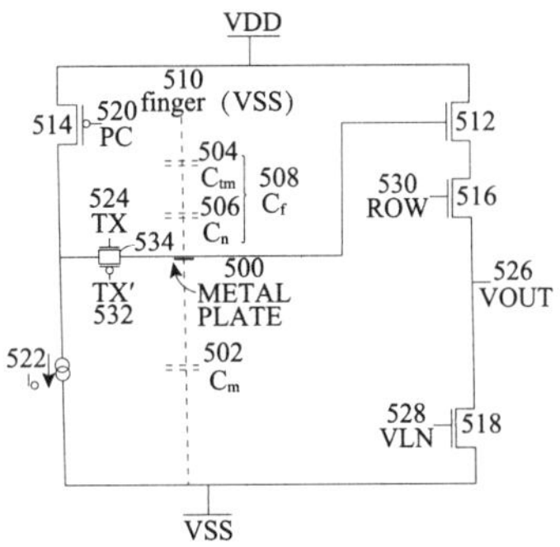</td><td colspan="2">EP779497A2
CA2190544A1
JP9218006A
US6016355A
CA2190544C
EP779497B1
DE69629787D1</td></tr>
<tr><td>公开号</td><td>US6016355A</td><td>优先权日</td><td>1995－12－15</td><td>引用频次</td><td>74</td><td>申请人</td><td>VERDICOM</td></tr>
<tr><td colspan="3">技术内容</td><td colspan="3">说明书附图</td><td colspan="2">同族信息</td></tr>
<tr><td colspan="3">涉及指纹识别的整体装置和方法，通过测量感测元件和手指指尖形成的寄生电容，识别指纹。传感器的表面采用绝缘表面</td><td colspan="3"> 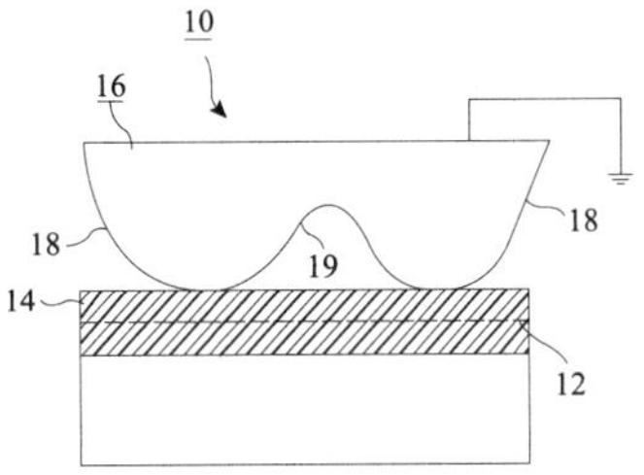</td><td colspan="2">EP779497A2
CA2190544A1
JP9218006A
US6016355A
CA2190544C
EP779497B1
DE69629787D1</td></tr>
</table>

续表

<table>
<tr><td>公开号</td><td>US6317508A</td><td>优先权日</td><td>1998-01-13</td><td>引用频次</td><td>73</td><td>申请人</td><td>ST微电子公司</td></tr>
<tr><td colspan="2">技术内容</td><td colspan="4">说明书附图</td><td colspan="2">同族信息</td></tr>
<tr><td colspan="2">扫描指纹探测装置，包括电容感测阵列，所述阵列具有比所述指纹的宽度宽的第一尺寸以及比所述指纹的长度短的第二尺寸，每个电容感测元件的尺寸小于指纹的脊宽</td><td colspan="4">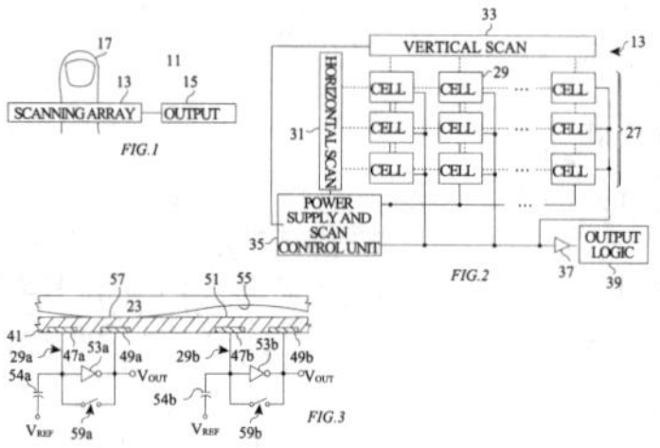
</td><td colspan="2">EP929050A2
JP11253428A
US20010043728A1
US6317508B1
US6580816B2</td></tr>
<tr><td>公开号</td><td>WO2003075210A2</td><td>优先权日</td><td>2002-03-01</td><td>引用频次</td><td>48</td><td>申请人</td><td>IDEX</td></tr>
<tr><td colspan="2">技术内容</td><td colspan="4">说明书附图</td><td colspan="2">同族信息</td></tr>
<tr><td colspan="2">具有多个感测元件，感测元件耦合到至少一个交流驱动电路提供可变的电压或电流，在感测元件具有接地的多个外部电极，防止静电损伤，简化结构</td><td colspan="4">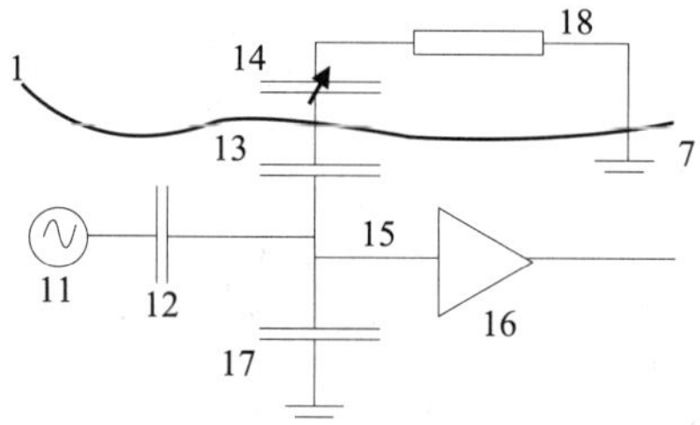
</td><td colspan="2">WO2003075210A2
NO200201031A
AU2003208676A1
NO316796B1
US20050089200A1
EP1581111A2
AU2003208676A8
EP1581111B1
DE60313219D1
US7239153B2
ES2286407T3
DE60313219T2
WO2003075210A3</td></tr>
<tr><td>公开号</td><td>US2006114247</td><td>优先权日</td><td>2004-11-09</td><td>引用频次</td><td>43</td><td>申请人</td><td>夏普</td></tr>
<tr><td colspan="2">技术内容</td><td colspan="4">说明书附图</td><td colspan="2">同族信息</td></tr>
<tr><td colspan="2">传感放大器将要测量的电容与电容器网络的电容相比较，控制电路选择电容器网络的状态，在该状态中电容器网络具有一个接近要测量电容的电容，相应于由网络所表示的电容的数字测量被提供给输出并且提供对要测量电容的测量</td><td colspan="4">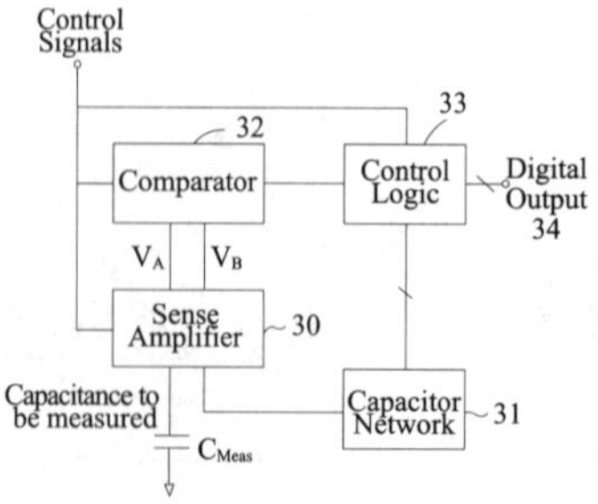
</td><td colspan="2">GB2419950A
US20060114247A1
JP2006184273A
CN1773442A
KR2006052547A
KR740394B1
CN100381996C
JP04628250B2</td></tr>
</table>

续表

<table>
<tr><td>公开号</td><td>US20050073324</td><td>优先权日</td><td>2003-10-02</td><td>引用频次</td><td>41</td><td>申请人</td><td>阿尔卑斯</td></tr>
<tr><td colspan="3">技术内容</td><td colspan="3">说明书附图</td><td colspan="2">同族信息</td></tr>
<tr><td colspan="3">提供一种电容检测电路和检测方法以及指纹传感器，通过使干扰噪声的影响降低，使 S/N 比提高。电容检测单元检测被选行和列交点的电容变化总和转换成的电压，实现低电容检测</td><td colspan="3">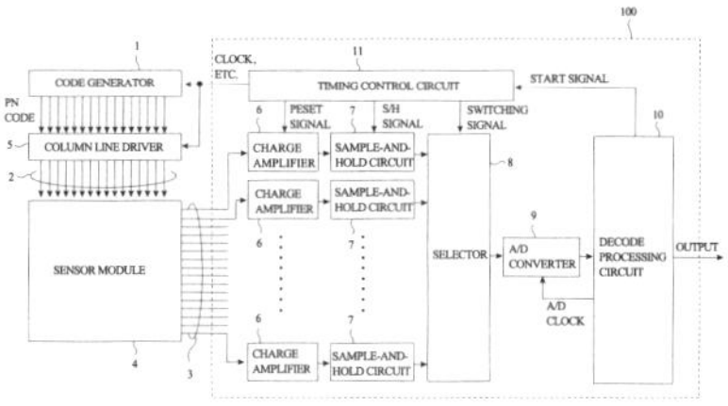
</td><td colspan="2">EP1521203A2
US20050073324A1
JP2005114361A
JP2005134240A
CN1603846A
US7075316B2
CN100392666C
JP04164427B2
EP1521203A3</td></tr>
<tr><td>公开号</td><td>WO2004066693</td><td>优先权日</td><td>2003-01-22</td><td>引用频次</td><td>37</td><td>申请人</td><td>诺基亚</td></tr>
<tr><td colspan="3">技术内容</td><td colspan="3">说明书附图</td><td colspan="2">同族信息</td></tr>
<tr><td colspan="3">指纹传感器装置包括位于同一集成模块内的驱动电极、传感器电极、信号处理电路以及互联布线，电极具有适于手指的二维或三维表面结构，实现了小型化</td><td colspan="3">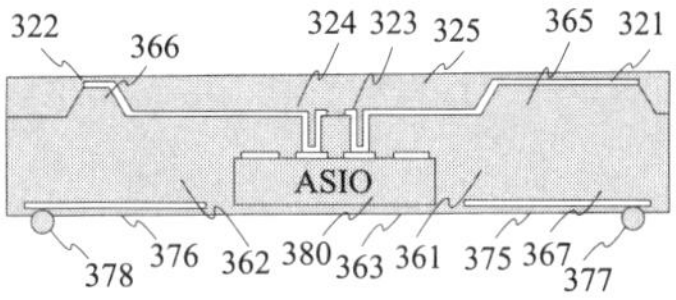
</td><td colspan="2">WO2004066693A1
US20050031174A1
EP1588595A1
JP2006517023A
KR2005107575A
CN1802882A
KR759117B1
US7606400B2
CA2514067C
CN1802882B
EP1588595B1</td></tr>
</table>

2.6 小　　结

① 电容式指纹传感器技术经过 2000 年以前的技术积累期和 2001～2004 年的跳跃式增长期后，从 2005 年开始专利产出出现明显的下降趋势。原因可能是因为历经了 4 年的快速发展，导致电容式指纹传感器技术发展相对较为成熟，各公司暂时在寻觅新的技术突破点。但是，随着搭载了指纹识别功能的 iPhone 5s 的发布，引发了将电容传感芯片应用于手机，平板电脑等移动终端的热潮，预计未来几年将会再次迎来专利申请小高峰。

② 电容传感器技术的原创国或地区以美国、日本、欧洲位居榜首，来自它们的电容传感器技术专利申请超过了全球申请总量的 80%，中国在全球的电容式指纹传感技

术的原创专利申请中所占比例较小，仅占到全球10%左右。

③ 电容式指纹传感器技术的专利布局呈现以美国、日本、欧洲为主，全球扩张的特点。其中，美国目标市场占到全球的24%，日本和欧洲紧随其后，分别占到全球的23%和21%。紧随其后的中国大陆、韩国和中国台湾，三者的目标市场总量占到22%。

④ 电容式指纹传感器的全球技术研发中，静电保护、灵敏度以及准确性的功效需求较为强烈，采用的技术手段主要是层膜结构，电极结构以及信号处理的相关改进。

第 3 章　活体检测专利分析

3.1　重点技术点概述

3.1.1　技术点研究边界

活体检测技术，是以指纹采集器采集指纹为基本特征的，同时具有假指纹或死手指检测功能的技术。本报告的检索时间为 2014 年 3 月 5 日，2012 ~ 2013 年的申请尚未完全公开，因此，2012 ~ 2013 年的实际数据可能比检索到的多。

3.1.2　技术重要性简介

3.1.2.1　常见造假手段

几乎与不同类型的商用指纹仪的推出同步，各种针对不同类型指纹仪的破解手法纷纷登场，以下列举几种具有代表性的造假手段。

（1）光学平面指纹膜

平面指纹膜通过将金属片上拓印的指纹采集到透明胶带上，并将胶带粘在载体上，使得指纹图案转印到其所粘附的载体上，在光学采集器扫描平面图案时获取该转印的指纹图案。

（2）光学立体指纹膜

光学立体指纹膜通过使用硅胶等材料转印模型胶中采集到的立体指纹，复制到的立体纹路产生与被采集手指脊和谷的凸凹纹路所成产生的全反射光线的光量相同，从而破解立体光学传感器。在使用一些特殊分子材料制成膜质载体之后，光学立体指纹膜提取的指纹纹理可以得到进一步增强。

（3）电容指纹膜

电容指纹膜通过混合电容液与电容材料，得到可以导电的指纹套，当套有人手指的指纹套放在电容传感器上时，脊和谷与另一极的距离完全与原版手指相同，从而可产生与原版手指相同的电容值。

3.1.2.2　常见防伪手段

图 3 - 1 - 1 示出了假指纹、死指纹常见防伪手段。针对各种不同的造假手段，防伪手段不断推陈出新，遏制住各种破解手法。常见的防伪手段，在技术上基本上可以分为物理属性、电属性、外观形态以及生理属性四类。其中，测量物理属性、电属性和生理属性实现防伪的手段由于其所检测技术较为成熟而出现较早，但三者均需依靠外设的检测部件，容易造成体积庞大的问题，因此，近年防伪手段渐渐出现了以检测

3D 成像、压触形变和纹理图案为代表的实现防伪的方式，这些手段都是对手指图像信号进行成像采集，充分利用了系统内原有的图像传感器，有效地实现了设备小型化，但是同时，成像信号的处理、运算又考验了采集器、处理器系统的制造精度以及后期软件的设计能力，这直接导致了成本的上扬和系统稳定性能的不足，在与传统的物理、电和生理属性检测方式的较量中，二者互有优劣，不分伯仲。

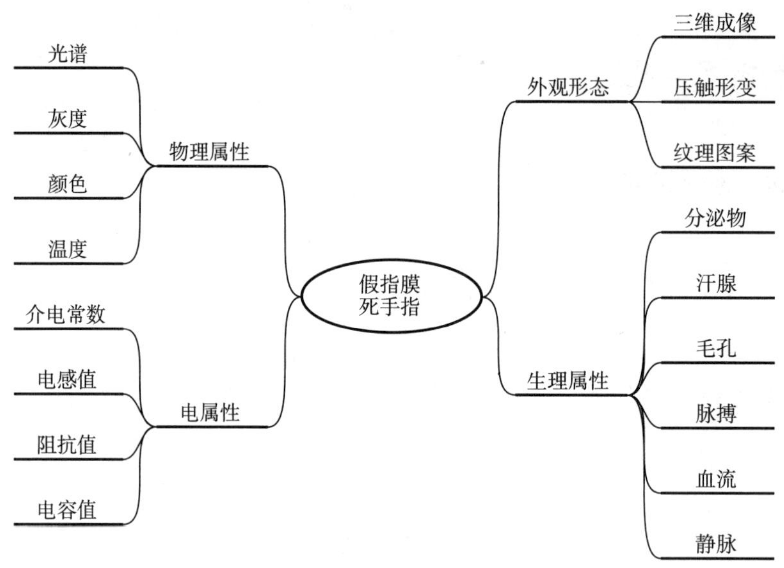

图 3-1-1　假指纹、死指纹常见防伪手段

针对平面指纹膜，可以简单通过改进采集算法为适应立体结构而提高精度或者测量立体纹路脊谷特征等手段加以克服。

针对立体以及电容指纹膜，都可以采用叠加具备生理属性（血液、脉搏、毛孔、汗腺、分泌物和静脉）、物理属性（皮肤固有的光谱值、灰度值、颜色和温度值）、电属性（介电常数、电感值、阻抗值和电容值）等属性的检测功能的检测部件以及使用不用额外叠加检测部件、利用系统原有的成像装置对手指的外观形态特性（3D 图像、压触形变、纹理图像）进行检测。几乎任何一种造假手段都有与之相应的破解手法，各种具备更高水准活体检测功能的指纹采集器的推广有赖于市场的进一步培育和成本进一步降低。

3.1.2.3　指纹造假的不良影响

目前，指纹检测广泛应用于安保、金融等领域，特别是与互联网相关的在线支付日益火爆，指纹造假行为、切手指强行认证登录的暴力伤害事件严重扰乱了社会秩序和经济秩序，造成了严重的恶果。

尽管近年来随着其他方式的生物识别技术层出不穷，但指纹识别技术仍以成本低廉，技术成熟，识别率高、效果稳定、产业化程度成熟以及认知普及率广占稳居生物识别产业首位。

行业内部外国申请人已经将原有的简单应用级产品和消费类产品技术转移至高附

加值的中大型系统。防伪能力由于精密复杂的算法、高度融合的多识别手段、更高质量的信号采集手段，使得外国申请人正在加大与我国企业的利润率差别。研究专利研究行业技术发展的潮流、强大的跨国企业布局以及产业链的整体规划，对于为我国企业在防伪技术上追赶外国申请人，调整我国产业链和专利策略，有非常强的必要性。

3.2 全球专利概况

3.2.1 专利申请量趋势分析

3.2.1.1 申请量趋势

图 3－2－1 示出了指纹活体检测技术专利申请的全球和中国申请量发展趋势。综观该图，可以把指纹活体检测技术的相关专利申请态势分为以下 3 个阶段。

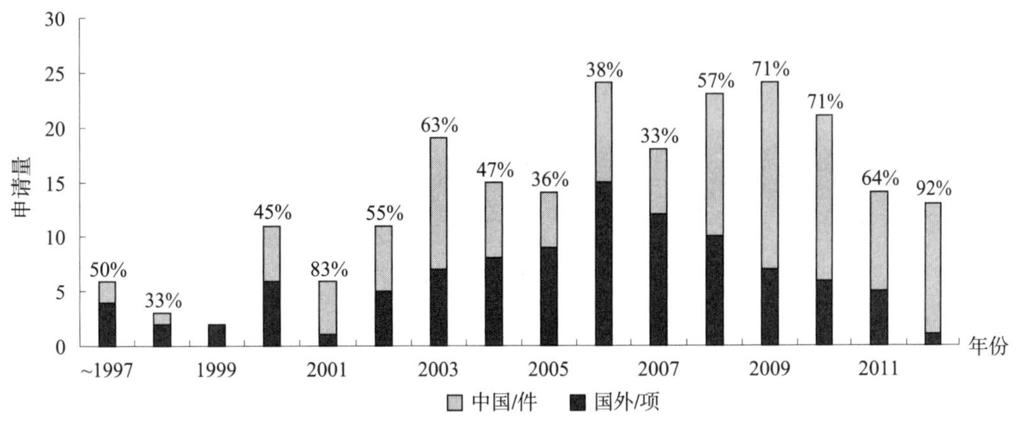

图 3－2－1　指纹活体检测技术专利申请的全球和中国发展趋势

（1）起步期：1999 年以前

1999 年以前，活体指纹识别市场处于起步阶段，全球各厂商纷纷按自己的思路推出具备活体检测功能的指纹传感器，市场呈现多元化的局面。

（2）成长期：2000～2010 年

这一阶段以指纹锁为代表的指纹识别产业的兴起，假指纹、死手指等造假技术的泛滥，部分国外领军企业也向中国进行一定布局，我国厂商也看到了市场商机，开始投入具体产品研发和申请。活体检测技术也得到迅速发展，国内专利申请量迅速飙升，中国专利申请量占全球申请总量的份额比例也由此加大，活体检测行业迎来了属于自己的黄金 10 年。

在这 10 年内，还可以根据 2009 年这一标志性分水岭具体划分为两个阶段：①2000～2009 年，特别是在 2004 年前后，受到 ISO 推出关于指纹识别的国际标准的刺激，指纹识别技术的系统架构由封闭性走向开放性系统，大企业为占据领先的地位，抓紧新技术的研发，市场迅速走向繁荣。其间，活体检测借指纹识别市场活跃状态持续在全球市场都呈现出火爆的局面。②在2009年之后，海外市场持续走低，但由于中国市场的坚挺走势，全球申请量仍继续走高。

（3）调整期：2011年以后

全球市场出现了疲软的情况，出口订单数量迅速缩水，2011年前十个月数据显示，国内生物识别市场出口环比下降约三成，❶ 海外市场的极度萎缩导致以中小规模为主的国内厂商效益迅速下滑，削减开支的直接结果就是申请量和研发开销的锐减，作为指纹识别的一个下级分支，指纹活体检测的市场也进入了震荡调整期，2013年，随着苹果强势推出具有指纹识别功能Touch ID的iPhone 5s，加速指纹识别市场升温。同时，棱镜门事件也助推了隐私安全相关的安防产业持续火热。指纹识别技术与智能移动终端的结合，使得防伪需求进一步提升。

3.2.1.2 生命周期

图3-2-2（见文前彩色插图第1页）示出了指纹活体检测技术的生命周期。活体检测技术的生命周期主要可以分为以下几个阶段。

（1）技术萌芽期：1994~1999年

这一阶段，申请人和专利量都处于个位数的量级。此外，申请人很难形成规模，整体的研发资金投入少，难以网罗众多研发人才，技术上也多处于探索阶段。

（2）技术成长期：2000~2007年

在2000年前后，申请量和申请人数量迅速井喷，这说明指纹活体检测技术作为新兴产业，已经由孕育期迅速进入成长期。2002~2005年，申请人数量继续增加但申请量增速短期快速紧缩，甚至呈现有些萎靡的状态。这说明：在高速起步一段时间后，新成立、分裂出很多公司，市场竞争过于激烈，新增的企业规模和研发能力都尚属稚嫩，在短期内无法在研发上占据优势，专利申请量白手起家“零起步”。同时，新增的部分企业员工来源于原有企业，这部分人的流失使得原有企业实力减弱，研发能力受到影响，元气损伤。企业的分裂维持了相当一段时间，竞争存活下来的大企业把握住了形势，更加认清了科研实力才是企业的核心竞争力，它们进一步不遗余力地加大总部及新购团队的研发投入，使得申请量扭转一直阴跌的颓势，不但数量回归增加，且重获原来的增速。市场发展态势良好，申请人和申请量均有较大幅度的增加。

（3）技术成熟期：2008~2010年

2008年，申请人和申请量出现了拐点，申请人迅速减少，申请量缓慢递减。一部分可能是由于经济危机的影响，一部分是公司破产倒闭，更重要的原因是出现了较大规模的并购，产业集中度进一步加深，大公司为尽快实现市场份额的垄断，弥补自身存在的短板，不惜斥巨资购买具有其所需技术的研发团队扩充自己的队伍。可以预见的是，企业之间的强强联合，必定形成“1+1>2”的结果，收购或者并购双方都能够充分实现双赢，研发团队作为母公司进入相应市场的先锋队和撒手锏，在战略上得到

---

❶ 毛巨勇. 2011年生物识别市场发展回顾［EB/OL］.［2012-05-22］. http://news.21csp.com.cn/c18/201205/46974.html.

充分重视，研发目标明确，研发资金充足，以往限于经费问题未能成行的计划，也得以在一定程度上实施。

3.2.2 专利区域分布

3.2.2.1 全球申请量国家或地区分布

图3－2－3示出了指纹活体检测技术全球专利申请目标国家或地区的分布情况。申请量排名体现了经济活跃度。亚洲，具体以中国大陆、日本和韩国成为了最炙手可热的目标市场，“亚洲三强”中、日、韩的总量接近了总量的七成以上。这一方面是由于当地申请人研发能力强，另外也说明市场需求旺盛，购销两旺。

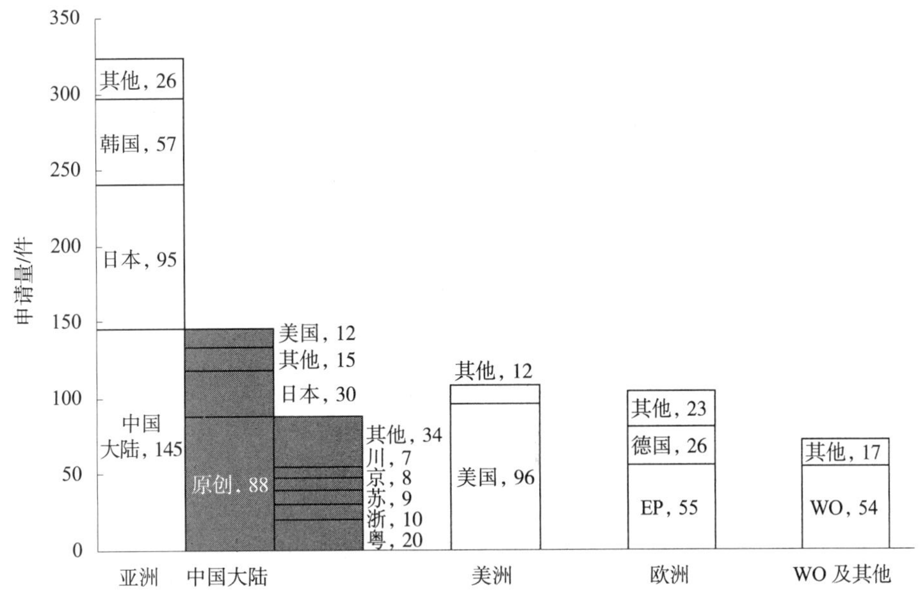

图3－2－3 指纹活体检测技术全球专利申请目标国家或地区的分布情况

在中国专利中，本国申请人占据了六成，日本和美国成为最主要的外国申请人。在本国申请人中，珠三角、长三角和北京占据比较重要的地位。广东以20项的数量远远地甩开位于第二位、第三位的江苏和浙江，而后二者与第四位、第五位的北京、四川相比，申请数量比较接近，在所有中国申请人中，江苏、浙江、北京和四川处于第二集团的位置。

3.2.2.2 中国专利申请人构成及法律状态

图3－2－4示出了指纹活体检测技术中国专利申请人构成及其法律状态。其中，有效是授权后正常缴费，也未被无效，未决是专利申请未结案，其他案件主要包括视撤、驳回等未能授予专利权的结案以及因各种原因授权后未缴费而导致终止的案件。就构成而言，中国本国原创的89件专利申请中有约半数为本国公司申请，有近1/3的个人申请，高校科研机构申请量相对较少。这说明，中国的指纹活体检领域以产业应用为主，科研机构的介入未能构成决定性的主导因素。在法律状态上，中国的公司、

高校科研机构的申请质量较高，近八成已结案件有效，公司申请人次之，为58%，个人申请只有38%为有效申请。

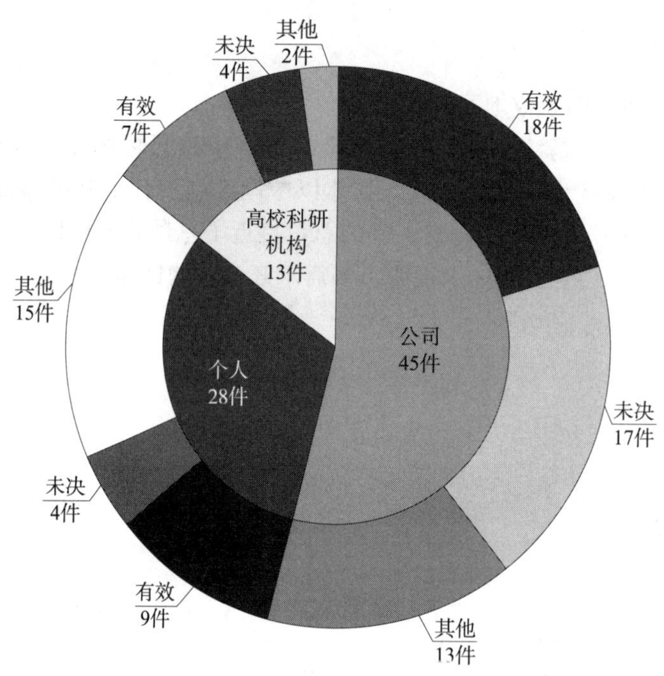

图3-2-4　指纹活体检测技术中国专利申请人构成及其法律状态

3.2.2.3　技术流向分布

（1）原创—目标国总量流向

图3-2-5示出了指纹活体检测技术的原创—目标国流向。首先，在各海外各国中，日、美均属于全球布局型国家，二者在五局均各有侧重地进行了自己的专利布局，属于老道的专利大户，处于第一阵营。其中日本是全球最具实力的原创国，其最重要的目标市场是日本和美国，美国尽管在研发实力上略逊一筹，但其专利运营策略运用得当，考虑到日本申请人在技术和专利运作能力上的强大，美国申请人回避日本的锋芒，在日本仅进行了少量的布局，将主要力量放在美国和欧洲这两大市场之上。

其次，韩国尽管起步较晚，但其发展迅速。目前在本国已经有了一定量的积累，稳居申请量的第二阵营并且愈加重视海外市场，在近邻中国以及世界最大、最活跃的美国市场均进行了尽管少量但对其具有重要意义的布局。

再次，法国、德国和其他借助欧洲专利局申请专利的欧洲国家，属于技术颇具实力的国家，欧洲国家在指纹识别技术上有着悠久的历史和良好的发展脉络，整体实力不容小觑。欧洲国家尽管各自按数量统计与韩国同处于第三阵营，但其重点布局美国和欧洲本土市场，同时，近年也将越来越意识到中国市场的重要性，布局中国的专利也越来越多。

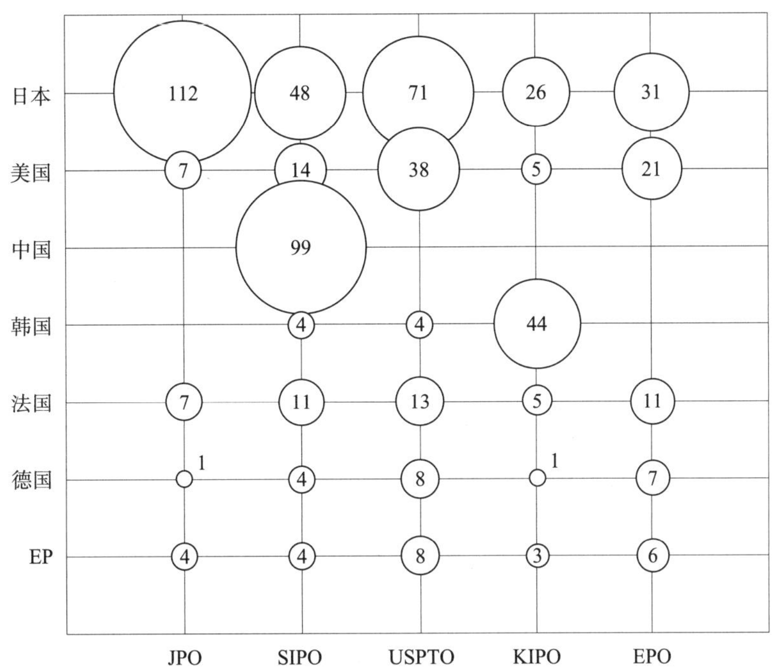

图 3－2－5　指纹活体检测技术原创—目标国流向图

注：图中数字表示专利申请件数，JPO 表示日本特许厅，SIPO 表示中国国家知识产权局，USPTO 表示美国专利商标局，KIPO 表示韩国知识产权局，EPO 表示欧洲专利局。

最后，中国和韩国属于相同的情况，均是本国市场处于培育期，能力仅局限于本土范围，还不具备拓展海外市场的实力。尽管我国总量 99 件、原创 88 件（结合图 3－2－3）的申请量在数量上已经比较傲人，在各国以及组织当中处于第二阵营，但很显然申请人研发的产品在技术水平和专利运作能力上不足以抗衡外国同类专利，因此向外国输出底气不足，申请人之间各自为战，专利缺少跑马圈地的意识，同时申请人在全球布局的意识与进军海外市场的霸气上稍显薄弱，在今后的一段时期内，中国企业最需要的仍旧还是培育本土市场，提高自己的软、硬件实力。我国指纹活体检测技术专利走向世界，恐怕还需要一段时间。

（2）原创－目标国流向趋势

表 3－2－1 为指纹活体检测技术原创－目标国流向表。

表 3－2－1　指纹活体检测技术原创—目标国流向　　单位：件

	1999 年以前								2000～2004 年							
	中	德	EP	法	日	韩	美	WO	中	德	EP	法	日	韩	美	WO
日	0	1	0	0	6	2	2	0	10	0	3	0	18	2	9	1
美	0	0	0	0	0	0	0	0	0	4	4	0	2	0	5	4
中	0	0	0	0	0	0	0	0	12	0	0	0	0	0	0	0

续表

	1999年以前								2000～2004年							
	中	德	EP	法	日	韩	美	WO	中	德	EP	法	日	韩	美	WO
法	2	3	4	4	2	1	2	1	8	0	5	5	4	0	2	6
韩	0	0	0	0	0	1	0	0	0	0	0	0	0	13	0	0
德	2	3	2	0	1	0	0	1	2	6	2	0	0	1	4	3
EP	0	0	0	0	0	0	0	0	0	0	2	0	0	0	2	0
	2005～2010年								2011～2013年							
	中	德	EP	法	日	韩	美	WO	中	德	EP	法	日	韩	美	WO
日	37	2	27	0	85	20	51	14	1	0	1	0	3	2	9	1
美	14	2	17	0	5	5	31	16	0	0	0	0	0	0	2	0
中	48	0	0	0	0	0	0	0	39	0	0	0	0	0	0	0
法	1	0	2	3	1	4	7	2	0	0	0	2	0	0	2	1
韩	4	0	0	0	0	27	1	5	0	0	0	0	0	3	3	0
德	0	4	3	0	0	0	4	3	0	0	0	0	0	0	0	0
EP	4	2	4	0	4	3	6	2	0	0	0	0	0	0	0	0

日本作为最大的原创国，最重视的海外市场为中国和美国，其对于这两个目标国家的渗透源于2000～2004年，其间，日本申请人开始进行专利布局，在布局力度上，日本申请人对中国和美国同等对待，布局数量相当。与此同时，韩国与中国的指纹活体检测产业技术迅速地兴起，积累了同等规模的专利数量。2005～2010年的大繁荣时期，日本在美国市场的布局力度明显超过了中国市场，中国申请人的不断努力打拼也有了初步成效：在这一阶段的中国专利申请已经快速与韩国专利申请拉开了档次。美国与欧洲国家同属于申请量很稳定的国家。

3.2.3 申请人概况

3.2.3.1 全球申请人排名

图3－2－6示出了指纹活体检测技术全球专利的主要申请人申请情况。前12位的公司中，包括索尼、富士通、NEC、佳能、京瓷5家日本公司和2家韩国公司NITGEN、UNIONCOMMUNITY，2家法国公司萨甘、ATMEL，1家美国公司LUMIDIGM，1家欧洲公司意法半导体和1家中国台湾公司EGIS。可以看出，日本公司在指纹活体检测技术上处于领先地位，具有群体性的优势。在技术分布上，采集手段方面成为绝大部分公司竞相追逐的领域，索尼、富士通和LUMIDIGM在这一领域有着明显的优势，NEC在部件结构领域具有较强的实力，韩国公司NITGEN的重点研究领域放在了算法方面。综合而言，采集手段与部件结构一般属于硬件方面，算法属于软件方面，在硬件技术

上，索尼、富士通、NEC 和 LUMIDIGM 实力较强，软件技术上，NITGEN、索尼和 NEC 实力较强。前三强的三家公司，在三个领域均有所涉猎，实力在整体上十分均衡。这 12 家公司中，传统强国例如日本、法国、美国的公司，由于有着充分的积累，技术上形成了明显的领先优势，研发的重点侧重硬件改进；新加入的国家例如韩国，在硬件上很难一时寻觅突破，因此重点放在了与硬件结合的算法领域。

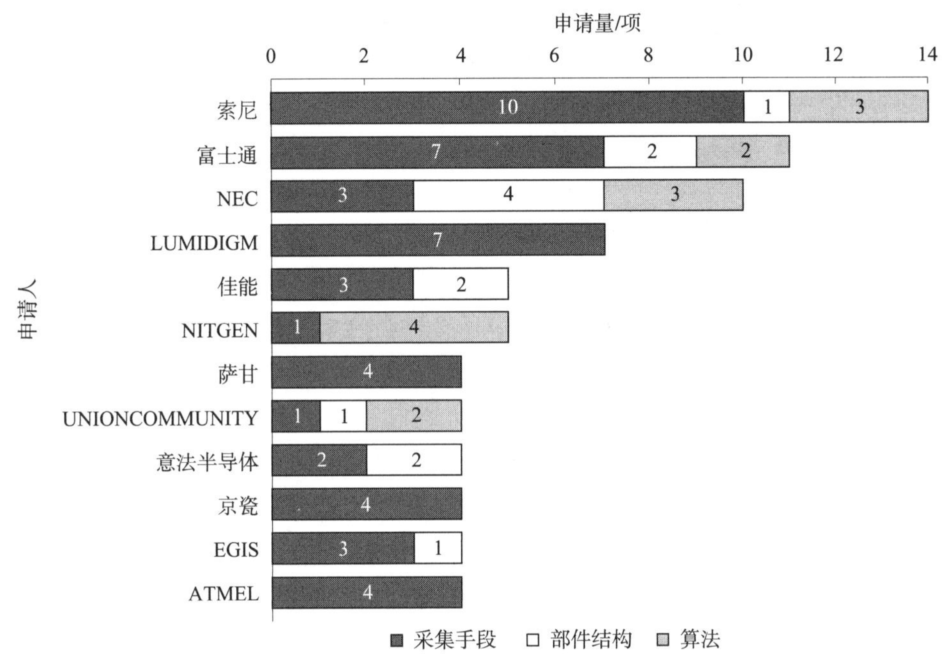

图 3-2-6 指纹活体检测技术全球专利的主要申请人申请情况

3.2.3.2 在华专利申请人排名

图 3-2-7 示出了指纹活体检测技术中国专利的主要申请人申请情况。中国专利申请中，日本公司也显示了其齐整的实力，在全球排名中的前两位索尼、NEC 稳居申请量的中国专利排名前两位。此外，美国的 LUMIDIGM、欧洲的 ATMEL 和萨甘也是技术上有优势的公司。我国本土申请人中不但有深圳中控、长春方圆、深圳新科技、北京海鑫这样的私企，还有具有深厚的学院渊源的哈工大软件。

在技术分布上，索尼和 NEC 涉猎广泛，技术均衡，在布局中国市场时，日本公司也注重了全面性和均衡性。国内公司的科研能力相对不够全面，仅仅停留在市场化初级层面上，基本都集中在采集手段领域，经过进一步详细查看，发现我国公司的研究重点还仅仅侧重在基础的具体产品之上，在整体研究水平上，还无法与国外公司抗衡。但是，经过分析全球布局中韩国公司的专利策略，我国企业还可以将研发重点放在我国较有优势的算法上，联合高校科研机构，在外国公司布局相对薄弱的入口突破。

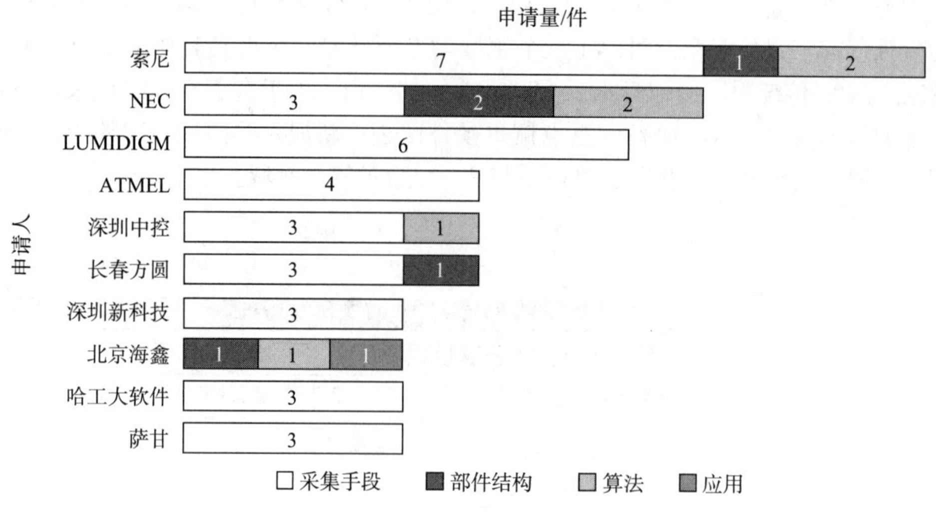

图3－2－7　指纹活体检测技术中国专利的主要申请人申请情况

3.3　技术分析

3.3.1　涉及指纹活体检测的技术发展

3.3.1.1　技术发展路线图

图3－3－1示出了不同技术领域指纹活体检测技术的技术发展路线，该图中包含主要代表性专利的专利号，在专利号后的四位数字代表该专利的最早优先权年，之后示出了该专利的申请人简称，最后示出了技术手段。为便于分析，我们在研究时将技术发展的整个时期分为1999年以前、2000～2004年、2005～2013年3个阶段。

（1）1999年以前

在活体检测领域，最早出现的是利用生物特征进行识别的方式，这种以人体生理参数作为检测手段区分仿造的伪生物指纹膜或平面照片的方式的设计构思最为直接，在1969年，欧姆龙申请的专利GB1304555A制造出了通过检测脉搏判断活体的指纹识别装置，之后，在1984年，出于对模拟脉搏运动起振器的伪造行为的抵抗，NEC申请了依据随着手指的按压，反射光的像素点随时间在明暗上发生变化的原理进行活体识别的专利JP61059574A。随后，1995年、1996年迸发出多种方式的活体检测技术，既继续延续了之前提到过生理和外观形态方式，也有检测物理、电属性来识别活体的技术：在1995年，在物理属性检测技术方面，NEC数据终端在专利JPH9171547A中检测被测物的温度；在电属性检测技术方面，DERMO在专利WO1997014111A中检测手指的介电常数；在外观形态检测技术方面，日本电报电话在专利JPH8287259A中检测对手指的大小和外形轮廓；1996年，在生理属性检测技术方面，富士通在专利JPH9259272A

	1999年以前	2000~2004年	2005~2013年
生理属性	GB1304555A /1969 OMRON TATEISI 检测脉搏 JP9259272A/1996 FUJITSU 检测皮肤汗腺数	JP2005046234A/2003 HITACHI 检测吸光度获取脉搏血氧含量 JP2006098340A/2004 夏普 检测静脉图样	US20070092115A1/2005 夏普 检测血管流速 US20070177774A1/2006 NANOGATEOPTOELECTRONICSROBOT 毛孔
物理属性	JP9171547A/1995 NEC DATA TERMINAL 检测温度 FR2749955A1/1996 ATMELSWITZER-LAND 检测压力	US20060274921A1/2003 LUMIDIGM 检测光谱数据 JP2004313459A/2003 SEIKOEPSON 检测手指反射的RGB颜色变化 FR2850191A1/2003 ATMEL 芯片卡检测红外区光谱带 US20070116331A1/2004 LUMIDIGM 多光谱与全内反射结合	TW201101196A/2009 茂晖 两种颜色的光获取表面和下层图像
电属性	WO1997014111A/1995 DERMO 检测介电常数 JP10165382A/1996 索尼 检测电容	JP2002112975A/2000 OMRON 使用电极检测阻抗变化	JP2008293136A/2007 GLORY 热传导半导体薄膜式指纹识别 US20100189314A1/2009 VALIDITY 检测射频信号
外观形态	JP61059574A/1984 NEC 检测反射光像素点密度改变 JP8287259A/1995 NIPPON TELEGRAPH & TELEPHONE 检测手指外形	US20040125994A1/2001 INFINEON 图像间形成微分影像 DE10123331A1/2001 INFINEON 检测持续图像序列 US20040131237A1/2003 AVAGO 获取接触形变图像 WO2005050540A1/2003 ATMELGRENOBLE 检测塑性特征	US20080253620A1/2007 索尼 3D采集不同深度图像

（a）指纹活体检测生理属性、物理属性、电属性和外观形态的技术发展路线

图 3-3-1 指纹活体检测技术发展路线

	1999年以前	2000~2004年	2005~2013年
部件结构		EP1353292A1/2002 STMicroelectronics 红外结合可见光源 KR2005106632A/2004 SECUGEN 用红外发生全内反射	
光导部件		WO2001069520A2/2000 ETHENTICA 颜色过滤器过滤只对手指反射颜色透明	
光源		US20020131624A1/2000 IDENTIX 比较指纹成像偏移	US20080273768A1/2007 STMICROELECTRONICS 检测透过手指的红外和可见光变化
探测器		JP2004280383A/2003 CANON 检测成像拾取器输出信号波形状态变化	US20070253607A1/2006 NEC 使探测器靠近手指布置
算法			US20070014443A1/2005 ATRUA 分类逻辑进行可能性估计 WO2006049395A1/2006 NITGEN 探测散射光图案，计算图像像素数

（b）指纹活体检测部件结构、光导部件、光源、探测部和算法的技术发展路线

图3-3-1　指纹活体检测技术发展路线（续）

中使用皮肤中的汗腺数作为活体识别的依据，这一种检测手段检测手法相对复杂，对于系统精密度要求高，较为难于破解，在当时的技术中处于领先；在物理属性检测技术方面，ATMEL 在专利 FR2749955A1 中检测连续输入的压力值变化；在电属性检测技术方面，索尼在专利 JP10165382A 中检测电容值，这与前一年 DERMO 的设计思路异曲同工。1999 年以前这一阶段的技术总体上显示出了活体检测技术停留在检测手段的种类变化的初级层面上，各公司力图通过识别出各种人体与仿造的无生命体在生理、物理和电等方面的区别在采集方式上在各种角度努力尝试。这些角度是各公司根据自己的技术优势进行的选择。

（2）2000～2004 年

在这一阶段，技术改进涉及面广，种类更加趋于多样化。各公司不再局限于检测量类型的探索，而是放眼于检测系统的各个部位，由于光学指纹传感器的广泛应用，光源以及光导部件以及其他结构部件上的改进也加入进来。具体而言，2000 年，在电属性检测技术方面，欧姆龙对活体检测技术的改进体现在专利 JP2002112975A 中使用电极检测阻抗的变化；在光导部件结构方面，ETHENTICA 在专利 WO2001069520A2 通过设置只对手指颜色透明的颜色过滤器获取与手指颜色相关的颜色；在光源结构方面，IDENTIX 在专利 US20020131624A1 中检测出手指皮肤凸纹的地方亮，沟的地方暗，指纹成像因而在某个方向上出现偏移，从而检测出活体指纹；2001 年，在外观形态检测技术方面，INFINEON 在两项专利 US20040125994A1 和 DE10123331A1 中分别对连续图像加以处理并提取相应的数据，获取微分图像以及对持续图像序列进行检测，这两项专利技术都是判断连续图像是否符合手指按压的形变规律；2002 年，意法半导体在专利 EP1353292A1 中作出了一个比较重要的改进，将红外光源与普通可见光光源同时照射于手指上面，使用图像传感器对通过的红外光和反射的可见光判断是不是活体，这项技术不仅仅是在一个光源部件方面的改进，而是带来了一种新的识别理念。2003 年，在生理检测技术方面，HITACHI 在专利 JP2005046234A 中依靠荧光体发射 2 个波长的红外光测量反射光量的吸光度以获取脉搏血氧含量；在物理检测技术方面，LUMIDIGM 在专利 US20060274921A1 中检测光谱数据分析图像纹理量度，提高了成像质量和检测精度；精工爱普生在专利 JP2004313459A 中检测将手指反射光的 RGB 颜色变化作为活体识别的依据；ATMEL 在专利 FR2850191A1 中在芯片卡上设置用于探测卡被夹在拇指与食指之间以开始获取光谱信息的装置，检测红外区对血红蛋白敏感的光谱带；在外观形态检测技术方面，AVAGO 在专利 US20040131237A1 中获取接触的形变图像，ATMEL 的子公司 ATMEL GRENOBLE 在专利 WO2005050540 中规定沿两个方向滚动手指，并且检验两个方向之间的图像变形是否符合皮肤的自然塑性而产生的正常变形；在检测器结构改进方面，佳能在专利 JP2004280383A 中基于成像拾取器输出信号的波形状态变化；2004 年，在生理属性检测技术方面，夏普在专利 JP2006098340A 中进行静脉图样的检测；在物理属性检测技术方面，LUMIDIGM 在专利 US20070116331A1 中将照明源和光学设备用于利用沿着多条不同照明路径来自照明源的光来照射目的皮肤部位，使用多光谱与全内反射结合的方式识别活体；在结构部件改进方面，萨甘在专利

KR2005106632A 中使用红外光源按照指纹识别棱镜的全反射角的角度发射红外线，红外接收器直接或间接地接收由棱镜表面全反射的两组红外光，并由判断单元基于红外线的属性判断活体。

（3）2005～2013 年

在这一阶段，出现了较多的涉及算法方面的发明，如果说之前两个阶段活体检测技术主要停留在硬件设备的改进上，这一阶段改进的新的增长点出现在软件控制方面，而且，随着硬件设计的日趋完善，软件方面的改进占比将越来越高。2005 年，在生理检测技术方面，夏普在专利 US20070092115A1 检测血管流速；在算法方面，ATRUA 在专利 US20070014443A1 通过分析并设立相似度阈值，对分类逻辑进行可能性估计。2006 年，在生理检测技术方面，NANOGATEOPTOELECTRONICSROBOT 在专利 US20070177774A1 中检测毛孔的分布；在探测器结构方面，NEC 在专利 US20070253607A1 中使探测器靠近手指布置，从而提高了对比度；在算法方面，NITGEN在专利 WO2006049395A1 中探测散射光图案，计算图像像素数。2007 年，在电属性检测技术方面，GLORY 在专利 JP2008293136A 使用热传导半导体薄膜式指纹识别技术；在外观形态检测技术方面，索尼在专利 US20080253620A1 中通过微透镜阵列基于旋转角度进行三维信息采集，获得活体不同深度的数据，使用三维技术采集不同深度图像，使得所采集的图像从表面，更进一步地发展到皮肤的深层；在光源结构方面，意法半导体在专利 US20080273768A1 中利用活体手指以及指套对于红外、可见光透过性的差别进行活体检测。其中活体对于红外和可见光透过有变化，指纹套无变化。2009 年，在物理属性检测技术方面，茂晖在专利 TW201101196A 中使用两种颜色的光获取表面和下层图像，也是类似于索尼等，对检测对象的深层结构加以获取；在电属性检测技术方面，VALIDITY 在专利 US20100189314A1 中使用驱动板向附近目标发射无线电波，无线电波引发目标辐射电场，提取板探测目标辐射的电场强度是否与人手指相同。

3.3.1.2 申请人申请质量

图 3－3－2 示出了指纹活体检测技术全球专利的申请人申请质量情况。就申请量而言，LUMIDIGM 一枝独秀，整体实力不俗，但日本两家公司索尼和富士通在数量和引证频次上都超过了 LUMIDIGM，这可能是由于日本公司对同行之间的技术了解很透，积极对对手的技术作出有针对性的改进，日本各公司的技术集中程度较高造成的。如果说索尼和富士通是由于企业规模申请了众多专利导致了引证频次高，NEC 则是将少而精做到了极致，尽管其申请量仅仅有 20 余项，但引证频次却和上述 3 家公司不相上下，这正表明了 NEC 的研发能力超强，其技术也是在活体检测领域中处于引领的地位。在纵坐标轴的左侧，也有几家公司按照申请量由上至下依次分布，这些公司的技术引证程度不高，或者属于新兴的入行者，或者属于并未将指纹检测作为其主要业务的相关从业者。但这些公司都曾涉及这一技术，而且存在被引用的情况，说明其具备一定的技术水平和研发力量，一旦其进行发展策略的改变而将指纹检测技术作为重点发展的领域，其实力不容小觑。

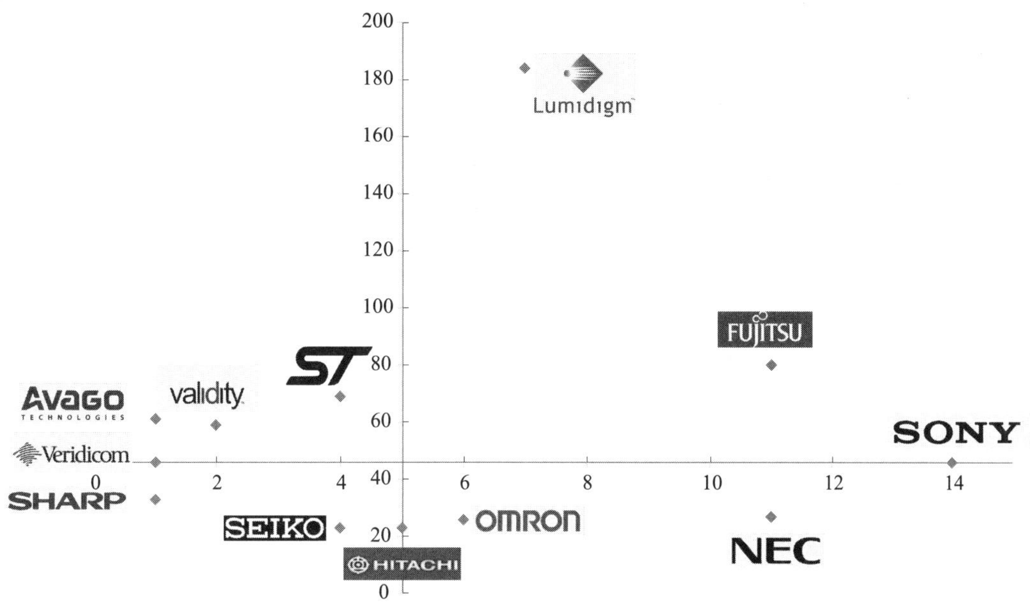

图 3-3-2 指纹活体检测技术全球专利的申请人申请质量情况

3.3.2 主要技术功效分析

3.3.2.1 全球技术功效分析

图 3-3-3 示出了指纹活体检测技术全球专利申请主要技术功效图。基于全球专利申请中对于指纹活体检测进行改进的 12 项主要技术和 9 项功效需求组成的用于指纹活体检测的主要技术功效图。全球活体检测所要解决的主要问题是准确性，在采用的技术手段上，以电、物理属性和外观形态作为施用原理以及施用各种不同种类原理的检测技术的叠加方案的检测技术应用最为热门。此外，由于活体检测技术已经经历了较久的时间，积淀下很多仅以提供一种具有该种原理检测方式而非要具体解决某一种特定具体技术问题的检测技术的专利，这种专利被统一划定为“整体”。在以“整体”即仅仅为提供一种该方式的检测技术为目的的类目下，电、物理、外观形态以及多种手段的结合的专利最多。提高准确性，不仅仅只依靠改变检测原理或手段，由于多数检测方式下，都要获取检测图像，因此，提高检测图像的质量也成为全球申请人竞相追逐努力完善的方面。作为检测技术最为基本的准确、精度、成本以及整体，成为申请人最为关注的问题，涉及此 4 种效果的专利最多。而涉及检测技术更高层次的要求，如稳定性、小型化、高效率和简化的需求，只有企业在具备一定的产品系列规模和研发能力的基础上，才会涉及，因此申请数量相对较少。

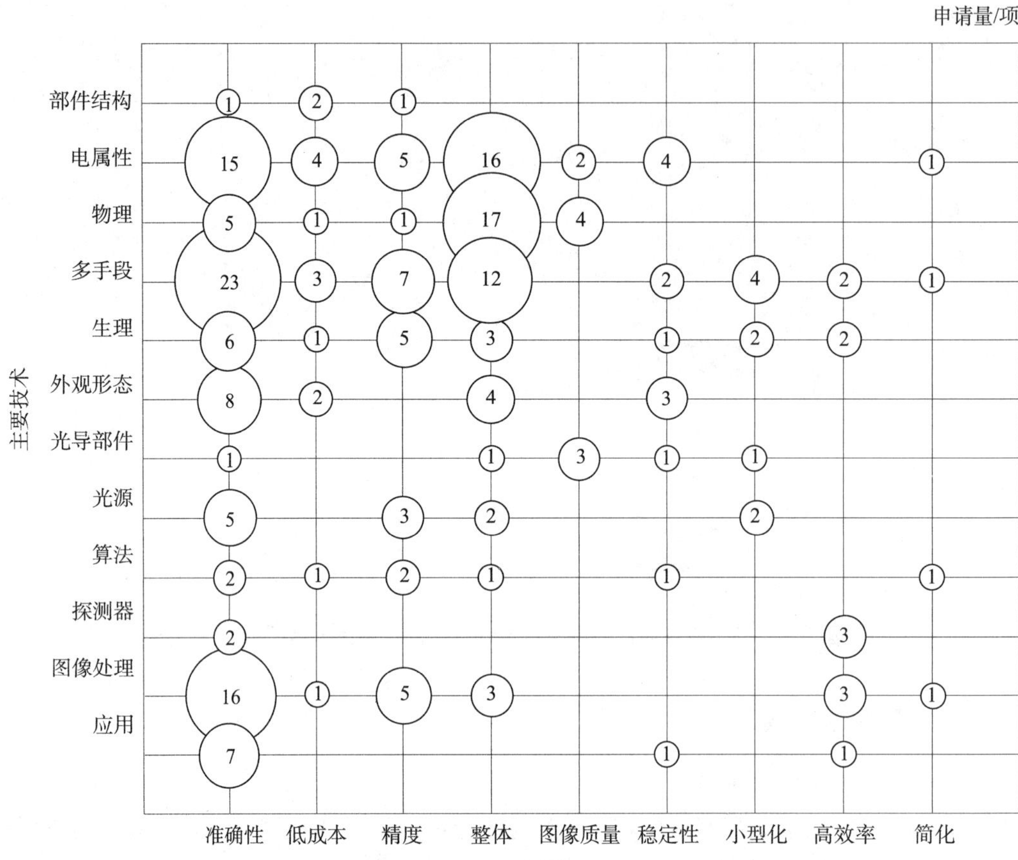

图3-3-3　指纹活体检测技术全球专利申请主要技术功效图

3.3.2.2　中国技术功效分析

图3-3-4示出了指纹活体检测技术中国专利申请主要技术功效图。可以看出，中国专利并没有出现各种手段解决低成本的问题，所以低成本并不属于热点问题。在中国专利中，作为最基础问题的准确性、精度和仅仅提供活体检测功能的整体问题是焦点中的焦点、热点中的热点。这反映了在占据半壁江山的本国申请人申请的专利中，主要还是纠缠在解决能够有效地检测出真实的结果来这一问题上。为实现获取真实结果这一目的，国内专利申请多采用多手段结合、电属性以及对图像处理方法提高准确性、精度等方式。多手段结合体现出获取准确性、精度最主要还是依靠对包括电属性、物理属性、生理属性、外观形态等在内的多种量值同时进行叠加实现活体检测综合考量是否属于活体手指。指纹活体检测另一大问题是无法获取高品质的图像以及获取的图像不能很好地转化为用于活体检测的数据，因此，图像处理成为中国专利申请的申请人主要致力于的目标。中国专利申请的另一大特点就是以初级提供具备活体检测功能的装置整体本身作为发明的目的。这体现出我国还处于从无到有的探索阶段，改进方向还未转向细节角度。

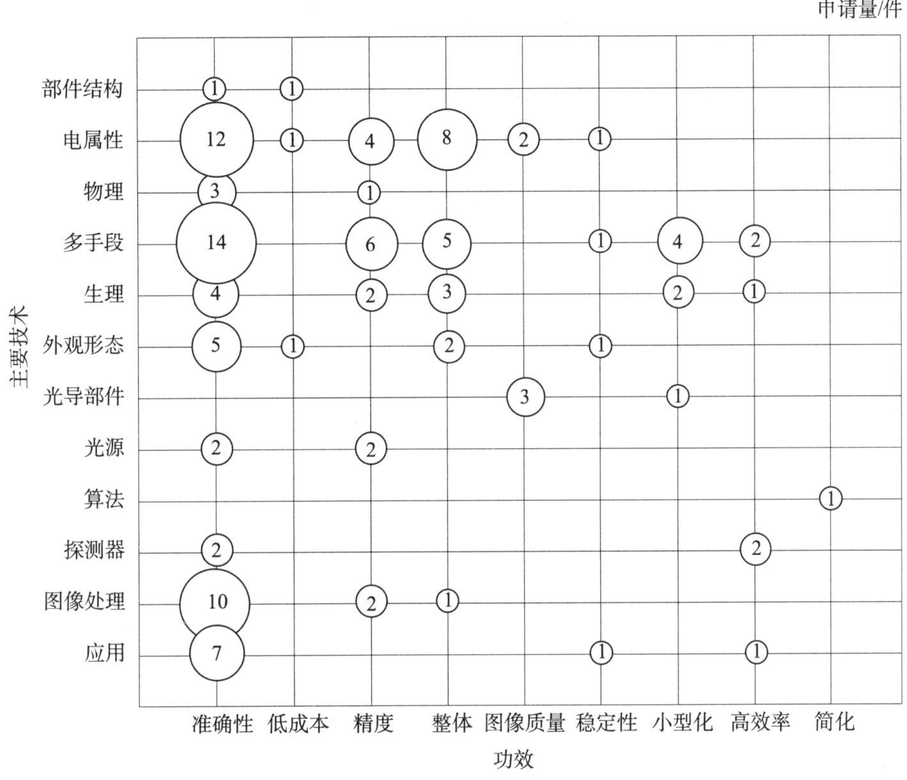

图 3-3-4　指纹活体检测技术中国专利申请主要技术功效图

3.3.3　重要专利研究

重要专利的筛选综合考虑了专利的引证频次、同族专利数量以及在同类专利技术的出现位次。表 3-3-1 示出了指纹活体检测技术代表性专利。

表 3-3-1　指纹活体检测技术代表性专利

公告号	US7545963B2	申请日/优先权日	2003-04-04	引用频次	43
应用领域	活体指纹检测	公开日	2006-12-07	申请人	LUMIDIGM
技术内容		典型附图		进入国家及法律状态	
【技术问题和技术效果】 提高安全性和准确性 【采用的技术方案】 照射皮肤部位并接收皮肤部位散射的光，由所接收的光形成图像，由图像获取图像纹理量度，分析上述图像纹理量度来识别个体，同时判断是否包括活体组织		105 101 121a 121b 127b 125b 123b 100a 105a 107a 111 120 113 114 115		EP 授权 US 授权 JP 授权 CN 授权	

续表

公告号	US7254255B2	申请日/优先权日	2002－04－12	引用频次	45
应用领域	活体指纹检测	公开日	2005－01－13	申请人	意法半导体
技术内容		典型附图		进入国家及法律状态	
【技术问题和技术效果】 降低成本 【采用的技术方案】 红外光源和可见光源照射手指上面，图像传感器接收通过的红外光和反射的可见光判断活体		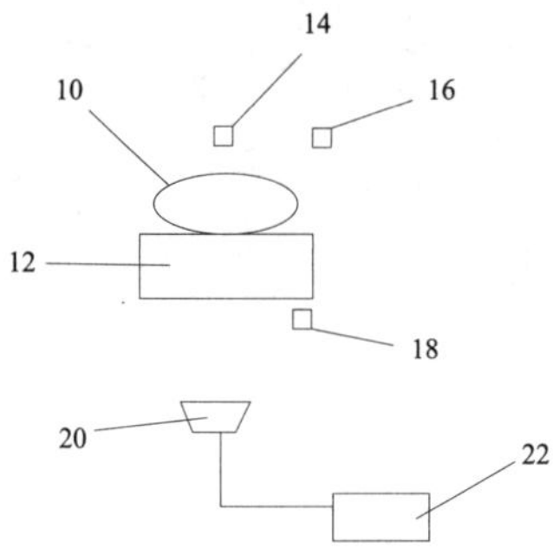		EP 授权 US 授权	
公告号	US7505613B2	申请日/优先权日	2005－07－12	引用频次	33
应用领域	活体指纹检测	公开日	2007－01－18	申请人	富士通
技术内容		典型附图		进入国家及法律状态	
【技术问题和技术效果】 缩短识别时间 【采用的技术方案】 数据指标计算器基于多个指标计算度量值，生成格式化度量值，最终生成度量值矢量，利用度量值矢量生成假指纹概率，将登记的指纹模板与概率产生一个调整的假指纹概率		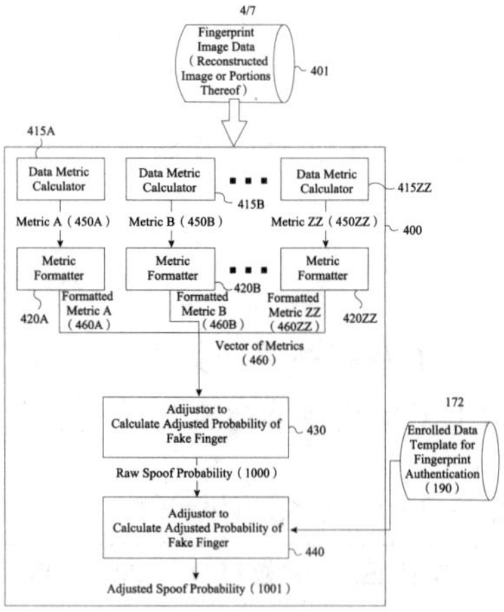		US 授权	

3.4 小　　结

本章在时间维度上研究了指纹识别活体检测技术的全球、中国专利申请量变化趋势，在空间维度上研究了中外目标国区域占比分布，在技术内容维度上研究了技术功效、路线和代表性专利。

在时间维度方面，指纹行业在2000～2010年持续增长，中国专利所占比例持续增加，这与各国更加重视我国市场以及我国本土申请人的快速发展有关。目前指纹活体检测技术处于成熟期，企业并购活动活跃，产业集中度加深。我们应该看到，我国的指纹活体检测追随了指纹检测认证及指纹锁行业的发展，及时跟上了全球技术发展的一波又一波潮流，并把握住了技术发展的契机，在专利量的积累上持续做到了不断进步，按照这样的节奏和步调，我们不但可以在技术上不断创新，可以走出自己的运行模式，使行业健康有序的持续发展下去。

在空间占比方面，日、美申请人优势明显，NEC、富士通、光谱辨识等公司拥有大批决定技术走势的专利技术，中国和韩国正在后来居上。我国已经在数量上体现出明显的优势，但在技术质量上我们只能逐步缩小差距。我国申请人中，长三角、珠三角和北京具有明显的技术优势。我国申请公司和研究机构的质量较高，个人申请的质量还无法令人满意。我们也不应盲目乐观于我国申请人在专利数目上的优势占比，应该清醒地认识到，多数专利仅仅停留在低端的底层产品设计结构之上。在 2012 年苹果收购指纹传感器龙头老大奥森泰克公司并随后断掉所有其他公司的传感器来源，2013 年将 iPhone 5s 中嵌入指纹模块，并引领指纹智能移动终端的在线支付这样一个颠覆行业格局、产生巨大业界影响的行业背景之下，我国的指纹厂商不应仅将自己的技术研发停留在具体产品结构简单替换式的替换上，而是更应该抓住这一机遇，依托于我国的专利在传统光学技术上的综合完整性以及研究机构在算法上的优势，学习韩国的崛起经验，在与软件控制的硬件应用结合上力图有所突破。

在技术维度方面，以采集手段为一大类发明范畴，各公司从 20 世纪 60 年代起就一直尝试在各个方式角度检测活体。目前的趋势正从单纯的检测方式改进转变为结合不同光源使用不同原理且与软件结合的综合性检测手段，而且随着手机指纹的应用加深，小型化、高精度、体验度优（重复次数低）的活体检测方式将进一步提高安全性。在技术侧重角度方面，集中解决准确性、精度和整体系统解决活体检测方面问题，这与全球市场上的各种形态手段结合、提高图像质量的高一层次的技术改进还有一定的距离。

第4章 NEC的专利分析

4.1 发展概况

4.1.1 NEC基本概况

日本电气株式会社[1]（日语：日本電気株式会社；英文译名：NEC Corporation），简称日电、NEC，在中国台湾被称为恩益禧，是日本一家跨国信息技术公司，总部位于东京港区，目前为住友集团成员。NEC英文全称原为“Nippon Electric Company, Limited”，1983年改为现用的“NEC Corporation”。现任社长为远藤信博。

NEC为商业企业、通信服务以及政府提供信息技术（IT）和网络产品。它的经营范围主要分成三个部分：IT解决方案、网络解决方案和电子设备。IT解决方案主要是向商业企业、政府和个人用户提供软件、硬件和相关服务。网络解决方案主要是设计和提供宽带系统、移动和无线通信网络系统、移动电话、广播和其他系统。NEC的电子设备包括半导体、显示器以及其他电子器件。

4.1.2 NEC及中国市场

NEC于1904年开始向中国出口电话机。1908年，在中日有关电话电报的协议下，NEC正式进入中国市场。“二战”结束后，于1972年中日邦交正常化的同一年，NEC即为中国建设了一个小型可移动的卫星通信地面工作站。1990年，NEC在中国建立合资企业，开始生产和销售数字电子交换系统和大规模集成电路，并在1996年成立日本电气（中国）有限公司作为中国业务的控股公司。在2010年，NEC以日本电气（中国）有限公司确立作为大中华区地区总部，统领集团在华各项业务。日本电气（中国）有限公司主要业务包含运营商网络业务、IT解决方案业务、IT网络平台业务、投影机显示器产品、软件开发销售。现任董事长总裁为日下清文。此外，NEC在中国还设立有NEC中国研究院，进行包括基础与应用领域在内的研究和开发。

4.1.3 NEC指纹识别技术的发展

NEC在指纹识别技术的探索起始于1971年，并于1974年正式开始进行相关技术

[1] ［EB/OL］.（2012-03-01）. http://zh.wikipedia.org/wiki/%E6%97%A5%E6%9C%AC%E9%9B%BB%E6%B0%A3.

与产品的研发。通过8年的努力，于1982年成功实现指纹识别技术的实用化。❶

NEC以特有的“特征点与关系方式”（特征点间隆起线数量）技术，在世界范围指纹识别领域处于领先地位。其于1983年即开始开拓海外市场，产品大量用于美国政府机构。至1995年，NEC占据了全球刑侦、司法领域的指纹录入数据库69%的市场份额。

2009年，美国标准技术研究院（NIST）受美国国土安全部委托，推行了“现场指纹比对技术评比测试”。在全世界主要指纹比对技术厂商参加的此次测试中，NEC以明显优势获得第一名（NEC产品识别率为97.2%，第二名为87.8%，第三名为80%），显示了NEC在指纹比对技术方面的优势。NEC产品如此高的识别率，是在加强低确信度特征点适应控制技术、领域特性比对技术的基础上，整合遗留指纹减噪技术、隆线识别技术等最先进的指纹图像处理技术之后实现的。此外，在NIST主办的大规模指纹相关一系列技术评比中，NEC在2003年的“指纹供应商技术评比（FpVTE2003）”，2004年“指纹摘出技术评比（SlapSeg04）”以及2007年“指纹供应商原有数据评比（PFT Study）”等多次评比中都取得了第一名的成绩，技术实力受到广泛认可。正因为如此，NEC的指纹比对系统不仅在日本被广泛使用，还被美国的24个州，以及全世界30多个国家的警察、司法机关、入境管理局等所采用。

4.2 NEC全球专利分析

有关NEC指纹识别技术的相关专利检索截止时间为2014年5月30日。

4.2.1 专利申请发展趋势

图4-2-1示出了NEC指纹识别领域全球专利申请趋势，并对专利申请的具体涉及领域进行了分类，其中有关传感器结构或附件结构（如设备外壳、手指托架等附属结构）的专利申请归为硬件结构类，涉及特征提取、匹配算法、分类算法、图像处理、数据处理的专利申请归为算法类，而应用则包括在硬件领域以及信息处理等软件领域的应用。

根据NEC关于指纹识别技术专利申请量变化，将其专利申请趋势分为以下3个阶段。

（1）第一阶段：技术积累期（1979~1992年）

该阶段，NEC有关指纹识别技术的专利总申请量仅为17项。在这十余年中，NEC处于指纹识别技术的积累阶段，每年的专利申请量均在5项以下。在上述17项专利申请中，涉及算法的专利申请占据了总体申请量的65%左右，可见该公司在最初的主要研究方向为指纹识别算法方面。而其中，有近一半的专利申请来自浅井纮及其发明团

---

❶ NECの指紋照合に関する歴史［EB/OL］.［2014-06-17］. http://jpn.nec.com/fingerprint/technology/nec_process.html.

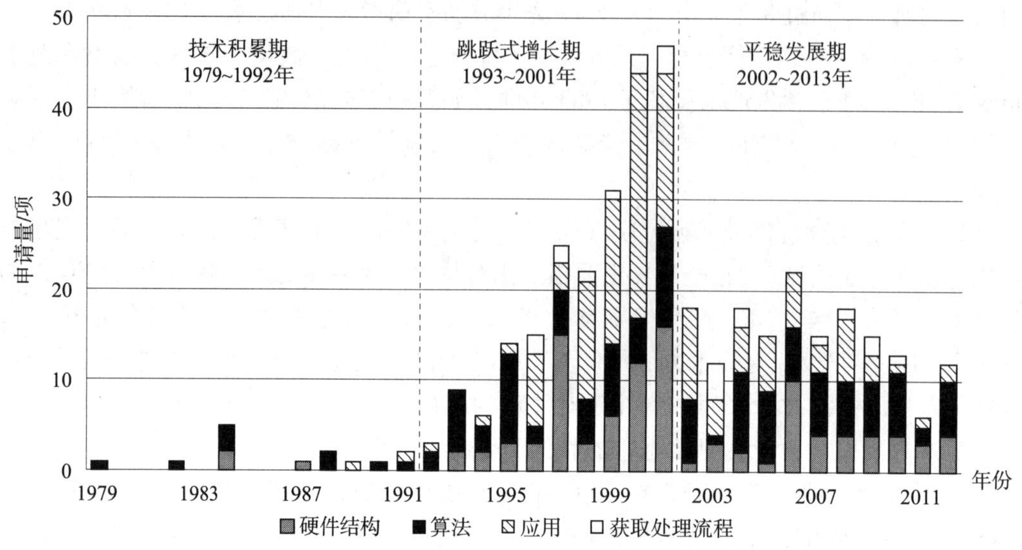

图4-2-1 NEC指纹识别领域全球专利申请趋势

队。浅井纮本人作为发明人的NEC专利申请也均集中在20世纪80年代，并主要针对算法方面。可见浅井纮对于NEC指纹识别领域研究的起步工作，尤其是指纹识别算法方面的研究作出了巨大贡献。而除去有关算法之外的专利申请，涉及硬件及应用的均只各有3项。也就是说，在技术的前期积累阶段，NEC的主要研究领域在于指纹算法方面。

（2）第二阶段：跳跃式增长期（1993~2001年）

在这一阶段，NEC有关指纹识别的专利申请量出现了跳跃式增长，由每年不足10项快速增长到年近50项。而其中与算法有关的专利年申请数量较为平均，为每年5到10项左右，而与硬件结构和应用相关的专利申请则大为增加，并分别占据了总申请量的29%和40%左右。在有关硬件结构的应用申请中，针对光学指纹传感器的改进则超过50%，可见NEC对于光学指纹传感器研究的重视程度。而该阶段对于光学指纹传感器技术的积累与发展，也为后期其对设备小型化没有特别要求的公共设施、门禁与刑侦等领域的市场开拓发挥了重要作用。

另外，在1997~1999年，NEC面向企业用户推出了大量配有指纹识别系统的计算机及移动终端设备，并重点强调其安全性能。而在上述NEC指纹识别技术相关专利申请的第二阶段，针对于应用领域的专利申请中，涉及计算机及移动终端设备的专利申请也占据了其涉及硬件应用领域专利申请的60%左右。

（3）第三阶段：平稳发展期（2002年至今）

在经历了第二阶段专利申请量的迅猛发展之后，在第三阶段NEC涉及指纹识别技术的专利申请量出现明显下降，并稳定在每年10~20项。在这一阶段，涉及算法的平均年专利申请量与上一个阶段持平，而在第二阶段迅速增加的涉及硬件结构以及应用的专利申请量则出现了大幅萎缩。

总体分析而言，NEC 的专利申请高峰期要略早于半导体传感器技术、活体采集技术以及 AuthenTec 等技术或企业的专利申请量高峰时期。综合起来分析，主要有以下几点原因：

① NEC 指纹识别技术起步早，率先进入爆发期。NEC 于 1971 年即着手指纹识别技术的研究，经过三十余年的发展，在技术上，其20 世纪90 年代于指纹行业即已经处于领先地位，1995 年，其在刑侦、司法领域全球的市场占有率即已经达到 69%。因此，在最能体现技术突破的专利申请量方面，NEC 公司能够领先于其他企业以及相关技术领域提前进入爆发期，得到迅猛发展，进一步巩固市场，获得发展。

② 个人电脑以及互联网技术的兴起。20 世纪 90 年代，正值个人电脑迅猛发展与普及以及互联网兴起时期。尤其是 90 年代末期，互联网泡沫已经产生，信息的流动与交互使得人们对于信息安全性的要求前所未有地提高，NEC 也借这一风潮在指纹识别领域得到了快速发展。而随着 2001 年互联网泡沫的破裂，其专利申请量迅速下降，并维持在一个稳定区间之内。

③ NEC 的指纹传感器的差异性。与其他章节分析的技术或企业不同，时至今日，NEC 的拳头产品仍然采用光学指纹传感器进行指纹识别，而其他章节分析的技术与企业则倾向于采用半导体指纹传感器进行指纹识别。光学指纹传感器相比于半导体指纹传感器更早出现，因此，提前进入技术爆发期并进入成熟期。

4.2.2 技术发展状况分析

4.2.2.1 全球技术功效图

图 4－2－2 为 NEC 指纹识别领域全球技术功效图。在指纹识别领域，NEC 研发方向较为广泛，包括提高识别精准性、提高图像质量、快速识别等九大研发方向。为了达到上述技术功效，NEC 公司从硬件和软件两方面着手，通过对传感器结构、图像处理算法、特征提取算法以及匹配算法等的改进实现了多维度的解决方案。

在上述九大研发方向中，如何提高识别的精准性成为相关研究的重点。经过数据分析可知：在 NEC 有关指纹识别技术的全球专利申请中，涉及如何提高指纹识别精准性的专利申请有 109 项，占到专利申请总量的 27%，从该功效需求出发，NEC 从不同的研发入口寻求技术突破，从图 4－2－2 可以看出，为了提高识别精准性，NEC 公司对图中列出的所有技术手段均进行了技术研发和专利布局，其中尤以算法的研发改进居多，数据表明 NEC 在算法方面的专利产出明显高于传感器及其附件结构的专利产出。可见，利用算法的改进来提高识别精准性是 NEC 的研究热点。

此外，快速识别和提高图像质量的需求也相对较为强烈，在快速识别中，NEC 仍主要选取算法改进作为突破口，从图像处理、特征提取、匹配算法等多个方面着手研发，以提高识别速度，减少识别时间。而在提高图像质量的研究中，主要是基于传感器结构和图像处理算法的相关改进来实现的。值得关注的是，在如何提高图像质量的研究中，传感器结构及其附件结构的专利产出高于图像处理算法的专利产出，即 NEC 在提高图像质量这一功效需求的解决方案中，更偏重硬件结构的改进。

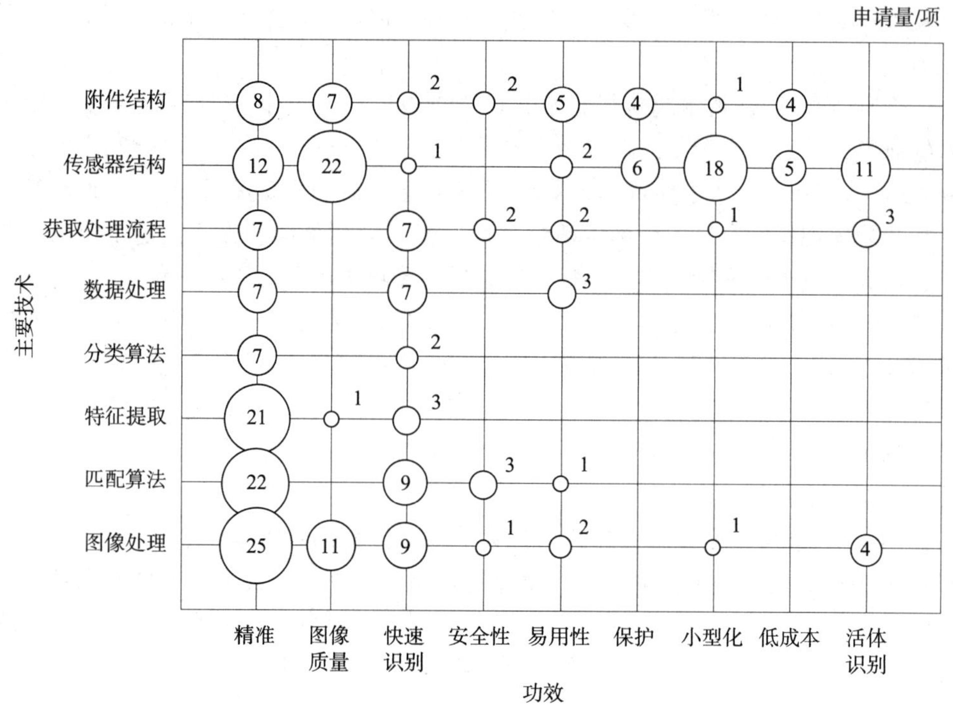

图 4-2-2　NEC 指纹识别领域全球技术功效图

从技术手段来讲，涉及算法改进的专利申请为 137 项，涉及传感器及其附件结构改进的专利申请为 108 项。可见，涉及算法和硬件结构的专利申请数量差距不大。其中，涉及算法改进的专利申请集中在如何提高识别精准性、提高图像质量以及快速识别上，而涉及传感器及其附件结构改进的专利申请则集中在如何实现提高识别精准性、提高图像质量以及设备小型化的技术功效上。可见，NEC 在实现不同技术需求上所采用的研发方向还是相对比较明确的。

此外，图 4-2-2 的右下角区域几乎为空白区，由此可知，对于如何采用算法来提高安全性、提高易用性、降低成本以及实现活体识别等几个方面，NEC 几乎没有专利产出，即 NEC 在这些方面的研发投入相对薄弱。国内相关企业可以考虑以上述技术作为突破口进行相关研究。

4.2.2.2　应用领域分析

NEC 的专利申请中有很大一部分涉及应用领域。表 4-2-1 标出了在不同时期，其专利申请的应用领域分布情况。在 20 世纪 90 年代初期，其应用主要集中在 IC 卡以及固定电话领域。而随着微型计算机的普及，尤其是企业用户对于计算机保密性需求越来越高，从 1995 年开始出现了大量涉及计算机的指纹识别应用专利申请。

表 4-2-1 NEC 指纹识别领域各时期应用分布变化

申请量/项

专利申请优先权年份	计算机	移动终端	IC 卡	检票机	提款机	刑侦	其他
1989~1991	0	0	0	0	0	0	2
1992~1994	0	0	1	0	0	0	0
1995~1997	5	2	2	0	0	0	0
1998~2000	9	5	4	2	2	3	5
2001~2003	8	19	1	3	0	0	4
2004~2006	3	11	0	1	1	2	0
2007~2009	1	13	1	1	3	1	1
2010~2012	1	2	0	1	2	1	0

同时，还出现了指纹识别应用于移动终端的专利申请，而这也正是移动电话逐步走向大众的时期，只不过在 21 世纪到来之前，其所占比重较小。而随着移动电话、PDA 等移动设备的发展与普及，2001 年之后，针对移动设备的指纹识别技术出现爆炸式发展，其专利申请所占比重也有了明显的增加，尤其是在 2007 年之后，基于 iOS 与安卓系统的智能手机的迅猛发展，以及小型化的半导体指纹传感器的出现，使指纹识别技术在手机上得到了广泛的关注。而近几年电子商务以及互联网金融的发展使越来越多的人开始在线上进行理财、购物等活动之后，人们对于资金流通的安全越来越重视。这一根本需求也使得指纹识别技术在移动终端上得到了飞速的发展，使得有关移动终端的指纹识别专利申请的年平均占比接近总申请量的一半。

相比起来，计算机设备在经历了 21 世纪前几年的平稳发展之后，随着新一代智能手机时代的到来，其发展遇到了瓶颈，个人电脑在出货量以及个人计算设备的市场占比上已经出现了下降的趋势。因此，基于上述市场热点的转移，针对计算机的指纹识别专利申请比例在 2007 年之后开始逐渐下降。

而随着各国公民指纹数据库的逐步建设，将指纹应用于公共设施身份识别的呼声也越来越高。例如，使用指纹代替种类繁多的磁卡、IC 卡，实现乘车、图书借阅、POS 机操作、会员识别等活动。因此，在上述方面的指纹识别专利申请所占有的比例也在逐渐增加。

在 NEC 较为有优势的刑侦领域，其涉及的技术虽然早就在其专利中体现，但是在其申请文件的文字中并没有特别指出。而在 20 世纪 90 年代末期，在其专利申请中才具体出现了该技术能够在刑侦领域中应用的文字，并根据具体应用进行了相关优化或限定。而且该应用领域的专利申请比例在近年也在不断上升。表 4-2-2 列出了应用于刑侦领域的重要专利。

表4-2-2 NEC指纹识别领域全球刑侦应用重要专利

公开号	最早优先权日	申请人	发明人	标题
JP2000339455	1999-05-31	日本电气株式会社	金子朝男	指纹验证装置
JP2001266155	2000-03-15	日本电气株式会社	高泽和义	指纹验证装置
JP2001319233	2000-05-10	中部日本电气软件株式会社	伊原弘和 近藤昌纪	验证装置及方法
US2005180616	2004-02-12	日本电气英富醍株式会社	池田宗广	指纹输入装置
EP1826707	2006-02-17	日本电气株式会社	原雅范	指纹验证装置、指纹特征区域提取装置及品质判定装置，与其方法和软件
JP2010277356	2009-05-28	日本电气株式会社	浮穴宪幸	指纹采集系统、方法、软件及软件记录载体
WO2011089813	2010-01-20	日本电气株式会社	原雅范 外山祥明	图像处理装置

4.2.2.3 技术路线

针对NEC在指纹识别技术上的发展，基于在整个发展阶段均较有活力的几个领域，将其整个技术路线分为6个分支，分别为：传感器结构、附件结构、活体识别、特征提取、图像处理、匹配算法。图4-2-3至图4-2-5分别描述了其在硬件结构、活体识别领域以及算法领域的技术路线发展概况。下面从几大技术分支出发按年份顺序分别对其各自的发展进行纵向梳理，找到我国在此领域的可借鉴之处。

（1）传感器结构与附件结构

NEC在指纹认证装置硬件结构方面的相关专利申请，主要涉及对于传感器层膜结构以及附件结构的改进。在层膜结构中，NEC于1987年首次提出关于干手指识别的专利申请EP0304092A1，通过在光学透明材料表面上设置一层弹性和/或黏性材料层，使得干手指按压该材料表面时，获得与湿手指按压表面相似的光学边界条件，从而避免干手指识别带来的对比度低的问题。随后，NEC又以该申请为基础，提出多项关于层膜结构改进的系列申请，其中包括对于层膜表面形状的改进、对于曲面材料的改进等。在其附件结构的相关专利申请中，主要涉及手指定位引导装置、手指干燥装置以及传感器清洁装置等专利申请，相关专利申请的详细内容参见表4-2-3。表4-2-3以时间为轴，对传感器结构的相关技术发展进行了纵向梳理。

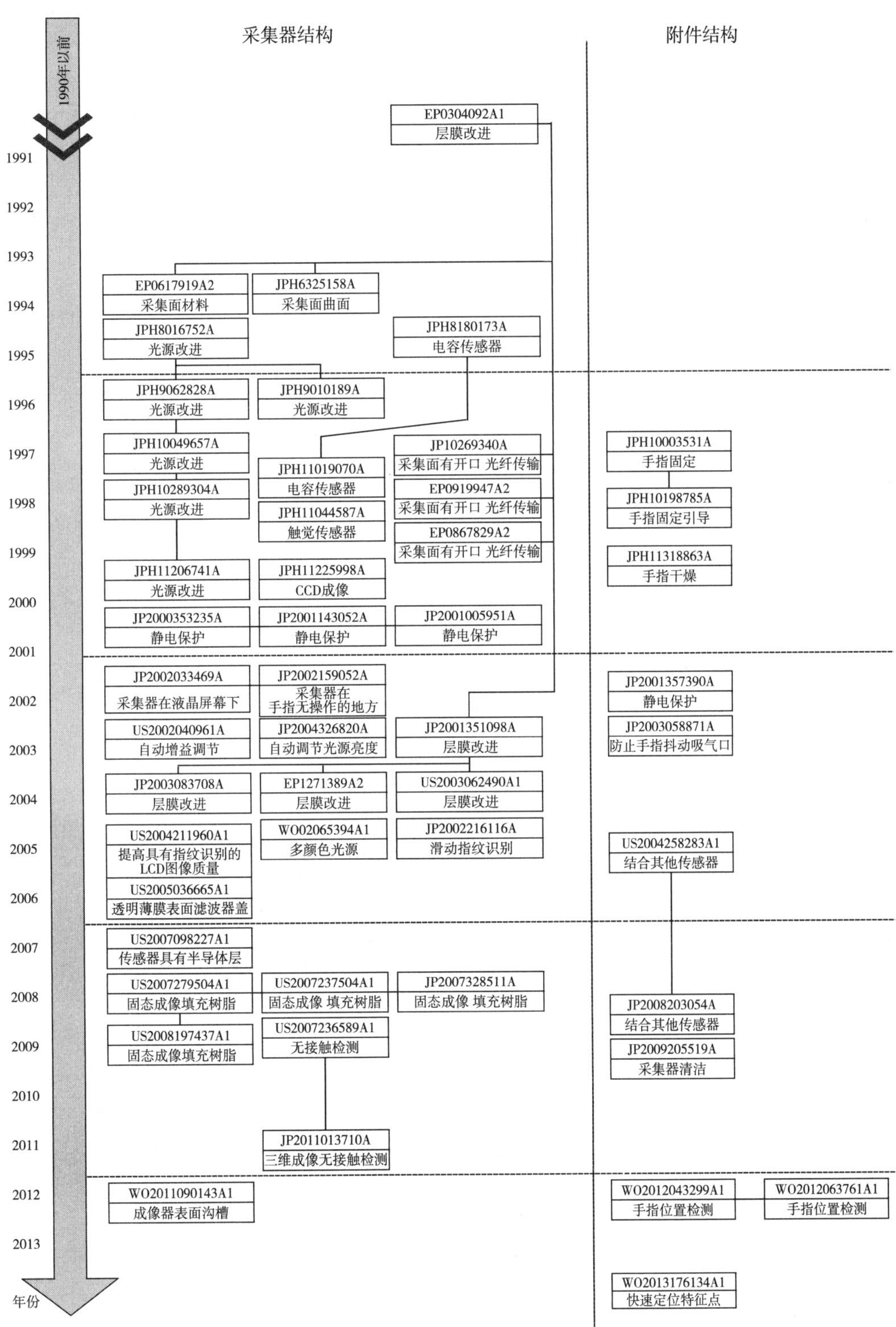

图 4-2-3 NEC 指纹识别硬件技术发展路线

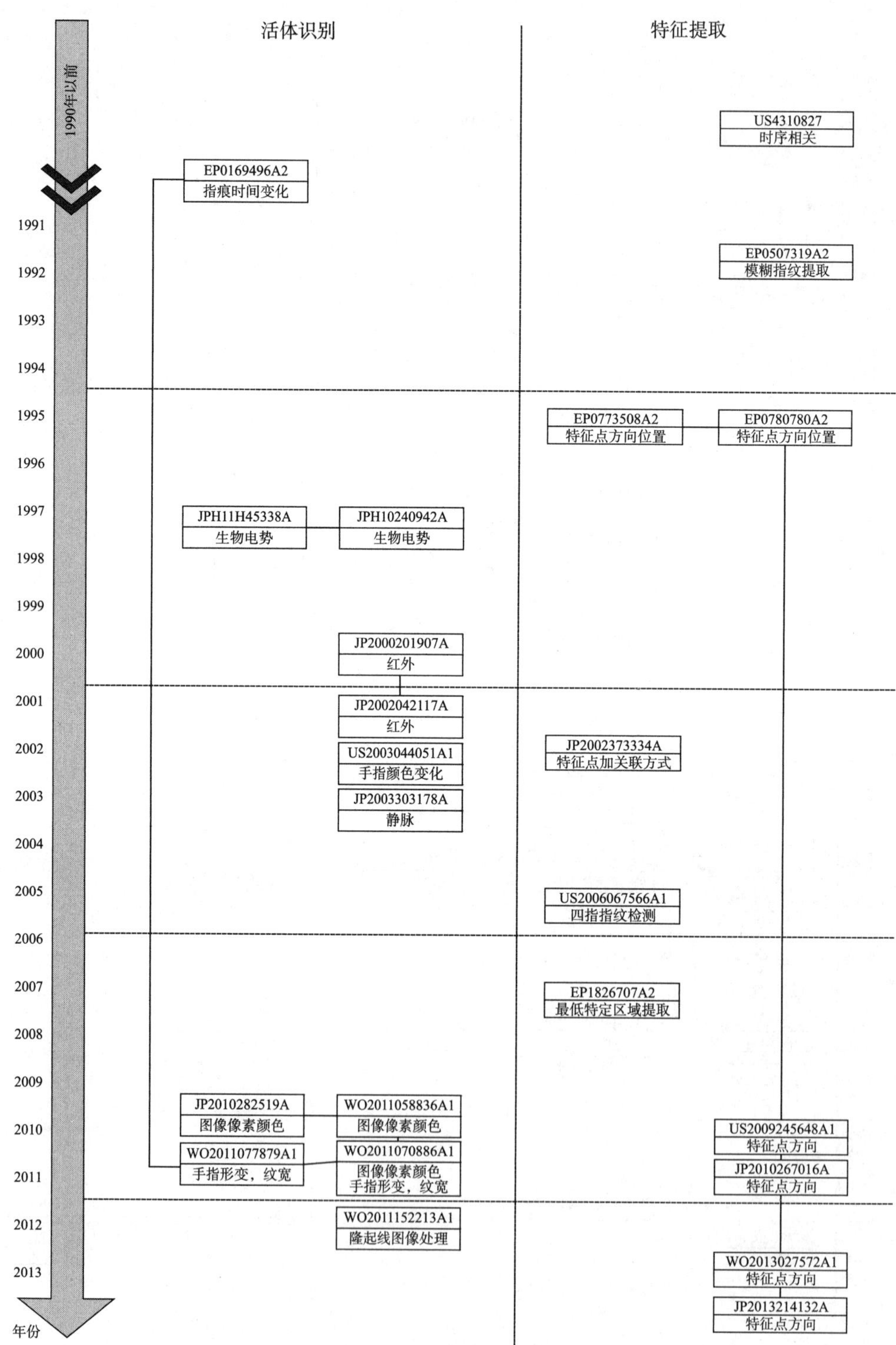

图4-2-4　NEC指纹识别活体识别及特征提取技术发展路线

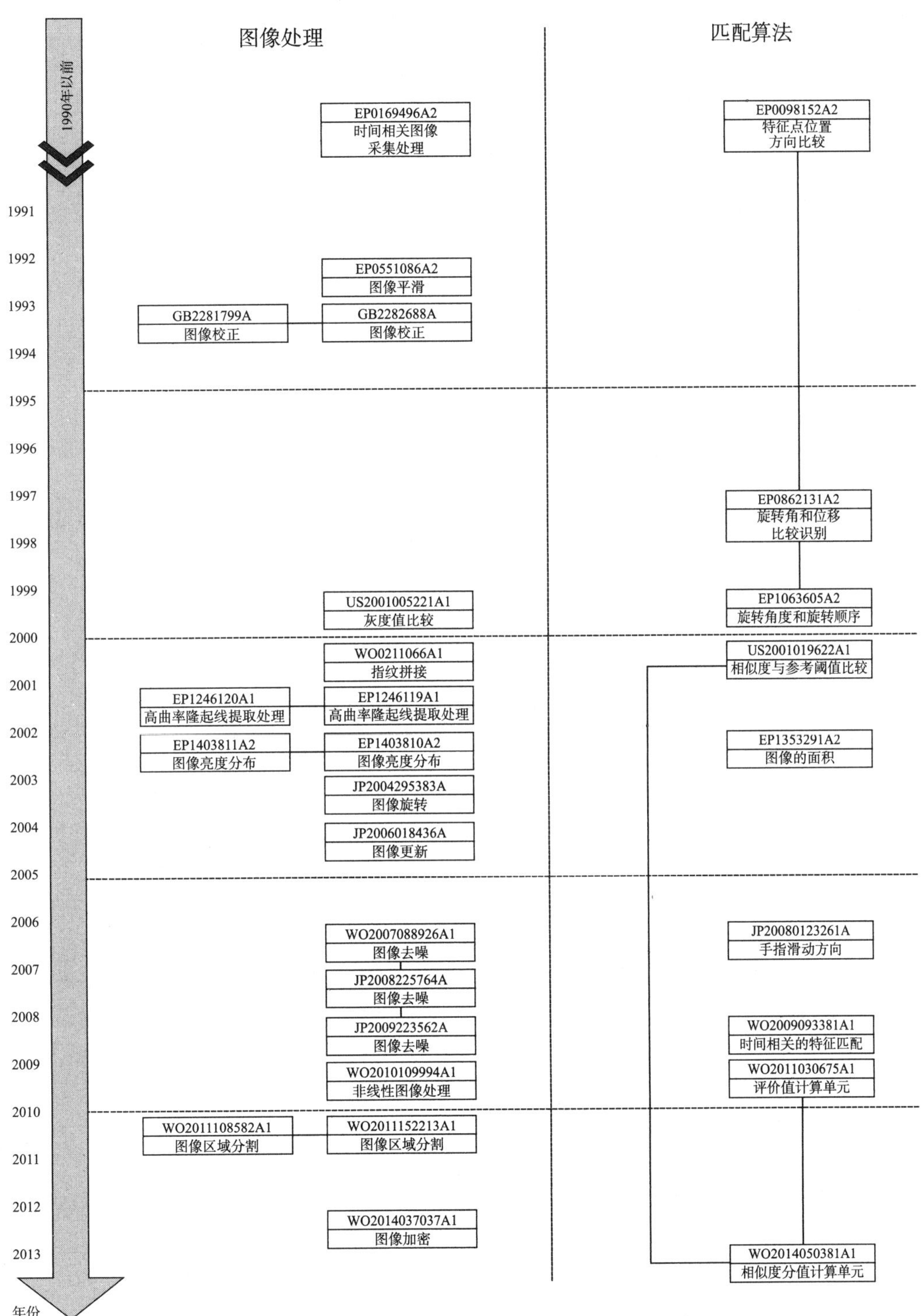

图 4-2-5 NEC 指纹识别图像处理及匹配算法技术发展路线

表4－2－3　NEC指纹识别传感器及附件结构全球重点专利

<table>
<tr><td>公开号</td><td>EP0304092A1</td><td>申请日/优先权日</td><td>1987－08－21</td><td>技术分支</td><td>传感器结构</td></tr>
<tr><td colspan="2">技术内容</td><td colspan="2">说明书附图</td><td colspan="2">同族信息</td></tr>
<tr><td colspan="2">在玻璃或塑料制成的光学透明材料表面52上设置一层弹性和/或黏性材料层51，使得干手指按压该材料表面时，可以获得与湿手指按压表面相似的光学边界条件，从而可以避免干手指识别带来的对比度低的问题</td><td colspan="2">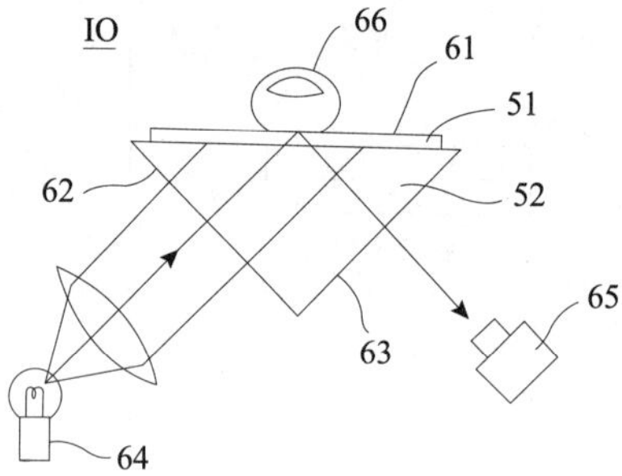
</td><td colspan="2">EP304092A1
AU198821467A
US5096290A
EP304092B1
DE3856384D1</td></tr>
<tr><td>公开号</td><td>EP0617919A2</td><td>申请日/优先权日</td><td>1993－03－30</td><td>技术分支</td><td>传感器结构</td></tr>
<tr><td colspan="2">技术内容</td><td colspan="2">说明书附图</td><td colspan="2">同族信息</td></tr>
<tr><td colspan="2">透明的光学材料表面设置弹性和/或黏性材料层，将所述透明的光学材料表面设置为曲面，通过这样的设置，使得同样为曲面的手指表面与具有曲面的传感器表面良好接触，以准确获取指纹图像</td><td colspan="2">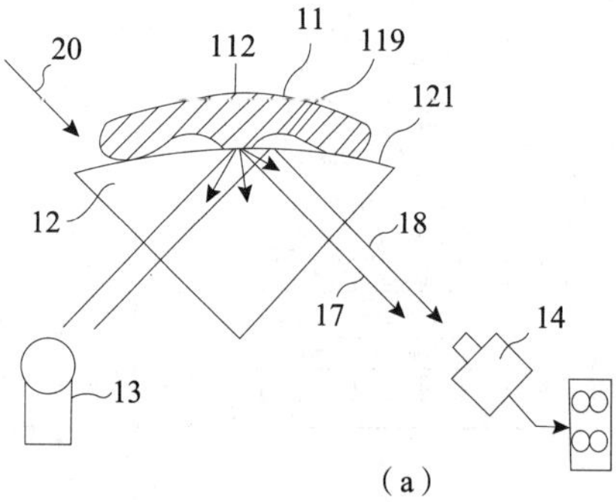

（a）</td><td colspan="2">EP617919A2
EP617919A3
EP617919B1
DE69430769D1</td></tr>
<tr><td>公开号</td><td>JPH10269340A</td><td>申请日/优先权日</td><td>1997－03－27</td><td>技术分支</td><td>传感器结构</td></tr>
<tr><td colspan="2">技术内容</td><td colspan="2">说明书附图</td><td colspan="2">同族信息</td></tr>
<tr><td colspan="2">在透明的光学材料表面设置弹性和/或黏性材料层2，在该弹性层2上设置疏水的润滑层，该润滑层由氟化铵树脂构成，通过设置该润滑层，减少了由于手指按压弹性层表面所带来的指纹失真的问题</td><td colspan="2">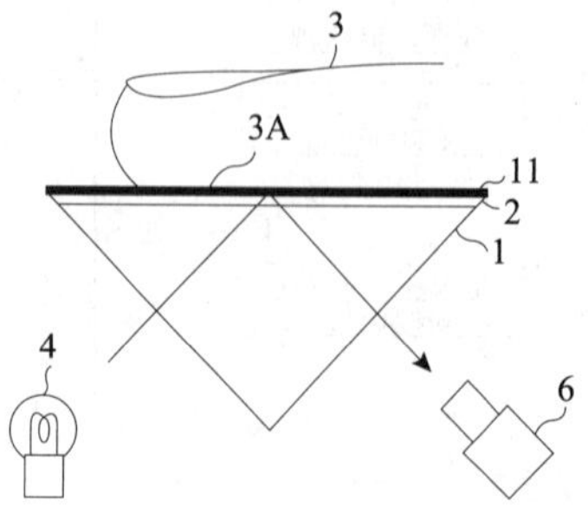
</td><td colspan="2">JPH10269340A</td></tr>
</table>

续表

<table>
<tr><td>公开号</td><td>EP0867829A2</td><td>申请日/优先权日</td><td>1997-03-27</td><td>技术分支</td><td>传感器结构</td></tr>
<tr><td colspan="2">技术内容</td><td colspan="2">说明书附图</td><td colspan="2">同族信息</td></tr>
<tr><td colspan="2">在透明的光学材料层 101 与薄膜层 112 之间有一个空隙层 111，该空隙层填充气体或者液体，手指表面按压薄膜层 112 后，在该空隙层 111 上形成三维图形</td><td colspan="2">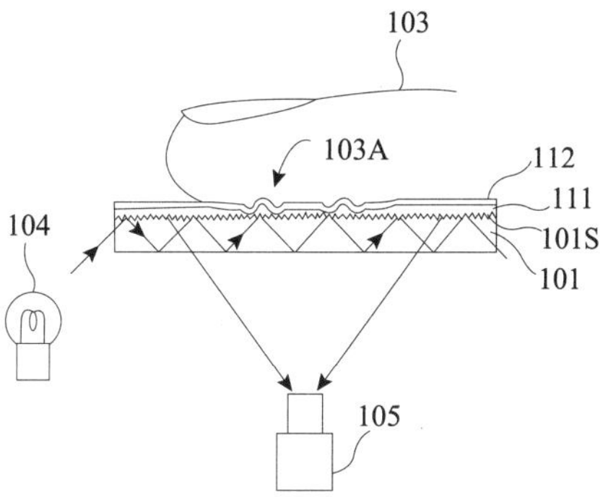
</td><td colspan="2">EP867829A2
JPH10269342A
JP03011126B2
US6150665A</td></tr>
<tr><td>公开号</td><td>EP0919947A2</td><td>申请日/优先权日</td><td>1997-11-27</td><td>技术分支</td><td>采集器结构</td></tr>
<tr><td colspan="2">技术内容</td><td colspan="2">说明书附图</td><td colspan="2">同族信息</td></tr>
<tr><td colspan="2">包括一个与手指表面接触的形状传递单元 108，该形状传递单元的厚度随着与手指表面的接触发生变化，探测单元基于上述厚度变化生成电信号输出。上述传感器结构克服了现有技术中光学传感器尺寸大，成本高的技术缺陷</td><td colspan="2">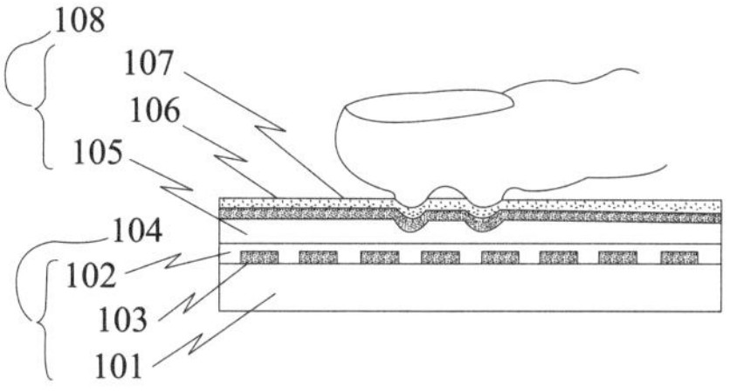
</td><td colspan="2">EP919947A2
JPH11155837A
JP03102395B2
US6234031B1</td></tr>
<tr><td>公开号</td><td>JP2001351098A</td><td>申请日/优先权日</td><td>2000-06-05</td><td>技术分支</td><td>传感器结构</td></tr>
<tr><td colspan="2">技术内容</td><td colspan="2">说明书附图</td><td colspan="2">同族信息</td></tr>
<tr><td colspan="2">光电二极管和传感器层膜结构集成一体，在透明基板 1 的后表面连接设置微棱镜 3，透明基板 1 前表面上设置光电二极管阵列 5 以及绝缘保护层 6，手指按压绝缘保护层 6 表面，光源从透明基板后表面侧照射手指。上述结构传感器将探测器和光学元件集成设置，有效地减少了设备尺寸，实现了设备小型化</td><td colspan="2">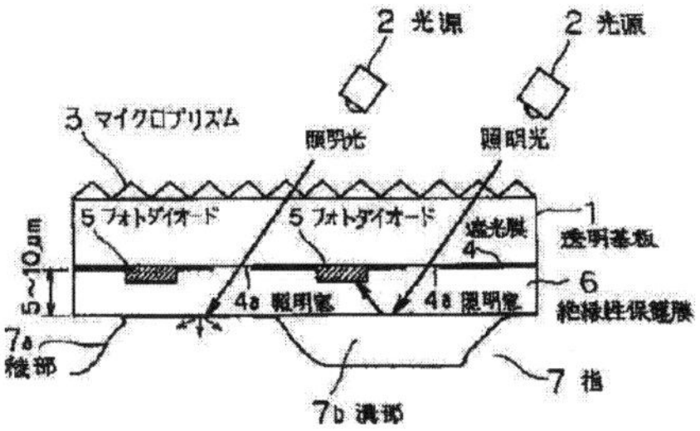
</td><td colspan="2">JP2001351098A</td></tr>
</table>

续表

公开号	EP1271389A2	申请日/优先权日	2001－06－18	技术分支	传感器结构
技术内容		说明书附图		同族信息	
包括二维图像传感器5，用于从测量目标手指的指纹测量部分上采集指纹图像；以及透明固体薄膜4，它被安装在二维图像传感器的图像采集表面上，当二维图像传感器采集指纹图像时，指纹测量部分被固定在透明固体薄膜上，其中通过一个空气层7，该指纹输入设备采集指纹测量部分中的指纹脊线部分2的图像作为光亮部分，采集指纹测量部分中的指纹凹谷部分3的图像作为黑暗部分，而且其透明固体薄膜的折射率满足使图像的对比度超过一个给定值。通过该方案，有效提高采集到的图像的对比度		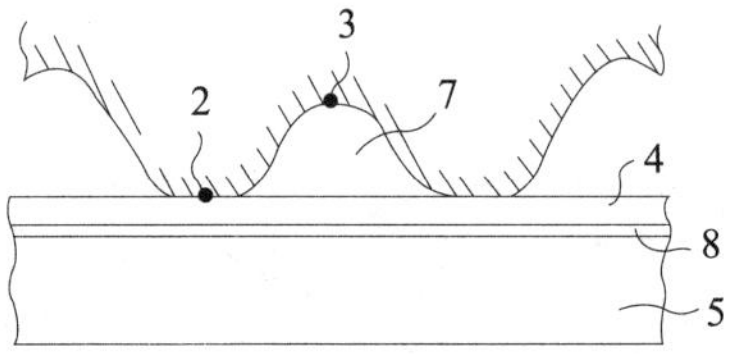 3 2 7 4 8 5		EP1271389A2 JP2003006627A US20030063783A1 KR2002096943A CN1392507A JP2005319294A CN1286052C TWI256593B KR704535B1 US7366331B2	
公开号	US2005036665A1	申请日/优先权日	2000－01－31	技术分支	传感器结构
技术内容		说明书附图		同族信息	
包括二维传感器11，具有光接收元件阵列1以及覆盖该接收元件阵列的具有滤波功能的透明保护盖15。该技术方案中省略了光学棱镜等光学元件的使用，使传感器小型化的同时也避免了光学器件带来的图像失真的问题		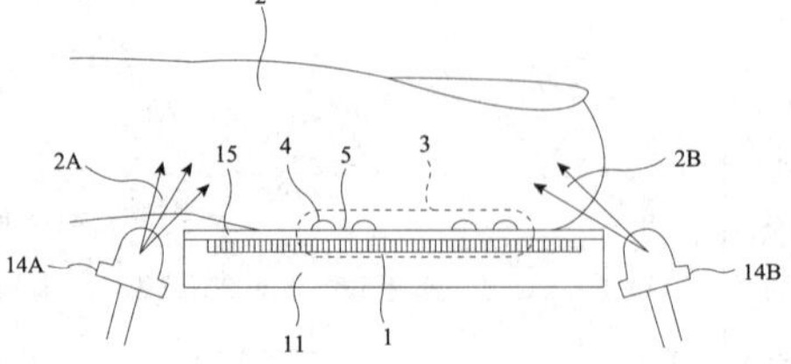 2 2A 15 4 5 3 2B 14A 14B 11 1		US2005036665A1 US6950540B2 JP2006053768A JP2010140508A	

续表

公开号	US2007098227A1	申请日/优先权日	2005-10-27	技术分支	传感器结构
技术内容		说明书附图		同族信息	
在透明基板3上形成了光接收元件7；用来保护所述的光接收元件的保护层13a；从所述基板的背面发射光的背光；和百叶窗2，用于引导从所述背光1发射的光，该百叶窗配置在所述背光和所述基板之间，并向设置在所述保护层上的有机部分照射赋予了方向性的光；根据指纹的表面不规则性反射的光被作为光接收元件的半导体层7所接收，由此发射的光被设置成具有清晰明确的方向性，因此增加了通过传感器的光接收效率		15 16 9 12 8 11 7 6 10 13a 11 5 4 4 3 2 1 17		US2007098227A1 JP2007117397A CN1954776A CN100455260C	
公开号	WO2011090143A1	申请日/优先权日	2010-01-20	技术分支	传感器结构
技术内容		说明书附图		同族信息	
接触装置，其中重叠了两个透明薄片11、12，在透明薄片的一个表面上形成有以单一方向排列的相同形状的多个沟槽；以及成像装置20，被布置为从接触装置的形成有沟槽的表面接收光。接触装置利用接触装置上布置的两个透明薄片中离成像装置更近的透明薄片，沿着近似法线方向对从离成像装置更远的透明薄片输出的光进行折射，从而采集与离成像装置更远的透明薄片相接触的皮肤的模式		20 12 11 100		WO2011090143A1 JP2011150451A US20120287254A1 EP2530641A1 CN102713968A HK1174726A0	

续表

公开号	JPH10198785A	申请日/优先权日	1997－07－28	技术分支	附件结构
技术内容		说明书附图		同族信息	
包括基底1，基底上具有手指读取窗1c；手指固定件3，在移动部件6的驱动下固定手指；手指固定件位于软性基材2和基底1之间，从基底1中的通孔穿出与所述移动部件6相连		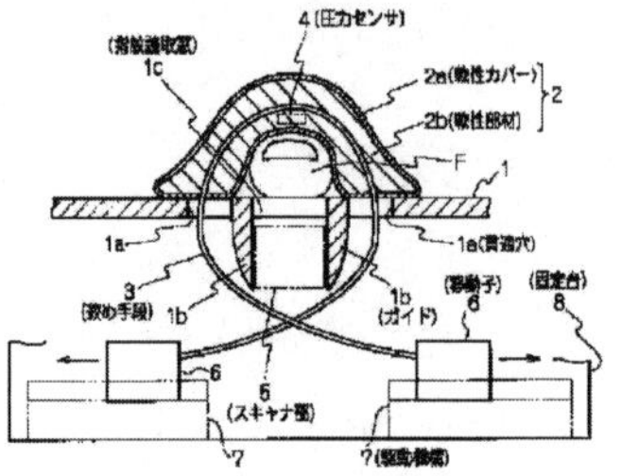		JPH11045336A AU199878538A CA2244034A1 JP03075345B2 AU738208B US6324297B1 CA2244034C	
公开号	JPH11－318863A	申请日/优先权日	1998－05－13	技术分支	附件结构
技术内容		说明书附图		同族信息	
包括指纹干燥装置30，用于对手指端部进行干燥，干燥装置30可以去除手指的汗液		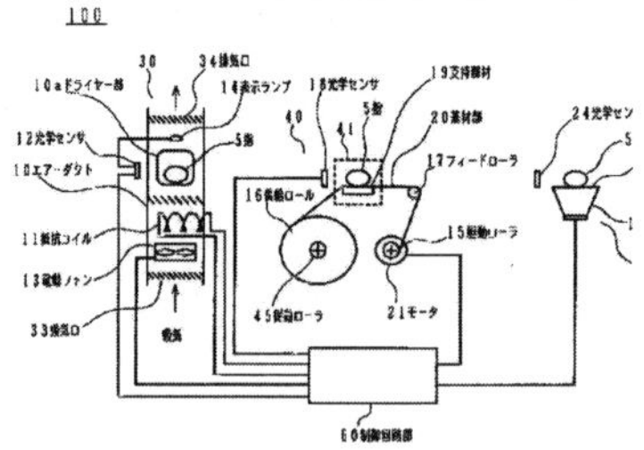		JPH11318863A JP03278610B2	
公开号	JP2003058871A	申请日/优先权日	2001－08－17	技术分支	附件结构
技术内容		说明书附图		同族信息	
包括吸气口1、3，用于吸住手指，手指位置传感器7用于检测手指位置，在手指定位完成之前，吸气口1保持一个微弱的吸力，当手指完成定位以后，吸气口3产生强大的吸力，其中控制部12，基于传感器的位置检测结果，控制吸气口1、3的吸气量		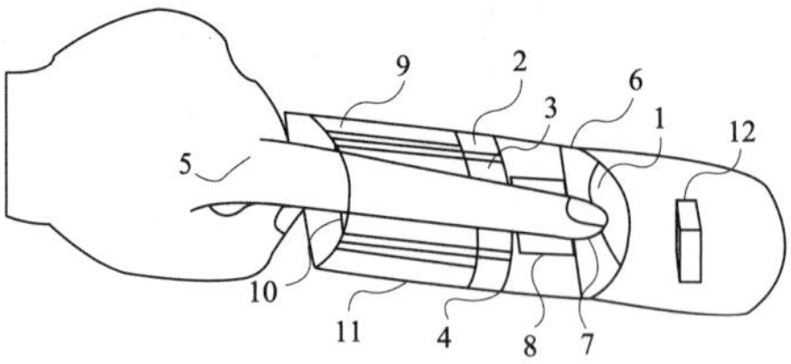		JP2003058871A JP03750735B2	
公开号	US2009226051A	申请日/优先权日	2008－03－05	技术分支	附件结构
技术内容		说明书附图		同族信息	
包括传感器清洁器50、可以开关的百叶窗10、扫描盘31以及驱动单元70，驱动单元70驱动清洁器50对采集器进行清洁		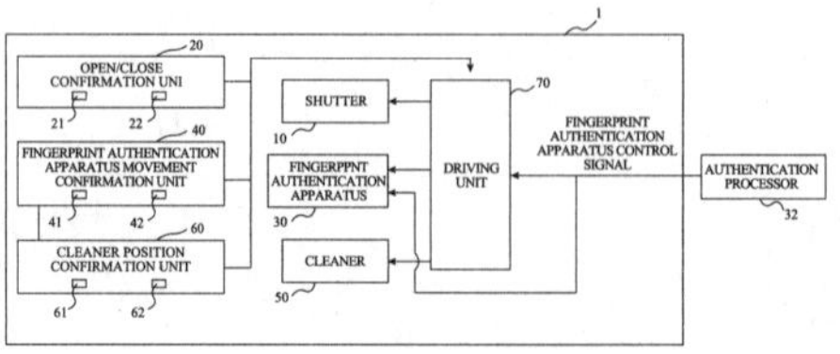		US2009226051A1 JP2009207726A KR2009095499A TW200945217A JP04484087B2 KR1071075B1 US8064657B2 TWI398817B	

（2）活体识别技术

NEC 于 1984 年即开始进行活体识别的相关专利申请 EP0169496A。该专利申请具有同族申请：US4872203、DE3577485G。其采用 NEC 传统的光学棱镜采集系统，包括一个时间控制器，通过分析指痕随着时间的变化来对真假指纹进行辨别。

此后，直到 1997 年，NEC 才提出另外一件关于活体识别的专利申请 US6144757A。该专利申请具有同族申请 JP2947210B。该申请通过测量手指电势来分辨真假手指。

随后到 2002 年，NEC 在活体识别方面又研发了多种技术手段，包括红外光谱吸收的 JP20002017907A、JP200242117A，测量手指颜色变化的 US2003044051A 以及指静脉检测的 JP2003003178A。

2009 年开始，在指纹识别应用日益广泛，对于活体识别需求愈加强烈的情况下，NEC 重新开始对活体识别进行研发投入，并提出了多件专利申请：WO2010143671A1、WO2011058836A1、WO2011070886A1、WO2011077879A1。其中，WO2010143671A1 具有同族申请：US2012070043A1、EP2442274A1、JP5056798B、CN102804229A。该申请通过比较从相同手指获得的反射光图像和透射光图像高精度地检测手指的伪造物。

WO2011058836A1 具有同族申请：US2012224041A1、EP2500862A1、CN102612706A、JPWO2011058836A1（再公表特许），该申请包括：分类单元，该分类单元利用由成像单元捕获的图像中包括的像素的颜色来将图像分类为至少包括皮肤区域和背景区域的多个区域；以及判定单元，该判定单元基于由分类单元分类的区域中既未被分类为皮肤区域也未被分类为背景区域的特征来判断手指周围是否存在异物，继而对于手指膜进行辨别。

WO2011070886A1 具有同族申请：KR20120091303A、US2012237091A1、EP251182A1、CN102667849A 以及 JPWO2011070886A1（再公表特许）。该申请通过获取指纹变形程度与变形阈值之间的比较结果，判别传感器表面上放置的手指是真指还是伪指。

WO2011077879A1 具有同族申请：KR20120085934A、US2012263355A、EP2518684A1、CN102687172A 以及 JPWO2011077879A1（再公表特许）。该申请通过获取与作为判定对象的手指的凸纹的纹宽或凹纹的纹宽相关的纹宽信息来判定对象的手指是真指还是伪指。

（3）指纹识别算法

指纹识别算法主要包括图像处理算法、特征提取算法和匹配算法。下面将从前述三个方面介绍指纹识别算法的发展历程。

① 特征提取算法

NEC 对于特征提取算法作了大量的研发投入。1979 年，NEC 第一份关于指纹识别的专利申请 US4310827 就和特征提取算法有关，该专利申请具有同族申请：GB2050026A、JPS60012674A、JPS55138174A。在该算法中，特征提取与时序信号相关，产生与时间同步的图像信号序列，该申请特征点提取方式是提取特征点的方向和位置信息。

1984 年，NEC 在全世界率先采用可实现高识别率的特征点关联比对技术，并申请了专利 EP159037A1。所谓的特征点关联方式，就是将特征点的位置和方向信息与横跨特征点与其他特征点之间的隆起条纹数量相关联，从而避免仅依靠位置和方向信息进行比对时发生巧合的情形，NEC随后推出的多款产品使用了该项技术。

2004年，NEC提交一件关于识别左右手的专利申请EP16434014A1。该申请具有同族申请：US2006067566A1、DE602005001099E、JP4348702B。该申请通过特征提取单元提取每个手指图像的中心点，得到四个手指的每个手指的脊线趋向，将四指的脊线趋向合并，计算出指纹图像为用户的左手还是右手。

2006年，NEC提交了一件应用于刑侦的专利申请EP1826707A2。该专利申请具有同族申请：US2007201733A1、JP4586746B、US7885437B2。该申请包括指纹提取单元，在输入的指纹图像中，提取最低特定区域的特征进行指纹识别比对，该提取单元包括图形倾斜区域提取单元，用于分别提取左侧和右侧倾斜图像。

② 匹配算法

1982年，NEC提出的专利申请EP0098152A涉及一种匹配算法。其具有同族申请：AU1631383A、CA1199732A、US4646352、DE3378794G。在该申请中，匹配算法是将特征点的位置、方向信息与参考的特征点信息进行比较。

1997年，NEC提交的专利申请EP0862131A2则提供了一种能够不依赖待查条纹图案的位置或方向验证一个待查条纹图案与一个存档条纹图案之间的细节对应关系的条纹图案匹配系统。该申请具有同族申请：JPH10240932A、CN1195830A、US5953443A、TW363174A、CA2230626C、KR100267514B1、SG81223A1、EP0862131B1、DE69827177T。该申请用一个配对检查装置把条纹图案的距离、方向或关系数与它们的邻近细节比较估算对应关系值，把待查条纹图案调节到存档条纹图案的最适合旋转角度和最适合位移坐标，利用最适合旋转角度和最适合位移坐标执行待查条纹图案与存档条纹图案的细节匹配。

2006年，NEC提出通过比较手指滑动方向来判定指纹是否匹配的专利申请JP2008-123261A。

2008年，NEC提出时间相关的特征匹配的专利申请WO2009093381A1。该申请具有同族专利申请：EP2246821A、CN101918981B、JP4919118B、US8605962B2。该申请提供一能够以高精度和安全性来匹配包括时间变化的图案。匹配单元执行第一匹配以及执行除了第一匹配以外的第二匹配，在第一匹配中将输入图案的特征中不随时间变化的第一特征与模板图案进行匹配，在第二匹配中将输入图案的特征中随时间变化的特征与模板图案进行匹配。

③ 图像处理

从1984年开始，NEC即开始提出有关图像处理的专利申请，如1984年的专利申请EP0169496A，其涉及时间相关的图像采集处理。随后，NEC不断提出关于图像平滑（EP0551086A2，1992年）、图像校正（GB2281799，1993年）、划擦式传感器指纹拼接（WO0211066A1，2000年）、图像旋转（JP2004295383A，2003年）、图像更新（JP2006018436A，2004年）等多项涉及图像处理技术的专利申请。2006～2008年，NEC集中提出了多项关于指纹图像去噪的专利申请WO2007088926A1、JP2008225764A、JP2009223562A。

除此之外，指纹图像加密处理技术也是 NEC 一项较为重要的技术。所谓的指纹图像加密处理技术是指指纹认证装置获取的指纹图像立即数字化或者加密，而非以原先的方式存储。数字化的指纹数据无法再度还原成原先的指纹图像，因此在服务器上比对时，指纹图像不会外流至网络上，减少了指纹泄露的风险，从而提高指纹识别的安全性。NEC 的多项专利申请都涉及这一图像加密处理技术，如 JPH9313464A、US2001025342A、US2003014648A、US7251372B2 以及 WO2014037037A。

4.2.3 目标国家/地区分析

作为一家总部设立在日本的企业，其大多数技术均由设立在日本的总公司或其分公司完成。因此，如图 4－2－6 所示，日本作为目标国占比最大的地区是无可厚非的。而 NEC 在全球除日本外设立了五大区业务体系，在北美、欧洲、大中华区、亚太、中南美这五大区全面开展业务。而就传统而言，北美与欧洲一直是 NEC 利润较大的两个区域，除去出于利润因素通过专利对于自身技术进行保护的考虑，这两个区域本土企业的研发与制造能力也较强，因此通过大量专利申请在实现对自我产品保护的同时，设立相应的专利布局以防止其他企业的主动攻击，也是这两个区域作为专利申请目标地占比较大的原因之一。

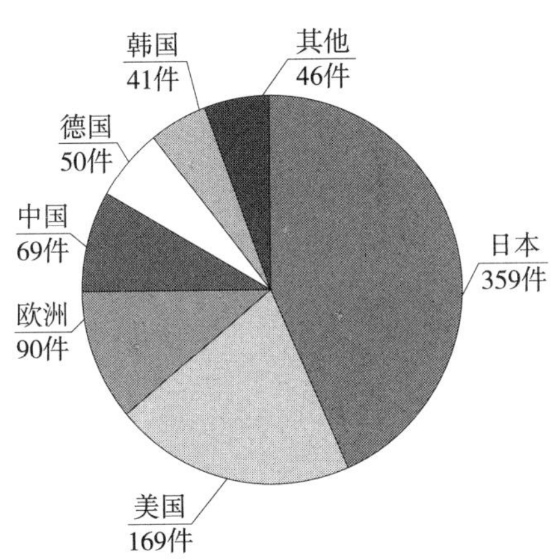

图 4－2－6　NEC 指纹识别领域全球专利申请目标国/地区分布

而在上述五大区中，近些年来 NEC 越来越重视其在大中华区以及亚太区的发展。尤其是近十年来，中国在金融、计算机等行业的快速发展，为相应安全领域创造出了巨大的产品需求与技术缺口。虽然 NEC 的专利布局进入中国大陆的时间相对较晚，但是随着近几年其对于大陆市场的不断重视，从图 4－2－6 中可以看到，其作为目标国的专利占比目前仅次于日本、美国、欧洲三个国家或地区，位居第四。

此外，NEC 还申请了 24 件 PCT 申请，均是 2000 年以后申请的，而且数量已经从最初的每年 1～2 件增长到近几年的每年近 10 件。可见，其对于相应技术的全球专利布局也越来越重视。相信随着近一两年 PCT 专利逐步进入国家阶段，图 4－2－6 中目标国为其他国家的比例还会随着 NEC 全球化战略的部署而进一步增加。

4.3 NEC中国专利分析

4.3.1 专利申请发展趋势

虽然NEC在中国专利制度建立之初即开始在大陆地区进行相关专利的申请，但是在指纹识别领域，相关专利申请一直到1997年才出现。为了进一步开拓中国市场，NEC于1996年11月在北京设立日本电气（中国）有限公司，更加方便了其在中国大陆地区相关业务的开展，包括专利申请、保护与布局的推进。

在1997年之后，NEC在中国的涉及指纹识别领域的专利申请量变化趋势与全球的专利申请趋势基本一致，但是在专利申请的内容上，则更加注重于在硬件结构以及算法，参见图4-3-1。针对应用以及获取处理流程的申请则相对较少，尤其是应用领域，2003年之后就没有再次申请。对于主要涉及应用的专利申请而言，其技术难度相对较低，国内已经有大量厂商申请了涉及指纹识别的应用专利。此外，综合考虑国内的技术氛围，应用类的专利申请从申请初期的审查到后期的保护都将消耗大量的精力。因此，其近期在中国的专利申请几乎不再涉及应用领域。

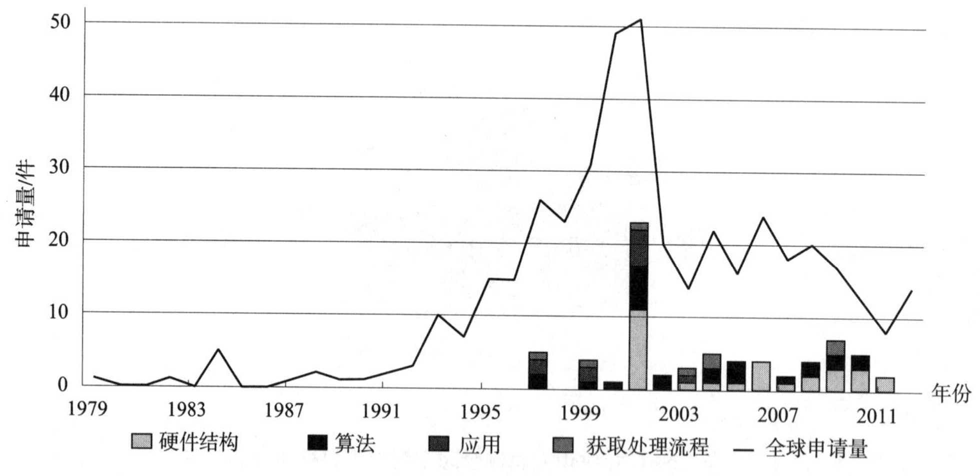

图4-3-1 NEC指纹识别领域中国专利申请趋势

由于相关指纹识别领域的专利申请进入中国较晚，因此其准备在中国进行专利布局时，正处于NEC全球专利申请第二阶段的末期，其自身技术上的快速发展也给在中国进行快速地全面布局提供了技术支持。在优先权年为2001年的专利申请中可以看到，其基本在各大类均有涉及，可见其专利申请的布局也必然是经过精心策划的。而在此之后，申请量则明显减少，一是因为通过前期的专利申请已经完成了在中国指纹识别领域的基本布局，二是由于互联网泡沫的破裂以及技术发展增速的减缓，与全球专利申请趋势类似，其在技术上能够用于填补目前专利布局的专利申请较少。

4.3.2　技术功效分析

图4－3－2为NEC指纹识别领域中国专利申请技术功效图（未包括主要涉及应用的7件专利申请）。从图4－3－2可以看出，NEC在中国布局的相关指纹识别的专利申请主要涉及全球布局9类功效需求中的8类，以及8种技术手段中的6种。相比全球专利申请功效分析，在功效需求方面缺少提高安全性，而技术手段方面没有分类算法和特征处理算法。

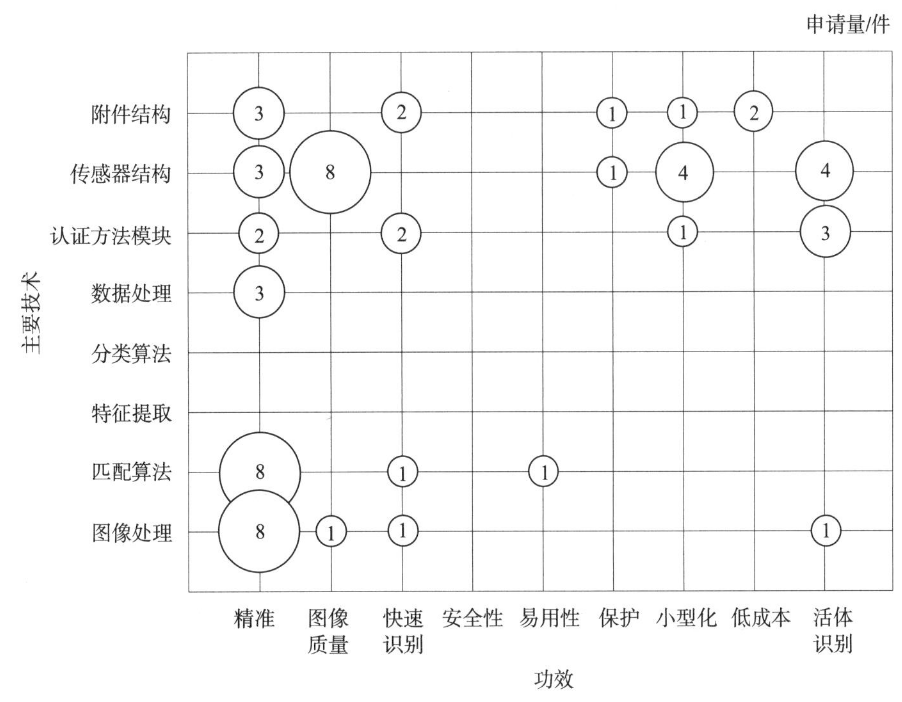

图4－3－2　NEC指纹识别领域中国专利申请技术功效图

在功效需求方面，提高识别精准性仍然是NEC的研发热点，NEC在中国申请的涉及提高识别精准性的专利共27件，占到专利申请总量的近40%，涉及提高图像质量和快速识别的专利申请量分别是9件和6件，涉及上述三项功效需求的中国专利申请量占NEC在中国的指纹识别相关专利申请总量的60%。由此可见，上述三项功效需求是NEC在中国的研发重点，这与NEC在世界范围内的研发重点相一致，表明了NEC对于中国市场的重视程度。

在技术手段方面，涉及传感器及其附件结构改进的专利申请共计26件（其中有3件同时涉及传感器及其附件结构），占到中国专利申请总量的40%，可以看出NEC在中国的专利保护策略还是较为注重对于产品的保护，体现了利用专利产品占领市场的技术保护理念；在算法方面，NEC的研发重点集中在匹配算法和图像处理方面，对于数据处理和认证方法模块也有所涉及。值得关注的是，与全球功效图相比，对于特征提取算法的相关专利申请，均没有在中国提出专利保护。国内企业可以针对这一事实制订相应的产品策略与专利布局。

除此以外，与NEC的全球发展特点类似，其在图4－3－2中的右下角区域几乎为空白区。由此可知，对于如何采用算法来实现设备小型化，提高易用性，低成本以及活体识别等几个方面的功效需求，NEC几乎没有专利产出，国内企业可以从这几个方面着手，寻求突破。

4.3.3 法律状态分析

NEC在中国申请的76件专利中，已结案件为60件，其中授权53件，占总结案量的88.3%，具有非常高的比例（参见图4－3－3）。而在这53件授权案件中，目前仍然有效的有47件，其余6件专利申请均已因未缴年费终止失效（具体专利请见表4－3－1）。

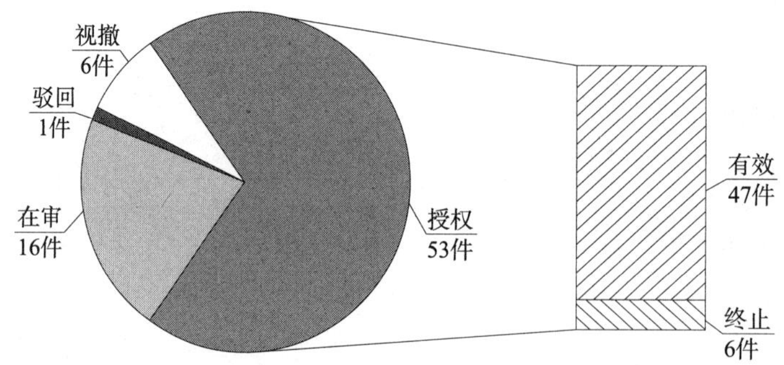

图4－3－3 NEC指纹识别领域中国专利申请法律状态分布

表4－3－1 NEC指纹识别领域已终止中国专利

申请号	优先权日	专利权终止时间	标题	技术方案简述	技术手段
CN200610142892.4	2005－10－27	2011－10－27	生物传感器	传感器上的特殊结构使传感器的光接收率提高	传感器结构
CN03158975.8	2002－09－18	2011－09－17	用于产生重组图像数据的图像处理装置和其方法	应用于滑动式指纹传感器中，判断手指移动距离和角度，对采集到的手指不同位置的图像进行拼接	图像处理

续表

申请号	优先权日	专利权终止时间	标题	技术方案简述	技术手段
CN02128202.1	2001-08-28	2010-08-02	指纹认证装置	传感器具有可带动其在壳体上转动的机构，在不使用时可将传感器与手指接触面旋转到壳体内，起到保护作用	附件结构
CN02108157.3	2001-3-29	2010-03-28	图形对照设备，图形对照方法以及图形对照程序	将待检验指纹与指纹模板的特征点对进行比对，并计算相似度	图像处理
CN98125160.9	1997-11-28	2010-11-30	利用指纹识别个人身份的系统	提供了一种能够对用户指纹和 IC 卡共同进行识别、读取的设备，若指纹与 IC 卡储存的指纹信息一致，则通过验证	匹配算法/应用
CN98102899.3	1997-08-07	2006-07-22	口令输入装置	提供一种能与现有设备兼容的指纹认证系统，通过与数据库中指纹的特征点进行比较，实现身份认证	应用

根据表4-3-1的数据可以发现，上述失效的6件专利在技术上较为分散，在算法、硬件结构、应用上均有涉及。然而可以看到，其中这6件失效专利在技术方案上均较为简单，尤其是涉及应用以及附件结构方面的专利。而考虑到NEC在中国有关指纹识别技术的专利布局，在应用方面本来就较少，这也表明其进一步降低其对于应用方面专利运营的成本。

4.4 NEC研发构成分析

4.4.1 申请人分布与联合申请

图4－4－1（见文前彩色插图第1页）中列出了NEC母公司（NEC，日本电气株式会社）与申请量前十名的NEC分公司涉及指纹识别技术的具体专利申请数量及地区分布。

NEC涉及指纹识别技术的395项专利申请中，均由NEC母公司或其分公司作为第一申请人，而且与其他企业的联合申请量仅有2项，分别与两家企业联合申请。

上述专利申请中，有NEC母公司参与的专利申请，均由NEC母公司作为第一申请人，该类专利申请占到了NEC涉及指纹识别技术专利申请的75%。除NEC母公司外，申请量大于等于10项的NEC分公司仅有2家，分别为：日本电气软件株式会社（日本電気ソフトウェア株式会社）37项、日本电气电子株式会社（NECエレクトロニクス株式会社）14项。可以看出，对于指纹识别的研究主要集中于母公司进行，各地分公司的专利申请中虽也有涉及，但是申请量与母公司比起来差距较大。

NEC自成立以来根据业务需要，在世界各地成立了大量的分公司。这些分公司按地区主要分为以下几类：第一类为总部位于东京城市群的分公司，多为根据业务或技术需要拆分的分公司，如日本电气软件株式会社、日本电气液晶技术株式会社（NEC液晶テクノロジー株式会社）、日本电气移动通信株式会社（日本電気移動通信株式会社）等；第二类为开设于日本国内各地的分公司，如位于静冈县掛川市的静冈日本电气株式会社（静岡日本電気株式会社）、位于山形县米泽市的米泽日本电气株式会社（米沢日本電気株式会社）、位于群马县太田市的群马日本电气株式会社（群馬日本電気株式会社）等，而近年来随着分公司的合并等，很多地方分公司被合并，并成为类似上述第一类分公司的业务、技术专长类分公司；第三类为开设于日本国外的分公司，如日本电气（中国）有限公司。若根据职能划分，则可分为下列三类：制造生产公司、软件公司、销售服务公司。

图4－4－1中列出的分公司，大部分为根据业务或技术需要拆分的分公司，而地区性分公司仅占3家。下面对上述部分分公司进行简要介绍。

日本电气软件株式会社总部设于日本东京，公司主要业务涉及系统集成、服务、基础设施软件和硬件、设备销售等，其在安全技术领域的研究处于世界领先地位。在指纹识别领域，其研究重点主要集中在算法上，其专利申请重点涉及图像处理与匹配算法。2014年4月，公司更名为NEC解决方案创新株式会社（NECソリューションイノベータ株式会社），NEC解决方案创新株式会社由NEC软件企业群（NECソフトウェアグループ）下的6家企业统合形成。

日本电气电子株式会社，总部设于神奈川县川崎市，是2002年从NEC分离的半导体子公司，专精于半导体产品和应用领域，包括“高阶电脑与宽带网络市场之先进技术解决方案”“手机、个人电脑周边、汽车与消费电子市场系统解决方案”，以及其他各种不同消费应用的多元市场解决方案等。其在光学指纹传感器的研究方面有一定优势。2010 年 4 月，日本电气电子株式会社和瑞萨科技公司通过业务整合，成立瑞萨电子公司（ルネサス エレクトロニクス株式会社），截至 2010 年底，瑞萨电子成为世界第三大半导体公司。2014 年 6 月，人机界面解决方案的领先开发商 Synaptics 公司签署最终协议，收购 Renesas SP Drivers，Inc.（为瑞萨关联子公司）的所有流通股，后者是智能手机和平板电脑中小尺寸显示驱动器 IC（DDIC）的行业领导者。该收购详细分析请见本报告关键技术一的第 6. 2. 4. 1 节。

中部日本电气软件株式会社（中部日本電気ソフトウェア株式会社）总部位于爱知县日进市，为 NEC 软件企业群成员之一，于 2014 年 4 月随其他 5 家 NEC 软件企业群成员统合形成日本电气解决方案创新株式会社。其在指纹领域申请的专利主要集中在图像处理与匹配算法上。

日本电气英富醍株式会社（NECインフロンティア株式会社，NEC Infrontia Corporation）总部位于神奈川县川崎市，主要产品涉及商用电话机及数据通信设备。企业名称英富醍（infrontia）取自 *In*formation、*Front* Office、*I*P Telephony、*A*ppliance 的词首。该企业申请的有关指纹识别的专利均在 2004 年前后，在指纹采集器以及算法方面均有涉及，并且较为重视对于图像处理的改进以及针对计算机或移动设备的应用。

静冈日本电气株式会社总部位于静冈县掛川市，2001 年更名为日本电气存取技术株式会社（NECアクセステクニカ株式会社）。2014 年 7 月，其与日本电气英富醍（NECインフロンティア）、日本电气计算机技术（NECコンピュータテクノ）、日本电气英富醍东北（NECインフロンティア東北）合并。该企业申请的关于指纹识别的专利优先权均在 2003 年及以前，主要涉及采集器及应用领域。

米泽日本电气株式会社总部位于山形县米泽市，其指纹专利主要涉及附件结构以及应用等方面。目前该分公司名称已经撤销。

日本电气计算机技术株式会社（NECコンピュータテクノ株式会社）总部位于山梨县甲府市，于 2002 年由甲府日本电气株式会社（甲府日本電気株式会社）与茨城日本电气株式会社（茨城日本電気株式会社）合并成立，主要生产大型计算机及服务器设备。其与指纹相关的专利主要涉及匹配算法与应用方面。

日本电气系统技术株式会社（NECシステムテクノロジー株式会社）总部位于大阪，主营 IT 基础设施软件，于 2001 年由关西日本电气软件株式会社等多家分公司合并而成。其在指纹领域的专利申请均涉及应用方面，如在医院、银行、图书馆等公共领域的指纹认证。2014 年 4 月，与其他 5 家 NEC 子公司合并成为 NEC 解决方案创新株式会社。

日本电气工程株式会社（NECエンジニアリング株式会社）总部位于神奈川县川崎市，核心研究领域为无线、传感器、图像技术，在移动电话、基站、卫星基站等硬件领域也有涉及。其针对指纹识别申请的专利涉及图像处理、光学传感器及计算机等设备的应用方面。

日本电气飞鼎克株式会社（NECフィールディング株式会社，NEC Fielding, Ltd.），总部位于东京，公司主要职能为为个人电脑、商用电脑、主机及超级计算机提供维护、规划与设计等支持服务。其申请的与指纹识别相关的专利申请均与应用相关，如指纹识别在车站、机场、图书馆等公共场所的应用。

在联合申请方面，两项申请的第一申请人均为NEC母公司，联合对象分别为滨松光子学株式会社与NTT DOCOMO。

滨松光子学株式会社（又译：浜松光子学株式会社）（浜松ホトニクス株式会社），总部位于静冈县滨松市，该公司业务主要涉及半导体激光器、光电二极管、光电倍增管、分析用光源等设备的研发、生产与销售，其光电倍增管在全球市场占有率约90%。其与日本电气株式会社申请的优先权年为2001年的专利申请JP2003141514A公开了一种指纹光学采集器，其光源及内部的光纤结构可以压缩采集器的体积，使其能够应用于手机等移动设备上。

NTT DOCOMO（NTTドコモ）是日本最大的无线通信运营商，是日本电信电话株式会社（NTT）的子公司，总部位于东京。2001年其与日本电气株式会社共同申请了一项专利（JP2003067731A），其公开了一种设置于指纹识别装置上的盖体。当盖体打开时，指纹识别装置才开始供电，并且如果打开后一定时间内没有采集到指纹，指纹识别装置会自动断电。并指出，这种节能设计便于应用到手机等移动设备中。

可见，上述两项专利申请涉及的技术领域分别与各自的合作企业有着密切的联系，而NEC正是利用了这些企业在上述技术领域领先的技术，实现了在各自领域的技术进步。

而总体而言，NEC的联合申请数量相比于其申请总量极小，分析起来主要有以下几点原因：

第一，NEC在指纹行业的技术处于领先地位，因此，其并不存在与其他企业在基础技术创新与研发上的依赖。从上述联合申请的两项专利可以看出，仅其与滨松光子学株式会社的申请涉及一定的传感器技术，且该技术仅仅是针对现有技术在应用上的缺陷（体积过大）进行的改进；而另一项专利申请则直接针对于应用。也就是说，其在技术上并没有太多需要与其他公司合作的需求。

第二，NEC自身涉及的研发领域较为广泛，各地分公司更是有百余家之多。因此，当集团内部有跨领域技术研发的需求时，很可能在企业内部就可以实现。因此，其与外部企业的联合申请数量极少。

第三，技术保密的考虑。前边已经提到，NEC在指纹领域技术处于领先地位，与其他公司共同研发并进行专利申请，必然会对自己某些核心技术造成泄露。因此，为确保自己在该领域的领先地位，在能够自给自足的情况下减少与外部公司在技术上的合作也是保护自己技术的一种强硬手段。

4.4.2 专利权人转让分析

专利授权之后，NEC部分专利的专利权人发生了变化，表4-4-2中示出了NEC在中国申请的专利中，专利权人发生变化的专利清单，并列出了其中的转让人与受让人。

表 4-4-2 NEC 指纹识别领域中国专利权转让专利列表

授权公告号	申请号	最早优先权日	授权公告日	转让日期	转让人	受让人
CN100439982C	CN200510065619.1	2004-02-13	2008-12-03	2010-03-29	日本电气株式会社	NEC 液晶技术株式会社
CN100439982C	CN200510065619	2004-02-13	2008-12-03	2011-09-19	NEC 液晶技术株式会社	NLT 科技股份有限公司
CN1237473C	CN98117875.8	1997-08-04	2006-01-18	2010-08-06	恩益禧电子股份有限公司	瑞萨电子株式会社
CN1201261C	CN02141513.7	2001-08-31	2005-05-11	2011-07-27	日本电气株式会社	格特纳基金有限责任公司
CN1215442C	CN02150502.0	2001-11-09	2005-08-17	2011-07-27	日本电气株式会社	格特纳基金有限责任公司
CN1184588C	CN02144432.3	2001-09-28	2005-01-12	2011-07-28	日本电气株式会社	格特纳基金有限责任公司
CN100520821C	CN03110118.6	2002-04-10	2009-07-29	2011-10-27	日本电气株式会社	NEC 个人电脑有限公司
CN1201262C	CN02141974.4	2001-08-31	2005-05-11	2011-10-27	日本电气株式会社	NEC 个人电脑有限公司
CN100411588C	CN02150302.8	2001-10-30	2008-08-20	2011-10-31	日本电气株式会社 浜松光子学株式会社	NEC 个人电脑有限公司 浜松光子学株式会社
CN1286052C	CN02122900.7	2001-06-18	2006-11-22	2011-11-03	日本电气株式会社	NEC 个人电脑有限公司
CN101379465B	CN200780004129.8	2006-12-01	2013-03-27	2013-03-05	美国日本电气实验室公司	日本电气株式会社

上述专利权人转让有一些涉及NEC内部分公司之间的合并、重组等，而也有一些涉及收购、并购等商业行为，例如NEC液晶技术株式会社成立于2003年，而在2011年其与深圳中航光电子有限公司合并，并更名为NLT科技股份有限公司（NEC LCD TECHNOLOGY）。

此外，有4项专利的专利权由日本电气株式会社（NEC）转移到了NEC个人电脑有限公司。NEC个人电脑有限公司的历史始于2001年，该公司由涉及个人电脑生产与销售的NECカスタムテクニカ（custom technique）株式会社和NECカスタマックス（cast marks）株式会社运营。2002年，为了强化对于个人电脑产品的服务与支持，NECカスタムサポート（custom support）株式会社开始运营。2003年，NECカスタムテクニカ株式会社和NECカスタマックス株式会社合并成立NECパーソナルプロダクツ（personal product）株式会社，统领个人电脑的设计、制造、生产、支持。2004年NECパーソナルプロダクツ株式会社与NECカスタムサポート株式会社合并，构成生产销售服务一体化结构。2011年，NEC与联想共同出资成立了“Lenovo NEC Holdings B. V.”，而NECパーソナルプロダクツ株式会社将其个人电脑业务分离出来，成立NEC个人电脑有限公司（NECパーソナルコンピュータ株式会社）成为“Lenovo NEC Holdings B. V.”的全资子公司。联想将持有新合资公司51%的股份，而NEC则持有49%。因此，由于联想的介入，控股方发生了根本性变化，因此出现了大量专利权人的变更。

就NEC而言，其在个人电脑领域虽然在日本本土占有近20%的市场占有率，但是在世界领域其市场份额不到1%，NEC希望通过这次合作拓展自己的全球市场。而联想通过这次合作，将极大地提高其在日本的影响力。此外，联想还看中了NEC的客户和附加规模。NEC的PC制造绝大多数通过代工完成，因此在今后与代工制造商的谈判中，联想将通过NEC的影响力获得更多议价权。这次合作使双方均获得了巨大的利益，也基于此，联想获得了上述专利的专利权。

4.5 NEC重要发明人分析

4.5.1 重要发明人及其团队简介

本报告提取了NEC发展过程中针对指纹识别技术专利申请量最多的6名发明人及其技术进行了分析。图4-5-1示出了前述6人的专利申请数量。该6人中只有亀井俊男与樋口辉幸具有非第一发明人的专利申请，其他几人的专利申请自身均为作为第一发明人。而亀井俊男的4项作为非第一发明人的专利申请中有1项的第一发明人为樋口辉幸。

为了进一步分析上述6名重要发明人，本报告将他们的专利申请中涉及采集器结构、算法以及应用的专利申请数量进行了统计，结果如图4-5-2所示。

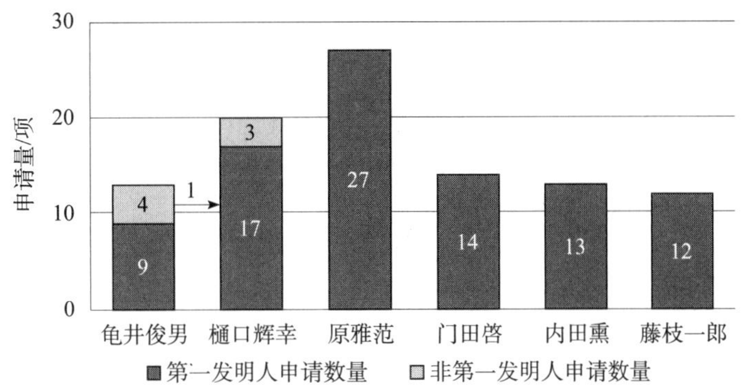

图 4－5－1　NEC 指纹识别领域重要发明人专利申请量

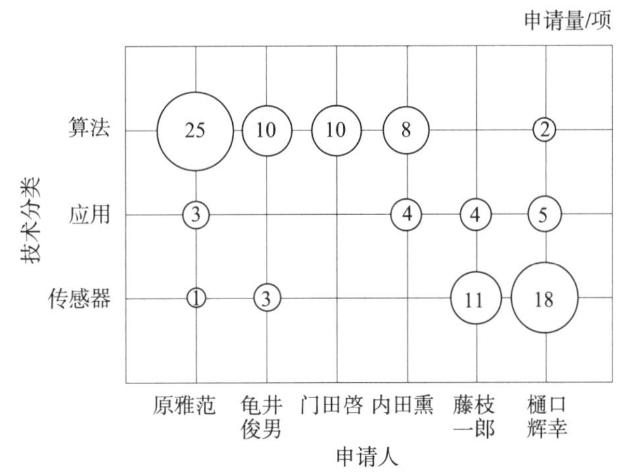

图 4－5－2　NEC 指纹识别领域重要发明人专利申请主要技术分类

根据图 4－5－2 所示的上述发明人的专利申请具体内容可以看到，原雅范、龟井俊男、门田启与内田熏 4 人的主要研究领域在于算法方面，而藤枝一郎与樋口辉幸的研究重点则在于传感器方面。而且上述两研究领域的相应发明人在技术上的重叠并不明显。下面将对这 6 名发明人进行具体介绍。

原雅范（原 雅範），就职于 NEC 第二官厅系统事业部（第二官庁システム事業部）。于 1980 年入社，主攻刑侦方向指纹认证技术。其有关指纹识别技术的专利申请共 27 项（其中有 2 项申请同时涉及算法与应用），且均为第一发明人，参与其发明申请的发明人还有：外山祥明、佐藤完、佐藤仁奈、岛原达也。原雅范的绝大部分专利申请涉及算法方面，尤其是图像处理与特征提取方面。

樋口辉幸（樋口 輝幸），就职于 NEC 第二官公解决方案事业部生物识别技术推进部，任经理一职（第二官公ソリューション事業部バイオメトリクス事業推進部· マネージャー）。其入社初期从事 OCR 设备的开发，之后从事用于数据扫描的纸币鉴别装置的研究，并在 1995 年之后开始指纹识别方面的研究。其申请有关指纹识别技术的专利共 20 项，其中作为第一发明人的 17 项。其参与的 3 项不为第一发明人的专利申请，第一发明人分别为：冈本冬树、三露范久与岩田友臣。参与其专利申请的还有：村松良德、菅原武雄（滨松光子学）、亀田俊男、田村武夫。其申请的专利主要集中在传感器结构方面，也有部分涉及附件结构。

门田啓（門田 啓），其有关指纹识别技术的专利申请共14项，且均为第一发明人及专利申请唯一的发明人。其在指纹识别领域研究范围较广，专利申请范围涉及匹配算法、图像处理、数据处理、传感器结构等。

亀井俊男（亀井 俊男），1990年毕业于东京工业大学，后加入NEC，现为NEC首席研究员。其有关指纹识别技术的专利申请共13项，其中作为第一发明人的9项。其参与的4项不为第一发明人的专利申请，第一发明人分别为：中村阳一（2项）、岩田友臣（1项）、樋田辉幸（1项）。参与其专利申请的还有田村武夫。其指纹识别领域的专利申请涉及技术相当广泛，从算法至硬件结构等多方面均有涉及。

内田熏（内田 薫），其于2003年于日本东北大学获得博士学位，后加入NEC从事模式识别与生物身份识别等领域的研究，并进行移动终端、智能设备与服务的研发。2014年4月，其离开NEC公司，加入日本东北大学计算机信息科学研究生院担任教授。其有关指纹识别技术的专利申请共14项（其中有1项同时涉及算法与应用，另有3项涉及获取处理流程，未统计在图4-5-2中），且均为第一发明人及专利申请唯一的发明人。其专利申请主要涉及图像处理及特征提取领域，在分类算法方面也有所研究。

藤枝一郎（藤枝 一郎），毕业于早稻田大学，并在加州大学伯克利分校获得博士学位。其曾就职于岛津公司、施乐公司帕洛阿尔托研究中心，后于1992年加入NEC中央研究所，并在2002年至2003年加入下一代移动显示材料研究协会。2003年4月离职并加入立命馆大学任教授。其在NEC申请有关指纹识别技术的专利共12项（其中有3项申请同时涉及传感器与应用），且均为第一发明人，参与其发明申请的发明人还有：小野雄三、须釜成人、金子节夫、齐藤毅、沟口正典、菅通久。其大部分专利申请涉及传感器结构方面。

通过上述分析可见，从事算法研究的人员相比于重点从事传感器结构方面研究的人员更倾向于独立进行研发与专利申请。

4.5.2 重要发明人专利分析

本小节通过对重要发明人的专利申请进行筛选，梳理了重要发明人的技术发展路线（见图4-5-3至图4-5-5），从图中可以看出每位发明人的技术研发历程，图中专利文献所选用的时间点均为专利文献产出的最早优先权年。6位申请人自1990年以后开始进入指纹识别的研发，并且一直活跃在各自的研发领域。涉及包括传感器及附件结构相关的指纹传感器硬件设备的研发的发明人主要是藤枝一郎和樋口辉幸。而藤枝一郎的研发主要集中在2000年以前，并且研发重点主要涉及电容传感器。之后，由樋口辉幸接棒，樋口辉幸的研发重点主要涉及光学传感器中相关结构的改进，其发明中涉及的多项专利技术被搭载在NEC日后发布的多款指纹识别传感器中。其他4位发明人的研发重点主要集中在指纹识别算法领域。最近10年里，原雅范主要致力于图像处理算法和特征提取算法的研究，其在图像去噪处理方面提出了大量的专利申请，该去噪处理被广泛应用于 NEC 所涉及的刑侦系统中进行指纹提取。内田熏和其他两位则主要致力于图像处理算法和匹配算法的研究。

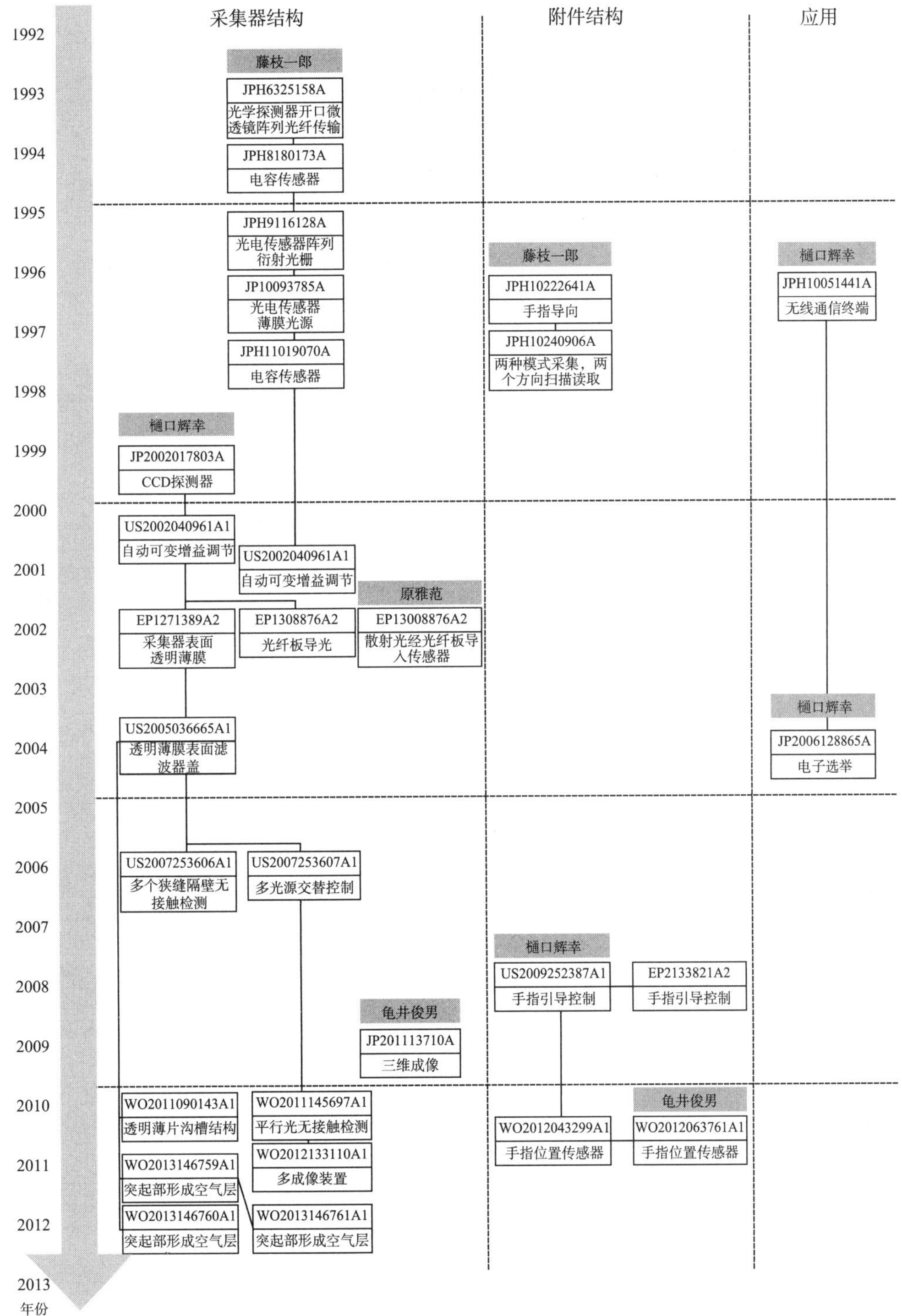

图 4-5-3　NEC 指纹识别领域重要发明人硬件及应用技术发展路线

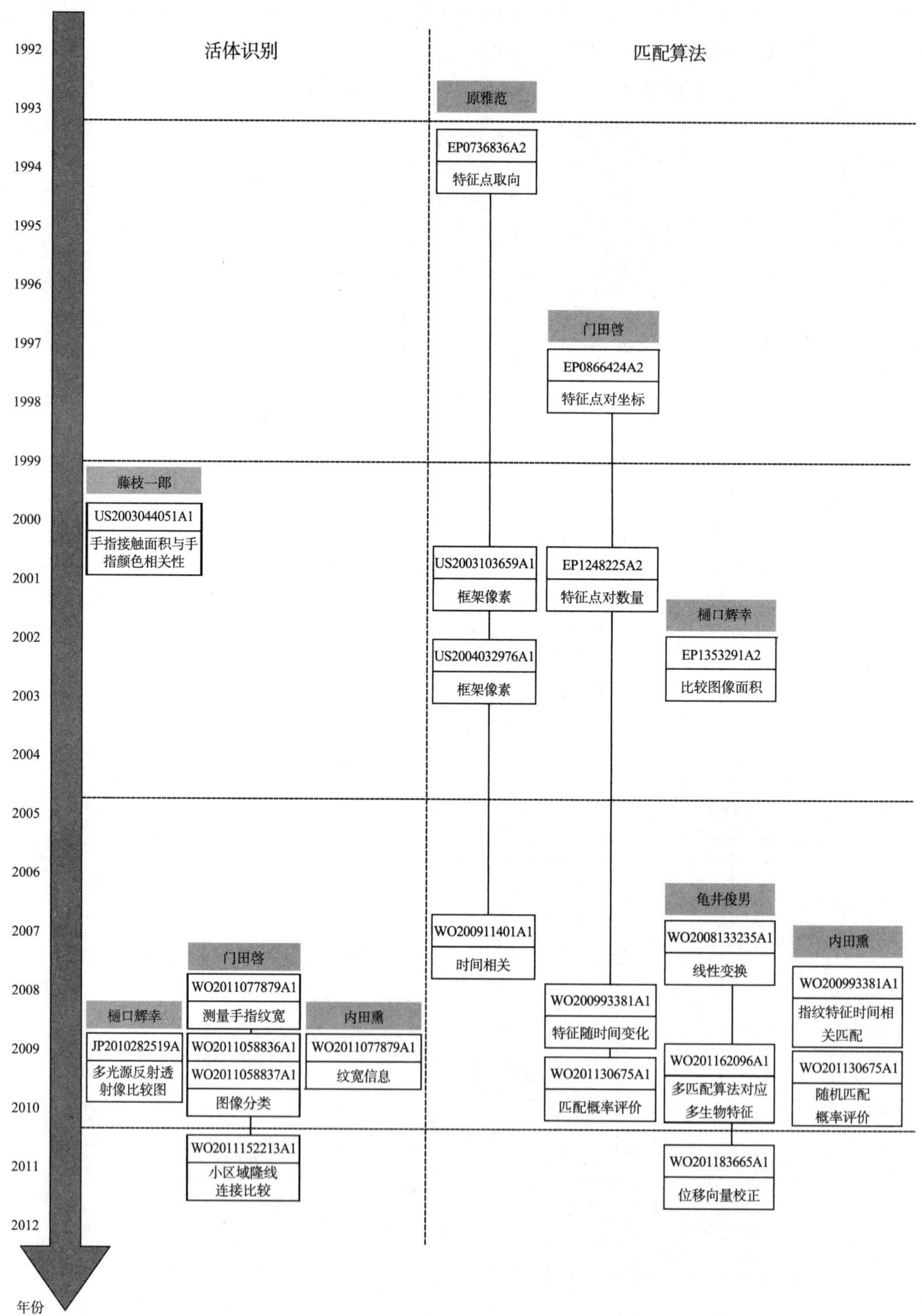

图4-5-4 NEC指纹识别领域重要发明人活体识别与匹配算法技术发展路线

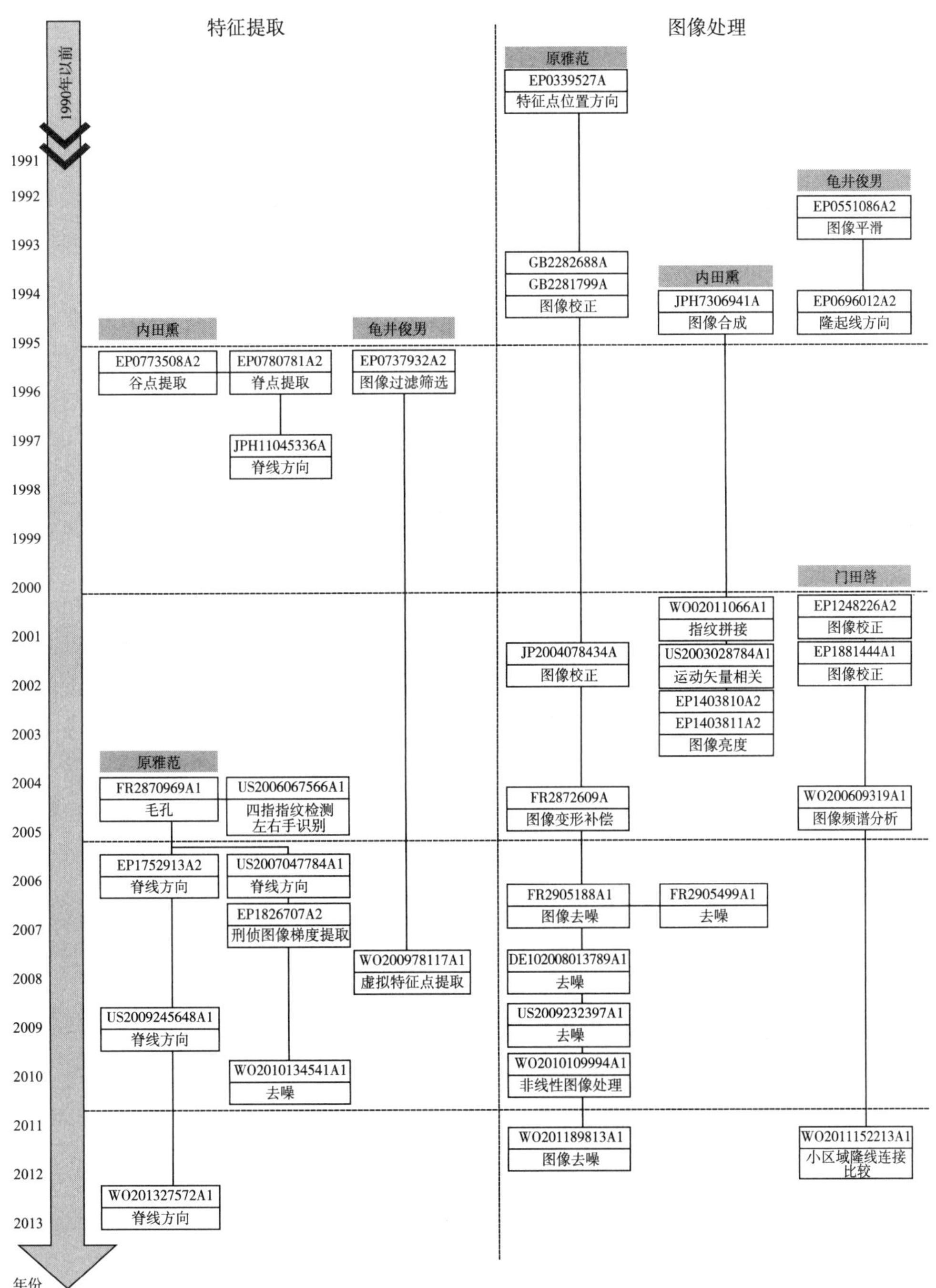

图 4-5-5 NEC 指纹识别领域重要发明人特征提取及图像处理技术发展路线

4.6 代表性指纹认证产品的相关专利分析

4.6.1 SA301－10/11 指纹传感器的分散式光扫描技术专利分析

SA301－10/11 指纹传感器是 NEC 于 2002 年上市的一款高精度指纹识别传感器模块，它采用直接读取手指内部散射光的指内散射光直接读取技术，该模块将光线直接照射到手指然后利用图像传感器读取手指内部散射的光线，即在指纹扫描时，红外线由手指的四周照入，并在手指中散射开来，在手指的隆起线部分，由于光线会直接打在特殊镜面上，因此图像比较明亮，反之，在凹入部分，由于光线会在空气层散射开来，因此形成的图像较暗。接着则由红外线感应器拾取投射在特殊镜面上的图像进行指纹辨识。该技术与一般的反射光方式相比，由于受到手指表面空气层状态的影响较小，故无论是干指还是湿指，均能拾取到清楚的图像。下文依据上述技术对于专利库进行相关检索以后，给出了 NEC 涉及该产品的相关专利申请，并对该专利申请进行简要的分析。

图 4－6－1 的（a）是 SA301－10/11 的设备实物图，（b）是相关专利技术示意图，其公开号为 JP 2000217803A（申请日/优先权日：1999 年 2 月 3 日），该申请具有同族申请：JP3150126B，US6829375B1，US7177451B2。其权利要求 1 涉及一种指纹成像传感器装置，包括发光元件 14A、14B 发射的光由手指的四周照射到手指 2 上，在手指中散射，手指的隆起部分 4，光线直接打到玻璃镜面 1A 上，形成的图像明亮，凹入部分 5 的光线在空气层 6 散射开来，形成的图像较暗。该方案中整个成像过程无须使用透镜，棱镜或者光纤等传统的光学器件，避免了由于光学器件的使用所带来的图像失真，同时也实现了设备小型化。

（a）SA301-10/11设备实物图

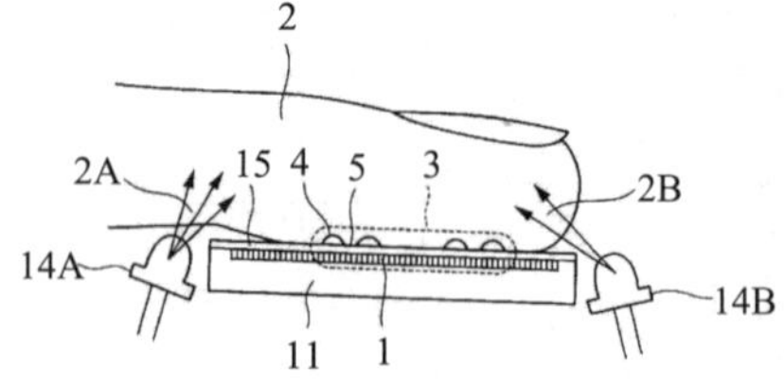

（b）相关专利技术示意图

图 4－6－1　NECSA301－10/11 指纹传感器及相关专利

NEC 在该专利的基础上，相继提出了 4 项系列申请，分别是 JP2003006627A、JP2003144420A、JP2004326820A 以及 JP2006053768A。其中专利申请 JP2003006627A 与 JP2003144420A 分别具有中国同族 CN1286052C 和 CN1215442C。

如图 4－6－2 所示，专利申请 CN1286052C 的授权公告日为 2006 年 11 月 22 日，其最早优先权日为 2001 年 6 月 18 日，目前的法律状态为专利权维持。该专利授权的权利要求 1 的技术方案是：

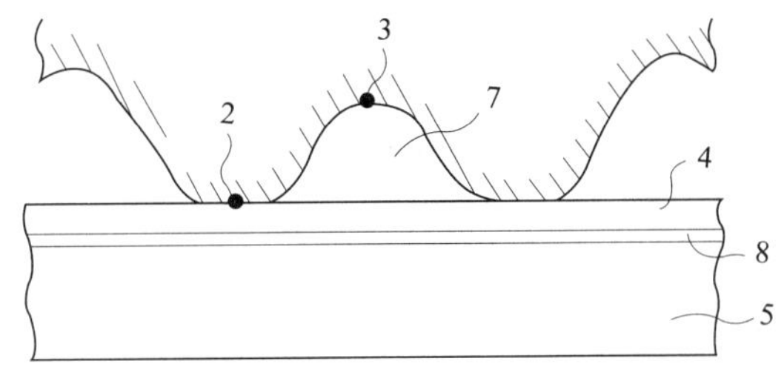

图 4-6-2 NEC 专利 CN1286052C 技术方案示意图

1. 一种指纹输入设备，包括：二维图像传感器，它用于从测量目标手指的指纹测量部分上采集指纹图像，所述指纹测量部分具有指纹脊线部分和指纹凹谷部分；以及透明固体薄膜，它被安装在所述二维图像传感器的图像采集表面上，当所述二维图像传感器采集所述指纹图像时，所述指纹测量部分被固定在所述透明固体薄膜上，其中所述指纹输入设备采集所述指纹测量部分中的所述指纹脊线部分的图像作为光亮部分，并且采集所述指纹测量部分中的所述指纹凹谷部分的图像作为黑暗部分，并且其中所述透明固体薄膜的折射率为 $1.4 \leqslant n3 \leqslant 5.0$。

2011 年 11 月 3 日，该专利的专利权人由日本电气株式会社变更为 NEC 个人电脑有限公司。专利 CN1215442C 的授权公告日为 2005 年 4 月 8 日，最早优先权日为 2001 年 11 月 9 日，目前的法律状态为专利权维持。授权的权利要求 1 的技术方案是：

1. 一种指纹输入装置，包括：与手指的指纹表面进行紧密接触的光学器件；用于照明所述指纹表面的光源；图像拾取装置，用于检测从所述指纹表面反射的光和在手指中散射并从指纹表面发射的光，该图像拾取装置包括二维地排列在基底上的多个光电转换元件；和模式转换装置，用于在同时输出所述多个光电转换元件产生的电信号的第一输出模式、和顺序输出所述多个光电转换元件产生的电信号的第二输出模式之间进行切换。

通过上述技术方案，该指纹输入装置通过在同时输出所述多个光电转换元件产生的电信号的一个模式，和顺序输出所述多个光电转换元件产生的电信号的另一个模式之间进行切换，来检测指纹图像和体积描记图或加速体积描记图，从而这种结构简单的指纹输入装置可以高精度地检测指纹图像或体积描记图。

该申请的专利权人于 2011 年 7 月 27 日变更为美国的格特纳基金有限责任公司。

4.6.2 PU900-10 指纹传感器的特征关联指纹比对技术专利分析

NEC900-10 是 NEC 于 2009 年发布的一款指纹传感器。该款传感器继续使用分散式穿透光扫描的基础上，还搭载了 NEC 领先的特征点加关联方式的指纹比对技术。在传统的指纹特征比对技术中，仅比对特征点的位置与方向，偶然还是会发生碰巧一致的可能性。NEC 公司为解决该问题，研发辨识相连关系的方式，所谓的关联方式是指横跨特征点与其他特征点之间的隆起条纹数量。

图4-6-3的（a）为PU900-10的产品照片，（b）是相关技术示意图。NEC于1984年首次提出关于特征点关联比对的专利申请，该申请的公开号是EP159037A1（申请日/优先权日：1984年4月18日），在欧洲和美国均获得了专利权。2001年又提出该技术的系列申请JP2002373334A，并于2004年12月2日获得日本专利权。该技术实现了1∶N的特征比对方法，利用输入的指纹与已经登记的所有指纹资料进行比对，搜寻出一致的指纹方式。与1∶1的指纹比对方法相比，其无须事先输入ID号码，提高了使用者的方便性和安全性。

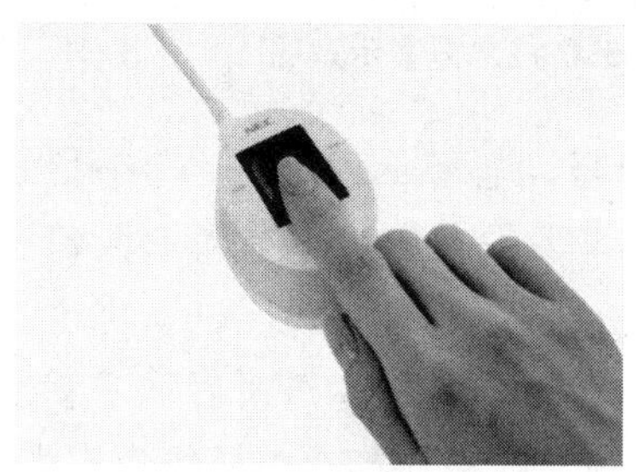

（a）PU900-10产品照片

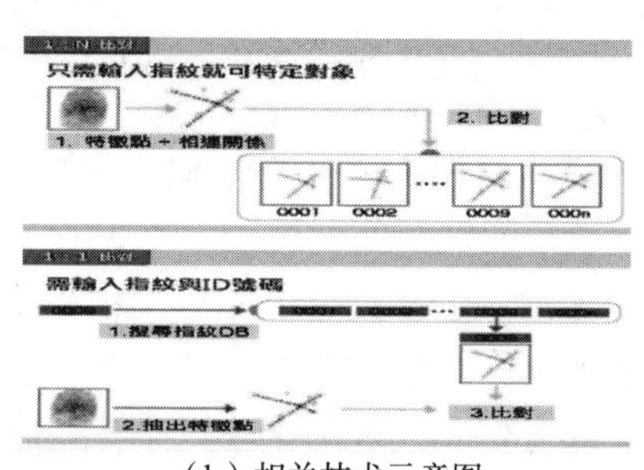

（b）相关技术示意图

图4-6-3　NEC PU900-10指纹传感器及相关技术

4.6.3　HS100-10指纹传感器的非接触式指纹认证技术专利分析

传统的指纹认证技术中，手指需要接触读取器，才能获得生物信息，如果手指干燥或者多汗，则存在无法读取指纹的弊端。针对该技术难题，NEC公司于2011年推出了一款HS100-10指纹传感器。该产品是世界首款非接触式双生物认证设备。

图4-6-4的（a）是HS100-10指纹传感器的产品照片，（b）是相关专利技术示意图。该专利申请JP2011013710A（申请日/优先权日：2009年6月30日）于2013年11月27日获得日本专利权。该申请涉及的技术方案是：只需要将手指停留在设备上，无须接触设备即可同时提取手指的指纹信息以及手指的静脉信息，提高了指纹识别应用环境的可操作性，而且双认证形式也大大提高了识别的精准度，并且避免假指纹带来的识别风险。

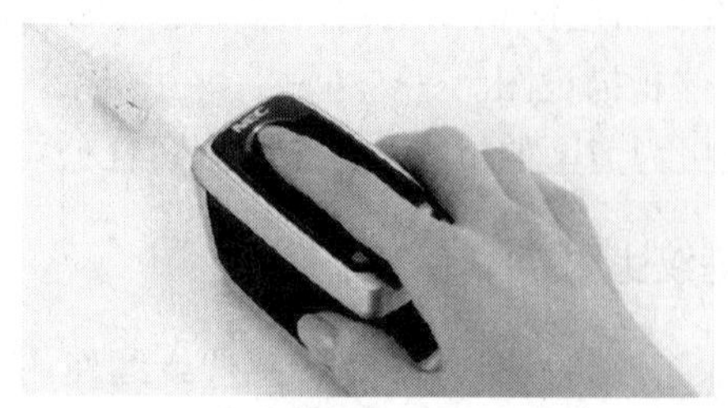

（a）HS100-10产品照片

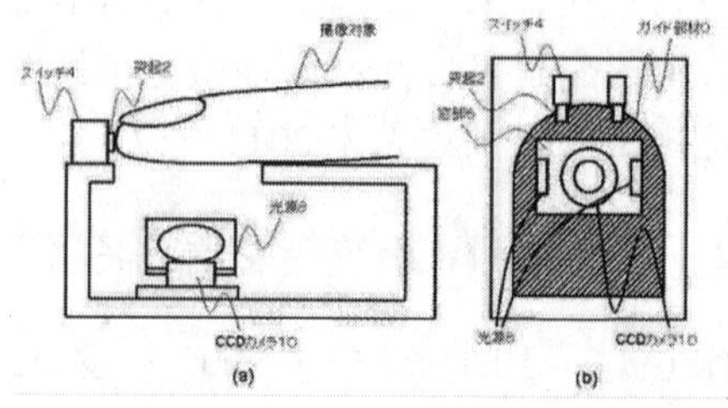

（b）相关专利技术示意图

图4-6-4　NEC HS100-10指纹传感器及相关专利

关于该项技术，国内申请人郭岳衡、谢剑斌于2006年提出一件专利申请CN101004789A。该申请同样公开了一种手指静脉图像识别装置，以非接触的方式进行指纹识别认证。该装置包括：光源、图像输入单元、图像存储单元和图像比较单元；所述光源，用于产生照射透过手指的光；所述图像输入单元，用于采集当前经过光源照射产生的手指静脉图像；所述图像存储单元，用于存储预先登记的手指静脉图像；所述图像比较单元，用于比较当前采集的手指静脉图像是否与预先登记的手指静脉图像相同。

4.6.4　PU700－20扫描式指纹传感器的专利分析

PU700－20指纹认证装置是NEC于2006年发布的一款用于连接个人电脑USB接口使用的指纹认证装置。该装置配备扫描式传感器，体积比该公司之前采用的平面式传感器的产品小，但性能相同，采用的是读取手指内部反射光方式，无论干燥手指还是多汗手指均可进行指纹认证。

图4－6－5的（a）是PU700－20指纹传感器的产品照片，（b）是相关专利技术示意图。该专利申请公开号是US2005226479A1（申请日/优先权日：2004年4月13日），该申请在美国、日本和中国均获得了专利权。该申请所涉及的技术方案是：利用扫描类型指纹传感器来连续获取局部指纹图像；由所述图像获取处理获取的局部指纹图像和一枚已获取的局部指纹图像在对应部分中相互重叠，将合成的图像存储在存储器中，并且进行监控从而判定一确定区域是否已经达到预定尺寸，该确定区域是该存储不造成新的图像变化的区域；在所述重构处理中当确定区域达到预定尺寸时，使用确定区域中的图像来产生指纹特征信息，并且在产生特征信息以后释放相应于确定区域的存储部分；和特征构造处理，用于根据其产生的顺序连续记录在所述特征提取处理中产生的特征信息，和当在所述特征提取处理中存储部分被释放时，利用相应于确定区域的存储部分，在随后的局部指纹图像上执行所述重构处理。

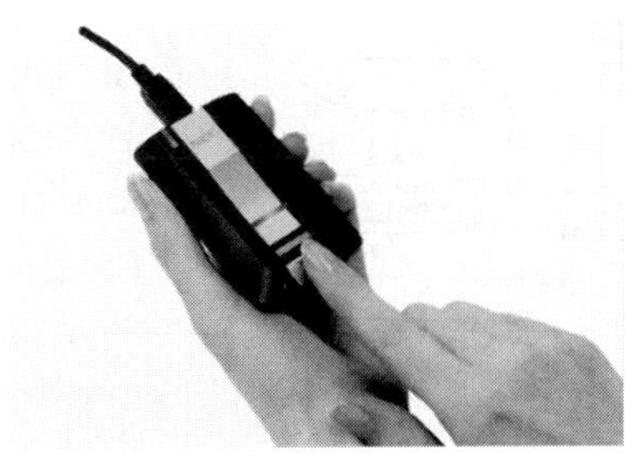

（a）PU700-20产品照片

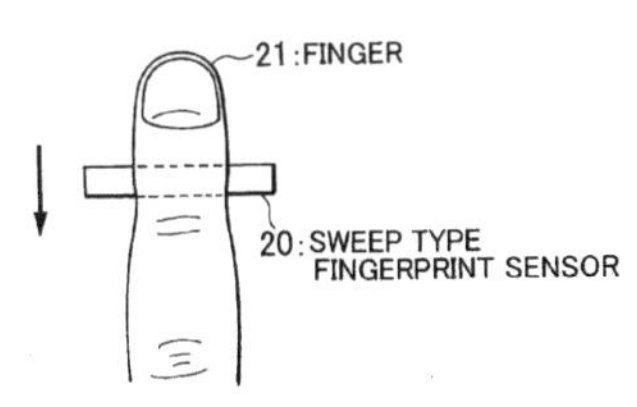

（b）相关专利技术示意图

图4－6－5　NEC PU700－20指纹传感器及相关专利

4.7 NEC重要专利技术的筛选

4.7.1 重要专利的筛选

在NEC的专利申请中，参照专利的施引频次、公开号中的地区分布、五局授权情况等标准筛选代表性专利，并收集和整理这些代表性专利的专利族、法律状态等方面的信息，筛选后得到其重要专利列表（参见表4-7-1）

从表4-7-1以看出，施引频次和地区分布最多的是专利申请JPH11161793A，其属于NEC的一项基础专利申请，涉及指纹识别进行身份认证的整体装置和方法概念的提出，该申请采用的比对方式是1:1比对。该申请的施引频次达到了98次，其中申请人引用16次，具有中国同族CN1132119C，该专利权由于未缴年费终止于2010年11月30日，因此，该专利申请对于国内企业或者机构的相关技术研发和生产影响很小。

专利申请EP159037A1是NEC的另外一项较为重要的基础专利。在该公司推出的多款指纹认证产品中均搭载了这一技术，该申请的施引频次达到93次。相对于专利申请JPH11161793A来说，该申请所采用的指纹比对技术由1:1的比对方式改进为1:N的比对方式，即将特征点的位置、方向信息与特征点间隆起线的数量进行关联比对，从而大大提高了指纹识别的准确性。

4.7.2 代表性专利目录

表4-7-1 NEC指纹识别领域代表性专利

<table>
<tr><td>公开号</td><td>JPH11161793A</td><td>申请日/优先权日</td><td>1997-11-28</td><td>引用频次</td><td>98</td></tr>
<tr><td colspan="2">技术内容</td><td colspan="2">说明书附图</td><td colspan="2">同族信息</td></tr>
<tr><td colspan="2">提供一种用在和服务器相连的客户终端上的个人身份识别系统。客户终端用户在指纹传感器上按下指纹并且把IC卡插入卡阅读器。客户终端包括识别器，将客户终端用户的指纹信息和存储在IC卡上的指纹信息匹配识别，通过验证，则授权器把授权信号传送给客户终端</td><td colspan="2"> 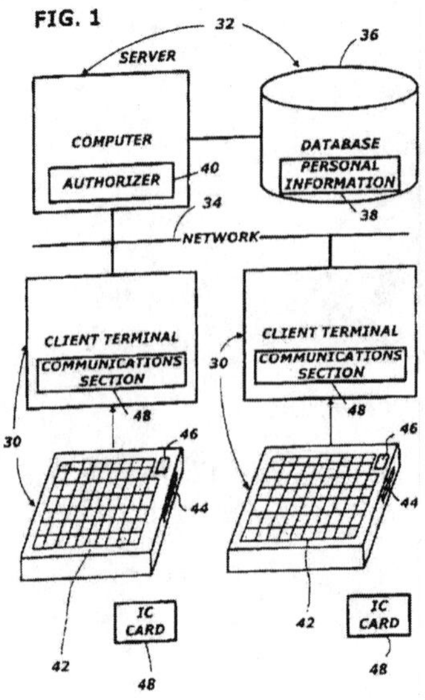FIG. 1
SERVER
COMPUTER
AUTHORIZER
DATABASE
PERSONAL INFORMATION
NETWORK
CLIENT TERMINAL
COMMUNICATIONS SECTION
CLIENT TERMINAL
COMMUNICATIONS SECTION
IC CARD
IC CARD</td><td colspan="2">GB2331825A
AU199894222A
JP11161793A
CN1221160A
SG69384A1
KR1999045684A
GB2331825B
AU736113B
KR304774B
US6636620B1
CN1132119C
MY122139A</td></tr>
</table>

续表

公开号	EP159037A1	申请日/优先权日	1984－04－18	引用频次	93
技术内容		说明书附图		同族信息	
指纹输入装置，A/D 转换器，图像储存器，存储特征点位置，方向信息以及相邻特征点的关联信息，将采集的指纹信息与存储的上述信息进行匹配识别		FIG. 1 INPUT DEVICE A/D CONVERTER IMAGE MEMORY KEYBOARD I/O INTERFACE CONTROL UNIT PROGRAM MEMORY FILE WORK MEMORY FIG. 2a		EP159037A1 US4944021A EP159037B DE3587083D1	
公开号	US2005036665A1	申请日/优先权日	2004－08－12	引用频次	93
技术内容		说明书附图		同族信息	
滑擦型指纹认证装置，包括衬底 16，二维成像阵列 1，透明玻璃盖 1B，光源 14A、14B，光源从手指四周照射手指，在手指内部散射，隆起线部分直接照射到透明玻璃表面，形成的图像明亮；凹入部分 5 的光线在空气层 5 散射，形成的图像相对较暗				US2005036665A1 US6950540B2 JP2006053768A JP2010140508A	
公开号	US2005113071A1	申请日/优先权日	2003－11－25	引用频次	67
技术内容		说明书附图		同族信息	
移动电话（1）当被折叠时，被打开/闭合检测和锁定机构（50）设置在锁定状态中，控制电路（30）停止向指纹验证单元（60）的电功率供应。一旦检测到来自外部装置的呼入，则控制电路（30）重新启动向指纹验证单元（60）的电功率供应，并且当用户通过指纹验证单元（60）被验证为合法用户时，命令打开/闭合检测和锁定机构（50）执行解锁操作		MOBILE TELEPHONE RADIO CIRCUIT SOUND SIGNAL PROCESSING CIRCUIT SPEAKER MICROPHONE MEMORY CPU CONTROL CIRCUIT DISPLAY DEVICE TIMER INCOMING CALL DETECTION FUNCTION MANIPULATION DEVICE OPENING/CLOSING DETECTION AND LOCK MECHANISM LOCK PROCESSING FUNCTION BUZZER LAMP POWER SUPPLY CONTROL CIRCUIT POWER SUPPLY UNIT TO INSIDE OF TELEPHONE TO EACH UNIT SUPPLY OF ELECTRIC POWER FINGERPRINT AUTHENTICATION UNIT FINGERPRINT SENSOR		US2005113071A1 EP1536617A1 JP2005159656A CN1622669A US7366497B2 JP04131229B EP1536617B1 DE602004022374D1 CN100505775C	

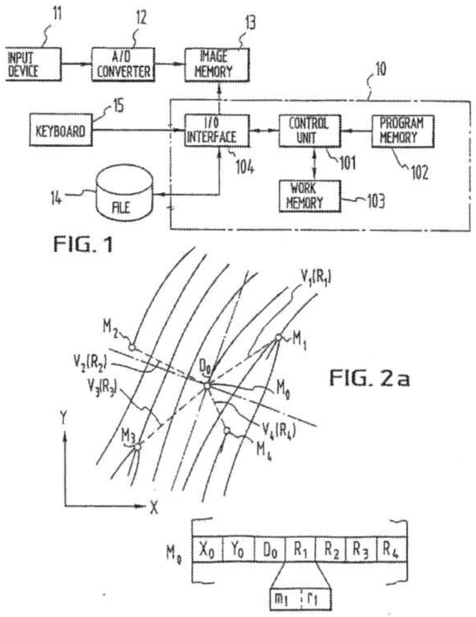

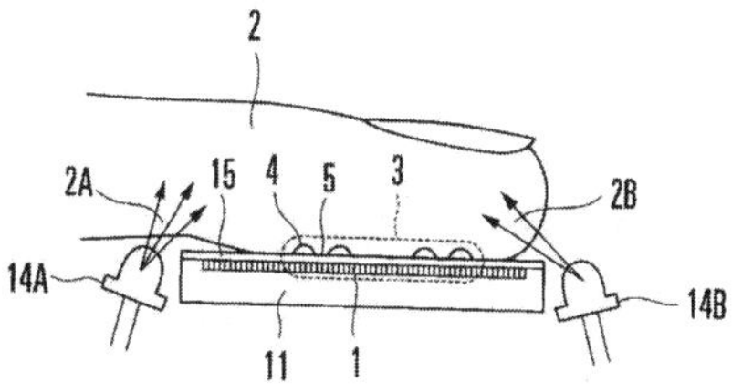

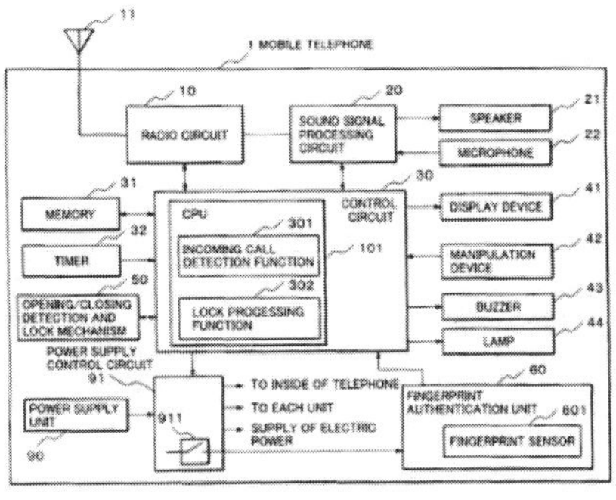

续表

公开号	US2003044051A1	申请日/优先权日	2001－08－31	引用频次	64
技术内容		说明书附图		同族信息	
指纹图像输入装置，颜色检测单元，检测手指颜色；压力检测单元，检测与接触检测器表面的手指面积有关的量；判定单元，通过分析面积信息和手指颜色之间的相关性，判定手指是活的还是死的		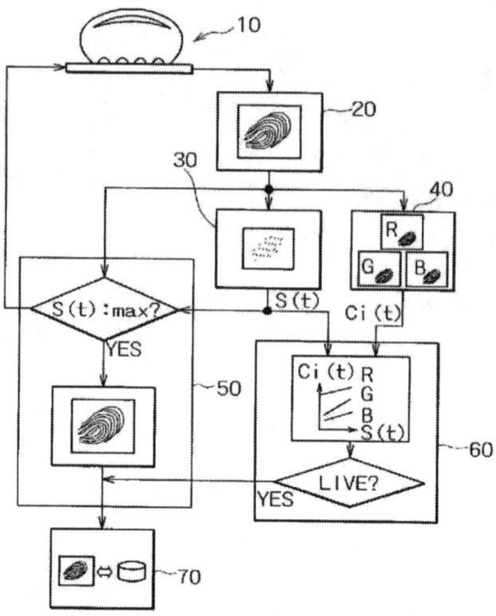		US2003044051A1 CN1404002A JP2003075135A CN1201261C US7181052B2	
公开号	EP0919947A2	申请日/优先权日	1997－11－27	引用频次	63
技术内容		说明书附图		同族信息	
变形传递单元 108，包括形变层 105，柔性电极层 106，保护层 107，探测电极 103，手指接触保护层表面，保护层和形变电极层随手指变形，形变电极层 106 和探测电极层 103 之间的静电电容发生变化，基于电容的变化提取指纹信息		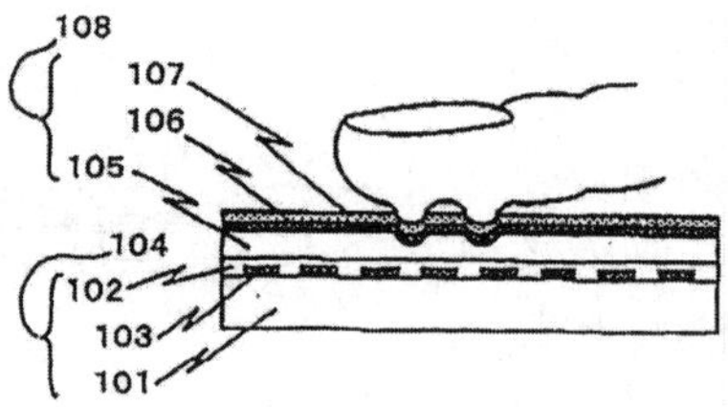		EP919947A2 JP11155837A JP03102395B2 US6234031B1	
公开号	US2005226479A1	申请日/优先权日	2004－04－13	引用频次	32
技术内容		说明书附图		同族信息	
利用指纹读取系统执行的指纹读取方法，将一个获取局部指纹图像与一个已获取局部指纹图像重叠的重构单元，在存储器中存储合成的图像，并且监控确定区域是否已经达到预定尺寸，在重构单元使用确定区域中的图像产生指纹特征信息的特征提取单元		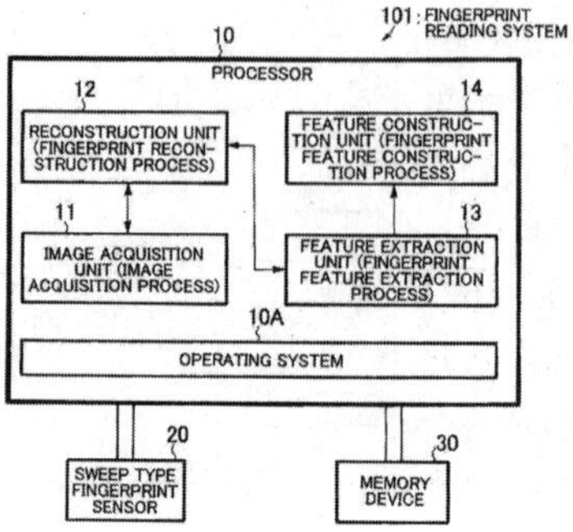		US2005226479A1 JP2005301746A CN1684093A CN100343865C US7412083B2 JP04462988B2	

续表

公开号	US2004052407A1	申请日/优先权日	2002-09-18	引用频次	33
技术内容		说明书附图		同族信息	
图像处理装置具有图像输入单元、图像处理器（2）和存储器（3）。将图像输入单元读出的部分数据存储在存储器中。图像处理器判断存储在存储器中的部分数据是否有效。图像处理器计算被检测为有效的部分数据的移动距离和角度，并根据所计算出的部分数据的移动距离和角度，计算部分数据所投影到的重组图像区域的位置坐标，并产生重组图像数据，产生的重组图像数据存储在存储器中		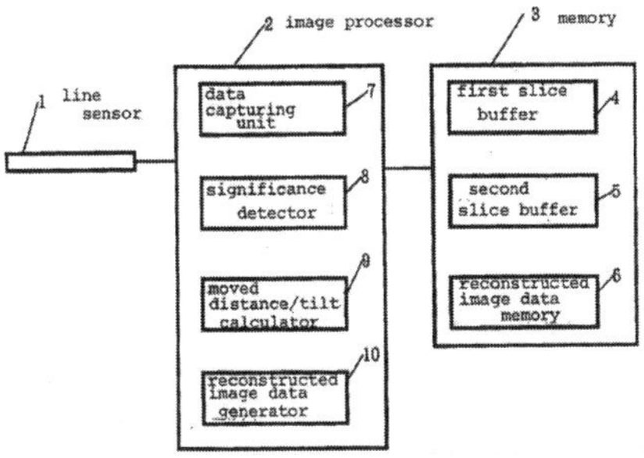 1 line sensor 2 image processor data capturing unit 7 significance detector 8 moved distance/tilt calculator 9 reconstructed image data generator 10 3 memory first slice buffer 4 second slice buffer 5 reconstructed image data memory 6		US2004052407A1 JP2004110438A KR2004025568A CN1495673A CN1255767C US7263212B2 TWI287205B	
公开号	WO2009104429A1	申请日/优先权日	2008-02-19	引用频次	9
技术内容		说明书附图		同族信息	
一种模式验证设备，包括：校正值计算单元，通过根据模式的相似程度，将通过划分第二模式而产生的多个单位区域中的每个单位区域与通过划分第一模式而产生的多个单位区域中的每个单位区域相关联，来产生多个单位区域对进而计算校正值；差值计算单元，基于空间上位置彼此相邻的单位区域对之间的校正值比较，来计算指示校正值之间的差异的差值；以及验证评估值计算单元，根据在指示模式属于互不相同的类别的条件与所述多个差值之间的验证结果，来计算验证评估值		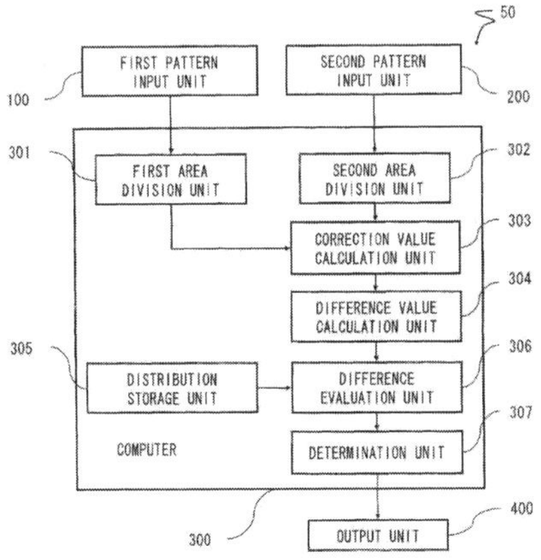 50 100 FIRST PATTERN INPUT UNIT 200 SECOND PATTERN INPUT UNIT 301 FIRST AREA DIVISION UNIT 302 SECOND AREA DIVISION UNIT 303 CORRECTION VALUE CALCULATION UNIT 304 DIFFERENCE VALUE CALCULATION UNIT 305 DISTRIBUTION STORAGE UNIT 306 DIFFERENCE EVALUATION UNIT 307 DETERMINATION UNIT COMPUTER 300 400 OUTPUT UNIT		WO2009104429A1 EP2249309A1 US2010332487A1 CN101946264A JP2009554240X US8340370B2 CN101946264B JP05440182B2	

4.8 小　　结

通过上述对于NEC有关指纹识别专利的申请情况可以得到以下结论：

① NEC 有关指纹识别的专利申请量已经度过跳跃式发展期，进入平稳发展期。虽然最近一两年在智能手机的指纹领域应用上有巨大突破，但是考虑到 NEC 的产品并不以集成于智能手机的芯片为主，而集中于能够配合其他设备独立应用的终端设备（并且主要采用不适于小型化于智能手机上的光学传感器），而且其市场重点集中在警务、刑侦领域，因此，上述在智能手机领域的突破对 NEC 的影响不大。而上述专利申请与布局的平稳发展趋势将在近一段时间继续保持，直至企业技术转型或整个行业技术突破的发生。

② 与其他企业类似，NEC 将专利申请目标国占比第一位设置为企业总部所在国家。之后，根据市场、产品特点等情况，专利申请目标区域集中在美、欧、中等国家或地区。但是与其他企业，例如苹果或 AuthenTec 不同，其在德国申请的专利数量占比较高，这也从侧面体现出了其在市场与需求上对于该地区的特别针对性。

③ NEC 在中国的专利申请布局至 20 世纪末才大规模展开，并且在中国的专利布局主要体现在算法与硬件结构方面，在应用方面鲜有涉及。这与中国国内厂商在应用方面较强的模仿能力以及中国专利制度等不无关系。

④ NEC 在日本各地具有大量成规模的分公司，并且各具优势。在指纹识别领域，虽然绝大多数的专利均来自 NEC 母公司，但是也有部分专利来自各分公司。此外，NEC 在指纹识别领域与其他企业的联合申请极少，仅有 2 项，而且自身均为第一申请人。考虑到其原因，首先得益于 NEC 自身技术的全面性，另外也必然有对自身技术保密的考虑。而与外部的联合申请内容则非常贴近联合申请企业的技术特点，从而在技术上得到互补与突破。

⑤ 在发明人方面，涉及算法的发明人团队之间很少有合作，这与算法这一技术的特殊性有关，而在传感器结构等硬件结构领域的发明人团队之间合作则较为丰富。重要发明人中也有部分中途离职的情况，且均为赴大学任全职教职员工，相信这与日本企业的工作压力较大有关系。而人员的流失无疑对技术型企业的影响是巨大的，因此如何保留住人才对于很多企业而言也是一个值得研究的课题。

基于上述研究可以发现，通过四十余年在指纹领域的发展，NEC 凭借自己独有的技术优势，在行业中确立了不可替代的地位，而其发展轨迹也对其他企业很有借鉴意义：

① 看准市场，早起步。NEC 的指纹领域研究起始于 1971 年，而彼时，指纹自动识别技术才刚刚起步，可以说全球大多数企业均站在同一起跑线上。而通过对自身企业以及市场前景的衡量，使 NEC 决定了大规模发展指纹技术的战略规划，并且通过十余年的努力，稳居行业第一梯队。这与企业在第一时间的战略决策以及对于技术的坚持不懈不无关系。相比于国内很多厂商跟风创业的策略，虽然可能会在短时期内获得可观的利润，但是从长期来讲，当风潮过去，如何守业对于这些企业而言将是很大的问题。当然，这与企业规模以及人员基础等多方面情况都有关系，不可一概而论。

② 深挖井。所谓深挖井也就是说，对于某些技术要进行特别的研究，也就是企业要有自己核心的、独一无二的技术。譬如 NEC 的分散式光扫描技术。虽然就传感器类

型而言，目前的热点在于半导体传感器，然而由于具有独特的分散式光扫描技术，NEC 依然可以通过其传统的搭载光学传感器的指纹识别设备占领很大市场。任何可能相互竞争的技术都有其优势与局限，因此即使你掌握的技术基础并不是最新潮的、最时髦的，但是只要有自己独特的、其他企业无法比拟的核心技术，老树也能发新芽。

③ 广积粮。虽然如上所述，NEC 的技术核心以及市场利益集中在光学传感器上，但是其在技术研发以及专利申请方面，并不仅集中在这一方面。其在半导体传感器等其他领域也申请了大量的专利。这一方面体现了自身的技术积累，为今后可能的技术转型做准备；另一方面也能够通过这些领域的专利为自己可能与其他企业进行的专利战增加一些筹码。

综上所述，NEC 作为指纹识别领域的一线企业，其在专利申请与布局、企业发展等领域具有很强的示范作用，对于其他相关领域的企业发展具有巨大的参考价值。

第5章　苹果并购 AuthenTec

5.1　并购介绍

5.1.1　并购提要

2012年7月27日，苹果以3.56亿美元的价格并购了AuthenTec。从2012年2月开始，双方高层即进行了几次谈判，至三四月，双方敲定了合同细节以及知识产权问题。但在初期，苹果只意向并购AuthenTec的工程师团队。至5月，苹果提出并购整家公司，并最终在7月完成并购。苹果以每股8美元的价格并购了AuthenTec，溢价58%。AuthenTec是一家专注于指纹识别领域的企业，并购完成后，2013年苹果推出了具有指纹识别认证功能（Touch ID）iPhone 5s，并在2014年将这一功能作为苹果移动设备的标配，配备到了iPhone 6、iPhone 6 Plus以及新款iPad上面。

5.1.2　企业介绍

5.1.2.1　AuthenTec

AuthenTec为一家涉及半导体、计算机及移动设备安全、身份管理、生物识别及触摸控制解决方案的公司。[1] 其总部设立于佛罗里达州的墨尔本，于1998年由Harris Semiconductor拆分成立。其主要产品为以指纹传感器为代表的生物识别传感器及相关的安全认证软件，并擅长于将上述技术整合于计算机或移动设备之上。数据显示，其2006年在移动电话指纹识别芯片领域的市场占有率为95%，累计出货量高达700万枚。而到2012年被苹果并购之前，其指纹识别芯片的年出货量已高达1亿枚。

从2008年起，该公司通过大量并购提高了自己在整个行业的地位。2008年5月AuthenTec通过收购EzValidation的软件部门，提升了自己在用户体验方面的实力。在2009年7月，其并购了Atrua Technologies，并在2010年2月收购了SafeNet公司的嵌入式安全解决方案部门，使自己由一个指纹识别芯片提供商成功转型成为职能覆盖整个产业链的企业，为客户提供整套的生物识别安全管理解决方案。紧接着在2010年9月并购了指纹识别领域的另一大企业UPEK。UPEK当时为全球五大PC制造商中的四家提供指纹识别芯片。通过上述一系列并购行为，AuthenTec成为民用商用指纹识别设备巨头之一。

而此时，智能移动设备刚刚进入快速发展期，苹果在新一代智能手机领域的领先

---

[1] AuthenTec［EB/OL］.（2011-08-02）. http://en.wikipedia.org/wiki/AuthenTec.

地位已经有所动摇，运行安卓系统移动设备的全球市场占有率已经逐渐追赶上并超过了苹果 iPhone 系列手机。此外，在智能移动设备的功能创新上，也呈现爆发态势。AuthenTec于 2011 年 8 月与 NXP 半导体和移动支付软件商 DeviceFidelity 合作推出了用于 Android 手机的基于 micro - SD 卡的 NFC 移动支付电子钱包，欲首先占领智能手机领域指纹识别移动支付这一平台，以博得突破性发展。而在同年年底，AuthenTec 向包括苹果、三星、诺基亚等多家移动设备制造厂商展示了其最新研制的指纹识别传感器，并谋求进一步的研发支持以及合作的可能。正是这次接触为之后苹果对于 AuthenTec 的并购奠定了基石，也使苹果看到了智能手机集成指纹识别功能的前景。

5.1.2.2　苹　果

苹果由史蒂夫·乔布斯、斯蒂夫·盖瑞·沃兹尼亚克和罗纳德·杰拉尔德·韦恩在 1976 年 4 月 1 日创立。[1] 在高科技企业中以创新而闻名，设计并全新打造了 iPod、iTunes 和 Mac 笔记本电脑和台式电脑、OS X 操作系统，以及革命性的 iPhone 和 iPad 系列移动设备产品。2011 年 8 月，公司联合创始人兼时任 CEO 史蒂夫·乔布斯因身体状况卸任后，由蒂姆·库克担任公司 CEO。而后由其发布的 iPhone 4s、iPhone 5 等产品虽然在市场上获得了一定的认可，但是由于上述产品相比于该系列前作缺乏突破，苹果的产品在消费者心中逐渐走下了神坛。此外，竞争对手的快速发展也使苹果感到了巨大的压力。基于开放式平台的优势，谷歌主导的安卓系统在智能手机领域给苹果带来了很大的麻烦。

出于上述原因，苹果希冀于在产品上有所突破，借以在智能手机领域树立新的标杆，打击竞争对手。也就是在这时，与 AuthenTec 的接触使苹果看到了智能手机发展的一个新的方向，从而最终促成了这一并购的实现。

5.1.3　并购需求简析

简单地讲，并购公司对被并购公司的需求可以从以下三方面进行分析：技术、财务、客户。

就技术而言，AuthenTec 在业界处于领先地位，尤其是其向苹果等厂商展示的新型按压式指纹识别技术，其与苹果的重用户体验的产品设计思想相契合。另外，包括其并购的 UPEK 在内，AuthenTec 拥有近 150 项相关专利，并涉及与指纹传感器相关的结构、电路设计、封装、外围设计、识别算法、用户界面等各个方面。实现对该公司的并购，将使苹果自身在指纹识别技术上获得巨大的进步，并且通过限制相关专利的授权使用，实现对其他厂商的限制。

在财务方面，AuthenTec 由于其市场地位与占有率，具有较好的财务状况。而同时，苹果依靠近年 iPhone、iPad、iPod 等产品的热卖积攒了大量的现金，使得苹果有能力通过现金完成收购。

---

[1] ［EB/OL］.［2014 - 11 - 12］. http：//baike. baidu. com/view/15181. htm? from_ id = 601122 4&type = syn&fromtitle = % E8% 8B% B9% E6% 9E% 9C&fr = aladdin.

而AuthenTec的客户涉及智能手机、PC等多个领域。通过对AuthenTec的并购，苹果可以实现对于原AuthenTec客户的控制，甚至可以完全独占其相关技术（事实证明，苹果在完成对AuthenTec并购之后即不再对相关技术进行外部授权，从而实现了对竞争对手的打压），实现部分技术的垄断，以谋求发展。例如，在具有按压式指纹识别传感器（Touch ID）的iPhone 5s发布之后，三星也发布了具有指纹识别功能的Galaxy S5手机，但是由于其指纹识别传感器的小型化问题没有能够解决，而只能在手机中集成具有较差用户体验的滑擦式指纹识别传感器。此外，AuthenTec于2011年下半年推出的用户安卓系统的指纹识别移动支付解决方案也促使苹果加速对于其的并购工作，以限制上述功能在竞争对手平台上的快速发展。

可见，通过对AuthenTec的并购，苹果可以在获得了相关技术、提高产品体验的同时打压竞争对手的发展。下面将通过专利分析的方式，分析苹果从AuthenTec获得的技术，并分析上述并购的必要性。

5.2 并购双方专利整体分析

由于与AuthenTec并购的UPEK同样具有大量专利以及相关技术，因此，本报告在做专利整体分析时，将UPEK的相关专利也进行了考虑，并列入相关图表之中。而AuthenTec的前母公司Harris Semiconductor以及UPEK的前母公司STMicroelectronics（意法半导体）可能存在的相关专利则不再考虑。

通过检索，UPEK、AuthenTec和苹果有关指纹识别的专利申请分别共31项、101项与30项，检索截止日为2014年4月20日。

5.2.1 并购双方指纹识别相关专利年申请量分析

图5-2-1示出了三家公司在指纹识别领域专利申请的年申请变化趋势。为体现并购事件对于专利申请的影响，以及避免并购过程中申请人可能发生的变更，本章对专利进行年份统计时均使用申请日所在年份进行统计，而非使用优选权年份进行统计。

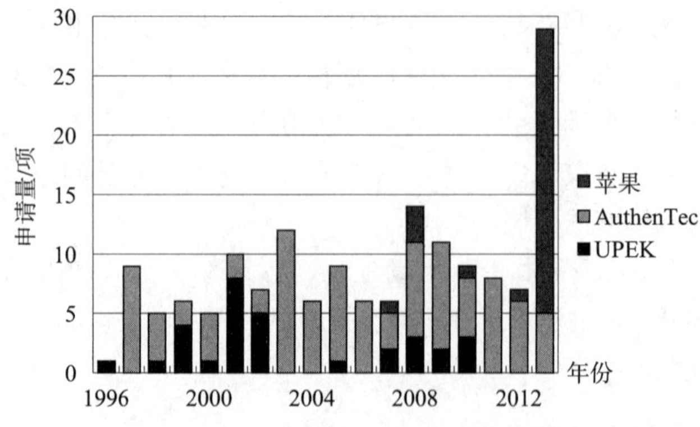

图5-2-1 苹果、AuthenTec与UPEK指纹识别领域相关专利申请趋势

将 UPEK 与 AuthenTec 的专利年申请量相加，由公司成立之初至 2012 年被苹果并购，其年申请量较为平稳，平均为每年 5 ~ 10 项。而苹果在 2012 年并购 AuthenTec AuthenTec之前，仅有零星的几项专利。而在并购 AuthenTec 之后，仅 2013 年一年，苹果关于指纹识别技术的专利申请量便达到了 24 项之多，不仅超过了之前苹果在该技术领域专利申请量之和，还超过了之前 UPEK 与 AuthenTec 二者的年平均专利申请量之和。可见苹果对于该技术的重视程度。

另外，通过对发明人的分析发现，苹果在完成并购之后指纹领域进行专利申请的发明人中，同样在 AuthenTec 或 UPEK 申请的专利中出现的，共 8 人，其中处于原公司决策层的共 4 人，他们分别是前 UPEK 及 AuthenTec 副总裁（Vice President）R. H. Bond，UPEK 创始人、前 AuthenTec 副总裁 A. Kramer，前 UPEK 副总裁、前 AuthenTec 系统工程总监（Sr. Director System Engineering）G. Gozzini，以及 AuthenTec 联合创始人 D. Setlak。除此之外的 4 人均为各领域的工程师。然而，上述 8 人参与的苹果有关指纹识别技术的专利申请仅为 5 项。而通过对其他苹果于 2013 年申请的 19 项有关指纹识别专利的发明人进行分析发现，他们均为苹果在对于 AuthenTec 并购之前即招聘入职的员工。也就是说，在该并购完成之后，苹果调集了大量其他领域的人员进行指纹识别技术的相关研究，并基于 AuthenTec 的技术取得了突破。同时，考虑到对于将要发售产品的保护，加紧通过大量专利申请实现对于相关技术的保护。

对于这些在来自苹果内部发明人的有关指纹识别的专利申请，本报告进行了如下分析，首先对其中的部分重要发明人进行了统计。图 5－2－2 为来自苹果内部的发明人中，专利申请数量（项）最多的 5 人。下面将对其中几人进行简单介绍。

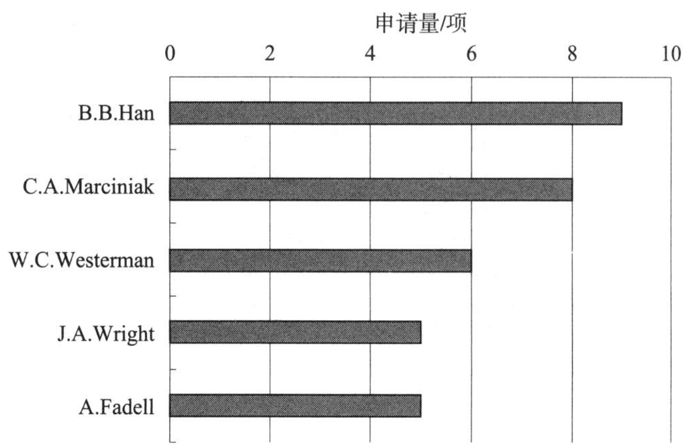

图 5－2－2　苹果指纹识别领域内部发明人专利申请量

B. B. Han（Byron Han），1987 年于斯坦福大学获得电气工程硕士学位，于同年加入苹果，任高级软件工程师，其在之后一直从事与软件相关的工作，并于 2007 年其参与了有关 iPhone 研发的特殊项目。

W. C. Westerman（Wayne Westerman），1999 年毕业于德拉华大学，于同年作为联合创始人，创立了 FingerWorks 公司，并担任软件工程副总裁。FingerWorks 公司致力于手势识别技术的研发，其因 TouchStream 多点触摸键盘被用户所知。2005 年，苹果并购该公司，并将上述技术引用到了之后发布的 iPhone 之中。联合创始人 Wayne Westerman 也由此加入苹果。

A. Fadell（Anthony Fadell），经常被人们称作 Tony Fadell、iPod 之父。2001 年，其以承包人（contractor）的身份开始 iPod 的设计工作，并参与苹果音频设备产品的策略规划。其间，其完成了 iPod 的概念以及初始设计。之后，其正式加入苹果，并任苹果 iPod 分支高级副总裁。2008 年起，兼职 CEO 顾问至其 2010 年离职。离职后，其创立了 Nest Labs 公司，致力于智能居家产品。该公司的明星产品为 Nest 恒温器，用于与中央空调协作记录用户的室内温度数据，智能识别用户习惯，并将室温调整到最舒适的状态。该公司于 2014 年被谷歌以 32 亿美元的价格并购。

5.2.2 并购双方技术目标国/地区分析

图 5－2－3 为相关三家公司的技术目标国分布图，与 AuthenTec 以及 UPEK 的专利申请目标国对比，苹果申请的美国专利申请比率均有明显的增加。此外，相比较而言，PCT 专利以及在美、欧、中、日、韩之外的国家或地区的专利申请比例也较多。

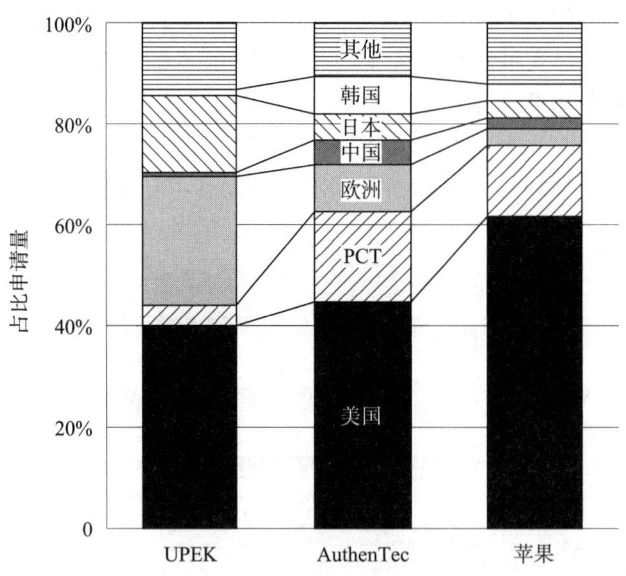

图 5－2－3 苹果、AuthenTec 与 UPEK 指纹识别领域专利申请目标国/地区分布

作为苹果的大本营以及为苹果创造盈利最多的地区，在美国具有更高的专利申请占比重无可厚非。而且，美国在知识产权等方面的保护力度相比较于其他国家或地区更高，尤其是当利益被侵害方为本国企业时。因此综合上述两点考虑，苹果在美国申请的专利比例要明显高于前两家公司。

而考虑到产品的需求程度，苹果的智能手机相比于原 AuthenTec 生产的指纹识别传感器必然在更多的国家或地区拥有客户。因此，提高 PCT 专利申请比例并重视在个别新兴热点市场投放专利申请是必然的。此外，相比较于其他两家企业，苹果在澳大利亚申请的专利数量比例要高很多，由于经济发展程度以及汇率等因素的影响，苹果在澳大利亚的利润一直较高。因此，提高在这一区域的专利申请占比，也是显而易见的。考虑到部分尚未公开的2013年专利申请逐步公开，以及大量PCT申请进一步进入国家阶段，上述数据中苹果对于其他地区的专利申请比率将继续增加。而随着苹果产品进一步深入到各个地区，为了进一步保护其产品，苹果的PCT专利申请比率以及其他国家或地区的专利申请比率必然还将进一步增加。

5.2.3 技术功效分析

5.2.3.1 全部申请技术功效分析

图5－2－4为并购双方三家企业申请的有关指纹识别技术全部专利申请的技术功效图。通过对比可以发现，苹果更加注重对于传感器结构的改造以及指纹传感器与外设的结合应用，其专利申请具有很强的目的性。而其对于传感器结构的改造主要目的在于进一步压缩其体积、减小厚度，以方便应用于移动设备之上。此外，其专利申请相比于AuthenTec的申请更加注重提高设备的易用性，无论是对于指纹识别传感器本身还是集成该传感器的其他设备，这与苹果注重用户体验的产品设计理念相契合。

相比而言，虽然AuthenTec对于设备改进的最突出方式仍针对传感器的自身结构，但其目的则更为基础，主要集中在提高指纹识别的安全性上面。这与其被苹果并购之前有大量金融领域客户有关。在设备的安全性能得到保证的基础上，再进一步考虑其易用性、指纹图像获取质量以及自身保护等方面的需求。AuthenTec将指纹图像获取质量这一指纹传感器重要指标放在需求第二位的另一个原因可能是其并购的UPEK在该方面具有良好的基础，在这一技术支撑之下，AuthenTec可以将研发重点转移到其他薄弱环节。

5.2.3.2 并购引进重要发明人专利申请技术功效分析

前文提到，在苹果并购AuthenTec之后申请的有关指纹识别的专利中，有4位发明人曾作为AuthenTec或UPEK专利申请的发明人。通过统计，与上述4人相关的专利申请分别占UPEK、AuthenTec、苹果相关专利申请总量的64.5%、51.0%、23.3%。因此以下将上述四位发明人作为重要发明人，对其参与的专利申请的技术及功效进行分析。

这四人中除D. Setlak始终为AuthenTec成员之外，均为原UPEK成员，在AuthenTec并购UPEK之后加入AuthenTecAuthenTec。根据表5－2－1与表5－2－2可以看到，上述原UPEK三人的技术专长主要在传感器结构设计方面。而D. Setlak则相对较为全面，在各重点技术的专利申请比率相对较为平均。当AuthenTec被苹果并购之后，以上述4人为发明人的专利申请则主要集中在了通过对于传感器结构的改进实现指纹传感器小型化这一方面，只有G. Gozzini和D. Setlak有2项涉及提高获取图像质量的专利申请。也就是说，苹果对于AuthenTec的技术需求主要体现在指纹识别传感器与目前不断轻薄化的智能手机的结合方面。而这也从另一个侧面再次印证了苹果对于AuthenTec的并购具有极强的目的性。

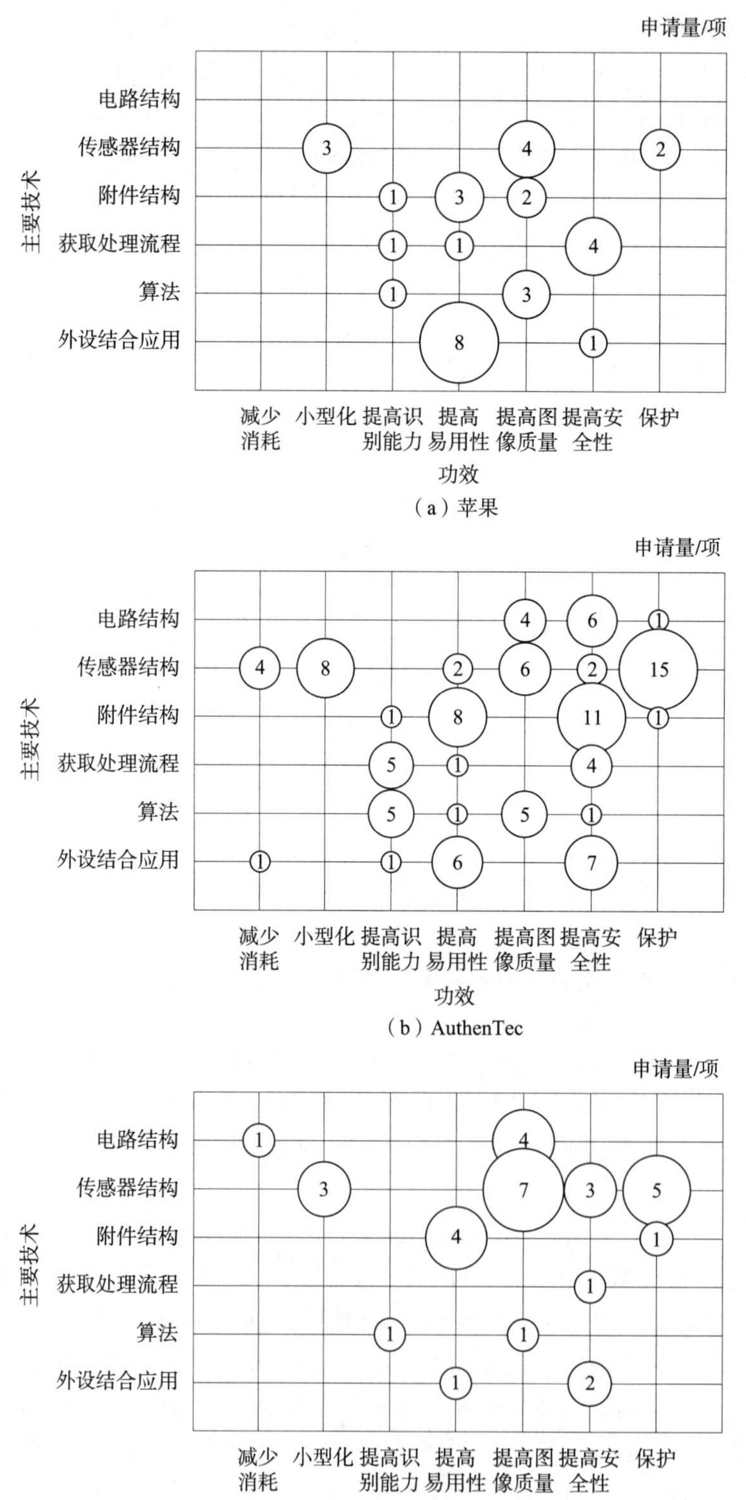

图5-2-4　苹果、AuthenTec与UPEK指纹识别领域全球专利申请技术功效图

表 5-2-1 并购前后重要发明人专利申请技术表

单位：项

发明人	申请人	电路结构	传感器结构	附件结构	获取处理流程	算法	外设结合应用
R. H. Bond	苹果	0	2	0	0	0	0
	AuthenTec	0	4	2	0	0	0
	UPEK	0	3	2	0	0	0
G. Gozzini	苹果	0	2	0	0	0	0
	AuthenTec	3	6	2	1	0	0
	UPEK	4	11	2	0	0	1
A. Kramer	苹果	0	2	0	0	0	0
	AuthenTec	0	3	2	0	0	0
	UPEK	0	3	0	1	0	2
D. Setlak	苹果	0	1	0	0	0	0
	AuthenTec	4	17	13	7	1	5
	UPEK	N/A	N/A	N/A	N/A	N/A	N/A

表 5-2-2 并购前后重要发明人专利申请功效表

单位：项

发明人	申请人	保护	减少能耗	提高安全性	提高获取图像质量	提高识别能力	提高易用性	小型化
R. H. Bond	苹果	0	0	0	0	0	0	4
	AuthenTec	0	0	0	2	0	2	2
	UPEK	0	0	0	0	0	2	3
G. Gozzini	苹果	0	0	0	2	0	0	4
	AuthenTec	0	0	3	4	1	2	2
	UPEK	1	0	4	8	0	2	3
A. Kramer	苹果	0	0	0	0	0	0	4
	AuthenTec	0	0	1	0	0	2	2
	UPEK	1	0	2	2	0	1	0
D. Setlak	苹果	0	0	0	2	0	0	1
	AuthenTec	9	3	13	7	4	9	2
	UPEK	N/A	N/A	N/A	N/A	N/A	N/A	N/A

5.2.3.3 苹果内部重要发明人分析

前文曾提到过5位来自苹果内部的发明人，他们在苹果完成对于AuthenTec的并购之后进行了大量的有关指纹识别技术的专利申请。下面，将对他们在并购之后的专利申请情况以及技术优势做分析。

苹果申请的与指纹识别技术有关的专利涉及上述发明人的占据总申请量一半以上。因此，对上述发明人的专利申请进行分析，有一定代表意义。

从图5-2-5中可以看到，来自苹果内部的上述5人，其专利申请主要涉及流程、算法以及应用领域，对传感器结构等硬件领域极少有涉及。这与第5.2.3.2节中分析的来自AuthenTec的4名重要发明人，其发明主要针对硬件结构等领域产生了明显的反差。而这也与上述发明人的来源有关系。上述发明人均为苹果在进行AuthenTec并购之前招聘的员工，并且在招聘时并非针对指纹识别领域进行的。因此，上述发明人的技术优势并不在硬件结构等指纹识别核心领域。而在功效方面，上述发明人中除了A. Fadell之外，均较为平均，在各领域均有涉及。而Fadell则由于自身偏重于设计领域，因此其专利申请主要注重通过与外设的结合应用提高设备的易用性。

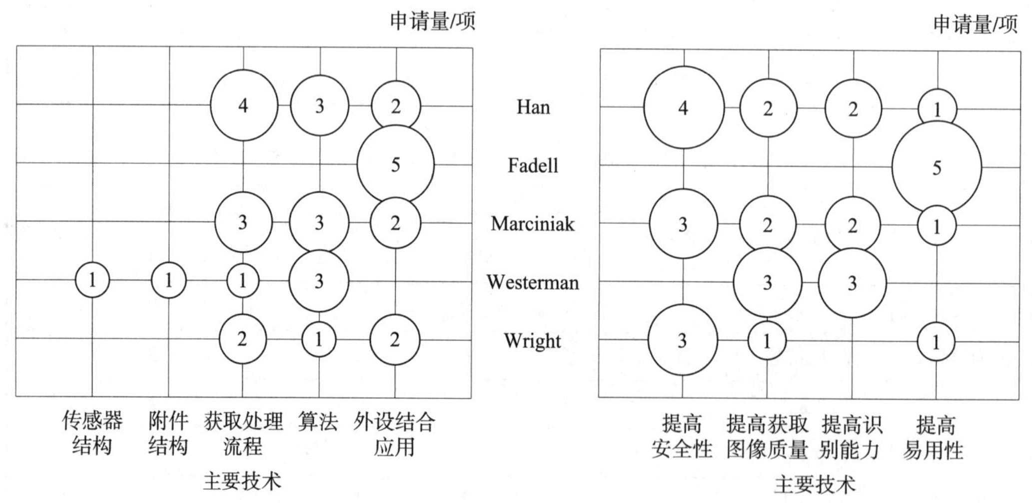

图5-2-5 苹果内部重要发明人技术功效图

上文对于并购双方的专利申请整体情况进行了分析，下面将更加具体的对于苹果发布的iPhone 5s指纹识别关键技术及相关专利进行分析，希冀从专利层面获得本并购的策略信息。

5.3 iPhone 5s指纹识别技术专利分析

与iPhone 5相比，iPhone 5s除了外壳颜色外，最引人注目的就是其HOME键外围的金属圈，而这也是对于普通消费者而言iPhone 5s最直观的改变。出于集成指纹识别功能的考虑，苹果不得不放弃了沿用了6年的iPhone手机HOME键设计，可以看出指纹识别功能及其模块对于这一产品的重要性。

集成于手机中的指纹识别模块需要对现有手机在两个方面的设计进行调整，一是指纹相关运算部分，即处理器部分；二是传感器的位置。对于第一点，由于目前智能手机都具有较为强大的中央处理器及相关处理芯片，因此指纹相关的运算部分对手机的内部设计不会造成太大变化（当然，苹果出于安全考虑对运算部分进行了特殊设计，这将在后文中详细讨论。安卓智能机型则通过可选的 Trust Zone 技术达到相应的安全防护效果）。而对于手机外观而言，更重要的改变在于上述第二点，即将指纹采集部分放置在手机的位置。

传统的具备指纹识别功能的手机均将指纹采集部分设置在了手机背面靠上的位置（包括 2014 年下半年华为推出的 Mate 7 智能手机）。这样，在用户正常握住手机时，可以通过用户把握手机的食指实现指纹识别。这样设置指纹识别部分位置，对于用户手持手机的姿势没有太大影响，使用较为方便。然而，这种设计至少存在下述三点弊端：

① 当希望使用非食指进行指纹认证时，对用户的操作造成了极大的不便。由于用户掌握姿势的限制，这种设计仅对食指进行指纹认证有比较好的便捷性，而在使用其他手指时（例如用户手指脱皮无法使用食指进行指纹识别操作），即使是中指，也会带来一定的麻烦。而如果用户执意使用大拇指进行指纹认证，则需要将手机翻过来才可以。

② 用户不能同时观察到指纹采集部分与手机屏幕。一般而言，用户需要按照手机屏幕上的指示进行指纹识别。而对于手机的新用户，其不熟悉指纹识别区域，这样就对找准指纹识别区域实现指纹验证带来了一定的麻烦。

③ 当手机置于桌面时不易操作，且易造成磨损。为了省力与使用方便，一般用户在桌上使用手机时，可能会将手机背面朝下放在桌子上操作。而在这种情况下需要使用指纹解锁手机进行常规操作时，将不得不先将手机拿起，完成指纹认证后再放在桌子上，降低了操作的便捷性。另外，由于指纹识别部分朝向桌面放置，其采集部位容易受到桌面的磨损，降低指纹识别准确性。

而除了上述的放置指纹采集部分的位置外，在苹果并购 AuthenTec 之前的专利中也出现过具有指纹识别功能的手机其指纹采集部分的布局（US2010082444A1）。如图 5－3－1 所示：

图 5－3－1 中附图标记 45 为指纹传感器，其为当时较为常见的滑擦式指纹采集器，也正是由于这种采集器的规格，苹果只能将其设置在正面 HOME 键的旁边，而无法与需要作为按键使用的 HOME 键集成在一起。以此位置布置指纹传感器虽然能够解决上述设置于背面的三点弊端，但是其在设计美感上存在较大缺憾。此外设置于手机正面的滑擦式指纹传感器在用户操作时也会给用户带来一定的麻烦。

该专利申请于 2008 年，是时，苹果还没有与 AuthenTec 有针对并购的接触。因此，当之后苹果接触到 AuthenTec 最新的电容按压式指纹传感器时，由于其自身规格、使用方式等特性给了苹果在对其手机自身设置上相比于传统采集器更大的自由度，并促使苹果最终成功设计出了具有指纹识别功能的 iPhone 5s。

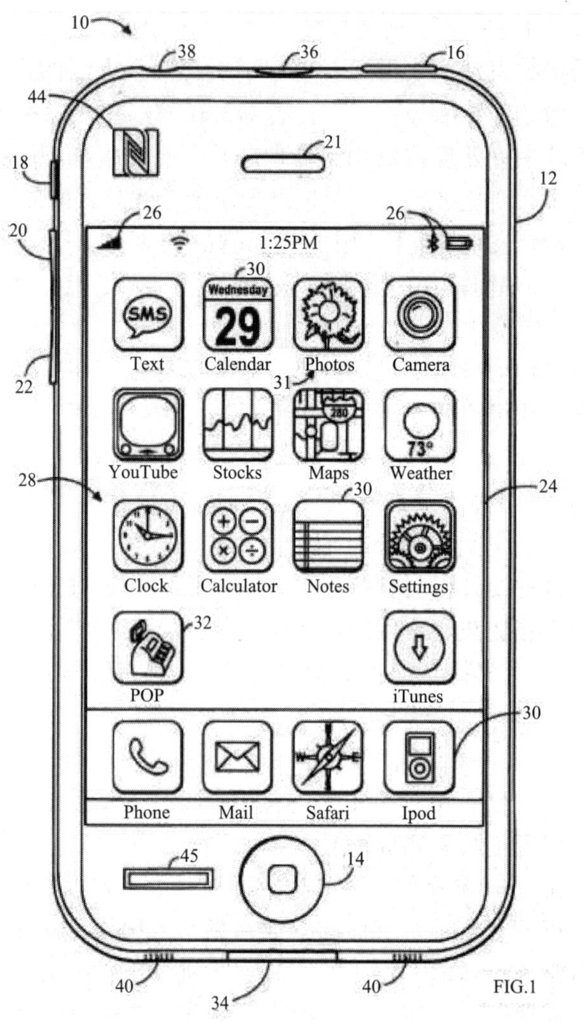

图5－3－1　专利申请US2010082444A1技术方案示意图

5.3.1　苹果iPhone 5s指纹识别核心技术

图5－3－2为苹果iPhone 5s有关指纹识别的核心技术示意图。以下将从两个方面对其核心技术进行介绍。首先来看硬件部分，即集成于手机HOME键之中的传感器芯片部分。在这部分中，图5－3－2示出了经拆解的其主要部件。最外层为一层蓝宝石晶片（Sapphire Crystal），其为用户在进行指纹识别时手指所接触的部分。蓝宝石晶片能够起到类似“透镜”的作用，将电场聚焦至传感器芯片上。在蓝宝石晶片外部具有一不锈钢检测环（Stainless Steel Detecting Ring）。该检测环用于提高图像识别的信噪比，并且当用户的手指接触到检测环时激活传感器进行指纹识别，此外还用作向用户手指注入微电流的电极。电容式指纹传感器设置在蓝宝石晶片的下方，其为指纹识别的核心部件。在其下方集成有按键开关（Tactile Switch），即iPhone的HOME键，用于

实现设备的一般操作。

图 5-3-2 苹果 iPhone 指纹识别核心技术示意图

其次看软件方面。指纹的存储、识别等处理均通过集成在手机内部的 A7 处理器中的安全飞地处理器（Secure Enclave）完成。安全飞地处理器独立于 A7 处理器，从而保证了指纹识别、验证过程的安全性。此外，iPhone 5s 中使用的指纹识别算法是采用非特征点（minutiae）的纹路方向（ridge orientation）识别算法。此种算法不拘泥于对指纹特征点的识别，并且可以实现非人体手指纹路的其他活体表面纹路的识别验证，如鼻尖纹路、猫爪纹路等。而 360 度识别算法可以使用户在指纹识别时不必将手指按照录入指纹时的角度摆放，任意角度的指纹均可以获得验证通过。另外，在进行初次指纹录入时，系统会要求用户使用手指的不同部分多次按压识别区域，通过拼接以获得更大面积的手指指纹模板，以防止后期验证登录的时候由于手指接触位置不同而不能识别。而上述拼接算法也是指纹识别的关键技术之一。

下面将从专利角度对上述关键技术进行分析。

5.3.2 核心技术专利分析

首先，在硬件方面，苹果在上述的 4 个核心技术均有专利申请。

蓝宝石晶片：在 AuthenTec 申请的一系列有关电容式指纹传感器结构的专利中（US5963679A/US6088471A/US6067368A），均公开了在传感器的最外侧，即与用户手指接触的部分设置了各向异性的介电材料层，用于将电场聚焦到电场检测电极的技术方案。在此基础上，苹果申请了公开号为 US2013307818A1 的专利申请，指出上述各向异性的介电材料可以为蓝宝石，并将上述内容书写入了权利要求内。虽然使用蓝宝石具有较高的成本，但是蓝宝石在起到上述作用的同时，能够利用蓝宝石自身的极高硬度，对整个指纹传感器实现保护。

不锈钢检测环：苹果在并购 AuthenTec 后申请的专利 US2013271422A1 中公开了上述检测环结构，并指出其能够起到屏蔽电磁场以提高图像获取质量的作用，而在苹果官方网站上对于 iPhone 5s 的介绍之中则指出该检测环具有提高信噪比和感应手指触碰激活传感器的作用。具有屏蔽电磁场功能的环状电极结构在 AuthenTec 多年前申请的多篇专利中便有所体现（US5963679A、US5920640A、US6067368A、US6069970A、US7616786B2），而在其他另外几篇专利（US8031046B2、US8604905B2、US8618910B2）中则公开了具有感应手指触碰激活传感器的电极的技术方案。可见，iPhone 5s 的不锈钢检测环继承了 AuthenTec 的上述两组专利中的技术，将上述两种功能的电极进行了组合并，在简化结构的同时提高了用户体验。

苹果的电容式指纹传感器通过与用户手指的绝缘表皮层与导电的真皮层之间形成电容，检测由于指纹凹凸变化造成的电容差异而精确读取指纹。该类电容式指纹传感器被称作主动式电容传感器，其需要通过电极向用户手指注入微电流。相比于被动式电容式指纹传感器，主动式电容式指纹传感器对于手指、传感器表面的整洁程度以及手指表皮是否受伤等要求较低。作为 UPEK 及 AuthenTec 的重要发明人，R. H. Bond、A. Kramer 与 G. Gozzini 三人申请过 4 项涉及主动式电容传感器电流注入的专利，上述专利中均公开了一种通过环形电极向手指注入电流实现指纹识别的主动式指纹传感器。值得注意的是，上述四项专利的申请人分别为：UPEK 与 AuthenTec（US8378508B2、US8471345B2）、AuthenTec 与苹果（US8569875B2）、苹果（US2013320464A1），可见该项技术对于上述企业乃至指纹识别行业的重要性。基于上述技术，苹果将上述电极与不锈钢检测环结合，由此进一步提高指纹识别的精确性。

电容式指纹传感器：iPhone 5s 的厚度仅有 7.6 毫米，而同样具有指纹识别功能的 iPhone 6 厚度仅为 6.9 毫米，在这个厚度上，苹果成功将电容式指纹传感器集成至 HOME 键上，其核心在于采用了 AuthenTec 的专利技术 US7616786B2，其公开了一种具有分布于薄膜上方的传感器电子设备的手指生物测量传感器，其薄膜基底进一步减小了传感器的厚度。正是利用了上述技术，苹果成功实现了在不增加厚度的基础上在 HOME 键上实现指纹识别。

按键开关：AuthenTec 于 2012 年申请了多项专利涉及指纹识别传感器与手机按键相集成。考虑到 2012 年苹果已经与 AuthenTec 开始谈判并购事宜，上述专利申请很可能获得了苹果的授意。而在苹果完成对 AuthenTec 的并购之后，苹果也申请了涉及上述技术的专利 US2013307818A1，进一步强化对该技术的保护。

而在软件方面，苹果也具有相应的专利或专利申请对其技术实现保护：

安全飞地：苹果于 2007 年申请了 1 项专利，授权公告号为 US8291480B2，其公开了一种独立存储于设备内部的密钥，并通过指纹（数据指纹）优先于其他程序实现身份认证，以提高设备的安全性能。而这项专利的思想正是之后应用于苹果 iPhone 5s 中安全飞地的基础。苹果的专利申请 US2014003679A1 公开了一种集成于处理器中的协处理器，实现对指纹信息的处理、识别与存储。上述协处理器及对应于后来 iPhone 5s 上的安全飞地处理器。这项技术为苹果独创，并没有 AuthenTec 或 UPEK 公司的专利技术基础。

基于纹路方向而非特征点的指纹识别算法：传统的指纹识别算法均是基于指纹的特征点的，如纹路端点或分叉点，然而此种算法对于获取的指纹图像质量具有更高的要求。而 AuthenTec 的专利（US7599530B2）则公开了一种基于纹路方向的指纹识别算法，并最终被苹果运用。

360 度识别算法：苹果的 iPhone 5s 可以实现指纹的 360 度识别，苹果在其专利申请 US2014003680A1 中公开了这一技术，其通过识别算法实现的。虽然 AuthenTec 并没有申请过通过算法实现 360 度识别算法的专利，但是其专利 US5841888A 公开了一种获得指纹指标值（index value）的识别算法，通过对指标值进行比对实现指纹的验证。而上述指标值的计算则与指纹的角度无关。因此可以推断，苹果目前使用的识别算法至少受到了 AuthenTec 上述专利技术的启示。此外，UPEK 也申请过基于指纹指标值进行指纹比对的算法（US2008273770A1）。

指纹拼接：AuthenTec（US6795569B1）和 UPEK（US7809211B2）均具有有关指纹拼接的专利，在此基础上，苹果针对自己的技术需求申请了大量有关指纹拼接算法的专利（US2014003677A1、US2014003681A1、US2014003682A1）。

图 5－3－3（见文前彩色插图第 2 页）为本节所述核心技术相关专利的发展路线图。可以看到，8 项核心技术中仅有“安全飞地”一项专利没有 UPEK 或 AuthenTec 的专利技术支持，其他均为原有专利的再发展或直接取自原有专利技术。也由此可见 AuthenTec 的专利技术对于苹果的重要性，同时也体现了苹果自身的研发能力以及在现有技术上探索创新的能力。

5.4　其他专利分析

从目前苹果公开的资料中可以推断出，苹果在目前的 iPhone 5s 上运用了大量 AuthenTec 的专利技术或基于其专利技术改进的技术。然而还有很多 AuthenTec 或 UPEK 的专利技术还没有被苹果运用，而随着 Touch ID API 的开放、Apple Pay 业务的展开以及 Touch ID 在 iPad 设备上的应用，其更多的专利技术将被采用。此外，苹果在上述并购之前也申请过一些相关专利，如图 5－4－1 所示。通过对这些专利的分析，能够对苹果在指纹识别方面的发展方向实现一定的预估。

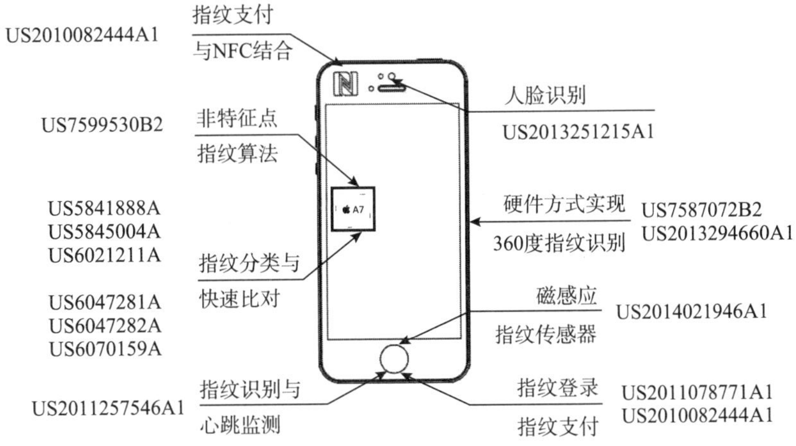

图 5－4－1　苹果并购 AuthenTec 其他专利分析

对储存的多个指纹进行分类，并运用特别的查找机制进行快速匹配（AuthenTec：US5841888A，US6021211A，US5845004A；US6047281A，US6047282A，US6070159A）：上述系列专利用于在储存有多个指纹的设备上更快地找到需要匹配的指纹模板并进行验证。这种快速查找匹配更可能用在考勤打卡机等N对N的指纹设备上，但是iPhone上边也可以最多储存5个指纹模板，而对于目前iPad Air 2以及iPad Mini 3这种可能有更多人使用的设备已经具备了指纹识别能力，甚至如果将指纹识别功能应用到Mac电脑上，通过指纹识别以实现譬如通过验证指纹进入不同的账户中的功能，必然需要存储更多的指纹。而当这种需求大量出现时，上述专利将体现其在移动设备中的应用价值。

硬件方式实现360度指纹识别（AuthenTec：US7587072B2、US2013294660A1）：上述这两项专利的主题均是通过硬件方式实现360度指纹识别。虽然目前已经能够通过软件算法实现这一功能，但是考虑到效率、准确性等诸多因素的平衡时，通过上述专利公开的硬件方式辅助目前的软件算法，必然能够获得更好的识别效果与效率。

基于智能手机现有部件实现人脸识别（AuthenTec：US2013251215A1）：使用目前电容触摸屏智能手机必备的距离传感器（一般是红外传感器，用于在接电话时脸部贴近屏幕而将屏幕关闭防止误触）探测人脸是否在识别范围内，再使用摄像头对人脸进行拍摄，之后通过内部算法实现人脸识别。如果以后苹果希望实现智能设备的人脸识别认证，上述专利将会发挥很大的作用。

磁感应指纹识别（AuthenTec：US2014021946A1）：AuthenTec申请的这项专利公开了一种区别于目前光学、半导体、超声波传感器的磁感应指纹传感器。这种指纹识别传感器能够获得手指更为真实的指纹图形。

移动设备的指纹心跳感测（UPEK：US2011257546A1）：移动设备上同时具备指纹传感器和心跳传感器，可以在验证用户身份的同时检测用户的健康状况。可穿戴智能设备目前正在火热发展，这种集成了健康检测功能的智能移动设备技术通过一定的改进，必然能够获得意想不到的效果。

指纹登录、指纹支付（AuthenTec：US2011078771A1；苹果：US2010082444A1）：在iPhone 5s刚发布时，iPhone用户仅可以通过指纹对设备进行解锁以及购买商店中的应用，然而在2014年的苹果全球开发者大会上（WWDC 2014），苹果进一步开放了其Touch ID API，指纹识别功能可以通过Touch ID API被第三方软件所应用，如设置保密文件夹、保密相册，甚至配合同时开放的智能家居接口实现家居产品的安全控制。同时，也为进一步开放的指纹支付打开了大门。

指纹支付与NFC结合（苹果：US2010082444A1）：就在苹果开放了Touch ID API后3个月的2014年9月的苹果新品发布会上，苹果发布了带有NFC模块的iPhone 6以及iPhone 6 Plus，并发布了结合这一功能实现移动支付的Apple Pay业务。然而苹果在2008年就申请了对于基于NFC模块实现指纹认证移动支付的技术。该专利申请公开了通过手机中的NFC模块获取付款信息，通过指纹验证之后实现付款的技术方案。在2008年之后的几年，苹果在NFC指纹支付领域没有进行大规模的专利布局，而是将研究重点转移到了自己主导的具有类似功能并配合低功耗蓝牙模块的 iBeacon 通信模块。但是最终迫于用户体验等多方面原因，还是使用了应用更为广泛的 NFC 技术实现移动支付。

而谈到 NFC 移动支付，不得不再次提起 AuthenTec。前文中曾经介绍过，AuthenTec 于 2011 年 8 月与 NXP 半导体和移动支付软件商 DeviceFidelity 合作推出了用于 Android 手机的基于 micro－SD 卡的 NFC 移动支付电子钱包，而随着 AuthenTec 被苹果并购，这一产品最终在市场上并没有产生较大反响。然而，通过对于苹果 iPhone 手机的拆解人们发现，iPhone 6 与 iPhone 6 Plus 中的 NFC 模块正是曾经与 AuthenTec 在移动支付上有过合作的 NXP 半导体提供的。虽然苹果在 iPhone 的其他零部件上曾经与 NXP 半导体有过合作，但是其与 AuthenTec 成功的前期合作必然为这次与苹果的合作在技术上带来了显而易见的便利条件。相信这也是苹果选用 NXP 半导体作为其 NFC 模块提供商的重要原因之一。

综上所述，在并购 AuthenTec 之后，苹果获得了大量专利、相关技术甚至是合作伙伴，这对于苹果今后的发展具有深远的意义，也为人们推测苹果以后的发展方向提供了基础。

5.5 小　　结

苹果通过并购 AuthenTec 为自己开辟出了一块新的市场，并通过自身对于该技术的发展，提振了指纹识别技术在智能移动设备中的应用前景。虽然在并购刚刚完成时，业内很多分析师并不看好该项并购，但是在 iPhone 5s 发布之时，很多人就明白，这项看似简单的并购将必然对今后的移动安全领域及移动支付领域产生不可忽略的影响。

对于该并购，首先从需求上讲，苹果在经历了 iPhone 4 再一次辉煌成功后，产品的发展陷入了缺乏突破的境地，之后发布的 iPhone 4s 以及 iPhone 5 带来的仅仅是为了对抗日益强大的安卓阵营而作出的硬件以及软件上的简单提升。所以，苹果也在寻求突破，希望能够通过新的技术为智能手机领域以及用户提供新的惊喜，而正在此时与 AuthenTec的接触使苹果看到了一个突破口。所以说，基于苹果的需求而言，与 AuthenTec 的技术合作是必然的。

从技术上讲，根据前文中的分析可以看出，目前 iPhone 中涉及指纹识别的关键技术大部分来自 AuthenTec，也就是说苹果对于其技术是严重依赖的。在双方最初接触时，如果苹果只是与 AuthenTec 进行一般的合作，基于苹果产品的影响力和号召力，其推出具有指纹识别的智能手机只能是为其他厂商打开了这一领域的大门。考虑到今后长远的发展，由于相关专利并不掌握在自己手中，也无法对竞争对手进行打压。因此，从技术及专利层面分析，与 AuthenTec 的简单合作并不能使苹果从中最终受益。

而从市场上讲，苹果在移动领域的最大对手——谷歌，其安卓系统正是通过其平台的开放性吸引更多的 OEM 厂商与用户，并慢慢吞噬苹果的市场。而苹果 iOS 系统的封闭性也造成了其与第三方设备方合作的困难。可见，在上述一系列问题的综合作用下，苹果最终决定整体并购 AuthenTec。通过这一并购，苹果对于创新的需求得到了满足，并且在相关领域的技术和专利储备量获得了提升，此外还使竞争对手无法得到其所使用的最新技术而在技术上被甩在后面。

在苹果完成并购之后，面对获得的技术以及大量专利，苹果又推出了一系列举措。正是这一系列举措，最终使 iPhone 在指纹识别领域获得了成功，而这些举措也正是其他一些企业应该注意并借鉴的。本报告将这些举措总结为：继承、发展、创新。

“继承”，即通过并购获得被并购方的技术及专利资源。而在获得这些技术及专利后，苹果根据自己在这一领域的需求认真识别专利技术的可用性，针对重点专利进行研究与改进，以使其能够更好地融合到自己的发展路线中，即为“发展”。对于大多数企业而言，上述两步都是容易作出的，也是大多数企业并购其他企业的最本源目的所在。然而，在这两步的基础上，继续迈出更为关键的“创新”这一步，则是考验企业的管理与研发能力的关键所在了。如果在现有技术的基础上，仅作出了适应性的改进与发展，相当于这项技术在并购之后的发展速度减缓，即很可能使并购阻碍了技术的发展。而如果能够在现有技术改进的基础上，结合自己的长处（例如，苹果将 AuthenTec 的指纹识别技术与自己的安全飞地技术相结合），进一步快速推动技术的发展，则使这项技术获得了加速发展的动力，为企业的技术进步提供了新的活力。这才是并购所能够带来的更大利益所在。

综上所述，苹果通过对于 AuthenTec 的并购，使自己在技术上又上了一个新台阶，并且通过对现有技术的发展与创新实现了自身的突破，很有可能再一次进入发展的快车道。此外，其对于专利技术以及专利保护方面的策略与经验也很值得我们借鉴与思考，希望上述分析能为其他企业在进行涉及知识产权的并购方面提供一些参考。

第6章　指纹移动支付产业链专利分析

6.1　指纹移动支付产业需求分析

6.1.1　指纹移动支付产业的产值规模

6.1.1.1　全球指纹支付市场规模

随着指纹识别技术的发展与普及，2010年指纹识别市场规模约为13.7亿美元，据不完全统计2013年已达29.75亿美元，假设未来三年50%的智能手机和平板电脑配备指纹识别模组，指纹识别市场规模将达到131.51亿美元，市场空间将增长330%（参见图6-1-1）。

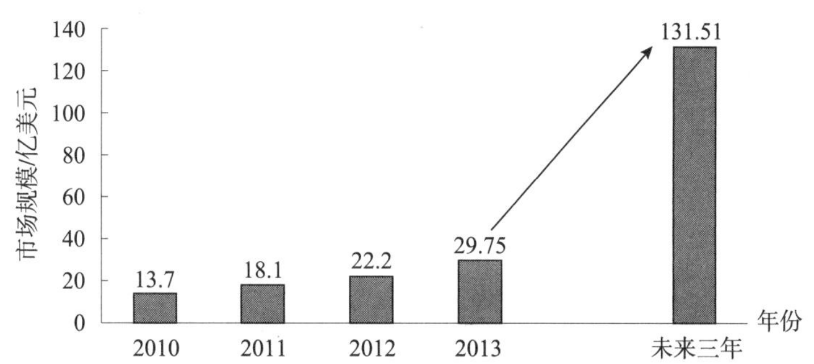

图6-1-1　全球指纹识别市场规模预测

另据相关数据显示，2013年全球移动支付规模达到1.45万亿美元，同比增长了45%；而2009~2013年的年均增速超过60%。2013年全球移动支付用户超过2.45亿人，同比增长了22%。

可见，全球对于指纹移动支付的市场需求呈放量式增长，预计未来将掀起指纹支付产业的发展浪潮。

6.1.1.2　中国指纹支付市场预测

随着智能终端的普及、通信网络的日益成熟，移动互联网经济发展迅猛，移动支付单笔业务交易金额不断上升，中国移动支付市场逐步放量，2011~2013年移动支付市场有大幅增长。

如图6-1-2所示，据艾瑞咨询的调查，2012年中国第三方移动支付市场交易规模达到1511.4亿元，同比增长率高达89.2%；2013年，市场交易规模达到3022.7亿元，同比增长率达到顶峰，高达100%，其中移动互联网支付高速增长，占整体市场比例达92.9%。随着技术进步与需求的增长，预计未来几年，市场交易规模仍能保持高位增长，到2016年，第三方移动支付市场规模更将突破万亿大关，达到13583.4亿元。

如图6-1-3所示，2010~2011年，中国移动支付用户规模从1.48亿人增长到1.87亿人，预计到2014年，这一用户数将达到3.87亿人。

随着安全措施的更加完善，指纹识别将逐渐向第三方应用开放支付功能，在未来移动支付过程中占据重要地位。❶

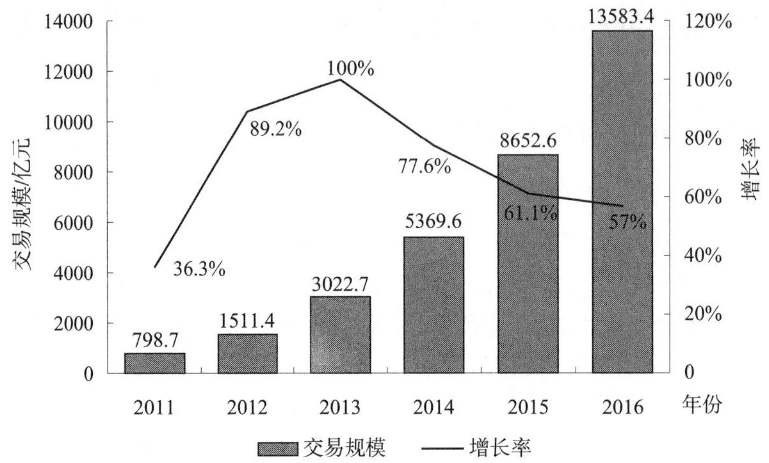

图6-1-2　中国第三方移动支付市场规模预测

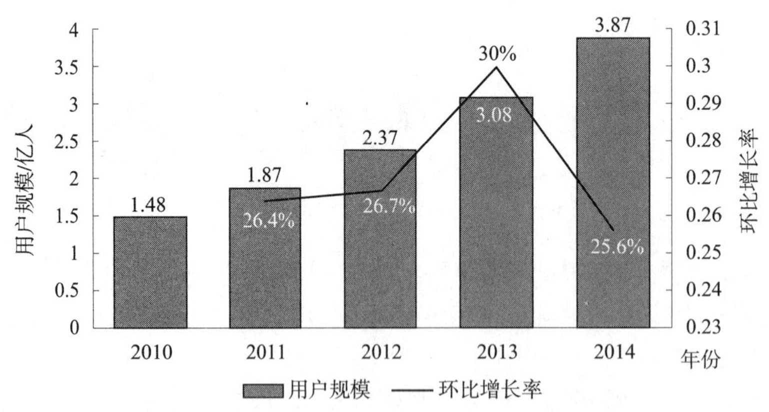

图6-1-3　移动支付市场用户规模预测

6.1.2　消费者对于移动终端采用生物识别的态度

移动设备的迅速普及正改变人们的上网方式。在人们享受移动生活带来的便利的同时，其潜在的不安全性也引起了广泛的担忧。在移动社交方面，全球近半数的社交

❶　2013年指纹识别行业分析报告［EB/OL］.［2014-05-20］. http://www.doc88.com/p-9985409074878.html.

媒体用户通过移动设备访问社交网站。微博、微信等新型社交应用的实时在线功能，让人们的沟通变得更方便，其中存在用户大量的亲友信息资料；移动支付方面，手机银行大大方便了人们的生活，越来越多的人采用智能手机进行手机购物。指尖的按动便可完成资金的转出，这也令人对财产安全产生担忧。移动办公方面，现在人们常常使用智能手机来收发邮件，阅览文件等，手机轻易进入顾客名单、招标书等机密文件中，这些信息轻易被他人获得对个人和企业都将造成巨大损失。

现在我们使用密码来保护社交网络账号、手机银行交易、手机解锁等。与密码识别相比，以指纹识别为首的生物识别方式可以满足智能手机和平板电脑对安全性提出的更高要求，其最大的优势在于：指纹是独一无二的，而密码可能会被不法分子通过某些非法手段获得；另外密码有可能被遗忘，指纹就没有这方面的问题。指纹识别也是不断输入密码进行解锁、支付等烦琐的交互操作的改进方案。指纹识别是安全性与便捷性的完美融合，在既迎合了移动智能设备对安全性提出的更高要求的同时，又满足了用户使用便捷性的需求。

指纹识别在智能手机用户中接受度较高。如图 6－1－4 所示，爱立信研究发现，在智能手机用户中，52% 的用户在互联网上更青睐于指纹识别而不是密码，61% 的用户愿意使用指纹解锁手机，同时 74% 的用户认为带有生物识别功能的手机会在 2014 年之后成为主流。[1]

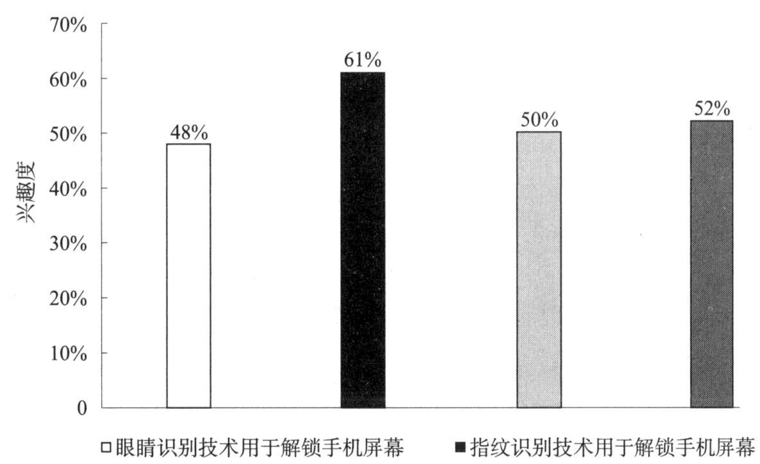

图 6－1－4 消费者对于移动终端采用生物识别的兴趣度

下面将从专利的角度对于指纹传感器全球主要厂商、指纹识别移动终端全球主要厂商、指纹识别移动支付服务全球主要提供商进行分析，检索时间截至 2014 年 5 月 30 日。

[1] 指纹识别功能将成为移动智能设备的标配［EB/OL］.［2014－05－20］. http：//xueqiu. com/8107212038/26989239.

6.2 指纹传感器全球主要厂商分析

6.2.1 安卓阵营（Validity、FPC、IDEX）与苹果阵营（UPEK、AuthenTec、苹果）技术对比分析

6.2.1.1 指纹传感器专利申请发展趋势分析

图6－2－1示出了安卓阵营（包括Validity、FPC、IDEX）与苹果阵营（包括UPEK、AuthenTec、苹果）主要厂商指纹传感器全球申请量趋势对比图，其中，横轴表示专利技术的最早优先权年，纵轴表示专利技术的申请项数。从中可以了解到截至2013年，安卓阵营与苹果阵营申请量总体呈上升趋势，发展过程可粗略分为以下几个阶段（注：2013年部分申请未公开）。

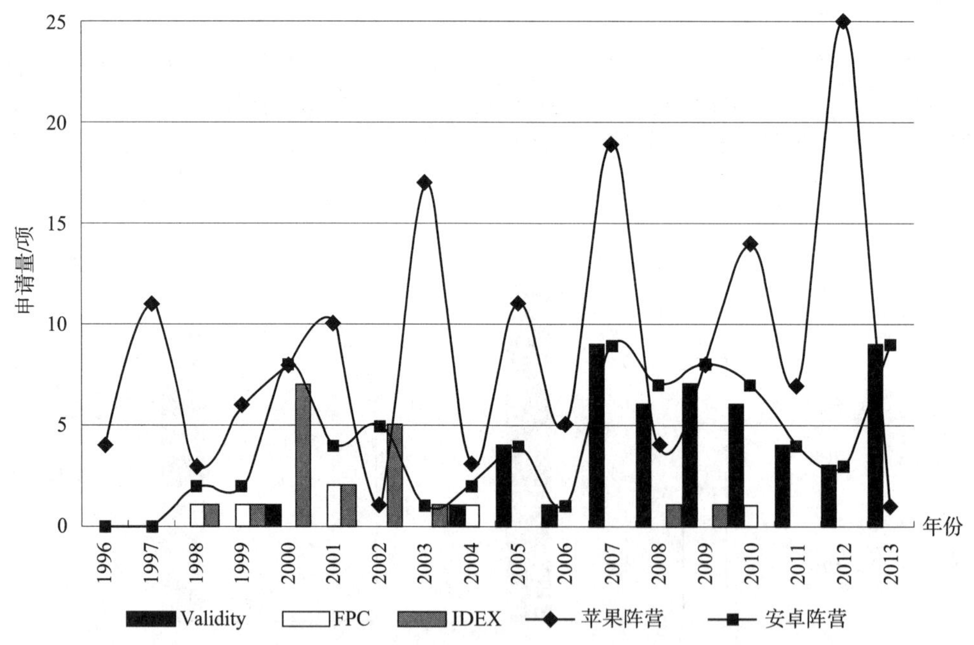

图6－2－1 安卓阵营与苹果阵营主要厂商指纹传感器全球专利申请量趋势对比

苹果指纹识别阵营：

苹果阵营由UPEK、AuthenTec、苹果三家公司构成，2007年以前的专利，主要由业内公认的指纹识别领袖AuthenTec和UPEK申请，其中AuthenTec的专利申请占据了绝对优势，2007年之后，苹果才开始涉足指纹识别领域，2010年与UPEK合并，并在2012年并购AuthenTec之后，通过其灵敏的技术嗅觉和超强的技术研发能力，使得苹果阵营的专利申请量实现了爆发式增长。

苹果阵营的指纹识别技术起步较早，从1996年起就出现了第一项专利申请EP0786735 A2，该申请由苹果阵营的AuthenTec提交，是该阵营首次提出指纹的整体获

取及处理流程，根据指纹特征确定参照指纹和样本指纹各自的指数，并将这些指数划分为子集，通过子集比对的方式确定样本指纹是否和参照指纹之一匹配，而不必将样本指纹和所有参照指纹比较，由此提高识别能力。随后的 1997 年迎来了一个小的申请高峰，截至 2001 年之前，苹果阵营的指纹识别专利申请量一直呈现平稳振荡趋势，这一阶段称为苹果阵营的技术储备阶段。

自 2002 年起完成初步的技术储备之后，苹果阵营开始了不断的并购和收购，实现了大量的技术累积，2003 年突破性增长到 17 项，2007 年 AuthenTec 上市，获得了充足的资金支持，专利申请量进一步增长到 19 项，2009 年收购了具有 Atrua Wings 指纹识别触控面板专利技术的 Atrua Technologies 公司，2010 年并购业内指纹传感器制造商 UPEK，进一步巩固了 AuthenTec 在指纹识别市场的行业领先地位，同年又收购 SafeNet 嵌入式安全解决方案部门，开始将目光投向产业链下游，由一个指纹传感器制造商转型为一个系统解决方案提供商，2011 年 AuthenTec 将目光投向移动支付市场，与 NXP 半导体和移动支付软件公司 DeviceFidelity 合作推出了用于安卓手机的 NFC 移动支付电子钱包，2012 年在 Validity 成为三星的安全和设备管理合作商之后一个月，AuthenTec 被苹果收购，苹果阵营迎来了专利申请爆发式增长的一年，达到了 25 项，壮大了其庞大的知识产权组合，这一阶段称为苹果阵营的跳跃式增长期。

2012 年至今，统计数据受专利申请未完全公开的影响，数据量较实际申请量少。

随着苹果阵营的移动支付战略的推进，可以预见，未来几年内，苹果阵营的指纹识别申请量仍将处于高速发展期。

安卓指纹识别阵营：

安卓阵营由 Validity、FPC、IDEX 构成，从图 6－2－1 中安卓阵营的申请趋势上来看，其在指纹识别传感器技术上共经历了两个重要发展期。第一个重要发展期为 1997～2003 年，第二个重要发展期为 2004～2013 年。其中，两个时期分别在 2000 年和 2007 年申请量达到顶峰，2000 年共有 8 项发明专利，2007 年共有 9 项发明专利。

在第一个重要发展时期 1997～2003 年，IDEX 的申请占据了主导地位，共申请了 17 项专利申请，占这一时期安卓阵营申请总量的 77%，并在 2000 年达到其申请高峰，共计 7 项，这一阶段 IDEX 的研发主要集中在传感器结构设计上，主要代表性专利为 EP1292227A2，采用激励电极分离于传感器阵列电极，耦合到激励电极的发生器提供电流或电压，测量时间顺序阻抗结合传感器电极计算值获得指纹，由此提高指纹识别能力，而在这一时期，Validity 正处于技术起步阶段，仅有少量零星申请。

在第二个重要发展时期 2004～2013 年，Validity 迅速崛起，奠定了其指纹识别领域第二的地位，申请了共 50 项专利，占这一时期安卓阵营申请总量的 93%，其专利申请量在 2007 年达到顶峰，达到 9 件，并在之后一直保持着稳定的研发和申请势头，申请量较为平稳。2012 年 Validity 成为三星的安全和设备管理合作商，获得了稳定的资金支持，而 AuthenTec 被收购后，苹果拒绝继续授权 AuthenTec 的技术给其他竞争对手，Validity 由此获得了更多的客户，进而加大了研发和专利申请投入，2013 年又掀起了专利申请的新浪潮，据目前不完全统计已达 9 项。2013 年底 Validity 被 Synaptics 收购后，预计未来将在技术研发与专利申请中有抢眼表现。

在这两个重要发展时期中，FPC一直保持低调，仅有少量零星申请。

通过比较苹果阵营和安卓阵营的申请量，安卓阵营在2002年和2008年曾一度超越苹果阵营，究其原因，由于开发和销售可靠、快速的传感器高级技术代价很高，需要强有力的资金支持，而2008年苹果阵营的AuthenTec的最大客户惠普公司转而投向安卓阵营的Validity，导致其研发资金受到影响，另一个原因可能是苹果阵营研发上遇到了瓶颈，而这两年恰恰是安卓阵营技术研发较为稳定的时期，由此形成了安卓阵营对于苹果阵营的超越。

6.2.1.2 技术目标国家/地区分析

技术目标国家/地区代表的是申请人申请了专利的国家/地区。通过分析技术目标国家/地区，可以从一定程度上了解苹果阵营和安卓阵营对于该目标国市场的重视程度以及该国的市场前景，尤其对于具有广泛应用前景的指纹识别传感器技术而言，研究技术目标国家/地区专利申请情况尤为重要。

图6-2-2是安卓阵营与苹果阵营主要厂商指纹传感器目标国家/地区分布对比，从中可以看到，苹果阵营与安卓阵营的技术目标国相比，美国是苹果阵营最主要的目标市场，占到其全球专利布局的46%，欧洲是仅次于美国的专利申请目标国家/地区，而安卓阵营的技术目标国家/地区主要是欧洲，占到其全球专利布局的35%，美国位列第二，而韩国、日本、澳大利亚作为安卓阵营的专利申请目标国家/地区稍逊一筹，专利申请量相对较少。究其原因是由于苹果阵营的公司都来自美国，而安卓阵营的公司大都来自欧洲，通常专利申请布局时会优先选择在本土布局，而美国和欧洲又是全球

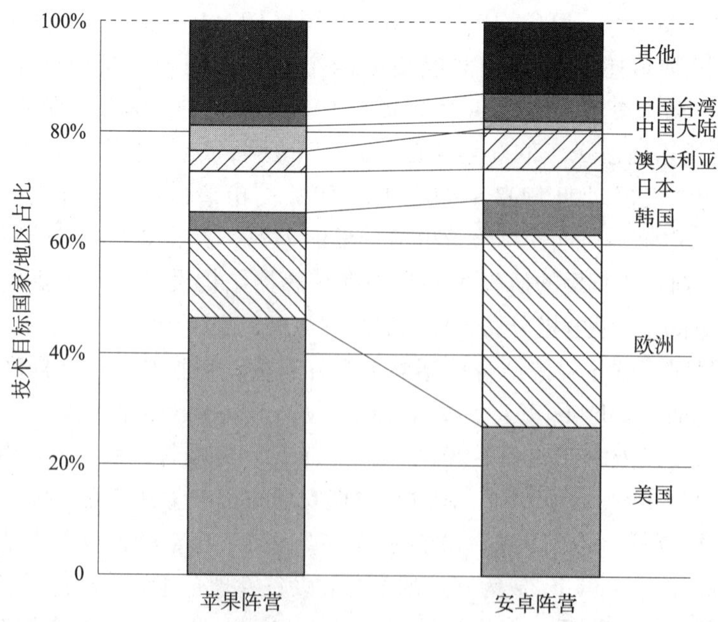

图6-2-2 安卓阵营与苹果阵营主要厂商指纹传感器目标国家/地区分布对比

注：欧洲为在欧洲专利局的申请。

科技和经济最发达的国家/地区，优越的条件决定了人们对于安全性和便捷性的要求，更容易接受指纹识别技术的普及，因而拥有广泛的市场前景。日本和韩国是手机和 PC 应用的大市场，因而在亚洲市场的分布占据较大份额。值得一提的是，苹果阵营较为注重在中国大陆的布局，而安卓阵营更为注重在中国台湾的布局。早在 1997 年，苹果阵营 AuthenTec 的第一项专利就进入中国，而安卓阵营中 IDEX 的专利申请直到2003 年才布局中国，可见苹果阵营在专利布局方面更注重全球化布局。

6.2.1.3　技术功效分析

技术功效分析作为一种重要的专利分析手段，能够发现技术领域中的研发热点和技术盲区，进而帮助企业规避潜在风险，或是提供可能的创新思路。

图 6－2－3 是安卓阵营与苹果阵营指纹识别传感器技术功效图，通过对两大阵营的检索文献进行人工阅读，我们将其采用的技术手段划分为 6 种，即传感器电路、传感器结构、附件、获取处理流程、算法、外设结合应用（参见图 6－2－3 中纵轴所示），同时技术效果归纳为 8 种，即识别能力、安全性、易用性、低功耗、小型化、保护、成像质量、低成本（参见图 6－2－3 中横轴所示）。使用上述 6 种技术手段和 8 种技术效果，对苹果阵营（UPEK、AuthenTec、苹果）和安卓阵营（Validity、FPC、IDEX）的文献进行人工标引。每一篇文献被标引 1～2 个技术手段和 1～2 个技术功效，根据标引结果作出上述技术功效气泡饼图，其中的气泡表示该技术手段及其达到的技术效果的专利申请项数，每个饼示出了该技术手段及其达到的技术效果苹果阵营和安卓阵营的申请数量所占比例。

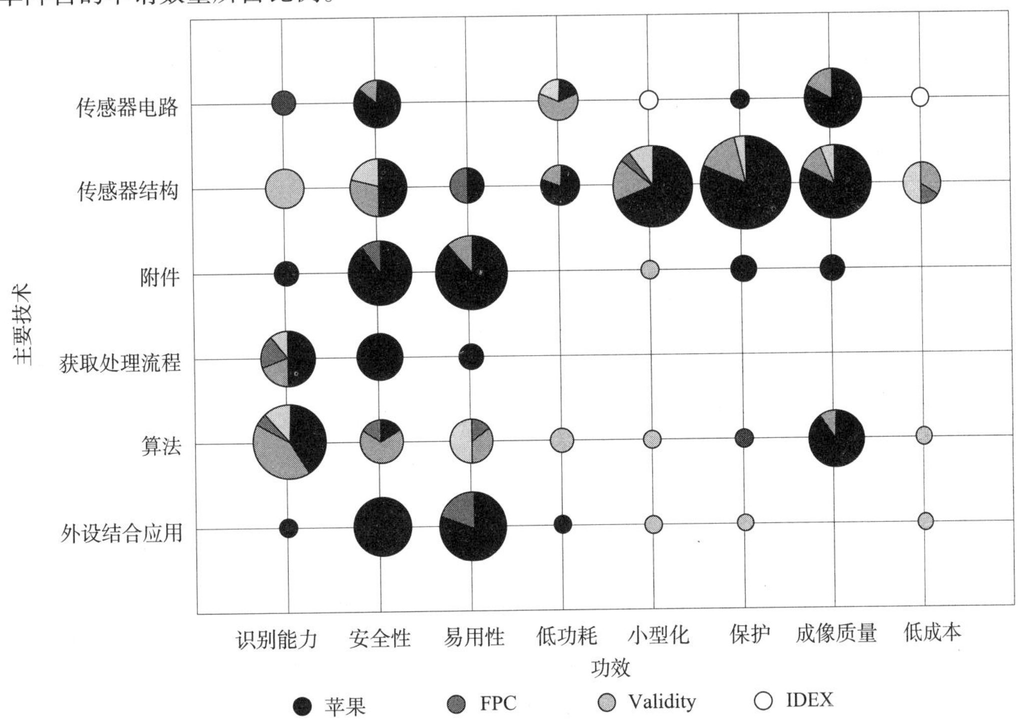

图 6－2－3　安卓阵营与苹果阵营主要厂商指纹识别传感器技术功效图

从图6－2－3可以看出，苹果阵营和安卓阵营都很重视传感器识别能力、安全性和易用性的提升。由于传感器识别能力、安全性是评价传感器性能的最重要的因素，而易用性是消费电子产品市场应用所考量的重要指标之一，识别能力涵盖了准确性、精度、灵敏度、可靠性、识别速度等多项指标，易用性包含用户体验提升以及便利性等指标。在识别能力的提升方面，苹果阵营主要采用的是指纹获取和图像处理、算法以及增加附件和与外设结合的技术手段。而安卓阵营除采用指纹获取和图像处理以及算法的改进之外，还注重传感器结构和电路的研发。在安全性和易用性的提升方面，苹果阵营注重传感器电路、附件以及与外设结合的手段来实现，代表性专利如US8145916B2（利用加密电路对指纹进行加密），US2009067688A1（IC（集成电路）基片上的证书颁发电路与匹配电路合作，以基于手指匹配颁发用户证书，从而使得另一个装置能够执行受保护的操作），US7433729B2（具有温度传感器的红外指纹识别），US2014026208A1（通过手指生物传感器验证是否为假手指，进而相比指纹识别能更快地解锁设备，可与指纹识别同时进行）。而安卓阵营更注重改进传感器电路/结构以及算法来提升安全性和易用性，在安全性提升方面，硬件上采用加密电路或阻抗测量的手段，US8290150B2（利用电路或其他实体产生不可复制功能，产生安全字快速指纹加密），US7848798B2（四点复阻抗测量的活体手指检测），同时，在软件上安卓阵营的Validity相较苹果阵营更早地意识到了指纹支付的应用前景，因而更前沿的在认证和支付算法方面进行了布局，代表性专利为US2011082791A1（接收来自用户对安全金融交易的请求，验证请求与生物识别设备的用户；如果用户进行身份验证，从生物识别设备接收一个认证令牌；发送该认证令牌给远程装置，远程设备发起的安全金融交易；监测的安全金融交易细节的完整性，直至安全的金融交易完成），US2010026451A1（指纹数据被执行多重认证步骤），US2010083000A1（传感器传输采集验证指纹信息和令牌到远程设备，获得远程数据访问）。

除识别能力、安全性和易用性三个功效外，小型化和保护也是两大阵营研究的热点，在这两方面主要采用的手段很容易想到通过传感器结构方面的改进，但具体的技术手段双方各不相同，安卓阵营的滑动式指纹传感器原理不同于苹果阵营的按压式指纹传感器，安卓阵营中Validity的LiveFlex指纹传感器技术是用一个高频RF系统测量手指表皮下指纹高低起伏的信息，采用低成本可弯曲金属化的Kapton塑料薄膜触摸传感器和独立的ASIC来处理信号，从而获得更详细的指纹特征，读取到高质量的图像。从结构上，Validity创新性的将传感区和硅片区的分开，传感区由图像传感器与速度传感器组成，指纹驱动IC附在金属化的Kapton薄膜上，硅片可以比传感区域小，因而更节约成本，使得传感区能够保持更大、更优化。Validity的COF（Chip on Flex）封装构架由在低成本/高延展性的金属化Kapton薄膜上附着指纹感测晶片所组成（代表性专利如US8175345B2、US2013259329A1）。相较于硅基板，由于静电释放常常会损坏基于硅的传感器，但基于Kapton的传感器却消除了这种潜在危害，从而进一步提高了系统的总体可靠性。此外，Validity传感器表面可以有效抵抗一般化学物、液体、磨损以及碰撞。而安卓阵营的FPC采用了自己独特的HSPA（高灵敏度像素放大器）技术，允许传感器每个像素单元能检测到非常微弱的信号，信号主动从金属外框两边发射—探测指纹信号—穿过保护层—被接收指纹信号（代表性专利如 US7864992B2、US6778686B1），传感器保护层厚度可达到普通电容式的 100 倍，有效防止用户直接接触内部 CMOS 电路，造成损坏，传感器具有更长的使用寿命。IDEX 具有先进的 Flip - chip 封装工艺技术，是体积最小最薄的倒焊芯片封装技术，手指轻扫面积只有 50 微米厚，而指纹设备的总厚度，包括 ASIC 小于 0.35 毫米，是业界最薄的指纹传感器（代表性专利如 US8487624B2、US2013194071A1），优势在于实时的修正划擦速度与手指接触角度，良好的用户体验。

苹果阵营的 TruePrint 专利技术能够读取皮肤表层下的活动层（人的指纹真正所在之处），实现极其精确可靠的指纹成像，这种皮下读取方式使 AuthenTec 传感器能够应对常见的皮肤表面状况，随时随地真正地读取所有指纹（代表性专利如 US7587072B2、US8378508B2、US2013278383A1、US7599530B2），但该技术的传感器相较于安卓阵营的传感区与硅片区分离的薄膜技术厚度更厚，也很难做到透明，因而必须依赖实体键，想要像安卓阵营那样将指纹采集区与屏幕结合为一体存在很高的技术壁垒。并且从低成本的角度，苹果阵营所采用的保护材料蓝宝石晶片生产成本较高，目前主要应用于高端机型，而安卓阵营的传感器采用耐用的可弯曲金属化 Kapton 塑料薄膜，可以在获得图像质量不变的同时缩小传感区的大小，因而更节约成本。

6.2.2 发明团队

6.2.2.1 Validity 发明团队与技术发展路线

发明人团队是高科技企业的生命，对行业内精英研发团队或研发人才的聚焦和研究，可以挖掘行业技术演进脉络、专利申请趋势以及技术人才培养策略，从而为行业内其他企业追踪技术关键发明人的技术研发动态、了解企业的研发重点和专利申请趋势提供借鉴。

（1）发明团队

Validity 于 2000 年创立，Benkley F G（CTO）（以下简称为“Benkley”）和 Erhart R A（CEO）（以下简称为“Erhart”）是主要的创始人，该公司的发明人主要以这两位创始人为核心，其中，Benkley 团队主要成员为：Benkley F G、Geoffroy D J、Satyan P，Erhart 团队的主要成员为：Erhart R A、Dean G L、Thompson E J 、Jandu J、Nelson R B、Wickboldt P。（参见表 6 - 2 - 1）

图 6 - 2 - 4 示出了以 Benkley 和 Erhart 为核心人物的发明团队中申请数量较多的几个主要的、与两位核心人物联系紧密的发明人，以及这些主要成员的申请数量。对主要发明人数据进行梳理，可以得到以 Erhart 和 Benkley 为中心的发明人关系网络，其中每个圆圈的大小与该发明人的申请数量成正比，两个发明人之间的连线表示他们之间具有共同申请。Validity 优秀的发明团队共同推动了 Validity 指纹传感器技术的迅速发展，使其在全球范围处于领先地位。

表6-2-1 Validity指纹传感器重要发明人介绍

发明人	研发领域	在职履历
Erhart R A	传感器结构、算法、附件、与外设结合应用	1987~1990年，Motorola公司工程主管； 1993~2000年，Vivid semiconductor公司创始人、CEO工程副总裁； 2000~2003年，National semiconductor公司总经理、副总裁； 2003~2012年，Validity创始人、CEO、工程执行副总裁； 2012~2013年，Sand9公司执行副总裁； 2013年至今，Trinity Capital Investment、普通合伙人
Benkley F G	传感器结构、算法、附件、获取处理流程	2002年，Validity创始人； 2010~2013年，Picofield公司创始人、CTO； 2013年至今，IDEX，US、CTO

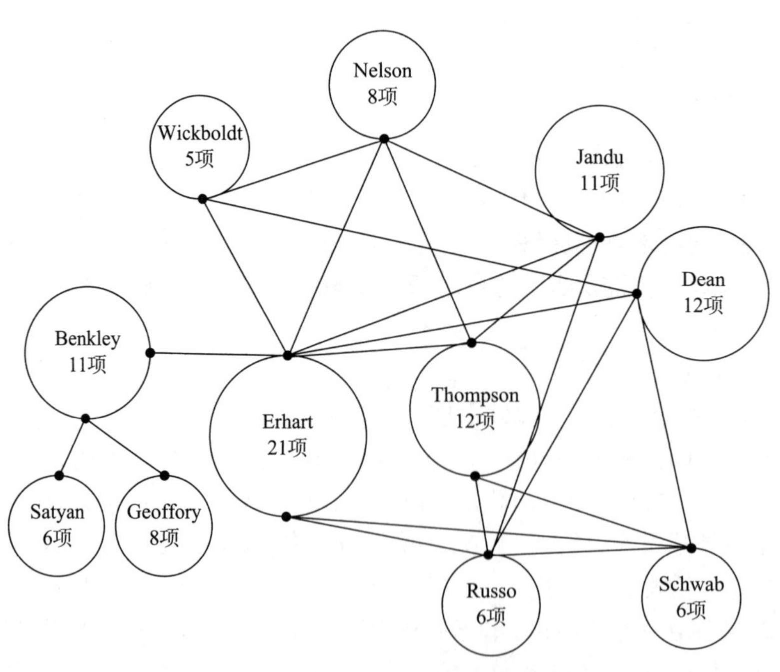

图6-2-4 Validity发明人团队

Erhart于1984年毕业于美国亚利桑那州州立大学，获电子工程学士学位，1990年硕士毕业于美国卡内基梅隆大学，一直在高科技企业超过30年，1990年以前一直工作于摩托罗拉公司，任高级工程师，1993年创办了第一家公司Vivid半导体，任CEO，并在2000年被国家半导体公司收购，后参与创办Validity，任CEO。2012年加入投资公司 Sand9，任执行副总裁。2013 年入 Trinity Capital Investment，普通合伙人。Erhart 作为主要发明人在 Validity 的专利申请有 21 项，占其个人总申请量的约 50%，占 Validity 申请总量的 42%。以他为首的发明团队主要从事传感器结构、传感器电路、算法、附件以及与外设结合的应用，几乎涉及 Validity 研发方向的方方面面。

Benkley 于 1978～1990 年就职于亚德诺半导体，任高级工程师，2001～2009 年创办 Validity，成为 2002 年领先的笔记本电脑/ PC 指纹传感器制造商，成功开发并获得专利的全球首款柔性指纹传感器，2010～2013 年创办 Picofield 技术公司并任 CTO，专为移动设备提供指纹传感器，2013 年 9 月 IDEX 收购 Picofield 技术公司，成立美国 IDEX，Benkley 任 CTO。其主要从事传感器结构与算法方面的研究。在 Validity 指纹传感器传感器的 51 项专利申请中，其作为主要发明人参与 11 项申请。

（2）技术发展路线

图 6－2－5 示出了 Validity 发明人团队的技术发展路线图。其中将含有各个团队成员的专利申请都作为其团队申请。

A. 起步期（2006 年以前）

2000 年 12 月 5 日以 Benkley 为发明人的 Validity 提交了申请号为 US20000251371P 的专利申请，从而开启了 Validity 的专利申请之路，之后将该申请作为优先权，陆续提交了多件专利申请，其中包括 US7146024B2，US8224044B2（依据驱动板与图像采集板之间电容变化采集指纹从而提高识别能力并降低成本），可以看出，在 2004 年以前，Validity 的发明团队研发主要集中在传感器的基本性能——识别能力的提升上。

2005～2006 年，Benkley 团队在传感器结构技术分支下申请了 3 项专利，主要涉及安全性、成像质量和易用性的提升，其中在提高安全性方面，代表性专利 US7463756B2 采用位置提取阵列为 RF 阵列设置于移动正交方向，多个位置驱动元件多维间隔布置，感应手指尺寸而非指纹特征，结合指纹图像采集器从而提高安全性，防止假指纹；在提高成像质量方面，代表性专利 US7460697 B2 采用了驱动板和采集板后加了参考板，与检测板隔开消除共模噪声，产生差分图像信号；在易用性方面，US8077935B2 提出指示用户手指在滑动指纹采集器上的位置并显示理想位置，从而提升用户体验。这一阶段，Erhart 团队也进行了低功耗方面的申请，代表性专利为 US7643950B1 通过特殊电源管理模式来降低功耗。在算法技术分支下，Benkley 团队申请了 1 项专利，US8165355 B2 指纹感测与游标控制集成在一起算法，从而降低功耗。

从这一阶段的申请可以看出，在公司创立初期，由于缺乏高科技人才引入，其技术手段相对较为单一，主要集中在传感器结构方面的改进上。

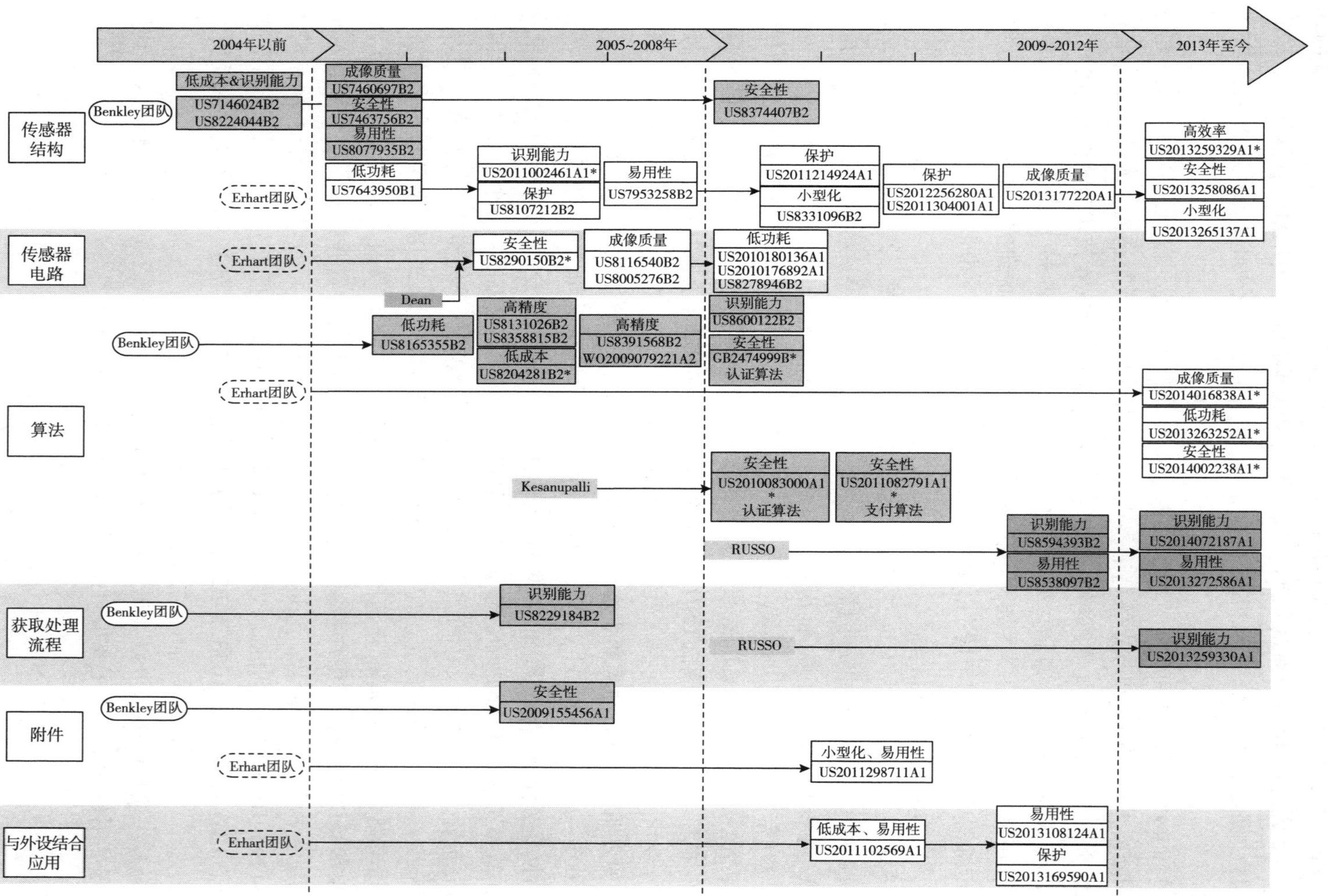

图6-2-5　Validity发明人团队技术路线

B. 积累期（2007~2009年）

2007年，Dean加入了Validity的Erhart团队，由此为公司注入了新的创新活力，在这一年，公司接连在传感器电路、算法、获取处理流程以及附件改进方面取得突破，申请了一系列的专利，研发重点也转移到了隐私安全保护方面，并有意将指纹支付纳入公司专利布局中。Erhart团队在传感器电路方面，代表性专利为US8290150B2利用电路或其他实体产生不可复制功能，产生安全字快速指纹加密，能够实现网上银行交易；在传感器结构方面，代表性专利为US8107212B2非导电层在电路板之上，电路板周边具有导体边缘用于放电，从而实现静电保护。同年，Benkley团队也在算法、获取处理流程和附件方面申请了多项专利，用于提升识别能力、安全性、降低成本，代表性专利为US8131026B2重构指纹图像方法，比较指纹移动速度与预定范围上下限，大于上限则内插重构，小于上限则比较是否低于下限，低于下限则丢弃数据；US2009155456A1采集器周边设置抗指纹材料，防止用户指印留在采集器上而被盗取。可见，这一阶段，Validity开始将提高隐私安全性作为主要研发内容之一。Rajani Kesanupalli也在这一年加入了Validity，开始进行算法方面的研究，并在之后的认证算法和支付算法研发和申请方面发挥了重要作用。

2008~2009年，Validity的开发主要集中在传感器结构、传感器电路和算法方面，两个团队的申请量保持着平稳上升的态势，其中，Benkley团队主要集中在识别能力、安全性的提升研发，代表性专利为US8374407B2驱动器发射RF，检测手指接近后辐射电场，从而防止假指纹，提高安全性；而Erhart团队主要集中在安全性、低功耗、易用性以及成像质量的提高，采用低功耗电路的代表性专利为US2010180136A1，US2010176892A1，US8278946B2，提高安全性的代表性专利为GB2474999 B指纹数据被执行多重认证步骤。由此可见，Benkley团队一直致力于传感器核心技术的研发，而Erhart团队不仅提高传感器性能，更侧重考虑到商业化、市场化的需求因素来进行产品改进，而隐私安全也是两个团队研发的重点之一。2009年Rajani Kesanupalli也申请了一项关于传感器传输采集验证指纹信息和令牌到远程设备，获得远程数据访问的专利申请US2010083000A1，用于提高在线安全性。

这一阶段经过起步阶段的技术累积以及大量的优秀人才的引进，Validity这一阶段的专利技术呈现百花齐放的态势，从初期的传感器结构改进，到这一阶段的传感器结构、传感器电路和算法等核心手段以及附件和外设的辅助手段共同提高，由此，Validity的传感器开始形成一个较为成熟的市场产品。这也是2008年AuthenTec最大客户惠普公司会转而投向Validity的重要原因之一。

C. 成熟期（2010年至今）

2009年，Benkley团队的核心人物Benkley和Geoffroy离开Validity，重新创立了Picofield技术公司，同年Authentec收购Atrua公司，其创始人兼CTO Russo加入Validity作为首席科学家，其中作为主要发明人，AuthenTec的360度旋转指纹识别算法（US7587072B2）即出自其手，该项技术已广泛应用于苹果的iPhone 5s、iPhone 6系列产品中。作为模式识别方面的专家，Russo的加入将Validity指纹算法方面的技术提升到一个新的高度。Russo 从 2010 年至今共申请了 6 项专利，主要涉及图像处理以及其他算法，对于传感器的效能提升、准确性以及易用性方面均有很大改善，代表性专利为 US8594393B2 指纹扫描与影像重建算法，US2013272586A1 指纹拼接算法，US8538097B2 指纹感测与游标控制集成算法。

2010 年至今，Erhart 团队依然保持着旺盛的创造力，针对高效率、安全性、小型化、易用性、低功耗、成像质量、保护的性能，从传感器结构、算法和外设方面进行了改进。在效率提升方面，代表性专利 US2013259329A1 提到了 COF（Chip on Flex）封装结构与工艺以及 ACF（各向异性导电膜带）工艺；在安全性提升方面，代表性专利 US2013258086A1 利用不同波长光反射来测量血氧浓度从而判别假指纹，US2014002238A1 设置凭证质量评估引擎 CQAE，由自然身份验证模块和计算身份验证模块，实现多因素身份验证；在小型化方面，US2013265137A1 涉及 COF 封装改进；在易用性方面，US2013108124A1 通过指纹实现电子装置的功能启用及禁用；在低功耗方面，US2013263252A1 分层唤醒，通过指纹传感器下部机械开关触发唤醒图像采集；在成像质量提升方面，US2014016838A1 通过关闭时钟采样期间各种组件，在 ADC 采样模拟信号时，关闭数字设备来防止电子器件之间的干扰；在保护方面，US2012256280A1 球栅阵列实现静电保护，US2013169590A1 采用特殊玻璃层触控显示屏。2010 年，Rajani Kesanupalli 也申请了一项指纹支付专利申请，US2011082791A1 接收来自用户对安全金融交易的请求，验证请求与生物识别设备的用户，如果用户通过身份验证，从生物识别设备接收一个认证令牌，发送该认证令牌给远程装置，所述远程设备发起的安全金融交易，显示安全金融交易的细节给用户，监测的安全金融交易细节的完整性，直至安全的金融交易完成。

总体来看，这一阶段的专利申请更侧重于与产业链后端的结合，例如与手机结合的硬件改进，与支付相结合的认证算法或支付算法方面的改进，这也为 2013 年 Synaptics 对 Validity 的收购增加了筹码。

从以上分析可以看出，Validity 技术发展模式是初期进行传感器基本功能研发，积累期通过引进人才和外资，在改进核心技术的同时注重其市场化和商业化需求性能的研发，由此形成一个技术上较为成熟的产品，后期注重企业转型，链接产业链后端，由此，其后端企业，如移动终端供应商或支付服务供应商，在谋求与前端供应商合作时，会首先考虑到自己的产品上应用指纹支付或认证是否会侵犯前端供应商的已有专利，因此在前端供应商的选择上会优先考虑具有此类专利权的企业，这一点从 Validity 与三星的合作，以及被 Synaptics 的收购上均得到了印证。

6.2.3　重点专利分析

6.2.3.1　Validity（支付）（参见表6-2-2）

表6-2-2　Validity 重点专利

公开号	US2008279373A1	申请日/优先权日	2007-05-11
技术内容		典型附图	同族信息
【应用对象或领域】指纹识别装置集成电路晶片 【技术问题和技术效果】免除认证产生密钥的时间，快速实行认证，防止被复制或仿冒。 【采用的技术方案】操作装置102执行认证，包括处理器104，通过在其算数逻辑106执行操作。将程序存储于非易失性存储器108，其与PUF电路114所产生的字用于认证安全密钥。 外部识别源120包含处理器122，认证单元125，识别单元126使处理器询问PUF电路114，使后者产生安全字。装置应用128使处理器执行认证操作，例如有效性操作，来决定来自PUF电路的安全字是否为真实的。 PUF电路114传送安全字，供设定系统137执行设定程序使用。PUF字分析电路144用以分析PUF字，以确保输出是一致的字，RSA密钥产生器单元146用以为PUF产生可靠的安全字，可于使用者后续初始化时为认证而被一致地再现。设定完毕后，装置可为认证而被远程装置查询，而产生至少一个安全密钥，例如RSA公钥和私钥，产品签章等安全密钥。 自PUF电路基于查询识别操作激励产生读取安全字的操作，利用安全字产生RSA密钥，产生安全参数并且进行识别。仅需执行一次利用PUF电路建立安全密钥的复杂程序，之后可简单地利用PUF电路产生安全字的功能实施认证		(Operation) Device 102 Transfer Function Circuit 103 Processor 104 Arithmetic Logic 106 Non-Volatile Memory 108 Security Parameters 110 Other Criteria Parameters 112 RAM 116 ROM 118 PUF 114 132 134 130 100 Interrogation Source 120 Processor 122 Memory 124 Authentication Interrogation Unit 126 Validity Application 128	WO2009002599A2 TW200913627A EP2147376A2 KR20100021446A JP2010527219A US8290150B2

续表

<table>
<tr><td>公开号</td><td>US2013259329A1</td><td>申请日/优先权日</td><td>2012－03－29</td></tr>
<tr><td colspan="2">技术内容</td><td>典型附图</td><td>同族信息</td></tr>
<tr><td colspan="2">【应用对象或领域】小型电子输入输出设备、智能手机
【技术问题和技术效果】小型化，可嵌入各种电子终端。
【采用的技术方案】外壳110具有遮罩124覆盖覆盖层120覆盖传感器组件，遮罩124定位成阻挡位于界面120一部分底下外壳内的电子零件，例如在触控屏范围内，遮罩未覆盖的部分可设置成具有多个触控屏传感器。例如在按钮内，设置一维或二维生物传感器430，其是一个设置在挠性芯片COF上的指纹传感器。在指纹传感器430上设置保护用的顶端层421并用于放置手指</td><td>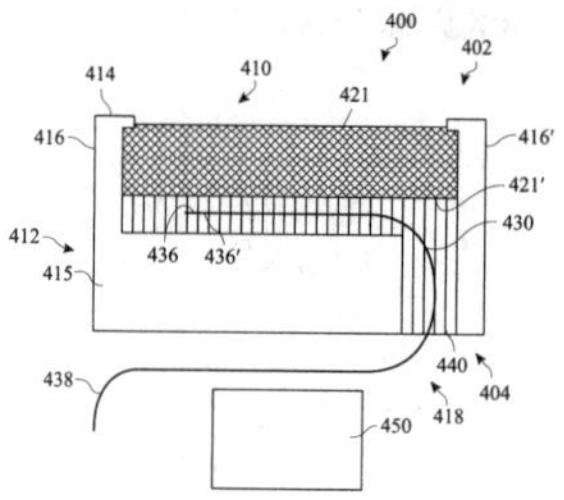
</td><td>DE102013005500A1
KR20130111464A
GB2502682A</td></tr>
<tr><td>公开号</td><td>US2009154779A1</td><td>申请日/优先权日</td><td>2007－12－14</td></tr>
<tr><td colspan="2">技术内容</td><td>典型附图</td><td>同族信息</td></tr>
<tr><td colspan="2">【应用对象或领域】指纹识别方法
【技术问题和技术效果】手指非匀速滑动，消除静摩擦的黏滞作用产生的拼接时的图像扭曲，低能耗，小内存，算法简单，简化电路，运算速度快。
【采用的技术方案】判断连续部分图像是否过于相似，如果连续局部图像相似度超过一个预定阈值，则删除至少一部分过于相似的部分图像。即静摩擦编校循环是通过一系列重复的比较（500）和（530）。过程中通过第一个部分图像参考图像（502），（503）和第二部分图像（504）。这些部分图像与一个比较函数或算法（506）。如果结果是“相似”（508），则存在黏滞作用，这产生一组相同或几乎相同的图像。在这种情况下，该算法将输入静摩擦编校循环（530）。在这个静摩擦编校循环，新的部分图像检索（504），（532）和比较与相同的初始参考图像（503）使用前观察到的黏滞作用问题。如果这些更新的部分图像仍过于相似参考图像（534），它们也被屏蔽。这里引用部分图像（503）保持不变，直到静摩擦编校循环发展过去的一系列局部图像“相似”（536）。这些循环通常然后继续直到所有部分指纹图像的指纹进行了分析。如果结果不是“太相似”（508），那么很可能没有一个黏滞作用的问题。在这种情况下，新的部分图像不是编造，而是保存以后使用（510）。这个新的部分图像成为新的参考图像（512），（502），（503）。循环（500）然后用更新的部分图像重复获取资源（504），和现在相比以前的新的引用部分的形象（503）</td><td>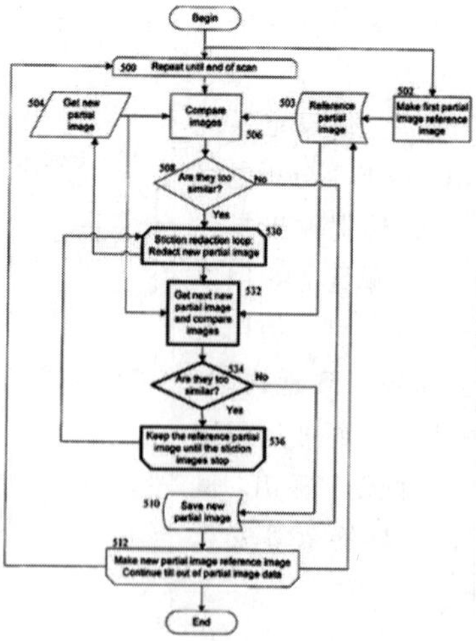
</td><td>WO2009079262
US8204281B2</td></tr>
</table>

续表

公开号	US2011002461A1	申请日/优先权日	2007－05－11
技术内容		典型附图	同族信息
【应用对象或领域】指纹识别装置或具有指纹识别部分的电子装置 【技术问题和技术效果】为电子芯片指纹传感器防止仿造指纹攻击安全系统，提高安全性；简化安全密钥和 RSA 算法计算，缩短时间。 【采用的技术方案】电子芯片（12）包含用于检测存在于人的手指的脊和谷所需要的电产生及检测电路（14）所需的驱动激励线（16）和探测器（18），（20）。电子芯片（12）可另外含有一个 PUF 电路（22），电子芯片（12）可另外含有一个微处理器核心（24），以及存储器（26），其并可以被划分成不同的类型和适当的安全级别。使用 PUF 电路（10）的板载芯片（12）获得新的安全水平。将 PUF 电路设置成包围的形式用于驱动所述传感器，其中 PUF 电路和传感器是非常紧密地包装，以使其难以攻击者访问。PUF 电路或者是一个与传感器不同的集成电路芯片传感器，两个芯片可被紧紧地固定在同一公共载体以便基本上形成一个单一的封闭单元		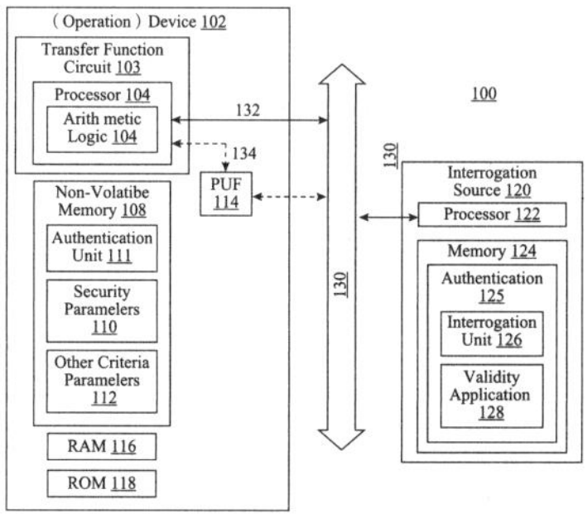	无
公开号	US2010026451A1	申请日/优先权日	2008－07－22
技术内容		典型附图	同族信息
【应用对象或领域】指纹安全系统 【技术问题和技术效果】防止安全系统攻击。 【采用的技术方案】传感器 200 采集指纹原信息 202，传送原信息至主机 220，主机 220 重建原信息 202 成重建信息 212，传回传感器 200，传感器判别二者相似性，如果部分相似，原信息被丢弃，选择重建数据 216，减小数据容量。主机 220 进行模板提取，将指纹降为一组细节等模板格式，回传至传感器，若通过验证则丢弃重建数据 216，将模板 218 或其部分存至存储器，并使用模板执行匹配		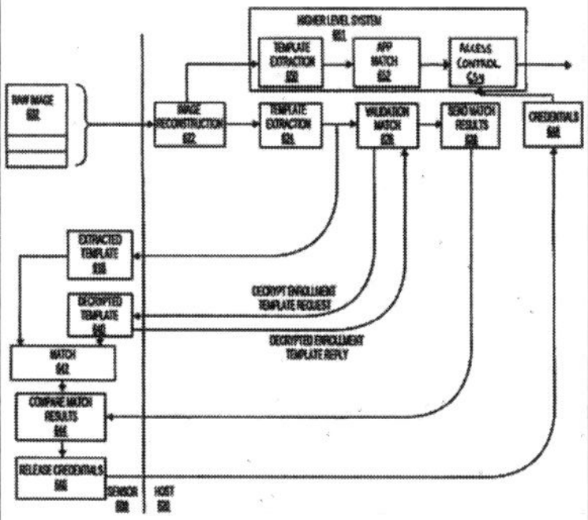	WO2010036445A1 TW201011659A GB2474999A EP2321764A1 DE112009001794T GB2474999B

续表

公开号	US2011082791A1	申请日/优先权日	2009－10－06
技术内容		典型附图	同族信息
【应用对象或领域】金融交易系统 【技术问题和技术效果】防止安全系统攻击。 【采用的技术方案】接收来自用户对安全金融交易的请求，其中安全金融交易具有相关联的安全金融交易详情；验证请求与生物识别设备的用户；如果用户进行身份验证，从生物识别设备接收一个认证令牌；发送该认证令牌给远程装置，所述远程设备发起的安全金融交易；显示安全金融交易的细节给用户；和监测的安全金融交易细节的完整性，直至安全的金融交易完成。 1. 生物特征服务然后产生一个窗口，并显示在窗口中的交易数据（方框210）。该窗口是为用户的利益可以看到并确认该交易的细节。生物特征服务然后监视呈现在窗口中，以确保提供的数据没有被修改（框212），例如，通过一个恶意的应用程序或恶意的用户的交易数据，如果生物识别服务检测到任何窗口中的数据被修改时，生物识别服务指示Web服务器取消交易（块218）； 2. 如果没有修改数据，且用户提供了有效的生物统计数据，该生物统计服务生成一个确认令牌，并且将所述确认令牌的Web服务器（方框222）。然后，Web服务器验证确认令牌（块224）。如果确认令牌是由Web服务器确定为无效时，Web服务器会取消交易（块218）。然而，如果确认是由Web服务器确定为有效时，Web服务器处理该交易（方框228），并通知该生物体的服务时在事务完成（方框230）。 为了确认交易，用户只需挥笔他们的手指在指纹传感器在他们的计算设备。如果用户扫描他们的指纹和用户的指纹信息被验证时，Web服务器处理该交易。当交易完成时，Web服务器通知该交易完成通过显示的用户界面窗口，表明在交易完成的用户		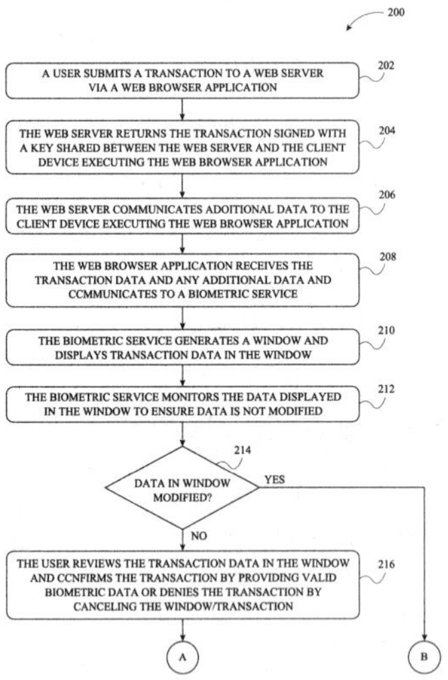 200 A USER SUBMITS A TRANSACTION TO A WEB SERVER VIA A WEB BROWSER APPLICATION 202 THE WEB SERVER RETURNS THE TRANSACTION SIGNED WITH A KEY SHARED BETWEEN THE WEB SERVER AND THE CLIENT DEVICE EXECUTING THE WEB BROWSER APPLICATION 204 THE WEB SERVER COMMUNICATES ADOITIONAL DATA TO THE CLIENT DEVICE EXECUTING THE WEB BROWSER APPLICATION 206 THE WEB BROWSER APPLICATION RECEIVES THE TRANSACTION DATA AND ANY ADDITIONAL DATA AND CCMMUNICATES TO A BIOMETRIC SERVICE 208 THE BIOMETRIC SERVICE GENERATES A WINDOW AND DISPLAYS TRANSACTION DATA IN THE WINDOW 210 THE BIOMETRIC SERVICE MONITORS THE DATA DISPLAYED IN THE WINDOW TO ENSURE DATA IS NOT MODIFIED 212 DATA IN WINDOW MODIFIED? 214 YES NO THE USER REVIEWS THE TRANSACTION DATA IN THE WINDOW AND CCNFIRMS THE TRANSACTION BY PROVIDING VALID BIOMETRIC DATA OR DENIES THE TRANSACTION BY CANCELING THE WINDOW/TRANSACTION 216 A B	EP2343677A1 EP2348472A1 KR20110081105A

续表

公开号	US2013263252A1	申请日/优先权日	2012－03－27
技术内容		典型附图	同族信息
【应用对象或领域】指纹识别装置或具有指纹识别部分的电子装置 【技术问题和技术效果】低功耗。 【采用的技术方案】开关按钮16致动开关18的按压可以发起的分层唤醒策略。当手指14是远离传感器10，指纹扫描器和或指纹传感器作为一个整体，并且也可能是该操作响应于或与合作的信号从传感器10接收到的主机电子设备上的任何电路，可以在低功率“睡眠”模式时关闭。当手指14在传感器10附近，指纹扫描仪在按钮16被传感器10按下前，传感器10能仍然处于关闭或睡眠待机模式。然后将机械开关18由传感器10按压按钮16的致动可以开启或唤醒的指纹扫描仪			无
公开号	US2014002238A1	申请日/优先权日	2012－07－02
技术内容		典型附图	同族信息
【应用对象或领域】网站或Web的访问 【技术问题和技术效果】防止对PIN密码的攻击和窃取；提高安全性。 【采用的技术方案】步骤212使用生物传感器检测指纹，在步骤214判断是否与所存储的模板匹配，是则在步骤216判断是否提供一个认证评估得分来匹配，如果是，则将平分送至步骤240，用户认证身份风险引擎32的信任质量评估引擎部；如果否，传感器56、其匹配模块54以及建立匹配的性质的信息都可以通过。步骤260中，RAC 120可以产生一个得分和/或提供所接收的信息来对RME 110的认证的令人满意的或不令人满意的性质的最终第三方的风险管理评估。凭证质量（风险）评估引擎（“CQAE”）45和50，或14，或它们的组合，配置以接收所述自然身份认证得分，并提供一种CQAE认证得分48，50，30，34或它们的组合90			WO2014008228A1

续表

公开号	US2014016838A1	申请日/优先权日	2008－04－04
技术内容		典型附图	同族信息
【应用对象或领域】电容式指纹传感器 【技术问题和技术效果】电容式传感器容易受到噪声和寄生电容干扰，降低图像质量；提高成像质量。 【采用的技术方案】指纹传感电路18配置成产生方波样的振荡信号。CPU60使用一个数字—模拟转换器（DAC）64控制可变增益放大器50增益的调整，以提供在所希望的输出功率或振幅存在的变量感测条件。扫描逻辑电路42可被用于使用开关44一前一后地按顺序规划设置振荡信号缓冲放大器46，缓冲放大器46可以放大所述振荡信号，以产生探测信号。响应于探测信号48，接收元件20进行感应并按可变增益放大器50的路线放大响应信号。可变增益放大器50的增益可以调整，以补偿在不同的手指的阻抗。一个像素时钟信号72可控制每个发射元件16发射的探测信号48的时间量。凭证质量（风险）评估引擎（“CQAE”）45和50，或14，或它们的组合，配置以接收所述自然身份认证得分，并提供一种CQAE认证得分48，50，30，34或它们的组合90		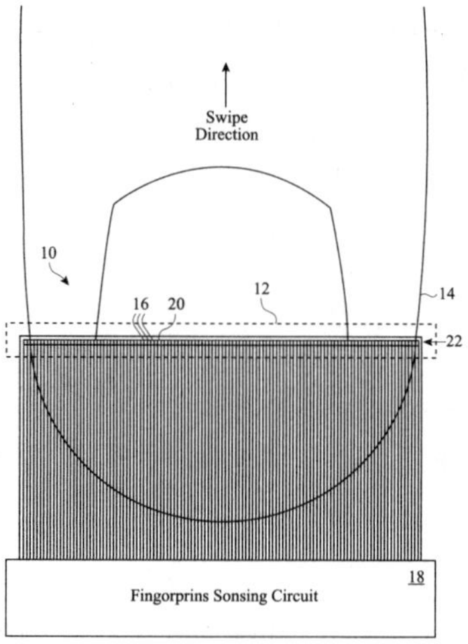 Swipe Direction 10 16 20 12 14 22 Fingorprins Sonsing Circuit 18	无
公开号	US2010083000A1	申请日/优先权日	2008－09－16
技术内容		典型附图	同族信息
【应用对象或领域】在线身份认证系统 【技术问题和技术效果】将指纹数据上传至网络服务器时的信息安全。 【采用的技术方案】验证用户指纹104，本地设备将用户信息，例如ID或随机由PUF生成的数字，远程设备120可以在接收到的用户信息130中，尝试验证用户的信息130。如果成功的话，远程设备130可以发送至本地设备110的请求132的令牌134（包括安全密钥、一次性密码或其他动态生成的令牌）。然后本地设备110可以响应通过发送一个令牌134请求132，以便获得相关的远程设备120的内容的远程设备120可以然后任选地发送到本地设备110成功认证的指示，并且该指示可以是反映在本地设备110的用户接口116		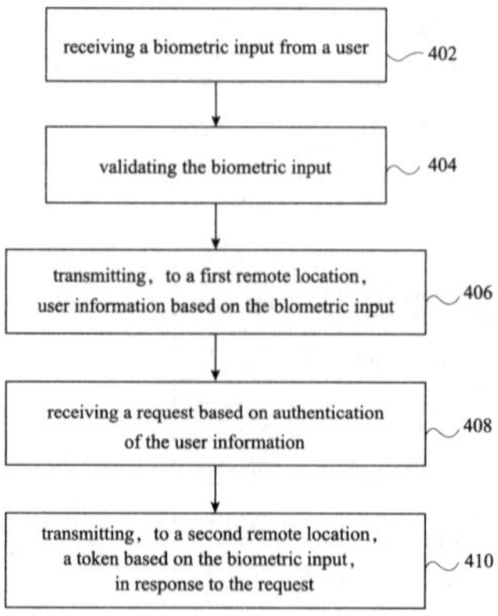 receiving a biometric input from a user 402 validating the biometric input 404 transmitting, to a first remote location, user information based on the blometric input 406 receiving a request based on authentication of the user information 408 transmitting, to a second remote location, a token based on the biometric input, in response to the request 410	WO2010034036A1 GB2476428A

6.2.3.2　FPC（参见表6－2－3）

表6－2－3　FPC重点专利

公开号	US7003142B2	申请日/优先权日	2002－02－22
技术内容		典型附图	同族信息
【应用对象或领域】向ATM机、门禁、手机、电脑等使用的卡上登记或比对指纹信息 【技术问题和技术效果】提高指纹登记速度、增强可靠性。 【采用的技术方案】在身份认证时，对传感表面A的部分表面A′进行扫描，判断部分表面内中间的特征点P1是否独特，并进一步在直接包围该特征点的区域A″1中检测是否存在预定数量的特征点P1，是则认证成功。由于使用面积仅是传感表面大小的一半以下的部分表面A′作为扫描界面，并以特征点附近区域内的预定数量的特征点作为认证依据，减少了扫描面积和特征点比对时间，提高了认证速度		P A　A′　A″	SE9902990A SE514091C2 WO0115066A1 AU6886100A EP1208528A1 EP1208528B1 DE60019136E DE60019136T2 US7003142B1
公开号	SE519304C2	申请日/优先权日	2001－05－09
技术内容		典型附图	同族信息
【应用对象或领域】具有集成电路的指纹识别设备 【技术问题和技术效果】防止静电荷放电以及导线向外部设备漏电。 【采用的技术方案】对指纹传感设备的集成电路板包覆保护层400以阻止导线140对外漏电。由于导线与外界的接触被阻断了，设备静电以及导线向外的不当导电		130 400 110 120 140	SE0101618A

续表

<table>
<tr><td>公开号</td><td>US6778686B1</td><td>申请日/优先权日</td><td>2000－10－16</td></tr>
<tr><td colspan="2">技术内容</td><td>典型附图</td><td>同族信息</td></tr>
<tr><td colspan="2">【应用对象或领域】电容式传感器的驱动电路
【技术问题和技术效果】使得灵敏度、尺寸、功耗可以选择。
【采用的技术方案】同时使用唯一的传感元件进行传感和信号传输使得灵敏度较低按 X－Y 的二维按阵方式列布置传感元件，传感元件阵列中，一部分元件作为具有传感功能的接收器，一部分元件作为具有驱动功能的发射器。传感器阵列可以根据手指的皮肤厚度、干湿程度以及手指尺寸等不同特性进行编程，以选择哪些传感元件作为发射器/接收器</td><td>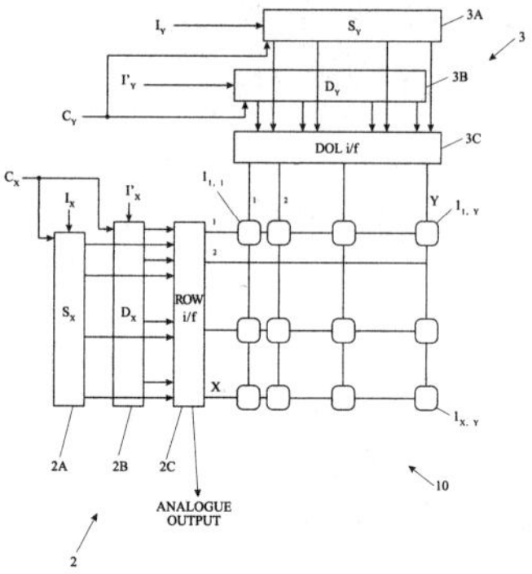
</td><td>WO9941696A1
SE9800449A
SE511543C2
AU3282199A
EP1055188A1
JP2002503818A
EP1055188B1
DE69922170E
DE69922170T2
JP4351387BB2</td></tr>
<tr><td>公开号</td><td>US7330571B2</td><td>申请日/优先权日</td><td>2003－07－10</td></tr>
<tr><td colspan="2">技术内容</td><td>典型附图</td><td>同族信息</td></tr>
<tr><td colspan="2">【应用对象或领域】手机、笔记本等移动设备的刮擦式指纹传感器
【技术问题和技术效果】移动设备需要小型化。
【采用的技术方案】存储器由于成本的要求容量有限行传感器连续采集滑动手指部分指纹图像，将指纹数据和认证数据存储，刮擦检测接触部分的指纹数据，使用新读取的接触部分的数据存储，并丢弃之前的旧存储数据</td><td>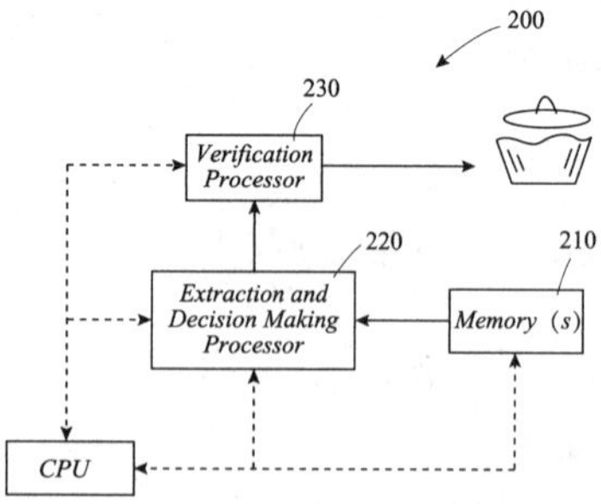
</td><td>WO02074168A1
EP1330185A1
US2004013288A1
AU2002241439A1
EP1330185B1
JP2004524625A
DE60200829E
DE60200829T2
EP1330185B2
JP4574116B2</td></tr>
</table>

续表

公开号	US7864992B2	申请日/优先权日	2006-12-11
技术内容		典型附图	同族信息
【应用对象或领域】电容式传感器 【技术问题和技术效果】防止串扰产生。 【采用的技术方案】在电容式指纹传感器的上电极和电容层之间存在寄生电容，从而引起噪声指纹传感器元件2包含3个导电层的层结构，上导电层M3，中间导电层M2和下导电层M1，各导电层中间有第1~3层绝缘层8~10。传感器电极11在上导电层M3，设置辅助下电极在下导电层M1，下电极M1连接电荷放大器13输出端，电容形成在传感器电极和下电极之间。由于电荷放大器13的输入端12、14上的电压为0，通过电荷放大器13，连接到负输出端12的传感器电极11被实质接地。每个传感器电极11被形成在上导电层M3中的屏蔽框15包围，屏蔽框15作为导体屏蔽与地电平连接以防止传感电极2附近的寄生电容，从而防止了传感电极2串扰的产生		FIG.2a FIG.2b	WO2005124659A1 EP1766547A1 JP2008502989A US2008069413A1 EP1766547B1 DE602004017911E JP4604087B2
公开号	US2013108125A1	申请日/优先权日	2012-12-27
技术内容		典型附图	同族信息
【应用对象或领域】手机、笔记本等移动设备的刮擦式指纹传感器 【技术问题和技术效果】移动设备需要小型化。 【采用的技术方案】存储器由于成本的要求容量有限行传感器连续采集滑动手指部分指纹图像，将指纹数据和认证数据存储，刮擦检测接触部分的指纹数据，捕获部分指纹图像按以下方式存储在第一存储器中，即，将多个连续的部分图像与之前捕获的图像相比较，并结合在一起，以形成大到足以用于有效数据的提取的局部指纹区域，使用新读取的接触部分的数据存储，并丢弃之前的旧存储数据			WO2012008885A1 US2013108125A1 KR20130043188A EP2593903A1 CN103003826A JP2013535722A

6.2.3.3 IDEX（参见表6-2-4）

表6-2-4 IDEX重点专利

公开号	WO0199035A2	申请日/优先权日	2000-06-09
技术内容		典型附图	同族信息
本发明涉及一种传感器芯片，特别是用于测量结构在手指表面，其特征在于设置有若干传感器电极的电容测量本身已知类型的电子芯片，该芯片被定位于所提供的电绝缘基板有多个开口，通过它提供的电导体构成的传感器阵列，用于电容测量，使传感器阵列定位在第一侧外径的所述导体的端部在所述衬底和所述电子芯片被定位在的另一侧基材		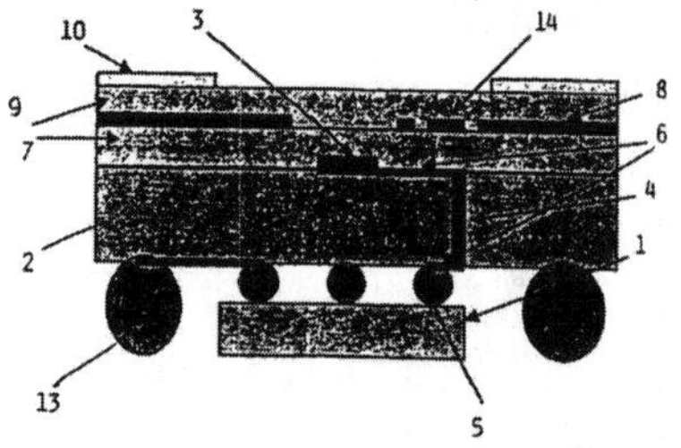	NO20003004A AU6442901A EP1303828A2 NO315017B1 US2003161512A1 JP2003536085A US7251351B2 US2008002867A1 EP1303828B1 DE60132460E ES2299488T3 DE60132460T2 US7848550B2 JP4708671B2 WO0199035A3
公开号	WO0199036A2	申请日/优先权日	2000-06-09
技术内容		典型附图	同族信息
传感器芯片，尤其是对于结构在手指表面的测量，其特征在于，它包括一个电子船在设置有多个的传感器电极，用于电容测量本身已知的方式是，该芯片被设置有第一层，包括一个金属或彼此电以上和耦合到所述传感器电极和第一介电层基本上覆盖所述第一金属层的导电材料		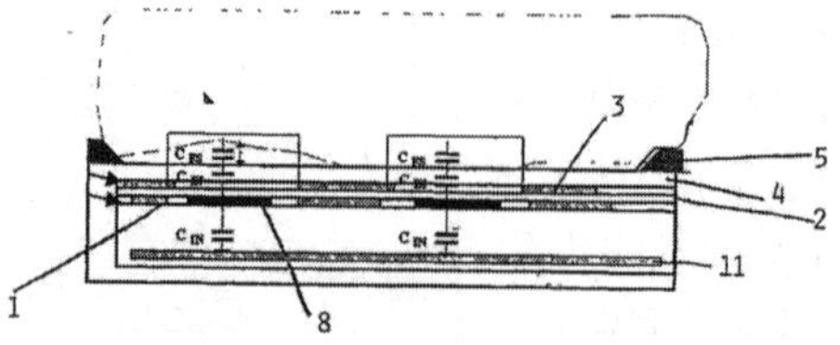	NO20003003A AU6443001A EP1303829A2 NO315016BB1 US2003161511A1 JP2003535668A US7283651B2 US2008030207A1 EP1303829B1 DE60135346E US7518382B2 JP4818564B2 WO0199036A3 ES2312443T3

续表

公开号	WO0194892A2	申请日/优先权日	2000－06－09
技术内容		典型附图	同族信息
本发明涉及一种用于确定结构化表面的速度，尤其是在手指表面上，在移动的位置传感器的方向相对移动的至少两个，它们之间具有预定的距离时，传感器测量的预定特性的改变的所述表面上，其包括手指表面特性和至少一个极端的值，即最大和/或最小值的位置计算的重复测量，沿每个传感器的时间轴，并且根据这些位置以及传感器计算表面速度相对于所述传感器之间的已知距离		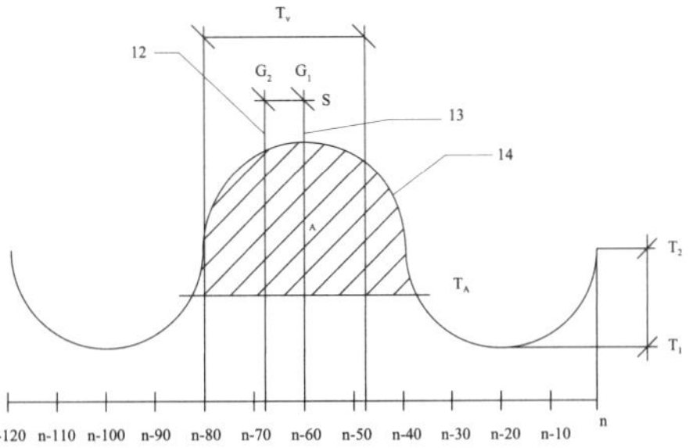	AU6443201A NO20003007A WO0194892A3
公开号	WO0194966A2	申请日/优先权日	2000－06－09
技术内容		典型附图	同族信息
本发明涉及一种用于确定结构化表面的速度，尤其是在手指表面上，在移动的位置传感器的方向相对移动的至少两个，它们之间具有预定的距离时，传感器测量的预定特性的改变的所述表面上，其包括手指表面特性和检测的一个预定值的一个沿给每个传感器的时间轴上存在的重复测量，并基于所述预定值的次数之间的时间间隔在每个传感器，以及作为传感器，表面速度相对于该传感器的计算之间的已知距离		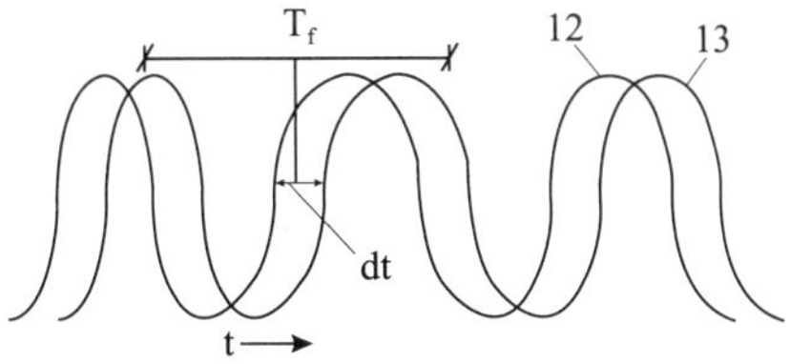	AU6443301A NO20003002A WO0194966A3

续表

<table>
<tr><td>公开号</td><td>WO0195304A1</td><td>申请日/优先权日</td><td>2000－06－09</td></tr>
<tr><td colspan="2">技术内容</td><td>典型附图</td><td>同族信息</td></tr>
<tr><td colspan="2">本发明涉及一种导航工具，用于连接到一个显示装置，包括相对于彼此具有已知位置的至少两个传感器元件，被耦合到检测器的每个传感器元件装置，用于记录在预定的参数研究和定时的改变装置，用于确定所述变化在每个传感器元件和用于计算基于所述传感器元件与所记录的变化之间的持续时间的相对位置所记录的变化的方向和速度计算装置的时间</td><td>N1
N2
N3
N4
1</td><td>AU8026501A
NO20003001A
EP1312037A1
US2003169228A1
JP2003536155A
NO316482BB1
US7129926B2
EP1312037B1
EP1312037B8
DE60126289E
JP5036948B2</td></tr>
<tr><td>公开号</td><td>WO0195305A1</td><td>申请日/优先权日</td><td>2000－06－09</td></tr>
<tr><td colspan="2">技术内容</td><td>典型附图</td><td>同族信息</td></tr>
<tr><td colspan="2">本发明涉及一种指针工具，用于连接到一个显示装置，包括一个数被定位于一个二维表面的传感器元件，用于测量预定的参数研究在一个表面的，所测量的量被采样到一个选定的速度，并用于计算装置从传感器元件检测的运动在两个维度基于对变化的测量参数研究中，传感器元件之间的变化与已知的相对位置之间的时间的元素的比较测量</td><td>16
15
17
1
18</td><td>AU8026601A
NO20003006A
EP1328919A1
US2003169229A1
JP2003536156A
EP1328919B1
EP1328919B8
DE60126305E
ES2281433T3
DE60126305T2
US7308121B2
US2008129702A1
EP1328919B2
US8005275B2
JP5036949B2
ES2281433T5</td></tr>
</table>

续表

公开号	WO03049012A	申请日/优先权日	2001－12－07
技术内容		典型附图	同族信息
传感器装置，用于对包括具有若干刑讯电极的电极和一个电源，具有一个外表面，用于与包括一个数字的至少部分导电的表面接触的设备之间测量阻抗的电子电路的至少部分导电的表面测量的外导体从所述外表面具有外一内端延伸，所述外端适合于电耦合到所述导电表面和所述内端，所述外导体被耦合到所述检测电极通过一个并联阻抗，所述外导体由绝缘材料被相互分离			WO03049012A2 NO20016008A AU2002364494A1 NO316776BB1 AU2002364494A8 WO03049012A3
公开号	WO03049016A2	申请日/优先权日	2001－12－07
技术内容		典型附图	同族信息
电子单元和方法，用于向所述电子单元，该单元包括一个传感器是一个移动超过了传感器 capableof 感测方向，并且所述方法包括以下步骤：提供输入：感测移动的方向，分类所检测的方向为一的类别的选择的数目，所述每个被关联到一个或多个标志，例如类的字符，在所述运动的结束，提供相关的符号或命令给电子单元的输入			NO20016009A AU2002364495A1 NO318294B1 AU2002364495A8 WO03049016A3

续表

公开号	WO03075210A2	申请日/优先权日	2002-03-01
技术内容		典型附图	同族信息
本发明涉及一种用于测量结构的一个表面，尤其是在手指表面被移动在传感器模块，包括多个传感器元件，以及位于预留的传感器元件的外电极，被耦合到所述传感器元件的传感器模块至少一个交流驱动电路提供一个变化的电流或电压，从而通过将传感器元件与外部电极连接的信号。所述传感器元件还耦合到电子电路定位在基板上，所述基板包括导体引线连接所述传感器元件的电子电路，所述电子电路被适配为用于测量所述电容或交流阻抗的幅度			NO20021031A AU2003208676A1 NO316796BB1 US2005089200A1 EP1581111A2 AU2003208676A8 EP1581111B1 DE60313219E US7239153B2 ES2286407T3 DE60313219TT2 WO03075210A3
公开号	WO2004049942A1	申请日/优先权日	2002-12-03
技术内容		典型附图	同族信息
方法和传感器组件确定的结构的情况下，特别是用于确认，如果测得的指纹是一个活的手指，通过测量靠近表面的结构特征，该传感器包括一第一对耦合到电流源的电流供给电极，提供对皮肤的电流，相对于所述电流供给电极的至少两个拾取电极在选择和不同的位置，至少一第一所述被连接到仪器，用于测量电压引出电极之间的所述第一拾取器电极和至少拾取器或电流供给电极中的一个，存储装置，用于在预定的设定值表征的表面的一定条件的装置，以及用于从每个拾取电极与另一电极拾取器的测量值和与所述预定特性组进行比较的特征用于确定所述表面条件			AU2003302594A1 NO20025803A NO20053222A EP1567057A1 US2005281441A1 JP2006508734A CN1720001A KR20050074650A CN100401980CC EP1567057B1 DE60329218E JP4528130B2 US7848798B2 US2011074443A1 US8195285 ES2333119T3

续表

公开号	WO2004077340A1	申请日/优先权日	2003-02-28
技术内容		典型附图	同族信息
本发明涉及一种用于测量结构在一个表面上的传感器模块，尤其是手指的表面，其包括传感器元件被定位在一个共同的表面选择的位置的数目，该传感器元件被配置在一个基本上为线性阵列和一个外部基准电位传感器元件也被耦合到电子电路，所述电子电路被适配为用于测量所选择的传感器元件之间的静电电容或阻抗的幅度和所述在选定时间点的外部基准电位，所述电子电路包括：输入装置，包括至少两个放大器电路，每个放大器电路耦合到一组传感器元件包括至少两个元件，用于放大信号并从其发送给所述电子电路。由此测得的信号的复用是由表面的不同部分的并行序列的同时测量来实现		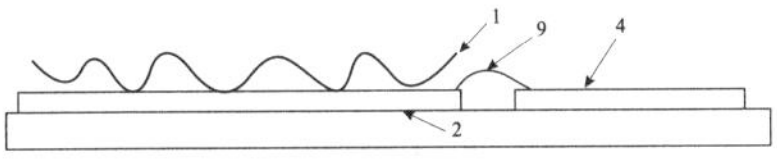	NO20030970A NO20033871A NO318882B1 NO318886B1

6.2.4 合作与收购

6.2.4.1 从对 Validity 的收购看 Synaptics 的野心

Synaptics 是谁？这家总部位于美国加利福尼亚州的人机界面供应商，员工仅 750 名，却占据了全球超过 60% 的触控屏市场。听起来 Synaptics 的名字有些陌生，但对它提供的产品和解决方案我们并不陌生。诺基亚 Lumia 920 手机的戴手套自如触控屏幕的亮点功能出自 Synaptics 之手；华为 Ascend P2 实现第一款能在显示屏上直接集成触控技术的方案正由 Synaptics 提供。

Synaptics 的触屏技术也是苹果的克星。翻开美国的触屏专利目录会发现，Synaptics 和苹果两家公司几乎包揽了触屏领域的创新。Synaptics 积累了 300 多项触屏专利，近 2000 项该领域的上市设计。2007 年，苹果 iPhone 开启了智能手机的全新时代，Synaptics 也在这一年成为安卓 OHA（开放手机联盟）的创始成员。

1995 年，Synaptics 推出的第一个触摸板产品安装在苹果的 PowerBook 系列笔记本上。Synaptics 与苹果最为人称道的合作成果是 iPod 产品上那个嗒嗒作响的转轮，这个单向触控屏带来的交互体验犹如丘比特之箭，笼络了众多“果粉”的芳心。苹果与 Synaptics 的分道扬镳是在两家公司亲密合作十年之后。意识到消费体验重要性的苹果决定将触屏技术掌握在自己手中，随后不断购买触控技术并将其纳入内部研发的战略重点。2005 年，双方正式分道扬镳。目前，Synaptics 在智能手机触摸屏市场占据第一，众多知名制造商是它的客户，当然，苹果除外。

Synaptics 的野心不仅如此。2013 年 10 月以 2.55 亿美元的价格收购指纹识别技术公司 Validity 后，根据 Synaptics 公司 Andrew Hsu 的概念设计原型，指纹识别功能将被整合到手机系统里，用户只要通过手指在屏幕上点击就可以完成指纹识别过程。Validity 和 Synaptics 原本均为以三星为代表的安卓合作供应商，如此强强联合，不仅技术上整合便于提供更为完善的解决方案，增强了三星为代表的安卓阵营与苹果阵营竞争的实力。

2014 年 6 月 Synaptics 击败苹果，和 iPhone 屏幕芯片供应商日本瑞萨电子达成协议，将以 4.75 亿美元收购瑞萨 SP 公司。瑞萨电子的液晶驱动芯片是苹果 iPhone 液晶芯片的唯一供应商，该组件可以影响 iPhone 屏幕的整体清晰度和质量。Synaptics 收购瑞萨电子后，一并接手瑞萨的客户群，如苹果和其他日系、大陆客户的订单，借此 Synaptics 既可打进苹果供应链，在亚洲市场的影响力也将大幅提升，成为横跨欧美、日韩、大陆等重点市场的龙头芯片厂；其次，Synaptics 长期以来一直以驱动 IC 整合触控 IC 的二合一芯片作为重点发展方向，而瑞萨电子于 2013 年也已经开发出首款触控 IC 整合驱动 IC 的产品，因此，合并瑞萨电子，将加速 Synaptics 在相关领域的技术演进。

Synaptics 将把自己的触控屏技术和瑞萨电子的显示屏芯片、Validity 的指纹识别技术整合，从而降低生产成本，打造出完整的产品组合和解决方案，为客户实现一站式采购及服务，目前市场上还没有可以与此竞争的技术。预计未来，如果苹果不选择与之合作，Synaptics 将成为安卓阵营的又一大主将，令苹果阵营望而生畏的新的竞争对手。Synaptics 的收购与合作关系如图 6－2－6 所示。

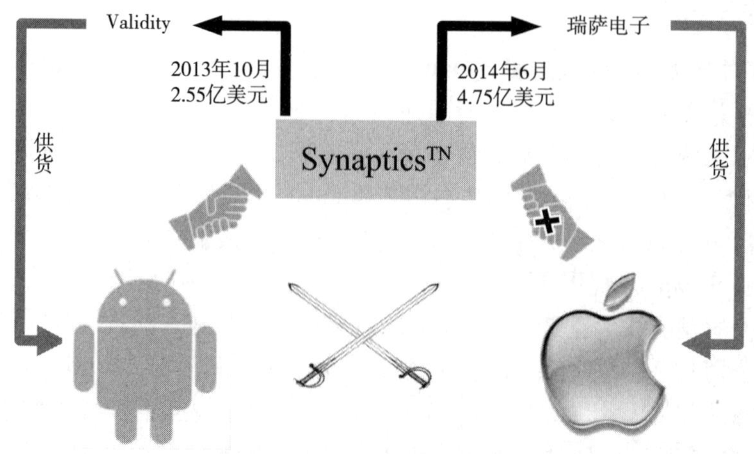

图 6－2－6　Synaptics 的收购与合作关系

6.2.4.2　FPC 合作与收购

FPC，全称 Fingerprint Cards AB，是瑞典的一家指纹识别科技公司，过去的主要收入来源于销售给中国各大银行的指纹识别系统。但从 2013 年第 3 季度起，超过 50% 的营收源自销售给手机的指纹识别技术。FPC 有望将指纹识别技术卖给三星、LG、华为等手机制造大厂。公司在 2013 年 12 月宣告已经获得一家全球一流的智能手机厂商的 design win 资格，并将搭载于这家全球一流厂商的旗舰机型上，预期有千万部的销售量。在 2013 年，搭载 FPC 的指纹识别传感器的智能手机已经发布了 16 款（主要包括日本富士通、韩国泛泰，中国康佳等），2014 年，华为 Mate7 上也搭载了 FPC 的指纹识别传感器。

6.2.4.3　IDEX 合作与收购

IDEX 全称 IDEX ASA，是挪威一家专门为移动设备、卡片和其他嵌入式生物特征应用程序开发和供应生物识别软件和指纹传感器技术的公司。IDEX 拥有低成本的早期电容式指纹传感器专利，与苹果在这项技术上存在交叉许可。2013 年 5 月，IDEX 完成移动通信全球合作协议。2013 年 9 月，World Wide 触摸技术投资 IDEX，同时，IDEX 收购美国 PicoField 技术公司的接触指纹传感器，获得原 Validity 的创始人 Benkley F G、Geoffroy D J，旨在开拓消费设备市场。2013 年 10 月 IDEX 加入了 FIDO 联盟，并开始与中国厂商展开合作。

6.3　指纹识别移动终端全球主要厂商分析

6.3.1　三星 VS 苹果指纹识别移动终端技术对比

6.3.1.1　双方专利申请发展趋势分析

图 6－3－1 示出了苹果阵营的指纹识别移动终端核心苹果和安卓阵营的指纹识别移动终端核心三星的申请量整体趋势对比图，其中，横轴表示专利技术的最早优先权年，纵轴表示专利技术的申请项数。

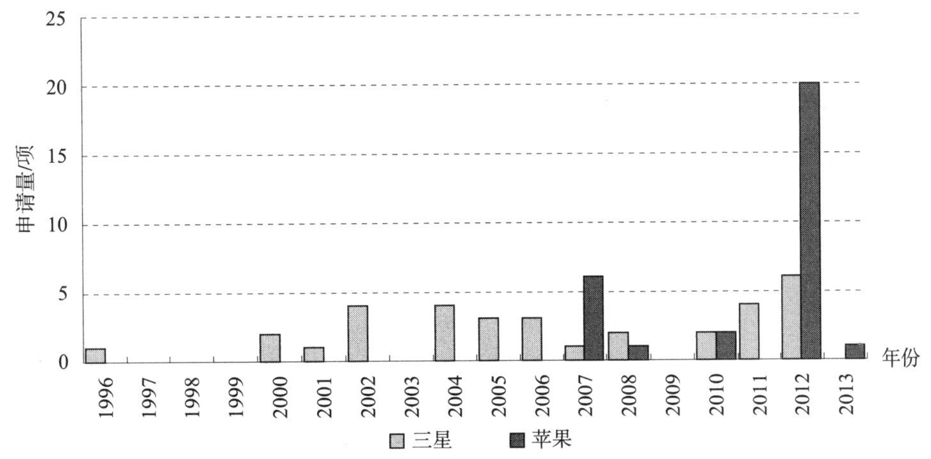

图 6－3－1　三星与苹果指纹识别移动终端全球申请量整体趋势对比

三星和苹果的世纪专利大战刚刚硝烟渐散，指纹手机技术方面双方又展开了激烈的争夺。从1996年起三星就开始布局指纹智能移动终端，将指纹识别功能融合在智能遥控器中，通过指纹比对防止非授权用户使用，可同时控制多个家用电器（代表性专利为KR1998023623A），可见，三星在指纹识别智能终端方面的布局具备一定的先天优势，这与其广而全的面面俱到的专利布局特点相符合。2000年三星又申请了两项具有前瞻性专利，代表性专利KR2002039049A电子商务用户身份认证，通过指纹比对，可用于登录；KR2001091561A非授权用户指纹登录时锁定手机。2002年和2004年申请量稍有上升，达到了4项，从将指纹模块集成到手机的整体性发明到利用指纹进行界面控制或功能扩展，例如字符输入或按键操作，开锁等。究其原因，可能是由于国际标准组织ISO在2004年制定了指纹标准ISO/IEC 19794－2《生物识别数据交换格式：指纹特征数据》，借着标准实施将会引来的指纹产业发展东风，三星也在这方面稍稍加快了步伐。2004年之后几乎每年都有1～3项的专利技术产出，2010年之后又呈现稳步上升趋势，2012年专利申请更是突破了6项。由图6－3－1可以了解到，三星在指纹移动终端的专利技术上一直保持着不温不火的态势，起步很早，但技术上并未作为重点突破，一是由于指纹识别技术专业性非常强，没有此项技术的基础很难介入自主研发，二是指纹技术应用于手机在2012年苹果收购AuthenTec以前并未被主流手机厂商所重视，虽然此前摩托罗拉曾有过尝试，但并未引起市场上用户的太多关注，由此可以预测三星正在等待合适的市场时机。

苹果在2007年才介入指纹识别智能终端技术，据IBG（国际生物识别集团）发布的2007～2012年度全球生物识别市场报告中显示，自2007年起，人们对于指纹识别的接受与应用已经进入快车道，这一年正值第一代iPhone手机发布，苹果借此发布了6项关于指纹识别智能终端方面的专利。继2008年、2010年的少量申请之后，据Gartner Group公司之前发布的调查数据，2012年全球移动支付交易规模将达到1715亿美元，较2011年的1059亿美元增长61.9%。同时，2012年全球移动支付用户数量将达到2.1亿人，同比增长31.3%。随着使用移动设备的交易进入爆发期，安全问题受到越来越多的关注，成为移动支付行业的掣肘，苹果敏锐的嗅到其中的商机，2012年苹果收购Authentec前后申请了多达20项指纹专利申请，由此后来居上，再次站上指纹识别智能终端的前沿。另需注意的是，2013年部分申请未公开。

6.3.1.2 双方技术目标国家/地区分析

图6－3－2为三星与苹果指纹识别移动终端专利申请技术目标国家/地区分布对比。三星作为一家韩资公司，最重要的市场在韩国，因此其本国专利占了46%的比例，而苹果并未将专利布局的重心放在韩国，其专利只有很少量向韩国申请。三星和苹果都对美国这一世界第一大电子市场进行了重量级的严密布局。对于三星而言，仅次于本国市场布局，其在美国的专利布局份额达到了42%，表明了自己成为世界第二大移动终端的强有力姿态。随着安卓阵营实力的兴起与壮大，美国市场愈加摆脱了苹果的独大局面，趋于多元化，三星紧紧追随着安卓阵营的发展，也同时承载、引领着安卓阵营，全面实现目标市场专利布局以及商业上的成功。三星与采集器下游厂商的密切

合作关系使得其也将布局范围延伸到了欧洲各国，在这点上，苹果或者说吞并了AuthenTec之后的苹果，在指纹识别移动终端这一项技术之上，还是立足于本土美国的，占到48%。其在欧洲市场的专利布局仅有5%，并没有更多的借助于欧洲专利局，这可能在于其严密的市场细分，有选择性地进入欧洲某个具体的国家而不是泛泛地通过欧洲专利局提交专利。三星与苹果在美国市场的较量，并未影响苹果在全球市场上成为霸主。苹果借助PCT国际申请，雄起于世界专利之林，具体在指纹识别的移动终端市场上，苹果的布局是全球性的，利用PCT国际申请的专利份额达到了21%，而三星仅有3%，并且苹果全球专利布局的方式不是仅仅依托于PCT方式的，这体现在其还存在较大数额的向其他国家的以其他方式（例如《巴黎公约》）递交的申请。在移动终端领域，从相对分布上看，苹果的专利布局更为全面，三星目前主要目标市场触及几个消费电子大国，还未进行全方位立体式的布局全球，这可能是受到指纹识别核心技术掌握情况的约束。

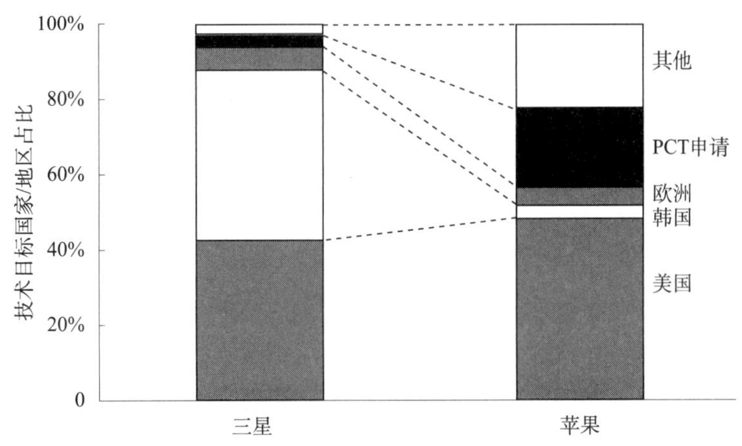

图6-3-2　三星与苹果指纹识别移动终端专利申请技术目标国家/地区分布对比

6.3.1.3　双方技术功效分析

图6-3-3是三星与苹果指纹手机技术功效图。通过对两大公司的检索文献进行人工阅读，本报告将其采用的技术手段划分为9种，即传感器结构、获取处理流程、附件结构、算法、界面控制、支付、认证、功能扩展、整体结构（参见图6-3-3中横轴所示），同时技术效果归纳为8种，即识别能力、安全性、易用性、低功耗、小型化、保护、图像质量、低成本（参见图6-3-3中纵轴所示）。使用上述9种技术手段和8种技术功效，对苹果和三星的文献进行人工标引。每一篇文献被标引1~2个技术手段和1~2个技术功效，根据标引结果作出上述技术功效气泡饼图，其中的每个饼示出了该技术手段及其对应的技术效果三星和苹果申请数量所占比例。

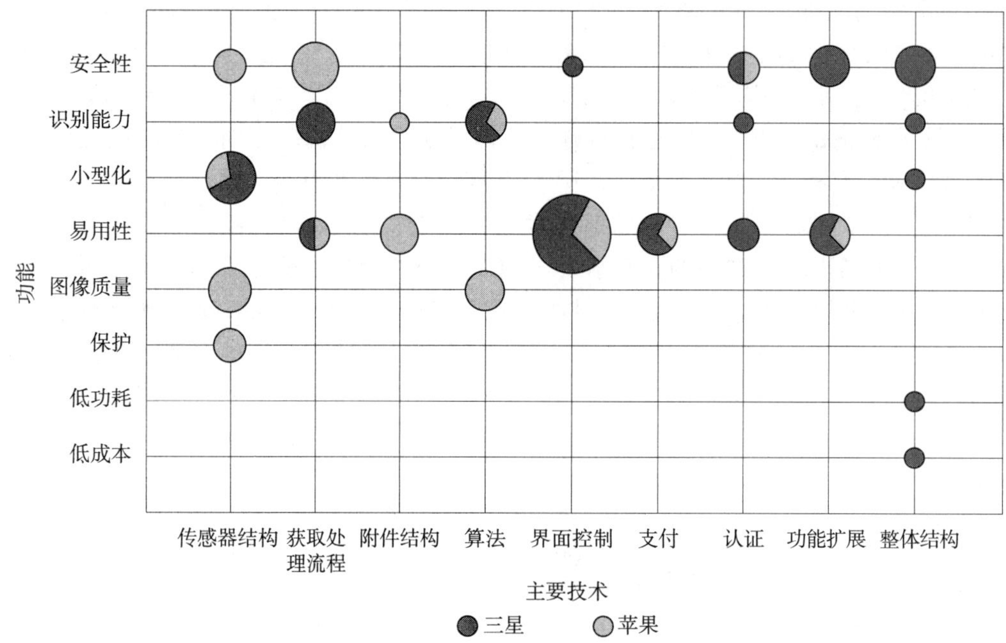

图6-3-3　三星与苹果指纹手机技术功效图

从图6-3-3可以看出，苹果更重视在传感器软硬件的改进方面，如传感器结构、获取处理流程、附件结构、算法等方面，主要针对安全性、易用性和图像质量提升方面，而三星更注重整体结构的研发和应用方面，如界面控制、支付、功能扩展，主要针对安全性和易用性这两大市场关注点的提升，这与三星起步早而自身不具备指纹识别传感器的核心技术相关，而相比较而言，苹果虽然早期并未介入指纹领域，但通过收购 AuthenTec，其后来居上，全面掌握了指纹传感器技术，并与自身产品如 iPhone 5s、iPhone 6 相结合，但其在应用特别是指纹支付方面布局较少，而指纹支付大势所趋必然成为移动通信终端的标配功能，因而预计未来在该领域与三星又会有一场血战。

6.3.2　三星技术发展路线

三星技术发展路线如图6-3-4和图6-3-5所示。图6-3-4示出了三星传感器结构、整体结构、功能扩展、获取处理流程技术发展路线，图6-3-5示出了三星算法、界面控制、支付、认证技术发展路线。

纵观图6-3-4和图6-3-5可知，三星按照技术手段主要涉及下游传感器结构、移动终端的整体结构两类硬件方面的改进，以图像处理为代表的获取处理流程和算法两类软件的改进，功能扩展、终端操作的界面控制和认证与支付这四类应用级别的改进。

三星对指纹移动终端的介入较晚，最初只是借助于指纹技术完成智能家电的安全化管理。这体现在三星于1996年申请的KR1998023623A这项专利中，使用不同手指进行不同家电的安全、智能选择，同时融合指纹认证与家电选择两项功能，实现家电的智能化，但这项技术的落实载体是遥控器，这从广义上属于移动终端，与狭义上的手机、PDA等移动终端还是不同的，这说明在2000年之前，三星对于指纹认证这项技术的研发工作，停留在家电这一应用范畴，并未触及移动通信领域。

2000年，随着互联网行业的蓬勃发展和移动电子通信特别是手机技术的迅速普及，三星嗅到了商机的气息，开始研发结合指纹认证技术的网络与移动终端。在这一年，互联网技术认证方面，KR2002039049A使用指纹对电子商务活动的执行用户进行身份认证，以提高系统的安全性，KR2001091561A使用指纹对手机操作用户进行身份认证，经过与手机附带的存储器存储的指纹的特征向量进行比对，如果并不匹配，手机随机执行锁屏的操作。这表明，三星已经意识到了安全性对于互联网的重要性，也懂得使用指纹识别这一技术来增强系统的安全性。

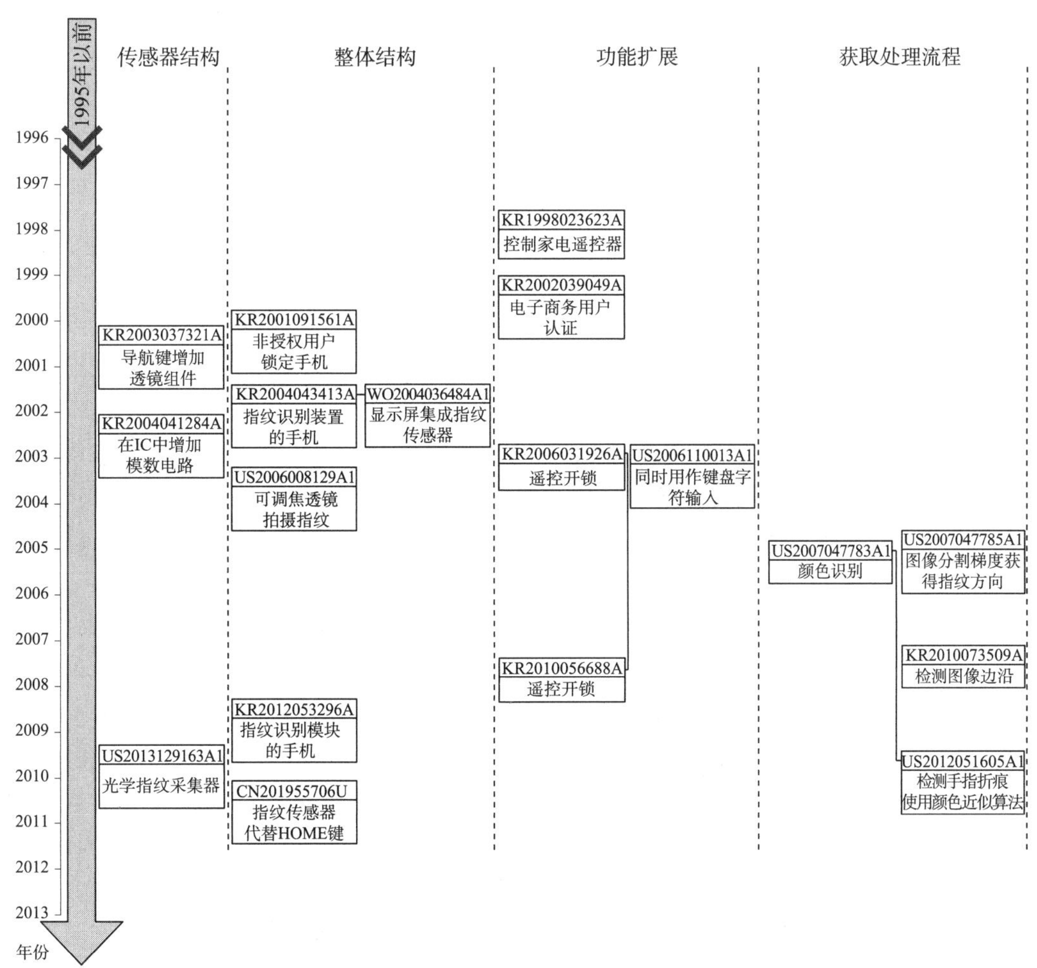

图6-3-4 三星传感器结构、整体结构、功能扩展、获取处理流程技术发展路线

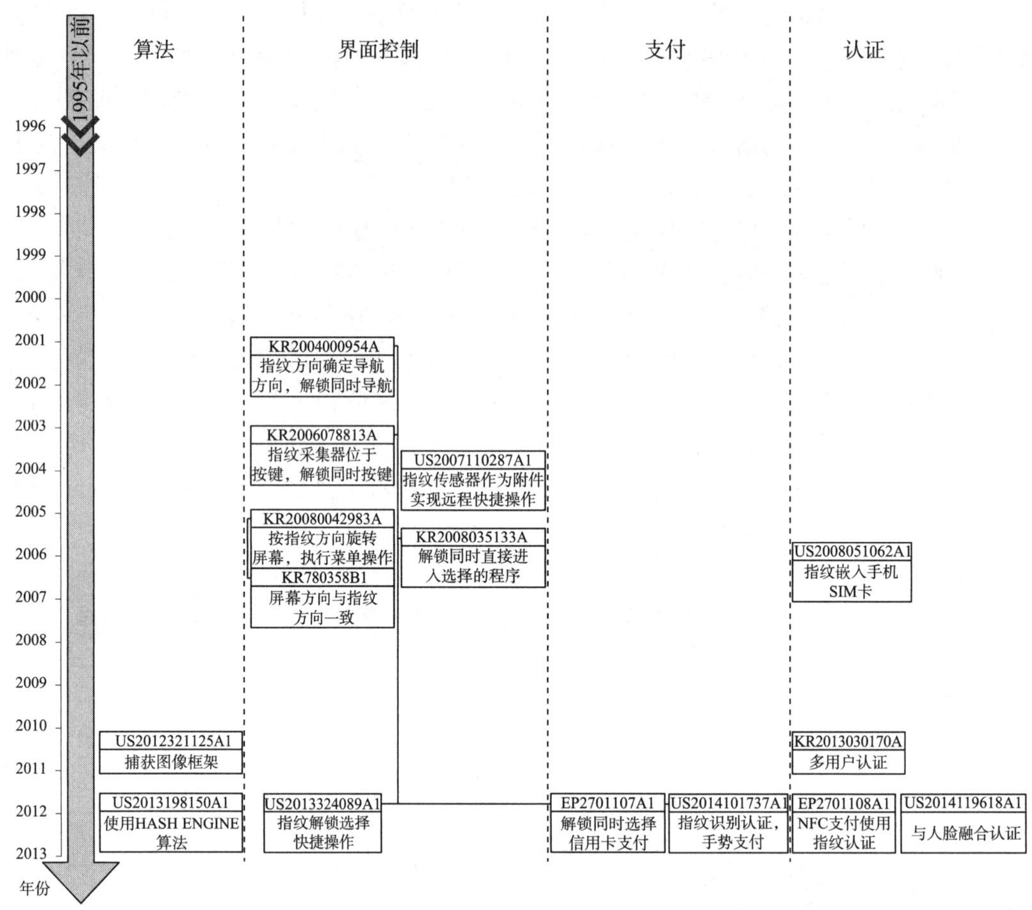

图6-3-5　三星算法、界面控制、支付、认证技术发展路线

2001年，三星开发了一款具有指纹认证功能的手机，这一款手机在导航键增加透镜组件，实现指纹图像的光学采集。这体现了三星希望进军指纹识别的传感器结构领域的愿望，显然，三星希望借助对指纹采集模块结构上的改进在指纹手机这一领域走得更远。

2002年，三星共申请了4件涉及指纹识别移动终端技术的专利。从这一年开始，三星的指纹移动终端专利使用PCT专利的方式进行申请。这4件专利中，有2件专利KR2004043413A和WO2004036484A1涉及同一种技术——将显示屏与指纹识别门IC集成，这反映出在手机与指纹技术的融合程度上，三星又进了一步，这项技术十分关键，对于指纹识别手机具有特殊的意义，尽管当时的智能手机还未采用触摸屏技术而是普遍使用按键执行操作选择控制，但指纹模块与显示屏的结合体现出了一种技术设想，为未来的手机集成化研发指明了一条新的道路。三星在这一年成功开发了一项非常具有重要地位的增加手机易用性的技术，在专利KR2004000954A中，使用指纹方向确定导航的操作方向，体现出省略导航键的设计意图，之后的好几项专利都是基于此项技术的设计思路继续开展。三星还在KR2004041284A中对识别模块的IC中增加模数电路以改进传感器结构。

2004 年，三星继续其在指纹移动终端的强势渗透，基于指纹代替导航键的设计思路，进一步开发出 2 件提高手机易用性的专利，KR2006078813A 把传感器集成到按键，指纹认证解锁操作的同时执行按键操作，US2006110013A1 使用指纹代替某些特定字符的输入。在指纹的功能扩展操作上，KR2006031926A 将指纹模块与手机结合设计出遥控开门的手机指纹钥匙。三星愈加体会到在硬件基础研发上抢占先机的困难，于是转向了手机与指纹的功能集成以及便利度提升上。US2006008129A1 使用内置的摄像头对指纹图像进行拍摄，这不同于传统意义上的单独指纹识别模块所使用的 CMOS 传感器。这传达了三星的一种技术理念，试图改变手机指纹采集方式，以简化的已有拍照设备实现扩展的安全模块功能，这也成为了一项基础专利，在之后有进一步更深层次的改进与发展。

2005 年，三星的专利以软件算法为主，US2007047785A1 和 US2007047783A1 主旨提高对指纹图像的识别能力。从此开始，三星的软件算法加大了提高指纹识别的准确性、精度、稳定性等方面的研发投入，研发实力及成果得以彰显，为其在指纹手机的推出逐步作出全面的筹备和积累。此外，延续指纹功能扩展的设计理念，US2007110287A1 使用指纹实现免提拨打等简易操作，控制手机的远程控制。

2006 ~ 2007 年，三星在界面控制方面一共提出了 3 项专利。在指纹认证方面提出了 1 项专利，KR2008035133A 提供了指纹解锁同时直接进入选择的程序的功能。US2008042983A1 和 KR780358B1 使得屏幕按照指纹的输入方向的自动旋转。

2008 年，三星未延续 2006 ~ 2007 年对界面控制的研发，在 KR2010056688A 中对之前的手机遥控指纹锁进行了进一步改进，在 KR2010073509A 中对提高图像的识别能力进行了软件的设计。

2010 年，智能手机技术有了飞跃式的发展，为了迎合这种技术在安全性方面的需求，三星提出了 1 项整体上结合了指纹识别功能的安全智能手机 KR2012053296A，通过指纹识别验证增加了手机的安全性。同时 US2012051605A1 对指纹检测进一步改进，检测手指关节的折痕以及使用颜色相似算法检测皮肤，加强了指纹图像的准确性，提高了识别能力。

2011 年，三星对指纹手机领域进行了进一步全面化的布局，改进方面涵盖了从基础硬件的传感器结构 US2013129163A1，到移动终端的多用户认证 KR2013030170A；从提高图像识别能力的软件算法 US2012321125A1，到使用指纹传感器代替 HOME 键以改进手机整体的外观设计 CN201955706U。三星对于指纹手机的研发，第一次上升到外观美感的层面，结合了实用性与艺术性，设计提升到了新的层次。

2012 年，三星的指纹手机专利涉及在线支付这一热门领域。US2014101737A1 使用指纹识别进行认证，使用手势选择支付，EP2701107A1 使用指纹进行解锁同时选择不同的信用卡进行结算，在这样的设计下，用户在支付方面的易用性得以加强。此外，延续指纹对界面的操作，US2013324089A1 在解锁的同时执行预设的快捷操作，US2013198150A1 使用 Hash Engine 算法和查找表的方式高效实现了指纹图像的识别。

6.4 指纹识别移动支付服务全球主要提供商分析

6.4.1 PayPal

6.4.1.1 PayPal概况

PayPal成立于1998年12月，是美国eBay的全资子公司。PayPal利用现有的银行系统和信用卡系统，通过先进的网络技术和网络安全防范技术，在全球190个国家为超过2.2亿个人以及网上商户提供安全便利的网上支付服务。其母公司eBay是全球最大的电子商务在线交易平台，2008年销售额高达85亿美元，利润超过17亿美元，雇员超过15000人。截至2012年，PayPal的付款总额是1450亿美元/年，占eBay收入的40%。

由梅格·惠特曼主导的eBay收购PayPal的过程漫长曲折，收购价格从3亿美元不断上涨到15亿美元才完成了收购，这一收购价大约是eBay市值的8%（2002年7月），对eBay而言，这最终成为一笔极为划算的交易。如今，在提供在线支付解决方案方面，PayPal是全球领导者。

2014年2月，在西班牙移动世界大会上，三星和PayPal就正式对外宣布了合作的消息：PayPal将利用三星Galaxy S5手机的指纹识别功能，推出更简易的支付。2014年4月11日，PayPal与三星合作的指纹识别技术终于首度公开亮相，这款指纹识别技术使用后，来自全球25个国家的用户可以通过指纹识别登录PayPal的账号，完成支付交易活动。

PayPal与三星合作推出的指纹识别技术不仅可以通过指纹识别完成PayPal账号的支付验证，也可以帮助PayPal的电子商务网站合作伙伴更好地进行网购交易。这对PayPal和三星而言都是非常有意义的尝试，毕竟这是这两家公司将生物识别技术用于支付验证的伟大尝试。

美国金融行业媒体《Bank Innovation》最近披露了一段PayPal和苹果之间的内幕。据称，苹果开发移动支付时，曾希望和PayPal合作，但是由于PayPal和三星进行合作，苹果最终改变了主意，寻找到了另外一家移动支付公司Stripe，共同开发苹果支付产品。此外，据最新消息称，苹果已经在欧洲挖来了维萨欧洲公司的移动支付负责人，表明苹果希望在欧洲乃至全世界推广苹果支付。

双方的移动支付角力，前景并不明朗。三星电子手机的销量，远高于苹果iPhone。但是三星和PayPal的移动支付服务，未能像苹果支付一样，在零售品牌和实体商户中建立伙伴联盟，而实体商户在首款设备上的支持，是移动支付发展的必要条件。

而在移动支付和在线支付上，PayPal远远领先于苹果。其支付产品已经覆盖了全球几乎所有国家和地区，支持26种货币。研究公司Asymco的贺瑞斯·德第乌（Horace Dediu）估算，2013年，苹果5.75亿名iTunes活跃用户实现的营收总额（包括桌面和移动）为230亿美元。当消费者想到iTunes时，他们想到的是购买媒体和应用。而想到 PayPal 时，他们觉得可以通过其购买任何东西（通常是在电子港湾上购买）。可见，三星作为全世界最大的智能手机厂商和全球影响力最大的手机支付服务商 PayPal 合作推出指纹识别技术，此次合作的目标极有可能是提前狙击苹果的手机指纹支付。

据悉，eBay 已经宣布将在 2015 年将把 PayPal 分拆成为一个独立公司。获得自由身的 PayPal（目前已经是全球最大的支付公司），势必成为苹果支付（苹果 Pay）在全球的一个强劲对手。

6.4.1.2　典型专利

以下对典型专利 US2013232066A1 加以简要分析。其专利附图如图 6-4-1 所示。

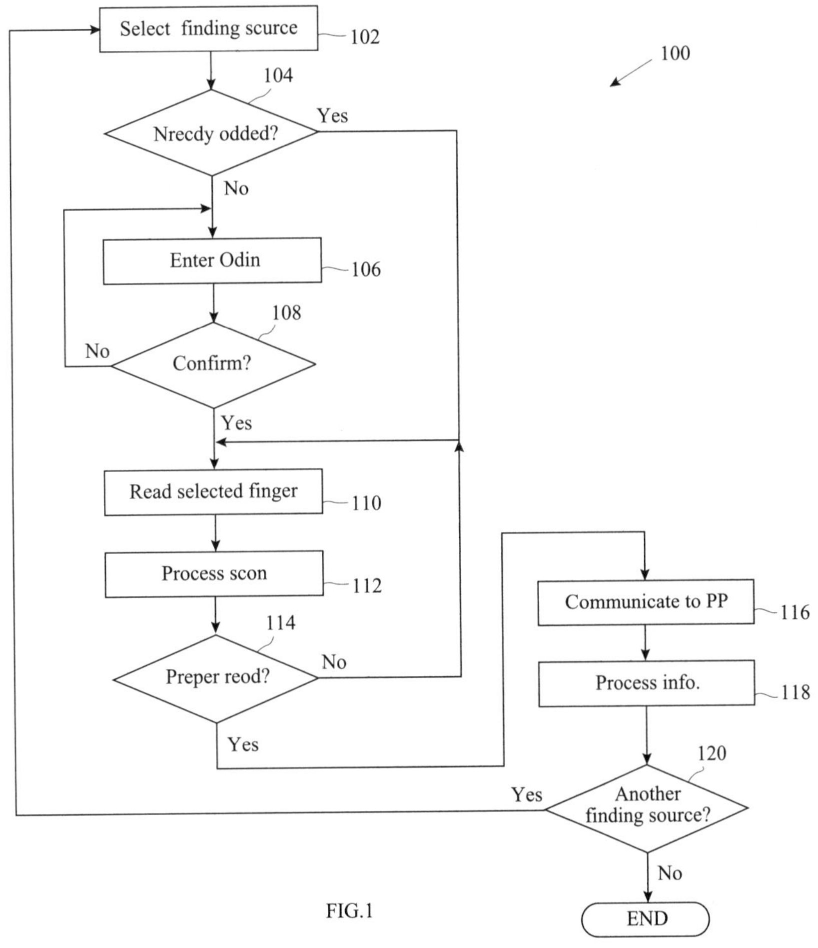

图 6-4-1　US201323206A1 典型附图

【说明书方案简析】

eBay 于 2012 年 3 月 1 日在美国申请了一件与指纹支付相关的专利。这件专利基于指纹识别这一底层技术，结合智能终端载体，实现了在线支付的功能。

具体地，在这项技术中首先设定了资金来源—手指的关联流程：用户选择该用户想要与特定用户相关联的手指的资金来源；如果已经添加了所需的资金源，用户可以通过从用户的账户的列表或菜单中的支付提供者选择所需的资金来源，如果所需的资金来源还没有被添加为一个可用的资金来源与支付服务提供商的用户账户，则要求用户输入特定的信息添加的资金来源；随后，由支付提供商确认资金来源，用户在得到确认后，选择某一个手指作为特定资金来源相关联的选择手指，由指纹读取器扫描指纹后，指纹信息提供给支付提供者。指纹信息是将指纹图像转换成适当的格式存储在数据库或者云中。用户还可以选择变更与资金关联的手指，用户能够将十个不同的资金来源与用户的10个手指相关联，或者组合不同的手指以获得更多的资金来源。

在关联之后，在金融交易行为中，用户按需选择相应的资金来源作出付款或发出资金，使用用户标识符、口令等进行身份认证登录，用户用手指指纹来选择资金来源。一旦所需的指纹已被正确读出或捕获，与指纹相关联的信息会传送到从移动设备或指纹阅读器的支付提供者，支付服务提供商再确定是否存在与该用户账户的资金来源相关联的指纹所接收到的指纹信息的匹配。

【独立权利要求】

1. What is claimed is：1. A system comprising：

a memory storing account information for a plurality of users，wherein the account information comprises a user identifier，one or more account funding sources，and finger print information associated with the one or more account funding sources；

a processor operable for：

receiving finger print information from a user device；

determining whether the finger print information matches a stored finger print information associated with a funding source；

determining a funding source associated with the received finger print information；and

selecting the funding source for a user of the user device.

【中文译文】

一种系统，包括：存储器，存储账户信息对于多个用户的方法，其中所述账户信息包括与所述一个以上的用户标识符，一个以上的资金来源以及与所述一个以上的资金来源相关联的指纹信息；一个处理器，可操作用于：从用户设备接收指纹信息；确定指纹信息是否与资金来源相关联的存储指纹信息匹配；确定与所接收到的指纹信息相关的资金来源；和选择的资金来源的用户设备的用户。

【权利要求解读】

系统存储与资金来源及与其相关联的指纹数据，用户标识符，系统对指纹信息进行关联操作以及匹配认证，执行资金来源的选择操作。

权利要求进行了一种功能模块化的构设，所构设的系统包含存储以及关联选择的功能。在这样一项发明中，指纹信息最基本的属性是与资金来源相关联，但同时又兼具常规的认证匹配作用。账户中以用户标识符的形式管理账户的资金来源及其相关指纹信息。开放式的写法使得所有试图将资金来源与指纹信息挂钩的技术囊括进来。试想，如果有另外的商家使用手指与不同银行账号关联，将会导致侵犯eBay的这项专利。

6.4.2 指纹支付典型专利分析

表 6-4-1 指纹支付典型专利

<table>
<tr><th>公开号</th><th>申请人</th><th>同族</th><th>申请日/优先权日</th><th>公开日</th></tr>
<tr><td>US2010082444A1</td><td>苹果</td><td>无</td><td>2008-09-30</td><td>2010-04-01</td></tr>
<tr><td colspan="5">权利要求</td></tr>
<tr><td colspan="5">1. A handheld electronic device, comprising:
a first input configured to scan identification information for an article;
a processor configured to create a sales order based on the identification information;
a graphical user interface configured to display the sales order and to facilitate user selection of a payment type from a plurality of displayed payment types available to pay for the sales order;
a second input configured acquire payment information corresponding to the payment type; and
a communication interface configured to transmit the payment information to a financial institution to obtain authorization for processing a payment for the sales order.
一种手持电子设备，包括：
第一输入端配置为扫描识别信息为一种制品；
一个处理器，用于创建基于该识别信息的销售订单；
配置图形用户界面，显示销售订单，并促进从多个可用来支付销售订单显示支付类型的付款类型的用户选择；
第二个输入端配置相应的付款方式获取支付信息；和
通信接口配置为支付信息传送给金融机构获得授权，用于处理支付的销售订单。</td></tr>
<tr><td colspan="5">附图</td></tr>
<tr><td colspan="5">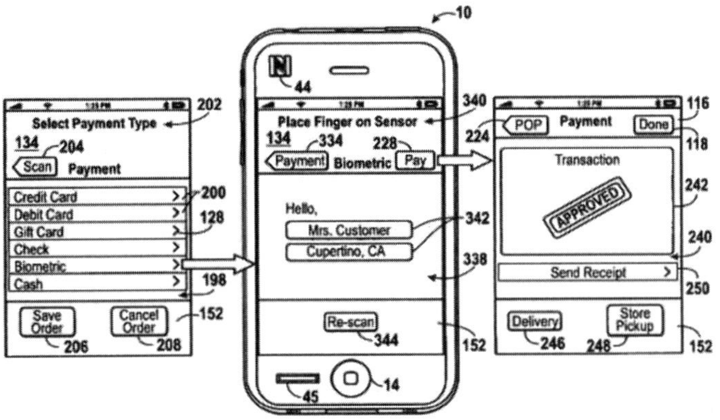</td></tr>
</table>

续表

公开号	申请人	同族	申请日/优先权日
US2011078771A1	AuthenTec	WO2011041616A1	2009-09-30
权利要求			
1. That which is claimed is: 1. An electronic device for communicating with a remote server hosting a web feed of updated content including a plurality of web links, the electronic device comprising: a finger biometric sensor; a display; and a processor cooperating with said finger biometric sensor and said display for authenticating a finger placed adjacent said finger biometric sensor, displaying on said display the plurality of web links from the web feed of updated content based upon authenticating the finger, associating account access data with the authenticated finger, accessing information from a selected web link based upon the account access data associated with the authenticated finger, and downloading and displaying on said display information from the selected web link. 1. 一种用于与承载的更新内容的 Web 订阅源，包括多个网页链接，所述电子设备包括：远程服务器通信的电子设备： 手指生物识别传感器； 显示器；和 一个处理器，与所述手指的生物特征传感器和所述显示器 鉴别手指放置在邻近所述手指的生物特征传感器， 显示上表示，从更新的内容基于身份验证的手指在网上信息源中显示多个网页链接， 用手指验证关联账户访问数据， 从基于与验证的手指相关联的账户的访问数据的选择的 Web 链接访问信息，并下载和显示上表示，从选定的网站链接显示的信息。			
附图			
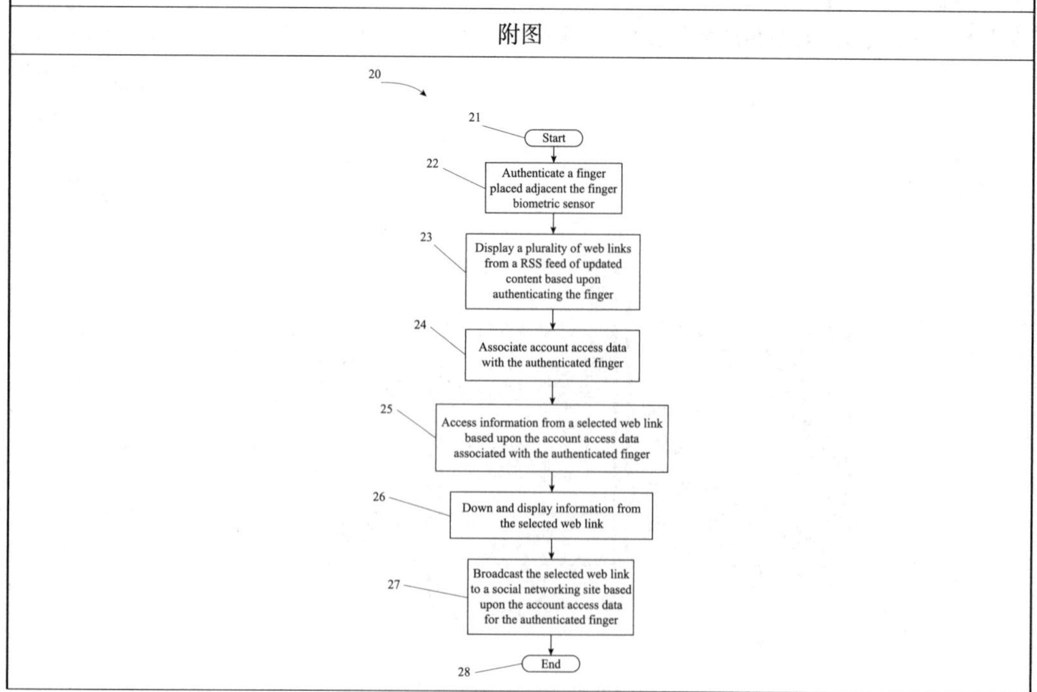			

续表

公开号	申请人	同族	申请日/优先权日
US2013232066A1	**eBay**	无	**2012-03-01**
权利要求			
1. What is claimed is: 1. A system comprising: a memory storing account information for a plurality of users, wherein the account information comprises a user identifier, one or more account funding sources, and finger print information associated with the one or more account funding sources; a processor operable for: receiving finger print information from a user device; determining whether the finger print information matches a stored finger print information associated with a funding source; determining a funding source associated with the received finger print information; and selecting the funding source for a user of the user device. 一种系统，包括： 存储器，存储账户信息对于多个用户的方法，其中所述账户信息包括与所述一个以上的用户标识符，一个以上的资金来源以及与所述一个以上的资金来源相关联的指纹信息；一个处理器，可操作用于：从用户设备接收指纹信息；确定指纹信息是否与资金来源相关联的存储指纹信息匹配；确定与所接收到的指纹信息相关的资金来源；和选择的资金来源的用户设备的用户。			
附图			
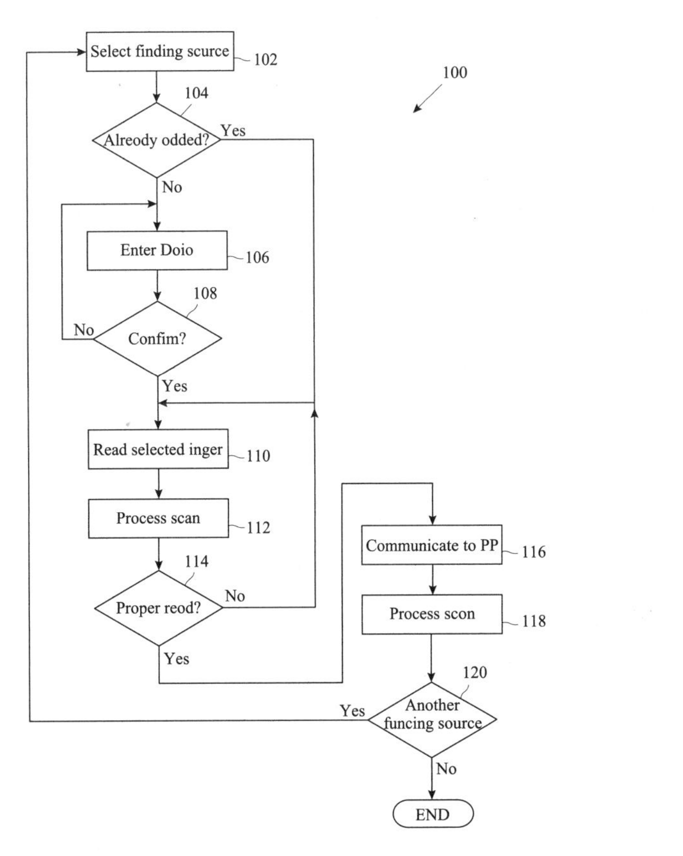			

6.5 指纹支付产业链分析

6.5.1 指纹传感器产业链分析

目前行业内指纹识别传感器做得最好的是AuthenTec，主要表现在方便性、准确性、稳定性方面。自从2012年7月AuthenTec被苹果收购以后，该公司停止了与其他终端品牌的合作研发，转为专门为苹果的产品iPhone/iPad/iMac开发指纹识别传感器。据从业界了解到的信息，目前三星、LG、HTC、华为等安卓阵营的终端厂商正与Validity和FPC在紧急合作开发指纹传感器。目前指纹识别主流的产业链可大致分为三条：以AuthenTec主导的苹果指纹识别产业链和以Validity与FPC主导的安卓阵营产业链。由于各自指纹识别技术原理上的差异，它们拥有不同的产业链。

（1）苹果阵营的指纹传感器产业链

苹果指纹识别传感器的产业链为：AuthenTec完成传感器软件算法和方案的设计—台积电完成晶圆代工—台湾精材、苏州某厂商完成晶圆级封装—日月光负责后续封装与测试以及SiP模组制作。

苹果的指纹识别传感器芯片的封装是采用了封装面积更小WLCSP技术，主要是由WLCSP产能全球最大的厂商台湾精材完成，此环节另一供应商为大陆一WLCSP厂商。需要注意到的是，全球WLCSP专业封测产能比较集中，大陆昆山西钛微电子也是全球WLCSP产能主力供应者之一，但目前还未切入苹果指纹识别供应链。日月光完成传感器的后续封装程序后还负责完成SiP模组的制作，目前SiP模组制造过程中最后一步的SMT贴片制程部分由日月光暂交由富士康完成。

用于苹果iPhone 5s中的AuthenTec指纹传感器模组除整合触控传感器外，还选用了蓝宝石基板，整体模组成本估计在10～13美元。

（2）安卓阵营的指纹传感器产业链

据掌握的产业链信息，被安卓阵营委以重任的Validity指纹识别传感器可能的产业链为：由Validity完成传感器的软件算法和方案的设计—台积电晶圆制造—台湾南茂和泰林负责系统封装与测试。

需要强调的是，Validity完成指纹采集和处理的图像传感器、速度传感器以及驱动IC皆附着于柔性薄膜材料上，实际上是采用了模组设计简单、良品率高、技术成熟且成本低廉的COF封装架构。目前，台湾封测厂商南茂和泰林具备最先进的COF封测技术，成为Validity的最佳选择。据在产业链上获得的信息，Validity也在研发类似AuthenTec架构的接触式传感器，所以也不排除在未来Validity为客户提供接触式传感器的可能性，那么产业链将与前述AuthenTec相似。

另外，安卓阵营另外也在与FPC紧密合作研发指纹识别传感器。FPC的传感器主要由中芯国际晶圆代工。[1]

6.5.2 指纹在线支付产业链分析

如图6－5－1（见文前彩色插图第3页）所示，智能终端指纹支付产业链主要包括指纹传感器制造商、智能移动终端制造商、中国银联、电信运营商、指纹识别移动支付服务提供商。其中，指纹传感器制造商、智能移动终端制造商、指纹识别移动支付服务提供商是这一产业链的中坚力量，这三者之间，又以苹果和安卓两大阵营的专利博弈为最具代表性。

对于顾客来说，通过指纹进行消费是一种时尚的象征，省去了众多卡片随身的烦恼，提高了安全性。当用户想要用指纹支付商品时，需经过支付请求、认证、授权、支付等几个环节，而其中认证环节是关键，确保交易的安全性。因而，从专利申请量上来看，指纹传感器制造商所占比重最大，其次是移动终端制造商，而支付服务提供商由于其授权、支付流程较为成熟，指纹只是其应用的认证手段之一，因此明确与上游认证过程中使用的技术手段如指纹的接口即可，在指纹支付的支付方面并不存在很高的技术壁垒，因而其在指纹支付方面的专利申请量较少，而大部分是支付方面的专利。

通常来讲，当用户选中某商品时，通过智能移动终端的NFC芯片、摄像头或扫描器获取商品信息，移动终端处理器创建商品信息销售订单，并显示在移动终端用户界面上，通过指纹传感器采集用户指纹信息，并与存储在处理器中的指纹数据相比对，当匹配通过时通过触摸屏幕或键盘输入相应付款方式，或者结合指纹快捷界面控制进行付款方式选择，智能移动终端通过通信接口将支付信息传送给金融机构获得授权，支付成功后返回数据显示在智能移动终端上。指纹支付免去了以往需要记住支付密码、登录密码等信息的烦琐，通过手指的一个动作即可几秒钟快速完成支付，这种安全舒适快捷的用户体验正是当今市场和用户所不断追求的感受。

目前，从专利的角度来讲，指纹支付的产业链已经经历了技术萌芽阶段、技术成长阶段，正处于技术成熟阶段。由于掌握其核心技术难度较高，中国企业在指纹支付产业链上的创新机会主要聚焦在智能移动终端和支付服务上，在这方面，中国企业可以向三星、苹果和PayPal学习，以智能移动终端与指纹相结合的应用和支付为主进行布局，创造新的价值。另外，在盈利模式方面，发挥代理商网络对移动支付业务的渗透作用，在这些市场建立银行和运营商营业网点、照顾地广人稀地区或低收入群体将需要过高的成本。本地代理商可以有效地降低服务推广成本，并能有效控制风险。通过这些灵活而规模化的零售渠道，人们可以方便地存取款。通过本地网点，服务提供商和客户可以一种可信任的方式进行远程交互。

---

[1] 指纹识别功能将成为移动智能设备的标配［EB/OL］.［2014－05－20］. http：//xueqiu.com/8107212038/26989239.

6.6 小　结

随着时间的推移，产业链也历经大鱼吃小鱼的商业模式，通过不断的并购，淘汰弱小，整合资源，从以AuthenTec收购Atrua、UPEK为代表的上游指纹传感器供应商内部整合，延续到苹果收购AuthenTec，Synaptics收购Validity的硬件资源整合，这种产业链整合无疑推进了技术演进，实现了整个产业链的技术融合，扩大了专利储备。

通过比较苹果阵营和安卓阵营的申请量，安卓阵营在2002年和2008年曾一度超越苹果阵营，究其原因，由于开发和销售可靠、快速的传感器高级技术代价很高，需要强有力的资金支持，而2008年苹果阵营的AuthenTec的最大客户惠普公司转而投向安卓阵营的Validity，导致其研发资金受到影响，另一原因可能是苹果阵营研发上遇到了瓶颈，而这两年恰恰是安卓阵营技术研发较为稳定的时期，由此形成了安卓阵营对于苹果阵营的超越。

技术发展模式方面，国外企业初期进行基本功能研发，积累期通过引进人才和外资，在改进核心技术的同时注重其市场化和商业化需求性能的研发，由此形成一个技术上较为成熟的产品，后期注重企业转型，链接产业链后端，由此其后端企业，如移动终端供应商或支付服务供应商，在谋求与前端供应商合作时，会首先考虑到自己的产品上应用指纹支付或认证是否会侵犯前端供应商的已有专利，因此在前端供应商的选择上会优先考虑具有此类专利权的企业，这一点从Validity与三星的合作以及被Synaptics的收购上均得到了印证。

随着使用移动设备的交易进入爆发期，安全问题越来越多地被关注，成为移动支付行业的掣肘，苹果敏锐的嗅到其中的商机，2012年苹果收购AuthenTec前后申请了多达20项指纹专利申请，由此后来居上，再次站上指纹识别智能终端的前沿。苹果虽然早期并未介入指纹领域，但通过收购AuthenTec，全面掌握了指纹传感器技术，并与自身产品如iPhone 5s，iPhone 6相结合，但其在应用特别是指纹支付方面布局较少，而三星在指纹支付方面的申请也屈指可数，而指纹支付大势所趋必然成为移动通信终端的标配功能，因而国内厂商在指纹支付方面还有很大的申请空间。

第7章　主要结论

7.1　关键技术分析

7.1.1　技术发展状况

电容式指纹传感器技术经过2000年以前的技术积累期和2001~2004年的跳跃式增长期后，从2005年开始专利产出出现明显的下降趋势。原因可能是因为历经了4年的快速发展，导致电容式指纹传感器技术发展相对较为成熟，各公司暂时在寻觅新的技术突破点。但是，随着搭载了指纹识别功能的iPhone 5s的发布，引发了将电容传感芯片应用于手机，平板电脑等移动终端的热潮，预计未来几年将会再次迎来专利申请小高峰。指纹活体识别行业在2000~2010年持续增长，中国专利所占比例持续增加，这与各国更加重视我国市场以及我国本土申请人的快速发展有关。目前活体检测技术处于成熟期，企业并购活动活跃，产业集中度加深。应该看到，我国的指纹活体检测追随了指纹检测认证及指纹锁行业的发展，及时跟上了全球技术发展的一波又一波潮流，并把握住了技术发展的契机，在专利量的积累上持续做到了不断进步，按照这样的节奏和步调，我国可以走出自己的运行模式，使行业健康有序的持续发展下去。

7.1.2　全球分布情况

电容式指纹传感器技术的原创国以美国、日本、欧洲位居榜首，来自美国、日本、欧洲的专利申请超过了全球申请总量的80%，中国大陆在全球的电容式指纹传感技术的原创专利申请中所占比例很小，仅占到全球3%左右。电容式指纹传感器技术的专利布局呈现以美、日、欧为主，全球扩张的特点。其中，美国目标市场占到全球的25%，欧洲和日本紧随其后，分别占到全球的23%和22%。紧随其后的中国大陆、韩国和中国台湾，三者的目标市场总量占到22%。

指纹活体检测技术方面，日本、美国申请人优势明显，NEC、富士通、光谱辨识等公司拥有大批决定技术走势的专利技术，中国大陆和韩国正在后来居上。中国大陆已经在数量上体现出明显的优势，但在技术质量上只能逐步缩小差距。在中国申请人中，长三角、珠三角和北京具有明显的技术优势。中国大陆申请公司和研究机构的质量较高，个人申请的质量还无法令人满意。我们也不应盲目乐观于中国大陆申请人在专利数目上的优势占比，应该清醒地认识到，多数专利仅仅停留在低端的底层产品设计结构之上。在2012年苹果收购指纹传感器龙头老大奥森泰克公司并随后断掉所有其他公司的传感器来源、2013年将iPhone 5s中嵌入指纹模块，并引领指纹智能移动终端的在线支付这样一个颠覆行业格局、产生巨大业界影响的行业背景之下，中国大陆的指纹厂商不应仅将自己的技术研发停留在具体产品结构简单替换式的替换上，而是更应该抓住这一机遇，依托于中国的专利在传统光学技术上的综合完整性以及研究机构在算法上的优势，学习韩国的崛起经验，在与软件控制的硬件应用结合上力图有所突破。

7.1.3 关键技术分析

电容式指纹传感器的技术研发中，静电保护、灵敏度以及准确性的功效需求较为强烈，采用的技术手段主要是层膜结构、电极结构以及信号处理的相关改进。

指纹活体检测技术方面，以采集手段为一大类发明范畴，各公司从20世纪60年代起就一直尝试在各个方式角度检测活体。目前的趋势正从单纯的检测方式改进转变为结合不同光源使用不同原理且与软件结合的综合性检测手段，而且随着手机指纹的应用加深，小型化、高精度、体验度优（重复次数低）的活体检测方式将进一步提高安全性。在技术侧重角度方面，集中解决准确性、精度和整体系统解决活体检测方面问题，这与全球市场上的各种形态手段结合、提高图像质量的高一层次的技术改进还有一定的距离。

7.2 NEC

7.2.1 专利申请现状分析

① NEC有关指纹识别的专利申请量已经度过跳跃式发展期，进入平稳发展期。虽然最近一两年在智能手机的指纹领域应用上有巨大突破，但是考虑到NEC的产品并不以应用于智能手机为主，而集中于能够配合其他设备独立应用的终端设备（并且主要采用不适于小型化于智能手机上的光学传感器），而且其市场重点集中在警务、刑侦领域。因此，上述在智能手机领域的突破对NEC的影响不大。而上述专利申请与布局的平稳发展趋势将在近一段时间继续保持，直至企业技术转型或整个行业技术突破的发生。

② 与其他企业类似，将专利申请的目标国占比第一位设置为企业所在国家或地区。而之后，根据市场、产品特点等情况，目标国集中在美、欧、中等国家或地区。但是与其他企业，例如苹果或奥森泰克公司不同，其在德国申请的专利数量占比较高，这也从侧面体现出了其在市场与需求上对于该地区的特别针对性。

③ NEC在中国的专利申请布局至20世纪末才大规模展开，并且在中国的专利布局主要体现在算法与硬件结构方面，在应用方面鲜有涉及。这与中国国内厂商在应用方面较强的模仿能力以及中国专利制度等不无关系。

④ NEC在日本各地具有大量成规模的分公司，并且各具优势。在指纹识别领域，虽然绝大多数的专利均来自NEC总部，但是也有部分专利来自各分公司。此外，NEC

在指纹识别领域与其他企业的联合申请极少，仅有2项，而且自身均为第一申请人。考虑到其原因，首先得益于NEC自身技术的全面性，另外也必然有自身技术保密的考虑。而与外部的联合申请内容则非常贴近联合申请企业的技术特点，从而在技术上得到互补与突破。

⑤ 在申请人方面，涉及算法的发明人团队之间很少有合作，这与算法这一技术的特殊性有关，而在采集器结构等硬件结构领域的发明人团队之间合作则较为丰富。重要发明人中也有部分中途离职的情况，且均为赴大学任全职教职员工，相信这与日本企业的工作压力较大有关系。而人员的流失无疑对技术型企业的影响是巨大的，因此如何保留住人才对于很多企业而言也是一个值得研究的课题。

7.2.2　专利策略布局分析

基于上述研究可以发现，通过四十余年在指纹领域的发展，NEC凭借自己独有的技术优势，在行业中确立了不可替代的席位，而其发展轨迹也对其他企业很有借鉴意义：

① 看准市场，早起步。NEC的指纹领域研究起始于1971年，而那个时候，指纹自动识别技术才刚刚起步，可以说全球大多数企业均基本站在同一条起跑线上。而通过对自身企业以及市场前景的衡量，使NEC决定了大规模发展指纹技术的战略规划，并且通过十余年的努力，稳居行业第一梯队。这与企业在第一时间的战略决策以及对于技术的坚持不懈不无关系。相比国内很多厂商跟风创业的习惯，虽然可能会在短时期内获得客观的利润，但是从长期来讲，当风潮过去，如何守业对于这些企业而言将是很大的问题。当然，这与企业规模以及人员基础等多方面情况都有关系，不可一概而论。

② 深挖井。所谓深挖井，也就是说对于某些技术要进行特别的研究，企业要有自己核心的、独一无二的技术。譬如NEC的分散式光扫描技术。虽然就传感器类型而言，目前的热点与难点在于半导体采集器，然而由于具有独特的分散式光扫描技术，NEC依然可以通过其传统的搭载光学传感器的指纹识别设备占领很大市场。任何可能相互竞争的技术都有其优势与局限，因此即使所掌握的技术基础并不是最新潮的、最时髦的，但是只要有自己独特的，别的企业都比不了的核心技术在里边，老树也能发新芽。

③ 广积粮。虽然如上所述，NEC的技术核心以及市场利益集中在光学传感器上，但是其在技术研发以及专利申请方面，并不仅集中在这一方面。其在半导体采集器等其他领域也申请了大量的专利。其一方面体现了自身的技术积累，为今后可能的技术转型做准备。另一方面也能够通过这些领域的专利对自己进行一定程度的可能涉及的专利侵权的保护。

综上所述，作为指纹识别领域的一线企业，NEC在专利申请与布局、企业发展等领域具有很强的示范作用，对于其他相关领域的企业发展具有巨大的参考价值。

7.3 并购分析

苹果通过收购奥森泰克公司为自己开辟出了一块新的市场，并通过自己的努力，提振了指纹识别技术在智能移动设备中的应用前景。虽然在收购刚刚完成时，业内很多分析师并不看好该项收购，但是在 iPhone 5s 发布之时，很多人就明白，这项看似简单的收购将必然对今后的移动安全领域产生不可忽略的影响。

对于该收购，首先从需求上讲，苹果在经历了 iPhone 4 再一次辉煌成功后，产品的发展陷入了缺乏突破的境地，之后发布的 iPhone 4s 以及 iPhone 5 带来的仅仅是为了对抗日益强大的安卓阵营而作出的硬件以及软件上的简单提升。所以，苹果也在寻求突破，希望能够通过新的技术为智能手机领域以及用户提供新的惊喜，而正在此时与奥森泰科公司的接触使苹果看到了一个突破口。所以说，基于苹果的需求而言，与奥森泰克公司的技术合作是必然的。

从技术上讲，根据前文分析可以看出，目前 iPhone 5s 手机中涉及指纹识别的关键技术大部分来自奥森泰克公司，也就是说苹果对于其技术是严重依赖的。在双方最初接触时，苹果考虑到今后长远的发展，如果只是与奥森泰克公司进行一般的合作，基于苹果产品的影响力和号召力，其推出具有指纹识别的智能手机只能是为其他厂商打开了这一领域的大门。由于其专利并不掌握在自己手中，也无法对竞争对手进行打压，因此，从技术及专利层面分析，与奥森泰克公司的简单合作并不能使苹果从中最终受益。

而从市场上讲，苹果在移动领域的最大对手——谷歌，其安卓系统正是通过开放性的平台慢慢吞噬苹果的市场。而相反，苹果 iOS 系统的封闭性也造成了其与第三方设备方合作的困难。可见，在上述一系列问题的综合作用下，苹果最终决定整体收购奥森泰克公司。通过这一收购，苹果对于创新的需求得到了满足，并且在相关领域的技术和专利储备量获得了提升，此外还使竞争对手无法得到其所使用的最新技术而慢慢被落在后面。

那么，在苹果完成收购之后，面对获得的技术以及大量专利，苹果又推出了一系列举措，正是这一系列举措，最终使 iPhone 5s 在指纹识别领域获得了成功，而这些举措也正是其他一些企业应该注意并借鉴的。本报告将这些举措总结为：继承、发展、创新。

继承，即通过收购获得被收购方的技术及专利资源。在获得这些技术及专利后，苹果根据自己在这一领域的需求认真识别专利技术的可用性，并针对重点专利进行研究与改进，以使其能够更好地融合到自己的发展路线中，即为发展。对于大多数企业而言，上述两步都是容易作出的，也是大多数企业并购其他企业的最本源目的所在。然而，在这两步的基础上，继续迈出更为关键的创新这一步，则是考验企业的管理与研发能力的关键所在了。如果在现有技术的基础上，仅作出了适应性的改进与发展，即相当于这项技术在收购之后的发展速度减缓，即收购阻碍了技术的发展。而如果能够在现有技术改进的基础上，结合自己的长处（如苹果将原奥森泰克的指纹识别技术与自己的安全飞地技术相结合），进一步快速推动技术的发展，则相当于使这项技术获得了加速发展的动力，为企业的技术进步提供了新的活力。这才是收购所能够带来的更大利益所在。

综上所述，苹果通过对于奥森泰克的收购，使自己在技术上又上了一个新台阶，并且通过对现有技术的发展与创新实现了自身的突破，很有可能再一次进入发展的快车道。此外，其对于专利技术以及专利保护方面的策略与经验也很值得我们借鉴与思考，希望上述分析能为其他企业在进行涉及知识产权的收购方面提供一些参考。

7.4　指纹支付产业链分析

随着时间的推移，产业链也历经大鱼吃小鱼的商业模式，通过不断的并购，淘汰弱小，整合资源，从以 AuthenTec 收购 Atrua、UPEK 为代表的上游指纹传感器供应商内部整合，延续到苹果收购 AuthenTec，Synaptics 收购 Validity 的硬件资源整合，这种产业链整合无疑推进了技术演进，实现了整个产业链的技术融合，扩大了专利储备。

通过比较苹果阵营和安卓阵营的申请量，安卓阵营在 2002 年和 2008 年曾一度超越苹果阵营，究其原因，由于开发和销售可靠、快速的传感器高级技术代价很高，需要强有力的资金支持，而 2008 年苹果阵营的 AuthenTec 的最大客户惠普公司转而投向安卓阵营的 Validity，导致其研发资金受到影响，另一个原因可能是苹果阵营研发上遇到了瓶颈，而这两年恰恰是安卓阵营技术研发较为稳定的时期，由此形成了安卓阵营对于苹果阵营的超越。

技术发展模式方面，国外企业初期进行基本功能研发，积累期通过引进人才和外资，在改进核心技术的同时注重其市场化和商业化需求性能的研发，由此形成一个技术上较为成熟的产品，后期注重企业转型，链接产业链后端，由此其后端企业，如移动终端供应商或支付服务供应商，在谋求与前端供应商合作时，会首先考虑到自己的产品上应用指纹支付或认证是否会侵犯前端供应商的已有专利，因此在前端供应商的选择上会优先考虑具有此类专利权的企业，这一点从 Validity 与三星的合作，以及被 Synaptics 的收购上均得到了印证。

随着使用移动设备的交易进入爆发期，安全问题越来越多地被关注，成为移动支付行业的掣肘，苹果敏锐地嗅到其中的商机，2012 年苹果收购 Authentec 前后申请了多达 20 项指纹专利申请，由此后来居上，再次站上指纹识别智能终端的前沿。苹果虽然早期并未介入指纹领域，但通过收购 Authentec，全面掌握了指纹传感器技术，并与自身产品如 iPhone 5s 相结合，但其在应用特别是指纹支付方面布局较少，而三星在指纹支付方面的申请也屈指可数，而指纹支付大势所趋必然成为移动通信终端的标配功能，因而国内厂商在指纹支付方面还有很大的申请空间。

关键技术二

面部识别

目　录

第 1 章　研究概述

面部识别技术是一门融合生物学、心理学和认知学等多学科、多技术（模式识别、图像处理、计算机视觉等）的新的生物识别技术，可用于身份确认（一对一比对）、身份鉴别（一对多匹配）、访问控制（门禁系统）、安全监控（银行、海关监控）、人机交互（虚拟现实、游戏）等，因其技术特征而具有广泛的市场应用前景。

1.1　面部识别技术简介

面部识别是一项热门的计算机技术研究领域，它属于生物特征识别技术，是对生物体（一般特指人）本身的生物特征来区分生物体个体。生物特征识别技术所研究的生物特征包括脸、指纹、手掌纹、虹膜、视网膜、声音（语音）、体形、个人习惯（例如敲击键盘的力度和频率、签字）等，相应的识别技术就有面部识别、指纹识别、掌纹识别、虹膜识别、视网膜识别、语音识别（用语音识别可以进行身份识别，也可以进行语音内容的识别，只有前者属于生物特征识别技术）、体形识别、键盘敲击识别、签字识别等。

1993 年，美国国防部资助启动了具有深远影响的 FERET（Face Recognition Technology）测试项目。其目的是要揭示面部识别研究的最新进展和最高学术水平，同时发现现有面部识别技术所面临的主要问题，为以后的研究提供方向性指南。

到 2000 年，面部识别技术研究已经取得了巨大的进展，逐渐从实验室的原型系统阶段真正走进了实用的商业系统阶段。

为了对众多的商用面部识别系统进行性能评估并了解面部识别技术的真实进展情况，又组织了 FRVT2000 和 FRVT2002 测试。FERET 项目推动了面部识别技术从初始阶段提升到原型系统阶段，参加 FERET 测试的许多算法已成为今日实用的商业系统基础；FRVT2000 和 FRVT2002 进一步促进了面部识别技术从原型系统阶段走向实用的商业系统阶段。

作为简便快捷的生物特征识别方式，面部识别技术正在或未来将要在以下方面进行广泛应用：反恐应用的摄像监视系统；面部自动对焦和笑脸快门技术面部检测；公安刑侦破案；移动网络支付；身份辨识。

1.2　产业现状

据 BCC 最新市场研究报告表明，全球市场对生物识别产品的需求在 2010 年已达到

71 亿美元。在未来五年，生物识别设备的综合性年增长将率将达到 21.3%，面部识别市场年增长率为 24%。从地域来看，由于用户对生物识别设备有较高的认可和采用度，使得欧洲成为生物识别设备的主打市场。如今，面部识别的应用愈加广泛，已具体到生活的方方面面，让人们享受安全与便捷。

面部识别技术在我国应用较多的是身份识别领域，它的目标市场主要是办公市场和驾校、工地等安全系数较高的行业应用领域。办公市场，即公司的门禁考勤，由于系统最多可识别上千人，大多数公司都只需要一套或几套产品就可以满足需求，所以这类市场所需的产品量不大。于是，厂商就把目标转向了行业应用领域，如驾校、工地等安全系数较高的场所，这些领域所需的产品量比较大。例如驾校自国家相关政策出台后，对学员的管理非常严格，从学员上车到下车以及培训学时都会严格管理，而面部识别产品可以杜绝指纹识别的一些弊端，伪造难度更大，更符合驾校的需求，且市场容量大。

在商业应用方面，我国广告关注度分析产品的应用市场尚在开拓中。据业内人士介绍，我国面部识别企业在该技术的应用方面已有解决方案，市场前景看好。

面部识别技术在楼宇对讲和门禁领域的应用前景也被看好，门禁生产厂商已经生产面部识别门禁产品，也有楼宇对讲企业在应用面部识别技术。另外，面部识别产品在养老金领取管理等领域也已得到应用和推广。同时，随着越来越多企业跨界进入面部识别领域，势必加剧该领域的竞争。良性的竞争可以推动面部识别技术的进一步发展和产品价格下降，从而加速面部识别产品的应用。

在面部识别技术方面，我国的研发能力在国际上可以说是领先的，然而在市场应用方面与国际水平有些差距，需加大市场开发力度。

1.3 行业需求

国家发展与改革委员会在 2013 年 8 月 22 日发布了《关于组织实施 2013 年国家信息安全专项有关事项的通知》。此次专项重点支持包括金融信息安全领域、云计算与大数据信息安全领域、信息安全分级保护领域、工业控制信息安全等四大领域。因此作为信息安全领域应用主力军——生物识别产业迎来政策利好后的快速增长。十来年，与国内高速增长的整体经济相伴，中国生物识别产业年增长率一直维持在 40% 以上的高位。面部识别在商用智能监控和分析系统的应用发展速度非常快，国外在传媒分析、广告受众统计、消费者人群监控分析等方面的应用很快也都被国内的应用集成商学习借鉴，并开始规模化布局应用，形成面部识别应用新的方向。面部识别产业技术高度密集，是一个复合型高科技行业，欧、美、日、韩一直是全球面部识别产业的重点区域，由于欧美日韩的企业技术实力强，产业程度高，中国大陆企业在技术上存在较大差距，整个面部识别行业面临关键技术难以突破、核心技术缺乏等问题的困扰，因此，对面部识别行业的相关专利进行全面系统分析，从专利技术角度探索解决制约行业发展的瓶颈问题，对促进生物识别产业健康发展具有重要现实意义。

第2章　面部识别专利总览

面部识别技术的应用广泛。本章将对面部识别行业的专利申请状况作简要分析，介绍研究对象和研究方法，并从全球和中国专利申请的申请趋势、申请人、技术构成等方面对面部识别行业的专利申请情况作具体分析。

2.1　研究对象及方法

2.1.1　技术分解

专利技术分解是专利分析的基础，界定了专利分析的范围，确定了专利分析研究框架，对面部识别的关键技术进行了分支。同时，依据技术分解表进行数据检索，为数据清理和标引指出方向。因此在技术分解之前，课题组做了以下工作，首先阅读面部识别领域的非专利文献，充分了解技术发展状况和行业发展现状，然后咨询了合作单位的技术专家和行业专家，最后，初步检索专利文献，对所研究的专利文献难易程度以及数据量作出评估。经过多次的修改、初步检索、咨询，最终的技术分解表（如表2－1－1所示）为课题研究打下坚实的基础。该表有助于了解行业技术情况，为专利文件检索提供了方便，便于选取重要的研究方向。

表2－1－1　技术分解表

	一级分支	二级分支	三级分支	四级分支
面部识别	面部检测	基于特征的检测	—	—
		基于图像的检测	线性子空间	—
			神经网络	—
			其他统计方法	—
		基于活动轮廓模型	—	—
		单面部检测	—	—
		多面部检测	—	—
	面部跟踪	基于运动信息	—	—
		基于肤色模型	—	—
		基于局部特征	—	—
		基于面部检测	—	—

续表

	一级分支	二级分支	三级分支	四级分支
面部识别	面部表征	主动形状模型 ASM	—	—
		主动表观模型 AAM	—	—
		光流	—	—
		三维形变模型	—	—
		编码组合特征	—	—
		灰度特征	—	—
		变形/运动特征	—	—
		频域特征	—	—
		代数特征	矩阵分解	—
		统计属性特征	—	—
		局部分析特征	—	—
	面部识别	识别方法	特征脸	—
			弹性图匹配	—
			结构匹配	—
			红外面部图像识别	—
			深度面部图像	—
			隐马尔可夫模型	—
			人工神经网络	—
			支持向量机	—
			AdaBoost	—
			线形判别分析	—
			最近邻法	—
			模糊决策	—
			核判别分析	—
		识别环境	光照适应	自然光
				热成像
				多光源
			姿态适应	—
			遮挡适应	—

续表

	一级分支	二级分支	三级分支	四级分支
面部识别	面部识别	三维面部识别	数据采集	3D 扫描仪
				2D 照相机结合激光源
				基于 2D 面部图像构建
			三维重建	—
			算法改进	几何特征
				模板匹配
				统计模型
			多模态	三维 + 二维
				三维 + 其他非面部识别方式
			应用	—
	应用	表情分析	—	—
		物理分类	年龄	—
			男女	—
			种族	—
		活体检测	盲检测	三维深度信息
				脸部表情变化
				光流
				面部生理活动
				频谱
				红外辐射测温
				基于纹理信息分析
				颜色空间
				瞳孔区域变化
				其他
		—	人际交互	用户主动配合
				用户被动配合
		—	多模态	联合声音识别
				联合指纹识别
				联合其他识别技术

续表

	一级分支	二级分支	三级分支	四级分支
面部识别	应用	人机交互	设备管理	开机
				解锁
			操作	—
			拍照	—
			显示	—
		安全应用	公共安全	—
			信息安全	—
			金融安全	—
			户籍管理	—
		企业应用	考勤	—
		其他应用	—	—

2.1.2 数据检索

本报告采用的专利文献数据主要来自国家知识产权局专利检索与服务系统（以下简称“S 系统”）以及 CPRS 系统。专利文献来源包括：

CNABS（中国专利文摘数据库）；

DWPI（德温特世界专利索引数据库）；

SIPOABS（世界专利文摘数据库）；

CNTXT（中国专利全文文本数据库）；

USTXT（美国专利全文文本数据库）；

EPTXT（欧洲专利全文文本数据库）；

WOTXT（世界专利全文文本数据库）。

中文法律状态数据来自 CPRS 数据库，引文数据来自 DWPI 数据库。课题组对于涉及面部识别的专利进行初步检索分析后，发现如下几个特点：①全球文献量大概 2 万篇，属于比较巨大的文献量；②各个技术分支之间存在重叠的情况，但重叠的情况并不会影响分析，因为重叠文献量并不占多数；③IC 分类号中并没有针对面部识别有细分，CPC 分类号中有部分分类号可以参考，另外 FI、UC 分类号中也有面部识别的分类号，但没有给出细分，因此检索主要依靠关键词，这样很难查全查准，检索具体技术分支难度较大。

课题组依据以上特点，采用了“总分”式检索策略，借助 EC、CPC、FI、UC 分类号和关键词相结合的方式进行全部文献量的检索，检索数据库主要依据 SIPOABS 数据库。形成一级数据池，再对关键技术采用多种检索手段相组合的方式，通过转全文库、转文摘库等方式进行分块检索，通过抽取样本逐一去噪，通过抽取某申请人来检查查全率，并根据查全、查准的结果继续调整各个关键技术的检索策略。获得二级技术分支的数据池。

数据标引：主要通过分类号、关键词、ADVANTAGE/NOVELTY 等字段，并结合人工阅读进行文献标引，主要标引技术构成、引用情况、法律状态，同族信息等项。

2.1.3　数据处理：去噪、标引、申请人归一化

（1）去噪

专利分析中，任何的检索结果都会带来噪声，这是不可避免的。因此对检索结果进行去噪是必须的手段，通过去噪处理能够提高数据池的查准率，使得分析结果更加可信。噪声产生的来源会有以下几个方面：①数据库本身存在噪声，如摘要库和全文库、数据库中某些后期加工过的字段也会带来噪声；②分类号检索中，分类号的不准确带来的噪声；③关键词噪声，无论中文或外文检索，关键词的选取不恰当都会带来相当的噪声。

去噪处理的办法，针对上万篇的专利文献量来说，应当首先考虑批量去噪，同时结合研究人员的逐篇阅读。当采用批量去噪方法时，应注意对错误去除错误的噪声进行二次筛选，防止有效文件被错误的清除，从而损失了查全率。

基于以上分析，课题组确定了下述的去噪策略：①针对数据库噪声，采用转库操作，利用不同数据库的字段特点，如 DWPI 库具有人工改写的摘要信息字段，具有同族数据归一化功能；SIPOABS 具有 UC、CPC、FI/FT 等特色分类号，CPRS 数据库便于统计授权等法律状态信息等。利用这些数据库特性进行转库操作进行去噪。②分类号检索去噪，针对不同噪声率的分类号使用不同策略，如将大组属于面部识别而小组中与主题基本不相关的分类号可认为是噪声直接去除，而部分相关的分类号如（FI 中的 G06T1/00&340 属于人类图像信息）则结合关键词（如面部）联合检索进行去噪。③针对关键词带来的噪声，采用多种手段进行去噪，如通过标题检索去噪，发现检索结果中涉及医学、血管、血液、血压等词语的都是噪声可以直接去除。关键词去噪：检索利用关键字：“面部 or 面部”，其中“面部”带来的噪声“底面部 or 截面部 or 平面部 or 球面 or 合面部 or 侧面部 or 背面部 or 壁面部 or 内面部”等均视为噪声将其去除。

（2）标引

数据标引是数据处理的一部分，目的是对原始数据记录加入相应标识，从而增加额外数据项进行特定分析。标引字段可以分为常规标引字段和自定义标引字段，自定义字段如技术分支、技术功效等。标引的方法包括批量自动标引和人工阅读逐篇标引。批量自动标引适合于文献量较大情况，人工阅读只有在时间允许、人力资源充沛的情况下可以使用。

基于文献量考虑，本报告在进行面部识别全领域检索时采用了自动批量标引方法，批量标引在检索完成后一并完成。如针对一级技术分支进行检索的过程也就完成对一级技术分支的标引。而针对本报告开展的研究的技术点以及申请人分析，则采用人工

阅读手动标引方式。

（3）归一化

通过检索不同的数据库得到的数据样本格式并不是统一的，因此需要对所获得的数据进行归一化处理，以满足后续研究的需要。数据项归一化主要包括：日期格式、公开号规范、分类号规范、申请人国别的统一、申请人名称的去重和归一化、发明人名称的归一化等。针对申请人名称的表述差异，总公司与子公司，合资公司，进行过重组兼并的公司均需要将其统一或设定规则将其规范化。针对美国的申请人，因为美国专利法规定了申请人只能为个人，当该项发明系“职务发明”时，需要将个人申请人替换为公司的名称，具体操作办法可以根据其同族文献的申请人著录项目部分的公司名称来确定。

2.1.4 相关事项

对于本报告中出现的术语或现象，一并给出解释；如报告正文或图表中另有解释，则参考其具体解释。

（1）同族专利

同一项发明创造在多个国家申请专利而产生的一组内容相同或基本相同的专利文献出版物，称为一个专利族或同族专利。从技术角度看，属于同一专利族的多件专利申请可视为同一项技术。在本报告中，针对专利技术原创国分析时对同族专利进行了合并统计，针对专利在国家或地区的公开情况进行分析时对各件专利进行了单独统计。

（2）多边申请

指申请人就同一项发明创造向多个国家或地区进行了专利申请。在专利申请人认为该技术本身比较有价值，需要在多个国家或地区进行申请，欲获得多个地域的独占实施权。通常根据公开号中地区数量和分布来判断是否为多边申请。

（3）专利申请量统计中“项”和“件”的说明

项：同一项发明可能在多个国家或地区提出专利申请，DWPI数据库将这些相关的多件申请作为一条记录收录。在进行专利申请量统计时，对于数据库中以一族（这里的“族”指的是同族专利中的“族”）数据的形式出现的一系列专利文献，计算为“项”。一般情况下，专利申请的项数对应技术的条目。

件：在进行专利申请量统计时，例如为了分析申请人在不同国家、地区或组织所提出的专利申请的分布情况，将同族专利分开进行统计，所得的结果对应于申请的件数。

1项专利申请可能对应于1件或多件专利申请。

2.2 放眼全球

2.2.1 申请趋势

截至2014年6月30日，面部识别全球专利总量为17981件，从20世纪70年代到现在，面部识别全球专利申请经历了从无到有，从个位数的年度申请量到每年涌现上千件的专利申请的过程。伴随着面部识别技术的日臻成熟，以及面部识别技术在产业应用中的不断发展，这些专利申请在各个不同制度的国家，为全世界的研发者的权益保驾护航，成为发明人的知识产权财富。

从1972年出现第一件面部识别专利申请开始，很长时间内，年申请量处于较低水平，且较为不稳定，这与面部识别技术在这一段时间的处于萌芽阶段，发展较为缓慢的趋势相关。这种低申请量的状态持续了很长时间，直到1994年达到年申请量92项，而这一年的总量比1972年到1986年的15年总计申请量还要多，也表明进入20世纪90年代，面部识别技术完成了一定的积累，专利布局逐渐活跃，这段时间是面部识别技术的储备期，图2-2-1和图2-2-2分别展示了面部识别技术全球专利申请量年度分布和技术分布。

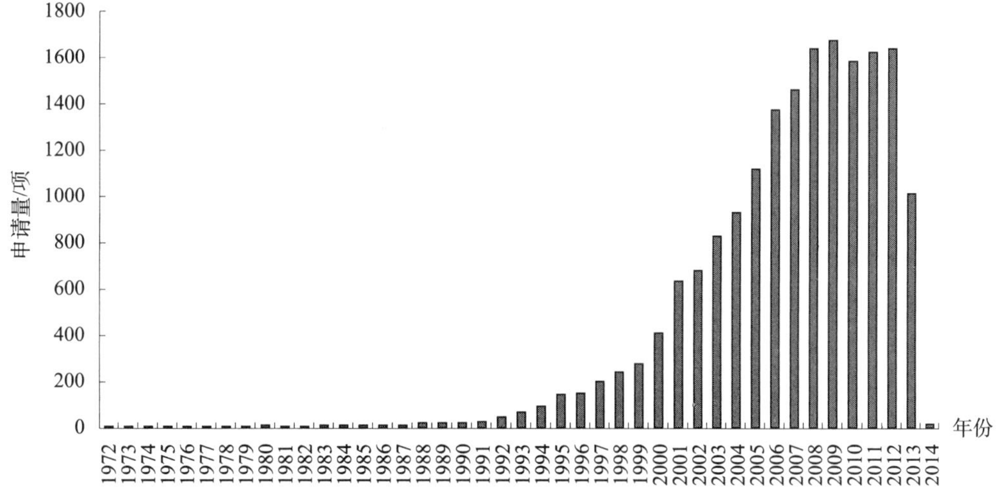

图2-2-1　面部识别技术全球专利申请量年度分布

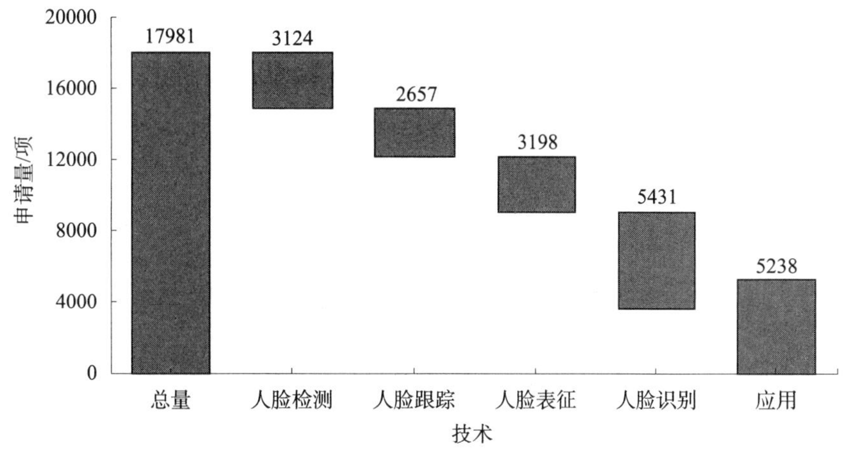

图2-2-2　面部识别技术全球专利申请技术分布

1995年，面部识别全球专利申请量相对于前一年增长了58.7%，历史性地突破100项大关，达到145项，拉开了申请量迅猛增长的序幕，到2008年，达到惊人的1636项。实际上，面部识别专利年申请量从1项到突破100项花了23年的时间，而接着突出1000项大关仅仅用了9年时间。这段时间申请量的激增与面部识别技术在产业中的需求推动息息相关，这种需求来自两个方面，个人需求以及国际安全形式的需求。进入新世纪，电子信息产业爆发出极大能量，电子产品更新换代日新月异，人们不断追求更加和谐的人机交互方式，面部识别技术所带来的“以貌取人”式交互成为美好的憧憬，而实际上研发者也在不断地为之努力；此外，2001年“9·11”事件的发生，为全世界的安全问题敲响了警钟，从国家到民众，开始大力发展各种反恐、安全的软硬件技术，面部识别技术作为监控预防恐怖分子的重要手段，在安全领域得到了长足发展。这段时间可看作是面部识别技术发展的快速发展期。

从2009年开始，面部识别行业的专利年申请量增长态势开始放缓，但还是维持在较高的水平，这段时间面部识别在产业上的应用已经较为成熟，诸如考勤机、安防系统以及个人电子用品中的面部识别功能已经非常普遍。面部识别技术在应用分支的申请在这一段时间占据较大比例，但随着应用的发展，应用场合给面部识别技术本身也带来了许多挑战，如光照、姿态、角度，以及各种虚假面部的欺骗、故意不配合等，这也使得面部识别技术在一定程度上陷入了瓶颈，虽然在特定条件下的面部识别已经达到较好的水平，但识别算法的突破乏力也使得专利申请量维持在相对平稳的水平。

随着各大科技公司在更加智能的人机交互技术的着力投入，抢占消费市场，以及各个国家对安全反恐形势的持续重视，面部识别技术在经过专利申请量的平稳期后，必然要酝酿新的突破，相信今后的面部识别技术必将带给人们更多更好的体验，而专利申请量则会进入下一轮增长。

2.2.2 专利布局能手

从面部识别行业全球申请布局来看，日本企业占据绝对优势，韩国三星则孤军作战，坐拥600项专利申请，但依然被日本诸强挤出前三，屈居全球申请量第四位。

全球申请量达到100项以上的企业共26家，图2-2-3所示为其中申请量达到200项以上的15家公司。

由图2-2-3可见，占据申请量榜单前15位的有13家日本企业，只有韩国三星和美国的微软挤进了申请量前15位，可见日本企业在面部识别领域专利布局的巨大优势。这种态势固然是因为日本企业在面部识别技术的研发优势，也源于日本公司对面部识别技术的市场应用的推进。纵观上述日本企业，尤其是前几位的企业，几乎都有一个共同的特点，那就是都有占据市场较大的份额的面部识别产品——摄像设备。从对全球专利申请量的技术分支分布来看，人脸检测、人脸跟踪和应用三个分支分别占据3124项、2657项以及5238项，而摄像设备则是人脸检测和人脸跟踪技术的典型成熟应用，日本企业在摄像设备上的巨大优势使其在各个技术上的专利布局都极为强大。对于国内企业来说，要想打破这种现象，提高设备结构层面的制造能力固然非常重要，对于这些核心技术的专利布局也要未雨绸缪，避免成长之后陷入专利纠纷的怪圈。

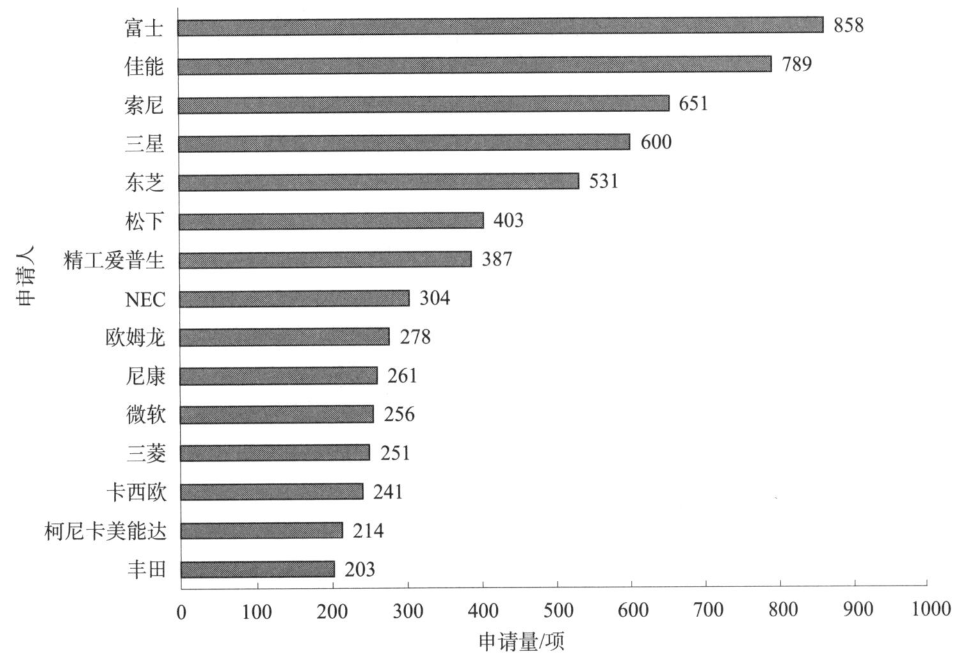

图 2-2-3　面部识别专利申请的全球主要申请人

2.2.3　五局申请现状

中国、美国、欧洲、日本、韩国是知识产权输出的重要主体，也是各国进行专利布局的兵家必争之地，对于面部识别技术在中国、美国、欧洲、日本、韩国的输入输出研究具有一定的指导意义。图 2-2-4 所示为中国、美国、欧洲、日本、韩国申请人在中国国家知识产权局、美国专利商标局、欧洲专利局、日本特许厅以及韩国知识产权局进行面部识别专利申请的申请量分解。

由图 2-2-4 可见，中国、美国、欧洲、日本、韩国申请人几乎不约而同地遵守一条不成文的规则，那就是“保卫本土”，重视在本地的专利布局。以日本为例，其在本土进行了 7777 项专利布局，占据全球申请总量的 43.3%，结合前面所分析的日本企业在全球申请量的巨大优势可见，日本各大企业在本土的专利布局可谓是重兵集结，各大公司对于专利武器的运用之纯熟以及对知识产权保护制度的信赖可见一斑。日本本土资源有限，其产品通常是全球性市场布局，与之相应的，则是全球的专利布局。中国、美国均是其非常看重的市场，专利布局量均在 1000 项以上，欧洲和韩国市场也积极布防，护航产品输出。

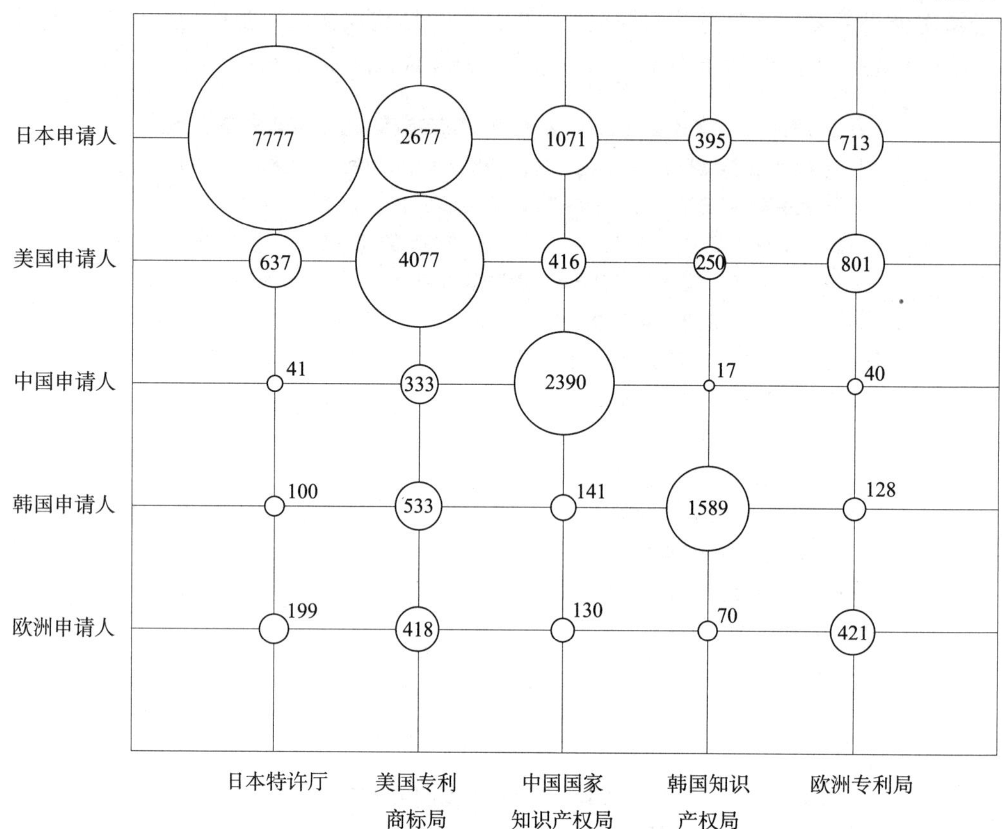

图2-2-4　中国、美国、欧洲、日本、韩国专利目的地及流向图

与日本相比，中国和美国对于本土市场的重视更加突出，美国在本土布局4077项专利，占据全球申请总量的22.7%，美国企业显然是对其本土的消费能力充满信心，这个诞生了苹果、谷歌、微软等科技巨头的国家确实是科技技术发展的前沿阵地，其强大的经济实力也决定了其重要消费市场的地位。同样是重视本土市场，中国的申请状况则传递出了不同的信息，撇开与前二者类似的在本土重兵布局2390项专利不谈，除了在美国布局333项专利外，中国申请人在日本、韩国以及欧洲的专利申请量分别为41、17以及40项，其数目之少令人诧异。日本、韩国以及欧洲的市场不可谓不重要，这样的专利布局与中国企业一致强调的“走出去”战略似乎不太吻合，究其原因，日本、韩国国内均具有非常强势地进行专利布局的企业，其产品占据市场份额也非常大，竞争压力较大，中国企业试图进入这些国家的难度较大，因此专利布局的积极性不高，而欧洲对中国企业的接受程度低，也导致了消极的专利布局。对于这种情况，我国企业应当保持积极的态度，在当今世界知识产权保护制度越来越完善的趋势下，市场的扩展必然需要专利的同步保护，否则会在竞争中失去机会。而首先要做的是专利申请量的提升，毕竟没有专利武器的企业，在知识产权世界寸步难行，而在这方面我国企业已经有了很多的经验教训。

韩国企业的专利布局与中国有类似之处：重视本土，兼顾美国市场。在韩国本土的面部识别领域，韩国的三星一家独大（关于三星的专利分析参见第5章的内容），从整体情况看，韩国申请人在日本、中国以及欧洲的专利布局虽然较少，但也在100项以上。从市场角度看，以三星手机为代表的韩国产品在世界主要国家都占据了重要的地位，其他企业在韩国本土尤其难与之抗衡，三星与美国苹果之间的专利纷争更是吸引了近年知识产权界的主要视线，其在美国的专利布局也表明了三星与苹果对抗的决心。欧洲申请人对于本土的布局重视程度也不是很突出，实际上欧洲的公司市场布局全球化程度比较高，因此对于其他国家的专利布局也较为重视。

以下再从技术输入国的角度分析各国市场对于技术的吸引程度。图2－2－5所示为中、美、欧、日、韩的专利目的地占比图。

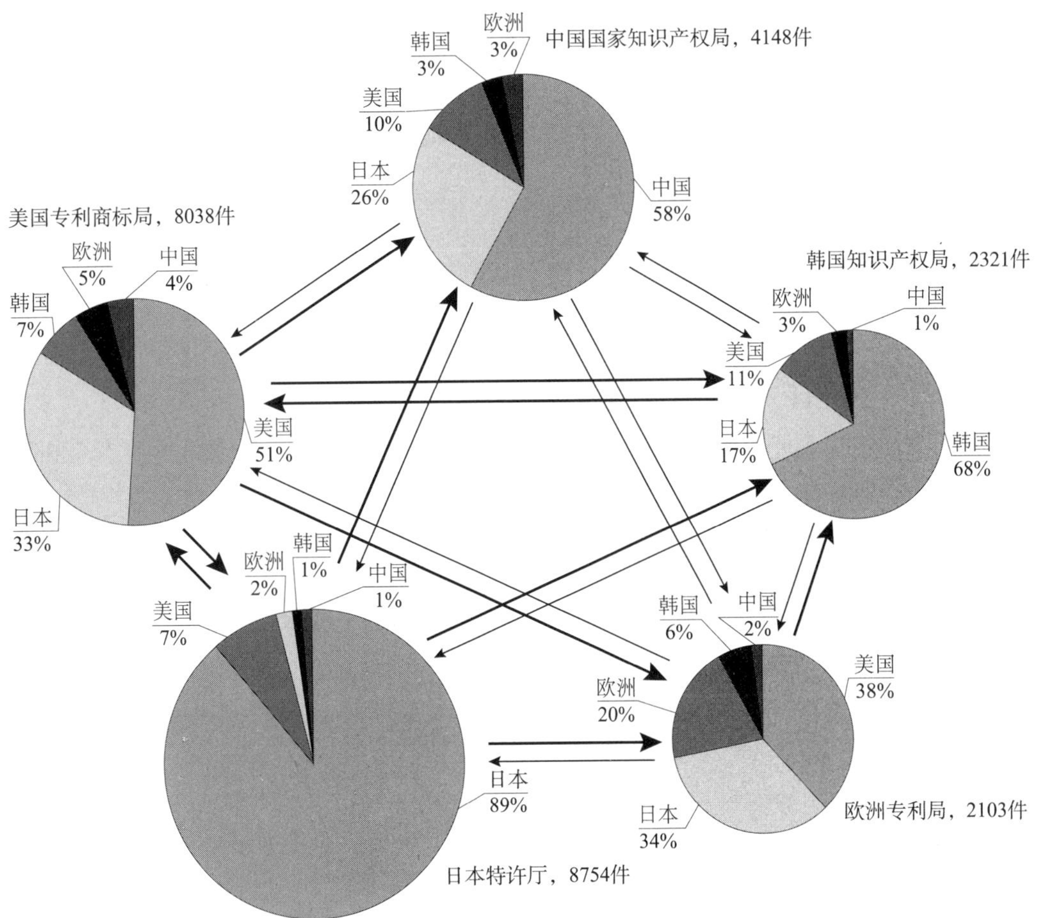

图2－2－5　中国、美国、欧洲、日本、韩国专利目的地占比

参见图2－2－5，其中饼图大小表示各专利局受理的专利申请量，百分比表示各国申请人所申请的专利数占各专利局受理量的百分比，箭头方向表示各国申请人向各专利局进行专利申请，箭头的粗细表示数量的多少。

日本特许厅所受理的专利数量最多，为8754件，占全球申请总量的48.7%，美国专利商标局所受理的专利数量与日本特许厅较为接近，为8038件，二者虽然总受理量接近，但日本特许厅所受理的专利主要来源于本国的申请，占据89%，而美国专利商标局所受理的申请则来源更加多元化，本国申请量仅占51%，可见各国对于美国市场的更加感兴趣，将其作为专利输出的重要目标国。

中国国家知识产权局总共受理4148件面部识别的专利申请，为美国和日本数量的大约一半，其中本国申请占58%，来自美国和日本的专利申请则总计占36%，可见，中国这个庞大的消费市场是世界各国尤其是美国和日本的企业重要专利输出目的地，国内企业应当借鉴他国申请人的成熟的布局策略，从在本土的布局做起，提高在他国布局的力度。

韩国知识产权局和欧洲专利局受理的面部识别相关申请量相对较少，但这并不影响其成为他国申请人专利输出的重要目的地。尤其是欧洲专利局，其受理总量的80%来自他国，可见欧洲市场在面部识别领域，其本土企业并不具有统治力，中国企业也可以加大布局力度，抢占一席之地。

2.3 立足国内

为了解面部识别领域中国专利申请的总体概况，本节重点研究中国专利申请的趋势、申请人构成、国内各省份专利申请和产业布局等。

2.3.1 申请趋势

通过专利申请态势分析，有助于把握技术分布和技术东向，决策市场切入点和技术支撑点，增强企业对与区域经济和相关行业的带动作用。

截至2014年6月30日，在面部识别领域，中国专利申请共3717件，其中中国申请人共申请2845件，国外申请人共申请872件。从专利申请趋势上来看，中国在面部识别领域的专利申请大致可以分为3个阶段，如图2-3-1所示。

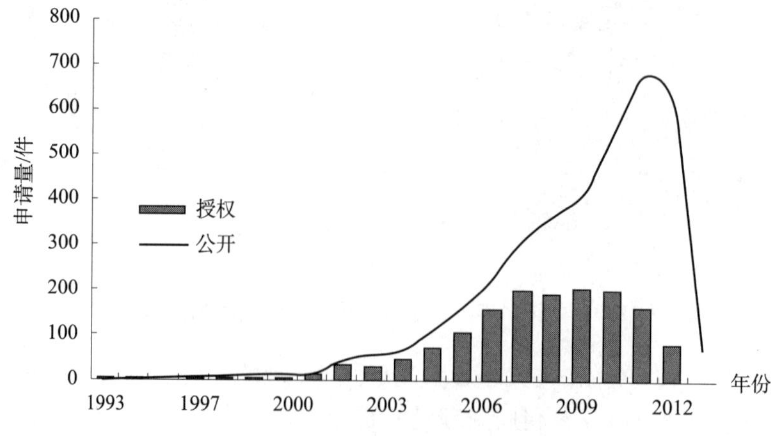

图2-3-1 面部识别行业中国专利申请量年度分布

（1）起步期（1993～2000年）

中国第一件涉及面部识别的专利申请是来自日本卡西欧的发明专利申请，主要涉及图像显示装置和控制方法。由于这一时期面部识别技术还未成熟，国外企业还未将中国作为重要战略市场，国内企业和科研机构的技术水平相对落后专利申请发展极为缓慢，每年的申请量稀少，均在10件及以下。

（2）扩展期（2001～2006年）

随着面部识别领域科研的发展，专利申请量迎来了第一个发展阶段，申请量开始增长，年申请量迅速增长到100件以上。

（3）迅速发展期（2007年至今）

随着国内经济的发展，智能识别技术开始在数码相机、笔记本电脑、智能手机、安防监控、身份认证等各个领域广泛应用，面部识别技术逐渐趋于成熟，专利申请量迅速增加，并在2012年申请量达到了峰值。这一时期，国内企业，例如汉王科技、上海银晨、中星微等迅速崛起，各科研院校也加大了面部识别领域的科研投入，纷纷加入到专利申请大军中来，同时国内企业的专利保护意识逐渐加强，也促进了申请量的增加。

随着专利申请量的发展，获得的授权量也迅速增加。

就技术分支而言（参见图2－3－2），面部识别的申请量最多，包括针对识别方法、识别环境等角度提出的多项专利申请，这与全球范围内面部识别领域中面部识别占比最大的情况相一致，面部检测成为申请量排列第二的技术分支，由于数码相机市场中佳能、三星、富士等多方角力，推动了面部检测在数码相机/摄像机中的广泛应用。面部跟踪和面部表征成为申请量较小的分支。同时面部识别领域有相当数量的专利申请涉及其应用，例如身份认证、考勤管理、安防监控、金融安全以及人机交互等。

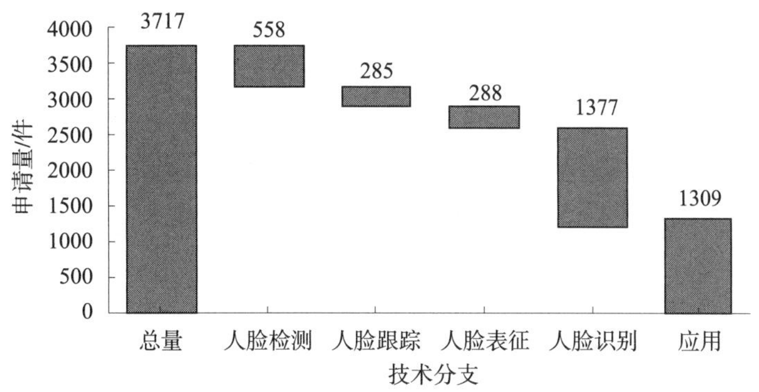

图2－3－2　面部识别行业中国专利申请技术分支分布

2.3.2　申请人构成

面部识别领域中国专利申请人（参见图2－3－3（a））主要以公司为主，占到总量的62%，成为该领域的创新主体和技术领导者。其次高校申请占到21%，其余个人和研究机构只占很小的比例。另外还包括6%的联合申请。

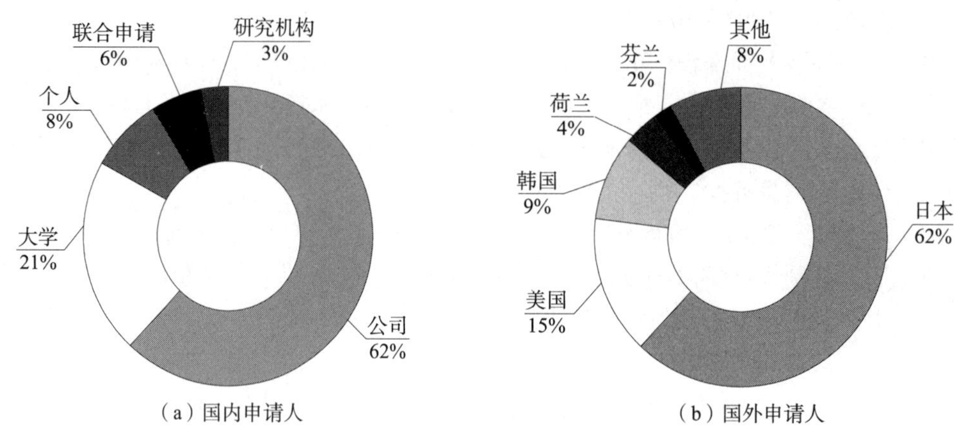

图2-3-3　面部识别行业中国专利申请人分布

从国外申请人来源构成来看，如图2-3-3（b）所示，国外申请人主要来自日本、美国、韩国、荷兰、芬兰，可以看出，在全球范围内的主要申请国均已进入中国进行专利布局。其中日本的申请量最多，占到62%，中国作为日本的重要海外市场，一直受到日本公司的青睐和重视，各大电子厂商均在中国进行专利布局。

中国专利申请中排名前十位的申请人（参见图2-3-4）中有5家国外企业，5家国内企业。其中日本的索尼、佳能、欧姆龙分列前三位，韩国的三星位列第四，中国申请人中申请量最多的是中星微，另外，上海交大、汉王科技、上海银晨和清华大学也分别具有数量可观的专利申请。其中，索尼、佳能、富士等公司的面部识别技术主要应用于相机、笔记本电脑等数码设备，采用面部检测识别技术对相机拍摄进行拍摄控制；欧姆龙公司将面部识别应用于出入口控制、视频监控、ATM机等安防领域；三星作为韩国最大的一家电子通信公司，业务涉及电视、数码相机、手机、笔记本等众

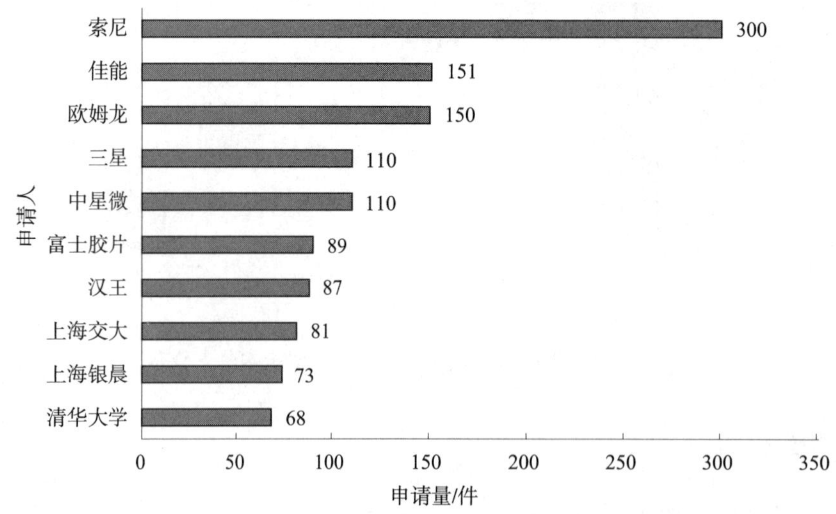

图2-3-4　面部识别行业中国专利申请中排名前十位的申请人

多领域，尤其是近几年来，三星上市的 Galaxy Nexus 系列手机中搭载了面部识别解锁功能，获得了不菲的销售成绩；另外三星旗下的 S1（Security No.1）公司是韩国安防监控领域的领军企业，在韩国安防市场拥有 50% 以上的市场占有率，其面部识别领域的专利储备丰富，在各个技术分支之下的专利布局非常全面，广受行业关注。

中国专利申请中排名前十位的中国申请人如图 2－3－5 所示。中星微电子以 110 项专利申请位列第一，上海交大、汉王科技、上海银晨和清华大学紧随其后。汉王科技致力于使用面部识别的考勤应用，研发了多款上市的考勤机，并占据了大量的市场份额。上海银晨的面部识别领域专利申请主要集中于 2009 年以前，主要集中于出入口控制、视频监控、人员身份信息、金融安全等领域的应用，2010 年以后开始公司转型，业务中心逐渐转移到视频监控、高清摄像机等硬件设备的研发上，2012 年以后不再进行面部识别专利的申请。上海交大、清华大学和中科院自动化所作为专利申请量最多的三所高校或研究院所，在面部识别领域的科研中起到了重要的作用。

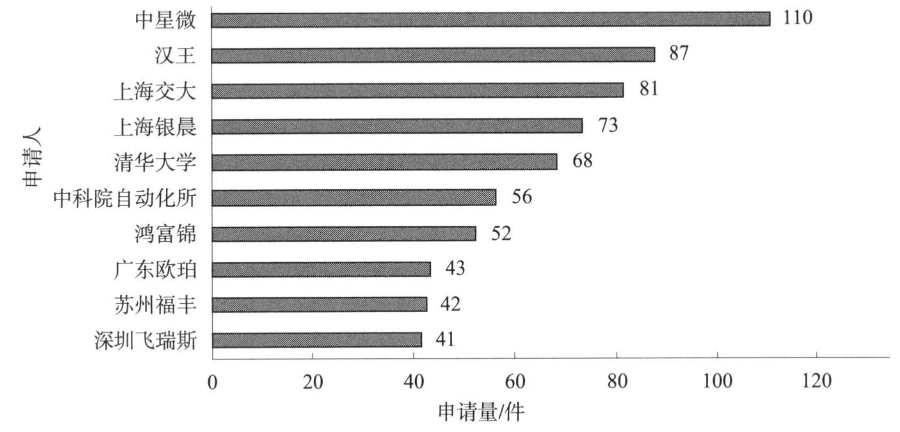

图 2－3－5　面部识别行业中国专利申请中排名前十位的中国申请人

中国面部识别领域专利数量表明，如图 2－3－6 所示，专利申请的创新主体涉及 29 个省、市、自治区，其中申请量在 200 件以上的有 4 个，100～200 件的有 2 个，20～100 件的有 11 个，20 件以下的有 12 个。

数据表明，排名前五位的分别是北京（630 件）、广东（572 件）、江苏（362 件）、上海（340 件）、台湾（121 件）。

如表 2－3－1 排名前五位的主要申请人所示，北京由于集中了中星微、汉王科技这两家面部识别领域的专利申请大户，又有如清华大学等科研院校，成为申请量最多的地区。广东包括鸿富锦、OPPO、TCL 等企业，从事手机、电视等行业相关的研发，另外还有深圳飞瑞斯等专门从事智能生物识别行业的企业，从而增强了广东的竞争力。江苏的苏州福丰、东南大学、上海的上海交大、上海银晨等均是申请量位于前列的申请人，成为支撑江苏和上海地区产业发展的核心。台湾的华晶科技的核心技术包括数码影像、手机影响等领域，提供消费型电子产品、车用和医疗电子等产品；纬创集团为宏基电脑股份有限公司中分割出来的独立代工企业，业务和产品包括笔记本电脑、信息设备、通讯设备等。

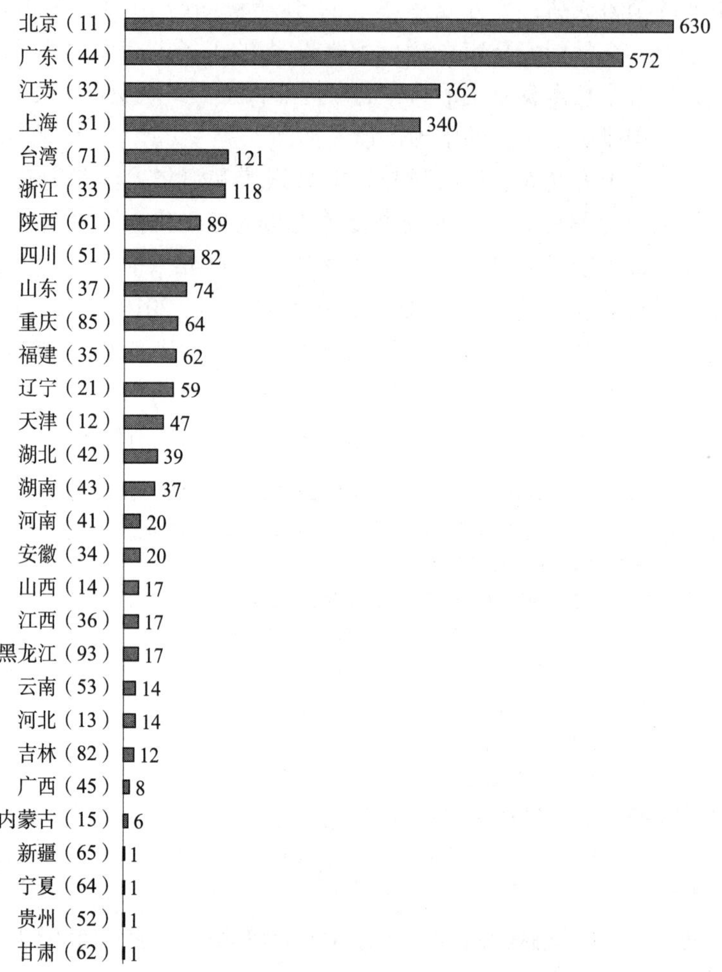

图2-3-6 面部识别行业中国专利申请地域分布

表2-3-1 面部识别行业中国专利主要申请地区概况

地区	发明/件	实用新型/件	授权量/件	发明授权量/件	申请人数量/个	平均专利产出量❶	主要申请人
北京	552	78	275	197	169	2.09	中星微，汉王，清华
广东	487	85	169	84	187	1.36	鸿富锦，OPPO，TCL
江苏	299	63	122	59	127	1.46	苏州福丰，东南大学
上海	281	59	136	77	132	1.48	上海交大，银晨
台湾	113	8	35	27	46	0.93	华晶，纬创

❶ 平均专利产出量＝申请总量/申请人数量。

2.4 小　结

通过对全球和国内面部识别专利申请现状的分析，可以看出，面部识别技术发展迅猛，相关专利申请量也水涨船高。各国申请人采取的布局策略却不尽相同，总体看来，日本企业具有较大优势，其各大电子科技巨头占据申请量排行榜绝大多数靠前位置，与此相随的是，这些日本企业在市场上确实也占有较大优势。但我们同时也看到，日本企业的布局主要是在本土，在中国虽然也较多，但也远小于我国国内申请人在我国的专利申请量，因此对于本土市场，国内企业应当有信心和实力去捍卫。

其次还应看到，日本、美国，甚至韩国和欧洲，其在非本土的专利布局量也很大，也就说对于非本土市场的重视程度也很高。相较之下，我国企业在海外的专利布局力度则较弱，这也必然会成为我国企业开辟海外市场的绊脚石。实际上，很多试图走出国门的企业，在遭受许多专利诉讼之后，才开始进行专利的补充布局。对于有海外市场扩展前景的企业，尽早进行专利布局，应当是明智之选。

回到国内市场，由于语言、文化的认知，国内企业在进行市场拓展时相较于国外企业具有一定的优势，但这种优势并不能必然保证市场争夺中的胜利，毕竟，消费者对于产品的认可度主要还取决于产品本身。我国有庞大的人口基础，由此也形成全世界最具吸引力的市场之一，国外企业对于中国市场难以放弃，这从国外申请人在我国申请的专利数量就可看出。与国外申请人主要为公司不同，在国外提交申请的我国申请人构成比较多元，其中大学、个人也占据了较大比例，这从另一方面也体现了对于面部识别技术的研究我国具有较深厚的基础。我国企业也应当考虑充分利用这些资源，进行与大学、科研院所甚至是个体研究人员的合作，提高申请数量和质量，与国外企业在专利布局上形成抗衡，从而保障市场上的竞争力。

第3章　3D面部识别

目前基于二维图像的面部识别技术较为成熟，但二维人脸图像并不能提供识别所需要的完整信息，其识别能力和效果具有一定的局限性。二维面部识别由于二维成像原理的先天性缺陷，对成像环境要求较高，并且对环境变化适应性较差，已逐渐无法满足人们的需要。三维人脸成像技术是由20世纪80年代开始，逐步发展起来的面部识别技术。3D面部识别技术弥补了二维面部识别的缺陷，将平面扩展到立体，利用三维模型获取人脸的三维数据，真实反映了人脸在3D空间中的形状。由于三维成像技术具有采样信息丰富、对光照条件适应性强等特点，3D面部识别技术大有取代二维面部识别技术的趋势。3D技术对于面部识别的引入将验证过程变得更加立体也更加全面，对于3D面部识别的研究，毫无疑问地是生物特征识别应用的重要突破口。

本章从全球申请态势、中国申请态势、技术构成以及重要申请人等方面对面部识别活体检测技术的专利申请情况作了分析。对全球申请态势的分析侧重于整体趋势、申请人分布情况以及技术发展路线分析，对中国申请态势的分析侧重于国外申请人与国内申请人在中国申请的数据对比。

经过检索和筛选，截至2014年6月30日，全球3D面部识别专利申请总量417项，本章基于该样本进行统计分析。

3.1　全球专利申请趋势

本节以面部识别的3D面部识别在全球范围内的专利为数据源，从专利申请态势、申请人以及区域国别3个方面，对3D面部识别技术领域进行专利分析。

3D面部识别的核心技术包括4个模块：设备模块、数据处理模块、特征提取模块和识别模块。设备模块获取3D人脸数据，可以通过3D扫描仪或2D照相机结合激光源获取三维人脸数据，另外还可以由已知2D人脸信息构建3D人脸数据。数据处理模块根据从设备模块接收的3D数据对人脸表面重建和优化，建立能够描述人脸的共有特征和基本形状的标准三维人脸模型。特征提取模块对3D人脸数据进行特征提取，提取能够描述人的个性特征的三维人脸特征参数。识别模块对提取的三维人脸特征利用基于几何特征、模板匹配或统计模型的方法来进行面部识别，包括判断待识别人脸属于哪个特定人的辨识和判断待识别人脸是否属于某个特定人的确认。

通过前期调研，从技术层次上对于3D面部识别进行分析，综合考虑专利检索和研究的可操作性，本报告将3D面部识别划分为数据采集、三维模型重建、算法改进、多模态、应用5个技术分支。各个技术分支和技术功效定义分别如表3－1－1和表3－1－2所示。

表 3-1-1　3D 面部识别技术分支约定

技术分支	定　义
数据采集	通过图像获取设备采集 3D 面部图像数据
三维重建	能够描述人脸的共有特征和基本形状的标准三维人脸模型
算法改进	对提取的 3D 人脸特征利用基于匹配或统计的方法进行识别的方法
多模态	3D 面部识别与其他（例如 2D 面部识别、语音/指纹识别）的结合
应用	3D 面部识别的应用

表 3-1-2　3D 面部识别技术功效约定

技术功效	定　义
提高识别率	提高 3D 面部识别的识别率、精度和准确性
简化复杂度	简化 3D 面部识别的计算复杂度，降低计算量，提高识别速度
降低成本	降低 3D 面部识别的设计制造成本，减少使用费用
安全/防伪	提供安全认证、防止假冒

3.1.1　总体态势

最早的关于 3D 面部识别的专利为 1992 年法国的 TELMAT INFORMATIQUE 公司的申请 EP0524119A1，从 1992 年到 2013 年，3D 面部识别领域专利申请量的年均增长率为 23% 左右，其全球专利申请趋势可以分为 3 个阶段（参见图 3-1-1）。

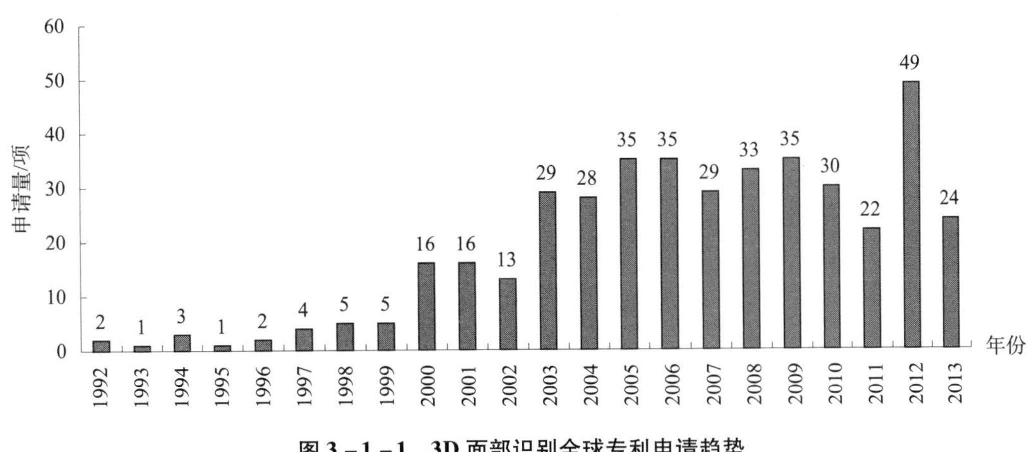

图 3-1-1　3D 面部识别全球专利申请趋势

萌芽期（1992～1999 年）：其间，年申请量一直处于个位数水平，3D 面部识别技术在这一阶段主要面向早期采集的小规模无表情、无姿态变化的三维人脸数据库，或者未公开的 3D 面部识别算法。[1] 最早的面部识别是基于二维图像的，但二维图像受到

[1] 明悦．基于不变性特征的三维人脸识别研究［D］．北京：北京交通大学博士学位论文，2013.

很多约束，丢失了很多三维深度信息，对光照、角度等非常敏感。3D 面部识别虽然克服了这些问题，但受到三维成像技术的约束，采集数据较为困难，图像精度也比较低，在此期间许多专利申请是针对如何获得高质量的三维面部图像。如 EP0524119A1 即公开通过从不同的角度拍摄二维图像，并进行三维生成，来进行分类。类似的，1993 年的申请 EP0551941A2 公开了从二维图像获得三维信息，来进行面部识别。可见，这一阶段的申请主要通过二维的方式获得三维图像，这种 3D 面部识别方式与二维图像的面部识别有很强的关联性，其识别效果也有所约束。

发展期（2000~2009 年）：此阶段申请量出现了显著的增长，进入 21 世纪，3D 面部识别研究逐步深入化、理论化，已经成为模式识别的研究热点，越来越多的研究人员和科研机构加入到 3D 面部识别的研究中，逐渐提出了基于三维图像几何特征的识别方法、基于局部特征的识别方法和基于全局特征的识别方法等。[1] 尤其是 2004 年由美国 FBI、NIST 等多个部门联合资助发起的“面部识别大挑战计划”（Face Recognition Grand Challenge，FRGC）[2] 更是大大促进了国际上对 3D 面部识别技术的研究，推动了其向实际应用的发展。

这一阶段的申请有许多关注于算法本身的改进，如 US2007258645A1 公开了通过建立三维数据模型来进行 3D 面部识别。需要关注的是，这一阶段的国内申请也大量出现，虽然晚于国外申请出现，但国内研究人员进行相关的专利布局的意识来得非常及时，得以在全球 3D 面部识别专利申请快速增长的阶段占据一席之地。如重庆大学提出的申请 CN1529278A 公开了一种对三维面部特征进行分类，减少面部图像数目，提高识别效率的方法。而浙江大学所提出的申请 CN1648935A 则公开了将三维面部特征映射到二维平面上进行处理，生成极光谱图像，实现不同姿态和表情下的面部识别。高校申请在国内申请中占据很大一部分，这也说明国内很多重要的发明团队在高校中，这些宝贵的资源应当引起企业的重视。

高速发展期（2010~2014 年）：近年，随着三维数字采集设备的飞速发展，3D 面部识别进入一个至关重要的攻坚阶段，大量新颖、高效的算法层出不穷，尤其针对当前国际上最大最权威的三维人脸评测数据库 FRGC v2 上提出的 3D 面部识别算法，通过在国际上通过的数据库上运用统一的测试参数进行性能对比，更具权威性和说服力，推动了实用的 3D 面部识别系统的发展和应用。[3] 硬件设备的发展也有力地推动了 3D 面部识别技术的发展，申请量出现了新的高潮。在这一阶段，国内高校的申请热情也继续攀升，南京理工大学的申请 CN102682294A 公开了利用 G-SOM 对三维人脸库进行学习，在识别时恢复出 2D 人脸图像的 3D 形状信息，提高了识别率。国内企业的专利布局也有所加强，TCL 集团的申请 CN103530599 公开了通过两个摄像头采集图像，进行真实人脸和图片人脸的区分。国外申请人在三维重建上有很大的申请量，如

[1] 叶长明. 三维人脸识别中若干关键问题研究［D］. 合肥：合肥工业大学博士学位论文，2012.

[2] Phillips P J, et al. Overview of the face recognition grand challenge. Proceedings of IEEE Computer Society Conference on Computer Vision and Pattern Recognition, San Diego, 2005, 1: 947-954.

[3] 明悦. 基于不变性特征的三维人脸识别研究［D］. 北京：北京交通大学博士学位论文，2013.

US20100824204、US2010100831843、US20100954487、KR20100000500 均涉及三维重建技术。这一阶段申请的急剧攀升也体现 3D 面部识别技术越来越受到业内的重视。毕竟，随着来自硬件的约束越来越小，3D 面部识别相较于二维面部识别，优势还是非常明显的。

全球专利申请包括中国专利申请和国外专利申请。通过对二者分别进行统计得到如图 3－1－2 所示的趋势图，其中实线代表的国外申请量明显早于虚线代表的国内申请。

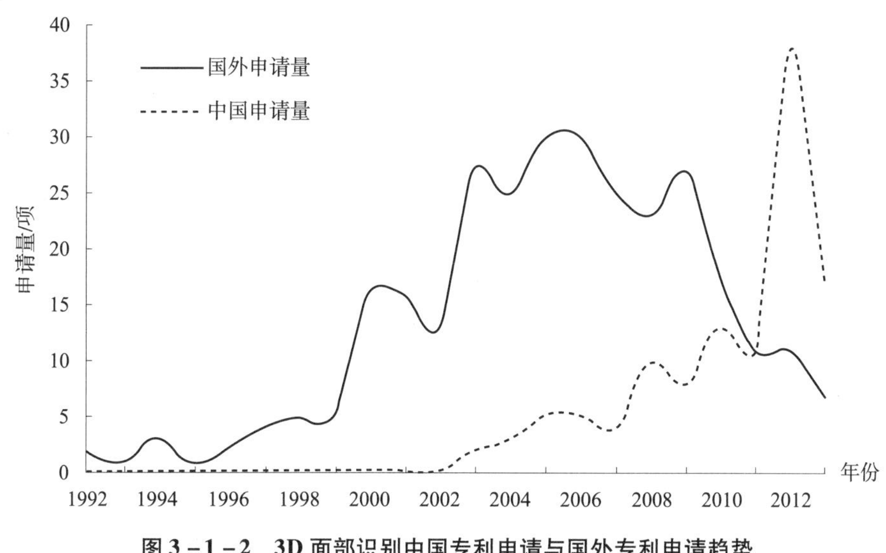

图 3－1－2　3D 面部识别中国专利申请与国外专利申请趋势

从 2000 开始，国外企业和个人已经开始布局 3D 面部识别技术，申请量直至 2009 年都持续处于高位，在 2010 年开始滑落。国内 3D 面部识别在 2003 年之前都是一片空白，2003 年韩国虹膜技术公司和重庆大学分别开始就 3D 面部识别进行了申请，从此开始了国内该项技术的专利布局，在 2011～2012 年申请量迅速增长，由于截稿时 2013 年的部分申请尚未公开，但是从已经公开的 17 件的数量来看，显然已经超过了 2011 年的 11 件，可见增长趋势仍然迅猛。相较之下，国外申请人的布局更早，总数也更多，但近几年却出现了谨慎布局的态势；国内申请人的申请热情则被激发，申请量大幅增加。积极的布局固然是掌握专利主动权的一种方式，也应当注意提高申请的质量，毕竟在国外申请人前些年的大量申请之后，专利的壁垒已经存在，更高质量的申请才是真正有力的专利武器。

3.1.2　申请人概况

在 3D 面部识别技术领域中，申请量最多的申请人集中在日本，其中最高的是日本的 NEC，排名第二的柯尼卡美能达与排名第三的东芝数量相当。三星、微软、三菱、韩国延世大学、索尼、日立、西门子等申请量也较多。中国的苏州福丰科技有限公司（以下简称“苏州福丰”）、浙江大学、清华大学、东南大学、陈晓容等申请人也在该领域中拥有较多的研究成果。如图 3－1－3 所示为 3D 面部识别的全球专利申请量排名前十位的申请人。

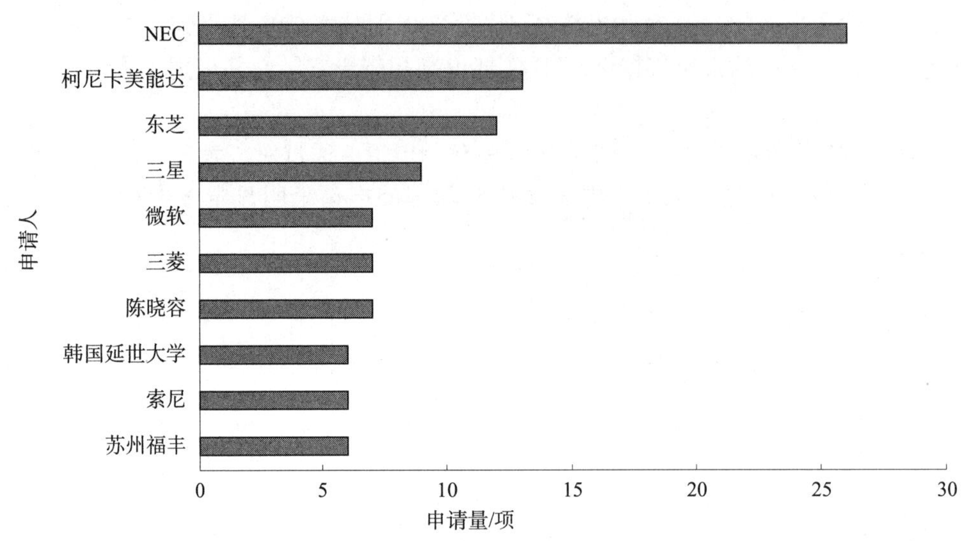

图 3-1-3　3D 面部识别技术全球专利申请量排名

3.1.3　区域国别分布

图 3-1-4 为对全球申请的优先权国别进行统计，得到的全球专利申请优先权各国占比，由图可知，日本、中国、美国、韩国四国垄断了 3D 面部识别将近 90% 的原创专利申请。其中日本、中国和美国是该领域最主要的技术输出国，可见虽然国内申请人布局时间较国外申请人落后，但近几年急剧攀升的申请量使得原创自中国的专利申请量与日本、美国形成鼎足之势。韩国掌握了 10% 的原创专利申请，也具有一定的优势地位。这也说明了我国企业、高校以及个人的知识产权意识的增强，专利申请意识的增强。这是值得鼓励的，量为先，质量则应当进一步加强，争取在未来涉及 3D 面部识别的专利竞争中，占据有利地位。

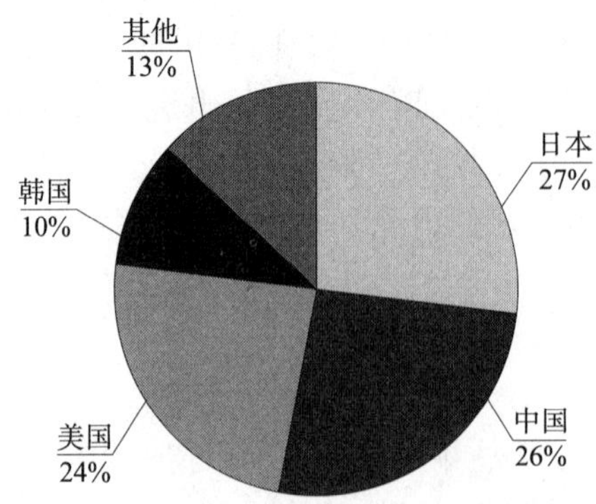

图 3-1-4　3D 面部识别技术全球专利申请优先权各国占比

3D 面部识别领域全球专利申请量区域分布如图 3-1-5 所示，其中表示了全球申请人在各个国家/区域所申请的专利量排名情况。

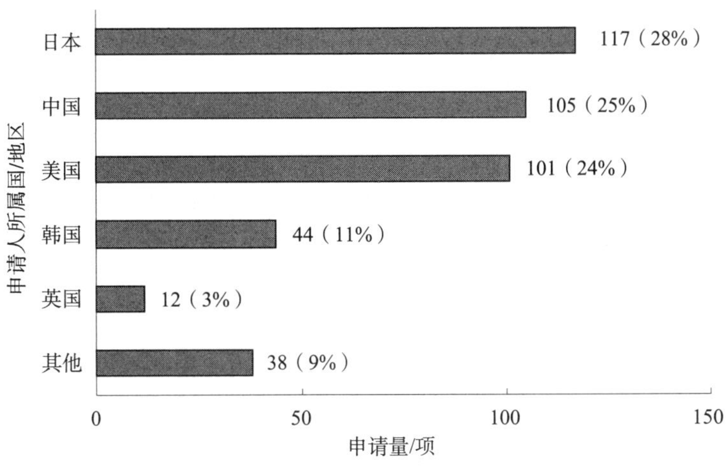

图3－1－5 全球专利申请量区域分布

由图3－1－5可见，日本在3D面部识别领域的专利申请量在全球居于领先地位，达到117件，占总申请量的28%。该国主要申请人NEC和柯尼卡美能达的专利申请量也占据了全球申请人的前两位，其中NEC在生物识别领域拥有近40年的研究、开发与应用经验，尤其在面部识别技术方面取得了世界领先的地位，推出了多款面部识别产品，在3D面部识别技术方面也积极进行专利储备。日本在面部识别领域的研究总体上处于世界领先地位。

中国的3D面部识别相关专利申请量位于第二位，为105件，占总申请量的25%，主要申请人由高校、公司以及个人组成，其中以清华大学、东南大学以及浙江大学等为代表的高校申请人热衷于在算法改进方面申请专利，而公司以及个人则主要在应用方面进行申请。企业代表主要有苏州福丰，其申请量为6件，但主要集中在2013年，表明我国企业对于专利申请的重视较晚，但专利意识的逐渐增强也必将为我国企业的发展助力。

美国的3D面部识别专利申请量为101件，位于第三位，占总申请量的24%，与中国相当。美国的专利申请主要在算法改进、三维重建以及多模态之上，申请比较均衡。从20世纪90年代起美国的高校和研究机构开始在3D面部识别的算法改进及重建方面进行申请，随后UNISYS、通用电气（GENERAL ELECTRIC）、微软、SANDIA等公司也开始申请并进行持续的关注。

3.2 国内申请情况

3.2.1 国内申请人排名

在3D面部识别技术领域中，中国专利的申请人以国内申请人为主，国外申请人如东芝、NEC等在中国申请的专利数量相对较少。图3－2－1所示为国内申请人在国内的申请量排名。由图可见，个人申请人陈晓容拥有最多的专利申请量，苏州福丰占据第二位，也是申请量最大的企业申请人。东南大学、清华大学、浙江大学三所高校申请人分列三至五位，成为国内申请的一大特色，即庞大的高校申请团体，这也体现了我国高校在3D面部识别上研究的投入力度。

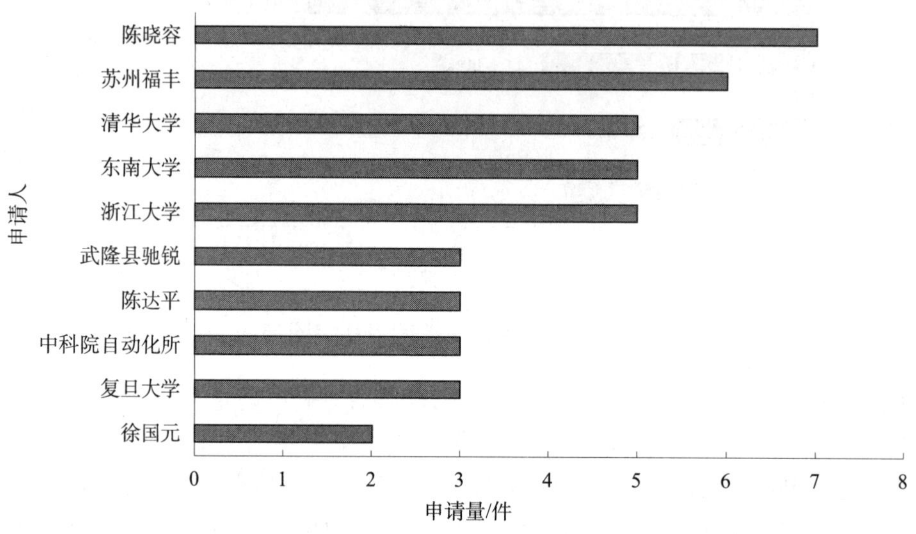

图3-2-1　3D面部识别技术中国专利申请人排名

对申请人陈晓容进行分析发现，其专利申请总量达到了300多件，囊括了医疗器械、家具用品、娱乐用品等多个方面。在3D面部识别方面，主要是涉及面部识别与指纹识别的多模态识别的应用，具体涉及应用到信用卡、电脑、门锁等安全领域，专利申请公开的内容一般比较少，且对发明专利和实用新型专利都进行了申请，其对3D面部识别的应用进行了布局，其他人在相关产品推出时，应当注意这些专利申请的法律状态，避免发生专利纠纷。

3.2.2　中国申请人省市分布

个人申请人陈晓容所在的重庆市以20件专利申请排名第一，北京、江苏的申请量均在15~20件，总体以中东部省市为专利申请龙头省份。由图可见，我国各个地区在3D面部识别领域的专利申请量差异较大，这与各地经济发展可能存在一定关系，但应当注意的是，对于面部识别产品市场较为活跃的地区，应当加强相应的专利布局，保护自主知识产权。

3.2.3　法律状态/专利类型

图3-2-2所示为3D面部识别技术中国专利申请构成，3D面部识别领域的中国专利申请共有116件，其中获得专利权的有65件，仍然维持有效的有59件，另有42件处于未决状态。可见，3D面部识别领域的专利申请在获得授权之后，维持的比例较高，这也说明专利权人对于所申请的专利技术的重视程度很高，3D面部识别处于高速

发展阶段，其实际应用价值非常高，掌握有效的专利权，对于市场竞争具有有力的支撑作用。

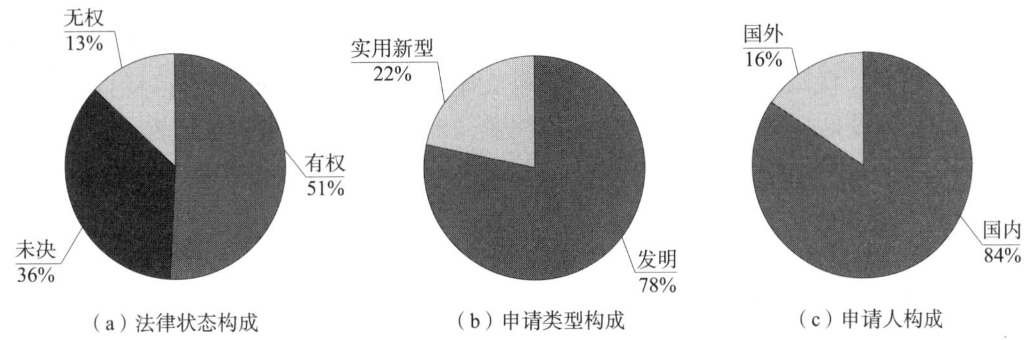

（a）法律状态构成　　（b）申请类型构成　　（c）申请人构成

图 3-2-2　3D 面部识别技术中国专利申请构成

从申请类型上来看，有 91 件发明专利申请，25 件实用新型专利申请。在这些申请中，中国申请人的申请占 84%，国外申请人在华的申请占 16%。可见，中国申请人在国内申请占据主导，因此，国内企业应当充分发挥本土市场的优势，积极布局，逐步推出基于 3D 面部识别技术的产品，抢占市场。同时应当进一步巩固专利布局在量上的优势，多申请质量较高、具有更高应用价值的专利，在市场竞争中充分利用专利武器。

3.3　技术构成

3D 面部识别包括数据采集、三维模型重建、算法改进、多模态、应用 5 个技术分支。其中数据采集是指采集三维人脸/面部图像数据，可通过 3D 扫描仪或 2D 照相机结合激光源获取三维人脸数据，另外还可以由已知二维人脸信息构建三维人脸数据。三维模型重建是指能够描述人脸的共有特征和基本形状的标准三维人脸模型。算法改进是指对提取的三维人脸特征利用基于几何特征、模板匹配或统计模型的方法来进行识别的方法的改进。多模态是指将 3D 面部识别与其他识别方法的结合，例如与 2D 面部识别、语音识别、指纹识别等的结合。应用则是 3D 面部识别的具体应用。

3.3.1　技术分布和趋势分析

图 3-3-1 为对 3D 面部识别所涉及的 5 个技术分支的申请量进行统计，得到的全球专利申请技术构成。从技术分布来看，在算法改进、三维模型重建两个技术分支的申请量占据了全部申请量的将近 80%，在多模态领域的申请量达到 11%，越来越多的企业开始关注将 3D 面部识别与其他的识别方法结合，其目的在于提高识别率，提供更安全和更精确的面部识别方法。另外，涉及数据采集和应用的申请量分别达到 8% 和 5%。

图 3-3-2 为各技术分支申请量年度分布。从全球申请量随年代变化的趋势来看，各个技术分支在 2000 年以前的申请量增长较为缓慢；2000 年之后，以涉及算法改进为首的技术分支的申请量迅速增长，2000～2011 年属于 3D 面部识别较快发展的阶段，各

技术分支的申请量均迅速翻倍。近几年，尤其以2012年以来较为突出，3D面部识别成为发展迅速的技术领域。算法改进技术分支的申请量一直处于各个技术分支中的最高水平，可见，作为核心的算法研究还是各个申请人谋求保护的主要对象。其次为涉及数据采集和三维重建的申请，这主要与3D面部识别的一个特点，也即3D数据量的庞大导致数据的采集和处理都很艰难（尤其是在早期硬件设备性能比较落后的情况下）有关，因此涉及这两个技术分支的研究比较多，相关的专利申请量也比较大。而到了近两年，各个技术分支均处于较高水平，说明3D面部识别技术整体处于高速发展期，各个方面的专利储备引起了申请人的更加重视，可谓全面开花。对此，国内企业既要积极申请、抢占专利先机，也要注意申请策略和质量，全方位、有效地构建专利保护体系，为企业的产品护航。

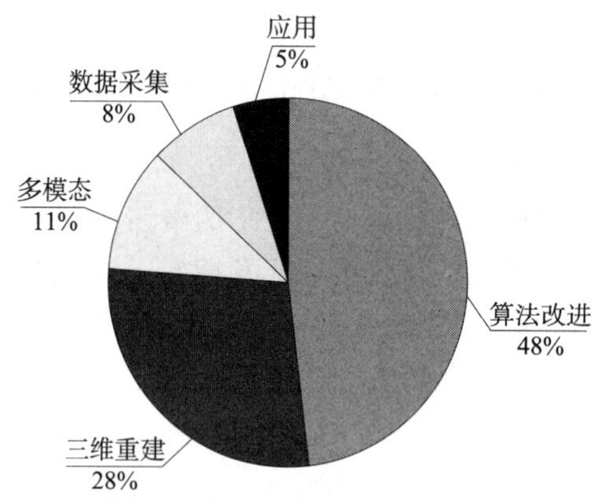

图3-3-1　3D面部识别全球专利申请技术构成

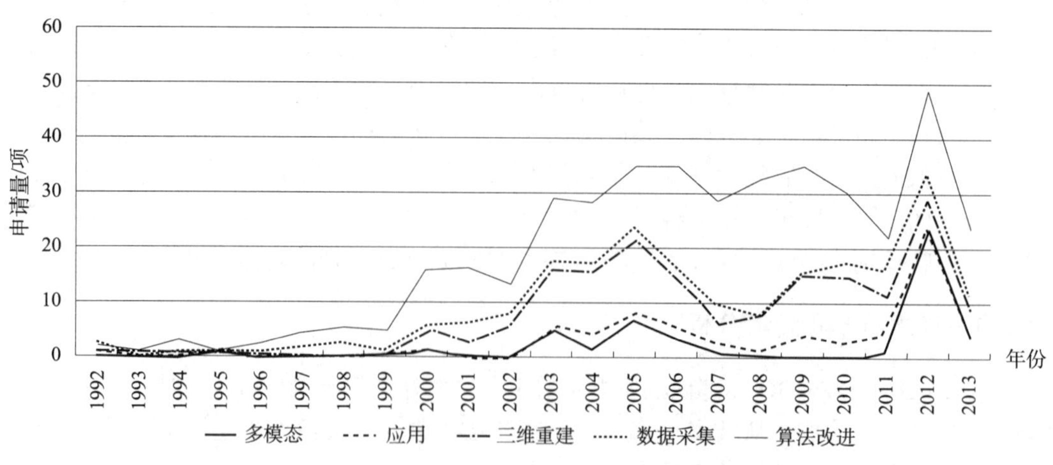

图3-3-2　3D面部识别各技术分支申请量年度分布

3.3.2　技术路线

通过对全球专利数据样本进行梳理，结合产业发展情况和重要申请人的情况，梳理了3D面部识别技术发展路线（参见图3-3-3）。

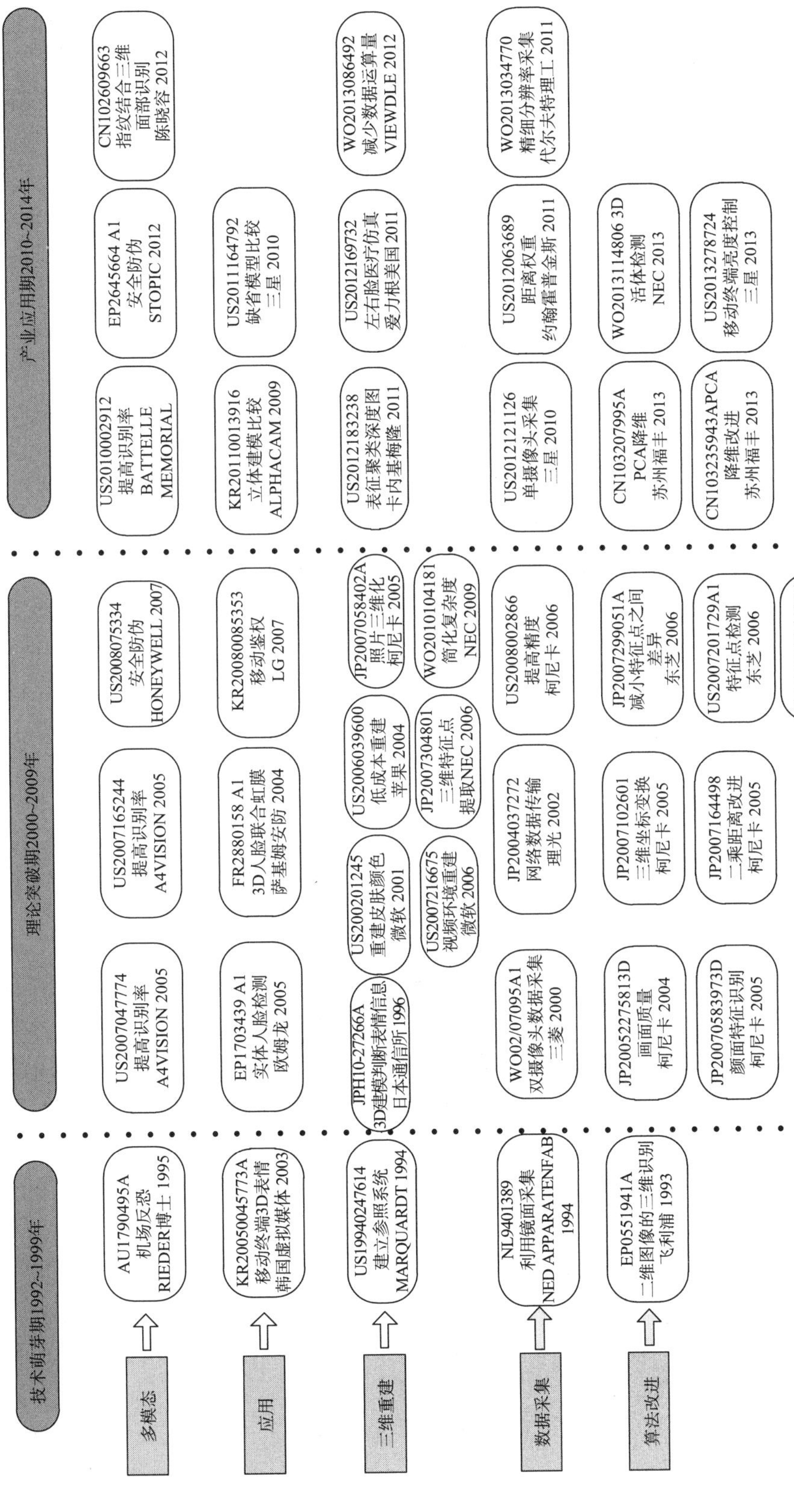

	技术萌芽期1992~1999年	理论突破期2000~2009年	产业应用期2010~2014年
多模态	AU1790495A 机场反恐 RIEDER博士 1995	US2007047774 提高识别率 A4VISION 2005 US2007165244 提高识别率 A4VISION 2005 US2008075334 安全防伪 HONEYWELL 2007	US2010002912 提高识别率 BATTELLE MEMORIAL EP2645664 A1 安全防伪 STOPIC 2012 CN102609663 指纹结合三维面部识别 陈晓容 2012
应用	KR20050045773A 移动终端3D表情 韩国虚拟媒体 2003	EP1703439 A1 实体人脸检测 欧姆龙 2005 FR2880158 A1 3D人脸联合虹膜 萨基姆安防 2004 KR20080085353 移动鉴权 LG 2007	KR20110013916 立体建模比较 ALPHACAM 2009 US2011164792 缺省模型比较 三星 2010
三维重建	US19940247614 建立参照系统 MARQUARDT 1994	JPH10-27266A 3D建模判断表情信息 日本通信所 1996 US200201245 重建皮肤颜色 微软 2001 US2006039600 低成本重建 苹果 2004 JP2007058402A 照片三维化 柯尼卡 2005 US2007216675 视频环境重建 微软 2006 JP2007304801 三维特征点提取NEC 2006 WO2010104181 简化复杂度 NEC 2009	US2012183238 表征聚类深度图 卡内基梅隆 2011 US2012169732 左右脸医疗仿真 爱力根美国 2011 WO2013086492 减少数据运算量 VIEWDLE 2012
数据采集	NL9401389 利用镜面采集 NED APPARATENFAB 1994	WO02/07095A1 双摄像头数据采集 三菱 2000 JP2004037272 网络数据传输 理光 2002 US2008002866 提高精度 柯尼卡 2006	US2012121126 单摄像头采集 三星 2010 US2012063689 距离权重 约翰霍普金斯 2011 WO2013034770 精细分辨率采集 代尔夫特理工 2011
算法改进	EP0551941A 二维图像的三维识别 飞利浦 1993	JP20052275813D 画面质量 柯尼卡 2004 JP2007102601 三维坐标变换 柯尼卡 2005 JP2007299051A 减小特征点之间差异 东芝 2006 JP20070583973D 颜面特征识别 柯尼卡 2005 JP2007164498 二乘距离改进 柯尼卡 2005 US2007201729A1 特征点检测 东芝 2006 US2007183665A1 特征点检测 东芝 2006	CN103207995A PCA降维 苏州福丰 2013 WO2013114806 3D 活体检测 NEC 2013 CN103235943APCA 降维改进 苏州福丰 2013 US2013278724 移动终端亮度控制 三星 2013

图3-3-3　3D面部识别技术发展路线

3D面部识别需要处理大量数据，得到精确结果，因此采用何种算法，对算法的改进也成为行业内重点研究内容。这方面最早可以追溯到1993年飞利浦的EP0551941A申请公开的3D面部识别的一种方法。该算法通过对采集的二维图像进行处理得到伪三维人脸图像，通过旋转、缩放、变换以及灰度归一化等步骤进行3D面部识别。此后，关于算法改进的专利申请量一直持续保持在较低水平，这与3D面部识别所需要的硬件限制相关。2000年开始算法改进相关的专利申请量进入较高水平，并持续稳步增长，体现出业内对于3D面部识别的关注，同时作为技术核心的算法改进的研究进入了研发高潮期。如东芝仅在2006年就在算法改进技术分支申请了5件专利。其中JP2007299051A1公开了对人脸进行模型变换来减小特征点之间的差异，从而提高识别精度；US2007201729A1和US2007183665A1也均涉及基于三维模型对特征点进行检测并消除特征点的错误排列，提高识别精度。2013年，苏州福丰提交了专利申请CN201310174498，公开了基于PCA的3D面部识别方法，利用PCA对人脸图像样本进行特征提取，降低特征空间的维数的同时，尽可能地保留识别信息，以达到有效地分类，并采用3D人脸形变模型法建立3D人脸模型，提高人脸的识别精度；其同年提交了另外一件专利申请CN201310176014，公开了将人脸图像分为几个部分分别进行特征提取，同时充分考虑每个部分所包含的特征信息量的多少，并在分类时赋予它们不同的权值，提高了人脸的识别精度。

在3D面部算法改进相关专利出现之后，1995年和1996年分别出现了多模态识别和三维重建相关的专利申请。多模态识别最早的申请出现在1995年，澳大利亚RIEDER Helmut博士在AU1790495A中提出了一种应用在机场出入境场合进行3D面部识别的申请，首先验证出入境者的证件信息，然后通过存储在芯片中的3D人脸数据进行生物特征验证，以达到机场反恐的作用。1996年，日本国际电器通信基础技术研究所（ATR TSUSHIN SYSTEM KENKYUSHO KK）申请了用于面部表情识别的三维重建技术JPH10－27266A，通过3D建模的脸部变化判断人的表情信息。面部的三维重建可以应用在很多场合，如面部识别、人脸动画等。由于应用的广泛性，该技术的发展也得到研究人员的重视，从第一件专利申请出现至今，专利申请量持续增长并在2003～2006年以及2009～2011年出现两个小的申请量高潮。这与重要申请人在该技术分支的布局有关，其中柯尼卡美能达公司在2005年提交了2件专利申请JP2007058402A1和JP2007102601A1，均涉及由多个2D照相机获取的照片得到三维模型，进行高精度的面部识别。三星在2010年提交的专利申请US2011164792A1公开了将用户的缺省模型与三维模型进行比较，提高识别的可靠性。

与三维重建技术分支的专利申请持续稳定相比，模态技术分支的专利布局则显得较为冷清，直到2003～2007年，基于多模态的3D面部识别专利申请量才持续保持平稳。这主要与柯尼卡美能达在此技术分支的布局有关。2005年，柯尼卡美能达的申请JP2007058397A1公开了同时提取二维和三维特征信息进行面部识别。柯尼卡美能达在这种融合多维特征进行识别的技术上还在2006年提交了另外2件申请。在多模态技术发展平稳的这一时期，应用开始出现专利申请，将3D面部识别技术应用于活体检测，最早是2003年韩国虚拟媒体（VIRTUAL MEDIA）公司与信息技术研究院（INST INFORMATION TECHNOLOGY ASSESSMENT）共同申请的KR20050045773A，其应用场合为移动终端，通过移动终端的摄像装置捕捉人脸三维信息用于用户验证与识别，将捕捉到的人脸三维信息上传至服务器进行比对以给出识别结果。应用分支的申请此后持续保持稳定直到目前，但数据量并不大，体现出对于3D面部识别的应用有一定的需求，但由于技术上并无太大突破，市场化比较困难。如活体检测主要针对照片和本人头像进行区分，一般通过二维、三维图像的区分方式进行区分，因此分类方法较为单一。但这一技术在目前实际应用需求非常迫切，在防欺诈的门禁或考勤中尤为重要，因此受到业内的广泛关注，不过实际的应用效果还需未来技术上的突破。

多模态识别技术分支则在经过上述2003～2007年这一平稳阶段后陷入沉寂，直到2011年才重新出现相关专利申请。这与其他多模态识别技术较为成熟、申请人在这一技术分支布局的迫切性并不强烈有关。值得一提的是，即使在2011年至今的这一阶段，国外申请人对于该分支的申请量仍持续走低，反之中国国内申请人则表现出强烈的研发热情。以2012年为例，全球23件专利申请有21件为来自中国国内的申请，其中以个人申请人陈晓容为代表。2012年，陈晓容基于指纹识别和三维面部图像识别结合的应用提交了涉及信用卡、存取款机以及门锁等装置的多件专利申请，这是基于多模态识别的3D面部识别技术实际应用的一系列申请。这一系列申请若得以授权，将成为国内面部识别设备生产商需要关注的重点专利。但也可以设想，由于多模态识别技术本身比较成熟，因此将多模态识别技术应用到3D面部识别中进行专利布局，在创造性的考量上应该更加充分和理性，避免专利申请量大质低的情况。

在3D面部识别中，数据采集是前端处理的重要一环，因此针对这部分的改进一直也是研究重点。2000年，日本三菱在文献WO02/07095A1中提出了一种采用双摄像跟踪方法对活动中的人脸进行三维数据采集，使得获得的人脸数据精确有效。此后数据采集相关的专利一直保持在较低水平，这也体现出数据采集碍于硬件设备的限制，难以出现突破，但这一技术是3D面部识别前端的必备环节，因此申请人有必要在该分支进行适当的专利布局。

综上所述，活体检测和数据采集两个技术分支稳定保持在较低水平的专利申请量，多模态技术分支则在国内外近年体现出不同的申请热情。与之相比，3D面部识别目前的专利申请主要集中在对算法改进的持续改进和三维重建技术，如何通过算法的优化和三维重建技术，来降低识别时的复杂度，突破现有硬件条件的约束，是业内非常关心的重点技术。

3.3.3 技术功效

通过对3D面部识别技术的文献进行分析，针对数据采集、三维模型重建、算法改进、多模态、应用5个技术分支和提高识别率、简化复杂度、降低成本、安全/防伪4种技术功效，获得了图3－3－4所示的技术功效矩阵。该矩阵反映了3D面部识别领域技术手段和技术效果之间的关系。

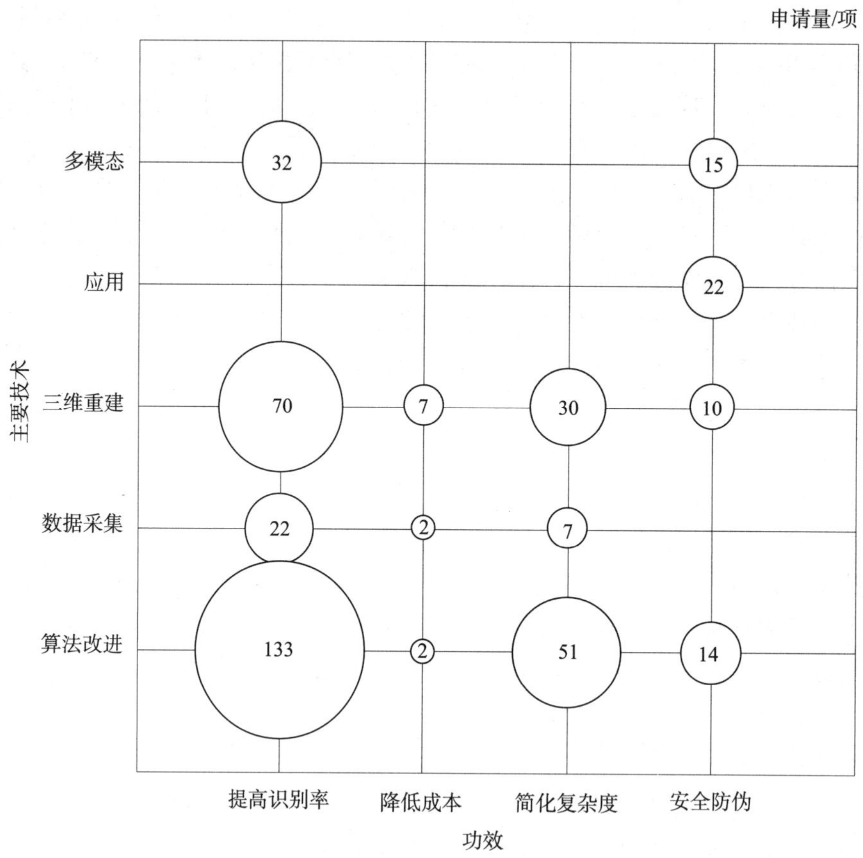

图3－3－4　3D面部识别全球专利申请技术功效图

3D面部识别领域的研发热点在于三维重建和算法改进两方面，也是申请人研究最为深入、申请量最多的两个技术分支；申请相对较少的是数据采集、多模态和应用三种。从专利申请时间上看，三维重建、算法改进和数据采集均是较早研发和申请专利的方向，而多模态和应用的研发略晚一些，主要集中在2002年以后，申请量才迅速上升。

在技术效果方面，3D面部识别的准确性是其在智能识别领域中应用的决定性因素，如何提高识别率成为申请人最关注的技术功效，出现了数量最大的申请。而在将3D面部识别应用到现实环境中时，如何能够快速而准确地完成识别是用户关注的重点，也是衡量用户体验的重要标准之一，因而如何简化3D面部识别的计算复杂度、降低计算量、提高识别速度是应市场化需求而产生的专利申请需求。此外，如何利用3D面部识别与其他识别方法的结合，例如与2D面部识别、语音识别、指纹识别等的结合来提高识别效果正在成为越来越多的申请人关注的内容。

通过对中国专利申请作同样的技术功效分析，可以发现基本类似的规律，图3－3－5所示为3D面部识别技术中国专利申请技术功效图。而中国申请人中的高校、研究所众多，它们的专利申请重点往往更突出表现在提高识别率上。值得关注的是，有数量可观的个人申请人致力于多模态和应用的研究，如将3D面部识别与其他识别方法的结合，以及将3D面部识别用于检测是否是活动的人脸图像而不是静止的照片等应用，来提供更好的识别效果和更加可靠的安全认证服务。

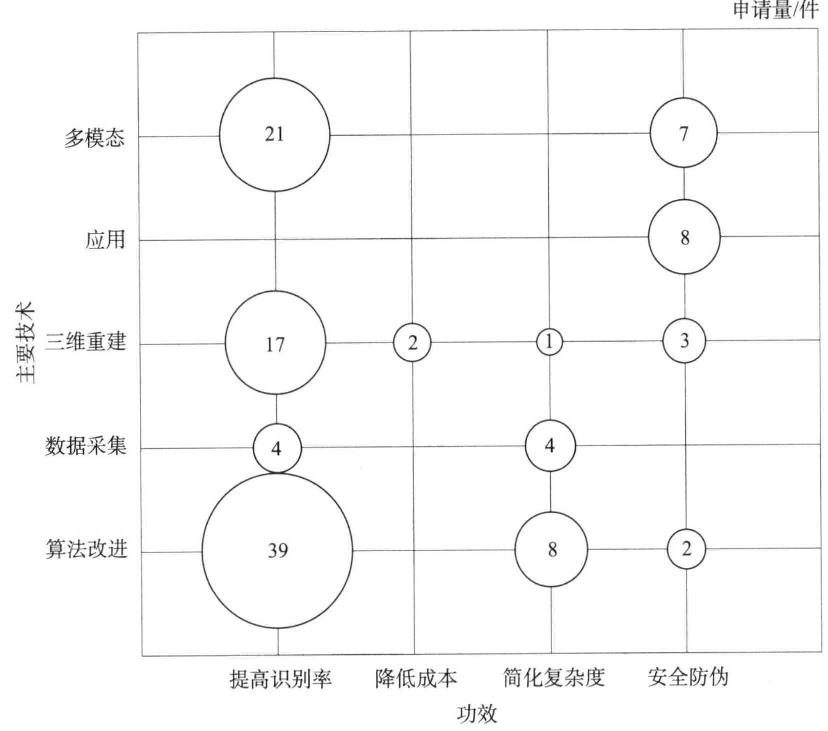

图3-3-5 3D面部识别中国专利申请技术功效图

结合国内外重要申请人的研发重点，可以看出，以NEC、柯尼卡美能达、东芝、三星等为代表的日韩企业在3D面部识别领域中的投入较多，重点关注三维重建和算法的改进。以苏州福丰、浙江大学、东南大学、清华大学等为代表的中国企业和研究所同样在这两个方面投入了较为可观的研发力量。而以陈晓容、武隆县驰锐、陈达平为代表的个人申请人专注于多模态的研究，其专利申请的内容多是具有一定市场普及度的产品，例如具有3D面部识别以及指纹识别功能的门锁、银行卡、取款机、U盾、ETC系统等，对于市场的关注更为直接。

图3-3-6和图3-3-7所示分别为国内外申请人在3D面部识别各个技术分支的专利申请分布。

由此可见，应用技术分支的申请量还较少，这也与3D面部识别技术距离市场应用还有一定距离有关，毕竟3D数据的处理量相较于2D数据的处理量较大，导致设备成本很高，难以普及应用。以3D面部识别应用于活体检测为例，通过业内调查了解到，越来越多的业内企业开始关注如何有效地检测活动人脸，避免使用者使用静态的人脸图片来欺骗识别系统，以求获得更加可靠的安全认证服务，在这一领域的专利申请空间较大。而对于3D人脸图像的数据采集技术分支，仍然有较大的发展空间。当前的技术手段可通过3D扫描仪或2D照相机结合激光源获取三维人脸数据，另外还可以由已

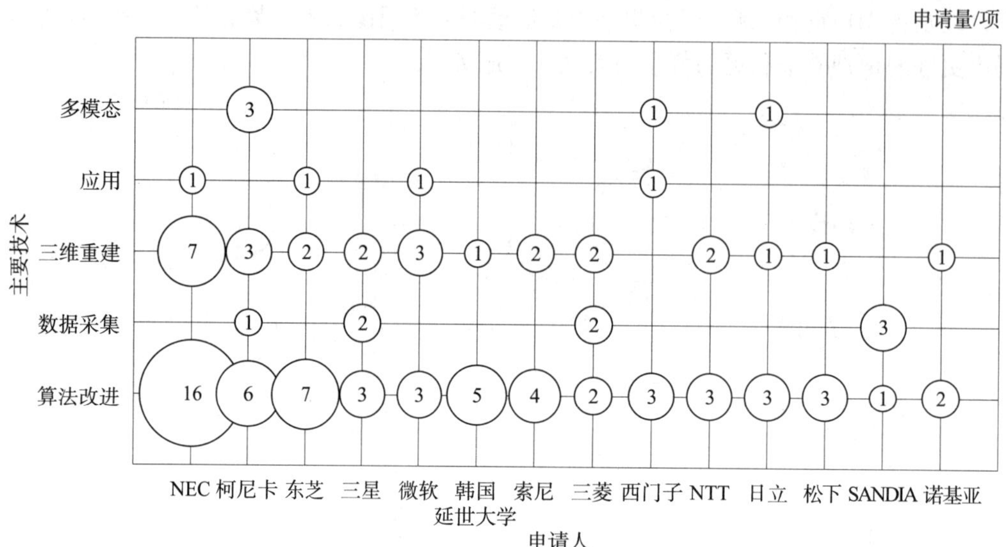

图3－3－6　3D面部识别技术国外重要申请人技术分布

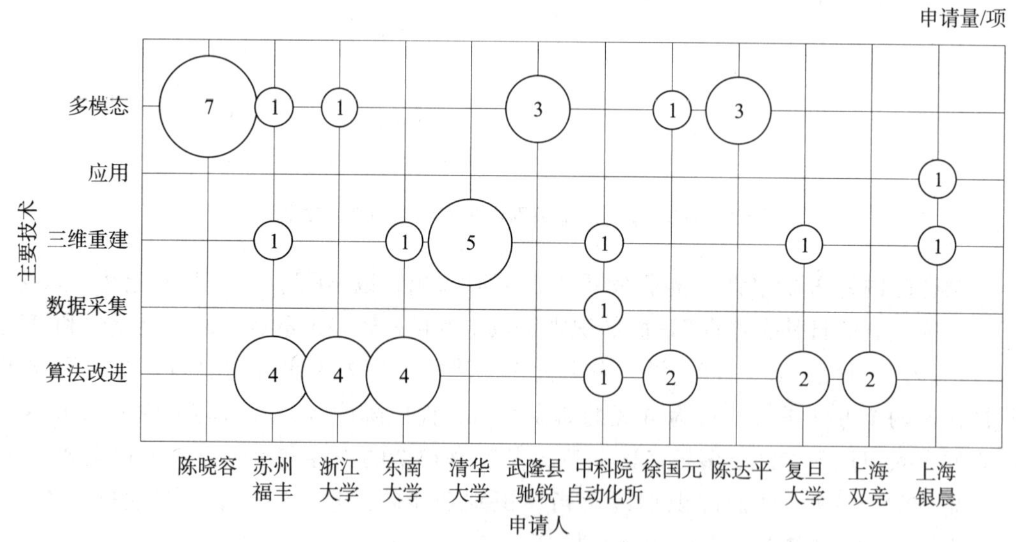

图3－3－7　3D面部识别技术国内重要申请人技术分布

知2D人脸信息构建3D人脸数据。上述方法各有利弊，前两者能够获得较为丰富的人脸图像数据，但设备成本较高；后者可以使用普通的图像获取设备获取二维图像，进而构建3D图像，能大幅降低成本，但所获得的图像信息略有不足。如何能在设备成本和获取图像质量之间达到折中，也是3D面部识别领域的研究热点。

3.4　重要申请人

在3D面部识别领域，NEC和柯尼卡美能达是业内具有代表性的重要智能识别技术公司，也是3D面部识别技术全球专利申请量位居前两位的申请人，本节的重要专利主要是对这两个申请人的专利申请情况进行分析。以下分别对这两个公司的基本情况及专利申请数量、技术侧重点及重要专利等方面进行分析。

3.4.1　NEC

NEC是日本电气股份有限公司（日文：日本电気株式会社，英文：NEC Corporation）的简称，也常简称为日本电气或日电，是一家跨国信息技术公司，在3D面部识别领域的申请量位于全球之首，在生物识别领域拥有近40年的研究、开发与应用的经验，尤其是在面部识别技术方面持续20年的发展，累积了相当丰富的研究经验，已经取得了世界领先的地位。2010年，NEC的面部识别技术在世界上最权威的NIST精确度评价测试中获得第一名。NEC的面部识别软件NeoFace，现在已经被世界各国的出入境管理、公民ID管理等公共安全部门广泛采用，同时也日益成为金融、交通、教育等行业IT解决方案的重要组成部分。2013年4月起，NeoFace由NECSL引入正式在中国大陆地区开始销售。

3.4.1.1　总体趋势

本节仅涉及NEC在3D面部识别领域的专利申请情况。图3－4－1是NEC关于3D面部识别在全球的全部专利申请数量情况，其总体趋势是随时间呈曲线波动状态。NEC首件专利申请是在1999年，这是NEC在面部识别技术的基础上首次提出利用三维图像来进行面部识别，完整地说明了从数据采集到分析识别的全过程。其后的几年NEC对该技术不断完善，发展迅速，2001年是NEC的专利申请最多的年份，识别速度较传统的2D面部识别方法有了显著提高，在3D面部识别领域有了突破性进展。在2001年后申请量下降，但每年都稳定在1～3项，总体上保持着业内领先的地位。

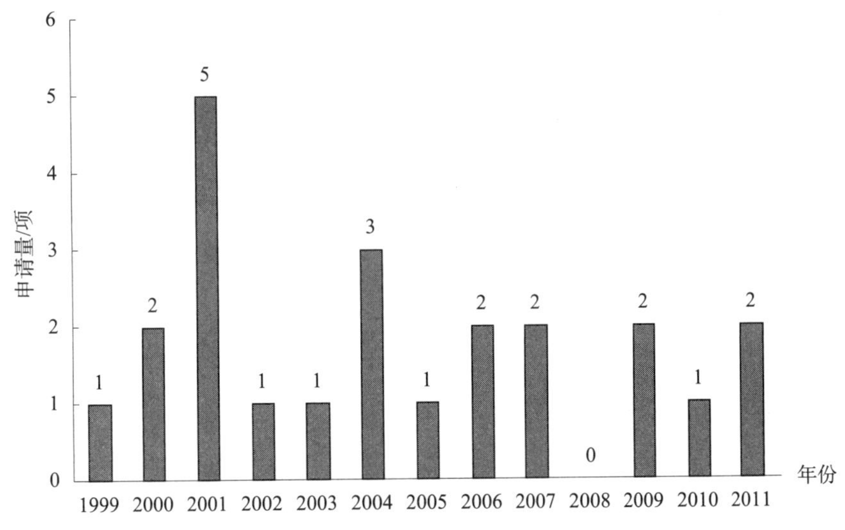

图3－4－1　NEC 3D面部识别领域专利申请年度分布

3.4.1.2　技术构成分析

图3－4－2是NEC专利申请的技术发展趋势，其反映了在各技术分支上NEC的历

年专利申请分布情况：主要技术突破集中在三维重建和算法改进上的不断改进，尤其在申请量最多的2001年，其中80%都是关于算法改进的，且其后的几年也在基本致力于算法改进和三维重建，即NEC在3D面部识别领域，关注最多的还是对于数据的分析和处理，关于数据的采集和活体检测较少涉及，而对于国内比较关注的多模态没有任何专利申请动向，这也从某种角度上说明NEC在智能识别技术中对3D面部识别的高度自信。

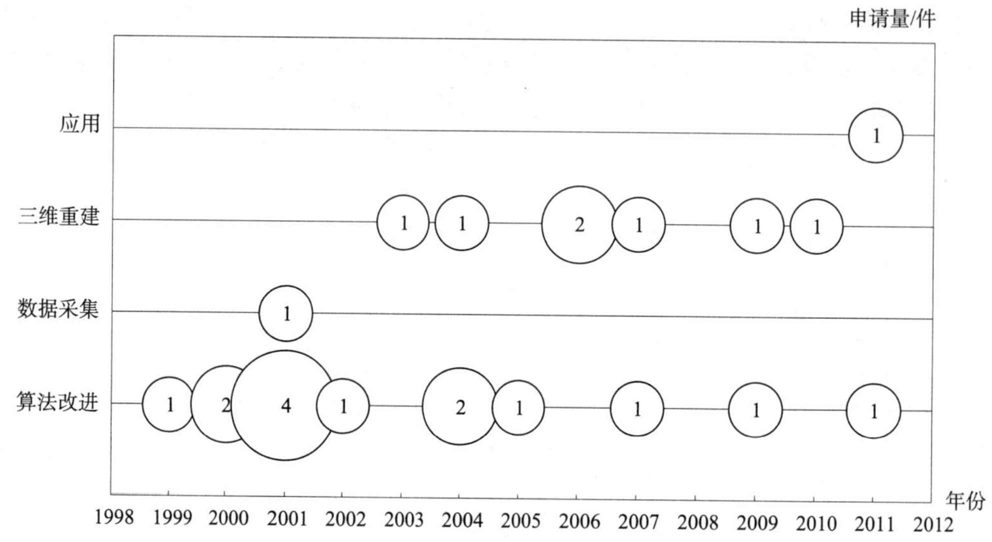

图3-4-2 NEC 3D面部识别领域各技术分支历年专利申请分布

3.4.1.3 重要发明人分析

NEC在全球的专利申请，发明人比较集中，但前期起步多为海外，真正的中坚力量从2001年开始加入，主要的研发人员为石山垒、滨中雅彦、丸龟敦和Sebastien（参见图3-4-3），其申请量占全部申请量的80%，可以看出上述各发明人为NEC 3D面部识别的重要技术人员。

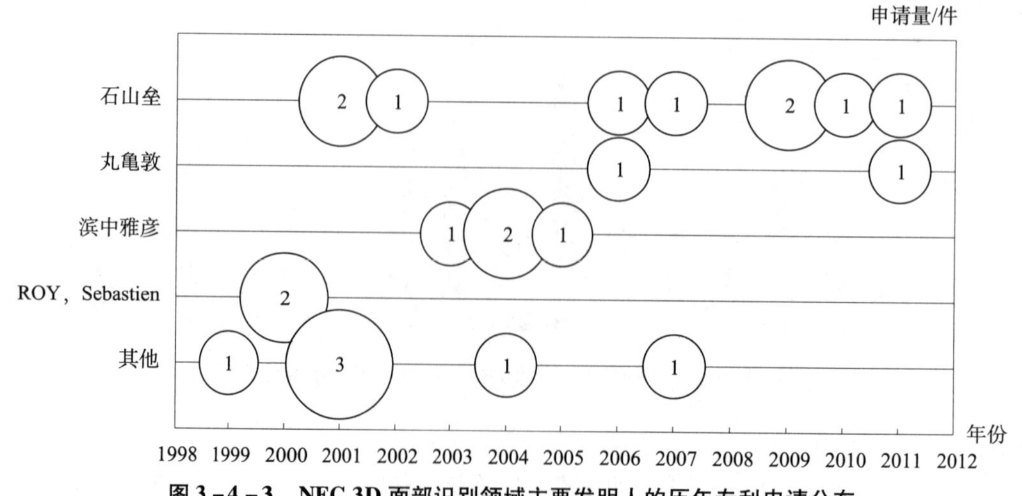

图3-4-3 NEC 3D面部识别领域主要发明人的历年专利申请分布

石山垒在2001年提出并于2007年获得授权的专利US7227973B2（发明名称“DEVICE，METHOD AND RECORD MEDIUM FOR IMAGE COMPARISON”）涉及一种用目标三维图像与注册图像比较以确定二者之间的相似度的方法，其技术方案示意图如图3－4－4所示。其中对输入的人脸面部图像提取位置/姿势的特征参数，然后通过注册模块中已经存储的注册图像的三维形状以及反射参数进行光线校正，随后对输入图像与参考图像进行比较得到二者之间的评估值，根据该评估值来判断输入图像是否为注册图像，从而达到面部识别的目的。石山垒在随后的十年多中又提出了多项涉及3D面部识别的专利申请，一直是该领域中较为活跃的发明人。

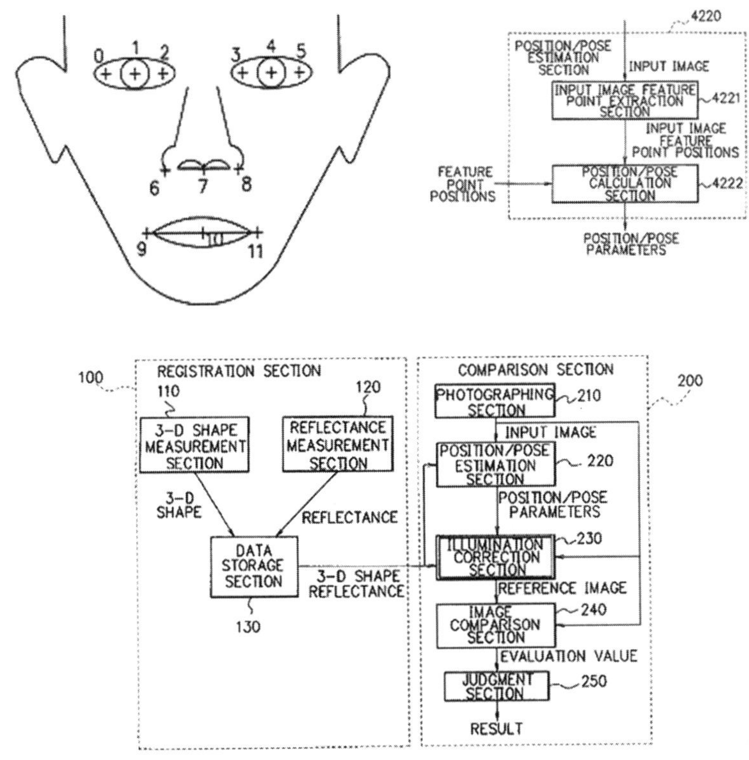

图3－4－4 US7227973B2技术方案示意图

而Sebastien仅在2000年提出2项专利申请，均是对模型比较时的计算方法进行改进，之后就未在3D面部识别领域中有所申请；滨中雅彦的申请集中在中期（2003～2006年），注重改善姿势和光照对3D面部识别率的影响；丸亀敦在2006年和2011年分别提出1项专利申请，主要均涉及采用3D面部识别的个人安全认证系统。上述发明人均以分属于NEC集团和NEC电子的多个研发团队为核心开展3D面部识别领域的专利申请，各自之间的合作并不十分密切，然而其专利申请涉及3D面部识别的多个技术分支，布局相对较为全面，也体现了NEC在研发力量上投入的全面均衡和有所侧重的特点。

3.4.2 柯尼卡美能达

在3D面部识别领域，全球申请量排名第二的企业是柯尼卡美能达，仅次于NEC，超过了东芝、三星以及微软。柯尼卡美能达是由柯尼卡美能达控股株式会社旗下的5家事业公司和2家机能共通公司组成的一个企业集团。在我国设有柯尼卡美能达办公系统（中国）有限公司，主要负责在中国的产品销售及服务。该集团研发中心设在日本及美国。因此在专利布局方面侧重日本及美国，其13项专利中6项只在日本国内申请，另外7项同时进入了日本及美国。在中国国内没有布局。

3.4.2.1 总体趋势

本节仅涉及柯尼卡美能达在3D面部识别领域的专利申请情况。图3-4-5是柯尼卡美能达关于3D面部识别在全球的全部专利申请数量情况。

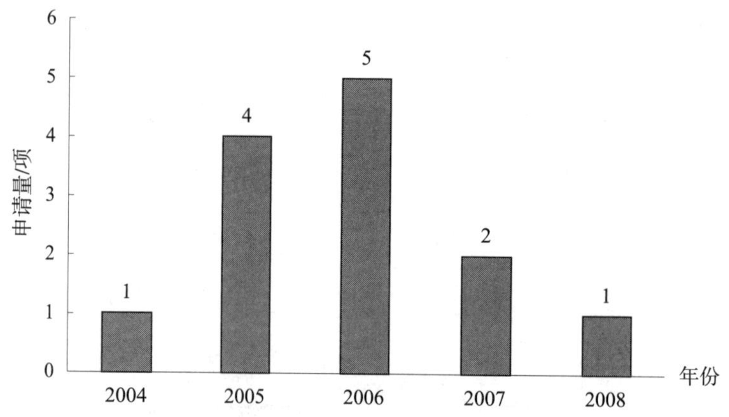

图3-4-5 柯尼卡美能达历年申请数量情况

柯尼卡美能达于2004年首次提出3D面部识别在身份证件安全领域的应用，而其在3D面部识别领域的专利申请主要集中于2004~2008年，并且在2006年达到申请量的峰值，在此期间其申请的技术内容均着重于3D面部识别在安全认证领域的应用，这与其开展3D面部识别研究的初衷是一致的。2006年以后柯尼卡美能达逐渐退出照相机和影像业务，同时也逐渐终止了关于照相和图像处理产品的研发投入，因此2008年以后已经不再在3D面部识别领域开展专利申请，但其所拥有的专利申请数量和技术完善程度都是不容忽视的。

3.4.2.2 重要发明人分析

柯尼卡美能达主要的研发人员是发明人川上雄一带领的团队，在3D面部识别全部13项申请中，有7项发明人中出现了川上雄一，可见川上雄一在整个团队中的重要作用。

川上雄一和中野雄介团队重点研究了三维重建的算法改进，以期提高识别率（US2007046662、US2007050639、JP2007058402），川上雄一与大和宏侧重研究如何减少系统复杂度（JP2008123216、WO2008056777），藤原浩次的2项申请（US2008002866、US2008175448）涉及数据采集。在其团队共同努力下，柯尼卡美能达已经在3D面部识别形成多维度保护。（参见图3-4-6）

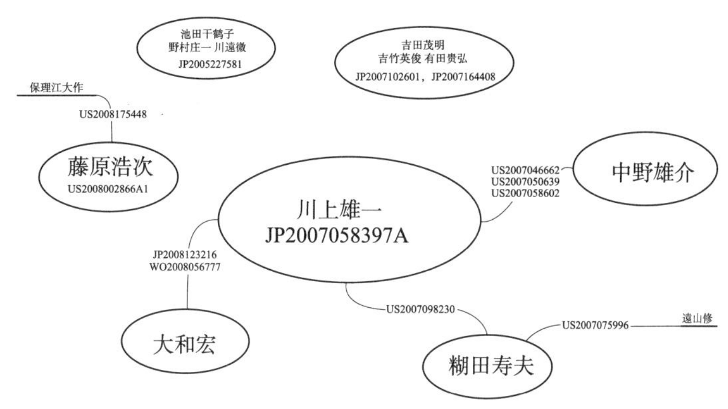

图 3-4-6 柯尼卡美能达主要发明人的专利分布

3.4.2.3 重要专利分析

柯尼卡美能达关于 3D 面部识别最早在 2004 年提出的专利申请 JP 特开 2005-227581A 是由野村庄一等人提出一种控制 3D 形成画面质量的光照方法。其后，在 2005 年川上雄一首次提出了一种利用 3D 颜面特征进行生物认证的方法，即柯尼卡美能达的重要专利 JP 特开 2007-058397A（发明名称“认证系统，注册系统和证明介质”），其技术方案如图 3-4-7 所示。该装置采用双摄像头采集人脸图片并进行三维构建，将得到的立体人脸进行分析得到 3D 面部识别特征向量，将其与系统中登记存储的记录进行比对即可进行人脸验证。该申请将整套系统硬件装置和方法进行了完整描述，给出了实现过程及 3D 面部算法改进。

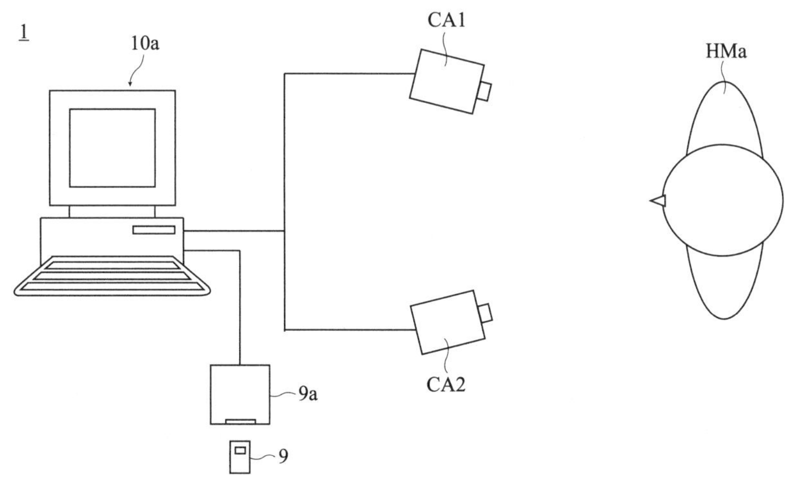

图 3-4-7 JP 特开 2007-058397A 附图

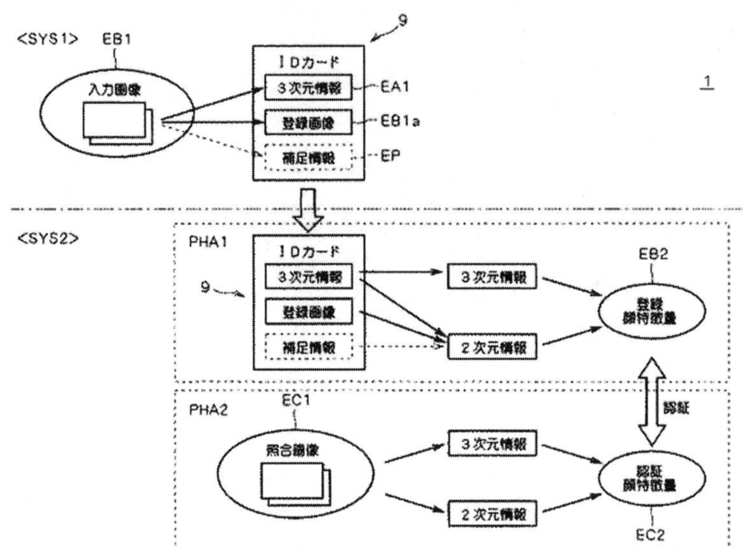

图 3-4-7　JP 特开 2007-058397A 附图（续）

其后，川上雄一与中野雄介以 JP2007058397 为基础进行了算法的改进，申请了 3 项发明专利（JP2007058402、US2007046662、US2007050639）。2006 年，大和宏在 JP2007058397 的基础上，与川上雄一共同改进了三维眼部、三维鼻部的距离算法，提出了 JP2008123216A 和 WO2008056777A1（参见图 3-4-8）。

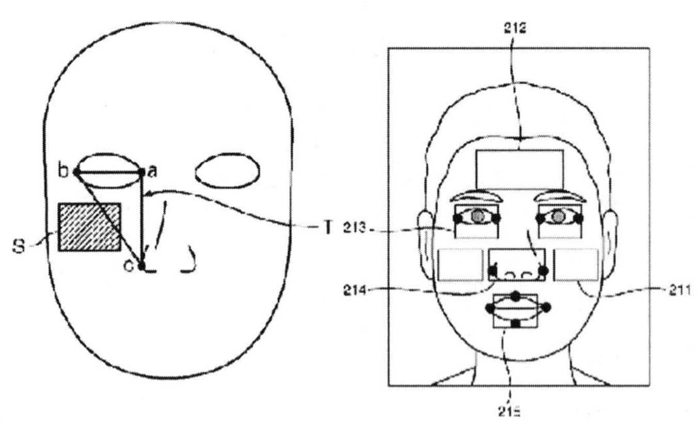

图 3-4-8　WO2008056777A1 附图

2005 年，糊田寿夫与川上雄一提出了一种 3D 面部识别可信度的计算方法；吉田茂明、吉竹英俊、有田贵弘三人在 2005 年提出 2 项申请 JP2007102601 和 JP2007164498，虽然发明人没有署名川上雄一，但其核心模型仍是基于 JP2007058397，改进点在于针对其三维坐标变换，以及三维特征点的二乘距离进行提高识别精度的研究。

2006 年 1 月，柯尼卡美能达宣布终了照相机和影像业务，将其照相机和相关产品的部分资产转移给索尼，同时也将相关的客户服务平台委托给索尼，由于同期传统影像受到数码化的冲击，柯尼卡美能达的业务急速滑坡，其处在全面亏损阶段，为此柯尼卡美能达作出了战略调整，放弃了其已经营了一百多年的影像业务，转而集中精力发展其核心的“商业技术”领域及战略性的“光学与显示部件”领域。自此，柯尼卡美能达对于影像领域和相关图像处理产品的研发投入也基本画上了句号，并在2008年停止了3D面部识别领域的专利申请。但其在该领域所拥有的专利申请数量仍然位列全球第二，其所提出的三维眼部和三维鼻部的距离算法以及利用3D颜面特征进行生物认证的技术仍在3D面部识别中占有举足轻重的地位。对于柯尼卡美能达所拥有的这类专利技术，我国企业可以考虑进行收购等商业行为纳为己用，毕竟，柯尼卡美能达的产品重心已经进行了调整。

3.5 小　　结

本章从面部识别中的3D面部识别技术进行了专利分析。

① 对于3D面部识别所包括的数据采集、三维模型重建、算法改进、多模态、活体检测5个技术分支，算法改进、三维模型重建两个技术分支的申请量占据了全部申请量的将近80%，由布局的力度可见这两个技术分支对于申请人而言非常重要。从各个技术分支的申请人随年代变化也可以看出，算法改进一直具有绝对的优势，可见，对于核心算法的研究，对于面部识别技术来说是申请人所关注的重点所在。

② 通过对技术功效图的分析，如何提高识别率成为申请人最关注的技术功效，出现了数量最大的申请。而在将3D面部识别应用到现实环境中时，如何简化3D面部识别的计算复杂度、降低计算量、提高识别速度是应市场化需求而产生的专利申请需求。可见，在未来一段时间内，提高识别率和降低运算复杂度依然是3D面部识别技术走向应用所需要解决的两个重要问题，通过各种技术手段来解决这两个问题也是研发的热点所在。同时，对于降低成本这一问题，在应用全面展开之后，也必然是产业化中的一个重要问题，也是可能的潜在的研发机会。

③ 对于申请人进行统计分析发现，日本在3D面部识别领域的专利申请量在全球居于领先地位，其中老牌生物识别公司NEC在生物识别领域拥有近40年的研究、开发与应用经验，尤其在面部识别技术方面取得了世界领先的地位，推出了多款面部识别产品，在3D面部识别技术方面也积极进行专利储备。而我国的申请总量虽然排在第二，但主要以高校和个人为主，申请量大的企业极少，而从纯粹技术研发到市场的转化，需要更多的环节。因此，我国企业应当积极引用高校等研究机构的技术，积极储备专利，避免在与占有较大专利布局优势的日本申请人的竞争中陷入被动。

④ 从总量上看，国内申请人的申请量占据第二位，仅次于日本；美国和韩国分列第三、第四位。因此，从申请量上国内申请人并不落后于国外。但从申请人构成上看，以高校为主的国内主要申请人，和国外以企业为主的主要申请人形成了反差，而从市场的角度看，企业显然比高校更接近市场，这也应当引起国内企业的重视。同时，国内高校也应当积极推广自己的技术，寻求合作，不让专利申请仅限于申请本身，而应当发挥其应用价值，与企业一道共同使得我国的3D面部识别市场变得繁荣。

第4章　活体检测技术

在智能识别尤其是生物识别领域，活体检测技术是系统应用中的一个重要组成部分，对系统给出最终识别结果有着重要影响。由于活体检测决定了生物识别系统是否安全可靠、能够让使用者值得信赖，因此其识别方法、性能对于智能识别来说至关重要。正是由于其重要性，活体检测技术一直是企业、研究机构的研发及专利申请热点。

本章从全球申请态势、中国申请态势、技术发展路线以及重点申请人等方面对面部识别活体检测技术的专利申请情况作了分析。对全球申请态势的分析侧重于整体趋势、申请人分布情况以及技术发展路线分析，对中国申请态势的分析侧重于国外申请人与国内申请人在中国申请的数据对比。经过检索和筛选，截至2014年6月30日，面部识别中活体检测技术全球专利申请总量为266项，其中中国申请共计110件。本章基于该样本进行统计分析。

4.1　技术概况

人脸识别技术越成熟、应用越广泛，其易受到复制或攻击的安全问题就越突出。活体检测通过采集能够表征生命个体的生物特征信息，使得人脸识别系统能够准确判断使用者是否是具有生命的个体而不是一张人脸照片或包含人脸的视频。和指纹、虹膜等生物特征相比，人脸特征是最容易获取的。2000年以后，人脸识别系统逐渐开始商用，此时已有研究机构在考虑人脸识别系统的安全性问题。在学术界早期文章中，1999年T. Choudhury在人脸+语音的多模态识别系统中采用三维深度信息区分照片和活体。

人脸识别中常见的欺骗手段可以分为三种：人脸照片欺骗、人脸视频欺骗、立体人脸模型欺骗。其中照片欺骗是最简单、最易实现的一种，入侵者可以通过网上搜索、偷拍等途径获取合法用户脸部照片，但照片欺骗的缺点也很明显：首先其是二维而不具有立体分量，其次没有表情变化、眨眼等生理动作。

视频欺骗的获取也可以搜索合法用户的现成的视频，或者通过相机、摄像头偷拍获取。拍摄的视频中会具有脸部运动信息、脸部表情信息、唇动眼动等生理信息，视频回放攻击比照片欺骗更具有威胁。一段清晰度足够高的视频通过采集镜头播放给人，用人来辨别是否是活体也不是一项容易的任务。

立体人脸模型可以采用三维合成的方法来制作，也通过软件在计算机屏幕上进行模型重建来实现。该种冒充手段早期采用立体静态模型，但其没有表情信息、不具有生理特性，因而近期已经发展为对真人三维人脸建模，这样生成的模型可以通过后台控制模拟真人眨眼、说话、做表情等动作，对于采用了需要用户配合的识别系统，入侵者也可以对提出的姿态、表情作出回答，对人脸识别系统来说，真人三维人脸模型比前两种照片和视频攻击威胁都要大。

4.1.1　技术分解

针对以上三种常见的欺骗方式，人脸活体检测主要技术有：三维深度信息分析、光流检测、多模态、用户配合等。课题组经过多方资料收集、企业调研以及与专家交流等方式，并通过专利检索系统中检索浏览，根据技术特点以及产业应用，同时兼顾专利文献分类制订了人脸活体检测技术分解表，如表4－1－1所示。该表采用数字扩展标引法，兼顾专利数据标引的特点以及标引操作简便性，用数字1、2、3代表技术分支。用一位数字代表一级技术分支：面部识别活体检测；2位数字代表二级技术分支：盲检测、人机交互、多模态，2位数字中前一个代表该二级分支所属的一级分支；以此类推，3位数字代表三级技术分支。通过人工阅读标引方式，将全球专利文献进行了技术标引。

表4－1－1　面部识别活体检测技术分解表

一级技术分支	二级技术分支	三级技术分支
1（活体检测）	11（盲检测）	111（三维深度信息）
		112（脸部表情变化）
		113（光流）
		114（人脸生理活动）
		115（频谱）
		116（红外辐射测温）
		117（基于纹理信息分析）
		118（颜色空间）
		119（瞳孔区域变化）
		110（其他）
	12（人机交互）	121（用户主动配合）
		122（用户被动配合）
	13（多模态）	131（联合声音识别）
		132（联合指纹识别）
		133（联合其他识别技术）

4.1.2 技术边界定义

人脸活体检测属于智能识别中欺骗检测（spoof detection）中的一种，技术重点在于判断提取到的用户图像是否是活体，用于防止照片、视频、人脸模型的入侵攻击。因此欺骗检测中的其他技术方案不在本技术点研究范围之内，如活人仿冒合法用户攻击（入侵者仍然是活体），只通过检测眼球运动、眼底是否有虹膜等来判断是否为活体（虽然涉及活体检测，但并不是通过面部识别来确认的）。

对于活体人脸检测技术的一级技术分支分为三大部分：①采用盲检测的方法（盲检测是指不需要用户配合，在用户不知情的状态下进行活体检测）。②基于人机交互的方法（又称为互动反馈方法（challenge response）、用户配合法，指要求用户按照系统的提示做一些特定的动作完成活体检测），如果检测过程中需要用户的交互，如面部运动、说话、调整姿态应答等则称为用户主动配合法；而不需要用户交互、隐蔽的测试用户验证人脸的过程，则称为用户被动配合法。③联合其他生物识别技术的多模态的方法，该方法提取多种生物特征（如语音、指纹、手型等）及非生物验证方法（如密码、RFID 卡等）。下面针对表 4－1－1 中一些含义复杂的技术分支给出边界定义。

三维深度信息（111）：又称为结构光重建、三维深度估计、三维信息中深度分量，即根据三维信息中深度分量的分布情况来判定该画面中出现的人脸是真实人脸还是照片人脸。

脸部表情变化（112）：通过检测用户的脸部表情的变化，具体可以通过眼睛、眉毛、嘴唇、面部肌肉等体现用户情感的器官来判断是否是活体用户。

光流（113）：又称为线性光学流，用于捕捉人脸细微的运动信息的方法。光流法首次出现时间是 1981 年，Horn 和 Schunck[1] 最早研究光流场的计算。光流指图像中灰度模式运动速度。物体在光源照射下，其表面的灰度呈现一定的空间分布，称之为灰度模式。当人的眼睛观察运动物体时，物体的景象在人眼的视网膜上形成一系列连续变化的图像，这一系列连续变化的信息不断“流过”视网膜（即图像平面），好像是一种光的“流”，故称之为光流。当物体运动时，在图像上对应物体的亮度模式也在运动。光流是指图像亮度模式的表观（或视在）运动（apparent motion）。光流表达图像的变化，包含目标运动的信息，可用来确定目标的运动。如利用光流场计算统一检测眼眶内眼睛眨动和眼球转动的动作。

人脸生理活动（114）：通过判断人脸是否具有生理活动：例如眨眼检测（眼睛区域的变化）、操纵瞳孔移动、嘴唇部位的动作分析等。

频谱（115）：真人人脸与照片人脸由于纹理不同而往往对光照反射程度会有很大的不同，进而造成成像差异。对采集得到的二维图像进行傅里叶变换来捕捉这种差异，由于经照片得到的人脸图像是由平面物体成像，因此由照片得到的人脸图像比真实人脸得到的人脸图像含有更少的高频部分信息。

---

[1] Horn B K P，Schunck B G. Determining Optical Flow［J］. Artificial Intelligence，1981（17）：185－203.

红外辐射测温（116）：根据黑体假设，人体体表温度大概32摄氏度。可见光照片和近红外夜视的成像都需要依赖外界光源，由于这些辐射来源不是来自生命的活体，因此会受到照片和视频的假冒攻击。利用热红外成像识别出活体人类甚至其身份就属于红外辐射测温技术，包括测量人脸温度、热红外人脸检测、热红外人脸识别。

4.2 全球专利分析

本节将以面部识别的活体检测领域在全球范围内的专利为数据源，从专利申请趋势、区域分布、申请人等方面出发，对活体检测技术领域进行专利分析，本节涉及专利266项，检索截止日期为2014年6月30日。

4.2.1 发展趋势分析

图4－2－1示出了活体检测领域全球专利申请发展趋势。

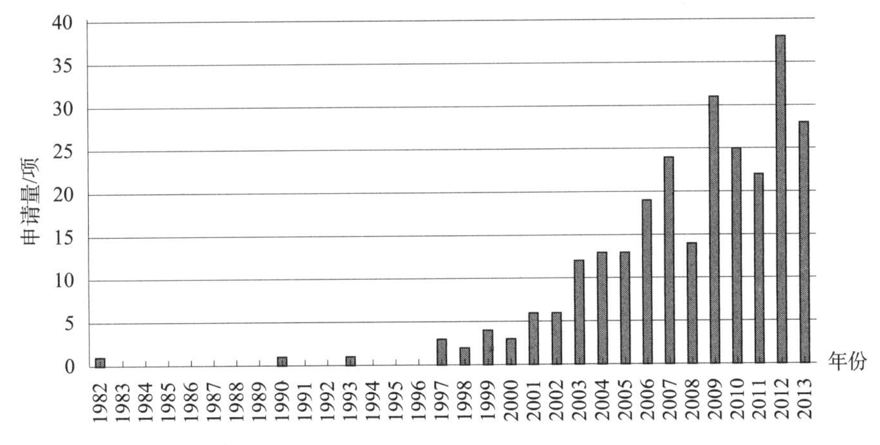

图4－2－1 面部识别活体检测全球专利申请发展趋势

图4－2－1显示出面部识别活体检测的发展大致经历了4个发展阶段。

（1）萌芽期（1982～1999年）

20世纪80年代开始，随着个人计算机的普及、算法精度的提高，人脸面部识别技术逐步开始尝试从实验室走向商业应用。1982年，西门子首次在专利申请中提出了面部识别活体检测的概念，在EP0082304A1中，西门子的工程师Wolfgang H Feix提出了一种结合语音识别和面部识别的门禁系统，该系统以语音识别为主要识别手段，通过分析采集图像中说话人的唇部运动来判断是否是本人在试图进入系统而不是播放的录音，从而实现了门禁系统的活体检测功能。随后直到1999年，面部识别系统一直没有得到大规模的实际商用，因此活体检测技术也处在技术摸索阶段。

（2）技术推动期（2000～2007年）

这一阶段人脸面部识别系统开始正式投入商用，随之而来的冒充、欺骗问题也增多，因而这一时期的活体检测技术开始逐步多了起来，可以说活体检测是随着面部识别的应用而逐步发展出来的技术。这一阶段中，三维深度信息、用户配合、光流等技术分支申请量大幅增加，以日本企业为首的企业在国际市场进行了积极的专利布局。人脸识别这一时期作为新兴的生物识别技术得到了追捧，同一时期世界范围内的高校及科研院所的关于人脸识别的论文也大量激增。可以说面部识别活体检测迎来了黄金发展阶段。

（3）调整期（2008～2011年）

这一阶段的申请量并没有显著的变化趋势。各个公司以及研究机构从不同的技术角度提出了活体检测的解决方案，在活体检测领域实现布局。

（4）新阶段上升期（2012年至今）

2012年申请量达到了峰值，这一时期面部识别技术在智能识别领域概念火热，同时多家专注于面部识别的研究型公司被业内巨头收购，面部识别技术的成熟又促进了更多的研究者投入于此。俗语说，魔高一尺，道高一丈，随着入侵者手段的不断翻新，活体检测技术必须不断保持先进才能保证面部识别系统的安全可靠。可以预计各企业及研究机构关于人脸活体检测的研究还会持续很长一段时间，未来几年内，申请量仍将保持继续增大趋势。

4.2.2 全球申请人分析

全球范围内，活体检测领域申请量前20位申请人如表4－2－1所示。位于第一的是日本的欧姆龙株式会社，而人脸识别市场领军企业NEC位于专利申请量的第二位，排名前十位的企业申请量达到71件，约占全部申请总量的30%，其中日本企业在全球排名前五名中共占据4席，在本领域拥有绝对领导地位，同时日本申请人也比较注重国外市场布局。在全球专利申请人主要申请排名中进入前20名的中国企业有紫光股份有限公司（以下简称“紫光股份”）（6件）、中星微（4件）、上海银晨智能识别科技有限公司（以下简称“上海银晨”）（4件）、苏州福丰（3件）。前20名中，中国企业专利量共17件（分别是CN101710383A、CN102004906A、CN102375970A、CN102385703A、CN103020600A、CN103034846A、CN103077382A、CN202956771U、CN202956772U、CN203054868U、CN103235942A、CN103279999A、CN203287954U、CN101364257A、CN101441710A、CN1841405A），其中发明专利申请占12件。

表4－2－1　面部活体检测全球重要申请人排名

序号	申请人	申请量/件
1	欧姆龙（JP）	19
2	NEC（JP）	17
3	三星（KR）	10
4	东芝（JP）	9
5	松下（JP）	8

续表

序号	申请人	申请量/件
6	韩国电子通信研究院（KR）	8
7	紫光股份（CN）	6
8	谷歌（US）	4
9	中星微（CN）	4
10	IBM（US）	4
11	比奥 ID 股份公司（DE）	4
12	MORPHO（FR）	4
13	上海银晨（CN）	4
14	微软（US）	3
15	英特尔（US）	3
16	西门子（DE）	3
17	索尼（JP）	3
18	SAGEM（FR）	3
19	日立（JP）	3
20	苏州福丰（CN）	3

4.2.2.1 七国申请趋势和流向

来源国的技术构成反映了不同国家的技术实力及技术侧重点，目的国则反映了这些来源国申请人的主要目标市场。企业可以通过了解目标市场的专利布局，实施有效专利策略，从而在专利布局强度高的成熟市场中规避侵权风险，在专利布局强度低的新兴市场中积极布局，抢占先机。

经过前面分析，在全球面部识别活体检测专利申请中，日本、中国、美国、韩国、欧洲这五个国家或地区是活体检测的全部来源申请，其中日本占 28.6%、中国占 25.4%、美国占 21.4%、韩国占 14.1%，参见图 4－2－2，可见该四个国家在该领域的专利申请量占有绝对优势。欧洲方面占 10.5%，来自欧洲的申请中，德国、法国和英国占据前三名，其中德国申请量最多，为 10 项，法国和英国并列，各为 5 项。图 4－2－3 给出以上国家的申请趋势和目的流向图。

从七个主要来源国来看，日本是申请量最多的国家，日本除了在国内进行大量布局之外，还在美国、中国、欧洲、韩国均申请了一定量的专利。在不同的国家申请专利，必然与日本进入这些国家的面部识别系统密切相关，这反映出日本在面部识别活体检测领域技术与市场都处在领先位置，其占有的市场基本遍布全球，日本公司包括 NEC、欧姆龙、东芝、松下、日立、富士、夏普等均是持有人脸识别活体检测重要技术的研发公司。美国申请人除了在本国大量申请专利外，还在欧洲、韩国、中国申请了一定量的专利，美国的一些知名企业如微软、谷歌、英特尔、IBM、霍尼韦尔等均是活体检测研发的主力，在多国的布局中这些公司占据了重要地位。另外值得一提的是

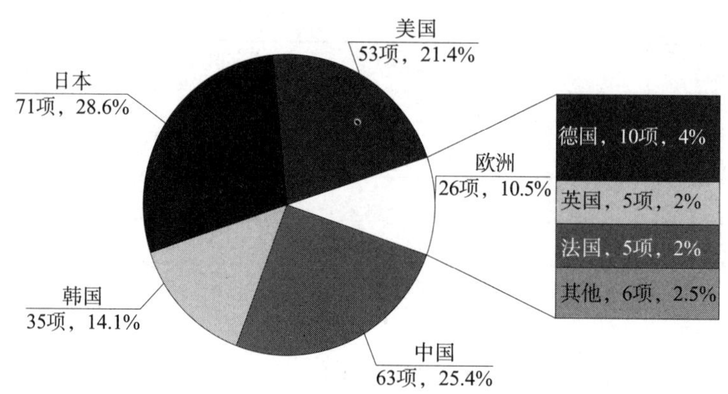

图4-2-2　活体检测全球申请来源国数量分布

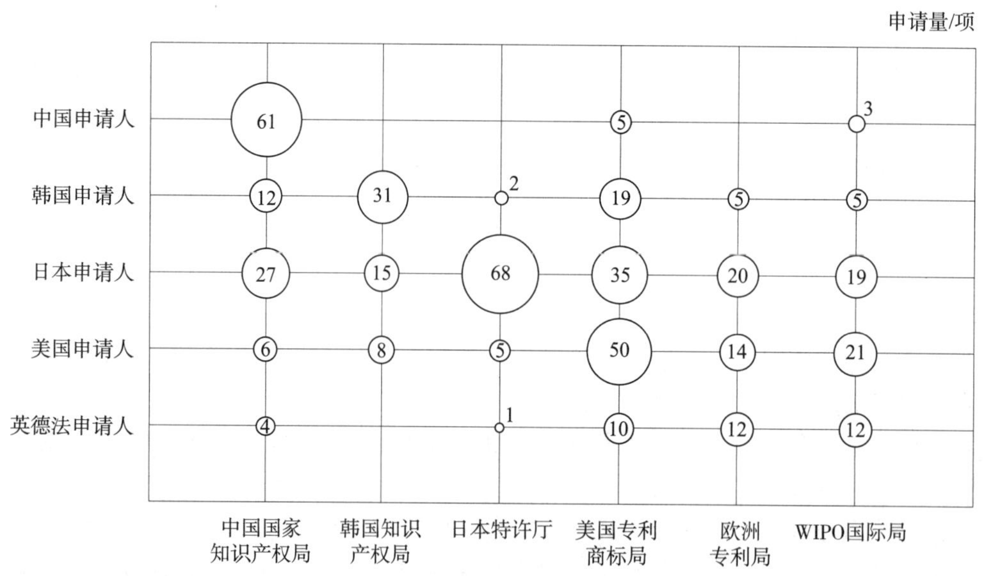

图4-2-3　活体检测全球申请趋势和目标流向

美国的大学及科研院所在该领域的申请也非常活跃，如美国印第安纳大学、纽约国立大学等也均有提出申请。韩国申请人除了在本国申请大量专利之外，重点在美国和中国进行了专利布局，对日本和欧洲的市场表现得不是很有兴趣，韩国申请人中三星和韩国电子通信研究院的申请量占据了头两名，其中三星旗下的S1安防集团有较为突出的表现。关于S1安防集团，读者可以参考第5章“三星专利分析”的相关内容。德国、英国、法国这三个国家的布局集中在美国和欧洲本土，其中代表性的公司是德国的西门子和比奥ID股份公司、法国赛峰集团下属的萨基姆公司和MORPHO公司。中国申请人主要在国内申请专利，且申请数量较为靠前，但在国外申请面部识别活体检测专利数量非常少，在国外申请数量只是个位数。海外发明专利申请是企业走出国门，积极参与国际竞争的重要体现。在国外申请专利数量少，反映出中国申请人技术研发实力比较弱，难以开拓海外市场。

4.3 中国专利申请情况分析

与起步较早的美国、德国、日本等国家相比，人脸识别的活体检测在中国起步较晚。中国专利申请的数据涉及1985~2013年由中国国家知识产权局公开或公布的中国专利申请，共计110件。

中国的申请量发展趋势整体上与全球发展趋势相同，但是起步要落后于美国、日本等发达国家。由图4-3-1可知，国内人脸识别活体检测在2000年以前为空白，在2000年之后才开始缓步增长，到了2005年申请量的增长明显提速，持续到2013年均呈增长态势。

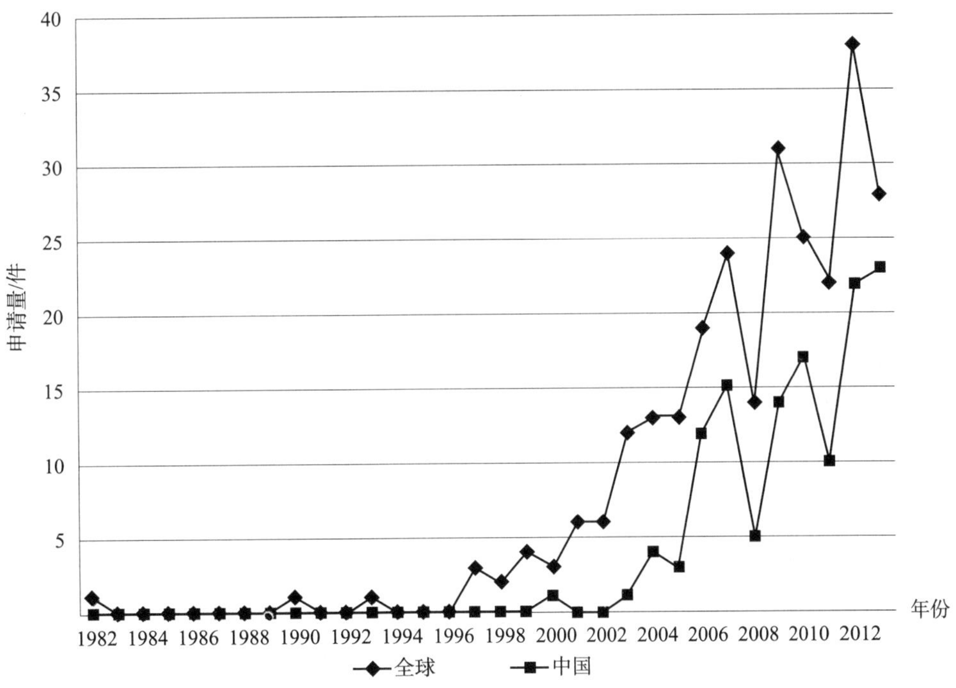

图4-3-1 面部识别活体检测中国专利申请发展趋势

4.3.1 在华申请的申请人类型及主要申请人对比

活体检测的专利申请人主要以公司为主，总体上占到中国申请总量的81%（参见图4-3-2），显然公司是国内该领域的创新主体，是活体检测技术引导领导者。其次是高校申请，占到了总量的9%，国内的主要高校如浙江大学、清华大学、中山大学、北京交通大学、北京工业大学等均有申请。个人以及研究机构的申请占比都比较小，分别为6%和2%。在活体检测领域的中国专利申请中合作申请并不活跃，仅占到总量2%，分别是2012年天津科技大学和乐配（天津）科技有限公司的申请CN103077459A和2008年韩国电子通信研究院和三星的申请CN101320424A。其中CN103077459A涉及一种融合用户多生物特征进行活体认证支付的方法，利用了多生物特征多样性、互补性的特点，将多种身份认证技术结合，通过融合指纹、人脸、手指静脉、掌纹等多生物特征，利用图像分析和智能挖掘技术进行用户活体认证支付。CN101320424A 则涉及使用光栅验证用户的面部，通过用户配置高斯混合模型 GMM 将光栅应用到用户数据库中的面部图像来产生用户 GMM，然后利用对数似然值计算非用户 GMM 和用户 GMM 得到对数似然值，来验证输入的面部图像是否为用户的面部图像，是一种活体检测的算法改进。

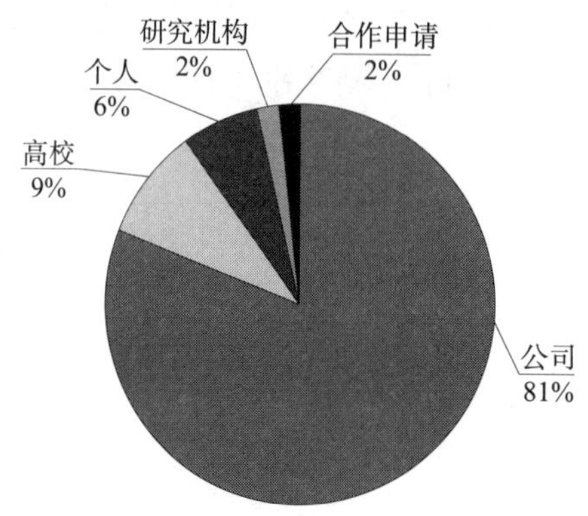

图 4-3-2　活体检测技术中国专利申请人类型

4.3.2　国内申请人国别分析

图 4-3-3 统计了在活体检测中国专利申请的申请人国别分布情况。可以看出，在中国专利申请的申请人中，国内申请人比国外申请人稍占优势，国内申请人占比 55%。在国外申请人中，日本、韩国为主要申请国，分别占 25% 和 10%；另外有美国申请人 6 件，德国申请人 3 件，英国申请人 1 件。通过统计发现，在全球范围内的主要申请国都已经进入中国进行专利布局，并且这些国家的申请量排名顺序与其在全球范围内的申请量排名顺序基本一致。

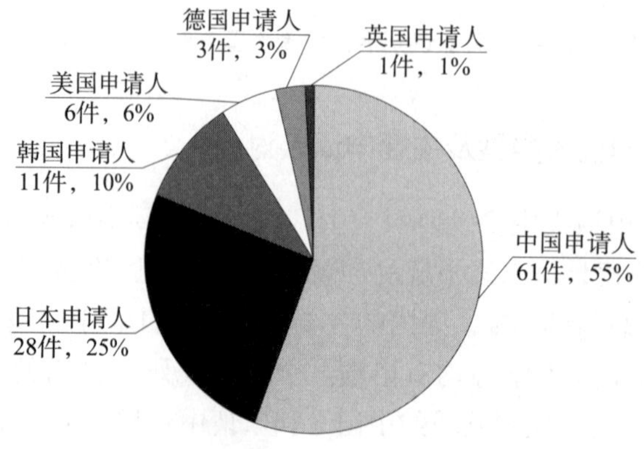

图 4-3-3　活体检测中国专利申请人来源国分布

4.3.3　国内申请人申请量分析

国内申请中，面部识别活体检测技术领域申请量排名前十位的申请人如图4-3-4所示。日本欧姆龙以12件居榜首，且在本章第5.5节的分析中可以得知其专利权均较为稳定。申请量排名第二的是日本NEC，相比欧姆龙少了4件。中国国内申请人申请量最高的为紫光股份，与三星排名并列第三。总体而言，国内涉及活体检测的专利申请的申请人较为分散，单个申请人的申请数量稀少，反映出国内申请人对于活体检测技术的认识、研发、创新力量相对薄弱。

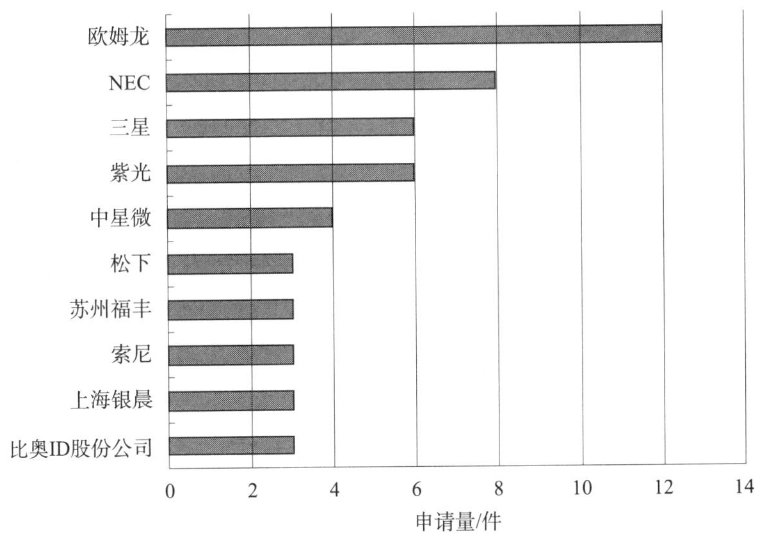

图4-3-4　活体检测中国专利申请人排名

4.3.4　中国专利申请地区分布

从图4-3-5可以看出北京是研究活体检测最为活跃地区，珠三角和长三角则占据了次席。北京因为集结了众多高校以及科研院所，在科研方面具有先天优势条件，其次北京IT企业众多，国内从事面部识别的业内龙头企业汉王公司以及中星微、紫光股份等均位于北京。上海的4件申请全部来自上海银晨。浙江的申请则以高校为主。广东的申请比较分散，12件专利来自10个不同的申请人，申请人中多数来自各个企业，体现出广东在人脸识别活体检测方面百花齐放的特点。台湾地区的申请与广东类似，同样6件申请来自6位不同的申请人，而且台湾地区申请人如华硕等更注重拓展海外市场，在国外有所布局。

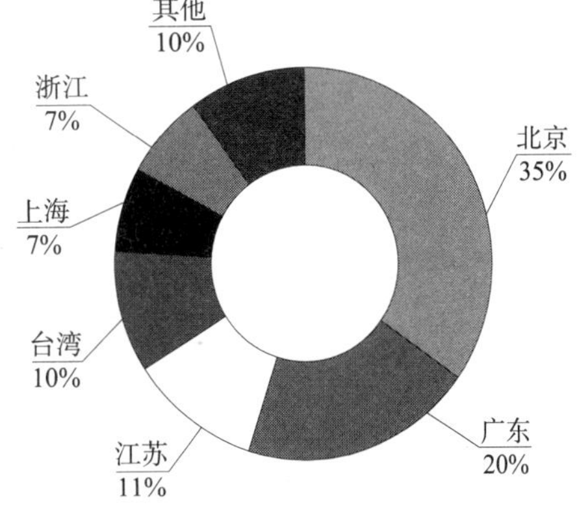

图4-3-5　活体检测中国申请各地区分布

4.4 技术构成分析

按照技术手段来分类，面部识别活体检测可分为盲检测、人机交互、多模态3个技术分支。本节以这3个技术分支为主线，对各技术分支的国家分布以及申请量年变化趋势进行分析。

图4-4-1展示了面部识别活体检测全球申请技术分支分布。活体检测技术自从诞生以来，沿着盲检测、用户配合、多模态3个技术手段方向进行演化，其中盲检测是活体检测技术实现的主要方式，因此涉及盲检测的专利申请数量也最多，达到192件。而对用户配合和多模态技术手段来说，由于用户配合技术需要用户辅助进行识别，用户在识别过程中操作复杂，易产生抵触、烦躁心理，而多模态方式通常来说技术方案较为简单，虽然实现起来活体检测的识别效果很好，但通常达不到专利授权的新颖性、创造性高度，消减了申请人的申请热情，因此这两个技术分支申请数量不及盲检测技术分支。具体来说，用户配合技术分支申请量为33件，多模态技术分支申请量为36件。

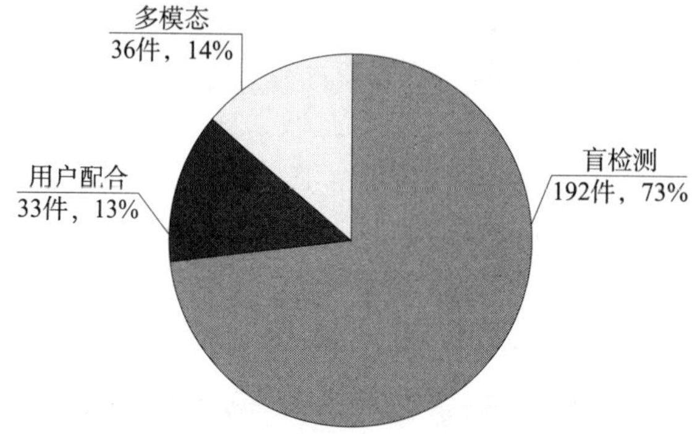

图4-4-1　面部识别活体检测技术分支分布

对于盲检测技术分支，可以进一步细分为三维深度信息技术、利用人脸生理活动变化检测技术、红外测温技术、光流技术等。其申请量所占盲检测技术的百分比如图4-4-2所示。

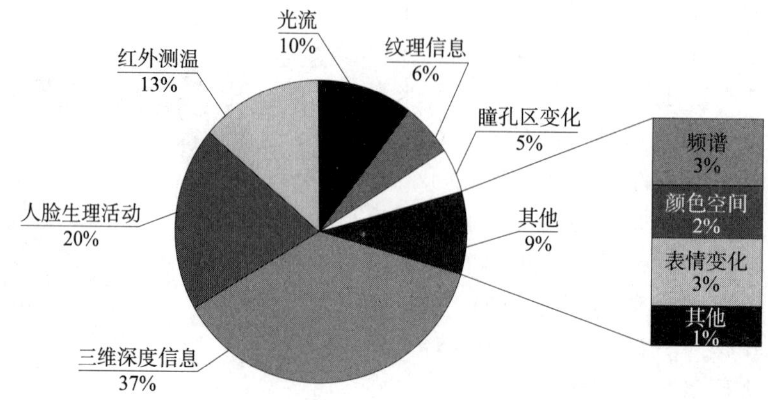

图4-4-2　面部识别活体检测技术中盲检测分支分布

4.4.1 各技术分支申请量趋势对比

图4－4－3中可以看出，1999年之前，活体检测技术的申请量较为稀疏，各个技术分支的申请量均为个位数，除了西门子在1982年提出的EP0082304A1同时涉及多模态以及用户配合的方法之外，德国的代傲集团（DIEHL）在1990年提出了申请DE19904009051A1，采用热传感器检测人脸部的热辐射从而判别人是否还存活。在这两项申请之后一直到2000年之前的10年间，活体检测技术申请量几乎为0。分析其原因，在于这一时期的人脸自动识别技术远没有成熟，机器自动识别技术在20世纪90年代还属于实验室里科学家手中的技术，既然人脸识别没有达到商用标准，自然无从谈起应用，活体检测技术也就成了无源之水。人脸识别系统发展到原型系统阶段源于美国国防部（DARPA）的促进，1993～1997年，DARPA开始了FERET项目，开始评测人脸识别算法。2000年开始，DARPA又开始组织针对人脸识别商业系统评测FRVT（Face Recognition Vendor Test），其后共举办了三次：FRVT2000、FRVT2002、FRVT2006，这大大促进了人脸识别的商用进程，因此从2000年开始，活体检测技术的各个技术分支才算是真正进入了繁荣的阶段。

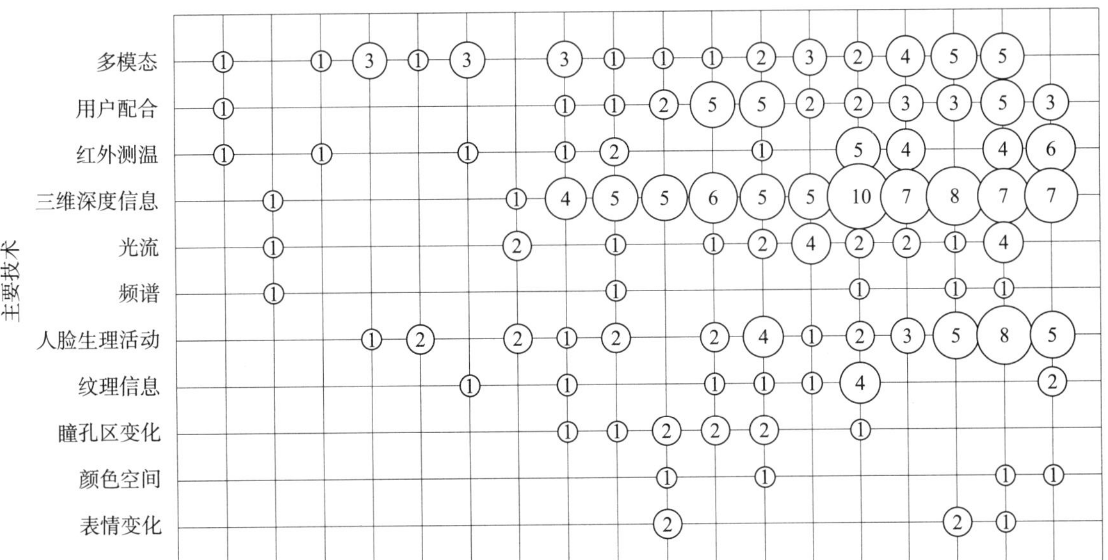

图4－4－3 活体检测全球申请各技术分支申请量年变化

申请数量最多的技术分支是盲检测中的三维深度信息，共71项申请。第一篇利用三维深度信息进行活体检测的文献是美国优利系统公司（UNISYS）1997年申请的US19970968019A1；此后在2003～2013年，申请量一直维持在较高水平，在2009年达到申请量峰值10项。2009年之后申请量有下降趋势，但整体的年申请量依然维持在7项以上。申请量上处于第二梯队的技术分支有3组：属于盲检测分支的人脸生理活动

（38 项）、用户配合（33 项）、多模态（36 项），这 3 个技术分支属于起步较早，研究年代发展一直较为均衡的技术点。

人脸生理活动检测主要用于防止照片攻击，但无法检测出视频欺骗。早期申请如瑞士电信移动电话公司（SWISSCOM MOBILE TELEPHONE）提出的 WO0188857A1，通过测定个人的不自觉的眼睛运动样式来识别用户是否是活体，阻止欺诈。该技术分支在 2012 年达到申请高峰，集中出现了利用眨眼、眼动、唇动、头部轻微晃动等方式进行生理活动检测的技术手段。

用户配合又称为人机交互方法，通过要求测试者作出某些响应来判别是不是活人。早期申请如美国纽约大学的 KAUFMAN 在 1993 年提出的根据人眼运动控制设备的方法（US19930006199A），给出了将人眼活动用于活体检测的技术启示。该技术分支在2006～2012 年有持续的项数较多的申请，其主要缺点是隐蔽性差，攻击者经过几次测试即可知道系统所采用的交互手段，进而针对该方法研究对应的欺骗策略。

多模态认证系统采用多种生物特征信息进行融合来综合判别活体，如古语所言："三个臭皮匠顶个诸葛亮"。该种技术手段实施起来难度不大，设计思路也较为简单，因此该技术分支的专利申请在发展历程中持续时间最长，从第一项申请的 1982 年到 2012 年持续了整个活体检测发展的时间历程。多模态认证方法实施后能够明显提高系统安全性，原因很简单，因为提高了系统冗余性，因此对于攻击者来说，同时窃取合法用户的多个角度的生物特征信息（人脸、指纹、声音等）是较为困难的。但采用了多模态认证的人脸识别系统也不是无法攻破，攻击者通过几次失败尝试后，就会熟知多模态认证系统的识别手段，此后仍可以通过复制多种生物信息来进行欺骗。

从申请量上看，红外测温（26 项）、光流法（20 项）、纹理信息（11 项）以及检测瞳孔区域变化（9 项）属于活体检测的非主流技术分支。其中，红外测温又称为热红成像技术，与可见光不同，热红成像将脸部的热辐射情况反映到图像中，自然欺骗用的照片、视频是无法呈现热红外图像的。光流法又称为线性光学流，是捕捉人脸细微的运动信息的盲检测手段。1981 年，Horn 和 Schunck 最早开始研究光流场的计算。当物体运动时，在图像上对应物体的亮度模式也在运动，光流表达图像的变化，包含目标运动的信息，可用来确定目标的运动。本技术分支的申请通常用光流场计算统一检测眼眶内眼睛眨动和眼球转动的动作从而实现活体判别。

4.4.2 国内外技术发展历程对比

图4－4－4 中是活体检测国内各技术分支申请量变化情况气泡图，表4－4－1 中给出了按照技术点以及申请人类型进行分类的国内申请人的主要申请。

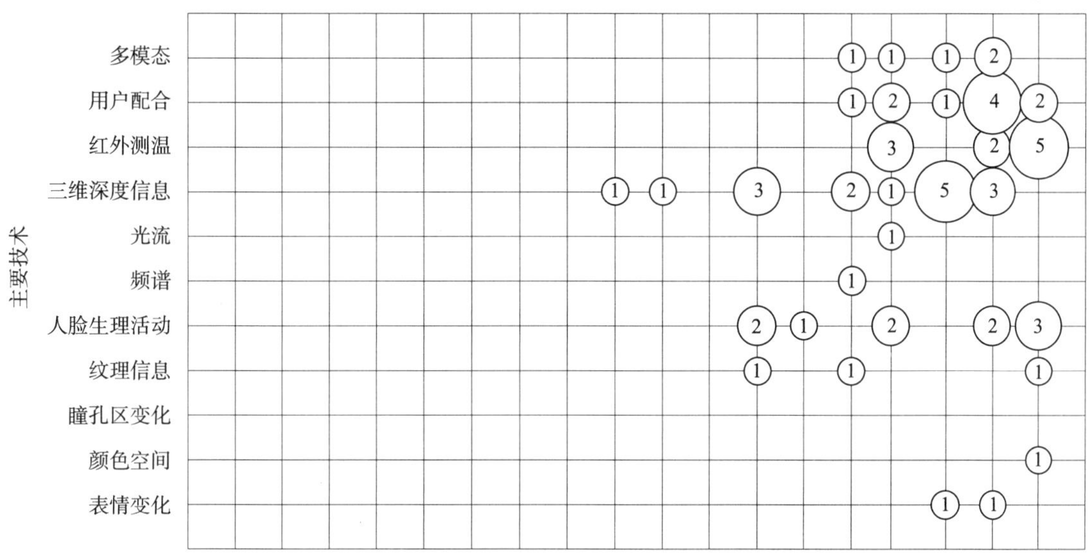

图 4-4-4 活体检测国内各技术分支申请量年份变化

表 4-4-1 国内申请人的研究方向及分布

技术分支	申请人类型	专利信息
三维深度信息	高校、科研院所、个人	中国科学院声学研究所 CN101396277、CN201084168 北京交通大学 CN101923641
	公司	上海银晨 CN101441710、CN1841405 鸿富锦精密工业（深圳）有限公司、鸿海精密工业股份有限公司 CN102006402、CN102103696 广州像素数据技术开发有限公司 CN102708383 紫光股份 CN103020600、CN103034846、CN103077382、CN202956771、CN202956772、CN203054868 TCL 集团股份有限公司 CN103530599
用户配合	高校、科研院所、个人	五邑大学 CN102789572 高艳玲 CN102842040
	公司	北京中星微电子有限公司 CN101710383、CN102385703 无锡数字奥森科技有限公司 CN102622588 湖北微模式科技发展有限公司 CN103440479、CN103678984 深圳市腾讯计算机系统有限公司 CN103384234 宇龙计算机通信科技（深圳）有限公司 CN103177238

续表

<table>
<tr><th>技术分支</th><th>申请人类型</th><th>专利信息</th></tr>
<tr><td rowspan="2">多模态</td><td>高校、科研院所、个人</td><td>宋光宇、唐琪、李和 CN101872413
天津科技大学、乐配（天津）科技有限公司 CN103077459
徐勇 CN201867835</td></tr>
<tr><td>公司</td><td>厦门天聪智能软件有限公司 CN103067460
宇龙计算机通信科技（深圳）有限公司 CN103177238</td></tr>
<tr><td rowspan="2">人脸生理活动</td><td>高校、科研院所、个人</td><td>清华大学 CN101159016、WO2008151470
浙江大学 CN101216887
华南理工大学 CN103106397
高艳玲 CN102842040</td></tr>
<tr><td>公司</td><td>北京智慧眼科技发展有限公司 CN101770613
北京中星微电子有限公司 CN102375970
上海闻泰电子科技有限公司 CN103312870
浙江中烟工业有限责任公司 CN103324918
江苏慧视软件科技有限公司 CN103400122
汉王科技股份有限公司 CN103679118
北京海鑫智圣技术有限公司 CN201845368</td></tr>
<tr><td rowspan="2">红外测温</td><td>高校、科研院所、个人</td><td>江西财经大学 CN101789078
徐勇 CN101964056
胡江莉 CN103544738</td></tr>
<tr><td>公司</td><td>北京中科金财科技股份有限公司 CN102855474、CN202854836
无锡中星微电子有限公司 CN102004906
苏州福丰 CN103235942、CN103279999、CN203287954
盈泰安股份有限公司 CN103514438</td></tr>
<tr><td rowspan="2">纹理信息</td><td>公司</td><td rowspan="2">上海银晨 CN101364257
浙江大学 CN101702198
北京工业大学 CN103605958</td></tr>
<tr><td>高校、科研院所、个人</td></tr>
<tr><td rowspan="2">表情变化</td><td>公司</td><td rowspan="2">广东欧珀移动通信有限公司 CN102946481
唐辉、刘陆陆、沈超、张宇峰 CN102509053</td></tr>
<tr><td>高校、科研院所、个人</td></tr>
<tr><td>光流</td><td>高校、科研院所、个人</td><td>中山大学 CN101908140</td></tr>
<tr><td>频谱</td><td>公司</td><td>南京壹进制信息技术有限公司 CN101999900</td></tr>
<tr><td>颜色空间</td><td>高校、科研院所、个人</td><td>宁波大学 CN103116763</td></tr>
</table>

表4-4-1按照技术分支的分类列出了主要国内申请人的专利申请号。从图4-4-4以及表4-4-1可以看出，在国内申请人中，三维深度信息、用户配合、多模态、人脸生理活动、红外测温几个技术领域申请较为集中，课题组将申请人分为公司及高校、科研院所、个人进行划分后，发现中国高校及研究院在活体检测的各个领域展开了一定的研究，并申请了相应的专利，尤其在三维深度信息、纹理信息、人脸生理活动方面专利较为集中。国内申请企业可以依据已有技术产品的特点、技术路线的侧重方向等角度考虑，与高校及科研院所等开展技术合作，并通过专利合作申请等方式对研究成果进行申请和保护，为后续合作提供方向。高校及科研院所的研究能力较强，具备过硬的实验条件及高素质科研人员，对前沿技术比企业更加关注，如三维深度信息技术分支中，2007年中国科学院声学研究所的研究员杨军、苗振伟提出了一种用于克服照片、视频欺骗的高分辨率超声波人脸识别方法及装置（CN101396277A），该方法及装置通过向待识别目标发射超声波信号，采集回波信号，对回波信号提取特征向量，根据得到的特征向量在已建成的超声人脸信息数据库中进行身份识别对比，得出识别结果，该方法能够将3D模型与活体人脸区分开。利用人脸生理活动检测活体技术方面，清华大学丁晓青教授在2007年申请了2项专利（CN101159016A、WO2008151470A1），2008年浙江大学的吴朝晖和潘纲教授申请了1项专利（CN101216887A）。CN101159016A通过检测系统摄像视角内物体的运动区域和运动方向锁定人脸检测结果框，判断所述人脸检测结果框内是否存在有效的人脸面部运动：如果不存在，则认为是照片人脸；如果存在，则判断所述人脸检测结果框内的所述人脸面部运动是否为生理性运动来判别是否是活体人脸。CN101216887A提出一种通过单个摄像头进行照片人脸和活体人脸的计算机自动鉴别的方法，通过判断视频中是否存在眨眼动作完成对照片人脸与活体人脸的自动鉴别，这是国内最早在人脸生理活动检测活体技术方面的申请。而企业申请最早出现是2010年北京智慧眼科技发展有限公司提出的关于社保身份认证过程中活体检测的申请（CN101770613A）。其采用人脸识别和活体检测相结合的身份认证模块对用户的人脸视频流进行身份认证，完成审计和社保基金发放。以上例子可以看出，通常高校和科研院所对技术创新的敏感度要比企业提前2～3年，高校对于基础技术的掌握和前沿技术的储备要更具有优势，是国内企业值得考虑的合作伙伴。

4.4.3 国内外技术演进分析

图4-4-5中是国内和国外申请人历年来在活体检测各个技术点的申请分布情况气泡图。

从图4-4-5中可以看到，国内和国外在活体检测各个技术分支中均存在较大的差异。在同一个技术分支的比较中，国内申请普遍比国外申请起步晚，如在多模态、用户配合、光流法、频谱等技术分支，国内申请要比国外申请晚10年以上。除了起步较晚，申请量上也均处于劣势，在瞳孔区域变化分支上国内目前还属于空白阶段，在光流法、频谱法、颜色空间几个技术分支国内也只是存在数量稀少的申请。值得一提的是，三维深度信息技术分支，国内申请人起步较早，而且有持续的申请，其中代表

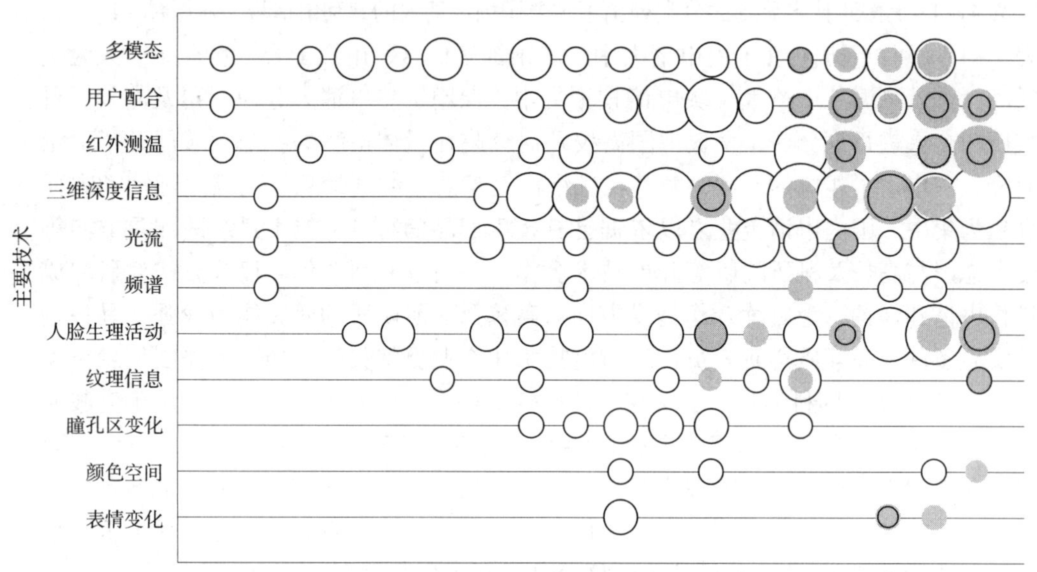

图 4-4-5　活体检测国内外技术发展历程对比

性的国内企业如上海银晨、紫光股份等均有深入的研究并配合有产品面世销售。三维深度信息技术分支是活体检测中技术含量最高，并且最被未来看好的技术分支，建议国内企业继续在这一技术分支加强投入，形成规模效应。

4.4.4　技术发展路线

通过人工逐篇阅读结合专家评分与多项指标（引用频次、PCT 申请进入国家数量、是否为重要申请人、技术贡献、其他辅助信息等）评级，课题组从全球专利中筛选出50 项左右的重要专利，涉及面部识别活体检测的 9 个重要技术分支（多模态、用户配合、三维深度信息、红外测温、人脸生理活动、光流法、频谱法、频谱纹理信息、表情变化），梳理了面部识别活体检测发展技术发展路线（参见图 4-4-6）。由于技术发展路线图要表达的含义是技术首次问世并不断发展的过程，因此图中专利文献所选用的时间节点均为专利文献的优先权日所在年份。

（1）全球多模态技术发展的阶段性分析

多模态识别是最早的人脸活体检测应用技术。西门子在 1982 年提出的 EP0082304A1 中，涉及人脸结合语音、用户配合进行多模态识别以确认用户是活体的方法。然后很长一段时间关于活体检测的研究处于冬眠状态，直到 20 世纪末期新的申请才开始涌现，如美国 EYETICKET 公司 1998 年申请的 WO9906928A1，将人脸识别与语音、掌纹识别进行多模态活体检测；飞利浦 2001 年的申请 US20010836680A1（2002 年获得授权US6498970B1），是在车辆启动过程中对驾驶员进行鉴权，其中联合了语音识别。其他

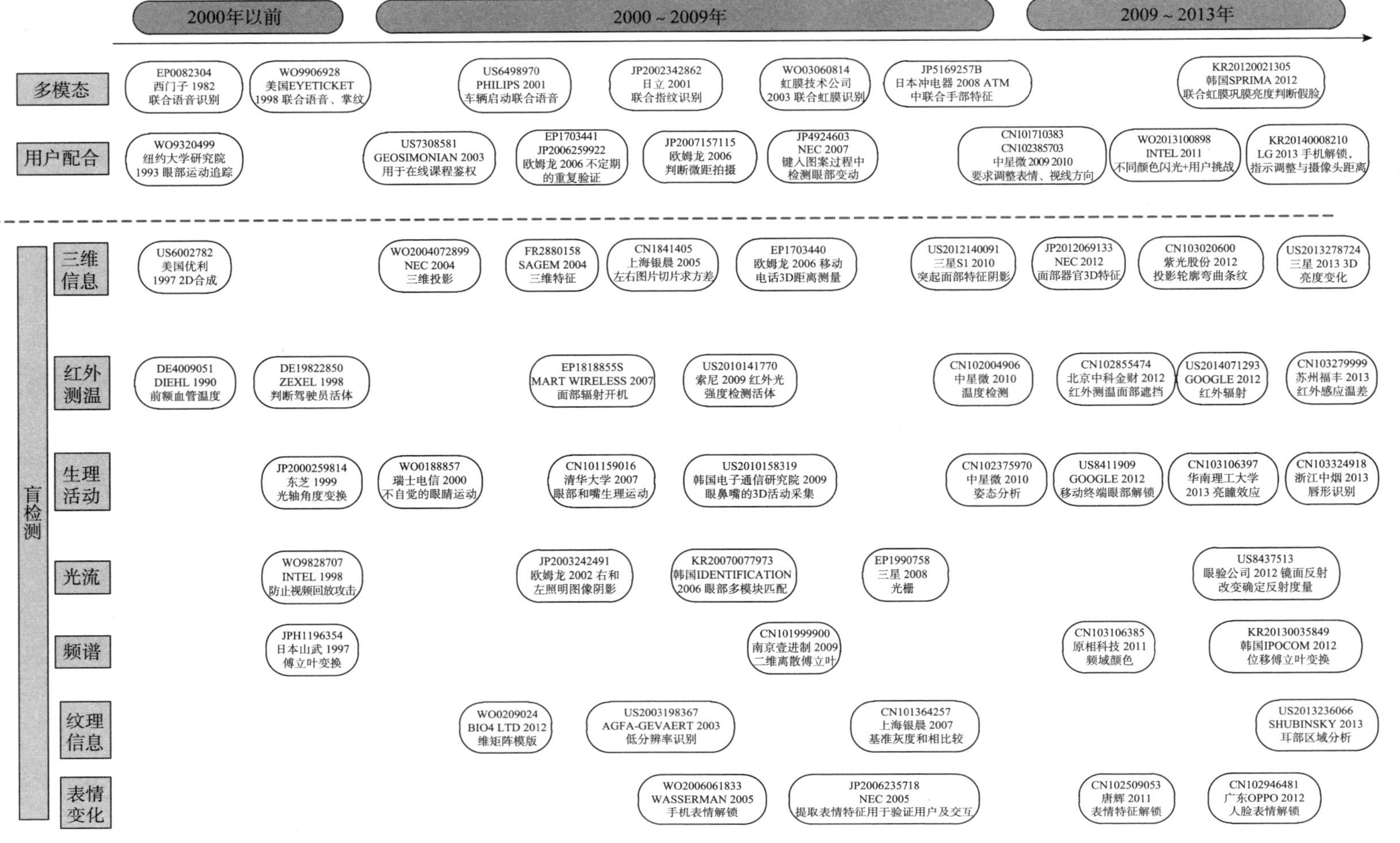

图4-4-6 面部识别活体检测技术发展路线

具有代表性的技术方案有：联合指纹识别，如日立公司的JP2002342862A1；联合虹膜识别，如虹膜技术公司于2003年申请的WO03060814A1；ATM机应用中联合客户的手部特征，如日本冲电器株式会社于2008年申请的JP5169257B；联合虹膜巩膜亮度判断假脸，如韩国SPRIMA公司于2012年申请的KR20120021305A。这些具有代表性的申请均揭示了人脸活体检测多模态技术的多样性。

（2）全球用户配合技术发展的阶段性分析

用户配合技术的申请开始于1993年，位于美国的纽约大学研究院在这一年提出眼部运动追踪的活体检测方案（WO9320499A1），用户通过按照设定指令的转动眼球以期获得系统承认的活体检测通过。但是该项技术一经面世便有着固有的缺陷，用户可以使用假脸仍然按照系统设定指令进行用户配合的鉴权过程，因此经过10余年的发展，该项技术也在不断改进，如2006年欧姆龙提出3种不同的用户配合的解决方案（EP1703441A1、JP2006259922A、JP2007157115A）：通过不定期的重复验证用户活体属性，以及通过移动终端设备的摄像头进行微距拍摄，判断距离等参数验证用户活体属性。NEC于2007年提出一种非主动配合的检测手段（JP4924603B），其不提示用户在进行活体检测，而是在用户键入图案过程中暗地里检测用户的眼部是否跟随图案在屏幕上位置的移动而跟随转动，如果是活体用户会自然地盯着会动的图案进行眼部焦点调整，非活体则不可能完成。我国中星微也提出了两种用户配合的检测手段，要求使用者调整表情、视线方向（CN101710383A、CN102385703A）。其他技术手段如采用不同颜色闪光联合用户挑战（WO2013100898A1）、手机解锁应用中，指示用户调整人脸与摄像头的距离（KR20140008210A）等。

（3）全球用户三维深度信息技术发展的阶段性分析

三维深度信息与前两项不同，其属于盲检测分支，是申请数量最多的技术分支，目前共有71项申请。第一项利用三维深度信息进行活体检测的申请是美国优利系统公司（UNISYS）1997年申请的US19970968019A1，此后在2003～2013年申请量一直维持在较高水平，在2009年达到申请量峰值10项。2009年之后申请量有下降趋势，但整体的年申请量依然维持在7项以上。技术角度来看，早期申请采用多幅2D图像合成3D图像实现立体人脸的检测，中期曾出现过全息3D技术，但是由于成本、技术限制没有得到很好的发展。2004年，NEC采用三维投影技术，巧妙地实现了人脸立体检测（WO2004072899A1）。由于此方法实现简单、设备廉价，因此得到了很好的发展，后续又有多项专利申请涉及此项技术（FR2880158A、US2012140091A1、CN103020600A）。近年来，三维深度信息技术发展趋势偏向移动用户端，通常与手持设备紧密结合，如三星的申请US2013278724A1采用3D亮度变化进行检测，NEC的JP2012069133A针对面部器官的3D特征进行检测，均取得了不错的效果。

（4）检测生理活动技术发展的阶段性分析

活体人脸通常有一些不被意识到的不自觉的运动，通过判断人脸是否具有这些生理活动，例如眨眼检测（眼睛区域的变化）、瞳孔移动、嘴唇部位的动作，进行人脸活体检测就称为生理活动活体检测。这一技术领域中最早提出申请的是日本东芝在1999

年提出的申请 JP2000259814A。该项申请的技术方案采用了光轴角度变换来检测人眼的不自觉运动，通过判断眼部运动特征来区别活体。随后在 2000 年瑞士电信公司提出了类似的技术，在公开号为 WO0188857A1 的文献中，记载了利用智能终端（如眼镜）记录使用者的不自觉的眼部运动实现活体检测的技术方案。记录眼睛区域变化的专利申请占了检测生理活动技术分支的绝大多数，但后期（2010 年前后）也出现了一些其他手段，如检测眼部和嘴生理运动（CN101159016A，清华大学，2007）、眼鼻嘴的三维活动特征采集（US2010158319A1，韩国电子通信研究院，2009）、人脸的姿态分析（CN102375970，中星微，2010）、移动终端的眼部解锁（US8411909B，谷歌，2012）、亮瞳效应（CN103106397，华南理工大学，2013）、唇形唇动识别（CN103324918，浙江中烟，2013）等。可见检测生理活动技术发展到现在，已经将脸部能进行细微活动的器官全部囊入其中，具体哪种技术方案更加有效，还需要经过技术的发展和市场的检验。

（5）其他活体检测技术发展的阶段性分析

红外测温技术：最早提出红外测温技术的专利文献是 1990 年 DIEHL 公司的申请，此后持续到 2013 年（红外感应温差，CN103279999A，苏州福丰，2013）均有利用测温技术进行活体检测的专利涌现。该技术方案原理虽然简单，但是受限制于产品器件的尺寸以及价格成本影响，技术改进空间不大。

光流法：又称为线性光学流，捕捉人脸皮肤的细微运动信息。光流法在学术界首次出现时间是 1981 年，1998 年美国 INTEL 公司的申请 WO9828707A1 将光流法应用于防止视频回放攻击。该种技术方法在活体检测中并非处于主流技术。

频谱法和表情变化：真人脸与照片的光照反射程度是不同的，对采集的图像进行频谱分析来捕捉这种差异的手段称为频谱法，由于经照片得到的人脸图像是由平面物体成像，因此照片人脸比真实人脸的频域信息中含有更少的高频部分信息。1997 年日本山武株式会社申请了第一项利用频域信息检测假脸的专利 JPH1196354A。其后随着照相技术水平日益提高，相片与真实人脸差距越来越小，因此频谱法也逐渐式微。表情变化检测方法通过主动或被动地获取用户表情信息来鉴别人脸是否真实，WASSERMAN于 2005 年首次提出手机表情解锁 WO2006061833A1，其后表情变化检测方法多用于设备解锁应用，如国内申请人唐辉和广东 OPPO 的申请 CN102509053A 和 CN102946481A。

4.5 欧姆龙株式会社：活体检测 No. 1

4.5.1 概　况

欧姆龙株式会社（OMRON Corporation）成立于 1933 年，目前已经发展成为全球知名的自动化控制及电子设备制造厂商，掌握着世界领先的传感与控制核心技术。欧姆龙株式会社研发生产的产品主要包括无触点接近开关、电子自动感应信号机、自动售货机、车站自动售检票系统、疾病自动诊断等系列产品与设备系统。其在工业自动化控制行业以及社会系统行业具有举足轻重的地位，在面部识别领域，欧姆龙株式会社很早就展开了研究并推出了产品。

欧姆龙株式会社的 Vision Sensing 事业部从事的研究大致可以分为 3 个领域。一个是从人脸提取有价值信息的“OKAO Vision”。机器以从对象人脸读取的各种信息为基础，为对象提供相匹配的服务界面。二是能识别文字和符号的“文字、符号传感技术”。文字和符号是只有人类才会操作的信息传递手段。欧姆龙株式会社一直在努力提高对这些多样的文字和符号的识别水平。三是“立体图像传感技术”。我们的眼睛所见的东西大都是立体的，欧姆龙株式会社通过对汽车等一些动态的立体物体进行捕捉，研发能够提供舒适安心的社会和生活的系统。

面部识别传感器（性别－年龄段分析系统），凝聚了超过 100 万人面容信息的面容属性推测技术。能自动推测、收集性别年龄段信息的面容属性传感器，通过掌握数量庞大的面容信息而开发出来的产品，能高速并始终以稳定的高精度来推断属性。

欧姆龙株式会社在 1995 年就开始了人脸识别技术“OKAO Vision”（人脸识别）的开发。欧姆龙株式会社将其特有的传感技术应用在人脸识别领域，至今为止已经诞生了多个世界及行业首创的技术。

类似于 Android 4.0 加入的面部识别解锁功能，2012 年，第一个发布内置面部识别技术的手机为日本 NTT DoCoMo 的 P901iS，其内置的“Face Reader”便是使用欧姆龙株式会社的面部识别技术“OKAO Vision”。

4.5.2 欧姆龙株式会社申请趋势

截至 2014 年 6 月，欧姆龙株式会社在人脸识别技术方向全球累积专利申请量 354 项。申请趋势如图 4－5－1 所示。其中涉及活体检测的专利有 19 项，见表 4－5－1。

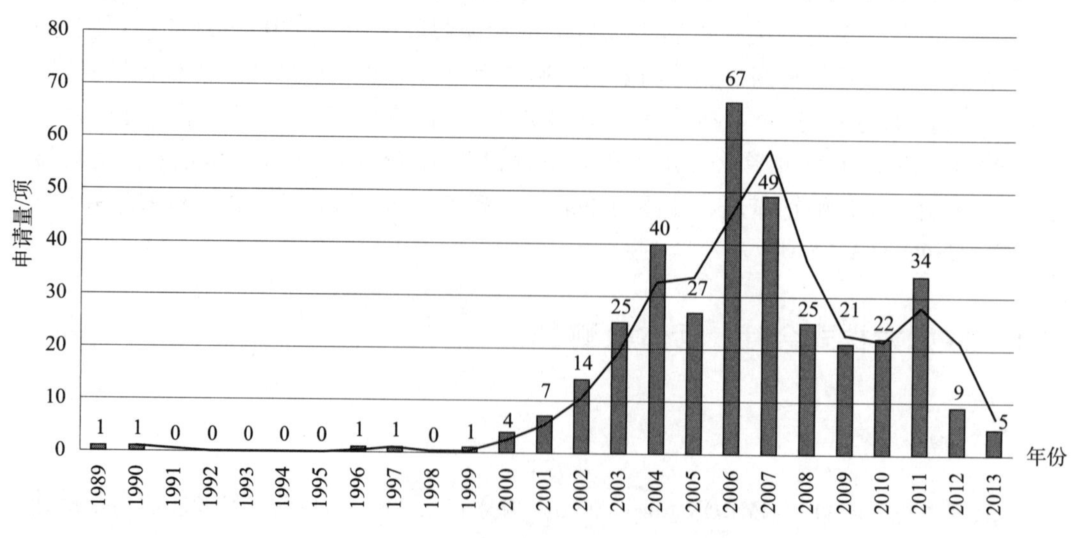

图 4－5－1　欧姆龙人脸识别专利申请趋势

表 4-5-1 欧姆龙株式会社活体检测专利列表

序号	申请年份	技术分支	公开号	法律状态
1	2002	光流	JP2003242491A	授权
2	2002	光流	JP2003242491A	授权
3	2002	多模态	JP2003208407A	未决
4	2004	辐射测温	JP2005259049A	未决
5	2006	背景信息	JP2008107942A	授权
6	2006	三维信息	CN1834986A	授权
7	2006	三维信息	CN1834987A	授权
8	2006	用户配合	CN101039183A	视撤
9	2006	三维信息	CN1834987A	授权
10	2006	生理活动	JP2008090452A	授权
11	2006	瞳孔变化	CN1834985A	授权
12	2006	用户配合	CN1834988A	授权
13	2006	用户配合	CN1834990A	授权
14	2006	用户配合	CN1968357A	授权
15	2006	用户配合	CN1834991A	视撤
16	2006	多模态	CN101043336A	视撤
17	2007	颜色空间	JP2007280367A	授权
18	2007	用户配合	CN101038613A	授权
19	2007	用户配合	CN101038614A	授权

其中授权 14 项，视撤 3 项，未决 2 项，授权比例达到 74%。欧姆龙株式会社无论是从数量上还是质量上均是活体检测领域的翘楚。

4.5.3 发明人团队分析

区域竞争和企业竞争归根结底是人才竞争，人才是科技进步的第一资源。欧姆龙株式会社长期以来获得技术优势也源于公司拥有的优秀的发明人团队，图 4-5-2 示出了欧姆龙株式会社活体检测发明人团队及其关系图。

在早期申请（2002~2004 年）中，研发人员以安達澄昭和森本勝为代表，在光流，多模态以及辐射测温方面有所研究和申请。2006 年以后，欧姆龙株式会社最主要的两个核心团队——垣内崇团队以及千贺正敏、千贺正敬团队开始显现。围绕在这两个团队周围具有多个与其关系密切的发明人，发明人之间的连线上是其合作申请的专利情况。千贺正敏、千贺正敬团队以研发用户配合的活体检测为主，而垣内崇团队则以盲检测手段为主。可见通过这两个团队的分工合作，欧姆龙株式会社在活体检测技术方面的布局非常全面。

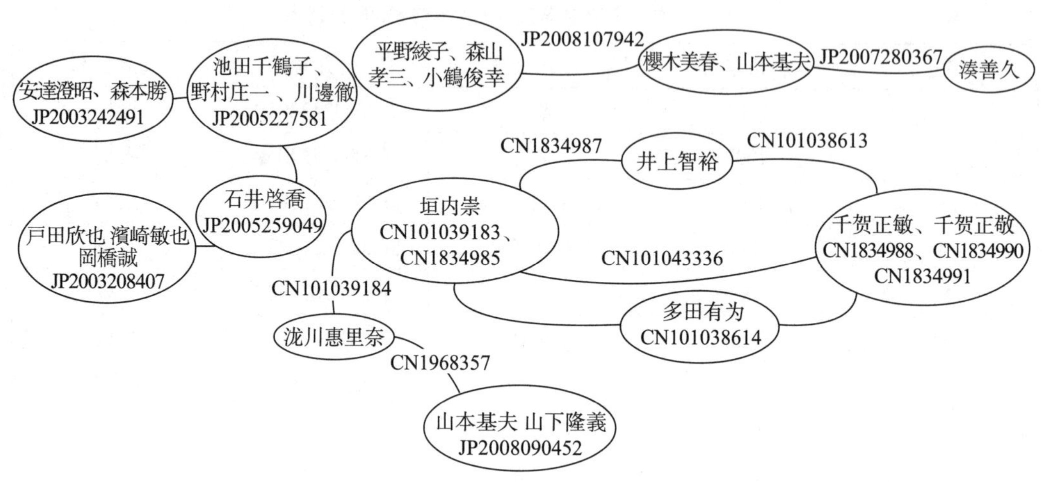

图4-5-2　欧姆龙株式会社活体检测发明人团队

4.6 小　　结

本章针对面部识别中的活体检测技术进行了专利分析。

① 从全球范围内活体检测技术的专利申请量来看，从第一件出现的活体检测的专利申请到现在已经持续了30多年，但是真正的申请量增长是从2000年开始，这一时期人脸识别系统开始投入商用，因此冒充、欺骗问题开始得到业内的重视，因此申请量在2000~2013年阶段呈振荡性的增长。申请量排名前五名的企业中有4家是日本企业，日本申请人在这一领域占据主导地位。

② 在我国出现的第一件人脸活体检测的专利申请出现的2000年，比国际上迟到了将近20年。申请趋势与国际申请趋势相同，在2000~2013年阶段也呈振荡性的增长。在中国专利申请人中，国内申请人的申请为61件，占了55%。国内申请量前三名均为国外申请人（欧姆龙、NEC、三星），国内申请人较为分散，申请数量稀少，反映出国内申请人对于活体检测技术的认识、研发、创新能力相对薄弱。

③ 活体检测的3个技术分支中，盲检测技术位于绝对的主流，与用户配合、多模态技术分支相比，其优点在于不需要用户辅助操作，识别过程简单，识别速度快，能在用户不知情的情况下完成活体检测过程。这与人脸识别产品逐渐趋于小型化和低功耗、人脸识别技术从“配合式技术”向“非配合模式”转变也是相适应的。

④ 盲检测技术分支中，利用三维深度信息和判断人脸生理活动这2个技术分支持续占有领先地位，而频谱检测、颜色空间、表情变化这3个技术分支已经逐渐淡出历史舞台，不建议继续从事相关研究。

⑤ 从技术攻防角度看，目前主流技术是为了克服照片和视频欺骗，而专门用于克服模型欺骗的专利申请非常稀少，国内外厂商在此问题上并没有深入挖掘。其原因可以在于：a. 照片和视频欺骗是常见的欺骗手段，易于实施且成本较低，而模型欺骗相

比则要付出相当大的成本，所以在研究克服模型欺骗手段上技术方案较少也就可以理解；b. 针对模型欺骗，并没有适合的技术被研发出来，因此申请量较少。而对于生物识别应用的安全问题，这是一个相对的问题，任何技术都不可能百分之百安全，关键看成本和代价。随着人脸识别的日渐推广应用，模型欺骗必然会逐步增多。因此国内厂商可以尝试针对这种欺骗进行技术研发，提早完成专利布局，获得先机。

⑥ 除了照片、视频、模型欺骗之外的欺骗手段，如采用仿制人皮面具进行冒充的方法，该种冒充手段识别难度较大，目前没有对应的专利申请出现。因此国内厂商可以尝试进行一下对应的技术研发，在这一领域有所突破，先于国际其他企业提早布局。

第5章 三星专利分析

在面部识别全球专利申请量排名中，日本的富士、佳能、索尼分列前三名，韩国三星以600项专利申请居于全球申请量第四位。日本企业在面部识别领域的专利布局占据了巨大优势，然而上述企业几乎都有一个共同的特点，就是都在摄像设备领域拥有各自的核心产品并占据较大的市场份额，而其面部识别技术也主要应用于其摄像设备产品的人脸检测和跟踪中。

三星的申请量虽然仅列全球第四位，但其面部识别技术不仅在摄像设备中广泛使用，而且随着近五年来智能终端技术的发展，三星的面部识别技术也开始在智能手机、智能电视上得到大量的应用。另外，三星旗下还拥有专门从事面部识别安防监控的领军企业S1公司，可见三星的专利布局相对更加全面，同时也广受行业关注。因此本章以三星作为目标，简要介绍其整体情况，并逐步揭示三星在面部识别领域的专利布局情况以及对于我国相关行业企业的借鉴和启示。

截至2014年6月30日，三星在面部识别领域的专利申请共计600项，其中在中国的专利申请有110件。

5.1 三星发展概况

5.1.1 三星简史

三星的前身是名为“Samsung Sanghoe”的一家贸易公司，由李秉喆创建于1938年。1969年三星电子正式成立，主要生产家电，1974年收购韩国半导体公司后逐渐拓展了其业务范围，到1980年三星集团已经成为韩国最著名的财阀之一，并成为一家有影响力的电子出口商。三星秉持速度经营“四先原则”❶，即发现先机、在全球市场占据领先地位、产品抢先投放市场、率先获得技术标准，获得行业竞争优势。

三星旗下拥有众多的子公司，包括三星电子，三星数码影像、三星TECHWIN、S1等，业务涉及电视、数码相机、手机、笔记本、液晶显示、安防等众多电子通信领域。正是这些消费电子产品让三星走向全球。三星电子是三星旗下最大的子公司，目前全球第一大手机生产商、全球营收最大的电子企业，是韩国民族工业的象征。其智能手机领域的代表性产品Galaxy系列在国际市场始终紧随iPhone之后，成为能与iPhone抗

---

❶ 三星电子中国市场战略分析［EB/OL］.［2014－06－30］. http：//wenku. baidu. com/link？url＝KWg5bxrhDTfTMd56cx5Fpru81TCmEAFDq－3RVCF95f3_ nH16B_ yCX5J4fgHjtjZo0_ pW7DhFpTFTf1ZGP4sLL8P3JwTOEuxDx8BF3HMluVS.

衡的重要产品。

5.1.2 三星中国

三星在中国的发展可追溯到20世纪70年代，三星正式进入中国市场是1992年中韩建交之后，1992年7月三星在东莞成立三星第一家在华合资企业，随后不断扩大在中国的投资与合作，在天津、苏州、威海、宁波投资建厂，1995年成立三星集团中国总部，次年成立三星（中国）投资有限公司，现任总裁为张元基。目前三星旗下有23家子公司进入了中国，设立机构166个，业务涉及电子、金融、重工业、化学、工程、服务等诸多领域，员工人数约12万人，占全球员工数的30%。三星将中国视为最重要的海外市场之一，在中国的研发、设计、生产方面投入了巨资，除了在各地建立的多个生产工厂外，还在中国建立了十个研究所以及上海全球设计中心，研究人员达到6000余人。❶ 截至2013年，三星已在中国累计投资达到168亿美元，成为在华投资最高的外国企业之一，预计到2015年投资将达到260亿美元，❷ 中国市场已经成为三星海外收入来源最高和增长最快的区域。

5.1.3 三星面部识别技术

三星面部识别技术的研发始于20世纪90年代中期，起初将面部识别技术应用于自动监控，随后分别开展了涉及人脸的检测、识别、跟踪等一系列技术路线的研发投入。

从2003年开始，三星进行了大量涉及人脸检测拍摄控制的研究，并将该技术大量应用于相机的设计，2007年支持人脸对焦的数码相机i7及手机G808相继面世并获得了广泛关注，以人脸对焦为核心的面部识别技术逐渐成为数码相机的主流功能。随着智能终端技术的发展，三星的人脸识别技术也开始在智能终端上得到大量的应用，其Galaxy Nexus系列手机使用Android 4.0系统搭载了人脸识别解锁功能，通过摄像头识别人脸后，程序会判断是否对手机解锁。另外基于人脸识别的设备解锁、图片管理、社交网络应用等技术在其智能手机上的应用，为其日益壮大的智能手机业务注入了新鲜活力，也为三星在其智能手机在与苹果、其他安卓手机厂商的竞争中提供了有力支持。2013年11月，三星以约76亿美元的净利润超过了净利润75.12亿美元的苹果，在三星苹果争霸历史上首次领先。❸ 而2014年第一季度全球2.815亿部的智能手机出货量中，三星智能手机出货量达到了8500万部，占全球智能手机总出货量的30.2%，超过排名第二到第五的其他四大厂商（苹果、华为、联想、LG）的智能手机出货量总和。❹ 另外，三星在智能电视领域采用人脸检测识别技术进行登录和显示控制，相关产品

---

❶ 三星称中国未来将成其最大市场［EB/OL］.［2014－06－30］. http：//jjckb.xinhuanet.com/2013－03/22/content_ 435122.htm.

❷ 三星已成为在华投资额最高国外企业［EB/OL］.［2014－04－25］. http：//www.chinairn.com/news/20140425/125033110.shtml.

❸ 三星本财季净利润超过苹果，这势头会持续吗？［EB/OL］.［2014－06－30］. http：//www.huxiu.com/article/22425/1.html.

❹ 不只是苹果三星？智能手机的全面战争仍将持续［EB/OL］.［2014－06－30］. http：//www.huxiu.com/article/32947/1.html.

ES8000、F7500 等已于 2012 年起先后投入市场。

另外三星旗下的 S1（Security No. 1）公司是韩国安防监控领域的领军企业，在韩国安防市场拥有 50% 以上的市场占有率，凭借专业化水准成为韩国首屈一指的安防领域代表性企业。提供系统安防、安防产品销售等一整套安防服务的 S1 作为 IT 行业最尖端数码安全产业的领军者，正活跃于包括韩国在内的国际化市场中。S1 公司总部位于韩国首尔，在韩国和俄罗斯设研发中心，另外在美国、欧洲、亚洲等全球 10 个国家或地区设运营或服务部门。[1] 2011 年 9 月 1 日，S1 公司进入中国市场，成立三星（北京）安防系统技术有限公司，用安防咨询和高科技 IT 技术打造综合安防解决方案，并计划以此契机进入亚洲市场。[2]

三星在面部识别领域的专利申请量较大，专利布局全面，广受行业关注，在部分业内中国公司的行业报告中也将其列为重点关注对象。了解三星在面部识别领域的技术发展历程和专利布局，获知其战略布局和发展方向的经验，对我国面部识别相关行业具有重要的借鉴和启示作用。

5.2 三星全球专利布局

三星在面部识别领域的专利储备丰富，申请涵盖人脸检测、人脸识别、人脸跟踪以及面部属性识别四个技术分支，共计 600 项，其中中国专利申请 110 件。基于这些数据，本章将从申请趋势、地域分布、技术构成等角度进行分析。

5.2.1 申请趋势

从全球申请趋势（如图 5-2-1 所示）来看，三星的专利申请发展分为四个阶段。

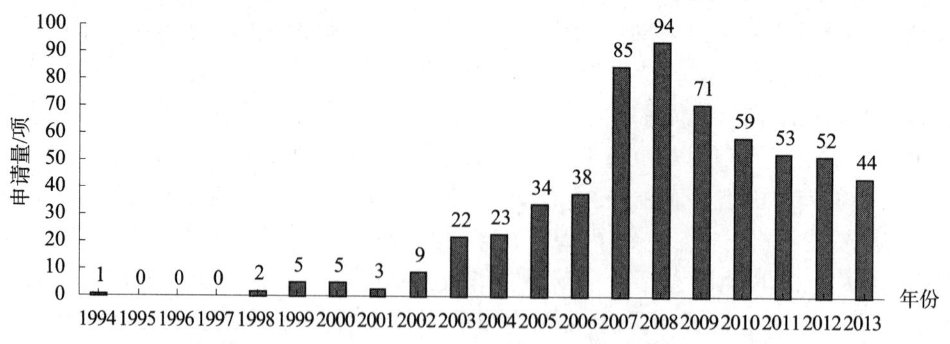

图 5-2-1　三星面部识别全球专利申请量年度分布

1995~2002 年为起步期。1994 年开始首项申请，涉及利用面部识别的自动监控技

---

[1] S1 公司全球分布［EB/OL］.［2014-06-30］. https://www.s1.co.kr/eng/s1/page/intro_company_overview2.do#service-position05.

[2] 三星在中国成立首家安防公司［EB/OL］.［2014-06-30］. http://tech.qq.com/a/20110901/000353.htm.

术，该项专利申请也是三星在中国最早的涉及面部识别的专利申请，于2001年获得了专利权，其虽于2013年因费用终止，但此间的十几年为三星开启在中国的专利布局起到了重要的作用。在起步阶段，申请量整体呈现缓慢增长的态势，由于这一时期的面部识别技术还未成熟，三星集团也在学习他人经验的阶段，申请量均在10项以内。

2003～2006年为扩展期。2002年以后，由于面部识别领域科研的发展，人脸检测技术开始在数码相机、笔记本电脑上使用，而人脸识别技术也开始在安防监控领域应用，三星也抓住了这一发展机遇，申请量开始翻倍，年申请量均在20项以上。

2007～2008年为迅速发展期。这一阶段，面部识别领域科研的趋于成熟，三星的自主研发和自主创新能力进一步提升，专利申请量迅速增加，达到了历史峰值，三星逐渐成为技术领先者。

2009年至今，面部识别技术已经发展成熟，并且随着智能终端的爆发式发展，面部识别技术在智能终端、安防监控等领域广泛投入市场应用，专利申请主要涉及细节上的改进，因此专利申请量随之开始下降，但仍保持着年平均50项以上的申请量。

5.2.2　技术构成

通过对三星在面部识别领域的所有专利文献进行人工阅读，分为人脸检测、人脸识别、人脸跟踪、面部属性识别4个技术分支，其定义见表5－2－1。

表5－2－1　三星面部识别技术分支及定义

技术分支	定义
人脸检测	涉及检测人脸是否存在、存在的区域、面部特征检测
人脸识别	涉及通过人脸识别人的身份
人脸跟踪	涉及对人脸进行跟踪
面部属性识别	涉及通过人脸识别人的面部表情、意图、年龄、性别、疲劳状态等

在三星的600项专利申请中，有289项涉及人脸检测，占总申请量的48%，有238项涉及人脸识别，占总申请量的40%，有47项涉及面部属性识别，占总申请量的8%，有26项涉及人脸跟踪，占总申请量的4%。如图5－2－2所示。

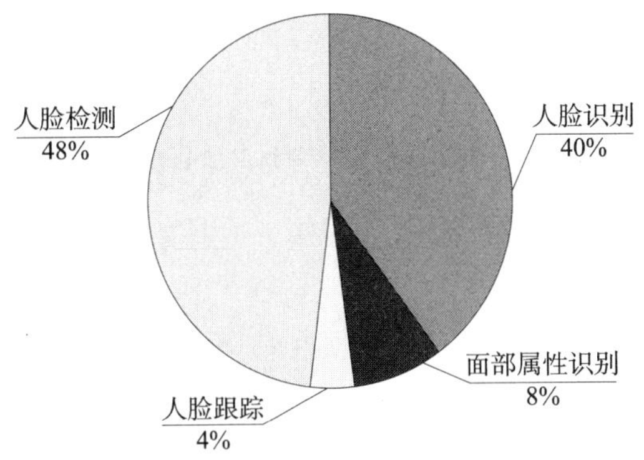

图5－2－2　三星面部识别全球专利申请技术构成

从各技术分支的历年申请量（如图5－2－3所示）来看，人脸检测和人脸识别一直都是研发重点，面部属性识别和人脸跟踪的申请量相对较少。人脸检测技术涉及检测人脸是否存在、存在的区域、面部特征检测，其在数码相机以及显示技术领域广泛应用，用于对相机拍摄进行控制或对显示屏的显示进行控制，例如通过检测人脸实现自动对焦、调节白平衡、眨眼识别等，以及通过检测人脸实现待机或开机控制、音量调节等。人脸识别涉及人的身份识别，在准入控制、反恐安防监控、考勤管理、设备解锁、社交网络等领域具有非常突出的应用。面部属性识别涉及通过人脸识别人的面部表情、意图、年龄、性别、疲劳状态等，用于对设备进行控制或服务推荐等。人脸跟踪涉及对人的脸进行跟踪，尤其是视频监控中的人脸跟踪。

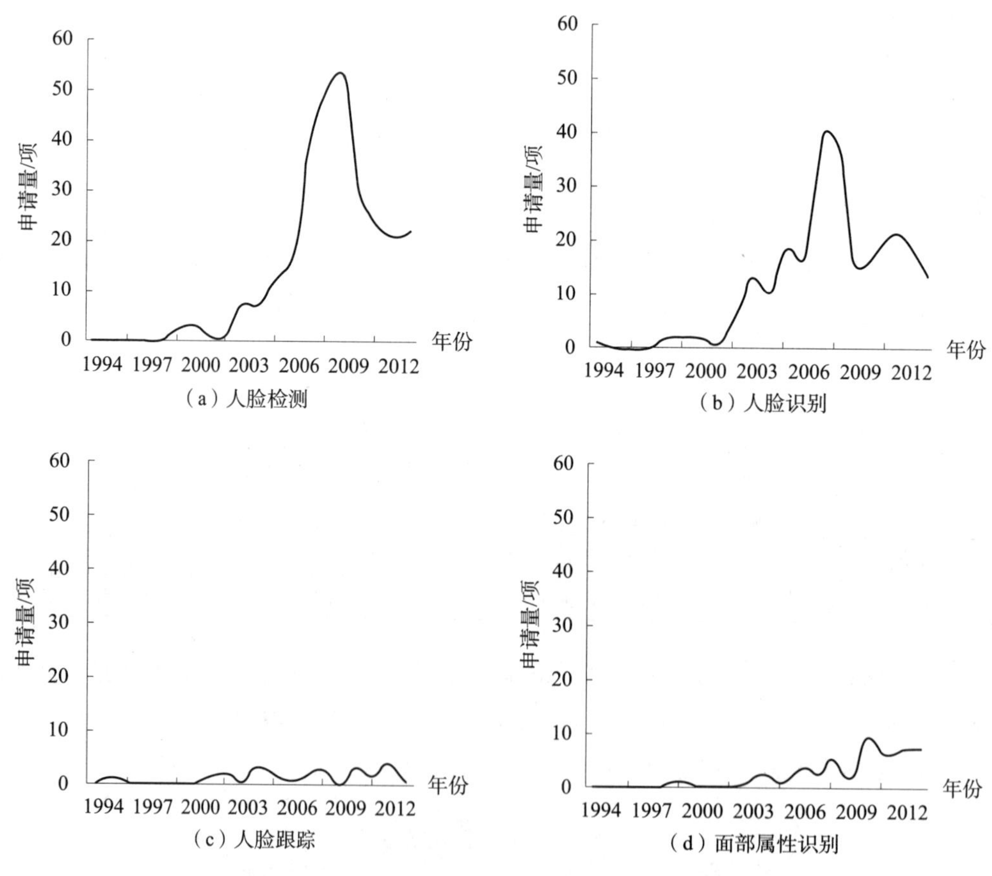

图5－2－3　三星面部识别全球专利申请各技术分支年度分布

5.2.3　地域分布

在三星的600项专利申请中，有549项在韩国公开，占49%，有329项在美国公开，占30%，有110项在中国公开，占10%，有73项在欧洲公开，占7%，有50项在日本公开，占4%（如图5－2－4（a）所示）。三星最注重韩国国内市场，几乎所有的专利都在本国有申请，其次最注重美国市场，美国市场巨大，而近几年来三星发生的专利纠纷也多发生在美国。三星对中国市场的重视甚至超过了欧洲和日本，中国市场对三星的吸引力可见一斑。

从法律状态（如图5－2－4（b）所示）来看，三星在各国/地区获得授权的数量与申请量大致成正比，欧洲是一个例外。三星在欧洲专利局申请了73项专利，仅11项获得授权，甚至少于中国和日本的授权量，这与欧洲专利局较为严格的审查制度和较长的审查周期有关。三星在韩国本土申请了533项专利申请，其中166项获得授权，在美国申请的327项专利申请中也有117项获得授权，而在美国获得的授权量也是衡量一个国家产业技术能力的重要指标，可见三星在面部识别领域的技术创新水平具有很强的竞争力。

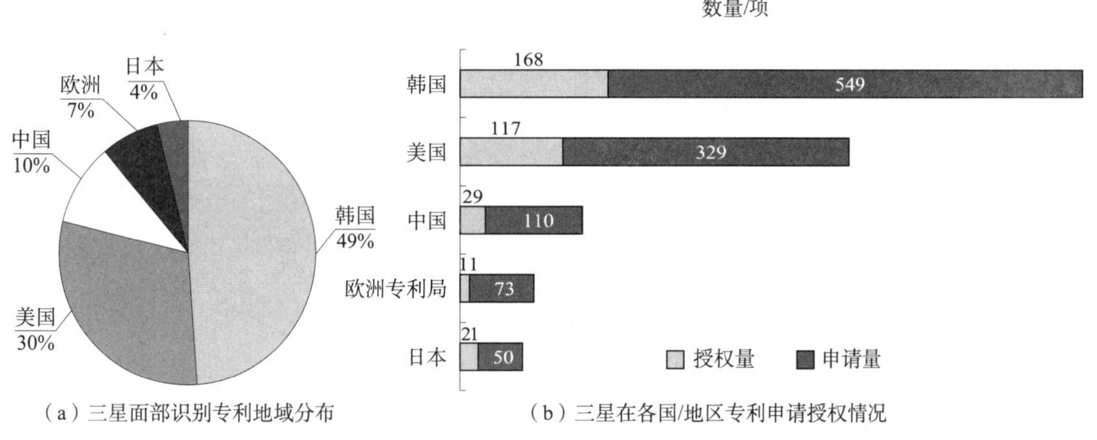

（a）三星面部识别专利地域分布　　（b）三星在各国/地区专利申请授权情况

图5－2－4　三星面部识别全球专利地域布局情况

5.3　三星中国专利布局

5.3.1　申请趋势

从申请趋势（如图5－3－1所示）来看，三星在中国的专利申请在2008年以前基本保持与其全球专利相似的申请趋势，而在2009年之后，出现了跳跃式的申请趋势，2009年在全球金融危机的影响下，申请量迅速下降到7，但在此之后申请量重新开始增长，甚至在2010年达到顶峰，这与中国的投资环境和中国市场对全球经济的重振作用不无关系，2011年以后至今，申请量一直呈现增加的趋势，也说明了三星越来越看重中国市场。

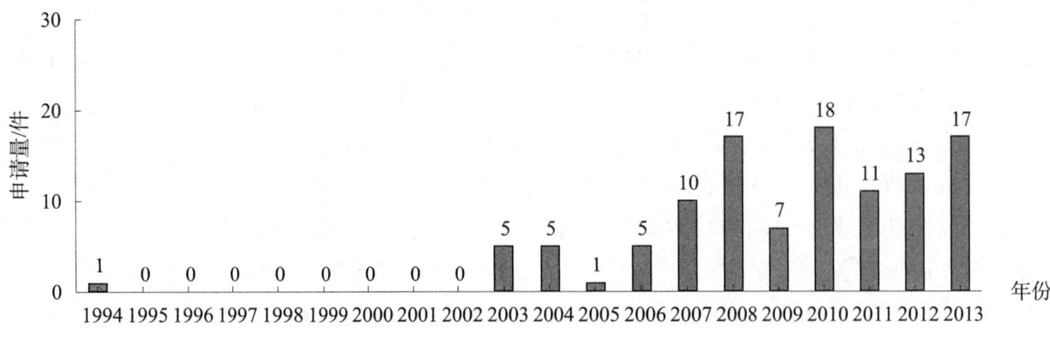

图5-3-1　三星面部识别中国专利申请量年度分布

5.3.2　申请概况

如图5-3-2所示，在三星的110件中国专利申请中，有102件为发明，4件PCT，4件实用新型。处于授权有效状态的有29件，占总申请量的26%，失效状态（包括驳回、撤回、未缴费失效等）的有17件，占总申请量的16%，另外还有64件未决，占总申请量的58%。

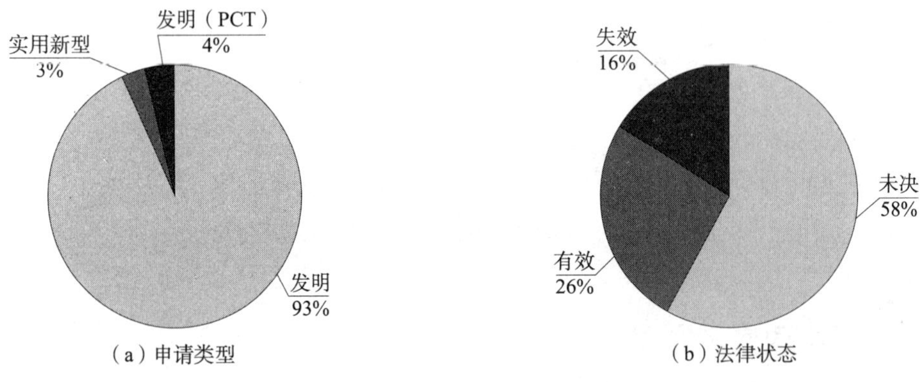

（a）申请类型　　（b）法律状态

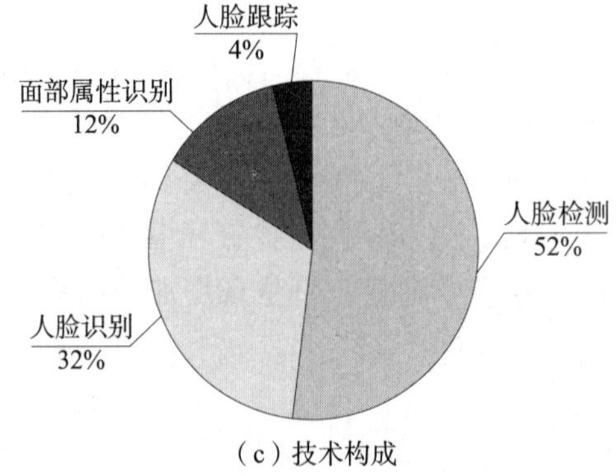

（c）技术构成

图5-3-2　三星面部识别中国专利申请状况

在全部已决的46件专利申请中授权有效状态的占63%，处于失效状态的占37%，表明三星在中国申请的专利质量较高，有2/3以上都能得到授权并维持。

在三星的110件中国专利申请中，有57件涉及人脸检测，占总申请量的52%，有35件涉及人脸识别，占32%，有13件涉及面部属性识别，占12%，有5件涉及人脸跟踪，占4%。与全球专利分布类似，人脸检测和识别一直都是研发重点，面部属性识别和人脸跟踪的申请量相对较少。

5.4　研发构成

5.4.1　子公司申请

在三星的众多子公司中，从事面部识别研发的专利申请的子公司数量达到了28个，其中申请量排名前六的包括三星电子、数码影像、Techwin、S1、北京三星、中国研发中心，如图5-4-1所示。

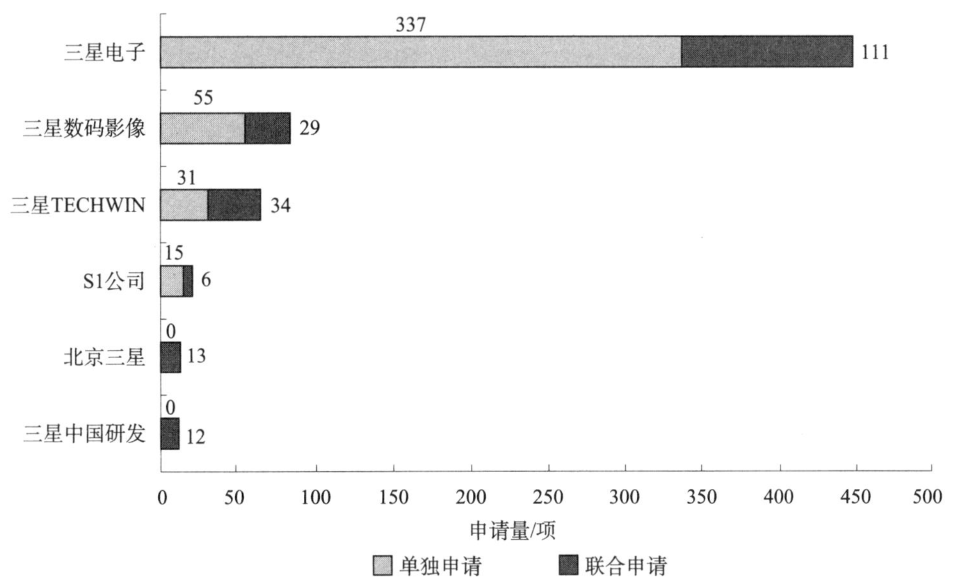

图5-4-1　三星面部识别全球专利申请主要子公司

三星电子作为三星旗下最大也是最具实力的子公司，无论是其单独申请还是与其他单位的联合申请量，均处于摇摇领先的位置。三星数码影像和三星Techwin作为三星的重要子公司在面部识别领域拥有相近的申请量，分列第二、三位。三星Techwin为三星商业设备公司，从事光学、精密仪器以及军工产品等，拥有自主安防设备产品并参与韩国政府部门的发展智能监控和防卫机器人项目。三星数码影像为2008年从三星Techwin旗下的数码相机业务独立出来成立的子公司，而在2010年，三星电子又将这个成立不足2年的数码影像公司兼并，更进一步壮大了三星电子的实力。S1公司是三星旗下在韩国安防领域的排名第一的公司，其相较于三星电子、三星数码影像和三星

Techwin 规模较小，但是其申请量排在第四位，也是不容小觑，尤其是其进入中国市场，更加值得国内企业关注。北京三星、中国研发中心均为三星在中国设立的子公司。

在排名前六的子公司中，三星电子作为最大的研发实体，其与包括数码影像、Techwin、S1、北京三星、中国研发中心在内的多家子公司开展了合作申请，其中北京三星、中国研发中心的申请均为合作申请，数码影像、Techwin、S1 也分别与三星电子联合申请了数量可观的专利，其中数码影像、Techwin 和三星电子三家公司作为共同申请人申请了 5 件专利申请。数码影像、Techwin 两家公司之间也有 7 件联合申请。可见，三星的众多子公司中，以三星电子为核心，众多子公司之间的合作非常密切，推动了三星在行业的发展。

5.4.2 合作申请

表 5－4－1 示出了三星面部识别领域合作申请情况。在其合作申请中，有 15 件为三星与发明人的合作申请，有 15 件为与科研院校的合作，其中与中科院自动化所的申请有 3 件，其余均为韩国的高校和研究院。与自适应音频公司、LG、NEC 三家公司的合作申请分别有 1 件。可见三星在面部识别领域的合作申请数量并不多，这与其本身具有很强的自主研发实力有极大的关系。

表 5－4－1　三星面部识别技术合作申请情况

合作对象类型	合作对象	申请量/件
个人	发明人	15
科研院校	中科院自动化所	3
	韩国研究院（5 家）	6
	韩国高校（6 家）	6
公司	自适应音频公司	1
	LG	1
	NEC	1

5.4.3 S1 公司专利透视

5.4.3.1 研发构成

三星旗下的 S1（Security No. 1）公司成立于 1977 年，是韩国安防监控领域的领军企业，在韩国安防市场拥有 50% 以上的市场占有率，提供系统安防、安防产品销售等一整套安防服务。2011 年 9 月 1 日，S1 公司进入中国市场，成立三星（北京）安防系统技术有限公司，因此本节对 S1 公司的专利申请和研发团队作重点分析。S1 公司总部位于韩国首尔，在韩国和俄罗斯设研发中心，另外在美国、欧洲、亚洲等全球 10 个国家或地区设运营或服务部门。

5.4.3.2 专利布局

S1 公司拥有 21 项面部识别相关的专利申请，如表 5－4－2 所示，全部涉及人脸识别在物理安全（如警报监控、视频监控、准入控制等）、综合安全（例如机场、工厂、海关、建筑、城市以及海上安全）以及信息安全（例如身份认证、网络安全、终端安全、移动装置安全等领域的应用，有 21 项在韩国公开，有 8 项进入了俄罗斯，有 3 项进入美国，有 1 项进入中国；有 3 项专利申请在韩国获得了授权。

表 5－4－2 S1 公司面部识别技术专利申请

公开号	发明名称	进入地区
KR20130126386A	ADAPTIVE COLOR DETECTION METHOD, FACE DETECTION METHOD AND APPARATUS	KR
KR20130125660A	APPARATUS AND METHOD FOR CONVERTING RESOLUTION OF IMAGE AND APPARATUS FOR RECOGNIZING FACE INCLUDING THE SAME	KR
KR101310885B1	FACE IDENTIFICATION METHOD BASED ON AREA DIVISION AND APPARATUS THEREOF	KR
KR101310886B1	METHOD FOR EXTRACTING FACE CHARACTERISTIC AND APPARATUS THEREOF	KR
KR101301301B1	FACE IDENTIFICATION FILTER PLANNING METHOD AND APPARATUS THEREOF	KR
KR20130054767A	MULTIPLE BIOMETRICS APPARATUS AND METHOD THEREOF	KR
KR20130048088A	APPARATUS AND METHOD FOR RECOGNIZING FACE	KR
US2012294535A1	FACE DETECTION METHOD AND APPARATUS	US、RU、KR
US2012140091A1	METHOD AND APPARATUS FOR RECOGNIZING A PROTRUSION ON A FACE	US、RU、CN
KR20120053937A	SYSTEM AND METHOD FOR MANAGING CUSTOMER	KR
KR20110117529A	METHOD AND APPARATUS FOR CONTROLING ELEVATOR USING IMAGE INFORMATION	KR
KR20100091516A	METHOD FOR IDENTIFYING IMAGE FACE AND SYSTEM THEREOF	KR
RU2382407C1	FACE DETECTION METHOD AND SYSTEM	RU、KR
RU2381553C1	METHOD AND SYSTEM FOR RECOGNISING FACES BASED ON LIST OF PEOPLE NOT SUBJECT TO VERIFICATION	RU、KR
RU2370817C2	SYSTEM AND METHOD FOR OBJECT TRACKING	RU

续表

公开号	发明名称	进入地区
KR20090106781A	SYSTEM AND METHOD FOR CONTROLLING BIOMETRIC ENTRANCE	KR
RU2365995C2	SYSTEM AND METHOD OF RECORDING TWO - DIMENSIONAL IMAGES	RU
KR20090053295A	METHOD AND SYSTEM FOR MONITORING VIDEO	KR
US2008298644A1	SYSTEM AND METHOD FOR CONTROLLING IMAGE QUALITY	US、KR、RU
KR20080065532A	METHOD AND SYSTEM FOR AUTOMATED FACE DETECTION AND RECOGNITION	KR、RU
KR20050022564A	SYSTEM AND METHOD FOR DISTINGUISHING FORGERY/ALTERATION AND PERFORMING IDENTIFICATION OF RESIDENT REGISTRATION CARD USING FINGERPRINT IMAGE AND PHOTO IMAGE	KR

5.4.3.3 研发团队

图5-4-2示出了S1公司的研发团队中面部识别专利申请量排名前10的发明人，分别为LEE DONG SUNG、BURYAK、IRMATOV、VICTOR、MUN VANG DZHIN、CHERDAKOV、YANG HAE KWANG、KWON YONG HO、LEE JANG HYUNG、LI JANG ZHIN。

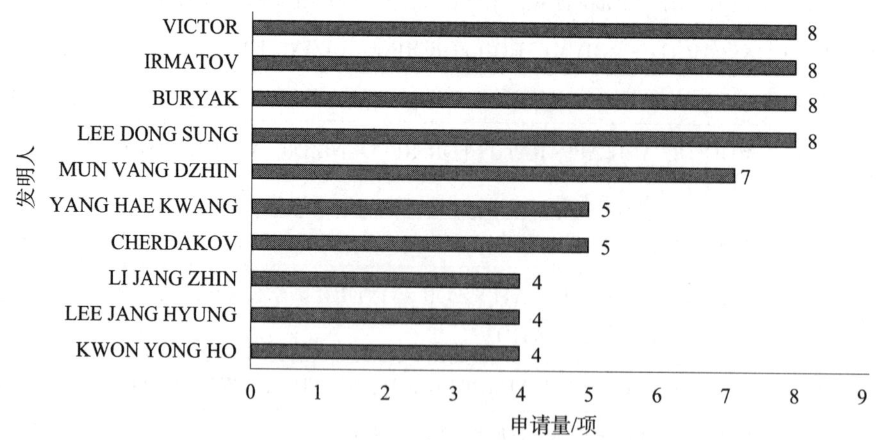

图5-4-2 S1公司面部识别专利发明人排名

如图5-4-3所示，上述发明人分别以LEE DONG SUNG、MUN VANG DZHIN以及BURYAK & IRMATOV为核心构成了S1公司的三个研发团队。连线及数字表示两位发明人之间的共同申请数量。

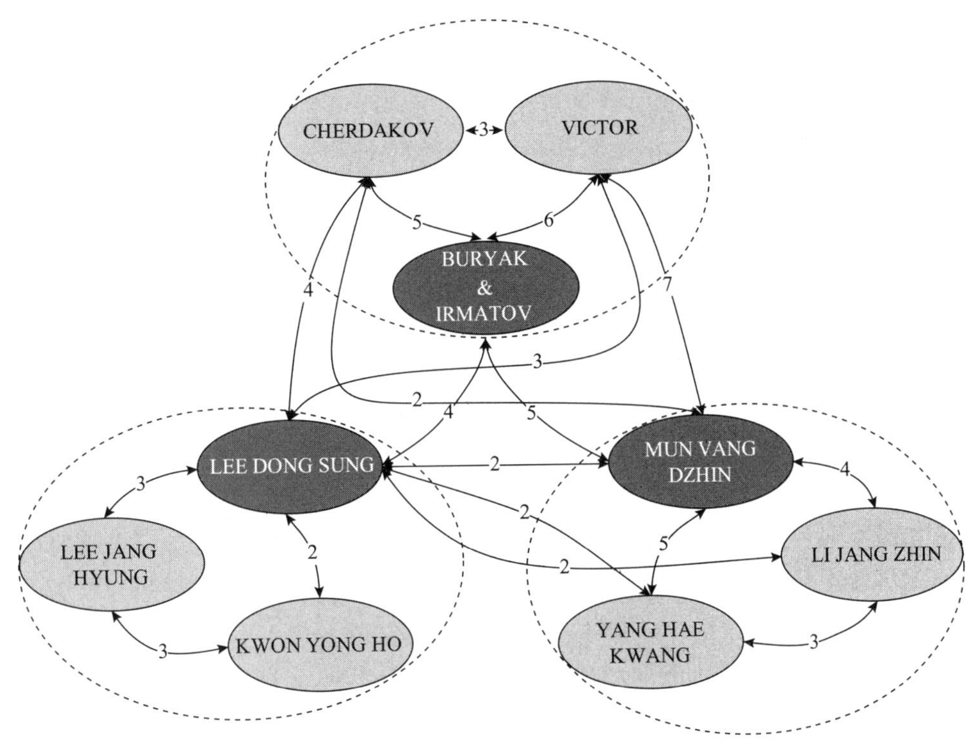

图 5-4-3 S1 公司面部识别专利发明人团队

以 BURYAK & IRMATOV 为核心的研发团队（包括 VICTOR 和 CHERDAKOV），以 LEE DONG SUNG 为核心的研发团队包括（KWON YONG HO、LEE JANG HYUNG）和以 MUN VANG DZHIN 为核心的研发团队包括（YANG HAE KWANG 和 LI JANG ZHIN）。除 BURYAK & IRMATOV、VICTOR 以及 CHERDAKOV 为 S1 公司在俄罗斯研发中心的研发人员外，其余均为韩国研发中心的研发人员。

其中 LEE DONG SUNG 为 S1 公司在面部识别领域研发团队的核心人物，他个人有 1 项发明专利申请，涉及基于人脸识别的声音信号处理，与所有其他 9 位发明人均有合作申请。从申请量上来看 LEE DONG SUNG 主导了 S1 公司在面部识别领域的研究的专利申请，并积极地在韩国、俄罗斯和美国进行专利布局。

BURYAK 和 IRMATOV 构成了俄罗斯研发中心的研发团队核心，他们作为共同申请人提交的 8 项专利申请均在俄罗斯首次提出，并有 3 项进入美国，有 5 项进入韩国，内容均涉及人脸的检测、识别与跟踪。事实上这与俄罗斯与美国在反恐安防战略上的投入与合作不无关系，而韩国在俄罗斯设立的研发中心使其在俄罗斯与美国之间搭建起合作的桥梁。

而以 MUN VANG DZHIN 为核心的研发团队则与俄罗斯的 BURYAK 和 IRMATOV 进行了更密切的合作和专利申请。

另外，值得注意的是，S1 公司于 2012 年 2 月 21 日首次在中国提出 1 项专利申请 CN102483851A 涉及人脸识别中的突起面部特征识别，用于在面部识别系统中确定获取的二维图像是从照片还是真人获得的，从而识别怀有恶意的人想通过使用在系统中注册过的照片通过的情况。该专利申请应用于基于生物特征识别（尤其是面部识别）的访问控制系统中。该专利申请成为S1公司于2011年9月1日，S1公司进入中国市场后在中国提出的首件专利申请，并开启了S1公司在中国的专利布局。由此可以推测，未来S1公司将有可能将中国作为下一个专利布局的目标国，从而开拓其亚洲市场。

5.5 技术发展路线

根据三星在面部识别领域全球专利数据，结合产业发展状况，本报告梳理了三星面部识别领域技术发展路线图，如图5－5－1（见文前彩色插图第4页）所示。三星的面部识别技术发展分为四个阶段，即起步期、扩展期、迅速发展期和成熟期。

起步期（1994～2002年）：早在1994年三星就提出了第一项涉及人脸识别分支的申请并获得授权专利KR100248955，该专利涉及利用面部识别的自动监控技术，通过人脸识别技术来辨识检测的人脸；同时该专利还通过人脸检测技术来检测人脸的存在，并对人脸进行跟踪，从而开创了人脸检测、识别和跟踪整个技术流程的先河。随后在1999年和2001年，分别在人脸检测分支和人脸跟踪分支提出了人脸检测方法和人脸数字监控的专利申请。在面部属性识别分支，1999年已经提出了涉及疲劳检测的专利申请，利用眨眼的检测来检测人（例如驾驶员等）的疲劳状态。

扩展期（2003～2006年）：以人脸检测专利KR2000060569和KR2000060570为基础，三星于2003年分别申请了涉及基于人脸检测的显示控制KR100506519和拍摄控制的专利申请US2004130631，从而开始将人脸检测应用于摄像机或照相机的照片拍摄中。此外，以人脸检测技术为基础，人脸识别开始了大量的专利申请，包括涉及金融安全US2003198368、多模态生物护照CN1801178、设备控制US2007126884和门禁控制US2006158307和图片分类检索US2004015495等的应用专利，还包括涉及活体检测US2005105778、姿势适应US2007086627、光线适应US2006280344、性别适应US2007104362等的识别方法专利。2003年还在人脸跟踪方面，提出了视频或图像中多个人脸的跟踪技术US2004017930；在面部属性识别方面，提出了表情识别技术US2004122673。

迅速扩展期（2007～2008年）：随着在各个技术分支下的专利申请布局的展开，面部识别技术逐步走向产业化。这一时期，三星进行了大量涉及人脸检测拍摄控制、方面的专利申请布局，包括曝光/聚焦控制US2008158409、聚焦控制KR20090124320、曝光控制KR20090104435等，并将该技术大量应用于相机的设计，支持人脸对焦的数码相机i7及手机G808相继面世并获得了大量关注，人脸对焦成为数码相机的主流功能，促进了数码相机的发展，同时提高了相机成像的质量。此外，三星还提出了对于基于人脸检测的显示器控制KR2009023933、图片打印US2009044714等的申请。在人脸识别分支中，三星在前期对识别技术和应用领域布局的基础上，开始针对识别方法和识别过程的优化进行研发，并提出基于表情的身份认证KR100725771和对识别过程简化US2009141949的专利申请。另外由于智能终端开始崭露头角，三星开始就人脸识别在智能终端上的应用进行申请，首先将其图片分类的专利应用于智能终端，提出智能终端图片存储技术 KR100844128。人脸跟踪中也进一步提出了快速跟踪技术 KR2009034085 和技术移动终端的跟踪技术 US2008193118。在这一时期，面部属性识别技术仍主要专注于表情识别，并将表情识别应用于人脸识别，从而提高身份认证的准确性，另外还提出了对来客情绪的识别技术 KR2008097849，用以提高家居安全，以及基于表情识别的视频播放，从而提高人机交互效果。

成熟期（2009 年至今）：三星进一步扩展对表情识别的研究，并将表情识别用于人脸检测的拍摄控制 US2009201389，例如检测是否存在笑脸，并调整拍摄方法。此后的一段时间内，三星的人脸检测技术一直处于比较平稳的发展阶段，直至 2013 年提出了人脸检测在智能终端上的应用 US2013234927，通过检测人脸角度来操作智能终端的屏幕旋转。在这一时期，三星的人脸识别技术也同样开始在智能终端上得到大量的应用，例如基于人脸识别的设备解锁 US2014033298、基于人脸识别图片发送 WO2011025234、基于人脸识别的社交网络中好友推荐方法 US2013251201，将这些专利技术搭载到其智能手机上，从而为其日益壮大的智能手机业务注入了新鲜活力，也为三星在其智能手机在与苹果、其他安卓手机厂商的竞争中提供了有力支持。人脸跟踪技术在这一时期更加成熟，开始研究基于三维人脸的跟踪技术 US2014009465，并逐渐从二维人脸过渡到三维人脸。面部属性识别技术在这一时期也得到了丰富，从单一的人脸表情识别开始扩展到情绪 US2010325078、年龄 CN102760077、性别 CN103716702、意图 CN103576839 等的识别，从而在人机交互中获得更多的用户信息，以便为用户提供更加个性化和贴心的服务。

总体来说，三星在面部识别领域的专利申请一直本着面面俱到、步步为营的布局策略，各个技术分支齐头并进，且各有侧重，紧紧围绕着其研发产品的功能特点提前展开专利申请，并且形成了全面而独到的专利布局图。

5.6 产品专利透视

市场是一个公司赖以生存的基础，而产品就是一个公司的生命线。三星的面部识别技术与其各时期推出的产品息息相关，有着密切的联系，其相关专利申请也为产品研发不断注入新鲜活力，促进其产品拥有核心竞争力，并持续占据一定的市场份额。本节列出了三星与面部识别相关功能的产品，并从专利角度来分析这些产品的技术特点。

5.6.1 数码相机

三星于 2007 年初推出了人脸对焦的数码相机 i7，在当年举行的 TIPA 影像产品大奖评选中，i7 荣获了最佳多媒体数码相机的称号。[1] 如图 5－6－1 所示，i7 具有脸部优

[1] 世界因我而转动！全能三星蓝调 i7 评测［EB/OL］.［2014－06－30］. http：//article. pchome. net/content－335188－all. html.

先识别功能 AF&AE，使得在拍摄时可以自动发现画面中人脸的位置，并将拍摄焦距和人脸部位曝光到适合数值上，为用户的拍摄带来更加便捷的操作体验和更加优秀的影像品质。紧随其后又在同年七八月间三星推出了蓝调 NV 系列、蓝调 i 系列、蓝调 L 系列和蓝调 S 系列等一系列具备先进脸部优先识别系统的数码相机，在 Galaxy 手机系列推出后又推出了 Galaxy Camera 系列数码相机，目前其数码相机除具有人脸检测对焦曝光功能外已经具有了如“美颜拍摄”、“一笑即拍”、“人像自拍”、“眨眼检测”、“红眼修复”等更加丰富的面部识别功能，使得相机更具有实用性。

（a）i7系列数码相机原型

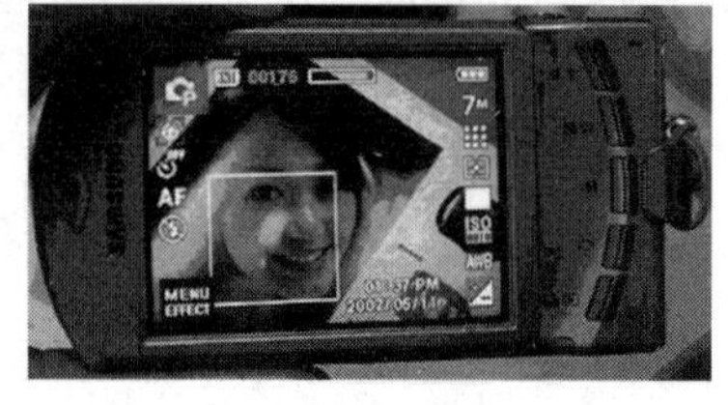

（b）i7系列数码相机脸部优先识别功能

图 5-6-1　三星蓝调 i7 系列数码相机脸部优先识别功能示意图

三星与其脸部优先识别功能 AF&AE 相关的专利申请为 KR20070068982A1（发明名称“PHOTOGRAPHING APPARATUS”），其申请人为三星 TECHWIN，申请日为 2006 年 4 月 24 日，并于 2007 年 11 月 30 日获得了授权，同时还具有日本同族 JP2007178542A。该专利申请的方案如图 5-6-2 所示。其技术方案为：使用人脸检测器来检测图像中的人脸区域，基于检测结果来控制朝向人脸的光照，聚焦机构控制光学系统在包含人脸区域的位置进行聚焦操作。

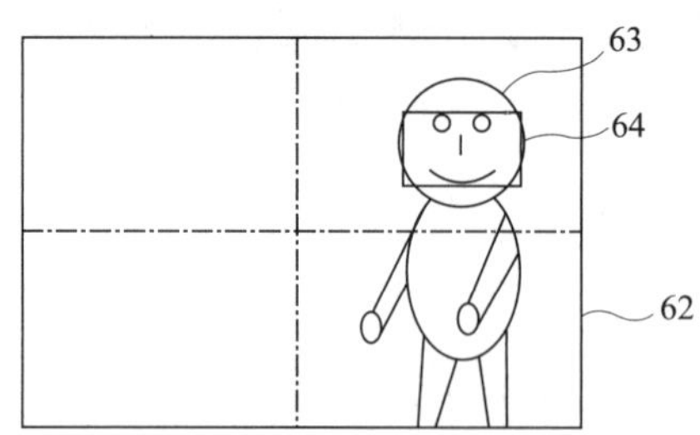

图 5-6-2　KR20070068982A1 技术方案示意图

在此之后，三星 TECHWIN 又进行了 AF&AE 相关的系列申请，包括 KR100781170B1、KR20070068979A 和 KR100850466B1，其中，KR100781170B1 和 KR100850466B1 分别具有日本同族 JP2007178543A 和 JP2008090059A。

对于脸部优先识别功能 AF&AE，三星采取的策略普遍为韩国和日本并重，这与其当时数码相机业务方面的竞争形势有关。2005 年 2 月尼康推出的 Coolpix 7900、5900 以及 7600 三款相机中，首次搭载了“Face - Priority AF”脸部优先技术，应用了美国 Identix 公司开发的 FaceIt 脸部辨识技术，使得相机自动搜寻人脸并优先对焦。虽然尼康是脸部识别技术的发起人，但第一个大张旗鼓并隆重推出该功能的是富士，即富士的FD（Face Detection）脸部自动识别拍摄技术。之后2006~2008年是数码相机功能丰富化和智能化的巅峰时期，索尼、佳能、富士、尼康、宾得、卡西欧、理光等日本相机生产厂商纷纷推出搭载人脸识别功能的相机产品，并在市场上占据绝大部分份额，三星的蓝调系列相机成为唯一能与其抗衡的产品，彼时的三星必然将日本作为一个重要的专利布局目标，以获得与知名日本厂商竞争的资本和优势。

三星的产品战略也在逐步跟随行业的发展状况而作出调整，如今三星占据主导和有利地位的产品在于其芯片、智能手机和液晶显示器等领域，处于相对较弱地位的数码相机业务已经逐渐成为三星选择性发展的业务方向，因而在该业务领域的技术研发和专利申请均不再投入更多的人力和财力。

5.6.2 智能手机

随着智能终端的迅速发展，人脸识别技术的应用开始崭露头角。近年来，三星、苹果和谷歌在智能手机中的设备解锁、图片标记、社交网络等互联网行业热点技术领域均开展了自己的专利竞争。

5.6.2.1 设备解锁

苹果作为引领智能终端行业的先锋，早在2011年3月16日提出了一项名为“LOCKING AND UNLOCKING A MOBILE DEVICE USING FACIAL RECOGNITION”的专利申请，并于2012年12月4日获得授权专利US8326001B2。此后苹果又于2013年12月3日获得了另一项人脸识别解锁专利US8600120B2，并在IOS5中加入了人脸识别技术，在业内引起了广泛关注。

在苹果提出人脸识别解锁专利后不久，谷歌和三星于2011年11月17日发布了代号为“冰激凌三明治”的谷歌新一代Android 4.0系统以及三星Galaxy Nexus手机，其中Android 4.0系统搭载了人脸识别解锁功能。事实上谷歌在发布会之前两个月（2011年9月28日）就已经提出了一项名为“LOGIN TO A COMPUTING DEVICE BASED ON FACIAL RECOGNITION”的专利申请，并于2012年9月4日获得了该项申请的专利权US8261090B1，其描述了一项通过人脸识别来允许用户完全获取设备中存储的个人信息的技术，为其搭载人脸解锁功能的Android 4.0系统提供了技术支持。

如图5-6-3所示，三星Galaxy Nexus系列手机使用Android 4.0系统搭载了人脸识别解锁功能，通过摄像头识别人脸后，程序会判断是否对手机解锁。

三星与该产品相关的专利申请为US2014033298A1（发明名称“USER TERMINAL APPARATUS AND CONTROL METHOD THEREOF”），其技术方案为使用人脸识别进行设备解锁的方法。该专利申请的方案如图5-6-4所示。该专利申请接收用户输入的人脸图像作为用户控制输入，根据用户控制输入来重新配置屏幕，从而显示重新配置的屏幕，即实现屏幕解锁功能。三星还针对人脸识别解锁提出了另两项专利申请US2012320181A1、US2013121541A1，在之后的Galaxy系列智能手机中强化了人脸识别的功能，从而增强了实用性。

图5-6-3 三星 Galaxy Nexus 系列手机人脸识别解锁功能示意图❶

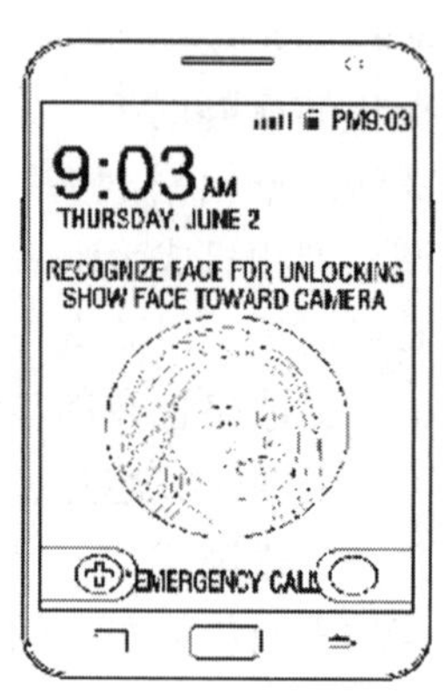

图5-6-4 US2014033298A1 技术方案示意图

5.6.2.2 社交应用

三星 Galaxy 系列手机还实现了“一键分享”的人脸识别功能，图5-6-5示出了其操作模式，通过人脸识别技术自动在照片中辨别人脸，绑定联系人后，直接在照片中点击人物，便可进行短信、电话、邮件、社交等操作，以实现一键分享照片，拍照后，系统会自动扫描图片中的人像，找出匹配的联系人，而用户需要做的就是点击头像，发送即可。除此之外，Galaxy 所提供的智能人脸识别不需要对每张照片进行手动“圈人”，初次圈人成功后，系统会自动根据人像脸部特征辨识其他照片中此人的面部，并给出相应提示，实现自动标记。三星 Galaxy 手机提供的人脸识别功能将传统基础通信与多媒体绑定，改变了传统的枯燥烦琐的文字模式，使得照片分享变得轻松简单，增加了社交分享的乐趣。

图5-6-5 三星 Galaxy Nexus 系列手机社交应用功能示意图❷

三星与该产品相关的专利申请为 KR20110020563A 和 KR20110020579A（发明名称

❶ [EB/OL]. [2014-06-30]. http://www.samsung.com/us/system/consumer/product/sp/hl/70/sphl700zkaspr/GalaxyNexusSprint_ FaceUnlock.jpg.

❷ 普通编辑急速连拍+专业后期 GALAXY S3 拍照深体验——一键分享的人脸识别功能 [EB/OL]. [2014-06-30]. http://mobile.zol.com.cn/314/3144345.html.

“METHOD FOR TRANSMITTING IMAGE AND IMAGE PICKUP APPARATUS APPLYING THE SAME”)，申请日为 2009 年 8 月 24 日，之后又于 2010 年 8 月 24 日以上述两项申请为优先权提出了一项 PCT 申请 WO2011025234A2，该 PCT 申请同时进入了美国、欧洲和中国，具有同族 EP2471254A2、US2011043643A1、CN102577348A。该专利申请涉及图片发送的方法，该专利申请使用人脸识别技术识别图像中的脸部，使用识别的脸部确定将被发送的内容和目的地，从而发送图片。该专利申请的方案如图 5－6－6 所示。

图 5－6－6　CN102577348A 技术方案示意图

与之相类似，苹果也于 2010 年 4 月 9 日提交了一项名为“TAGGING IMAGES IN A MOBILE COMMUNICATION DEVICE USING A CONTACTS LIST”的专利申请 US2011249144A1。该专利申请同样使用识别的脸部确定图片中的人以对图片进行标记，并将图片发送至该识别出的对象。该专利申请的方案如图 5－6－7 所示。

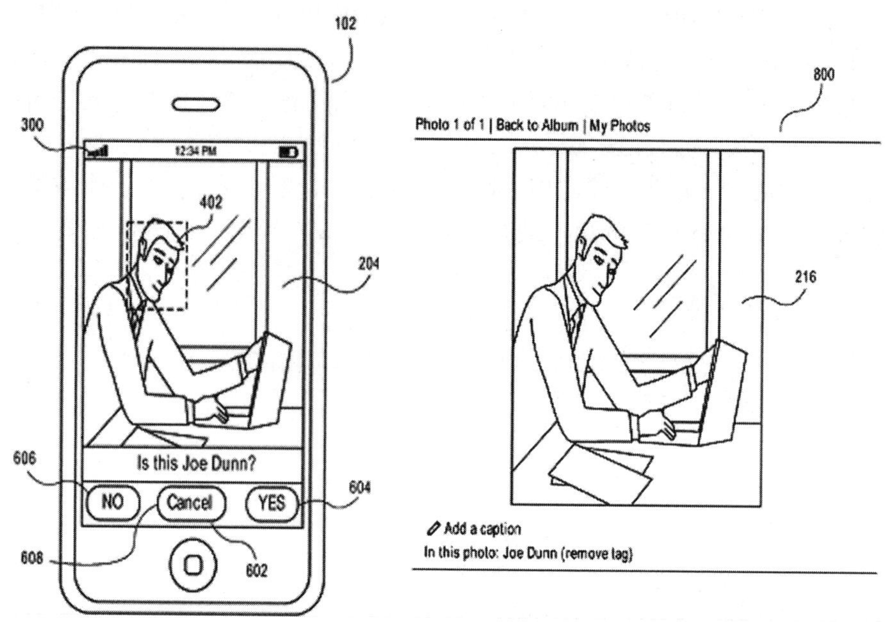

图 5-6-7　US2011249144A1 技术方案示意图

此外，三星还提交了一项涉及使用人脸识别技术在社交网络中推荐好友的专利申请CN103324636A（发明名称为“在社交网络中推荐好友的系统和方法”），申请日为2012年3月22日，之后又以此申请为优先权在韩国和美国提出申请KR2013108125A和US2013251201A1。该专利申请的方案如图5-6-8所示。

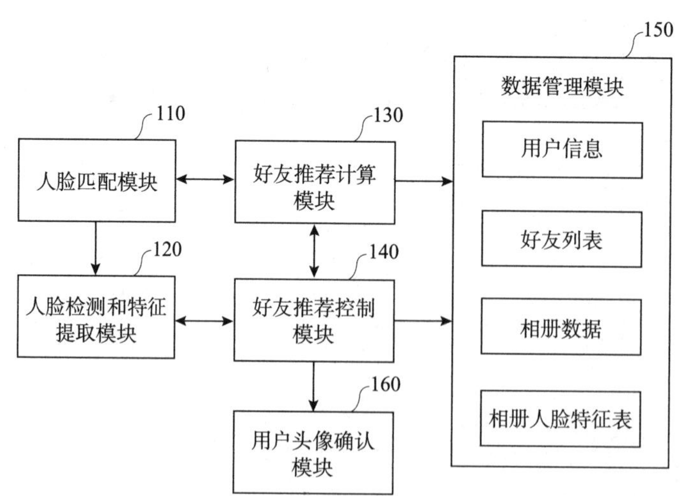

图 5-6-8　CN103324636A 技术方案示意图

目前的好友推荐技术通常是基于用户在社交网络上的个人基本文字描述信息，包括学校、兴趣爱好，或者该用户当前的上网位置推荐区域内的其他用户，推荐准确性依赖于用户输入信息的准确性，而限制了通过照片方式关联的用户，而该专利申请对各用户相册中的照片进行分析，检测人脸区域，提取其中的人脸特征数据并构建各用户的相册人脸特征表，为每个用户确定并存储用户头像特征，通过用户头像匹配生成好友推荐数据，将出现在用户上传的照片中的其他尚未成为好友的用户推荐给所述用户，从而将提取自所有用户的相册照片的人脸特征数据一一进行匹配并将在尚未成为好友的用户的相册中出现同一个人的两个用户相互推荐给对方，进一步提高用户之间的相关性。

无独有偶，苹果于 2010 年 1 月 27 日提交了一项名为“METHOD OF PERSON IDENTIFICATION USING SOCIAL CONNECTIONS”的专利申请 US2011182482A1。另外，谷歌也于 2010 年 8 月 26 日提交了一项名为“带有社交网络辅助的面部识别”的专利申请 WO2011017653A1。

可见，三星和苹果这两个智能手机行业的巨头在人脸识别智能应用领域开展了高度关联的技术研发投入和专利申请，并开展了激烈的竞争。

最新数据显示，2014 年第一季度三星智能手机出货量占据了全球智能手机总出货量的 30.2%，超过了苹果、华为、联想和 LG 出货量的总和。虽然近几月来关于苹果推出大尺寸屏幕 iPhone 的消息和谍照屡屡传出，促使一部分用户等待苹果手机而在一定程度上抑制三星智能手机的增长，但三星智能手机凭借丰富的功能应用和优秀的用户体验应该还会在智能手机行业继续占据重要地位。

5.6.3 智能电视

2010 年 5 月，谷歌在美国旧金山举行的年度 Google I/O 大会上发布了 Google TV，开启了智能电视产业的大门，之后智能电视产业得到了迅速的发展，2013 年智能电视全球出货量达到了 7600 万台❶，而预计到 2016 年，全球智能电视市场规模将达到 2650 亿美元，出货量将上升至 1.53 亿台。❷ 三星于 2012 年 1 月在美国拉斯维加斯举行的国际消费电子展上，介绍了其推出的大尺寸智能电视 ES8000，其具有的一项重要技术即人脸识别，用户无须输入账户密码，只需通过事先设定好的人脸信息就可以轻松登录 Smart Hub，实现用户与智能电视之间的互动。图 5－6－9 示出了其操作模式。

三星与该产品相关的专利申请是 KR20130054131A（发明名称“DISPLAY APPARATUS AND CONTROL METHOD THEREOF”），申请日为 2012 年 11 月 16 日，之后三星以该申请为优先权在美国和欧洲提出了申请 US2013120243A1 和 EP2595031A2。该专利申请的方案如图 5－6－10 所示。其技术方案为：预先存储多个用户的人脸识别信息，选择获取图像中的多个用户中的一个用户的人脸图像，生成其对应的人脸识别信息，并将其与所存储的用户人脸识别信息进行比较，如果生成的所选用户的人脸识别信息与所存储的用户人脸识别信息中的一致，则使用对应用户的人脸识别信息登录到显示装置中。可见，该方案是针对智能电视人脸识别应用的相关技术，与输入密码的

❶ 智能电视出货量于 2013 年增长 55%［EB/OL］.［2014－06－30］. http://www.sarft.net/a/153560.aspx.

❷ 全球智能电视市场规模将迅速壮大［EB/OL］.［2014－06－30］. http://www.tele.com.cn/news/display/article/21726.

方式相比，提高了智能电视的互动友好性能。

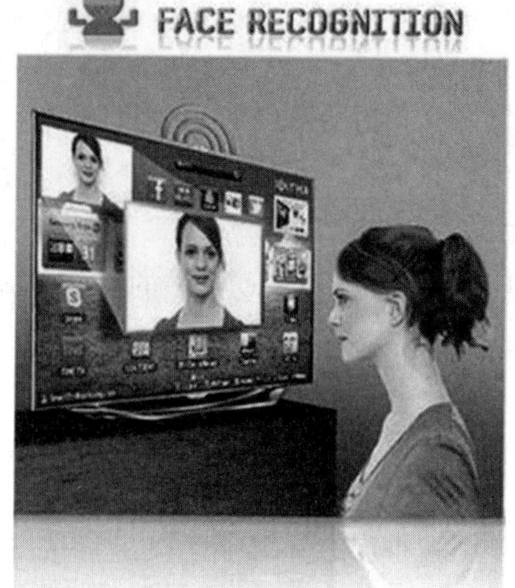

图5-6-9　三星智能电视人脸识别解锁功能示意图❶

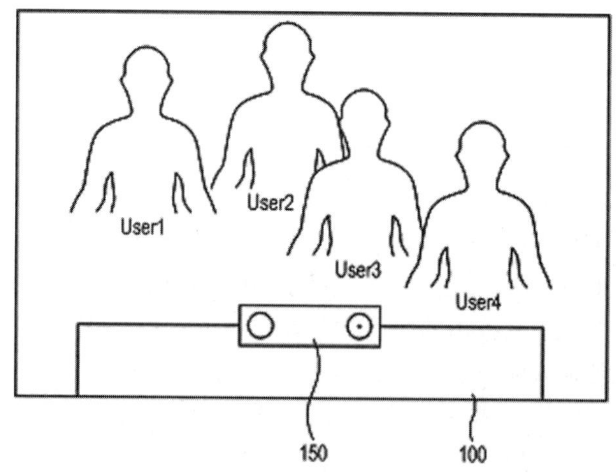

图5-6-10　KR20130054131A 技术方案示意图

另外，三星于2013年12月17日提交了一项涉及节目推荐的专利申请 CN103716702A（发明名称“电视节目推荐装置和方法”）。节目推荐系统已经成为智能电视的主流功能，可以根据用户喜好来推荐用户喜爱的电视节目，该专利申请通过对电视观看者的面部图像的分析，获得当前观看者的属性信息（包括性别、年龄等），推荐与当前观看者的属性信息相匹配的电视节目，从而使得不同用户在观看智能电视时获得最佳的观看体验。

❶ [EB/OL]. [2014-06-30]. http://www.samsung.com/uk/consumer/flagship/UE55ES7000U/images/img_es7000_01.jpg.

5.6.4 准入控制

三星旗下的S1公司作为韩国安防监控领域的领军企业，提供系统安防、安防产品销售等一整套安防服务，其推出了一套准入控制器，其中采用生物阅读器来获取待认证用户的生物信息，包括面部图像、指纹等，同时还结合射频卡、PIN码来增强入口安全级别。这套系统中的人脸识别系统曾在2010年在韩国首尔召开的G20峰会上进行使用。[❶] 同时该系统还可以用于考勤管理、自助餐厅管理等其他应用。根据S1公司的数据显示，该系统中的人脸识别算法在标准条件下能达到99.4%的成功识别率，在其他非标准条件下也能达到95%以上的识别率，拥有非常高的识别准确度。图5－6－11和图5－6－12分别示出了该套系统的配置图和其中的人脸识别系统示意图。

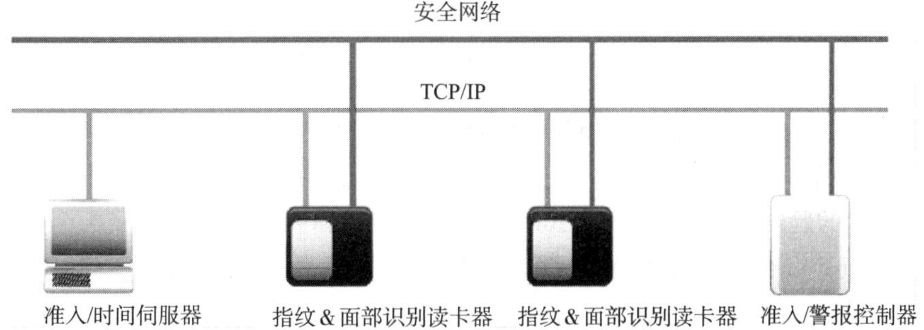

图5－6－11　S1公司准入控制系统配置图

图5－6－12　S1公司准入控制系统中的人脸识别系统

S1公司早在2003年8月20日就已经提出了与该产品相关的专利申请：KR20050022564A（发明名称“SYSTEM AND METHOD FOR DISTINGUISHING FORGERY/ALTERATION AND PERFORMING IDENTIFICATION OF RESIDENT REGISTRATION CARD USING FINGERPRINT IMAGE AND PHOTO IMAGE”）。该专利申请的方案如图5－6－13所示。

---

❶ 三星S1公司官网产品名录（Security for CriticalInfrastructure）［EB/OL］．［2014－06－30］．https：//www.s1.co.kr/eng/download/list.do？num＝2#service－position02．

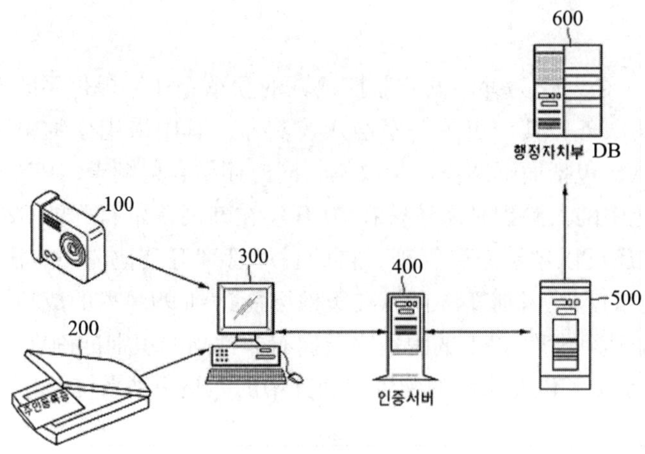

图5-6-13　KR20050022564A 技术方案示意图

其技术方案为：缓存数据库500存储从用户的个人信息中提取的指纹和脸部信息，通过扫描仪200扫描用户的注册卡，指纹识别器获取用户的指纹图像，照相机100获取用户的脸部图像，计算机300分析指纹图像和脸部图像，认证服务器400通过比较计算机300分析的信息和数据库500存储的信息来执行认证，确定用户的身份。该系统使用指纹和脸部图像来分辨假冒或伪造的用户信息，从而增强控制系统的识别率。随后S1公司又提出了20项涉及人脸识别的专利申请，进一步为其准入控制产品提供强大的技术支持，强化了其产品的可靠性，从而为其在韩国市场保持领先水平提供助力。

在2006年三星电子也提出了人脸识别在门禁控制领域的应用专利申请KR20050003291A（发明名称“SYSTEM AND METHOD FOR FACE RECOGNITION”），并以此作为优先权在美国提出申请US2006158307A1。该韩国专利申请在2007年4月5日获得了授权。该专利申请的方案如图5-6-14所示。其技术方案为通过对用户的人脸图像进行识别来驱动门禁系统，当获取的人脸是注册用户的人脸时控制门禁的打开。

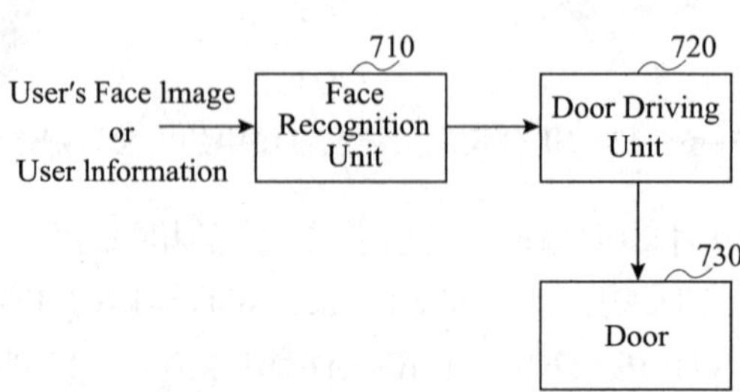

图5-6-14　KR20050003291A 技术方案示意图

另外，在2003年三星就提出了人脸识别在金融行业和信用卡认证领域的应用专利申请US2003198368A1，通过认证门限值来判断认证目标是否是用户；以及人脸识别在视频电话接入控制领域的应用专利申请 US2007200916A1，通过人脸识别实现在视频电话系统中用户的登入控制。

5.7　重要技术透视

通过对人脸识别分支的重要技术涉及的典型专利进行分析，获知三星的研发方向以及技术特色。

5.7.1　活体检测

面部识别通常按照二维图像来捕捉面部的图像并执行身份认证和提供安全功能，然而当使用者使用照片欺骗系统时，系统往往难以区分三维真人的面部与二维照片，因此造成面部识别在安全应用领域的脆弱性。

2005 年，三星向美国专利商标局申请了一项涉及活体人脸识别的专利申请 US2005105778A1，发明名称为 "APPARATUS AND METHOD FOR HUMAN DISTINCTION USING INFRARED LIGHT"，发明人为 Younghun Sung。

该专利申请结合红外光和可见光进行人脸识别。该专利申请通过红外 LED 发生器产生红外光，通过拍摄单元分别拍摄红外图像和可见光图像，由于相对于可见光而言在红外光照射下照片上的眼部区域却不会产生任何差别，而真实人眼的虹膜区域会变亮并且瞳孔会变暗，导致获取的两幅图像产生差值，从而根据差值判断图像是否来自真实的人脸，从而避免未授权用户使用授权用户的照片欺骗系统而获得登录的可能性。该专利申请的方案如图 5－7－1 所示。

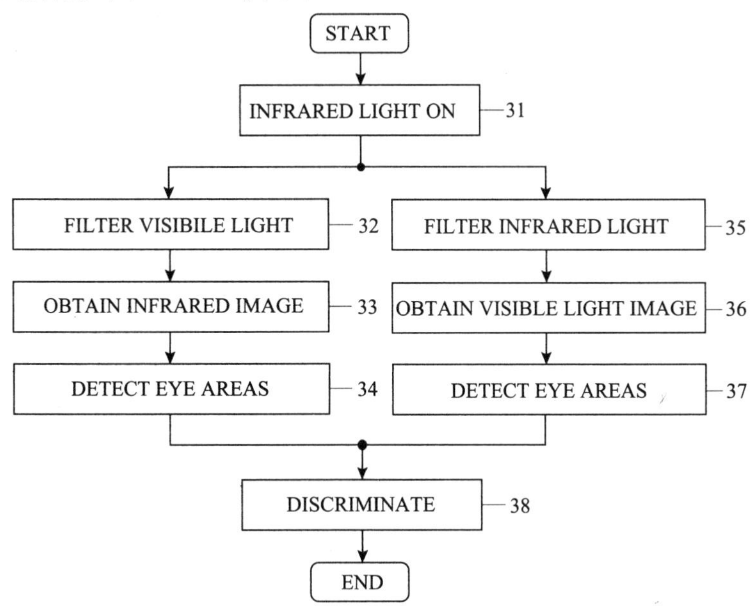

图 5－7－1　US2005105778A1 技术方案示意图

之后，三星又针对面部识别中的活体检测问题提出了使用3D识别（US2011164792A1）、识别面部突起特征（US2012140091A1）、从不同亮度/角度摄取人脸图像（US2013278724A1）、对不同放大率的图像背景加以比较（US2013286256A1）的专利申请，为活体检测提供了不同的解决方案。

其中US2013278724A1（发明名称“METHOD AND APPARATUS FOR RECOGNIZING THREE－DIMENSIONAL OBJECT”）拍摄同一目标在不同的亮度下的三幅面部图像，在强光下三维的人脸对象可反射更多的光，在区域425上观察到更大的亮度变化，然而二维照片则是比较均匀的反射光，因而使用不同亮度下的亮度差执行真实人脸的识别。另外，该专利申请还提供了使用不同角度（仰拍、平拍以及俯拍）下人脸图像的差别来执行真实人脸识别的方案。该专利申请的方案如图5－7－2所示。

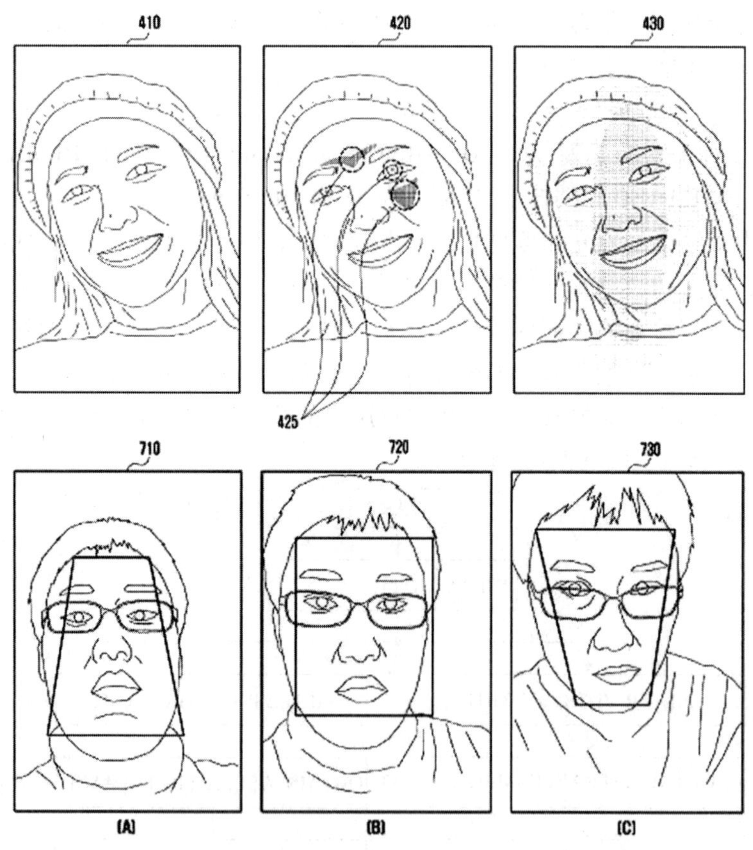

图5－7－2　US2013278724A1技术方案示意图

US2013278724A1（发明名称“APPARATUS AND METHOD FOR RECOGNIZING IMAGE”）则利用相机按照不同的放大率（基本、拉近以及拉远）拍摄特定对象的图像，获得图像之间的对象区域和背景区域的特征加以比较，以此来确定特定对象是否物理地存在于相机子系统前而不是特定对象的拷贝或照片。该专利申请的方案如图5－7－3所示。

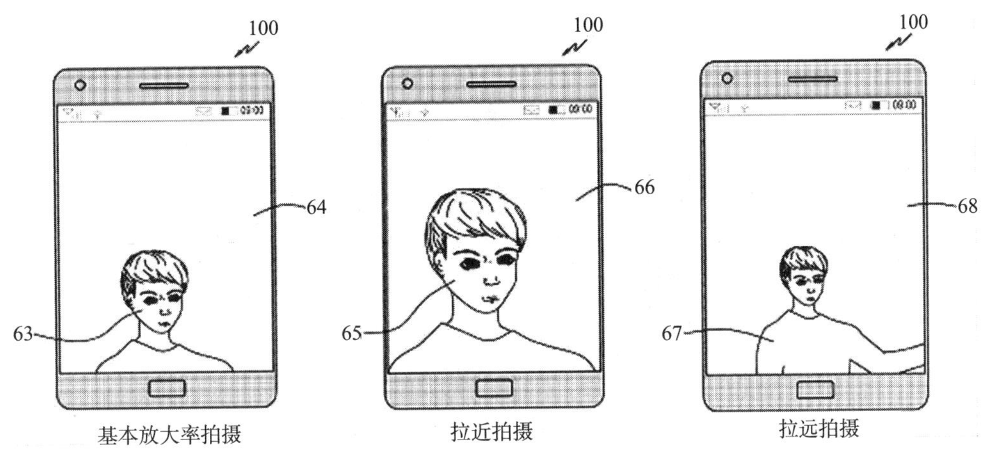

图 5－7－3　US2013278724A1 技术方案示意图

5.7.2　多模态识别

根据安全控制领域的常规的密码输入方案，用户可以设置登录密码，在登入系统或获得授权之前需要用户正确地输入预设的密码，而生物信息识别技术正在作为安全准入的有效手段而广泛应用。

三星于 2003 年 1 月 21 日向美国专利商标局提起一项专利申请 US2004164848A1（发明名称“USER AUTHENTICATION METHOD AND APPARATUS”）涉及在密码登录中结合生物信息识别尤其是人脸识别进行认证的方法，将人脸识别与密码输入方案结合提供了更加安全有效的系统登录方法。

国际民航组织 ICAO 于 2003 年 5 月 28 日发布了生物技术应用规划（ICAO Blueprint），以帮助各国建立一个全球化、标准化的身份验证系统，生物护照也正在被越来越多的国家使用。人脸、指纹、虹膜等生物特征被认为是可靠的身份鉴定方法。

2004 年 12 月 31 日，三星与中科院自动化所合作申请了一项涉及生物护照的专利申请 CN1801178A（发明名称“基于生物护照的快速通关方法”）。

该申请设计了一种集合了人脸、虹膜和指纹信息的生物护照，并对生物护照持有者进行三种信息的采集和注册，在通关过程中通过读取上述三种生物特征进行比对而实现通关。该专利申请的方案如图 5－7－4 所示。

随后三星又于 2013 年提出了一项结合声音信息与人脸信息进行身份认证的专利申请 US2013227678A（发明名称“METHOD AND SYSTEM FOR AUTHENTICATION USER OF A MOBILE DEVICE VIA HYBRID BIOMETICS INFORMATION”），该专利申请通过摄像头模块获取人脸图像，同时使用音频处理单元获取人的语音，结合使用图像认证和声音认证处理器进行认证从而获得身份认证结果。

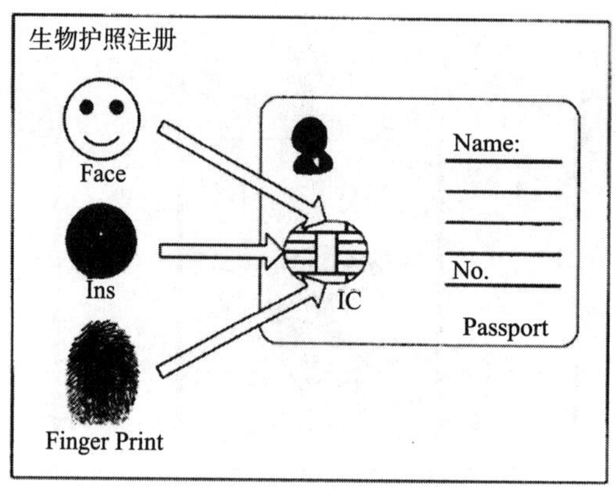

图5-7-4 CN1801178A 技术方案示意图

5.7.3 干扰适应

人脸识别在实际应用中常受到光线、姿势、性别等的影响，三星提出的相关专利申请针对这些影响分别提供了对应的解决方案。

（1）光线适应

2006年6月7日三星向美国专利商标局提出一项专利申请US2006280344A1（发明名称“ILLUMINATION NORMALIZING APPARATUS，METHOD，AND MEDIUM AND FACE RECOGNITON APPARATUS，METHOD，AND MEDIUM USING THE ILLUMINATION NORMALIZING APPARATUS，METHOD，AND MEDIUM”）。该专利申请的方案如图5-7-5所示。

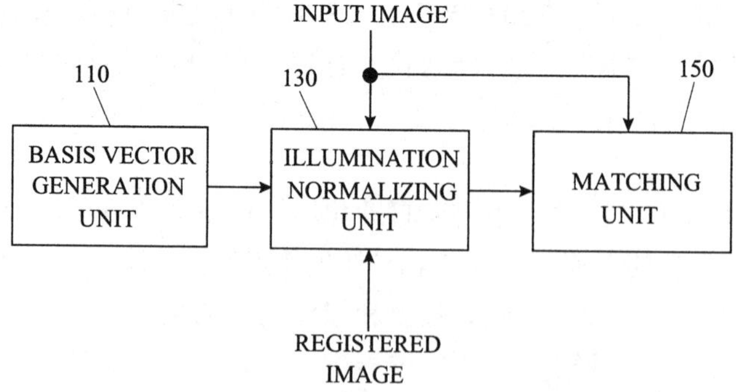

图5-7-5 US2006280344A1 技术方案示意图

该专利申请采用光线归一化技术，使用基向量对第一人脸图片进行光线归一化处理获得第二人脸图像，用于人脸识别，从而克服传统人脸识别中光线变化的影响。

（2）姿势适应

2005年10月18日三星向美国专利商标局提出一项专利申请US2007086627A1（发明名称“FACE IDENTIFACATION APPARATUS MEDIUM，AND METHOD”）。该专利申请的方案如图5-7-6所示。

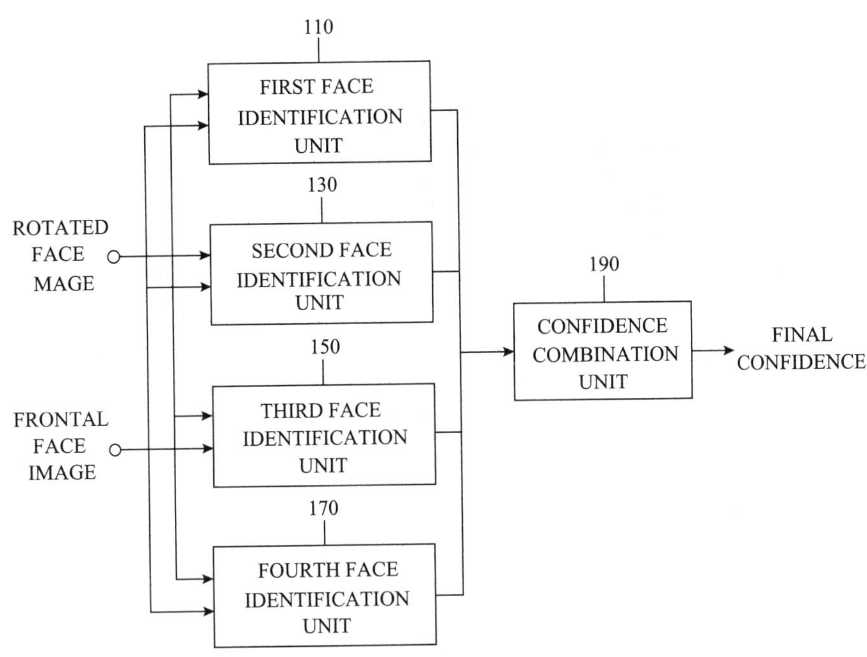

图 5-7-6　US2007086627A1 技术方案示意图

该专利申请中使用多个人脸识别单元，每个识别单元计算旋转人脸和正面人脸之间的相似度，通过结合多个识别单元的识别相似度而获得人脸识别的似然值，从而克服了人脸姿势的影响。

此后，三星又于 2011 年提出另一项涉及克服姿势影响的人脸识别的专利申请 US2011222744A1（发明名称"FACE RECOGNITION APPARATUS AND METHOD USING PLURAL FACE IMAGES"）。该专利申请的方案如图 5-7-7 所示。

该专利申请通过对一幅正面人脸图像生成多角度的多幅人脸图像，作为注册模板，将输入人脸图像与多幅多角度人脸图像比较获得人脸识别结果，提高识别率。相对于上一项专利申请采用多个识别单元的技术手段，该专利申请采用多角度人脸人脸来实现人脸识别，克服不同姿势对人脸识别的影响，利用存储技术的优势，减少了识别单元的个数，简化了系统的结构，从而降低了系统的硬件成本。

（3）性别适应

2007 年，三星向美国专利商标局提出一项专利申请 US2007104362A 涉及对不同性别的人脸图像分别建立分类器，在识别过程中根据输入图像的性别分类结果选择相应的分类器进行识别，从而克服性别对于人脸识别的影响。该专利申请的方案如图 5-7-8 所示。

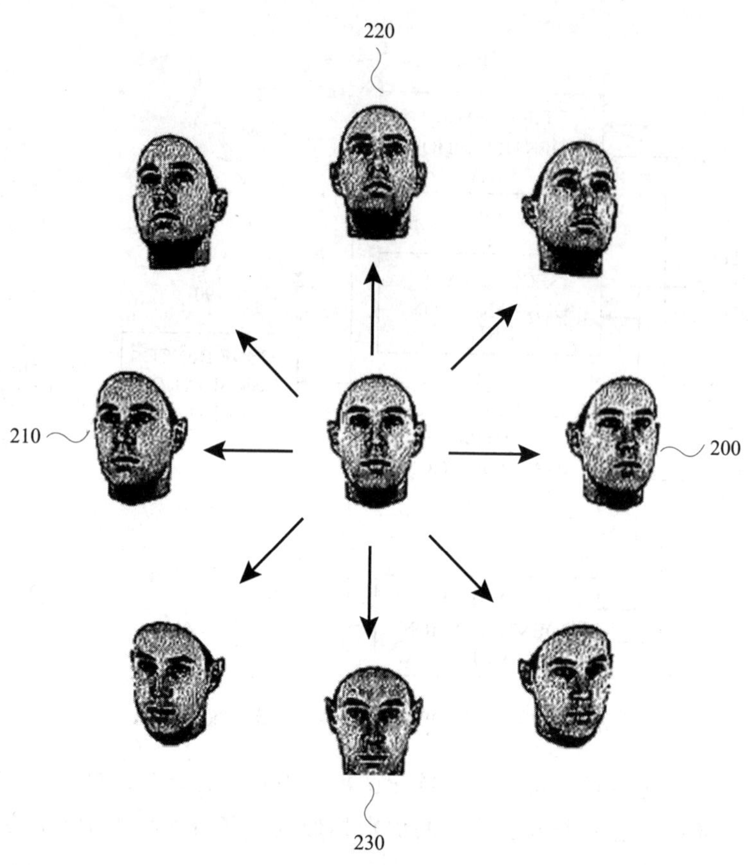

图 5-7-7　US2011222744A1 技术方案示意图

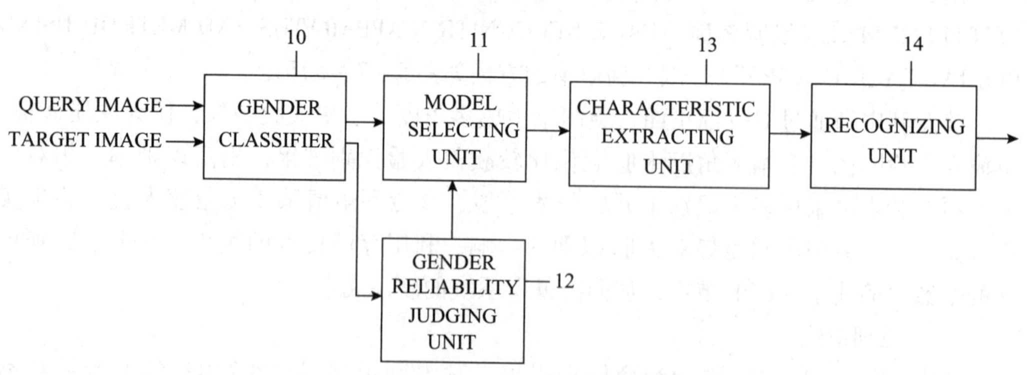

图 5-7-8　US2007104362A 技术方案示意图

5.8　小　　结

本章通过对三星在面部识别领域的全球、中国专利布局、子公司以及合作申请状况、S1 公司发明团队，以及重点技术进行分析，呈现了三星的面部识别专利申请状况。

① 三星在面部识别领域的全球专利申请储备丰富，从 20 世纪 90 年代早已开始相关申请，并在 2008 年前后获得迅速发展，成为行业的领头羊，当前其专利申请已经进入平稳发展期，专利申请主要涉及细节改进和应用。人脸检测分支的专利已经进入产业应用的成熟期，将可能不再投入过多的研发力量；人脸识别分支的专利将进一步应用于智能终端、社交网络、安防监控、身份认证等领域，保持一定的竞争力；人脸跟踪和面部属性识别将有可能维持当前的研发力度，在硬件（摄像机）或应用上作进一步改进。

② 三星的专利布局思路是本土与美国并重，并逐渐扩张到欧洲和中国等重要市场，而三星在中国的申请量相比于全球的同期申请量呈现增长趋势，说明其越来越将注意力更多地放于中国。同时三星的专利地域布局与当地的市场需求也有很大的关系。

③ 三星的从事面部识别研发的专利申请的子公司数量众多，在排名前六的子公司中，三星电子作为最大的研发实体，其与包括数码影像、Techwin、S1、北京三星、中国研发中心在内的多家子公司开展了合作申请，以三星电子为核心，众多子公司之间的合作非常密切。而三星与其他公司的合作申请数量并不多，这一方面与其本身强大的自主研发实力有极大的关系，另一方面也是三星整体发展策略的一个缩影，其致力于全面扩展自身的技术领域并向产业领导者靠拢，而非追随其他企业之后。

④ 三星旗下的 S1 公司作为韩国安防监控领域的领军企业，专注于人脸识别的技术研发，其在韩国和俄罗斯设有的两个研发中心构成了其主要的研发团队，并且团队间具有非常密切的合作，积极地在韩国、俄罗斯和美国进行专利布局，建立起世界大国之间安防合作的桥梁。其进入中国市场成为一个重要的信号，将有可能将中国作为下一个专利布局的重要战略目标，在中国进行数量更多、技术更全面的专利申请，从而开拓其亚洲市场，为国内企业带来更多的挑战。

总结三星的专利布局策略，可以用“全面”和“专注”两个词来概括，在行业内针对各个技术领域拓展研发实力并开展专利申请，同时在自身优势领域重点投入，从而赢得自身的发展，跻身行业领先地位。据此来看，其技术发展历程和专利布局对我国面部识别相关企业具有重要的借鉴和启示作用。

第 6 章　收购与竞争

前述章节对三星进行了分析，其庞大的子公司群体支撑了其全面的专利布局，而除了这种依靠子公司申请的方式，另一些科技巨头则采用更为直接的具体的方式——收购，来实现了专利的布局，以在商业竞争中占得先机。三星所依赖的安卓系统的提供者谷歌公司，以及三星在全球多个国家和地区的专利诉讼对象苹果，则是运用收购这一商业手段的个中好手。截至 2014 年 6 月 30 日，苹果和谷歌公司在面部识别领域分别有 72 项和 70 项专利申请被公开，本章试着通过专利分析的角度，对收购中苹果和谷歌的人才吸收、专利技术引进转化，再到产品的推出这一过程进行对比剖析，仁者见仁，希望对国内企业提供一些启示。

6.1　收购情况概览

在各个行业中，竞争无处不在。而提起近年最吸引人眼球的对抗，iOS 和 Android 系统之间的鏖战称得上是精彩绝伦，也发人深省。两大系统背后的主角，苹果和谷歌，对于知识产权，尤其是专利武器的运用，可谓炉火纯青。两家公司对于专利的重视无须赘述，但二者对于专利的布局、运用则不尽相同。

苹果电脑公司（下文简称“苹果”）成立于 1976 年，早期主要研发生产电脑，当时大多数的电脑没有显示器，第一代产品 Apple I 却以电视作为显示器。Apple II 在电脑界被广泛誉为缔造家庭电脑市场的产品，到了 20 世纪 80 年代已售出数百万部。2007 年公司更名为苹果，在 2013 年世界 500 强排行榜中排名第 19，总部位于美国加利福尼亚州的库比蒂诺，设计并全新打造了 iPod、iTunes 和 Mac 笔记本电脑和台式电脑、OS X 操作系统，以及革命性的 iPhone 和 iPad，[1] 图 6-1-1 所示为前三代苹果电脑和部分最新产品。

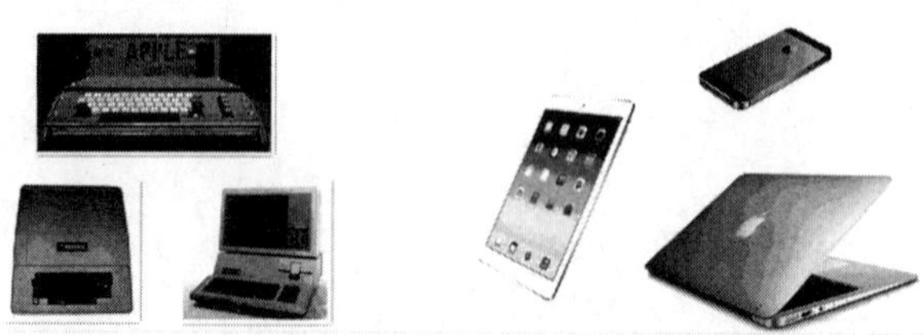

图 6-1-1　苹果早期电脑和部分最新产品

[1] 苹果［EB/OL］.［2014-05-28］. http://baike.baidu.com/view/15181.htm.

谷歌公司（下文简称“谷歌”）由在美国斯坦福大学攻读理工博士的拉里·佩奇和谢尔盖·布林于1998年共同创建，谷歌网站则于1999年下半年启用。谷歌公司提供丰富的线上软件服务，如云硬盘、Gmail电子邮件，包括Orkut、Google Buzz以及Google+在内的社交网络服务，谷歌的产品同时也以应用软件的形式进入用户桌面，例如Google Chrome网页浏览器、Picasa图片整理与编辑软件、Google Talk即时通信工具等。另外，谷歌还进行了移动设备的Android操作系统以及上网本的Google Chrome OS操作系统的开发❶。表6-1-1所示为谷歌部分主要产品和与产品对应的部分典型收购。由此可见，谷歌的大部分产品主要通过收购其他公司而推出，这使得谷歌的产品不断丰富，商业布局版图不断扩张。

表6-1-1　谷歌产品和部分收购关系

谷歌产品	相关收购示例
AdWords	2003年Sprinks
GoogleEarth	2004年Keyhole
Andriod	2005年Andriod
YouTube	2006年YouTube
Gtalk	2007年Marratech
Google浏览器	2007年GreenBorder
Google地图	2009年ZipDash
Google+	2010年Jambool
Gmail	2010年reMail
Google翻译	2010年Phonetic Arts
Google Code	2014年Quest Visual

6.1.1　整体收购情况

受限于自身发展规模及当时的环境，苹果早期主要靠自己的研发团队专注于台式机的研发，直到1988年才出现第一笔收购：其收购了一家名为Network Innovations的软件公司。而成立于21世纪来临之际的谷歌则很快进入了收购的角色，2001年至今，谷歌已收购了许多企业，其中尤以小型风投公司为主。图6-1-2为苹果和谷歌历年收购的公司数量变化图。

❶ Google[EB/OL].[2014-05-28].http://zh.wikipedia.org/zh-sg/Google.

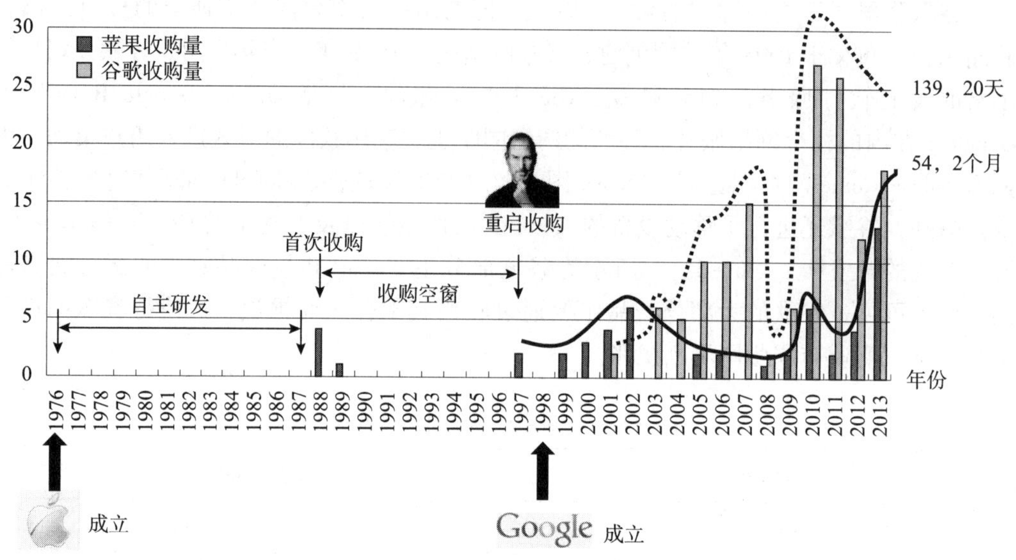

图6-1-2 苹果和谷歌历年收购量

从收购趋势可以看出，苹果于1988年和1989年进行了5笔收购之后（其中4笔涉及计算机软件），在长达7年的时间内未进行任何收购，值得一提的是，苹果的联合创始人乔布斯在这一段时间由于公司管理层的斗争而离开苹果，苹果此段时期的发展陷入了低谷，这段时间的零收购从某种程度上也反映出苹果发展的窘境，1996年苹果经营陷入困局，其市场份额也由鼎盛的16%跌到4%，业务的衰退、市场份额的丢失，使得各界开始期盼有能者管理苹果。1997年，随着一笔高达4.04亿美元的对Next软件公司的收购，苹果重启了中断7年之久的收购，更为重要的是，通过这次收购，乔布斯强势回归苹果。回来后的乔布斯进行了大刀阔斧的改革，停止了不合理的研发和生产，结束了和微软多年的专利纷争，并开始研发新产品iMac和OS X操作系统。1997年苹果推出了iMac，创新的外壳颜色透明设计使得产品大卖，并让苹果度过财政危机，[1] 随后苹果又推出了iTunes和iPod，以及iPhone和iPad等划时代的产品，让苹果逐渐走上神坛。与此相随的是，自1997年开始苹果开启了收购的狂潮，以满足高速推出新产品的需求，截至2013年底其累计收购54家公司，近5年更是达到年均收购5.4家，相当于每过大约2个月，苹果就要收购一家公司。苹果将这些公司的技术、产品整合到自己的产品中，不断突破，例如通过收购NeXT公司推出OS X和iOS，通过收购Siri公司在iPhone中推出Siri语音助理，等等。可以说，收购对于苹果的兴盛提供强有力的支撑。

谷歌的成立比苹果晚22年，其发展历程相对于前辈苹果显得波澜不惊，2001年埃里克·施密特博士从Novell公司加入谷歌并担任首席执行官这一职务，掌管公司财务

---

[1] 史蒂夫·乔布斯［EB/OL］.［2014-05-28］. http://baike.baidu.com/subview/90660/11206729.htm?fr=aladdin.

和经营战略，拉里·佩奇主攻研发，谢尔盖·布林主要负责制定公司政策，这样施密特与谷歌两名联合创始人组成的铁三角架构维持至今，通过设置股票结构，牢牢掌控着公司的发展。在收购方面，谷歌并未像他的前辈一样经历过最初的“羞涩”和发展中的动荡：谷歌几乎是天生的收购狂热者。谷歌成立至今不过短短十余年的时间，何以成长至比肩拥有近40年深厚积淀的苹果，也许不是简单的分析总结就能得出的，但从公司收购的角度，也能够见微知著，让我们一窥巨头的成长历程。从2001年完成第一笔收购开始，截至2013年底，谷歌共完成139家公司的收购，近5年年均收购17.8家公司，也就是每过大约20天谷歌就要进行一次收购，其速度令人咋舌。

6.1.2　收购对比

从上述数据可以看出，近十余年来，苹果和谷歌都对收购乐此不疲，除了2008年经济危机导致两家公司的收购变得谨慎、收购量缩水（分别为苹果收购1家，谷歌收购2家）之外，在其他的时间段几乎都维持强有力的收购态势。显而易见的是，收购可以帮助公司快捷地获得相关技术，进而快速推出产品、抢占市场，这在技术发展日新月异、科技产品更迭目不暇接、消费者审美极尽挑剔的当今社会，尤显重要。在收购总量上苹果明显少于谷歌，这也是由于谷歌通过收购所要支撑的产品类型比苹果要多，而且谷歌作为后来者，似乎更加渴求扩张与超越。

相较于苹果的收购主要是将新的技术整合到自身的产品中，谷歌还热衷于通过收购推出新的产品、抑或拥有新的产品。例如通过收购YouTube将其业务收至麾下，作为独立产品运营，通过收购Android公司并投入进一步研发，成就了叱咤风云的Android操作系统，使其不再仅仅是科幻小说《未来夏娃》中外表像人的机器的名字。从Android操作系统的诞生之日起，它就注定和苹果的iOS操作系统走了完全不同的一条路，相较于iOS的完全封闭性，Android操作系统则是开放的，允许任何移动终端厂商加入到Android联盟来。纵观苹果和谷歌的收购历史，截至2013年底，苹果共收购了6家公司助力iOS的更新换代，谷歌的收购列表中则有20家支撑Android推陈出新，这还不包括所收购的其他公司潜在的可能用于这两大操作系统的技术。为了追求更好的用户体验，二者都不约而同地收购了若干生物识别公司，例如苹果收购了语音识别公司Siri、Novauris Technologies，以及面部识别公司Polar Rose，谷歌则收购了Neven Vision、PittPatt以及Viewdle三家面部识别公司。众所周知，生物识别技术比传统的身份鉴定方法更具安全、保密和方便性，对于更加便捷的人机交互具有重要意义，这由苹果在iPhone中推出语音助理和指纹识别功能所引发的强烈反响就可见一斑。面部识别技术作为重要的生物识别技术，由于其便捷、直观等特点，一直是研究的热点，对于面部识别技术的应用，苹果和谷歌这两大科技巨头自然从未停止努力。苹果在iOS 5中引入面部检测功能，并在iOS 7中进一步增加面部的微笑检测、眨眼检测功能；谷歌则在2011年10月19日推出了代号为“冰激凌三明治”的Android 4.0操作系统，将面部识别技术应用于设备解锁。以下，本章主要从专利分析的角度来了解两家公司如何通过收购来孕育出面部识别相关的产品，以及二者收购的比较。

6.2 面部识别收购

6.2.1 苹果的收购

6.2.1.1 收购 Polar Rose

（1）Polar Rose 概况

2010 年 9 月，苹果收购面部识别公司 Polar Rose。Polar Rose 是由其首席技术官 SOLEM JAN ERIC 博士在 2004 创立的一家瑞典公司，公司成员仅有 15 人，公司总部设于瑞典南部的隆德－玛尔摩大学，在华沙、阿姆斯特丹等地设有子公司及办事处。Polar Rose 以花的形状作为该公司的标志，以想展现其发展正如鲜花盛开一般旺盛。

Polar Rose 公司主要从事计算机数码图像和视频分析方面的研究，能够对数码照片进行基于图片内容的分类、搜索以及共享。利用尖端的计算机视觉技术，Polar Rose 还可以方便地从相似面孔中定位照片，识别照片中的人物，从而解决了传统网络搜索图片中一直难以解决的技术难题。与其他主要的图像搜索引擎，如谷歌、雅虎、MSN 等不同的是，Polar Rose 的人脸搜索采用了人工智能技术改善其搜索的效果，实现了计算机与用户之间的良好互动，允许用户为照片加注，从而超越了纯粹使用计算机的识别效果。从本质上说，Polar Rose 建立的是一种“仿生软件”。这一创新的理念使 Polar Rose 在其最初创立的时候就引起了众多风险投资商的高度关注。作为数字图像处理方面先进的国际企业之一，Polar Rose 以过硬的技术优势赢得了用户的一致好评。❶ 来自丹麦的北欧风险投资公司曾对其注入 510 万美元的风险投资，而最终苹果以 2900 万美元的价格将其收入囊中，收购之前两周，Polar Rose 就宣布关闭了旗下一个免费的脸部标签（Facing Tagging）服务，也被看做为此次收购所作的准备。❷

苹果为何不远千里，从美国到瑞典花费巨资收购这家只有 15 人的小公司？笔者认为，可以从两个方面分析这次收购的动机，即对人才的需求和对技术的渴望。

（2）人才吸收

提到 Polar Rose 就不得不提该公司的灵魂人物 SOLEM JAN ERIC 博士，他是 Polar Rose 的首席技术官，也是 Polar Rose 的创立者，毕业于隆德—玛尔摩大学，主要从事图像处理研究，目前还兼任该大学的数字图像研究组的副教授。Polar Rose 的核心专利技术就是源于 SOLEM JAN ERIC 博士在大学就读博士时所研究的项目。SOLEM JAN ERIC 的博士学位论文是“Variational Problems and Level Set Methods in Computer Vision－Theory and Applications”，发表于 2006 年，获得了 2005～2006 年度北欧图像分析和模式识别领域最佳博士论文。

以 SOLEM JAN ERIC 为核心研发人员，Polar Rose 在被苹果收购之前共申请了

---

❶ 进军高效图片搜索技术［EB/OL］．［2014－05－28］．http：//www.docin.com/p－756298632.html.

❷ 苹果收购 Polar Rose，未来真实社交服务之可能性［EB/OL］．［2014－05－28］．http：//www.ifanr.com/20650.

5 项专利，通过对该5 项专利进行的发明人分析，可以得到 Polar Rose 发明人排名，如图 6 –2 –1 所示。

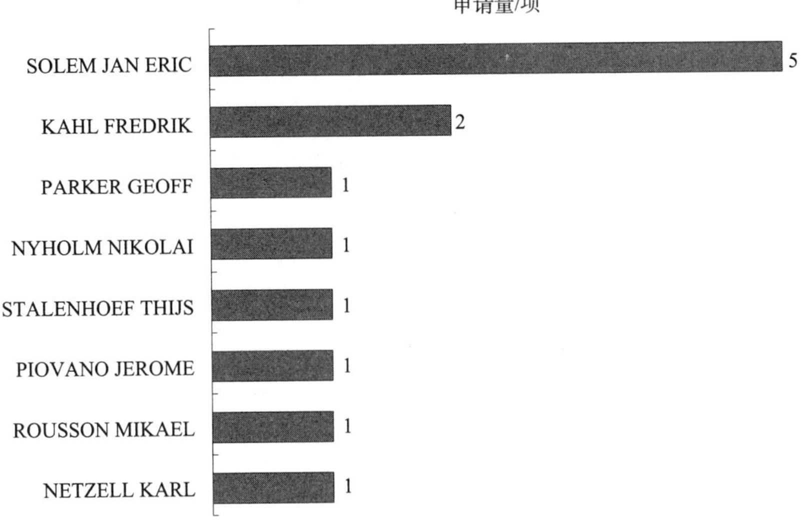

图 6 –2 –1 Polar Rose 发明人排名

对 Polar Rose 的发明人进行追踪，可以得到该公司核心人员结构，如图 6 –2 –2 所示。

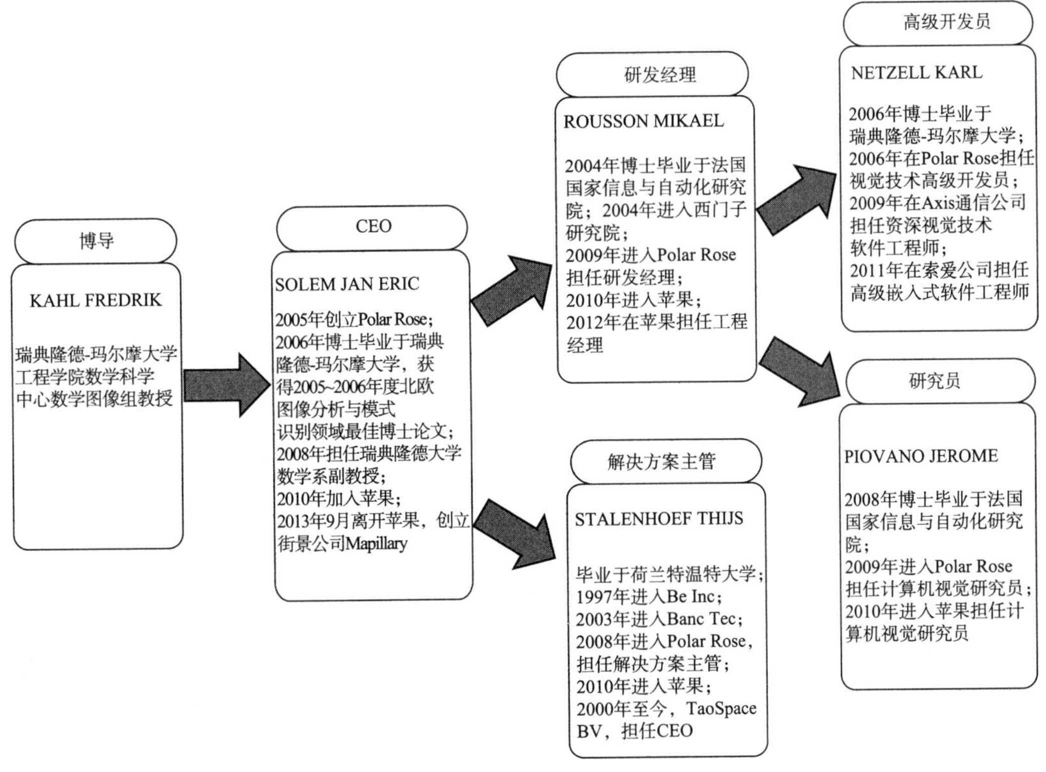

图 6 –2 –2 Polar Rose 核心人员结构

除了 SOLEM JAN ERIC 外，该公司的研发经理 ROUSSON MICHAEL 在图像处理领域有很强的研发能力，除在 Polar Rose 申请面部识别的专利外，其还获得了如表 6－2－1 所示图像处理领域的授权专利，结合其丰富的职场经历，其创造能力可见一斑。

表 6－2－1　发明人 ROUSSON MICHAEL 部分授权专利

专利号	发明名称
US7889941	Efficient segmentation of piecewise smooth images
US7773789	Probabilistic Minimal Path For Automated Esophagus Segmentation
US7773806	Efficient Kernel Density Estimation of Shape and Intensity Priors for Level Set Segmentation
US7724954	Method and system for interactive image segmentation
US7424153	Shape priors for level set representations
US7200269	Non－rigid image registration using distance functions
US7809190	General framework for image segmentation using ordered spatial dependency
US7570738	Four－dimensional （4D） image verification in respiratory gated radiation therapy
US7095890	Integration of visual information， anatomic constraints and prior shape knowledge for med－ ical segmentations
US7889922	Method and system for histogram calculation using a graphics processing unit

我们再来分析一下苹果的面部识别研究团队。苹果共有 72 项面部识别的专利申请，通过对其发明人进行的分析，申请量较多的几位发明人如表 6－2－2 所示。

表 6－2－2　苹果部分面部识别技术主要发明人

发明人	申请量/项
SOLEM JAN ERIC	12
BRUNNER RALPH	7
ZIMMER MARK	6
REID RUSSELL	6
HOLLAND JERREMY	6

其中，排名第一的 SOLEM JAN ERIC 即为前 Polar Rose 首席技术官，其他均为苹果在收购之前就从事面部识别相关研究工作的发明人，对这些发明人的教育、工作背景进行分析，得到表 6－2－3。

表 6-2-3 苹果部分面部识别研究人员简历

姓名	主要教育/工作经历	在苹果职位
BRUNNER RALPH	1996 年毕业于瑞士苏黎世联邦理工学院； 1997 年加入苹果	软件工程师
ZIMMER MARK	1975 年 Calma, Co.，程序员； 1980 年 Tricad Inc. 公司，系统编程经理； 1985 年 Fractal Software，合伙人； 1991 年 创立 Fractal Design Corporation，CEO； 1997 年加入 MetaCreations，CTO 和总监； 2000 年加入 Fractal. com 公司，顾问； 2003 年加入苹果	软件开发工程师
REID RUSSELL	1979 年博士毕业于威斯康星大学； 1999 年加入苹果	高级数据分析员、 高级 iPhoto 工程师、 资深科学家、 软件工程师
HOLLAND JERREMY	本科毕业于加州大学圣克鲁兹分校； 1982 年 得州仪器公司，技术顾问和首席培训师； 1988 年 Trace Products，首席工程师； 1992 年 苏格兰 ECS Telecom，软件开发负责人； 1993 年 惠普，应用程序架构师、技术主管、研究部门经理； 2000 年 Rainfinity 公司，工程总监； 2003 年 皮克斯动画工作室，研发经理； 2005 年加入苹果	工程总监

通过对比 Polar Rose 和苹果的研发人员可见，一方面，苹果的主要研发人员多具有丰富的职场经历，研发经验非常丰富，这也体现了苹果深厚的技术底蕴，但另一方面，苹果也面临人员的瓶颈，毕竟这些资深的研发人员年龄都已经较大，且并不是专门研究面部识别技术的人员，而往往是软件开发者等，对于新的技术开发，例如面部识别算法的推进，存在一定的创新障碍。因此，对于面部识别技术的追逐，使得苹果急需引进新鲜的具有较强创新能力的技术人员团队，这样收购一家面部识别的创业公司成为苹果最直接有效的解决办法。

随着 2010 年 Polar Rose 被苹果收购，Polar Rose 的主要研究人员相继进入苹果或者离开，表 6-2-4 所示为 Polar Rose 主要研发人员的相关职场经历。

表6-2-4 Polar Rose主要研发人员的相关职场经历

研发人员	相关职场状态
NETZELL KARL	2009年离开Polar Rose
ROUSSON MIKAEL	2010年进入苹果至今
PIOVANO JEROME	2010年进入苹果至今
STALENHOEF THIJS	2010年进入苹果至今
SOLEM JAN ERIC	2010年进入苹果，2013年离开苹果

从收购完成之后的效果来看，Polar Rose的大部分技术人员都随之进入了苹果，并在之后为苹果贡献了大量专利，虽然Polar Rose创始人SOLEM JAN ERIC于2013年离开苹果，但其为苹果留下了多达12项专利，而且诸如ROUSSON MICHAEL等具有极强研发能力的人才至今仍为苹果效力，因此从人才引进的角度，苹果这次收购显得非常成功。需要注意的是，如图6-2-3所示，苹果进行此次收购之后，又申请了28项面部识别相关专利，其中8项有原Polar Rose人员作为共同发明人或者唯一发明人。

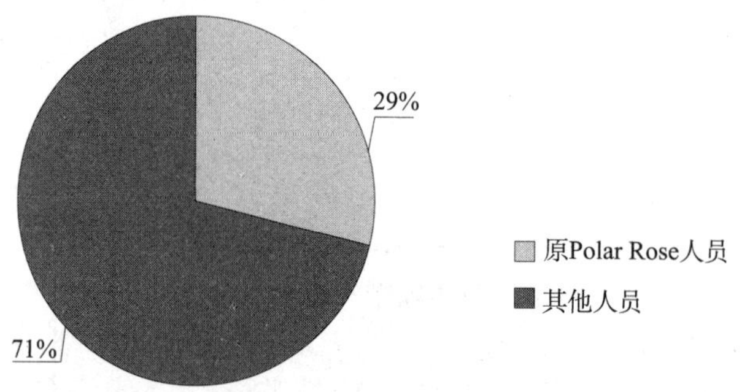

图6-2-3 苹果收购Polar Rose之后面部识别专利申请发明人比例

（3）技术引进

在收购之前，Polar Rose已经开发出了大量面部识别产品，其中包括FaceCloud，可为任何服务添加面部识别；FaceLib，面向iPhone和Andriod平台的移动解决方案；FaceCore，命令行工具；Recognizr，一款整合面部识别和增强显示技术的工具。而执行收购前，苹果也推出两款利用了面部识别技术的产品，即Aperture和iPhoto，按照苹果的收购向来以强化其产品矩阵内的软肋的通常做法，可以推测，将Polar Rose的上述产品及其技术融合到苹果自身的产品中，提升用户体验，是苹果收购Polar Rose的原动力。

在Polar Rose已推出的众多应用中，比较受关注的有Recognizr，利用该软件识别出一个人的脸部时，会显示这个人的资料，包括他的YouTube、FaceBook的相关链接等，因此有人认为该项收购使得苹果推出自己的社交服务变得可能，那样也会导致与FaceBook的直接竞争，苹果是否要“重新发明”社交网络呢，成为众多苹果拥趸的期待。笔者认为，至少短期内，苹果应该要专注于自己已推出产品的功能的扩展，更有可能的是，将上述技术融合到iPhone等设备中，对已推出面部识别功能的Andriod阵营进行反击，在后续部分将对此进行具体的分析。表 6－2－5 所示为两家公司主要面部识别产品对照表。

表 6－2－5　苹果和 Polar Rose 的面部识别产品及专利量对照表

公司	产品	应用	专利申请量/项
Polar Rose	FaceCloud	无特定	5
	FaceLib	移动平台	
	FaceCore	命令行工具	
	Recognizr	社交网络	
苹果	Aperture	Mac OS X	34
	iPhoto	OS X、iOS	
	iSight		13

图 6－2－4 所示为苹果面部识别技术的申请量情况，在 2010 年收购 Polar Rose 时申请量达到了峰值，可见此次收购对苹果在该领域专利布局的增强作用非常明显。

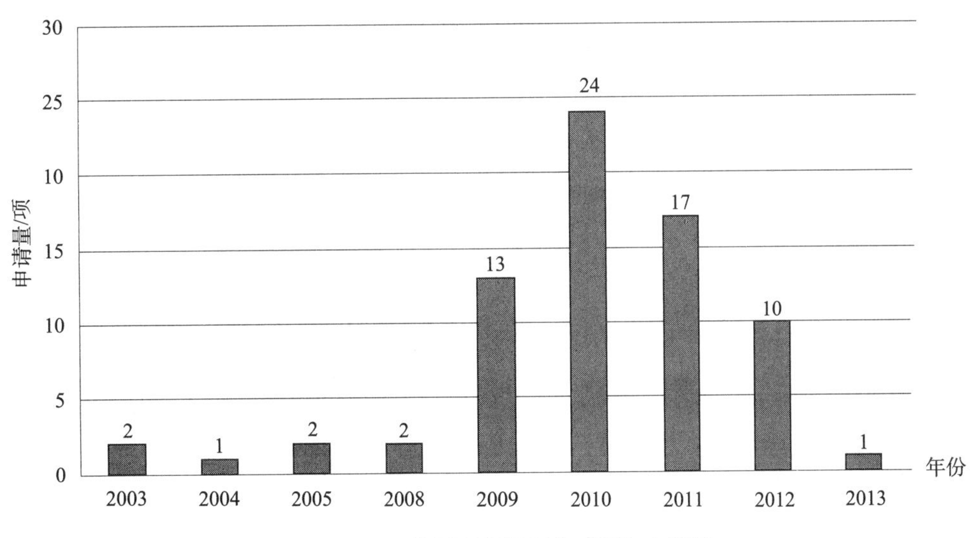

图 6－2－4　苹果面部识别全球历年申请量

（4）合并引起的专利布局变化

图 6－2－5（见文前彩色插图第 5 页）所示为苹果收购 Polar Rose 时二者专利申请量以及苹果专利申请总量在各个技术分支的构成。

图 6－2－5 中无背景色框为 Polar Rose 人员参与的专利申请，有色背景框代表无这些人员参与的专利申请，虚线为苹果收购 Polar Rose 的时间界限。可以看出，苹果自身在面部识别领域，偏重于对图像处理和提高摄像质量的申请，这也与苹果自身的两款产品 iAperture 和 iPhoto 需要进行相应的布局相吻合。而在收购之时，Polar Rose 主要在识别算法分支进行申请，实际上识别算法相关的申请也主要来自 SOLEM JAN ERIC 在

博士期间的研究。

对于收购前 Polar Rose 已经申请的5项专利，苹果进行最大化的利用，采用优先权、同族的方式进行大量的延续申请。对这些专利以及 Polar Rose 研发人员加入苹果之后申请的专利进行梳理分析，可以看出苹果在面部识别领域的布局方向。

如图6－2－6所示，Polar Rose 创始人 SOLEM JAN ERIC 博士和其导师 KAHL FREDRIK 教授于2004年8月19日向瑞典专利局提交了涉及3D物体识别的专利申请 SE0402048（图6－2－7所示为其说明书附图），并以此为优先权于2005年8月11日向美国和西班牙进行了申请，其中向美局申请的权利要求项数为25项，并于2011年11月22日获得该项专利权（此时专利权人为苹果），而苹果在收购 Polar Rose 之后基于该项专利，进一步向美国专利商标局提交了公开号为 US2012/0114251A1 的申请，其中将权利要求项数扩充为45项，目前该项专利仍在审理之中。

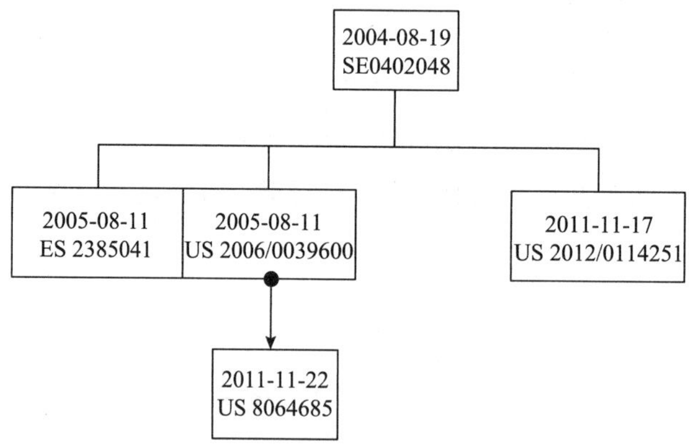

图6－2－6　SE0402048系列申请

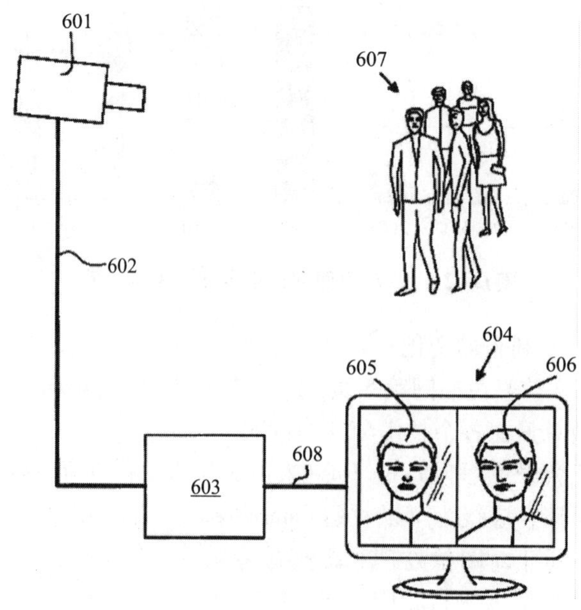

图6－2－7　专利申请 SE0402048 附图

该项专利涉及一种3D物体识别方法，从物体的2D图像中恢复3D信息，再将3D信息与已保存的3D模型进行比较，来进行物体的分类，并在说明书和从属权利要求中记载了物体可以是人脸或者其他器官。

在收购完成之后，来自Polar Rose的研发人员ROUSSON MIKAEL和PIOVANO JEROME作为共同发明人也申请了一项3D人脸模型创建的方法，通过捕捉人的外貌创建三维模型。

可以看出，苹果对于通过3D面部识别技术来提高识别率非常感兴趣，该项技术克服光照、角度等对于2D面部识别的影响的方式。但苹果自身的产品主要为手机、平板电脑、以及笔记本等，暂且不谈3D面部识别所需要的处理器能力，3D采集设备便是苹果靠自己能力无法解决的，此时，苹果又想到了收购这条捷径，而这次，进入苹果视线的则是一家处于低谷的公司，二者一拍即合。

6.2.1.2 收购PrimeSense的“意外”收获

2013年，苹果花费3.45亿美金收购PrimeSense公司，PrimeSense是以色列一家3D芯片设计公司，曾为微软开发第一代Kinect体感器而闻名。在Kinect游戏中，玩家主要通过肢体来控制游戏，因此体感器是其重要组成部件。PrimeSense为微软开发的第一代Kinect获得了成功，但是在第二代版本的Kinect中，其运动追踪器却由微软自己的工程团队开发。[❶] Kinect是微软在2010年6月14日对XBOX360体感周边外设正式发布的名字，其是一种3D体感摄影机（开发代号“Project Natal”），同时它还具有即时动态捕捉、影像辨识、麦克风输入、语音辨识、社群互动等功能[❷]，图6-2-8所示为Kinect用于XBOX360的实物图。

图6-2-8 Kinect用于XBOX360

第一代PrimeSense的模型，围绕的是一个大型的固定传感器，但是PrimeSense公司2013年开发出世界上最小的3D传感器——Capri（如图6-2-9所示），更适合手机用户。[❸]

---

❶❸ CSDN. 苹果为何“情系”［EB/OL］.［2014-05-28］. PrimeSense . http：//www. csdn. net/article/2013-11-18/2817545-apple-aiming-at-primesense-acquisition.

❷ 纳金网. Kinect是什么?［EB/OL］.［2014-05-28］. http. narkii. com/college/college_ 101774. shtml.

图6-2-9　3D传感器Capri

在2013年的谷歌I/O大会上，PrimeSense将Capri通过一个microUSB接口将其与Nexus 10平板电脑连接，向开发者们展示了它的功能。Capri的主要功能并不是体感控制，那是Kinect传感器的主要作用，Capri最重要的是能够将一个对象快速生成3D图像，这一功能将在许多应用程序中派上用场。Capri可实现更简便的3D物体扫描，利用Capri传感器能够捕捉一个对象的3D影像，然后将它转换成一个3D模型，并将其发送到一个3D打印机，❶ 图6-2-10所示为Capri与Nexus 10平板电脑进行连接使用的实物图。

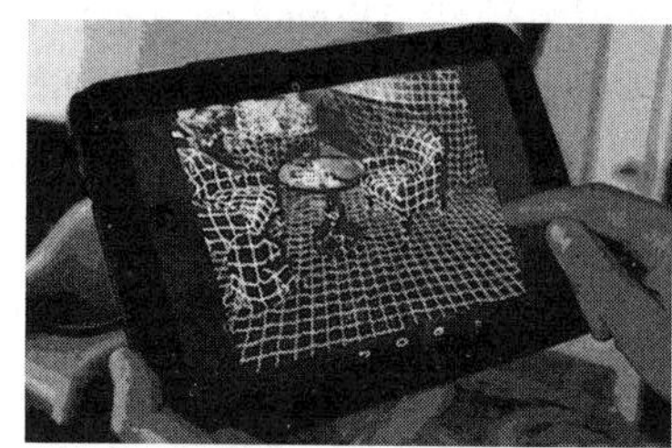

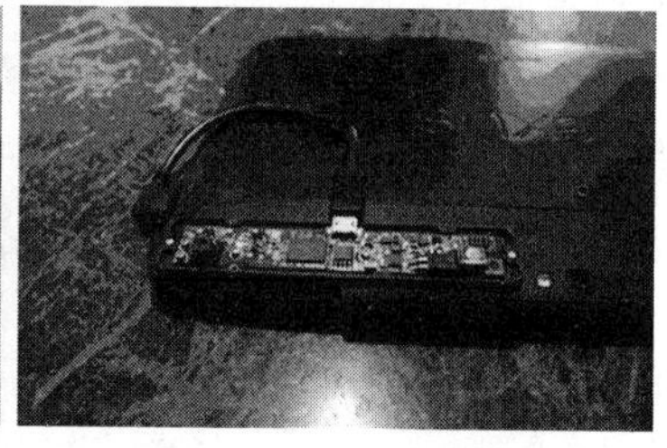

图6-2-10　Capri传感器结合到Nexus 10平板电脑上使用

PrimeSense希望通过在I/O大会的展示，能够让开发者感受到Capri的有趣之处，并利用其特性开发出一些有趣的应用程序。Capri除了体积较小，趣味性强之外，Capri传感器拥有更好的算法和更低的成本，因此这款传感器未来可能会安装到PC、平板电脑、笔记本电脑、手机、电视和消费机器人等一系列设备上。

此项收购涉及金额较大，一般分析认为，苹果对于PrimeSense的收购是为了实现客厅战略，即嵌入到智能电视中，但该项收购也使苹果拥有了PrimeSense的超小型3D传感器技术，那么日后苹果的手机、平板、Mac加入体感操作也不会让人奇怪。

从专利数量看，收购之前的PrimeSense共拥有75项专利申请，其中涉及3D传感器的则有59项，而2013年，PeimeSense向以色列专利局提交一篇涉及微机械制造的专利申请，公开号为WO2014064606A1，发明名称为微机械设备的生产，该专利申请还未进入任何国家，但随着PrimeSense被苹果收购，为了扩展iphone的面部识别功能，该申请很可能成为未来苹果3D面部识别的重要专利。

❶ 微型3D感应器Capri亮相I/O将Kinect功能带进平板［EB/OL］.［2014-05-28］. http://news.mydrivers.com/1/263/263550.htm.

6.2.2 谷歌收购 Neven Vision、PittPatt 和 Viewdle

6.2.2.1 收购情况

谷歌分别于2006年8月收购Neven Vision，2011年7月收购PittPatt，2012年10月收购Viewdle，三者均拥有面部识别技术，收购金额分别为4500万、3800万、3000万（单位：美元）。谷歌何以对面部识别公司频频出手收购，通过对专利数据的透视，可以看出谷歌公司如何将收购的付出转化为回报，首先，先来认识一下这三家公司。

Neven Vision 是一家来自德国的计算机视觉公司，由 Hartmut Neven 博士创办，实际上 Hartmut Neven 在之前还联合创立过一家名叫 Eyematic Interfaces 的公司，在 Eyematic，他主要开发实时人脸特征分析驱动动画，2003 年通过风险投资收购了 Eyematic Interface 并创建 Neven Vision。

Neven Vision 开发了一款叫做 iScout 的软件，iScout 能够让数码相机用户拍摄一张照片并且搜索与这种照片相关的内容信息，它能把传统的广告格式，包括杂志、广告招牌、报纸甚至任何印刷的空白部分，都变成网络行销工具。Neven Vision 跟欧洲一家牛奶商签了一年的合约，后者将在牛奶瓶子上印刷 iScout 的“超链接”，Neven Vision 总经理 Hartmut Neven 认为：所有的物体表面都可以作为超链接，它们都变成了额外的信息，现在一个牛奶瓶有了完全不同的价值。Neven Vision 为 iScout 选择的第一个合作伙伴是在欧洲销售的可口可乐。他们在青少年杂志上做广告，告诉读者，如果拍下可乐罐的照片，并用短信发送到一个位址，就可以得到一些小礼物，他们提供的礼物是一款可以在手机上玩的足球游戏。❶

在收购之时，谷歌表示计划使用这家公司的技术改善其免费的照片编辑应用服务 Picasa。这个程序最终将能够自动识别出照片中的个人和在照片中的位置，从而使照片搜索更加方便。Picasa 产品经理 Adrian Graham 解释说，这个技术就像在照片中寻找是否包含某个人一样简单。这个技术以后将能够做更复杂的工作，如识别人、地点和物体等。这个技术将使使用者更容易地编辑和找到需要的照片。

2011 年，谷歌 Android 平台主管 Andy Rubin 证实，Android 4.0 操作系统的“面部识别解锁”功能主要得益于所收购的 PittPatt 公司。面部识别软件公司 PittPatt（Pittsburgh Pattern Recognition）是在自己主页宣布被 Google 收购的。PittPatt 是一个来自卡内基梅隆大学的项目——开发一个可识别出照片、视频里面部的技术，PittPatt 拥有很多面部侦测、面部追踪、面部识别算法。公司创始人 1990 年在卡内基梅隆大学（Carnegie Mellon University）旗下机器人技术研究所（Robotics Institute）开始研发该项技术，作为从卡内基梅隆大学剥离的资产，公司创始人在 2004 年成立了 PittPatt。❷ 其技术根底主要源自卡内基梅隆大学的三名“图片分析”以及“模式识别”专家创建的。

---

❶ 搜索进入手机 移动视频搜索方兴未艾［EB/OL］．［2014－05－28］．http：//www.c114.net/news/41/a45905.html.

❷ 谷歌收购面部识别技术厂商 PittPatt［EB/OL］．［2014－05－28］．http：//tech.qq.com/a/20110723/000081.htm.

Viewdle 是一家乌克兰的创业公司，成立于 2006 年，2008 年时 A 轮融资约 200 万美元，在 2010 年的 B 轮融资约 1000 万美元。Viewdle 的应用包括 SocialCamera 和 Third Eye。Social Camera 是其推出的首款应用，用户只需通过 Faceprint 教会你的相机识别好友，此后只要照片中出现了这些好友，SocialCamera 就可以自动为他们打上标签。另一款 Third Eye 则是一个将融入面部识别技术的 Android 游戏。❶ 图 6－2－11 所示为 Viewdle公司的面部识别技术示意图。

图 6－2－11　Viewdle 公司的面部识别技术示意图

谷歌想要收购 Viewdle 有很多的原因——这家公司的图像识别技术能够在谷歌 Android、Picasa、Google＋等服务中使用，并可以帮助用户自动标记照片。而在 2014 年早些时候，谷歌的竞争对手 Facebook 收购了 Face. com 网站，并且获得了该公司的图片自动标注程序。

谷歌收购的这三家公司有一个共同的特点，那就是均为创业公司，拥有自己的核心识别技术和较受欢迎的产品，收购这样的公司，也许是性价比非常高的商业运作，接下来分析一下收购的细节。

6.2.2.2　技术引进

首先我们了解一下谷歌与面部识别技术相关的主要产品，图 6－2－12 所示为谷歌收购面部识别公司及发布相关产品时间图。

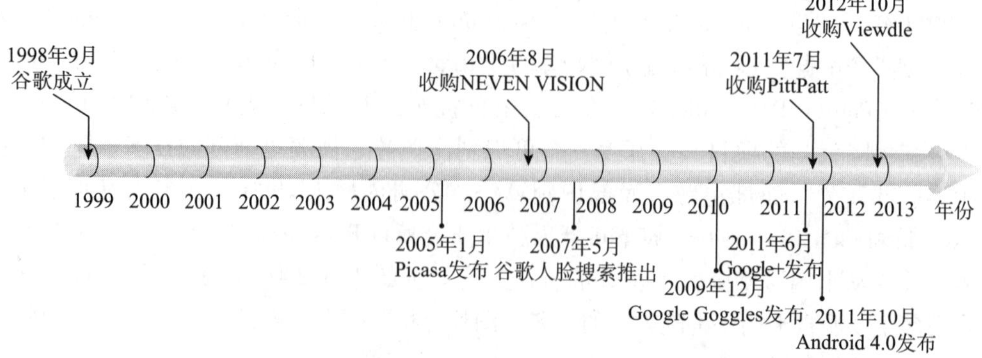

图 6－2－12　谷歌收购面部识别公司及发布相关产品时间图

❶ 人脸识别果真是门大生意？［EB/OL］.［2014－05－28］. http：//www. 36kr. com/p/156798. html.

Picasa 原本是 Picasa 公司的同名收费软件，2004 年谷歌收购 Picasa 公司后，2005 年 1 月 18 日，推出 Picasa 免费英文版，可对存储于硬盘的数码图片或是搜索到的图像文件进行管理编辑。

2007 年 5 月，谷歌推出了脸部识别搜索功能，Google 图片搜索的用户可以对于搜索内容进行更准确的限定，通过增加一个 imgtype 关键词，可以限定返回何种类型的图片结果。举例来说，比如用户搜索“Paris”，Google 图片过去会返回各种各样和“Paris”相关的结果，比如法国巴黎的风光，美国大美女巴黎·希尔顿，或是许多名字中含有巴黎的老百姓的照片。但是只要在搜索的 URL 中添加一个“&imgtype = face”，Google 图片搜索将只返回人脸图片结果，巴黎市的风光照片将不再出现。

Google 在 2009 年 12 月 8 日的搜索产品新闻发布会上正式发布了 Google Goggles 这一名字听起来非常有喜剧效果的搜索产品，其是一款可以拍照，并试图对照片内容进行识别的手机应用程序。

Google + 是一个 SNS 社交网站，可以通过 Gmail 账户登录，在这个社交网站上你可以和不同兴趣的好友分享好玩的东西。Google + 目的是让 Google 在线资产在日常生活中更普及，而不只是网上冲浪时偶然点击、搜索一个网站。Google + 于 2011 年 6 月 28 日亮相。

谷歌在 2011 年 10 月 19 日推出了代号为“冰激凌三明治”的 Android 4.0 操作系统，将面部识别技术应用于设备控制，该版本的 Android 系统增加了面部识别解锁功能。

谷歌于 2006 年 8 月对 Neven Vision 进行收购，彼时 Neven Vision 共拥有 12 项面部识别相关专利（包括 Eyematic Interfaces 公司所申请的专利），其中 Hartmut Neven 作为发明人参与了全部 12 项专利申请。

收购的同时，谷歌本身仅仅申请了 4 项面部识别相关专利，在面部识别研发能力较弱，这 4 项专利如表 6-2-6 所示。

表 6-2-6 谷歌收购 Neven Vision 时的面部识别专利申请

公开号	发明名称	中文翻译	申请日	技术分支
US2008080745	Computer - Implemented method for performing similarity searches	实现相似检索的计算机应用方法	2005-05-09	图像检索
US2006251338	System and method for providing objectified image rendering using recognition information from images	利用图像识别信息提供图像渲染的系统和方法	2005-05-09	图像检索
US2006251339	System and method for enabling the use of captured images through recognition	通过识别获取图形的系统和方法	2005-05-09	图像检索
US2007258645	Techniques for enabling or establishing the use of face recognition algorithms	实现面部识别算法的技术	2006-03-12	图像检索

2011 年被谷歌收购时，PittPatt 仅拥有 2 件专利申请，均涉及视频中的人脸检索技术，如表 6-2-7 所示。

表 6-2-7 PittPatt 的专利申请

公开号	发明名称	中文翻译	申请日	技术分支
US2008080743	Video retrieval system for human face content	人脸内容的视频检索系统	2006-09-29	视频检索
US2011170749	Video retrieval system for human face content	人脸内容的视频检索系统	2010-12-20	视频检索

6.2.3 收购对比

6.2.3.1 设备管理

谷歌在面部识别领域共有 70 项专利申请，其中涉及面部识别技术在社交网络、设备管理、属性识别、面部检索以及其他五个方面的应用。各个应用领域边界定义如表 6-2-8 所示。

表 6-2-8 谷歌面部识别专利申请应用领域一览表

序号	技术分支	定义
1	社交网络	社交网络中的面部识别
2	设备管理	解锁、防欺骗、安全等
3	属性识别	识别性别、年龄、表情等
4	图片处理	视频中的人脸检索、标记
5	其他	其他应用

谷歌于 2005 年收购安卓公司，并推出了自己的操作系统和智能终端产品，Android 这一词最先出现在法国作家利尔亚当在 1886 年发表的科幻小说《未来夏娃》中，作者将外表像人类的机器起名为 Android，这也就是 Android 名字的由来。

图 6-2-13 所示为苹果和谷歌对面部识别应用于设备管理相关产品的推出对比，谷歌在 2011 年 10 月 19 日推出了代号为“冰激凌三明治”的 Android4.0 操作系统，将面部识别技术应用于设备控制。

该版本的 Android 系统增加了面部识别解锁功能而被广泛关注，但其关于面部识别技术在终端上的引用的专利布局却早在 2007 年就开始进行，图 6-2-14 为该项专利 US8498451B1 的附图。

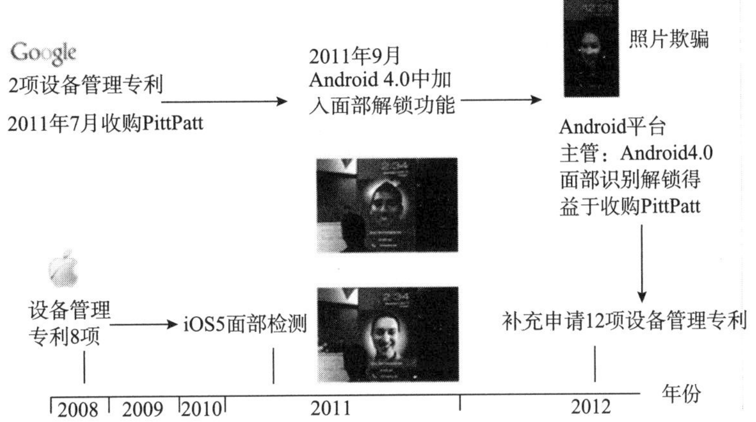

图 6－2－13　苹果和谷歌对面部识别应用于设备管理的对比

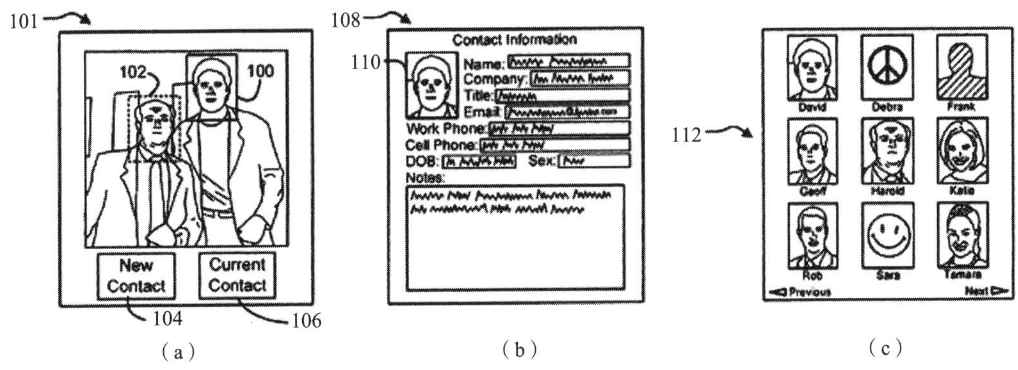

(a)　(b)　(c)

图 6－2－14　US8498451B1 附图

该项专利申请于 2007 年 11 月 12 日提交，于 2013 年 7 月 30 日获得授权，发明名称为基于图像修改联系人，具体技术方案为获取图像并识别图像中的人脸，从图像中剪裁出人脸部分，根据用户的生成联系人的命令，将联系人信息与剪裁出的图像关联。

苹果也公开了手机终端类似的应用：US2011249144A1，申请日为 2010 年 4 月 9 日，图 6－2－15 所示为该申请附图，具体技术方案为通过移动终端内置的摄像头捕获图像，检测人脸并与联系人列表中的用户的联系图像进行比对，利用匹配的联系人信息对捕获的图像进行标记。

虽然谷歌推出的面部解锁功能一时吸引了公众的目光，但其识别的鲁棒性并未得到保障，在发布会现场就出现了一个小意外，当谷歌 Andriod 用户体验总监 Matias Duarte在台上介绍“冰激凌三明治”的新功能时，在一旁操作的助手却遭遇了意外：展示中的手机无法识别他的面孔。这位总监于是亲自出马，用自己的面孔进行演示，但这部手机在换了一个人的情况下依然无法识别，虽然最后 Matias Duarte 总监最后以“看来我今天的妆画得有点浓”的自嘲将这段尴尬掩饰了过去，但这也反映出谷歌在推出面部识别解锁功能时并未在该项技术上有足够的技术储备，其匆忙推出可能是为了追求广告效应，抑或以新功能抢占市场。体现到专利申请上可以看出，在发布 Andriod 4.0 系统之前，谷歌仅在设备管理领域申请了 2 项专利，除了上述提及的 US8498451B1 之外（该专利并不涉及面部解锁功能本身），另一篇则是 US8261090 B1，申请日为 2011 年 9 月 28 日，并于 2012 年 9 月 4 日获得授权，发明名称为基于面部识别登录计算机设备，图 6－2－16 所示为该申请附图。

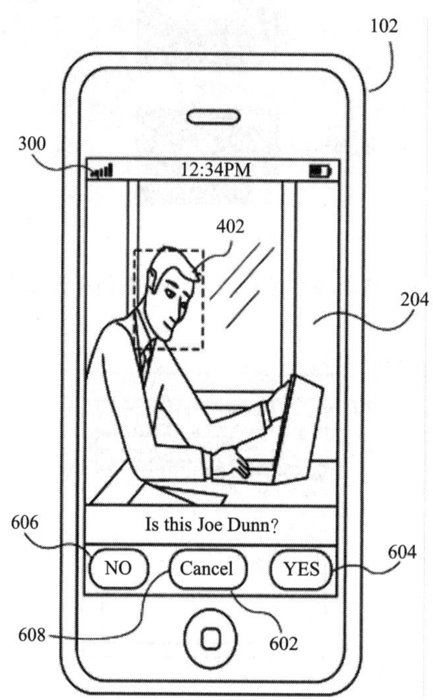

图 6－2－15　US2011249144A1 附图

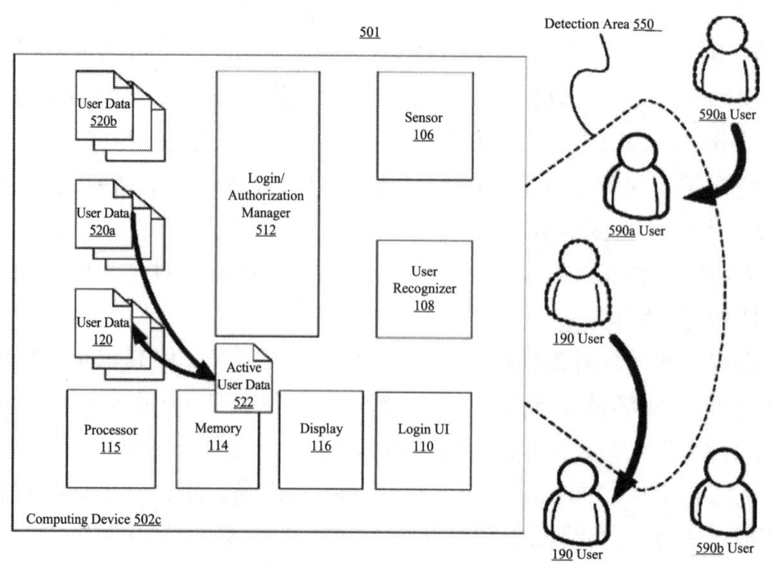

图 6－2－16　US8261090B1 附图

该专利具体方案为通过摄像头捕捉第一用户头像，识别用户的身份，基于识别的身份允许第一用户登入计算机设备，捕捉到第二用户头像时，识别第二用户的身份，如果识别符合预先设置身份，提示是否要求第一用户登出，如果确认，则第一用户登出，第二用户登入。该专利还记载了在特定区域扫描用户，如果在当前用户使用计算机设备时，新的用户进入扫描区域，则进行屏幕保护、停止相关输出等操作。

谷歌在 Andriod4.0 中推出面部解锁功能后，用户很快发现，只要用用户的一张照片就可以开启手机。因此，虽然 Google 不承认 Ice Cream Sandwich 系统会很容易被利用，但越来越多的人已经开始对它怎样辨别真人脸和相片脸的不同产生疑问。为了弥补已经搭载匆忙推出面部解锁功能的种种缺陷，谷歌继续进行面部识别技术的研发，并加大专利申请的力度。在设备控制领域的应用领域，仅 2012 年就申请了 12 项相关专利，其中 US8542879B1 公开了检测用户的眨眼或是微笑等活跃姿态，就能解锁手机。它通过捕捉用户的多个面部动作，对面部识别技术进行了改进，从而避免了传统识别系统容易被人蒙混过关的问题。目前，科技公司都在寻找新的途径，让用户可以轻松访问他们的设备和账户，同时又不必记住任何短语或代码。传统面部识别系统的问题是，只要有人将手机原来主人的照片放在摄像头上，就有可能会通过身份验证。不过，如果系统要求用户作出多个面部表情，有人再想蒙混过关，难度无疑会加大。

在 Android 4.1 “果冻豆” （Jelly Bean） 中，谷歌就增加了面部识别功能。它要求用户将脸部正面对着摄像头，作出一个眨眼的表情，如果与系统中存储的信息相符，手机就能解锁。

谷歌在其面部识别专利申请中增加了更多的面部表情的识别，如眨眼、微笑、转动眼珠、皱眉、伸舌头、活动眉毛等。在通过摄像头捕捉到表情动作之后，系统便会判断用户是否真的作出了创建面部表情所需要的一系列动作，而不是仅仅使用静止的面部照片。为了进一步增加安全性，Android 手机还会要求用户按特定顺序作出一系列脸部表情。

在设备管理方面，虽然苹果并未在手机或者电脑中推出基于面部识别技术的操作功能，但其在这方面的专利布局却早已进行。苹果早在 2008 年 3 月 6 日就提交了一项名为 Personal computing device control using face detection and recognition 的申请，公开号为 US2009175509A1，通过人脸检测、特征提取和匹配，对用户进行认证，以控制个人电脑设备，该申请于 2013 年获得授权，图 6－2－17 所示为该申请附图。

除此之外，苹果总共有 8 项关于设备管理方面的专利申请，可见虽然其并未在 iPhone 或者其他产品中推出基于面部识别的设备管理功能，但对于面部识别技术已经做了充分的积累。

关于设备管理，苹果虽然只在 iOS 5 中推出了面部检测功能，但面部检测只是面部识别技术中，因此这显然不是其追求的面部识别技术的最终应用。追求和谐的人机交互是科技公司共同的目标，也是市场最能被打动的关键技术之一，显然，苹果和谷歌都深谙此道。因此谷歌在收购面部识别公司并拥有相关专利之后，迅速推出面部解锁功能，欲抢占市场，而苹果则选择“广积粮、缓称王”的战略，稳扎稳打，先进行足

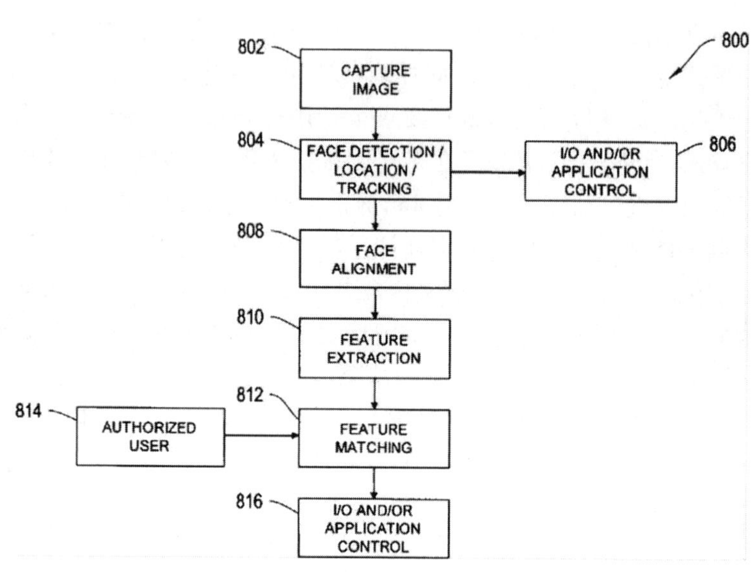

图 6－2－17　US2009175509A1 附图

够的技术积累和专利布局，试探性地推出面部检测应用。从实际效果看，谷歌的面部解锁功能无疑吸引了足够的眼球，媒体的广泛关注使得 Android 系统无疑做了一次成功的免费广告。虽然仓促推出的功能有所瑕疵，但这不影响谷歌总体策略的效果，毕竟对于略显审美疲劳的消费者来说，只有全新的功能才能让人耳目一新。相较之下，苹果推出的面部检测功能则显得中规中矩，毕竟在数码相机中，这项功能已经广泛地使用且比较成熟。但苹果历来不乏创新的产品，我们有理由相信并且期待苹果 72 项面部识别的专利申请布局带来新的惊喜。

从另外一个角度，苹果历经多次辉煌与衰落，管理层也一度动荡，最终在 21 世纪迎来了最辉煌的阶段，这种历史使得苹果形成自身低调又略显封闭的文化，以致前 CEO 乔布斯去世时，苹果公关部门全员出动抵挡蜂拥而至的媒体，又或是苹果的员工根本无法进入另一个部门的大楼。这种封闭的作风却使得苹果的创新能够得到最大限度的保护，一旦发布，则给予全世界最大的震撼。而谷歌比苹果晚成立 22 年，其发展之迅猛，让全世界为之侧目。谷歌的管理层非常稳定，在 21 世纪瞬息万变的科技市场，这点尤为重要，实际上苹果在这段时间也是在乔布斯为代表的管理层的稳定掌控之下。而年轻的谷歌奉行扩张的战略和略显激进的作风，使其在准备似乎不充分时推出面部解锁功能，但值得注意的是，其在该功能发布之后，继续深入研发，积极弥补专利布局的缺口，而不是简单地放弃。正是这种果敢的做法，使谷歌拥有了众多旗下产品：谷歌眼镜、无人驾驶汽车……

苹果从早期专一做台式机，到后来推出手机等产品，其产品的关联度相较谷歌从互联网搜索到无人驾驶汽车，显得更加紧密。苹果在遵循要么不做，要么做到最好的准则，在新功能推出前，先深厚地积累相关专利技术。不论苹果还是谷歌，都是在国际市场了证明了自己的科技巨人，因此，无论是激进的战术，还是淡定自若的风格，并没有固定的优劣之分。值得借鉴的，则是他们围绕各自战略具体的专利布局。

6.2.3.2 3D 识别

前文已经介绍了苹果对 PrimeSense 的收购，而提起这笔收购，就不得不说谷歌的 Project Tango 项目。Project Tango 是谷歌的一项研究项目，2014 年 2 月谷歌已经成功为该项目研发出了一款 Android 手机原型机，配备了一系列摄像头、传感器和芯片，能实时为用户周围的环境进行 3D 建模，图 6-2-18 所示为该项目发展过程图。

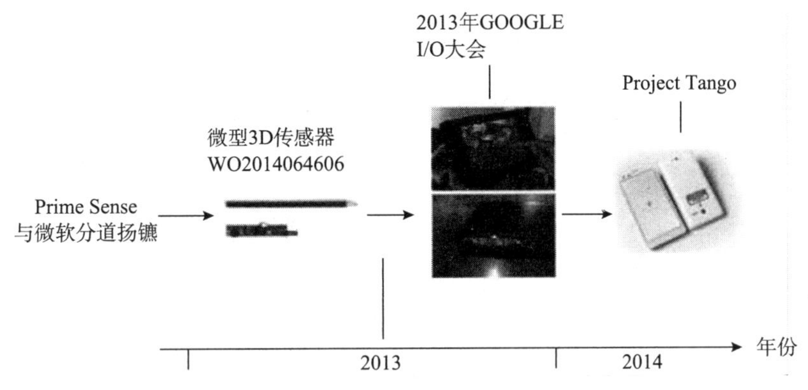

图 6-2-18 谷歌推出 Project Tango 项目

负责 Project Tango 项目的谷歌先进技术与项目部门，其实是摩托罗拉移动此前的研发团队。在谷歌将摩托罗拉移动出售给联想的交易中，该部门得以保留。Project Tango 的项目负责人 Jonny Lee 曾在微软的 Kinect 项目工作，后在 2011 年加入谷歌。目前 Project Tango 项目由谷歌先进技术与项目部门和部分研究人员，以及硅谷创业公司 Movidius合作研发，后者提供的芯片及相关技术可以分析和表达来自传感器和摄像头的数据。谷歌和 Movidius 计划将原型手机作为开发包的一部分提供给软件公司，从而进一步探索这一技术。但根据美国著名的拆解网站 iFixit 的拆解，该产品除了两颗 Myriad 1 协处理器外，还使用了 PrimeSense Capri PS1200 3D SoC。图 6-2-19 所示为该原型机及其拆解图。

图 6-2-19 谷歌 Project Tango 原型机及其拆解图

Project Tango智能手机的零件包括：Snapdragon 800四核心处理器、2GB内存，9个加速器/陀螺仪/罗盘，且具备红外线投影器，开启时可投射出点状格网，打造3D地图。另外还有400万像素的RGB/红外线后置相机、视角180度的鱼眼后置相机、视角120度的前置相机、320×180的深度感测器等。

拆解之后发现，这款原型机采用苹果科技，搭载PrimeSense Capri PS1200 3D影像系统单芯片（SOC），图6-2-20示出了原型机中该芯片所在位置。

图6-2-20 谷歌Project Tango原型机拆解图

苹果虽买下PrimeSense，谷歌却抢先一步，率先推出具备3D技术的智能手机。苹果收购了拥有能够应用到平板电脑甚至是手机上的3D传感器公司PrimeSense，结合其通过收购PolarRose所拥有的3D面部识别技术，可以预见不远的将来其必然要在面部识别的应用上掀起一轮热潮——就像苹果之前在其他生物特征识别领域所做到的那样。

6.3 小　　结

（1）强化自身的苹果

收购策略的核心，其实是在“抢时间”，很多时候并非收购方没有能力自己推出同类型产品，而是研发、测试以及运营都需要付出时间成本，而在互联网行业里，时间成本是无法用金钱赎回的价值资产之一。以收购来实现整合，在时间节奏上有着最高的性价比，苹果即是通过与时间赛跑来试图维持其控制框架内的生态。苹果是典型的产品收购策略，聚焦化的产品方针似乎也不会导致其在人才需求上的过大缺口，而它的收购策略最后全都落到了产品拼图上，它的收购目的多是强化产品矩阵内的软肋。换而言之，这也有助于苹果对于用户体验的拔高，其收购对象的产品无一不被整合到了苹果的功能服务体系里。

从苹果在面部识别技术上的大量专利布局可以看出，苹果非常重视这一技术。就像业内所预期的那样，具有非接触、可靠性高等优点的面部识别技术是未来人机交互的重要技术之一。苹果为了保持其产品的吸引力和领先地位，对于人机交互技术的更新自然格外卖力。为此，苹果采取了收购策略，加快技术储备，从苹果对 Polar Rose 的收购可以看出，对于核心算法应当是其首先考虑的内容，实际上 Polar Rose 本身规模较小，产品的推出也不成规模，但其创始人领衔的研发团队的算法研发能力非常强大，苹果的这笔收购不但代价不大，而且还将大量核心技术人员招至麾下。同时正是 Polar Rose 本身产品不成规模，苹果对于其并不需要付出太大的精力去消化，实际上苹果所做的是放弃了这些产品，它所需要的只是核心技术，即核心算法。

对于 Prime Sense 的收购，则或多或少有些巧合的成分，Prime Sense 拥有大量 3D 传感器的专利，业内一般认为其是苹果客厅战略的重要支撑，但 Prime Sense 对于微型 3D 传感器的研发，则使得其在 iPhone、iPad 等终端上也有应用前景，不由得使人心驰神往。如果说这一笔收购是苹果刻意为之，那不得不佩服苹果超强的市场洞悉能力与决断能力。如果说是苹果在收购时并未想到这么多，那么不得不说苹果的运气之好，毕竟，谷歌已经基于 Prime Sense 的 3D 微型传感器设立了专门的项目进行研究。可以畅想，搭载了 3D 微型传感器的苹果新一代手机、平板电脑，运行着流畅的面部识别应用，方便用户进行身份认证，来解锁、设备控制等，将会是苹果产品的另一次令人瞩目的升级。

（2）无限扩张的谷歌

技术收购其实本质上是对知识产权的采买，人才是执行介质，谷歌完成的收购主要围绕其各种应用，绝大多数收购都是团队整合，产品倒没有全部都延续下来，技术和产品根本不足以构成谷歌的短板，谷歌需要的是优秀的能够和自己站在同一水平线上去实现愿景的人才。例如，谷歌用 5000 万美元收购了 Android，随着 Android 一起被打包送到谷歌的还有其创造者 Andy Rubin，后者用 7 年的时间，帮助谷歌将 Android 打造成为了全球市场占有率最高的移动操作系统。

正如 Android 的推出一样，收购使谷歌的产品越来越多样化，而不仅仅是互联网搜索引擎。同样，谷歌对于 Neven Vision、PittPatt 和 Viewdle 这三家面部识别公司的收购，也不仅是为了某一项产品，而是将其用到任何可以应用面部识别技术的地方，这三家面部识别公司规模也均不大，谷歌也几乎不用担心过多融合吸收的问题。谷歌的创立时间非常短，主要成长阶段是在 21 世纪，剧烈变化的互联网环境使其具有很强的危机感，不断推陈出新是其特色之一。从谷歌的收购以及涉及面部识别的产品推出也可以看出，谷歌急于推出新的产品，以至于出现这样或者那样的产品缺陷，但这并不影响其热情，或许这样的缺陷正达到了宣传的作用，毕竟，对于智能交互的用户体验，市场的要求还没有那么严苛。同时，谷歌积极的补充布局相关专利，也说明其对技术的储备上的重视，只是受产品策略的影响，使市场误认为其轻视了技术，持有这样观点的对手，恐怕又要被谷歌击败了。

（3）先声夺人 VS 后发制人

涉及面部识别技术的产品，谷歌推出的比较多，为了支撑这些产品的推出，其收购的面部识别技术公司比苹果也要多，但从专利储备上看，则显得有点匆忙。三家面部识别公司对于谷歌来说，规模很小，谷歌对于收购已经是驾轻就熟，但对于这三家公司的吸收似乎显得有点囫囵吞枣，收购之后便匆忙推出相关的产品便说明了这点。细究个中原因，似乎可以得到一些启示，对于面部识别技术这一前沿人机交互技术的应用，对于目前业内仍然是一个难点，相关的产品还停留在广告效应上，谷歌投入大量的人力财力在面部识别技术上，显然不仅仅是为了这样的广告效应，而是希望真正地将这项技术应用在其产品上。但从产品推出的角度看，抢先推出，抢占公众视野焦点，似乎才是谷歌的策略。同样重视技术的苹果则不以为然，苹果谨慎地布局面部识别相关专利，推出的面部检测功能仅仅是已经很成熟的应用，至于其何时推出真正的面部识别应用，则只能继续等待。与谷歌的先声夺人策略相比，苹果属于后发制人的高手，气定神闲，但谷歌所收获的，并不只是发布会的尴尬，还有免费的市场宣传，胜负依然难说，至少，二者依然被市场认可。

对于 Prime Sense 的收购，可以看出，苹果的决断使得谷歌的 Project Tango 项目陷入绝对的被动，对于谷歌已经投入的项目如何运作，可能需要两大巨头之间的妥协，因此也无法预测事件的走向，但应当相信的是，两败俱伤并不是好的结果，共赢才是二者最有可能的选择。苹果这一次所显示的是釜底抽薪的决然，与其谨小慎微地推出面部识别的产品显示出了不同的一面，就像前文所分析的那样，谷歌与苹果二者的策略被市场证明都是成功的，因此采用激进抑或相对保守的策略并不是关键，需要借鉴的，是围绕该策略相应进行的技术积累以及专利布局方式。

第7章　面部识别助力城市安全

本章针对面部识别助力城市安全进行分析，伴随着时代发展，科技进步，面部识别技术在城市安全中发挥着极为重要的作用。“十二五规划”明确提出了加强公共安全体系建设，要求适应公共安全局势变化的新特点，推动建立主动防控与应急处置相结合、传统方法与现代手段相结合的公共安全体系。近段时间人们最为关注的热点话题“平安城市”即构成了公共安全体系中重要的一个安全体系。那么，面部识别在平安城市中扮演着哪些重要技术角色呢？本章将从面部识别的技术领域和专利布局角度给予全新的解读。

7.1　平安城市

什么是“平安城市”？这是近段时间人们最为关注的热点话题。“平安城市”意在让我们生活的场所更加安全，意在构建一个强大的安防系统来保证整个城市的安全，而运用科学、先进的安防系统才是最为行之有效的。在这种前提下，城市安防系统的建设显得尤为重要。

平安城市就是通过安全技术防范系统建设城市的平安和谐。一个完整的安防系统，是由技防系统、物防系统、人防系统和管理系统组成，四个系统相互配合相互作用来完成安全防范的综合体。

近年来，面部识别技术的发展愈来愈成熟，于是作为技防系统的主流技术也越来越多的被应用到平安城市的安防系统中。目前，面部识别主要应用于安防系统中的出入口控制系统、人口信息系统、城市应急反恐控制系统以及金融安全系统中，面部识别均作为重要技术成为安防系统的技术支柱，从而在整个平安城市中发挥着重要的作用。图7－1－1展现了面部识别技术应用于出入口控制系统、人口信息系统、城市应急反恐控制系统以及金融安全系统与平安城市的构建关系。

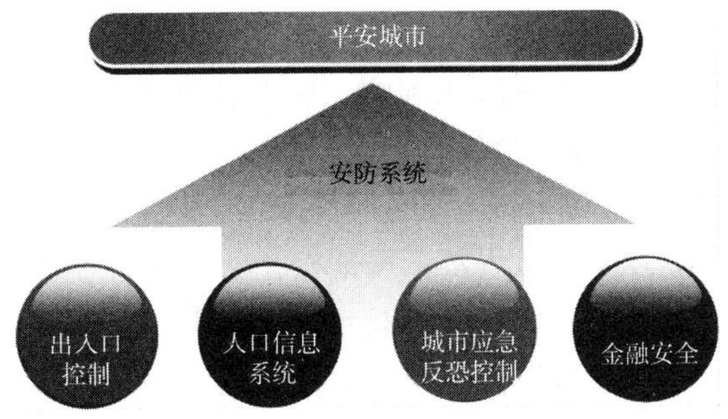

图7－1－1　平安城市四大安防系统构建关系图

7.2 专利护航平安城市

本节通过技术应用特点和相关专利信息，从面部识别在出入口控制系统、人口信息系统、城市应急反恐控制系统以及金融安全系统四个方面进行分析。

7.2.1 出入口控制系统

7.2.1.1 出入口控制系统技术应用特点

出入口控制系统是20世纪中期发展起来的一种用于安防的技术，该系统根据机场、车站以及楼宇小区等建筑物安防的需要和具体特点，采用身份识别技术，同时结合计算机技术、控制技术和网络通信技术，对各类出入口，按通行者各自的类型和状况及准入的等级对其进出的时间段、位置和区域等信息实现实时的控制与管理，并在有特殊情况或者特定人出现时采取报警措施，实现对出入口人员的进出行为进行分布式控制管理。出入口控制系统一般由出入口对象检测装置、出入口信息处理、控制装置、通信装置和执行显示装置组成，从而实现了人员出入自动监控，是现阶段用于各种公共区域中管理各种人员出入及活动的一种有效技术手段，是目前较普遍应用的一种安防技术。

出入口控制系统是安全防范系统的主要组成部分，也是安防系统中首当其冲的一道屏障。中国的安全防范系统起步于20世纪80年代，比西方发达国家大约晚20年。早年间，由于中国经济发展相对落后，安防系统主要以人防为主，现代化的安防技术还只是一个概念，安防产品几乎还是空白。20世纪80年代初，安防作为一个行业在上海、北京、广州等经济发达城市和地区悄然兴起。进入21世纪以来，随着政府主导的平安工程建设、北京奥运会、上海世博会、广州亚运会等国家重点投资项目的开工建设，智能机场、智能车站、智能建筑、智能小区建设的飞速发展，以及高科技电子产品、通信产品的大量涌现，出入口控制技术与产品也得到了蓬勃发展。

目前，中国正在发展成为世界上最庞大的安防产品市场，中国安防行业已经逐渐成为国民经济新兴的产业。出入口控制系统行业和产业慢慢成为中国安防领域里一支十分重要的力量。在安防产品中占有重要地位的核心芯片和传感器大部分被国外企业控制，我国企业研发能力较弱，缺乏规划设计能力和整体安防解决方案设计能力，把出入口控制产品生产作为主要业务的企业数量较少，缺少在国际上有竞争力的大企业。同时，国产设备厂商为追求市场份额和利润，忽视创新技术的研发，导致缺乏有自主研发的高科技产品，同类产品种类繁多、竞争激烈，安防行业规范、标准仍然比较缺失，因此相关的安防技术的规范标准亟待制定完善。

我国人口众多，在很多场合地点都不可能对出入口的大量人流进行有效地约束和控制，特别是对于城市中心区域即市中心繁华地段的开放式出入口，如果采用门禁方式限行识别，容易造成人流的迟滞或拥堵，从而无法达到使用面部识别技术来提高公共安全监控的目的。

针对这种情况，适合开发一种能够适用于我国这种大量人群的特点的开放式出入口的面部识别系统。这种系统能够减少对于识别目标的各种约束和限制，使其保持在自然状态下完成面部完成快速检测、识别比对和报警。同时，能够在人群中也依然保证系统对于面部检测的实时性和准确性，在减少人力的同时，提升对于犯人或者恐怖分子的抓捕效率。这种自动的面部识别报警技术可以大范围地应用于机场、车站等大量人群的公共场所的开放式出入口中，且不会增加管理的负担或成本。

对于通常的出入口面部识别的系统硬件主要包括：面部采集摄像机、出入口报警系统、智能面部识别服务器和面部比对服务器。

针对出入口的特点，系统应满足以下条件：

（1）系统的面部检测应当减少操作人员的工作量，并确保实时检测和预警。

对于出入口，工作人员的监控工作有以下两个方面困难：一方面，在区域出入口见多的情况下，工作人员需要同时监控多个出入口；另一方面，当监控区域内人脸较多时，无法立即找出报警人。

针对第一种情况，比较常用的减少出入口的监控人员数量的系统采用终端监控模式，监控的区域设置多个摄像头，这些摄像头采集的视频图像发送到后台监控终端进行显示，一切监控工作均在设置监控终端的工作室内完成。另外，由于嫌疑库登记人员经常进入公共场所的可能性很低，因此将所有出入口的监控视频同一显示在监控终端，仅由 1 到 2 人进行监控管理，既节省了人员配备，又达到面部识别目的。

针对第二种情况，当某受监控出入口在存在大量人员并有报警情况时，为了减少监控终端工作人员的工作量，保证面部识别的实时和准确，在监控终端的实时视频显示界面上对报警人员进行标注。这样可以使监控终端的工作人员迅速确定报警人员的信息，从而减少工作量，提升抓捕效率。

（2）避免同一人被多次重复报警，并且确保面部识别系统有相对较低的资源占用率。

有时目标对象（人）在摄像头监控的区域内会存在较长的一段时间，采用传统的识别模式，可能会出现一个人被多次识别的情况，增加了资源占用率而且会造成报警的混乱。

为了杜绝这种情况，在面部识别的基础上加入目标运动检测，针对同一个目标只做一次识别和判断。这样既减少了对系统资源的占用，又避免了一个目标出现多次报警提示的状况。

（3）按照时间顺序和日期对所有报警情况进行规划存储，方便监控人员进行检索和观看。

不难看出，出入口面部识别系统在高铁、机场等交通要道出入口的应用有着重要的意义。仅仅依靠出入口工作人员进行身份证和面部的人工检查，不但工作负担比较重，而且在烦琐和慢速的检查中极易出现由于工作人员的疲劳造成的误检和漏检。这种错误可能造成可疑和社会不法分子逃之夭夭，对人民生命财产安全造成极大的威胁。而在出入口面部识别系统的应用，犹如给机场、车站以及小区楼宇内安装上了一双高科技火眼金睛，能够快速准确地锁定犯人，不给这些人任何机会。

7.2.1.2 相关重要专利技术分析

根据出入口控制方面的特点，基于面部识别的出入口主要是对于单人的检测，并且是在类似于门禁设备的改进，体现在如下几点。

（1）根据面部图像得到的参数或者规则进行面部识别

① 根据每个被检测者的时间空间的合理性，判断检测信息中是否包含误识别的信息。公开号CN103310185A的专利中公开的可靠度计算部针对每个被检测者，基于根据检测信息存储部针对该被检测者存储的多个检测信息而判断出的时间空间的合理性，计算图像处理部中的检测可靠度。例如，按时间顺序排列被检测者的多个检测信息，根据各检测信息所表示的被检测者的位置，估计该被检测者的移动路径。然后，根据关于该估计的移动路径的时间空间的合理性，计算图像处理部中的检测可靠度。在这里所说的时间空间的合理性是在时间上可移动的位置被检测出，还是在时间上不可能移动的位置被检测出。在大致相同的日期时间，在相隔较远的多个场所检测出相同被检测者的情况下，判定为不存在时间空间的合理性。在不存在时间空间的合理性的情况下，认为在被检测者的检测信息中包含误识别的信息。这样即使在使用了更多的摄像装置而提高了检测出被检测者的可能性的情况下，也能够充分抑制在关于将被拍摄的他人误识别为被检测者的检测通知进行搜索等中所需的人手。

② 在检测到认证通过的人后，可以设置通过规则，让跟随者通过门禁。专利US6801640B1则公开了在检测到认证通过的人后，可以设置通过规则，如没有认证的人可以跟随认证通过的人通过，或者多个人中只要有认证通过的人，就可以作为一个组通过（如图7-2-1，专利US6801640B1示意图）。解决了传统的认证设备无法同时对于多个人的检测，而且对于认证通过的人身边的同伴有可能出现漏检的问题，从而节省多个人通过，尤其是有同伴随行时的检测通过时间。

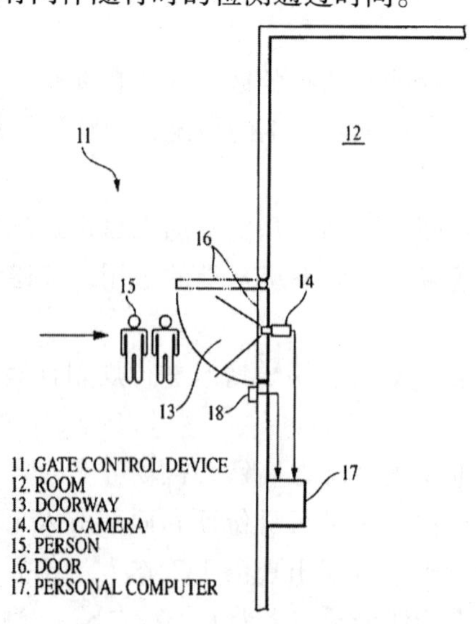

图7-2-1 专利US6801640B1记载技术方案示意图

③ 分割出图像中面部部分区域，根据各个部分的特征点，再根据特征值的对比判断面部匹配度。日本专利 JP2013218530A 从特征点和特征值的角度，分割出图像中面部部分区域，再从该区域中划分面部中各个部分，找到各个部分的特征点，之后根据参考特征得到各个特征像素值，再根据面部图像中得到的多个特征点的特征值进行面部匹配（如图 7－2－2 所示专利 JP2013218530A 示意图）。在光线变化或者图像噪声的情况下，面部图像中提取到合适的特征点，快速准确地完成焦点的确定和匹配，有效地进行面部检测。

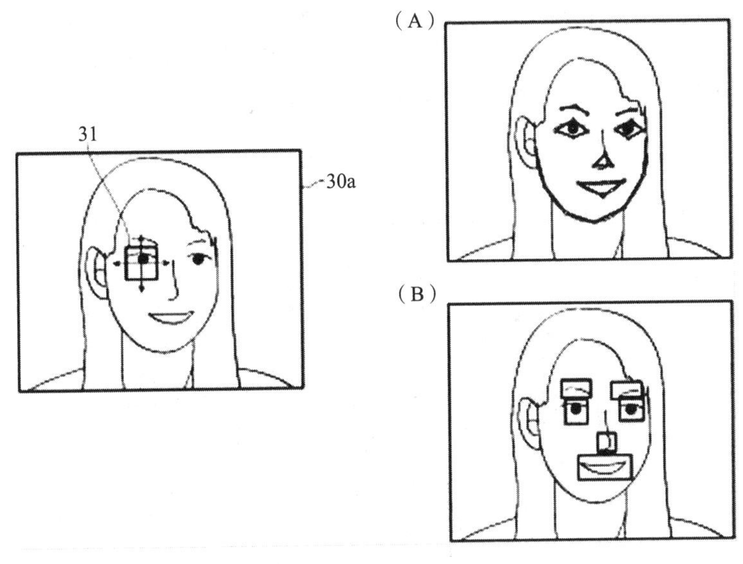

图 7－2－2　专利 JP2013218530A 示意图

④ 根据原始的面部特征量向量和变换后的虚拟面部特征量向量，生成新登录者的面部定义信息。在多个地区都得到授权的同族专利 CN100487720C 、JP4951995B2、US7853052B2 公开的系统中面部特征量向量提取部从新登录者的登录图像中提取特征量，生成面部特征量向量。虚拟面部特征量向量生成部使用进行特征量空间内的坐标变换的特征量变换器，变换面部特征量向量。并且，登录信息生成部根据原始的面部特征量向量和变换后的虚拟面部特征量向量，生成新登录者的面部定义信息，登录到登录信息存储部中。使用上述的设备，可利用少量图像和较少的存储容量进行高可靠性的面部登录。

⑤ 比较所调整的分数和预先设定的阈值，进行登录者的判断。同样是不同地区授权的同族专利 CN101482919B、US8320642B2 的系统中包括了一些不同的装置：所输入的图像被存储在图像存储部中，面部检测部从存储在图像存储部中的图像检测面部。然后，特征量提取部从该检测的面部提取特征量，分数计算部计算该提取的特征量与存储在登录者信息存储部中的登录者的特征量之间的类似度，作为分数。随后，分数调整部使用分数调整参数调整该计算的分数，判定部比较所调整的分数和预先设定的阈值，由此判定从图像输入部输入的图像的人物是否是登录者。这个系统能够进行稳

定的面部核对，而且不依赖于登录条件和核对条件的技术。

（2）根据多个光源或者摄像头进行面部采集和识别

① 在图像捕获装置采集区域多个位置设置光源进行该区域面部的照明，采集到足够亮度的面部图像。这个分支中我们先关注一下这个在几个主要国家都得到授权的同族专利 US8169474B2、EP2102706B1、AU2007334969B2，在图像捕获装置采集区域左右两侧设置光源进行该区域面部的照明，形成两个对称的照射区域进行面部采集，或者在邻近的地上设置第三照明设备（如图 7－2－3 所示同族专利 US8169474B2、EP2102706B1、AU2007334969B2 示意图）。也就是说，在面部的两侧和前下方的地方同时可以进行面部采集时的三个方向甚至是更多方向的照明，一定程度解决了面部受到光照影响的问题，使得面部在采集区域内在采集时面部上的光量均匀，提高面部采集的清晰度。

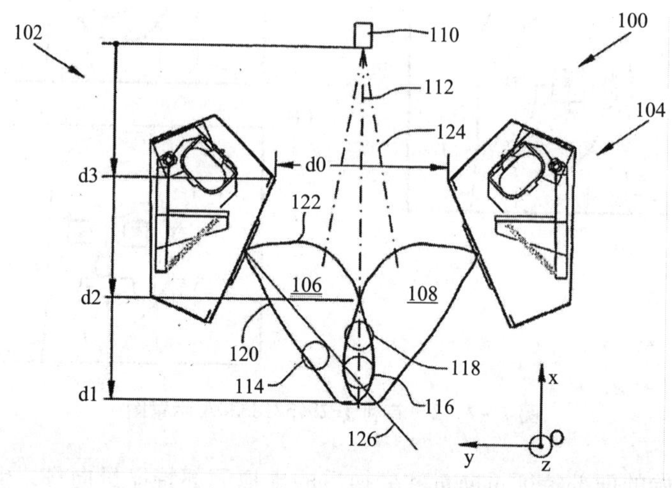

图 7－2－3　同族专利 US8169474B2、EP2102706B1、AU2007334969B2 示意图

② 设置镜面反射进入通道内的视野，结合多个摄像机进行出入口面部采集。对于专利 WO2012163927A1 设置镜面反射进入通道内的视野，结合多个摄像机进行出入口面部采集，减少目标移动时光亮的变化，使得摄像头在最佳时间容易地拍摄目标图像；以及专利 WO2013030309A1 从多个摄像机位置采集的面部图像进行平坦度计算，并通过平坦度的值来进行伪装行为的判断。提供了更加可靠和鲁棒的出入口的伪装行为的方式。上述两个专利暂时仅仅是在法国，也就是该申请人所在国家进行申请。

③ 在摄像头下面安装虚拟摄像机，满足一定亮度的面部采集。而日本授权的专利 JP4131180B2 则是在摄像头下面安装虚拟摄像机，当被拍摄人低头时，也可以把照明单元的光线反射到虚拟摄像机上，进行满足亮度的面部采集，增强面部采集精度，在低头时也不会降低面部亮度。

（3）其他技术或者装置的改进

① 在入口进行面部采集，当待检测人移动时，调整摄像头位置、角度和焦距进行采集。美国公开的 US2007253603A1 在入口进行面部采集，并与注册库面部图像进行比

对，当待检测人移动时，调整摄像头位置、角度和焦距进行采集。这样只用一个摄像头进行多角度和清晰图像采集，节省了设备的使用成本。

② 通过设置在入口的显示反射的面部投影图像，随时调整面部采集时的目标位置。多个国家都授权的同族专利 US7978883B2、JP4829221B2、EP1749237B1 通过投影仪、镜面和显示屏生成和显示反射的面部，设置相对于人眼位置的参考标记，调整面部采集时的位置。可以根据人眼位置进行被检测人的位置的调整通知，同时，被检测人也可以根据看到的投影图像自己调整摄像画面的位置。使用了这种投影方法和设备后，在面部采集时快速准确地对面部位置进行定位，也可以方便用户进行位置调整。

③ 进行面部模型的生成，作为后续面部匹配的模型。另一个受到注意的同族专利 KR100835481B1、US7796786B2、JP4779610B2 主要公开了在面部采集后进行匹配之前，进行面部模型的生成，对于面部图像进行分块检索直到检测不到面部就停止模型的改变，把当前模型作为匹配和移动检测的基础，并记录下来。通过这种方法可以得到更加精确的面部模型，并用于后续的面部检测。从而这种面部模型匹配方法降低了误检率，而且降低了计算的复杂度和处理的负载。

7.2.1.3　小　　结

对于门禁、车站出入口等位置的面部检测，通常都是同一时间仅通过一人以及针对一人的面部识别。因此从上述重要专利技术来看，涉及的主要是以采集监控端设备和技术上的完善和创新。在不同位置设置多个摄像机，包括虚拟摄像机，再结合摄像机的移动，一定程度上解决了非正常位置的面部采集以及面部采集时光线的影响。另外，在采集后进行处理时，为了提高识别的精读和稳定性，对于出入口面部检测控制技术还结合了一些面部特征提取以及面部参数设置处理方法，在有效及时采集面部信息后，可以进行准确快速的处理工作。作为画龙点睛之笔，在出入口对单人进行识别并确认通过后，检测是否有其跟随者以及具体数量，并在判断满足条件后，使该认证成功者与其跟随者同时进入。这种方式，不但充分利用了常规的社会和人的行为常识，而且减少了多人通过的时间，使得出入口的检测在保证安全的同时节省了时间。

7.2.2　人口信息系统

（1）技术应用特点

2014 年 3 月 8 日凌晨 1 时 20 分，一架从吉隆坡飞往北京的马来西亚航空公司航班在起飞 38 分钟后与越南空管联系后失联。该飞机航班号为 MH370，载有 239 人，含 154 名中国人，原定于 8 日 6 点 30 分抵达北京。关于马航失联的每一条消息都引起人们的高度关注。菲律宾总统发言人陈显达 10 日在新闻发布会上表示，即便他还不知道移民局计划要改善哪些安全措施，他能确定的是这些措施仍然会很严格。

在这个惊动全世界的航班失联事件中有一个受到广泛关注的事情是，有两名乘客用假护照冒名登机。这引起了人们对马来西亚乃至东南亚的海关、边检以及安检情况的关注。大家不禁要问：这两个假冒他人的乘客如何顺利通过机场安检？在机场中，面部识别技术是否能助一臂之力？

无论如何，这次马航失联事件让人们更加关注机场安全防控问题，并且与此同时，面部识别技术受到人们的重视。

目前，远程身份认证中最常使用的用户名加密码的认证方式是一种较弱的认证技术。另外，用生物特征进行身份认证，如指纹，被验证者必须亲临现场进行数据采集才可能完成身份认证。由于目前的生物认证系统还很难区分活体和非活体生物特征，而我们所熟知的生物特征本身并不是保密的，很容易被盗用和复制。因此，应从系统结构安全性、认证机制安全性等方面来保障认证过程的安全性。

此外，我们应该注意，在我国一个人拥有多张身份证，办理多张护照的现象时有出现。一些人利用假护照、假身份证做一些不利于社会安全甚至是严重违法的事情。公安部每年会查出很多重复户口，因此靠一种证件无法准确认定唯一的人，但是面部这种可以代表这个人的基本属性，并且判断一个人的真实性，有比较好的非接触识别优势。

根据这种分析，FBI调查团可以通过机场监控录像记录下的面部与恐怖分子黑名单进行对比，及时查出冒用护照登机者的身份。在马航事件中，首先需要确定一批恐怖分子的名单，分析飞机遭遇恐怖分子袭击的可能性，将持护照登机人的面部在恐怖分子数据库里的进行对比，这样能够及时识别出持证者与恐怖分子的关联。

完整的面部识别的身份认证的系统结构通常包括三个子系统：信息采集系统，应用管理系统及面部比对系统。信息采集系统是系统的输入部分，主要功能是持证人的面部图像采集以及身份证的探测。应用管理系统负责图像采集的监视和结果的处理，面部比对系统对于上传的采集数据与面部数据库中存储的面部图像进行比对，并将结果发送到应用管理系统和返回。从而将面部识别与常见的RFID卡的检测进行很好的结合。

（2）相关重要专利技术分析

在身份证、护照等信息极易伪造的情况下，加入面部特征进行人口信息的检测，主要是面部检测结合身份信息识别作为主要技术手段，从如下两个方面体现。

第一，通过以面部信息为主的采集和处理，进行人口信息的管理。

① 通过光照值进行面部图像分类。日本授权的专利JP4924836B2公开了通过预先存储的光照空间基础数据，计算面部模型图像的光照强度参数和目标面部图像的每个图片元素参数，并结合量化特征计算出的每个类别的值，进行采集面部图像的分类，从而得到完整的面部分类库。这样，可以仅仅使用一张图像，随时的对采集的图像进行快速准确地针对外来面部图像的分类。

② 通过面部检测履历进行面部处理选择。在中国、日本、美国都得到授权的另一个重要的同族专利CN100563304C、JP4577113B2、US7889891B2提供了对象确定装置将由面部检测单元过去检测出的面部和与该检测相关的检测履历关联起来，根据由面部检测单元检测出的面部的检测履历，从图像中所包含的面部中选择作为处理对象的面部（如图7-2-4所示同族专利CN100563304C、JP4577113B2、US7889891B2示意图）。无须利用者预先进行烦琐的登记操作，就能够从图像中的多个面部中确定关注的

面部的特点。

Face information	Characteristic information of A				Characteristic information of B				Characteristic information of C			
Thumbnail image												
Detection history	Fifth times				Ten times				Three times			
	Date and time	Size of face	Number of persons in image	Mode	Date and time	Size of face	Number of persons in image	Mode	Date and time	Size of face	Number of persons in image	Mode
	2005/5/1 12:00	15 pix	10	Automatic	2005/2/10 15:00	100 pix	3	Automatic	2005/3/15 12:00	300 pix	1	Manual
	2005/5/10 15:30	120 pix	2	Manual	2005/4/11 11:10	120 pix	2	Automatic	2005/5/10 15:30	320 pix	1	Manual
	:	:	:	:	:	:	:	:	:	:	:	:

图7-2-4 同族专利CN100563304C、JP4577113B2、US7889891B2示意图

③ 通过比较面部信息进行面部库的更新。同族专利US8131023B2、JP4941124B2公开了提取待识别面部图像和存储面部图像的状态信息，通过比较两者的状态信息来更新存储的面部信息，把状态信息相对低的面部图像从存储库中删除，得到一个仅仅是有用信息，也就是没有冗余信息的有效信息的面部图像库。利用这种方法，随时更新存储库，把没有用的信息删除，可以提高检测精度和速度，降低了面部检测对比时的计算成本。

④ 将被提取的代表面部图像和被提取的注册用面部图像相关联地注册到面部图像词典中。同样是多国授权的同族专利KR100996066B1、JP4725377B2、CN101401126B场景提取单元从被输入的活动图像中，提取至少一个人的面部图像被连续地拍摄的场景。代表面部图像提取单元从被提取的场景中，提取朝向正面的面部的图像。注册用面部图像提取单元从场景中，提取在对于被提取的正面面部图像所表示的人物的其他面部图像中、与拾取条件一致的各种注册用面部图像。面部图像注册单元将被提取的代表面部图像和被提取的注册用面部图像相关联地注册到面部图像词典中。将可利用于认证处理的各种面部图像自动注册到词典中，而减少了用户进行手动输入的麻烦，也得到了一个相关度更高的面部图像词典，提供到面部识别中。

第二，通过辅助参数进行面部识别认证。

① 通过光学传感器采集的包括面部上的光学特征来进行判断。这个部分最主要的一个多国授权同族专利就是EP2118816B1、US2010127826A1、US8432251B2身份认证时经常会出现恶意伪造身份的情况，通过光学传感器采集的生物体包括面部上的光学特征来进行判断，通过光学特征匹配避免了现有的身份伪造的情况。

② 通过CNN模型对人口信息进行估计。美国专利公开号为US8582807B2的专利公开了通过对采集面部图像的标准化处理后，对于增加学习模块和增强约束条件下的CNN模型结合标准化面部图像，进行年龄和性别的估计（如图7-2-5所示的专利

US8582807B2 示意图）。结合面部信息的 CNN 模型人口信息的估计可以更加稳定，在大量面部信息的图像中可以准确地进行检测和估计。

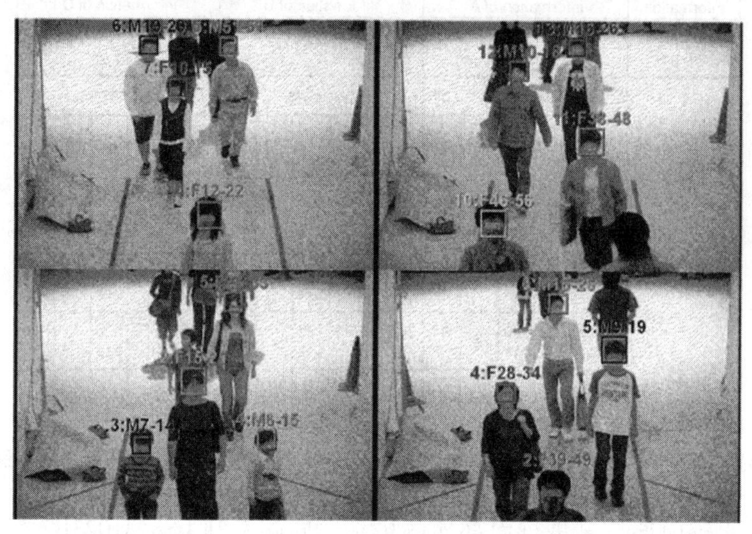

图 7-2-5　专利 US8582807B2 示意图

③ 根据反射率图像进行面部对比认证。在中国公开的专利 CN103250183A 公开了脸认证系统，根据包含面部的输入图像，生成输入图像的模糊图像；从输入图像的各像素值分离模糊图像的对应的各像素值，从而生成输入反射率图像；将输入反射率图像与预先登记的面部的登记反射率图像进行比较，从而进行面部认证。本系统及方法能够在进行面部认证时从输入图像以及登记图像良好地去除摄影环境的影响，从而进行高精度的认证处理。

（3）小结

面部作为识别一个人现阶段最有效的信息，具有不易伪造的特点，不同于身份证件和指纹信息。结合面部信息的人口信息技术，主要是人口信息的收集和管理，得到一个相对完整和可信度高的人口信息数据库。把出入口、通道或者监控区域等采集到的面部信息结合身份信息、指纹信息等常规信息进行预处理和识别，将满足要求的信息进行记录和整理，得到针对于出现在采集区域内每一个人唯一确定的信息。这些比原有技术采集的更加准确的人口信息，可以用于出入境的人员判别甚至是可疑分子的比对和追踪。另外，在人口信息识别和管理的过程中，同样为了提高识别信息的精度，加入了光照参数和 CNN 模型等面部检测常用到的技术作为辅助处理过程，使得存储人口信息更加真实有效，也在相当程度上避免了很多由于假冒身份而引发了恶性事件。

7.2.3　城市应急反恐控制

（1）技术应用特点

自从美国“9·11”事件开始，全世界恐怖分子的活动频繁，多个国家和地区的国土安全和社会安全受到一定的威胁，世界上很多国家都更加重视城市应急反恐，进而加大了对安防领域研发的投入。随着国际形势的日益严峻，针对恐怖分子和恐怖袭击多发生在人群密集的区域，因此对大规模人群进行快速准确的身份鉴别已成为保障公共社会安全、维护国家和谐稳定和加强国家公共安全预警能力的重要手段。

将面部识别应用到安防系统中，能够最大限度地发挥现有安防监控系统的优势。众所周知，恐怖袭击多数是由恐怖分子制造的，也就是恐怖分子（行为人）需要出现在安防区域中，所以目前安防系统主要针对监控场景中的人，尤其是重点关注这些人的行为。这种关注通常是非特意的或者相对隐秘的，不会对人的行为进行专门的干预和限制。采用与安防系统结合面部检测技术可以快速地分析出场景中人的位置，采集到面部图像，同时也可以迅速地将这些图像与数据库中的恐怖分子或者嫌疑人等进行比对排查。一旦找到可疑分子，安防系统将迅速作出预警反应。

面部识别系统采集的面部图像又可以作为非常重要的监控数据记录下来，存储在面部数据库中，作为在后续监察工作的主要数据来源，或者与公安等安全部门的数据库联接，进行取证和识别。当然，如果说目前的安防系统仅仅有数据的记录而没有实时的有效的安防的话，那么面部识别系统的应用将给安防系统一个强有力的补充，检测、识别场景中的人，可以满足机场、车站、港口等重要也是容易遭到恐怖袭击的场所的安全防御任务。

面部识别系统在特定场所主要工作原理是透过采集到的面部特征与面部库中进行对比，包括人物脸型的数据比对，如果出现限制人员或可疑人员名单上的人物，系统自动发出警示以采取相应的行动，这种方法更加适用于恐怖分子的检测和打击。对于城市应急反恐的主要区域——人流量巨大且出入人员身份不确定的大型场所而言，这样的系统可以非常有效地对大量人员进行监视，从而提高整个人群密集场所的安全反恐等级。

还有一种需要关注的情况就是——根据恐怖袭击的特点和反恐的目的，人群密集的区域的面部检测中仅仅依靠人工筛查，从海量的视频数据中挖掘有效的面部信息是远远不够的。在城市应急场所中的面部识别系统，也可以解决这个难题。采用面部实时检测技术，可以不引起人群中人员注意的情况下，快速清晰准确地采集和记录面部图像，并进行存储。这些都提供给系统用户以远远超出普通监控的功效和价值。系统从面部采集与识别，到应急预警行动，延迟时间要求很小，同时提供准确直观的报警信息。

由上述内容可知，从多年以来各国家和城市的恐怖打击的形式和地域的特点来看，恐怖分子经常出现在大量人群之中。也就是说，对于人群密集的区域，多摄像机的布控和多个面部的检测和识别技术成为针对恐怖打击的有效的监控和应急手段。

（2）相关重要专利技术分析

面部识别技术在城市应急反恐中起着至关重要的作用。目前，该技术主要存在于对犯罪分子的监控追踪上，采用一个或多个摄像头，利用多种有效信息实现目标人物的可靠追踪。主要核心技术涉及以下几个方面。

① 对特定人物及其周围信息作为线索实现有效搜索。面部识别技术重要申请

人——日本欧姆龙，其专利EP1742169B1采用面部检测单元进行面部检测，基于之前检测出的面部的位置，求出多个当前面部候选位置，取得与该候选位置分别对应的多个周围信息，基于取得和与之前检测出的面部位置相关联的周围信息最类似的周围信息的候选位置，确定当前的面部位置，实现了在运动图像中发生无法检测出追踪对象的脸的情况下，也可以继续追踪被摄物体的技术效果。

另外，该公司的专利US7440594 B2只对特定人物以外的人物的脸部图像部分施行抽象化处理，所以能够保护有关肖像权的隐私，并且，由于特定人物以及特定人物以外的人物的服装或手提物品等的图像保持原样，所以以这些作为线索能够易于进行特定人物的搜索。

② 根据颜色信息实现对运动物体进行追踪，通过计算颜色的评价得分及累积位置信息确定运动物体的位置。这个领域的MORPHO公司的专利JP4855556B1具有运动物体检测装置，按颜色来累积图像帧内的像素数、像素的运动度及位置信息，根据累积像素数及累积运动度计算颜色的评价得分，根据其检测运动物体，根据每个颜色的累积像素数及累积位置信息确定运动物体的位置，采用该专利可提高每个颜色的评价得分的精度、运动物体的位置的精度，不用事先设定与运动物体或背景相关的信息、无须采用运动矢量来分离运动物体和背景就能稳定地检测并跟踪运动物体。

③ 通过设置面部信息的优先级，将优先级更高的面部信息映入拍摄图像中，实现有效跟踪。日本欧姆龙的专利JP4957721B跟踪装置中，优先级取得部分从面部信息数据库取得映入拍摄图像中的面部信息的优先级；基于所取得的优先级，拍摄控制部分控制拍摄部分，使得拍摄图像中优先级更高的面部信息被继续映入拍摄图像中，达到了即使存在对跟踪具有优先顺序的人物的状况下，也能够自主地进行跟踪，而不会要求用户一直监视显示拍摄图像的画面技术效果。

④ 根据相机检测到的在预定义距离之内的图像并具有最接近位置坐标的被摄体识别信息作为判定实现追踪。日本NEC的专利US8682031B2被摄体检测装置从图像检测被摄体图像，被摄体识别信息存储装置存储被摄体图像的识别ID以及第一位置，识别ID指派装置将识别ID指派给被摄体图像，其中如果第一位置位于离被摄体检测装置检测到被摄体图像的位置预定义距离之内，则识别ID指派装置将与第一位置相对应的识别ID指派给被摄体图像，该专利提供的提供图像处理设备和方法，能够利用简单的结构和简化的操作来检测并跟踪特定被摄体。

⑤ 通过对各个角度二维面部图像的采集合成三维面部图像进行面部的有效检测，可靠跟踪。法国安防巨头SAGEM公司的专利FR2880158A1能提高识别的准确程度，把犯人的威胁降低，提高安全性。

（3）小结

令人谈虎色变的恐怖袭击是每一个国家和地区都高度关注的，因此城市的应急反恐也就毫无疑问地成为安防的重中之重。对于反恐的相关技术来说，面部采集和识别以及人口信息技术的结合是完成恐怖分子识别和预警的技术基础。但是反恐技术多是在多个甚至是大量人员的监控下进行的面部采集和识别，可以说是出入口面部识别技术的高级形式。具体来说，就是通过设置的多个参数，如优先级等对面部进行大量而且快速的检测，尤其是运动面部的检测，再使用多个位置摄像机就可以捕捉那些自然状态下的面部或者有意躲藏遮挡的面部信息。这样使得在人口密集的公共场所，犯罪分子或者恐怖分子的面部可以在更多状态下被抓到，再进一步结合分类管理的真实完整的人口信息，就可以快速且高效地发现可疑人员，把很多恶性事件扼杀在萌芽中。另外，反恐的技术还更多地体现在预警方面：在检测到可疑人员或者确定恐怖分子后，可以及时作出反应，报警或者发出通知。当然，也需要自动做出应对，或者提示警卫人员出动对恐怖分子进行抓捕。

7.2.4　金融安全

（1）技术应用特点

目前银行内外使用的 ATM 机仅具备一些简单的监控设备，如摄像头等，存在许多不安全因素，如 ATM 机被恶意破坏、出钞口被蓄意改造、出钞口吐钞与否、持卡人有无取钞、无法确定取款人、使用假卡、盗用卡等，无法进行有效的人物确认。针对这些不安全因素，可以在 ATM 机使用过程中运用生物识别技术，也就是在现有的 ATM 机上嵌入面部识别等检测方式，这样可以增强 ATM 机的安全监控能力，及时避免 ATM 机的合法用户的损失，有效减轻银行工作人员对 ATM 机的监控的工作强度和降低人力成本，同时，也为警方在破获利用 ATM 机盗取钱财的案件中提供了有利的证据，为使用 ATM 机进行存取款的大量用户提供一个安全可靠的环境。

面部特征是人体独一无二的特征，也是确认一个人唯一的“身份证”，是与人不可分割的，具有获取直接、安全性高、“随身携带”等其他识别要素无法比拟的特点，因此面部识别同样特别适合作为 ATM 机系统的一种身份验证手段。通常的面部检测是确认输入图像中是否存在面部，如果存在，则确定所有存在面部的位置、大小和姿势等。因此面部检测是 ATM 机自动识别功能扩展系统中的一项关键技术。

从硬件功能上来看，结合面部识别的 ATM 机自动识别系统是由 ATM 机、包括面部识别系统的自动识别系统组成。而面部识别系统中的面部识别模块是自动识别功能的主要一环，是利用取款人的面部图像的自动识别进行身份鉴别，防范金融犯罪和金融罪犯诈骗行为的核心技术。

在面部识别系统中，图像采集装置用于采集取款人的面部图像信息，处理器提取面部图像特征信息，并对该特征信息进行实时计算和处理，由终端计算机将计算和处理的结果与其数据库中存储的持卡人的面部图像数据进行信息比对，确定其相似度，如果取款人的面部特征信息与数据库中持卡人的面部图像数据信息匹配，此时终端计算机发出吐钞指令，ATM 机吐钞，完成取款过程；若不匹配，则终端计算机报警。通过取款人与数据库中持卡人的面部信息比对，可以确定取款人身份的真伪，避免取款人使用假卡、盗用卡盗取持卡人的钱款。并且该系统可以实时记录和显示取款人的面部图像信息，将其与远程安防数据库中犯罪分子的面部图像作比对，把结果及时通报警方以便作出及时应对。该系统将面部识别技术与 ATM 机系统结合，在现有的 ATM 机上增加面部识别等识别功能，可有效保护银行声誉和持卡人的合法利益。

（2）相关重要专利技术分析

在金融安全方面，面部识别技术能够用于ATM机等进行安全验证，主要采用以下技术。

① 根据提取的面部特征，有效判断偷窥行为，作出有效报警行为。

专利WO2007004536A1（如图7-2-6所示）首先检测摄像头采集的画面中用户注视区域和他人偷看区域面部，在结合这两个区域中面部中人眼位置和方向的边缘提取和检测方法来判断用户注视和他人偷看的行为，有效防止在使用电脑或者ATM机时他人偷看的问题，并及时报警或者通知。

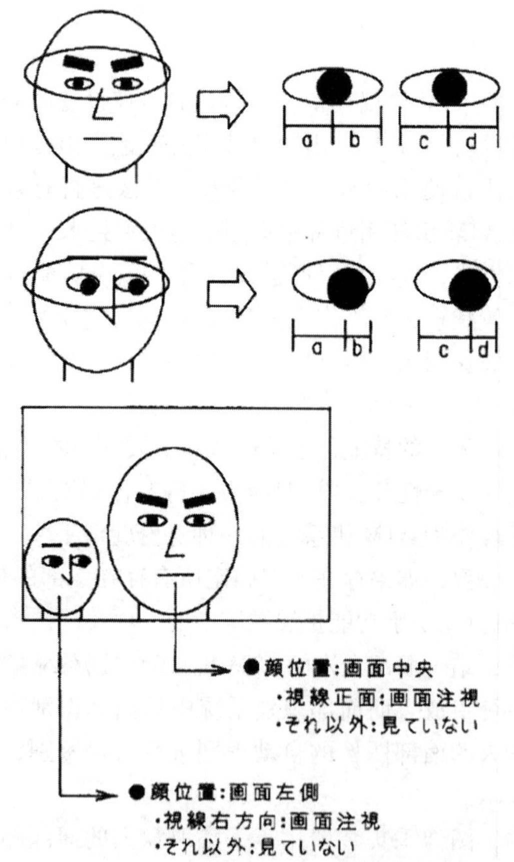

图7-2-6 专利WO2007004536A1示意图

专利US2006210167A1（如图7-2-7所示）采用监视摄像机进行摄影，从摄影图像中检测脸图像，计数检测出的脸图像。在检测出的脸图像为一个的情况下，判断为没有窥视并进行显示；在检测出的脸图像为多个的情况下，判断为正在被窥视显示信息，从而进行防止显示信息被窥视的动作。

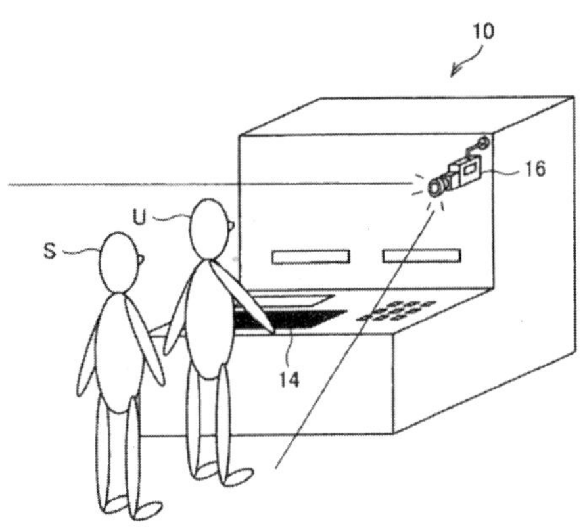

图7－2－7　专利US2006210167A1示意图

② 采用照明单元和相应算法辨别真人面部还是照片面部。

专利JP3829729B2（如图7－2－8所示）通过左右中三个位置的照明单元进行对于待检测目标脸部的照明，判断形成于对应位置的阴影或者暗处，得到是否为真人的结果，其可以准确地判断出待检测目标是否为真人，从而提高了面部识别认证的安全性。

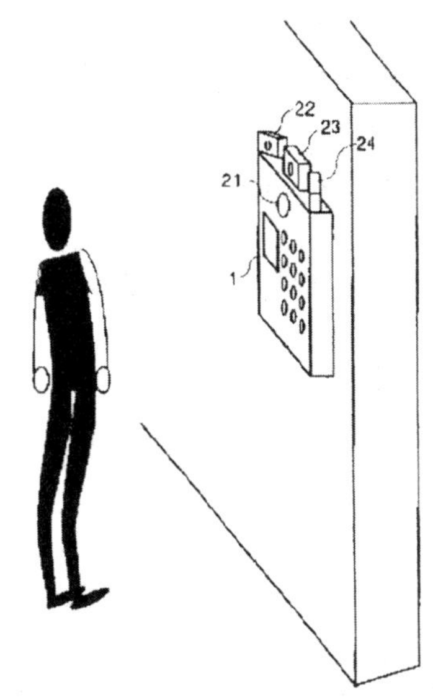

图7－2－8　专利JP3829729B2示意图

③ 结合面部信息和附加信息识别遮挡人物的真实性。

专利WO2010058514（如图7－2－9所示）在进行面部识别时，除了有采集的面部图像与样本图像的匹配外，加入了附加信息与附加信息样本的图像一致性判断，这些条件综合考虑进行面部检测，附加信息主要是面部遮挡区域和非遮挡区域，还可以加入密码、身份证等信息同时进行检测验证，其主要对于在ATM机等设备进行有意遮挡时，可以有效地结合附加信息进行面部检测，提高了设备或者检测的可靠性和安全性。

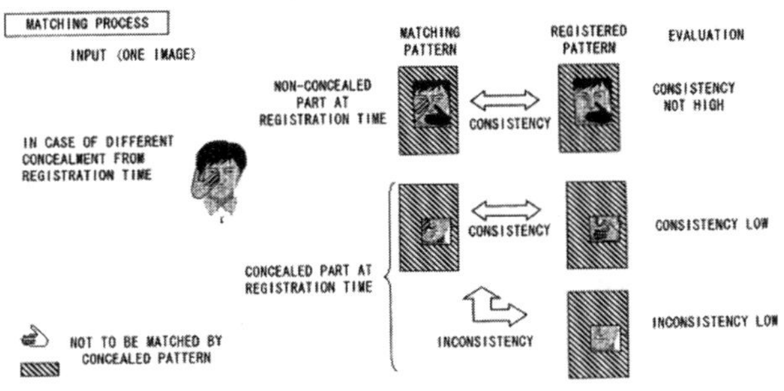

图7－2－9　专利WO2010058514示意图

（3）小结

ATM机的监控环境相对简单，主要是在设备面前的区域，而且仅仅是对于单个人员的检测，针对图像区域、多个摄像机的设置以及对于遮挡图像的处理这三个方面的技术。解决了ATM用户在利用ATM机进行金融活动时遇到的主要的三个问题——检测他人偷窥、使用照片等平面图像进行真人面部的冒充以及故意遮挡面部。从上述技术效果来看，已经可以基本保证正常用户的金融活动。

7.3 OKAO Vision

安全防范是平安城市中的热门话题，成功有效的电子安防系统引领着安全防范技术的走向。欧姆龙早在1995年就开始了面部识别技术“OKAO Vision”（面部识别）的开发。一直以来欧姆龙都致力于把公司特有的传感技术应用在“面部”，至今为止已经发明了多个世界及行业首创的技术。目前，OKAO Vision将携带着面部识别的重要技术走进中国，带给该领域一个全方位的技术革新。无疑，OKAO Vision的最新技术也将悄然走进安防系统。

OKAO Vision系统可以通过面容属性推测技术即时判断并记录每一个进入识别系统的人的大约年龄层次，如图7－3－1所示面容属性推测技术面部读取图，该技术还能在各种图像尺寸中检测出最小20像素左右的脸，并且准确率高达95%。

图7－3－1　面容属性推测技术面部读取图❶

另外，OKAO Vision面部识别系统中蕴藏着多种面部识别技术，将OKAO Vision系统用于安防中，其各种面部识别技术同样占据着优势。如图7－3－2所示，OKAO Vision面

❶ 面容属性推测技术［EB/OL］.［2014－05－28］. http：//www. omron. com. cn/technology/technologyinside/p06. html.

部识别效果图，准确的面部特征提取无论是在出入口控制、人口信息系统的身份识别、城市应急反恐中的人物追踪，还是在金融安全中的身份验证都是重要的技术手段。

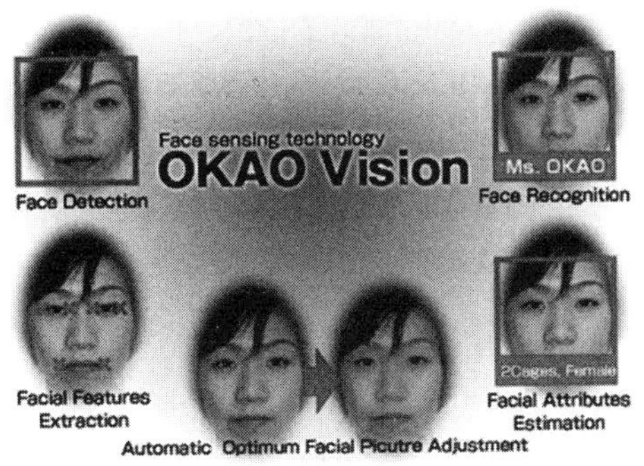

图7－3－2　OKAO Vision 面部识别效果图[1]

7.3.1　用于安防中的特色体现

OKAO Vision 用于安防中的诸多面部识别技术，其在即将进入的中国市场展开了强大的专利布局（如图7－3－3所示）。

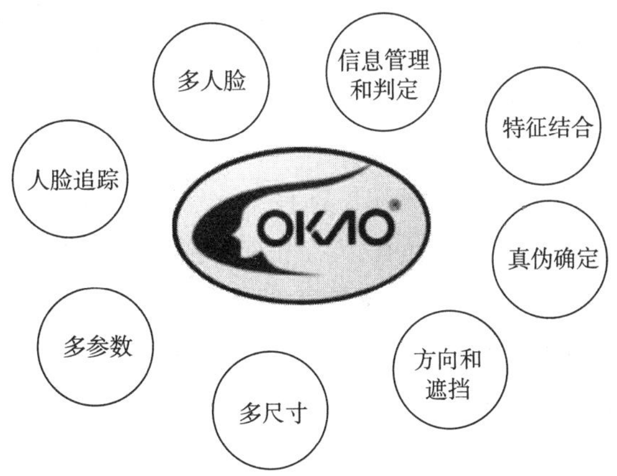

图7－3－3　OKAO Vision 安防特色中国专利分布

OKAO VISION 具有安防特色的识别技术可以归纳为8点，每一点特色都有诸多专利加以支持，构成强大的专利簇。

特色1为多面部检测，涵盖专利7件，分别是：CN1823298A、CN1758735A、CN1834976A、CN101401426A、CN102388608A、CN1746929A、CN101833830A；

特色2为面部信息的管理和判定（包括面部库的更新和对年龄、性别的推定），涵盖专利12件，分别是：CN1374617A、CN1378162A、CN1472691A、CN1522052A、

[1] OMRON Global. "OKAO Vision" Face Sensing Technology [EB/OL]. [2014－05－28]. http://www.omron.com/rd/coretech/vision/okao.html.

CN1885911A、CN102124492A、CN102124493A、CN103313018A、CN103324880A、CN1640727A、CN101038623A、CN1697478A；

特色3为面部结合其他特征的检测，涵盖专利9件，分别是：CN103562964A、CN103688232A、CN101051385A、CN101325691A、CN1822061A、CN1897042A、CN101140599A、CN101493973A、CN103456104A；

特色4为面部的真伪确定（包括假冒面部以及判定面部和非面部），涵盖专利12件，分别是：CN1834985A、CN1834986A、CN1834987A、CN1968357A、CN101039184A、CN101468605A、CN103548341A、CN103688290A、CN1696959A、CN101149795A、CN101149796A、CN101315670A；

特色5为运动面部追踪，涵盖专利10件，分别是：CN103310185A、CN1892702A、CN1900946A、CN101038613A、CN102754435A、CN103229190A、CN103154992A、CN103180873A、CN102754436A、CN102971769A；

特色6为面部方向和遮挡检测（包括是否正对摄像头和是否通过穿戴等遮挡），涵盖专利5件，分别是：CN1831874A、CN101038614A、CN101051346A、CN101599195A、CN102163352A；

特色7为各种尺寸面部图像检测，涵盖专利1件，是：CN101534393A；

特色8为改进的多参数面部检测，涵盖专利10件，分别是：CN1355502A、CN101057257A、CN1691740A、CN1834988A、CN1834990A、CN101025788A、CN101043336A、CN101482919A、CN103403760A、CN101470802A。

总之，对于即将全面进入中国市场的OKAO VISION面部识别系统，早在2001年，欧姆龙就在能够用于上述系统中的面部识别技术在中国开始了全方位的专利布局，其无论是在技术功效的保护层面，还是在市场占有的保护层面上都开始形成了相应的专利格局，这给即将进入中国市场的产品奠定了强大的技术保护基础和法律维权基础，同时也使得该产品预先获得了在面部识别领域的专利竞争地位。

7.3.2 中国专利状态

欧姆龙面部识别技术能够涉及安防领域的专利在中国申请达67件，其中授权46件，驳回3件，视撤3件，失效2件。图7－3－4所示欧姆龙中国专利状态图，对于OKAO VISION产品的主要安防特色专利作出了详尽的描述。

对于面部信息的管理和判定、面部的真伪确定以及改进的多参数面部检测技术，授权率超过80%，可见，这3种技术在中国专利相关技术领域独占鳌头。

尽管上述三种技术授权率高，但也仍然存在为数不多的专利申请最终视撤。此为数不多的视撤专利涉及如下：

视撤申请CN1472691A（面部信息的管理和判定）保护一种脸部对照确认装置及脸部对照确认方法。该专利申请相对于CN1254145A和US6067399A不具备创造性主动视撤，其中，CN1254145A出自成都银晨网讯科技有限公司的申请，US6067399A出自索尼公司的申请。

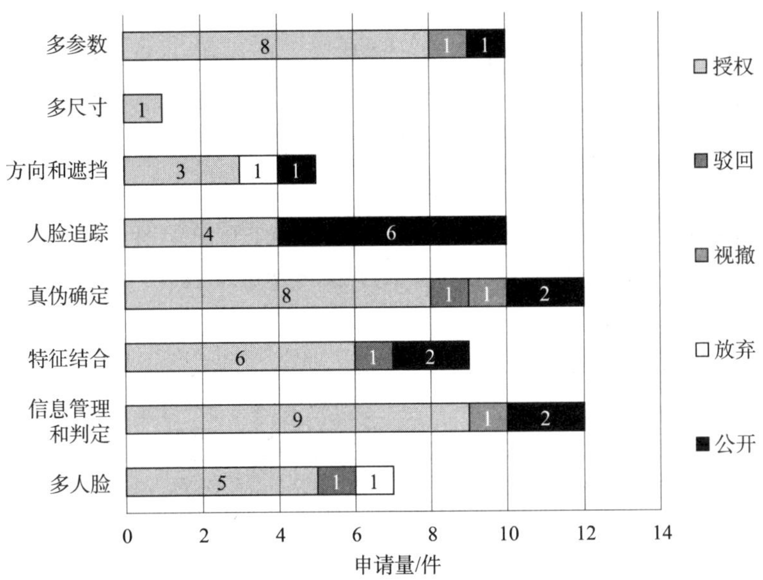

图 7-3-4 欧姆龙中国专利申请状态

视撤申请 CN101149796A（面部的真伪确定）保护一种特定被摄体检测装置，该专利申请相对于非专利文献“LUT-based adaboost for gender classification”不具备新颖性和创造性主动视撤。

视撤申请 CN101043336A（改进的多参数面部检测）保护一种认证装置及其控制方法、电子设备、控制程序和记录介质。该专利申请相对于 EP1339199A1 和 JP 特开 2002-64861A 不具备创造性，其中 EP1339199A1 出自于申请人 BREBNER G、GITTLER M 和 HEWLETT-PACKARD 公司；JP 特开 2002-64861A 出自 PIONEER ELECTRONIC CORP。

另外，对于多面部检测、面部结合其他特征的检测和面部的真伪确定技术还存在驳回专利：

驳回专利申请 CN1746929A（多面部检测）保护一种信息处理装置、非法者检测方法和自动提款机装置。该专利申请相对于 CN1414514A、CN1291763A 和 EP0639822A1 不具备创造性，其中，CN1414514A 出自中国申请人贺贵明；CN1291763A 出自成都银晨网讯科技有限公司，EP0639822A1 出自 AMERICAN TELEPHONE & TELEGRAPH 公司。

驳回专利申请 CN101140599A（面部结合其他特征的检测）保护一种生物体认证系统以及方法，该专利申请由于涉及客体问题而被驳回。

驳回专利申请 CN101039184A（面部的真伪确定）保护一种用户设备、通信设备、认证系统、认证方法、程序及介质。该专利申请相对于 CN1726686A 不具备创造性而被驳回，其中，CN1726686A 出自英国沃达丰集团有限公司的申请。

上述视撤和驳回专利表明，相关专利申请的保护技术已被其他企业或个人所领先，这些技术对于欧姆龙来说相当于被垄断，欧姆龙唯有不断创新，发明出更有优势的技术产品才能在这些领域获得更有利的地位。

图7－3－4详尽展现了欧姆龙安防特色技术在中国申请的专利量大，授权率高，保持着申请量大的势头，这些技术可能在同行业中占据重要前沿位置。

7.3.3 中国专利功能解析

针对欧姆龙的OKAO VISION技术产品的上述八个特点，每个特点对应2～4个技术点，通过对全部67件专利的技术点和技术效果分析来看，可得如下一些特征（如图7－3－5所示功效矩阵图）。

特点	技术点	提高准确度	降低能耗和成本	提高检测速度	保证安全可靠	增强信息管理
多人脸检测	多摄像机			●		
	特征值和局部处理	●			●	
	图像中检测多个人脸	●			●●●	
	优先级				●	
信息的管理和判定	登录和更新	●●	●●	●●		●●
	年龄性别	●●●				●
	预处理	●		●		●
特征结合	参数结合	●		●●	●	
	信息结合	●			●●●●	
真伪确定	真假人脸	●		●	●●●●	
	人脸和非人脸	●●	●●	●●●		
人脸追踪	参数和模型	●	●		●	●●●
	摄像头控制		●		●●●	
方向和遮挡	硬件控制		●●		●	
	参数判断	●			●	
多尺寸人脸	最小20像素	●		●		
多参数	特征值	●●	●●		●	●●
	位置	●			●	
	分数阈值	●		●		●

图7－3－5 欧姆龙技术功效矩阵图

注：图中黑圆表示涉及专利项数，一个黑圆代表1～2项专利，两个黑圆代表3～4项专利，三个黑圆代表4～8项专利，四个黑圆代表9～16项专利。

① 面部识别领域比较成熟的技术为多参数、信息的管理和判定以及特征结合这三个方面。

面部识别方法中通过特征值、阈值等进行面部信息的比对和判断这一技术发展较早，现在已经进入了相当成熟的时期，技术突破和改进点较少，并且这种方法可以用在除安防系统外的各种面部识别方法和设备中，所以使用多参数的面部识别方法主要涉及的技术效果以提高准确度和增强信息管理为主，也主要是为使用在安防领域的面部识别技术的改进和发展提供了最初的技术支持。由于一直以来包括安防在内的多个方面都在进行面部参数识别的研究，所以该特点的发展空间不大。

在多数的面部识别中，尤其是对于犯人的监控和目标对象的判定，通常都是利用采集的面部图像与预先存储的面部信息库中的图像进行对比，得到识别结果。因此，一个完整高质量的数据库是面部检测结果准确度的基础，与多参数方法一样，面部信息的管理理所当然地成为较早发展起来的技术。从技术效果来看，提高准确度和增强信息管理也就必然是主要目标。但是与上述特点不同的是，由于现阶段科技水平的发展，图像质量的提高，存储量也相对成为影响能耗、成本和识别速度的焦点，所以，在降低能耗、节约识别成本以及加快检测速度方面还有研发和改进的空间，这也会是未来技术发展的重点。

无论在边防检查还是金融管理，仅仅依靠身份证件或者卡号密码已经无法阻挡假冒和盗窃等不法行为。在很多经济发达的国家和地区在出入检查和金融交易时，已经把面部信息与身份证件和密码结合使用。从图 7－3－5 的效果分布中也不难看出，安全性和可靠性必须是首要考虑的，但是由于仅仅是简单加入面部识别方法，是常用的普通面部识别技术，结果的准确度和可靠性还是要依靠面部识别传统技术的发展，所以同样是发展空间不大的领域。

② 随着人们对金融安全的日益关注，再加上反恐活动对人民生活的影响，平安城市的建设的核心——城市应急预警系统成为研发的热点，其中在金融方面的面部的方向和遮挡以及面部真伪确定，在反恐防御方面的多面部检测和面部追踪是比较突出的研究热点。

面部的方向主要涉及在使用 ATM 机或者手机时他人偷窥的情况，也就是在图像画面中，除去中心位置的用户面部外，其他区域的他人的面部检测。OKAO VISION 中国的主要技术涉及安全性和能耗成本，从专利量和达到的效果来看，对于这种比较新的技术来说，还可以在提高准确度和速度上进行研究。另外，这种相对实用性更高的技术，也可以在其他技术点上进行投入和创新。

在进行金融交易时，尤其是 ATM 机环境下，使用他人照片或者面部的遮挡盗取他人财物也是屡见不鲜。对于面部遮挡来说，由于技术上的难点，而且面部在几乎全部遮挡的情况下无法进行面部识别，所以专利分布较少，只有是否遮挡的检测，对于部分遮挡后的进一步识别技术还有待研究。但是使用平面的非真人面部的照片等代替面部的情况，技术点分布较多，主要是对是否为立体的面部即真人面部进行识别。这一技术方向关注点一般放在安全可靠性上，对于准确度和速度以及成本没有过多考虑，在人员较多或者 3D 打印技术快速发展的今天，对于立体面部的识别的准确性以及人员快速通过方面，需要有进一步的应对。

对于恐怖活动的应急防御主要是从人群中确定并且锁定目标，持续的跟踪以及与此同时的报警和行动。多面部的检测技术就是在人员密集设置多个摄像机或者对于采集的多个面部图像进行分析检测的。由于摄像机的增加以及同时对于多个图像的计算和处理，因此在保证安全性和结果可靠性时，往往无法顾及消耗成本和速度。而对于恐怖袭击的应急反应需要及时和准确。另外，在高质量大容量数据库中进行分析比对的压力和需求下，检测速度是应当优先考虑的效果，这样才可以尽快对可疑分子采取行动，把恐怖事件的影响降到最低。而且，在提倡节能环保的当下，把多面部识别中的降低成本技术的作为研发重点，也是未来的发展方向之一。在面部追踪方面，也需要更加准确和快速的追踪方法，尤其是多个摄像头区域切换的过程中。在 OKAO VISION中国的专利中，创新性地提出了除对可疑人员的追踪外，还同时进行的警卫的定位和追踪，这样可以进行应急预警资源的合理规划和调配。这一技术特征也值得更多的关注。

③ 多尺寸面部检测。这个技术虽然出现比较早，但是还没有太多先进和有效的技术出现，OKAO VISION 中国专利分布也很少。在安防领域，在主动或者被动的情况下，采集图像中总有一些面部较小但是较为重要的目标，对于图像中较小面部（如 20 像素）的识别，尤其是在准确度和检测速度效果上需要更深入的研发。在这个特点上，无论是新技术开发，还是从各个技术效果出发，发展的空间还很大。

7.3.4 专利进入中国预警

中国《专利法实施细则》第 103 条规定：国际申请的申请人应当在专利合作条约第 2 条所称的优先权日起 30 个月内，向国务院专利行政部门办理进入中国国家阶段的手续；申请人未在该期限内办理该手续的，在缴纳宽限期费后，可以在自优先权日起 32 个月内办理进入中国国家阶段的手续。

也就是说，自今往前推算 32 个月，未进入中国的国际申请能够办理进入中国国家阶段的手续，进而申请中国专利权。那么，自 2011 年 11 月至今（设定至今为 2014 年 7 月），这段期间的国际申请都是有可能进入中国专利格局的。

欧姆龙于 2011 年 11 月至今在面部识别领域的申请约为 4 件，分别是：WO2012090629A1、WO2012090630A1、WO2012169250A1、WO2012086222A1，这 4 件专利申请中的每一件国际申请自专利优先权日起 32 个月之内，都有可能进入中国，在中国的专利格局图中绘上一笔。

7.3.5 安防特色技术的中国专利发明人特点

图 7－3－6 发明人分布特点所示，OKAO VISION 安防特色技术诸多中国专利申请中，发明人劳世红、垣内崇、艾海舟、千贺正敬的发明专利数量占领先位置，其中，劳世红的发明专利有 10 件，垣内崇和艾海舟的发明专利有 8 件，千贺正敬的发明专利有 7 件。在面部的真伪确定的技术上，劳世红与艾海舟各占有 4 件专利，垣内崇占有 2 件专利，千贺正敬有 1 件；在面部结合其他特征的检测技术上，劳世红与艾海舟各占有 2 件专利；在改进的多参数面部检测技术上，千贺正敬占有 2 件专利，劳世红、垣内崇和艾海舟各占有 1 件专利；在多面部检测技术上，千贺正敬、垣内崇各占有 2 件

专利；在面部方向和遮挡检测技术上，劳世红、垣内崇、艾海舟和千贺正敬各占有1件专利；在运动面部追踪的技术上，劳世红和千贺正敬各占有1件专利；在面部信息的管理和判定的技术上，劳世红、垣内崇各占有1件专利；另外可以看出，对于各种尺寸面部图像检测的技术，这四大主要发明人均没有专利量，而且该技术的整体专利量都很少，但这项技术又是OKAO Vision重要特色之一，说明这项技术可能处于高速研发状态，专利申请上处于相对空白状态，有待进一步进行专利布局。

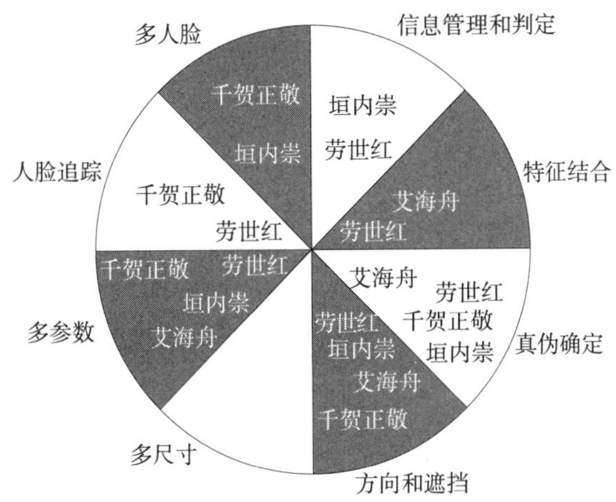

图7-3-6 OKAO Vision发明人分布特点

7.3.6 走进平安城市

OKAO Vision诸多安防特色技术在中国安防系统专利格局中占据重要地位，其各种安防特色技术在出入口控制、人口信息系统、城市应急反恐控制、金融安全这四大系统中将发挥着重要的作用。图7-3-7即展现了这些特色技术在这四大系统中饰演着什么样的角色。

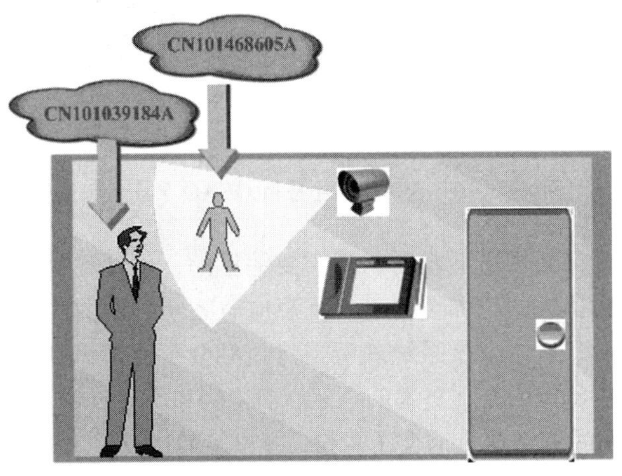

图7-3-7 出入口控制的OKAO Vision应用场景

从上述四大系统来看，OKAO Vision 中国专利技术都有所涉及。作为平安城市中面部识别的一个应用场景，如图7－3－7所示，首当其冲的就是出入口的控制，无论是出入境口、小区口还是各个楼宇以及公共场所，都会有对于进出人员的检测。其中比较有特色的就是CN101468605A公开的对于不同时刻面部的检测和对比，防止他人假冒，在CN101039184A中通过对面部阴影区域的检测来判断是否为立体面部，这样可以防止利用照片或者其他非面部图像冒充真人面部。这些技术都是在门禁或者出入口检测时有效防止犯罪分子混入的方法以及系统，在常用面部图像识别方法的基础上，提高了面部检测的力度和精度。

其次是在绝大多数用户进入公共场所时，总会用到手机和ATM机进行个人信息尤其是金融信息的交易或者处理，这也就给身边的嫌疑人有了偷窥或者偷盗的机会，如图7－3－8所示的金融交易场景。为了解决手机和ATM机操作和屏幕安全的问题，OKAO Vision 中国专利CN1834976A提供了用户在使用ATM机时，摄像机同时采集用户周围面部图像，并且结合人眼位置和方向判断是否为偷窥的其他人。另外，CN1746929A同样也是在ATM机使用时，进行用户周边多面部检测，判断是否有其他人介入区域。这些技术对于使用手机、电脑、ATM机时，在设备图像采集区域内——其他人可以偷窥的区域内，进行监控，可以在发现其他可疑面部时及时反应，如停止用户操作，或者进行通知等，有效地保护了用户的利益。

图7－3－8　金融交易中应用OKAO Vision场景

在平安城市内的公共场所活动时，最需要关注的，也是和每一个人的安全息息相关的就是有可能随时出现的恐怖袭击了。反恐应急系统，如图7－3－9所示，也是平安城市建设主体部分，所以，该系统理所当然地融合了面部识别多个技术。其中最主要的就是针对反恐的特点的专利技术——多面部检测和面部追踪。OKAO Vision 中国专利CN102388608A把这两个技术结合在一起，提出了通过设置多个摄像机，再根据采集时间和区域对于图像中多个面部检测基础上，对可疑面部进行持续跟踪，并在确定后及时通知警卫进行处理。这种检测、跟踪和预警的全面面部检测系统，大大节省了人力，而且及时制止犯罪情况的发生。CN102971769A 这种在面部检测时，通过参数模型让面部跟踪更加准确和速度的方法，可以减少监控的误判率，也会减少真正的恐怖分子漏网的机会。同时，在多面部检测时，为了降低面部识别处理的压力，减少计算成本，CN101401426A 公开了一种采集多个面部图像后，进行每个图像优先级的设置，再根据优先级进行面部先后检测，这种通常在发现目标时无须遍历所有的图像，节省了成本和能耗。

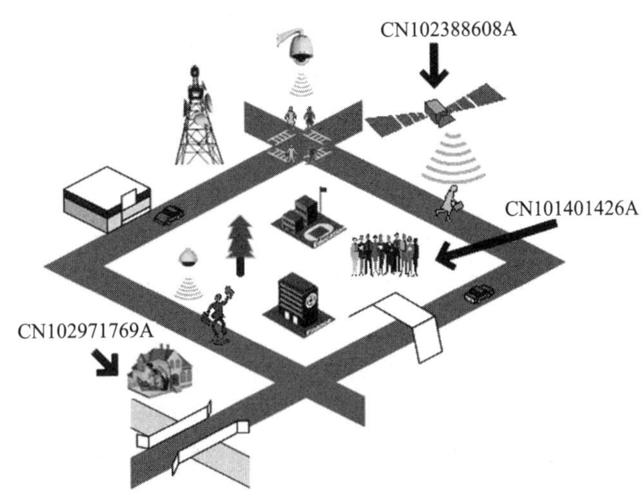

图 7－3－9　反恐应急系统中应用 OKAO Vision 场景

在出入口和多面部检测时，也会有对于采集面部图像的存储和信息管理，这样才能更好地为面部检测提供数据基础，也可以对国家和社会提供更加全面准确的人口信息数据，如图 7－3－10 所示。专利文献 CN1885911A 公开了检测出的面部和与该检测相关的检测履历关联起来进行记录，无须预先进行烦琐的登记操作，即可从图像中的

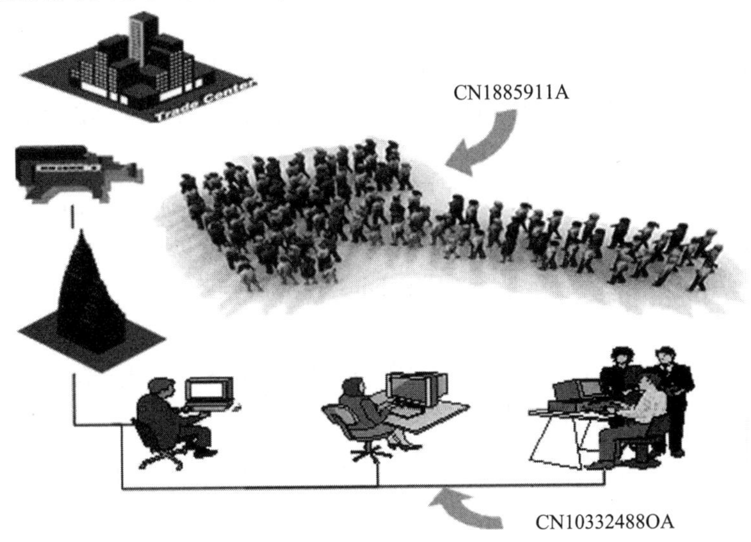

图 7－3－10　出入口和多面部检测

多个面部中确定作为对象的面部。而CN103324880A则公开了通过用户信息进行面部分类，能够缩小待被认证的用户和适用于用户识别的分类器的范围，这样就节省了计算成本和能耗。

由此可见，OKAO Vision面部识别特色技术已经遍布安防各个领域，从出入口进入开始，包括用户每一个面部信息的采集和管理，到在公共场所的活动以及交易或者交流都受到了“关注”和保护，虽然现有技术还有很多不完善的地方，而且恐怖活动的形式也更加难以预料，但是随着面部检测技术的完善，以及安防技术的高速发展，一个强有力的城市应急防御系统最终会步入平安城市的每个角落。

7.4 小　　结

“平安城市”是近段时间被持续关注的热点话题，人们将注意力越来越多地集中在如何让我们的生活场所更加安全上，而伴随着时代的进步、科技的发展，运用科学、先进的智能安防手段是最为行之有效的。

出入口检测技术已经形成了以采集端技术为主，处理端技术为辅的成熟体系，使得被检测人员可以快速通过，也在采集面部图像时可以得到更加清晰准确的结果，节省了后续图像处理时间和成本，并让出入口这个安防系统中首当其冲的防御屏障更安全可靠。

人口信息的管理，自从加入了面部技术后，在信息分类存储和管控上取得了不错的成绩。但是，对于面部的伪造也是一个不容忽视的问题，在今后的技术发展过程中，也将会引起跟多的关注。

无论如何，对于日趋频繁的恐怖活动，面部识别技术还需要不断地创新和发展，更多地考虑采集、信息管理和识别过程中各个技术点的结合，使得恐怖活动及时被发现，保护国家和社会乃至广大人民的安全。

对于偷窥检测的范围、面部遮挡的程度以及对于遮挡面部的识别精度这些方面仍然具有改进和提升的空间。所以，随着经济水平的提高，人们金融活动的增加，ATM环境下的安全也是今后一个重要的技术发展点。

对于先进的科技手段如何应用于安防，本章着重对面部识别应用到安防系统的技术结合专利分析进行了全方位的介绍，主要是从面部识别在出入口控制、人口信息系统、城市应急反恐控制以及金融安全四个方面的技术应用、相应的专利分析进行介绍。

同时，对于即将进入中国市场的欧姆龙OKAO VISION，从其安防特色技术角度出发，对其在中国申请专利的格局加以分析，从安防特色技术的中国专利状态、中国专利功能解析、安防特色技术专利进入中国预警以及安防特色技术的中国专利发明人特点等部分给以解读。

OKAO VISION面部识别系统展示了新一代电子安防系统中面部识别技术所占据的重要地位。该产品在投入中国之前在中国申请专利的格局已经绘制了近乎完美的蓝图，这也带给人们一个重要的启示——产品在投入市场之前，专利布局起着举足轻重的作用，无论是专利技术上的垄断还是专利法律的保护都决定着这个产品的成功与否，有效的专利分析对于产品的专利布局起着至关重要的作用，引导专利技术的发展、专利市场的占领以及专利产品的成败。

第8章 主要结论和启示

8.1 针对面部识别整体专利态势

面部识别技术发展迅猛，相关专利申请量也水涨船高。各国申请人采取的布局策略不尽相同，总体看来，日本企业具有较大优势，其各大电子科技巨头绝大多数占据申请量排行榜靠前位置。与此相随的是，这些日本企业在市场上也确实占有较大优势。但同时也看到，日本企业的布局主要是在本土，在中国虽然也较多，但也远小于国内申请人在我国的专利申请量，因此对于本土市场，国内企业应当有信心和实力去捍卫。

日本、美国，甚至韩国和欧洲在非本土的专利布局量也很大，对于非本土市场的重视程度很高。相较之下，我国企业在海外的专利布局力度则较弱，这也必然会成为我国企业开辟海外市场的绊脚石，实际上很多试图走出国门的企业，在遭受许多专利诉讼之后，才开始进行专利的补充布局。对于有海外市场扩展前景的企业，尽早进行专利布局，应当是明智之选。

回到国内市场，由于语言、文化的认知，国内企业在进行市场拓展时相较于国外企业具有一定的优势，但这种优势并不能必然保证市场争夺中的胜利，毕竟，消费者对于产品的认可度主要还取决于产品本身。我国有庞大的人口基础，由此也形成全世界最具吸引力的市场之一，国外企业对于中国市场难以放弃，这从国外申请人在我国申请的专利数量就可看出。与国外申请人主要为公司不同，在国内提交申请的我国申请人构成比较多元，其中大学、个人也占据了较大比例，这从另一方面也体现了对于面部识别技术的研究我国具有较深厚的基础。我国企业也应当考虑充分利用这些资源，进行与大学、科研院所甚至是个人研究人员的合作，提高申请数量和质量，与国外企业在专利布局上形成抗衡，从而保障市场上的竞争力。

8.2 针对关键技术分析

8.2.1 3D面部识别

对于3D面部识别所包括的数据采集、三维模型重建、算法改进、多模态、活体检测五个技术分支，算法改进、三维模型重建两个技术分支的申请量占据了全部申请量的将近80%，由布局的力度可见，这两个技术分支对于申请人而言非常重要。从各个技术分支的申请人随年代变化趋势也可以看出，算法改进一直具有绝对的优势，可见，对于核心算法的研究，对于面部识别技术来说是申请人所关注的重点所在。

通过对技术功效图的分析，如何提高识别率称为申请人最关注的技术功效，出现了数量最大的申请。而在将3D面部识别应用到现实环境中时，如何简化3D面部识别的计算复杂度、降低计算量、提高识别速度是应市场化需求而产生的专利申请需求。可见，在未来一段时间内，提高识别率和降低运算复杂度依然将是3D面部识别技术走向应用所需要解决的两个重要问题，通过各种技术手段来解决这两个问题也是研发的热点所在。同时，对于降低成本这一问题，在应用全面展开之后，也必然是产业化中的一个重要问题，也是可能的潜在的研发机会。

对于申请人进行统计分析发现，日本在3D面部识别领域的专利申请量在全球居于领先地位，其中老牌生物识别公司NEC在生物识别领域拥有近40年的研究、开发与应用经验，尤其在面部识别技术方面取得了世界领先的地位，推出了多款面部识别产品，在3D面部识别技术方面也积极进行专利储备。而我国的申请总量虽然排在第二，但主要以高校和个人为主，申请量大的企业极少，而从纯粹技术研发到市场的转化，需要更多的环节。因此，我国企业应当积极引用高校等研究机构的技术，积极储备专利，避免在与占有较大专利布局优势的日本申请人的竞争中陷入被动。

从总量上看，国内申请人的申请量占据第二位，仅次于日本，美国和韩国分列二、三位。因此，从申请量上国内申请人并不落后于国外。但从申请人构成上看，以高校为主的国内主要申请人，和国外以企业为主的主要申请人形成了反差，而从市场的角度看，企业显然比高校更接近市场，这也应当引起国内企业的重视，同时，国内高校也应当积极推广自己的技术，寻求合作，不让专利申请仅限于申请本身，而应当发挥其应用价值，与企业一道共同使我国的3D面部识别市场变得繁荣。

8.2.2 活体检测技术

从国际范围内活体检测技术的专利申请量来看，从第一项出现的活体检测的专利申请到现在已经持续了30多年，但是真正的申请量增长是从2000年开始，这一时期面部识别系统开始投入商用，因此冒充、欺骗问题开始得到业内的重视，因此申请量在2000~2013年阶段呈振荡性的增长。申请量排名前五名的企业中有4家是日本企业，日本申请人在这一领域占据主导地位。在我国出现的第一件面部活体检测的专利申请出现的2000年，比国际上迟到了将近20年。申请趋势与国际申请趋势相同，在2000~2013年阶段也呈振荡性的增长。在中国专利申请人中，国内申请人的申请为61件，占了55%。国内申请量前三名均为国外申请人（欧姆龙、NEC、三星），国内申请人较为分散，申请数量稀少，反映出国内申请人对于活体检测技术的认识、研发、创新能力相对薄弱。

活体检测的三个技术分支中，盲检测技术位于绝对的主流，与用户配合、多模态技术分支相比，其优点在于不需要用户辅助操作，识别过程简单，识别速度快，能在用户不知情的情况下完成活体检测过程。这与面部识别产品逐渐趋于小型化和低功耗、面部识别技术从“配合式技术”向“非配合模式”转变也是相适应的。盲检测技术分支中，“利用三维深度信息”和“判断面部生理活动”这两个技术分支持续占有领先地位，而频谱检测、颜色空间、表情变化这三个技术分支已经逐渐淡出历史舞台，不建议继续从事相关研究。

从技术攻防图上可以看出，目前主流技术是为了克服照片和视频欺骗，而专门用于克服模型欺骗的专利申请非常稀少，国内外厂商在此问题上并没有深入挖掘。其原因可以在于：①照片和视频欺骗是常见的欺骗手段，易于实施且成本较低，而模型欺骗相比则要付出相当大的成本，所以在研究克服模型欺骗手段上技术方案较少也就可以理解；②针对模型欺骗，并没有适合的技术被研发出来，因此申请量较少。而对于生物识别应用的安全问题，这是一个相对的问题，任何技术都不可能百分之百安全，关键看成本和代价。随着面部识别的日渐推广应用，模型欺骗必然会逐步增多。因此国内厂商可以尝试针对这种欺骗进行技术研发，提早完成专利布局，获得先机。

除了照片、视频、模型欺骗之外的欺骗手段，如采用仿制人皮面具进行冒充的方法，该种冒充手段识别难度较大，目前没有对应的专利申请出现。因此国内厂商可以尝试进行一下对应的技术研发，在这一领域有所突破，先于国际其他企业提早布局。

8.3 针对三星的专利分析

经过多年不断积累，三星已经成为面部识别领域的龙头企业。

三星在面部识别领域的全球专利申请储备丰富，从20世纪90年代早已开始相关申请，并在2008年前后获得迅速发展，成为行业的领头羊，当前其专利申请已经进入平稳发展期，专利申请主要涉及细节改进和应用。面部检测分支的专利已经进入产业应用的成熟期，将可能不再投入过多的研发力量；面部识别分支的专利将进一步应用于智能终端、社交网络、安防监控、身份认证等领域，保持一定的竞争力；面部跟踪和面部属性识别将有可能维持当前的研发力度，在硬件（摄像机）或应用上作进一步改进。

三星的专利布局思路是本土与美国并重，并逐渐扩张到欧洲和中国等重要市场，而三星在中国的申请量相比于全球的同期申请量呈现增长趋势，说明其越来越将注意力更多地放于中国。同时三星的专利地域布局与当地的市场需求也有莫大的关系。

三星众多子公司中，从事面部识别研发的专利申请的子公司数量众多，在排名前六的子公司中，三星电子作为最大的研发实体，其与包括数码影像、Techwin、S1、北京三星、中国研发中心在内的多家子公司开展了合作申请，以三星电子为核心，众多子公司之间的合作非常密切。而三星与其他公司的合作申请数量并不多，这与其本身强大的自主研发实力有极大的关系，同时这也是三星整体发展策略的一个缩影，其致力于全面扩展自身的技术领域并向产业领导者靠拢，而非追随其他企业之后。

三星旗下的S1公司作为韩国安防监控领域的领军企业，专注于面部识别的技术研发，其在韩国和俄罗斯设有的两个研发中心构成了其主要的研发团队，并且团队间具有非常密切的合作，积极地在韩国、俄罗斯和美国进行专利布局，建立起世界大国之间安防合作的桥梁。其进入中国市场成为一个重要的信号，将有可能将中国作为下一个专利布局的重要战略目标，在中国进行数量更多、技术更全面的的专利申请，从而开拓其亚洲市场，给中国国内企业带来更多的挑战。

总结三星的专利布局策略，可以用“全面”和“专注”两个词来概括，在行业内针对各个技术领域拓展研发实力并开展专利申请，同时在自身优势领域重点投入，从而赢得自身的发展，跻身行业领先地位。据此来看，其技术发展历程和专利布局对我国面部识别相关企业具有重要的借鉴和启示作用。

8.4 针对专利收购

第 6 章重点分析了苹果和谷歌两家公司在面部识别技术领域的收购事件。分析其收购的策略，其实是在“抢时间”，很多时候并非收购方没有能力自己推出同类型产品，而是研发、测试以及运营都需要付出时间成本，而在互联网行业里，时间成本是无法用金钱赎回的价值资产之一。以收购来实现整合，在时间节奏上有着最高的性价比，苹果即是通过与时间赛跑来试图维持其控制框架内的生态。

技术收购其实本质上是对知识产权的采买，人才是执行介质，谷歌完成的收购主要围绕其各种应用，绝大多数收购都是团队整合，产品倒没有全部都延续下来，技术和产品根本不足以构成谷歌的短板，谷歌需要的是优秀的能够和自己站在同一水平线上去实现愿景的人才。例如谷歌用 5000 万美元收购了 Android，随着 Android 一起被打包送到谷歌的还有其创造者 Andy Rubin，后者用 7 年的时间，帮助谷歌将 Android 打造成为全球市场占有率最高的移动操作系统。

苹果是典型的产品收购策略，聚焦化的产品方针似乎也不会导致其在人才需求上的过大缺口，而它的收购策略，最后全都落到了产品拼图上，它的收购目的多是强化产品矩阵内的软肋，换言之，这也是苹果对于用户体验的拔高，其收购对象的产品无一不被整合到了苹果的功能服务体系里。

谷歌的产品多样化，使得其收购的面部识别技术公司比苹果要多，但从专利储备上看，则显得有点匆忙，从产品推出之后的专利申请就可看出，与谷歌的先声夺人策略相比，苹果属于后发制人的高手，气定神闲。但就像前文所分析的那样，二者的策略被市场证明都是成功的，因此采用激进抑或相对保守的策略并不重要，需要借鉴的，是围绕该策略相应进行的技术积累以及专利布局方式。

8.5 针对城市安防

“平安城市”是近段时间被持续关注的热点话题，人们将注意力越来越多地集中在如何让我们的生活场所更加安全，而伴随着时代的进步、科技的发展，运用科学、先进的智能安防手段是最为行之有效的。

对于先进的科技手段如何应用于安防，第 7 章对面部识别应用到安防系统的技术结合专利分析进行了全方位的介绍，从面部识别在出入口控制、人口信息系统、城市应急反恐控制以及金融安全四个方面的技术应用、相应的专利分析进行介绍。

同时，对于即将进入中国市场的欧姆龙产品 OKAO Vision，从其安防特色技术角度出发，对其在中国申请专利的格局加以分析，从安防特色技术的中国专利状态、中国专利功能解析、安防特色技术专利进入中国预警以及安防特色技术的中国专利发明人特点等部分给以解读。

OKAO Vision 面部识别系统展示了新一代电子安防系统中面部识别技术所占据的重要地位。该产品在投入中国之前在中国专利格局中已经绘制了近乎完美的蓝图，这也带给人们一个重要的启示——产品在投入市场之前，专利布局起着举足轻重的作用，无论是专利技术上的垄断还是专利法律的保护都决定着这个产品的成功与否，有效的专利分析对于产品的专利布局起着至关重要的作用，引导专利技术的发展、专利市场的占领以及专利产品的成败。

关键技术三

虹膜识别

目 录

第1章　研究概况

1.1　研究背景

在最近的十余年里，虹膜识别已经成为国内外学术界研究的热点，引起了产业界、学术界和政府部门的高度关注。在人员流动频繁和网络信息化迅速发展的当今社会里，如何准确快速地鉴定个人身份，保证信息安全已成为一个亟待解决的社会问题。[1] 基于身份标识物品（如钥匙）或知识（如密码）的传统身份认证技术容易丢失、遗忘和被伪造，且无法区分真正拥有者和拥有这些物品或知识的冒充者，这对社会财产和人身安全构成了极大的威胁。传统身份认证方法的局限为生物特征识别技术的发展提供了巨大的研究潜力和市场空间。生物特征识别利用人体可采集的生理特征（如指纹、虹膜、人脸、掌纹等）或行为特征（如步态、笔迹、语音等），结合数字图像信号处理和模式识别等技术，对个人身份进行自动认证或识别。生物特征能够克服传统身份识别方法的不足，具有人所各异和随身携带等优点，是个人身份可靠便捷的标识特征。[2]

1.1.1　技术现状

虹膜是位于晶状体和角膜之间，呈扁圆盘状，在眼睛中的位置如图1－1－1所示；人眼的角膜是透明的，因此虹膜是外部可见的。如图1－1－2所示，从外观上看，虹膜是位于瞳孔与巩膜之间的环形区域，外圆直径约12mm。虹膜内部血管分布不均匀，在近红外光源的照射下呈现出许多相互交错的纹理形状，如斑点、冠状、条纹、细丝和隐窝等，这些构成了虹膜独特的纹理特征。虹膜识别技术就是利用这些丰富的纹理信息作为特征来进行个人身份识别或认证的。对于每个人来说，虹膜的结构都是各不相同并且在一生中几乎不发生变化。从生物识别所依照的一系列指标值来评判，虹膜非常适合于作为身份鉴别的特征，比如它的纹理之中可用于识别的特征点数约为266个，常用特征点数一般不少于177个，接近于指纹识别的十倍，因此其精度呈几何级数倍增。据统计，虹膜识别的错误率（包括拒真率和认假率）是各种生物特征识别技术中最低的。虹膜识别技术以其精确、非侵犯性、易于使用等优点得到了快速发展，被广泛认为是最有前途的生物认证技术之一。[3] 例如雅典奥运会在敏感区域已经用上了虹膜识别系统，英国于2005年初已经启动了出入境人员生物特征护照计划，虹膜是其

[1] 陈伟菁．眼中的身份证——虹膜识别在应用中不断发展［J］．中国安防，2013（5）：58－62．

[2] 孙哲南．生物特征识别科技发展概述［J］．高科技与产业化，2013（10）：64－69．

[3] 王蕴红，朱勇，谭铁牛．基于虹膜识别的身份鉴别［J］．自动化学报，2002，28（1）：1－10．

中重要的一项判别指标。美国和日本都已经研制成功银行虹膜ATM取款机并在小范围试用，储户使用信用卡交易前必须也只需通过自己的虹膜认证。

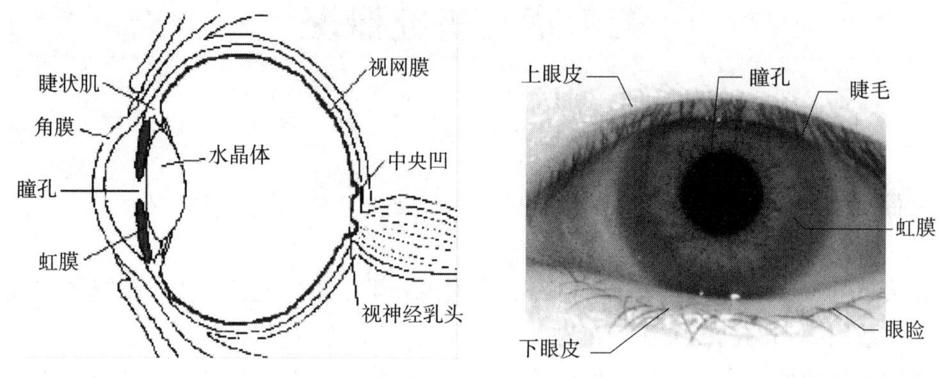

图1-1-1　眼球结构示意图　　图1-1-2　眼睛的外观图

虹膜识别主要分三个阶段：虹膜图像采集、虹膜图像预处理和虹膜特征提取与匹配。每个阶段对最终的识别效果的影响都至关重要。首先，虹膜采集得到虹膜图像。然后是预处理阶段，包括在虹膜图像中定位虹膜位置与内外边缘，检测虹膜区域中被眼睑、睫毛与高亮点遮挡的部分，归一化虹膜图像以及虹膜图像增强。最后是虹膜图像特征提取与匹配，在预处理后的虹膜图像上，提取能够唯一表征该类虹膜的特征，与虹膜数据库模板匹配，以得到最终匹配结果。图1-1-3为虹膜识别系统工作流程。

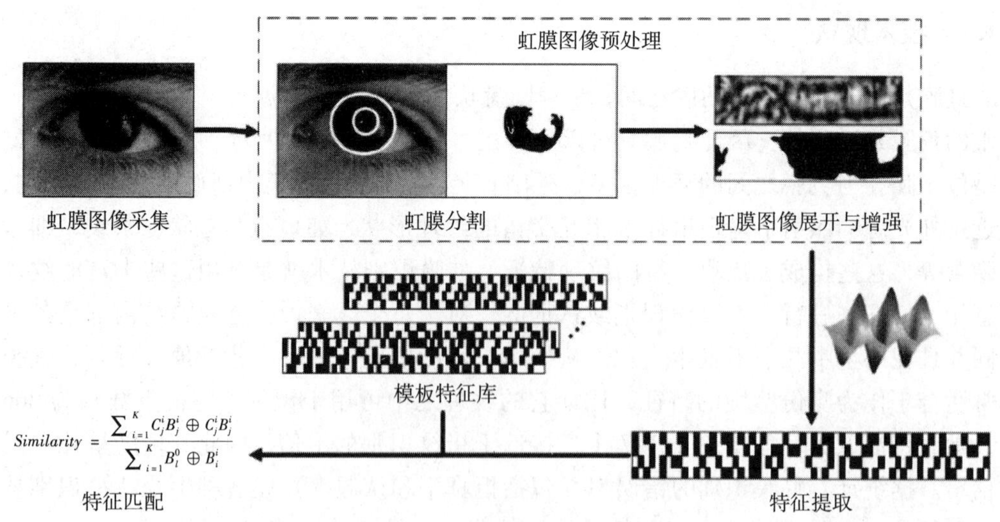

图1-1-3　虹膜识别系统工作流程

虹膜图像预处理包括人眼定位、虹膜内外边缘定位、眼睑和睫毛检测、虹膜图像归一化以及虹膜图像增强。在虹膜定位之前，首先使用人眼检测器大概确定人眼位置。然后在人眼子图像内，进行虹膜内外边缘定位。虹膜内外边缘近似为圆形。因此，虹膜定位一般采用圆拟合虹膜的边缘。理想情况下，虹膜图像中虹膜区域是完整的，没有遮挡或噪声信息干扰。然而通常情况下，虹膜区域有眼睑、睫毛和高亮点等遮挡，使得被遮挡区域的虹膜特征是无效的。通过检测眼睑和睫毛遮挡得到的虹膜二值图像，区分虹膜有效与无效的部分。在特征匹配中减弱虹膜无效区域的影响，提高虹膜识别的准确性。此外，光照变化引起瞳孔的伸缩，会使虹膜纹理发生变化，而展开虹膜图像可以在一定程度上修补这种影响。❶ 虹膜特征提取与匹配是虹膜识别的最后一个阶段，也是最关键的一个阶段。如何从虹膜图像信息中提取有效虹膜特征是国内外学者的研究热点。在虹膜图像严重降质的情况下，仍要虹膜识别系统能够达到较为准确的识别效果，需要提高虹膜预处理算法以及虹膜特征提取和匹配算法的鲁棒性。❷

虹膜识别技术的发展历程可以追溯至 19 世纪 80 年代。1885 年，Alphonse Bertillon 将利用生物特征识别个体的思路应用在巴黎的刑事监狱中，当时所用的生物特征包括耳朵的大小、脚的长度、虹膜等。1986 年，眼科专家 Frank Burch，MD 指出，虹膜具有独特的信息，可用于身份识别，从而提出虹膜识别的概念。1987 年，眼科专家 Aran Safir 和 Leonard Flom 首次提出用虹膜图像进行自动虹膜识别的概念，获得虹膜识别概念的专利（US4641349，公开日 1987 年 02 月 03 日）。1991 年，美国加利福尼亚洛斯拉莫斯国家实验室的 Johnson 开发了自动虹膜识别系统，这是有文献记载的最早的一个应用系统。1993 年，英国剑桥大学 Daugman 博士实现了一个高性能的自动虹膜识别原型系统，获得“基于虹膜分析的个人身份识别系统”专利，他提出的虹膜边界检测算法，是当前定位综合性最好的虹膜边界检测方法之一。目前，大部分自动虹膜识别系统都使用这一识别方法。1994 年，美国普林斯顿大学的 Wilds 教授等人提出了基于区域图像注册技术的虹膜识别系统。1998 年，昆士兰大学的 Boles 教授等人提出了基于零交叉小波交换的虹膜识别方法。韩国延世大学 Lim 等利用二维小波变换分解虹膜图像，并量化第四层高频信息构成 87 位码，将改进的竞争学习神经网络用于虹膜分类。法国 Montpellier 大学 Tisse 等利用由原始虹膜图像与 Hilbert 变换合并而成的解析图像概念提取虹膜纹理的特征信息。韩国 Kyungpook 国立大学 Park 等利用一个方向滤波库分解虹膜图像成 8 个方向子带输出，提取归一化的方向能量作为虹膜特征。在为数众多的算法中，Daugman 的相位解调算法、Wilds 的图像配准方法、Boles 等的小波过零检测方法是当前虹膜识别的经典算法。

1.1.2　行业现状

掌握虹膜识别核心算法的国外研究机构主要有美国的 Iridian（现已被法国赛峰集团莫弗公司收购）和 Iritech，韩国的 Jiris 公司。Iridian 曾是全球最大的专业虹膜识别技术和产品提供商，其技术来源于剑桥大学的 John Daugman 以及医学博士 Leonard Flom 和 Aran Safiro。它和 Irisguard、LG、松下、OKI 和 NEC 等国际知名企业进行合作，以授权方式提供虹膜识别核心算法，支持合作伙伴生产虹膜识别系统。Iridian 的核心技术

❶ 李欢利. 虹膜特征表达与识别算法研究［D］. 中国科学院大学工学博士学位论文，2013.

❷ 林喜. 虹膜识别算法的设计及系统软硬件的改进［D］. 清华大学工学硕士学位论文，2011.

还包括图像处理协议和数据标准、识别服务器、开发工具及虹膜识别摄像头等。Iritech总部在美国，主要负责产品以及技术的研发，生产授权外包，而对于市场的推广以及产品的销售则主要是通过提供核心软件以及镜头，由其他公司在此基础上开发应用的系统，并且负责销售，其商业模式与Iridian大致是相同的，但是其发展的时间并不长，在规模上还是无法与Indian相提并论的。Jiris公司于2003年在韩国成立，具有自己的虹膜识别算法，目前的产品主要针对的是小型的用于移动电话或者台式电脑以及笔记本电脑的虹膜识别仪。

中科院自动化所模式识别国家重点实验室是国内最早从事虹膜识别研究的单位之一，于2000年初开发出了虹膜识别的核心算法，相对于国际上其他单位的核心算法，中科院自动化所的核心算法速度更快，占用的内存空间更小，整体性能更加优异。该算法已经非排他性授权给美国Sarnoff、英国Irisguard以及美国肯塔基大学等机构，标志着我国在虹膜识别领域通过自主创新掌握的核心技术，突破了国外早期的技术封锁和产品封锁，并从受制于人的被动局面走向了技术出口的主动局面。

国内从事虹膜识别技术研究的机构还有浙江大学、华中科技大学、中国科学技术大学、上海交通大学、沈阳工业大学、哈尔滨工程大学、太原科技大学等，但除了中科院自动化所以外，其他基本都还停留在理论研究阶段，尚未实现产业化。随着中科院投资、推广虹膜技术的同时，在行业进入门槛已大为降低的情况下，中国市场开始有大批投资者进入该领域。投资者开始致力于将核心软硬件技术结合，生产自有知识产权的产品，成为真正意义的产品供应商。透过稳定、可靠的技术，投资者看到了光明的前景；大批企业的加入，促进了行业更大规模的发展。目前国内在虹膜识别的主要企业有：中科虹霸科技有限公司、北京思源科安信息技术有限公司、北京天诚盛业科技有限公司、北京虹安翔宇信息科技有限公司、北京凯平艾森信息技术有限公司、北京释码大华科技有限公司、北京火眼金睛信息技术有限公司。另外还有广州创展虹膜信息技术有限公司、懿诺贸易（上海）有限公司、上海邦震科技发展有限公司、杭州倪宸生物技术有限公司、西安凯虹电子科技有限公司、西安艾瑞生物识别科技有限公司、西安慧眼信息技术有限公司以及东莞市虹膜实业有限公司。

虽然随着行业的发展，虹膜识别产品的价格也一路呈下降趋势，但目前即使是国产的产品，价格也仍保持在万元以上，相对于低档指纹识别产品百元以下的价格显得昂贵很多，再加上虹膜识别的市场认知度较低，让本想了解虹膜识别的人们望而却步，阻碍了虹膜识别产业的发展。导致虹膜识别产品价格居高不下的原因主要有以下两点❶：

（1）虹膜识别在国际上是被认为精确性以及安全性最高的生物识别技术，但是技术难题也是相对难攻克的，任何公司研发并掌握核心技术的难度相当大，需要相当长的时间和相当高的研发投入。国内掌握虹膜识别产品核心技术的厂商比较少，大多数厂商只能购买国外的核心产品进行组装，因此导致了成本的增加。而掌握核心技术的厂商也因为前期研发投入较多，只能以较高的价格以尽快收回研发成本。高难度的技

❶ 赵彩云．中国虹膜识别技术现状浅析［J］．中国安防，2010（8）：48－52．

术研究门槛使得能够进入者较少。这也使得相当一部分投资者大都持有审慎态度，目前从业的企业实力有限，即便个别有上市公司背景的企业，也并未将公司重点业务真正地放在虹膜识别之上。而在硬件方面而言，由于需要昂贵的摄像头与一个比较好的光源来采集虹膜图像，也在一定程度上，限制了虹膜识别产业的发展。

（2）由于目前虹膜识别市场较小，难以实现大规模生产。虹膜识别技术的特点决定了其产品的主要市场应在政府级别领域，技术和市场前景主要取决于政府推动，而目前我国的虹膜识别技术在应用方面而，尚未引起政府相关部门重视，缺少政策引导，因此，与国外在机场、港口、军队反恐等领域的大规模应用相比，我国虹膜识别目前还仅仅在少数几个领域实现了小规模应用。

1.2　研究对象和方法

1.2.1　技术分解

专利技术分解是对所研究的技术组题的进一步细化，是前期课题研究的重要基础内容之一。专利技术分解是专利分析的纲领性文件，不仅界定了专利分析的范围，决定了专利分析的研究框架，还有助于梳理专利分析的关键技术分支。课题组通过收集资料、企业调研和交流座谈等多种方式，在充分征求行业专家的意见的基础上进行讨论，课题组确定的总体研究边界为：虹膜识别关键技术，包括虹膜识别使用的采集设备、算法、人机交互、识别设备以及系统应用。在此边界上进一步对技术进行进一步分解，在关键技术上延伸形成四级分类，参见表1－2－1。

表1－2－1　技术分解表

<table>
<tr><th>第一级</th><th>第二级</th><th>第三级</th><th>第四级</th></tr>
<tr><td rowspan="10">采集设备</td><td rowspan="4">光源</td><td>无光源</td><td>—</td></tr>
<tr><td rowspan="3">有光源</td><td>红外光源</td></tr>
<tr><td>其他光源</td></tr>
<tr><td>滤光器</td></tr>
<tr><td rowspan="5">镜头</td><td rowspan="2">镜头设置</td><td>单镜头</td></tr>
<tr><td>多镜头</td></tr>
<tr><td rowspan="3">镜头调焦</td><td>定焦</td></tr>
<tr><td>变焦</td></tr>
<tr><td>云台</td></tr>
<tr><td>传感器</td><td>—</td><td>—</td></tr>
</table>

续表

第一级	第二级	第三级	第四级
算法	图像预处理算法	人眼定位	—
		虹膜内外边缘定位	—
		眼睑和睫毛检测	—
		虹膜图像增强	—
		图像分割	—
		归一化	—
		图像展开与增强	—
	特征参数提取算法	虹膜信息提取	—
		虹膜信息编码	—
	匹配算法	—	—
人机交互	视觉交互	—	—
	听觉交互	—	—
	触觉交互	—	—
识别设备	配合式	移动设备	—
		固定设备	近距离
			中距离
			远距离
	非配合式	人类虹膜识别	中距离
			远距离
		动物虹膜识别	—
系统应用	门禁通道	—	—
	考勤安全	—	—
	证照系统	—	—
	信息安全	—	—
	电子商务	—	—
	社会安全	—	—

1.2.2 数据检索与评估

1.2.2.1 数据检索

本报告的专利文献数据主要来自国家知识产权局专利检索与服务系统（以下简称“S 系统”）。数据检索截止日期为 2014 年 4 月 30 日。

（1）专利文献来源

DWPI（德温特世界专利索引数据库）；CPRSABS（中国专利检索系统文摘数据库）。

（2）非专利文献来源

百度搜索引擎；谷歌搜索引擎；CNKI（中国知网）。

（3）法律状态查询

中文法律状态数据来自 CNPAT（中国专利数据库）。

（4）引用频次查询

引文数据来自 DII（德温特引文数据库）。

（5）诉讼相关数据

Lexis 数据库；Westlaw 数据库；Legalmetric、rfcexpress、plainsite 等网站网上公开资料（http：//www. legalmetric. com/；http：//www. rfcexpress. com/；http：//www. plainsite. org/）。

由于虹膜识别领域关键词和分类号准确度较高，因而采用了关键词和分类号结合检索、人工阅读去噪的检索方式。到上述截止日为止，获得全球虹膜识别专利共 2070 项，中国虹膜识别专利共 552 件。

1.2.2.2　查全率和查准率评估

全面准确的检索结果是后续专利分析的基础。查全率和查准率是评估检索优劣的指标。查全率用来评估检索结果的全面性，查准率用来衡量检索结果的准确性。设 S 为待验证的待评估查全专利文献集合，P 为查全样本专利文献集合（P 集合中的每一篇文献都必须与要分析的主题相关，即“有效文献”，则查全率 r = num（P∩S）/num（p），其中 P∩S 表示 P 与 S 的交集，num（　）表示集合中元素的数量。设 S 为待评估专利文献集合中的抽样样本，S′为 S 中与分析主题相关的专利文献，则查准率 p = num（S′）/num（s）。

课题组根据上述方法对检索结果的查全查准率进行了验证，全球虹膜识别专利查全率 84.5%，查准率 90.1%；中国虹膜识别专利查全率 96.4%，查准率 96.2%。

1.2.3　相关事项和约定

对本报告中出现的以下术语进行解释。

（1）同族专利

同一项发明创造在多个国家申请专利而产生的一组内容相同或基本相同的专利文献出版物，称为一个专利族或同族专利。属于同一专利族的多件专利申请可视为同一技术。本报告针对技术和专利技术首次申请国分析时对同族专利进行了合并统计；针对专利在国家或地区的公开情况进行分析时专利族中各件专利进行了单独统计。

（2）关于专利申请量统计中“项”和“件”的说明

项：同一项发明可能在多个国家或地区提出专利申请，WPI 数据库将这些相关的多件申请作为一条记录收录。在进行专利申请量统计时，对于数据库中以一个专利族数据的形式出现的一系列专利文献，计算为“1 项”。一般情况下，专利申请的项数对应于技术的数目。

件：在进行专利申请量统计时，例如，为了分析申请人在不同国家、地区或组织所提出的专利申请的分布情况，将同族专利申请分开进行统计，所得到的结果对应于申请的件数。1 项专利申请可能对应于 1 件或多件专利申请。

（3）专利法律和状态

有效和未决。在本报告中“有效”专利是指到检索截止日为止，专利权处于有效状态的专利申请。在本报告中，专利申请未显示结案状态，成为“未决”。此类专利申请可能还未进入实质审查程序或者处于实质审查程序中，也有可能处于复审等其他法律状态。

（4）欧洲：本报告中首次申请及目标国家/地区分析时出现的“欧洲”是指欧洲专利局。

（5）近两年专利文献数据不完整导致申请量下降的原因：本次专利分析所采集的数据中，由于下列多种原因导致 2013 年后提出的专利申请量比实际的申请量要少：PCT 专利申请可能自申请日起 30 个月甚至更长时间后才进入国家阶段，从而导致与之相对应的国家公布时间更晚；中国发明专利申请通常自申请日起 18 个月（要求提前公布的申请除外）才能被公布。

（6）专利所属国家或地区

本报告中专利所属的国家或地区是以专利申请的首次申请优先权国别来确定的，没有优先权的专利申请以该项申请的最早申请国别确定。

（7）被引频次

专利的被引频次是指某项专利申请（包括同族专利）被其他专利所引用的次数。通常一项专利被引用的次数越高，说明该项专利技术的被认可度越高，这样的专利通常具有更高的价值。具体的被引频次的数据来源于 DII 数据库。

（8）关于专利申请人名称的约定

在本报告中，要对一些申请人的表述进行约定，一是由于中文翻译的原因，同一申请人在不同的中国专利申请中会有所差异；二是为了方便申请人的统计，需要将一些公司的不同子公司的专利申请进行合并；三是由于在制作图表时，避免由于专利申请人名称过长造成在图表中无足够的空间进行标注，需要对一些专利申请人的名称进行简化。本节对申请人的名称进行统一约定，见表 1-2-2 申请人约定。

表 1-2-2　申请人约定

约定名称	公司名称
AOptix	AOPTIX TECHNOLOGIES INC
	欧普蒂克斯技术公司
BIOSCRYPT	BIOSCRYPT INC
Blue Spike	BLUE SPIKE INC

续表

约定名称	公司名称
DIGIMARC	数字 ID 系统有限公司
	DIGIMARC CORP
	DIGIMARC ID SYSTEM LLC
EYELOCK	EYELOCK INC
IDENTIX	IDENTIX INC
霍尼韦尔	霍尼韦尔国际公司
	HONEYWELL INT INC
IRIS ID	IRISA ID
	IRIS ID
L－1 公司	L－1 身份解决方案公司
	L－1 SECURE CREDENTIALING INC
	L－1 IDENTITY SOLUTIONS OPERATING CO
	L－1 IDENTITY SOLUTIONS AG
LG	LG 电子株式会社
	乐金电子（昆山）电脑有限公司
	乐金电子（沈阳）有限公司
	上海乐金广电电子有限公司
	乐金电子（中国）研究开发中心有限公司
	LG ELECTRONICS INC
	LG INNOTEK CO LTD
NEC	日本电气株式会社
	NEC CORP
OKI	冲电气工业株式会社
	冲数据株式会社
	OKI ELECTRIC IND CO LTD
	OKI DATA CORP
RETICA	RETICA SYSTEMS INC
SARNOFF	SARNOFF CORP
SENSAR	SENSAR INC
SYBOTICS	SYBOTICS LLC
VIISAGE	VIISAGE TECHNOLOGY INC

续表

约定名称	公司名称
延世大学	UNIV YONSEI
	UNIV YONSEI IND ACADEMIC COOP FOUND
	IND ACADEMIC COOP
	UNIV YONSEI SEOUL
	韩国延世大学产学合作组
韩国电信研究院	韩国电子通信研究院
华为	华为技术有限公司
	华为终端有限公司
	HUAWEI TECHNOLOGIES CO LTD
莫弗	莫弗公司
	茂福公司
	摩福公司
	MORPHO
	MAOFU CORP
	MORPHOTRUST USA INC
萨基姆	萨基姆安全公司
	萨甘安全防护公司
	萨热姆安全公司
	萨热姆防务安全公司
	萨甘股份有限公司
	SAGEM
	SAGEM DEFENSE SECURITE
	SAGEM SECURITE
三星	北京三星通信技术研究有限公司
	三星电子（中国）研发中心
	三星电子株式会社
松下	松下电气产业株式会社
	PANASONIC CORP
	MATSUSHITA ELECTRIC IND CO LTD
宇龙酷派	东莞宇龙通信科技有限公司
	宇龙计算机通信科技（深圳）有限公司
中兴	中兴通讯股份有限公司
	深圳市中兴移动通信有限公司
中科院自动化所	中科院自动化所

1.2.4 章节介绍

本报告共分八个章节，从研究概况、虹膜识别专利总体状况、重要技术点、重要申请人、企业收购、专利运用与保护以及总结与建议等几方面进行了逐步深入与全面的分析。

第1章为研究概况。从虹膜识别技术行业的研究背景出发，阐述了虹膜识别技术的特点、研发群体、市场现状，并给出了本研究报告中虹膜识别技术的技术分解表以及采用的检索方法。

第2章为虹膜识别专利总体状况分析。本章旨在为行业提供全面、重要的专利申请信息，其中包括了对全球、中国专利申请的态势、技术领域的分布以及虹膜识别技术领域的重要申请人、发明人、重要专利的分析，并示出了虹膜识别技术的发展趋势路线。

第3章为对虹膜识别移动设备技术的分析。在第2章总体分析的基础上，选取了虹膜识别移动设备作为第一个重要技术点进行研究。这一章中，首先从全球专利申请情况、中国专利申请情况分析入手，给出了专利区域布局的建议，而后进行了技术分析，通过技术功效矩阵分析为国内企业提供了技术研发的建议，并给出了国内申请人应关注的虹膜识别移动设备技术重点专利和技术路线图。

第4章为中远距离虹膜识别技术的分析。本章也是基于第2章的总体分析而选取作为第二个重要技术点进行研究。先从全球专利申请趋势、技术原创国与目标国分布、主要目标国专利申请趋势以及全球申请人的分析给出了专利布局和技术发展趋势；并对中国专利申请进行了重点分析；随后对技术分支进行了划分，基于技术功效图为国内企业提供研发建议，最后分析给出了技术路线图以及重要专利。

第5章为重要申请人分析。在第2章对重要申请人分析的基础上，本章分别对虹膜识别技术中申请量排名第一位的日本OKI以及第三位的韩国LG的专利布局进行多角度分析，给出其全球布局、技术研发动态和研发方向和趋势的同时，对其虹膜识别产品进行了专利透视，为我国不具备核心专利技术的虹膜识别相关企业，尤其是硬件生产和集成相关企业专利布局和产品研发提供参考。

第6章为企业收购分析。本章选取了生物识别领域中的一件重要收购案——赛峰集团收购L－1身份解决方案公司进行分析。从双方收购需求出发，分析了双方生物识别技术的专利申请情况，进一步从专利的角度出发重点研究了收购方通过收购所获得的虹膜识别技术的专利申请量、专利布局、技术功效、应用领域以及收购后推出的产品，为国内企业进行收购提供了经验和启示。

第7章为专利运用与保护。通过虹膜识别技术领域重要的申请人Iridian的专利运营策略，为国内的企业和行业协会提供了专利运营的参考和借鉴；对专利流氓公司BlueSpike的专利布局以及其诉讼涉及的专利和产品进行了分析，对于可能要进行美国市场的国内的虹膜识别公司给出预警以及相应的建议。最后针对虹膜识别技术领域的失效专利使用方法进行了分析。为我国虹膜识别中小企业采取的专利战略提出建议。

第8章为总结和建议。对整个报告的内容进行总结，并为国内企业和行业协会提供建议。

第2章　虹膜识别专利总体状况分析

为了解全球及中国虹膜识别专利申请的整体态势，本章根据虹膜识别领域全球及中国专利的申请量，主要对全球以及中国虹膜识别的申请态势、技术领域分布态势进行分析，然后对全球虹膜识别领域的重要申请人进行分析。利用提出的重点专利分析方法，提取出了全球虹膜识别领域的十项重点专利；并对全球重要发明人进行分析。在上述分析的基础上，绘制了虹膜识别领域的整体技术发展路线图。

2.1　申请态势分析

截止到2014年4月30日，共检索到全球的虹膜识别专利2070项。本节分别从全球申请态势、中国申请态势两个方面进行分析，并着重分析虹膜识别所涉及的技术领域的分布态势。

2.1.1　全球申请态势

虹膜识别的全球申请量分布如图2－1－1所示，从图中可以看出，其申请趋势分布可以分为如下阶段。

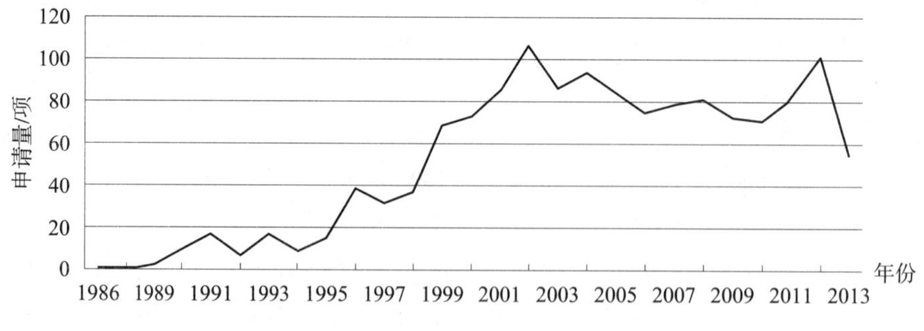

图2－1－1　全球虹膜识别历年申请量趋势

（1）技术萌芽期（1986～1991年）

从1986年到1991年的这五年，属于虹膜识别技术研究的萌芽期。虹膜识别技术以眼科专家Aran Safir和Leonard Flom所获得的第一项虹膜识别概念专利US4641349（公开日1987年02月03日）为标志开始了该领域的应用系统的研究。到1991年虹膜识别的专利申请达到17项。

（2）快速发展期（1992～2002年）

从1992年到2002年的这十年，是虹膜识别技术的快速发展期。1993年，英国剑桥大学 Daugman 博士发明了一个高性能的自动虹膜识别原型系统，获得“基于虹膜分析的个人身份识别系统”专利（US5291560），目前大部分自动虹膜识别系统都使用该专利的识别方法。Daugman 将该项专利转让给了美国的 Iriscan，该公司又围绕此项基础专利申请了一些外围专利，进而带动了全球虹膜识别技术的发展，这一发展也体现在了全球虹膜识别专利申请量的增加，而这一时期的主要申请人则集中在美国、日本和韩国。

（3）技术调整期（2003～2010 年）

这一时期虹膜识别的全球专利申请量有所下降，主要申请人还是集中在美国、日本和韩国。从 2005 年开始，日本的一些申请人，如三菱、东芝、NEC 在移动设备领域逐渐退出了欧洲市场和中国市场，而 2007 年到 2008 年的全球金融危机也进一步影响这些公司的财政状况。重要申请人松下的专利申请量总体上大幅度下降，因此造成了这一时期全球虹膜识别专利申请量下降的整体趋势。但是这一时期，韩国和中国的虹膜识别专利申请量呈上升趋势，重要申请人为韩国 LG、Iritech 以及中国中科院自动化所和中科虹霸。

（4）平稳发展期（2011 年至今）

这一时期，全球的虹膜识别专利申请量逐年上升。由于 2013 年以后的一些专利申请还没有满足 18 个月的公开期，因此现在统计的 2013 年已经公开的专利申请数据并不完整，但是根据该趋势还是可以预测虹膜识别全球专利申请量的增长趋势。近年来，随着国际反恐需求的增长，各国也加大在安防领域的投入，加之虹膜识别采集模块成本有所下降，这一时期的虹膜识别专利申请大量增长，仅中国在这一时期的申请量就达到了 133 项，申请人主要为中国、韩国、美国和日本。

2.1.2　中国专利申请分析

2.1.2.1　中国专利申请趋势分析

图 2－1－2 是虹膜识别中国专利申请趋势分布，总体趋势可以划分为两个阶段：

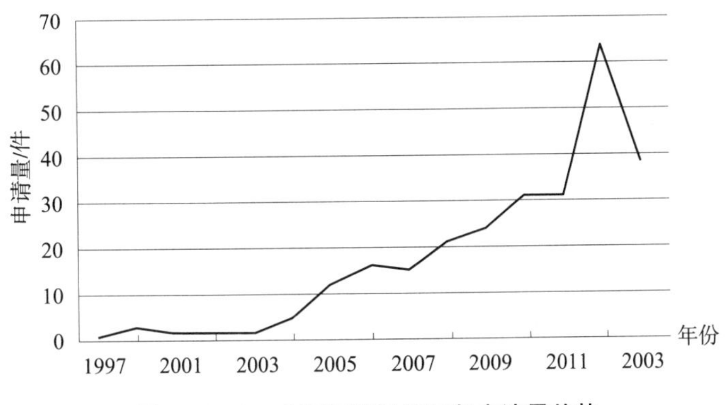

图 2－1－2　中国虹膜识别历年申请量趋势

（1）技术萌芽和发展期（1997～2010 年）

专利申请 CN1166313A，申请人王介生，申请日 1997 年 5 月 30 日，发明名称“虹膜识别方法”的发明专利申请为目前检索到的中国最早的虹膜识别专利。从1997年起，申请量每年都有一定数量的增长，中科虹霸、中科院自动化研究所为这一时期的重要申请人。专利技术主要集中在算法研究方面，系统应用领域的专利申请量不多。

（2）快速发展期（2011年至今）

这一时期，中国的虹膜专利申请量大幅上升，仅2011年到2013年申请量就达到了上一时期的申请总量，而且由于2013年来的一些专利申请还未公开，因此实际的申请量还不止目前统计的数据。由于虹膜识别算法研究已经日趋完善，这一时期的申请集中在系统应用方面的较多。

2.1.2.2 中国专利申请人构成分析

以下对中国虹膜识别的专利申请进行了申请人构成研究。从图2－1－3可以看出，对于中国专利申请，中国申请人的数量远远高于国外申请人；对于公司申请，也是中国的公司远远多于外国公司申请。这表明在虹膜识别技术领域，国外申请人还没有进行太多的专利布局。这一方面给国内企业和研究院所提供了加快专利申请的机会，抓紧时机赶快进行“跑马圈地”式的战略布局；但另一方面也为国内虹膜识别行业提供了预警，狼迟早是要来的，只是早晚的问题，中国虹膜行业要想占领市场和研发机遇，只有未雨绸缪，才能运筹帷幄，决胜千里。

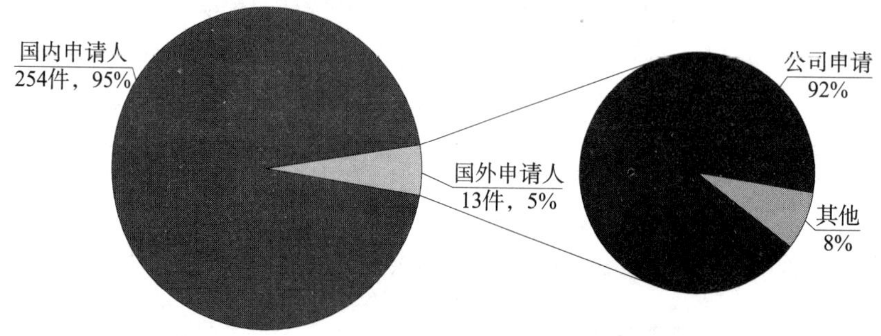

图2－1－3 中国虹膜识别专利申请人统计

图2－1－4继续对中国专利申请人构成进行了分析。其中公司申请218件，占总申请量的44%，科研院所/高校申请量200件，占总申请量的42%，个人申请37件。

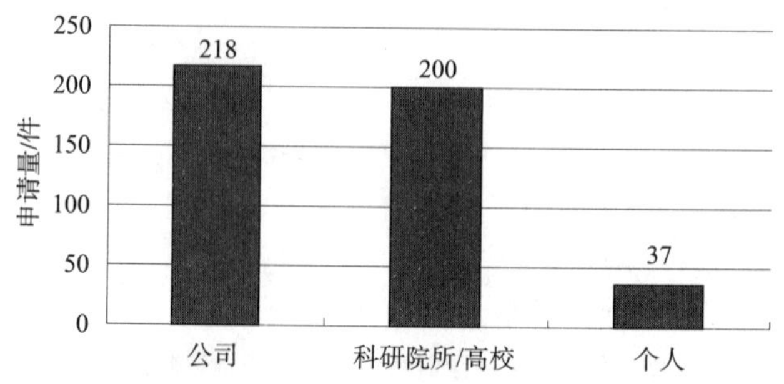

图2－1－4 中国专利申请人构成

图2－1－5为中国专利申请人排名。在国内虹膜识别专利申请人中，中科院自动化所申请量为34件，加之中科虹霸所申请的13件专利，列于中国发明申请人之首。这也与其是国内最早从事虹膜识别的单位有关。由于较多申请属于科研院所和高校申请，这些申请大都集中在虹膜识别算法方面。而国内公司的申请也主要集中在原创性不高、侧重市场应用的系统应用方面，整个行业的专利布局还未建立。中国申请的国外公司则主要是日本松下、韩国Iritech。松下在中国申请专利20件，韩国Iritech在中国申请专利10件。松下在虹膜识别方面的研究逐渐萎缩，而韩国Iritech则在中国积极进行专利布局，该企业的专利运营策略值得中国中小企业学习和借鉴。北京森博客智能科技申请了8件，北京天诚盛业科技有限公司、武汉虹识技术有限公司和电子科技大学申请量均为7件，成都中讯科技5件。

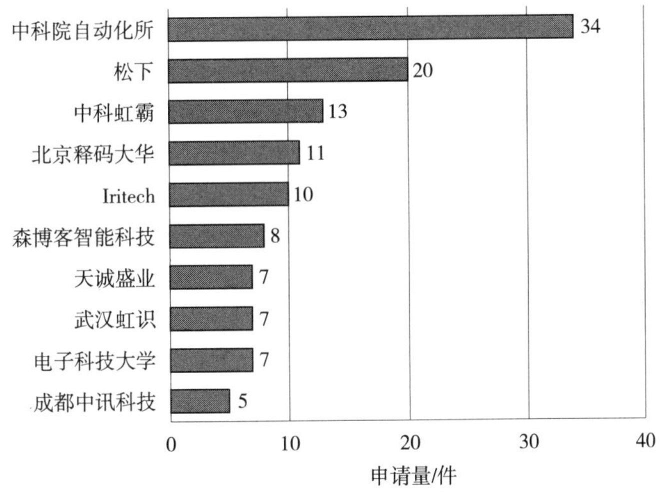

图2－1－5　中国专利申请人排名

2.1.3　技术领域分布态势

在对虹膜识别全球专利进行了检索和统计分析的基础上，课题组对全球虹膜识别的应用领域进行了如下划分：

① 门禁、通道控制；

② 考勤安全领域；

③ 个人证照系统，包括身份证、护照、签证、暂住证以及驾驶证等；

④ 信息安全，包括终端访问控制安全；

⑤ 电子商务领域，包括互联网身份认证、电子交易、网上银行、网上电子证券交易、电子政务等身份；

⑥ 社会安全领域，包括刑侦罪犯缉查过滤，法律上的罪犯认定。

根据以上虹膜识别六大技术领域的划分，课题组对全球专利申请进行了分析，图2－1－6为各个领域所涉及的专利申请量分布图。

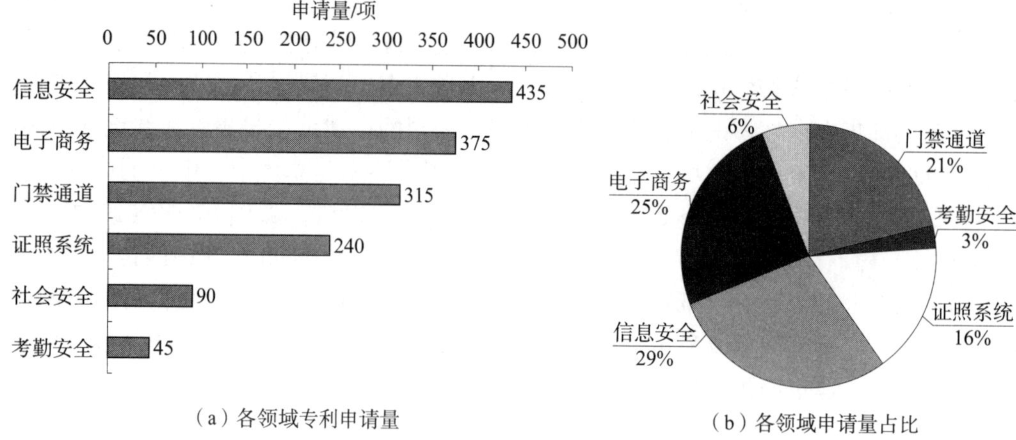

图2-1-6　虹膜识别各领域所涉及的专利申请量及占比

根据图2-1-6（a）和（b）所示的虹膜识别技术在各领域所涉及的专利申请量及其占比分布可以看出，涉及信息安全有435项，占29%，涉及电子商务交易安全的申请量375项，占总申请量的25%，表明在信息安全和电子商务领域的虹膜识别集中了大量的专利申请，这也和目前电子商务、移动支付的范围应用日益广泛关系密切。交易安全逐渐成为人们关注的焦点问题。

图2-1-7显示了在六大领域所涉及的虹膜识别专利申请趋势，其中图2-1-7（a）~（f）分别显示了在门禁通道控制、考勤安全、证照系统、信息安全、电子商务以及社会安全领域虹膜识别近年来的专利申请变化趋势。图2-1-7（a）显示了门禁通道控制领域的申请趋势，尽管申请总量不是很多，但是总体呈现上升趋势。随着虹膜识别技术从近距离向远距离发展，其在门禁控制、远距离通关领域的应用也进一步扩展，在门禁通关控制中的专利申请占到了全球申请量的21%。图2-1-7（b）为虹膜识别在考勤安全领域的历年申请趋势，与其他领域相比，考勤安全领域的申请量相对较少，这与其他生物特征识别技术，如指纹识别和人脸识别已经占据了考勤安全系统的大部分市场份额有关；而且相对于指纹识别和人脸识别来说，虹膜识别考勤系统的售价较高，这也是限制其在考勤安全领域应用的一个原因。图2-1-7（c）~（e）为虹膜识别在证照系统、信息安全、电子商务领域的申请趋势。虹膜识别由于安全性、防伪性和稳定性高，近年来在证照系统、信息安全和电子商务领域的安全认证方面发挥了极大的作用，因此在证照系统、信息安全和电子商务领域的申请量逐年上升，也反映了在这三个领域进行专利布局的迫切性。图2-1-7（f）为虹膜识别在社会安全领域的申请趋势，其中具体涉及采用虹膜识别进行罪犯稽查，罪证检验方面的应用。具体涉及采用虹膜识别技术对罪犯进行筛查的专利申请量不多的原因在于其中一些还涉及司法程序，出于涉密的原因也不能进行专利申请，因此总体表现的申请量较少。

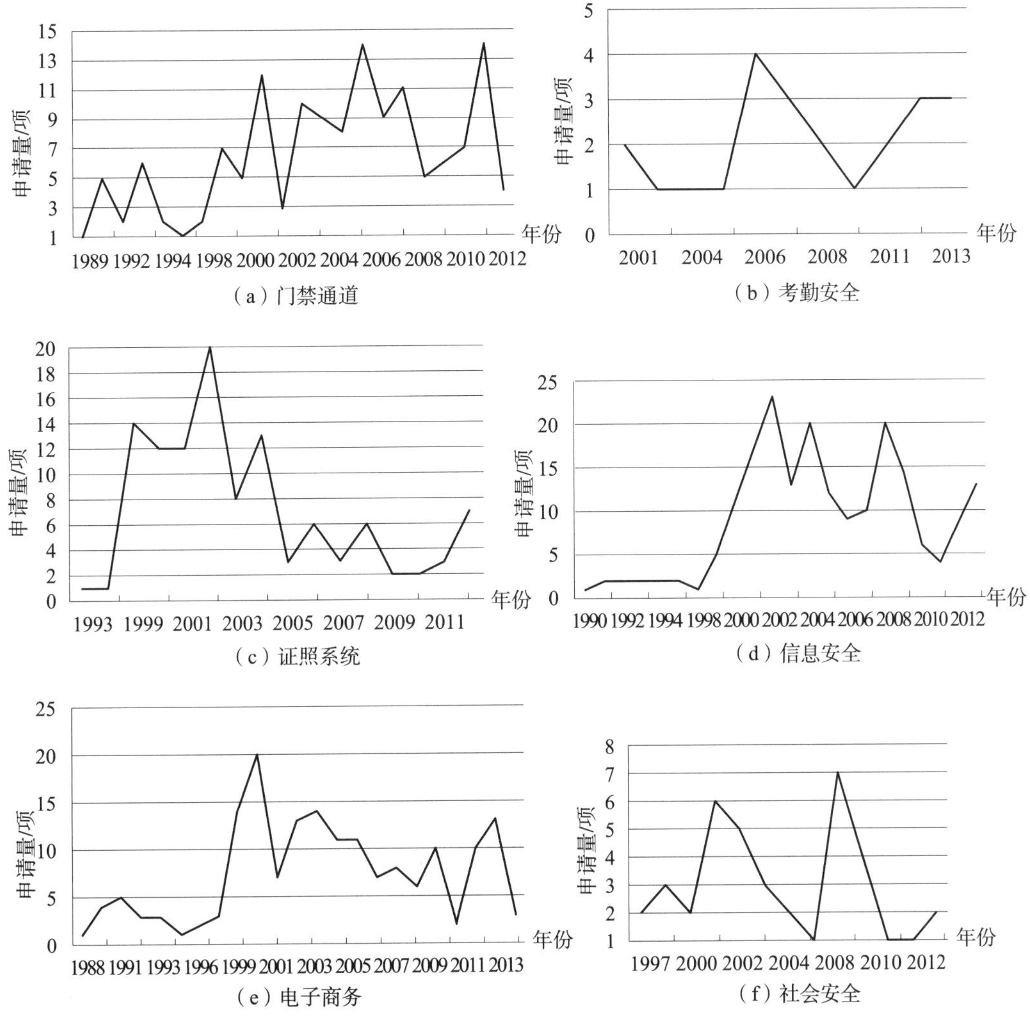

图 2-1-7　各领域虹膜识别专利申请趋势

2.2　重要申请人

在全球 2070 项的虹膜识别专利中，申请人及其申请量的分布如图 2-2-1 所示，排在前十位的分别是日本 OKI、日本松下、韩国 LG、日本富士通、中国中科院自动化所、日本索尼、美国霍尼韦尔、韩国 Iritech、韩国三星、法国莫弗以及美国 AOptix。

日本的 OKI 和松下关于虹膜识别的专利申请量排名分别位于前两名，而且其申请的数量也远远多余其他申请人。因此在第 5 章重点申请人分析中，首先选取了申请量居于首位的日本 OKI 公司。由于松下与 OKI 同为日企，二者具有一定的相似性，因此第二重要申请人分析选取了申请量位于第三的韩国 LG 公司。对于 OKI 和 LG 分别进行了专利申请趋势分析，技术分支、重点专利以及产品透视，并对二者在专利战略布局方面的异同进行了比较。具体分析内容参见第5章。

图2－2－2显示了虹膜识别重要申请人的国别分布，在该领域排名前11位的申请人中，日本申请人占到了65%，其次是韩国21%，美国7%，中国5%和法国2%。虽然虹膜识别的概念性专利和第一件系统专利都是在美国提出，但是由于虹膜识别对采集模组的要求较高，日本OKI、松下在采集设备方面的优势使其在获得了识别算法使用许可的基础上，进行了大量关于虹膜图像采集设备的专利申请。

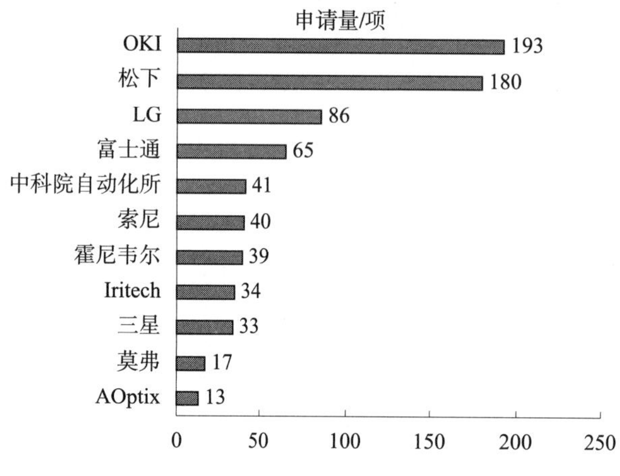

图2－2－1　虹膜识别重要申请人排名

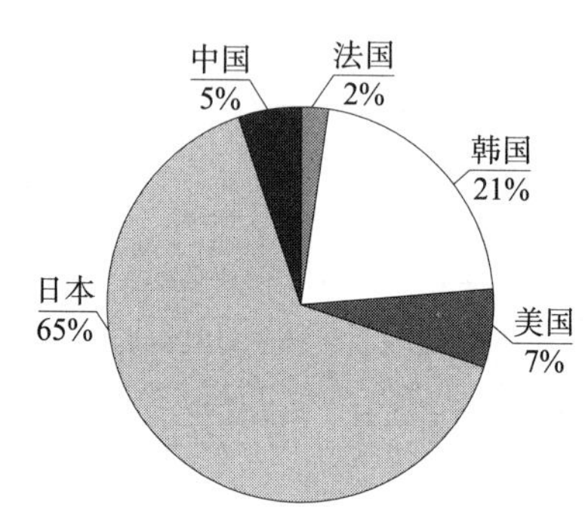

图2－2－2　虹膜识别重要申请人国别分布

2.3　重要发明人

任何一项专利申请文件中，发明人的信息是必不可少的。以发明人为入口进行专利分析，不但可以了解该技术发展的重要脉络，还能了解到发明人所属的研发团队的最新进展以及流动情况，为企业了解该技术的衍生和传承、研发动态提供重要的信息资讯。

虹膜识别领域重要发明人的提取主要通过以下几种途径：①通过虹膜识别技术发展脉络确定的重要发明人；②通过虹膜识别重要专利确定重要发明人；③通过检索获得的申请量较多的发明人。课题组充分考虑了这三种手段，对虹膜识别领域的重要发明人进行了检索，图2－3－1表示了该领域的17位重要发明人。

这17位发明人中，7位来自日本，分别来自松下和OKI，这两家也是日本企业中申请虹膜识别技术最多的两个公司；4位来自美国，其中Daugman博士为虹膜识别技术的创始人；3位来自韩国的LG（现为Iris ID）和Iritech，这两家公司也是韩国虹膜识别技术研发的最为重要的公司。还有2位来自中国，分别是中科院自动化研究所和中科虹霸，它们是国内首先进行虹膜识别并拥有自主知识产权的申请人。

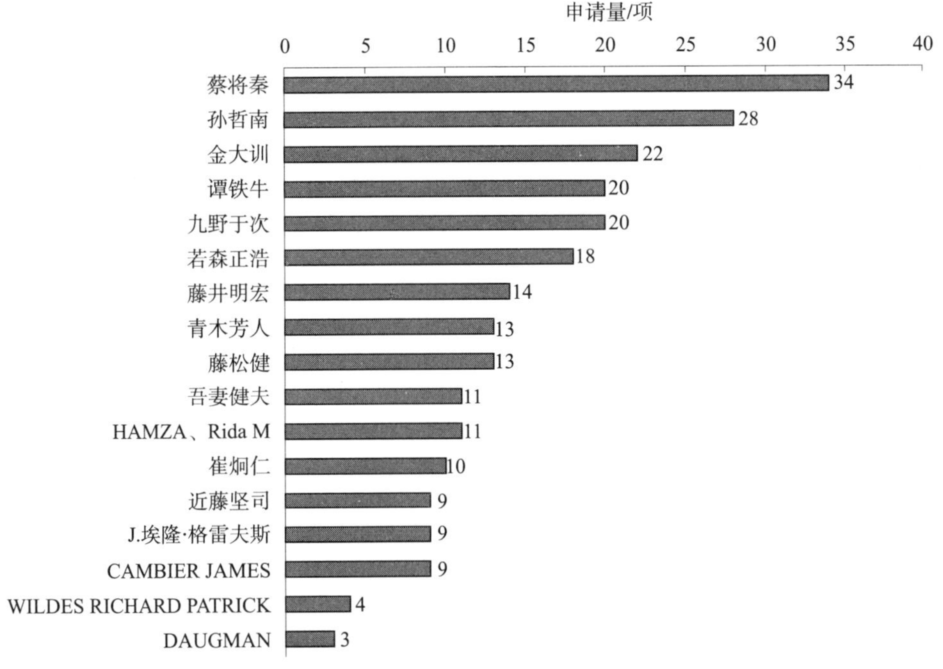

图 2-3-1　虹膜识别领域的重要发明人

2.3.1　蔡将秦

蔡将秦现为韩国 CMI 技术公司总裁，1977～1984 年就读于汉城国立大学，获得物理学学士，1985～1995 年在美国亚利桑那大学进行物理学博士后研究；1996 年 7 月～2008 年 3 月就职于 LG，从事 IrisAccess2200 和 IrisAccess4000 系统的研发并且获得成功应用。蔡将秦共申请虹膜识别专利 35 项，其中还包括了虹膜读取器的两项美国外观设计专利。具体情况统计如图 2-3-2 所示。

从图 2-3-2 可以看到，由于蔡将秦从 1996 年至 2008 年就职于 LG 电子，任 LG 电子虹膜识别部门负责人，因此在此期间作为发明人申请了大量的虹膜识别专利。2010 年蔡将秦离开 LG 成立 CMITEX 公司，因此也以该公司作为申请人带走了一批专利申请量，这也是 LG 在 2005 年以后申请量急剧下降的原因之一。蔡将秦在 CMITEX 公司共申请了虹膜识别方面的专利有 3 项。蔡将秦的专利申请还是以韩国申请居多，国际申请在美国、欧洲、日本均有布局。

图 2-3-3 是蔡将秦专利的技术功效图。由上述分析，可见蔡将秦的虹膜识别专利主要集中在虹膜采集设备和方法、活体检测以及虹膜图像质量评价方面，这也是其在 LG 从事了 13 年的虹膜识别产品研发的重要内容。由于识别算法的专利来自 Iridian 授权的核心算法，因此 LG 的虹膜识别专利均集中在虹膜图像采集处理方面。因此关于通过采集设备和检测方法来提高系统效果的专利占到了大多数，而关于采用虹膜活体检测方法来提高系统安全性的发明专利也有 5 项。目前 LG 最新的四代虹膜产品有

IrisAcess 7000，能同时获取双目虹膜图像，嵌入式智能卡读取器，而且可以自动调节采集高度、具有可视化用户接口和语音提示功能，就是集成了其 KR20020038162A 和 KR20020073653A 专利技术，可见其作为重要发明人在企业专利创新中的重要作用。

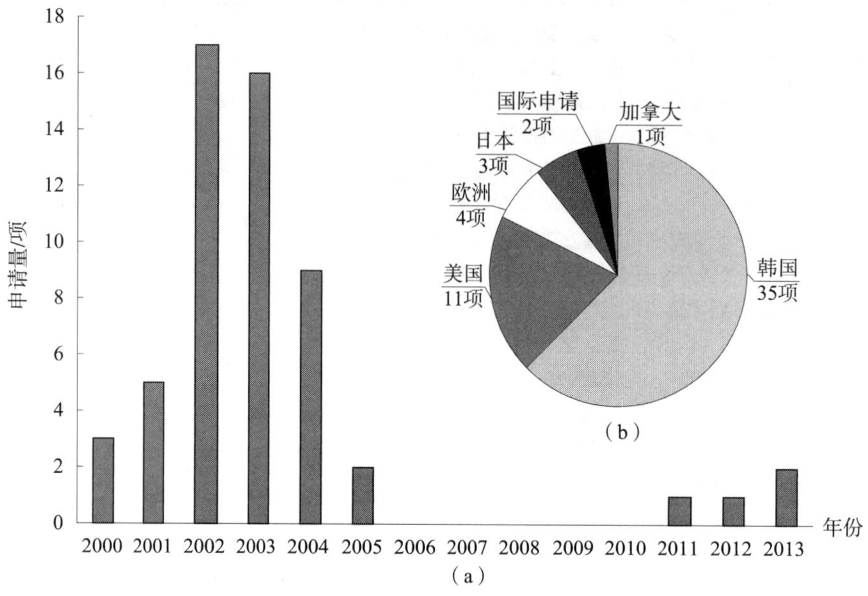

图 2-3-2　蔡将秦专利申请趋势和区域分布

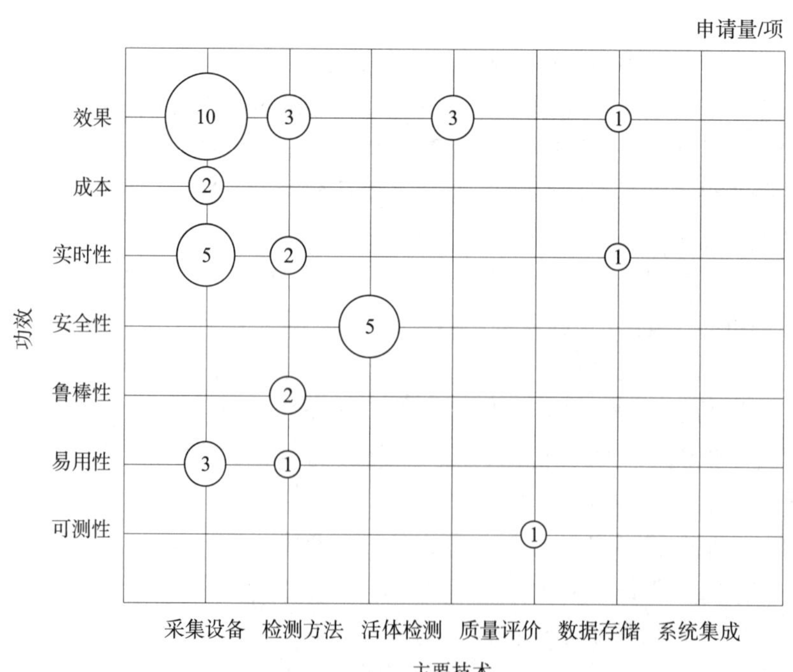

图 2-3-3　蔡将秦专利技术功效分布图

2.3.2　金大训

要对发明人金大训进行分析，需要先从 Iritech 谈起。Iritech 是韩国从事虹膜识别研发和系统集成的高新企业。与 LG 相比，Iritech 虽然没有雄厚的集团支持，但是作为虹膜识别技术的重要申请人和发明人，其在专利数量和专利布局方面均与实力雄厚的 LG 存在一定的竞争。因此，分析和了解 Iritech 的专利布局和运营战略，对我国从事虹膜识别研究的中小企业具有一定的借鉴意义。Iritech 总部在美国特拉华州注册成立，但是主要研发人员均为韩国人，金大训为总裁兼 CEO。Iritech 从 1999 年至今共申请虹膜识别专利 34 项，其申请分布年代如图 2－3－4 所示。

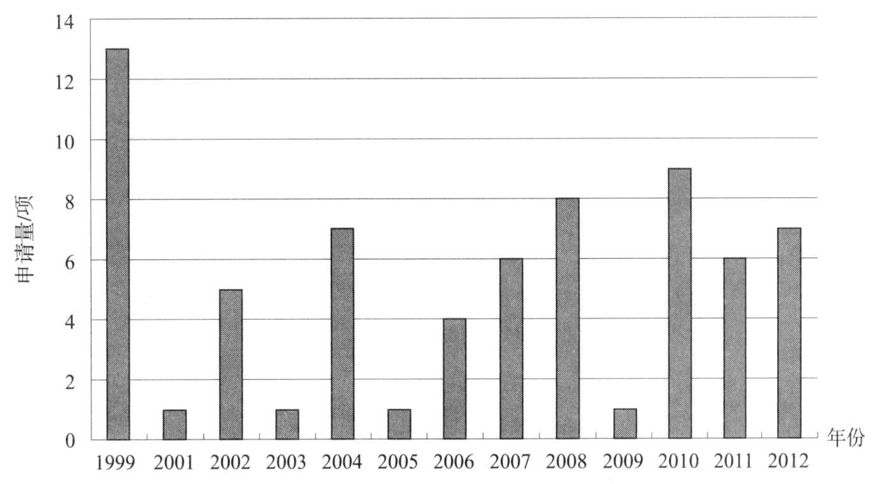

图 2－3－4　Iritech 历年专利申请量

Iritech 在成立初期，即采取了一种主动进攻式的专利战略布局，积极申请专利，进行“跑马圈地”式的专利布局。而在之后的每年中，均有一定的专利申请，也反映了该公司在技术更新和产品研发方面的持续性。从 Iritech 近期所申请的发明专利可以看出，该公司近期的研发重点是智能手机的安全性改善方面，即如何通过少量的硬件改进，使现有的智能手机能够进行虹膜识别。金大训及其公司 Iritech 在未来一段时间的另一个研发方向将是基于虹膜识别的适用于移动支付和云服务移动安全平台的设计。当将企业作为“云”，企业的职工在任何地方的任何设备上访问企业数据时，传统的密码管理形式给企业的数据安全管理带来极大风险，而现有的虹膜识别可以增加系统的安全性，这也是虹膜识别技术的一个发展方向，即云识别技术。

金大训博士在其早年做访问学者的时候就开始了关于虹膜识别的研究，截至本报告检索终止日（2014 年 4 月 30 日），其共申请虹膜识别专利 22 项，申请年份分布情况统计如图 2－3－5 所示。

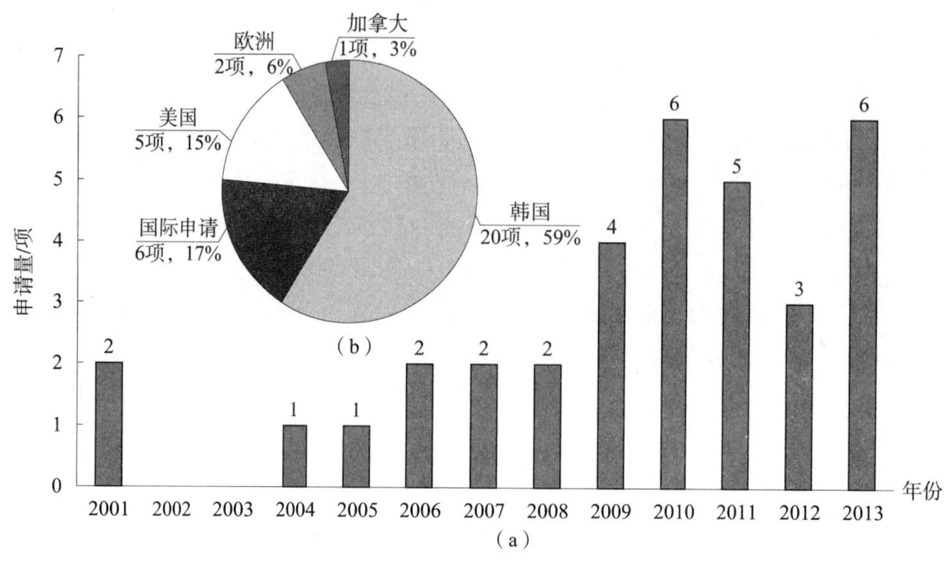

图2-3-5 金大训专利申请趋势和国别布局

对这22项专利进行技术研究，可以看出以金大训博士从2001年起一直从事虹膜识别技术研究。其在虹膜识别研发方面的领域较广，其发明专利涉及虹膜识别系统集成的占22%，虹膜特征提取占22%，采集模块占43%以及采集方法占13%。值得关注的是，金大训作为Iritech的总裁，其所申请的专利在很大程度上代表了该公司专利战略布局，Iritech虽然在美国特拉华州注册成立，但是主要研发人员均为韩国人，而其虹膜识别产品也是针对亚洲人种设计的，因此其专利除了在本国申请外，在亚洲国家中也进行了大量的申请，表明其对亚洲市场的重视程度在逐年增加。

金大训在采集设备方面的专利占了43%，可见关于采集设备发明的研发是其一个重要内容。摄像头一般分为注册用摄像头和认证用摄像头，Iritech的注册摄像头产品系列为IriMagic系列。该系列摄像头通过STQC鉴定采用双目摄像，目前在印度的UIDAI项目中广泛采用。在认证摄像头方面，产品系列为IriSheld系列，其能实现虹膜获取、产生模板并且在线匹配的功能，其具有内在基于PKI安全结构以保证数据的安全性，IriShield的费用较低，以芯片、OEM模块或其他用于需要的嵌入式形式进行销售。虹膜识别算法采用了金大训的专利技术，并在印度的BSP项目中应用了该算法。

金大训在印度申请专利的另一原因还在于其公司参与了目前世界规模最大的虹膜身份管理项目（Indian UID）。在该项目中，Iritech提供注册摄像头（产品系列IriMagic 1000BK），因此在印度进行专利布局势在必得。其在美国同时进行专利申请也是Iritech进行专利布局的一个方向，而且该公司的虹膜识别技术在US-VISIT飞行员训练中进行了应用。另外，金大训作为发明人分别于2010年与2011年在印尼有2项专利申请，表明金大训以及其作为总裁的Iritech未来一段时间内将进入印尼的虹膜识别市场。这2项专利也与该公司的一款产品Irimagic Series系列相对应。

另外，金大训作为发明人还申请了6项PCT申请，这6项PCT申请均进入印度，还有2项进入印度尼西亚，这表明未来一段时间Iritech将在东南亚地区进行虹膜识别行业的专利布局，而这6项专利也与该公司的一款产品Irimagic Series系列相对应。分析Iritech之所以进军印度市场的原因，主要在于印度目前有超过5亿的人口没有正式的身份证明，因此带来了例如无法领取国家津贴、银行开户、考取驾校等诸多问题，不利于社会的稳定发展。因此从2009年起，印度就酝酿着要对12亿民众配发专有的12位身份证号码，需采集所有人的虹膜信息，这独一无二的身份证号码将有助于福利支出的分发，为解决身份冒用阻碍国家发展的问题，也能让数亿穷人取得身份证明，从而得到银行开户或申请驾照。印度人口超过12亿，因此其启动的UIDAI项目（AadHar计划）目前是世界上最大的虹膜识别应用项目。印度前任总理辛格任命印度软件巨擘Infosys公司的前执行长尼勒卡尼主持该项目工程。现在已经完成了第2阶段的4亿人口的虹膜信息登记注册，届时将有近4亿的人口拥有和自己的生物特征相关联的认证信息，因此也为虹膜识别带来了巨大的市场前景。Iritech进军印度尼西亚等东南亚国家的原因在于其他东南亚国家也开展了生物特征识别方面的项目，一些也属于国家性的身份识别项目。另一方面，也有用于健康医疗、边境安检和移民检验的需求。另外，还有中东地区，如阿联酋是最早大规模启动虹膜边检的国家。墨西哥在2011年成为世界上第一个正式启用虹膜身份证的国家，普及的人口近1.2亿。这些都为虹膜识别的使用提供了广阔的空间。所以国内的虹膜识别企业也应该学习和借鉴Iritech的专利战略和发展模式，在占领行业先机的基础上，积极进行国际专利申请，进行海外专利布局，以提早进入这些对虹膜识别有大量需求的国家。

2.3.3 John Daugman

虹膜识别技术的创始人为John Daugman博士。John Daugman现为剑桥大学计算机视觉与模式识别教授，曾在哈佛大学获得学位并任教，还曾执教于荷兰格罗宁根大学数学与信息学学院与东京工业大学。John Daugman教授在剑桥大学的教学和研究领域涉及计算机视觉、信息理论、自然计算和统计模式识别。其为三个被授予欧洲发明奖的获奖人之一，2013年被永久选入美国国家发明人荣誉榜。1993年John Daugman提出了最早的一项高性能的虹膜识别原型系统的发明专利申请（US5291560A），该申请于1994年3月1日获得美国国家发明专利授权；同时该专利还拥有11件同族专利申请，分别在欧洲专利局、澳大利亚、日本、德国、韩国、西班牙、加拿大、奥地利、丹麦和中国香港提出。该专利为John Daugman作为发明人和申请人的第一项申请，也是虹膜识别技术历史上最为重要的一项专利申请，并且该专利已经在上述国家或地区获得发明专利权，部分专利权已经届满终止。John Daugman虽然被认为是虹膜识别的创始人，但是其申请的专利数量并不多，通过同族合并后，其申请的主要专利及其同族情况如表2-3-1所示。

表 2-3-1 John Daugman 申请的重要专利

公开号	US5291560A
申请日	1991-07-15
技术手段	采用 Gabor 小波滤波的方法编码虹膜的相位特征，利用归一化的 Hamming 距离实现特征匹配。依据为 Gabor 小波具有与人类简单视觉细胞相似的视觉特性，能够很好地分析现实世界中的各种模式，识别方法的优点是准确度和稳定度都较高，是一套完整的虹膜识别核心算法并成功开发出一个高性能的虹膜识别原型系统。目前大部分商用产品都是基于这个系统进行开发，包括具体步骤：（1）获取图像；（2）定义多个虹膜边界；（3）建立坐标系；（4）定义分析带；（5）分析图像数据；（6）提供辨识代码；（7）通过计算 hamming 距离比较代码；（8）辨识或拒绝目标并提供决策可信度。其采用的是圆模板匹配方法；前期的虹膜定位需要的时间较长
重要附图	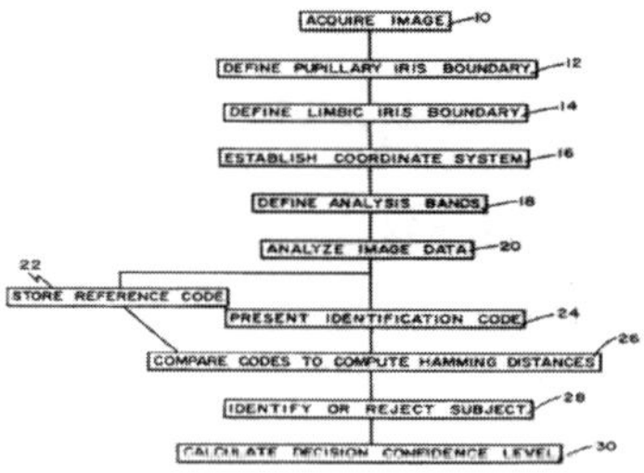 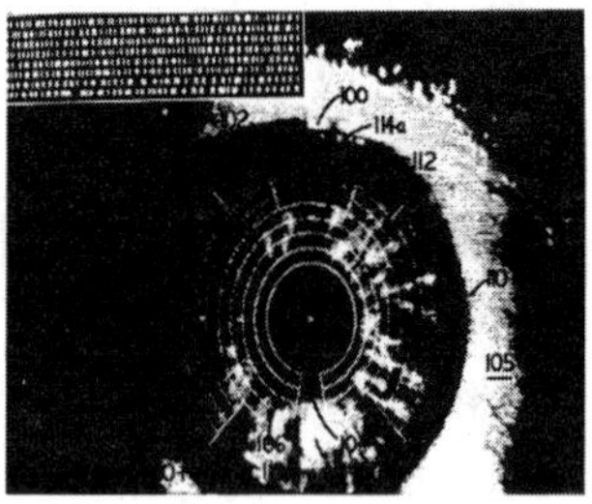
同族专利	EP0664037B1；WO9409446A1；CA2145659C；DE6923231D1；DK92921735T；AU2808092A；HK98114161A；AU5277898A；ES2168261T
公开号	US6753919B1
申请日	1999-11-24
技术手段	一种虹膜图像的快速聚焦评估系统和方法，包括一种手持式的虹膜图像采集仪，与 PC 或笔记本相匹配的单独被选择的视频帧以较低的数据速率传输，提高了手持式虹膜采集仪的灵活性和多功能性，可自动调节光学图像的焦距。通过传统的核变换方法进行卷积，确定谱能量信息，然后基于确定的普能量，用焦距的 score 来表示图像焦点
重要附图	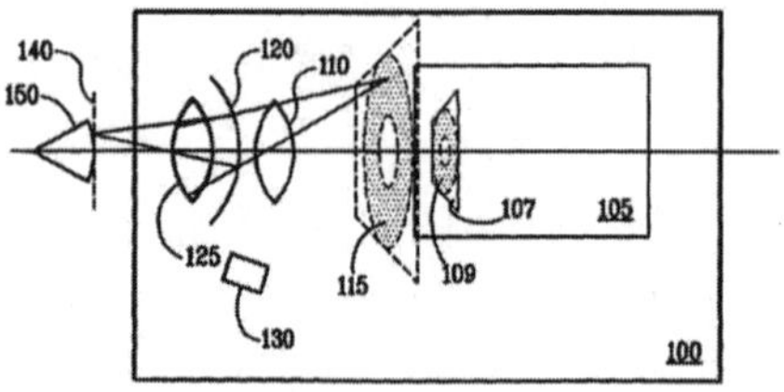
同族专利	AU1745000A；DE699426D1；CA2372124C；EP1171996B1；WO0033569A1

续表

公开号	US2004193893A1
申请日	2001-05-18
技术手段	提供了一种利用生物数据进行身份认证的方法，首先对预先的生物特征模板进行变换；然后对变换后的模板进行存储，将获取的模板（BT）和存储的模板（TF）进行比较
重要附图	IRIS IMAGER 702 PROCESSOR 704 DATA STORAGE 706
同族专利	EP1402681A2；WO02095657A2；US2006235729A1；JP2004537103A；AU2002339767A1；CA2447578A；KR20040000477；AU20022339767A1

2.4　重要专利

2.4.1　确定重要专利的考虑因素

在确定某一领域重要专利时应该考虑如下因素。一是从技术价值层面，主要考虑的因素包括：①被引用频次；②技术发展路线关键节点；③重要申请人的专利；④重要发明人的专利；⑤同族专利数量。二是从经济价值层面，主要考虑：专利许可情况和专利实施情况。

关于同族专利的数量：由于专利保护的地域性和“早期公开、延迟审查”的专利审批制度，形成了一组由不同或相同国家出版的内容相同或基本相同的专利文献。由至少一个共同优先权联系的一组专利文献，称为一个专利族。在同一专利族中每件专利文献被称作专利族成员，同一专利族中每件专利文献互为同族专利。专利族大小指同一个发明在不同国家获取专利或提交专利申请的数量，或者说申请人就同一个发明寻求专利保护的国家的数量。由于随着寻求保护国家数量的增加，专利成本也在增加，申请人更加愿意为具有经济价值的、高技术质量的发明付出这样的代价。同时，向其他国家申请专利意味着申请人判断该发明可能具有国际竞争力。如果该申请最终能被多国授予专利权，说明该发明经得起多方考验，具有较高的经济价值和技术价值。因此，专利族的大小同时反映了发明的经济重要性和技术重要性。一件专利只有在其申请的国家中才能获得保护，如果在多个国家申请专利的话，费用会很高。因此，如果一项技术申请了大量同族专利，从一个侧面反映出这项技术的重要程度，还可以借助专利族的大小确定技术领域的核心专利。因此同族专利的数量是衡量重点专利的一个重要指标。❶

关于专利引用频次：通过研究专利之间的引用关系及规律，对于揭示专利技术之间的知识关联，发现潜在或明晰的竞争对手，制定知识产权战略有重要的指导意义。专利引证与文献引用非常相似，是指在一件专利中，一件专利引用其他专利的情况。如果一个在先专利多次被在后申请的专利大量引用，可以表明该在先专利在该领域较为先进或较为基础。引证率较高的专利技术很可能涉及的是该领域的核心技术。而拥有被引证频次高的专利的公司也比其他竞争者或同行在技术上更为领先，处于产业的强势地位。❷

引证分析通常又包括专利自引证和专利他引证。其中专利自引证是专利引证分析的一个常用指标，是指某项专利的专利权人在所有引用该专利的后续专利中所占比例。如果自引率较高，说明该专利权人对该项技术非常重视，继续投入研发期望保持其在该领域的地位。如果自引率较低，则说明没有形成很好的技术保护策略，技术优势很有可能已经流失到其他公司。

专利他引证又包含了如下两种情况：一种是有专利发明人撰写专利说明书时，为了说明发明创造的背景技术，而列出的一些与本申请有关的其他专利，通常这些专利的申请号或者公开号包括在本专利的说明书正文部分。而另一种是指专利审查员在审查一份新的专利申请时，对现有技术进行新颖性或创造性检索评价时所给出的参考文献，通常这些参考文献出现在各国专利审查员所作出的检索报告或说明书扉页中。由于专利审查员的引证是在进行了对各国专利数据库的检索和分析的基础上作出的，因此更具权威性和准确性。在对虹膜识别进行重要专利引用频次分析时，综合考虑上述情况，课题组在EPODOC数据库中检索时考虑了如下字段：①CT：检索报告中引证的专利；②EX：在审查时引证的专利；③RF：申请人所引证的专利；以及④RFAP：申请人所引证的申请文件。

但是，在对专利被引频次分析时，课题组发现其存在如下问题：越早发明的专利被引时间跨度越长，因此在数量上随着时间的推移而逐渐增多。而较新专利由于被引证记录才刚刚开始，虽然其涉及的技术也很重要，但是表现出来的被引证频次不一定多。因此将不同时期的专利被引次数直接相比是不合理的。❸ 在虹膜识别技术专利被引频次分析中所用到的引证分为总被引频次与年均被引频次。总被引频次是指单纯地从

---

❶ 孙涛涛，唐小利，李越．核心专利的识别方法及其实证研究［J］．图书情报工作，2012（04）：208－215.

❷ 陈颖．专利分析工具的引文分析功能比较研究［J］．医学信息学杂志，2011，32（9）：38－43.

❸ 彭爱东．基于同被引分析的专利分类方法及相关问题探讨［J］．情报科学，2008，26（11）：1676－1680.

专利被引数量方面的统计，而年均被引频次是指某项专利自申请至今平均每年被引用的次数，它可以修正由于年份差异带来的误差，因而也更具说服力。

2.4.2　虹膜识别的重要专利

本小节结合虹膜识别技术发展脉络，着重分析如何确定虹膜技术从起源到现在的一些重要专利。1987 年眼科专家 Aran Safir 和 Leonard Florm 首次提出利用虹膜图像进行身份自动识别的概念。1991 年美国洛斯拉莫斯国家实验室的 Johson 发明了迄今文献记载最早的一个自动虹膜识别应用系统。1993 年剑桥大学的 John Daugman 教授提出了完整的虹膜识别核心算法并成功开发出一个高性能的虹膜识别原型系统，目前大部分商用产品都是基于这个系统进行开发。1994 年 Richard Wildes 成功研制出了基于虹膜图像的自动身份认证系统。前述为虹膜识别技术脉络。在虹膜识别专利中，确定重要专利的过程如下：①对全球虹膜识别专利进行检索；②确定引用频次在 50 次以上的专利；③对进入国家数量的多少进行统计，按照由多到少排序；④统计作为 X、Y 类对比文件被引用的次数。

通过统计分析虹膜识别领域专利的被引证总次数，平均引证次数以及同族数量的加权，课题组提出了一种专利重要性评价指标 PII（Patent Important Index）的最新计算公式。通过公式 2－4－1 所获得的 PII，不但考虑了一份专利总引证次数、平均引用次数，还考虑了同族信息，将三个指标在一个计算公式中进行加权处理，由于每个指标的数量级不同，在评估前，还需要对各指标进行归一化处理，即

$$F_i = \frac{f_i - f_{i,\min}}{f_{i,\max} - f_{i,\min}} (i = 1,2,3) \qquad \text{（公式 2－4－1）}$$

$$\mathrm{PII} = k_1F_1 + k_2F_2 + k_3F_3$$

其中，f_i（$i=1，2，3$）分别表示了某一项专利的引证总频次、平均引证频次和同族数量，$f_{i,\min}$和$f_{i,\max}$分别表示了全球虹膜识别专利中引证总频次、平均引证频次和同族数量的最小值、最大值；k_1、k_2 和 k_3 分别表示对引证总频次 F_1、平均引证频次 F_2 和同族数量 F_3 的加权值。本报告的研究中，上述三个加权值分别选为 0.3、0.4 和 0.3，也可以选取其他形式的加权参数。还可以根据申请日的早晚对加权值的大小进行调节，以均衡申请日对引证文献数量的多少所造成的影响。通过上述方法分析得出的虹膜识别重点专利如表 2－4－1 所示。

表 2－4－1　虹膜识别重点专利

排名	专利号	公开日	引证频次	平均频次	同族数/项	是否进入中国
1	US5291560A	1994－03－01	419	20.95	9	HK98114161A
2	US6714665A	2004－03－30	143	14.3	20	否
3	US5751836A	1998－05－12	185	11.56	17	CN1160446A
4	US4641349A	1987－02－03	280	10.37	8	否

续表

排名	专利号	公开日	引证频次	平均频次	同族数/项	是否进入中国
5	US6247813A	2001－06－19	93	7.15	17	CN1300407A
6	US6526160B1	2003－02－25	66	14.3	3	否
7	US2006147094A	2006－07－06	45	5.63	2	否
8	US5956122A	1999－09－21	83	5.53	1	否
9	US5901238A	1999－05－04	82	5.47	1	否
10	US5016282	1991－05－14	87	3.78	9	否

以下将对这十项重点专利进行介绍，前五项重点专利均涉及对其专利的引证频次变化趋势和对其专利引证申请人的分析。通过分析，可以看到该项专利的变化趋势以及哪些申请人在关注和引用该项专利技术，并围绕该项专利技术进行了外围的专利布局。

（1）US5291560A（申请日：1991－07－15，授权日：1994－03－01）

该专利属于虹膜识别系统应用的最早申请，申请人为John Daugman博士，受让人为IriScan（现已被法国莫弗公司收购）。

在US5291560A中，John Daugman提出了一种搜索虹膜的中心和半径的方法来定位虹膜的边缘，其思想就是在虹膜图像中一定的区域内以一个圆形边缘探测器反复寻找虹膜的内外边缘，直至找到最佳匹配的两个圆。该算法的速度很大程度上依赖于对虹膜图像库的先验统计信息。另一个影响因素是算法先大致确定瞳孔的圆心区域，由该区域的点组成瞳孔圆心的候选集，以候选集的每一个点为圆心，沿半径方向搜寻圆形模板，这是一个很耗时的搜索过程。而候选点集的准确性和大小也决定了算法的速度。

John Daugman首先通过圆形模板来检测虹膜的内外边界，然后应用2－D Gabor变换将经过预处理的虹膜图像进行滤波，并映射到一个虹膜代码（Iris Code），最后利用归一化的Hamming距离来实现虹膜特征匹配，通过和设定阈值的比较，最终实现识别认证。下面通过采集装置和识别算法两部分对该专利进行介绍。

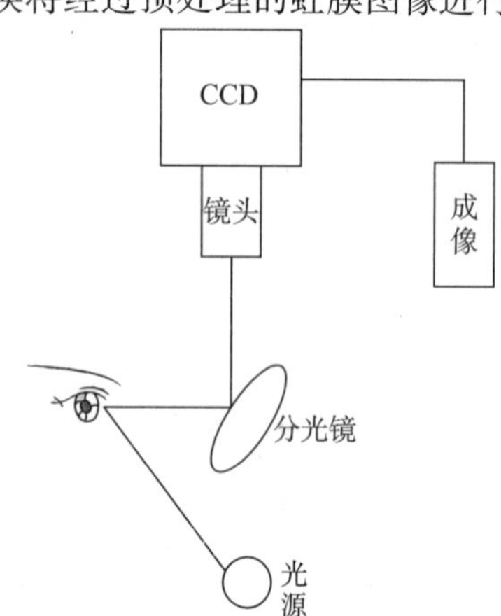

图2－4－1　US5291560A系统结构图

A. 采集装置

John Daugman采集的虹膜图像，直径值一般在100～200个像素点。采集距离范围是15.46厘米。镜头焦距为330毫米。采集装置如图2－4－1所示。

该装置主要有五部分组成分别是光源、光束分离器、图像采集设备、帧接收器和LCD显示器。该采集装置的整个采集流程如下：光源照射至人眼后，人眼将虹膜纹理信息反射给光束分离器。然后光束分离器将虹膜图像再次反射给图像采集设备。图像采集设备再将采集到的虹膜图像转变成电信号传递给帧接收器，当帧接受器接收到后，经过简单的处理，再将虹膜图像输出到 LCD 显示器上。这样人就可以通过液晶显示器自己调节位置，以达到最好的采集效果。

B. 识别算法

John Daugman 采用的是积分微分圆检测算子，进行虹膜的精确定位的。算子如公式 2－4－2 所示：

$$\max(r,x_0,y_0)\left|G_\sigma(r)\times\frac{\partial}{\partial r}N_{r,x_0,y_0}\frac{I(x,y)}{2\pi r}ds\right|,G_\sigma(r)=\frac{1}{\sqrt{2\pi r}}e^{\frac{(r-r_n)2}{2\sigma^2}} \quad (公式 2-4-2)$$

G_σ（r）是起平滑滤波作用的高斯算子，I（x，y）代表图像在横坐标 x，纵坐标为 y 的像素的灰度值。2πr 用于归一化。该算子通过计算图像 I 轮廓积分偏导数最大值，从而获取图像中心坐标及半径信息。

从原始虹膜图像中切割出虹膜特定区域后，John Daugman 利用 2D－Gabor 滤波器提取的特征来表示虹膜图像。

$$h\{R_e,I_m\}=sgn\{R_e,I_m\}\iint_{\rho\,\phi}I(\rho,\phi)G(\rho,\phi)\rho d\rho d\phi \quad (公式 2-4-3)$$

其中 I（ρ，ϕ）表示归一化图像，并且其平移、尺度不变系，以保持原有虹膜特征不变异。而 G（ρ，ϕ）则代表 2－D Gabor 的极坐标形式，其形式如下：

$$G(\rho,\phi)=\exp\{-[(r_0-\rho)^2/\partial^2+(\theta_0-\phi)^2/\beta^2]\}\times \exp[-i\omega(\theta_0-\phi)] \quad (公式 2-4-4)$$

编码后，虹膜的特征信息被 2048 个 0，1 序列表征。最后，利用 Hamming 距离作为度量标准进行匹配。该专利技术直到现在还一直被认为是虹膜识别开创性的关键技术，也一直受到了本行业的极大关注，该专利授权至今的 20 年来，累积引证次数 419 次，图 2－4－2 显示了对该专利技术的引证趋势以及引证申请人的统计。

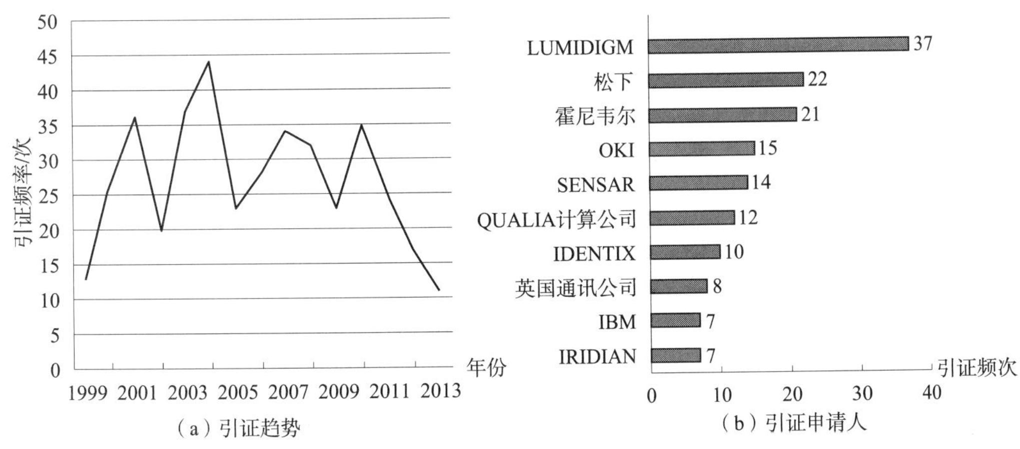

图 2－4－2　US5291560A 的引证趋势及引证申请人

从图 2－4－2（a）的引证趋势可以看出，在虹膜识别的快速发展期（1992～2002 年）以及技术调整期（2003～2010 年），该专利引证频次最高达到 44 次/

年。从图2-3-2（b）的引证申请人排名可以看出，对US52915160A引证最多的公司为美国LUMIDIGM，该公司一直从事生物特征传感器的研发，近年来在虹膜采集传感器方面投入了大量的研发精力，因此其关于虹膜识别方面的专利对US52915160A引用次数较多。另外松下、霍尼韦尔紧随其后，也说明了该公司对虹膜识别专利布局的重视。

（2）US6714665A（申请日：1996-12-03，授权日：2004-03-30）

该专利的受让人为Sarnoff公司，发明名称为：一种基于WFOV和NFOV图像拾取器的全自动虹膜识别系统。如图2-4-3所示，该系统具有一个广角图像拾取器用来获取一个场景图像和一个眼睛位置图像，还有一个窄角图像拾取器用于获取具有更高分辨率的虹膜图像。

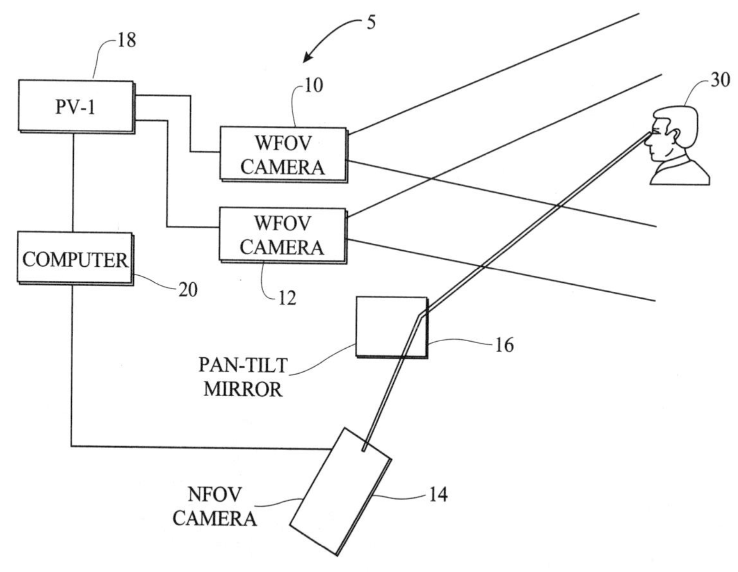

图2-4-3　US6714665A系统结构图

该专利具有20件同族申请，而且授权至今10年来，累积引证次数也达到了143次，图2-4-4显示了对该专利技术的引证趋势、引证申请人分布情况。

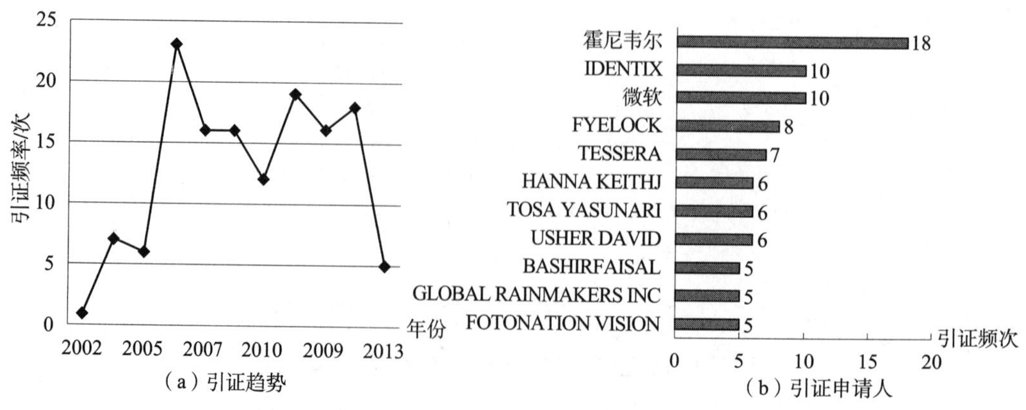

图2-4-4　US6714665A的引证趋势及引证申请人

通过上述分析可以看到，霍尼韦尔对该项专利技术引证次数达到18次，表明该公司近年来会在虹膜识别领域中进一步开展其研发工作。而且该公司近年来申请了2件最新的关于虹膜识别的专利：发明名称为“虹膜识别方法和系统”的US2012314913A1和发明名称为“虹膜识别系统的质量驱动图像处理”的US2012/0321142A1。

（3）US5751836A（申请日：1996－09－27，授权日：1998－05－12）

该专利的受让人也是Sarnoff公司，发明名称为：自动无侵害的虹膜识别系统和方法。第一发明人为Richard Wildes。Richard Wildes现为美国麻省理工学院的教授，其于1997年提出了一种基于Hough变换的方法来定位虹膜边界，首先对虹膜图像进行边缘检测，通过对图像的缩放和旋转变化，将采集的图像 I_a（X，y）和参考图像 I_d（X，y）进行匹配，使得 I_a 图像上的图像灰度值和 I_d 的灰度值相接近，而后利用等方向性的高斯拉普拉斯滤波器分解图像。分类器使用的是Fisher线性判据，这种方法的优点是稳定性相对较高，缺点则是耗时长，且容易受到虹膜上环状的“神经环”影响。但是Hough变换具有四个明显的缺点：第一，Hough变换的计算量很大，因为每个边缘点必须投影到参数空间的曲面上，是一对多的投影。第二，运算时占用内存大。第三，提取的参数受参数空间的量化间隔影响。第四，要求二值图像在参数空间进行全空间投票，才能得到虹膜内外边缘的参数。因此，算法对选取二值图像的阈值要求严格，选取得好才能产生足够但又不过多的边缘点进行投票。Richard Wildes虹膜识别系统的设计比John Daugman虹膜识别系统的设计较复杂。下面也将从采集装着和识别算法两部分进行分析。

A. 采集设备

Richard Wildes的采集装置如图2－4－5所示。该装置主要有环形偏光镜，80mm焦距的定焦镜头、光源、摄像机、漫反射体、帧接收器等。该采集设备需要被采集者在距镜头20cm处采集，得到的虹膜图像直径在256个像素点左右。Richard Wildes设备为被测试者提供了一个十字线，被测试则可以根据十字线及一些相关的东西确定好自己的位置，然后，按下一个按钮，自行完成图像采集。

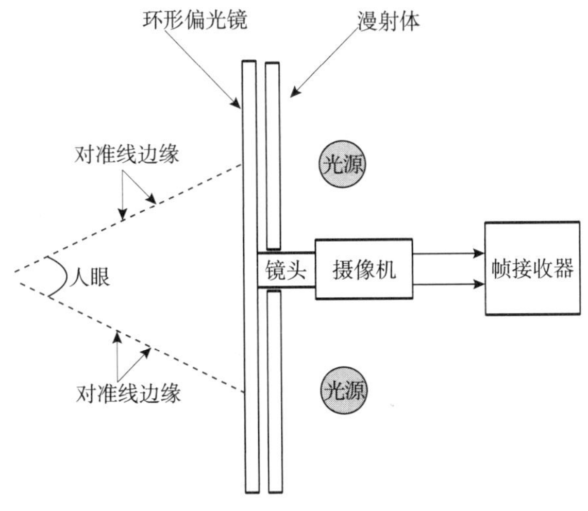

图2－4－5　US5751836A 系统结构图

B. 识别算法

首先利用经验值，设置好灰度边界阈值，然后将图像进行二值化。然后计算并寻找图像的梯度最大值的像素集合，从而确定边缘。最后，通过 Hough 变换，确定最终的虹膜中心，以及内外边缘半径参数。在提取虹膜特征时，该算法利用滤波器如下所述：

$$G(\rho,\delta) = \frac{1}{\pi\delta^4}\left(1 - \frac{\rho^2}{\delta^4}\right)\exp\left(-\frac{\rho^2}{\delta^2}\right)$$

对图像做4级 Gauss－Laplace 塔式分解，分解后得到四幅图像；然后，用分解后的塔式分解系数作为特征。最后，对此系数再作归一化，对每级 Gauss－Laplace 塔式分解后得到的归一化系数以 8×8 为单位，取其中值作为系数。这样得到四级特征值，最后采用 Fisher 线性分类判别器完成类别划分。

该项专利技术被认为继 John Daugman 博士所申请的 US5291560A 后，虹膜识别领域的又一项最重要的专利技术。累计引证频次 185 次，年平均引证次数 11.56，具有 17 项同族申请。图 2－4－6 显示了对该专利技术的引证趋势、引证申请人统计状况。

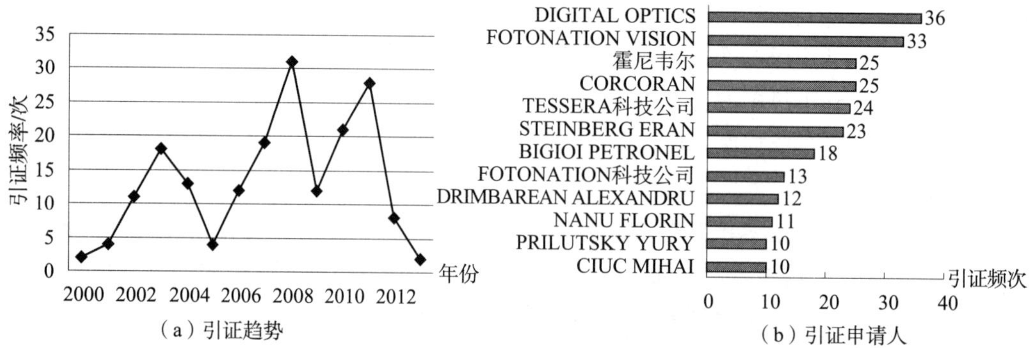

图 2－4－6 US5751836A 的引证趋势及引证申请人

根据图 2－4－6（b）所示，引用该专利最多的公司为 DIGITAL OPTICS 公司，该公司专利技术集中在对相机图像进行数字处理方面，多数用于消除红眼现象，但是眼部检测技术专利较少，对 Richard Wildes 专利的重视也表明了该公司将利用其已有的图像数字处理的技术在虹膜识别领域进行专利布局。

（4）US4641349A（申请日：1985－02－20，授权日：1987－02－03）

图 2－4－7 为该专利的系统结构图。该专利的发明人为 Leonard Flom，该项专利为虹膜识别的最早概念性专利。其与 John Daugman 博士的 US5291560A 相比，该专利虽然没有涉及具体的虹膜识别系统的设计问题，但是提出了可以使用虹膜进行身份识别的概念，因此也被认为是虹膜识别领域开创性的专利之一。该专利自 1987 年 2 月 3 日授权以来，累计引证频次 280 次，具有 8 项同族申请，同时该专利也受让给了 IriScan。IriScan 利用 US4641349A 和 US5291560A，对其他采用虹膜进行身份识别的公司进行了大量的专利诉讼和专利许可，实现了其专利效益的最大化。

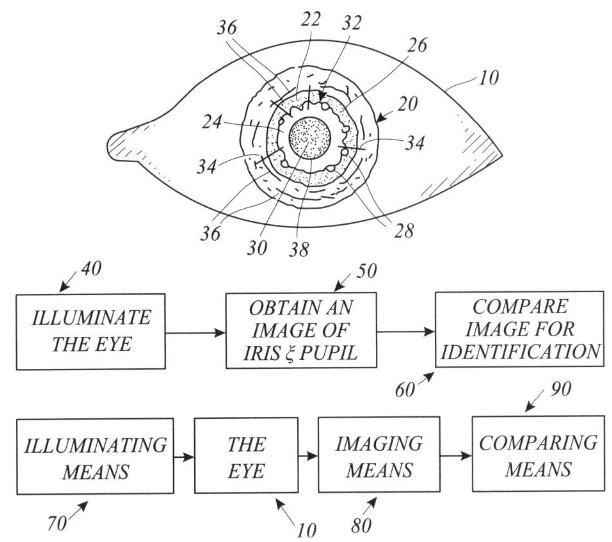

图 2-4-7 US4641349A 的系统结构图

图 2-4-8 显示了对该专利技术的引证趋势和引证申请人分布。

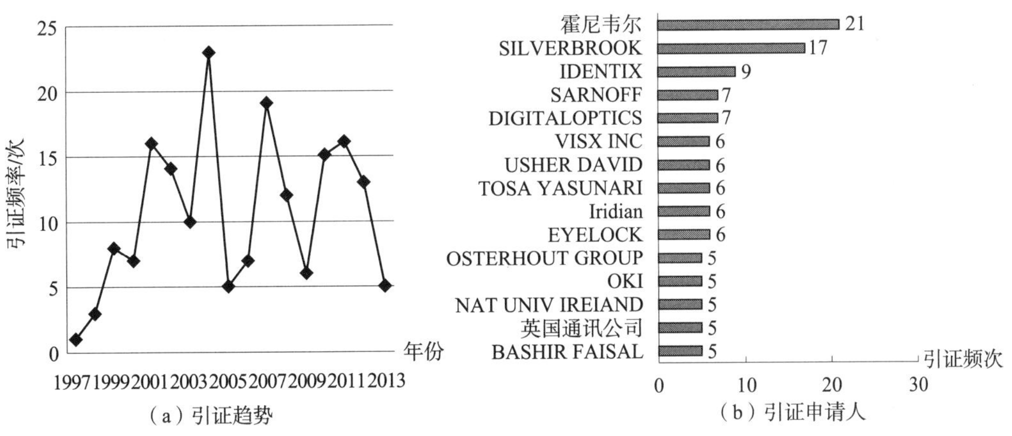

图 2-4-8 US4641349A 的引证趋势及引证申请人

(5) US6247813A（申请日：1999-11-04，授权日：2001-06-19）

该专利的发明人为韩国金大训（KIM DAE HOON），受让人为韩国 Iritech。该专利具有虹膜识别活体检测部分。系统特征在于有一包括抓取虹膜图像以建立虹膜图像信号的照相机的虹膜图像获取单元。虹膜图像获取单元由控制单元操作，其接口连接有数据处理单元用于将输入的图像信号预处理为处理后信号。处理后数据由从参数组中选择的一系列的用于虹膜识别的一个参数所表示，此参数组包括：①采用频率变换方法的虹膜纤维结构的密度和结构；②瞳孔反射；③瞳孔的形状；④自主神经环反射；⑤自主神经环的形状；⑥暗点的存在；⑦暗点的位置和⑧暗点的形状。控制单元可操作用于将处理后数据同参数比较以判断是否表示有匹配的识别确认。该专利之所以也能够成为虹膜识别的重点专利，近年来累计引证频次达 93 次，年平均引证频次 7.15，同时也具有 17 件同族申请。图 2 -4 -9 显示了对该专利技术的引证趋势、引证申请人的分析。

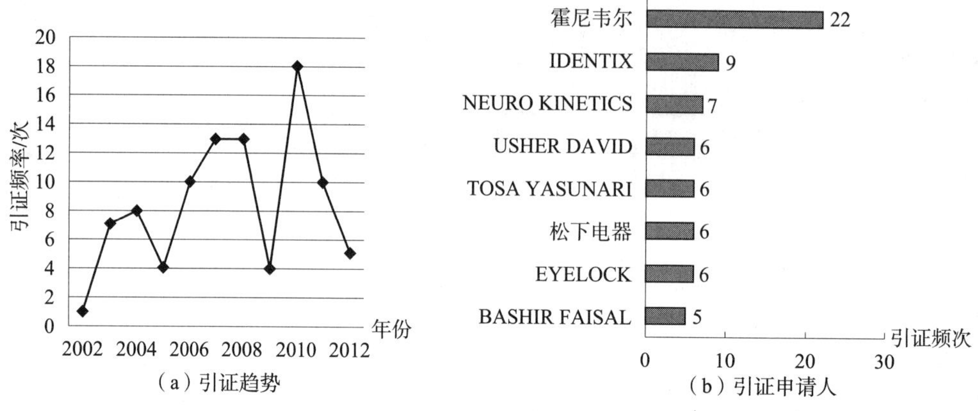

图 2 -4 -9　US6247813A 的引证趋势及引证申请人

（6）US6526160B1（申请日：1999 -07 -09，授权日：2003 -02 -25）

该专利的申请人为日本媒体技术公司，该项专利能够极大减少从虹膜图像拾取装置到产生虹膜识别码的时间，简化系统。目前该专利还处于有权状态，该专利累计引证频次 66 次。

（7）US2006/147094A（申请日：2004 -09 -08，公开日：2006 -07 -07）

该专利的发明人为韩国人 Woong - Tuk Yoo，该专利授权时间较短，总引证频次 45 次，但年平均引证 5.63 次。该专利提供了一种瞳孔检测方法和用于虹膜识别的形状检测方法，还包括了一种虹膜特征提取装置和方法以及使用该方法的虹膜识别系统。通过以下步骤检测瞳孔位置：1）将来自眼睛的图像作为两个参考点进行光源检测；2）确定位于瞳孔和虹膜之间的第一边界点；3）确定第二边界点；4）基于重合点的中心，通过获得的圆半径和中心点坐标确定瞳孔的位置和大小。

（8）US5956122A（申请日：1998 -06 -26，授权日：1999 -09 -21）

图 2 -4 -10 为该专利的系统结构图。该项专利的发明人为 Rodney Doster，专利受让人为美国 Litton 系统公司。虽然该公司在美国的虹膜识别行业中不占很重要的位置，但是该项专利的累计引证频次达到了 83 次，而年平均为 5.53 次，这是因为该专利首次将虹膜识别的近距离识别扩展到了远距离识别，并应用于机场、车站或 ATM 等，不需要复杂的图形模式识别软件以从混杂的可见光图像中提取人脸图像，使得个体识别变得更为简易。

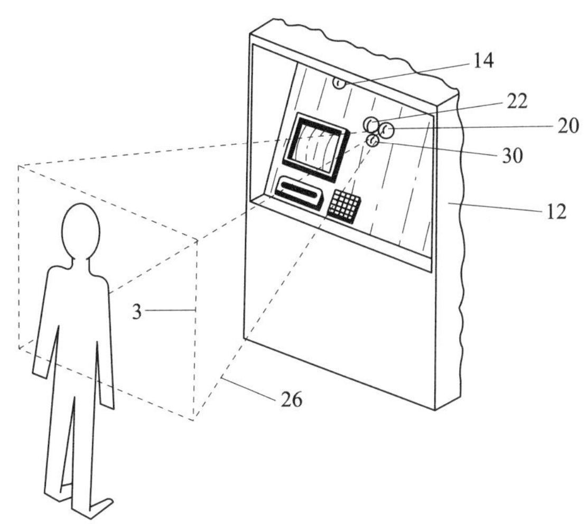

图 2－4－10 US5956122A 的系统结构图

（9）US5901238A（申请日：1997－02－07，授权日：1999－05－04）

图 2－4－11 显示了该专利的系统结构图。该项专利的申请人为日本 OKI，涉及一种虹膜识别系统。该系统使用虹膜对客户进行识别，在提前注册的虹膜数据和获取的虹膜数据之间提取匹配的字节，将提取的字节和已经注册的虹膜数据进行比较以增加对客户辨识的准确度。

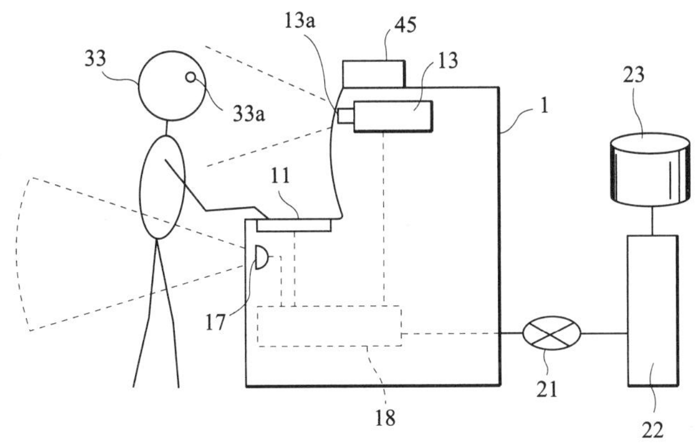

图 2－4－11 US5901238A 的系统结构图

（10）US5016282（申请日：1989－07－12，授权日：1991－05－14）

该专利发明人为日本通讯系统研究实验室的 Akira Tomono。该专利技术提供了一种从少量和低热系统利用非可见光进行特征检测的方法，能通过智能视觉通信系统的人机交互功能，有效利用人体和眼睛的位移，降低热能的产生，增加眼部图像特征相对于背景的信噪比。

2.5 虹膜识别技术发展路线

通过对虹膜识别全球专利进行检索分析，对该领域的重要申请人、发明人以及重点专利的梳理。可以得出如下结论，随着虹膜识别技术的发展，整个行业的发展趋势呈现从近距离到远距离，从静态到动态，从主动到被动的三维发展模式，如图2-5-1所示，而每一个重要节点的发展都有专利技术在引导着该行业的技术发展和进步。

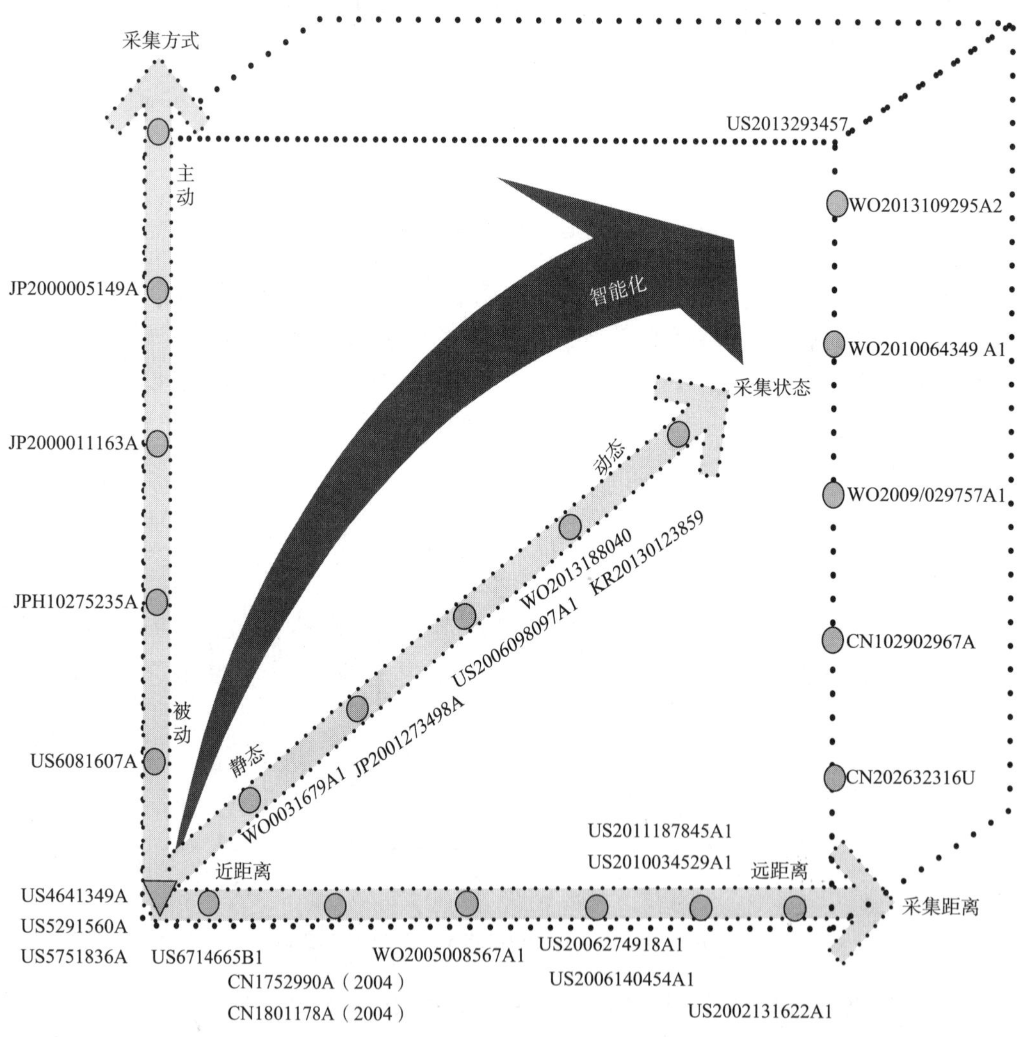

图2-5-1 虹膜识别技术发展路线

虹膜识别的整体发展趋势呈现出如图2-5-1所示的多角度发展模式，从采集距离的角度，由早期的接触式到中期的近距离，发展到现在和未来的远距离识别，从静态配合式采集到动态非配合式采集，整体趋势朝着用户接口更加友好、智能化发展。根据对虹膜识别的全球专利的整体态势和应用领域分布态势的分析，本课题确定了将移动设备虹膜识别和远距离虹膜识别作为两个重要技术点进行研究，这不但是整个行业的发展趋势所致，而且也是经过了大量的企业调研所获得的企业需求。

（1）移动设备识别

虹膜识别技术的首要研究发展方向就是与移动计算技术应用的结合。近年来，移动应用正在成为新经济发展的主要推动力和主要增长点，移动应用的发展意味着工作方式和生活习惯的又一次改变。商务活动离不开交易，身份认证则是决定网上交易能否达成的关键，基于虹膜识别的身份认证技术将在这一移动应用领域大显身手，模块化虹膜识别产品是一个重要的发展方向。移动身份认证是移动应用的关键技术，传统身份认证技术的脆弱性已成为现有电子商务等应用的发展障碍，移动应用对身份认证的可靠性要求更高，更加需要变革性的身份认证技术，特别是可靠、实用、廉价的生物识别功能部件，虹膜识别模块产品将成为理想的选择。移动应用的基础设施是无线互联网，其计算与处理功能的物质载体则是手机。手机正成为移动应用的基本设备，移动商务、移动政务、移动银行、移动信息服务的迅速发展，将为虹膜识别模块产品带来无限商机。同时，正如手机和电话座机同时发展一样，计算机应用和移动应用的发展也并行不悖。传统身份认证同样不能满足计算机应用的要求，同样需要实用廉价的虹膜识别技术，需要实现多种产品和虹膜识别模块产品的集成。许多嵌入式产品也需要身份认证功能，这类嵌入式产品多用于社会安全领域和军事领域，使用虹膜识别标准部件，通过嵌入式产品生产商，将使虹膜识别应用到各个可能的领域。

（2）远距离识别

除了移动应用和计算机应用外，虹膜识别产品还将有更广泛的涉足。如虹膜门禁、金融系统、港口控制等需要高度安全的领域。有专家非常乐观地看待中国未来的虹膜市场。未来生物特征识别要从“人配合机器”到“机器主动适应人”是生物特征识别技术发展的必然趋势，虹膜识别也不例外。另外，针对大规模人群的虹膜识别技术也将得到研发和应用，例如虹膜产品在车站码头、体育场馆、大型集会等领域的应用。随着该项技术的日臻成熟，在不久的将来，虹膜识别技术将越来越深入人们的日常生活中。

2.6　小　　结

本章根据虹膜识别领域全球及中国专利的申请量，主要对全球以及中国虹膜识别的申请态势、技术领域分布态势进行了分析，然后对全球虹膜识别领域的重要申请人进行了分析。利用提出的重点专利分析方法，提取出了全球虹膜识别领域的十项重点专利；对全球重要发明人进行了分析。在上述分析的基础上，建立了虹膜识别领域的整体技术发展路线图。通过上述分析，可以得到如下结论：

① 虹膜识别技术从眼科专家 Aran Safir 和 Leonard Flom 所获得的第一项虹膜识别概念专利 US4641349 为标志开始至今，虽然经历了技术萌芽期、快速发展期、技术调整期，现在正处于平稳发展期，国内外专利申请量都在逐年增加。目前虹膜识别技术的

专利申请主要集中在六大领域：信息安全、电子商务、交易安全、移动支付、门禁通道和证照系统。由于移动支付的广泛使用，交易安全领域的虹膜识别逐渐成为人们关注的焦点问题。

② 对于中国专利申请，中国申请人的数量远远高于国外申请人；中国申请的国外公司主要是日本松下、韩国 Iritech。国外申请人还没有进行太多的专利布局也为中国企业制定自己的专利战略提供了机遇。中国申请人里中小企业和高校科研院所占到了 86%，其申请大都集中在虹膜识别算法方面。而国内公司的申请也主要集中在系统应用方面，整个行业的专利布局还未建立。

③ 对全球虹膜识别申请进行申请人统计，排在前十位的分别是日本 OKI、日本松下、韩国 LG、日本富士通、中国中科院自动化所、日本索尼、美国霍尼韦尔、韩国 Iritech、韩国三星、法国莫弗以及美国 AOptix。在该领域排名前 11 位的申请人中，日本申请人占到了 65%，其次是韩国 21%，美国 7%，中国 5% 和法国 2%。

④ 对全球虹膜识别申请进行发明人统计，7 位来自日本松下和 OKI，这两家公司排名前两位，同时也是日本企业中申请虹膜识别技术最多的两家公司；4 位来自美国，John Daugman 博士为虹膜识别技术的创始人，3 位来自韩国的 LG 和Iritech，其余 2 位来自中国，分别是中科院自动化研究所和中科虹霸，它们为国内首先进行虹膜识别并拥有自主知识产权的申请人。

⑤ 通过对虹膜识别全球专利申请趋势，重要申请人、发明人以及重点专利的梳理，虹膜识别行业的整体发展趋势呈现从近距离到远距离，从静态到动态，从主动到被动的三维发展模式。

第3章 虹膜识别移动设备

随着网络和通信技术等高科技的迅速发展，社会已经进入信息化时代。如何准确鉴定一个人的身份（身份验证），保护用户信息安全，是信息化时代需要解决的一个关键问题。近年来，随着智能终端的不断普及，移动通信技术的不断发展，越来越多的人选择使用移动智能终端进行交互。移动智能终端由于其移动性、便携性以及创新性，已经越来越多地被人们接受，并呈现出部分取代PC终端的趋势。国际电信联盟最新公布的统计数据显示，截至2010年底，全球网民数量已达20.8亿，手机用户数量已达52.8亿。近年来，越来越多的更高效友好的交互技术不断被提出并应用于智能设备领域。❶

身份验证是一个在互联网应用使用得最多的资源访问控制方式之一。而便携小巧的移动设备的输入能力非常有限，一定程度上限制了传统身份验证方式的使用。生物特征识别技术是近年发展起来的一种利用人体固有的生理特征和行为特征进行个人身份认证的技术，将在未来提供身份认证解决方案方面占据重要的地位。相对于传统的身份识别技术，生物特征识别具有唯一性、稳定性和方便性等特点，不存在丢失和遗忘的问题；此外，生物特征识别均借助于计算机技术实现，很容易配合计算机和安全、监控、管理系统的整合，实现自动化管理，因此被认为是解决信息化、数字化、网络化时代国家和社会安全问题的最好方法之一。❷

随着智能手机以及移动互联网的发展，全球各大手机公司纷纷推出了具备生物特征识别的产品。2011年5月，Google发布了安卓3.1系统，其具备了具有面部识别功能的API。❸ 2013年9月，苹果在全球范围内正式上市了配备了指纹识别功能的智能手机iPhone 5s。❹ 2013年，三星宣布要在其新发布的智能手机旗舰产品Galaxy S5使用虹膜识别功能，尽管由于开发难度过大，在2014年发布的Galaxy S5中并未具备虹膜识别功能，❺ 但是根据韩国媒体的最新报道，三星在下一代的Galaxy S6中将应用虹膜识别

---

❶ 刘耀星. 移动计算环境下分布式人脸检测与识别系统的研究与实现［D］. 广州：华南理工大学，2011.

❷ 中国自动识别网［EB/OL］.（2004-07-15）. http：//www.autoid-china.com.cn/html/2004-07-15/2004_715110056.asp.

❸ 开源配件+面部识别 Android3.1 改进详解［EB/OL］.（2011-05-11）. http：//mobile.zol.com.cn/229/2291364.html.

❹ 从iPhone5s看生物特征识别技术［J］. 数字通信世界，2013（11）.

❺ 开发难度大 三星Galaxy S5放弃虹膜识别［EB/OL］.（2014-01-22）. http：//mobile.zol.com.cn/429/4296797.html.

技术。❶

在包括指纹识别在内的生物识别技术中，虹膜识别是当前最为精确的一种，虹膜识别技术被广泛认为是下一代智能手机最可能应用的生物特征识别技术。因此，本报告选择虹膜识别移动设备技术作为虹膜识别的第一技术点进行分析。本章移动设备的定义为可以在移动中使用的计算机设备，包括智能手机、笔记本电脑、平板电脑、PDA（个人数字助理）、移动多媒体播放器。

本节中检索数据截止日为2014年5月20日，全球虹膜识别移动设备技术专利申请总量为213项，其中向中国国家知识产权局递交的关于虹膜识别移动设备技术专利申请总量为93件。

3.1 全球专利分析

3.1.1 全球专利申请趋势分析

图3-1-1示出了移动设备的虹膜识别领域全球专利申请的发展趋势。可以看出，虹膜识别移动设备技术的发展可分为以下4个阶段。

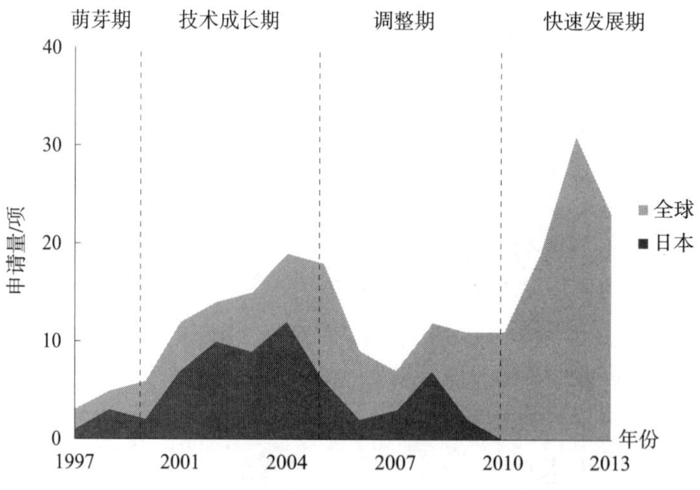

图3-1-1 虹膜识别移动设备全球专利申请量趋势

（1）萌芽期

1993年，剑桥大学的John Daugman提出了完整的虹膜识别核心算法并成功开发出一个高性能的虹膜识别原型系统。早期的虹膜识别设备对于采集的图像质量要求较高，需要人眼主动配合采集设备，人眼必须紧靠着采集镜头，易用性和便利性较差。因此，早期的移动虹膜识别设备主要是关于采集设备的改进，通过可移动的采集设备及其内

❶ 虹膜识别+4GB三星Galaxy S6曝光［EB/OL］.（2014-10-27）. http://digi.it.sohu.com/20141027/n405490355.shtml.

部的光学结构，提高图像的采集质量以及采集的便利性。从1997年开始，英国电信申请了多个关于移动采集设备的虹膜识别装置，例如EP0872814A、EP0922271A1、WO9746980A1等，而日本的OKI在1998年也有关于移动采集设备的虹膜识别装置的申请（JP2000132665A）。而TOKAI RIKA CO.，LTD.（JPH11146057）和NCR（EP0966139A2）在1997年和1998年分别提出了将虹膜识别装置用于可移动的通信设备上。而国内由斯玛特电子科技（上海）有限公司在1999年提出了将虹膜识别系统小型化以便于随身携带（CN1235318A）。从1997年到2000年，这一阶段的申请量较少，基本处于个位数。

（2）技术成长期

从2001年开始，全球虹膜识别移动设备申请量进入了快速上升期，在2001年突破了10项，并且在2004年接近20项。

这是由于从2001年开始，智能移动设备开始快速发展，各大移动厂商开始推出各自的个人掌上电脑以及智能手机。随着智能移动设备的发展，虹膜识别作为一种潜在的移动设备的安全认证工具，受到业界的重视，在市场的助推下，全球专利申请量也随之快速增长。其间，松下、LG、OKI、索尼等公司都在虹膜识别移动设备方向做了布局，而其中在虹膜识别产业上下游都早有研究的松下和OKI作为主要申请人，占据了主要的申请量。

在此期间，如何将识别设备模块化以适用于移动设备是公司研究的重要方向，松下（JP2005025439A、JP2003308521A、JP2003270532A、JP2003259166A）、LG（KR20060064823A）、索尼（JP2003264877A）等分别提出了它们各自的虹膜识别移动设备产品设计。而虹膜识别主要是作为单独或者与其他验证方法联合用于移动设备的安全认证工具，但是也开始涉及移动支付的安全认证（KR20020096258A）。

（3）调整期

从2006年开始到2010年，申请量维持在8~15项的范围内波动。主要原因是虹膜识别移动设备发展的前期，专利的研发是以日本和韩国的申请人为主，而从2005年开始，日本的移动设备厂商在全球市场份额下降，与诺基亚、摩托罗拉等竞争中处于劣势，开始进入收缩阶段，松下、东芝、NEC等相继退出了欧洲市场和中国市场，而随着2007年金融危机的蔓延，进一步影响这些公司的财政状况。其中，日本在本领域的最重要申请人松下由于手机业务连年亏损，在2005年底关闭了其位于菲律宾的工厂和位于美国的研发中心。❶ 而松下在虹膜识别移动设备专利申请量也从2003年、2004年的8项和6项，下降到2005年和2006年的1项，从2007年开始，松下停止了对虹膜识别移动设备的研发，2007年以后，松下在虹膜识别移动设备领域就不再申请新的专利。

这段时期，OKI作为移动设备的中上游厂商，受到的冲击较小，凭借其在虹膜识

❶ 松下手机退出中国市场［EB/OL］.（2006-11-22）. http://publish.it168.com/2006/1122/20061122035401.shtml.

别领域积累的技术基础，成为最主要的申请人。而算法提供商作为虹膜识别产业链的上游厂商，如 Iritech、中科院自动化所和中科虹霸等也开始涉及虹膜识别移动设备的研究。

（4）快速发展期

从 2011 年开始，虹膜识别移动设备专利申请量再次大幅度上升，到 2012 年超过 30 项。从 2010 年开始，随着移动处理器的发展，智能手机硬件飞速发展，多核手机芯片成为主流，计算能力大幅提高，IOS 和安卓系统进一步发展和完善，生物特征识别技术被大规模地应用到智能手机平台成为可能。虹膜识别作为一种重要的生物识别手段，也受到了前所未有的重视。2011 年开始，苹果就计划在 iPhone 上配备指纹识别工具，并且在 2013 年推出具有指纹识别 Touch ID 的 iPhone 5s。三星也计划在其新一代的智能手机中加入生物特征识别模块，而虹膜识别是其中一种重要的备选方案。而国内的手机厂商随着市场份额的扩大，也开始在虹膜识别移动设备上进行专利布局，中兴、OPPO、小米、华为、宇龙酷派等公司也都申请了各自的专利。

3.1.2 区域国别分布

3.1.2.1 申请人国别分布

为了研究虹膜识别移动设备全球专利申请的区域分布，课题组对于检索到的虹膜识别移动设备的申请人国别进行了分析。从图 3－1－2 中可以看出中国、日本、韩国以及美国的申请人占据了主要的申请量。

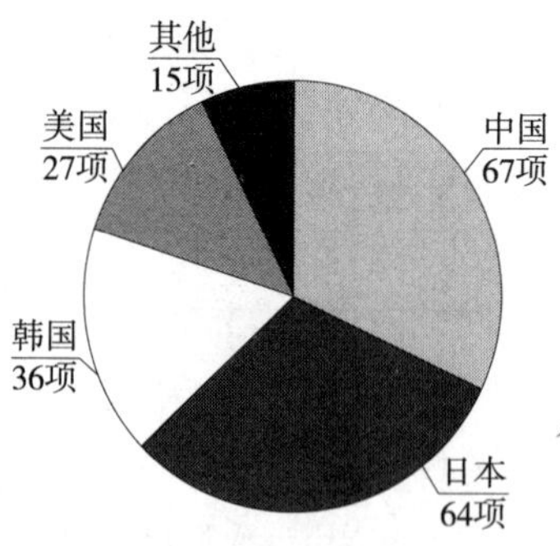

图 3－1－2　虹膜识别移动设备申请人国别分布

在主要的技术来源国中，中国申请人的申请量为 67 项，是申请量最多的国家，这表明移动设备的虹膜识别在国内也是处于蓬勃发展的阶段。从申请的趋势看，中国申请人的申请量从 2009 年开始快速上升，到 2012 年的申请量超过当年度总申请量的一半以上，这也与国内对知识产权的关注和保护力度逐渐增强、国家鼓励国内企业进行自主创新、提升自主知识产权能力的趋势相同。

日本从 20 世纪 90 年代末开始，就开始进行虹膜识别移动设备的研究，并且在 2006 年之前一直是本领域最主要的申请人。但是从 2007 年开始，随着日本移动设备厂商的市场份额下降，申请量逐年下降，并且在 2013 年后，申请量总数被中国超过。但是，归因于日本厂商在虹膜识别移动设备领域长期的技术积累，它们的专利储备和专利布局仍然是虹膜识别移动设备申请人重要的关注点。

韩国公司在虹膜识别移动设备方向的研究起步比日本公司晚，从2000年开始申请涉及虹膜识别移动设备的专利。尽管在2007年到2008年，其申请量受到全球金融危机的影响出现了下降，但是从2009年开始恢复并且有所上升。目前，韩国公司在移动设备的销售和利润都处于良好的水平，相信它们在虹膜识别移动设备领域的研发和专利申请会有持续的投入。

相对于日韩公司，美国公司在虹膜识别移动设备领域的研发与专利申请较少。通过对于美国申请人的研究，课题组发现美国移动设备厂商对于实现虹膜识别移动设备的关注较少，美国的重要申请人主要为专业从事生物特征识别验证技术的科技公司，如AOptix、IriScan（Iridian）等。

3.1.2.2 技术流向

从申请人国别来看，全球范围内90%以上的专利申请集中于中国、日本、美国、欧洲和韩国，因此，通过分析这些国家或地区的专利数据流向，能够得到不同国家或地区在该技术领域的专利和市场布局情况。图3－1－3给出了5个国家或地区的专利申请目的地和流向图。

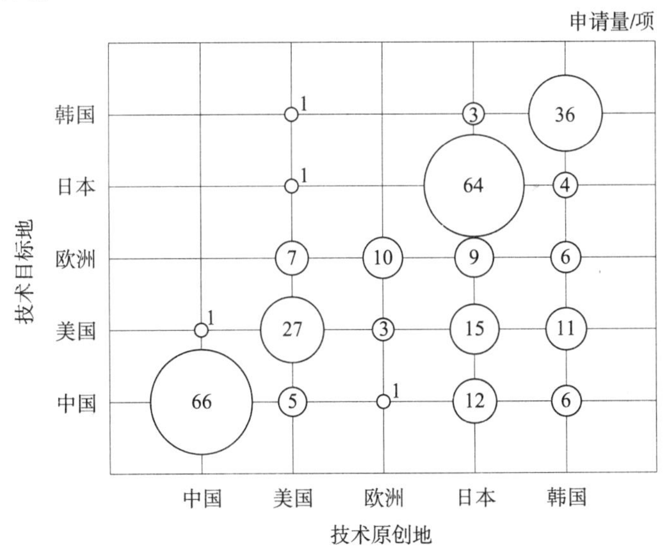

图3－1－3 虹膜识别移动设备中国、美国、欧洲、日本、韩国五局的专利流向

从申请人的技术输出上看，日本和韩国申请人的布局较为全面，除了本国以外，在其他国家或地区都作了较多的布局；美国申请人的布局以美国和欧洲为主；而中国申请人的申请集中在国内，基本上没有在其他国家和地区布局。

从技术流入上看，美国、欧洲和中国是外国专利申请的主要目的地，而日本和韩国的外国专利申请则较少，这与移动设备的市场分布是一致的；美国、欧洲和中国基于人口和经济情况，占据了移动设备市场的大部分份额，而专利申请的最终目的是产品的保护，专利申请需要以市场为基础进行布局，因此，美国、欧洲和中国成为跨国公司专利布局的重点；日本和韩国尽管作为重要的技术输出国，但是其市场相对狭窄和封闭，与美国、欧洲、中国相比，其外国申请人较少。

与日本和韩国申请人相比，尽管国内申请人的专利申请数量较多，但是在国外的专利布局基本上处于空白。这主要由两方面的因素决定：一方面，从技术上来说，国内企业在虹膜识别技术方面研发起步相对较晚，专利布局还没有完善；另一方面，从市场来看，目前国内企业的产品市场基本在国内，没有迫切的国际市场专利保护的需求。

从长远来看，中国企业的专利申请应当符合其市场战略，目前国内的手机产品在国际市场上的份额正在快速上升，联想、华为、小米、中兴、酷派等国内手机生产商已经成为除了苹果和三星以外最主要的手机生产商，虹膜识别作为下一代手机最可能采用的生物特征识别工具之一，应当受到国内厂商的重视。目前虹膜识别移动设备产品正处于初始发展应用期，国内企业可以抓住发展机遇，做好国际市场上的专利布局，从而能够在将来的国际竞争中占据主动地位。

企业在进行专利布局时需要考虑投入成本与回报的效率。即使是日本和美国的跨国公司，也不是对于所有国家都进行专利申请，它们对于不同区域的布局重点也是不同的。国内厂商在专利国际布局时，应当充分考虑移动设备市场的分布，除了目前市场份额较大的国家和地区如美国、欧洲外，对于人口较多、前景较好以及上升趋势明显的国家和地区例如印度以及东南亚也可以重点布局，加大专利申请力度；对于在竞争中处于劣势、市场较为封闭甚至可能放弃的市场，则可以收缩专利申请。此外，国内厂商在进军国外市场时，还应充分研究其他国家申请人尤其是日韩申请人在该国的专利布局，从而能够有效规避和防范现有专利。

3.1.3 申请人分析

图3－1－4示出了虹膜识别移动设备领域主要申请人的专利申请量。排名前列的主要申请人占申请量的37%。虽然移动设备上的虹膜识别整体技术方案的实现具有一定的技术门槛，但是在应用领域，例如系统验证、多模态识别、移动支付等，许多应用性的申请对于技术的需求相对较低。因此，从整体看虹膜识别移动设备领域专利申请的集中度并不高。

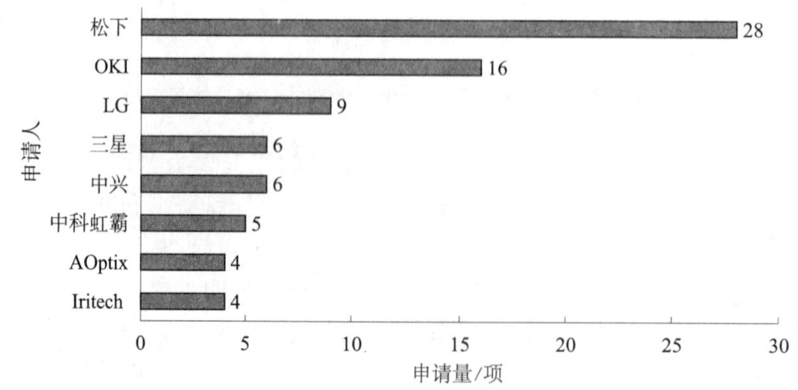

图3－1－4　虹膜识别移动设备主要申请人的专利申请量

但是，对于不同国家的申请人，其专利申请的集中度也是不一样的。图3－1－5给出了不同国家排名前五位的重要申请人的申请量的集中度，其中，日本重要申请人的集中度最高，重要申请人的申请量比重达到78%，而韩国重要申请人的比重也有69%，这表明日韩技术较为集中，产业化程度较高。而中国重要申请人较为分散，前五名中国重要申请人的申请比例仅为24%，也从侧面反映了虹膜识别移动设备领域国内产业的集中度相对较低。

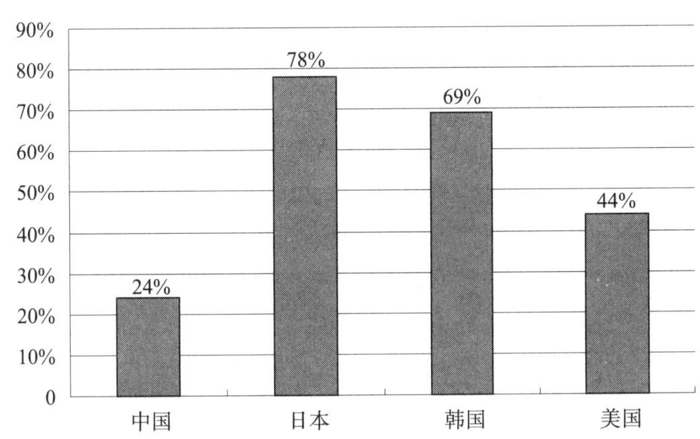

图3－1－5　虹膜识别移动设备中国、日本、韩国、美国的前五名申请人的申请量比重

在全球申请量排名前列的申请人当中，韩国有3家，中国和日本各有2家，美国有1家。表3－1－1示出了虹膜识别移动设备领域的主要申请人概况表。

表3－1－1　全球主要申请人概况

申请人	国别	起始年份	技术分支	主要目标地
松下	日本	2001	结构、人机交互、算法、应用	日本、中国、美国、欧洲、韩国
OKI	日本	1999	结构、人机交互、算法、应用	日本、美国
LG	韩国	2000	结构、人机交互	韩国、美国、中国、欧洲
三星	韩国	2004	结构、应用	中国、美国、韩国、欧洲
中兴	中国	2011	应用	中国
中科虹霸	中国	2008	结构、算法	中国
AOptix	美国	2011	结构、人机交互、应用	美国
Iritech	韩国	2003	算法、结构	中国、美国、韩国

日本在虹膜识别移动设备领域专利申请量最大的是松下以及OKI，同时它们也是全球范围内虹膜识别领域专利申请量最大的公司，它们的研发涉及产业链的上下游，从算法、采集设备到终端的人机交互都有涉及。松下的专利布局较为完善，包括了日本、美国、中国、欧洲和韩国，OKI的专利布局以在日本和美国为主。

尽管韩国的公司有3家，但是其申请量与日本相比，仍然落在下风，其中三星和LG是产业链中面向市场的下游企业，其申请主要是关于结构、人机交互以及应用，而Iritech是产业链中上游专注于虹膜识别的公司，其申请涉及算法以及结构。韩国公司的专利目标国家和区域包括中国、美国、欧洲和韩国。

中国企业在虹膜识别移动设备领域的申请起步较晚，申请目标国也主要集中在中国。在中国主要申请人中，中科虹霸是产业链上游的专门从事虹膜识别的科技公司，从2008年开始涉及虹膜识别移动设备的专利申请，其申请集中在结构以及算法上；中兴从2011年开始申请虹膜识别移动设备的专利，是面向用户的终端厂商，申请领域重点集中在虹膜识别在移动设备的应用。

AOptix是美国专门从事生物特征识别的科技公司，其在虹膜识别领域具有较强的研发和技术实力，从2011年开始申请了多项的虹膜识别移动设备专利。AOptix的专利申请的目标国主要是美国。

从主要申请人来看，日本和韩国的申请人在该领域较为活跃，在申请量以及主要申请人数上占据了较大的优势。国内的公司中科虹霸以及中兴分别在结构、算法以及应用领域具有一定的申请量。

3.2 中国专利分析

3.2.1 国内专利申请趋势

参见图3－2－1，根据国内虹膜识别移动设备的专利申请趋势，国内的专利申请大致分为如下3个阶段。

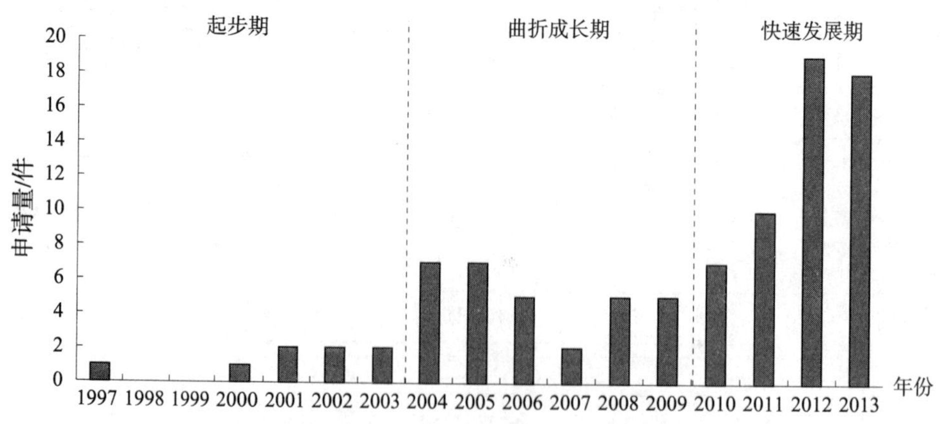

图3－2－1 虹膜识别移动设备国内专利申请发展趋势

（1）起步期

国内关于虹膜识别移动设备的专利申请最早是在1997年开始，从1997年到2003年，专利申请量在1～2件，部分年份没有虹膜识别移动设备的专利申请。

（2）曲折成长期

从2004年到2009年，大多数年份的申请量都在5件左右，在2004年和2005年由于松下在虹膜识别移动设备上的研发投入较多，并且在中国进行了专利布局，这两年的申请量都是6件。总的来说，这一时期，移动智能终端尤其是手机从无到有，仅有一些将生物特征识别应用到移动智能终端的概念，但是限于硬件和性能上的瓶颈，距离商业上实际应用还有距离。

（3）快速发展期

国内虹膜识别移动设备的专利申请量从2010年开始快速增加，到2012年达到最高，2013年由于发明公布日与申请日之间具有一定期限，统计的数据量小于2012年，但是如果统计完全，2013年专利申请量应该大于2012年。从2009年开始，智能移动设备的性能大幅提升，生物特征识别例如指纹和人脸识别开始应用在智能移动设备的安全验证上，许多厂商也将目光放在虹膜识别上，开始未雨绸缪地在虹膜识别移动设备上开始布局，因此从2010年开始虹膜识别移动设备的专利申请大幅提高。

3.2.2 申请人国别分析

截至2014年5月，中国移动设备的虹膜识别方向专利申请量为93件。如图3-2-2所示，总的来看，在华申请数据中，国内申请人的申请量为66件，占有高达71%的份额，远远超过位于第二位的日本。但是，从专利申请的类型来看，国内申请人的66件申请中，发明专利申请的数量为54件，占比为81%；而国外申请人的27件申请，全部是发明专利申请。这表明国内申请人的发明的创造性高度上还逊于国外申请人。

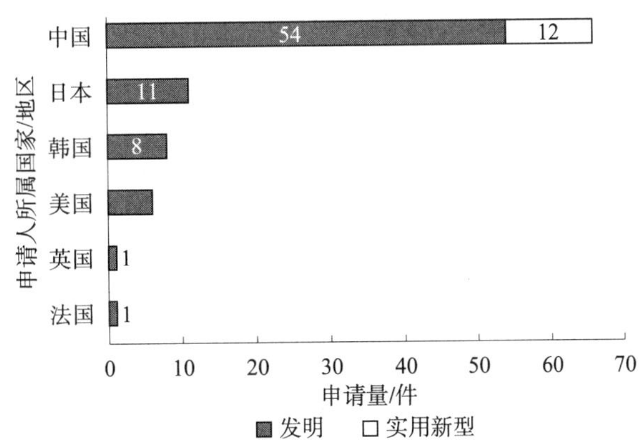

图3-2-2 虹膜识别移动设备国内外申请人专利申请量

图3-2-3示出了国内外申请人的申请量以及法律状态的汇总。从图中可以发现，国内和国外申请人对于该技术的布局和重视程度有所不同。

从授权专利来看，国内申请人的授权专利数为17件，而国外申请人的授权专利数为10件；从授权专利的维持程度来看，国内申请人授权的17件专利中有16件处于专利权有效状态，而国外申请人授权的10件专利中仅有5件处于专利权有效状态。尽管一部分原因是由于国内申请人的专利授权日期较晚，维持有效时间到目前较短，但是另一方面也反映了国外申请人在虹膜识别移动设备的这一细分领域还没有足够的重视，也没有在国内形成足够的专利布局。因此，国内企业在虹膜识别移动设备领域的专利申请具有很好的发展前景，专利挖掘和布局具有较大的空间。

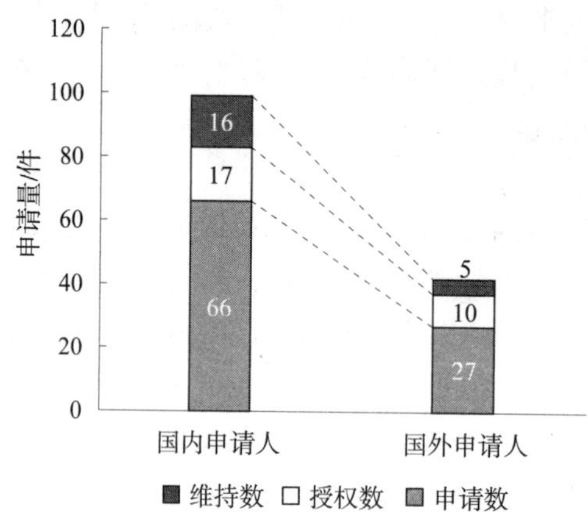

图3-2-3　虹膜识别移动设备国内外申请人专利申请量及构成分布

图3-2-4示出了中国专利申请人构成及其申请的法律状态。其中，有效是授权后正常缴费，也未被宣告无效；未决是专利申请未结案；其他案件主要包括视撤、驳回等未能授予专利权的结案以及因各种原因授权后未缴费而导致终止的案件。从国内的申请人类型来看，公司申请的比例为75%，表明国内的研发和创新的主体还是通过企业和市场驱动的，而18%的个人申请量也占据了一部分的份额。在法律状态上，国内公司有71%的申请处于审查状态，这也表明了目前国内公司在虹膜识别移动设备技术领域的专利申请的活跃度很高。

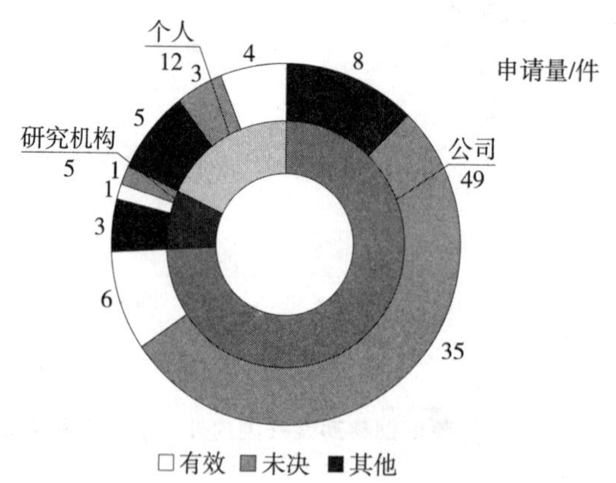

图3-2-4　虹膜识别移动设备国内申请人类型以及法律状态

3.2.3　省市分布

人才是技术创新的源头，经济优势是吸引人才的有力因素。根据对虹膜识别移动设备的专利数据的分析表明，自主创新能力受益于当地相对发达的经济水平、良好的创新氛围。

移动设备的虹膜识别专利申请地域分布相对集中，涉及 15 个省/直辖市。目前，排名前三位的地区专利申请量占较大的比重，呈现出由三个地区带动全国的局面。前三位分别是：北京（23 件）、上海（9 件）、广东（22 件）。北京贯彻以自主创新推进产业转型的战略方针，一直是全国范围内的专利申请大户。上海和广东在该领域的专利申请主要来自当地的企业。

3.2.4　中国重要申请人

虹膜识别移动设备技术在中国的重要申请人有松下、LG、三星、中科虹霸、中兴以及宇龙酷派等。其中，松下、LG、三星、中科虹霸和中兴也是全球专利申请的重要申请人。图 3－2－5 示出了国内重要申请人的申请量和法律状态。通过对国内重要申请人的虹膜识别移动设备相关专利的分析，可以发现它们研发方向的侧重点以及布局。下面针对国内重要申请人的专利申请方向作一个介绍。

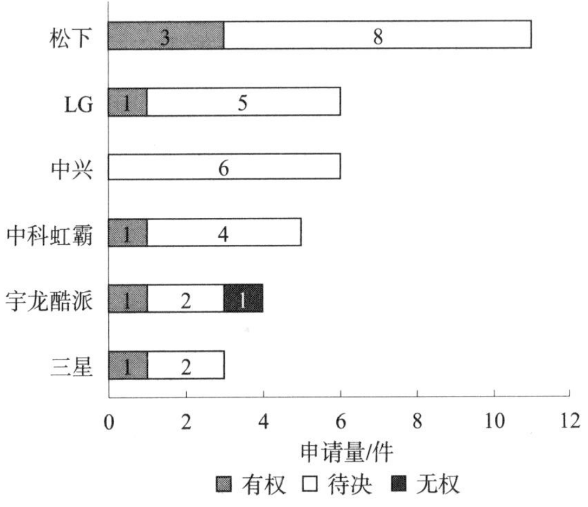

图 3－2－5　虹膜识别移动设备国内重要申请人的申请量和法律状态

（1）松下

与专注于日本本土市场的 OKI 不同，松下在全球申请了 28 项虹膜识别移动设备领域的专利，其中进入中国的有 11 件，表明松下对中国市场的专利布局还是相当重视的。松下在中国申请的专利方向包括如下方面。

采集模块：通过镜头等硬件方面的改进，降低成本，实现设备的小型化。这方面的专利申请包括 CN1441614A（通过简单的结构实现了利用长焦镜头的相机功能以及利用广角镜头的相机功能，并通过利用长焦镜头获得虹膜图像，以低成本制造具有个人身份验证功能的移动电话）、CN1462543A（使用反射长焦透镜来减小从透镜前表面到图像拾取元件后表面的距离，该眼睛成像装置可以减小终端装置的厚度，从而可以无故障地正确拍摄眼睛图像）。

算法改进：对特征提取以及编码方法的改进，提高系统的识别效果，实现移动设备采集的低质量图片的识别。这方面的专利申请包括CN1373452A（对已获得的生物信息进行多个频率的频率解析，而对每一个频率产生一个特征数据，匹配每个频率下的特征数据，即使使用解析度不同的摄照相部件拍下的虹膜图像，也能进行鉴别，使得精度的下降得以抑制）、CN1682245A（虹膜编码方法，改善便携式终端相机低信噪比的采集图像，避免视频噪声和瞳孔直径变化的影响）、CN1820283A（对多个虹膜图像将坐标系由正交坐标系变换成极坐标系，对坐标变换后的各虹膜图像进行旋转补偿，按照每个极坐标系坐标给像素值加权后生成特征码，使得在照相机的图像分辨率较低时，也能够进行识别）。

人机交互：使用提示信息引导使用者更好地配合图像的采集，提高产品易用性和响应速度。例如CN1328309A（多模态识别和人机交互，通过在不同的状态下选择适当的生物特征验证方式和过程，降低使用者的不便，提高易用性）和CN1788234A（人机交互，根据人眼位置切换广角模式和望远模式，提高虹膜识别系统的易用性）。

活体检测：系统通过图像特征值的分析，判断是否存在伪造或假冒的情形，提高系统的安全性。例如CN1698068A（从执行了带宽限制的图像数据中提取特定的特征向量，识别是否为真眼）、CN1705961A（根据使用者使用习惯进行人机交互，提高虹膜采集系统的易用性）、CN1717703A（图像处理方法，通过恶化图像形成难验证的图像，从而拒绝非法冒充者）。

松下在中国的申请集中于2006年之前，其提交的11件专利申请中，授权的专利有7件，其中有3件处于有效状态，目前没有处于未决状态的发明专利申请。

（2）LG

LG向中国国家知识产权局提交的专利申请具有多个申请人主体，分别是LG电子株式会社、乐金电子（昆山）电脑有限公司、上海乐金广电电子有限公司、乐金电子（中国）研究开发中心有限公司，其中LG电子株式会社位于韩国，而其余三个是LG位于中国境内的子公司或者研发中心，而且它们的申请量大于LG电子株式会社，这也表明了韩国企业将研发重心向中国大陆转移的趋势。

LG是在虹膜识别产品的产业链上处于下游的应用商，其研发主要是产品的功能与应用，不涉及上游的算法以及硬件的研发。LG在中国申请的专利主要集中在应用领域扩展以及人机交互方向，包括CN102801851A（应用领域扩展，将虹膜识别用于移动设备的执行程序时的用户验证）、CN1787557A（应用领域扩展，将虹膜识别用于移动设备的开启）、CN1936920A（人机交互，将虹膜识别系统的指示模块运用到移动设备中，使用者可以利用这样的设备，更方便地进行虹膜识别）、CN1997188A（应用领域扩展，使用虹膜识别对手机进行保密和安全设置）、CN1940959A（人机交互，是在便携产品中增加了虹膜识别系统的简单硬件，用户可以更加方便地进行虹膜识别）、CN1790373A（人机交互，使用摄像头寻找用户虹膜，将其坐标化，从而方便用户输入）。

（3）中科院自动化所和中科虹霸

中科院自动化所模式识别国家重点实验室是我国从事虹膜识别研究时间较早，成果较多的科研机构。以谭铁牛教授为主的团队，围绕国家“973”“863”项目“基于活体虹膜的身份识别”，在近十年的时间内，设计出自主的虹膜采集装置和核心算法，形成一整套完整的虹膜识别系统，申请了多项专利，建立的虹膜图像数据库（CASIA）已经成为世界范围内规模最大、应用最广的免费虹膜数据库。中科虹霸是中科院自动化所持股的高新技术企业，其技术源自中科院自动化所模式识别国家重点实验室的科研成果。

中科院自动化所和中科虹霸属于虹膜识别移动设备产业链上游的算法开发和提供商，它们在虹膜识别移动设备领域的研发重点在产品的模块化、算法的改进、多模态识别、人机交互上，所申请的专利包括CN101369311A（主动视觉反馈的小型化虹膜识别模块，提高虹膜识别系统的易用性）、CN103106401A（提供可用于移动设备的、用户友好的新一代虹膜识别装置和方法）、CN103150553A（能将若干种识别技术结合使用，实现多模态身份特征识别方法，从而有效提高身份识别的精确度和准确性）、CN103150565A（便携式虹膜图像采集和处理设备）、CN103152517A（包含镜座、图像采集传感器、滤光片、镜头组和连接器的成像模组，在小型化的移动平台上实现虹膜识别技术）、CN101030244A（一种基于人体生理图像中排序测度特征的自动身份识别方法，对硬件的性能要求低，计算简单）、CN1760887A（基于虹膜图像鲁棒特征抽取的身份鉴别方法，有计算速度快、识别精度高、抵抗噪声和光照变化的鲁棒性强、存储量小的优点）。

（4）三星

三星是智能手机领域的巨头，其在智能手机领域和苹果一起引领技术的发展。在虹膜识别移动设备领域，三星也在中国国内申请了多项专利。尽管目前三星还没有推出具备虹膜识别功能的移动设备，但是在智能手机平台上使用生物特征识别是未来智能手机的发展趋势，三星作为智能手机行业的引领者，也会进一步加强该领域的技术储备和专利布局。

（5）中兴、宇龙酷派、OPPO、联想等国内手机厂商

国内的手机生产商也是处于产业链下游的面向用户的应用商，随着生物识别开始在移动设备的安全验证方面的兴起，国内手机厂商也开始在虹膜识别移动设备布局。由于它们的产品本身只是承载虹膜识别设备的应用者，它们的专利申请领域集中在应用领域的扩展如客户端加密解锁、移动支付等方面，如CN103218142A、CN102647508A、CN102542449等。

从国内的重点申请人来看，占据前列的重点申请人中包括日本和韩国的三家外国公司。但是，其中松下的申请日期都是集中在2007年之前，并且其授权的6件专利中仅有3件处于有效状态；而LG和三星分别仅有1件专利处于有效状态。因此，可以看出国外申请人并没有在国内形成足够的专利布局和技术壁垒。

3.3 技术分析

3.3.1 技术分支和技术功效

虹膜识别设备通常包括虹膜采集单元、红外补光单元、虹膜识别预处理和特征提取单元、数据存储单元、虹膜匹配和识别单元以及人机交互处理单元。虹膜识别系统的操作主要由4个流程组成：虹膜图像采集、虹膜预处理、虹膜特征提取、匹配与识别；在虹膜图像采集中，使用红外以及补光单元对照射采集对象，人眼反射回来的光线由虹膜采集单元采集后，由虹膜识别预处理和特征提取单元从采集的图像分割出虹膜的有效区域，从中提取特征参数，由虹膜匹配和识别单元将提取的特征参数与数据存储单元中的生物特征模板数据库中的生物特征匹配记录进行匹配，从而确定待识别生物特征的身份。

虹膜识别移动设备通常使用的也是这种类型的结构，由于其使用在移动设备上，其本身的特点在于便携与易用，面对的用户并不是专业用户，因此需要产品能够使用方便，响应快，对于易用性和实时性有较高的要求；同时，移动设备的趋势是往便携和轻薄化的方向发展的，如何将虹膜识别产品小型化使其能够集成到移动设备上也是重要的需求；而对于虹膜识别产品的性能如安全性、鉴别效率和误判率一直是研究努力的方向；移动设备本身还存在硬件成本、计算负担、省电等需求。总的来说，虹膜识别移动设备的技术需求包括易用性、鲁棒性、安全、实时、成本、识别效果以及应用扩展等方面。

为了满足这些技术需求，所采用的技术手段通常包括如下方面：①采集模块，由于虹膜识别对于图像质量的要求较高，需要使用特定的光源和采集设备才能够获取高质量的图像，而将这些元件集成到特定模块中，使其小型化从而能够降低产品成本，适用于移动设备；②人机交互，由于虹膜识别在使用上需要通过红外光或可见光照射眼睛取得图像，使用者配合程度低，有较高的心理排斥性，通过人机交互能够引导使用者更好地配合图像的采集，提高产品易用性和响应速度；③算法的改进，包括预处理、特征提取以及匹配和识别算法的改进，不同的虹膜处理以及识别算法分别具有各自的特点，将虹膜识别用于移动设备中，需要研发针对性研发虹膜处理以及识别算法，从而在保证安全性、鉴别效率和误判率的情况下，实现尽可能快的响应速度；④多模态识别，多模态是指将虹膜识别与其他识别方法的结合，例如与面部识别、语音识别、指纹识别等结合；⑤系统应用，系统应用本身不涉及虹膜识别设备或者算法的改进，而是将其作为一种生物特征识别手段用于移动设备的安全验证，例如手机解锁、移动支付等方面。

3.3.2 不同技术分支的历年申请量

图3-3-1示出了虹膜识别移动设备的不同技术分支在全球范围内的历年申请分

布情况，从图中看出各个分支的申请是不同的。其中采集模块和系统应用一直是申请的热点，而其中系统应用方面的申请在 2012 年后更是占据了申请量的大部分，人机交互和多模态识别的申请量一直比较平稳，而算法方面的申请相对较少。

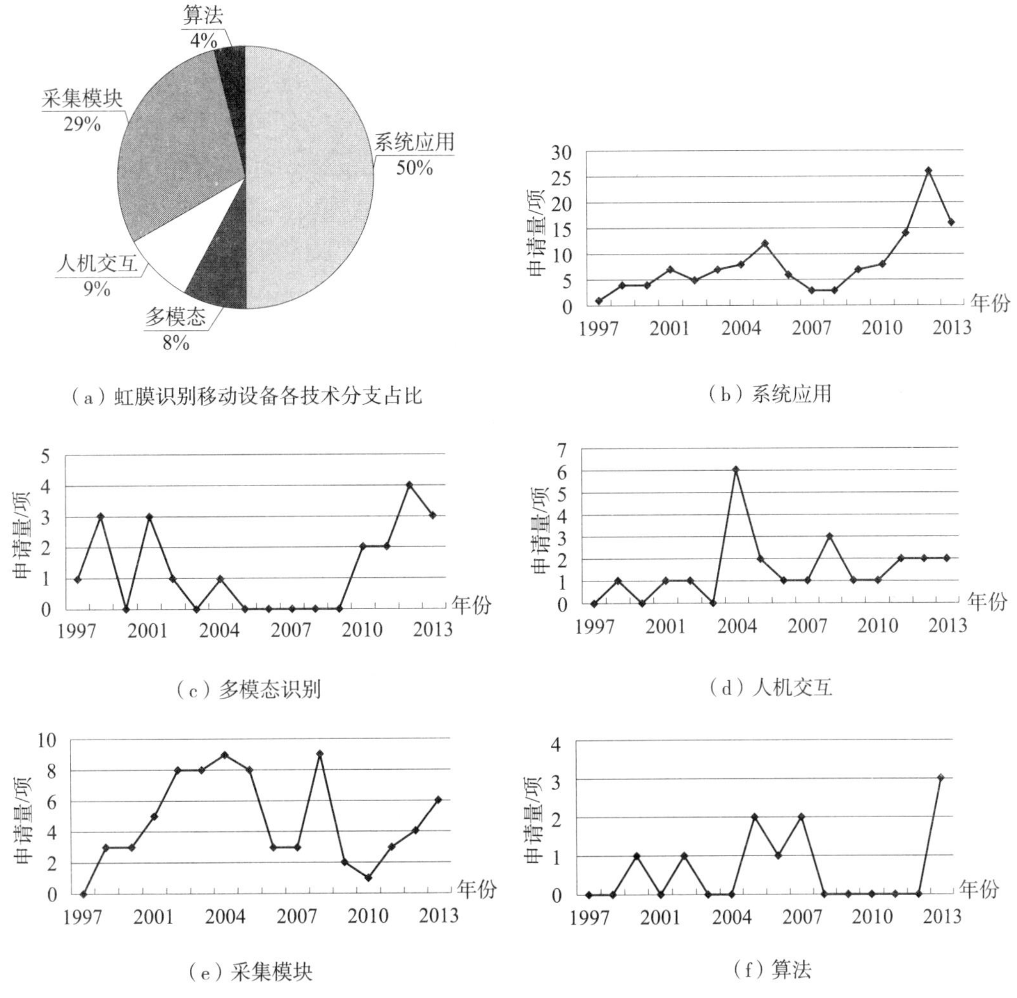

（a）虹膜识别移动设备各技术分支占比　（b）系统应用

（c）多模态识别　（d）人机交互

（e）采集模块　（f）算法

图 3－3－1　虹膜识别移动设备不同技术分支的占比以及历年申请量

不同技术分支的申请量分布与虹膜识别本身产业链的分布是相对应的。如图 3－3－2 所示，整个虹膜识别移动设备产业链可以粗分为：传感器和算法提供商、芯片和软件集成商以及产品和应用方案提供商。其中，算法提供商和传感器提供商处于产业链的上游，为行业提供成套的识别算法软件和提供传感器组件；芯片和软件集成商处于产业链的中游，它们将算法和传感器集成在芯片和软件中并且提供了整套方案给下游面向用户的产品和应用方案提供商；整个产业链的部分呈金字塔形分布，越往上游厂商越少，而下游的产品和应用方案的提供商是最多的。

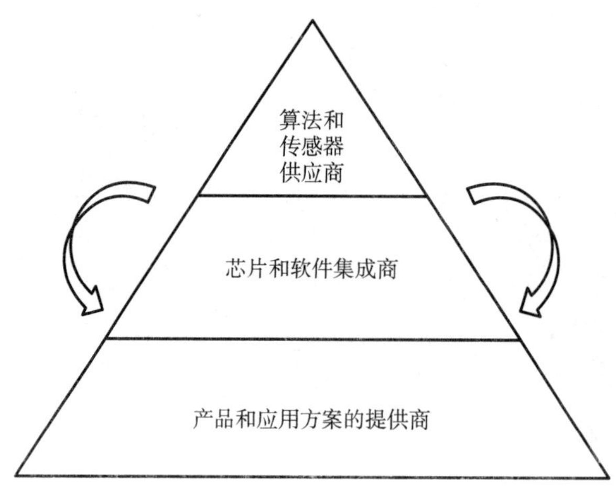

图3-3-2　虹膜识别移动设备产业链

在虹膜识别移动设备的技术分支中，系统应用方面的申请并不涉及硬件或者算法方面的改进，其主要是将虹膜识别用于移动设备的安全验证。这方面的专利主要是由下游的产品和应用方案的提供商申请，其技术门槛较低，并且产业链的下游厂商众多，因此该技术分支的申请量最大。算法主要是由上游的算法提供商申请，其技术门槛较高，需要较多的技术积累，而产业链的上游的厂商较少，因此虹膜识别移动设备算法分支的申请量较少；并且另一方面，算法方向的专利申请在维权时，侵权确认和举证较难，保护力度较弱，因此尽管虹膜识别算法是虹膜识别领域最核心的技术，但是该方向的专利申请却是相对较少的。

图3-3-3给出了国内申请人和国外申请人在不同技术分支申请量的比例图。从图中可以看出，国内申请人与国外申请人的申请侧重点是不同的。国内申请人的申请量集中在系统应用方面，该技术分支的申请量占比达到了71%。这也表明了大部分国

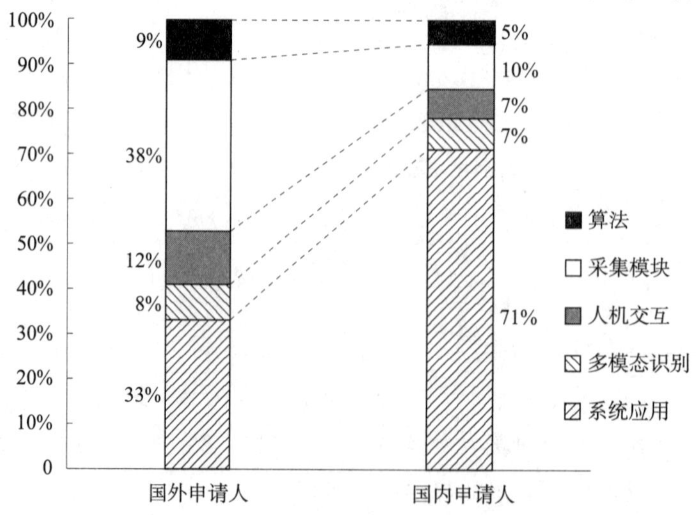

图3-3-3　虹膜识别移动设备国内外申请人不同技术分支申请比例

内厂商是处于产业链的下游，技术门槛相对较低。在国外申请人的专利申请中，申请量最大的技术分支是在采集模块上，因为虹膜识别移动设备最需要解决的就是虹膜识别芯片的小型以及便携的需求，这也是虹膜识别移动设备商业化面对的最大困难，因此，如何将采集设备和芯片组合成特定模块实现小型化是研发和专利申请的重点。

3.3.3　专利技术功效图以及研发机会分析

通过对虹膜识别移动设备的文献进行分析，使用采集模块、人机交互、多模态识别、系统应用、算法改进5个技术分支和易用性、鲁棒性、安全、实时、降低成本、识别效果和应用扩展5种技术功效，获得了如图3－3－4所示的虹膜识别移动设备领域全球专利技术功效矩阵。该矩阵反映了虹膜识别移动设备领域技术手段和技术效果之间的关系。

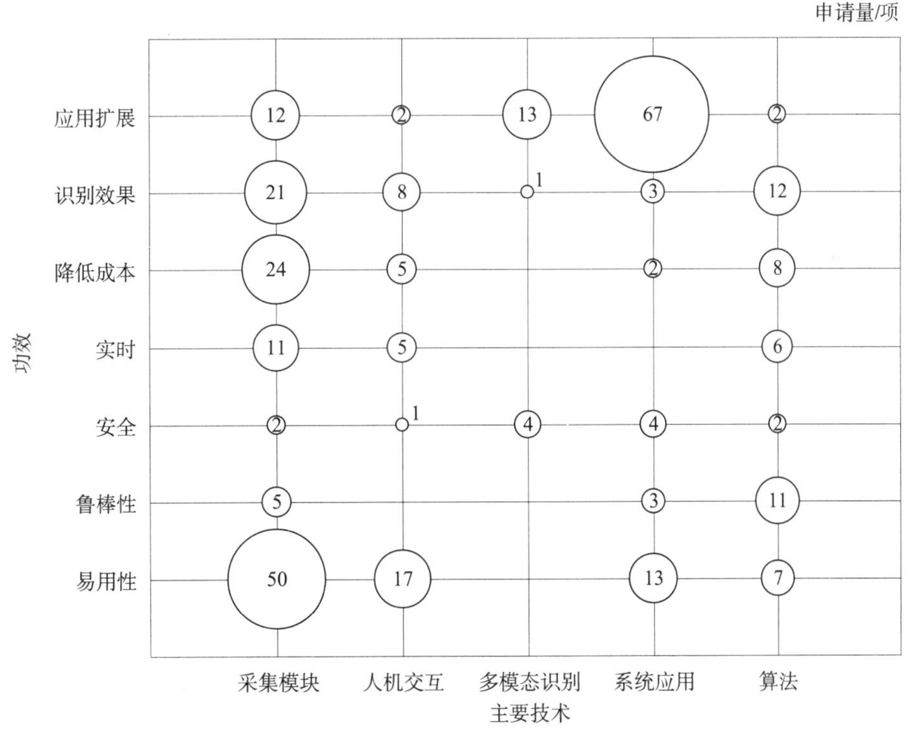

图3－3－4　虹膜识别移动设备领域全球专利技术功效图

从技术手段看，在全球专利申请中，采集模块及系统应用是研发的技术热点，也是申请量最多的技术分支，而人机交互次之，多模态识别和和算法方面的申请相对较少。从技术效果来看，如何使得虹膜识别易用，提高用户体验，使其在移动设备使用方便，便于用户接受，以及将虹膜识别移动设备的应用扩展而应用到更多的领域是申请人最关注的技术功效。而降低虹膜识别移动设备的成本和提高虹膜识别的鉴别效果也是申请人关注的要点。从技术分支和技术效果的关系来看，采集模块、人机交互和系统应用是实现改善易用性的重要手段，应用扩展主要通过系统应用来实现，而识别效果以及降低成本的技术功效主要通过采集模块和算法的改进来实现。

为了研究国内申请人和国外申请人研发方向的不同侧重点，对于国内申请人和技术功效矩阵进行了分析（参见图3－3－5），通过比较国内和全球申请人的技术功效矩阵，可以看出，模块/模组化以及系统应用是国外申请人重点关注的两个技术分支，而国内申请人重点关注的分支为系统应用。国内申请人在采集模块、人机交互和算法方面的关注度也明显低于国外申请人。在技术效果上，应用扩展和易用性是国内申请人和国外申请人都重点研究优化的方向。

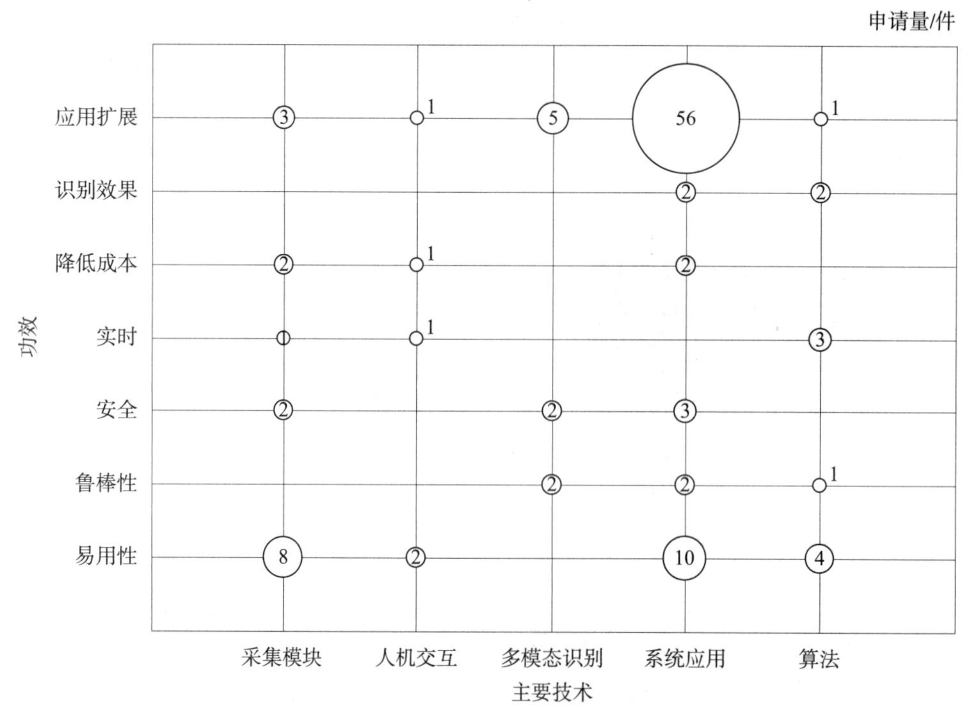

图3－3－5　虹膜识别移动设备领域国内申请人的专利技术功效图

对于国内申请人的研发方向而言，国内申请人在模组/模块化、人机交互和算法方面的申请量还比较少，在这些技术分支的专利申请空间较大。其中，通过采集模块可以增加易用性、降低成本并且提高识别效果，是实现虹膜识别移动设备最有效的技术手段；人机交互能够增加易用性并且在一定程度上提高识别效果、实时和降低成本，也是企业可以研发和布局的一个重要方向；算法是提高识别性能和鲁棒性的重要手段，但是其技术门槛较高，研发难度相对较大。

国内企业可以根据在产业链中的位置选择适合自己的技术和研发路线，中下游企业可以选择技术难度相对较小的人机交互作为专利布局的重点，而上游企业可以在采集模块以及算法方面进行专利的布局，并且由于算法专利保护力度较小，应当更注重采集模块方面的专利布局。

国内企业在专利申请时，还应当根据申请内容的区别选择适合的专利类型。对于算法以及人机识别这种偏重系统和软件方面的保护，主要采用发明专利申请为主，还可以通过软件著作权进行保护。对于采集模块方面的专利，其主要涉及硬件以及结构方面的改进，除了发明专利外，还可以考虑通过实用新型或者发明与实用新型结合的方式进行保护，因为实用新型对于创造性的标准较低，与保护范围相同的发明相比，比较难以被后续的程序中被宣告无效，并且实用新型还具有授权快，费用低的特点，适合于发明点相对较低，但是具有一定创造性的专利申请。

3.3.4　重要专利以及技术路线图

重要专利是相应分支技术领域中受到业界和专利权持有人一定程度重视的专利，这些专利反映了专利申请人在一段时间和特定技术分支上的技术方向。通过对虹膜识别移动设备领域的专利按照特定标准筛选出特定的反映不同分支技术重点的重要专利进行分析，通过对其技术年代和技术分支的双向对比，给出技术发展的技术路线图。

在确定重要专利时，考虑了如下因素的影响：

引证指数：通常一种专利被其他专利所引用的频次越多，表明该专利在该领域中的重要性越高。但是，引证频次还与专利公开的年份有关，公开年份越早的专利被引证的几率就越高，因此应当综合考虑年份的影响。

同族专利：同族专利反映了申请人对该专利保护区域的重视程度，同族专利越多，表明申请人对于该专利越重视，通常重要性也越高。

主要申请人和主要发明人：主要申请人和主要发明人是指该领域内影响力较大，专利布局完整，具有引领作用的申请人和发明人。通常而言，他们申请的专利影响较大，重要性也较高。

专利有效性：有效性时间越长的专利表明专利权人对其市场价值期望值越高，重要性也就越高。

技术发展的关键节点：技术发展的关键节点的专利申请引导了技术路线，其重要性是显而易见的。

表3－3－1给出了依据上述标准选出的虹膜识别移动设备的重要专利。对于重要专利，可以从不同角度给予关注和研究。其中WO0031679A1为IriScan在1998年申请早期的关于虹膜识别移动设备的硬件系统结构，该申请进入了9个国家或地区，被引用次数也很多，但是没有在中国申请。因此，国内产品开发时不需要考虑其影响，但是需要出口到国际市场的产品可能需要考虑是否落入其保护范围。

表3－3－1　虹膜识别移动设备的重要专利

序号	公开号	申请人	申请年份	技术分支	同族数量	目标地	入选理由
1	WO0031679A1	IriScan	1998	采集模块	12	美国、欧洲、日本、巴西、加拿大、意大利、墨西哥、南非、澳大利亚	在移动设备硬件实现虹膜识别最早的专利申请

续表

序号	公开号	申请人	申请年份	技术分支	同族数量	目标地	入选理由
2	JP2001273498A	松下	2000	多模态人机交互	4	日本、美国、欧洲、中国	重要申请人，被引用次数多
3	JP2002259981A	松下	2001	特征提取、算法	8	日本、欧洲、美国、德国、奥地利、中国、韩国	重要申请人，同族多，在中国专利权维持
4	JP2004030564A	松下	2002	模块、算法、人机交互	6	日本、美国、欧洲、中国、韩国	重要申请人，同族多，在中国专利权维持
5	JP2009205203A	OKI	2008	模块、算法	无	日本	重要申请人，关于一个产品提出的系列申请
6	KR20130123859A	三星	2012	模块、人机交互、算法	2	韩国、美国	重要申请人，可能进入中国
7	WO2013188039A1	AOptix	2012	模块	2	美国	重要申请人的PCT系列申请，未来可能进入中国

松下作为重要申请人，其也有许多值得关注的专利申请，JP2001273498A、JP2002259981A、JP2002259981A都是具有多个国家的同族，并且在中国也有申请的专利，其中JP2001273498A的所有同族被引用次数超过100次，表明其是后续申请人技术上关注的重点，但是该专利的中国同族（CN100430959C）的权利在2011年被松下放弃了，表明松下没有认可该专利在商业上的价值。松下自从2006年就不再申请虹膜识别移动设备领域的专利，其在中国授权的多件专利也都由于到期未缴费而放弃。但是，JP2002259981A和JP2004030564A的中国同族CN1290060C和CN1437161B在授权后一直处于有效状态，表明松下对于这2件专利在中国的前景有一定的市场预期，因此国内公司在开发产品时应当对其进行关注，避免可能的侵权。

作为虹膜识别移动设备领域的重要申请人，OKI在2008年向日本特许厅提交了关于虹膜识别移动设备整体方案的一系列申请：JP2009205203A、JP2009205576A、JP2009211370A、JP2009211597A、JP2009193197A、JP2009187375A 以及 JP2009169853A，其中大部分都被授权。但是，这些申请都仅在日本申请，其保护范围也是仅限于日本，对于中国国内公司在国内市场上的产品没有影响。不过中国国内公司可以借鉴和研究 OKI 在该方案上所采用的技术，以提高自己的技术水平。

三星在 2012 年申请了 KR20130123859A，并且以此为优先权申请了美国同族 US2013293457A1，许多科技媒体都转载了这项专利，认为这反映了三星进一步开发虹膜识别技术，可能在新一代手机上使用虹膜识别技术，如果三星未来在手机虹膜识别技术上布局的话，三星可能向中国国家知识产权局提出该专利或者以其为优先权的专利申请。而一款产品的保护不可能仅由一项专利实现，如果三星在新一代手机上使用虹膜识别技术的话，必然需要一系列专利的保护。中国国内公司可以对 KR20130123859A 进行分析研究，以其为基础进行改进或者申请其周边技术的专利，从而可以在以后可能的专利战场上先发制人。

WO2013188040A1 和 WO2013188039A1 是 AOptix 在 2012 年提出的 PCT 申请，并且已经进入美国的国家阶段，未来有可能进入中国国家阶段。AOptix 是美国专门从事生物特征识别的公司，如果美国的手机公司例如苹果需要开发虹膜识别移动设备的话，AOptix 是一个可能的技术来源公司，因此，中国国内公司也可以对这 2 项专利进行研究。

技术路线图通过图表的形式展现应用技术变化的步骤或者技术环节之间的逻辑关系。通过技术路线图能够帮助使用者明确该领域的发展方向和实现目标所需的关键技术，理清产品和技术之间的关系。下面通过图 3－3－6 针对虹膜识别移动设备的采集模块、人机交互、多模态识别、系统应用、算法改进这 5 个技术分支进行技术发展路线分析。

（1）采集模块

采集模块是将虹膜识别应用到移动设备的核心技术，一直以来是各公司的研发和专利申请的重点。1998 年，Iridian 的前身 IriScan 提出了一种用于虹膜成像的移动通信电话（US2002131623A1），其在虹膜获取装置前设置光源、透镜以及反射镜，通过将反射的虚拟图像成像在虹膜获取装置上而实现成像。

2000 年到 2006 年，日本公司开始致力于实现虹膜识别移动设备的实际应用的实现，松下 2001 年在 JP 特开 2002－330318A 专利中提出了在移动电话的眼睛图像拍摄部分的图像拾取透镜使用反射长焦透镜，并且分别在反射长焦透镜目标表面中心设置圆形反射涂层设置，以及在反射长焦透镜的目标表面相对的表面设置环形反射涂层，从而减小了眼睛成像装置的厚度，并提高了布置的自由度；OKI 在 2004 年在 JP 特开 2006－004294A 专利中提出在采集设备中使用眨眼模式匹配单元，从而使得鉴别用户时能够更加精确；NEC 2005 年在 JP 特开 2007－81876A 中提出了在虹膜采集模块中采用具备切换可视光和红外线并使其透过的滤光器机构，从而将虹膜采集的照相机与移动设备中可视光的照相机共用，以降低移动设备的大小以及重量。

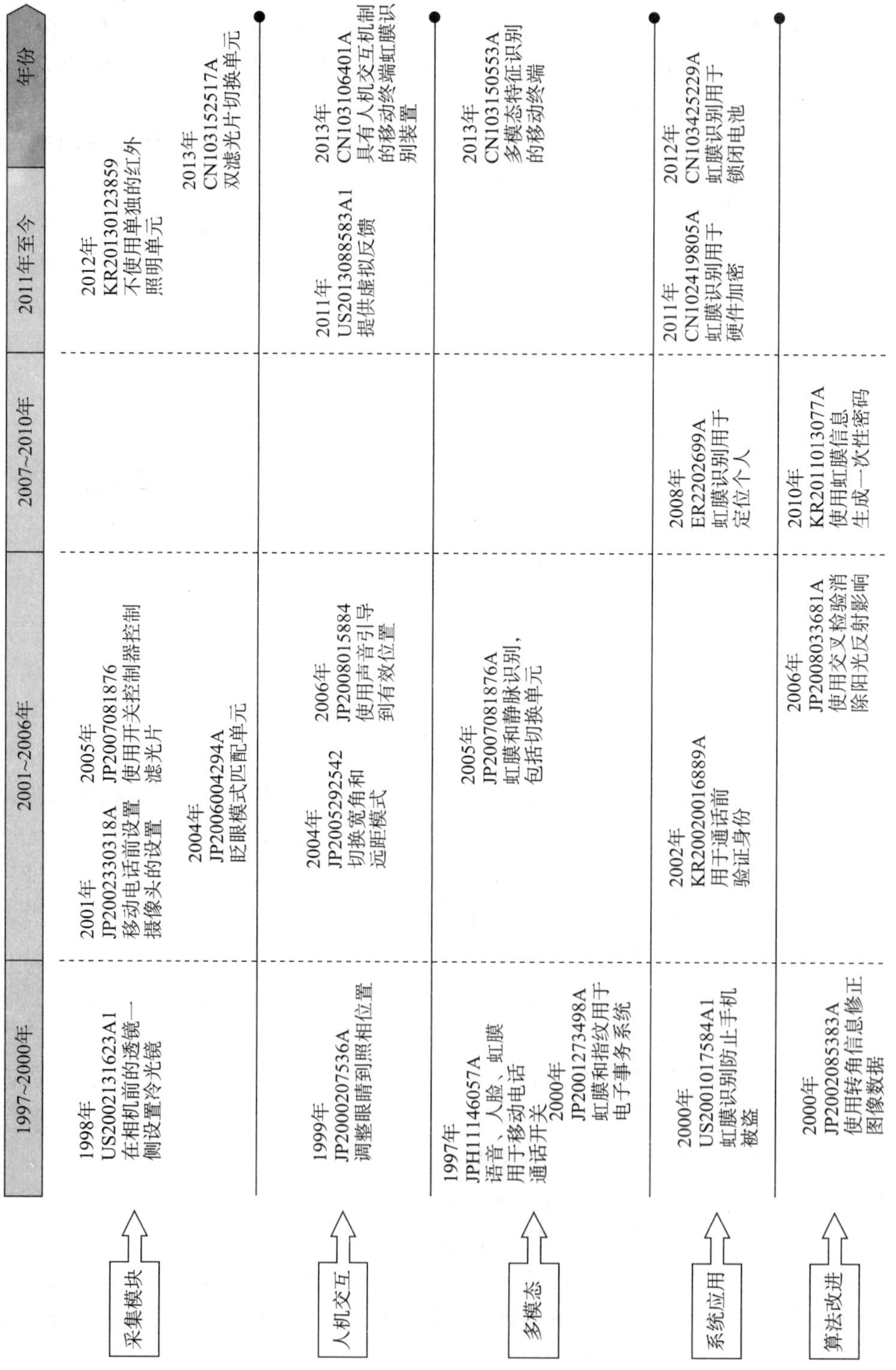

年份	1997~2000年	2001~2006年	2007~2010年	2011年至今
采集模块	1998年 US2002131623A1 在相机前的透镜一侧设置冷光镜	2001年 JP2002330318A 移动电话前设置摄像头的设置；2005年 JP2007081876 使用开关控制器控制滤光片；2004年 JP2006004294A 眨眼模式匹配单元		2012年 KR20130123859 不使用单独的红外照明单元；2013年 CN103152517A 双滤光片切换单元
人机交互	1999年 JP2000207536A 调整眼睛到照相位置	2004年 JP2005292542 切换宽角和远距模式；2006年 JP2008015884 使用声音引导到有效位置		2011年 US2013088583A1 提供虚拟反馈；2013年 CN103106401A 具有人机交互机制的移动终端虹膜识别装置
多模态	1997年 JPH11146057A 语音、人脸、虹膜用于移动电话通话开关；2000年 JP2001273498A 虹膜和指纹用于电子事务系统	2005年 JP2007081876A 虹膜和静脉识别，包括切换单元		2013年 CN103150553A 多模态特征识别的移动终端
系统应用	2000年 US2001017584A1 虹膜识别防止手机被盗	2002年 KR20020016889A 用于通话前验证身份	2008年 ER2202699A 虹膜识别用于定位个人	2011年 CN102419805A 虹膜识别用于硬件加密；2012年 CN103425229A 虹膜识别用于锁闭电池
算法改进	2000年 JP2002085383A 使用转角信息修正图像数据	2006年 JP2008033681A 使用交叉检验消除阳光反射影响	2010年 KR2011013077A 使用虹膜信息生成一次性密码	

图3-3-6　虹膜识别移动设备技术发展路线

随着虹膜识别移动设备技术的发展，韩国和中国公司在该领域也开始活跃。三星在2012年提出了专利申请KR20130123859A，其中将移动设备中的光输出单元设置为能够提供红外线以及其他光线的光源，从而不再需要单独提供红外线的光源，使得移动设备能够更加轻便。国内的中科虹霸在2013年的专利申请CN103152517A中提出了使用单摄像头和双滤光片的方式实现移动设备的采集模块的设置，可以实现将产品做到很薄很小，从而方便地集成在诸如手机、平板电脑等轻薄型、小型化的移动产品上。

（2）人机交互

人机交互通过移动设备的系统引导使用者更好地配合图像的采集，从而提高虹膜识别移动设备的易用性。1999年，OKI申请的专利JP2000207536A提出了使用可移动的照相单元，其能够调整眼睛到照相位置。

早期的移动设备虹膜拍摄用的望远摄像机视场角狭窄，所以很难用于眼睛的引导。此外，从设置面积上的限制来看，为了进行眼睛的引导而设置大的镜片也是很困难的。松下在2004年申请的专利JP2005292542A中使用了根据用广角模式拍摄的图像自动地判定被拍摄体的眼睛被引导到指定的位置上的引导检测部，当引导检测部判定为被拍摄体的眼睛已被引导到指定的位置上时，自动地将拍摄部从广角模式切换为望远模式。按照这种结构，由于在虹膜认证时不必使眼睛极度地靠近摄像机，所以能够消除眼睛图像获取时的不适感或操作难度并且不易被别人察觉出虹膜认证动作。

除了人机交互界面的交互外，OKI在2006年申请的专利JP2008015884A还提出了使用语音引导装置引导用户到有效的虹膜获取区域，在达到区域后，通过语音提示用户保持该距离。

AOptix在2011年的专利申请US2013088583A1中提出了根据系统的位置通过屏幕提供视觉反馈，该视觉反馈用于协助操作者减小虹膜图像获取的时间和难度。

中科虹霸在2013年申请的专利CN103106401A提出了包括视觉交互、听觉交互、触觉交互的虹膜图像采集模块，实现了可用于移动终端的、用户友好的新一代虹膜识别装置和方法。

（3）多模态识别

在生物特征识别时，单生物特征可能会遇到采集或者识别方面的缺陷，多模态识别通过融合了多种生物特征识别技术，不仅能够提高识别的准确性，而且可以扩大系统覆盖范围，使之更接近实用。株式会社东海理化电机制作所在1997年提出的专利申请JP11-146057A中提出了联合语音、人脸、虹膜识别用于移动电话通话的开关。NEC在2005年提出了专利申请JP2007081876A，其在便携通信终端上搭载了虹膜识别和静脉识别模块，通过组合种类不同的认证单元而进行认证，提高便携通信终端的认证概率。中科虹霸在2013年提出了一种实现多模态身份特征识别的移动终端（CN103150553A），其在数据存储模块中包括IC卡信息、指纹特征模板、人脸特征模板、虹膜特征模板，通过设置识别策略配置文件强制使用某种或某几种识别技术，提高了身份识别的准确性。

（4）系统应用

移动身份认证是移动应用的关键技术，在金融、电信信息安全、电子商务、电子政务、军事等领域有广泛的应用。虹膜识别本身具有的唯一性、可靠性、无法复制等优点，使虹膜识别系统成为移动设备身份认证的理想选择。

富士通公司在2000年提出的US2001017584A1中提出了将虹膜识别模块应用到手机中，通过虹膜识别身份认证防止手机被盗。韩国的一家公司在2002年申请的专利KR20020016889A中，提出了将虹膜识别模块用于手机通话前进行身份认证。美国银行在2008年的专利申请EP09252773A中，收集包括虹膜扫描在内的初始生物测定数据和相应的辨识信息，将这种数据的条目输入到数据库内，使得生物测定数据可被用于定位个体，并且随时间改变追踪个体位置。联想和中兴在2011年和2012年分别提交了专利申请CN103425229A和CN102419805A，分别将虹膜识别模块用于移动设备的硬件加密和电池锁闭中。

（5）算法改进

虹膜识别算法是虹膜识别最关键的技术，针对移动设备的特点需要开发适合虹膜识别的算法，从而在保证安全性、鉴别效率和误判率的情况下，实现尽可能快的响应速度。

OKI在2000年提出了专利申请JP2002085383A，其中对图像采集算法进行了改进，在采集时通过转角信息对图像进行修正，从而使获取的图像准确而缩短了识别时间。OKI还在2006年提出了专利申请JP2006206976A，其中使用交叉验证以消除外部光线例如阳光以及人造光的影响，从而提高图像采集质量。韩国一家公司在KR20110130770A的专利申请中，使用虹膜信息基于哈希信息的验证码生成一次性的密码，加密的键值被实时存储，使用无线通信终端将该一次性密码传送到服务器进行验证。

3.4 小　　结

① 虹膜识别移动设备全球专利申请主要来自中国、日本、韩国、美国，其中中国在2012年后占据申请量的一半以上，但是申请集中在国内，基本上没有多边申请。日本企业从早期的技术研发和专利申请的主要力量，到后期逐渐退出虹膜识别移动设备市场。其主要原因是由于日本企业在移动设备的市场中份额下降，对于非核心业务采取收缩策略，因而从2006年开始逐渐退出了虹膜识别移动设备市场。

② 从国内专利的授权和维持程度来看，国内申请人的授权和维持数量高于国外申请人，反映了国外申请人在虹膜识别移动设备的这一细分领域还没有足够的重视，也没有在国内形成足够的专利布局和技术壁垒。在国内的重点申请人中，松下的申请日期都是集中在2007年之前，并且其授权的6件专利中仅有3件处于有效状态；而LG和三星分别仅有1件专利处于有效状态。因此，可以看出国外申请人并没有在国内形成足够的专利布局和技术壁垒。

③ 通过技术功效矩阵的分析，国内申请人在采集模块、人机交互和算法方面的申请量还比较少，针对国内企业在产业链中的位置，建议中下游企业可以选择技术难度相对较小的人机交互作为专利布局的重点，而上游企业可以在采集模块以及算法方面进行专利的布局。对于算法以及人机识别这种偏重系统和软件方面的保护，主要采用发明专利申请为主，还可以通过软件著作权进行保护。对于采集模块方面的专利，其主要涉及硬件以及结构方面的改进，除了发明专利外，还可以考虑通过实用新型或者发明与实用新型结合的方式进行保护。

④ 国内企业对于国外企业的重点专利应当进行关注，其中可以重点关注松下在国内一直维持的专利（CN1290060C、CN1437161B）、三星可能进入中国的申请（KR20130123859A）以及 AOptix 可能进入中国的系列申请（WO2013188039A1、WO2013188040A1）。

第4章　中远距离虹膜识别

4.1　研究边界和研究意义

中远距离虹膜识别（见图4-1-2、图4-1-3）是相对于近距离虹膜识别（见图4-1-1）而言的。一般认为人眼距离虹膜摄像头0.2m~1m的距离为中距，1m~3m的距离为远距。本章主要研究的是远距离的虹膜识别，以“远距离虹膜识别”作为检索词，由于检索过程中遇到了很多未明确识别距离的“远距离/中远距离虹膜识别”，或者专利文献中将识别范围定义为0.2m~10m这样涵盖中远距离范围的内容，经过对专利文献的阅读和理解，而将部分非远距离的文献划归中距离虹膜识别技术分支。因此，本章主要研究远距离虹膜识别专利，同时也融入了对中距离虹膜识别的专利分析。

图4-1-1　近距离虹膜识别

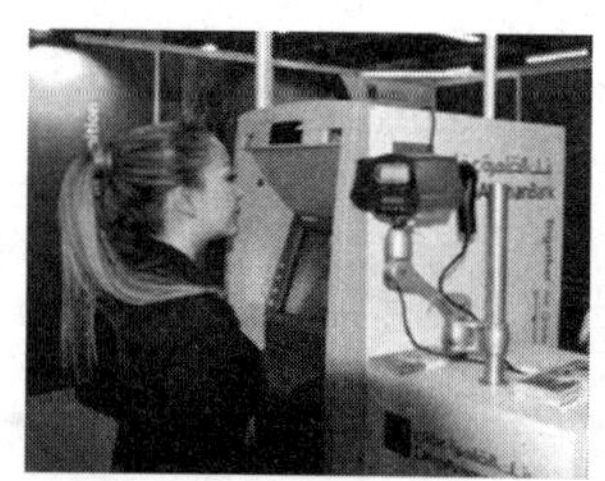

图4-1-2　中距离虹膜识别

图4-1-3　远距离虹膜识别

要保证虹膜识别的实时性，除了距离上的划分，中远距离虹膜识别在技术上还越来越迫切地需要实现对非配合性的虹膜采集。人或眼在运动过程中，很多时候需要在人员不是主动去配合采集设备的情况下，甚至未察觉的情况下进行虹膜采集，这样进行的都是非配合性虹膜采集。❶ 此外，由于动物的非配合性，对动物的虹膜采集也放在了非配合性的虹膜采集边界内。

虹膜技术由于其多功能性，几乎适用于任何需要加强安全、确保服务、消除欺诈或更便捷的身份认证应用。❷

虹膜识别的最大瓶颈在于虹膜图像获取的困难。由于虹膜图像尺寸小而虹膜识别要求的分辨率高，即便使用最好的光学器材，虹膜摄像机最多只能拍摄到人脸大小的图像，成像景深不超过10cm。因此，虹膜图像获取很不方便，必须要求用户积极配合

❶ 董岳. 远距离非配合虹膜采集装置关键技术的研究［D］. 中国优秀硕博士学位论文数据库（硕士），2013.

❷ ［EB/OL］.［2014-04-20］. http://www.innochina.net.cn/product.aspx?PID=27.

才能完成；然而在2m～3m或更远的距离，用户几乎不可能自己找到正确的位置。因此，如果解决了远距离的虹膜识别问题，虹膜识别将会和人脸识别一样方便。❶

随着高速的互联网技术、数字化技术和便捷的通信技术的广泛应用，更加容易携带的设备、接触/非接触的识别设备以及相应的电子密钥都应运而生。但是人们在享受生活便利的同时，也在承担着相应的风险，例如直接与财产相关的电子商务的安全性，甚至直接与生命相关的公共安全保障等。之前的伦敦地铁爆炸案、美国"9·11"事件和国内近期发生的火车站及市场内的暴力恐怖事件，使得高交通流量的地点如机场和安检口，提升安全和访问控制的效率的需求从来没有像现在这样重要。❷

因此，课题组选择中远距离虹膜识别这个技术点进行研究，有利于了解国外相关申请人的专利布局、技术发展路线和国内远距离虹膜技术的发展现状，为虹膜识别行业的国内申请人提供参考。

4.2 全球专利概况

4.2.1 趋势分析

本报告检索数据截止日为2014年5月20日，全球中远距离虹膜识别技术专利申请总量为118项。

图4－2－1示出了中远距离虹膜识别全球专利申请的发展趋势，其中横轴的年份指专利申请年。从中可以了解中远距离虹膜识别技术从问世之初截至目前的全球专利申请的趋势，综观该图，可以把中远距离虹膜识别技术的相关专利申请态势分为四个阶段。

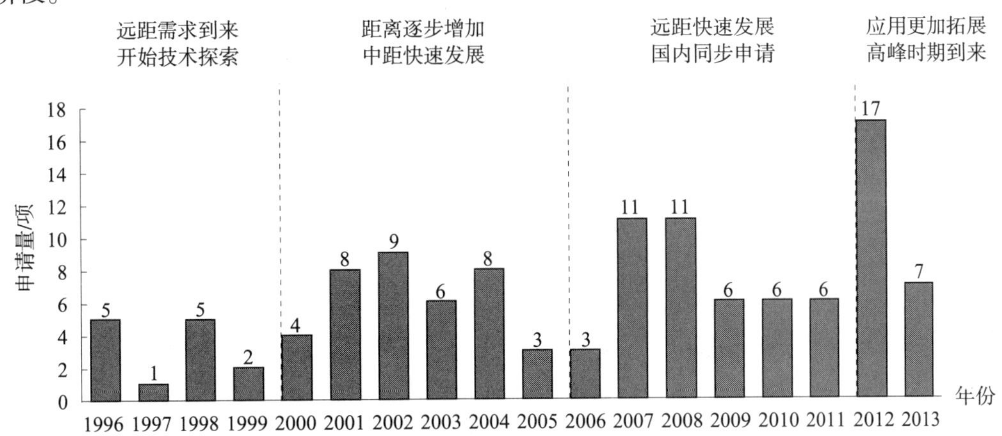

图4－2－1　中远距离虹膜识别全球专利申请的发展趋势

---

❶ 董文博. 基于双目视觉和旋转云台的远距离虹膜识别系统［J］. 科技导报，2010，28（5）：34－39.

❷ 移动中远距离虹膜识别解决方案 IOM－Passport［EB/OL］.［2014－05－02］. http：//www. yian－tech. com/news_ show. asp? x_ id＝144869.

（1）技术探索期：1996～1999年

虽然远距离虹膜识别的产品于2006年才开始进入市场，然而相关的专利申请时间却远远早于该时间点。在1996年1月，日本OKI的专利申请JPH09198531，首次提出了远距离虹膜识别应用于远程闸机通过系统，实现一种不刷卡快速通行的整体概念。1996年12月，美国的Sarnoff公司提出的专利申请US6714665，具体化了远距离虹膜识别设备硬件的技术方案。1996～1999年，技术的探索还主要针对中距离的虹膜识别，松下也有几件关于安防、银行和机场安检方面的远距离虹膜识别专利申请。此外，还存在几项对动物进行的非配合式虹膜识别专利申请。每年的专利申请量均比较少，可以确定1996～1999年属于远距离虹膜识别技术的起步阶段。总体而言，随着虹膜识别远距离需求的到来，这一阶段是远距离虹膜识别技术的储备阶段，可以称之为技术探索期。

（2）中距快速发展期：2000～2005年

历经了前一阶段的技术探索，2000年至2005年，专利申请量出现了比较显著的增长，2001年、2002年、2004年申请量都在8项以上。这种显著增长的出现有多种原因，比如国际反恐，互联网应用等，使得生物识别技术炙手可热，许多公司投入很大的人力财力进行相关产品和技术的研发。指纹识别应用中出现的不准确、易伪造的特性，促使了虹膜识别技术得到显著的重视，同时对于虹膜识别成本、安全性、非配合性的改善或提升促使远距离虹膜识别的研发得到了快速发展。但是从最早的贴近式虹膜识别设备发展到几米远的虹膜识别，需要考虑光学采集设备的适应度、识别算法、设备成本等诸多因素，因而虹膜识别的距离也由近及远地发展。这一阶段的主要专利申请都是围绕中距离虹膜识别的。总申请量38项中的25项属于中距离虹膜识别，占比66%。另外有13项是关于远距离和非配合的。总体来说，这一阶段对于虹膜识别距离的要求在逐渐增加，主要处于中距快速发展期。

（3）远距快速发展期：2006～2011年

2005年，美国Sarnoff公司研发了一种可以在3米远进行远距离虹膜识别的原型系统Iris－on－the－move（IOM）并逐渐投放市场，他们利用高像素摄像机组成的阵列在远距离拍摄虹膜图像，当人走过一个固定位置时，系统就可以抓拍下他的虹膜图像并进行识别，成为虹膜识别的一个具有里程碑性质的技术。2006～2011年，专利申请量继续较快增长。虹膜识别的距离继续由中及远地发展。这一阶段的主要专利申请都是围绕1m以上远距离虹膜识别的。总申请量43项中的6项是关于中距离虹膜识别，37项属于远距离非配合虹膜识别，占比86%。总体来说，这一阶段各国对于远距离虹膜识别的研发都投入很大，主要处于远距的快速发展期。

值得一提的是，这一阶段也是中国国内远距离虹膜识别专利申请的主要阶段，专利申请的重担由国内高校和科研机构承担，主要申请人是中科院自动化所。

（4）高峰期：2012～2013年

2012～2013年属于远距离识别技术的高峰期，仅2012年一年申请量就达到了17项。这一时期中距离、远距离和非配合的专利申请量都很平均，虹膜识别设备的硬件不断在改进，算法也在进一步探索，可见技术发展已由单纯的识别距离增加发展为对于远距离低成本高识别率的要求。随着这一阶段专利技术向产品成果的转化，美国咨询公司 Acuity Market Intelligence of Louisville 的报告指出，在未来的 10 年虹膜识别将占国际生物特征识别市场份额的 16%，每年的销售额达到 15 亿美元，成为市场份额最大的单模态生物特征识别技术。❶

4.2.2　区域国别分布

4.2.2.1　技术原创国分布

图 4-2-2 是全球远距离虹膜识别技术的专利申请技术原创国（最早优先权国家或地区）的分布图。其中，来自美国技术创新主体的专利申请量为 37 项，占全球总申请量的 31%，位居首位。其中申请量最大的是霍尼韦尔，该公司自 2007 年起开始进行远距离虹膜识别的研究，专利申请对于远距离采集硬件和算法改进都有所涉及。AOptix 公司申请了一系列共 6 项远距离非配合式虹膜识别相关专利，并向全球各个地区或国家进行了专利保护，其中还包括中国。美国 SRI Sarnoff 公司申请了 3 项关于其 IOM 移动中虹膜识别产品的相关专利。另外，美国也有一些大学和个人申请。值得一提的是，美国虽然有 6 项个人申请，但其中大部分申请人都是隶属于一些美国公司或大学的，不是独立的虹膜技术研究者。

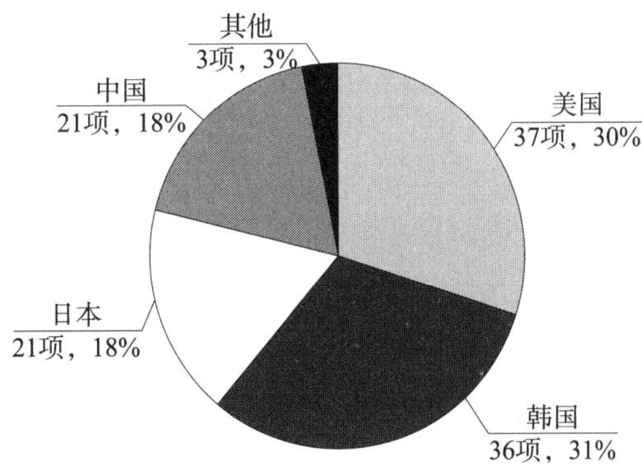

图 4-2-2　中远距离虹膜识别全球专利申请技术原创国分布

技术原创申请量排在第二位的是韩国，为 36 项，占比 31%，仅比美国少了 1 项。韩国 LG 电子株式会社贡献颇丰，除此之外还包括一些韩国科研机构的申请和个人申请。21 世纪初开始，LG 电子株式会社就非常重视虹膜识别技术的研发和专利布局，这也带动了整个韩国国内对这一生物识别技术的研究兴趣，包括韩国电子通信研究院、韩国延世大学产学合作组、IRIS ID 公司都进行了远距离虹膜识别相关专利申请。此外，韩国的个人申请也有 5 项。

中国和日本的技术原创申请都是 21 项，占比达到 18%。所不同的是，日本申请主

---

❶ 基于虹膜识别的新一代身份识别系统［EB/OL］．［2014-04-30］．http：//www. casnt. com/html/kejiziyuan/dianzixinxi/2012/0518/170. html.

要集中在两个国际性大公司——OKI 和松下，这两大公司分别申请了 10 项和 9 项远距离虹膜识别技术方面的专利，还分别向美国、欧洲、德国等国家和地区进行了申请；而中国远距离虹膜识别技术的专利申请只是向中国提出，未输出到其他国家或地区。中科院自动化所是中国的虹膜识别技术专利申请量最大的申请人，从 1998 年开始进行虹膜识别技术研究，2000 年有了第一台虹膜识别设备，并公开虹膜图库。

4.2.2.2 技术目标地分布

中远距离虹膜识别技术在全球已经处于多领域应用阶段，从图 4－2－3 的全球目标市场图即可看出，韩国和美国都在本国进行了完善的专利布局，两国目标市场分布平分秋色。中国虽然是排名第三的目标市场，但是其中25 项中国专利中21 项是国内申请人向中国国家知识产权局申请的，仅有 4 项是他国专利进入中国进行的布局。这种情况可能因为是国内技术处于底层硬件搭配应用层，上层算法和图像传感元器件的关键技术仍然掌握在国外申请人手中。

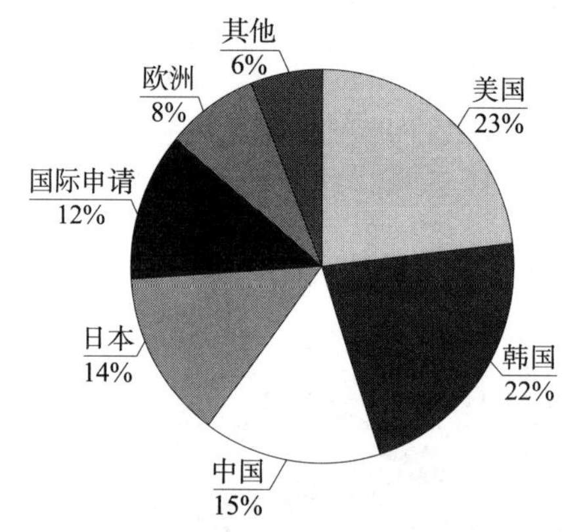

图 4－2－3 中远距离虹膜识别全球技术目标市场地分布

日本和全球申请（PCT）分别占比 14% 和 12%，日本的主要申请来自日本国内，少部分来自韩国。总共 18 项全球申请中的主要目标市场也是美、韩、日、欧。还有一部分全球申请是近年新申请的，尚未进入各国的国家阶段。欧洲作为技术原创国的专利申请很少，大部分欧洲申请的来源国都是韩、美、日，这从欧洲目前很多机场都使用韩国和美国公司的虹膜识别解决方案就可以看出。

4.2.2.3 主要目标国专利申请趋势

表 4－2－1 是中远距离虹膜识别技术主要目标国专利申请年份趋势分布。申请量最多的美国早在 1996 年就由 Sarnoff 公司提出了一个高分辨率的远距离采集人物或动物的安防设备的雏形，但直到 2001 年才逐渐开始了远距离虹膜的进一步研究，但专利申请量偏少。到了 2005 年，Sarnoff 公司的 Craig 等对远距离虹膜识别进行了新的探索，实验证明无论在 1m、3m 还是 10m，拍摄的虹膜图像对识别影响不大。其后 Sarnoff 公司研发了一种可以在 3m 远进行远距离虹膜识别的原型系统 IOM，他们利用高像素摄像机组成的阵列在远距离拍摄虹膜图像，当人走过一个固定位置时，系统就可以抓拍下

其虹膜图像并进行识别，这成为虹膜识别的一个具有里程碑作用的工作。❶ 同年，AOptix提出了其关于远距离非配合虹膜识别的专利申请，对追踪人眼虹膜成像的扫描系统进行的改进，并在其后的2007年和2009年对改进的系统提出专利申请。如同韩国一样，美国到2007年才开始有了成规模的申请。以霍尼韦尔为代表的美国申请人在远距离虹膜的硬件、图像处理算法、应用领域方面都有了扩展，显示出与日、韩公司分庭抗礼的鼎立局面。美国申请人也将专利布局向其他欧美国家渗透，但是由于日、韩已经具有比较完备的专利布局，因此美国申请以日、韩作为目标国的情况不多。

表4-2-1　中远距离虹膜识别主要目标国申请年代趋势　　申请量/项

申请年份	美国	韩国	日本	中国
1996	2	—	3	—
1997	—	—	1	—
1998	—	2	3	—
1999	—	1	1	—
2000	—	2	2	—
2001	1	8	1	—
2002	4	5	3	—
2003	—	3	2	1
2004	3	2	2	4
2005	2	1	1	1
2006	2	—	—	—
2007	6	4	2	—
2008	3	2	2	4
2009	3	1	1	1
2010	2	1	—	3
2011	4	2	—	—
2012	4	2	—	9
2013	3	—	—	2

申请量排在第二位的韩国从1998年开始提出相关专利申请，到2000年LG以与其他公司的专利许可合约为契机宣布大举进军虹膜识别系统市场，韩国申请量开始大幅

❶ 董岳．远距离非配合虹膜采集装置关键技术的研究［D］．中国优秀硕博士学位论文数据库（硕士），2013.

增长。2001 年 LG 申请了 7 项中距离虹膜识别设备的专利，开始大规模进行专利布局，随后在 2002 ~ 2004 年带动了整个韩国对于虹膜识别技术研究的热度，包括个人申请，新起步的公司、科研院所都开始研究这一技术。2007 年起，韩国又掀起了新一轮虹膜研究热潮，到 2012 年共计申请 12 项，这一阶段的技术主攻方向是远距离和非配合的虹膜识别。

以日本为主要目标国的申请主要集中在 1996 ~ 2004 年，申请几乎被 OKI 和松下两大公司垄断，而且申请都只在日本国内，极少有迈出国门占据国际市场的动作。随着经济危机的到来，两大公司的虹膜识别部门出现亏损情况，不得不逐渐减少了远距离虹膜识别技术的研发工作。2010 年之后，日本对于远距离虹膜识别技术的研发停滞。

中国的远距离虹膜识别技术具有起步晚、发展快的特点。从 2004 年起，中科院自动化所开始了远距离虹膜识别的研究，从一种概念上的探索逐步开始具体软硬件平台、识别距离扩展和应用领域的研发。此外，国内一些生物识别公司也逐渐开始从应用端进行远距离识别产品的研制，并慢慢打开自己的市场。而国内科研机构也一直没有停止过对于这一技术领域的研究，提出了一批中国申请。

韩国、日本、美国、中国四个国家作为远距离虹膜识别专利申请的主要目标国，申请量发展趋势有着较大区别。日本起步早也停滞早，韩国最为重视并一直在大力发展中，美国新兴且快速站稳脚跟与日、韩技术对抗，中国起步晚，主要在自己的小圈子里逐步发展。总之，谁都想在技术研发中占据一席之地，也都想在市场推广上抢得先机。今后的若干年中，除了日本，美国、韩国、中国这几个国家仍将继续积极探索远距离虹膜技术便捷化的发展，通过虹膜识别技术来进一步提升国际安全水平。

4.2.2.4 全球申请人分析

从图 4 - 2 - 4 来看，排名最高的申请人中，包括 LG、韩国延世大学产学合作组、IRIS ID 公司和韩国电子通信研究院 4 家韩国机构，还有 5 项是韩国的个人申请。韩国申请对于中距虹膜识别的申请量很大，这主要源于韩国 LG 是一家大型的移动设备生产商，该公司主要研究的是移动设备上的中距虹膜识别认证技术。可以看出，韩国在远距离虹膜识别技术上处于领先地位，而且申请较为集中，具有群体性的优势。日本两大公司 OKI 和松下的申请总量与 LG 相当，他们是这一领域最早期的引路者，且研究领域中距、远距和非配合都有涉及，但日本公司对于虹膜识别技术的研究已经逐渐停滞。美国霍尼韦尔的实力也不可小觑，公司的安防集团是国际著名的电子保安系列产品制造商之一，因此其申请基本全是远距和非配合类的申请。生物身份识别解决方案开发商 AOptix 的 5 项专利申请都是远距离非配合识别的，基于这些专利，AOptix 的 AOptix InSight 系列虹膜与面部识别产品，目前已成为全球最广泛应用的机场和边境通关设备。Sarnoff 作为美国 SRI 国际集团下属的独立公司，在 1996 年提出了具有详细系统结构的最早的远距离虹膜识别系统专利申请，而后在 2006 年和 2007 年又分别提出了 2 项关于算法改进和硬件系统上的专利申请。

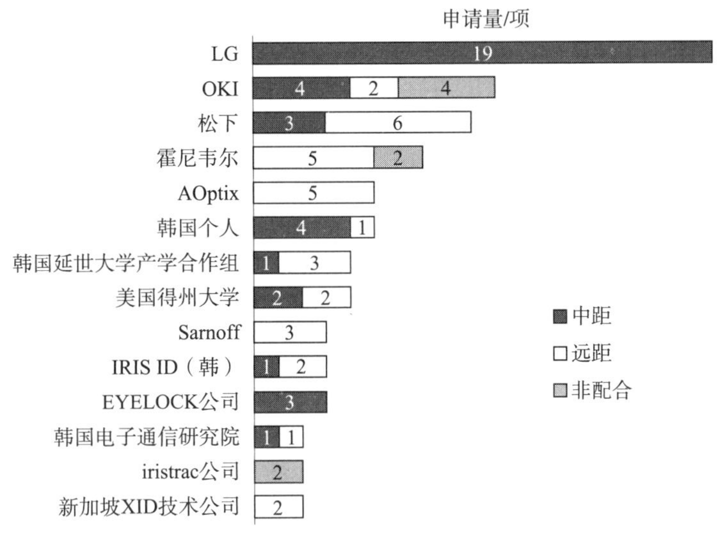

图 4-2-4　中远距离虹膜识别主要申请人申请情况

全球远距离虹膜识别技术各主要时期申请人分布如图 4-2-5 所示，其中 2000～2005 年、2006～2011 年两个时期分别略去了申请量为 1 项的公司/机构名称。不同阶段的申请人分布主要呈现的是大公司引领—LG 独大—群雄并起—个人申请主导的趋势。

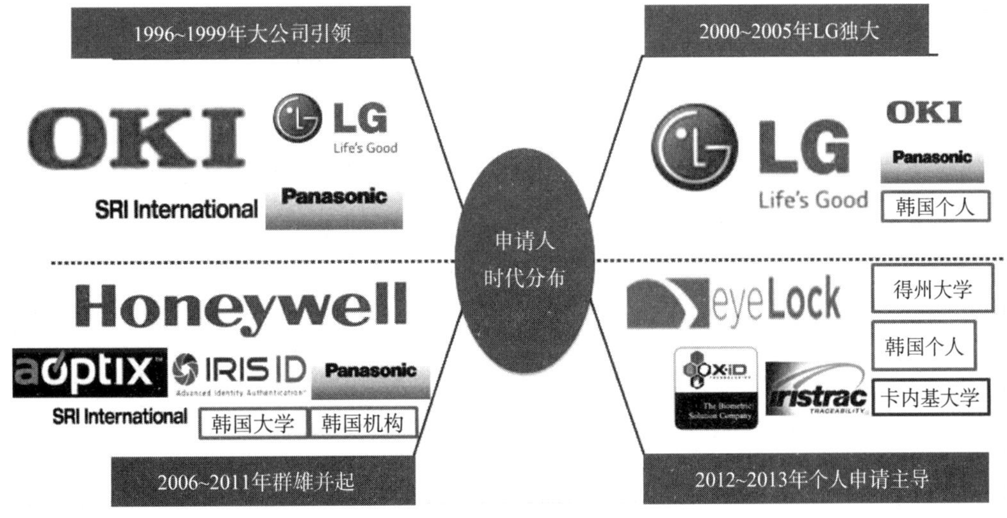

图 4-2-5　中远距离虹膜识别技术各主要时期申请人分布

技术探索期申请量最大的是 OKI，其 6 项申请中包括最早的远距离通关的概念式申请，还包括 3 项非配合式动物虹膜识别和 2 项中距离识别设备的申请，其他包括 LG、松下和 Sarnoff 公司也分别进行了专利申请，这一时期提出专利申请的主要是大公司，他们在技术初期都有着可观的研发投入，并具有抢占先机的战略性眼光。

而到了中距快速发展期，LG 的申请量（15 项）占据了半壁江山，其对于中距虹膜识别技术，从测距装置，镜头和光源改变和识别算法等多角度都进行了专利布局，其他申请人甚至日本两大公司的相关申请量也远不及LG的多。

到了远距高速发展期，美、日、韩的多家公司和研究院所分别提出了总共36项远距离虹膜识别技术的申请，这一阶段的申请量比较平均，霍尼韦尔的申请量最多（7项），其中大公司主要从产品延续性角度提出并不断地技术改进，科研院所主要从算法研究和应用领域的扩展上进行研发。

而最后的高峰期为个人申请主导阶段，但是这些个人又与其所在的研究机构密不可分。其中美国EYELOCK公司的4项申请中有1项公司申请，1项为公司和个人共同申请，另外2项均为EYELOCK公司研发人员的个人申请。得克萨斯州立大学的3项申请中也有2项研究人员的个人申请。新加坡XID技术公司的科研人员也以个人名义提出了1项个人申请，此外还有2项韩国个人申请。可见科研人员对远距离虹膜识别技术的研究热情逐渐高涨，研发内容也越来越深入。

4.2.3 中国专利概况

4.2.3.1 趋势分析

中远距离虹膜识别领域不同年份的中国申请量分布情况如图4-2-6所示。根据统计数据，中国远距离虹膜识别技术专利申请总量为25项。

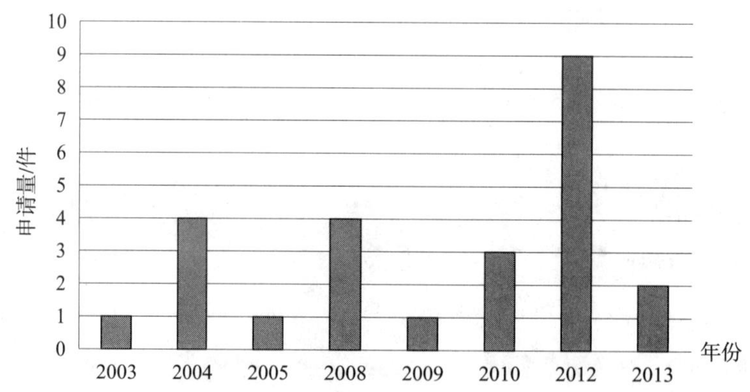

图4-2-6 中远距离虹膜识别技术中国专利申请的发展趋势

最早的中国申请是韩国LG的上海分公司于2003年提出的一件关于中距识别技术的申请，虽然该申请被申请人主动放弃专利权，但是它可以看成LG在我国对该领域进行的第一次专利探索。

在2004年和2008年，中科院自动化所共提出了5件专利申请，可以说为国内远距离虹膜识别技术开了先河，并持续保持着在这一领域国内的带头优势。2009~2012年，中科院自动化所还在继续进行着远距离虹膜识别技术的研究，但是这一时期，更多的公司和机构开始进入了该技术领域之中，包括第三眼（天津）生物识别科技有限公司、北京释码大华科技有限公司和国内几所大学也分别进行了相关专利申请。2013年，武汉的一家公司也加入到该领域的专利争夺中。

与全球申请量趋势的分析相一致，2012～2013 年的申请尚未全部公开，因此，2012～2013 年的实际数据可能比图中更多。

4.2.3.2　法律状态

中远距离虹膜识别技术的中国申请的法律状态情况如表 4－2－2 所示。2003～2013 年，涉及中远距离虹膜识别技术的中国专利申请共 25 件，其中已授权并维持专利权的专利占 40%，仍在审批中的专利占 32%，另外驳回专利 1 件，视撤的专利申请 4 件，已授权又放弃专利有 2 件。造成授权比例较低的原因主要是中远距离虹膜识别技术较新，国内从 2003 年才开始有了第一件申请，而且大部分申请处于 2010～2013 年提交，其间很多专利尚处于审查状态中，没有获得授权。

表 4－2－2　中远距离虹膜识别中国申请的法律状态　　单位：件

申请人	申请量	法律状态	数量
中科院自动化所	9	失效	1
		无权	1
		有权	6
		在审	1
北京释码大华科技有限公司	3	有权	1
		在审	2
第三眼（天津）生物识别科技有限公司	2	有权	1
		在审	1
西安理工大学	1	有权	1
松下电器产业株式会社	1	无权	1
东南大学	1	有权	1
杭州艾思柯虹膜识别科技公司	1	在审	1
武汉虹识技术有限公司	1	在审	1
南京大学	1	无权	1
哈尔滨工业大学	1	在审	1
中国科学技术大学	1	在审	1
上海乐金广电电子有限公司	1	无权	1
全球仿生光学有限公司	1	失效	1
美国欧普蒂克斯技术公司	1	无权	1
总计	25		

申请量排在前三位的三个申请人中科院自动化所、北京释码大华科技有限公司和第三眼（天津）生物识别科技有限公司，中科院自动化所的9件申请有6件获得了授权，1件处于在审状态，1件失效是因为放弃实用新型专利权来获得发明专利，1件未获得授权。另两家公司除了尚在审的几件申请外都已获得授权。其他申请人中只有西安理工大学和东南大学的2件发明专利获得了授权，这2件授权专利主要涉及虹膜识别算法的研究。

4.3 技术发展路线与重要专利分析

随着对虹膜识别便捷程度和应用范围要求的提高，简单的贴近人眼采集虹膜的识别器材已无法满足社会需要，金融、安全、网络、电子商务等无一不需要适用范围更加广阔的虹膜识别设备，也对虹膜识别技术提出了更高的发展要求。光学摄像元件的发展促使了虹膜识别需要对更加远距离的虹膜图像进行采集和识别，同时，人脸识别技术的发展也需要准确采集不会主动配合设备进行虹膜采集的人或动物的虹膜图像，这就使远距离虹膜识别技术成为目前本领域研究的热点。本部分以技术发展情况结合重要专利得出该技术分支的技术发展路线图，参见图4－3－1（见文前彩色插图第6页）。

图4－3－1中时间轴为1996～2013年的专利数据，时间轴上方为远距离和非配合分支的技术发展趋势，下方为中距离分支的技术发展趋势。随着时间的发展，与图4－2－1示出的中远距离虹膜识别全球专利申请发展趋势相同，也呈现出起步发展—中距大规模发展—远距大规模发展—技术高峰的趋势。图4－3－2示出中远距离虹膜识别产品的年份图。以下结合技术路线图和产品年份图的内容，以时间轴结合重点专利分析的形式对技术发展状况进行梳理。

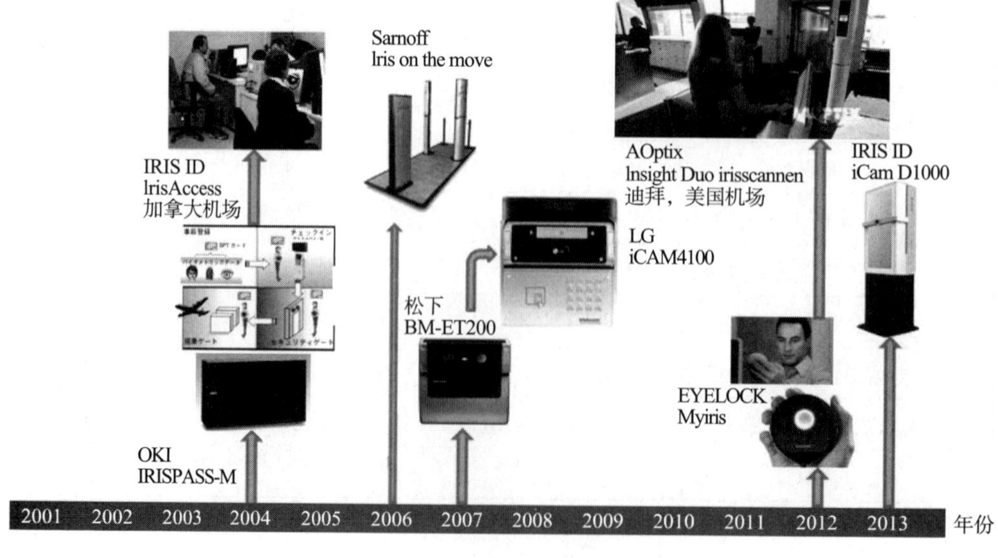

图4－3－2　中远距离虹膜识别产品年代发展

1996 年，OKI 所申请的日本专利 JPH09198531A 公开了一种不刷卡便捷通过系统，可以通过闸机上的摄像头采集人的虹膜图像来进行验证，该申请可以认为是最早提出远距离虹膜识别的专利申请，并未获得授权，仅提出了一种远距离虹膜识别的概念系统，并未详细介绍虹膜识别系统的结构与算法。同年年底，美国 Sarnoff 公司的专利申请 US6714665B1 则是第一件获得了授权的远距离虹膜识别专利申请，该专利提出了由一个广角摄像头、一个窄角摄像头、镜面云台等组成的虹膜识别设备的概念，可以获得高分辨率人或动物虹膜图像。OKI 还在 1996 年提出了一件将虹膜识别用于赛马身份验证的专利申请 JPH1040375A，通过光源、摄像头、身体数据捕捉器捕捉例如虹膜颗粒数据等身体数据，身体数据校正判断采集数据是否匹配注册数据，这也成为最早将虹膜识别应用于动物的专利申请。[1]

在赛马身份验证的专利申请（JPH1040375A）的基础上，OKI 在 1997 年进一步提出了动物身份验证的日本专利申请 JPH10275235A，这件专利申请主要涉及动物虹膜验证算法。

到了 1998 ~ 1999 年，日、韩的两家公司——松下和 LG 也加入了远距离虹膜识别的研究大军。其中 LG 还主要处在对设备自动测距，变焦采集的中距离虹膜识别阶段，松下的申请 JP2000011163A、JP2000005150A、JP2000005149A 主要针对非配合人运动情况下的识别进行了处理算法上的改进。

从 2000 年起至 2005 年为中距快速发展期，LG、OKI、松下和美国的公司等申请人都有中距虹膜识别的相关申请，从技术发展脉络上看，中距虹膜识别主要分为自动变焦、定焦—人运动配合和定焦—设备运动配合三大类主要手段。这三种手段也是与虹膜识别的具体应用领域不可分割的，一定距离上的虹膜验证装置主要通过设备自动变焦来采集虹膜；便携式手持设备或移动设备则可以简单地通过人的前后变动位置来实现对焦；汽车内部的虹膜验证由于活动空间较小，则是通过设备位置和角度的变化来实现对焦的。2001 年 LG 的申请 US2002131622A1 提出由传感器测距，摄像机拍虹膜，使用红外光源，LED 指示用户向前向后移动的方式来实现快速识别虹膜；2004 年 OKI 将其 Irispass - M 产品，韩国 IRIS ID 公司将其 IrisAccess 产品都应用到如机场等多个场所，2005 年 AOptix 公司的申请 US2006140454A1 提出一种较远距离非配合式快速虹膜成像方案，使用相机、光源，精细跟踪系统包括反射光驱动自适应光学回路来追踪人眼和聚焦，获取子系统使用宽窄两个视场子系统获取人的位置，一旦机器读到眼睛的图像，系统就会自动抓住环状的虹膜影像（自动忽略瞳孔），于是眼睛与机器的距离间就会形成一条虚拟方形光柱，然后，系统内部便会开始检测个人的虹膜，比对一些微小的差距，从而识别个人的身份，在图 4 - 3 - 2 中的 2012 年，该专利技术催生的 Insight Duo irisscanner 产品已被应用到阿拉伯国家和美国的多个机场中成为一种新的机场

[1] 王小强. 基于分层圆环的牛眼虹膜定位 [EB/OL]. (2011 - 03 - 20) [2014 - 05 - 31]. http://www.docin.com/p-152977162.html.

安检方式[1]；2005 年 CDM 光学有限公司的申请 US2006098097A1 提出对于移动终端的虹膜识别，采用波前编码系统在透镜后面，处理前首先进行相位修正的方法，使得手机在前后移动时仍可以准确进行虹膜识别，改善了图像品质，增加了手机的安全性。而这一时期的远距识别专利申请主要由韩国的虹膜科技公司、相关研究机构和个人提出，研究方向主要涉及虹膜采集镜头的改进。我国的中科院自动化所也在 2004 年提出了国内首件远距离虹膜识别专利申请 CN1752990A 并获得授权，该专利中距离感应模块检测用户靠近，触发红外光源开启，经特殊设计的光学镜头配合图像处理得到虹膜图像，也属于一种采集镜头上的变换。同年，中科院自动化所和三星联合提出了专利申请 CN1801178A，提出通关过程中制作护照，并进行通关验证的快速通关方法，该申请对于虹膜采集验证技术也没有深入介绍，只是对应用领域进行了详细说明，该申请也获得授权。

2006~2011 年是远距快速发展阶段。远距识别专利申请几乎成了这一时期的主宰。Sarnoff 公司的申请 US2006274918A1 对于远距离识别需要考虑的具体参数进行了限定，属于识别算法方面的改进，同年 Sarnoff 公司推出了 IOM（iris on the move）产品，能够在 10 英尺外快速进行虹膜识别，达到每分钟识别 30 个人的速度。这一时期申请量最大的霍尼韦尔提出了多件申请，WO2006081505A1 提出利用瞳孔边界分割虹膜图像；US2010034529A1 提出在捕获虹膜图像之前，提供一个预测自动对焦；US2010033677A1 提出先采集一系列图像来定位眼和虹膜，再通过红外光照射采集虹膜；US2011187880A1 提出针对运动体由第一图像采集单元估测运动体的速度，由包括直角转换 CCD、高清感光元件、控制器的第二图像采集单元根据速度矢量来控制进行感光拍摄；US2011187845A1 提出头眼定位单元定位头部，变焦虹膜摄像头拍摄图像，再识别的技术等。松下的申请 WO2009016846A1 提出由距离传感器计算距离，红外照明和摄像头采集图像的方法；WO2010064349A1 提出主要通过第二修正部根据虹膜和瞳孔的位置关系进行图像修正。可见，这一时期针对远距离虹膜的研究主要涉及镜头的变换、光源的选择、图像处理和算法改进、人机交互上的设计等多个研究方向。这一阶段，国内除了中科院自动化所的 5 件专利申请之外，一家专门从事远距离虹膜识别研究的国内公司——第三眼（天津）生物识别科技有限公司的 2 件专利申请 CN102902967A、CN202632316U 分别从人眼结构分类虹膜和瞳孔定位方法和三维深度传感器、虹膜相机、红外变焦闪光灯等硬件手段上进行了研究。

2012~2013 年，全球申请量处于一个高峰期，美、韩、中的多家公司和研究机构还在致力于远距离虹膜的研究与推广，而日本公司则逐渐淡出了我们的视线。美国 EYELOCK 公司于 2012 年的专利申请 US2012/0242820A 提出一种在镜头前通过一面反射镜进行滤光和调整适应不同的人眼反射图像，用于判断虹膜采集是否可靠的预判断法，该方法属于中距离虹膜识别，需要人的配合，随后又基于该申请提出了另一件专

---

[1] 美国机场将使用虹膜扫描系统进行安检［EB/OL］.（2012-09-22）. http：//www.traveldaily.cn/article/64647.html.

利申请 WO2013109295A2，并以该公司多位研究人员为申请人提出了专利申请 WO2009/029757A1 并在美、中、韩多国获得授权。基于上述专利，2014 年初，EYELOCK 也推出了自己的 myris 虹膜扫描身份认证产品，公司官方称其虹膜识别“失误率”仅为 2.25 万亿分之一，精确度仅输于 DNA 验证。❶❷ 在这一阶段，个人提出专利申请的数量比较多，然而这些个人并非普通的虹膜技术爱好者，他们都是隶属于虹膜技术公司或大学的科研人员，例如两名美国得州大学的研究人员以个人名义提出了相关专利申请，EYELOCK、IRISTRAC、SYBOTICS、新加坡 XID 技术公司的研究人员都以个人名义提出了专利申请，可见有更多致力于虹膜识别技术的公司和科研机构仍然在大力投入，不断创新。

4.4　主要技术功效分析

4.4.1　全球技术功效分析

中远距离虹膜识别技术分为三大类——中距离虹膜识别、远距离虹膜识别和非配合虹膜识别。

对于中距离虹膜识别技术，根据其采用的手段划分为定焦和变焦虹膜采集，其中定焦虹膜采集又分为改变人的位置（定焦人运动）和改变设备位置（定焦设备动）。远距离虹膜识别技术类别，可以通过镜头的改变（镜头变换）、光源使用、云台的设置、图像处理方式、识别算法改进、人机交互配合和一种概念上的系统（系统概念）等七种手段划分。非配合虹膜识别技术和中距、远距存在技术交叉，可以根据采集者不配合的各种情形将非配合虹膜识别划分为整个人在运动（人运动）的非配合识别、只有眼睛或头部运动（眼动）的非配合识别和动物非配合识别三种技术类别。

中远距离虹膜识别的技术功效需求包括 7 种，技术功效的定义如表 4－4－1 所示。

表 4－4－1　中远距离虹膜识别的技术功效介绍

功　效	技　术
易用性	采集装置的使用便捷度或图像采集容易程度
鲁棒性	在采集的图像存在缺陷时，识别算法仍然能准确比对
安全性	防伪加密手段提高设备安全性或应用领域的高安全性需要
实时性	数据检索机制使设备快速得到识别结果
降低成本	硬件数量减少或采用成本更低的硬件
增强识别效果	能够获得更好的识别率
应用扩展	针对特殊应用领域进行了软硬件改善

❶ 消费级虹膜扫描仪“精确率”仅输于 DNA［EB/OL］.［2014－01－21］. http：//news. mydrivers. com/1/290/290587. htm.

❷ EyeLock 推出可替代密码的 myris 个人虹膜扫描仪［EB/OL］.［2014－01－21］. http：//digi. 163. com/14/0122/10/9J6F6K3I00166860. html.

基于上述三大类中距、远距和非配合共13项技术手段、7种技术需求，将全球专利申请进行归类统计，如图4－4－1所示。从图4－4－1可以看出，对于易用性、安全性、增强识别效果和应用扩展的功效需求比较大。尤其是对于识别效果的提升，一直以来都是虹膜识别技术中最关键、最有需要不断发展进步的需求。几乎每个类别分支中的每项技术手段都有针对识别效果的提升。在中距离变焦手段、远距离镜头变换手段、非配合人运动手段尤为突出，通过变焦来减少人或者设备的不断移动，具体例如采用变焦镜头、距离测算单元、光强变化来提高识别率；远距离识别时也主要通过镜头的变换来达到更好的识别效果，如广角/窄角镜头的采用，镜头数目和类型的不同组合等；人或动物非配合识别中也尤为需要提升识别效果，例如通过一系列图像先定位人眼，或者通过不同的图像采集系统分别定位人和采集眼部虹膜图像等。可见，致力于提升识别效果是远距离虹膜识别领域最为迫切的需求，各个分支都需要采用一定的手段来提升识别效果，也有大量的公司和科研机构对其进行科研投入。

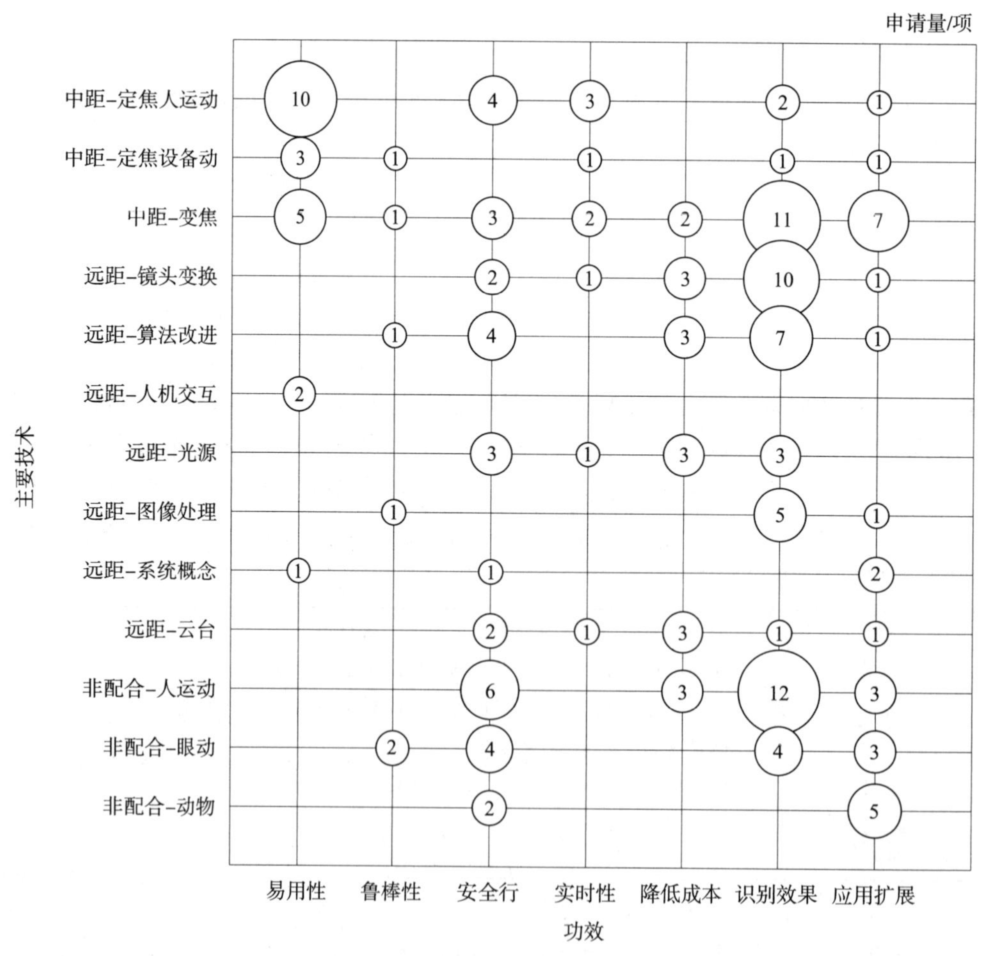

图4－4－1　中远距离虹膜识别全球专利申请技术功效

在提高识别安全性功效方面，主要采用的技术手段包括人运动的非配合识别手段、中距离定焦通过人运动的手段和在远距离采用算法上的改进来提高安全性。在人运动时，可通过不同的光源感知人的到来从而控制摄像头采集虹膜，或者采用视觉生物特征的个人认证识别来验证是否活体本人；中距离时，一般由自动柜员机等安全设备通过硬件反馈虹膜采集位置是否准确，然后人运动来配合采集装置准确采集；远距离则主要调整识别算法来提升安全性。

针对远距离虹膜识别不同的应用领域，全球专利申请也有大量提及。如电子设备的安全管理中加入虹膜识别技术，通过虹膜检测来追踪眼睛的运动，汽车驾驶员身份采用虹膜认证方式，家居安防中应用虹膜识别技术，还有动物身份验证等都可以通过虹膜验证来实现，为适应这些领域的要求，虹膜识别产品也相应存在软硬件的改变。

另一个热点需求在提升易用性，全球技术人员主要针对中距定焦虹膜识别设备提出人运动来配合图像采集的技术手段，主要方式为设备对焦测距，判断人是否处于有效识别范围内，并将判断结果通过音频或视频提示给用户，引导用户运动。这一技术效果申请量最大的为 LG，通过引导用户使设备更容易调焦。

而从技术手段上来讲，随着技术的发展，中距虹膜识别的越来越多的申请都开始使用变焦镜头，这样既可以免去人不断配合设备前后移动带来的繁复操作，也可以省去让设备运动配合人眼的运动导向硬件。远距虹膜识别则主要针对镜头的变换（如广角/窄角镜头配合、多个镜头的使用等）和识别算法上的改进。非配合虹膜识别更多的是针对运动着的人来进行软硬件改进，来获得效果和安全性上的提升。可见远距离虹膜识别技术的发展热点还在于对镜头的改进，怎样保证镜头的使用成本低、效果好，这种改进又可以带来变焦的识别效果，可以同时进行人的定位和虹膜图像的拍摄，也可以追踪不断运动中的人或动物来进行身份验证。

4.4.2　中国技术功效分析

中国专利申请中主要对易用性、鲁棒性、增强识别和应用扩展的技术效果更为重视，与全球专利申请技术功效图相似，只是安全性换成了鲁棒性，参见图 4－4－2。而在解决相应问题的技术手段中，图像采集镜头上的改变、光源的选择和云台的设置是国内研究人员更为关注的。

中国对于远距离虹膜识别技术的研究起步较晚，申请量较小，但外国公司或机构选择中国作为目标国的申请量也比较少，只有 5 件，其中 3 件未授权，1 件授权后失效，1 件在审，因此中国申请人在这一方向设定专利保护的机会还是很大的。

中国专利申请中对于远距离虹膜识别设备的硬件选择占了大部分，如镜头、光源、云台的设置，而对虹膜识别算法上的研究不多。虹膜图像的采集是整个虹膜识别系统中的重要环节，因此图像采集设备的确应当是远距离虹膜识别中的重中之重，而真正获得准确有效验证结果则需要看后面图像质量评估、虹膜定位、归一化、特征提取、匹配甚至活体检测等诸多方面。国内技术人员可以继续从算法改进、图像处理方法上进行专利布局，将识别算法的实时性进一步提高。当今最关键的虹膜算法掌握在外国

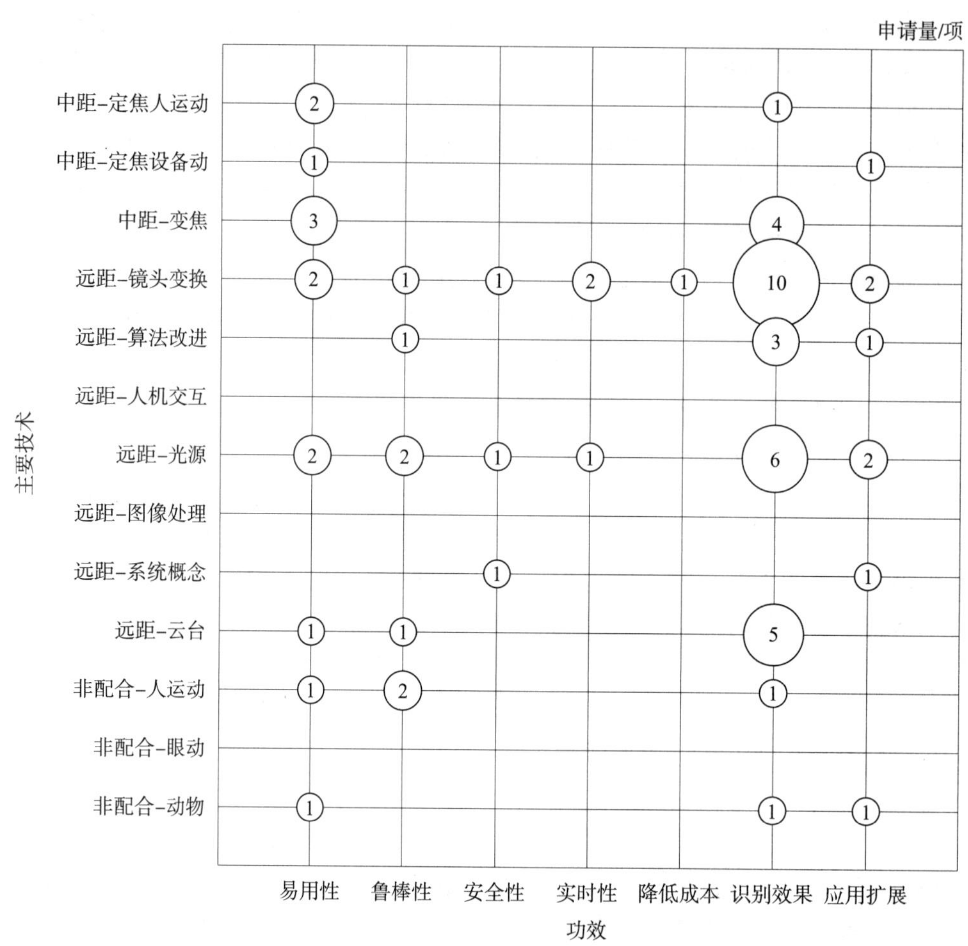

图4-4-2　中远距离虹膜识别中国专利申请技术功效

技术专家手中，国内科研人员的工作任重而道远。在硬件研究方面，国内技术人员应当更偏重对虹膜采集硬件的成本降低进行探索，同时也可以加强在人运动状态下和多人图像中的虹膜身份认证实时性和准确性上的研究力度，以期在非配合式远距离虹膜识别上取得突破。

4.5 小　　结

从1996年开始出现远距离虹膜识别申请开始，截至本报告检索日，全球申请专利为118项，其中中国申请人的首次申请为21项，外国申请人的首次申请为97项。从2000年起，虹膜识别技术快速发展，申请量随之显著增长。2000~2005年主要申请都是中距离虹膜识别。2006~2011年，专利申请量继续较快增长，这一阶段也是国内远距离虹膜识别专利申请的主要阶段。2012~2013年属于远距离识别技术的高峰期，这一时期中距离、远距离和非配合的专利申请量都很平均。

美国、韩国、日本和中国作为技术原创国申请量位于全球前四位。日本和美国最早于1996年开始就远距离虹膜识别设备的技术方案提出专利申请。从专利申请的流向来看，韩国、美国在本国进行了完善的专利布局，美国申请人也将专利布局向其他欧美国家渗透，中国的专利申请主要是国内申请人向国家知识产权局提交的，日本的申请主要来自日本国内，小部分来自韩国，欧洲申请的来源国都是韩、美、日。韩、日、美、中四个国家作为专利申请的主要目标国，申请量发展趋势有着较大区别。日本起步早目前研发停滞，韩国最为重视并一直在大力发展，美国快速站稳脚跟与日、韩技术对抗，中国起步晚而逐步发展。

排名最高的申请人中，依次包括LG、日本的OKI和松下、美国霍尼韦尔、AOptix以及韩国延世大学产学合作组。Sarnoff公司最早进行相关申请。LG在中距离识别的申请量超过了日本两大公司之和。远距高速发展期，霍尼韦尔的申请量最大。远距离高峰期进入个人申请主导阶段。

中远距离虹膜识别在中国的专利申请主要由国内申请人提出，排名前三位的是中科院自动化所、北京释码大华科技有限公司和第三眼（天津）生物识别科技有限公司。国外申请人只有松下、LG、AOptix和全球仿生光学有限公司进行了专利申请。国内大学申请主要涉及虹膜识别算法研究。

中远距离虹膜识别技术全球发展经历了起步发展—中距大规模发展—远距大规模发展—技术高峰的路线。中距虹膜识别的申请都开始使用变焦镜头技术，远距虹膜识别则主要针对镜头的变换（如广角/窄角镜头配合，多个镜头的使用等）和识别算法上的改进，非配合虹膜识别针对运动着的人来进行软硬件改进。中远距离虹膜识别技术的发展热点还在于对镜头的改进，达到成本低、效果好，变焦的识别效果，同时进行人的定位和虹膜图像的拍摄，追踪不断运动中的人或动物。中国专利申请中对于远距离虹膜识别设备的硬件选择占了大部分，如镜头、光源、云台的设置，而对虹膜识别算法上的研究不多。虹膜识别核心算法掌握在外国技术专家手中。国内技术人员应当更对虹膜采集硬件的成本降低进行探索，同时加强在人或动物运动状态下和多人图像中的虹膜身份认证实时性和准确性上的研究力度，以期在非配合式远距离虹膜识别上取得突破。

第5章　重点申请人分析

在全球2070项（截止到2014年4月30日）的虹膜识别相关专利中，日本的冲电气工业株式会社（OKI）的申请量以193项位居第一。其作为硬件设备制造方面有丰富经验和实力的企业，获得了Iridian虹膜识别核心软件技术授权，在此基础上开发出畅销的虹膜识别产品IRISPASS®系列，在虹膜识别产品市场上占据重要的位置。同样获得Iridian虹膜识别核心软件技术许可的韩国LG电子，是消费类电子产品、移动通信产品和家用电器领域内的领先者。其旗下的虹膜识别系统IrisAccess™是全球最为广泛使用的虹膜识别平台，在数千个地区验证数百万人的身份。2009年LG电子将其虹膜技术部分拆出来，成立IRIS ID系统公司，继续进行虹膜识别相关产品的研发和销售，LG（包括LG电子和IRIS ID）全球虹膜识别相关专利申请量为86项，排名第三。

本章分两节从专利的视角对OKI和LG在虹膜识别领域的专利布局进行多角度分析，给出其全球布局、技术研发动态和研发方向和趋势的同时，对其虹膜识别产品进行专利透视。对于我国虹膜识别相关行业，特别是虹膜识别产品制造商，有着借鉴与启示作用。

5.1　OKI

冲电气工业株式会社（沖電気工業，Oki Electric Industry Co.，Ltd），通称“OKI”，是日本一家通信设备制造商。该公司由冲牙太郎建立，前身是创立于1881年（明治14年）的明工舍，是日本最早的通信产品生产商，成功开发了日本首台电话机。

OKI的总公司在日本东京，川崎秀一是现任社长，自1881年公司创立以来，不断开发并提供有助于信息社会发展的产品。OKI创造了多项全球顶尖的技术，120多年来，OKI已经由最早的通信设备生产厂商，发展成为一家在全球范围内研究、生产和销售打印机与传真机、网络与通信、安全与识别认证、宽带与多媒体、半导体与电子元器件等产品和解决方案的国际著名企业。目前，在亚洲、欧洲、美洲、大洋洲等全球120多个国家或地区开展着业务，为多个领域提供优质产品与解决方案服务。

OKI自1995年开始进行虹膜识别的相关研究，凭借着硬件制造方面的丰富经验获得美国Iridian虹膜识别核心算法的授权，同时瞄准了两个方向：虹膜门禁识别系统和便携式虹膜识别仪，前者用来控制建筑或房间的入口，后者则可以接入个人计算机以识别使用者，防止个人计算机被他人盗用。在此基础上，进行了虹膜识别产品IRISPASS®（アイリスパス®）系列的研发生产。OKI的第一个虹膜识别产品IRISPASS®－S虹膜门禁管理系统于1998年面世。

因为 OKI 在自动柜员机（ATM）生产方面具有研发和生产的经验，ATM 机为 OKI 的虹膜门禁识别提供了一个更大的潜在市场。日本当时主要的消费者金融公司之一武富士，从 2000 年 7 月开始在其六个部门试用安装了 OKI 虹膜识别仪的自动取款机。

然而虹膜识别系统的价格和便利性仍然是 OKI 面对的首要问题。当时的 OKI 系统方案执行副主席松前幸阳先生展望了一个未来时代，那时便携式虹膜识别仪足够小、足够便宜，适合与每台个人电脑相配，或者成为识别电子商务交易者身份的一个有机部分。❶

2006 年，OKI 发布新闻公报，依靠最新开发的“移动终端虹膜识别技术”，实现了利用手机或掌上电脑等移动终端设备的虹膜识别。该项技术可使手机或掌上电脑的内置通用可见光摄像头具备虹膜身份识别的能力，采用该技术的移动终端可在 20 厘米范围内对人眼的虹膜进行拍摄，然后进行识别，识别所需时间不到 0.5 秒，误辨率控制在十万分之一以下。❷

自 OKI 生产第一台虹膜识别设备以来，不仅在海外占据了可观的市场份额，更是中国虹膜识别市场上主要的国外品牌之一。

OKI 如何一步步实施专利布局战略？在虹膜识别领域的真正技术实力究竟如何？下面将从 OKI 虹膜识别专利的总体布局情况出发，对这些问题一一作答。

5.1.1　地区分布

日本本土是 OKI 专利地域布局的重点，数据表明（见图 5－1－1），OKI 在日本本土的申请量为 193 件，所占比例高达 88%，远远超过位于第二位的美国所占的比例 8%，另外，OKI 在中国、欧洲专利局、韩国都仅有少量的申请。专利布局的目标与市场目标直接关联，专利的地域分布数据直接反映了 OKI 的市场定位——以日本本土为主要的市场。

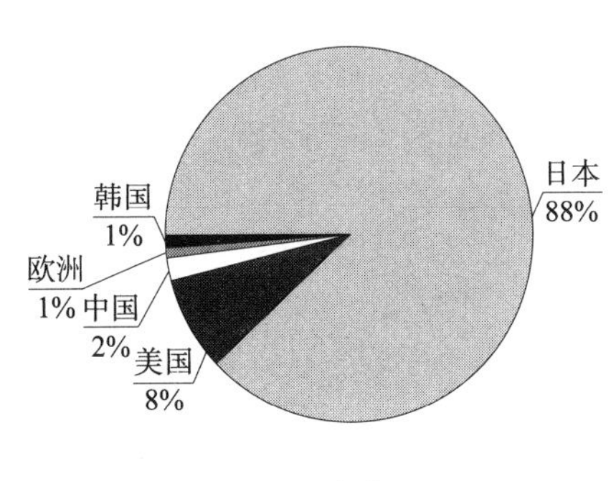

（a）

区域	申请量/项	授权量/项
日本	193	96
美国	18	13
中国	4	3
欧洲	3	1
韩国	2	1

（b）

图 5－1－1　OKI 虹膜识别全球专利申请地区分布

作为专利输出大国日本的企业 OKI，为何向外输出的专利仅占到总申请量的 12%？

---

❶ 安全眼虹膜识别技术［EB/OL］.［2014－04－15］. http：//www.people.com.cn/GB/paper2515/13671/1223330.html.

❷ 手机将有虹膜识别能力［EB/OL］.［2014－04－15］. http：//it.sohu.com/20061128/n246655784.shtml.

这或许和虹膜识别的核心技术长期以来为美国的 Iridian 公司独家拥有有关。OKI 向市场推出的虹膜识别产品，均采用美国 Iridian 公司授权的核心算法，因此在专利和市场战略上保守的选择以本土为重点目标，谨慎地进行海外布局，规避可能在海外市场上遇到的风险。

从专利申请的法律状态来看（见图 5－1－1），OKI 在各地区获权的数据与申请量大致成正比。OKI 在美国仅有 18 件申请，但是其中有 13 件获得授权，授权率高达 72%，高的授权率印证了 OKI 在海外谨慎的布局态度，也反映了其对美国市场的重视程度。

OKI 在向中国国家知识产权局递交的 4 件申请全部是发明专利申请，其中 3 件被授权，1 件被视为撤回。3 件授权专利中，2 件在授权后的保护阶段，1 件因为未缴纳费用而终止，分别是：

CN1168185A，申请日（优先权日）为 1998 年 11 月 8 日，授权日为 2003 年 7 月 30 日，涉及虹膜识别核对系统，包括取得虹膜数据的单元，存储虹膜数据的登记单元；对登记处理进行控制登记控制单元；对取得的新的虹膜数据和已登记虹膜数据进行核对的核对处理单元。将基于虹膜数据的个人识别技术使用到实际的自动交易装置和建筑物的出入管理中。该项申请于 2013 年 1 月 2 日因未缴纳费用而终止。

CN101105880A，申请日（优先权日）为 2006 年 7 月 12 日，授权日为 2010 年 1 月 6 日，涉及一种交易处理系统，该系统将用户的生物特征分别与多家金融机构的多个账户进行关联判断，依照与一个账户绑定的生物特征来验证属于不同金融机构的另一个账户的身份，解决在不同金融机构采用不同身份特征进行身份认证时，用户在一家金融机构的自动交易装置上不能对另一家金融机构的账号进行验证的问题。

CN101499197A，申请日（优先权日）为 2008 年 1 月 31 日，授权日为 2011 年 11 月 9 日，涉及一种自动交易装置，在自动交易装置中在用户通过生物特征进行身份认证之后，在交易过程中采集当前使用者的图片与通过验证的用户的图片进行特征对比，防止在用户离开后其账户被后来的使用者冒用所带来的问题。

CN101105880A 和 CN101499197A 目前仍在授权后的保护阶段。

5.1.2 时间趋势

从 OKI 虹膜识别全球专利申请趋势来看，其申请量历经四个高峰，于 2011 年之后便不再有虹膜相关的专利申请，联合其虹膜识别产品 IRISPASS 系列的面市时间，不难发现每次申请量的高峰过后，就有一款新的虹膜识别产品面市。OKI 的专利申请量可以划分为四个阶段，如图 5－1－2 所示。

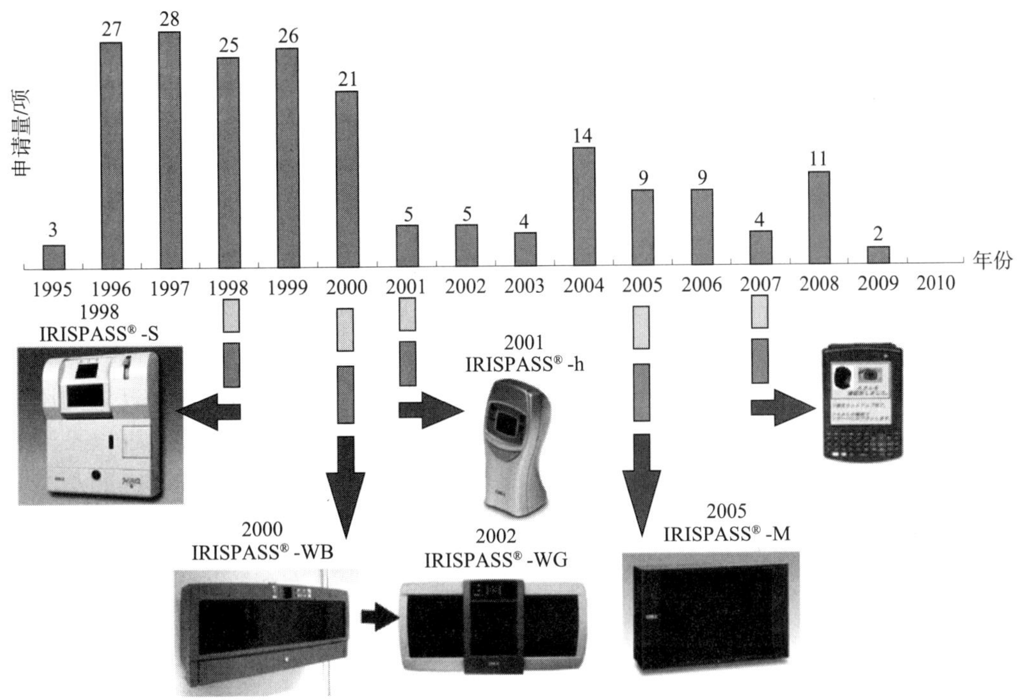

图 5－1－2 OKI 虹膜识别全球专利申请趋势和产品发布年代

1995～2000 年为蓬勃发展期，OKI 自 1995 年开始进行虹膜识别的相关研发[1]，并于同年申请了第一项相关专利，之后迅速进入了专利申请的大爆发时期，1997 年达到第一个申请高峰。1998 年 10 月第一款虹膜识别产品 IRISPASS ® －S 门禁管理系统面市。将 IRISPASS ® －S 投放市场后，OKI 得到了“使用困难，速度慢”的市场反馈，随后即进入新的研发过程，申请量持续维持在高位水平，并且在 1999 年达到第二个申请量高峰。2000 年 OKI 有一款在 IRISPASS ® －S 上进行改进的全自动虹膜识别门禁管理系统 IRISPASS ® －WB 面市。OKI 的研发进度没有明显减慢，2000 年仍然是 OKI 申请量较高的一年。同一时间内，OKI 还进行了与电脑连接的小型手持式虹膜采集设备的开发，着眼个人信息泄露问题，于 2001 年面向市场推出使用与电脑连接的手持虹膜采集设备的 IRISPASS ® －h 信息安全系统。

2001～2003 年为回落调整期，在 OKI 连续发布三个新产品之后，OKI 的申请量有所回落，进入技术的调整期。2002 年，OKI 继续在门禁管理系统上进行改进，全自动虹膜识别门禁管理系统 IRISPASS ® －WG 面市。这四款产品的连续面市，使 OKI 迅速在虹膜识别市场上站稳了脚，OKI 的技术研发进度变缓。

2004～2008 年为成熟稳定期，这一阶段 OKI 的申请量有所回升，OKI 在四款产品面世后针对技术动向和市场反馈开始了新一轮的专利布局。OKI 于 2004 年迎来了第三个申请高峰，并且在 2005 年推出全自动虹膜识别产品 IRISPASS ® －M 门禁管理系统，

---

[1] アイリス認識装置開発物語，羽鹿健等，沖テクニカルレビュー2003 年 7 月/第 195 号 Vol. 70 No. 3，76－83.

该产品延续了 OKI 在虹膜识别产品上的“易用、快速”的研发思路，相比较上一代产品 IRISPASS® －WG，在易用程度、识别速度、尺寸小型化上都有了进一步提升，这款产品也是目前 OKI 在市场上最主要的虹膜识别产品。2008 年是 OKI 专利申请的第四个高峰，此间 OKI 针对移动终端的虹膜识别技术，实现了利用手机或掌上电脑等移动终端设备的虹膜识别。[1]

2009 年之后为回落低潮期，受到日本经济危机的冲击，OKI 虹膜技术发展受到了非常大的影响，不仅预期将要面市的移动各终端虹膜识别产品没有如期面市，而且也没有再进行相关的虹膜识别相关专利的申请，OKI 虹膜技术发展进入低潮期。

正所谓“产品未动，专利先行”，从以上专利申请的阶段变化可以看出 OKI 针对市场反应提前在目标市场铺开专利布局的申请方式，反映了 OKI 清晰的市场规划和敏锐的市场嗅觉。由此，OKI 在虹膜识别技术上的前瞻性专利战略展现无遗。可以预测的是随着日本经济的复苏，伴随着移动终端信息安全需求的日益增长，OKI 也许会在不久的将来以移动设备虹膜识别产品作为切入点，带来又一次申请的高峰，抢夺移动终端设备识别市场上的一席之地。

5.1.3 技术分支

从技术分支的角度对 OKI 的专利申请进行分析，可以看出 OKI 专利申请同时涵盖了作为底层技术的核心算法和硬件设备，以及作为上层应用的人机交互和应用扩展（见图 5－1－3）。

OKI 作为成熟的硬件生产商，在虹膜识别技术专利中，涉及硬件设备的专利申请量最多，申请量为 101 项，占总量的 39%。另外，尽管其产品采用 Iridian 授权的核心算法，但是涉及核心算法改进的专利申请的申请量也达到了 77 项，占总量的 29%。

从各个技术分支申请量的变化趋势可以看出，硬件设备和核心算法的申请趋势几乎一致，先后历经四次高峰，这也和 OKI 虹膜识别全球总申请量的趋势（见图 5－1－2）一致，反映了 OKI 硬件设备和核心算法技术同步研发，为产品提供技术支持的发展思路。

人机交互和应用扩展的申请量虽然并不算多，但是相关申请贯穿整个申请过程，也充分体现了日本企业注重人机交互、操作体验的产品特点。

另外，从虹膜识别流程对虹膜识别技术进行分类，可以将虹膜识别技术分为以下 8 个方面，分别是：图像采集、活体检测、图像质量评价、虹膜特征提取、特征匹配、数据存储、操作/反馈界面和系统应用。虹膜识别技术研发所要达到的技术功效分为以下 8 个方面，分别是：易用性、鲁棒性、安全性、实时性、降低成本、识别效果、降低系统负担和设备的小型化。从图 5－1－4 可以看出 OKI 的专利申请不仅横贯了整个虹膜识别流程，也针对各个功效进行了多方面的技术改进。

---

[1] 携帯アイリス認証技術，小林司等，OKIテクニカルレビュー 2007 年 4 月/第 210 号 Vol. 74 No. 2，58－61.

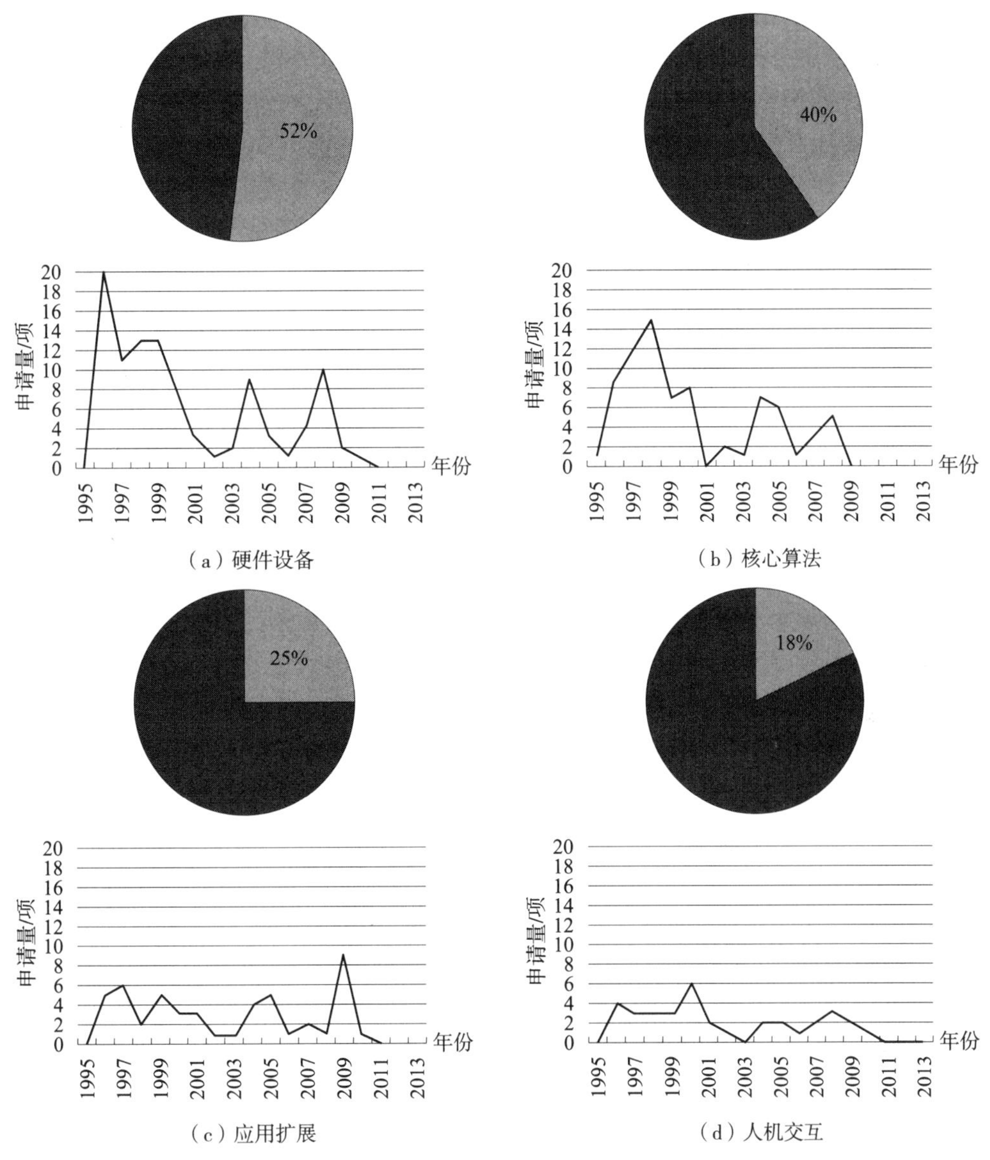

图5-1-3 OKI虹膜识别专利技术分布和时间趋势

注：饼图中显示百分比区表示各技术占比。

图像采集是OKI专利申请的重点，涉及图像采集改进的专利共118项，远多于申请量排名第二位的、申请量为58项涉及虹膜特征提取的相关专利。并且OKI针对图像采集的各项技术效果均进行了不同程度的开发。无论从数量上还是广度上，都可以看出来OKI将图像采集部分作为虹膜识别技术的研发重点。

从技术功效角度来看，针对易用性的申请量共102项，排名第一。重视市场反馈的OKI将虹膜识别是否能够为用户带来最大程度的便捷作为研发的重点，其次是针对虹膜识别的根本——虹膜识别效果的增强进行了大量改进，申请量为88项。

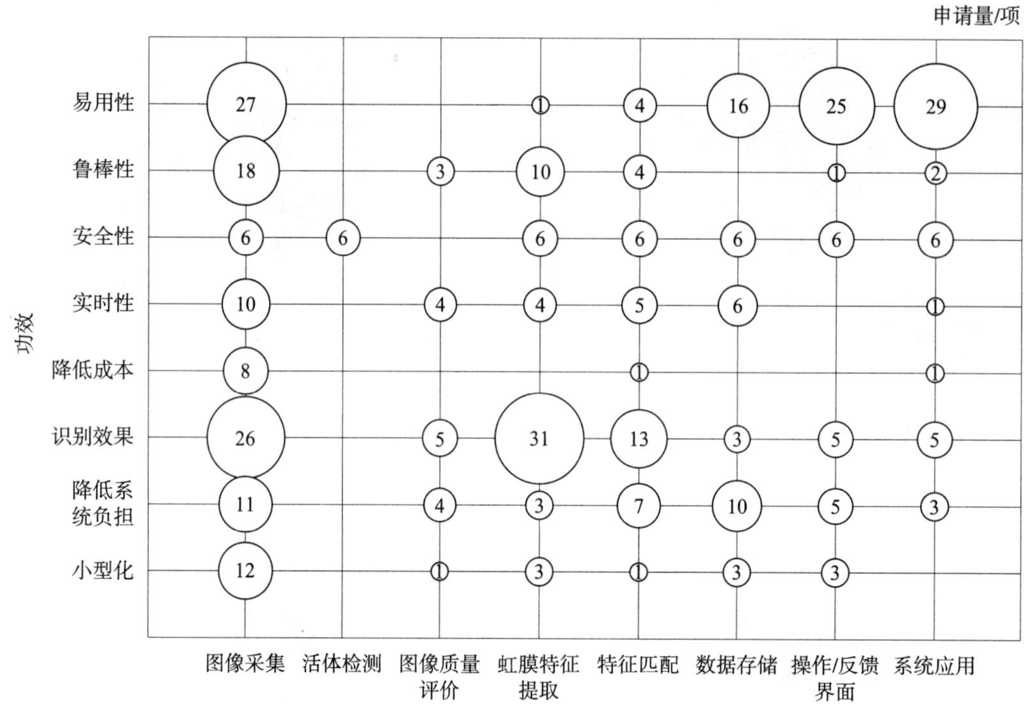

图5-1-4　OKI虹膜识别专利技术和功效分布气泡图

OKI将研发重点的选择同其本身是硬件生产厂商，并且相关虹膜识别产品使用Iridian授权的核心软件技术有关，选择在擅长的硬件领域进行开发和布局是使其产品能够快速占据市场的最有效方式。在虹膜识别的整个流程中和硬件最密切相关的部分是图像采集端，OKI同时也针对图像采集进行了大量的全方位的布局。实际上，OKI通常是提出多种适用于不同场合的基本采集设备，之后在一个基本的采集设备上针对不同的功效作出各种细节方面的改进。

5.1.4　重点专利

OKI的虹膜识别相关专利除涉及虹膜识别过程本身的改进以外，一半以上的专利（98项）涉及针对虹膜识别技术具体领域应用的改进，这些领域分别是：电子商务、门禁通道控制、信息安全和动物虹膜识别（见图5-1-5）。

其中电子商务是其主要也是最早的扩展领域，这和OKI在ATM机生产方面的强大优势有关。门禁通道控制和信息安全是生物特征智能识别的传统应用领域，而动物虹膜识别是生物特征智能识别应用于动物识别的特例（动物难以对指纹、脸部、声音等其他生物特征进行智能识别），是主要应用于大型动物个体的管理和基于虹膜编码的肉食品追溯体系。

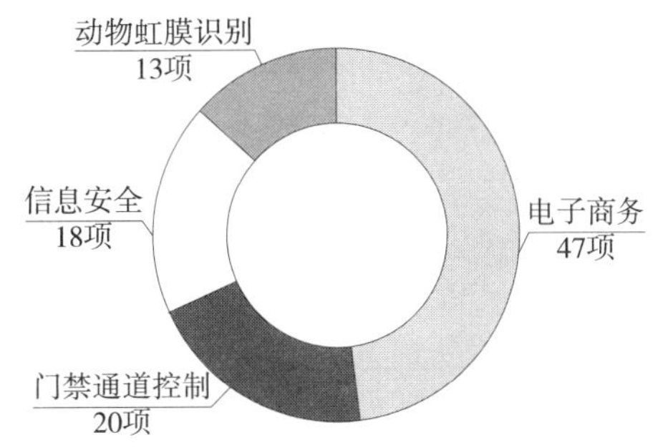

图5-1-5 OKI虹膜识别专利在各领域的分布

以下从专利的技术价值和受重视程度两个方面筛选出OKI在上述各个领域中的重要专利（见图5-1-6），并进行分析。其中专利的技术价值主要考虑OKI在各领域的技术发展路线中的关键节点所涉及的专利技术；专利的受重视程度主要考虑专利申请的目标国数量和获得授权的国家的数量（注：本小节所提到的专利的公开号是技术原创国的公开号）。

OKI的第1件虹膜识别专利JP特开平9-161135A，申请于1995年，从擅长的ATM机入手，通过配备摄像头采集顾客的虹膜信息，完成和ID卡中存储的虹膜信息的匹配认证，完成交易过程中的身份认证；1996年针对个人电脑交易安全申请了专利JP特开平9-134430A，通过对个人电脑配备虹膜采集设备，完成交易中的个人信息验证；1998年针对交易安全提出远程验证方式申请专利JP特开平11-213047A，采用远程服务器对用户的虹膜信息进行存储匹配，完成使用者身份验证。OKI在电子商务方向的研发方向从公共设备发展到个人设备，从本地验证发展到远程验证。

1996年OKI开始进行门禁通道控制的相关专利申请，第一项JP特开平9-198531A申请将虹膜识别应用于通关检查，这也是全球将虹膜识别应用于通关检查的第一项专利申请。1997年OKI着眼于楼宇的门禁安全系统申请专利JP特开平11-88516A，将虹膜识别应用于楼宇的门禁对讲机，依据虹膜识别结果进行语音交互。2000年申请传送带上的虹膜识别专利JP特开2002-153444A，该项申请一改以往站立验证的虹膜认证方式，将采集摄像头和站立在传送带上的用户同步传送，使用户可以在前进的过程中进行虹膜认证，完成移动中的虹膜采集和识别。反映了OKI在门禁通道控制领域从公共领域安全到私人领域安全，从站立式验证到移动状态下的验证的发展方向。

OKI在信息安全领域首先着眼于个人电脑的数据安全，在1996年申请了一项关于个人电脑数据安全的专利JP特开平10-222469A，将虹膜信息和个人电脑设备的ID关联存储，保证用户在线信息的安全。在2004年开始进行便携设备中虹膜采集识别的相关申请，申请专利JP特开平2006-113820A，将虹膜识别应用于手机、PDA等便携设备，对捕获的虹膜图像进行多角度存储，以适应便携设备采集角度无法固定的问题。OKI将虹膜采集和识别进行改进，逐步适应于解决小型化、移动化的个人设备的信息安全问题。

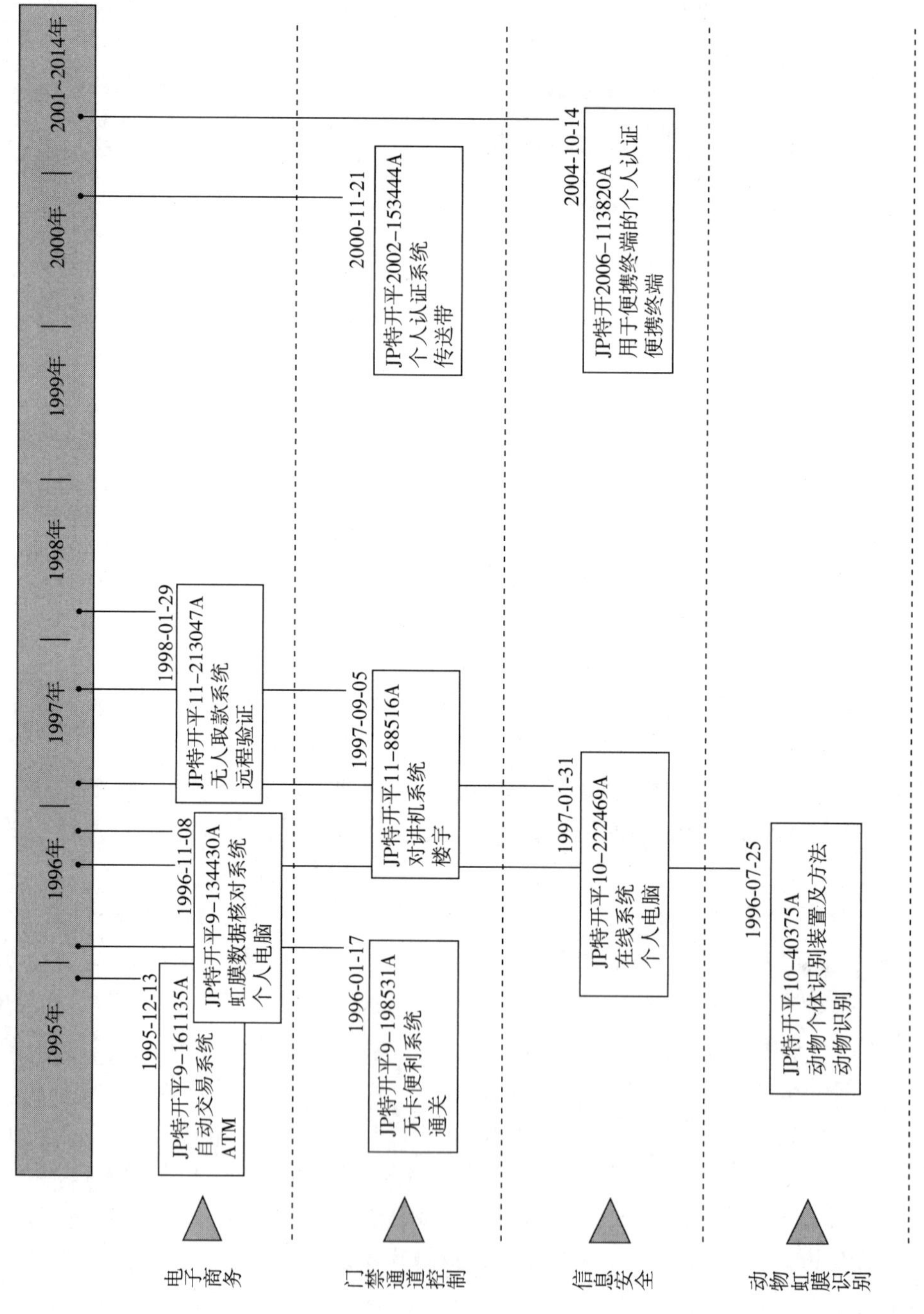

图5-1-6　OKI虹膜识别各领域重要专利时间轴

OKI 在动物虹膜识别方向没有突破性发展，1996 年申请第一项相关专利 JP 特开平 10－40375A，对马的虹膜数据的采集，并将其身体数据和虹膜关联存储一直。之后一直着眼于将人眼的虹膜识别算法移植到动物眼的识别过程中，由于瞳孔形状不同带来的算法适应性问题。

5.1.5 产品透视

目前 OKI 共有两款虹膜识别产品在市销售，分别是：手持虹膜采集设备 IRISPASS ® －h 和门禁管理系统 IRISPASS ® －M。

其中 IRISPASS ® －h 的上市时间为 2001 年 11 月，根据 OKI 发布的关于这一产品的产品信息来看❶，IRISPASS® －h 主要具有以下特点：①采用与个人电脑连接的手持式采集设备；②使戴眼镜的用户也可以方便地使用识别产品；③采用设备上的 LED 灯进行采集距离提示。针对这些改进，OKI 分别申请了以下专利（见图 5－1－7）。

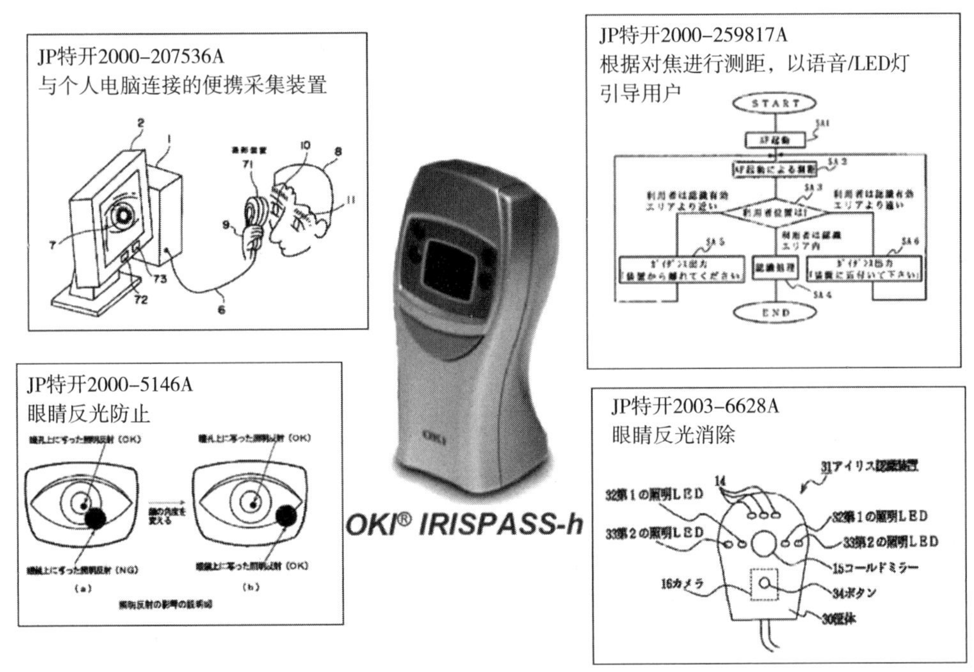

图 5－1－7 OKI IRISPASS® －h 产品专利透视

首先是在 1998 年 2 月 20 日（优先权日）申请的专利，公开号为 JP 特开平 2000－207536A，该专利请求保护一种与个人电脑连接的便携的虹膜采集装置，该采集装置通过其上的按钮切换来进行使用者两只眼睛的虹膜采集，并选择两者间适用的虹膜图像，进一步提取虹膜特征码，传送至电脑进行虹膜特征的匹配。

针对戴眼镜的用户的虹膜识别，OKI 首先在 1998 年 6 月 19 日申请了一项专利，公

❶ アイリス認証セキュリティシステム，羽鹿健等，沖テクニカルレビュー，2002 年 1 月/第 189 号 Vol. 69 No. 1.

开号为JP特开2000－5146A，该专利针对虹膜的采集设备进行改进，在采集摄像头前增加了具有波长选择特性的冷光镜，使得可见光被反射的同时远红外光线可以通过，由此使用户可以看到自己映射在冷光镜中的镜像来调整采集时面部的位置和角度，从而用户自行调节使得眼镜的反光不与眼瞳部分重叠。另外OKI随后还在2001年6月20日继续针对戴眼镜用户的虹膜识别进行了改进，在公开号为JP特开2003－6628A的专利申请中，虹膜采集设备四周设置两组相临近的照明LED，通过光源切换装置在两组照明LED之间进行切换，并连续捕获在两种照明条件下的采集图像，从而消除采集图像上的眼镜反光。

在利用LED进行引导方面，OKI在1999年3月8日进行了一项申请，公开号为JP特开2000－259817A，为了改进用户与采集设备的人机交互，首先利用对焦数据计算用于与采集设备之间的距离，再利用LED或语音的方式对距离进行提示，以使用户处在合适的采集范围之内。另外在公开号为JP特开2003－6628A的专利申请中，也特意提到了LED等对距离进行提示的提示方式。

门禁管理系统IRISPASS® －M，上市时间为：2005年12月❶，根据OKI发布的相关产品信息来看❷，为了使该产品具有全自动的虹膜图像采集功能，OKI在以下几个方面进行了改进：1）使用独立的接近传感器检测用户；2）采广角和窄角两个镜头分别捕获人脸和定位虹膜。另外OKI还公布该款产品的应用实例，分别是机场安检通关控制和具有电子锁的门的控制。针对上述改进和应用实例，OKI分别申请了以下专利（见图5－1－8）：

OKI在1996年11月15日申请了一项和接近传感器相关的专利，公开号为：JP特开平10－137223A，在该项申请中，采用接近传感器检测用户的接近程度，当用户走入采集范围内时，启动广角相机获取用户的图像，并且根据用户在图像中是否处于中间位置，控制广角相机的拍摄角度。由此用户不用配合虹膜识别装置的采集方式，而是由装置根据用户的位置调整拍摄启动的时间和拍摄的角度，达到全自动采集的目的。

另外，OKI在2000年3月31日申请了一项在广角和窄角镜头之间进行切换的相关专利，公开号为JP特开2001－285682A，在该项申请中的虹膜采集装置采用了一个多画角采集相机，该相机具备广角镜头和窄角镜头，广角镜头和窄角镜头的画面同时投射在图像传感器上，窄角镜头对人眼部范围内的图片进行拍摄，广角镜头对更广的范围内的图像进行捕捉。由于广角镜头和窄角镜头设置在同一个相机上，该相机受收到摄像角度控制器的控制，使广角镜头将人脸定位在图像中央的同时，采用窄角摄像机捕获人眼部的图片，从而达到自动对准眼部采集虹膜图像的目的。

在虹膜识别系统的应用方面，OKI早在1996年1月17日进行了一项通关认证相关的申请，公开号为JP特开平9－198531A，该申请将虹膜识别装置应用于通关检查中的身份认证，在检测到对象靠近闸机时，启动采集装置对虹膜图像进行采集，取得虹膜

---

❶ 実用化が進む生体認証技術，湯浅秀一等，沖テクニカルレビュー，2006年7月/第207号 Vol. 73 No. 3.

❷ 全自動撮影型アイリス認証装置「アイリスパス® －M」井戸田誠一等，沖テクニカルレビュー，2006年1月/第205号 Vol. 73 No. 1.

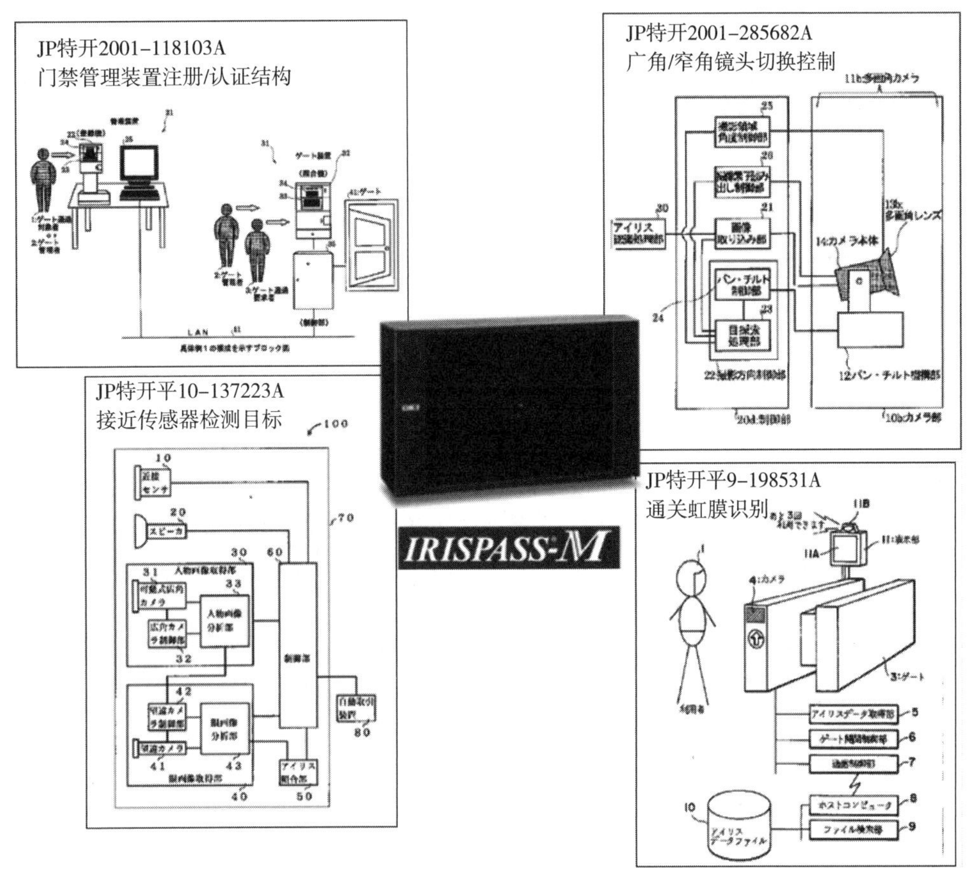

图 5-1-8　OKI IRISPASS® -M 产品专利透视

特征数据后传送至主机进行检索匹配，再依据检索结果控制闸机的开闭。另外 OKI 在 1999 年 10 月 15 日进行了一项门禁管理和认证装置的相关申请，公开号为 JP 特开 2001-118103A，在该项申请中不仅针对依据虹膜认证开启和关闭门的电子锁的控制方式进行了描述，还针对虹膜的注册登记流程和管理方式进行的描述，具体为采用一台室内虹膜采集登记装置和至少室外虹膜采集认证装置分别与主机进行连接，利用登记装置进行虹膜的采集并将数据上传至主机进行管理，利用认证装置进行虹膜的采集并将数据上传至主机进行搜索匹配，根据结果控制与认证装置相关联的至少一个门的开闭。

5.2　LG 电子和 IRIS ID

LG 集团创立于 1947 年，是生产电子产品、移动电话和石化产品等产品的韩国大型集团。在 171 个国家或地区建立了 300 多家海外办事机构，事业领域覆盖化学能源、电机电子、机械金属、贸易服务、金融以及公益事业、体育等六大领域。

LG 集团的创始人具仁会于 1947 建立“乐喜化学工业社”（后称 LG 化学）是韩国

第一家化学企业。1958年，公司以“金星社”（后称LG电子）的名义将经营范围扩大到家用电器生产领域，这也是韩国第一家电器公司。从那以后，公司就成了乐喜金星Lucky－Glodstar集团。

在LG集团全球52个子公司中，LG电子（LG Electronics）是LG集团规模最大的子公司，囊括了五个业务板块，分别是家庭娱乐产品、移动通信产品、家用电器、空调和商用解决方案。

LG电子自1997年获得Iridian虹膜识别核心技术的授权许可，开始进行虹膜识别的相关研究。其第一款虹膜识别产品LG IrisAccess™2200于1999年面世，两年内就广泛应用于政府数据中心、军事、无证难民鉴定管理以及在早期阶段的加快航空客运计划中。

为了更好地进行虹膜识别相关技术和产品的研发销售，LG电子于2002年成立虹膜技术部，专门负责虹膜识别技术的研究、产品开发、销售。虹膜技术部的成立无疑是对LG虹膜研发和销售的有效促进，使得LG不仅将其虹膜识别产品在商场销售上获得成功，获得了多家合作伙伴，更参与到了各项与政府工程的合作项目中，进一步扩大了其在全世界范围内的影响。

2004年，LG电子虹膜技术部参与了在加拿大机场的RAIC（Restricted Area Identification Card）部署活动，并且将其虹膜识别产品成功应用在加拿大部署多生物虹膜识别通关系统的全部29个机场中。并且在2005年参与印度的人口信息身份采集工程，其看好政府工程对生物识别的需求的增长，将政府业务作为其主要的发展对象之一。

2009年，LG电子的虹膜技术部拆分出来，成立IRIS ID❶，由Charles Koo担任首席执行官。IRIS ID保留了原LG虹膜的整个团队，并接管了LG电子虹膜技术部的全部商业活动。除了已有的业务外，IRIS ID还继续致力于新产品的研究和开发、制造、销售、市场以及客户服务。

除了进行技术和产品的不断研发，推出新的虹膜识别平台和虹膜识别硬件产之外，IRIS ID于2010年参与为墨西哥建立全国性身份识别系统服务的项目UNISYS，2011年在印度唯一身份识别码项目中被两大供应商选中：一个是多模式生物识别解决方案提供者埃森哲公司，另一个是为该项目提供多模式引擎的萨基姆公司。LG延续其将政府业务作为主要对象的发展思路。

2011年IRIS ID全球发展和销售副总裁Mohammed Murad在接受采访时表示，IRIS ID已认识到随着技术的发展，大众现在越来越频繁地使用移动设备进行交易，目前大多数情况下由于密码的使用仍存在安全隐患，需要引入生物识别方案，交易验证将带来非常大的空间需求；另外还指出下一轮的应用高峰将会是在人力资源管理方面，相信该领域会成为IRIS ID很大一块业务。❷

---

❶ Iris ID Systems Inc. Formed in Spin－off［EB/OL］.［2014－04－28］. http://irisid.com/index.php?mid=pressrelease&page=2&document_srl=761.

❷ Iris ID：让虹膜识别应用更广泛［EB/OL］.［2014－04－28］. http://www.dvsbbs.com/article－3265－1.html.

从 LG 电子到 IRIS ID，LG 究竟是如何实施专利布局，如何进行市场拓展，下一步发展方向在哪里。下面将从 LG 虹膜识别专利布局情况出发，对这些问题进行发掘。❶

5.2.1 地区分布

韩国本土是 LG 专利布局的重点（见图 5－2－1），有 77 件专利申请在韩国公开，占总量的 70%。作为 LG 虹膜技术研发部门所在地的美国，有 13 件申请，占总量的 12%，排名第二。其后排名依次是中国、日本、欧洲专利局。申请地区分布数据反映了作为韩国企业的 LG 以本国市场为主，同时在国内市场难以满足其长远发展需求的情况下，放眼海外以国外市场作为其新战场的市场布局。

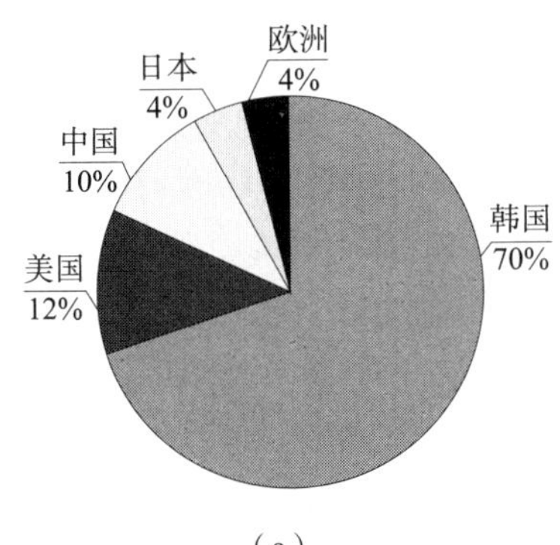

（a）

区域	申请量/项	授权量/项
韩国	77	37
美国	18	8
中国	11	4
日本	5	1
欧洲	4	3

（b）

图 5－2－1 LG 虹膜识别全球专利地区分布

在国外市场中，LG 尤其重视美国市场，这从 LG 将其虹膜技术部设立在美国就可以看出来。然而 LG 在美国的申请量并不高，这和 LG 的虹膜识别产品采用美国 Iridian 公司授权的核心算法有关。另外，LG 在中国申请量为 11 件，占总量的 10%，超越欧洲和日本，中国是 LG 除了韩国和美国以外最重视的海外市场。

从专利申请的法律状态来，LG 在各地区获权的数据与申请量大致成正比，但是在日本递交的 5 件申请中仅有 1 件获权，考虑到母国对本土企业的保护，这种低的授权率与 LG 在虹膜识别领域的两大竞争对手 OKI 和松下都是日本企业有关。LG 在中国申请的 11 件专利全部是发明专利，其中 4 件被授权，7 件被视为撤回，没有在审查中的专利。4 件授权专利中，有 3 件目前依然在保护中，1 件因未缴纳费用而终止。

这 11 件申请的申请人参见表 5－2－1，除 LG 电子外，还有 3 家中国的子公司进行了虹膜识别相关专利的申请，分别是上海乐金广电电子有限公司、乐金电子（昆山）电脑有限公司、乐金电子（沈阳）有限公司。可见 LG 对中国市场的重视程度，但是由国内子公司申请的专利的发明人，仍然是韩国发明人，这表明国内子公司并没有形成独立的研发力量。

---

❶ 特别约定：本节提到 LG 的专利时，指的是包括 IRIS ID 的专利在内的专利。

表5-2-1 LG虹膜识别中国申请申请人列表

公司名称	申请量/件
LG电子	4
上海乐金广电电子有限公司	4
乐金电子（昆山）电脑有限公司	2
乐金电子（沈阳）有限公司	1

4件在中国被授予专利权的专利中，有3件是LG电子的申请，这3件申请目前都处于授权后的保护阶段，分别是：

CN1430177A，申请日（优先权日）为2001年12月28日，授权日为2006年9月20日，是一种在虹膜识别系统中采用不同位置的多个发光器分别照射的情况下，在登记过程中依次打开多个发光器，生成与发光器对应的虹膜代码分别存储；在识别过程中依次打开多个发光器，判断捕获的虹膜代码是否存储在对应于当前发光器位置的区域上，直到匹配成功或多个发光器依次匹配结束为止。采用分类存储匹配的方法，提高识别成功率和速度。

CN1439998A，申请日（优先权日）为2002年2月21日，授权日为2006年9月13日，涉及虹膜识别系统中的眼睛位置显示器，该显示器采用透镜和LED的组合，以固定的角度折射和汇聚光，以显示用户眼睛的位置，仅在预定部分通过光，解决以往显示器的“强眼现象的问题”。

CN1515952A，申请日（优先权日）为2003年1月2日，授权日为2010年4月28日，是关于虹膜识别照相机的硬件改进，主要使用了一个用于支撑镜头的驱动筒，并包括用于移动驱动筒进行聚焦和变焦的移动单元，以及用于检测驱动筒位置的位置传感器。将以往的变焦镜头系统和聚焦镜头系统单独驱动改为整体驱动，降低系统的复杂度和操作时间。

另外1件申请是乐金电子（沈阳）有限公司的申请：

CN1917574A，申请日（优先权日）为2005年8月18日，授权日为2008年7月23日，授权的专利权人变更为乐金电子（南京）等离子有限公司，为了在图像显示设备中实现最佳图像显示而采用了虹膜识别，将用户虹膜与用户设定的最佳图像数据条件进行关联存储，利用用户的虹膜识别出已存储的用户图像数据条件，用户图像信号的显示处理。该申请于2010年11月3日因未缴纳费用而终止。

5.2.2 时间趋势

从LG全球申请趋势来看（见图5-2-2）和LG在虹膜识别技术发展中经历的事件，可概括为一次高峰，两次许可，三个阶段。

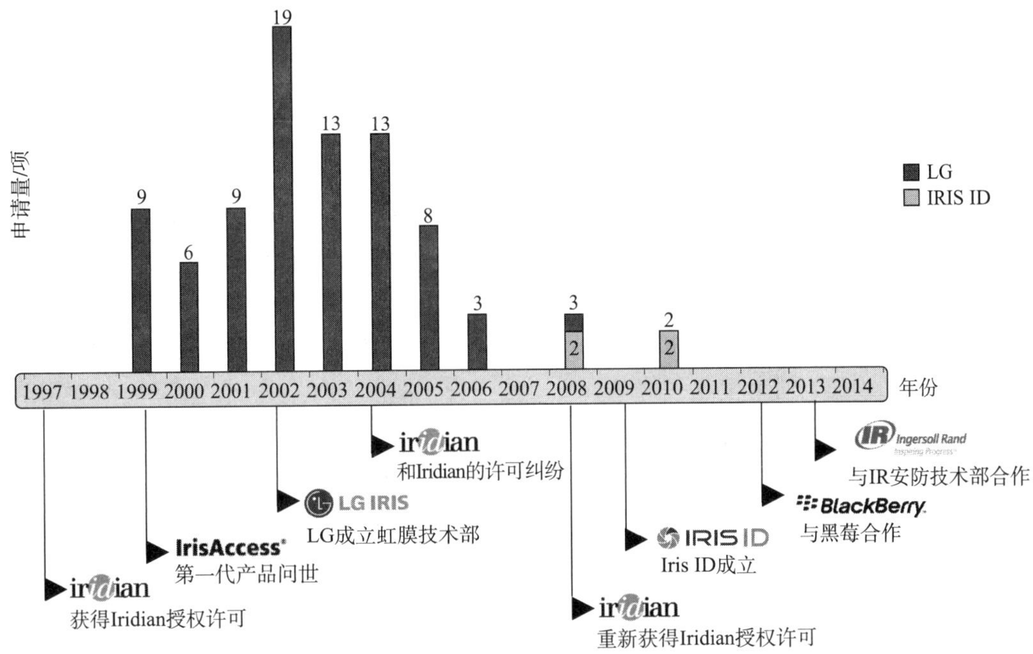

图 5-2-2　LG 虹膜识别全球专利申请趋势和重要事件

（1）一次高峰

LG 申请量的高峰发生在 2002 年，同年 LG 电子成立了虹膜技术部（LG Iris technology Division）专门负责虹膜识别技术的研究、产品开发、销售，该部门的成立促进了其虹膜技术研发，不仅使 LG 电子在 2002 年的申请量达到历史的最高，并且从其成立开始三年的申请量（45 项），也远超过其成立前三年的申请量（24 项）。

（2）两次许可

LG 虹膜识别产品的核心算法来源于 Iridian 虹膜识别核心技术的授权许可。1997 年 LG 获得 Iridian 的前身 IriScan 的授权许可，开始进行虹膜识别技术和产品的研发，随后研发出了 IrisAccess 系列产品。

和 Iridian 的许可纠纷发生在 2004 年，首先 8 月 20 日 LG 就与 Iridian 之间的许可协议启动了异议解决程序，提出就 IrisAccess 系列产品与 Iridian 的虹膜识别技术进行交叉许可，短短三天后，Iridian 不仅没有认可 LG 提出的异议，而且发表声明单方面终止了与 LG 的许可协议。

LG 于 2004 年 8 月 27 日向美国新泽西洲的纽瓦克地方法院提出诉讼。[1] 与 Iridian 之间的许可纠纷影响了 LG 虹膜识别的研发进程，在 2004 年后，LG 的虹膜识别申请量开始下滑，在 2007 年降至 0。LG 再次获得 Iridian 的许可是在 2008 年 5 月 1 日，当时 Iridian 已经被 L-1 公司（L-1 Identity Solutions Inc.）收购。LG 电子与 L-1 公司就许

---

[1] LG & Iridian Technologies Look for Ways to See Eye to Eye on Iris Technology [EB/OL]. [2014-04-28]. http://irisid.com/index.php? mid=pressrelease&page=3&document_ srl=718.

可问题重新达成协议，并撤销了向美国新泽西洲的地方法院提出的未决诉讼。❶ 在2008年后，LG又开始进行虹膜识别相关专利的申请。

（3）三个阶段

从全球申请趋势来看，LG从开始进行虹膜识别相关研发以来的专利申请可以划分为三个阶段：

1997~2001年为起步阶段，1997年LG开始进行虹膜识别相关研究时，并没有为此单独设立部门，LG电子作为研发的主体进行专利申请和产品研发，直到1998年都没有相关专利申请。1999年LG电子申请了第一项专利，并在同一年将第一代虹膜识别产品IrisAccess2200虹膜识别平台推出市场。在起步阶段，LG刚刚开始相关研发，申请量整体呈现较为缓慢的增长趋势。

2002~2005年为鼎盛阶段，2002年LG电子成立了虹膜技术部，专门进行负责虹膜识别相关研发和商业活动，足见LG对虹膜识别技术的重视程度。在这个时期内，LG研发的IrisAccess虹膜识别系统平台不断更新换代，并且LG还推出了iCAM系列的硬件终端。在产品不断升级、市场不断扩大的同时，伴随着大量的专利申请，为LG带来了申请量的鼎盛时期，这一时期内LG的自主研发和创新能力都有了一定程度的提升，专利申请量迅速增长，申请量53项占到了全部申请量86项的62%。

2006年以后为回落阶段，自2004年和Iridian的许可纠纷之后，2005年开始LG的申请量开始下降，到2007年降到申请量为0。2008年LG重新获得授权许可后，又开始继续虹膜识别方面的专利申请。2009年LG电子虹膜技术部分离出来，成立了IRIS ID公司，由原虹膜技术部的首席执行官Charles Koo继续担任该职位。IRIS ID保留了原LG虹膜的整个团队，并接管了LG电子虹膜技术部的全部商业活动。然而，新公司成立后，预期应该到来的第二个申请高峰并没有出现，这是由于LG虹膜识别技术团队主要的发明人蔡将秦（Chea Jangjin）在2008年离开了LG，成立了自己的公司CMITEX公司（具体参见第2.3节重要发明人）。

失去了主要发明人的IRIS ID的虹膜识别技术研发进度明显被拖慢了，这从迟迟没有回升的专利申请量可以看出来。其间，IRIS ID并没有停止对新产品的研发和新合作伙伴的探寻。2012年，Iris ID和HID Global宣布，其硬件产品iCAM7000可与支持NFC（近距离无线通信）的黑莓智能手机BlackBerry® 7配合使用，由嵌入到iCAM 7000系列产品中的HID Global iCLASS® 读卡器读取黑莓智能手机内配置的iCLASS® 虚拟凭证卡，实现大楼门禁、考勤管理等身份识别应用程序。这样黑莓手机中将能够存储用户的虹膜数据，使得用户可以使用黑莓手机取代自身的虹膜或ID卡在虹膜验证的身份识别中进行识别。2013年，Iris ID和英格索兰安防技术（Ingersoll Rand Security Technologies）宣布其硬件产品iCAM7000将支持aptiQ读卡和认证，并支持aptiQmobile™以使得拥有近场通信技术（NFC）的智能手机，变成一个身份识别标记，可直接使用该智能

❶ LG Electronics Licenses Proprietary Iris Recognition Software from Iridian Technologies, Inc. [EB/OL]. [2014-04-28]. http://irisid.com/index.php?mid=pressrelease&page=2&document_srl=743.

手机进入建筑楼宇以及其他需刷身份识别卡才可进入的场所。❶

HID Global 和英格索兰安防技术都是著名的安防产品和服务供应商，近年来两次重要的合作反映了 IRIS ID 的主要发展方向，正如 2011 年其销售副总裁 Mohammed Murad 在接受采访时所表示的 IRIS ID 的目标市场将会瞄准虹膜识别在人力资源管理的应用高峰。将虹膜识别系统和拥有近场通信技术的智能手机的联合使用，也反映了 IRIS ID 还将瞄准智能手机迅速发展为虹膜识别带来的新的市场。❷

可以预见的是，这将带来 IRIS ID 虹膜识别技术的探寻和开发的新阶段，在未来几年，IRIS ID 将会迎来又一次申请的小高峰。

5.2.3　技术分支

图 5－2－3 所示是 LG 专利申请在硬件设备、核心算法、应用扩展和人机交互四个技术方向进行的专利申请量占总量（86 项）的占比，以及涉及四个方向的专利的历年申请量趋势。

从相关专利申请总量来看，涉及硬件设备的专利申请量最多，占总量的 60%，从历年申请量来看，硬件设备的改进也是 LG 最早进行和持续申请的目标。表明硬件设备是 LG 研发的重点，这和 LG 虹膜识别产品均使用 Iridian 授权许可的核心算法有关。

LG 在核心算法方面也进行了一定量的申请，涉及核心算法的专利申请量占总量的 28%，但是从 2007 年开始，LG 就没有再进行核心算法相关的专利申请。涉及应用扩展的专利申请量虽然不多，占到总量的 23%，但是应用扩展是 LG 持续申请的目标，是其后期发展的重点之一。涉及人机交互的专利申请量仅占到总量的 12%，并且申请集中在 2002～2006 年，这表明 LG 在短时间内针对人机交互进行了集中研发后，将研发的重点转移到了其他方面。

另外，同第 5.1.3 节相同，可以将虹膜识别技术和技术功效分别划分为 8 个方面，技术功效图如图 5－2－4 所示。

从虹膜识别技术角度来看，图像采集是 LG 专利申请的重点，涉及图像采集改进的专利数量最多，并且 LG 针对图像采集进行了各个技术功效方面的改进。无论从数量上还是广度上，都可以看出 LG 的图像采集部分是虹膜识别技术的研发重点。另针对图像采集的改进主要是在易用性、增强识别效果、降低系统负担和实时性方面，反映了 LG 在图像采集方面的研发目的是提供一种易用、准确、高效、快速的图像采集方案。

---

❶ Iris ID Systems Inc. Announces Interoperability Between Its' IrisAccess® Platform and NFC－Enabled BlackBerry Smartphones Equipped with HID Global's iCLASS® Digital Keys［EB/OL］.［2014－04－28］. http://irisid.com/index.php?mid=pressrelease&page=1&document_srl=1959.

❷ Iris ID Systems Inc. Announces IrisAccess® Platform's Support of aptiQ™ Readers and Credentials［EB/OL］.［2014－04－28］. http://irisid.com/news/3378.

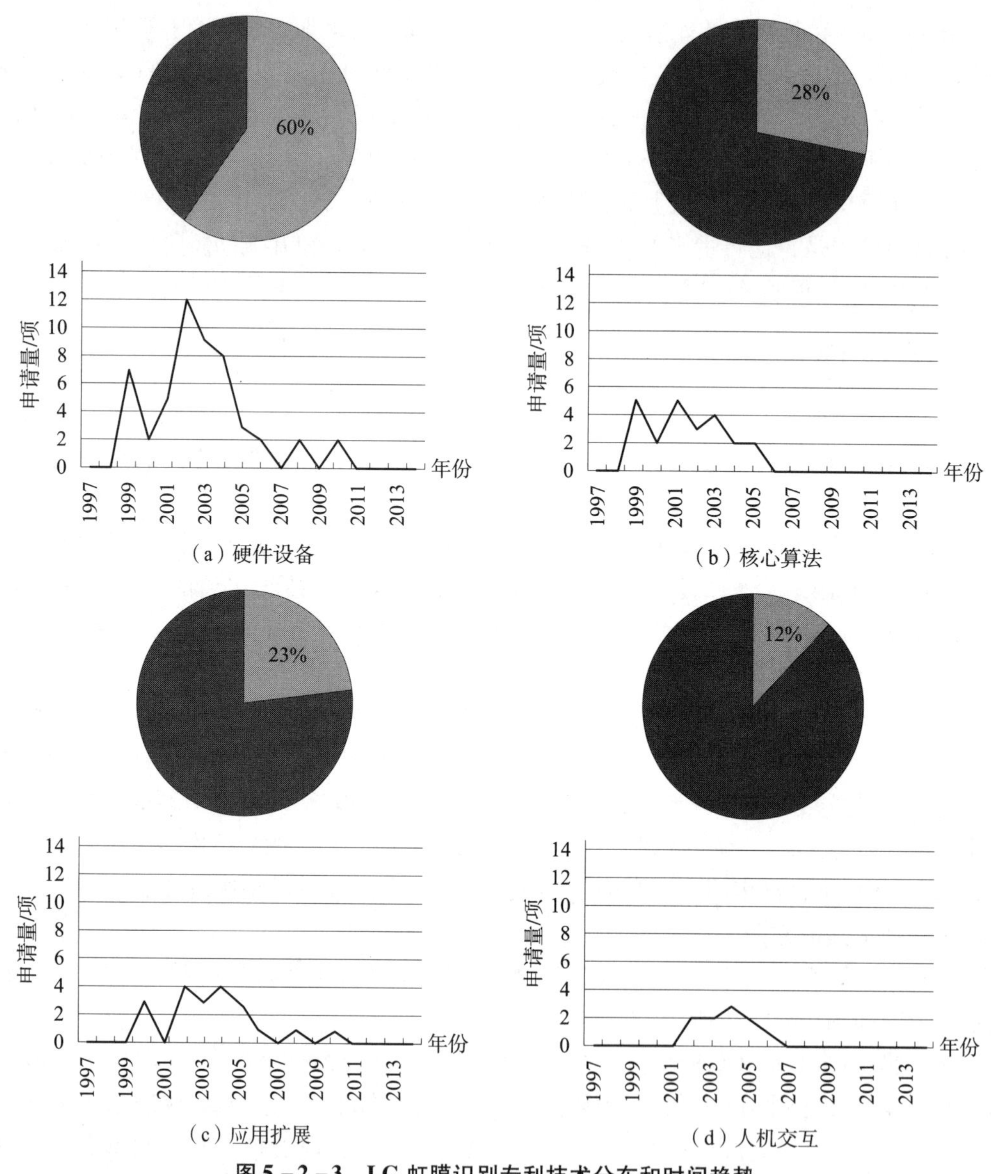

图5-2-3　LG 虹膜识别专利技术分布和时间趋势

注：饼图中百分比区表示各技术占比。

LG 虹膜识别技术的第二个研发重点是虹膜特征的提取，针对特征提取方面的改进主要是实时性、增强识别效果和降低系统负担。这是由于虹膜特征提取决定虹膜识别速度、准确度和效率非常关键的一步。第三个重点是系统应用，系统应用一方面可以将虹膜识别系统和其他生物特征识别系统配合，另一方面可以将虹膜识别系统和需要进行身份认证的系统进行融合，提供安全便捷的身份认证方式，因此在系统应用方面进行的改进主要是在易用性方面，旨在为用户提供更方便的身份认证方式。

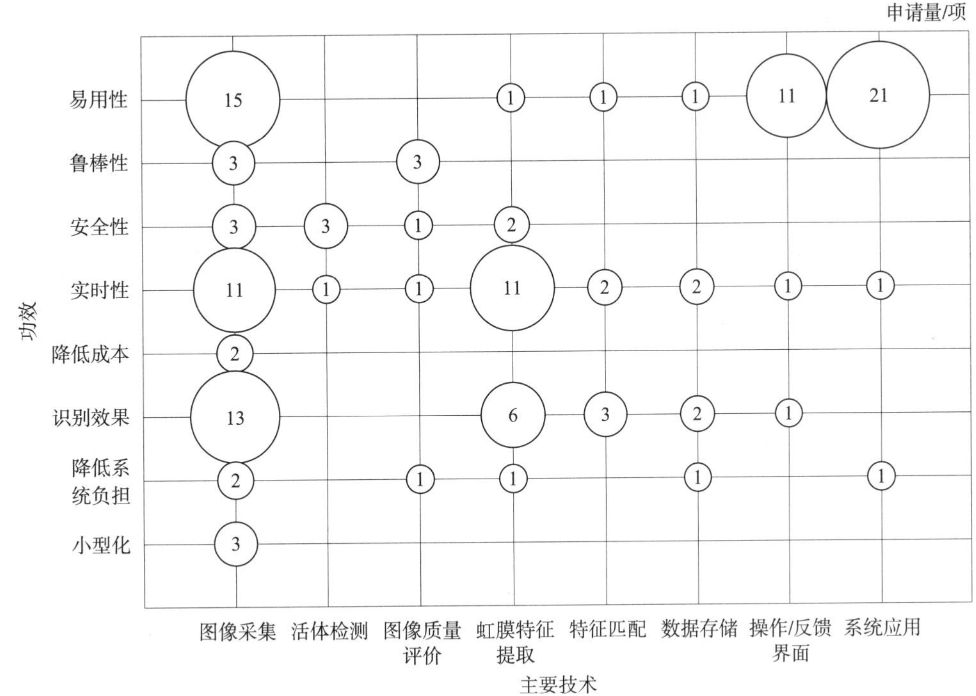

图 5-2-4　LG 虹膜识别专利技术和功效分布气泡图

LG 将提升易用性和实时性作为主要改进方向，这可能是由于虹膜识别系统是面对用户进行的身份验证系统，相比于其他生物特征身份认证方式，虹膜识别的准确性已经得到了广泛的认可，将易用性和实时性作为重点改进方向，可以强化虹膜识别相比于其他生物特征识别的优势。另外可以看出来 LG 在降低成本和小型化方面申请量非常的小，这两个方面不是 LG 虹膜识别技术发展的重点。

5.2.4　重点专利

本小节从专利的技术价值和受重视程度两个方面筛选出 LG 的重要专利（见图 5-2-5），并进行分析。其中专利的技术价值主要考虑 OKI 在技术发展路线中的关键节点所涉及的专利技术；专利的受重视程度主要考虑专利申请的目标国数量和获得授权的国家的数量（注：本小节所提到的专利的公开号是技术原创国的公开号）。

LG 第一件虹膜识别专利申请的公开号为 KR2000-0050494A，申请于 1999 年，涉及虹膜采集装置的硬件结构的改进，改虹膜采集装置对单眼虹膜进行采集，采用距离传感器检测用户和采集装置之间的距离，采用多个光源进行照明，并且采用冷光镜对可见光进行反射，使近红外光透过以被相机接受，从而获得虹膜图像。

公开号为 KR2000-0061065A 的专利，申请于 1999 年，涉及虹膜采集中的活体检测，改虹膜采集装置在不同位置上设置多个照明光源，在采集过程中使用不同位置的光源进行照明，分析在不同光源照明情况下获得的图片的反光点的位置，据此来判断所识别的对象是否为真实的人眼。

图5－2－5　LG虹膜识别重要专利时间轴

第一件同时采集双眼虹膜图像的专利公开号为KR2002－0038162A，申请于2000年，涉及虹膜识别装置，同时采集双眼的虹膜图像并用于虹膜匹配，双眼虹膜图像的同时采集和使用缩短了匹配时间，并且降低了误识率。紧接着针对采集双眼虹膜的相机尺寸较大的问题，LG于同年还进行了另一项申请，公开号为KR2002－0038163A，在镜头和感光元件之前的光路上，倾斜设置一个角度可以微调的反光镜，是感光元件上成像的双眼之间的距离缩短，从而减小感光元件的尺寸，并且方便对焦。

公开号为KR2002－0086977A的专利，申请于2001年，是一种实现快速自动对焦的虹膜识别系统，包括采用在连续的时间间隔内测量用户和相机之间的距离，并输出距离信息，距离处理器依据该距离信息确定用户的动向，用正负号来表示用户靠近或远离相机，相机控制器根据距离处理器处理后的结果在用户不动时调整相机对焦并捕获用户的图像。同日，还针对该快速对焦自动虹膜系统进行了另一件申请，公开号为KR2002－0073654A，在测量用户和相机之间的距离的同时，采用多个指示灯提示用户与相机之间的远近，以及用户和相机之间的对焦角度。

针对多光源照射下比对效率问题，公开号KR2003－0056781A的专利，申请于

2001 年，在登记过程中依次打开多个光源，生成与光源对应的虹膜代码分别存储；判断捕获的虹膜代码是否存储在对应于当前光源位置的区域上，直到匹配成功或多个发光器依次匹配结束为止，采用了分类存储匹配的方法，提高识别成功率和速度。

在单眼识别方面，公开号 KR2003－0070184A 的专利，申请于 2002 年，涉及虹膜识别系统中的眼睛位置显示器，该显示器采用透镜和 LED 的组合，以固定的角度折射和汇聚光，以显示用户眼睛的位置，仅在预定部分通过光，解决以往显示器的“强眼现象的问题”。

在机械结构改进方面，公开号 KR2003－0062247A，申请于 2003 年，是关于虹膜识别照相机的硬件改进，主要使用了一个用于支撑镜头的驱动筒，并包括用于移动驱动筒进行聚焦和变焦的移动单元，以及用于检测驱动筒位置的位置传感器。将以往的变焦镜头系统和聚焦镜头系统单独驱动改为整体驱动，降低系统的复杂度和操作时间。

公开号为 KR2004－0029811A 的专利，申请于 2002 年，采用两个相机，实现非配合虹膜图像采集，第一个相机用户获得用户照片，同时根据测量传感器检测用户的距离，照明部分控制光照强度避免反光；第二个相机在距离和光照被调整之后捕获虹膜图像。

LG 还采用两种波长照明，以快速获得匹配结果。于 2004 年同天申请 3 件专利，公开号为 KR2005－0077847A 和 KR2005－0077565A，采用两种波长的光源同时照明并捕获，采用滤波器将采集的虹膜图像依照波长分离成两个图像，分别进行匹配，公开号为 KR2005－0078389A，同时采用两个波长的光照进行照明获得第一张图片，再分别使用两个波长获得第二和第三张图片，两张图片的差异用于虹膜特征附加码。

在照明光源方面，采用环状光源，公开号为 KR2007－0115198A，于 2006 年 6 月 1 日申请，用于反射眼部的镜面，和设置在镜面周围的环状光带，依据用户是否处于正确的对焦位置来发光和停止发光，对用户的位置进行提示，使得用户可以轻易地调整自己的位置使得只有眼部被镜面反射。

在双目采集方面，公开号 KR2009－0106790A，于 2008 年 4 月 7 日申请，左眼和右眼分别采用并列的两个窄角图像传感器在两个光源的照射下捕获眼睛的图片，分别距离计算单元，根据捕获的眼睛的图片计算眼睛到相机的距离，整体使用一个菲涅尔聚焦镜头。

5.2.5 产品透视

目前 IRIS ID 在市面上最新的虹膜识别硬件产品有：iCAM D1000 系列、iCAM7000 系列、iCAM TD100 和 iCAM T10。这些产品均为双重虹膜采集（Dual Iris Capture）产品，即同时对用户双眼的虹膜进行采集，不同的是，D1000 系列、7000 系列和 TD100 还同时进行人脸图像的采集，T10 不进行人脸图像的采集。

（1）iCAM D1000 系列

该系列于 2013 年上市，该产品识别距离为 95cm 左右，是 IRIS ID 推出的第一款远距离虹膜识别产品，采用自动移动和对焦的捕获方式，同时捕获双眼的虹膜和人脸的图像，并且提供可视化的反馈。

针对同时捕获双眼的虹膜和人脸的图像，IRIS ID 有多项申请，最新的一项相关申请是在 2008 年 4 月 7 日申请的专利 KR2009－0106792A，包括用户获取人脸的广角相机，该广角相机提供的图片可以使得识别系统准确地定位用户的人眼范围，并且可以提供人眼的距离信息，用于判断用户的当前位置是否在可识别范围之内，并通过提示器的颜色的变换对用户作出提示；依据广角相机提供的信息，窄角相机对用户的双眼虹膜图像实现自动采集。

从 D1000 的外形（见图 5－2－6）可以看出，可以借由外部的支撑结构的上下移动实现镜头的上下自动移动，从而实现针对使用者身高的调整，有一件早在 2003 年 1 月 2 日申请的专利 KR2004－0062247A，采用了用于支撑镜头的驱动筒，并包括用于移动驱动筒进行聚焦和变焦的移动单元，以及用于检测驱动筒位置的位置传感器，虽然该申请中的驱动筒的移动方式为前后移动，但是为通过支撑镜头的驱动筒实现镜头的移动和对焦提供了技术思路。

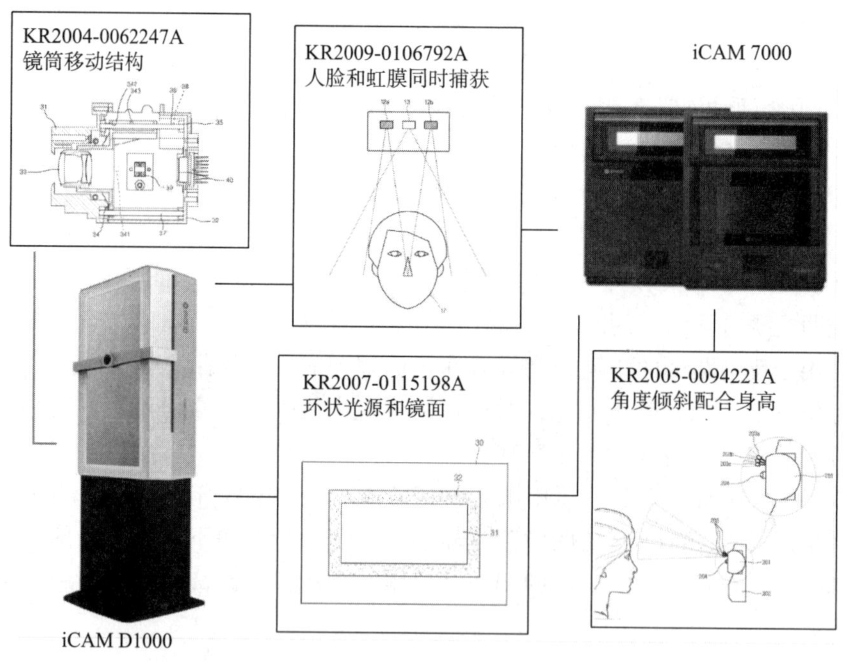

图 5－2－6　LG D1000 系列和 7000 系列产品专利透视

D1000 的视觉反馈通过镜面实现，并且镜面周围具有环状光带，有一件在 2006 年 6 月 1 日申请的专利 KR2007－0115198A 采用反射光的镜面，和设置在镜面周围的环状光带。而与 D1000 不同的是，该专利的镜面适用于对用户的眼部进行反射。D1000 的镜面为一面半身镜，以适应于不同身高的用户都可以获得眼部视觉反馈。

（2）iCAM7000

7000 系列（见图 5－2－6）多用于门禁和考勤系统，同样采用同时捕获双眼的虹膜和人脸的图像的方式，特色在于该设备与非接触式的智能读卡器结合，并且凭借虚拟卡技术支持具备 NFC 功能的手机的智能认证。

与 D1000 不同，7000 系列针对不同身高的使用者，通过调整镜头的角度来实现匹配采集，有一件在 2004 年 3 月 22 日申请的专利 KR2005 - 0094221A，采用红外线发射器和接收器配合的方式，探测用户是否进入识别范围，并且获得用户脸部待识别范围，从而调整图像采集单元的倾斜角度对准人脸，实现虹膜采集。

7000 系列的视觉反馈同样依靠镜面反射实现，其镜面是仅适用于反射用户眼部范围的镜面同上述 KR2007 - 0115198A 中所公开的镜子相同。

虚拟卡技术通过和 HID Global 的合作，通过 iCLASS® 读卡器实现虚拟凭证卡的认证，并且通过和英格索兰安防技术的合作进一步支持 aptiQ 读卡和认证，并支持 aptiQ-mobile™以使得拥有 NFC 的智能手机变成一个身份识别标记。

(3) iCAM TD100

TD100 是一款便携手持式的虹膜采集设备（见图 5 - 2 - 7），同样采用同时捕获双眼的虹膜和人脸的图像的方式，并且可以通过改变采集设备与人脸的距离来进行人脸模式和虹膜模式之间的切换。

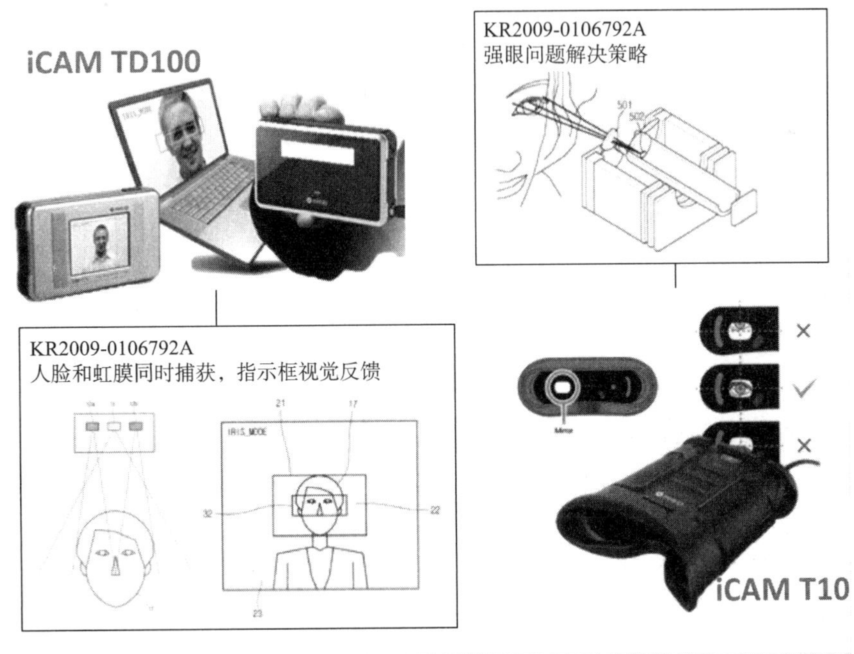

图 5 - 2 - 7　LG iCAM TD100 和 T10 产品专利透视

TD100 的视觉反馈通过显示器同步呈现，并且通过变更显示器上用于提示眼部位置的指示框提示的颜色来提示用户的距离，与上述专利 KR2009 - 0106792A 中公开的技术相同，在距离过近时采用红色，在距离过远时采用橙色，在距离适当时采用绿色。

(4) iCAM T10

T10 虽然同是捕获双眼，与上述三个产品不同，T10 不是通过对人脸图片的捕获来进行眼部的定位，而是直接通过将设备扣放在眼部实现对眼部图像的采集（见图5-2-7）。

T10仅针对左眼设置一个小的镜面，用户判断左眼是否位于合适的聚焦位置，早在2002年2月21日的一项申请KR2003-0070184A，公开了一种单眼虹膜采集结构，用于避免在采用镜面确定单眼是否位于光轴聚焦位置时的问题，指出当用户和采集设备距离在大于30cm的位置时，将会由于每个人的两眼具有不同的视力导致实际上在通过视力较强的眼睛观察他的左眼或右眼的聚焦情况，即“强眼现象”，因此T10通过其外壳与人面部的接触将采集距缩短到12.5cm。

除了提供硬件产品之外，IRIS ID还提供虹膜识别系统平台以提供软件和硬件的灵活集成解决方案，最新的平台是第四代平台IrisAccess® 7000。在专利方面，并没有与系统平台相关的申请。

5.3 小　　结

OKI和LG均在获得Iridian虹膜识别核心软件技术授权的基础上开发虹膜识别产品，在市场上占据重要地位。Iridian的两项专利US4641349和US5291560A作为虹膜识别领域的核心专利，分别从概念上和算法上提出了虹膜识别。OKI和LG在上述核心专利的基础上，分别依据不同的申请策略进行了外围专利的布局。

OKI和LG本身并不具备核心专利技术，通过获得Iridian的虹膜识别核心软件技术授权，在此基础上进行大量的外围专利申请。本章对两者的专利布局进行分析，可以作为我国不具备核心专利技术的虹膜识别相关企业，尤其是硬件生产和集成相关企业专利布局和产品研发的参考。

在市场目标方面，OKI主要针对日本，而LG则主要针对韩国和日本，根据专利布局的情况来看，在其主要目标市场上两者并不会形成有效的竞争关系。在向中国的专利申请中，OKI有4件，授权量为3件；LG有11件，授权量为4件，两者在中国的有效专利量几乎相同且数量不多。但是LG有3家中国子公司进行了虹膜识别相关专利的申请，因此就中国市场而言，LG为更应受到重视的竞争对手。

从申请趋势来看，OKI相比LG更早进行虹膜识别相关专利的布局，OKI的专利布局仅仅围绕其历代产品的研发和面世，在不进行新产品的研发之后，OKI从2010年起不再进行虹膜识别相关专利的申请。LG的申请趋势则受到和Iridian之间许可协议纠纷的影响，值得一提的是LG和Iridian之间的许可纠纷源于LG提出就IrisAccess系列产品和Iridian的虹膜识别技术进行交叉许可，这也反映了LG在利用外围专利申请布局方面的野心。

OKI和LG专利申请同时涵盖了作为底层技术的核心算法和硬件设备，以及作为上层应用的人机交互和应用扩展。并且以硬件设备改进为主，核心算法的改进次之，这和两者的虹膜识别产品均使用Iridian授权许可的核心算法以及两者均为硬件生产商有关。从技术功效的角度来看，图像采集是两者的研发重点，OKI和LG均在图像采集方面针对易用性有大量的专利布局，这也一定程度反映了虹膜识别硬件系统的研发重点是针对虹膜图像采集进行的提升用户体验的改进。

另外，OKI 和 LG 围绕核心专利进行外围专利布局的思路不同：OKI 针对交易安全、门禁安全、个人数据安全和动物虹膜识别多个领域进行针对性的虹膜识别相关专利的布局，而 LG 电子则是对虹膜采集装置本身进行多角度多细节的相关专利的布局。

第6章 赛峰集团收购L-1公司

赛峰集团于2011年7月26日宣布完成了对当时身份识别及服务行业的领军企业—美国L-1身份解决方案公司（L-1 Identity Solutions Inc.）（下称“L-1公司”）的收购。这次收购的金额达到了10.9亿美元（12美元/股）。❶

这次生物识别技术领域的收购属于横向跨国收购，通过整合资源，旨在获取协同效应，即1+1>2的效应。❷ 通过对L-1公司的收购，赛峰集团获得了L-1公司的资源，扩展了其业务范围，L-1公司也借此为其多种生物识别技术的发展找到了更加强大的平台基础。❸❹ 可以说，双方各取所需。

那么，法国赛峰集团为何选择收购这家美国L-1公司，换句话说，L-1公司有何特点？通过这次跨国收购，赛峰集团除了业务和服务的扩大，其所获得的L-1公司的专利技术和产品情况如何？以下将作逐步分析，并希望从此次收购中为国内企业提供借鉴的经验和启示。

6.1 收购双方

6.1.1 赛峰集团

赛峰（SAFRAN）集团是一家法国高科技跨国集团公司，于2005年由萨基姆（SAGEM）和斯纳克玛（SNECMA）合并组成。赛峰集团是世界500强企业之一，在航空航天、防务和安全三大业务领域是世界领先的设备供应商，其业务遍布全球，拥有近66200名员工，2013年销售额超过147亿欧元。❺

莫弗公司（Morpho）是隶属于赛峰集团旗下的高科技子公司，由萨基姆安全公司于2010年更名而来。目前，莫弗公司在全球超过40个国家和82个地区拥有超过8000名员工，是全球领先的识别、检测及电子证件解决方案供应商，是指纹、面部及虹膜

---

❶ [EB/OL]. [2014-05-03]. http://www.morpho.com/actualites-et-evenements/presse/safran-completes-the-acquisition-of-l-1-identity-solutions-becomes-world-leader-in-biometric-identity-solutions? lang=en.

❷ 顾卫平. 管理跨国收购-基于契约和资源整合的模式［D］. 上海：复旦大学，2004.

❸ Safran to buy L-1 for $1.09b cash [EB/OL]. [2014-05-14]. http://www.securitysystemsnews.com/article/safran-buy-l-1-109b-cash? page=0, 0.

❹ Safran Morpho becomes industry leader with L1 buyout [EB/OL]. [2014-05-14]. http://www.planetbiometrics.com/article-details/i/271/.

❺ [EB/OL]. [2014-05-14]. http://www.safran.cn/spip.php? article1372.

识别多生物特征识别技术的世界领导者，在基于生物识别技术的个人权利及人口流动管理应用中，以及安全终端、智能卡领域，居世界领先的地位。莫弗公司包括 MorphoTrust、MorphoTrak 两家子公司。其中，MorphoTrust 正是由其收购的 L－1 公司所更名而来。❶

6.1.2 L－1 公司

L－1 公司由 Viisage 公司和 Identix 公司于 2006 年 8 月 29 日合并成立，总部设在美国康涅狄格州斯坦福，由 Viisage 公司的董事长 Robert LaPenta 任合并成立后的 L－1 公司的董事长兼首席执行官。截至 2010 年，L－1 公司在全球各地有 2200 多名员工，公司下设生物识别/企业进出控制、安全证件解决方案、招聘验证服务、政府咨询服务业务部门。❷

图 6－1－1（见文前彩色插图第 7 页）给出了 L－1 公司在生物识别技术领域的主要收购和兼并过程，从 L－1 公司成立前后的相关历史发展可以看到：在赛峰集团收购 L－1 公司前，L－1 公司已经经历了一系列生物识别技术领域的战略性的收购和兼并，已经获得了全面的虹膜、面部以及指纹等生物识别技术和产品。

L－1 公司收购和兼并涉及的主要公司情况如下：

Iridian 公司（前身 IriScan，成立于 1990 年），成立于 2000 年 7 月，是全球最著名的虹膜技术开发公司。虹膜识别技术的创始人 Daugman 是 Iridian 公司的股东之一，该公司是最早的虹膜识别算法供应商。它的虹膜技术被世界公认为首屈一指。很多著名的虹膜产品开发公司都使用它的核心技术，包括日本松下、韩国 LG 和美国 SecuriMetrics 等。该公司于 2006 年 7 月，被 Viisage 公司 3500 万美元收购。

Sensar 公司，在并入 Iridian 公司之前，主要依靠 Iridian 公司授权的专利生产虹膜识别设备，于 2000 年 7 月并入 Iridian 公司。

SecuriMetrics 公司，便携式虹膜识别器开发公司，开发了虹膜、指纹、面纹三合一生物识别器。该公司于 2006 年 2 月，被 Viisage 公司 2800 万美元收购。

Identix 公司，成立于 1982 年，全球著名的多种生物识别技术公司，技术主要涉及有指纹、人脸辨识技术等。

Viisage 公司，以其脸部辨别技术而驰名。Viisage 公司和 Identix 公司于 2006 年 8 月 29 日合并成立 L－1 公司。

Bioscrypt 公司，主要涉及指纹、人脸以及虹膜技术等，于 2008 年 7 月 1 日被 L－1 公司 4400 万加拿大元所收购。

DIGIMARC 公司，成立于 1995 年，著名的数字水印技术公司。2008 年 8 月，该公司将 ID 卡业务出售给 L－1 公司。❸

---

❶ ［EB/OL］.［2014－05－03］. http：//en. wikipedia. org/wiki/Morpho_ （Safran）.

❷ L－1 Identity Solutions 基于 Daugman 的虹膜算法在近期 NIST IREX 测试中获得上佳成绩［EB/OL］.（2010－01－21）［2014－04－03］. http：//www. cn－info. net/news/2010－01－21/1264062130d4671. html.

❸ ［EB/OL］.［2014－05－03］. http：//en. wikipedia. org/wiki/Digimarc.

Retica系统公司，成立于2004年，虹膜识别技术提供商，其在移动中虹膜检测以及远距离虹膜检测技术方面具有优势。该公司于2010年4月被L-1公司收购。

6.1.3 收购需求分析

如前所述，L-1公司的发展中，经过了多项收购和兼并，自2006年成立后到2010年，其已经获得较为全面的虹膜、面部以及指纹等生物识别技术和产品，已经取得了令人瞩目的成绩，而就在此时，L-1公司提出了出售，并于2010年9月20日宣布同意赛峰集团对其的收购协议，其出售的原因何在？而作为收购方法国赛峰集团，为何愿意花费10.9亿美元的资金来收购大洋彼岸的这家美国公司？以下作初步分析。

首先，从收购方赛峰集团来讲，企业发展壮大离不开技术的发展和创新。赛峰集团在研发上进行了大规模投资以满足市场变化的需要，2010年的研发费用达12亿欧元，到2013年研发经费达到18亿欧元[1]，与2010年相比增长幅度达到50%，足见赛峰集团对技术创新的渴望。

赛峰集团在收购L-1公司前，在虹膜、面部以及指纹等生物识别技术上也取得了一些成绩，开发和应用了一些产品，但以指纹识别技术方面居多。指纹识别技术方面，如：2005年，莫弗公司的自动指纹识别系统AFIS被广州市公安局采用[2]；2009年3月向澳大利亚警察局交付指纹识别系统Morpho RapID 1100终端，指纹识别系统Morpho RapID 1100于2008年7月正式推出，通过指纹识别进行实时身份识别验证[3]；2010年3月，萨基姆安全公司门禁系统被巴西米纳斯吉拉斯州的行政中心选用，包括大约300台最先进的MorphoAccess™120指纹识别终端。[4] 面部识别技术方面：2009年6月与澳大利亚南威尔士州政府道路交通管理局签订合同，为其提供数据库容量为1500万的驾照面像识别系统[5]；2009年底，采用面部识别技术的边境管制系统SmartGate用于新西兰奥克兰国际机场。[6] 虹膜识别技术方面，其IRIS（Iris Recognition Immigration System）产品，在2006年1月交付给英国方面使用，2008年3月获得了阿曼、约旦的订购，应用于边境身份认证。[7][8]

赛峰集团在虹膜技术、面部技术方面获得的成绩显然不如指纹。作为生物识别技术的发展趋势，虹膜识别技术的优势是毋庸置疑的，而要成为一家综合性的多种生物识别技术的全球领军企业，对于赛峰集团来说，必然面临着弥补自己在虹膜识别技术

---

[1] [EB/OL]. [2014-05-14]. http://www.safran.cn/spip.php?article1372.

[2] [EB/OL]. [2014-07-03]. http://www.safran.cn/spip.php?rubrique107&lang=zh.

[3] [EB/OL]. [2014-07-03]. http://www.safran.cn/spip.php?article596.

[4] [EB/OL]. [2014-07-03]. http://www.safran.cn/spip.php?article676.

[5] [EB/OL]. [2014-07-03]. http://www.safran.cn/spip.php?article578.

[6] [EB/OL]. [2014-07-03]. http://www.safran.cn/spip.php?article623.

[7] [EB/OL]. [2014-07-04]. http://www.morpho.com/actualites-et-evenements/presse/one-million-crossings-of-the-iris-barrier-delivered-by-sagem-securite-to-the-united-kingdom?lang=en.

[8] [EB/OL]. [2014-07-04]. http://www.morpho.com/actualites-et-evenements/presse/selection-of-sagem-securite-iris-identification-system-by-oman-and-jordan?lang=en.

及其产品上相对短缺的需求。

众所周知，算法是虹膜识别技术的核心部分。赛峰集团莫弗公司的虹膜识别算法在2009年NIST（美国标准技术研究院）公布的IREX中就获得了第一，赛峰集团这次所收购的L－1公司的Iridian子公司，则是最早的虹膜识别算法供应商，虹膜识别技术的创始人Daugman是Iridian公司的股东之一，该子公司为多家虹膜产品公司提供了核心的虹膜识别算法，其虹膜技术被世界公认为首屈一指。L－1公司对Daugman虹膜算法进行了改进，取得了优异的成绩，在NIST（美国标准技术研究院）2010年1月发布的IREX I（虹膜交换）补充报告中，L－1公司的结合了精确性、快速性和模板小巧性的Daugman虹膜算法无人能及。收购L－1公司，可以为莫弗公司带来重要的Daugman虹膜识别算法，有利于莫弗公司虹膜识别技术的提升，莫弗子公司MorphoTrust在NIST 2012年4月发布的IREX III中，虹膜识别算法在识别精确性、快速性和模板尺寸上被认为具有最好的平衡❶，正是立竿见影地体现了收购的效果。在产品方面，赛峰集团结合虹膜识别技术的产品在此次收购前很少，而通过收购L－1公司，赛峰集团在获得虹膜识别技术核心算法的同时也可以借助L－1公司拥有的相对丰富的产品来弥补自身在产品市场上的不足。在市场方面，通过此次收购，赛峰集团掌控了多家公司的虹膜识别核心技术的供应，可实现其业务范围的扩张和升级。

其次，对于出售方L－1公司来讲，其为何在收购了多家公司构建了比较全面的生物识别技术的时候提出了出售？是否主要是受2008年金融危机的影响，或财务上是否存在严重的危机？

事实上，2008年这场金融危机同样给全球的安防企业带来了严峻考验，有资料指出❷：2009年安防企业前10名中只有4家销售额增长，这就包括L－1公司，但其增长幅度较前一年有所降低。可见，金融危机的确给L－1公司带来了挑战，但是这不应是该公司被出售的主要因素。

最后，从市场分析和企业经营活动中也未显示出L－1公司存在严重的财务危机。据2010年3月的一份市场分析评论，L－1公司2009年营业额为6.5亿美元，比之前预估的6.7亿~6.8亿美元的营业额的确有所下降，不过其调整后的息税折旧摊销前利润EBITDA估计为0.95亿~0.97亿美元，而对于2010年，其营业额和息税折旧摊销前利润EBITDA将超过2009年。❸ 并且，L－1公司即使是在金融危机后的2010年，还进行了一次收购交易——2010年4月收购了虹膜识别技术提供商Retica系统公司。同时，赛峰集团新闻也认为这次收购将为其带来很好的经济效益。❹ 因此，从财务上来看，L－1公司应该也不会给赛峰集团带来不良影响，相反，会增加赛峰集团的营业额收入，

❶ [EB/OL]. [2014－07－04]. http://www.morpho.com/actualites－et－evenements/presse/iris－identification－technology－from－morphotrust－usa－ranks－most－accurate－faster－smaller－in－comprehensive－nist－test? lang=en.

❷ 黄灵美. 看全球安防50强企业如何渡过经济危机 [EB/OL]. (2011－01－04) [2014－05－03]. http://www.asmag.com.cn/news/th－38616.shtml.

❸ [EB/OL]. [2014－05－03]. http://www.securitysystemsnews.com/article/l1－sale.

❹ [EB/OL]. [2014－05－03]. http://www.morpho.com/actualites－et－evenements/presse/safran－completes－the－acquisition－of－l－1－identity－solutions－becomes－world－leader－in－biometric－identity－solutions? lang=en.

带来可观的经济效益。

通过以上产品、技术、市场以及经营状况的初步分析，赛峰集团收购的目的可能在于弥补虹膜识别技术上的短板，丰富自己的虹膜识别技术的产品，进而巩固和提高自己在生物识别技术领域的地位，而L－1公司出售的主要原因也不在于受金融危机的影响和存在严重的财务危机。那么，L－1公司被出售的主要原因可能在哪里？后文将试着从生物识别技术专利申请的情况来进行分析。

本章检索截止日：2014－06－23。

本章约定：

赛峰集团莫弗公司的专利包括：莫弗（Morpho）公司以及更名前的萨基姆安全公司的专利；

L－1公司的专利包括：Iridian公司（包括其前身IriScan）、SecuriMetrics公司、Identix公司、Viisage公司、Retica系统公司、Sensar公司、Bioscrypt公司、DIGIMARC公司ID卡业务的相关专利。

6.2 生物识别技术专利申请

赛峰集团完成了对美国L－1公司的收购，L－1公司更名为MorphoTrust成为赛峰集团莫弗公司的子公司。莫弗公司与L－1公司均为多种生物识别行业的企业，两者在该行业属于竞争对手，莫弗公司就曾作为L－1公司收购DIGIMARC公司的竞争者。[1]这次横向的跨国收购使得莫弗公司扩大了市场经营规模，减少了竞争对手，同时，莫弗公司在生物识别技术上从L－1公司获得了哪些补充？以下将从两家公司在生物识别技术的整体专利情况进行分析。

6.2.1 收购－技术互补目的

通过检索统计，L－1公司的生物识别技术的相关专利有99项，莫弗公司在2011年收购L－1公司之前的生物识别技术的相关专利有73项，将上述专利按照以下生物识别技术进行分类：虹膜识别技术、指纹识别技术、面部识别技术、语音识别技术、多模态识别技术及其他识别技术（包括视网膜识别技术、笔迹识别技术及静脉纹识别技术）。图6－2－1给出了莫弗公司和L－1公司生物识别技术各技术的专利申请比例对比图。

从图6－2－1中可以看出（注：图中对于一项专利申请同时涉及多个技术的情况，分别统计其数量），两家公司的专利申请均涉及了多种生物识别技术，虹膜识别技术、指纹识别技术以及面部识别技术方面的申请量均位于前三位，但两家公司在技术上各有侧重。其中，莫弗公司的指纹识别技术在各种生物识别技术中所占的比例最大，

---

[1] French company's bid for Digimarc raises U. S. security concern [EB/OL]. [2014－07－03]. http：//www.homelandsecuritynewswire. com/french－companys－bid－digimarc－raises－us－security－concern.

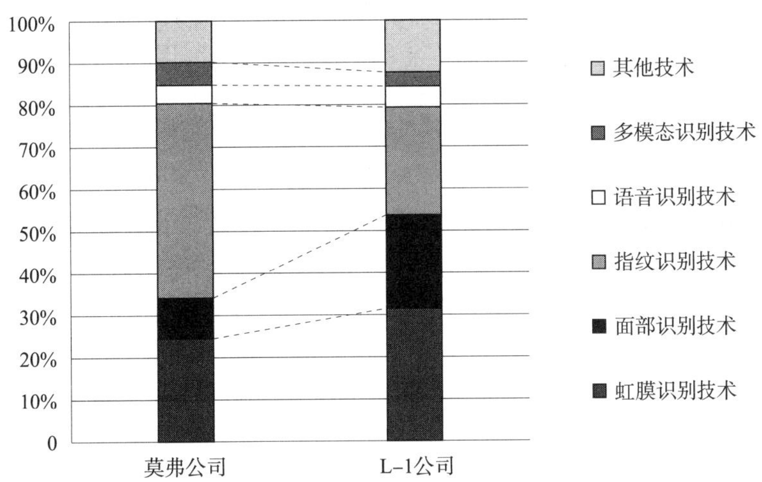

图 6-2-1 莫弗公司和 L-1 公司生物识别技术各技术专利申请比例对比图

其次为虹膜识别技术、面部识别技术；L-1 公司则是虹膜识别技术在各种生物识别技术中所占的比例最大，其次为指纹识别技术、面部识别技术。从该专利申请量的比例构成对照情况来看，通过对 L-1 公司的收购，莫弗公司可以进一步获得更多的虹膜识别技术、面部识别技术的专利申请，从而能够弥补自身在虹膜识别技术以及面部识别技术上的相对劣势，使这两方面技术也能取得与指纹识别技术同样的发展，并有助于迅速推出相关产品。上述专利申请的对比分析所得出的莫弗公司对虹膜识别技术的需求，恰恰也印证了前面所作出的收购初步分析，即获取虹膜识别技术是收购 L-1 公司的目的。

图 6-2-1 所给出的是莫弗公司和 L-1 公司在多种生物识别技术上申请量的静态比较，比较后不难发现，莫弗公司从此次收购中提升了在虹膜识别技术和面部识别技术的专利拥有量。图 6-2-2 给出了莫弗的虹膜识别技术、面部识别技术以及指纹识别技术的专利申请量趋势，从莫弗的虹膜识别技术和面部识别技术的专利申请量的动态趋势中也能获知莫弗对虹膜识别技术、面部识别技术的需求。

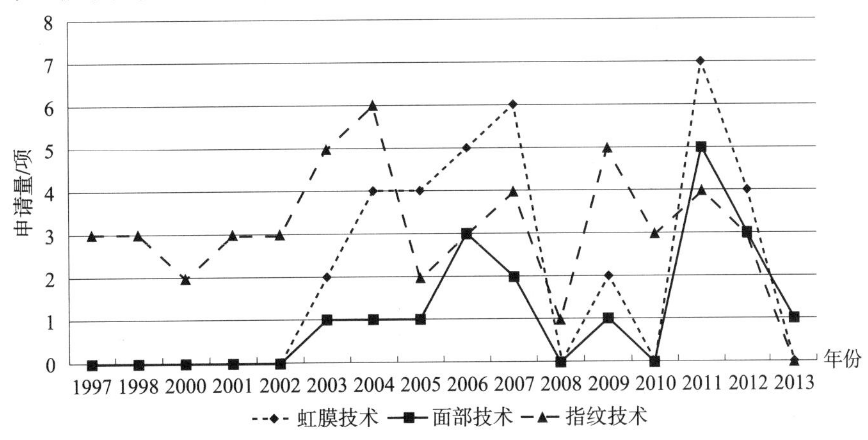

图 6-2-2 莫弗公司虹膜、面部、指纹识别技术专利申请量发展趋势

从图6－2－2中不难发现，莫弗公司的指纹识别技术的专利申请相对较早，在1997年就有专利申请，而其虹膜识别技术和面部识别技术均是从2003年才有了专利申请，起步较晚。其中，指纹识别技术基本维持在每年3项左右的专利申请量，发展趋势较为平缓；虹膜识别技术和面部识别技术的申请量在2003～2007年均有一个上升的发展态势，分别在2006年、2007年达到了一个高峰，而在2008～2010年申请量几乎为零，但在2011年则有了一个专利申请量的大幅度上升，也正是在这一年，莫弗公司所在的赛峰集团完成了对L－1公司的收购。从以上申请量的动态变化趋势来看，这次收购的确给莫弗公司的虹膜识别技术和面部识别技术带来了又一个高峰期。因此，也印证了前面对此次收购的判断。

6.2.2 出售——迫于技术创新

L－1公司的发展中经过了多次收购，这些收购无疑增加了L－1公司在生物识别技术上的积累，但在这些收购之后L－1公司的生物识别技术发展情况如何，以下将从专利申请的角度来作分析。通过检索统计，L－1公司的生物识别技术的相关专利有99项。图6－2－3给出了L－1公司生物识别技术专利发展趋势。

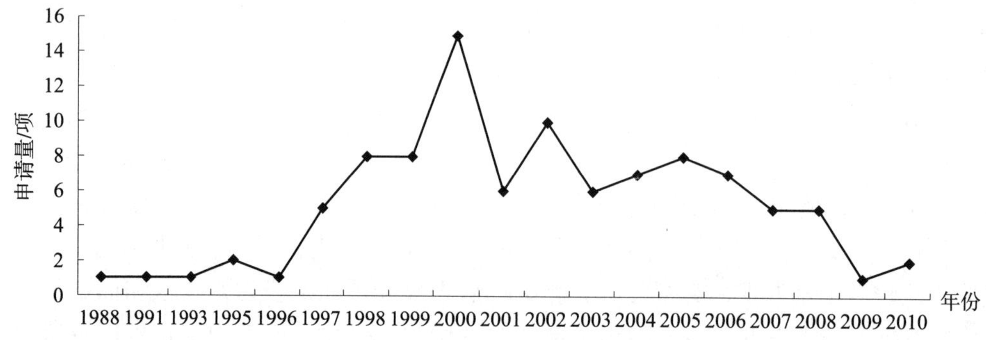

图6－2－3 L－1公司的生物识别技术专利申请发展趋势

从图6－2－3中可以看到，L－1公司的生物识别技术的专利申请发展中，非常明显地存在一个高峰期，即在2000年，该年度其专利申请量达到了高峰，但在L－1公司成立之后，即2006年后，其专利申请量却出现了下降趋势。专利申请量出现这些特点的原因何在？下面结合L－1公司多次收购所获得的专利申请比例以及专利申请趋势作进一步分析。图6－2－4给出了L－1收购的各公司及L－1公司自身的专利申请情况。

从图6－2－4（a）中可以看到，作为虹膜识别技术的早期最重要的Iridian公司，其专利申请量占了29%，在L－1公司所拥有的99项专利中所占的比例最大。Iridian公司发展趋势中也存在一个明显的2000年的高峰期（参见图6－2－4（b）），而其余公司的申请量变化并不大，这就造成了L－1公司所拥有的专利申请量在2000年也出现了一个高点。在L－1公司成立后，其收购的公司作为其子公司的形式存在。Iridian公司在2006年7月被Viisage公司收购后又于同年作为子公司并入

L-1公司，从图6-2-4（b）中不难看出，其从2002年之后就没有继续相关的申请，Viisage公司（2006年合并组成L-1公司）、Bioscrypt公司（2008年被收购）、Retica系统公司（2010年被收购）几家公司从收购前或是收购后就没有再进行相关生物识别技术的专利申请（参见图6-2-4（e）、图6-2-4（f）、图6-2-4（g）），仅有Identix公司在2006年与Viisage公司合并成为L-1公司后有为数不多的2项专利申请（参见图6-2-4（b））。而从图6-2-4（h）可以看到，L-1公司作为申请人从2006年成立至2010年出售前，仅申请了6项专利，数量很少。这些情况的综合也就反映出L-1公司的专利申请量出现了从2006年左右开始不但没有增长而且出现下降的趋势。

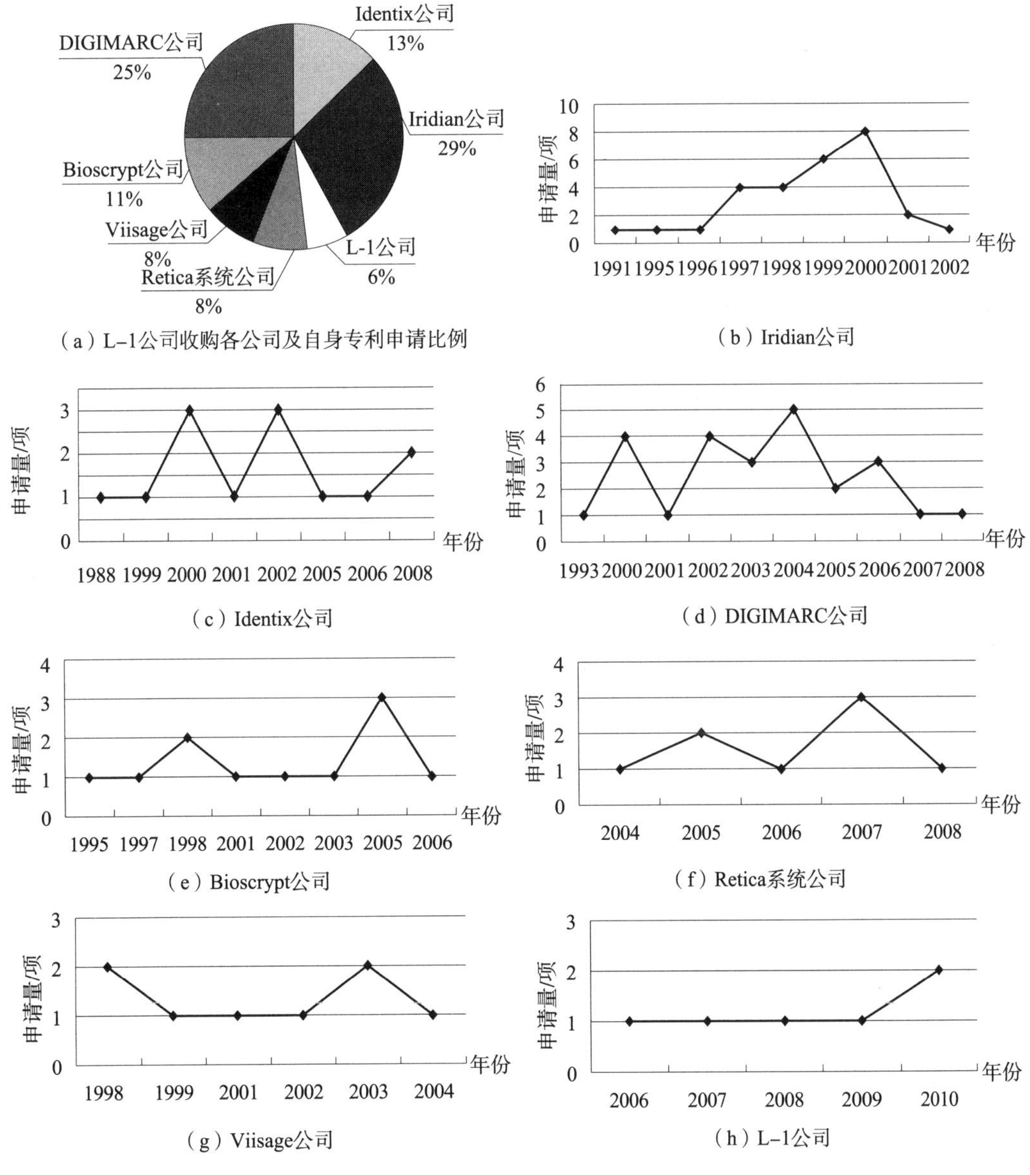

图6-2-4 L-1公司收购各公司的专利申请比例及专利申请趋势

可见，L-1公司虽然通过了的多次合并和收购，逐步成为一家多种生物识别技术的领导企业，但通过从专利申请数量的趋势来看，其在技术创新上显然并没有投入太多，这或许与其在短短几年的时间中花费过多的财力于收购而无法投入更多的财力于研发有关，也可能是由于通过收购活动L-1公司在一定程度上增强了企业在产品和技术市场上的支配地位，降低了市场内的竞争程度，从而抑制了企业进行技术创新研发活动的意愿，并最终阻碍了企业自主创新能力的提升。❶

总之，通过对专利申请量的分析，明显看到，L-1公司在完成这些收购后，其专利申请量并没有增加，从一定程度上反映出生物识别技术的研发创新活动并不活跃。而通过具有更多资金、力量更雄厚的赛峰集团来完成对L-1公司的这次收购，则能为L-1公司的生物识别技术带来一个更好的研发平台，这也是L-1公司董事长兼首席执行官 Robert LaPenta 谈及这次收购时所指出的重要意义。❷

6.3 虹膜识别技术专利和产品

通过莫弗公司和L-1公司在生物识别技术领域的专利申请情况的对比，能够发现，在这次收购中，莫弗公司在虹膜识别技术方面获得了最大的收益。收购之后，赛峰集团的莫弗公司在虹膜识别技术和产品上也不断取得进展。首先，其虹膜识别核心算法获得了不错的成绩❸，这正是受益于L-1公司的精确性、快速性和模板小巧性的 Daugman 虹膜算法。其次，在产品应用方面，赛峰集团在收购L-1公司后，接连推出了 Morphotrust™MOBILE-EYES、Morpho IAD™以及 Morpho HIIDE™等几款产品，这些都弥补了莫弗公司在同类产品中的空白。

以下将以赛峰集团收购L-1公司后，莫弗公司虹膜识别技术的相关专利（注：这里的虹膜技术相关专利为：虹膜技术以及包括虹膜技术的多模态生物识别技术）申请的情况进行深入分析，使读者了解目前莫弗公司的虹膜专利技术以及产品发展现状。

6.3.1 专利申请量

通过收购L-1公司，莫弗公司获得了64项虹膜识别技术相关的专利申请。图6-3-1给出了L-1公司和莫弗公司的虹膜识别技术专利申请量对比情况。

从图6-3-1不难看出，在专利申请数量上，通过收购L-1公司，莫弗公司获得的虹膜识别技术相关专利申请量增加了1.5倍多，数量上大幅度提高。在专利申请年度上，莫弗公司最早的虹膜识别技术相关申请为2003年，L-1公司最早的虹膜识别技术在1991年。通过收购L-1公司，其虹膜识别技术的专利申请的时间则大大提前了，

❶ 应郭丽. 跨国收购对我国企业技术创新能力的影响［D］. 浙江工业大学，2013.

❷ Safran Morpho becomes industry leader with L1 buyout［EB/OL］.［2014-05-14］. http：//www.planetbiometrics.com/article-details/i/271/.

❸ ［EB/OL］.［2014-05-14］. http：//www.morpho.com/actualites-et-evenements/presse/iris-identification-technology-from-morphotrust-usa-ranks-most-accurate-faster-smaller-in-comprehensive-nist-test? lang=en.

延伸到了1991年。可见，在时间范围上，通过这次收购，莫弗公司已经构造了从虹膜识别技术早期延续至今的虹膜识别专利技术带。

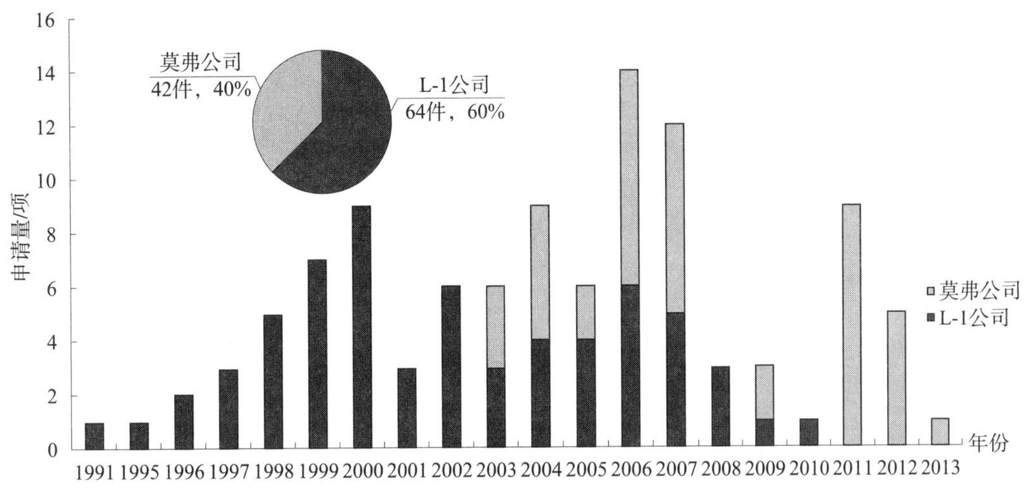

图6－3－1　莫弗公司和L－1公司的虹膜识别技术专利申请量对比图

莫弗公司在2003年首次申请专利之后，其虹膜识别技术的专利申请量呈现逐渐上升的趋势，到2006～2007年达到了一个高峰，分别达到8项、7项专利申请，而此后的2008～2010年，其申请量几乎为零，申请量陷入了低谷，主要在于受2008年金融危机的影响。但在2011年，其申请量又迎来了一个快速增长，达到了9项专利申请，这与赛峰集团在2011年完成收购L－1公司不无关系，其中，莫弗公司在2012年提交的美国申请US2013082823A1，即为L－1公司的子公司Viisage公司的发明人团队：BORTOLUSSI J F；KOTTAS J A；KUZEJA T M；LAZZOUNI M；MALLALIEU M R；SHTEYMAN L Y；ZIKAS－BERNARD G R在其申请US2006074986A1基础上所作出的一项继续申请。

值得一提的是，莫弗公司获得的L－1公司1991年的这项专利申请（美国同族为US5291560A，申请日为1991年7月15日），正是虹膜识别技术的创始人Daugman最早的申请，其提出了基于虹膜识别的生物特征个人识别系统，而这项专利申请在2011年因为到期而失效。很多著名的虹膜产品开发公司，例如日本松下、韩国LG等的产品都有涉及被授权使用该项专利的情况。该项专利在虹膜识别技术中具有重要性（关于该项专利的技术分析可参见第2章第2.4.2节，关于涉及该项专利的运用分析可参见第7章第7.1.1.3节）。虹膜识别技术的专利申请在L－1公司的生物识别技术专利申请中所占比例最多，该项申请又是虹膜识别技术领域最重要的专利申请，或许L－1公司正是考虑到了这项专利申请在2011年面临失效的这一因素而在2010年接受了赛峰集团的收购。

通过收购L－1公司，莫弗公司虹膜识别技术的专利申请不仅在专利数量上有了大幅度的增加，而且在时间跨度也延伸到了虹膜识别技术的早期，同时，其专利技术也受益于L－1公司原发明人团队的贡献。而与L－1公司在完成一系列收购后所呈现的专利申请趋势相比，赛峰集团在完成对L－1公司的收购后，其莫弗公司的专利申请趋势完全不同：L－1公司在完成一系列收购后并没有进行相关技术的专利申请，而莫弗公司则在专利申请量上则有了快速的增长。这也一定程度上说明了莫弗公司充分利用了这次收购，在研发创新活动上表现的更加活跃。

6.3.2 专利申请分布

以下将从专利布局的角度来分析赛峰集团收购 L－1 公司之后，莫弗公司的虹膜识别技术在世界范围的专利布局情况。图 6－3－2 给出了收购 L－1 公司后莫弗公司的全球专利申请的分布情况。

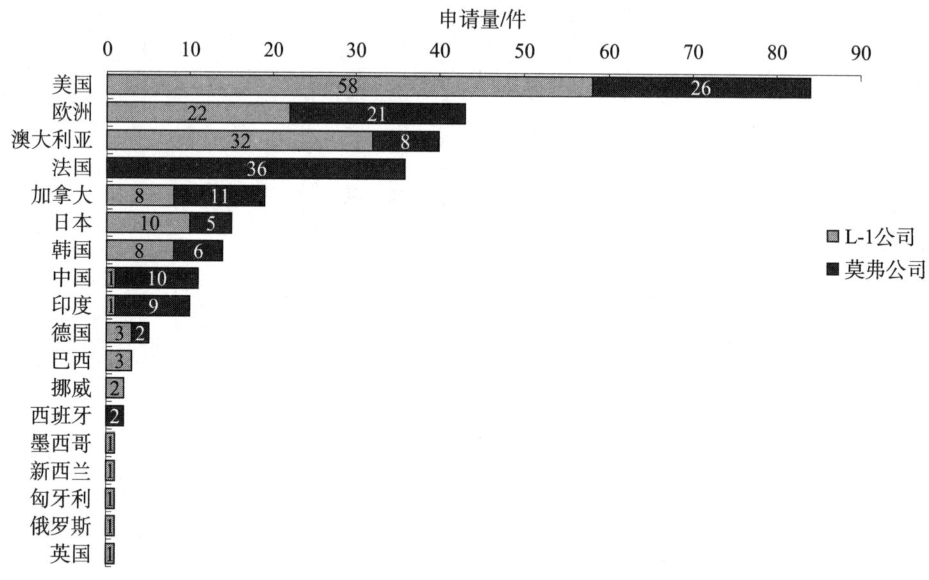

图 6－3－2 收购 L－1 公司后莫弗公司的全球专利申请分布变化

如图 6－3－2 所示，通过收购 L－1 公司，莫弗公司在全球 18 个国家和地区有了虹膜识别相关技术的专利布局，在主要发达国家和地区以及发展中国家都拥有了专利申请。收购之前，莫弗公司在 11 个国家和地区有专利申请，L－1 公司则在 16 个国家和地区有专利申请，而通过此次收购，莫弗公司专利布局覆盖的国家增加了 7 个。这两家公司在全球专利布局上都比较广，除了在公司所在的本土申请专利，都注重在国外的布局，而这一点我们从其专利申请方式上也能够看出：莫弗公司 42 项专利申请中，有 32 项为 PCT 申请，PCT 申请的占比约为 76%，L－1 公司 64 项专利申请中，有 54 项 PCT 申请，PCT 申请的占比达到了 84%。可见，这两家公司作为生物识别领域的领军企业，都非常注重采用 PCT 申请方式，而通过这样的申请，可以大大便于申请人在其海外市场上的专利布局，申请人在提交申请后可以根据自身需要来决定是否进入具体的国家阶段，在具体的国家中布局其所需的专利保护网。

通过这次收购，莫弗公司不仅扩充了其专利申请的布局点，同时也增加了在全球主要国家的专利申请量。如图 6－3－2 所示，依靠 L－1 公司在美国本土申请的专利较多的优势，莫弗公司在美国的专利申请量在 26 件的基础上猛增了 58 件，增幅达 2 倍多；此外，莫弗公司在全球多个国家和地区的专利申请量也获得了大幅增长：在欧洲专利局的专利申请量增加了1倍，达到43件；在澳大利亚，其专利申请量增加了32件，增加了4倍之多；在日本和韩国，其专利申请量则分别增加了10件和8件，也分别增加了2倍和1倍；在加拿大，其专利申请量也增加了约1倍。从图6-3-2中还可以看到，L-1公司在中国、印度的专利申请量分别仅为1件，在法国没有专利申请，但莫弗公司在中国、印度则已各有10件和9件专利申请，在其法国本土则是达到了36件专利申请。

通过收购L-1公司，莫弗公司增强了自己在国外主要发达国家和地区的专利布局，尤其是在美国、欧洲、澳大利亚、加拿大、韩国和日本，同时，其专利的布局也进一步扩展到一些重要的国家，例如俄罗斯、巴西、英国等。加上在法国本土的申请，以及在中国、印度这两个重要的发展中国家的申请，莫弗公司的专利申请在全球的布局已具有较大的范围。

对于莫弗公司虹膜技术的全球布局的扩大，国内企业在向这些国家申请专利时需要注意，同时，由于收购获得申请大多属于PCT国际申请，因此对于近期的这类申请也需要关注，因为其在一定时间内还可以要求进入到不同的国家阶段。

6.3.3　专利技术分析

6.3.3.1　技术功效分析

如前所述，L-1公司旗下包括了多家子公司，除提供虹膜识别的技术和设备外，还提供多种生物识别认证的ID卡及其业务。本小节主要分析虹膜识别技术，在上述106项专利申请中涉及生物识别认证ID卡的相关专利申请有15项，由于其未涉及具体的识别技术手段，因此将这15项去除，对剩余的91项专利申请作详细的技术功效分析。

关于虹膜识别技术，采用系统模块（包括系统结构、采集模块）、多模态识别、算法、人机交互4个技术分支以及识别效果、安全性、易用性、降低成本、鲁棒性、实时性6个技术功效，获得了图6-3-3的技术功效图。

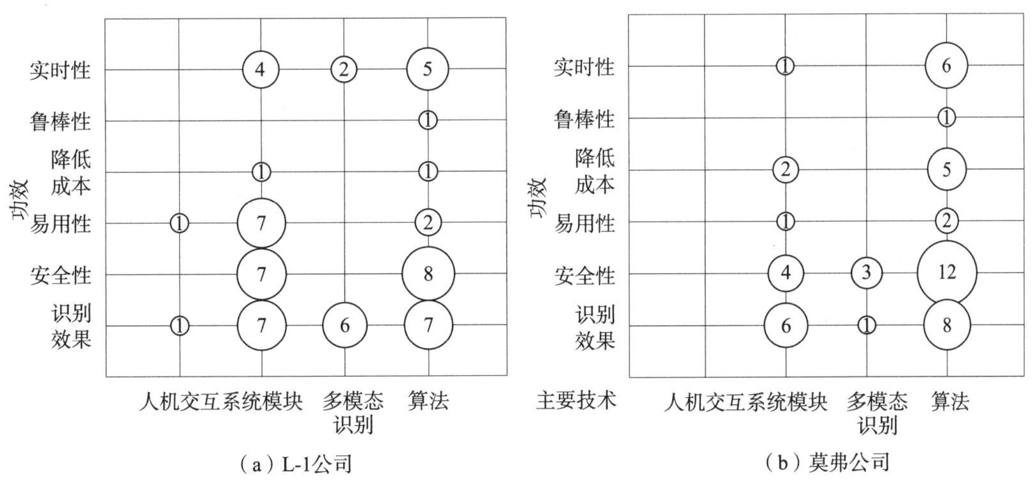

（a）L-1公司　　（b）莫弗公司

图6-3-3　L-1公司和莫弗公司的虹膜识别技术专利申请技术功效图

注：图中圈内数字表示申请量，单位为项。

如图6－3－3所示，从总体上看，系统模块和算法都是L－1公司和莫弗公司重点关注的技术领域，而莫弗公司更侧重于算法上。在多模态识别技术分支上两家公司都有关注度，而在人机交互技术分支上只有L－1公司有这方面的申请。从技术效果来看，安全性和增强识别效果的技术效果都是两家公司所关注的，而这也反映了两家公司产品的切实需求，例如在通关系统的身份验证中，必然会有提高精确度、降低误差从而增强识别效果的需求；此外，提高实时性和易用性也便于提高通关的速率，所以，这两方面的技术效果自然也是两家公司比较关注的地方。至于降低成本则是在产品设计中生产商通需要考虑的一个常规需求。

在算法技术分支方面，从图6－3－3可以看到，都覆盖了以上多个技术效果，充分说明两家公司对作为虹膜识别技术核心部分的算法的重视程度，都注重通过算法的改进来获得各种技术效果。在前面的分析中也指出了两家公司在算法上也都获得过很好的测试成绩。莫弗公司通过这次收购增强了在算法方面的研究力度，提升了在虹膜识别算法这一技术分支上的地位。可以说，两家公司在这个技术分支上实现了强强联合。在这一技术分支方面，莫弗公司从2003年起就开始了算法方面的专利申请：CN1898679A（一种用于虹膜识别的方法和装置，其方法采用在红外光谱中采集用户的至少一个眼睛的图像，处理该图像以从其中提取由眼睛中的外边界限定的虹膜的表示特征的步骤，能够提高安全性）。在收购L－1公司后，莫弗公司在这方面的专利申请在2011～2012年申请量达到了一个高峰，该阶段的专利申请如：WO2012153021A1（生物特征的注册和验证方法，通过获取第一、第二组的生物数据，采用数据加密和数据库的使用，提高安全性）；WO2013034654A1（基于虹膜数据的识别方法，通过编码所需验证的第一、第二虹膜图像数据，获得二进制编码，进而通过比较起一致性来确定虹膜图像数据是否源于同一虹膜，提高识别效果）；US2013082823A1（个人身份认证授权方法，接收个人生物特征数据以及个人非生物特征数据，分析接受的生物数据以确定有效性，确定个人身份的验证，输出验证结果，该方法具有优异的识别效果，且能够提高速度、降低成本）。

系统模块技术分支也是两家公司关注的重点。L－1公司的子公司Iridian在这方面的申请比较突出，有6项申请涉及该技术分支，例如：WO0031679A1（虹膜成像电话安全模块，采用手持成像设备完成高质量虹膜图像的获取，与数据库存储模版比较后，识别个人身份，提高安全性）；US6532298 B1（应用虹膜图像的便携式授权设备，具有摄像机、冷光镜、透镜以及光源，便于应用在车辆等安全访问控制）。莫弗公司在系统模块技术分支的专利申请，如：CN101529443A（识别人的数据采集装置和方法，其装置包括捕获装置用于捕获一个或多个虹膜图像，还具有处理、存储、比较、判定装置，还包括在捕获装置与一个或多个虹膜之间的光学变形装置，能够降低成本）；FR2910150A1（一种虹膜图像采集系统及方法，系统包括相机、发光单元、红外发射源，获取单元以及检测模块，可提高识别效果）。通过收购，莫弗公司获得了L－1公司，尤其是Iridian关于这一技术分支的多项申请，巩固了技术实力。

对于多模态识别技术分支，莫弗公司在包含虹膜的多模态识别技术上的专利申请较少，仅有4项，少于L-1公司的8项。莫弗公司的这方面专利申请，例如：CN1781126A（基于综合识别方法的原理的访问控制方法，需要进行至少两个测量，例如第一测量为指纹，第二测量为虹膜）。从专利申请数据量上看，L-1公司则在这方面有相对更多的关注度，这些申请主要为L-1公司的子公司Retica系统公司、Identix公司的申请，例如：Retica系统公司的US2006088193A1、WO2008039252A1（利用虹膜和视网膜组合进行识别的方法和系统，能够提高识别效果）；Identix公司的US2010290668A1（远距离多模态识别，成像系统获取虹膜摄像、面部摄像进行识别，能够提高识别效果）。通过这次收购，莫弗公司进一步加强了包括虹膜识别的多模态生物识别技术，该分支可能是莫弗公司下一步的重点发展方向。

至于人机交互这一技术分支，L-1公司和莫弗公司所提供的生物特征识别技术的系统产品主要用于个人身份管理（例如L-1公司的虹膜识别技术在印度虹膜身份管理项目中的应用）、通关系统等，在人机交互这一技术领域需求并不突出。

6.3.3.2　应用领域分析

为了解L-1公司和莫弗公司在应用领域上的情况，将其专利申请的应用领域划分为：ATM设备；网络交易系统（包括在线银行，网上交易）；门禁通行（包括通关验证、通行验证、访问控制、身份验证）；便携设备；个人数据安全（包括ID卡，驾照，物品航运）。上述106项专利中有24项专利文献未明确有具体的应用领域，例如该文献只是算法上的改进。因此，去除该24项专利文献，对其余的专利文献作了应用领域的分布统计，如图6-3-4所示。

从图6-3-4（a）收购双方的专利申请在应用领域的对比情况来看，L-1公司的专利申请在上述五个部分都有涉及，而莫弗公司的专利申请侧重于门禁通行应用领域，此外也涉及便携设备以及个人数据安全的应用领域。

从个人数据安全应用领域来看，L-1公司具有较大的优势，有19项专利，这与L-1公司收购了DIGIMARC公司ID卡业务不无关系。在这19项专利中，L-1公司从DIGIMARC公司获得的专利就有13项，占了约68%，此外还有一项专利申请（US2010258635A1）为DIGIMARC的发明人JONES R L加入L-1公司后的申请。莫弗公司收购L-1公司后，相应地增强了自身在这一应用领域的实力。从图6-3-4（b）的个人数据安全应用领域的专利申请时间趋势图上也能看出，莫弗公司在2011年完成对L-1公司收购后，在该领域的相关专利申请有了明显的一个增长趋势。

从门禁通行应用领域来看，L-1公司和莫弗公司都将此作为一个重要的应用领域，但莫弗公司具有一定的优势。两家公司在该应用领域都有多项专利申请，例如：莫弗公司这方面相关的专利申请有CN101529443 A、WO2009065760A1、WO2011144834A1；L-1公司这方面相关的专利申请有CN102272800 A、WO2009036103A1。而且，从图6-3-4（c）关于门禁通行的专利申请趋势图中可以看出，莫弗公司从2003年至2007年每年均有关于门禁通行的申请，在经历2008年的申请量低谷后，于收购L-1公司的2011年，莫弗公司又出现了3项这方面的申请，呈现上升的态势。可见，莫弗公司对这方面的关注度没有降低，该应用领域将是莫弗公司所关注的重要领域。

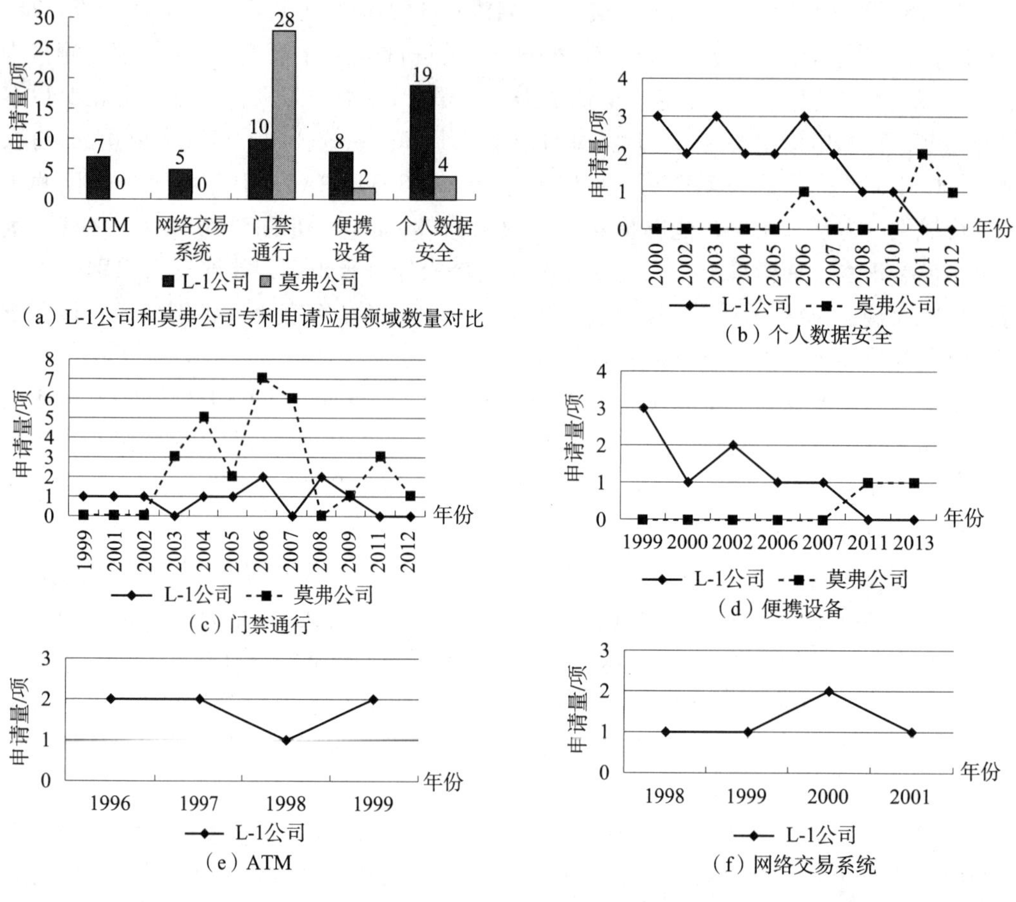

（a）L-1公司和莫弗公司专利申请应用领域数量对比

（b）个人数据安全

（c）门禁通行

（d）便携设备

（e）ATM

（f）网络交易系统

图6-3-4 L-1公司和莫弗公司各应用领域专利申请量比较和申请趋势

在便携设备应用领域方面，L-1公司的申请量比较多，其在1999~2007年共有8项专利申请，这方面的代表专利有WO2008091401A1、WO2008039252A1。可见，便携设备这方面也是L-1公司在被收购前其所主要关注的一个应用领域。而莫弗公司在收购L-1公司之前并没有该应用领域的相关专利申请，但在收购了L-1公司后，2011年、2013年相继提交了2项专利申请［参见图6-3-4（d）］，分别为US2011285836A1、US2013141560A1，这2项申请为WO2008039252A1的美国同族US2008044063A1基础上进行的后续申请。可见，莫弗公司在收购L-1公司后，在这方面继续进行了研发与专利申请。同时，莫弗公司也发布了多款便携设备产品（见6.3.3.3节的重要产品分析），这说明便携设备应用领域也是莫弗公司所关注的一个应用领域。

至于在ATM以及网络交易系统方面，L-1公司的专利申请则是弥补了莫弗公司在这方面的空白。其中，L-1公司ATM设备相关的申请有7项，网络交易系统方面的申请有4项，但我们发现这些申请都位于2001年之前，之后即没有相关申请［参见图6-3-4（e）、图6-3-4（f）］。且这两方面的申请数量并不多，而且专利申请的时间比较早。这说明L-1公司在这两方面并没有继续投入力量来研究。莫弗公司在收购 L－1 后也没有对这两方面应用领域进行专利申请布局，也说明这些应用领域并不是其所关注的地方。

6.3.3.3　重要产品分析

如前所述，莫弗公司通过收购 L－1 公司，在虹膜算法上获得了有力的支持，同时，在应用领域上也进一步得到了增强。而在便携设备和门禁通行这两个莫弗公司所关注的应用领域，这次收购后莫弗公司虹膜产品有哪些表现，有哪些专利技术涉及？以下将对主要产品进行分析。

（1）便携设备 Morphotrust™ MOBILE－EYES

在收购 L－1 公司后，莫弗公司的子公司 Morphotrust 发布了其虹膜识别产品——Morphotrust™ MOBILE－EYES，而此款产品与 L－1 公司的子公司 Retica 公司的产品 Mobile－Eyes 外形基本相同，见图 6－3－5。

（a）莫弗公司产品 Morphotrust™ MOBILE－EYES❶

（b）Retica 系统公司产品 Mobile－Eyes❷

图 6－3－5　莫弗公司和 Retica 系统公司便携设备产品图

莫弗公司的这款产品对 Retica 系统公司产品的改进不大，这两款产品都是基于虹膜的单一模态识别产品。而 Retica 系统公司早在 2007 年就对此款产品申请了相关的两项 PCT 专利（WO2008039252A1，WO2008091401A1）。值得注意的是，这 2 项专利申请均是采用了虹膜和视网膜组合的多模态识别方式，其专利申请情况如表 6－3－1 所示：

在这 2 项申请中，前一项是对采集系统结构的改进，其针对单一模态识别的缺陷，而采用了虹膜和视网膜采集系统的组合，该项申请的 PCT 申请 WO2008039252A1 在进入美国后的申请 US2008044063A1 获得了授权。而后一项申请则是在该系统的框架上关于算法处理的申请。两项国际申请的申请时间非常接近，通过这一前一后的两项申请构造了从硬件到算法的保护范围。由于多模态识别是未来生物识别的一个趋势之一，因此，可以预测，莫弗公司很可能在今后的此款产品改进中采用多模态识别的结构和算法。不过，值得注意的是，这两项申请仅要求了美国作为技术目标国，并没有要求进入其他国家和地区，而这可能成为竞争对手可以找到的专利布局空白区域。

---

❶ Dual－Iris Enrollment for ID Programs and Law Enforcement［EB/OL］.［2014－05－13］. http://www.morphotrust.com.

❷ ［EB/OL］.［2014－05－14］. http://www.biometricsupply.com/retica－mobile－eyes.html.

表 6-3-1　便携设备 Morphotrust™MOBILE-EYES 涉及的重要专利

公开号	最早优先权日	PCT 申请日	代表性附图	技术要点
WO2008039252A1 US2008044063A1 US8014571B2	2006-05-15	2007-05-14		多模态生物识别系统，具有双目虹膜和视网膜采集系统，克服了单模态识别的缺陷
WO2008091401A1 US2008253622A1 US8170293B2 US2012213418A1 US8644562B2	2006-09-15	2007-09-10	DIGITAL PROCESSING ALGORITHMS PUPIL SEGEMENTATION IRIS SEGMENTATION EYELID/EYELASH SEGMENTATION IRIS FOCUS MEASUREMENT	多模态生物识别系统和方法，采用数字处理算法处理和评估获得的生物特征图像数据

（2）中远距离设备 Morpho IAD™

莫弗公司于2013年10月在迪拜Gitex贸易展中推出了IAD（Iris At a Distance），见图6-3-6。该产品能在1秒内对0.8m~1.2m距离的人眼虹膜进行识别，大大优于现有技术中识别所要花费的4~7秒的时间，其采用专用摄像头获取面部图像以记录目标人的实时图像和位置数据，利用这些数据来为虹膜图像采集系统计算出最佳获取图像的时机。

图6-3-6　莫弗公司中远距离产品 Morpho IAD™[1]

[1] Morpho IAD™ We Only Need One Second of Your Time [EB/OL]. [2014-05-24]. http://www.morpho.com.

从莫弗公司发布的这款产品的性能来看，其优势在于识别时间上仅需1秒，这也是受益于收购L-1公司后所获得的虹膜识别算法优势。但是，这款产品的局限在于识别距离。而对于通关门禁这类产品，远距离和多人范围的虹膜识别技术是一个重要的发展方向。莫弗公司或许在今后的发展中会在该方向对产品进行改进，而莫弗公司收购L-1公司后获得的2项专利申请（WO2008033784A2、WO2009036103A1）正是关于这方面的。表6-3-2给出了这2项专利申请情况。

表6-3-2 中远距离产品 Morpho IAD™涉及的重要专利

公开号	最早优先权日	PCT 申请日	专利代表性附图	技术要点
WO2008033784A2 US2008069411A1 US8433103B2 EP2062197A2	2006-09-15	2007-09-10		远距离多模态生物识别系统和方法，提出采用虹膜摄像、面部摄像以及场景摄像部件，结合近红外光源以及测距仪，可实现50米的有效识别距离，对多人识别
WO2009036103A1 EP2198391A1	2007-09-10	2008-09-10		远距离多模态虹膜和脸部识别系统和方法。具备调节系统对虹膜摄像、面部摄像部件调整，可对场景摄像视频流处理完成虹膜提取，实现50米的有效识别距离，对多人识别

上述2项申请中，前一项申请主要在于提出虹膜和脸部结合的多模态技术识别设备，其结合虹膜摄像、面部摄像以及场景摄像部件，利用近红外光源以及测距仪，以及变焦方式可实现50米距离的多人有效识别。但是，没有对具体的硬件结构的实现进行说明，在对数据处理上也并没有具体的步骤和方法，而对于这些方面，申请人通过后一项申请作了专利范围保护的完善。在后一项申请中，给出了具体的调节结构以对摄像部件进行调整以及对视频流数据处理提取虹膜信息的方法。此外，前一项申请的技术输出国和地区包括美国和欧洲，而后一项申请则只有欧洲作为技术输出地区。实际上，申请人在提交该后一项国际申请的同时还提交了一项保护范围相同的美国专利申请US2010290668A1（该申请已被授权，授权号：US8121356B2）。也就是说，关于远距离多模态识别技术这方面的专利申请，申请人的上述2项专利申请也仅仅是在欧洲地区和美国作了专利布局，并没有要求进入其他国家和地区。同样，这也可能被竞争

对手所利用。多模态远距离多人识别技术也是生物识别技术领域的一个发展方向，在通关安检方面显得尤其重要，因而这种多模态远距离多人识别技术很有可能是莫弗公司未来的研发方向。

（3）其他产品

莫弗公司收购L－1公司后，还发布了MORPHO HIIDE™，见图6－3－7。而MORPHO HIIDE™实际也都是L－1公司之前所开发产品的延续。关于HIIDE系列，L－1公司在2010年7月发布了HIIDE5❶，莫弗公司的MORPHO HIIDE™基本保留了L－1公司的产品特点。

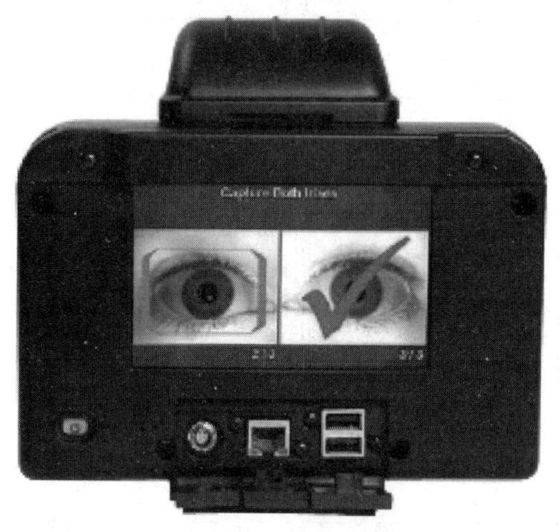

图6－3－7　莫弗公司产品MORPHO HIIDE™❷

此外，L－1公司在被赛峰集团收购之前，还有单目手持虹膜识别产品PIER系列，其中PIER2.3使用了Daugman 2D算法，且被用作美国军队的生物识别工具。但在收购之后，莫弗公司没有就该系列产品进行进一步的改进和发布。

6.4　小　　结

结合前文对两家公司的上述分析，从这次收购中可以得到如下启示。

（1）收购前考虑技术互补与核心技术

这场横向跨国收购具有很强的技术互补目的。莫弗公司从这次收购中补充增强了虹膜识别技术、面部识别技术，尤其是在虹膜识别技术方面，其专利申请量和布局范围得到了增强。对技术互补的考虑，通常也是企业收购时需要重点关注的一方面，且

❶ ［EB/OL］.［2014－06－06］. http：//www.businesswire.com/news/home/20100715005481/en/L－1－Identity－Solutions－Introduces－HIIDETM－5－Middleware.

❷ Morpho Hiide™ Mobile Multi－Biometric Enrollment & Verification［EB/OL］.［2014－06－06］. http：//www.morpho.com.

可以从被购方专利技术申请的情况上来分析其技术情况，为收购做好准备。

在考虑技术互补的同时，收购时还应关注是否可以获取核心技术。对核心技术进行整合、消化和吸收是促进企业创新能力和整体研发水平大幅度提高，增强企业核心竞争力的重要战略。而对于虹膜识别技术来说，算法是虹膜识别技术的核心所在，正是这场收购，莫弗公司才获得了虹膜技术领域重要的 Daugman 虹膜识别算法。

（2）收购后加强专利申请和产品推出

专利申请方面，莫弗公司在收购之后的 2011～2012 年虹膜识别技术的专利申请量迎来了一个高峰。与之形成鲜明对比的是，L－1 公司在收购多家公司后，表现在专利申请上的创新活动并不突出，其专利申请量反而呈下降趋势。创新活动的不突出，则会影响企业的发展，这是 L－1 公司出售给具有更多资金、研发力量更雄厚的赛峰集团的原因之一。从这一点来看，对于企业来说，收购并不是最终目的，收购的目的还在于企业收购后的技术创新活动上。通过技术创新能够增强企业的实力，为企业的发展带来更多的效益。同时，对于企业的创新活动，可以通过企业的专利申请趋势来进行辅助分析。

在产品推出上，赛峰集团在收购 L－1 公司后，其莫弗公司不仅继续推出了 L－1 公司原有的优势产品，例如 MOBILE－EYES、HIIDE™，而且还推出了自己的产品 Morpho IAD™。可见，莫弗公司并没有停留在收购后所带来的现有产品上，更研发并推出了自己的特色产品。而且，值得注意的是，在前面的专利分析中也发现，莫弗公司所保留和推出的这几款产品中大都有相关的专利申请可以为产品后续改进提供专利保护，同时，这些专利申请所体现的中远距离识别技术、多模态识别技术也是该行业的重要发展方向。也就是说，在收购 L－1 公司后，莫弗公司所沿用和发布的这些产品，不仅仅是简单的现有产品，更是具有重要发展潜力方向的产品，同时也多是具有专利技术支撑和保护的产品。

（3）收购时机与专利申请策略的选择

从前面收购 L－1 公司后所获得专利申请的分析已经明确，虹膜识别技术的核心专利（US5291560A），其失效时间在 2011 年，而 L－1 公司选择在时间点之前出售，接受了赛峰集团的收购协议，这其中应包括了对该核心专利运用的考虑。其赶在该核心专利失效前出售，必然比该核心专利失效后出售所获得的利益更大。这是值得企业学习和借鉴的。

同时，这次收购涉及的双方，其专利申请类型具有共同特点：都有约 80% 的申请提交了 PCT 申请。通过 PCT 申请，申请人可以很方便地将该国际申请根据需求进入具体的国家或地区，这为其专利技术的布局提供了非常好的方式。当然，申请了 PCT 申请，并不意味着就能获得多个国家和地区的专利保护，还需要进入到所指定的国家或地区，接受专利的实质审查。

第7章　专利运用与保护

专利运营是专利的所有者、经营者为使专利资源得到充分有效的利用，推进和实现专利成果向市场化、产业化转化，实现专利使用的经济效益与社会效益，所实施的各项作业的运作和经营。专利运营能力是企业运营能力的核心，管理者可将专利运营与人力资本、金融资本、技术创新等能力相耦合，实现技术优势向知识产权优势、知识产权优势向经济发展优势的转化，使企业保有持久竞争优势。本章通过分析虹膜识别行业的领导者Iridian公司以及入侵者Blue Spike公司的专利运营，从实体经营和非实体经营的角度给出国外公司专利应用的示例。

7.1　国外企业的专利应用

7.1.1　Iridian公司的专利运营

Iridian公司的前身IriScan公司成立于1990年，IriScan公司也是最早研究和开发虹膜识别核心软件的公司。1995年，IriScan推出了世界上第一款虹膜识别的商业化产品，其用于ATM机的安全身份认证。随后，IriScan将虹膜识别产品的应用扩展到门禁、计算机/网络验证以及交易验证与安全。在2000年IriScan公司与Sensar公司合并，改名为Iridian公司，并且从GE资本和其他四位投资人获得3300万美元的投资，这是当时生物特征识别领域最大的单笔投资金额。从2000年起，Iridian公司获得法兰克福机场、加拿大机场、阿姆斯特丹机场等的安全验证系统工程，并且与OKI、LG、松下等许多公司合作，推出了多种基于虹膜识别的金融交易安全认证产品。[1] Iridian曾被评为500家增长最快的美国科技公司之一。在2006年，Iridian公司被Viisage以3500百万美元收购。到目前为止，国外商业应用的绝大部分虹膜识别系统使用的还是居于Iridian公司的核心技术。

Iridian公司从诞生到2006年被Viisage收购前，其产品一直占据了虹膜识别绝大部分的市场份额。Iridian公司的技术有何过人之处，它是如何通过专利运营成为虹膜识别行业的领导者？本小节从专利申请、专利许可以及专利诉讼角度分析Iridian公司的专利运营分析，希望能够得到给予国内的企业和行业协会关于专利运营的参考和借鉴。

---

[1] Fontainebleau. Business approaches in the market for biometric identification [J]. High Technology Entrepreneurship & Strategy, 2002.

7.1.1.1　Iridian 公司的专利联盟

1986 年，眼科专家 Aran Safir 和 Leonard Flom 首次提出利用虹膜图像进行自动身份识别的概念并且获得了名称为“虹膜识别系统”的专利，但是他们并没有开发出实际的应用系统。1989 年，Aran Safir 和 Leonard Flom 找到了当时在哈佛大学的 John Daugman 博士，希望能够开发出实现虹膜识别的系统。1993 年，Daugman 博士开发出基于计算机视觉和模式识别的虹膜识别算法，并且于 1994 年和 1995 年分别获得了美国和欧洲专利。Iridian 公司的前身 IriScan 成立于 1990 年，其受让了 Safir 和 Flom 的概念性专利，还受让了 Daugman 的算法专利，并且在 1995 年开发了基于虹膜识别的商用产品。IriScan 于 2000 年与开发虹膜识别核心应用软件的 Sensar 公司合并，并且改名为 Iridian。

Iridian 公司是一家技术驱动型公司，研发在公司发展过程中发挥了重要作用。从诞生到受让，IriScan 和 Iridian 公司一共申请和受让了 20 余项专利，这些专利一起构成了 Iridian 公司的专利阵营，成为其他公司不可逾越的壁垒。

由于专利权的保护具有地域性，不同国家的授权专利仅在该国才能受到保护。而不同国家的市场是不同的，市场是决定专利申请方面的重要因素。为了赢得市场，Iridian 公司在世界上多个国家和地区都进行了专利申请，从而将其专利的保护范围延伸到全球的主要市场。从图 7－1－1 中可以看出，Iridian 公司的专利布局以发达国家和地区为主，其中出人意料的是，澳大利亚是 Iridian 申请量最大的国家，甚至超过了美国，其中可能的原因是 Iridian 公司和 Iris Australia 在澳大利亚开展了许多的业务合作，在澳大利亚的安全认证市场具有较大的市场份额有关[1]；而对于发展中国家，Iridian 公司仅在墨西哥和巴西进行了少量的专利申请。

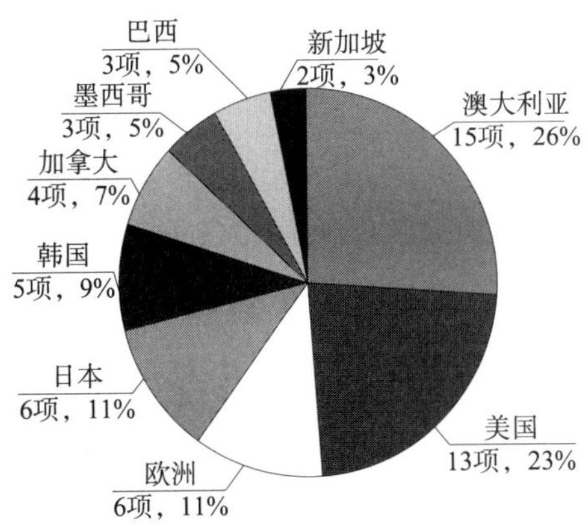

图 7－1－1　Iridian 公司专利申请的地区分布

Iridian 公司主要通过 PCT 申请进入不同的国家和地区。例如 Aran Safir 和 Leonard Flom 的专利通过 PCT 申请进入美国、欧洲、日本、巴西、加拿大、以色列、墨西哥并且获得授权，而 Daugman 的专利通过 PCT 申请进入美国、欧洲、日本、加拿大、澳大利

[1] Iris Australia First to Develop Web－Based Iris Recognition Services; Iris Australia and Iridian Technologies Sign Technology License Agreement [EB/OL]. (2002－02－25). http://www.thefreelibrary.com.

亚并且获得授权。Iridian 公司的早期核心专利没有将韩国列为目标国，因此也没有在韩国授权，这可能也是后来 Iridian 公司的竞争对手 Iritech 能够从韩国发展并壮大的原因。

7.1.1.2 Iridian 公司的专利申请策略

由于技术的发展和市场的成熟需要许多时间，而发明专利的保护期限仅有 20 年，早期的专利可能在市场还没有足够成熟的时候已经失效，因此，许多公司都希望尽可能长的延长它们的专利尤其是原创核心专利的保护期限。Iridian 公司在专利申请时，充分使用了"要求在先申请优先权"的策略延长了其保护时间。

优先权是指申请人在一个缔约国第一次提出申请后，可以在一定期限内就同一主题向其他缔约国申请保护时，申请人提出的在后申请与其他人在其上次申请日之后就同一主题提出的申请相比，享有优先的地位。优先权原则源自 1883 年签署的《保护工业产权巴黎公约》，其目的是便于缔约国国民在向本国提出专利后再向其他缔约国提出申请时享有优先权地位。由于专利的保护期从其实际申请日起计算，而不是从优先权日计算，这样优先权规则使在后申请比在先申请延长了近 12 个月的专利保护期，更有利于专利的保护。

例如，Iridian 最核心的保护范围最大的关于虹膜识别的概念性专利，参见图 7－1－2，首先在 1985 年 2 月 20 日向美国专利商标局提出申请，申请号为 US19850703312，然后在优先权截止日的最后一个月 1986 年的 2 月 4 日以美国专利商标局的该申请为优先权提出了 PCT 国际申请 WO8605018，然后通过 PCT 渠道进入日本、欧洲、巴西，而在优先权截止日的最后一天 1986 年的 2 月 19 日，通过巴黎公约渠道以美国专利商标局的该申请为优先权向墨西哥、以色列、加拿大提出专利申请，这一系列专利申请都获得了授权。但是这一系列申请的保护期限是不同的，从申请日截止 20 年的保护期限看，美国专利的保护期限到 2005 年 2 月结束，而通过要求优先权的其他国家的专利的保护期限则延长到 2006 年 2 月才结束。由此可见，Iridian 通过要求在先申请优先权的策略，有效延长在该技术方案在除了美国的其他国家的保护期限，从而从专利角度有效保护了其知识产权的利益。

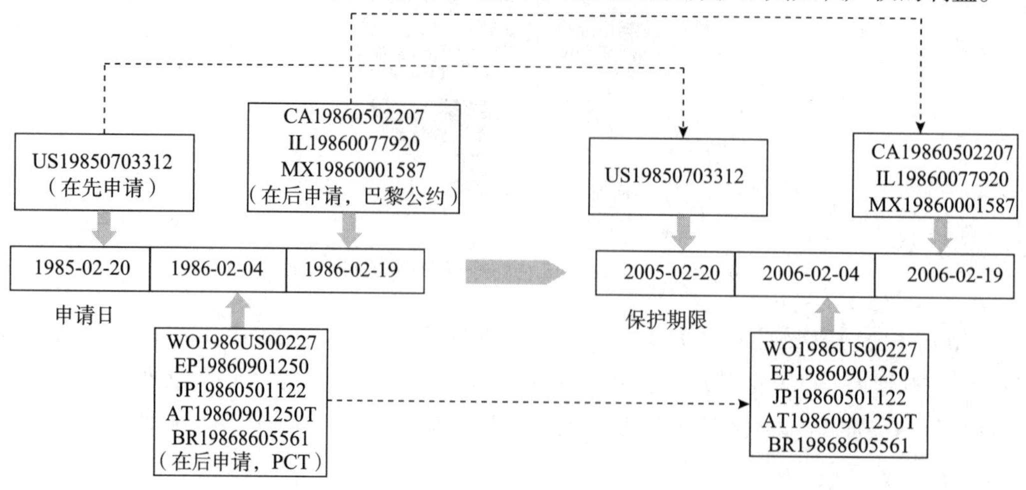

图 7－1－2　US4641349 的申请策略

除了自己申请专利外，Iridian 公司还通过受让潜在对手的专利巩固自身的地位。在 Daugman 博士开发虹膜识别算法的同时，许多竞争对手也在进行同样的研究，1996 年 Sarnoff 实验室基于独立的研究也开发出了虹膜识别算法，其算法于 1996 年在美国申请了专利 US6714665 并且获得授权。而 Iridian 公司的前身 IriScan 在虹膜识别市场刚开始发展的初期，通过受让专利的方式获得了 Sarnoff 实验室该专利的所有权。尽管 Iridian 公司在其后续的产品中并没有使用 Sarnoff 的算法，但是通过受让 Sarnoff 的专利，Iridian 公司不仅获得了 Sarnoff 的技术，还避免了其成为潜在的竞争对手。❶ 而 Sarnoff 直到 2005 年才发布了虹膜识别系统 MOVE，重新开始进入虹膜识别领域。

7.1.1.3 Iridian 公司的专利许可

在虹膜识别产业发展的早期，由于虹膜识别作为一种新的生物特征识别技术，需要市场的认可和接受。而 Iridian 公司作为一家新成立的公司，其竞争优势在于其核心算法和专利，而对于产业链下游的应用和市场并不擅长，需要与其他公司尤其是大公司一起合作以开拓市场。因此，Iridian 公司从一开始就把自己的角色定位为技术和算法提供商，通过技术许可和支持的方式与其合作者一起拓展虹膜识别的应用领域。

图 7－1－3 示出了 Iridian 公司与其合作伙伴一起构建的在物理门禁、ATM，智能卡、电子商务和网络安全领域的产业价值链。专利许可是指专利权人依据专利法及其他法律的规定，采取与被许可方订立专利实施许可合同的形式，允许被许可方在合同约定的条件和范围内实施其专利技术的一种交易行为。对 Iridian 公司的专利许可进行总结，其采用了如下策略：捆绑许可、分对象许可以及免费许可。

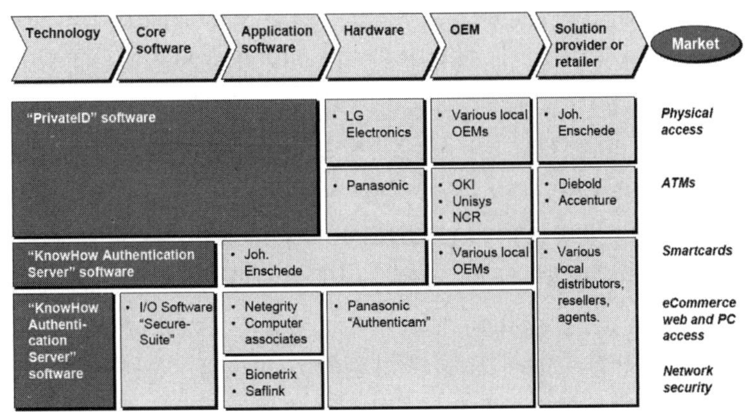

图 7－1－3　Iridian 公司与其合作伙伴构造的虹膜识别产业价值链❷

（1）捆绑许可

Aran Safir 和 Leonard Flom 的专利（US4641349）和 Daugman 的专利（US5291560A）分

---

❶ Technology Assessment for the State of the Art Biometrics Excellence Roadmap [M]. Mitre Technical Report, 2009.

❷ Fontainebleau. Business approaches in the market for biometric identification [J]. High Technology Entrepreneurship & Strategy, 2002.

别从概念上和算法上提出和实现了虹膜识别，这两组专利是Iridian公司最核心的专利。但是，这两组专利的保护范围和力度是不同的。其中，US4641349的独立权利要求是："鉴别个人的方法，包括：存储个人眼睛的虹膜和瞳孔的至少一部分图像信息；照射未识别的具有虹膜和瞳孔的个人；获得未识别个人的虹膜和瞳孔的至少同样部位的至少一张图像；以及将获得图像中的至少虹膜部分与存储图像信息比较以鉴别未识别个人"，而US5291560A的独立权利要求是"一种通过对人眼虹膜生物特征分析以唯一确定特定个人的方法，包括下列步骤：获取待鉴别个人的人眼图像；分离和确定图像内的虹膜区域，其中所述分离和确定步骤包括下列步骤：确定图像的虹膜和瞳孔部分的圆边界；确定图像的虹膜和巩膜部分的另一个圆边界，其中使用的圆弧不是必须与瞳孔边界同心的；在分离的虹膜图像上建立极坐标，极坐标系统的圆心成为圆瞳孔边界的中心，其中径向坐标作为距离的百分比被测量，所述距离为所述圆瞳孔边界和所述虹膜和巩膜边界的距离；确定虹膜图像内的多个环形分析带；分析虹膜以生成现有虹膜码；将所述现有码与先前生成的参考虹膜码比较以生成现有虹膜码与所述参考码之间的相似度测量；将所述相似度测量转化成一个判定，该判定表明所述虹膜码来自或者不是来自同一虹膜；并且计算该判定的置信度。"

从权利要求的内容可以看出，US4641349是所保护的是一个范围很宽的概念性的技术方案，基本上只要是采用了自动虹膜识别的产品，都是落入该权利要求的保护范围，这是所有做虹膜识别的公司都无法绕开的一项专利；而US5291560A是一个识别算法的技术方案，其保护范围相对较窄，具有可替换性，其他公司可能自主开发其他的识别算法。并且这两个专利的保护期限也有所不同，保护范围大的US4641349的申请年份是1985年，截止到2005年失效，而保护范围较小的US5291560A的申请年份是1991年，截止到2011年失效。

1995年，Iridian公司和OKI出产了第一个基于虹膜识别的商业化产品——基于虹膜识别的ATM机，这时距离US4641349专利的失效年份仅剩10年。而虹膜识别市场在20世纪末才开始逐渐发展，这时US4641349专利的保护期限已经越来越短。因此，为了尽可能长地延长专利保护时间，实现专利价值的最大化，Iridian在对其合作者进行授权时，并不仅仅是提供专利的许可，Iridian提供的是开发完成的核心软件，其中的核心算法使用的是Daugman的虹膜识别算法。这样，就将US4641349专利和US5291560A专利包含在软件中，在签订的协议中将软件的使用权和US4641349专利和US5291560A专利使用权一起许可给产业链中下游公司，也就是在市场上如果使用虹膜识别作为生物特征识别工具也同时使用Daugman的虹膜识别算法。

通过捆绑许可，Iridian公司一方面将产业链的核心算法掌握在自己手中，另一方面由于US5291560A专利的保护期限较长，在US4641349专利到期后还可以通过US5291560A专利进行保护，维护自己的市场地位。Iridian的这种捆绑许可的策略在实践中也取得了良好的市场效果。尽管到目前US4641349专利和US5291560A专利都已经失效，许多公司和研发人员也开发出多种虹膜识别算法，但是Daugman的算法仍然是虹膜识别商用设备中最主流使用的算法。

（2）分对象许可

专利许可是实现技术转移的一种重要方式，也是企业管理专利技术获取技术收益的一种策略。专利许可具有多种模式，按照技术许可的方向可将其划分为：直接许可、交叉许可与专利联盟三种。直接许可是由许可方向被许可方提供技术许可的一种，直接许可的目的主要是获得报酬以便对前期的 R&D 投入进行一定的补偿，或者为了获得市场竞争优势而进行的一种策略性应用；交叉许可是用于获取对方的专利从而实现资源互补，避免了相互的侵权行为和诉讼；专利联盟是指组成联盟的各成员为了合作许可专利资产而将各自的专利转移到一个共同的实体的一个契约协定。直接许可按照许可的权限和许可范围又主要可以分为普通许可（非排他许可）和排他性许可（如独占许可与独家许可）。按照许可费用的计算方式，专利许可策略主要可分为固定费用许可和变动许可。按照企业的战略及知识资本运营策略，专利许可策略可分为防御型策略、进攻型策略、开放型策略、合作共享策略和专利性许可策略。[1]

专利许可协议中限制性条款就是指在平等主体签订的专利许可协议中，围绕专利权的获取或者实施问题，对专利许可当事人在相关内容上加以一种或多种限制的条款。Iridian 公司作为技术和算法提供商，其主要通过直接许可的方式与其合作者一起合作。Iridian公司根据其合作者的行业地位、应用领域、产品、合作与竞争关系的评估，通过限制性条款，对付费期限、使用领域、实施内容等做了不同的限定，对于不同的合作者实施不同的专利许可策略。

对于生产终端产品的合作者，Iridian 公司一般选择行业内市场份额较高、实力较强的公司作为合作伙伴，与它们建立稳定的合作关系，采用较长时间的许可期限，许可费用采用的固定付费或者按照销售数量付费的方式，例如在 1995 年，IriScan 和 OKI 的许可、研发和销售合同，采用固定收费 4200 万美元的方式许可 OKI 从 1996 年到 2003 年在亚洲包括日本开发以及销售基于虹膜识别的 ATM 产品；从 1997 年开始，Iridian公司和 LG 电子签订了关于开发、销售以及供应基于虹膜识别的安全控制设备的协议，Iridian 公司提供给 LG 电子的许可费用按照每台设备收费。

而对于行业内较小的合作公司或者监狱安全、机场安检等单个合作项目，Iridian 公司一般使用较短的合同期限，并且在合同中通过限制性条款对应用行业、区域、规模等进行限定，这样一方面由于期限较短，随着市场的推广成熟能够提高许可的费用，另一方面，可以根据项目的具体内容选择的最合适的合作公司，从而尽可能地赢得市场。例如：2000 年到 2002 年，Iridian 公司和 Securimetric 公司的合作许可协议将许可的内容限定为用于美国国土安全部的 US VISIT 项目，并且限定了其 KnowWho 验证服务器产品不能够用于多于 50000 用户的使用。

（3）免费许可

从 1995 年开始，经过多年的市场开拓和运营，Iridian 公司成为虹膜识别产业最重要领导者，它以技术供应商的身份提供了虹膜识别产业绝大多数的核心软件。而从

[1] 孙俊楠．企业专利技术许可研究进展［J］．科技创新导报，2010（7）：2－3.

2003年开始，Iridian公司面临着一个艰难的选择。在“9·11”恐怖袭击之后，联合国下属的国际民用航空组织（International Civil Aviation Organization，ICAO）负责制定全球旅行政策，致力于在新一代护照、签证以及其他政府授权的旅行证明中使用生物特征识别技术，其中包括指纹、人脸以及虹膜识别。由于ICAO不能接受专利成为标准的一部分，ICAO提出为了让虹膜识别技术包含在国际民用航空组织的新的旅行证明标准中，Iridian公司需要放弃在该领域使用其虹膜识别技术概念性专利也就是US4641349专利的权利，尽管该专利在2005年和2006年即将分别在美国和其他地区失效。这意味着Iridian公司的竞争者也可以开发以及应用它们自己的虹膜识别算法，而不需要支付给Iridian公司费用。

这个方案让Iridian公司陷入两难，Iridian有两种选择：坚持维护自己的专利，但是这样虹膜识别就不能成为ICAO标准的一部分，就会失去这个最有前景的市场；或者放弃该专利，以获取该市场的壮大，但是这样需要面对后续的可能的竞争者。Iridian公司花费了大量的时间，对数十个可能潜在的对手做了应急调查，对它们的技术水平、财政状况、年报以及长期发展策略进行了评估。通过分析，Iridian公司发现竞争对手的威胁没有它们想象的大和急迫。因此，Iridian公司答应了ICAO的条件，在2004年ICAO公布新的旅行证明标准时，放弃了在机器可读介质领域使用虹膜识别技术概念性专利，允许其他公司免费使用该专利。尽管Iridian公司在机器可读介质领域放弃了其核心专利的保护，但是很快就获得了回报，在许多国家的市场开始进一步壮大，随后，英国政府在护照和签证项目上使用Iridian公司的软件，德国的法兰克福机场也开始测试虹膜识别技术。

7.1.1.4 Iridian公司的专利诉讼

Iridian公司为保持和拓展市场优势，战略性地运用专利来增强竞争优势。通过软件和专利许可，Iridian公司获得了巨大的市场份额以及利润。除了专利许可外，专利诉讼也是Iridian公司专利运营的一个重要部分。但是Iridian公司的专利诉讼行为并非单纯地“为权利而斗争”，通过专利诉讼所获得的附带效益远比获得单一侵权赔偿所得到的利益多。图7-1-4示出了从2000年到2004年Iridian公司作为原告，被告以及第三方所参与的部分专利诉讼案例。

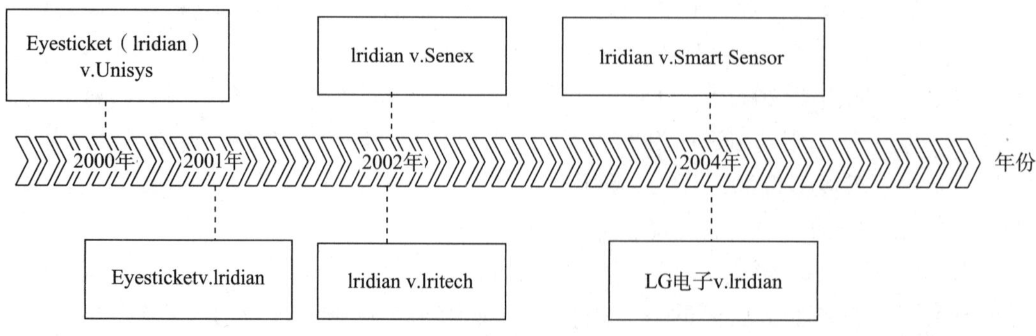

图7-1-4 Iridian公司的专利诉讼

Iridian公司毫无疑问一直是虹膜识别市场的领导者，但是除了Iridian公司外，市场上还存在其他的虹膜识别算法提供厂商，例如Iritech和Senex等。对于这些新进入的或者可能会对自己构成威胁的企业，为了维护市场地位，阻止对手进入，Iridian公司使用其拥有的Aran Safir和Leonard Flom的概念性专利，从2002年开始分别对Iritech和Senex提起了侵权诉讼。尽管这些诉讼最后是通过和解结案，但是通过专利诉讼，Iridian公司打击了竞争对手的投资信心，使竞争对手因为卷入司法诉讼行动被拖延或阻滞发展，导致将来的预期成本也随之增加，延缓了这些对手进入市场的时间，为自己获得下一阶段的竞争优势提供足够的时间。

Iridian公司还选择通过最适当的和解时间和和解条件使自己的商业利益最大化。例如，2002年11月Iridian公司在美国和英国起诉Iritech侵权后，在2004年4月和6月分别在美国和英国与Iritech达成和解协议，通过交叉许可的方式互相授权对方使用自己的专利。Iridian公司与Iritech达成和解主要有如下考虑：一方面，Iritech的市场份额并不大，即使判决侵权也无法获取很大的经济利益，而专利诉讼需要大量的诉讼费用，并且Iridian公司通过专利诉讼已经达到延缓Iritech进入美国和欧洲市场的目的；另一方面，Aran Safir和Leonard Flom的专利在美国和欧洲即将于2005年和2006年到期，并且Iridian公司在2004年与ICAO达成的协议已经免费许可所有公司在机器可读介质领域使用Aran Safir和Leonard Flom的专利，此时，该专利对Iridian公司的保护强度已经降低了很多。此外，Iridian公司和Iritech的交叉许可使Iridian公司可以使用Iritech的到2019年才到期的专利，这对Iridian公司的后续发展也是很有益的。因此，基于这些考虑，Iridian公司在2004年选择了与Iritech和解，从而提供专利诉讼达到维持公司的竞争优势、增强核心能力的目的。

除了作为原告的专利侵权诉讼外，Iridian公司还因为专利许可合同作为被告与LG电子、eyesticket等公司发生纠纷而涉及诉讼，这些诉讼多数最终以和解结案。从中可以看出，企业在专利许可实施时，可能产生专利许可合同纠纷的原因很多，例如对于实施内容的认定，对于实施成果的分配等。在实施专利战略时，应考虑到此类风险的存在并采取相应的措施进行规避。

7.1.2　专利流氓Blue Spike

Blue Spike是一家没有从事实体经营的专利运营公司。从2012年开始，在生物特征识别以及虹膜识别领域，Blue Spike公司向Bio－key、MorphoTrust、3M、AOptix、Iritech、Iris ID等公司提出诉讼，认为这些公司侵犯了其拥有的专利权。本小节对Blue Spike的专利布局以及诉讼涉及的专利和产品进行了分析，为可能要进行美国市场的国内的虹膜识别公司给出专利预警以及相应的建议。

7.1.2.1　专利流氓的概念

专利流氓（Patent Troll）是指那些不以生产和研发为目的占有专利，并且通过向潜在侵权企业收取不合理的许可费或通过诉讼获得侵权赔偿金的组织。该概念最早由INTEL前首席法律顾问助理彼得·迪金森用来形容TechSearch公司及其律师Raymond

Niro的，并由此开始受到人们的广泛关注。除了专利流氓这种外，还存在其他类似的称呼，例如专利钓饵、专利蟑螂、专利臭虫、专利鲨鱼等。[1]

专利流氓策略实施的主要过程：首先根据市场发展前景分析、评估专利潜在价值，并通过收购、独占许可等方式积极主动地与中小企业、破产企业联系，获取最佳专利，或者自主开发专利；但是专利流氓获取专利后并不将专利投入实际生产，而是尽量隐藏专利权，对于其他公司的侵权行为也采取默许态度。待到其他公司对具有此项专利技术的产品进行不可逆转的投入，占有大量的市场份额，并取得良好效益的时候，专利流氓声明专利权，提起专利侵权诉讼。因为侵权的既成事实并且产品投入巨大，专利流氓公司就可以迫使目标企业败诉或要求庭外和解，从而索要高额的侵权赔偿，或者获取高额的专利许可费用。

在专利流氓出现之前，专利权人之间通常都是势均力敌的，双方手里都握有专利组合，而彼此都可能用到对方的专利，所以通常会通过交叉许可或者专利联盟等方式形成行业的动态均衡，企业之间既竞争又合作。但是专利流氓的出现打破了这种均衡，由于自己不从事实业，他们并不顾忌对方手里有什么样的专利组合，而只是挥舞自己手里的“专利大棒”，迫使实业企业在没有谈判筹码的情况下被迫就范。

对于从事科技研发与产品生产的厂商而言，无论是在美国国内还是其国外，专利流氓问题已经越来越成为它们的心腹之患。它们经常会遭到来自这些专利权操控者的专利侵权诉讼威胁，动辄就得付出相当数额的费用以求和解或是进行诉讼，就彷佛不断遭到勒索一般。这些不断累积的金额也自然直接或间接地反映到关于科技的研发与生产成本上，使原本应投入产品研发的经费浪费在应对本不该有的风险上，在某种程度上可能反而形成了对创新研发的阻碍，使技术创新陷入一种非专利制度所规划的怪圈与歧途，让整个专利制度和政策的设计无法达到原先所预期的目标与成果。[2]

7.1.2.2 Scott Moskowitz以及Blue Spike公司

Blue Spike的创始人Scott Moskowitz毕业于美国宾西法尼亚大学商学院，毕业以后为美国的一家音乐产品批发商工作。从1993年开始，Scott Moskowitz申请了他的第一项美国专利，其技术主题涉及数字内容管理。同年，Scott Moskowitz成立了Dice公司。从此以后，Scott Moskowitz在信息管理与安全方面申请了越来越多的专利，在1997年10月成立了Blue Spike公司。目前Scott Moskowitz以及其成立的公司，一共申请了美国以及其他地区近百件专利，涉及信号提取、数据安全、数字水印等技术领域。

从2012年8月开始，Blue Spike公司向得州东区法院对一系列公司提出了侵权诉讼，声称这些公司侵犯其所有的数字水印以及信号提取方面的专利，并且被告名单的数字不断增加，截至2014年4月，Blue Spike已经向超过100家公司提出了专利侵权诉讼。表7-1-1示出了Blue Spike从2012年开始的部分诉讼名单。诉讼名单中既包括Google、Yahoo、Facebook等知名的互联网巨头，也有一些细分行业的小型科技公司，

---

[1] 曹勇，黄颖．专利钓饵的诉讼战略及其新发展［J］．情报杂志，2012，31（1）：25-30.

[2] 孙远钊．专利诉讼“蟑螂”为患——美国应对“专利蟑螂”的研究分析与动向［J］．法治研究，2014（1）.

而一些在美国开展业务的中国公司也成了 Blue Spike 的诉讼对象，包括华为、小米、OPPO 等。

表 7-1-1　Blue Spike 的部分诉讼对象及专利

序号	被诉公司	诉讼日期	涉及专利
1	得州仪器	2012-08-09	US7346472B1，US7660700B2 US7949494B2，US8214175B2
2	Precise Biometrics，Inc.	2012-09-12	US7346472B1，US7660700B2 US7949494B2，US8214175B2
3	L-1 Identity Solutions	2013-03-26	US7346472B1，US7660700B2 US7949494B2，US8214175B2
4	谷歌	2012-08-22	US7346472B1，US7660700B2 US7949494B2，US8214175B2
5	Yahoo	2012-08-22	US7346472B1，US7660700B2 US7949494B2，US8214175B2
6	华为	2013-09-13	US5745569A1
7	小米	2013-10-14	US5745569A1
8	OPPO	2013-10-08	US5745569A1
9	AOptix	2013-08-01	US7346472B1，US7660700B2 US7949494B2，US8214175B2
10	Iris ID	2013-01-22	US7346472B1，US7660700B2 US7949494B2，US8214175B2
11	Iritech	2013-01-11	US7346472B1，US7660700B2 US7949494B2，US8214175B2
12	Facebook	2014-07-17	US7346472B1，US7660700B2 US7949494B2，US8214175B2

图 7-1-5 示出了 Blue Spike 及 Dice 公司所申请的专利的地区分布，可以看出其申请的重点是在美国，这也与大部分的专利流氓案件是在美国诉讼的情况是一致的。因为美国是高科技应用和发展的核心地区，对于知识产权的应用和保护十分到位，知识产权诉讼的原告胜诉率较高且侵权损害赔偿数额较令原告满意，并且 Blue Spike 本身就是一个美国公司，熟悉美国的知识产权以及司法体系运作，从而能够对诉讼案件的走向能够有较好的预期。

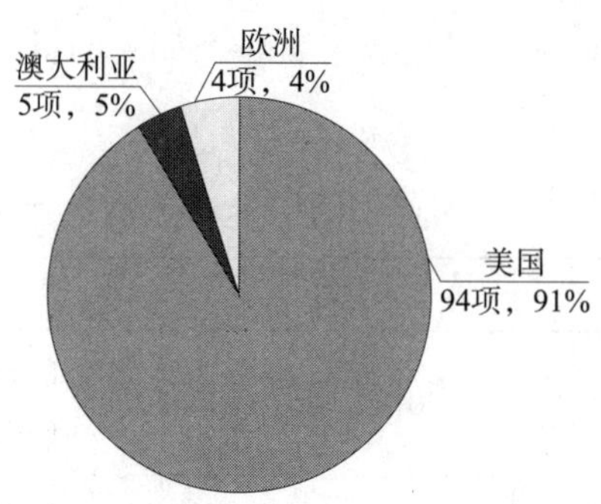

图7-1-5 Blue Spike及Dice所申请的专利的地区分布

Allison等人（2009）从斯坦福知识产权诉讼数据库（Stanford IP Litigation Clearinghouse）对于专利流氓案件的研究发现，由专利流氓所有的高诉讼专利引发的侵权案件高达2987件，8次以上的高诉讼专利有50件，这些高诉讼专利具有权利要求项较多、引证在先技术较多、被引证次数较多、后续申请较多、来自较大的专利家族等显著特点。专利授权和实施公司以及由发明人创办的新创公司这两种非实施体发起的诉讼最有可能是钓饵诉讼，前者所持有的高频诉讼专利所引发的诉讼案件为11.7%，后者所引发的案件为41.7%。[1] 专利流氓公司往往对同一技术主题进行多次申请，通过后续申请、优先权、分案等形成一系列的专利族。

通过对于Blue Spike以及Dice的专利申请的统计分析，表明其具有强烈的专利钓饵公司的性质。Blue Spike以及Dice在美国的专利申请一共90件，其中每件申请都具有大量的权利要求，最多的达到186项权利要求，而大部分的申请都是具有相同优先权的同族申请，平均每组同族专利的申请件数在5件以上，并且其中每件专利申请都引用了大量的优先权文件。通过图7-1-5的发明人分析可以看出，Blue Spike以及Dice的这些专利，发明人仅有Scott Moskowitz、Cooperman Marc以及Berry Michel三人，其中公司创始人Scott Moskowitz作为发明人参与了所有的专利申请，而Cooperman Marc以及Berry Michel分别是51件以及12件专利的发明人。同时，Blue Spike以及Dice并不从事实体经营，不使用专利技术生产制造产品，而仅是作为专利所有人而拥有专利。

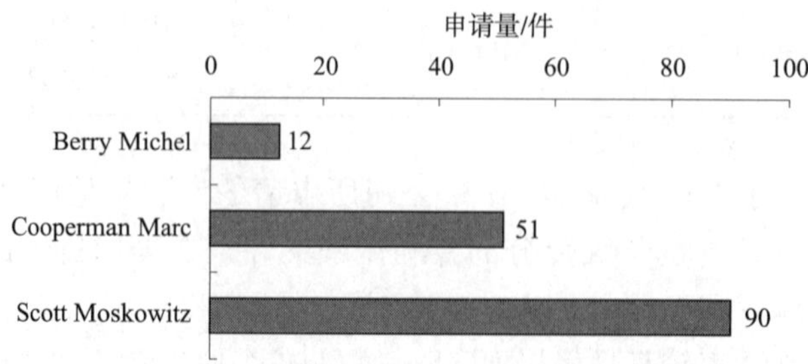

图7-1-6 Blue Spike及Dice发明人申请量

[1] Allison J R, M A Lemley J Walker. Extreme Value or Trolls on Top Evidence from the Most - Litigated Patents [J]. University of Pennsylvania Law Review, 2009, 158 (1): 1-37.

7.1.2.3 Blue Spike 对虹膜识别公司的侵权诉讼

在生物特征识别领域，多个公司也成了 Blue Spike 的猎物，其中也包括了许多具有虹膜识别产品的公司。从 2012 年开始，Blue Spike 向 Bio - key，MorphoTrust，3M，AOptix，Iritech，Iris ID 等公司提出诉讼，认为这些公司侵犯了其拥有的专利权。表 7 - 1 - 2 示出了 Blue Spike 所起诉的虹膜识别公司以及涉及的产品。

表 7 - 1 - 2　Blue Spike 所起诉的虹膜识别公司以及涉及的产品

序号	被诉公司	诉讼日期	涉及虹膜产品
1	3M Cogent，Inc	2012 - 08 - 09	Iris Scanner CIS 202
2	BIO - key International，Inc.	2012 - 08 - 22	Biometric Service Provider（BSP）Software Development Kit；True User ID Rapid Deployment Kit
3	MorphoTrust USA，Inc	2012 - 09 - 20	Foundation Biometrics；ABIS Search Engine；ABIS Identity Manager；HIIDE 5；IBIS System；IBIS Extreme
4	Iritech，Inc.	2013 - 01 - 11	IriShield；IriCAMM 1500；IriCore；IriMaster；IriMatchEnhancer；IrisSDK；IriTemplateGenerator；IriVerifier
5	Iris ID Systems，Inc.	2013 - 01 - 22	IrisAccess system 7000；IrisAccess system 4000；iCAM iris recognition device 7000；iCAM iris recognition device 4000；iCAM iris recognition device H100；iCAM iris recognition device TD100；iData software EAC；iData software CMA；iData Software Development Kit；INSiDE；IrisAccelerator
6	AOptix Technologies，Inc	2013 - 08 - 01	Iris Recognition Enterprise Software Development kit

Blue Spike 所指控侵权的专利有 4 件，分别是 US7346472B1、US7660700B2、US7949494B2、US8214175B2。这 4 件专利的名称都是“用于监控和分析信号的方法和装置”，它们实际上属于同一专利族，都具有申请号为 US20000657181 的优先权。这 4 件专利的内容主要涉及信号提取和匹配，其主要的权利要求的内容为如下：

一种监控和分析至少一个信号的方法，包括：

接收至少一个被监控的参考信号；

生成所述至少一个参考信号的摘要，其中所述生成所述至少一个被监控的参考信号的摘要包括：输入该参考信号到处理器；使用该参考信号的感知特性生成参考信号的摘要，使得该摘要与其出自的参考信号保留感知关系；

存储所述至少一种参考信号的摘要到一个参考数据库；

接收至少一个要被分析的查询信号；

生成所述至少一个查询信号的摘要，其中所述生成所述至少一个查询信号的摘要包括：输入该查询信号到处理器；使用该查询信号的感知特性生成查询信号的摘要，使得该摘要与其出自的查询信号保留感知关系；

将所述至少一个查询信号的摘要与所述至少一个参考信号的摘要进行比较，以确定所述至少一个查询信号的摘要与所述至少一个参考信号的摘要是否匹配。

Blue Spike 认为，这 4 件发明中的“信号提取”概念应用于生物特征识别和安全系统，例如指纹、面部、虹膜以及其他用于分析、分类、监控和鉴别个人生物特征的系统。只要图像从生物特征鉴定者被提取出来，信号提取就被用于优化压缩信号及其摘要，导致更少的内存使用并且增加了信号分析和鉴别的精确度和速率；而生物特征识别产品中，生物特征的信号提取可以被单独保护，这意味着验证和鉴别的信号摘要不包含原始信号，因此生物特征识别和安全系统中包含了相应的方法和装置，侵犯了 Blue Spike 所拥有的专利权。

专利钓饵诉讼攻击的目标往往是复数，即一起专利侵权诉讼案件中的被告通常包括多个企业，这样能保证专利钓饵尽可能通过较少的诉讼成本获得较大的投资收益。从 Blue Spike 所指控的生物特征识别公司名单可以看出，其包括了大部分在美国销售产品的生物特征识别公司，对于美国的生物特征识别行业的生产链形成了一定的冲击。

对于被诉的生物特征识别公司而言，后续的诉讼环节毋庸置疑增加了它们研发、生产、销售等各个环节的风险，对公司业务产生了很大的影响，也使公司名誉遭受了一定的损失。由此看来，在专利钓饵诉讼中，被侵权公司在传统侵权诉讼中应遭受的损失通通被转嫁到了侵权公司身上。

在美国，专利侵权争议只有 10% 左右会真正进入到司法诉讼阶段，其余的争端都是以和解收场，而且其中的内容都经法院和当事人的同意不予公开。因此，目前通过公开资料，能够知道的就是生物特征识别公司 BIO - key 已经和 Blue Spike 达成了和解协议。

7.1.2.4 中国公司的风险与对策

由于专利流氓公司不生产产品，因此不会受到专利的制约，在谈判中企业本身的专利布局和储备对其也就丧失了作用。同时，专利流氓公司以专利许可为唯一经营目的，具有强烈的攻击性。从 Blue Spike 之前的一系列攻击行为来看，不管对手的大小，其对于进入其专利陷阱的公司都进行了攻击。并且，Blue Spike 对于进入美国市场的中国企业也是十分关注，如小米、OPPO、华为等都遭到了攻击。在生物特征识别领域，Blue Spike 主要凭借其在 2012 年授权的专利“用于监控和分析信号的方法和装置”作为诉讼的武器。

根据 Blue Spike 的一贯表现，如果国内的生物特征识别公司的产品进入美国市场，很可能也会面临 Blue Spike 的专利钓饵攻击。国内公司可能面临的与专利相关的风险主要有两种：一种是参加美国展览时其产品被以“专利侵权”的名义查抄、扣押；另一种集中体现为对我国公司在美国销售的产品提起的专利侵权诉讼。

从这些情况可以看出，Blue Spike 在生物特征识别领域十分活跃的专利诉讼，的确对我国进入或打算进入美国市场的生物特征识别公司构成了严重的威胁，一定要未雨绸缪，认真对待。通过对国内外相关专利流氓公司诉讼案例的分析可知，一旦企业遭遇了专利流氓公司的诉讼，只有选取一个明智的应对策略才能将危害降低到最低程度。想要进入美国市场的国内生物特征识别公司可以从下几个方面在专利战中争取掌握主动，避免或尽量减轻可能造成的损失。

首先，跟踪关注 Blue Spike 与生物特征识别领域公司诉讼的进展情况，通过多种渠道获取案件相关的判决或者庭外和解信息，以及法院对于产品的侵权情况的认定，这样以后如果被诉时，对于诉讼案件的走向以及可能的损失有预期和评估，从而决定是继续进行诉讼还是及时进行庭外和解；同时还应该关注 Blue Spike 在生物特征识别领域后续的专利申请动向，提前采取应对策略，从而达到有效预防的效果。

其次，由于 Blue Spike 的专利基本上都是在美国申请的，专利保护的地域性决定了 Blue Spike 仅能够对在美国生产销售产品的企业进行攻击。对于目前没有进入美国市场的国内生物特征识别，在进入美国市场前，应对专利诉讼的风险进行评估，判断是否应该进入美国市场。如果确定产品进入美国市场能够带来收益，可以提前对 Blue Spike 的专利进行分析，看是否能够通过技术手段规避其保护范围。在进入美国市场前，国内公司还可以提前和 Blue Spike 进行合作谈判，由于此时并未进入市场，没有太大的投入，处于可进可退的状态，不受专利钓饵的影响，能够以相对廉价的成本获得许可，从而避免市场成熟后再遭受巨大的损失。

最后，还应当注重行业协会和企业联盟的纽带作用。通过行业协会促进企业间有效沟通，特别是强化下游制造商与上游供应商之间的紧密合作，帮助制造商降低诉讼风险；应建立诉讼风险预警机制，定时对行业的专利布局、技术发展态势进行分析，对行业可能面临的诉讼风险发出警报，提醒行业做好应对的准备，从而将防御范围扩大至整个行业，提高中国企业整体在国际贸易竞争中抵御诉讼风险的能力。

7.2　失效专利的使用

美国专利包括三种不同的专利类型：发明专利（Utility，相当于我国的发明和实用新型）、新式样专利（Design，相当于我国的外观设计）和植物专利。到 1995 年止，专利保护期限为专利授予后 17 年。随着美国加入 WIT 的 TRIPS，专利保护期改为从专利申请之日起 20 年。具体规定如下：

在 1995 年 6 月 8 日前申请但在 1995 年 6 月 8 日后获准、或在 1995 年 6 月 8 日仍有效的发明专利，专利权期限为以下两者之较长者：从获准日起算 17 年，或从美国申请日起算 20 年；

1995 年 6 月 8 日后申请的发明专利申请案，专利权期限为实际申请日起算 20 年。新式样专利的专利权期限为专利获准日起算 14 年。

2000 年 5 月 29 日起的发明专利申请案，美国专利商标局将依照专利局或发明人延误的时间，适当调整专利权期限。举例来说：如果专利申请案因为专利局的延误而没

有在三年内获准，专利局会将超过三年的天数加入专利权期限。❶

在本课题的研究中，“免费专利”是指在对特定国家而言，在本国专利保护范围之外的专利技术，主要包括：因保护期限届满而丧失专利权；保护期限未满而丧失专利权以及未在我国申请专利保护的外国专利。❷ 根据以上限定，虹膜识别领域统计出来的10件重要专利中的免费专利如表7－2－1所示。

表7－2－1　虹膜识别领域重要专利中的法律状态

排名	专利号	申请日	授权日	期限届满日	美国专利商标局法律状态
1	US5291560	1991－07－15	1994－03－01	2011－03－01	过期失效
2	US6714665	1996－12－03	2004－03－30	2016－12－03	有权
3	US5751836	1996－09－27	1998－12－05	2016－09－27	未交维持费失效（2002－11－06）
4	US4641349	1985－02－20	1987－02－03	2002－02－20	过期失效
5	US6247813	1999－11－04	2001－06－19	2019－11－04	有权
6	US6526160	1999－07－09	2003－02－25	2019－07－09	有权
7	US2006147094	2004－09－08			在审
8	US5956122	1998－06－26	1999－09－21	2018－06－26	有权
9	US5901238	1997－02－07	1999－05－04	2017－02－07	未交维持费失效（2011－05－30）
10	US5016282	1989－07－12	1991－05－14	2006－07－12	过期失效

一个好的企业的知识产权创新模式应该是通过创造先进的技术，申请并获得专利保护，通过取得专利权并行使权利获得收益，然后将由此得到的收益再投入至研发中，从而形成如图7－2－1所示的知识创造的良性循环。

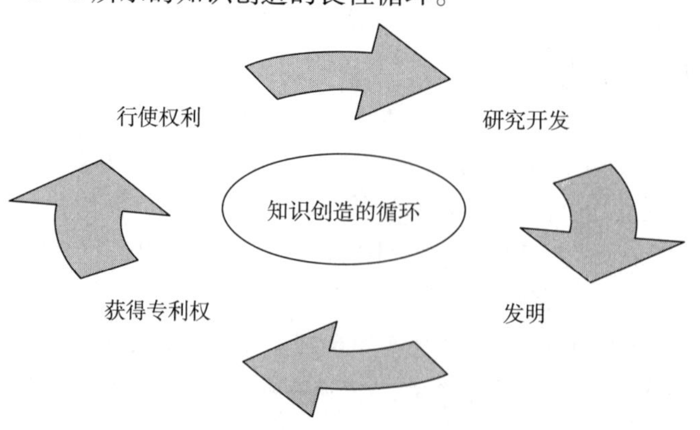

图7－2－1　知识创造的良性循环

❶ 张国瑞. 专利权期限制度科学性研究［D］. 华东政法大学硕士学位论文，2009.

❷ 邢素军. 失效专利概念辨析［J］. 科技管理研究，2013（3）：156－161.

如果能够对一些免费专利进行研究，进行有效的二次开发，投资者就可以无须一切都从头开始研究，甚至可以是“站在巨人的肩膀上”开始新的发明创造，以便开发出更有价值的专利产品。❶ 1972 年，美国的风险投资家费莱·瓦尔丁在美国专利商标局查阅到一份微电脑技术方面的失效专利。经过冷静分析，他决心与人合伙，投资 50 万美元成立了一家微电脑公司。经过谨慎经营，10 年内公司销售额就达到 1500 万美元。此后几年不断发展，成为全美颇有影响的高技术企业，这就是世界闻名的美国苹果电脑公司。❷

以 US5291560A（期限届满期 2011－03－01）为例，该专利为剑桥大学的 John Daugman 提出了完整的虹膜识别核心算法并成功开发出一个高性能的虹膜识别原型系统，目前大部分商用产品都是基于这个系统进行开发。该系统在虹膜图像特征提取与中采用基于相位分析方法，该算法依据 Gabor 滤波器的方向性和局部性对虹膜纹理进行分解。首先将定位之后的环形虹膜区域映射到极坐标下的固定大小的矩形区域，根据滤波器的大小对该矩形区域进行分块处理，再对每块虹膜区域采用奇对称和偶对称的 Gabor 滤波器进行卷积处理，得到实部参数和虚部参数，编码之后获得 256 个字节的二值化模式特征码，利用海明距离来度量不同虹膜模式之间的相似程度。此方法是目前识别性能最好的方法，国外很多商用虹膜识别系统（如 Iridian、LG、OKI 等）都是采用 Daugman 的核心算法。该专利权目前已经期满终止。该专利于 1994 年 3 月 1 日获得美国发明专利权。Daugman 博士将该发明专利授权给了美国 Iridian 公司和 IriScan 公司。IriScan 曾被评为 500 名增长最快的美国科技公司之一，该公司与 OKI、LG、松下等企业合作，这些企业都购买 IriScan 的技术使用权，在 IriScan 的技术平台上，按照 IriScan 的技术规范，开发虹膜图像采集设备。经检索，近年来所申请的专利直接或间接引用该专利的为 509 件。

作为 Iridian、LG、OKI 虹膜识别系统的基础专利，该专利虽然在法律上失效，但是不等于在经济价值和技术价值上失效。因此，从另一个角度上讲，该失效专利可以为中国企业研发人员提供思路上的借鉴。IriScan 一般均会将 Flom 和 Daugman 的专利绑定在一起进行许可，随着这两项专利的到期，将会涌现更多的市场准入者。

对于虹膜识别领域一些即将失效或者已经失效的专利，企业该如何有效利用是一个长远而极其具有研究价值的战略问题。企业开发以及进一步利用的方法如下❸：

（1）建立失效专利跟踪机制，对已经失效和即将失效的本领域专利资料进行收集，结合企业技术现状、市场需求以及市场应用价值，对拟开发的失效专利进行可行性分析报告，做好开发准备。

（2）分清失效原因，制定相应策略。在前期筛选对哪些失效专利进行开发时首先要对该专利的失效原因进行分析。排除一些根本无利用价值的失效专利，这样可以为

❶ 邢素军．失效专利开发利用中的法律风险防范［J］．合作经济与科技，2012（452）：126－128.

❷ 符颖．论失效专利的开发与利用策略［J］．研究与发展管理，2005，17（3）：96－101.

❸ 霍中祥．公知公用技术信息的挖掘——谈企业全球化对失效专利信息的利用［M］．北京：知识产权出版社，2014.

企业节约开发成本。具体情况如下：①对于因期限届满而失效的专利，一般均是已经大量实施并且具有好的市场应用的专利技术，技术本身也比较成熟，因此极具二次开发价值。②对于因为没有按期缴纳年费而失效的专利，有的是因为概念性专利，目前还在行业中难以实施；或者是因为企业的财力、物力以及人力所限，缴纳年费的负担过重而不得已放弃的专利。还有的由于专利权人缺乏实施的创意和策略，导致该专利没有被商业利用而废弃。因此针对不同的失效原因，企业在开发利用前应该仔细分析和核对。而对于与在先权利冲突而被宣告无效的失效专利，由于其权利自始不存在，因此没有开发利用的价值，以免引起侵权纠纷问题。

（3）结合企业特点，制定具体利用策略。①对于有直接经济价值的专利可以直接采取拿来主义。对于一项成熟的专利技术，通过失效专利文献提供的技术内容，包括完整的说明书及其附图，以及权利要求书，按图索骥就能直接生产出该产品，并产生直接的经济效益。②对于具有市场潜力的失效专利要及时进行二次开发时，尽量缩短开发周期，以降低投资风险。这样可以节省大量的时间、人力和财力，以实现对失效专利二次开发的短平快开发。③在专利转让和许可贸易中，要及时掌握失效专利的法律状态，以在谈判中能够赢得主动地位，降低专利转让与专利许可贸易费用。④根据市场动向，制定专利战略。分析行业内其他企业以及竞争对手现在和正在申请的专利，以及失效专利的情况，可以准确掌握竞争对手的未来发展动向，并根据该动向可以及时调整本公司的专利战略布局。⑤将失效专利使用战略与其他专利战略交叉使用。企业可以一方面通过对本企业和他人已经采用的技术进行改进，在现有技术的基础上创造出低成本的产品；另一方面，通过改进专利，可以在前一专利即将届满失效时，而获得其较低实施许可费的筹码。

7.3 我国虹膜识别中小企业建议采取的专利战略

专利战略具有很强的阶段性，因战略主体所处的市场环境、竞争者状况和自身经济水平而具有不同的模式选择。目前国内外对于专利战略模式的分类并没有一个严格的界定，大多数专家学者将专利战略模式分进攻型专利战略和防御型专利战略。

7.3.1 防御型专利战略

企业防御型专利战略和进攻型专利战略是相对而言的，企业防御型专利战略是指企业在市场竞争中受到其他企业或单位的专利战略进攻或者竞争对手的专利对企业经营活动构成妨碍时，采取的打破市场垄断格局、改善竞争被动地位的策略。[1] 企业防御型专利战略是为保护自身的利益或将损失减少到最低限度，防止受他人专利的制约的一种战略，或对他人专利实施战略性防卫的手段。其基本功能在于以有效的方式阻止竞争对手的专利进攻，摆脱自己所处的不利境况和地位，为自己的发展扫除障碍，因

[1] 冯晓青. 企业防御型专利战略研究 [J]. 河南大学学报，2007，47（5）：33－39.

而可以说是为应对竞争对手的挑战而采取的战略。常用的防御型专利战略有无效对方专利、文献早期公开、交叉许可、失效专利利用和绕过障碍专利。有些情况下如果企业竞争对手的专利权十分牢固，并且将对本企业构成制约，则可以采用迂回策略，实行绕过障碍专利战略。主要方式有：

① 绕过权项，开发不抵触的技术。国外如日立金属对阿赖德公司的非结晶金属专利，国内如北京科技大学为绕开日美钕铁硼专利，开发出与日美专利不抵触的新技术，先后申请了多项制备钕铁硼直接法合成合金的新技术的专利，其中直接法的系列新技术在国际发明展览会上还获得了优秀发明奖。对于在这种情况下开发出的技术在受到竞争对手专利侵权指控时，企业应当分析本企业的技术与专利技术是否存在抵触关系，弄清对方专利的权利要求范围。如果证实本企业技术与专利无抵触关系，不在专利权利范围之内，则可据理反驳，即使对簿公堂，也有胜诉的把握。

② 使用替代技术。企业为避免专利讼累，可以考虑采用与专利不抵触的替代技术。不过，使用替代技术本身也有一定的局限性。例如，替代技术效果明显不如专利技术，使用替代技术会给企业带来一定的损失。而且替代技术是否侵犯他人专利权，也要心中有数，以免适得其反。如果专利权人愿意与企业订立专利实施许可合同，企业是否有必要使用替代技术，需要从经营战略的角度综合权衡。

③ 在不受专利地域保护范围内利用他人专利。专利权除具有专有性、时间性特征外，还具有地域性特征，即专利权只在申请的国家或地区才有效。据此，我国企业对于超过优先权期间没有在我国申请专利的外国企业的国外专利，完全可以在我国使用，不构成专利侵权。其实，这方面国外企业对我国企业专利已有一些成功地实施地域规避的先例，值得我国企业借鉴。例如，我国上海某医疗器械公司生产的“恶性肿瘤固有荧光诊断仪”在中国获得专利后，又相继在美国和日本获得专利，垄断了美国和日本市场。但美国和日本企业为了规避这一专利，联合在加拿大生产这种产品，然后将产品出口到在我国尚没有获得专利的国家和地区销售，仍然取得了巨大的经济效益。我国企业完全可以在国外竞争对手专利所不及的国家或地区无偿利用这些专利。不过，实施这种迂回进攻策略应注意，如果将利用该国外专利生产的产品出口到该外国专利受到保护的国家和地区，就会被当做侵犯专利权对待，这是应当加以注意的。

7.3.2　进攻型专利战略

（1）基本专利战略

基本专利战略是专利研发的战略定位：一是基础专利战略；二是外围专利战略。基础专利是企业划时代的、先导性的核心技术，有的甚至是原创技术，企业将其核心技术或基础研究申请专利保护，可以控制该技术领域的发展，往往能够取得技术竞争力方面的垄断地位和支配权。

（2）专利结合利用战略

专利结合利用战略是指专利与企业其他的相关战略相结合进行使用。如专利与产品相结合战略，它是指专利权人在许可他人使用本企业的专利时，要求他人必须同时购买自己的专利产品，借以扩大本企业产品销售量，提高企业竞争地位的战略。

（3）专利诉讼战略

法律保护是专利战略的支柱之一，专利诉讼战略就是充分利用专利制度的保护功能。企业通常会跟踪和搜集竞争对手的专利侵权证据，及时向竞争对手提出侵权警告或向司法机关提起诉讼，目的就是迫使对方停止侵权，支付赔偿金。企业积极运用专利诉讼战略，不仅可以有效地遏制与制约竞争对手，维护自身形象，还可以从专利侵权赔偿中获取经济补偿，从而确保自己的市场竞争优势。

7.3.3 我国虹膜识别中小企业建议采取的专利战略

首先，我国目前还处于以防御战略为主的姿态，一些重要的领域的核心技术还是被一些发达国家所垄断，因此我们的虹膜企业在专利申请时应该重点保护好小型专利的申请。它们大多属于对一些核心战略的改进或补充技术，如果能很好地利用这些外围专利，构筑起外围专利网，进而形成专利联盟，牵制外国的核心专利，也就能在国际的专利战中赢取主动地位。日本在“二战”后就是采取了这种“农村包围城市”的方式，通过技术引进掌握外国的先进技术，再全力围绕这些技术主动进行应用性的开发研究，构筑外围专利网，并且在专利申请制度上为这些外围专利提供便利。这最终限制了外国的基本性关键性技术的发展，导致外国的基本性关键性技术在许可和转让时遇到层层壁垒。我国虹膜企业可以借鉴这样一种方式，暂时通过支持外围专利、小型应用专利的发展来打破欧美企业的垄断。

其次，在专利申请的整体政策上我们还应当有倾向性的保护国内企业的技术申请，利用宽松和优惠的制度培育我国虹膜企业自己的技术发展市场，而对外国在我国的专利申请则要采取适当限制的态度，以保护我国的虹膜企业的专利技术发展市场。认识到我国所处的技术发展战略的特点，我国在制定相关的专利法律法规时就应该时刻把握好度，对内的制度上要尽量提高专利申请的便利性，审查要快捷迅速，提高审查核准率，并合理制定专利申请的收费标准；对外要积极运用专利制度这把利剑抵御外国的专利壁垒，在专利申请制度上也可以借鉴外国的一些制度，如通过延长审查时间和复杂的申请程序把外国企业的专利挡在门外。另外还要注意一点就是，在我国加入WTO后专利法的修改也应符合国情，不要为了制定“先进”的法律而盲目超前，这样反而不利于我国虹膜企业的专利申请和保护。

最后，对于我国的虹膜识别行业来说，目前大多数企业的专利战略意识还不是很强，联合起来共同形成专利战略联盟的思想还没有形成；企业所有的专利均为国内申请，目前还没有进行PCT申请的企业。因此我们虹膜企业当下的一个重要使命就是能够积极进行技术创新，在国内进行专利布局的基础上，进行国外专利布局，走向世界参加国际竞争，而这也正是我国虹膜识别产业想要做大做强的必经之路。

7.4 小　结

本章通过分析虹膜识别行业的领导者Iridian公司以及入侵者Blue Spike的专利运

营，从实体经营和非实体经营的角度给出国外公司专利应用的示例。

Iridian 公司作为经营实体，在专利申请时，要求在先申请优先权的策略有效延长了其专利技术的保护期限，从而从专利角度有效保护了其知识产权的利益；在专利许可运营时，针对不同的情况，通过捆绑许可、分对象许可以及免费许可的方式，使自己专利的商业利益最大化；同时，在面对竞争对手时，有效应用自己的专利，通过选择合适的诉讼时机与和解条件，有效打击了竞争对手，为自己获得足够的竞争优势。

Blue Spike 是非经营实体的专利流氓公司。通过对 Blue Spike 的专利布局及诉讼涉及的专利和产品进行的分析，可知 Blue Spike 对可能进入美国市场的中国国内虹膜识别公司存在专利勒索的可能。针对想要进入美国市场的中国国内虹膜识别公司，提出了相应的应对策略和建议。

对于我国的虹膜识别行业来说，应在加强国内专利布局的基础上，积极进行国外专利申请布局，走向世界参加国际竞争。

第8章　主要结论和启示

8.1　虹膜识别专利总体状况的分析结论

① 虹膜识别技术从眼科专家 Aran Safir 和 Leonard Flom 所获得的第一个虹膜识别概念专利 US4641349 为标志开始至今，虽然经历了技术萌芽期、快速发展期、技术调整期，现在正处于平稳发展期，国内外专利申请量都在逐年增加。目前虹膜识别技术的专利申请主要集中在六大领域：信息安全、电子商务、交易安全、移动支付、门禁通道和证照系统。由于移动支付的广泛使用，交易安全领域的虹膜识别逐渐成为人们关注的焦点问题。

② 对于中国专利申请，中国申请人的数量还是远远高于国外申请人的；中国申请的国外公司主要是日本松下、韩国 Iritech。由于国外申请人还没有进行太多的专利布局，为中国企业的建立自己的专利战略提供了机遇。在中国申请人中，中小企业和高校科研院所占到了 86%，这些申请大都集中在虹膜识别算法方面。而国内公司的申请也主要集中在系统应用方面，整个行业的专利布局还未建立。

③ 对全球虹膜识别申请进行申请人统计，排在前 11 位的分别是日本 OKI、日本松下、韩国 LG、日本富士通、中科院自动化研究所、日本索尼、美国霍尼韦尔、韩国 Iritech、韩国三星、法国莫弗公司以及美国 AOptix。在该领域排名前 11 位的申请人中，日本申请人占到了 65%，其次是韩国 21%，美国 7%，中国 5% 和法国 2%。

④ 对全球虹膜识别申请进行发明人统计，7 位来自日本松下和 OKI，这两家也是日本企业中申请虹膜识别技术最多的两个公司；4 位来自美国，Daugman 博士为虹膜识别技术的创始人，3 位主要发明人来自韩国的 LG 和 Iritech，其余 2 位重要发明人来自中国，即中科院自动化研究所和中科虹霸，为国内首先进行虹膜识别并拥有自主知识产权的高科技研究院所及企业。

⑤ 通过对虹膜识别全球专利申请趋势、重要申请人、发明人以及重点专利的梳理。虹膜识别行业的整体发展趋势呈现从近距离到远距离，从静态到动态，从主动到被动的三维发展模式。

8.2　虹膜识别移动设备技术分支的分析结论

① 虹膜识别移动设备全球专利申请主要来自中国、日本、韩国、美国，其中中国在 2012 年后占据申请量的一半以上，但是申请集中在国内，基本上没有多边申请。日本企业从早期的技术研发和专利申请的主要力量，到后期逐渐退出虹膜识别移动设备

市场。其主要原因是由于日本企业由于移动设备的市场份额下降，对于非核心业务采取收缩策略，从而从2006年开始逐渐退出了虹膜识别移动设备市场。

② 从国内专利的授权和维持程度来看，国内申请人的授权和维持数量高于国外申请人，反映了国外申请人在虹膜识别移动设备的这一细分领域还没有足够的重视，也没有在国内形成足够的专利布局和技术壁垒。国内的重点申请人中，松下的申请日期都是集中在2007年之前，并且其授权的6件专利中仅有3件处于有效状态；而LG和三星分别仅有1件专利处于有效状态。因此，可以看出国外申请人并没有在国内形成足够的专利布局和技术壁垒。

③ 通过技术功效矩阵的分析，国内申请人在采集模块、人机交互和算法方面的申请量还比较少，针对国内企业在产业链中的位置，建议中下游企业可以选择技术难度相对较小的人机交互作为专利布局的重点，而上游企业可以在采集模块以及算法方面进行专利的布局。对于算法以及人机识别这种偏重系统和软件方面的保护，主要采用发明专利申请为主，还可以通过软件著作权进行保护。对于采集模块方面的专利，其主要涉及硬件以及结构方面的改进，除了发明专利外，还可以考虑通过实用新型或者发明与实用新型结合的方式进行保护。

④ 国内企业对于国外企业的重点专利应当进行关注，其中可以重点关注松下在国内一直维持的专利（CN1290060C、CN1437161B），三星可能进入中国的申请（KR20130123859A）以及AOptix可能进入中国的系列申请（WO2013188039A1、WO2013188040A1）。

8.3　中远距离虹膜识别技术分支的分析结论

从1996年开始出现远距离虹膜识别申请开始，截至本报告检索日，全球申请专利为118项，其中中国申请人的首次申请为21项，外国申请人的首次申请为97项。从2000年起，虹膜识别技术快速发展，申请量随之显著增长。2000～2005年主要申请是中距离虹膜识别。2006～2011年，专利申请量继续较快增长，这一阶段也是国内远距离虹膜识别专利申请的主要阶段。2012～2013年属于远距离识别技术的高峰期，这一时期中距离、远距离和非配合的专利申请量都很平均。

美国、韩国、日本和中国作为技术原创国申请量位于全球前4位。日本和美国最早于1996年开始就远距离虹膜识别设备的技术方案提出专利申请。从专利申请的流向来看，韩国、美国在本国进行了完善的专利布局，美国申请人也将专利布局向其他欧美国家渗透，中国的专利申请主要是国内申请人向国家知识产权局提交的，日本的申请主要来自日本国内，少部分来自邻国韩国，欧洲申请的来源国都是韩、美、日。韩、日、美、中四个国家作为专利申请的主要目标国，申请量发展趋势有着较大区别。日本起步早目前研发停滞，韩国最为重视并一直在大力发展，美国是快速站稳脚跟与日韩技术对抗的国家，中国起步晚而逐步发展。

排名最高的申请人中，依次包括LG电子、日本的OKI和松下、美国霍尼韦尔、

AOptix 以及韩国延世大学产学合作组。Sarnoff 公司最早进行相关申请。LG 在中距离识别的申请量超过了日本两大公司之和。在远距高速发展期，霍尼韦尔公司的申请量最大。远距离高峰期进入个人申请主导阶段。

中远距离虹膜识别在中国的专利申请主要由国内申请人提出，排名前三位的是中科院自动化所、北京释码大华科技有限公司和第三眼（天津）生物识别科技有限公司。国外申请人只有松下、LG、AOptix 和全球仿生光学有限公司进行了专利申请。国内大学申请主要涉及虹膜识别算法研究。

中远距离虹膜识别技术全球发展经历了起步发展——中距大规模发展——远距大规模发展——技术高峰的路线。中距虹膜识别的申请都开始使用变焦镜头技术，远距虹膜识别则主要针对镜头的变换（如广角/窄角镜头配合，多个镜头的使用等）和识别算法上的改进，非配合虹膜识别针对运动着的人来进行软硬件改进。中远距离虹膜识别技术的发展热点还在于对镜头的改进，达到成本低、效果好，变焦的识别效果，同时进行人的定位和虹膜图像的拍摄，追踪不断运动中的人或动物。中国专利申请中对于远距离虹膜识别设备的硬件选择占了大部分，如镜头，光源，云台的设置，而对虹膜识别算法上的研究不多。虹膜识别核心算法掌握在外国技术专家手中。国内技术人员应当更对虹膜采集硬件的成本降低进行探索，同时加强在人物运动状态下和多人图像中的虹膜身份认证实时性和准确性上的研究力度，以期在非配合式远距离虹膜识别上取得突破。

8.4 虹膜识别重要申请人的分析结论

OKI 和 LG 均在获得 Iridian 公司虹膜识别核心软件技术授权的基础上开发虹膜识别产品，在市场上占据重要地位。Iridian 公司的两项专利 US4641349 和 US5291560 作为虹膜识别领域的核心专利，分别从概念上和算法上提出了虹膜识别。OKI 和 LG 在上述核心专利的基础上，分别依据不同的申请策略进行了外围专利的布局。

在市场目标方面，OKI 主要针对日本，而 LG 电子则主要针对韩国和日本，根据专利布局的情况来看，在其主要目标市场上两者并不会形成有效的竞争关系。在向中国的专利申请中，OKI 有 4 件，授权量为 3 件，LG 有 11 件，授权量为 4 件，两者在中国的有效专利量几乎相同且数量不多。但是 LG 有 3 家中国子公司进行了虹膜识别相关专利的申请，因此就中国市场而言，LG 为更应受到重视的竞争对手。

从申请趋势来看，OKI 相比 LG 更早进行虹膜识别相关专利的布局，OKI 的专利布局仅仅围绕其历代产品的研发和面世，在不进行新产品的研发之后，OKI 从 2010 年起不再进行虹膜识别相关专利的申请。LG 的申请趋势则受到和 Iridian 公司之间许可协议纠纷的影响，值得一提的是 LG 和 Iridian 公司之间的许可纠纷源于 LG 提出就 IrisAccess 系列产品和 Iridian 公司的虹膜识别技术进行交叉许可，这也反映了 LG 的利用外围专利申请布局方面的野心。

OKI 和 LG 专利申请同时涵盖了作为底层技术的核心算法和硬件设备，以及作为上层应用的人机交互和应用扩展。并且以硬件设备改进为主，核心算法的改进次之，这和两者的虹膜识别产品均使用 Iridian 公司授权许可的核心算法以及两者均为硬件生产商有关。从技术功效的角度来看，图像采集是两者的研发重点，OKI 和 LG 均在图像采集方面针对易用性有大量的专利布局，这在一定程度反映了虹膜识别硬件系统的研发重点是针对虹膜图像采集进行的提升用户体验的改进。

另外，OKI 和 LG 围绕核心专利进行外围专利布局的思路不同：OKI 针对交易安全、门禁安全、个人数据安全和动物虹膜识别多个领域进行针对性的虹膜识别相关专利的布局，而 LG 电子则是对虹膜采集装置本身进行多角度多细节进行了相关专利的布局。

OKI 和 LG 本身并不具备核心专利技术，通过获得 Iridian 的虹膜识别核心软件技术授权，在此基础上进行大量的外围专利申请。本报告对两者的专利布局进行的分析可以作为我国不具备核心专利技术的虹膜识别相关企业，尤其是硬件生产和集成相关企业专利布局和产品研发的参考。

8.5 赛峰集团收购 L-1 公司的分析结论

从这次收购可以得到如下启示。

(1) 收购前考虑技术互补与核心技术

这场横向跨国收购具有很强的技术互补目的。莫弗公司从这次收购中补充增强了虹膜识别技术、面部识别技术，尤其是在虹膜识别技术方面，其专利申请量和布局范围得到了增强。对技术互补的考虑，通常也是企业收购时需要重点关注的一方面，且可以从被购方专利技术申请的情况上来分析其技术情况，为收购做好准备。

在考虑技术互补的同时，收购时还应关注是否可以获取核心技术。对核心技术进行整合、消化和吸收是促进企业创新能力和整体研发水平大幅度提高，增强企业核心竞争力的重要战略。而对于虹膜识别技术来说，算法是虹膜识别技术的核心所在，通过这场收购，莫弗公司获得了虹膜技术领域重要的 Daugman 虹膜识别算法。

(2) 收购后加强专利申请和产品推出

在专利申请方面，莫弗公司在收购之后的 2011~2012 年虹膜识别技术的专利申请量迎来了一个高峰。与之形成鲜明对比的是，L-1 公司在收购多家公司后，表现在专利申请上的创新活动并不突出，其专利申请量反而呈下降趋势。创新活动的不突出，则会影响企业的发展，这是 L-1 公司出售给具有更多资金、研发力量更雄厚的莫弗公司的原因之一。从这一点来看，对于企业来说，收购并不是最终目的，收购的目的还在于企业收购后的技术创新活动上。通过技术创新能够增强企业的实力，为企业的发展带来更多的效益。同时，对于企业的创新活动，可以通过企业的专利申请趋势来进行辅助分析。

在产品推出上，赛峰集团在收购 L-1 公司后，其莫弗公司不仅继续推出了 L-1 公司原有的优势产品，例如 MOBILE-EYES、HIIDE™，而且还推出了自己的产品

Morpho IAD™。可见，莫弗公司并没有停留在收购后所带来的现有产品上，其研发并推出了自己的特色产品。而且，莫弗公司所保留和推出的几款产品中大都有相关的专利申请可以为产品后续改进提供专利保护，同时，这些专利申请所体现的中远距离识别技术、多模态识别技术也是该行业的重要发展方向。也就是说，在收购 L－1 公司后，莫弗公司所沿用和发布的产品不仅仅是简单的现有产品，更是具有重要发展潜力方向的产品，同时也大多是具有专利技术支撑和保护的产品。

（3）收购时机与专利申请策略的选择

对收购 L－1 公司后所获得专利申请的分析明确，虹膜识别技术的核心专利（US5291560A）失效时间在 2011 年，而 L－1 公司选择在时间点之前出售，接受了赛峰集团的收购协议，其中应包括了对该核心专利运用的考虑。其赶在该核心专利失效前出售，必然比该核心专利失效后出售所获得的利益更大。这是值得企业学习和借鉴的。

同时，这次收购涉及的双方，其专利申请类型具有共同特点：都有约 80% 的申请提交了 PCT 申请。通过 PCT 申请，申请人可以很方便地将该 PCT 申请根据需求进入具体的国家或地区，这为其专利技术的布局提供了非常好的渠道。当然，申请了 PCT 申请并不意味着能获得多个国家和地区的专利保护，还需要进入所指定的国家或地区，接受其专利的实质审查。

8.6 专利运用与保护的分析结论

通过分析虹膜识别行业的领导者 Iridian 公司以及入侵者 Blue Spike 的专利运营，从实体经营和非实体经营的角度给出国外公司专利应用的示例。

Iridian 公司作为经营实体，在专利申请时，通过要求在先申请优先权的策略，有效延长其专利技术的保护期限，从而从专利角度有效保护了其知识产权的利益；在专利许可运营时，针对不同的情况，通过捆绑许可、分对象许可以及免费许可的方式，使自己专利的商业利益最大化；同时，在面对竞争对手时，有效应用自己的专利，通过选择合适的诉讼时机与和解条件，有效打击竞争对手，为自己获得足够的竞争优势。

Blue Spike 是非经营实体的专利流氓公司。通过分析 Blue Spike 的专利布局及诉讼涉及的专利和产品，可知 Blue Spike 对可能进入美国市场的中国国内虹膜识别公司存在专利勒索的可能。针对想要进入美国市场的中国国内虹膜识别公司，提出了相应的应对策略和建议。

而作为我们虹膜企业当下的一个重要使命就是能够积极进行技术创新，在国内积极进行专利布局的基础上，进行国外专利布局，走向世界参加国际竞争，而这也正是我国虹膜识别事业想要做大做强的必经之路。

关键技术四

语音识别

目　录

第1章　绪　　论

1.1　研究背景

语音识别，就是与机器进行语音交流，让机器明白你在说什么，这是人们长期以来梦寐以求的事情，我们一般形象地把语音识别比作“机器的听觉系统”，通俗来讲，就是人能够直接通过语音来控制各种机器。近二十年来，语音识别技术取得显著进步，开始从实验室走向市场。人们预计，未来20年内，语音识别技术将全面进入工业、家电、通信、汽车电子、医疗、家庭服务、消费电子产品等各个领域。如语音识别听写机在一些领域的应用被美国新闻界评为1997年计算机发展十件大事之一。很多专家都认为语音识别技术是2000年至2010年信息技术领域十大重要的科技发展技术之一。

1.1.1　产业和技术发展概况

语音作为当前通信系统中最自然的通信媒介，语音识别技术是非常重要的人机交互技术，发展至今已经是一门交叉学科。随着计算机和语音处理技术的发展，语音识别系统的实用性将进一步提高。

语音信号是十分复杂的平稳信号，它不仅包含语义信息，还有个人特征信息，对其特征参数的研究是语音识别的基础。换句话说，特征参数应能完全、准确地表达语音信号，那么特征参数也能完全、准确地表达语音信号所携带的全部信息。本报告的第2章，选择目前语音识别中最广泛使用的特征参数梅尔倒谱系数作为研究对象，对涉及该参数的语音识别专利进行分析。

今天许多用户已经享受到了语音技术的优势，但距离真正的人机交流的前景似乎还远。目前，计算机还需要对用户作大量训练才能识别用户的语音，并且，识别率也并不总是尽如人意，换言之，语音识别技术还有一段路需要走。语音识别技术要进入大规模商用，还要在用户独立性、自然语言的能力、处理插入的能力以及软件身份验证的能力等多方面作出改进。

其中用户的独立性，是指语音识别软件能够识别有不同嗓音和口音的用户，而无须通过训练软件使其识别一个特殊用户的声音。目前的许多语音识别软件，是基于标准的发音来进行识别的；而实际上，人们说话千差万别，发音也各不相同，特别对于有口音的语音来说，更是对语音识别软件提出了严峻的挑战。深度神经网络是近年来语音识别在提高用户独立性方面炙手可热的方法，该技术模仿人类大脑对沟通的理解方法，可提供“接近即时”的语音文本转换服务，比目前的语音识别技术快两倍，同时准确率提高15%。本报告的第3章将从专利的角度对深度神经网络在语音识别中的应用作详细分析。

1.1.2 产业现状

目前中国语音市场主要有两大类公司：一类是传统的IT巨头，如微软、IBM、INTEL等；一类是专业语音技术厂商，国外有Nuance公司、国内有科大讯飞、中科信利、北京中科模识科技有限公司（以下简称“中科模识”）和捷通华声等。

智能语音行业通过高技术壁垒形成寡头垄断的格局，智能语音技术的技术壁垒很高，需要企业在统计学、声学、语言学、计算机科学等多个领域具有较强的综合实力，同时智能语音技术的研究周期长、投入大。国外对语音产品的研究开始比较早，1952年贝尔研究所Davis等人研究成功了世界上第一个能识别10个英文数字发音的实验系统。经过五十多年的努力和积淀，尤其进入20世纪90年代后，语音识别技术进一步成熟，开始向市场提供商业化运作比较成熟的产品。许多发达国家如美国、日本、韩国以及IBM、苹果、Nuance公司、微软等公司都为语音识别系统的实用化开发研究投以巨资。

在申请人分析的章节中，分别选择了传统IT巨头微软和专业语音技术厂商Nuance公司作为研究对象，分别分析这两种不同类型的公司可以给国内公司提供哪些借鉴。

1.1.3 行业需求

中国高科技发展计划（863计划）、《当前优先发展的高技术产业化重点领域指南》《中共中央关于制定国民经济和社会发展第十一个五年规划的建议》《科技助推西部地区转型发展行动计划（2013~2020年）》等国家政策性指导确立了语音识别技术的重要地位，而且我国的语音识别技术已进入前所未有的发展阶段。

目前我国研究制定的语音识别技术在数据交换格式、系统架构与接口、系统分类与评测、数据库格式与标准等方面的电子行业标准，推动了中文语音标准的制定，可以满足邮政、金融、物流、文化、教育、卫生、旅游等多方面的服务应用，但与其他发达国家相比，我国的语音识别技术仅是针对汉语识别方面具有优势，其他语音识别相关应用则仍具有一定的差距，在语音识别产品的性能、品牌、规模、知识产权保护等方面仍须进一步提高。

国外语音识别技术应用起步早，技术相对成熟，具有很高的专利申请量，并对核心技术形成很好的专利布局，具有很大的优势，这无疑限制了我国语音识别技术的发展。我们只有准确地分析国外专利技术的发展方向，分析国外拥有重要专利技术的重点发明人和主要企业在语音识别技术方面的研发重点，做到知己知彼，预测技术发展的主要趋势，有目的性地作出技术创新和突破。

我们在与国外企业竞争的同时也要把握自己的优势所在，语音技术与具体语言的发音和语法特点具有密切相关性，因此语音市场具有较高的本土化特征。国外企业中文语音处理技术在国内并没有优势，因为他们的中文语音数据资源库非常缺乏。另外智能语音识别的推广不仅要求语音处理技术达到一定标准，更要对整个国家文化以及传统有着深入的理解，特别是中文博大精深，被认为是世界上最复杂的语言，因此国外企业难以在中国语音市场立足。

技术的发展进步和大规模的行业需求必然带来市场的活跃，市场占有份额又会引起众多的法律纷争。本报告第6章，将从美国语音识别领域诉讼的整体概况到具体案件的研究，分析影响美国诉讼结果的诉讼请求、诉讼地点、诉讼对象的选择策略等因素的重要性，进而了解诉讼本身又会引起企业的并购等一系列行业变化。希望由此给读者一些启示，在激烈的市场竞争中运用好合理的规则，使用专利保护自己、打击对手。

1.2 研究对象和方法

1.2.1 技术分解

语音识别系统本质属于模式识别的范畴，计算机首先要根据输入的语言特点建立语音模型，对输入的语音信号进行分析，并抽取所需要的特征，在此基础上建立语音所需要的模板。而计算机在识别过程中要根据语音识别的模型，将计算机中存放的语音模板与输入的语音信号的特征进行比较，根据一定的搜索和匹配策略，找出一系列最优的与输入的语音匹配的模板。然后，据此模板的定义，通过查表就可以给出计算机的识别结果。

本课题组通过初期对企业调研、资料收集和专家讲座，确定了专利技术分解表。表1-2-1示出了分解表的一至四级，其是完整的技术分解表。

表1-2-1 语音识别技术分解表

一级技术分支	二级技术分支	三级技术分支	四级技术分支
语音识别	前端特征处理	端点检测	—
		降噪处理	纯软件算法
			麦克风阵列
			回声消除
		普通特征提取	梅尔倒谱系数（MFCC）
			感知线性预测特征（PLP）
		特征变换	说话人特征
			区分性特征
		识别单元选取	声学建模单元
			语言建模单元
			搜索单元

续表

一级技术分支	二级技术分支	三级技术分支	四级技术分支
语音识别	声学模型	模型拓扑结构	高斯混合模型—隐马尔科夫模型
			深度神经网络
		模型训练方法	最大似然估计
			区分性训练
			自适应训练
			无监督训练
	语言模型	文本预处理	—
		模型拓扑结构	Ngram 语言模型
			神经网络语言模型
		模型训练方法	类语言模型
			高阶语言模型
			区分性训练语言模型
			语言模型自适应
	识别引擎	加权有限状态机（WFST）	解码准确率
			解码效率
	后端处理	置信度	—
		多候选	
		数字、标点符号后处理	
		多系统融合	
语音识别的应用	移动互联网	查找	—
		录入	—
		控制	—
	呼叫中心	关键词检索	—
		自动客服	—
		数据挖掘	—
	教育	—	—
	国家安全	—	—

1.2.2 数据检索

数据库：本课题采用的专利数据主要来自国家知识产权局专利检索与服务系统（简称“S 系统”）。

其中中国专利数据主要提取自 CNABS 数据库，CPRSABS 和 CNTXT 作为补充数据库；全球专利数据主要提取自 DWPI 数据库，摘要库 SIPOABS 和全文库 WOTXT、EPTXT、JPTXT 和 USTXT 作为补充数据库。法律状态数据来自 CPRS 数据库。非专利文献来源于 CNKI、Baidu 搜索引擎、Google 搜索引擎。诉讼相关数据来自 Westlaw 和 lexisnexis 数据库。

在初步检索过程中发现，语音识别领域范围广泛，全领域数据文献量巨大，初步检索具有 4 万篇以上文献量。课题组对本报告所要研究的关键技术采用总分模式，主要借助关键词与分类号相结合的方式进行检索。采用摘要库和全文库分别进行检索后汇总的方式，提高数据的全面性。通过使用同位算符、全文检索中频次、多种分类号有效去噪。最后，再对获得的大量检索结果进行人工浏览和手工去噪。虽然牺牲了一定的效率，但是能够获得较好的查全率和查准率结果。针对梅尔倒谱系数检索截止日期为 2014 年 3 月 5 日，全球发明专利申请 763 项，中国发明专利申请 460 件。针对深度神经网络检索截止日期为 2014 年 5 月 28 日，全球发明专利申请 240 项，中国发明专利申请 76 件。

1.2.3 查全查准评估

检索结果评估所使用的指标是查全率和查准率。全面而准确的检索结果是后续专利分析的基础，该评估结果是调整检索策略、能否终止检索的重要依据。查全率用来评价检索结果的全面性，即评价检索结果涵盖检索主题下的所有专利文献的程度；查准率用来衡量检索结果的准确性，即评价检索结果是否与检索主题密切相关。

查全率的评估通常在初步查全和去噪后进行，查准率的评估通常在查全工作结束后进行。经评估，本报告的两项关键技术检索查全率均超过 90%；由于本报告对关键技术的检索文献采取了审查员逐篇阅读的人工去噪方式，查准率接近 100%。

1.2.4 数据处理

在数据处理中检索的全球数据专利是通过外文专利检索系统 EPOQUE 系统中的 WPI 数据库得出的。单独的专利以件计数。而该数据库中将同一项发明创造在多个国家申请专利而产生的一组内容相同或基本相同的系列专利申请，称为同族专利。在全球数据库中检索获取的数据，将这样的一组同族专利视为一项专利申请。

本课题所作的专利分析工作以中国国家知识产权局提供的专利数据库中获得的专利文献数据为基础，结合标准、诉讼、行业等其他相关数据，综合运用了定量分析与定性分析方法。

1.2.5 相关事项和约定

本报告检索的最后截止日根据各个技术分支而有所不同。由于发明专利申请自申请日（有优先权的自优先权日）起 18 个月（主动要求提前公开的除外）才能被公布，实用新型专利申请在授权后才能获得公布（其公布日的滞后程度取决于审查周期的长短），而 PCT 申请可能自申请日起 30 个月甚至更长时间之后才进入到国家阶段（导致其相对应的国家公布时间更晚），因此在实际数据中会出现 2013 年之后的专利申请量比实际申请量少的情况。这反映到本报告中的各技术申请量年度变化的趋势图中，可能表现为自 2012 年之后出现较为明显的下降，但这并不能说明 2012 年、2013 年申请量的真实趋势，将在后续各章节进行具体分析。

（1）主要申请人名称约定

由于在 CPRS 数据库与 WPI 数据库中，同一申请人存在多种不同的表述方式，或者同一申请人在多个国家或地区拥有多家子公司，为了正确统计各申请人实际拥有的申请量与专利权数量，本小节对 CPRS 数据库与 WPI 数据库中出现的主要申请人进行统一约定，并约定在报告中均使用标准化后的申请人名称。其中，在德文特数据库中同一公司代码约定为相同公司；依据 NEXIS 商业数据库中母子公司的关系约定为母公司；依据各公司官网上有关收购、子公司建立等信息，将子公司和收购的公司约定为母公司；公司合并的情况，以合并后的公司作为统一约定的申请人。申请人的名称约定见附录表 1。

（2）相关术语解释

同族专利：同一项发明创造在多个国家申请专利而产生的一组内容相同或基本相同的专利文献出版物，称为一个专利族或同族专利。

专利所属国家或地区：以专利申请的首次申请优先权国别来确定，没有优先权的专利申请以该项申请的最早申请国别确定。

有效：指到检索截止日为止，专利权处于有效状态的专利申请。

无效：指到检索截止日为止，已经丧失专利权的专利或者自始至终未获得授权的专利申请，包括专利申请被视为撤回或撤回、专利申请被驳回、专利权被无效、放弃专利权、专利权因费用终止、专利权届满等。

未决：该专利申请可能还未进入实质审查程序或者处于实质审查程序中，也有可能处于复审等其他法律状态。

第2章　梅尔倒谱系数

语音信号是十分复杂的平稳信号，它不仅包含语义信息，还有个人特征信息，对其特征参数的研究是语音识别的基础。换句话说，特征参数应能完全地、准确地表达语音信号，那么特征参数也能完全地、准确地表达语音信号所携带的全部信息。梅尔倒谱系数（Mel Frequency Cepstrum Coefficient，MFCC）是目前语音识别中广泛使用的特征参数，具有以下特征：能有效代表语音特征，具有良好的区分性；特征参数之间有良好的独立性；易于计算，能最好保证语音识别的实时实现。本章对语音识别领域中 MFCC 的相关专利进行分析，得到全球和中国的申请量趋势和区域分布情况，并重点研究了梅尔倒谱系数的技术发展路线，展示了该领域可开发的热点技术，进一步对重点专利进行深入分析。

本章报告的统计分析基础为 2014 年 3 月 5 日提取的已公开中国专利数据和全球专利数据，经检索，语音识别中 MFCC 方面的全球发明专利申请 763 项，中国发明专利申请 460 件。

2.1　梅尔倒谱系数概述

人的听觉系统是一个特殊的非线性系统，它对不同频率的信号的敏感度不同，基本上是一个对数关系。MFCC 的分析着眼于人耳的听觉机理。

人耳具有一些特殊功能，这些功能使得人耳在嘈杂的环境中，以及各种变异情况下仍然能正常地分辨出各种声音，其中耳蜗起了很关键的作用。耳蜗实质上的作用相当于一个滤波器组，耳蜗的滤波作用是在对数频率尺度上进行的。在 1000Hz 以下为线性尺度，而 1000Hz 以上为对数尺度，这就使得人耳对低频信号比对高频信号更敏感。根据这一原则，研究者根据心理学实验得到了类似于耳蜗作用的一组滤波器组，这就是梅尔频率滤波器组 $H_m(k)$（图 2－1－1）。梅尔频率刻度与频率的关系是：$F_{mel} \approx 259511g(1+f_{Hz}/700)$。

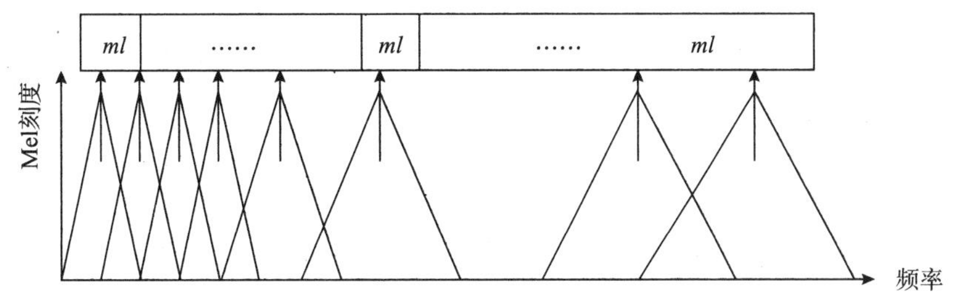

图 2－1－1　梅尔频率滤波器组刻度与频率的关系

MFCC是将信号的频谱首先在频域将频率轴变换为梅尔频率刻度，再变换到倒谱域得到的倒谱系数。MFCC计算过程如图2-1-2所示。

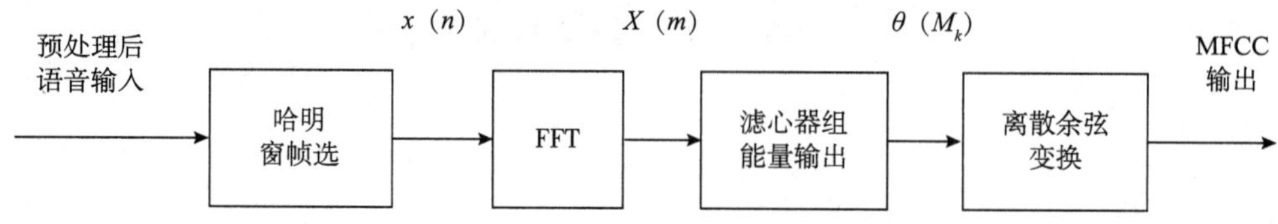

图2-1-2 MFCC计算过程

MFCC特征参数的计算过程如下：

① 假定已有一帧采样语音 $\{x_i\}_{i=1,2,\cdots,N}$，N 为帧长，将 $\{x_i\}_{i=1,2,\cdots,N}$ 加哈明窗后做N点FFT，将时域信号 $x(n)$ 转化为频域信号 $X(m)$，并由此可以计算它的短时能量谱 $P(f)$。

② 利用梅尔频率刻度与频率的关系将 $P(f)$ 由在频率轴上的频谱转化为在梅尔坐标上的 $P(M)$，其中 $n=1, 2, \cdots, p$，M 表示梅尔频率，并且梅尔频率考虑了人耳的听觉特性。

③ 在梅尔频域内将三角带通滤波器加于梅尔坐标得到滤波器组 $H_m(k)$，然后计算梅尔坐标上得能量谱 $P(M)$ 经过此滤波器组的输出：

$$\theta(M_k) = \ln\left[\sum_{k=1}^{k} |X(k)|^2 H_m(K)\right], \quad k = 1,2,\cdots,K$$

式中 k 表示第 k 个滤波器，K 表示滤波器的个数。

④ 如果 $\theta(M_k)$ 表示第 k 个滤波器的输出能量，则梅尔频率倒谱 $C_{mel}(n)$ 在梅尔刻度谱上可以采用修改的离散余弦反变换求得：

$$C_{mel}(n) = \sum_{k=1}^{k} \theta(M_k)\cos\left(n(k-0.5)\frac{\pi}{K}\right), \quad n = 1,2,\cdots,p$$

式中，p 为MFCC参数的阶数。

标准的倒谱参数只反映语音参数的静态特性，认为不同帧间的语音是不相关的。实际上，人耳对语音的动态特征更为敏感。由于发音的物理条件限制，不同帧间语音一定是相关的，变化是连续的，所以在识别参数中还使用一阶差分MFCC来描述这种动态特性，将得到相应的动态特征。其定义为：

$$d_{mel}(n) = \frac{1}{\sqrt{\sum_{i=-k}^{k} i^2}} \cdot \sum_{i=-k}^{k} i \cdot C(n+i), \quad 1 \leqslant n \leqslant p$$

其中 k 为常数，一般取2，C，d 都表示一帧语音参数，在实际使用中通常将MFCC参数和差分参数合并为一个向量，作为一帧语音信号的参数。

2.2 全球专利概况

2.2.1 申请量

截至2014年3月5日，全球专利申请中使用梅尔倒谱系数（MFCC）的语音识别专利申请总量为763项。图2-2-1是关于MFCC的全球申请量和中国、美国申请量的年代比较图，从图上可以看出全球申请量总体呈增长态势，从技术发展的角度上来说可以分为以下3个阶段。

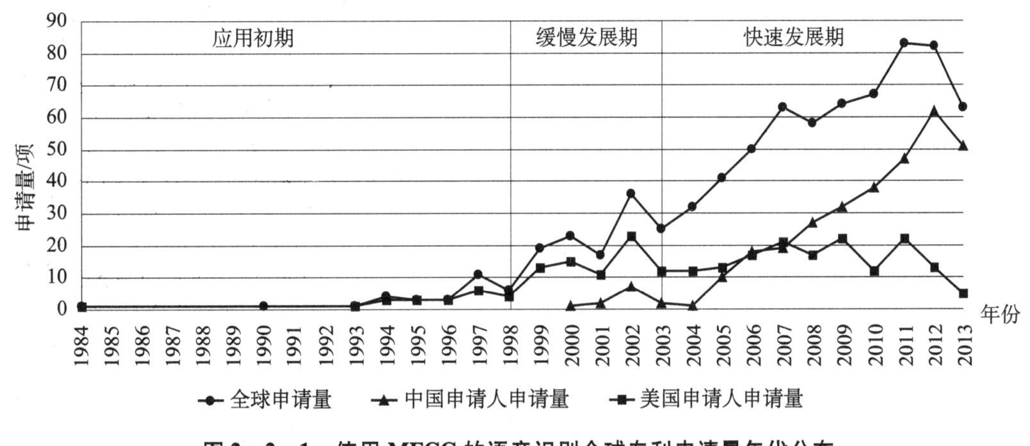

图2-2-1 使用MFCC的语音识别全球专利申请量年代分布

（1）应用初期（1984～1998年）

1980年，美国科学家Davis和Mermelstein在IEEE Transactions on Acoustics, Speech, and Signal Processing上发表了题为“Comparison of Parametric Representations for Monosyllabic Word Recognition in Continuously Spoken Sentences”的文章，文章中对语音信号同时提取了MFCC、线性预测参数（LPC）、线性预测倒谱系数（LPCC）、线性频谱系数（LFCC）、反射系数（RC）等5个参数，结果发现以MFCC作为特征参数时达到了最好的识别效果。图2-2-2是上述MFCC等各参数的识别准确率比较图。从图2-2-2中可以看出，MFCC作为特征参数时，准确率高达96.5%和95%。

这是MFCC的首次提出，并证明了基于MFCC特征参数的语音识别系统比其他参数具有更优越的性能。最早的关于MFCC的专利是1984年美国得州仪器申请的US5146539A。该专利的发明名称为“使用共振峰频率的语音识别方法”，其中使用了MFCC作为特征参数。而第二项关于MFCC的专利申请则到了1990年才由日本佳能公司提出。1990～1998年，全球专利申请量增长缓慢，每年申请量基本为个位数，这表明MFCC作为一种较新颖的语音特征参数并没有得到广泛使用，其在语音识别中的优势也没有被专业人士认可。相应地，由于技术上的不成熟，大规模的专利布局也尚未开始。在应用初期，美国申请占了总申请量的70%，这表明美国不仅在技术上最先提

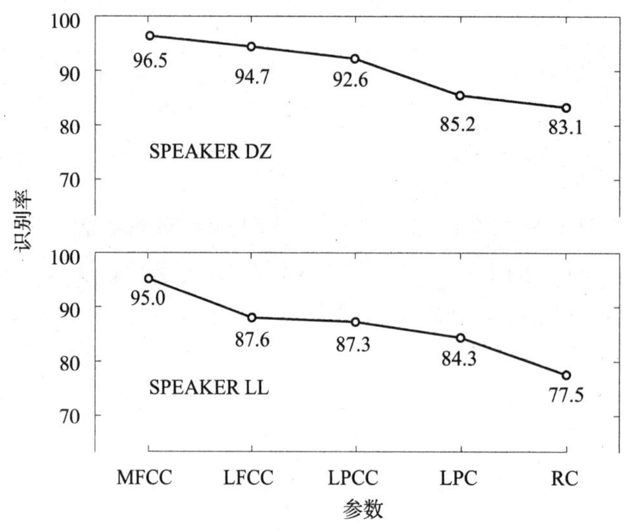

图2-2-2　各参数的识别准确率比较

出使用MFCC作为特征参数，而且专利意识很强，在专利申请上起步最早，占据领头羊地位。

（2）缓慢发展期（1999～2003年）

这段时期的专利申请也主要为美国申请，所以全球和美国的申请量的变化趋势是相同的，申请量有波动，但总体还是增长趋势。中国申请在这段时期的占有量仍旧非常少。这一阶段，MFCC的参数提取技术和HMM模型的深入使用使语音识别技术得到进一步的发展，语音识别的问题逐步在理论体系上得到了比较完整和准确的描述，同时在实践上又逐步研发出效率较高的解决算法。

（3）快速发展期（2004～2013年）

从2004年起全球申请量开始大幅攀升，2011年达到最高值83项，年平均增长率为14.59%。这段时期，在美国国防部的DARPA测试、Ears计划、近期的Gales计划，以及我国“863计划”等推动下，一大批高水平的研究机构和企业加入到语音识别的研究领域，极大地推动了语音识别技术的发展和应用。DARPA是Defense Advanced Research Projects Agency的简称，译为美国国防先进研究项目局，是美国国防部重大科技攻关项目的组织、协调、管理机构和军用高技术预研工作的技术管理部门，主要负责高新技术的研究、开发和应用，为美国积累了雄厚的科技资源储备，并且引领着美国乃至世界军民高技术研发的潮流。在DARPA的推动下，语音产业从国防等国家战略需求领域进入民用领域，美国一直占据先机。这段时期，语音识别系统已经从过去的小词汇量、孤立词识别、特定人识别、安静环境等简单任务逐步发展到大词汇量、连续语音、非特定人、噪声环境下的识别任务，从单纯的语音识别任务发展到语音翻译任务，从实验室系统走向商用系统。随着隐马尔可夫模型工具包等软件的推出以及公开化，其他研究机构对自动语音识别研究的门槛大大降低，从而进一步掀起了这一领域研究的热潮。2003年之后，美国申请量一直保持稳定，在每年20项上下波动，直至

2011 年之后呈下降趋势。究其原因，可能是由于 MFCC 提取技术日渐成熟，并且语音识别软件的公开化使 MFCC 应用的门槛降低。美国专利不再专注于改进其算法，而更多关注模型的改进和新的应用领域，所以涉及 MFCC 的专利发展平缓甚至降低。而中国申请量在这一阶段快速增长，从 2004 年的 1 项到 2012 年最高峰时期的 62 项，年平均增长率为 67.51%，大大超过了全球平均水平，究其原因是因为中国的语音识别研究一直得到国家自然科学基金项目、国家“863 计划”、电子发展基金以及国家“十五”“十一五”重点攻关项目的支持。经过之前长时期的研究积累，又经过近几年的技术优化和市场推广，逐步形成了一个完整及发展迅速的中文语音应用产业链，语音产业市场进入一个规模化快速增长阶段。

2.2.2 区域国别分析

为了研究 MFCC 专利技术的区域分布情况、主要技术来源、重要目标市场，本报告对采集到的专利数据样本按申请所在国家或地区和申请目标国或地区进行了统计。

图 2－2－3 是 MFCC 全球专利申请量国家或地区排名。从图 2－2－3 中可以看出，中国以 310 项专利申请排名第一；美国次之，为 249 项；日本、韩国、欧洲紧随其后。美国和日本在语音识别领域一直保持优势，美国的微软、IBM、谷歌等 IT 巨头，日本的索尼、松下、东芝等大公司都一直致力于语音识别的研发，所以美国和日本专利申请量位居前列是意料之中的。令人意外的是，中国的专利申请量居然在这一方面独占鳌头。究其原因，可结合申请人的概况来分析，中国专利申请量前三位的分别是清华大学、浙江大学和华南理工大学。高校的申请一般都会把语音识别的整个过程作详细的介绍，而 MFCC 又是现在普遍使用的特征参数，所以涉及 MFCC 的专利申请数量较多。但我们要保持清醒的认识，申请量大并不意味着中国在语音识别技术上占据优势。事实上美国仍旧掌握语音识别领域最先进的技术，申请量较少的原因一方面是由于特征提取技术已经成熟，美国的语音识别研究重点已经转向识别模型的改进和新的应用

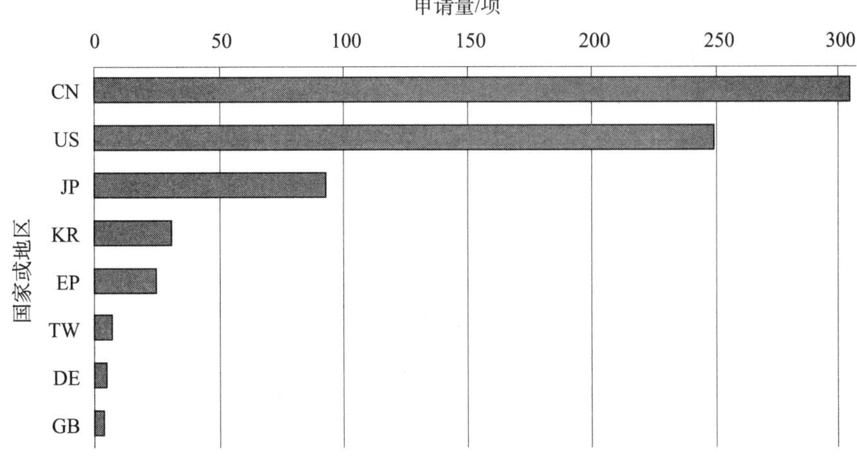

图 2－2－3 MFCC 全球专利申请量国家或地区排名

领域。如2011年微软研究院就引入深度神经网络（DNN）到大词汇量语音识别研究，准确率得到大幅提升。另一方面是由于美国专利申请撰写的特点，特征提取只是语音识别中的一个前端步骤，而MFCC只是其中一个常用特征，公司的申请很有可能不会对其作详细描述。

目标国或地区分布是与市场分布紧密相关的。一般来说，企业想占领哪个地区的市场就会优先在哪个地区申请大量专利，进行专利布局。图2-2-4表示的是MFCC全球申请目标国或地区排名。

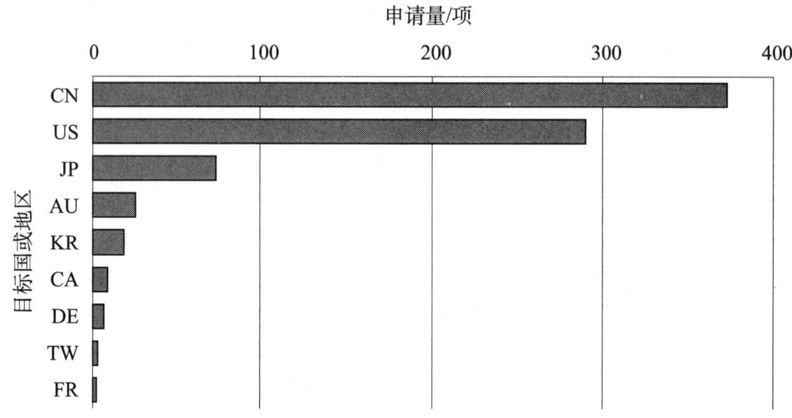

图2-2-4　MFCC全球申请目标国或地区排名

从图2-2-4中可以看出，目标国或地区的排名顺序与申请国或地区相同，排在前三位的依然是中国、美国和日本。由于中国的专利申请量排名第一，因此在目标国或地区排名中中国也占据首位。但除了本国的申请，其他国家或地区的申请人也纷纷在中国进行专利布局，充分说明中国市场吸引了全球的目光，使得中国越来越受专利申请人的重视。美国作为专利大户，也具有最为广阔的市场前景，使得其他国家或地区的申请人都纷纷在美国进行专利布局，以争取在美国市场发展中夺得先机。虽然日本的申请量不如中国和美国，但还是远远超过其他国家或地区，反映了语音识别技术在日本的市场需求。

从图2-2-5可以明显看出申请国或地区和目标国的情况，中国的申请在中国本土申请专利权保护的最多，只有2项申请请求美国的专利权保护，2项申请请求日本的专利权保护。这说明了中国申请人还缺少全球布局的远见，专利意识还需增强。以美国为优先权的申请进入中国的比进入其他国家的要多，说明美国对中国市场十分重视。以日本为优先权的申请除了在日本本土布局外，在美国和中国的申请量也不小，这是由于日本市场本身较小，日本申请人非常重视美国和中国这两大市场。

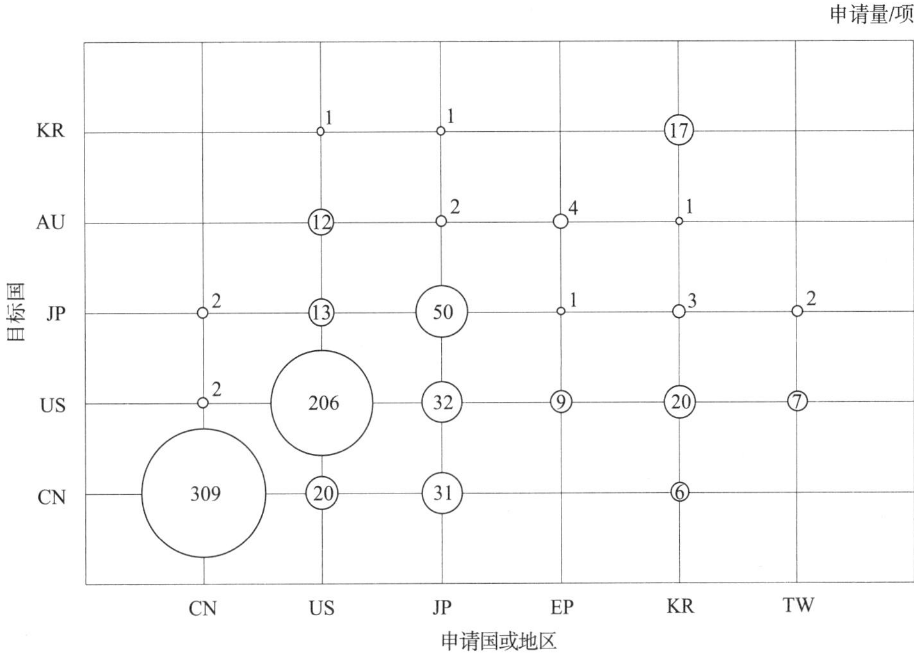

图 2-2-5 MFCC 全球申请国或地区和目标国情况

2.2.3 申请人

图 2-2-6 是 MFCC 技术领域全球申请人排名，图中显示国外大公司仍旧主导着技术的发展。占据前三位的分别是美国和日本的公司，即微软、索尼和松下。微软研

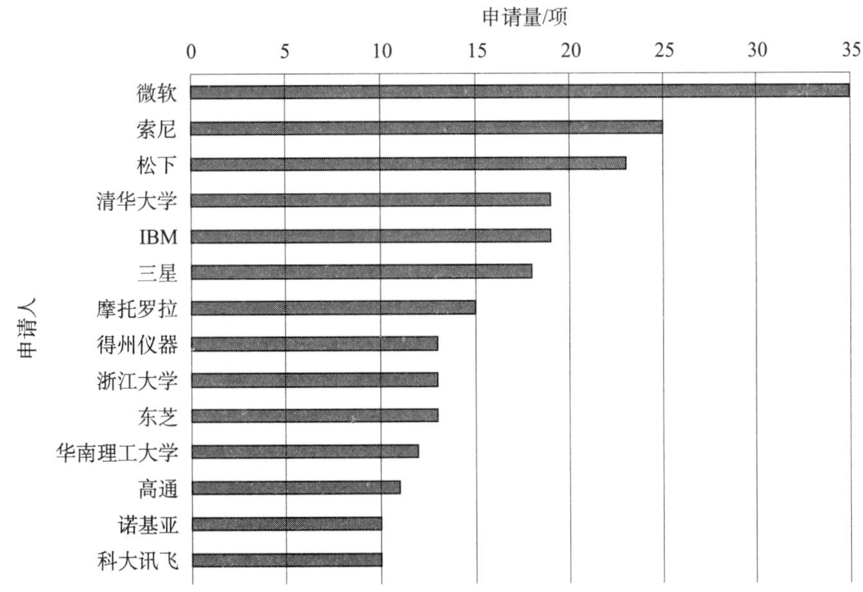

图 2-2-6 MFCC 全球申请人申请量排名

究院在语音识别方面已有近30年的研究历史，一直致力于追求更快更准确的语音识别技术，以35项专利申请稳居第一。索尼于2013年推出的PS4和松下的智能电视都增加了语音识别功能，这两个日本公司在语音识别研发上的投入也一直未中断，前几年有停止趋势，近几年随语音识别市场日益红火又纷纷加大投入力度，所以排在第二和第三的位置。我国的申请人中排名前三的都为高校，分别为清华大学、浙江大学和华南理工大学。高校的申请都以方法研究为主，但它们的研发与市场结合不紧密，研究成果很少转化到商业市场。科大讯飞是中国最大的智能语音技术提供商，在语音识别领域有长期的研究积累。科大讯飞占据70%的中文语音技术市场，但在专利的申请量上却落在国内高校之后，说明还需加大研发力度，掌握更多自主知识产权。

2.3 中国专利概况

为了解语音识别领域使用MFCC作为特征参数的专利申请的总体情况，本节重点研究中国专利的总体趋势、各国在中国申请分析和申请人构成、国内各省份专利申请和产业布局以及国内申请的法律状态。通过数据可以看出，我国在使用MFCC进行语音识别的技术上远远落后于国外，需要国内技术人员和企业家加快追赶的脚步。

2.3.1 申请量

截至2013年，在MFCC作为特征参数进行语音识别方面，中国的专利申请量一共为420件，其中中国申请人共申请310件，国外申请人共申请110件。

图2-3-1为MFCC全球申请、中国申请和中国申请人申请的申请量年代分布。从时间上看，在全球申请中，使用MFCC作为特征参数进行语音识别的专利申请最早出现在1984年，但在1984~1994年这十年中，申请量极少，这与梅尔倒谱技术的发展是相关的。在中国专利申请中，直到1997年，才出现MFCC作为特征参数进行语音识别方面的专利，其为英国电讯公司在1997年3月25日提出的申请号为97193504、发明名称为“语言处理”的发明专利申请，其涉及语言处理领域，具体涉及用于语言识别的特征的产生。该申请针对现有技术中参数抗噪性能不强的问题，提出了一种产生用于语言识别的特征的方法和设备，其使用矩阵训练语言模型，使得模型可以进行反向变换，并且对于诸如并行模型组合（PMC）之类的技术，可反向变换到线性滤波器组的域，以便改进相对于噪声的健壮性。该申请于2003年9月17日获得授权。从该专利的技术方案可以看出，其并不涉及对MFCC提取方法的改进，也非MFCC在语音识别领域的应用拓展，而是将MFCC作为一种成熟的参数，应用于语音识别的过程中，并与其他语音识别的改进手段相结合，共同达到提高识别抗噪性能的目的。从中国专利申请出现的时间及其专利内容上可以看出，中国专利申请最开始出现时，MFCC作为特征参数进行语音识别的研究即已基本成熟，专利申请的内容趋向于对该参数的应用。由此说明，申请人开始在中国市场进行专利布局的起步较晚。

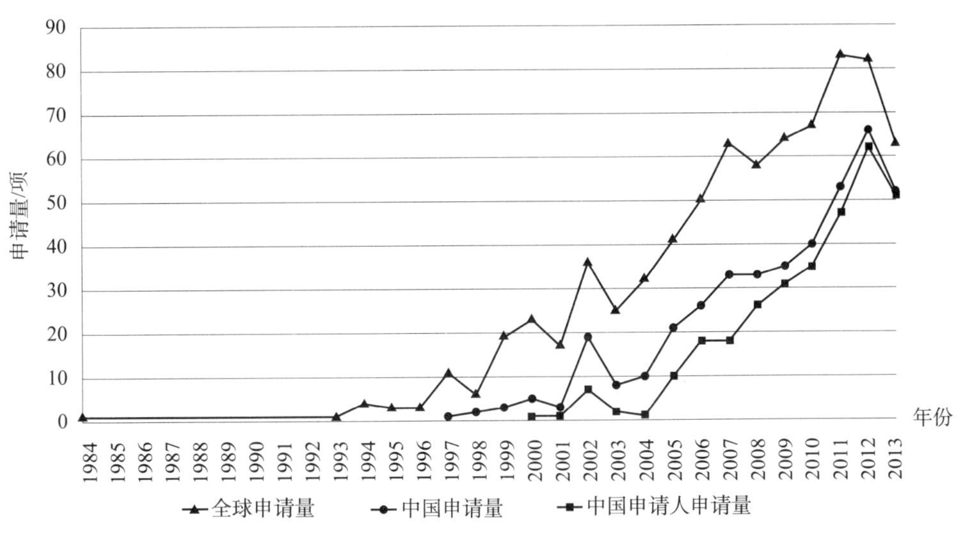

图2-3-1 MFCC全球申请、中国申请和中国申请人申请的申请量年代分布

在中国申请中，虽然1997年开始出现了MFCC作为特征参数进行语音识别方面的专利申请，但本国申请从2000年才开始出现。中国申请人提出的涉及MFCC的第一件申请为清华大学于2000年11月10日提出的申请号为00130298.1、发明名称为“基于语音识别的信息校核方法”的发明专利申请，其属于语音技术领域，具体涉及采用大词表非特人语音识别技术用于信息校核、查询以及命令控制的方法。其主要是针对现有技术中，人工信息核对过程繁重且易于出错的问题，提出一种基于语音识别的信息校核方法。参照图2-3-2，该申请的技术方案为：一种基于语音识别的信息校核方法，包括语音信号的端点检测及语音识别参数提取、非特定人语音识别模型的预先训练、非特定人语音识别、语音识别置信度与拒识模型、非特定人语音识别的说话人自适应学习、语音识别词条的生成、语音提示各部分。其中，在语音识别特征参数提取步骤中使用了MFCC，其具体的MFCC的计算方法为：首先根据MEL频率把信号频谱分为若干个带通组，其带通的频率响应是三角形或正弦形的。然后计算相应滤波器组的信号能量，在通过离散余弦变换计算对应倒谱系数。MFCC特征主要反映语音的静态特征，语音信号的动态特征可以用静态特征的一阶差分谱和二阶差分谱来描述。这些动态信息和静态信息互相补充，能很大程度提高语音识别的性能。整个语音特征用MFCC参数、MFCC差分系数、规一化能量系数及其差分系数来构成。该申请将语音识别技术用于信息校核系统，具有劳动效率高、核校精度高以及劳动强度小等特点。从其技术方案上看，其也不涉及对MFCC提取技术的改进，但在MFCC的应用方面，其为了提高识别性能，不仅使用了常规的MFCC及其一阶差分，还加入了二阶差分谱。该申请是对MFCC在语音识别方面应用的改进。

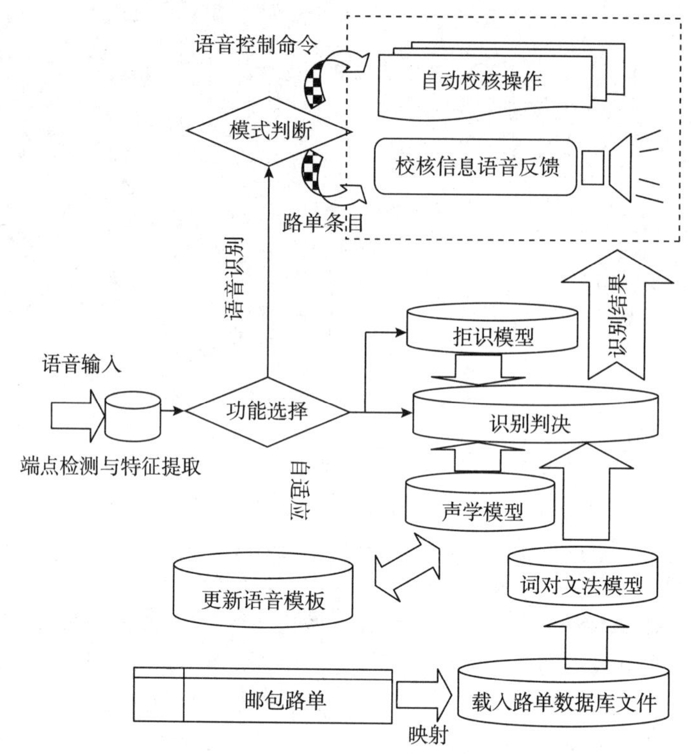

图 2-3-2　申请 00130298.1 中的系统整体框图

2004 年之后中国申请量出现快速增长。该快速增长期落后于全球大约 10 年。但 2004 年之后，中国申请量和中国申请人的申请量增长幅度都超过了全球申请量的增长幅度，说明外国申请人和中国申请人都开始关注中国市场，中国的语音识别领域进入快速发展期。

从中国申请量和全球申请量的比较可以明显看出，2000 年之后，中国的申请量变化趋势与全球申请量变化趋势基本一致，都呈现出了快速增长，其中 2001 年、2004 年和 2008 年为较为突出的快速增长点，而且，图 2-3-1 还进一步显示，中国申请人占全部中国申请量的比例逐渐提高。这表明 2000 年之后，在使用 MFCC 作为特征参数进行语音识别的研究领域，中国一直紧跟世界的脚步。虽然在 2002 年和 2007 年，中国申请量和全球申请量都出现了下滑，但下滑持续的时间很短，紧跟着是更加快速的增长，这说明使用 MFCC 作为特征参数进行语音识别的技术市场一直处于蓬勃发展中，市场前景被看好。

2.3.2　申请人构成

图 2-3-3 表示的是 MFCC 中国申请国家排名。从中国专利的申请人来看，中国申请人占据了大概 3/4，这表明中国对使用 MFCC 作为特征参数进行语音识别的研究领域投入很大。从中国专利的国外申请人来源看，美国、日本、韩国和欧洲的申请量较大。由此可以看出，这些国家在语音识别领域的技发展水平较高，且对中国市场也相

当重视。尤其是美国，其申请量排名第二，这也印证了国外申请人分布情况的分析。不管是语音识别技术的研发还是应用，美国的申请量与其他国家的申请量相比都占据绝对优势，这也和美国一直在智能识别和应用上占据主导地位的情况相吻合。日本的索尼、松下在亚洲市场上具有一定优势，所以来自日本的申请也是相当多的。

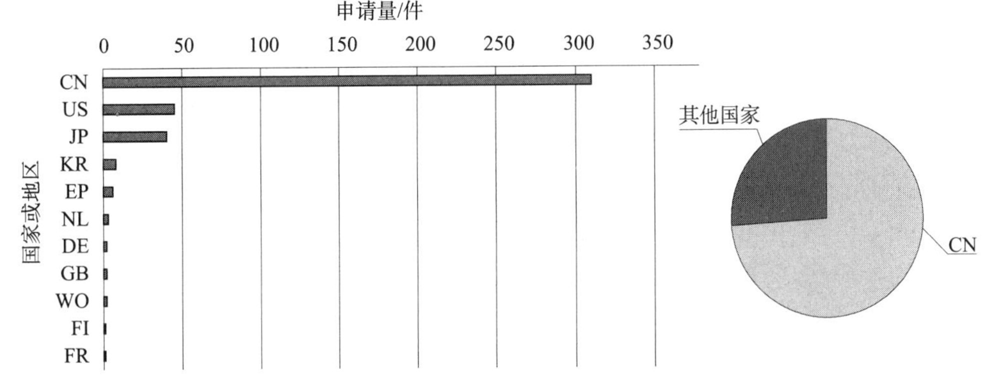

图 2-3-3　MFCC 中国申请国家排名

随着语音识别技术在智能终端上的应用越来越广，这些国家在中国的专利布局也越来越完善，有效地保护了语音识别及智能终端企业在中国的商业利益。

虽然中国申请人的申请量占据了申请总量的大概 3/4，但巨大的申请量并不意味着国内语音识别应用在技术以及市场上占据优势。下面从申请人构成情况作进一步分析。

图 2-3-4 为 MFCC 技术领域中国申请申请人构成。从中可以看出，国外申请人的主体为公司，研究机构和个人只占很小的比例，而个人的申请量为 0。与国外的创新主体为公司相比，国内研究机构的申请量占到了国内申请人申请总量的大约 60%，个人申请量大约为 5.5%。创新主体的差异，必然会在市场分布上显现出不同。

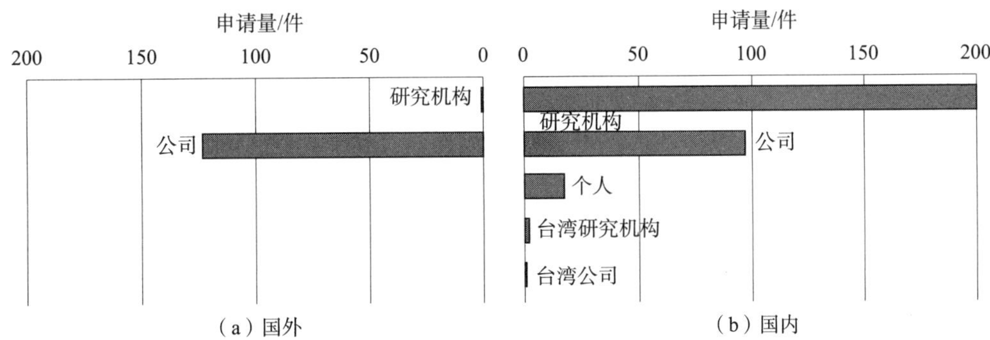

图 2-3-4　MFCC 中国申请申请人构成

图 2-3-5 为 MFCC 技术领域国内外申请人的申请量排名情况。从图中可以看出，国内申请量前十位中，仅有科大讯飞和北京派瑞根科技开发有限公司两家公司，其他均为高校和研究机构。而从其专利申请的内容及其市场转化成果来看，国内高校和研究机构申请的专利有相当一部分与市场需求脱离，很难投入市场创造商业价值。这也就不难理解，为何中国申请人的申请量很大，但技术和市场却一直处于落后地位了。

参考图2-3-5（a）从国外申请人的申请量排名可以看出，占据靠前位置的都是美国和日本的公司，这与这些公司在语音识别领域的市场状况有关。松下、索尼、飞利浦等公司在语音识别领域都占据了很大的市场份额，相应地，在语音识别领域申请大量专利，进行完善有效的专利布局，可以有效地保护其市场份额和商业利益。

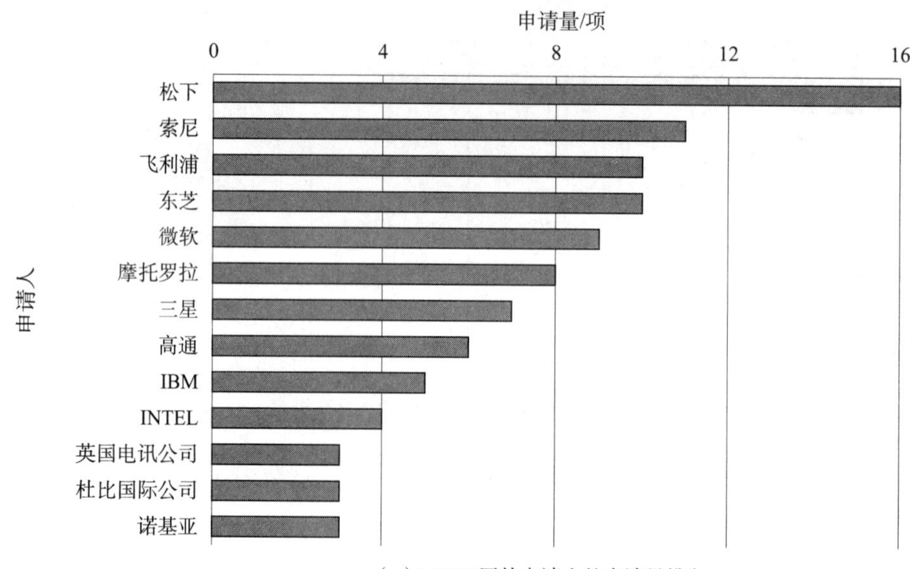

（a）MFCC国外申请人的申请量排名

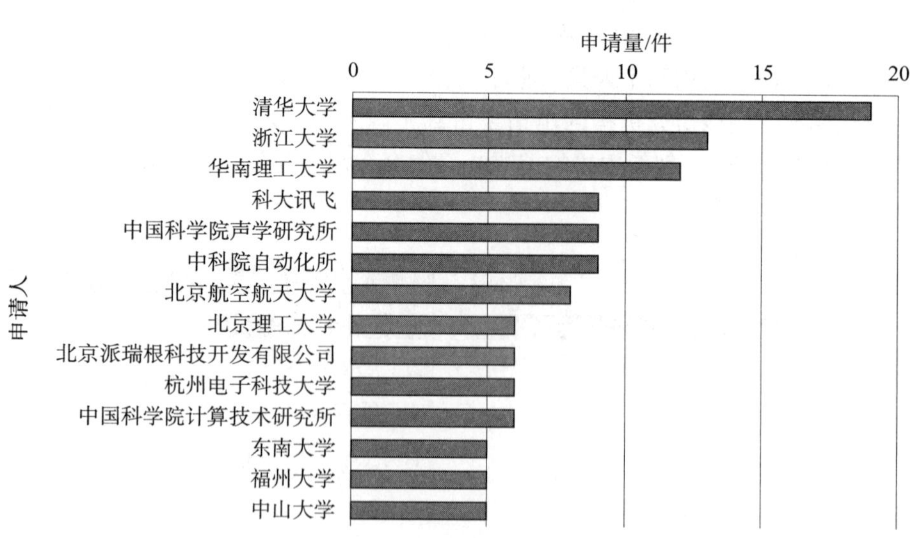

（b）MFCC国内申请人的申请量排名

图2-3-5　MFCC国内外申请人申请量排名

总体来说，中国的语音识别研发还需要加大研发投入，追赶世界先进的语音识别技术，提高技术向市场转化的能力，多申请有研究价值、应用价值的专利，消除专利泡沫，完善专利布局，不断缩短与发达国家水平之间的差距。

2.3.3　各省份专利申请状况

图2-3-6表示的是MFCC技术领域中国申请人省份排名情况。从专利申请数量来看，国内用MFCC作为特征参数进行语音识别领域的申请主要集中在北京、上海、广州、浙江、江苏、安徽等地，这与各地IT发达程度相对应，也体现出了各地区对新兴技术的重视程度和扶植力度，也在一定程度上反映出这些地区知识产权保护意识的强弱程度。

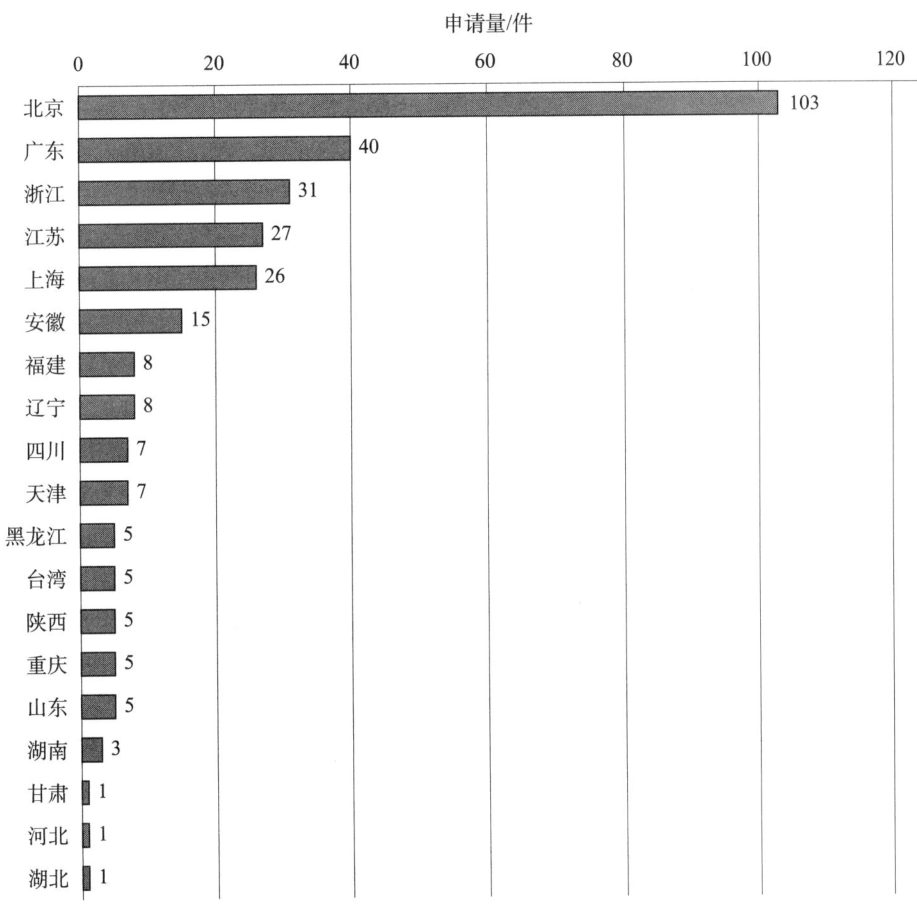

图2-3-6　MFCC中国申请人省份排名

对于北京来说，北京的研究院所比较多，在全国申请量前十位的排名中，北京研究所和高校占了5个，北京的高新技术产业园区也很多，比如中关村科技园中有很多偏向于语音识别应用的企业，一些国内的互联网巨头，例如百度、腾讯、华为等都在北京设置有公司。因此，北京的申请量是全国各个省份中最多的，这也在一定程度上体现出北京高新技术的研发水平和对知识产权的重视程度都处于全国领先地位。

广东的申请量仅次于北京，这主要归功于腾讯、华为等高新技术公司；另外，广东的一些高校和研究所，例如中山大学、深圳先进技术研究院等，也是申请的主要来源。

浙江、江苏、上海高新技术公司比较多，它们为申请量的增加作出较大贡献。安徽的申请量主要来自科大讯飞，该企业在语音识别方面的技术研发水平一直处于全国领先地位，也具有较强的知识产权保护意识，其专利全球申请量的排名也很靠前。

从图2－3－6中还可以看出，甘肃、河北、湖北等地的申请量较少，而有些省份甚至没有相关方面的专利申请。这也在一定程度上反映出，这些地区的高新技术产业发展水平和知识产权保护意识有待进一步提高。

总体上，语音识别技术的专利申请主要集中在高校科研院所比较多、经济发展比较好的地区，专利申请的地域分布与新兴技术的发展程度以及各地的经济发达程度是互相对应的。

2.3.4 法律状态

针对MFCC作为特征参数进行语音识别这一技术点在中国的申请，对国内和国外申请人分别统计了每一年的法律状态信息，如表2－3－1所示。

表2－3－1 MFCC中国申请的法律状态统计表

单位：件

申请年	公开		授权		有效		在审		失效	
	国内	国外	国内	国外	国内	国外	国内	国外	国内	国外
1995	0	0	0	0	0	0	0	0	0	0
1996	0	0	0	0	0	0	0	0	0	0
1997	0	1	0	0	0	0	0	0	0	1
1998	0	1	0	0	0	0	0	0	0	1
1999	0	1	0	1	0	0	0	0	0	1
2000	0	6	0	5	0	2	0	1	0	3
2001	1	1	1	1	1	1	0	0	0	0
2002	7	6	6	4	2	3	0	0	5	3
2003	2	10	2	4	0	2	0	0	2	8
2004	2	8	2	5	2	3	0	0	0	5
2005	9	9	7	7	6	7	0	0	3	2
2006	16	9	11	6	9	6	0	1	7	2
2007	15	15	9	9	6	9	0	0	9	6
2008	27	6	18	5	18	5	4	0	5	1
2009	30	6	24	3	17	3	0	2	13	1
2010	34	5	19	0	16	0	10	5	8	0
2011	46	7	28	1	27	1	13	6	6	0
2012	63	6	8	0	8	0	55	6	0	0
2013	51	2	1	0	0	0	51	2	0	0
总计	303	99	136	51	112	42	133	23	58	34

首先，从申请量上来看，1997 年即开始出现国外申请人的中国申请，而直到 2001 年，才出现首个中国申请人的中国申请。从申请的绝对数量上来看，中国申请人的申请数量远远多于国外申请人的申请数量。这说明中国申请人对语音识别领域的重视程度很高，研发投入较大，专利申请的意识也很强。从授权情况来看，中国申请人的 303 件申请中，共有 136 件获得授权，授权比例为 45%；而国外申请人的 99 件专利申请中，共有 51 件获得授权，授权比例为 52%。中国授权专利中，到目前为止，处于有效状态的有 112 件，占授权总量的 82%；而国外授权专利中，处于有效状态的有 42 件，也占授权总量的 82%。虽然二者比例相等，但中国专利授权后没有继续维持的绝对数量稍多。没有继续维持的原因包括没有缴纳年费、复审无效等。申请专利保护一项技术归根结底是一项商业行为，只有在有商业利润的情况下，申请人才有动力维护自己的专利权。从这个角度来说，国内授权后失效的申请数量较多也说明国内申请人的申请并没有获得很好的商业利益，由此才导致部分授权后的专利被放弃权利。这也从一个侧面反映了国内的专利申请与商业市场结合得不太好。

总体而言，中国的高新技术企业在语音识别领域的技术还相对很弱，与行业巨头相比，仍然有很大的差距，在市场中处于不利的地位。中国语音识别技术公司应当加大研发力度，不断追赶和超越国际先进水平，同时申请专利来保护自身利益，增强市场竞争力。只有充分地利用专利占据市场份额，优化竞争手段，争取技术领先，才能够不断发展，从而达到国际先进水平。

2.4　技术分析

2.4.1　技术功效

通过对整个使用 MFCC 作为特征参数进行语音识别领域的文献进行人工阅读，课题组将该领域的技术手段分为 4 种（见表 2－4－1），技术效果分为 3 种（见表 2－4－2）。

表 2－4－1　使用 MFCC 作为特征参数进行语音识别领域的技术手段及定义

技术手段	定义
提取方法	梅尔倒谱系数的提取方法改进
语音内容识别	识别语音中的说话内容，文语转换
声音分类	将声音与固定的类别对应起来，包括说话人识别、场景分类、音乐类别划分、噪声和语音区分、身份验证等
与其他特征结合使用	与视频、图像、指纹等结合应用

表2-4-2　使用MFCC作为特征参数进行语音识别的3种技术效果

技术效果	定义
提高识别率	提高识别的精度，识别结果更准确
提高运算速度	减少处理的数据量，提高识别速度
提高抗噪性	降低噪声带来的影响，提高在噪声环境下的识别率

使用以上4种技术手段和3种技术功效，对使用MFCC作为特征参数进行语音识别领域的文献全集进行人工标引，每一篇文献被标引至少一个技术手段和至少一个技术功效，标引结果形成如图2-4-1所示的技术功效矩阵图。该图反映了使用MFCC作为特征参数进行语音识别领域技术手段和技术功效之间的关系，从而能够提供更为全面的信息以辅助企业进行决策。

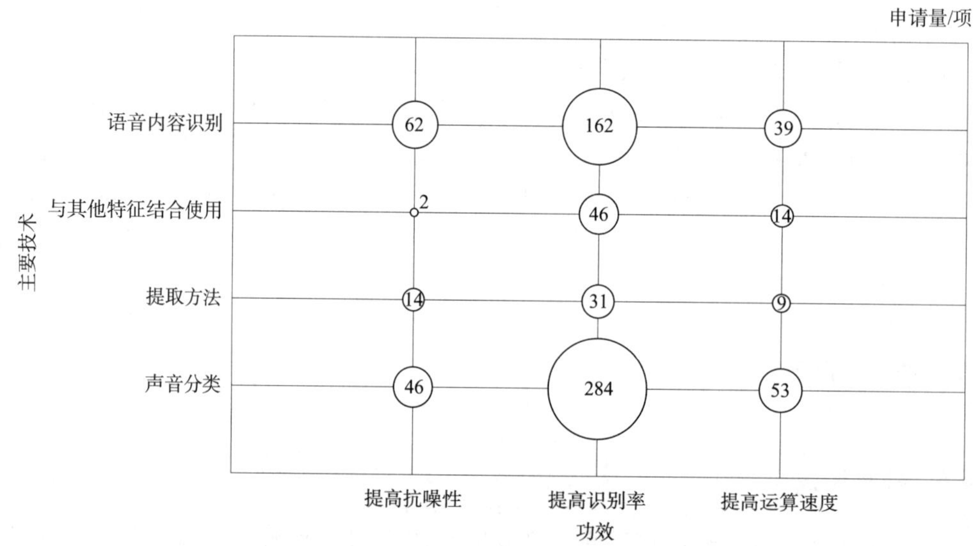

图2-4-1　技术功效矩阵图

为了从数量上对各技术分支的发展状况进行分析，对图2-4-1中各技术分支所对应的文献数量求和，得到如图2-4-2所示的技术构成比例图。

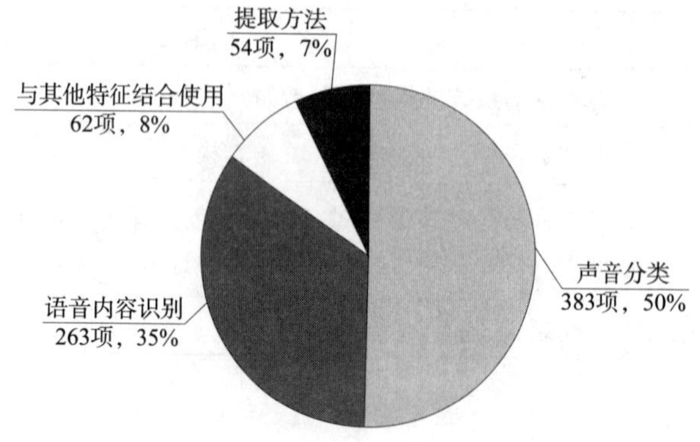

图2-4-2　技术构成比例

下面结合图2－4－1和图2－4－2，对语音识别领域的研发热点、前沿技术和研发机会进行分析。

2.4.1.1　研发热点

从图2－4－2中可以看出，对MFCC进行提取方面的申请量较少，仅有54项，占全部申请的7%。可见对于MFCC的提取技术本身，已不是申请人关注的热点，这与MFCC的发展历程有关。MFCC早在1980年就被引入了语音识别领域，经过了30多年的发展，对MFCC的提取技术本身已经发展得非常完善，一些经典的提取方法已经被记载进了语音识别方面的教科书中，因此，对于一项已经基本完善的技术，所剩余的改进空间已十分有限，因此，不难理解，这方面的申请量较少，申请人的关注度也不高。

本领域的研发热点在于使用MFCC进行语音内容识别和声音分类，从图2－4－2中可以看出，使用MFCC进行声音分类和语音识别的申请量分别为383项和263项，占据了申请总量的50%和35%。这与语音识别的主要应用领域有关。近年来，在移动互联网领域，越来越多的产品加入了智能语音识别技术。仅以手机为例，目前百度搜索和导航犬等地图软件都引入了语音识别功能。相关市场在企业的培育下也已经渐渐成熟。如结合地图系统和智能语音识别的打车软件一经面世便得到消费者的广泛关注。在北上广风靡的打车叫车软件“嘀嘀打车”已正式进入武汉运营。专利申请的分布再一次印证了语音识别在人机交互方面的广泛应用，同时也表明，语音内容识别和声音分类仍然是当前申请人最为关注的两个方面。

在技术效果方面，识别结果的准确度无疑是评价识别好坏的关键因素，因此不难理解，提高识别率成为申请人最为关注的技术功效。从图2－4－1中可以看出，对于各种技术手段的申请，其技术功效都集中在提高识别率方面，在全部申请中，共有523项申请涉及提高识别率，占据申请总量的69%，而且针对该功效的申请有越来越多的趋势。而在提高抗噪性和提高运算速度方面，申请量相对较少，分别有124项和115项，占申请总量的16%和15%，且申请量在提高抗噪性和提高运算速度方面分布比较均匀。

结合技术手段和技术功效可以看出，大多数申请人选择使用MFCC作为特征参数对语音内容和声音类别进行识别，以提高这两方面的识别率。此外，使用MFCC作为特征参数，以提高语音内容识别和声音分类方面的抗噪性和运算速度，也是申请人十分关注的方面。

2.4.1.2　前沿技术

目前，本领域的前沿技术是将语音特征与其他特征结合在一起，进行特定的应用，比如身份验证、音视频同步等。从申请量上来看，MFCC与其他特征结合使用仅占全部申请量的8%，还不是用户关注的主要方面，这与多参数识别的市场应用较少有关。当下，用户主要关注的还是单一语音参数的识别技术，但是随着多参数应用的普及，MFCC与其他参数结合使用将会成为未来的研究热点。

2.4.1.3　研发机会

语音识别技术发展到今天，特别是中小词汇量非特定人语音识别系统识别精度已经大于98%，对特定人语音识别系统的识别精度就更高。这些语音识别技术已经能够满足一般应用的要求。由于大规模集成电路技术的发展，这些复杂的语音识别系统也已经完全可以制成专用芯片，大量生产。在西方经济发达国家，大量的语音识别产品已经进入市场和服务领域。一些用户交互、电话机、手机已经包含了语音识别拨号功能，还有语音记事本、语音智能玩具等产品也包括语音识别与语音合成功能。人们可以通过电话网络用语音识别口语对话系统查询有关的机票、旅游、银行信息，并且取得很好的结果。调查统计表明多数人对语音识别的信息查询服务系统的性能表示满意。

从图2－4－2中可以看出，使用MFCC进行语音内容识别和声音分类方面的申请最多，反映出该技术手段发展相对成熟，已经形成一定的专利壁垒。而MFCC与其他特征结合使用方面只有62项专利，仅占全部申请的8%，说明这方面的技术发展还不成熟，在实现上还有很大的研发空间，相应地，专利壁垒也尚未形成，专利申请空间较大，可以作为进一步专利布局的方向。

此外，使用MFCC提高抗噪性和运算速度也是进一步研究的方向。目前，对语音识别效果影响最大的就是环境杂音，在公共场合，人们几乎不可能指望计算机能听懂你的话，来自四面八方的声音让它茫然不知所措。很显然这极大地限制了语音技术的应用范围，目前，要在嘈杂的环境中使用语音识别技术必须有特殊的抗噪麦克风才能行，这对多数用户来说是不现实的，在公共场合中，个人能有意识地摒弃环境噪声并从中获取自己所需要的特定声音，如何让语音识别技术也能达成这一点，是一个艰巨的任务。而随着计算机运行性能的提高，用户对识别速度的要求越来越高，如何减少用户等待的时间，提高语音识别的速度，也是未来技术所要解决的难题。而在这两方面，由于技术还处在快速发展的阶段，相应的专利申请量也相对较少，申请人在致力于技术改进的同时，也应当注重相应的专利申请，尽早完成新兴技术方向上的专利布局，构建自己的专利壁垒，占领市场先机。

2.4.2 技术发展路线

随着语音识别技术的飞速发展，MFCC的应用领域也不断扩大，因此理清MFCC的技术发展路线对国内语音产业至关重要。

本小节通过对MFCC专利信息进行技术发展路线的分析，找到其技术演进情况，以便全面了解技术发展脉络，为企业技术开发提供知识、信息基础，为政府提供决策依据。图2－4－3显示了1984～2013年的一些重要的专利申请。这些专利申请可以分为两类：一类是对MFCC提取方法上的改进；另一类是应用上的创新，包括MFCC在语音内容识别、声音分类和与其他特征参数结合方面的应用。最初在提取MFCC过程中，通常做一个不精确的假设，即不同帧间的语音是不相关的，所以标准的MFCC参数只反映语音信号的静态特征。实际上，人耳对语音的动态特征更为敏感。由于人发音的物理条件限制，不同帧间语音一定是相关的，变化是连续的，于是又提出使用MFCC的一阶差分和二阶差分系数来近似描述语音帧间的相关性。这些差分参数反映了语音信号的动态特征。静态特征和动态特征结合使用，形成互补，能很大程度提高系统的识别性能。并且 MFCC 在不同的识别模型中性能也并不相同，从隐马尔可夫模型到人工神经网络再到现在比较热门的深度神经网络，都有相关申请对其进行研究。另一类就是应用上的创新，随着语音识别日益深入人类生活的各个领域，MFCC 的应用范围也随之更加广泛，从单纯对人类语音的识别与合成，到对多媒体中的音乐、歌曲的分类、音视频同步、人机交互、实时通信，到处都能看到 MFCC 的身影。

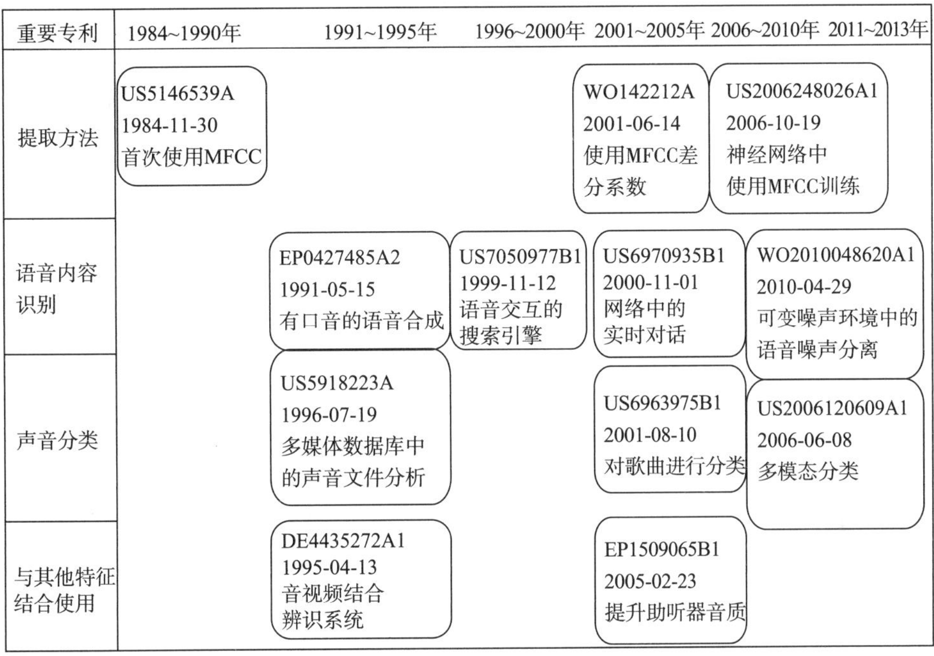

图 2-4-3　MFCC 技术路线

2.4.3　重要专利研究

寻找到潜在的使用 MFCC 作为特征参数进行语音识别领域的重要专利，无论是对于了解该领域的重点发展专利技术、了解掌握重点专利技术的申请人，还是对于研究该领域中重要申请人之间的技术关联，都具有积极的意义。

考虑到专利文献更多的是一种技术文献，一项专利是否重要，更多的应该是从技术层面进行判断，而表征技术重要性或价值的指标，如果要用数理统计的手段或方法来进行分析，则引证数据是较为易行、可操作性较好的指标。

本小节基于引证关系、引证数量等引证数据和被分析专利的国别属性、时间属性等指标，确定使用 MFCC 作为特征参数进行语音识别领域的重要专利筛选模型。

在对使用 MFCC 作为特征参数进行语音识别领域的全球重要专利进行分析的过程中，发现引证频次较高的专利大多为美国公司的专利申请，这些公司包括 MUSCLE FISH、PHOENIX SOLUTION、IBM、TEXAS INSTR 等，其均为在语音识别领域占据领先地位的大公司。可见，在语音识别领域，美国公司不仅在技术和市场方面地位领先，在专利方面也早早开始布局，占领先机。表 2-4-3 列出了在全球专利申请中引用频次超过10次的16项专利。

表2-4-3 MFCC全球被引用频次超过10次的专利

被引用频次	专利号	最早申请日	名称	申请人
240	US5918223A	1996-07-19	多媒体数据库中声音文件的分析方法	MUSCLE FISH
118	US6615172B1	1999-11-12	互联网中的自然语言查询系统	PHOENIX SOLUTION
81	US2002184373A1	2002-11-01	计算机网络中的传输分布式语音识别编码数据和实时控制协议	IBM
59	US6665640B1	1999-11-12	交互学习系统中确定语音询问的最佳匹配答案	PHOENIX SOLUTION
27	US2004117189A1	1999-11-12	语音查询系统中通过语义解码和统计处理来获得最终说话匹配	PHOENIX SOLUTION
27	US5146539A	1984-11-30	语音识别中共振峰频率的使用	TEXAS INSTR
25	US7050977B1	1999-11-12	具有语音识别引擎的互联网网站	PHOENIX SOLUTION
23	US2006248026A1	2006-04-03	神经网络中的学习单元	索尼
22	US6963975B1	2000-08-11	音频指纹系统	MICROSOFT
21	US5677990B1	1995-05-05	连续拼写姓名的实时识别	PANASONIC
20	US6216103B1	1997-10-20	语音终点检测	索尼
17	US2004030556A1	1999-11-12	电子商务中的自然语音查询系统	PHOENIX SOLUTION
14	US6970935B1	2000-11-01	网络中的会话传输和会话协议	IBM
13	US6092039B1	1997-10-31	手机中的自动语音识别	IBM
13	WO02082271A1	2002-04-03	音频版权检测和保护系统	AUDIBLE MAGIC
11	US5799065B1	1996-05-06	办公电话网络中的语音识别选择设备	松下

从表2-4-3中可以看出，引用频次排名第一的是一项MUSCLE FISH公司申请的名称为“多媒体数据库中声音文件的分析方法”的美国专利US5918223A，随后将详细分析这项专利。

从表2-4-3中还可以发现，美国PHOENIX SOLUTION公司有5项专利上榜，分别为 US6615172B1、US6665640B1、US2004117189A1、US7050977B1 和 US2004030556A1，申请日都是 1999 年 11 月 12 日。PHOENIX SOLUTION 是美国硅谷一家著名的软件企业，主要从事计算机 BIOS 系统软件以及计算机嵌入、互联网应用系统软件的开发。其中 US6615172B1 这项专利提供一种嵌入到客户端例如 PDA、手机或个人电脑的自然语言问询系统。技术方案如图 2-4-4 所示，即客户端接收用户的语音问询，通过网络传输到服务器端，服务器进行语音识别，将语音转化成文字，自然语言处理引擎从数据库中寻找一个与用户的问询最匹配的答案，再通过互联网传回到客户端，文字转语音引擎将答案进行语音输出。在语音信号特征参数提取的步骤中，提取了 MFCC 作为特征参数，并且阐述了选用它的几点理由：MFCC 可以快速地、一致地从各种不同的设备中提取，无论是低功率的 PDA 或是高功率的台式机；MFCC 具有很好的辨别性；数据量少，能够在相对窄的频带中快速传输。因此这种表示最少量信息的参数可以令人满意地快速地完成识别过程。

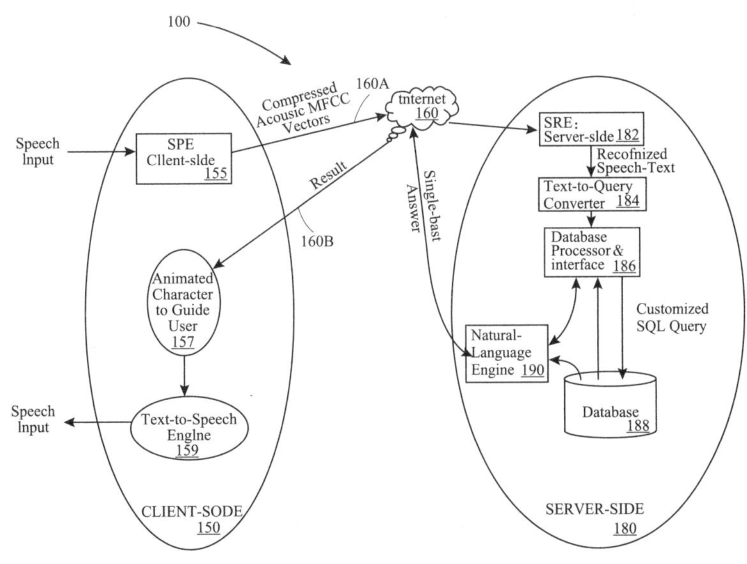

图 2-4-4　US6615172B1 中的智能问询系统

IBM 公司有 3 项专利引用频次超过 10 次，分别为 US2002184373A1、US6970935B1 和 US6092039B1。US2002184373A1 和 US6970935B1 涉及的是 IBM 研发的一款 ViaVoice 软件。ViaVoice 是一款备受用户推崇的声控软件，极大简化了人们操作电脑的流程，直接听写、编排文字、控制桌面、操作应用程序、发送电子邮件、网上聊天……都能直接通过口述来完成。US2002184373A1 为计算机网络提供了一种分布式识别通信堆栈，具有实时协议的传输控制层传送分布式语音识别编码数据和实时控制协议。图 2-4-5 显示的是 US2002184373A1 语音识别的处理流程，可以看见语音输入信号在 AD 变换、加窗滤波、短时傅里叶分析后，提取的特征参数是 MFCC 和基音信息，将这两个特征输入语音识别后端进行识别，输出识别文本。该申请的有益效果是在普适计算设备和服务器组成的计算机网络中进行实时会话计算。

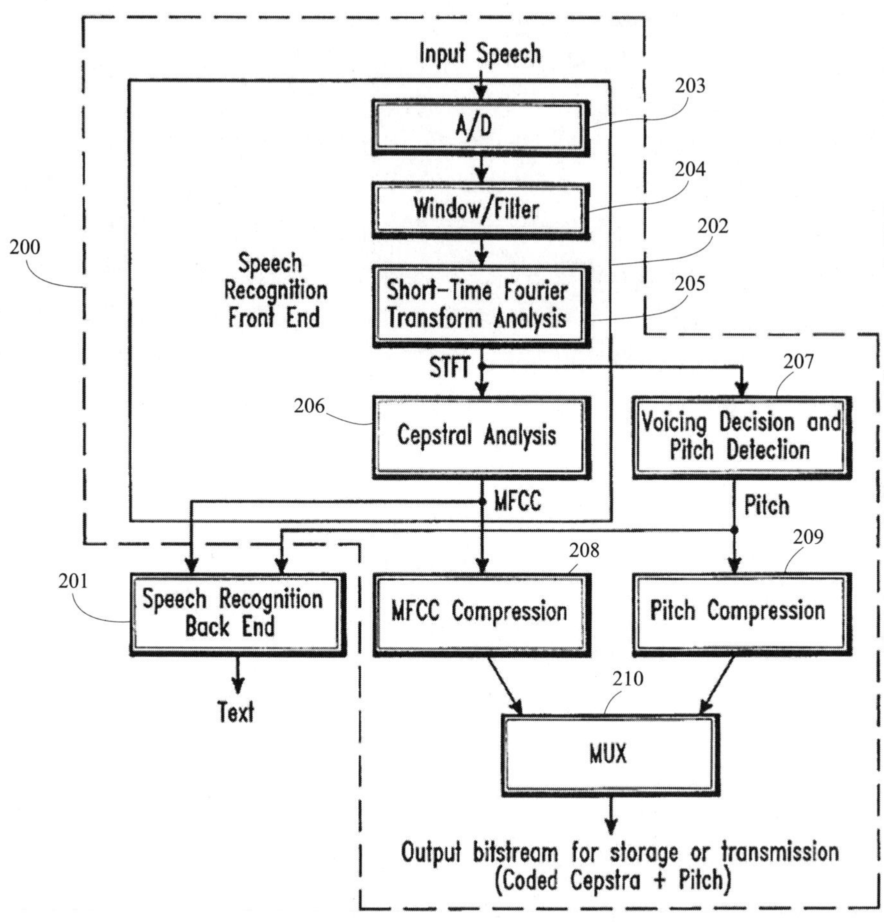

图2－4－5　US2002184373A1 中的语音识别处理流程

日本的两大公司索尼和松下在语音领域的研发也一直未中断，而且它们非常重视美国市场，积极在美国进行专利布局。US6216103B1 是索尼在美国的专利申请，内容重点涉及语音识别系统中语音端点的检测。现有技术中，在许多语音识别系统中，语音信号的起始点和终点通过用户输入设备来人工提示，例如一个按键；还有一些语音识别系统通过非实时分析技术来判断语音的起始点和终点。该申请通过计算语音的能量参数，将其与阈值进行比较，可以从噪声环境中有效准确地识别出语音信号的起点和终点。US5677990B1 是松下在美国的专利申请，公开了一种自动电话簿查询系统，即对连续拼写的姓名进行实时识别。自动语音识别中，对姓名的识别一直是个难点。姓名中包含太多发音相似的字母，尤其是通过类似电话听筒等接收设备后，有许多不可预知的失真。该申请的技术方案是使用一个字母语法集合定义许多字母的组合，待处理的字母序列通过一个语音识别器来产生包含 N－best 假设序列的字母组合的第一列表，姓名词典提供连续拼写姓名的可能的选择。进一步对准第一列表和姓名词典，从表示 N－best 姓名候选的姓名词典中选择第二组姓名。建立动态语法器，待处理的字母序列通过动态语法器从第二组姓名中选择最佳姓名拼写。

表中唯一一项 WO 的专利 WO02082271A1 是美国公司 AUDIBLE MAGIC 申请的，AUDIBLE MAGIC 是全球数字媒体内容识别的市场和技术领先者，它的 CopySence 识别技术使用 AUDIBLE MAGIC 的庞大数据库，该数据库包含上千万个版权音乐、电影和电视内容的数字指纹，可以通过各种方式来跟踪、监控和管理受版权保护的数字媒体内容。互联网上信息传递的快速与便捷，使得许多具有知识产权的内容发送到未被授权的个人。该项专利公开的技术方案就是从待评估的数字信号中提取特征，然后与已注册的信息相比较，看是否包含了受版权保护的数字内容，从而对互联网上的数字内容进行监督。

接下来以一项由 MUSCLE FISH 提出的基于内容对音频信息进行分析的基础专利 US5918223A，作为重要专利分析的例子，从发明人分析和引证分析两个角度，阐述对于获得的重要专利可以深入分析的相关内容。

2. 4. 3. 1　US5918223A 概况

MUSCLE FISH 成立于 1992 年，主要是为雅马哈公司进行电子乐器的研发，其在音频信息检索方面的技术水平较高，推出了较为完整的原型系统，对音频的检索和分类有较高的准确率。作为使用 MFCC 作为特征参数进行语音识别技术领域的一项基础性专利，US5918223A 由 MUSCLE FISH 于 1997 年 7 月 21 日向美国专利商标局提出申请，并于 1999 年 6 月 29 日授权公告。

该专利涉及多媒体数据库应用和网络搜索引擎领域，其针对现有技术中的搜索的都是针对语音进行的搜索，无法对其他多种类型声音进行搜索的问题，提出了一种搜索与给定声音相似或与预定声音类别相似的音频数据文件的方法。具体参照图 2 -4 -6，其技术方案为：一种对音频信号进行分类的方法，首先提取音频信号每一帧的基频、MFCC、带宽等特征，然后计算音频信号每一帧之间相应参数的统计测量值，如均值、方差等。这些统计测量值构成的 N 维向量即为该段音频信号的特征向量。计算待测音频信号的特征向量与数据库中已存储的音频信号的特征向量之间的距离，将与音频信号距离最近的分类作为识别结果。

该申请的技术方案涉及 MFCC 在声音分类方面的应用。有别于现有技术中基于预先给定的声音标签进行的搜索，该申请的技术方案是基于声音本身的内容进行的搜索，其通过提取声音的特征参数组合成声音的特征向量，不仅提高了声音搜索的速度，也提高了搜索的准确性。在现有技术中，声音通常使用其基音频率、响度、持续时间和音色来描述。在该申请中，除了这些传统的声音特征参数，还加入了 MFCC 及其一阶差分，有效地提高了识别率，即使音频记录被自动切分成一系列较短的音频段，也可以在较长的声音段中对特定声音进行有效的搜索。

2. 4. 3. 2　引证关系分析

以下从引证角度分析 US5918223A。经检索和统计，US5918223A 被后续专利文献引证的总次数为 240 次。图 2 -4 -7 是 US5918223A 的历年引用频次，可以看出，在该专利申请之后到公开之前的这一时间段内，MUSCLE FISH 的其他专利即开始引用该专利申请。由此可见，US5918223A 是 MUSCLE FISH 申请的一项基础性专利，其技术方

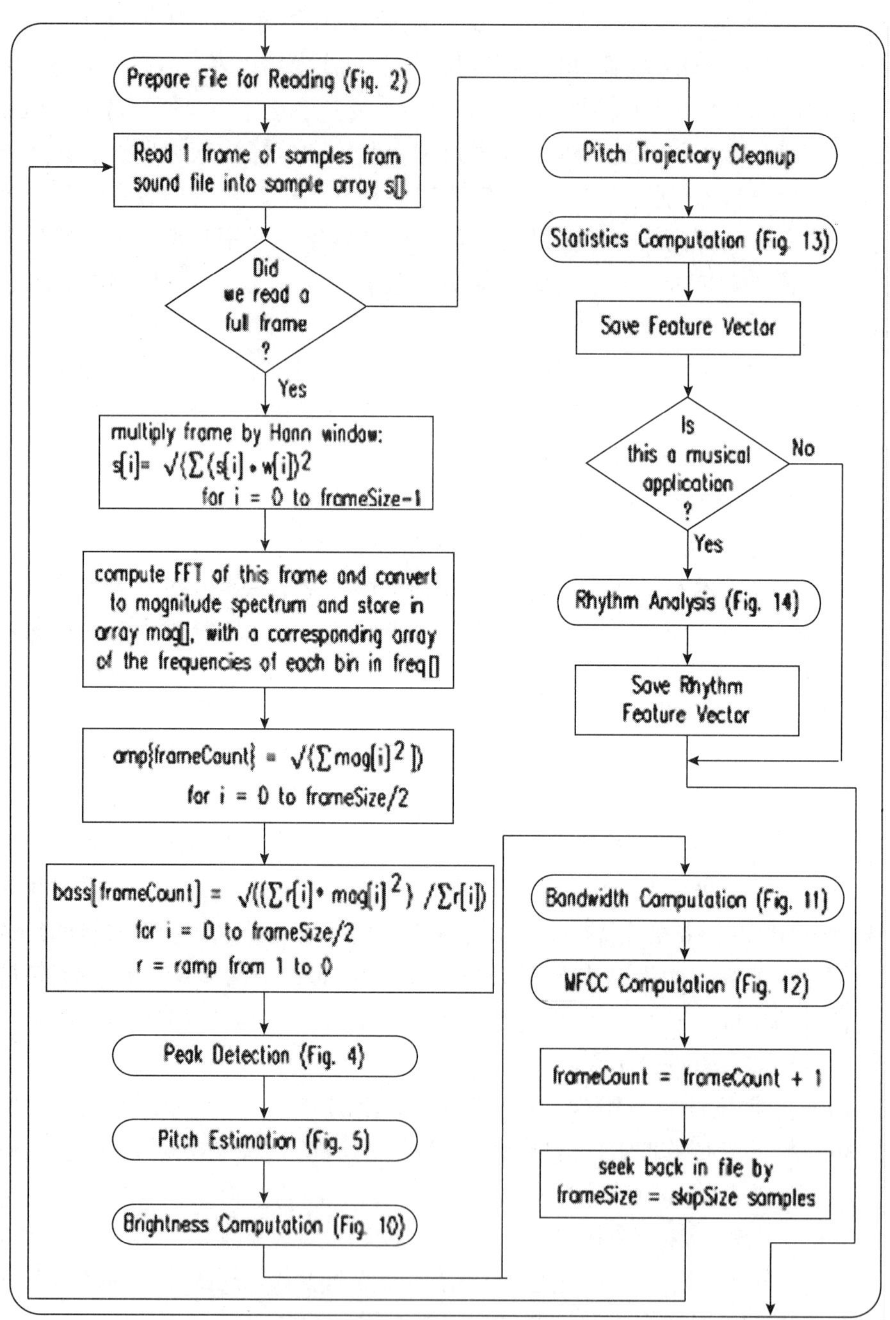

图 2-4-6　US5918223A 提取声音特征参数的流程

案是具有开创性意义的，对 MUSCLE FISH 的后续专利申请都有重大意义。而从 1999 年该申请被公开后，该专利申请几乎年年都被引用，且引用次数明显增多，在 2006 年甚至高达 31 次，说明该专利在业内引起了很大的反响，随着语音识别技术的发展，该专利的作用和意义被不断加强，其作为一项基础性专利，奠定了后续专利发展的基础。

2006 年之后，虽然对 US5918223A 的引用次数逐年下降，但绝对数量一直保持在较高的水平，可见该专利申请在语音识别技术领域具有深远的影响。

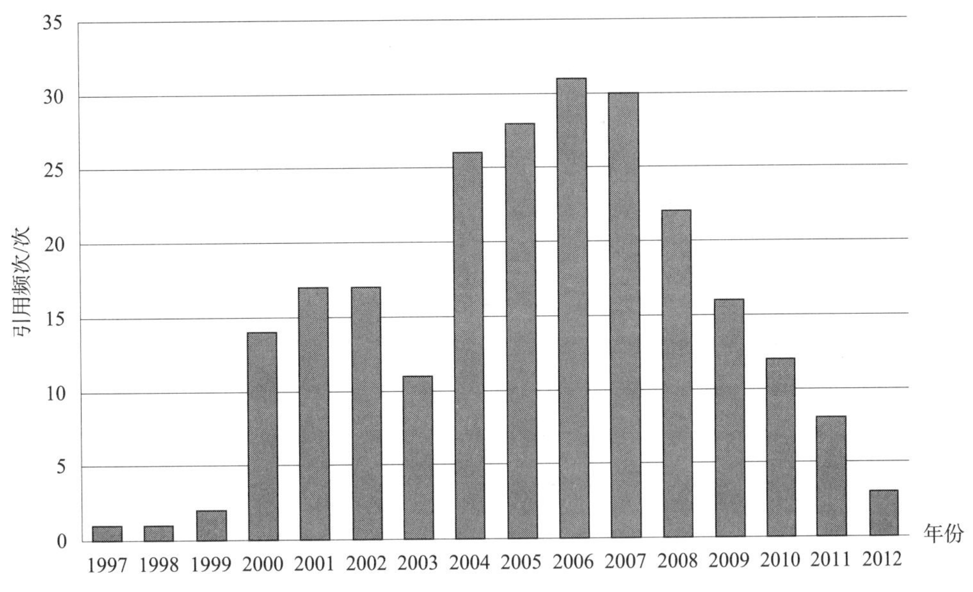

图 2-4-7 US5918223A 历年引用频次

图 2-4-8 是引用 US5918223A 的主要申请人及引用频次。可以看出该专利被微软引用最多，说明微软十分重视该专利，这与微软在语音识别技术上的发展和微软对文语转换系统、语音识别引擎、语音库的大力普及推广密切相关。微软推出的 Speech SDK 可以将用户的语音信号转化为文字，省去打字的烦琐。原程序带的是英文引擎，外带中日文语言包，可支持中文和日文输入。在进行简单的语音训练之后即可使用，也具有较高的辨识度。从图 2-4-8 上可以看出，微软引用该专利高达 42 次，足以看出微软对该领域的重视程度，在现有专利的基础上对技术寻求进一步的发展，并迅速作好专利布局，占领市场先机。

从图 2-4-8 的排名中可以看出，引用次数靠前的大部分为美国的公司和个人，由此也可以看出，语音识别领域，重要技术仍然主要掌握在美国人手中，美国申请人对该领域的专利关注度也较高。虽然中国在语音识别领域已经步入了快速发展时期，但申请人对该领域的现有技术和已有的专利布局重视程度还不够，没有充分利用该领域的基础性专利，也没有足够的意识在基础性专利的基础上寻求进一步的发展并作出相应的专利布局，中国申请人在该领域的研究还有待进一步提高。

当发现一项重要专利之后，通过以其为基础展开引证分析，不仅可以挖掘出其技术的发展和转移情况，同时还能够发现该技术领域中主要的、活跃的申请人，对于确定追踪或学习的目标，能够起到非常重要的作用。

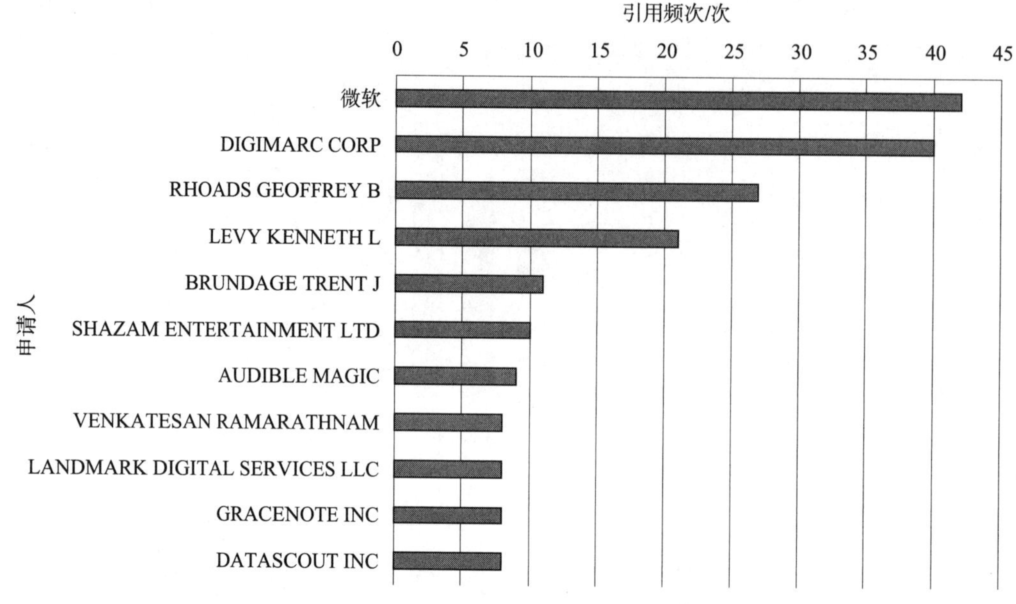

图2-4-8 引用US5918223A的主要申请人引用频次排名

2.5 小　　结

MFCC是当今语音识别中最广泛使用的特征参数，相关专利申请呈增长趋势。全球专利和中国专利都在逐年增长，近10年来，全球专利申请量的年平均增长率达到14.59%，中国专利申请量的年平均增长率更是高达67.51%。中国、美国和日本是申请大国，中国以310项专利申请排名第一。但通过分析国内外专利申请情况得出，国外的专利申请主要来源各个公司，其研发主要针对市场现状，研发成果又会有相应的产品占领市场。而国内专利申请主要是高校和科研院所，其成果并没有及时转化成产品进入市场。诸多上市公司的专利申请不多，说明其研发能力不足。国内企业应该充分利用高校的技术优势，借鉴国外合作开拓市场的模式，相互弥补不足，把科技成果转化成现实生产力，最终依靠自有核心技术占据市场，共同发展。

第3章　深度神经网络

2013年美国麻省理工学院的《技术评论》杂志选出了10大突破性技术，这些技术为解决问题而生，将会极大地扩展人类的潜能，也最有可能改变世界的面貌。在这10大突破性技术中，深度学习（Deep Learning）位居榜首。

深度学习，即深度神经网络（Deep Neural Network，DNN），目前炙手可热，得到了学术界和工业界的广泛认可，大批学者正从不同的领域纷至沓来，ICML、NIPS、IEEE Trans. PAMI等著名会议和期刊上的相关论文越来越多，相关专利申请也大幅增长。从目前的情况看，这场声势浩大的盛宴才刚拉开帷幕。

本章将从申请量趋势、区域分布、申请人、技术主题等方面对深度神经网络的全球专利和中国专利进行多维度的宏观分析，展示深度神经网络领域的整体发展趋势、主要申请国和目标市场、可以合作和需要关注的申请人、可开发的热点技术以及中国在深度神经网络领域的情况，以期使中国企业了解深度神经网络的整体发展趋势，提高国内企业专利保护和专利利用的目的性和策略性。

本章报告的统计分析基础为2014年5月28日提取的已公开中国专利数据和全球专利数据，经检索，深度神经网络方面的全球发明专利申请240项，中国发明专利申请76件。

3.1　深度神经网络概述

深度神经网络是近年来机器学习研究中的一个最令人瞩目的领域，其动机在于建立、模拟人脑进行分析学习的神经网络，它模仿人脑的机制来解释数据，例如图像、语音和文本。

图3-1-1表示的是深度神经网络与传统的神经网络的拓扑结构。从图中可以看出，两者之间有相同的地方。相同之处在于，深度神经网络采用了与传统神经网络相似的分层结构：系统是一个包括输入层、隐层（可单层、可多层）、输出层的多层网络，只有相邻层节点之间有连接，而同一层以及跨层节点之间相互无连接。这种分层结构比较接近人类大脑的结构。

而为了克服传统神经网络训练中的问题，深度神经网络采用了与传统神经网络很不同的训练机制。传统神经网络中，采用的是反向传播算法的方式进行，简单来讲就是采用迭代的算法来训练整个网络，随机设定初值，计算当前网络的输出，然后根据当前输出和标签之间的差去改变前面各层的参数，直到收敛，整体是一个梯度下降法。而深度神经网络整体上是一个逐层的训练机制。这样做的原因是因为，如果采用反向

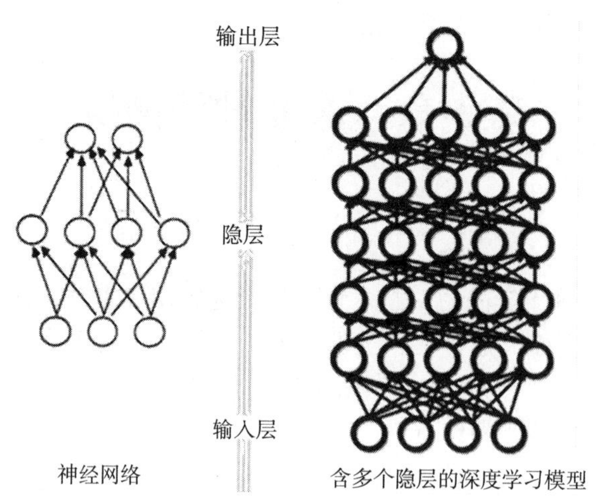

图3-1-1 深度神经网络与传统神经网络拓扑结构❶

传播算法的机制，对于一个深度神经网络（7层以上），残差传播到最前面的层已经变得太小，出现所谓的梯度弥散，根源在于非凸目标代价函数导致求解陷入局部最优，且这种情况随着网络层数的增加而更加严重。深度神经网络训练过程具体如下：

① 使用自下上升非监督学习（就是从底层开始，一层一层地往顶层训练）：采用无标定数据（有标定数据也可）分层训练各层参数，这一步可以看作是一个无监督训练过程，是和传统神经网络区别最大的部分。具体的，先用无标定数据训练第一层，训练时先学习第一层的参数，由于模型容量的限制以及稀疏性约束，因此得到的模型能够学习到数据本身的结构，从而得到比输入更具有表示能力的特征；在学习得到第 $n-1$ 层后，将 $n-1$ 层的输出作为第 n 层的输入，训练第 n 层，由此分别得到各层的参数。

② 自顶向下的监督学习（就是通过带标签的数据去训练，误差自顶向下传输，对网络进行微调）：基于第一步得到的各层参数进一步微调整个多层模型的参数，这一步是一个有监督训练过程；第一步类似神经网络的随机初始化初值过程，由于深度神经网络的第一步不是随机初始化，而是通过学习输入数据的结构得到的，因而这个初值更接近全局最优，从而能够取得更好的效果，所以深度神经网络效果好很大程度上归功于第一步的特征学习过程。

深度学习框架将特征和分类器结合到一个框架中，用数据去学习特征，在使用中减少了手工设计特征的巨大工作量。看它的一个别名：无监督特征学习（Unsupervised Feature Learning），就可以顾名思义了。无监督（Unsupervised）学习的意思就是不需要通过人工方式进行样本类别的标注来完成学习。因此，深度学习是一种可以自动地学习特征的方法。

---

❶ 资料来源：Deep Learning（深度学习）学习笔记整理系列［EB/OL］.［2013-04-09］. http：//blog.csdn.net/zouxy09/article/details/8775518.

深度神经网络通过学习一种深层非线性网络结构，只需简单的网络结构即可实现复杂函数的逼近，并展现了强大的从大量无标注样本集中学习数据集本质特征的能力。深度神经网络能够获得可更好地表示数据的特征，同时由于模型的层次深（通常有5层、6层，甚至10多层的隐层节点）、表达能力强，因此有能力表示大规模数据。对于图像、语音这种特征不明显（需要手工设计且很多没有直观的物理含义）的问题，深度模型能够在大规模训练数据上取得更好的效果。尤其是在语音识别方面，深度神经网络使错误率下降了大约30%，取得了显著的进步。相比于传统的神经网络，深度神经网络作出了重大的改进，在训练上的难度（如梯度弥散问题）可以通过“逐层预训练”来有效降低。深度神经网络通过很多数学和工程技巧增加隐层的层数，如果隐层足够多，选择适当的连接函数和架构，就能获得很强的表达能力。但是，常用的模型训练算法反向传播仍然对计算量有很高的要求。而近年来，得益于大数据、计算机速度的提升、基于映射化简（MapReduce）的大规模集群技术的兴起、图形处理器（GPU）的应用以及众多优化算法的出现，耗时数月的训练过程可缩短为数天甚至数小时，深度神经网络才在实践中有了用武之地。

3.2　全球专利概况

3.2.1　申请量

截至2014年5月28日，全球专利申请中涉及深度神经网络的申请总量为240项。图3-2-1是深度神经网络的全球专利申请的年代分布图。从图中可以看出全球申请量总体呈增长态势，从技术发展的角度上来说可以分为以下3个阶段。

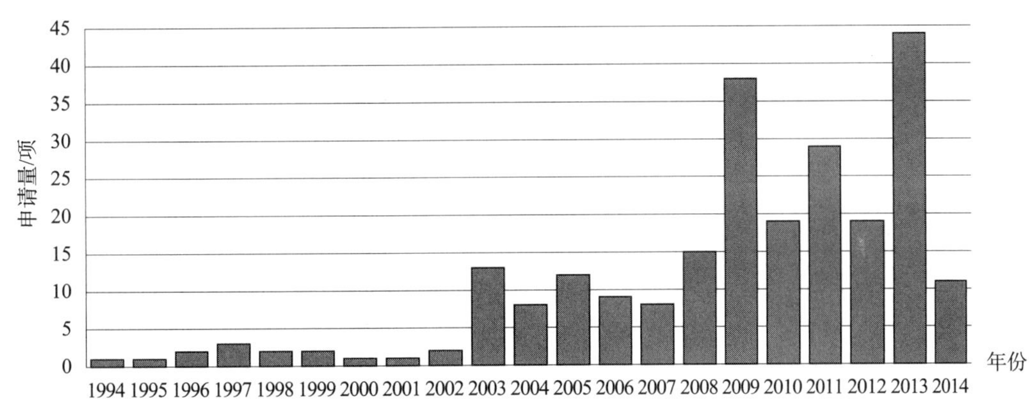

图3-2-1　深度神经网络全球申请量年代分布

（1）萌芽期（1994~2002年）

1994~2002年，每年全球关于深度神经网络的专利只有1~3项，且绝大部分为美国专利。这段时期的专利主要涉及卷积神经网络（Convolution Neural Networks，CNN）的训练和应用。卷积神经网络是一种带有卷积结构的深度神经网络，通常至少有两个非线性可训练的卷积层，两个非线性的固定卷积层和一个全连接层，一共至少5个隐含层。1962年Hubel和Wiesel通过对猫视觉皮层细胞的研究，提出了感受野（receptive field）的概念。1984年日本学者Fukushima基于感受野概念提出的神经认知机（neocognitron）可以看作是卷积神经网络的第一个实现网络，也是感受野概念在人工神经网络领域的首次应用。神经认知机将一个视觉模式分解成许多子模式，然后进入分层递阶式相连的特征平面进行处理，它试图将视觉系统模型化，使其在即使物体有位移或轻微变形的时候，也能完成识别。1993年，Yahn Lecun提出了卷积神经网络，被认为是第一个真正成功训练多层网络结构的学习算法。

第一项关于卷积神经网络的专利申请出现在1994年，是由美国伊士曼柯达公司申请的US5912966A。柯达公司是世界上最大的影像产品及相关服务的生产和供应商，它率先将卷积神经网络应用于光学字符识别（OCR）。接下来的几年里，美国的一些大公司、科研机构也纷纷对卷积神经网络的应用进行尝试。如美国的新思科技公司用卷积神经网络对手写体进行识别（US5812698A），NEC美国研究院则将卷积神经网络应用于人脸识别（US6038337A）。在很长时间里，卷积神经网络虽然在小规模的问题上，如手写数字，取得过当时世界最好结果，但一直没有取得巨大成功。这主要原因是，卷积神经网络在大规模图像上效果不好，比如像素很多的自然图片内容理解，所以没有得到计算机视觉领域的足够重视。

2000年左右，卷积神经网络的发展陷入低谷，由于它的巨大的计算量和对硬件架构的高要求，使得只有少数走在科技前沿的公司对它的应用进行尝试，但都是浅尝辄止，并没有取得令人满意的成绩。

微软则在2002年率先将卷积神经网络应用到语音识别中，在专利US7082394B2中，提出了一种失真判别分析（Distortion Discriminant Analysis，DDA）。DDA可视为一种多层线性卷积神经网络，其中使用修正的定向主成分分析（OPCA）而不是反向传播算法训练权重。每一层DDA都使用OPCA使得输出的信噪比最大化，输出相对于输入维数下降。两层或更多的DDA整合到一起来加强平移不变性，建立一个在不同时域和频域尺度上都对噪声和失真鲁棒的特征提取训练系统。

（2）缓慢发展期（2003～2007年）

2003～2007年全球每年的申请量都在10项左右，这段时期国外的一些大公司仍在坚持对卷积神经网络进行研究。“9·11”事件之后，美国对视频监控里的智能识别技术需求迫切。如果让安保人员始终盯着监视器屏幕以发现任何可疑的人物是非常辛苦的，可以分析大量的视频监控数据的视频分析设备就凸显出它的必要性。2003年全球申请的13项专利中有6项是美国Vidient公司申请的，Vidient公司是世界最大的视频监控系统厂商之一，前身是NEC的一个多媒体模式识别实验室。Vidient公司的产品名称叫SmartCatch，提供目前世界上最综合、最准确、最先进的智能视频监控解决方案。因为有真正行为识别能力，SmartCatch可以实时地检测威胁安全的可疑行为，向相应的安全人员进行报警，以采取及时、有效的措施。通过使用目前最先进的机器学习、多物体跟踪和行为推理技术，SmartCatch可以一致地实现目前工业界最高的识别准确率，并消除其他基于运动检测或基于简单跟踪检测系统常有的误报警。Vidient 公司一直紧跟学术界的脚步，对卷积神经网络的研究从未放弃。

在这段时期，日本的佳能公司也将卷积神经网络应用于人脸识别中，使其产品在拍摄时能对人脸自动对焦并可以进行面部追踪、红眼校正等。像微软、谷歌这种拥有大数据量的高科技公司同样也争相对卷积神经网络的研发投入资源，争取占领深度学习的技术制高点。因为它们都看到了在大数据时代，更加复杂且更加强大的深度模型能深刻揭示海量数据里所承载的复杂而丰富的信息，并对未来或未知事件做更精准的预测。

2006 年是值得所有人工智能领域的研究者铭记的一年。在这一年深度神经网络取得突破性进展，加拿大多伦多大学教授、机器学习领域泰斗——Geoffrey Hinton 和他的学生 Ruslan Salakhutdinov 在顶尖学术刊物《科学》上发表了一篇文章，开启了深度学习在学术界和工业界的浪潮。这篇文章有两个主要的信息：①很多隐层的人工神经网络具有优异的特征学习能力，学习得到的特征对数据有更本质的刻画，从而有利于可视化或分类；②深度神经网络在训练上的难度，可以通过“逐层初始化”（Layer - wise Pre - training）来有效克服。在这篇文章中，逐层初始化是通过无监督学习实现的。这项工作重新燃起了学术界对于神经网络的热情，一大批优秀的学者加入到深度神经网络的研究中来。学术界对神经网络的再度热情迅速感染了工业界，一些嗅觉敏锐的公司迅速跟进。但由于专利产出存在滞后性，所以 2007 年的专利数量并没有增长，反而略有下降。

（3）快速发展期（2008 ~ 2014 年）

从 2008 年开始，关于深度神经网络的专利申请大幅增长，并在 2013 年达到 44 项的高峰。算法的改进和计算机硬件的飞速发展，尤其是图形处理器（Graphics Processing Units，GPUs）在科学计算方面的广泛应用，极大地提高了深度神经网络的训练速度。随着科技进步图形处理器已经不再局限于 3D 图形处理了，图形处理器通用计算技术发展已经引起业界不少的关注，事实也证明在浮点运算、并行计算等部分计算方面，图形处理器可以提供数十倍乃至上百倍于 CPU 的性能，以往需要几个星期才能完成的训练任务，现在几天就可以完成。由于上述算法和计算能力方面的突破，深度学习掀起了机器学习领域的一次革命，在语音识别、图像识别、自然语言处理等方面取得了一系列突破性的进展。

2011 年以来，微软研究院和谷歌的语音识别研究人员先后采用深度神经网络技术降低语音识别错误率 20% ~ 30%，是语音识别领域十多年来最大的突破性进展。2012 年，深度神经网络技术在图像识别领域取得惊人的效果，在 ImageNet 评测上将错误率从 26% 降低到 15%。在这一年，深度神经网络还被应用于制药公司的 Druge Activity 预测问题，并获得世界最好成绩，这一重要成果被《纽约时报》报道。

2012 年 6 月，《纽约时报》披露了 Google Brain 项目，吸引了公众的广泛关注。这个项目是由著名的斯坦福大学机器学习教授 Andrew Ng 和在大规模计算机系统方面的世界顶尖专家 Jeff Dean 共同主导，用 16000 个 CPU Core 的并行计算平台训练深度神经网络，在语音识别和图像识别等领域获得了巨大的成功。

2012年11月，微软在中国天津的一次活动上公开演示了一个全自动的同声传译系统，讲演者用英文演讲，后台的计算机一气呵成自动完成语音识别、英中机器翻译，以及中文语音合成，效果非常流畅。后面支撑的关键技术就是深度神经网络。

2013年1月，在百度的年会上，创始人兼CEO李彦宏高调宣布要成立百度研究院，其中第一个重点方向就是深度学习，并为此而成立Institute of Deep Learning（IDL）。这是百度成立十多年以来第一次成立研究院。

2013年4月，《麻省理工学院技术评论》杂志将深度学习列为2013年十大突破性技术之首。

2014年3月，同样也是基于深度学习方法，Facebook的DeepFace项目使得人脸识别技术的识别率已经达到了97.25%，只比人工识别97.5%的正确率略低那么一点点，准确率几乎可媲美人类。该项目利用了9层神经网络来获得脸部表征，神经网络处理的参数高达1.2亿。

我们相信，这场声势浩大的盛宴才刚拉开帷幕，相关专利申请数量必会与日俱增。

3.2.2 区域国别分析

图3-2-2是深度神经网络全球申请量的国家/地区排名图。从图3-2-2中可以看出，美国以135项专利申请排名第一，中国次之，日本、德国、欧洲紧随其后。美国以其强大的科技实力在深度神经网络的研究上一直遥遥领先。美国的工业界则一直紧跟学术界的脚步，使得最新的研究成果能迅速转化为产品，所以美国的专利申请量排名全球第一是无可争议的。中国以55项专利申请排名第二。中国在深度学习方面虽起步较晚，但是近几年发展很快，归功于国家在人工智能方面的大量投入和百度、科大讯飞、捷通华声等语音行业的领头羊在深度神经网络上的坚持与创新。日本的佳能也一直致力于深度神经网络的应用与研发，将深度神经网络应用到人脸识别中，改善其产品性能。之前在工业界一直有个很流行的观点：在大数据条件下，简单的机器学习模型会比复杂模型更加有效。例如，在很多大数据应用中，最简单的线性模型得到大量使用。而最近深度学习的惊人进展，促使我们也许到了要重新思考这个观点的时候。简而言之，在大数据情况下，也许只有比较复杂的模型，或者说表达能力强的模型，才能充分发掘海量数据中蕴藏的丰富信息。运用更强大的深度模型，也许我们能从大数据中发掘出更多有价值的信息和知识。正是因为这种观念上的转变，各国拥有大数据的高科技公司争相投入资源，占领深度神经网络的技术制高点的同时进行专利布局。

目标国/地区分布是与市场分布紧密相关的。一般来说，企业想占领哪个地区的市场就会优先在哪个地区申请大量专利，进行专利布局。

图3-2-3是深度神经网络全球申请目标国/地区排名图。从图3-2-3中可以看出，与申请国/地区的排名相同，排在前三位的依然是美国、中国和日本。从图中可以看出，美国以161项申请遥遥领先。美国本身作为专利大户，也具有最为广阔的市场

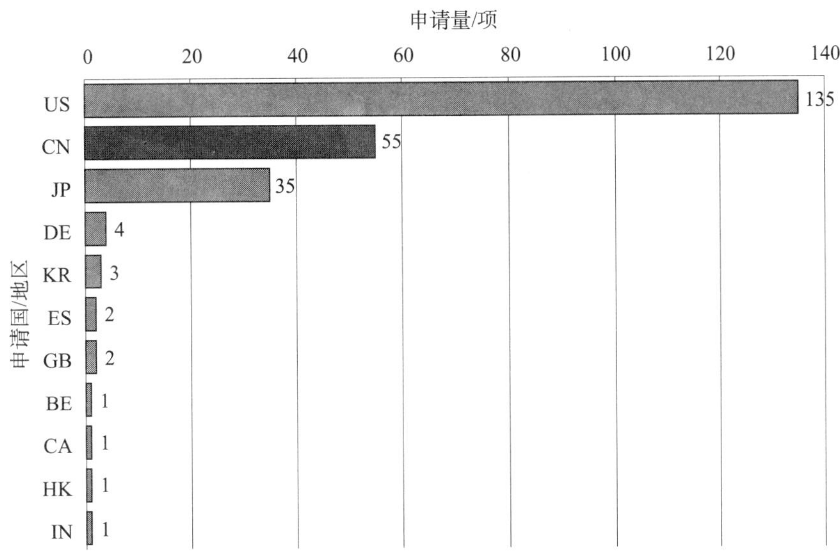

图 3-2-2 深度神经网络全球申请量的国家/地区排名

前景，使得其他国家/地区的申请人都纷纷在美国进行专利布局，构筑专利保护壁垒，以争取凭借专利技术在美国市场发展中抢占先机。由于中国的专利申请量排名第二，因此在目标国/地区排名中中国也处于领先。但除了本国的申请，其他国/地区家的申请人也纷纷在中国进行专利布局，充分说明中国市场吸引了全球的目光，中国越来越受专利申请人的重视。虽然日本的申请量不如中国和美国，但还是远远超过其他国家，彰显了深度神经网络技术在日本的市场需求。

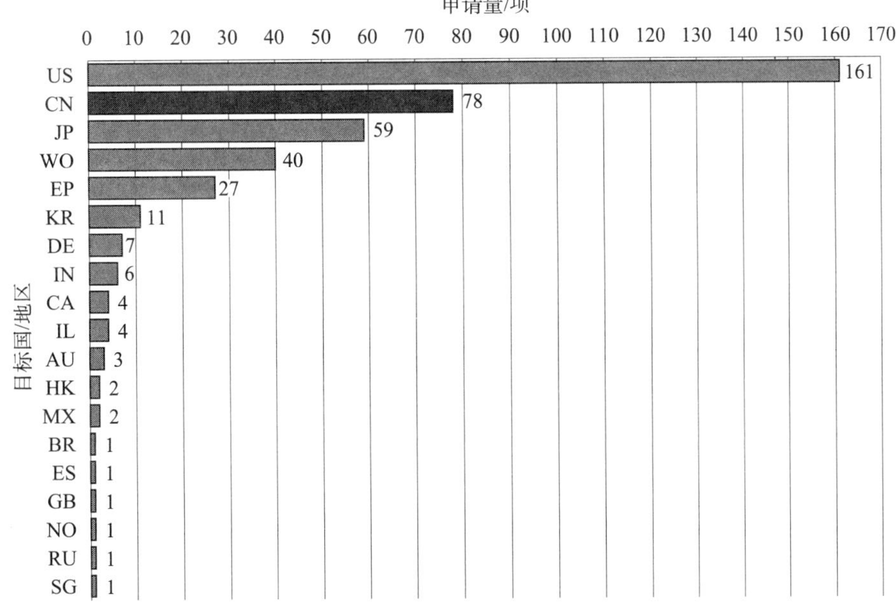

图 3-2-3 深度神经网络全球申请目标国/地区排名

图3－2－4是深度神经网络全球专利申请国和目标国的比较情况。从图中可以明显看出，全球各技术创新主体最重视在本国申请专利。中国、日本、德国和韩国的技术创新主体都将美国作为除本国以外最重要的专利申请国，非常重视美国市场的专利保护。以中国为优先权的申请在中国本土的申请最多，只有4项进入美国，2项进入日本。这说明了中国申请人还缺少全球布局的远见，专利意识还需增强。以美国为优先权的申请进入日本的比进入其他国家的要多，说明美国对日本市场十分重视。以日本为优先权的申请除了在日本本土布局外，在美国和中国的申请量也不小，这是由于日本市场本身较小，日本申请人非常重视美国和中国这两大市场。

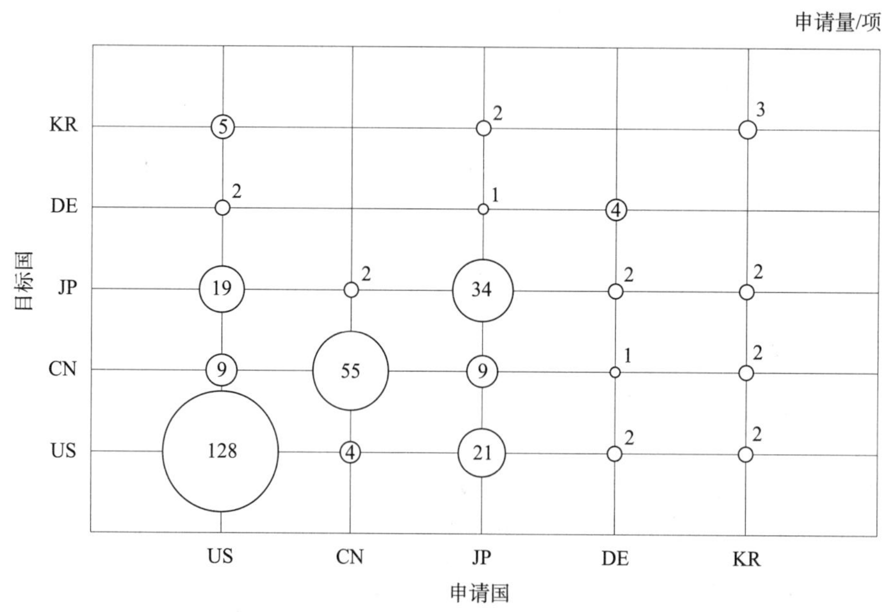

图3－2－4　深度神经网络全球专利申请国和目标国比较情况

对于中国的企业而言，可以借鉴国外的先进技术以及专利申请的经验，有能力进军海外市场的企业应适当在目标市场进行专利申请，从而为今后在国际市场发展提供基础。

3.2.3　申请人

图3－2－5表示的是深度神经网络全球专利申请的申请人排名情况。从图3－2－5中可以看出，国外大公司仍旧主导着技术的发展。占据前三位的分别是日本的佳能、美国微软和NEC美国研究院。佳能作为全球领先的生产影像与信息产品的综合集团，一直坚持不懈追求创新，它以42项专利申请位居榜首。这些专利申请将深度神经网络应用于图像识别尤其是人脸识别中，可以捕捉人脸，判断眼睛的开合程度、定位人脸主要器官的位置，甚至可以捕捉特定的表情。微软以30项专利申请屈居第二。微软是率先将深度神经网络应用于语音识别的公司。2010年，微软雷德蒙研究院的Deng Li博士与Geoffrey Hinton合作发现深度网络可显著提高语音识别的精度。这项成果被微软亚洲研究院进一步深化，它们建立了一些巨大的神经网络，其中一个包含了6600多万神

经连结，这是语音识别研究史上最大的同类模型。该模型在 Switchboard 标准数据集的识别错误率比最低错误率降低了 33%。要知道，在语音识别领域，这个数据集上的最低的错误率此前已多年没有更新了。随后，微软将深度神经网络改进的语音识别系统用在 Windows Phone 和必应语音搜索中，语音识别引擎速度提高 1 倍，词汇错误率降低了 15%。值得关注的是，微软在深度学习领域仍在积极探索，2012 年 10 月，微软副总裁拉希德在天津举行的“21 世纪的计算大会”上演示了一个人工同声传译系统，他的英文演讲被实时转换成与他的音色相近、字正腔圆的中文。该系统正是基于深度神经网络的语音识别模型。2014 年 7 月，在微软总部的学术峰会上，微软的研究团队首次对外宣布他们的深度学习系统“亚当（Adam）”已经超越了谷歌的深度学习技术，取得了新的纪录。据微软消息，Adam 比之前的深度学习系统在图片识别方面快 2 倍，而且所需计算机数量仅为之前的系统的 1/30 左右。但是 Adam 并不是在深度学习的算法上胜过谷歌的。Adam 的取胜之处在于它优化了计算机处理数据和优化计算机数据交流的能力。可以预见，微软关于深度神经网络方面的专利申请也将继续增长。NEC 美国研究院以 21 项专利申请排名第三。它在深度神经网络的研究上也起步很早，世界上最早的将深度学习用于自然语言处理的研究工作就诞生于 NEC 美国研究院。2010 年，美国国防部 DARPA 计划首次资助深度学习项目，参与方就包括斯坦福大学、纽约大学和 NEC 美国研究院。

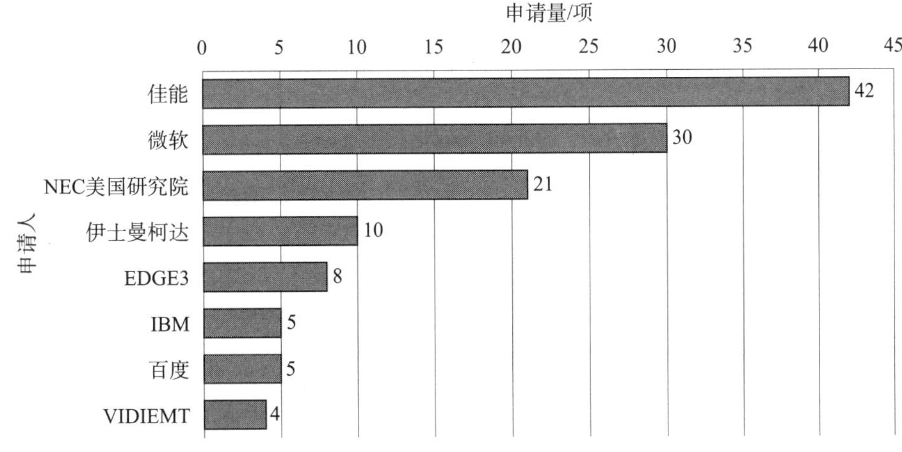

图 3-2-5　深度神经网络全球专利申请人排名

3.3　中国专利概况

3.3.1　申请量

截至 2014 年 5 月 28 日，中国专利申请中涉及深度神经网络的申请总量为 76 件。其中中国申请人共申请 51 件，申请比例为 67%。

图 3-3-1 是深度神经网络全球申请和中国申请的年代分布图。从时间上看，在

全球申请中，涉及深度神经网络的专利申请最早出现在1994年，而在中国专利申请中，直到2003年才出现相关专利。这将近十年的时间里，国外申请人在深度学习领域坚持不懈地尝试，但始终没有重大的突破，所以未将专利布局的版图扩展到中国。2003年2月15日，微软申请的CN1445715A是中国关于深度神经网络的第一件申请。其内容涉及一个模式识别系统，该系统可以被利用来执行手写模式识别和/或来自扫描文件的字符识别。所述系统是基于一个卷积神经网络结构，包括特征抽取层和利用交叉熵极小化的分类层训练。模式识别系统向输入训练数据学习而不需要语言特定的知识、临时笔画输入、笔方向的信息和/或笔画顺序。模式识别系统提供用于位图图像模式（类）估计的输出概率。此输出的概率可以被例如语言分类器、语言模式和/或分割模式利用。该申请于2007年2月21日获得授权。

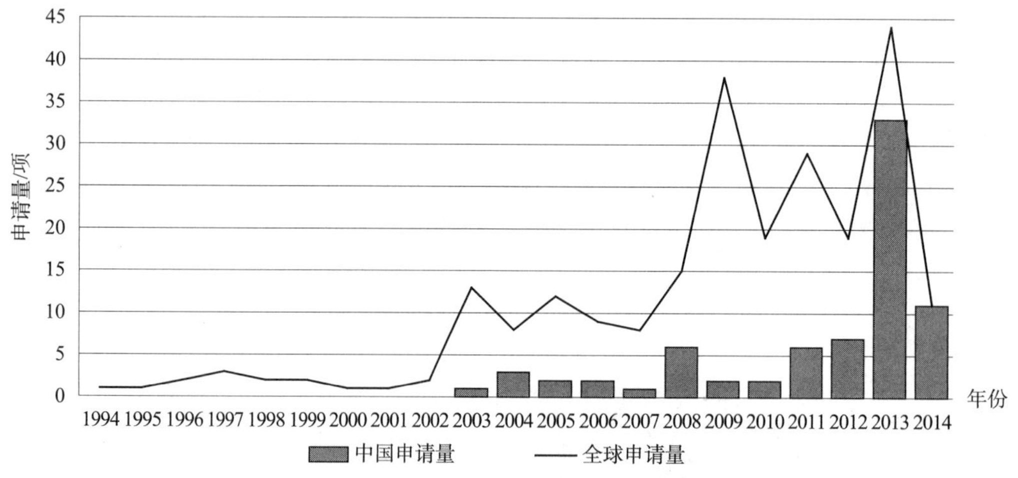

图3-3-1　深度神经网络全球申请和中国申请的申请量年代分布

2003~2005年的中国申请全部由国外申请人提交，直到2006年11月16日，上海交通大学的杨杰教授提出了发明名称为“基于受限玻尔兹曼机神经网络的人脸姿态识别方法”的专利申请CN1952953A。该发明首先利用训练样本对受限玻尔兹曼机神经网络进行预训练学习，得到预训练学习参数，然后再利用梯度下降方法调整整个网络结构的权值参数，得到最终训练好的网络参数。最后对于一个新的待进行姿态识别的人脸图像，把其送入该学习好的神经网络中进行姿态识别分类。

从图3-3-1中可以看出2003~2012年这十年间，中国关于深度神经网络的专利申请数量每年都在10件以下，而与此同时全球的专利数量在2009年和2011年出现了两个小高峰。这说明在这段时期，中国一直都没有跟上世界如火如荼的深度神经网络研究，申请人在中国市场的布局也起步晚。但到了2013年，中国专利的申请量达到最高峰33件，占全球总量的75%。中国关于深度神经网络的专利申请数量在这一年暴增，说明申请人开始关注中国市场，中国的研究人员也奋起直追，中国的深度学习正迅速追赶世界的脚步，进入快速发展期，市场前景也被看好。

3.3.2 申请人构成

图 3－3－2 表示的是深度神经网络中国专利的申请国家构成。从图中可以看出，中国申请人占据了大概 67%，这表明中国对深度神经网络的研究还是非常重视，领域投入也很大。从中国专利的国外申请人来源上看，日本和美国的申请量较大，分列第二、第三位。由此可以看出，这些国家在深度学习领域的技术发展水平较高，且对中国市场也相当重视。来自日本的 13 件申请中有 11 件来自佳能，佳能在亚洲市场上具有一定优势，且在深度神经网络的图像识别中的应用也积累颇丰。美国的申请量排名第三，这也印证了国外申请人分布情况的分析。不管是深度神经网络技术的研发还是应用，美国的科技水平与其他国家的申请量相比都占据绝对优势，所以来自美国的申请也相对较多。随着深度神经网络的应用越来越广，这些国家在中国的专利布局也越来越完善，有效地保护了相关企业在中国的商业利益。

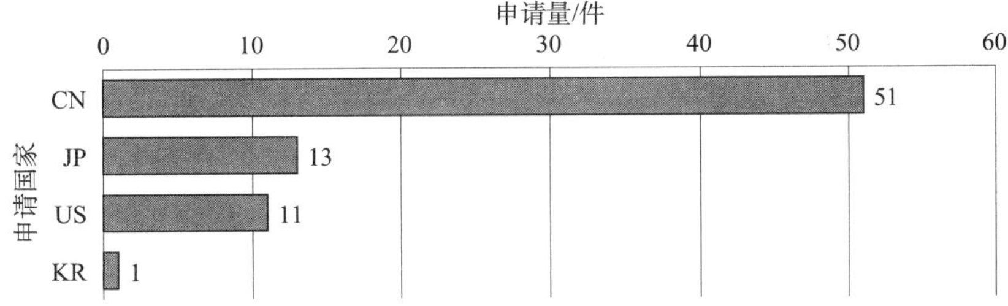

图 3－3－2　深度神经网络中国专利的申请国家构成

虽然中国申请人的申请量占据了申请总量的大概 2/3，但巨大的申请量并不意味着国内深度神经网络在技术以及市场上占据优势。下面从申请人构成情况作进一步分析。图 3－3－3 表示的是深度神经网络中国专利申请的申请人构成情况。

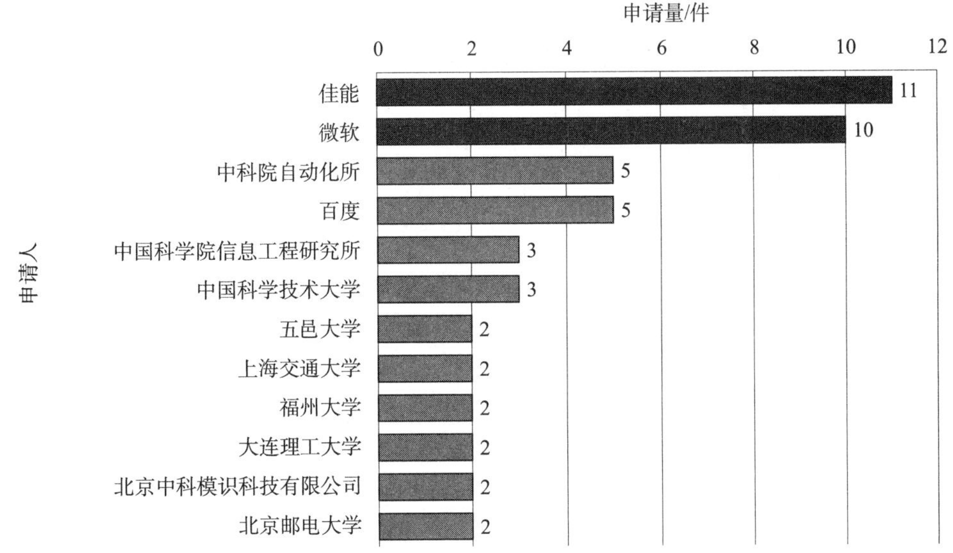

图 3－3－3　深度神经网络中国专利申请人构成

从图3－3－3中可以看出排名前两位的并不是中国申请人，和全球申请人排名相同，日本佳能和美国微软分别占据第一和第二位。这与这两个公司在深度神经网络领域长期的研究积累和对中国市场的重视密不可分。

中科院自动化所和百度以5件专利申请并列第三。中科院自动化所在人工智能领域的研究一直代表中国最先进的科研水平。图3－3－3中的中科模识是中国科学院自动化所于2000年8月成立的高新技术企业，在语音识别、生物特征识别、数字多媒体技术等方面均处于国际一流水平。百度是中国首个把深度神经网络运用到语音识别领域的公司。2013年1月，百度宣布成立百度深度学习研究院，百度关于深度神经网络方面的专利申请也会越来越多。

从图3－3－3中还可以看出，国内申请量前十位的中国申请人，除百度和中科模识之外，其他均为高校和研究机构。而从其专利申请的内容及其市场转化成果来看，国内高校和研究机构申请的专利有相当一部分与市场需求脱离，很难投入市场创造商业价值。这也就不难理解为何中国申请人的申请量很大，但技术和市场却一直处于落后地位了。

总体来说，中国的深度神经网络研发还需要加大研发投入，追赶世界先进技术，提高技术向市场转化的能力，多申请有研究价值、应用价值的专利，消除专利泡沫，完善专利布局，不断缩短与发达国家水平之间的差距。

3.3.3 各省份专利申请状况

图3－3－4表示的是深度神经网络中国专利申请人省份分布情况。从专利申请数量来看，国内关于深度神经网络的申请量主要集中在北京、广东、安徽、福建、江苏等地。这与各地IT发达程度相对应，也体现出了各地区对新兴技术的重视程度和扶植力度，也在一定程度上反映出这些地区知识产权保护意识的强弱程度。

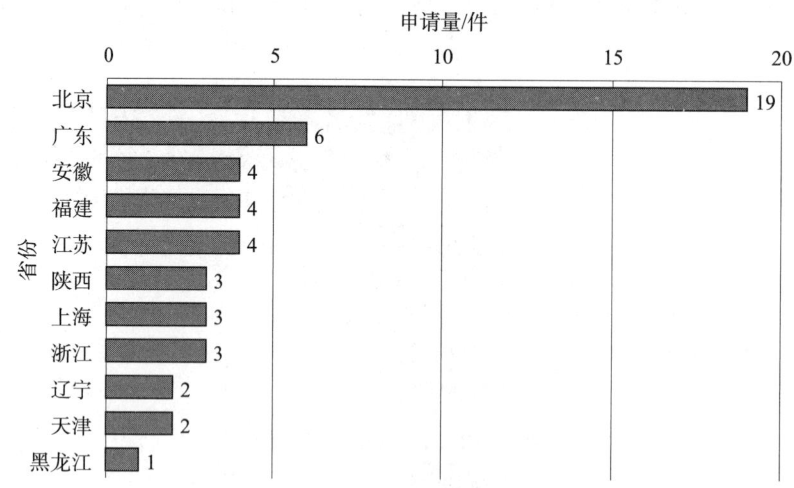

图3－3－4 深度神经网络中国专利申请人省份排名

对于北京来说，北京的研究院所比较多，在全国申请量前十位的排名中，北京研究所和高校占了5个，北京的高新技术产业园区也很多，比如中关村科技园中有很多偏向于语音识别应用的企业，一些国内的互联网巨头，例如百度、腾讯、华为等都在北京设置有公司。因此，北京的申请量是全国各个省份中最多的，这也在一定程度上体现出北京高新技术的研发水平和对知识产权的重视程度都处于全国领先地位。

广东的申请量仅次于北京，这主要归功于 TCL 等高新技术公司。另外，广东的一些高校和研究所，例如华南理工大学、五邑大学等相关研究机构，也是申请的主要来源。

安徽的申请量主要来自中国科学技术大学，福建的申请量主要来自福州大学，江苏、陕西、上海和浙江的申请量也都主要来自当地高校对深度神经网络的研究成果。

从图 3－3－4 中还可以看出，辽宁、天津、黑龙江等地的申请量较少，而有些省份甚至没有相关方面的专利申请，这也在一定程度上反映出，这些地区的高新技术产业发展水平和知识产权保护意识有待进一步提高。

总体上，深度神经网络技术的专利申请主要集中在高校和科研院所比较多、经济发展比较好的地区，专利申请的地域分布与新兴技术的发展程度以及各地的经济发达程度是互相对应的。

3.4 技术分析

3.4.1 技术构成

我们将深度神经网络全球 240 项专利文献按照其技术构成分为以下几类：深度神经网络在图像识别中的应用、深度神经网络在语音识别中的应用、深度神经网络在移动互联网中的应用、深度神经网络在手势识别中的应用、深度神经网络的训练方法以及其他应用，并据此画出深度神经网络全球技术构成图，如图 3－4－1 所示。

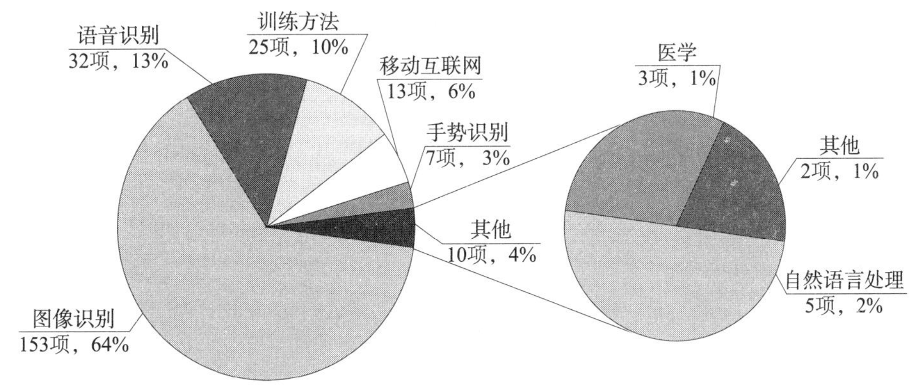

图 3－4－1 深度神经网络全球技术构成

从图 3－4－1 中可以看出，深度神经网络在图像识别中的应用所占比重最大，申请量为 153 项，占全球总量的 64%；深度神经网络在语音识别中的应用位居第二，申请量为 32 项，占全球总量的 13%；关于深度神经网络的训练方法的申请为 25 项，占全球总量的10%；深度神经网络在移动互联网、手势识别和其他方面的应用分别占6%、3%和4%。

为了分析深度神经网络在各个技术分支上的发展历程，我们对深度神经网络全球的专利申请按照申请年代进行统计，得出其各技术分支的申请量年代分布图（见图3-4-2）。

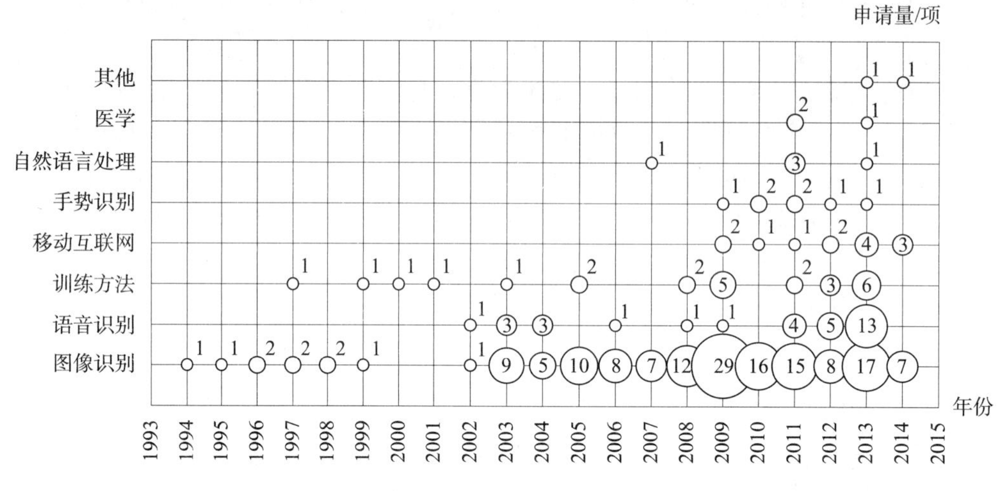

图3-4-2　深度神经网络全球各技术分支申请量年代分布

从图3-4-2中可以看出，关于深度神经网络的申请最早出现在图像识别领域，除2000年和2001年外，图像识别方面的申请在各个年份都有分布。1994～2002年，每年都有1～2项图像识别方面的申请，从2003年开始增加，到2009年达到最高值29项。语音识别方面的申请最早出现于2002年，2013年达到最高值13项。深度神经网络的训练方法从1997年开始到2013年断断续续都有分布。深度神经网络在移动互联网和手势识别方面的专利申请最早均出现于2009年，并在之后的几年内分布比较均匀。下面从几个重要技术分支具体分析深度神经网络的技术构成。

从图3-4-1中可以看出，深度神经网络在图像识别中的应用所占比重最大，申请量为153项，占全球总量的64%。我们再对图像识别进行细分，其技术构成如图3-4-3所示。从图3-4-3中可以看出，图像识别中对普通图像进行识别的有64项，占图像识别总量的42%。人脸识别也是深度神经网络的重要应用领域，与其相关的专利有51项，占图像识别的33%，在全球总量中也占据了21%的不小份额。其余的各种图像如交通图像、医学图像、笔迹、指纹等，深度神经网络的应用都有所涉及，可以看出深度神经网络在图像识别中的应用领域之广。

究其原因是因为图像是深度学习最早尝试的应用领域。[1] 早在1989年，Yann LeCun（现纽约大学教授）和他的同事们就开始了卷积神经网络的研究工作。在很长时间里，卷积神经网络虽然在小规模的问题上，如手写数字，取得过当时世界最好结果，但一直没有取得巨大成功。这主要原因是，卷积神经网络在大规模图像（比如像素很

[1] 余凯，等．深度学习的昨天、今天和明天［J］．计算机研究与发展，2013（9）：1799－1804.

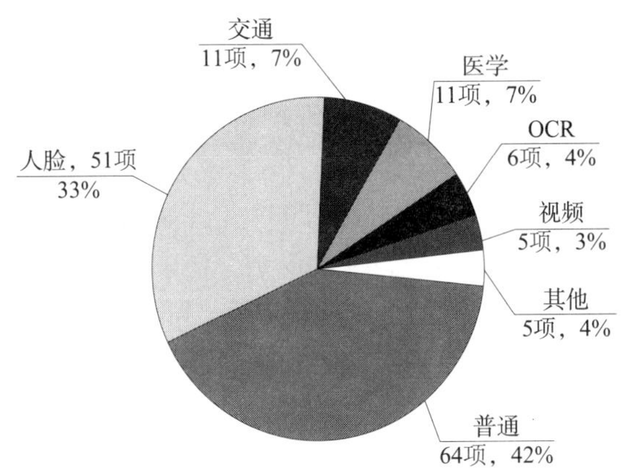

图 3-4-3 深度神经网络图像识别技术构成

多的图像内容理解）上效果不好，所以没有得到计算机视觉领域的足够重视。这个情况一直持续到 2012 年 10 月，Geoffrey Hinton 和他的两个学生在著名的 ImageNet 问题上用更深的卷积神经网络取得世界最好结果，使得图像识别大踏步前进。在 Hinton 的模型里，输入就是图像的像素，没有用到任何的人工特征。这个惊人的结果为什么在之前没有发生？原因当然包括算法的提升，比如 dropout 等防止过拟合技术，但最重要的是，图形处理器带来的计算能力提升和更多的训练数据。百度在 2012 年底将深度学习技术成功应用于自然图像 OCR 识别和人脸识别等问题，并推出相应的桌面和移动搜索产品。2013 年，深度学习模型被成功应用于一般图片的识别和理解。从百度的经验来看，深度学习应用于图像识别不但大大提升了准确性，而且避免了人工特征抽取的时间消耗，从而大大提高了在线计算效率。可以很有把握地说，从现在开始，深度学习将取代“人工特征+机器学习”的方法而逐渐成为主流图像识别方法。

深度神经网络在语音识别中的应用位居第二，申请量为 32 项，占全球总量的 13%。虽然比起图像识别方面的申请，语音识别的申请量在绝对数量上少了很多，但并不表示其受重视程度就低。相反，近些年来许多大公司，如苹果、谷歌、微软、百度等在语音识别上开始发力，图形计算器能力的突飞猛进使得深度神经网络令人生畏的计算复杂度不再成为问题，所以一些走得比较快的语音厂商已经急不可待将深度神经网络作为其提高语音服务质量的杀手锏了。

语音识别，简单来说由声学模型建模、语言模型建模以及解码三部分构成。其中声学模型用来模拟发音的概率分布；语言模型用来模拟词语之间的关联关系；而解码阶段就是利用上述两个模型，将声音转化为文本。长期以来语音识别系统，在描述每个建模单元的统计概率模型时，大多采用的是高斯混合模型（GMM）。这种模型由于估计简单，适合海量数据训练，同时有成熟的区分度训练技术支持，长期以来，一直在语音识别应用中占有垄断性地位。但这种混合高斯模型本质上是一种浅层网络建模，不能充分描述特征的状态空间分布。另外，GMM 建模的特征维数一般是几十维，不能充分描述特征之间的相关性。最后，GMM 建模本质上是一种似然概率建模，虽然区分度训练能够模拟一些模式类之间的区分性，但能力有限。神经网络具有模拟任何分布的能力，深度神经网络比浅层神经网络表达能力更强，它模拟了人脑的深层结构，能够更准确地“理解”事物的特征。因此相较于其他方法，深度神经网络可以更为准确地模拟声学模型和语言模型。

微软研究院语音识别专家邓立和俞栋从2009年开始和深度学习专家Geoffery Hinton合作。2011年微软宣布基于深度神经网络的识别系统取得成果并推出产品，彻底改变了语音识别原有的技术框架。采用深度神经网络后，可以充分描述特征之间的相关性，可以把连续多帧的语音特征并在一起，构成一个高维特征。最终的深度神经网络可以采用高维特征训练来模拟。由于深度神经网络采用模拟人脑的多层结果，可以逐级地进行信息特征抽取，最终形成适合模式分类的较理想特征。这种多层结构和人脑处理语音图像信息时，是有很大的相似性的。深度神经网络的建模技术，在实际线上服务时，能够无缝地和传统的语音识别技术相结合，在不引起任何系统额外耗费情况下，大幅度提升了语音识别系统的识别率。其在线的使用方法具体如下：在实际解码过程中，声学模型仍然是采用传统的HMM模型，语音模型仍然是采用传统的统计语言模型，解码器仍然是采用传统的动态WFST解码器。但在声学模型的输出分布计算时，完全用神经网络的输出后验概率乘以一个先验概率来代替传统HMM模型中的GMM的输出似然概率。微软宣称，其研究人员通过引入深度神经网络使得在特定语料库上的语音识别准确率得到了大幅提高，性能的相对改善约为30%。如果说微软关于深度神经网络的技术突破还只是停留在实验室里和学术论文上，那么接下来的突破则已经直接发生在商业系统中了。

百度在实践中发现，采用深度神经网络进行声音建模的语音识别系统相比于传统的GMM语音识别系统而言，相对误识别率能降低25%。最终在2012年11月，百度上线了第一款基于深度神经网络的语音搜索系统，成为最早采用深度神经网络技术进行商业语音服务的公司之一。2012年12月底，百度发布了以公司名字命名的百度语音助手，与此同时百度声称，其已经将深度神经网络应用到其语音助手背后的语音识别服务中了。这是国内第一个宣称将深度神经网络应用于在线语音识别服务的案例。由于百度的语音服务一推出就带了深度神经网络，缺乏纵向比较，因此无从得知深度神经网络为其语音服务带来的性能提升到底有多少。但仅仅在百度发布语音助手两周之后，国内另一家新成立的语音公司云知声的公用语音云服务后台也进行了升级，这次该公司用基于深度神经网络的模型替代了原有的基于高斯混合模型。据云知声官方声称，在本次升级后，语音识别错误率降低了30%之多，而且识别速度也得到大幅提高。由于搜狗语音助手的后台语音识别服务正是云知声所提供的，所以搜狗语音助手的重口音用户可能会发现，最近一段时间语音助手仿佛听得更准了，而且反应似乎更快了，这从侧面也印证了深度神经网络技术对语音识别性能提升的确有很大作用。

国际上，谷歌也采用了深层神经网络进行声音建模，是最早突破深层神经网络工业化应用的企业之一。但谷歌产品中采用的深度神经网络只有4~5层，而百度采用的深度神经网络多达9层。这种结构差异的核心其实是百度更好地解决了深度神经网络在线计算的技术难题，因此百度线上产品可以采用更复杂的网络模型。这将对于未来拓展海量语料的深度神经网络模型训练有更大的优势。

深度神经网络在移动互联网中的应用有 13 项，占全球总量的 6%。该应用所占比重虽然不大，但也是一些互联网公司非常关注的方向，因为其中的搜索广告 CTR 的预估直接关系它们的利益。搜索广告是搜索引擎的主要变现方式，而按点击付费（Cost Per Click，CPC）又是其中被最广泛应用的计费模式。在 CPC 模式下，预估的 CTR（pCTR）越准确，点击率就会越高，收益就越大。通常，搜索广告的 pCTR 是通过机器学习模型预估得到。提高 pCTR 的准确性，是提升搜索公司、广告主、搜索用户三方利益的最佳途径。

传统上，谷歌、百度等搜索引擎公司以 Logistic Regression（LR）作为预估模型。而从 2012 年开始，百度开始意识到模型的结构对广告 CTR 预估的重要性：使用扁平结构的 LR 严重限制了模型学习与抽象特征的能力。为了突破这样的限制，百度尝试将深度神经网络作用于搜索广告，而这其中最大的挑战在于当前的计算能力还无法接受 1011 级别的原始广告特征作为输入。为了解决这一难题，在百度的深度神经网络系统里，特征数从 1011 数量级被降到了 103，从而能被深度神经网络正常地学习。这套深度学习系统已于 2013 年 5 月开始服务于百度搜索广告系统，每天为数亿网民使用。

深度神经网络在搜索广告系统中的应用还远远没有成熟，其中深度神经网络与迁移学习的结合将可能是一个令人振奋的方向。使用深度神经网络，未来的搜索广告将可能借助网页搜索的结果优化特征的学习与提取；亦可能通过深度神经网络将不同的产品线联系起来，使得不同的变现产品不管数据多少，都能互相优化。我们认为未来的深度神经网络一定会在搜索广告中起到更重要的作用。

除了语音和图像，深度学习的另一个应用领域问题是自然语言处理（NLP）。经过几十年的发展，基于统计的模型已经成为 NLP 的主流，但作为统计方法之一的人工神经网络在 NLP 领域几乎没有受到重视。最早应用神经网络的 NLP 问题是语言模型。加拿大蒙特利尔大学教授 Yoshua Bengio 等人于 2003 年提出用 embedding 的方法将词映射到一个矢量表示空间，然后用非线性神经网络来表示 N - Gram 模型。世界上最早的深度学习用于 NLP 的研究工作诞生于 NEC 美国研究院，其研究员 Ronan Collobert 和 Jason Weston 从 2008 年开始采用 embedding 和多层一维卷积的结构，用于 POS Tagging、Chunking、Named Entity Recognition、Semantic Role Labeling 四个典型 NLP 问题（US2009204605A1、US2009210218A1）。值得注意的是，他们将同一个模型用于不同任务，都能取得与业界最前沿相当的准确率。最近以来，斯坦福大学教授 Chris Manning 等人在将深度学习用于 NLP 的工作也值得关注。

总的来说，深度学习在 NLP 上取得的进展没有在语音、图像上那么令人影响深刻。一个很有意思的悖论是：相比于声音和图像，语言是唯一的非自然信号，是完全由人类大脑产生和处理的符号系统，但模仿人脑结构的人工神经网络却似乎在处理自然语言上没有显现明显优势？体现在专利上，目前还没有深度神经网络在 NLP 上的相关专利申请，但我们相信，深度学习在 NLP 方面有很大的探索空间，可以作为进一步专利布局的方向。从2006年图像深度学习成为学术界热门课题到2012年10月Geoffery Hinton在ImageNet上的重大突破，经历了6年时间。我们需要有足够的耐心，申请人在致力于技术改进的同时，也应当注重相应的专利申请，尽早完成新兴技术方向上的专利布局，构建自己的专利壁垒，占领市场先机。

3.4.2 技术路线

以下重点研究深度神经网络在语音识别中的应用。由图3－4－1可知，这一方面的专利有32项。表3－4－1列出了这32项专利文献。由于专利数量不多，课题组将这32项专利逐篇阅读，进而梳理出深度神经网络在语音识别中的技术演进路线。

表3－4－1 深度神经网络在语音识别方面的相关专利文献

专利号	申请日	申请人	发明名称	技术分支
US2003236661A1	2002－06－25	微软	噪声鲁棒的特征提取方法	使用卷积神经网络提取特征向量
US2004260682A1	2003－06－19	微软	查询系统中的用户交互接口	使用卷积神经网络对查询输入内容进行识别
US2004260550A1	2003－06－20	微软	基于音频数据的说话人识别系统	使用卷积神经网络进行说话人识别
US2005025355A1	2003－07－31	微软	使用弹性失真法则自动生成已标记数据	使用卷积神经网络训练分类器
US2005091050A1	2004－03－08	微软	语音信号检测系统	使用卷积神经网络从接收到的信号中识别出语音信号
US2005125369A1	2004－04－30	微软	使用图形处理单元加速并优化机器学习技术的处理	并行计算
US2005091062A1	2004－09－14	微软	声频复制检测器	使用卷积神经网络进行特征提取
US2009210218A1	2008－02－07	NEC美国研究院	深度神经网络的应用	使用深度神经网络标记句子中的被选择词
US2009204605A1	2009－02－02	NEC美国研究院	查询系统中的语义搜索	使用深度神经网络计算数据库中答案的匹配分值
US2012254086A1	2011－03－31	微软	联合非线性随机投影、受限波尔兹曼机以及基于批量的可并行优化来使用的深凸网络	并行计算训练过程

续表

专利号	申请日	申请人	发明名称	技术分支
US2012065976A1	2011－09－06	微软	用于大词汇量连续语音识别的深度信任网络	用于大词汇量连续语音识别的深度信任网络
US2012072215A1	2011－09－20	微软	用于语音识别的深度结构的全序列训练	深度信任网络的训练方法
US20130262096A1	2011－09－23	LESSAC 科技	语音与文本对准方法	使用深度神经网络提高基音标记准确率
WO2014003748A1	2012－06－28	Nuance	自动语音识别的前端处理	使用深度信任网络进行特征提取
US20140032570A1	2012－07－30	IBM	语音识别中的特征提取	使用深度信任网络变换语音特征
US20140067738A1	2012－08－28	IBM	训练深度神经网络声学模型	使用深度神经网络建立声学模型
US8527276B1	2012－10－25	谷歌	使用深度神经网络的语音合成	使用深度神经网络进行语音合成
CN102982809A	2012－12－11	中国科学技术大学	一种说话人声音转换方法	使用深度神经网络分离语音信号中的说话人信息和内容信息
CN103117060A	2013－01－18	中国科学院声学研究所	用于语音识别的声学模型的建模方法、建模系统	使用深度神经网络建立声学模型
CN103226946A	2013－03－26	中国科学技术大学	一种基于受限玻尔兹曼机的语音合成方法	使用受限波尔兹曼机进行语音合成
WO2013149123A1	2013－03－29	俄亥俄州立大学	从背景噪声中分离语音信号	使用深度神经网络将语音和噪声分离
CN103400577A	2013－08－01	百度	多语种语音识别的声学模型建立方法和装置	使用深度神经网络进行语种识别
CN103456299A	2013－08－01	百度	一种控制语音识别的方法和装置	使用深度神经网络作为分类模型

续表

专利号	申请日	申请人	发明名称	技术分支
CN103413548A	2013－08－16	中国科学技术大学	一种基于受限玻尔兹曼机的联合频谱建模的声音转换方法	使用受限波尔兹曼机进行声音转换
CN103531205A	2013－10－09	常州工学院	基于深层神经网络特征映像的非对称语音转换方法	使用深度神经网络进行语音转换
CN103474066A	2013－10－11	福州大学	基于多频带信号重构的生态声音识别方法	使用深度信任网络对生态声音在不同环境和信噪比情境下进行分类识别
CN103531199A	2013－10－11	福州大学	基于快速稀疏分解和深度学习的生态声音识别方法	使用深度信任网络识别生态声音
CN103559879A	2013－11－08	科大讯飞	语种识别系统中声学特征提取方法及装置	使用深度信任网络进行特征提取
CN103700370A	2013－12－04	中科模识	一种广播电视语音识别系统方法及系统	使用深度神经网络建立声学模型
CN103680496A	2013－12－19	百度	基于深层神经网络的声学模型训练方法、主机和系统	使用深度神经网络建立声学模型
CN103714812A	2013－12－23	百度	一种语音识别方法及装置	使用深度神经网络建立声学模型

经过阅读这32项专利申请，课题组梳理出深度神经网络的在语音识别方面的技术路线图，如图3－4－4所示。从图3－4－4中可以看出，深度神经网络已经逐渐应用到语音识别的各个方面，包括前端特征提取、声学模型的训练、说话人识别、声音分类、语音合成、搜索引擎的交互等方面。近十年来，深度神经网络的训练方法有了突破，深度神经网络的理论和应用问题有了迅速的发展。于是大家纷纷研究深度神经网络，最重要的应用成果之一就是语音识别，这既提高了语音识别的性能，也证明了深度神经网络的价值。越来越多的企业和研究机构都对深度神经网络进行研究、开发和应用。深度学习是一个更宽泛的概念，主要指如何把深度神经网络学得更好、更快，并能在不同场合更好地应用。

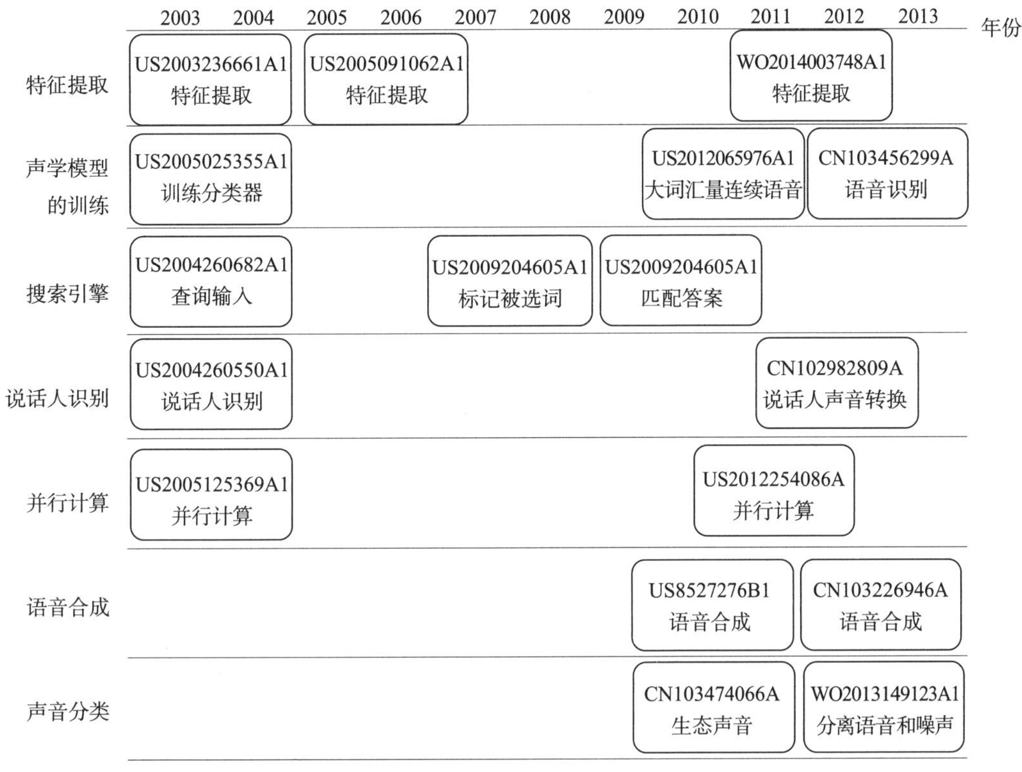

图 3-4-4　深度神经网络在语音识别方面的技术路线

经过深度神经网络技术路线图的梳理，我们也可以看出深度神经网络未来的发展动向。首先，如何在深度神经网络中加入反馈连接以提高性能。现有的深度神经网络中只有前馈连接没有反馈连接，这与真实的神经网络不同。反馈神经网络由于其动态过程比较复杂，没有一般规律可循，训练算法一般不具普适性，往往要针对不同的网络设计不同的算法。更糟的是，相对于近年来兴起的其他机器学习方法，这些学习算法效果不好，也不具有数据的可扩展性，无法很好地适应当前网络时代下的大数据处理需求。其次，硬件与软件的配合。目前绝大多数深度神经网络都需要进行大量的计算，并行化必不可少。这一点其实很自然，因为毕竟大脑对信息的处理基本是并行的。并行的一种方式是机器的并行，另一种方式是使用图形处理器并行。显然后者更加经济可行。但目前编写图形处理器代码对于大部分研究人员来讲还是比较费时费力，这有赖于硬件厂商和软件厂商通力合作，为业界提供越来越傻瓜的编程工具。

3.4.3　重要专利研究

通过重点研究深度神经网络在语音识别方面的相关专利，可将其划分为 7 个技术分支，分别为声学模型训练、声音分类、说话人识别、搜索引擎应用、前端特征提取、语音合成和并行计算。使用这 7 个技术分支，对语音识别领域的专利文献进行人工标引，每一项文献被标引一个技术分支，标引结果形成如图 3-4-5 所示的技术分支构成图。该图反映了深度神经网络涉及语音识别方面的文献在各个分支的分布情况，从而体现出深度神经网络在语音识别中应用的重点研发方向。

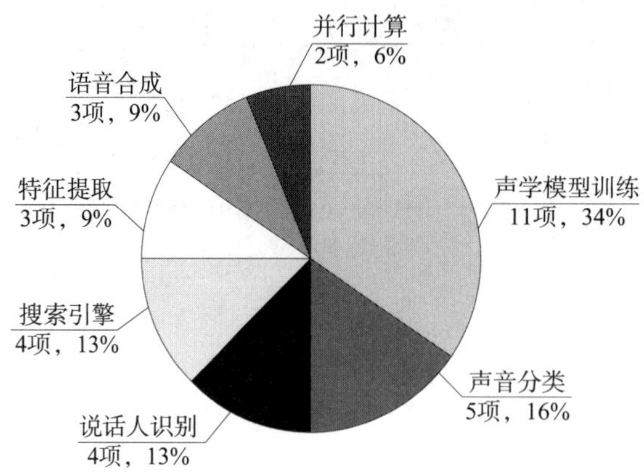

图3-4-5　深度神经网络语音识别技术构成

从图3-4-5中可以看出，深度神经网络涉及语音识别的相关专利中声学模型的训练占比最大，达到34%。这是因为深度学习更接近于人类的学习方式，它通过模仿人类大脑行为的神经网络，利用更多层次的网络模型结构来收集事物的外形、声音等信息，进行感知理解并产生相应行为。因此相较于其他方法，深度神经网络可以更为准确地模拟声学模型，所以伴随语音识别市场的持续火热，深度神经网络在声学模型上的应用也将持续占据申请量的大部分。声音分类是指根据输入的语音信号判断声音的类型，深度神经网络在声音分类方面的应用占总量的16%。说话人识别是指根据输入的语音信号判断该语音来自哪一个说话人或是否来自特定说话人，通常用于用户身份验证，这方面的专利申请占13%。深度神经网络在搜索引擎中的应用，旨在优化搜索业务和提升用户体验。目前用户已经不满足于传统搜索引擎只能提供网页链接，他们希望使用更加自然的人机交互方式，比如通过语音让机器理解，完成信息与用户需求的精准匹配。目前拥有大数据的互联网巨头，如谷歌、微软、百度等竞相开发深度学习技术，投入明显加大，这方面的专利申请也占总量的13%。可以预测，未来在搜索引擎方面的专利申请也将持续增长。深度神经网络在语音合成和特征提取方面的专利申请均占9%。深度神经网络的兴起除了得益于互联网时代的大数据，还有一个重要原因就是并行计算的发展。对于互联网公司而言，如何在工程上利用大规模的并行计算平台来实现海量数据训练，是各家公司从事深度学习技术研发首先要解决的问题，这方面的专利申请占总量的6%。

为了分析深度神经网络在语音识别方向的发展历程，对深度神经网络涉及语音内容识别方面的专利文献按照申请年代进行统计，得出其随时间分布各技术分支的申请量分布情况（见图3-4-6）。

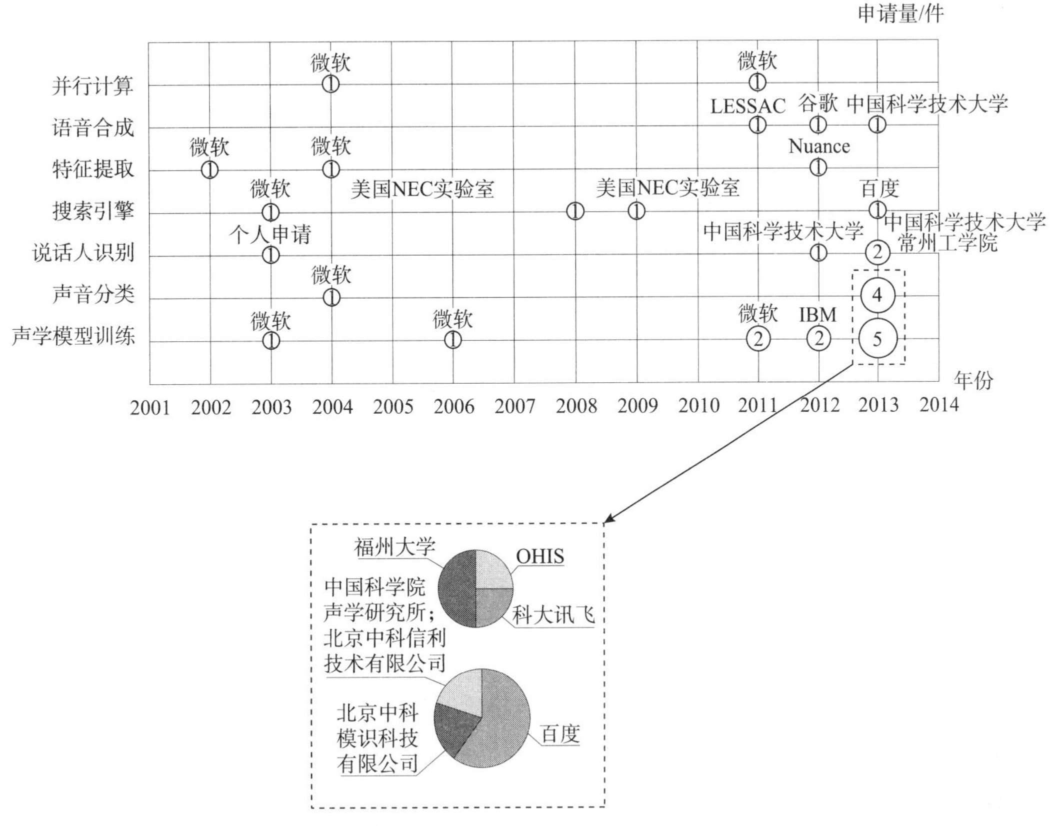

图3-4-6 深度神经网络语音识别各技术分支申请量年代分布

从图3-4-6可以看出，2002~2006年的8件申请中，微软的申请有7件，并且覆盖了除语音合成外的其余6个技术分支，说明这段时期微软在深度神经网络中的研发持续进行，虽然申请量不大，但在各技术分支上都有分布，专利布局比较完善。2008年和2009年各有1件申请，均来源于NEC美国实验室。NEC美国实验室在神经网络领域具有很强的实力，世界上最早的深度学习用于自然语义处理的研究工作就诞生于NEC美国实验室，所以这2项专利申请均涉及搜索引擎中的语义检索。2011年微软在声学模型训练方面申请了2项专利，在并行计算方面申请了1项专利。这是因为微软研究院在2010年发现深度神经网络可显著提高语音识别的精度，于是在这方面投入大量资源。在微软之后，其他语音巨头也不甘落后，2012年，IBM、谷歌和Nuance公司也纷纷申请专利，内容涉及使用深度神经网络训练声学模型、语音合成和特征提取。而到了2013年，国内申请人看到了深度神经网络的发展潜力，从学术界到工业界纷纷调整研究重点，共申请了13件专利，其中百度就占了4件。

下面来具体分析一下各技术分支中的重要专利。

（1）声学模型训练（US2012065976A1）

解决的技术问题：自动语音识别（ASR）系统在现实世界使用场景中的性能不能令人满意。在用于ASR的常规隐马尔科夫模（HMM）中，观察概率是使用GMM建模。

然而，这样的技术的潜力受到GMM发射分布模型的局限性的限制。所以常规的GMM－HMM架构存在不足，所期望的是改进的ASR系统。

技术方案：供用在ASR中的依赖于上下文的深度信任网络（DBN）－隐马尔科夫模型（HMM）如图3－4－7所示。DBN－HMM 200包括DBN 202。DBN 202可以接收采样110或其一些衍生物，其可以分割成随时间t的多个所观察到的变量204。所观察到的变量204可以表示时间上不同的实例的数据矢量。DBN 202还包括多层随机隐藏单元206。DBN 202具有顶部两层随机隐藏单元206之间的非定向连接208以及从上面的层到所有其他层的定向连接210。在下面将详细描述的预训练阶段期间，可以将权重w分别分配给定向和非定向连接208和210。附加地或可替代地，DBN 202可以是使用DBN预训练策略被预训练的前馈神经网络，其中λ是用于将二元概率的矢量转换成多

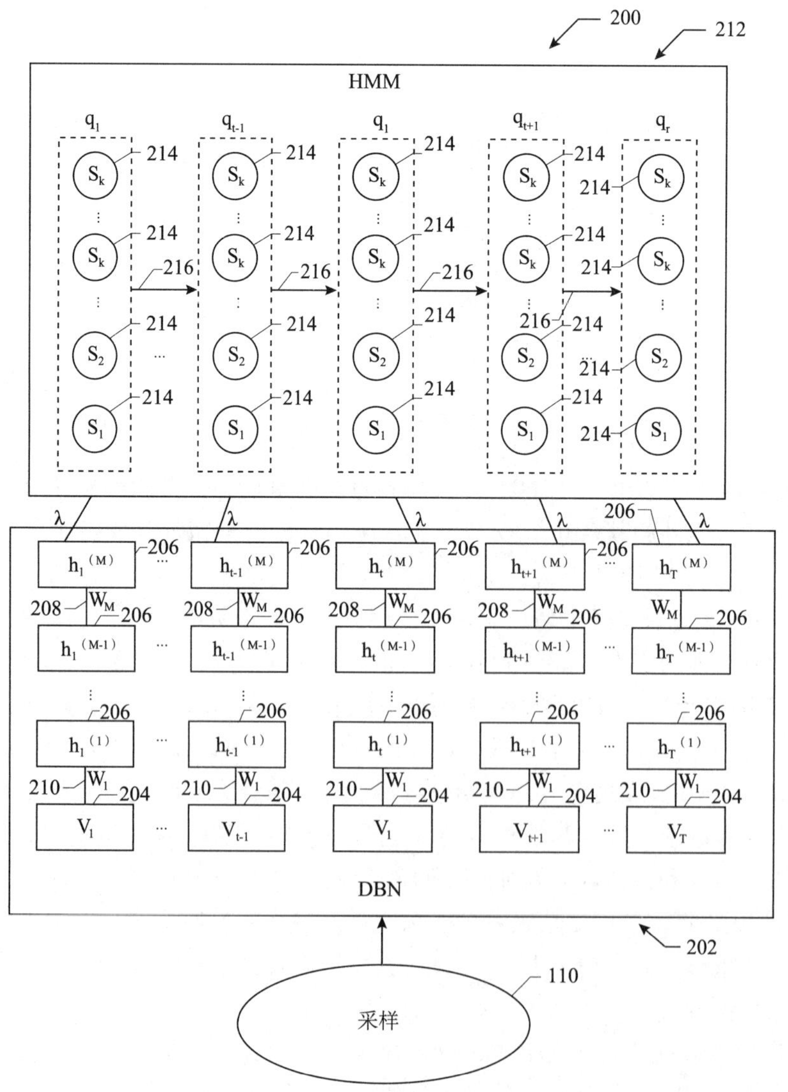

图3－4－7　US2012065976A1中的依赖上下文的DBN－HMM模型

项概率（在这种情况下为多 senone）的 softmax 权重。senone 是可以由 HMM 中的状态来表示的基本子音素单元。可替代地，如果 HMM 中的状态的数目极其巨大，则 senone 可以被表示为聚类的依赖于状态的输出分布。DBN 202 可以被训练为使得最上面的层（第 M 层）中的输出单元可以被建模为依赖于上下文的单元，比如 senone。更详细而言，DBN - HMM 200 包括 HMM 212。HMM 212 例如可以被配置为输出多个 senone 214 的转移概率。转移概率被示为 HMM 212 的 senone 214 组之间的定向箭头 216。在此处将描述的训练阶段期间，DBN 202 的输出单元可以在 HMM 212 中的 senone 214 对齐，其中这样的输出单元通过 softmax 权重 λ 对 senone 后验概率进行建模。HMM 212 可以输出 senone 214 之间的转移概率。这样的输出（senone 后验概率和转移概率）可以用于对采样 110 进行解码。

有益效果：通过使用 DBN 202 更好地预测 senone，依赖于上下文的 DBN - HMM 200 可以实现在与常规三音素 GMM - HMM 相比时改善的识别精确度。

（2）语音合成（CN103226946A）

解决的技术问题：基于 HMM 的参数语音合成是现阶段一种主流的语音合成方法。该方法可以合成高可懂度与流畅度的语音。但是合成语音的音质往往不够理想，造成整体自然度欠佳。传统基于 HMM 参数语音合成方法在频谱建模上的不足，是造成合成语音音质不理想的重要原因。

技术方案：在模型训练阶段，使用自适应加权谱内插 STRAIGHT 合成器提取的频谱包络取代高层频谱特征用于频谱建模；利用提取的基频和频谱特征以及每句训练语音对应的文本与上下文信息，依据基于 HMM 的参数语音合成方法，进行上下文相关单高斯的 HMM 训练；在单高斯的 HMM 训练完成后，利用训练得到的 Gaussian - HMM 模型对训练数据库中的声学特征序列进行状态切分，得到每个状态对应的起止时间；利用切分得到的各状态起止时间，对提取的训练数据库中的原始频谱包络特征进行切分，收集得到上下文相关 HMM 模型中各状态对应的频谱包络数据，并使用受限波尔兹曼机 RBM 来描述各状态对应的频谱包络的分布情况；在语音合成阶段，通过高斯近似进行 HMM 各状态输出概率的重估，再利用最大输出概率参数生成算法进行每帧合成语音对应的频谱包络特征的预测；利用 Gaussian - HMM 模型进行基频特征的预测，并将预测得到的所述频谱包络特征与基频特征送入 STRAIGHT 合成器，生成最终的合成语音。

有益效果：本发明实施例所述基于受限玻尔兹曼机的语音合成方法，能够提高基于 HMM 的参数语音合成方法中的频谱特征建模精度，从而改善合成语音的音质与自然度。

（3）并行计算（US2012254086A1）

解决的技术问题：尽管 DBN 已经显示了在结合执行识别/分类任务时很强大，但对 DBN 进行训练存在困难。用于训练 DBN 的常规技术涉及对随机梯度下降学习算法的利用。尽管这一学习算法已经显示了在结合对分配给 DBN 的权重进行微调时很强大，但这样的学习算法极其难以在各机器之间并行化，从而使得学习有点冗长。

技术方案：图 3 - 4 - 8 示出了便于通过利用并行计算来学习 DCN 100 中各模块的 U 的示例性系统 400。系统 400 包括多个计算设备 402 ~ 404。计算设备 402 ~ 404 中的每一个可在其上加载有 DCN 100 的实例。第一计算设备 402 可包括包含第一训练批量数据 408 的第一数据存储 406。第一训练批量数据可包括大量训练数据。数据接收机组件 410 可从第一训练批量数据 408 接收数据，并向 DCN 100 的第一实例提供训练。学习组件可以逐层学习 DCN 100 中的各模块的 U，直至获得了所有模块的 U 为止。第 N 计算设备 404 包括包含第 N 训练批量数据 414 的第 N 数据存储 412。数据接收机组件 410 从数据存储 412 中的第 N 训练批量数据 414 接收数据，并将这些训练数据提供给第 N 计算设备 404 上的 DCN 100 的实例学习组件 214 可以学习 DCN 100 的第 N 实例中的所有模块的 U。因此，批量模式的处理可跨多个计算设备并行进行，因为学习组件 214 利用凸优化函数来学习 U。U 的最终值可稍后根据学习组件 214 在计算设备 402 ~ 404 上针对 DCN 100 的各实例学习到的 U 的值来设置。

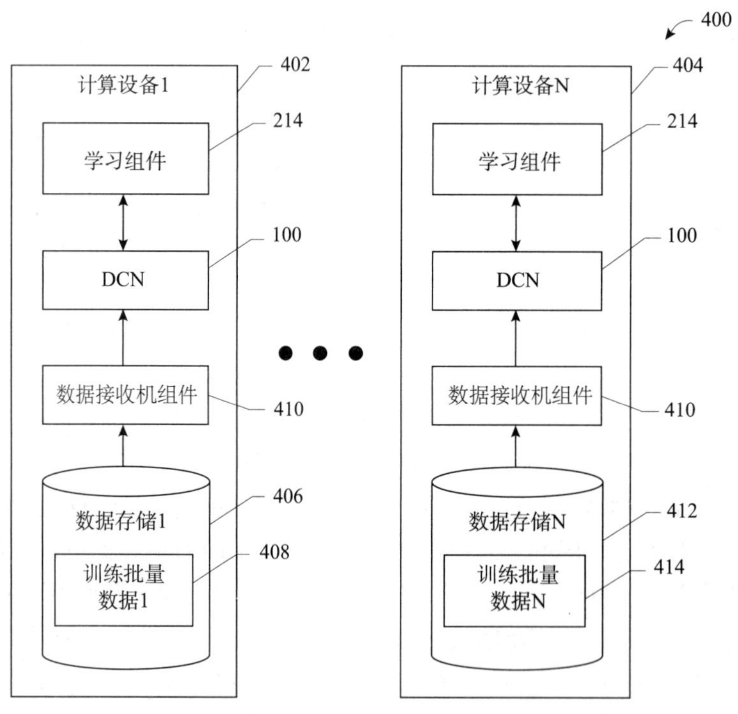

图 3-4-8　US2012254086A1 中的利用并行计算来学习 DCN

有益效果：模型训练的过程可以在多个设备之间并行进行，缩短学习时间。

（4）特征提取（US20020180271A）

解决的技术问题：传统的特征提取方法需要人工抽取特征，不够鲁棒。需要一种对噪声和失真鲁棒的特征提取方法。

技术方案：如图 3-4-9 所示，失真判别分析（Distortion Discriminant Analysis，DDA）可视为一种多层线性卷积神经网络，其中使用修正的定向主成分分析（OPCA）而不是反向传播算法训练权重。每一层 DDA 都使用 OPCA 使得输出的信噪比最大化，输出相对于输入维数下降。两层或更多的 DDA 整合到一起来加强平移不变性，建立一个在不同时域和频域尺度上都对噪声和失真鲁棒的特征提取训练系统。

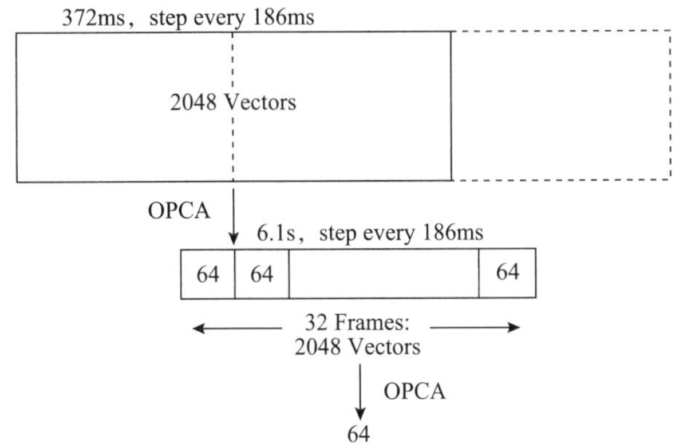

图 3-4-9 US20020180271A 中的特征提取系统

有益效果：提取的特征对噪声和失真鲁棒。

（5）搜索引擎（US2009204605A1）

解决的技术问题：尽管问询系统可以成功应用到特定领域和小词汇量上，但大词汇量开放领域的问询系统效果仍不太理想。

技术方案：如图 3-4-10 所示，一种基于快速卷积神经网络的大词汇量开放领域的问询系统包括离线部分和在线部分。在离线部分，文章被句子分割器 13 切分为句子 14，神经网络 11 对每句话的语义进行标记。句子和语义标记信息输出到索引步骤 101，作为前向和后向的索引存储在数据库中。在在线部分，用户的问询输入到搜索引擎中，被发送到网络服务器中。神经网络计算问询的语义标记，服务器计算问询的语义标记与数据库中存储的前向和后向索引之间的相似性，并对其进行排序。搜索引擎根据相似性排序将结果显示给用户。

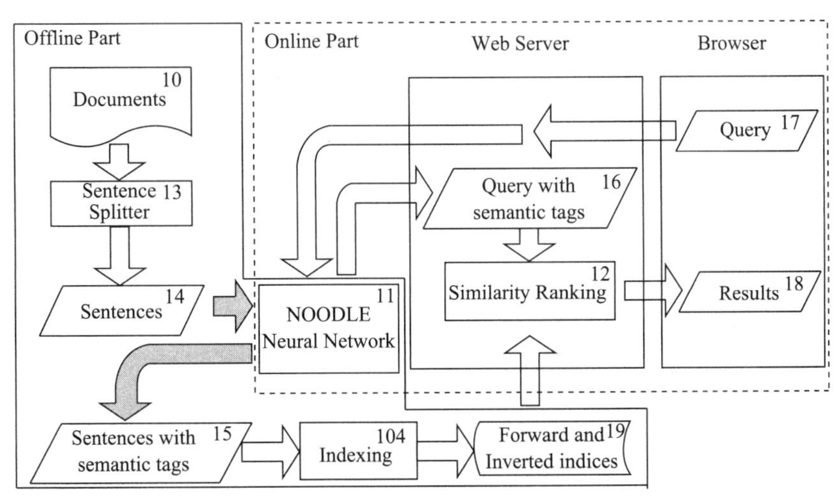

图 3-4-10 US2009204605A1 中的基于快速卷积神经网络的问询系统

有益效果：实现大词汇量开放领域的问询系统。

（6）说话人识别（US2004260550A1）

解决的技术问题：现有的说话人识别技术中将语音分割成持续时间很短的帧，但是这样的分割使得从语音数据中提取说话人的信息变得困难。

技术方案：如图3－4－11所示，在训练阶段，使用具有正确标记的音频数据1400，经过预处理1410后，被分割成32ms的帧。特征向量被输入到时延神经网络（TDNN）中，TDNN是卷积神经网络的一种特殊形式。在本申请中TDNN 1415具有两层结构，对每一输入帧，TDNN具有S个输出，S表示训练阶段说话人的数目。对每一个训练样本TDNN的输出与真实的帧标记之间进行比较，计算它们之间的差值来调整TDNN的权重。在使用阶段，未标记的音频数据经预处理后输入TDNN，TDNN的输出归一化后进行聚类，来为每一帧分配一个帧标记。

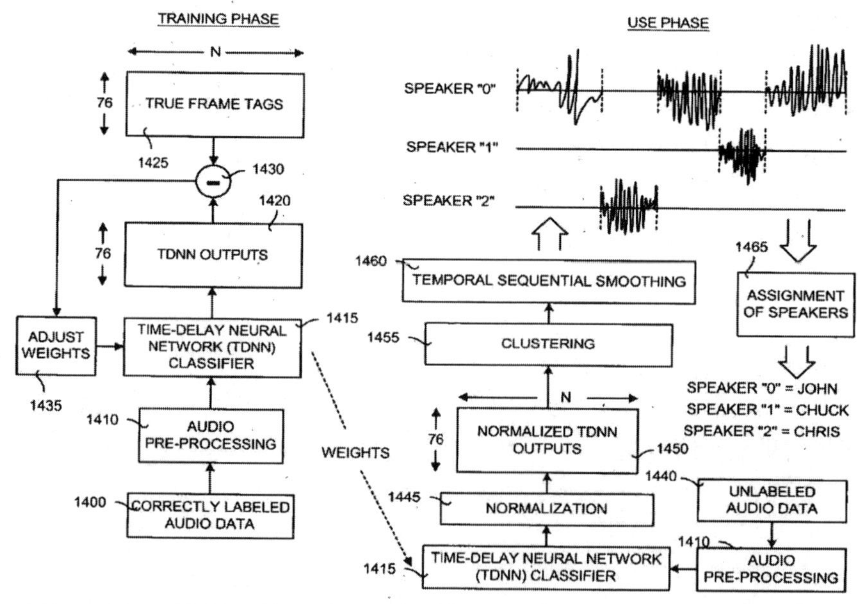

图3－4－11　US2004260550A1中的基于TDNN的说话人识别系统

有益效果：使用卷积神经网络可以训练任意大小的输入信号并且有效防止过拟合。

（7）声音分类（CN103559879A）

解决的技术问题：语种识别是指判断给定语音信号所对应的语种类别。目前语种识别系统主要提取语音信号的底层声学信息，并不能很好地体现语种的差异。这些特征不仅包含了音素区分性信息，也混叠了说话人、信道、噪声等各种干扰信息，使得能够区分语种的音素信息淹没其中，从而影响语种识别效果。

技术方案：获取各语音帧的底层声学特征。获取各语音帧的前、后帧的扩展声学特征。具体地，可以对第t帧底层声学特征分别前后扩展，综合考虑前后相邻的I帧特征，则确定当前语音帧的扩展声学特征为N（2I＋1）维。由于深度置信网络的输入为声学特征经过前后帧的扩展（多帧声学特征），相比声学特征的一帧能够包含更多的信息，从而对音素的区分更加稳定。将所述扩展声学特征输入预先训练得到的深度置信网络模型，得到优化的扩展声学特征。深度置信网络是一种多层神经网络，接收扩展声学特征并输出优化的扩展声学特征。深度置信网络各层中某一节点的输出 f（y）计算为：其中，α 为 sigmoid（神经元的非线性作用函数）函数可调参数，X =（x_1，x_2，…，x_n）为该节点的输入矢量，W =（w_1，w_2，…，w_n）为该节点的对应权重矢量，偏置项为 b。需要注意的是，输入扩展后的声学特征作为第一层网络传递给第二层网络，最后一层输出直接是 y 而不再作 sigmoid 变换。根据所述优化的扩展声学特征提取各语音帧上下文相关的扩展声学特征。深度置信网络拓扑结构如图 3－4－12 所示，包括输入层、输出层及多个中间层。其中，输入层用于接收各语音帧的声学特征，其节点数相同于声学特征（或扩展后声学特征）的维数。输出层用于描述预设发音单元的后验概率，如音素单元、三因子音素状态（Tri－phone States）单元等，其节点数通常设为语音单元总数，如对于音素单元而言，中文有 83 个带调音素，英文则有 42 个音素，而如果采用三因子音素状态，输出节点一般在数千量级。中间层用于描述从基本的声学特征逐层变换抽象到音素单元的过程。通过不断的抽象变换，说话人信息、信道信息和噪声信息等会逐步减弱，音素单元信息逐步得到增强。一般来说，中间层越多，则可以模拟越复杂的模型结构，抽象能力越强，但对训练数据的需求也会越高。综合考虑实际训练数据需求、运算复杂程度和最终识别效果，可以设置中间为 L 个隐含层，其中 L 取值为 5。进一步地，为了保证输出特征中能够包含尽可能准确的音素信息（最后一层输出音素单元正确率），同时又能比较好地去除说话人、信道等干扰因素，输出层应该尽量选择网络后面的节点层。考虑到最后输出层节点数取决于预设单元个数，不利于优化后输出特征维数的调整，因此可以选择中间某一隐含层作为输出层。特别地考虑网络描述能力和优化特征提取后的语种识别系统的效率，经验性地选择中间隐含层作为输出层，并将其节点取 K，其他节点为 M，其中 K 远小于 M。

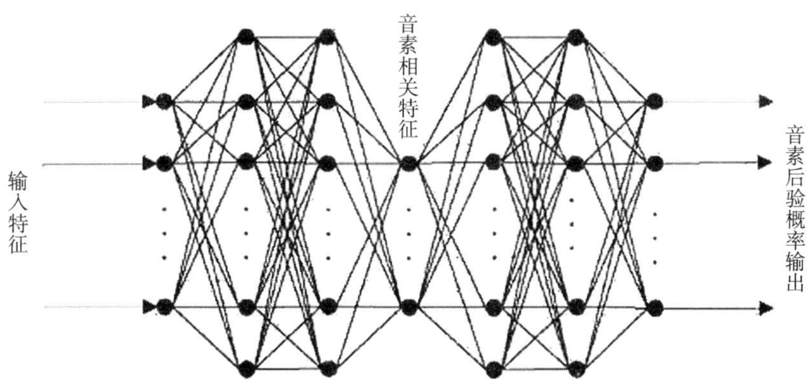

图 3－4－12 CN103559879A 中的深度置信网络拓扑结构

有益效果：本发明实施例语种识别系统中声学特征提取方法，通过对直接提取的语音帧的底层声学特征进行发音单元的相关优化，能够凸显音素信息抑制干扰，有效提高语种区分性。而且，声学特征经过深度置信网络每一层时，音素的信息会逐层被抽象放大，而干扰信息（如说话人信息、信道信息）被减弱，因此网络中间隐含层节点和输出层节点的输出相比输入的声学特征本身所包含的音素信息更加突出。

3.5 小　　结

深度神经网络方面的专利申请呈增长趋势。全球专利和中国专利的申请量都在逐年增长。当前，以智能算法、深度学习、云计算为代表的大规模网络应用已经成为ICT产业的重要发展方向。各大互联网公司在深度学习领域不断积极探索。深度学习是机器学习研究中的一个重点关注领域，其研究侧重于建立、模拟人脑进行分析学习的“神经网络”。深度学习带来了机器学习的新浪潮，推动“大数据+深度模型+数据发现挖掘”时代的来临。人工智能技术与互联网的融合，是两个领域发展到一定阶段，探索创新的必然结果，深度学习为拥有强大计算能力和数据资源的互联网巨头公司带来下一次全面领跑的机会。从国际上看，深度学习技术在美国、欧洲和日本发展迅速，带动了多种信息科学领域的发展。中国需要加强跟踪高新技术产业技术的发展态势，自主创新，进一步加强深度神经网络在人工智能相关产业领域的研发应用。

第4章　微　　软

20世纪80年代和90年代是语音识别技术应用研究方向的高潮，HMM模型和人工神经元网络（ANN）的成功应用，使得语音识别系统的性能比以往更优异；伴随着多媒体时代的来临，微软研发出一系列相当成功的商业应用语音识别系统，比如微软的Phone Query（电话语音识别）引擎。本章以微软在语音识别领域的全部专利申请为样本空间，重点分析了微软在全球和中国的专利申请态势、技术发展状态、核心技术以及重要研发人员的情况。本章不仅可以帮助我们更好地理解语音识别技术的发展历程，而且也可以为国内语音识别厂商的发展方向提供借鉴。

4.1　公司简介

微软是一家总部位于美国华盛顿州的雷德蒙市，由比尔·盖茨与保罗·艾伦创始于1975年的跨国电脑科技公司，是世界PC机软件开发的先导。最为著名和畅销的产品为Microsoft Windows操作系统和Microsoft Office系列软件。目前是全球最大的电脑软件提供商。

进入20世纪90年代后，语音识别技术在应用以及产品化方面有了很大的进展，微软作为全球最大的PC软件公司，在其推出的众多操作系统中，越来越重视语音识别技术的开发与应用，极大促进了语音识别技术的进一步竞争和发展。

近年来微软在语音识别技术领域作出重要突破，将一种名为深度神经网络（Deep Neural Networks）的新型声学模型拓扑结构应用于语音识别中，可提供"接近即时"的语音文本转换服务，比目前的语音识别技术快两倍，同时准确率提高15%，该技术模仿人类大脑对沟通的理解方法。目前，该技术在语音识别领域保持领先。

微软一直致力于全球统一通信和语音服务。为此，微软不但有众多的合作伙伴，如欧洲电信业、ScanSoft、宝利通、思科、Aspect、Meru等，还收购了众多公司，如Teleo、Colloquis、Tellme、Skype、诺基亚等。以上述方式使微软占领了大部分的语音市场，促进了语音识别技术的长远发展。

自1992年进入中国设立北京代表处以来，微软在华的员工总数已增加至900多人，已形成以北京为总部、在上海、广州设有分公司的架构。1992年至1995年，主要发展了自己的市场和销售渠道；1995年至1999年，相继成立了微软中国研究开发中心、微软全球技术支持中心和微软亚洲研究院这三大世界级的科研、产品开发与技术支持服务机构。微软（中国）成为微软在美国总部以外功能最为完备的子公司；从2000年至今，微软持续加大对中国软件产业的投资与合作力度，进一步占据中国市场。

微软十分重视知识产权的保护，为了占领语音市场，2011 年微软从 Unveil 科技公司旗下收购 VoIP 类的知识产权为语音市场铺路，目前仅语音识别方面的专利已有近 800 项申请。微软对这些专利是如何布局的？它在语音识别领域的技术实力又是如何？下面，本节从微软语音识别专利的总体布局情况出发，对这些问题一一作答。

4.2 全球专利态势

微软一直致力于语音识别产品的研发和制造。下面从申请量和目标国家两个角度对微软的全球专利态势进行分析。

4.2.1 申请量

截至 2014 年 5 月 15 日，微软在语音识别领域的申请总量为 774 项。图 4－2－1 为微软语音识别领域的全球申请量年代分布图。

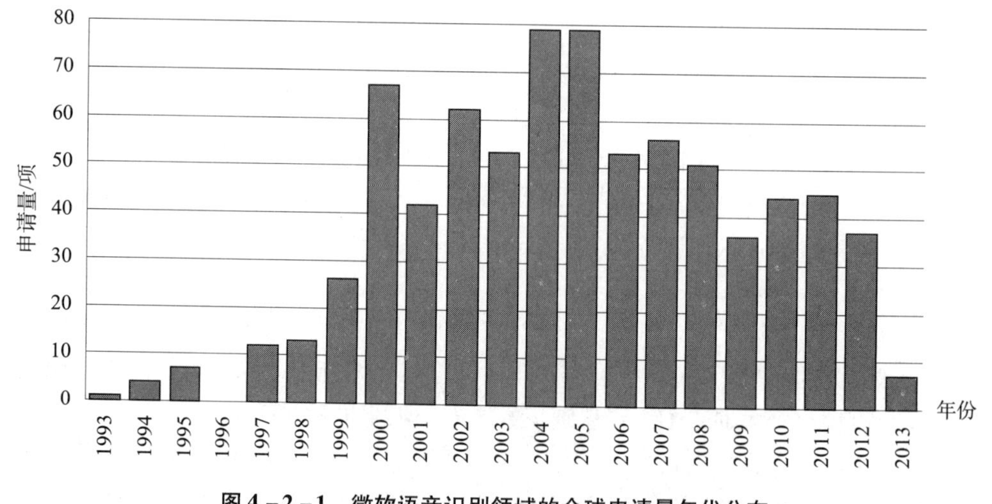

图 4－2－1　微软语音识别领域的全球申请量年代分布

从图 4－2－1 中可以看出，微软早在 1993 年即申请了第一件语音识别方面的专利，其申请号为 US19930014706A，涉及一种在计算机系统中指示可用的语音命令列表的方法，属于语音识别应用方面的专利，其被后续专利引用了 14 次，可见其在微软有关语音识别应用的一系列专利中具有相当重要的地位，开创了微软语音识别技术应用的先河。

1993～2001 年，微软在语音识别方面的专利申请并不十分多，但呈现出逐年增长的态势。由于语音识别技术在 90 年代后才在应用以及产品化方面出现了很大的进展，因此不难理解，在这一阶段，语音识别的应用还不是特别的广泛，其技术壁垒还比较高，因此相应的专利布局也处于刚刚起步的阶段。但微软作为全球最大的 PC 软件公司，在其推出的众多操作系统中，越来越重视语音识别技术的开发与应用，因此，专利申请量逐年稳步上升。

2002~2007年，微软在语音识别方面的申请量大幅上升，可见这一阶段，微软在语音识别方面取得了较大的进展。在这一时期，微软还推出了很多语音识别相关的产品。如2001年推出的Windows XP操作系统，采用了Sam英语语音引擎和Narrator电脑朗读文件；2007年发布的Windows Vista操作系统，推出微软新一代语音合成与语音识别技术Text-to-Speech和Speech Recogintion，微软英文版Windows Vista内置美国英语Anna语音引擎，微软中文版内置美国英语Anna语音引擎和汉语普通话Lili。结合微软的市场行为和专利申请情况可以看出，微软一直十分重视其核心技术在专利领域的布局，在推出众多产品的同时，时刻不忘申请相关的专利，使产品在市场中受到全面的保护。

2008~2013年，微软的申请量基本保持平稳，且略微出现下滑。在这一阶段，语音识别技术的发展已经相对成熟，特别是中小词汇量非特定人语音识别系统识别精度已经大于98%，对特定人语音识别系统的识别精度更高。这些语音识别技术已经能够满足一般应用的要求。由于大规模集成电路技术的发展，这些复杂的语音识别系统也已经完全可以制成专用芯片，大量生产。在西方经济发达国家，大量的语音识别产品已经进入市场和服务领域。一些用户交换机、电话机、手机已经包含了语音识别拨号功能，还有语音记事本、语音智能玩具等产品也包括语音识别与语音合成功能。人们可以通过电话网络用语音识别口语对话系统查询有关的机票、旅游、银行信息，并且取得很好的结果。调查统计表明多达85%以上的人对语音识别的信息查询服务系统的性能表示满意。虽然语音识别技术进入了瓶颈期，但微软的年均申请量仍然保持在30件以上，可见微软并没有放弃在语音识别领域的探索和突破。特别是微软研发出深度神经网络技术后，我们可以预见，随着其在语音识别技术上的突破，在未来的几年中，将会出现又一个有关深度神经网络及其应用的专利申请高峰。

4.2.2　目标国

对于企业来说，尤其是国外企业来说，专利与商业利益是紧密关联的。从这个意义来说，企业在哪个国家和地区申请的专利越多，说明这个企业越重视哪个市场。下面对微软专利申请的目标国作进一步分析。

图4-2-2为微软在语音识别领域专利申请的目标国申请量排名。从图中可以看出，美国以761件申请遥遥领先，占微软在语音识别领域申请总量的98%。美国在语音识别领域的技术实力一直处于世界领先地位，而微软作为一家美国企业，其首先考虑的就是具有强大市场和竞争力的本土市场。而在美国市场之外，中国以170件专利申请居于第二。中国人口众多，市场潜力巨大。不仅国外大公司，中国政府、科研单位和国内企业对语音识别的研究和应用一直都十分关注，这使得中国的语音识别市场竞争异常激烈。因此，不难理解微软对中国市场的重视程度仅次于其本土市场。微软不仅在中国市场进行了完善的专利布局，还建立了强大的技术研发团队。微软中国研发团队的迅速发展也为微软在中国的专利布局作出了重要贡献，同时也使得中国成为其专利布局的重要地区。

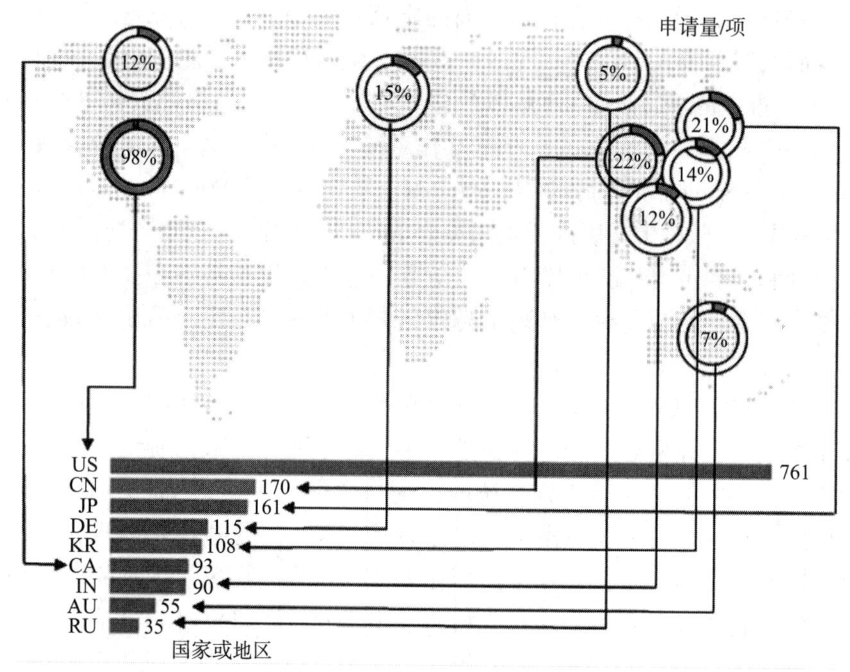

图4-2-2 微软在语音识别领域专利申请的目标国申请量排名

从图4-2-2中还可以看出，微软在日本、德国、韩国等许多地区都有完善的专利布局，其专利布局的区域覆盖广，专利申请量大，不仅有效地保护了微软相关产品的利益，还大大提高了微软在全世界的竞争力。微软作为语音识别领域的龙头企业，树立了全球专利布局的好榜样。

4.3 中国专利态势

由上面的分析可知，微软共有170件专利进入中国。微软语音识别专利在中国的布局情况如何，其与全球申请态势是否相同，我们从下面的分析中寻找答案。

4.3.1 申请量

图4-3-1为微软语音识别专利中国申请量年代分布图。

从图4-3-1中可以看出，微软的语音识别专利最早于1997年进入中国，但仅1997年就申请了11件专利。通过阅读这11件专利申请的内容发现，其都涉及语音内容识别方面，具体包括声学模型、语言模型、后端处理和语音识别应用方面，可见，微软已经做好了充足的准备，开始在中国市场对其语音识别产品进行全面的专利布局，为其相关产品进入中国市场打下坚实的专利基础。与全球申请量年代分布相对应，2000~2006年，微软语音识别专利在中国的申请量也总体呈现增长态势，特别是2004~2005年，申请量出现大幅增长，可见微软将中国作为其全球市场的重要组成部

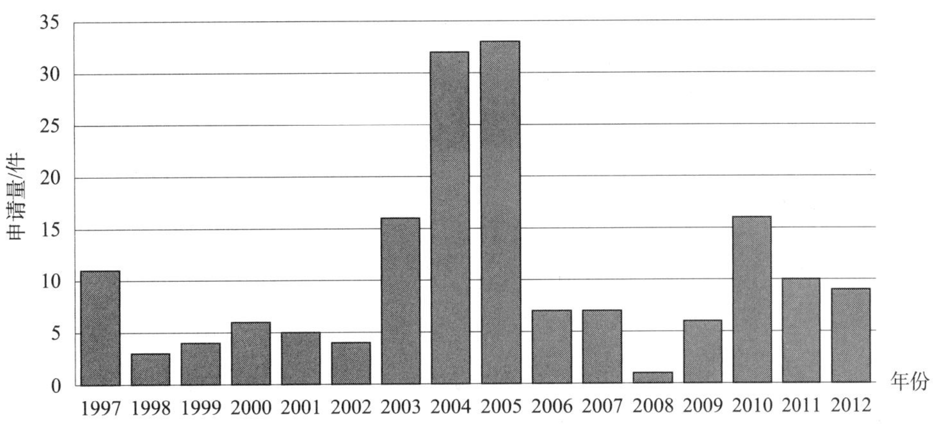

图 4－3－1　微软语音识别专利中国申请量年代分布

分，在中国市场的专利布局战略与全球一致。而与全球申请量分布不同的是，虽然 2007～2012 年微软语音识别专利的全球申请量总体呈下滑态势，但其中国申请量并没有逐年递减。在 2008 年短暂的申请量下降之后，2009～2010 年又较之前有所增长。这与中国市场近几年语音识别市场的迅猛发展态势密不可分。随着国内语音识别市场的持续升温，我们预计，微软在语音识别方面的中国申请量将会长期保持稳步上升的态势。

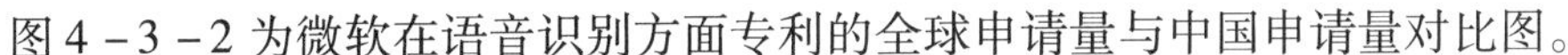

图 4－3－2 为微软在语音识别方面专利的全球申请量与中国申请量对比图。

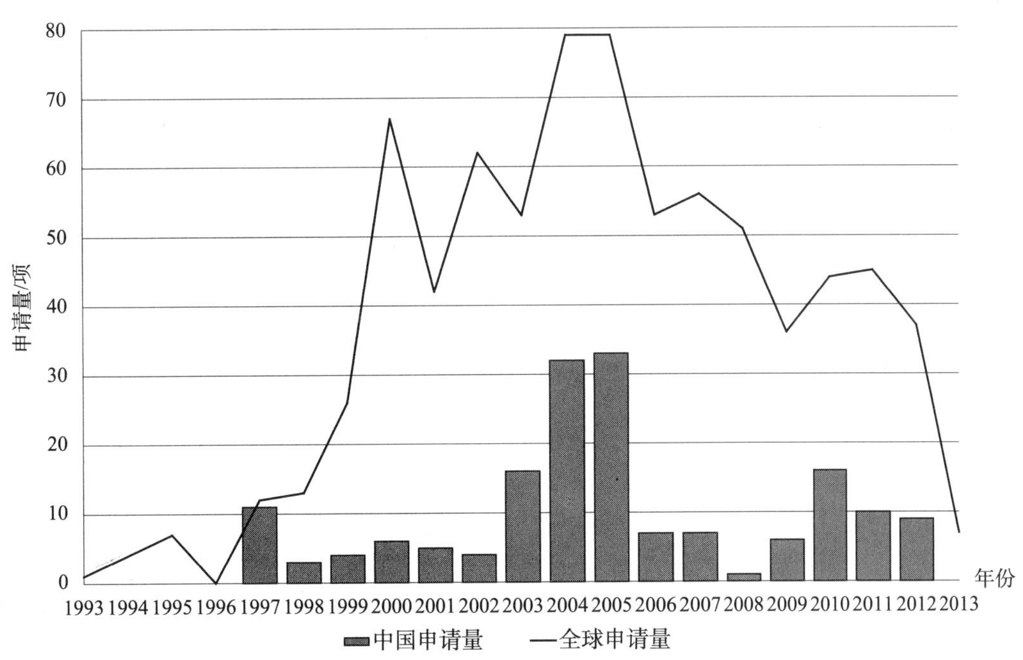

图 4－3－2　微软语音识别专利全球－中国申请量对比

从图4-3-2可以得出结论，微软在全球申请和中国申请的发展态势整体上是对应的，可见，中国是微软在全球市场的重要组成部分。虽然微软在中国的专利布局晚于全球市场，但其在中国市场的申请量一直处于较高的水平，由此可知中国市场得到微软足够的重视，在语音识别领域具有十分广阔的前景。

4.3.2 中国申请法律状态

针对微软语音识别专利在中国的申请，统计了其每一年的法律状态信息，如表4-3-1所示。

表4-3-1 微软语音识别专利中国申请的法律状态统计 单位：件

申请年	公开	授权	有效	在审	失效
1996	1	1	1	0	0
1997	11	6	6	0	5
1998	4	4	4	0	0
1999	4	4	4	0	0
2000	5	5	5	0	0
2001	4	4	3	0	1
2002	5	5	5	0	0
2003	4	3	3	0	1
2004	31	24	21	0	10
2005	25	20	20	2	5
2006	19	9	13	4	6
2007	6	3	6	3	0
2008	7	3	5	2	2
2009	3	2	3	1	0
2010	5	2	5	3	0
2011	15	4	15	11	0
2012	21	0	21	21	0
总计	170	99	140	47	30

首先，从有效和失效的数量上来看，微软涉及语音识别方面在中国的170件专利中，共有140件处于有效状态，占申请总量的82%，而剩下的30件已经失效，失效的原因包括没有交年费、复审无效等，由此可见，微软在中国的大部分专利申请含金量较高，对其进行维持是十分有意义的。再从授权情况来看，1996~2012年，共有99件专利获得授权，47件处于在审状态，获得的授权数量多，而不授权专利的占有量很少，

可以看出，微软能够准确把握语音识别专利领域的整体情况，申请的效率高，授权概率大，这样不仅避免了不必要的人力物力浪费，更能使微软的语音识别产品得到及时的保护，微软的这一专利申请策略也为国内申请人树立了典范。

4.4　技术发展态势

微软的语音识别专利申请涉及语音内容识别、关键词检索、语种识别、说话人识别、声音分类等技术领域，我们对微软语音识别专利的所有申请从技术构成、专利布局上进行详细分析，从而得出该公司的技术发展历程、重点专利和技术路线图。

4.4.1　技术构成

将微软语音识别专利所涉及的领域分为语音内容识别、关键词检索、语种识别、说话人识别和声音分类 5 个方面，并对涉及各领域的数量进行统计，得到图 4－4－1。根据该图可以确定微软在语音识别领域的研发和专利保护重点。

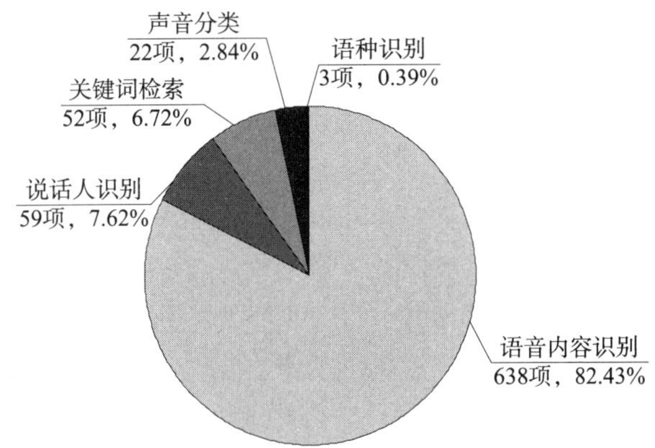

图 4－4－1　微软语音识别专利所涉领域数量统计

在微软语音识别方面的专利申请中，共有 638 项涉及语音内容识别，占中国申请总量的 82.43%，可见语音内容识别为微软在语音识别方面的研发重点和重要专利布局方向。

涉及关键词检索的专利申请共有 52 项，占申请总量的 6.72%，而通过阅读这些专利的内容可以发现，其大多涉及语音识别的应用，如用于移动互联网进行查找、录入、设备控制等，或者用于呼叫中心的自动客服和数据挖掘。由此可见，微软仅仅将关键词检索作为语音识别的一个应用方向，对其技术上的改进较少。

微软在语音识别领域的专利申请还涉及语种识别、说话人识别、声音分类等方面，其申请量分别为 3 项、59 项和 22 项，分别占申请总量的 0.39%、7.62% 和 2.84%，从申请量上可以看出，这三个领域并不是微软技术研发和专利布局的重点方向。

通过以上分析可知，微软在语音识别领域的研发重点和首要专利布局方向为语音内容识别，即文本模式的语音识别，因此，接下来将对语音内容识别方面的专利申请进行重点分析。

4.4.2 专利布局

通过对微软在语音内容识别领域的所有专利文献进行人工阅读，课题组将该技术领域分为六个技术分支，分别为前端特征处理、声学模型、语言模型、识别引擎和解码器、后端处理以及语音识别的应用。该六个技术分支中的每一个又可以细分为多个技术分支，其定义见表4－4－1。

表4－4－1 微软语音内容识别领域技术分支及定义

技术分支	定义
前端特征处理	包括端点检测、降噪、普通特征提取、特征变换和识别单元选取
声学模型	包括声学模型拓扑结构和声学模型训练方法
语言模型	包括文本预处理、语言模型拓扑结构和语言模型训练方法
识别引擎和解码器	对语言进行识别或解码的全过程，典型的有基于WFST的解码器
后端处理	包括计算置信度、提供多候选、数字、标点符号后处理、多系统融合及语音识别系统测试等
语音识别的应用	包括移动互联网/呼叫中心/教育/国防等

课题组使用以上6种技术分支，对微软涉及语音内容识别方面的文献进行人工标引，每一篇文献被标引一个技术分支，标引结果形成如图4－4－2（见文前彩色插图第8页）所示的技术分支构成图。该图反映了微软涉及语音内容识别方面的文献在各个分支的分布情况，从而体现出微软的重点研发方向及其技术发展过程。

从图4－4－2中可以看出，申请量最多的为语音识别的应用，占申请总量的27%，而其中移动互联网和呼叫中心方面的专利申请量又较多，分别为125项和42项，而教育方面仅有5项专利申请，国家安全方面仅有1项申请。微软在语音识别应用技术分支上的申请量分布，与其公司的市场定位是相吻合的。微软作为全球最大的PC软件公司，其最主要的产品为操作系统及与操作系统配套的软件，而这类产品主要应用领域即为移动互联网和电信行业，因此，其语音识别应用方面的专利申请也主要集中在这两个技术分支上。教育并不是微软的主要业务，其涉及教育的产品也屈指可数，而在国家安全方面，基于保密的考虑，技术细节不适宜公开，因此，在教育和国家安全方面，微软的申请量寥寥无几。微软产品的全球市场占有率一直居高不下，伴随着语音识别市场应用的持续火热，可以预期，微软语音识别应用方面的申请也将持续占据其语音识别申请量的大部分。

在6个技术分支中，申请量最少的为识别引擎和解码器，仅有16项申请，占申请总量的3%。

除了语音识别的应用和识别引擎及解码器方面，其他四个技术分支上的申请量分布相对较均匀，其中语言模型方面的申请稍多，占据了全部申请量的21%，且主要集中在语言模型训练方法上。随着全球一体化的发展，不同国家不同语言之间的交流障碍逐渐减小，语音识别软件也必然要适应这一趋势，可以在不同语言之间实现自由切换。

在声学模型方面，声学模型训练方法所占比例较大，而声学模型拓扑结构所占的比例较少。在前几十年中，高斯混合模型/隐马尔科夫模型作为声学模型拓扑结构的主流框架，已经基本成熟，其技术上的改进空间很小，因此，不难理解，在声学模型拓扑结构方面的专利申请量也较少。但近年来，微软将一种名为深度神经网络（Deep Neural Networks）的新型声学模型拓扑结构应用于语音识别中，同样数据下深度神经网络的效果比高斯混合模型/隐马尔科夫模型提升很多。可以预期，在未来的几年中，微软将会加大在声学模型拓扑结构，特别是深度神经网络方面的专利申请，为该新技术构建坚实的专利保护壁垒。

在前端特征处理方面，降噪一直是研究的重中之重。目前，对语音识别效果影响最大的就是环境杂音，在公共场合，你几乎不可能指望计算机能听懂你的话，来自四面八方的声音让它茫然不知所措。很显然这极大地限制了语音技术的应用范围，目前，要在嘈杂的环境中使用语音识别技术必须有特殊的抗噪麦克风才能行，这对多数用户来说是不现实的，在公共场合中，个人能有意识地摒弃环境噪声并从中获取自己所需要地特定声音，如何让语音识别技术也能达成这一点，是一个艰巨的任务。

后端处理方面，多候选和置信度的申请量相对较大，分别有44项和26项。其中置信度用于判断识别结果可靠性的方法，多候选用于在最佳的识别结果输出以外，提供额外的可选择结果。这两个方面是提高用户体验最直接和有效的手段，因此，在后端处理技术分支中所占的比例较大。

以上分析了微软语音内容识别专利在各技术分支上的申请量分布情况，为了进一步分析微软在语音识别方向的发展历程，下面对微软涉及语音内容识别方面的专利文献按照申请年代进行统计，得出其各技术分支随时间的申请量分布图。

从图4-4-3中可以看出，2003~2005年微软在语音内容识别方面集中申请了大量的专利，并在各技术分支上均匀分布，由此可见，2003~2005年是微软语音识别技术发展的高峰期。在这几年时间中，微软在语音识别市场上采取了一系列大动作，2004年微软和欧洲电信业合作开发网络语音会议市场，携手ScanSoft共谋语音识别技术发展，与宝利通战略联盟提供丰富协作方案，2005年微软收购Teleo为MSN信使服务提供语音功能，收购互联网语音技术新兴公司Teleo，微软2003~2005年在专利领域的集中申请也正是为这一系列大动作做好充分准备，努力扩大其语音识别软件的商业应用领域。2006年微软停止销售语音识别软件，而把该软件安装在推出的Office Line产品中，许多大型企业和政府部门都在使用语音识别服务器，这样消费者和用户就能够通过语音命令进行控制，或者电话获得他们所需要的信息。由此可见，微软在推出新产品之前即做好了完善的专利布局，有效地增强了产品的市场竞争力。

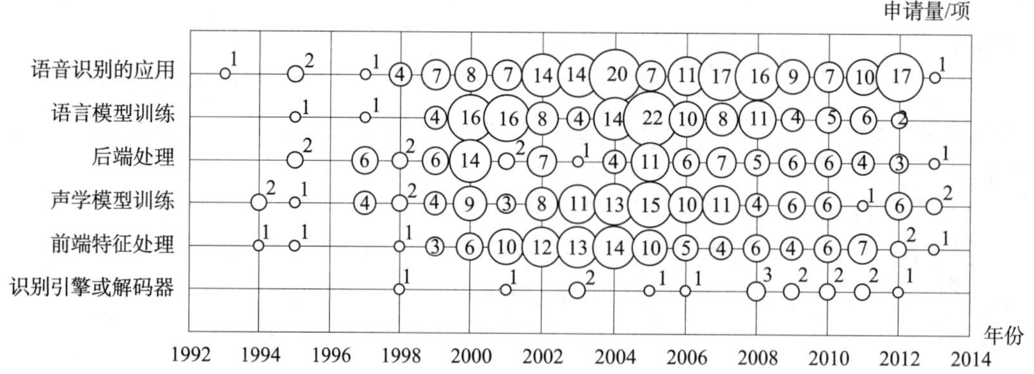

图4-4-3 微软语音内容识别专利各技术分支申请量年代分布

在语音识别的应用方面，每年的申请量分布较均匀，可见语音识别的应用是一个持续的热点问题，随着技术的发展，也会不断涌现出各种新的应用领域和应用方式。

图4-4-4是3个申请量较多的技术分支：前端特征处理、声学模型和语言模型的申请量随时间分布情况。

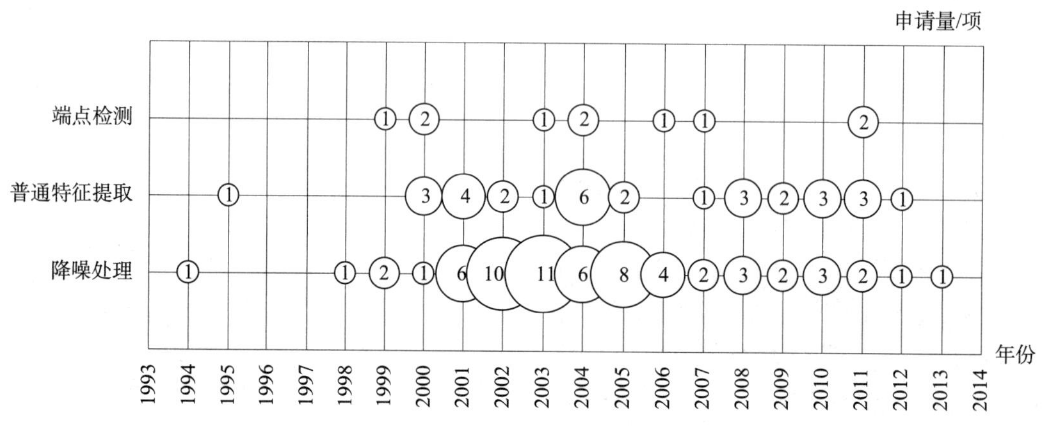

（a）前端特征处理申请量时间分布

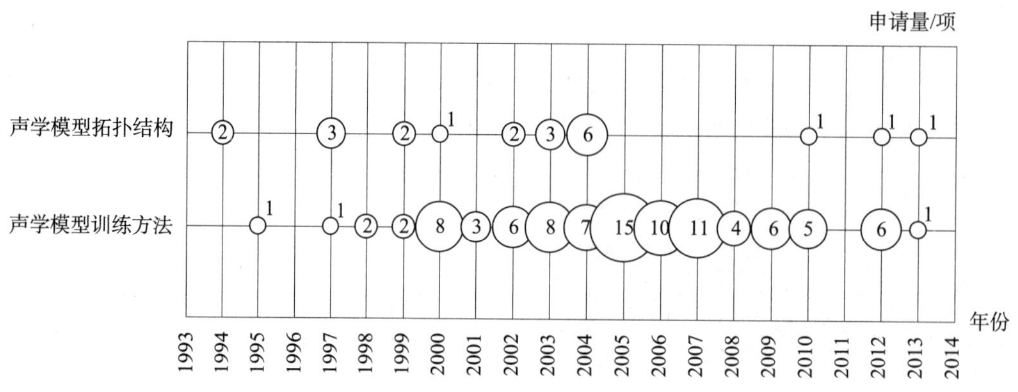

（b）声学模型申请量时间分布

图4-4-4 微软语音内容识别专利申请量时间分布

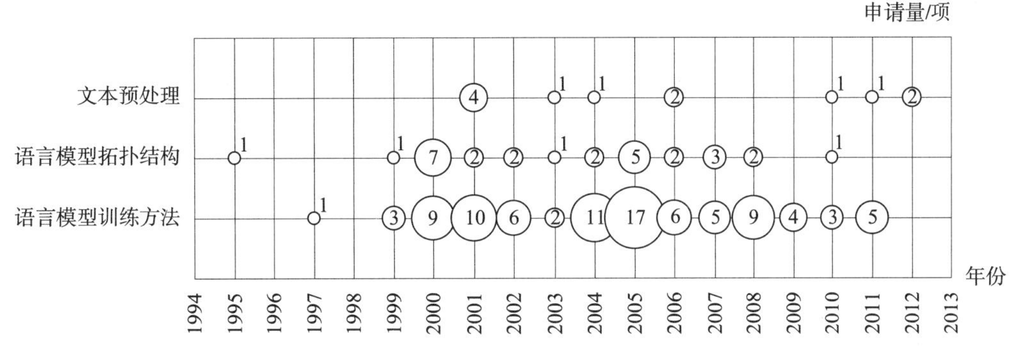

(c) 语言模型申请量时间分布

图 4-4-4 微软语音内容识别专利申请量时间分布（续）

从时间分布上来看，前端特征处理方面的申请主要集中在 2001～2005 年，其中 2004 年申请量最大，达到 14 项。声学模型拓扑结构的申请并不是年年都有，而声学模型训练方法的申请则比较连续，特别是 2005 年，达到 15 项之多。语言模型训练方法在时间分布上，与前端特征处理和声学模型类似，也是在 2005 年达到申请量的最高峰，为 17 项。前端特征处理方面的重点为降噪，而声学模型和语言模型方面的重点都为是模型的训练方法。

微软为何在 2005 年会进行多个技术分支上的集中申请呢？我们可以从对微软的市场行为分析中得到答案。微软作为一个综合性的 PC 机软件开发公司，2006 年之前，虽然其操作系统和 Office 系列软件已经获得很高的市场占有率，但其语音识别类产品在市场上却并不具有明显优势。微软一直努力扩大其语音识别软件的商业应用领域，因此微软停止销售语音识别软件，而把该软件安装在 Office Line 产品中。微软停止供应语音识别服务器，同时在 Office Communications Server 2007 通信服务器中安装语音识别软件，另外还在 Windows Vista 操作系统中使用新的语音识别技术。

由此可见，2006～2007 年，微软在语音识别软件产品上进行了一系列重要的革新，而 2005 年的申请量高峰是这次技术革新的知识储备和专利铺垫。

4.4.3 技术发展历程

通过对微软语音识别方面专利的分析，可知微软的技术发展历程分为三个阶段。

（1）第一阶段：1997～2001 年

在第一阶段，微软主要是在其产品中集成语音识别的功能。2001 年微软推出 Windows XP 操作系统，在其 Office XP 中增添了语音识别功能，还在代号为 Office 11 的下一版 Office 中扩展这种支持。微软的 Reader 软件包含语音—文本转换功能。软件开发商也越来越多地开始在游戏，特别是面向中、小学的教育类软件中添加语音识别功能。这一阶段的专利申请以语音识别的应用为主，其应用方向包括移动互联网、呼叫中心和教育等。为了提高识别效果，微软也对识别结果的后端处理作了相应的改进，而在声学模型、语言模型和前端处理等较为关键的技术点上，改进较少，专利申请量也相应偏低。

（2）第二阶段：2002～2007年

这一阶段是微软在语音识别方面技术爆发的阶段，在前端特征处理、声学模型、语言模型、后端处理、识别引擎及语音识别的应用方面都进行了大量的申请。

（3）第三阶段：2008～2013年

在第二阶段的技术爆发期之后，微软在语音识别各方面的申请量都骤减，除了在语音识别应用领域申请量保持平稳之外，其他技术分支上的申请都很少。在这一阶段，微软的市场行为也主要集中在语音识别的应用方面，2008年微软研发“语音输入法”，2011年微软Xbox Live增加了实况电视和语音搜索功能等。而在技术研发方面，微软似乎进入了一个瓶颈期，在语音识别率和识别速度等方面都没有出现重大突破。

值得注意的是，近年来，微软在语音识别的技术方面又出现了实质性的进展。微软已经研发出一种新型的名为深度神经网络（DNN）的语音识别技术，可提供“接近即时”的语音至文本的转换服务，比目前的语音识别技术快两倍，同时，准确率提高了15%。该技术模仿人类大脑对沟通的理解方式，微软希望利用这个技术在语音识别领域保持领先。❶

反观微软的专利申请情况，微软有关DNN最早的专利为2010年9月15日提出的WO2012036934A，其分别进入了美国、欧洲和中国，并已经在中国获得授权。其他有关DNN的申请还有2010年9月21日申请的US20100886568A，2011年11月26日申请的US2013138436A1，2012年08月29日申请的US20120597268。由此可见，微软对DNN也作了相应的专利布局，这些专利都是涉及DNN的训练方法，为基础性专利。随着DNN的广泛应用和推广，可以预见，微软还会在这一方面进行大量的申请。

4.4.4 重点专利

为了获取微软在语音识别方面的核心技术，课题组对其历年来在语音识别技术方面的所有专利的被引用频次进行分析。一般来说，一项专利被引用次数越多，说明它越重要。但引用频次并不是判断专利重要性的唯一标准。在利用引证关系分析重要专利时，除了要考虑引用频次、同族数量这些常规因素外，还需要考虑引用属性（申请引证、审查引证）、时间属性（发出引证的时间点与被分析专利公开时间之间的关系）和国别属性（不同国家对引证信息标引的机制差异）等因素，这样才能使分析结果更客观。

表4－4－2列出了各技术分支中通过上述因素筛选出的一些重要专利。

❶ 微软研发语音识别新技术：模仿人类大脑速度提升2倍［EB/OL］．［2013－06－18］．http：//tech.ifeng.com/it/detail_2013_06/18/26512407_0.shtml.

表 4-4-2 各技术分支引用频次较高的专利列表

公开号	引用频次	技术分支	申请日
US2004213419A1	13	前端特征处理	2003-04-25
US2004092297A1	13	前端特征处理	1999-11-22
US6263308B1	19	声学模型训练方法	2000-03-20
US6336108B1	20	声学模型拓扑结构	1997-12-04
WO9950830A1	8	语言模型训练方法	1999-10-07
US2003216905A1	6	语言模型拓扑结构	2002-05-20
US2006212897A1	16	识别引擎或解码器	2005-03-18
US2003088410A1	7	识别引擎或解码器	2001-11-06
US6260011B1	28	后端处理	2000-03-20
US2003189603A1	13	后端处理	2002-04-09
US6574599B1	45	应用呼叫中心	1999-03-31
US2005203747A1	39	应用移动互联网	2004-01-10

下面结合具体的专利申请，具体分析各技术分支的重点专利。

4.4.4.1 前端特征处理

（1）端点检测（CN1591568A）

解决的技术问题：在许多不同的语音识别应用中，具有清晰和一致的音频输入是非常重要且可以是决定性的，音频输入代表着要提供给自动语音识别系统的语音。倾向于破坏给语音识别系统的音频输入的两类噪声是环境噪声和由背景语音产生的噪声。使用一种算法将嘈杂的、组合标准和喉式话筒信号特征映射成清楚的标准话筒特征。这是使用概率最优滤波器来估计的。然而，虽然喉式话筒彻底不受背景噪声的影响，但喉式话筒的频谱含量是十分有限的。因此，使用它来映射成清楚的估计的特征向量并不很准确。另外，戴喉式话筒给用户增加了不便。

技术方案：将常规的音频话筒与附加的语音传感器组合起来，语音传感器基于输入提供语音传感器信号。语音传感器信号是基于由说话者在讲话期间采取的动作诸如面部运动、骨振动、喉部阻抗变化等而产生的。语音检测器组件从语音传感器接收输入并输出语音检测信号，表示用户是否正在说话。语音检测器基于话筒信号和语音传感器信号产生语音检测信号。如图 4-4-5 所示。

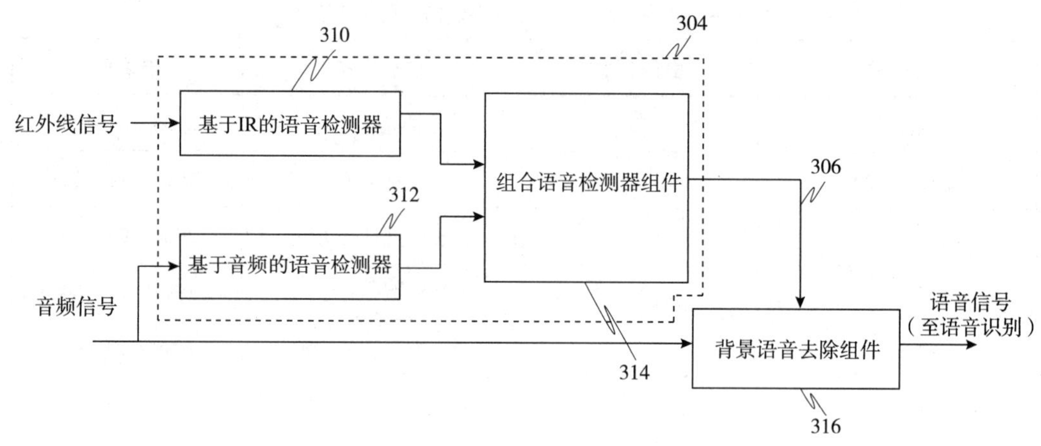

图4-4-5　CN1591568A 技术方案

有益效果：本发明可以用于去除背景语音。背景语音已被识别为一个极其普通的噪声源，仅次于电话振铃和空调。使用如上所述的语音检测信号，可以消除大部分这种背景噪声。同样，可以改进可变速率语音编码系统。由于本发明提供表示用户是否正在说话的输出，因此可以使用有效得多的语音编码系统。这样一个系统减少电话会议时对带宽的要求，因为语音编码只有在用户实际说话时才进行。同样可以改进实时通信中的发言权控制。在常规的电话会议中丢失的一个重要方面是缺少一种机制来用于通知其他人一个电话会议参加者希望说话。这可以导致一个参加者独占一个会议的情况，仅仅因为他或她不知道其他人希望说话。有了本发明，用户只需要激励传感器以表示这个用户希望说话。例如，当使用红外线传感器时，用户只需要以模仿讲话的方式运动他或她的面部肌肉。这将提供表示用户正在说话或者希望说话的语音检测信号。使用喉部或骨话筒，用户可简单地以非常柔和的音调哼哼，这将再次触发喉部或骨话筒来表示用户正在或希望说话。

（2）降噪（US2004213419A1）

解决的技术问题：通常的计算机执行的语音应用程序通过计算设备捕捉声音，然后以特定的方式进行处理，例如语音通信、语音识别、声纹识别等，其需要很高的精确度。这限制了该应用程序可以使用的环境和场景。例如，环境噪声或其他噪声会降低与捕获的所需声音相关的信号，使得信号的接收者很难理解说话人的意思。

技术方案：使用麦克风阵列选择性的消除来自已知的、特定位置的噪声信号，并允许特定区域或干扰抑制区域的信号通过。麦克风阵列可以用于多种环境中。在这些环境中，噪声源相对于麦克风阵列的位置通常是固定的。如图4-4-6所示。

有益效果：将噪声抑制和语音特征提取结合在一起，可以提供一种稳定的系统，其选择性的消除来自键盘或按键的噪声，同时放大来自特定区域的声音信号。

（3）特征提取（US5604839A）

解决的技术问题：在语音识别系统的训练和识别阶段，如果声学环境发生变化，例如，所使用的麦克风、背景噪声、说话人与麦克风之间的距离、或者室内的声学环

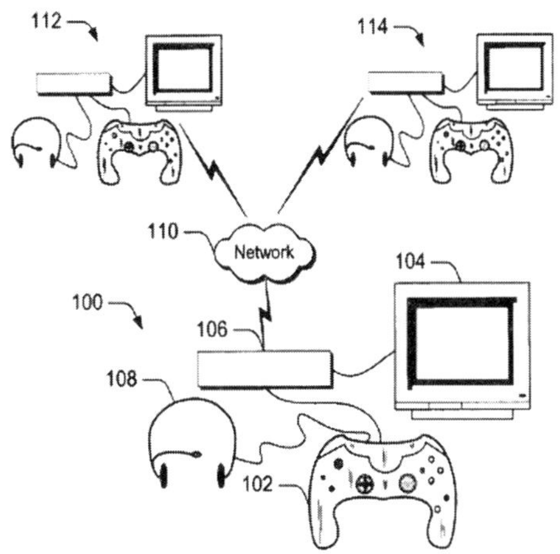

图 4-4-6 US2004213419A1 技术方案

境等改变，由于声学环境会对从语音中提取的特征向量造成影响，因此语音识别系统的工作状态不理想。而针对这一问题，现有的解决方法效果都不太理想。

技术方案：提供了一种在前端对特征向量进行归一化，从而提高语音识别效果的方法和系统。待识别的语音被输入到麦克风，通过放大器放大，然后由模数转换器转换为数字信号。模数转换器输出的数字信号被输入到特征提取器中，其对语音信号进行分帧并为每一帧提取特征向量。特征向量被输入到归一化部件中进行归一化。归一化部件通过从特征向量中计算并提取校正向量从而对特征向量进行归一化。所述校正向量是基于当前语音帧为噪声的概率以及当前话语和数据库中的话语的平均噪声和语音特征向量来计算的。归一化之后的特征向量被输入到模式匹配器中，其将归一化之后的特征向量与存储在数据库中的特征向量进行比较，从而寻找出最优匹配结果。如图 4-4-7 所示。

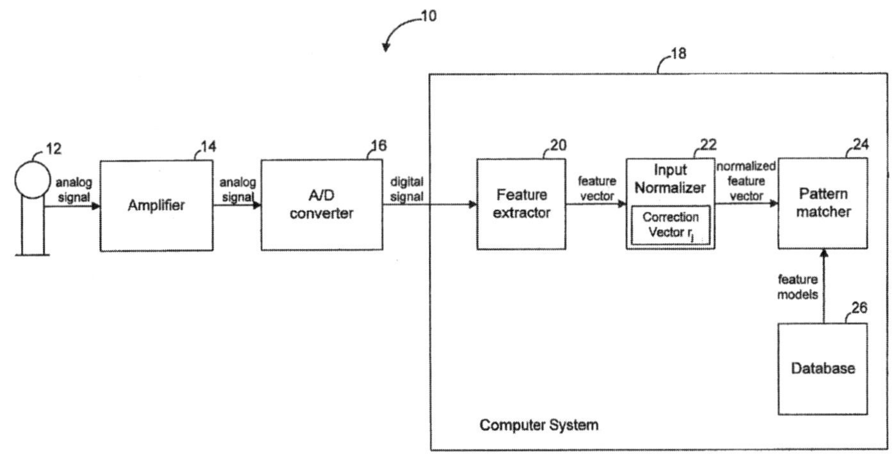

图 4-4-7 US5604839A 技术方案

有益效果：对特征向量进行归一化可以精确并动态地更新用于归一化输入语音特征向量的值，从而降低声学环境变化对特征向量造成的影响。

4.4.4.2 声学模型

（1）声学模型拓扑结构（US6336108B1）

解决的技术问题：使用聚类算法可以改善传统的语音识别系统的识别效果，但存在很多缺陷。其一是需要手动确定聚类的数量，其将会因为人为的错误而导致算法实效。此外，所有特征都是数值，因此必须将非数值的特征转换为相应的数值。因此需要对存在上述缺陷的传统系统进行改进。

技术方案：使用混合贝叶斯网络（MBN）阵列进行语音识别。混合贝叶斯网络（MBN）包括多个特定前提的贝叶斯网络（HSBNs），其中每个特定前提的贝叶斯网络具有可能隐藏和可见的变量。普通的外部隐藏变量与MBN相关，但不包括在HSBNs的任何一个中。MBN中HSBNs的数量与普通外部隐藏变量的状态数量鱼贯，并且基于普通外部隐藏变量对应与多个状态之一的假设，每个HSBN对其进行建模。根据本发明，MBNs对在语音各部分中观察到声学观察值的集合的概率进行编码。每个HSBN对在语音各部分中观察到声学观察值的集合的概率进行编码，并给出处于特定状态的普通隐藏变量。每个HSBN具有与声学观察值的组成成分相对应的节点。这些节点存储了基于一个节点与另一个节点连接的概率相关的概率参数。如图4－4－8所示。

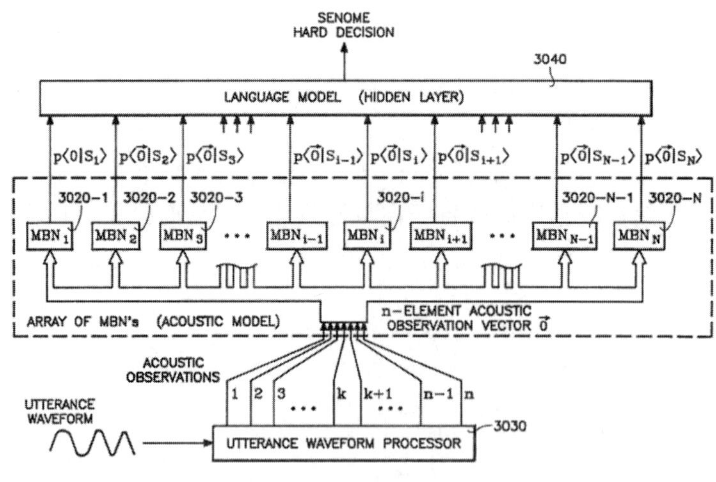

图4－4－8 US6336108B1 技术方案

有益效果：可以获得更精确的训练数据集合，提高语音识别系统的识别率。

（2）声学模型训练方法（US6263308B1）

解决的技术问题：需要一种能够就能够确同步音频和文本文件的方法，以及适用于在语音识别系统中同步音频和文本文件的方法。

技术方案：使用说话人无关的声学模型对音频数据进行初始的语音识别。语音识别操作产生识别出的文本以及音频时间标记。识别出的文本与文本数据中的文本进行比较，以确定正确的识别结果。然后使用正确的识别文本以及相应的音频段对声学模型进行训练，以将初始声学模型转换成与说话人相关的声学模型。重新训练后的声学模型被用于对音频数据进行语音识别操作。使用更新后的声学模型对音频和文本数据进行同步。如图 4 –4 –9 所示。

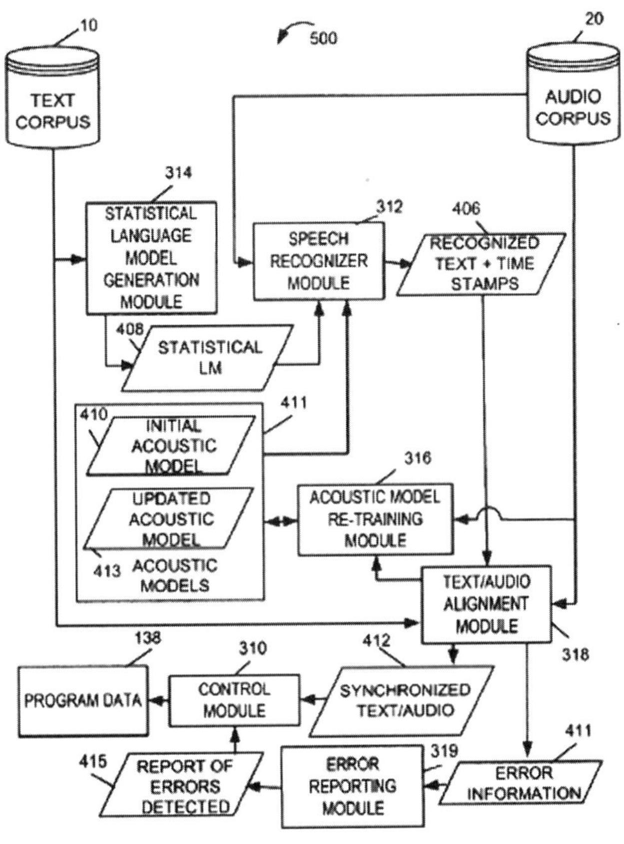

图 4 –4 –9 US6263308B1 技术方案

有益效果：通过对声学模型进行重新训练，可以提高识别的准确性。

4.4.4.3 语言模型

（1）语言模型拓扑结构（US2003216905A1）

解决的技术问题：现有的信息提取的方法需要手写的语法，通常是与文本无关的语法（CFGs）。对 CFGs 的扩展需要领域专家和语法编写专家。获取编写语法所需的知识和数据以及对测试数据进行测试和修订是一个重复且耗时的过程。现有的方法不仅耗时，而且效率很低。

技术方案：在信息提取过程中使用构造语言模型的分解性能。在训练过程中，首先使用带有句法注释的训练数据对语言模型结构进行初始化。然后对带有基于语义的语法注释的训练数据进行分解，以重新训练模型。分解器所产生的分解数上的句法标记被替换为联合句法和语义标记。然后通过对语音标注的训练数据执行在训练数据中找到的语义标记进行分解，从而对模型进行训练。训练后的模型被用于使用从模型中产生的分解，从测试数据中提取信息。如图 4 –4 –10 所示。

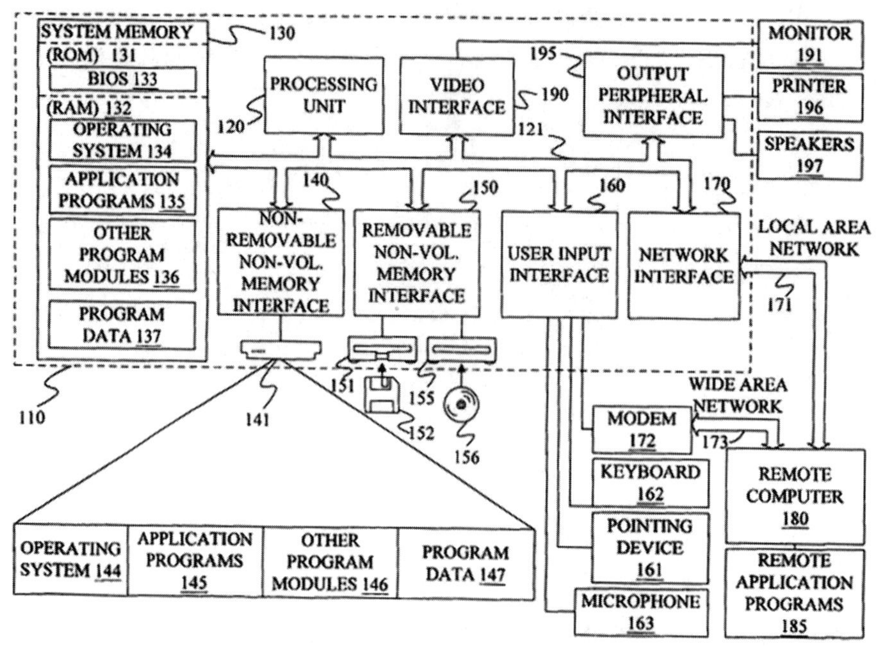

图 4-4-10　US2003216905A1 技术方案

有益效果：能够在语音识别的训练过程中有效标记相关的语义信息。

（2）语言模型训练方法（WO9950830A1）

解决的技术问题：在目前的一些检索系统中，能够被查询和检索的信息是非常大的。当检索可访问的数据库变得越来越多，以及当这些数据库变得越来越大时，与信息检索有关的问题也变得越来越多。换句话说，在检索过程中，利用较大的和数量较多的数据库通常难以获得可接受的超过查全率和精确度的性能。

技术方案：一种语言模型用于一个语音识别系统中，它访问一个第一类、较小的数据存储器和一个第二类、较大的数据存储器。通过公式化表达一个基于包含在上述第一类数据存储器中的信息的信息检索查询和查询上述第二类数据存储器，可以对语言模型进行适配。从第二类数据存储器中检索的信息用来适配该语言模型。并且，语言模型用来从上述第二类数据存贮器中检索信息。语言模型是基于第一类数据存储器中的信息和第二类数据存储器中的信息来构建的。在给定第一个语言模型和第二个语言模型之后，在第二类数据存储器中的文档的复杂度就可以被确定了。文档的相关度是根据上述第一和第二复杂度来确定的。如图 4-4-11 所示。

有益效果：利用信息检索技术来匹配某种语言模型的语音识别系统，能够检索具有超过某一门限水平的相关度测度的文档。

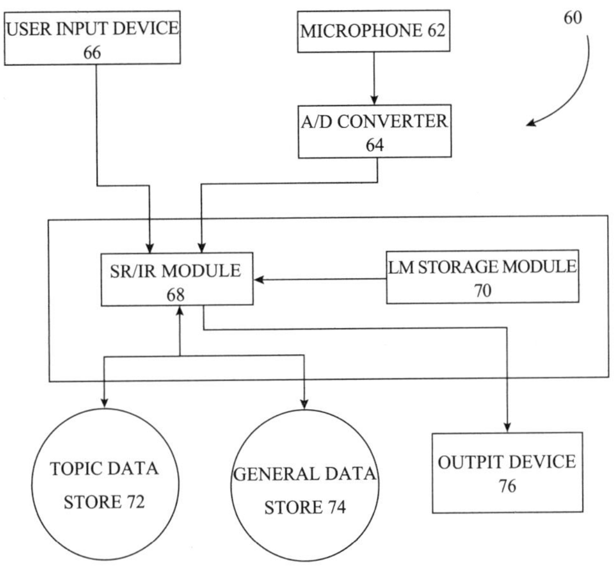

图 4-4-11 WO9950830A1 技术方案

4.4.4.4 识别引擎或解码器（US2003088410A1）

解决的技术问题：语音识别的准确度还有很大的空间需要改进。特别是语音输入对应的不是同样文本短语且不存在与文本字典中时，语音识别的效果很差。虽然手动训练可以提高识别准确度，但不能够让识别器回到初始的正确结果上。

技术方案：使用上下文映射来提高识别的精确度，基于输入的内容来偏置识别器。接收到输入后，输入的内容类型即被确定，使用该类型来定位基于内容的确认规则和基于内容的用户偏置数据，当完成输入后，基于内容的确认规则和基于内容的用户偏置数据与语音输入数据一起被发送给识别引擎。识别引擎根据基于内容的确认规则和基于内容的用户偏置数据对语音输入的识别结果进行偏置。一个类型标记产生器为每个输入内容确定类型，一个数据收集引擎用于从多个数据库中收集用户偏置数据。如图 4-4-12 所示。

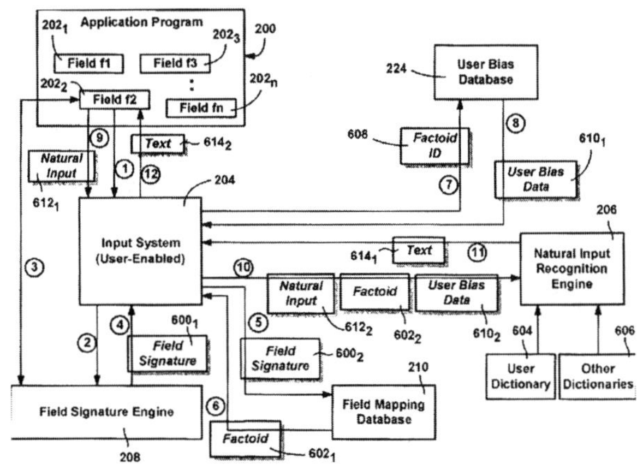

图 4-4-12 US2003088410A1 技术方案

有益效果：基于用户的偏好，有效地提高识别结果的准确性。

4.4.4.5 语音识别的应用

（1）移动互联网（US2005203747A1）

解决的技术问题：应用程序的控制，使得应用程序的开发者可以使用应用程序控制快速地开发出应用程序，而不用手动编写所有执行特定任务的代码。特定任务可以包括获取信息，例如数字、字符、日期以及导航信息等。所开发的应用程序可以内置多种提示、语法、对话，并自动生成这些特征。使用应用程序控制可以节约应用程序开发过程中的时间和成本。然而，尽管应用程序控制为基于识别的应用程序提供了有效的构建机制，但并不适合混合的对话，例如用户在问题提出之前即给出了针对该问题的答案。需要提供一种更好的、能够按照对话的方式处理混合对话的方法。

技术方案：为网络服务器提供控制，以产生客户端标记，包括识别和/或语音提示。所述控制包括对话的组成部分，例如问题、回答、确认、命令或状态。一个模块通过使用控制中带有的信息来形成对话。该对话按照选择提示的顺序，并按照控制的顺序从用户处接收输入。语音控制可以被组合或再利用，以使得语音控制可用自适应的更新。如图4-4-13所示。

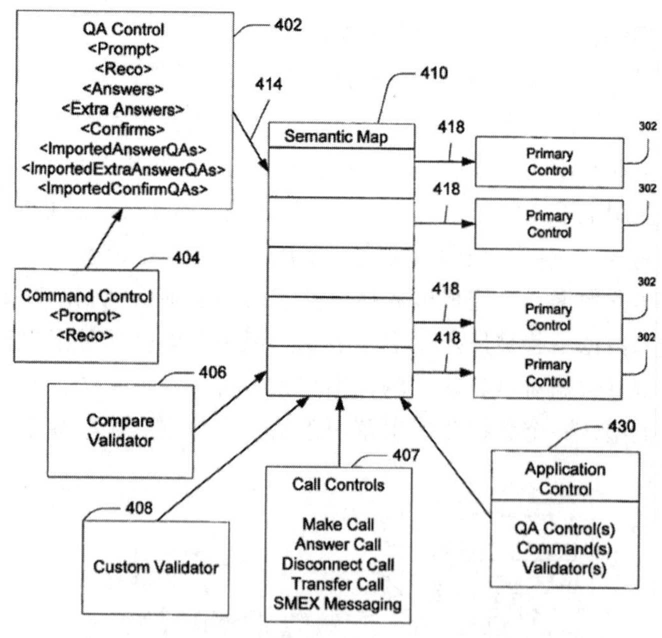

图4-4-13　US2005203747A1 技术方案

有益效果：能够更好的、按照对话的方式处理混合对话。

（2）呼叫中心（US6574599B1）

解决的技术问题：需要一种改进的技术，以允许用户以自然和直观的方式使用语音命令进入多种数据中心和技术中心的计算机上的统一的信息服务和/或其他事务的通信服务器，复杂的通信请求涉及多个电话号码/电子邮件地址。

技术方案：允许用户从一个统一的信息系统创建多个对外的至多个通信设备的通信路径，创建多个对外的通信路径是响应于用户通过电话的口头输入。所述方法包括在统一的信息系统接收用户通过电话输入的口头命令。从包含动作关键词和联系数据的口头命令中识别出动作关键词。一个针对被呼叫者的列表数据库外接于用户统一信息系统，通过网络访问该数据库以确定是否创建点对点连接。确定有效信息被提供给用户以确定是否连接该被呼叫者。在呼叫列表确定之前，还可以输入针对第二被呼叫者的带有联系数据的连接关键字。如图 4－4－14 所示。

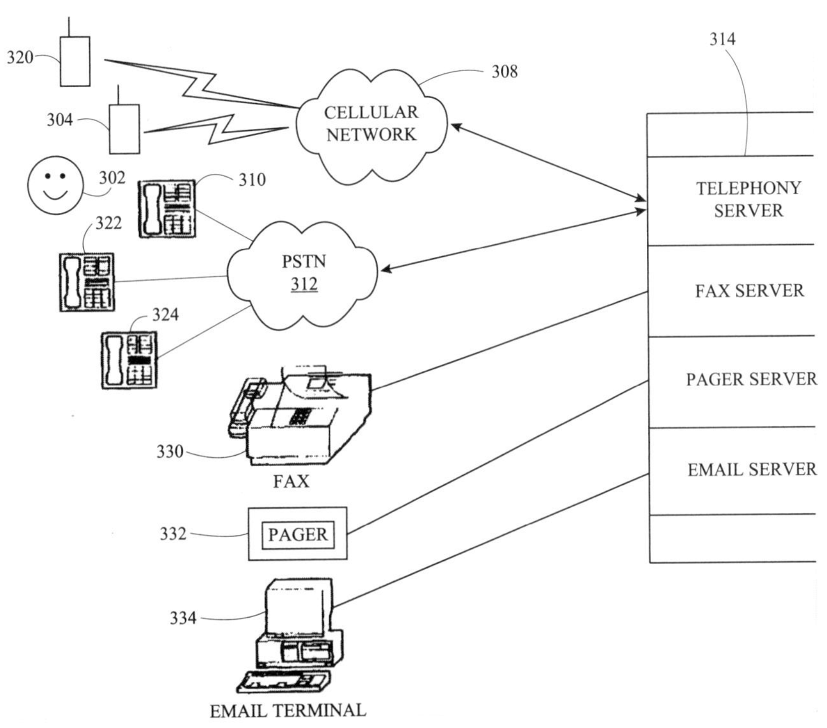

图 4－4－14　US6574599B1 技术方案

有益效果：响应于用户通过电话的口头输入，从一个统一的信息系统创建多个对外的至多个通信设备的通信路径。

（3）教育（US6181351B1）

解决的技术问题：传统的发音教学软件不形象生动，而人工将声音与嘴型动画进行同步费时费力。

技术方案：通过创建和播放语言学增强的声音文件，将语音和动画同步起来。声音编辑工具使用语音识别引擎从所记录的声音以及该声音对应的文本中创建语言学增强的声音文件。在创建语言学增强的声音文件时，语音识别引擎可以提供声音编辑工具在标注声音数据时所需的与词语间断相关的时间信息及音素。当播放语言学增强的声音文件以产生声音输出时，时间信息用于控制标注过的字符的嘴形动作。如图 4－4－15 所示。

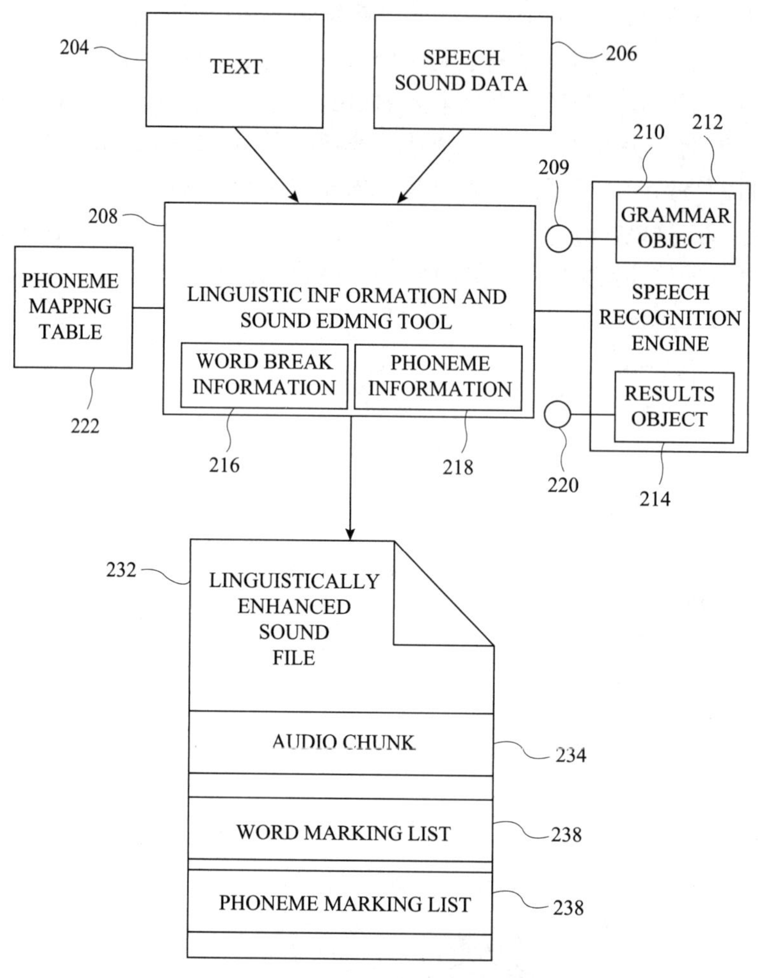

图4-4-15　US6181351B1 技术方案

有益效果：能够准确地将语音与动画进行同步，提高教学效果。

4.4.5　技术路线图

基于对重要专利、专利申请和技术状况的分析，课题组构建出微软在语音识别技术领域的技术发展图（图4-4-16，见文前彩色插图第9页）。

从微软的技术发展路线可以看出，在各技术分支上，其引用频次较高的专利都不约而同的集中在2002~2007年，可见这一时期微软在语音识别各方面都取得了重大的技术突破，这与4.4.3节对微软技术发展历程的分析中得出的结论也相吻合。

从微软的技术路线图中，可以总结出其在各技术分支上的发展和演进过程，以及其在技术发展的同时如何及时有效地做好专利铺垫和布局。

以语音识别领域技术门槛较高的声学模型为例，在声学模型的拓扑结构方面，专利申请主要涉及高斯混合模型/隐马尔科夫模型和深度神经网络/隐马尔科夫模型两种方式，其中前者为此前几十年的主流框架，其相关的专利申请也主要集中在2010年之前，例如专利US6336108B1、US6629073B1，即与高斯混合模型/隐马尔科夫模型相关；后者为近三年兴起的新框架，同样数据下后者的效果比前者提升好多，其相关专利申请最早出现在2010年，公开号为WO2012036934A，在2010年之后，每一年微软都会提出与DNN相关的专利申请。伴随着DNN的持续发展，微软未来可能会在这一方面集中进行大量申请。

在声学模型的训练方法方面，主要包括最大似然估计、区分性训练和自适应训练三种方法，其中最大似然估计是传统声学模型参数估计算法，将数据和对应模型直接对应，US2006129395A1即涉及一种使用最大似然估计法进行声学模型训练的方法。语音参数的“真实”分布是不可测的，对于语音识别中的大量模型参数而言，训练数据总是稀疏的，实际的训练数据量远达不到无穷的要求。再者，解码中语言模型存在的问题与声学模型几乎完全一样，因此也达不到“真实”参数的要求。所以，在现实条件下通过最大似然估计训练得到最优分类器是不可能的。区分性训练是针对最大似然估计训练的不足而提出的，其更加关注对模型边界的精细模拟，希望在现实条件下能得到较优的分类器。例如，2007年3月30日提出的专利申请US2008243503A1即为一种对声学模型进行区分性训练的方法。自适应训练方法是对声学模型训练方法的进一步改进，其针对和训练数据不匹配的说话人或场景等情况，采用自适应数据对模型进行变换，以使得变换后的模型和自适应数据更加匹配，2010年12月30日提出的专利申请US2012173240A1涉及一种对声学模型进行自适应训练的方法。

对其他技术分支进行分析，也可以得出类似的结论。可以看出，伴随着技术的不断进步，微软总是能够及时在专利申请上提前做好准备工作，为技术发展和相关产品的市场推广做好铺垫。

从微软的技术发展路线中可以看出，微软在语音识别的各个方面都拥有大量的核心专利。这些专利不仅引用率高，而且同族数量多，同族专利跨越的区域大，为微软的语音识别技术的发展奠定了坚实的基础，也为后续的专利布局构建了全面完整的框架。微软在这些核心专利的基础上，沿着其技术发展路线，一步步地构建出其强大的知识产权保护体系。

4.5 重要研发人员

领先企业往往拥有本领域的重要发明人。重要发明人的传承是企业进行技术积累最直接有效的方式，维持核心发明人的稳定，保持他们的知识、经验能够得到有效传承，对企业保持技术领先具有非常重要的意义。

重要发明人是企业的核心技术力量，以重要发明人为线索，可以迅速定位重要技术，了解技术的发展动向，并可进一步剖析重要发明人的研发团队和他的研发重点。而且，在“知本”经济时代，这些重要发明人也必将成为各大企业人力资源战略的重点。

图4-5-1是微软语音识别领域重要发明人申请量排名。从中可以发现一些重要的发明人，并可对其进一步分析。

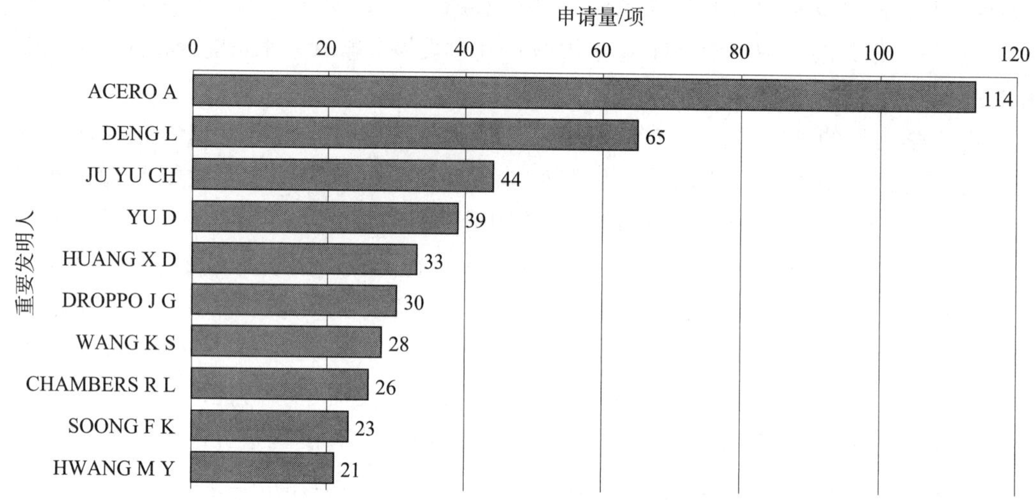

图4-5-1　微软语音识别领域重要发明人申请量排名

从图4-5-1中可以看出，微软语音识别专利的发明人比较集中，有10个发明人的申请量都超过20项，而其中，ACERO A以114项申请遥遥领先。下面就对ACERO A及其申请作进一步分析。

4.5.1　ACERO A

ACERO A毕业于卡内基-梅隆大学，有15年以上的研发管理工作经验。Acero A供职于微软，其间担任高级研究员、语音项目主管，研究领域主管和会话系统研究中心主管，一直从事语音和语言处理领域的研究及项目管理。Acero A于2013年9月跳槽至苹果，主要负责Siri语音项目的管理。

ACERO A是IEEE和ISCA的学会特别会员。他于2014~2015年担任IEEE信号处理学会的会长。ACERO A还出版了多部专著，包括2001年出版的《口语语言处理》和1993年出版的《自动语音识别中的声学和环境鲁棒性》，参与撰写了6部其他书籍，并发表了多达225篇期刊和会议论文。❶

4.5.2　ACERO A申请情况

对ACERO A的申请按照时间进行统计，得出图4-5-2。

从图4-5-2中可以看出，Acero A的申请最早出现于1995年，而从2000年开始，每年都有多项申请，2005年更多达24项，创下专利申请的历史新高峰。从申请量上可

❶ [EB/OL]. [2014-04-10]. http://www.linkedin.com/pub/alex-acero/0/189/234? trk=pub-pbmap.

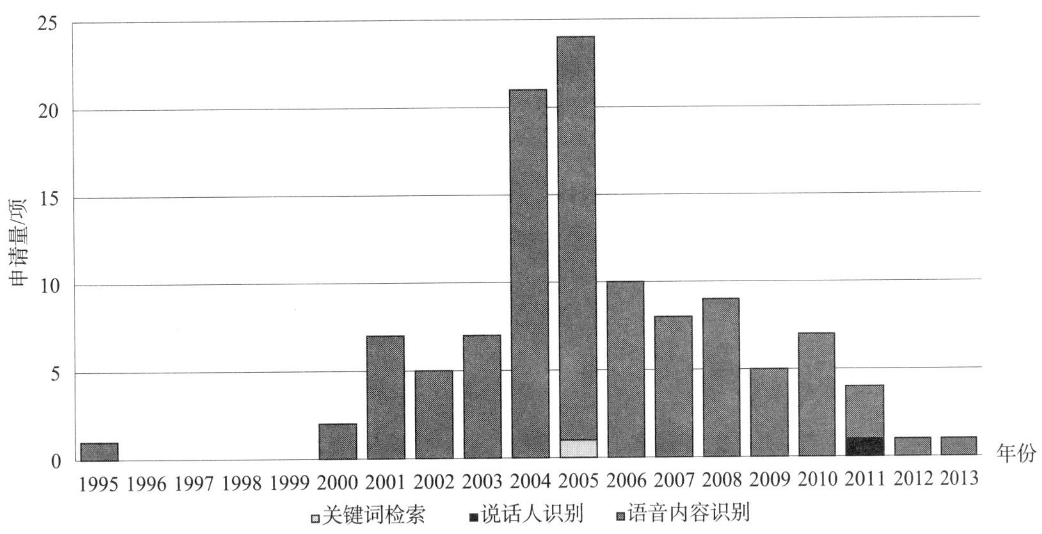

图 4-5-2 ACERO A 申请量年代分布

以看出，从 2000 年开始，Acero A 一直是微软在语音识别方向上的研究主力，其对微软语音识别技术的推进上起到了重要作用。

对 ACERO A 的申请按照技术分支进行统计，得到图 4-5-3。

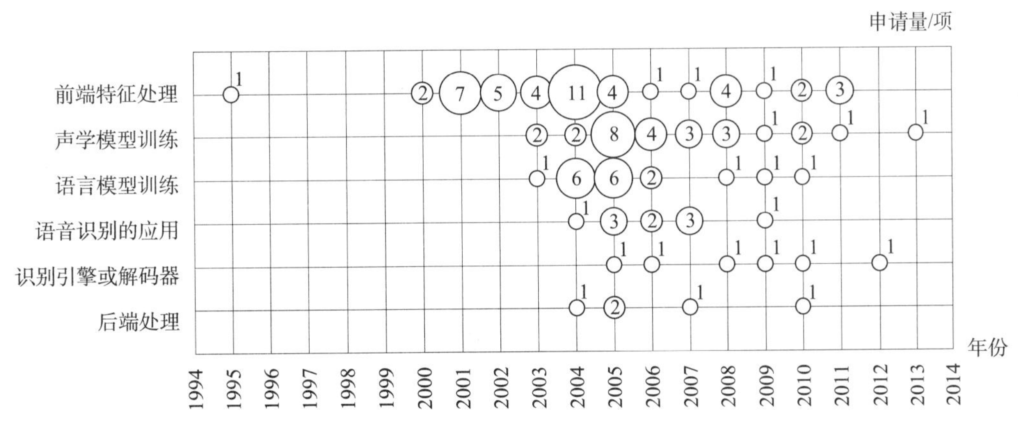

图 4-5-3 微软语音识别领域重要发明人 ACERO A 申请领域统计

从图 4-5-3 可以看出，ACERO A 的专利申请涉及语音识别的各个方面，并且申请的趋势变化与微软的全球申请量年代分布图相同。而与微软语音识别专利在各技术分支上的整体分布不同，ACERO A 在前端特征处理方面作了大量的研究，从 2000～2011 年超过十年的时间内，ACERO A 每年都会进行多件前端特征处理方面的专利申请。可见，这一技术分支为 ACERO A 研究的主要方向。

ACERO A 的所有专利申请中，引用频次最高的为 US2001037195A1，被引用了 8 次，该申请的申请日为 2001 年 04 月 25 日，并于 2005 年 4 月 12 日获得授权，其涉及前端特征处理中的降噪方法，具体涉及一种声源分离的方法。

以 ACERO A 为核心的研发团队所申请的重要专利都具有同族专利，在美国、中国、欧洲和日本等国家进行了专利布局，且同族专利申请时间跨度较大，例如涉及前端特征处理中的降噪方法的申请 WO03100769A1，进入了美国、欧洲、日本、韩国、中国、澳大利亚六个国家和地区，区域分布十分广泛。由此可见，该研发团队具有很强的研发持续性。ACERO A 作为微软语音识别领域的负责人，其全面把握了微软的技术走向和专利布局。

4.6 微软发展策略

在微软的发展过程中，为了更好地将语音识别技术与其他技术进行结合、取长补短，微软与多家有技术特长的公司进行了多方面的合作或并购。如图 4-6-1 所示。下面进行逐一介绍和分析。

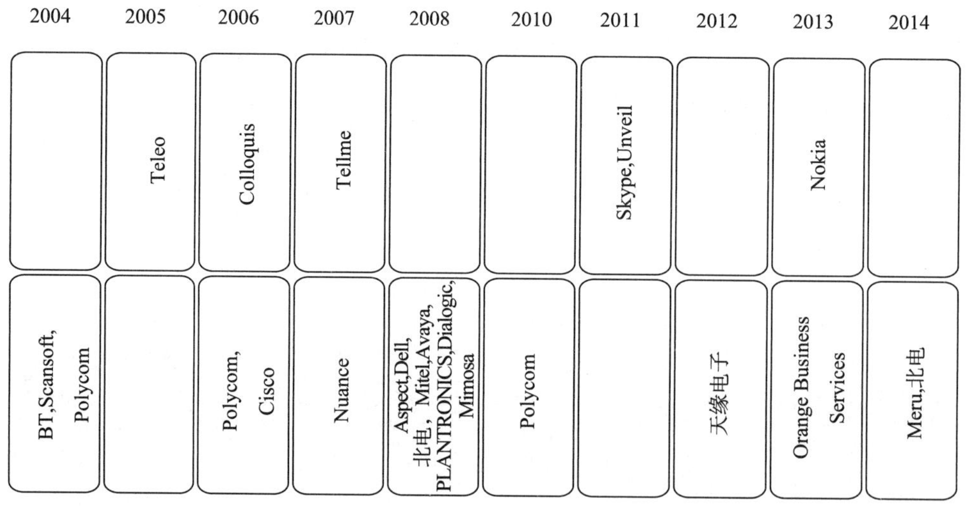

图 4-6-1 微软语音识别领域并购与合作示意图

4.6.1 微软的并购❶

2005 年，微软收购了一家小型互联网电话处理技术运营商 Teleo。后者是一家总部设在旧金山的少数人持股公司，主要开发互联网语音传输协议（VOIP）技术。该技术可以使用户通过互联网与常规电话、手机或个人电脑进行通话。微软欲将通讯服务作为其与谷歌和其他公司竞争的核心领域，而上述交易即是该公司为此所采取努力的一部分。

2006 年，微软收购虚拟语音问答服务公司 Colloquis，以便能更好地提供自动化的客户服务。微软将使用 Colloquis 的技术为其 Windows Live Service Agent 服务，Colloquis

❶ [EB/OL]. [2014-07-14]. htrtp: //tech. sina. com. cn/focus/intercom_ 04/tx. shtml.

的技术已经被很多的公司使用，像 Cingular 无线、Cox 通讯、松下、时代华纳、Vonage 等。

2007 年微软收购软件公司 Tellme，与谷歌争夺语音搜索市场，微软通过收购 Tellme 网络公司在移动语音识别市场占有了一席之地。

2011 年，微软以 85 亿美元收购 Skype，Skype 是一家全球性互联网电话公司，它在全世界范围内向客户提供免费的高质量通话服务。同年，微软从 Unveil 科技公司旗下，收购 VoIP 类知识产权，为语音市场铺路。

2013 年，微软收购诺基亚手机业务，并于 2014 年发布了 Windows Phone 8.1 手机——诺基亚 Lumia 630。

4.6.2 微软的合作

2004 年，微软和 BT 英国电信达成战略协议，合作纵深开发网络语音会议市场。本次深层次战略合作将保证紧密集成微软的 OfficeLiveMeeting 网络语音会议技术到 BT 的传统语音会议业务内，降低服务成本，更好地服务于终端用户。

同年，微软携手 ScanSoft，在其服务器软件产品中使用 ScanSoft 公司的文本—语音转换技术，共谋语音识别技术发展。

同样是在 2004 年，微软与宝利通达成战略联盟，为市场提供商业级、丰富协作方案，让用户通过多种通信设备、应用系统及服务，在不受地点及通话形式限制的条件下，进行实时连接及信息共享。

2006 年，微软加强与宝利通的战略合作关系，以支持微软宣布的统一通信计划。同年，全球语音大会上，微软和思科合作推出全新通信解决方案，为企业提供实时协作功能。

2007 年，微软和 Nuance 公司开始了合作，在车载系统中加入语音识别短信系统，可将驾驶员说的话翻译成文字以短信形式发出。

2008 年，微软旗下子公司 Tellme 与 Aspect 达成合作协议，将 Aspect 领先的统一联络中心解决方案与微软子公司 Tellme 颇具口碑的语音业务平台整合起来，为客户提供更加灵活、经济、高效的联络中心联合解决方案。同年，微软携手戴尔、北电、Mitel、Avaya、PLANTRONICS、Dialogic、Mimosa 等合作伙伴带来一整套关于统一沟通的理念和技术应用方案，并针对 UC 平台部署、应用及具体操作等问题，与成功部署了微软统一沟通平台的用户代表一起与业界精英进行了全方位的互动和交流。

2010 年，微软与宝与利通发展战略伙伴关系；提供高清语音和视频解决方案的丰富产品组合，与微软 UC 环境实现本地互操作性。

2011 年，微软与天缘签约，成为微软在中国汽车影音电子行业唯一一家授权合作开发基于 MSAUTO 系统产品的中国企业。

2013 年，Orange 支持基于微软 Lync 2013 全球企业统一通信与语音服务。

2014 年，微软与 Meru 网络达成合作，微软使用 Meru 网络进行现代化设施部署以及全新的休息室。同年，北电获微软黄金级认证合作伙伴身份。

从微软在语音识别方面的发展历史可以看出：在过去的若干年里，合作与并购在微软的发展战略中一直扮演着非常重要的角色。合作与并购作为一种发展机制，一直帮助微软在新的市场空间建立桥头堡。微软的每一次合作与并购都是非常具有战略性，既达到了扩大公司规模的目的，又进一步增强了公司的技术实力，增加了其核心竞争力。微软在语音识别方面的发展情况可以给国内正在发展中的语音识别企业提供很好的借鉴作用，即：企业发展的思路要非常明确；在并购或合作中要始终围绕着自己的最有技术优势的方面，实现企业之间的优势互补，从而达到提高本公司的核心竞争力的目的。

4.7 小　　结

在竞争激烈的市场上，微软有一种“敢为天下先”的精神。在计算机软件行业，微软一直保持则领跑者的姿态，不断更新产品，利用超前的知识产权战略指引公司的发展。微软在语音识别方面的专利布局，可以给我们带来以下几点启示：

① 把握自身特点进行专利布局。微软专利布局的基本特点是立足美国本土，在全球市场广泛布局。根据自身产品在全球市场占有率高的特点，在立足本土的同时，迅速扩展到全球重要市场中，实现在全球市场份额的最大化。

② 知识产权领导者的必备智慧——“知识产权意识”。每次微软在市场上有重要变革时，其都会提前一两年的时间进行大量的相关专利申请，建立完善有效的专利保护壁垒，为新产品保驾护航。

③ 开放式创新。微软和全球公司联合申请了大量的专利，这使得微软可以更好地和竞争对手等公司分享技术成果。国内企业在遇到技术壁垒时，也可以采用合作的方式，达到互利共赢。

④ 发展思路明确；在并购或合作中要始终围绕着自己最有技术优势的方面，实现企业之间的优势互补，从而达到提高本公司的核心竞争力的目的。

第5章 Nuance公司

作为全球最大的专门从事语音识别软件、图像处理软件及输入法软件研发、销售的公司，Nuance公司一直是语音自动化市场的领导者，并成为越来越多同行效仿和追赶的对象。

本章首先介绍Nuance公司的整体概况，然后从其语音识别专利的总体布局情况出发，选择若干重要技术分支进行分析，并对其语音识别产品对应的专利进行剖析，以期从宏观和微观两个层面揭示Nuance公司语音识别技术背后的秘密。

5.1 公司简介❶

Nuance公司（Nuance公司 Communications，Inc.）是全球最大的专门从事语音识别软件、图像处理软件及输入法软件研发、销售的公司，提供的解决方案包括拨打查号服务、查询账户信息，医疗诊断记录听写、制作能够共享和检索的数字文档等工作。目前世界上最先进的电脑语音识别软件Naturally Speaking就出自于Nuance公司，用户对着麦克风说话，屏幕上就会显示出说话的内容。T9智能文字输入法作为旗舰产品，其最大优势是支持超过70种语言，超过30亿部移动设备内置T9输入法，已成为业内认同的标准输入法，被众多OEM厂商内置，包括诺基亚、索爱、三星、LG、夏普、海尔、华为等。T9全球市场占有率超70%，中国超50%。

Nuance公司为各个领先的公司提供的语音自动化解决方案，使消费者的体验和公司的花费更有效率。Nuance公司作为语音自动化市场的领导者，为世界各地的1000多个公司提供软件和解决方案，客户包括雅芳、英国航空公司、Nomura证券公司、OnStar、Sprint PCS、UPS、Vodafone和Wells Fargo。

Nuance公司的企业级和消费级用户遍及全球。技术、应用软件和服务改变了人们进行信息交互，和创建、共享以及使用文档的方式，并很大程度上提升了用户体验。每天都有数百万用户以及数千家企业使用Nuance公司解决方案，包括呼叫目录帮助、查询用户信息、听写病历记录、语音网络搜索、导航系统语音识别目的地名称以及制作能够共享和检索的数字文档等应用。Nuance公司的目标就是为用户提供高效及令人满意的用户体验。

Nuance公司的产品提供人性化、高效率的电话口语或语言辨识功能，消费者可通

❶ [EB/OL]. [2014-05-14]. http://baike.baidu.com/link?url=ekoFwyN0meZh4husa0I7Gl0bqhhFwIakP75JBDFnUikyZe7KVf8OCAadF2PAbJ7137PIdHnj9L1cwkRrbwuoa.

过传统的电话系统或行动电话以自然口语交谈的方式完成资料查询及商业贸易，使用轻松，在类似的产品中拥有最高的语音辨识率，英文可达99%。其英文语音产品 Dragon NaturallySpeaking9 在法律和医院临床记录占据很大市场。

世界语音技术市场上有超过80%的语音识别是采用 Nuance 公司识别引擎技术，其名下有超过1000个专利技术，公司研发的语音产品可以支持超过50种语言，在全球拥有超过20亿用户。在金融领域，超过500家客户；电信行业，前15大公司有超过10家为 Nuance 公司用户。语音识别应用领域广泛，如呼叫客服中心、GPS 语音定位搜索、电子词典发音，将说话内容译成不同语言的文字。

在中国国内，2008年3月，亿讯成为大中华区的专业总代理，在中国有90%的语音识别应用是采用 Nuance 公司的核心技术，占据大部分客服呼叫中心的份额，尤其在电信、金融行业广泛应用，和电信、移动、联通、网通都有合作，CCTV 春晚的呼叫中心也应用此技术。

Nuance 公司开发的自然语言理解系统，以句子为输入，并且返回句子意义的解释性表达，应用程序可以根据用户的请求采取相应的动作，系统也提供基于档次的置信评分，它能更加接近地判别可能准确（或不准确）识别的短语各部分，然后可更加自然和有效地修改应用程序，处理错误检查或重新提示。Nuance 公司的产品主要涉及以下方面：

① 声纹鉴别技术。在以 ASR 技术为基础的情况下，Nuance 公司又实现了声纹鉴别技术，该技术属于“生物因子”认证范畴，同指纹一样，声纹同样是不可复制的，每个人的指纹都是唯一的，数百万人之间才会发现有两个人有相同的指纹；与此类似，声纹也是人的个性特征，很难找到两个声纹完全一样的人。说话人识别，也称声纹鉴别，就是根据人的声音特征，鉴别出某段语音是谁说的。

② NVP 平台。Nuance 公司 Voice Platform（NVP）是 Nuance 公司推出的语音互联网平台。Nuance 公司的 NVP 平台由三个功能块组成：Nuance 公司 Conversation Server 对话服务器，Nuance 公司 Application Environment（NAE）应用环境及 Nuance 公司 Management Station 管理站。Nuance 公司 Conversation Server 对话服务器包括了与 Nuance 公司语音识别模块集成在一起的 VoiceXML 解释器，文语转换器（TTS）以及声纹鉴别软件。NAE 应用环境包括绘图式的开发工具，使得语音应用的设计变得和应用框架的设计一样便利。Nuance 公司 Management Station 管理站提供了非常强大的系统管理和分析能力，它们是为了满足语音服务的独特需要而设计的。

拥有如此强大的语音识别类产品及市场占有率，Nuance 公司又是怎样利用专利工具对其产品进行有效保护的呢？下面将从 Nuance 公司语音识别专利的总体布局出发，详细分析 Nuance 公司的专利情况。

5.2 全球专利态势

Nuance 公司作为语音自动化市场的领导者，在语音识别方面具有强大的技术实力，也积累了可观的技术储备。截至 2014 年 7 月 18 日，Nuance 公司语音识别专利申请涉及语音内容识别、关键词检索、语种识别、说话人识别和声音分类等各个方面，并涵盖了前端特征处理、声学模型、语言模型、识别引擎或解码器、后端处理及语音识别应用6 个技术分支，共计491 项。基于这些数据，本章将从申请量和目标国两个角度进行分析，其中，申请量分布能够反映公司的发展过程，目标国分布能够反映并预测该公司布局发展的重点区域和公司产品的市场分布状况。

Nuance 公司在语音识别领域相关的专利申请检索结果如表 5 –2 –1 所示。

表 5 –2 –1　Nuance 公司语音识别专利申请概况　　单位：项

技术领域	总数据量	技术分支	数据量
语音内容识别	425	前端特征处理	43
		声学模型	35
		语言模型	72
		识别引擎/解码器	39
		后端处理	83
		语音识别的应用	153
关键词检索	38	—	
说话人识别	20	—	
语种识别	2	—	
声音分类	7	—	

5.2.1　申请量

Nuance 公司语音识别领域专利全球申请在 2006 年和 2012 年分别出现了两次高峰。首次高峰源自语音识别技术的高速发展，而第二次高峰则是语音识别技术大规模应用的直接体现，因此两次高峰分别对应两次产品方向的变化（图 5 –2 –1）。

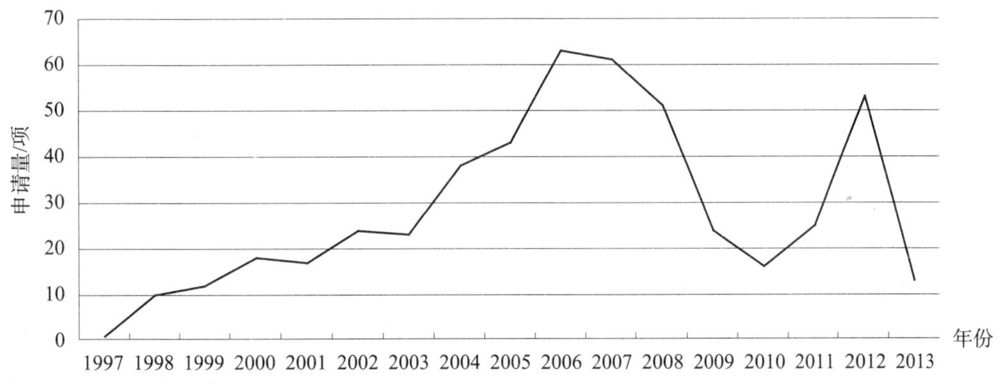

图 5 –2 –1　Nuance 公司语音识别专利全球申请趋势

具体地，2006年出现了一个申请高峰（63项），2010年下滑至低点（16项），之后又开始增长，至2012年，达到53件。对数据进行进一步分析可以发现，申请量总体的波动与公司的市场行为是密切相关的。2004年，Nuance公司开发出的具有国际最高水平语音识别技术——OSR3.0（OpenSpeech Recognizer）开始大规模投入市场。此项语音识别技术是一种基于开放标准、可扩展、高性能和高识别率的识别引擎，提供大词汇量、非特定人、连续的语音识别功能，尤其是在各种无线环境之中对于噪杂音的处理功能强大。OSR产品将以SDK的方式提供给集成商，可广泛应用在呼叫中心、自动总机、语音电话本、旅行预订、信息检索、语音门户和客户自助服务等系统中。OSR的产品特点在于识别率高、语法分析功能强大，具有独特的端点检测技术，适应性强，带有自调节功能，性能高、资源消耗低，支持开放标准和多种应用格式，支持多语言，包括多语言混合识别，而Nuance公司对OSR产品各方面特点都进行了有效的专利保护，体现在2004～2008年集中大量的专利申请中。而后，在短暂的平稳期之后，2012年，Nuance公司又迎来了事业的新高峰，2012年Nuance公司发布了多款语音识别产品，包括用于移动设备的Dragon ID声纹验证，应用于iPad上的PaperPort Notes 2.0，发布移动助理Dragon Mobile Assistant，推出了Dragon Drive（声龙驾驶），发布移动客户服务应用的虚拟助手Nina等，而相应的，2012年，Nuance公司语音识别的申请量也出现了第二次高峰。

5.2.2 目标国

对Nuance公司语音识别专利全球申请的目标国进行统计，得到图5－2－2。

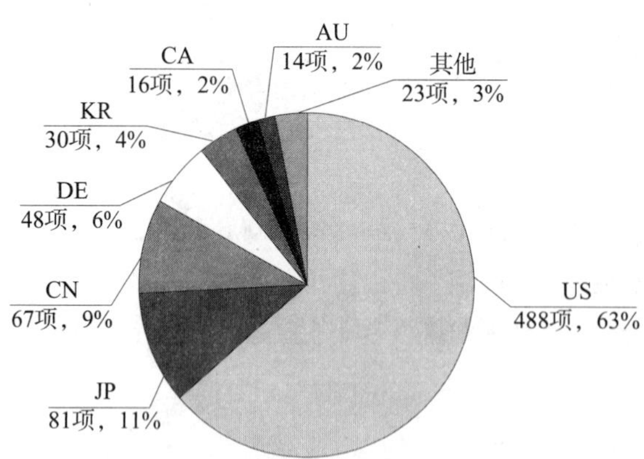

图5－2－2　Nuance公司语音识别专利全球申请目标国分析

美国是Nuance公司专利地域布局的重点。数据表明，Nuance公司的美国专利申请占比最高，为63%，排名往后依次是日本、中国、德国、韩国、加拿大、澳大利亚及其他。对于企业来说，尤其是国外企业来说，专利与商业利益是紧密关联的，从这个意义来说，企业在哪个国家和地区申请的专利越多，说明这个企业越重视哪个市场。因此，以上数据实际上也反映了Nuance公司的市场定位。作为一家美国公司，其国内市场需求巨大，足以支撑公司的起步和短时发展，因此，Nuance公司选择以美国市场为基础，稳扎稳打，逐步稳固其全球领先的地位。但随着全球一体化趋势的发展和语音识别市场的日渐火热，Nuance 公司公司也及时地将其市场逐步拓展到全球范围，积极参与到全球竞争中来。

在国外市场中，Nuance 公司在各国的专利申请量分布差别并不明显，其中略微突出的为日本，专利申请比例为 11%，这与日本语音识别的技术实力是相应的。日本的索尼、松下、东芝等大公司都一直致力于语音识别的研发，其技术水平一直处于全球领先地位，日本的语音识别市场需求大、竞争激烈，理所应当的成为 Nuance 公司全球专利布局的重要区域。中国是 Nuance 公司语音识别产品全球布局的另一个重要区域。中国人口多，市场需求大，无疑是全球竞争的重要战场。除了日本和中国外，Nuance 公司还在德国、韩国、加拿大、澳大利亚等多个国家都有布局，且分布均衡，可见 Nuance 公司目前还是主要致力于本土市场的发展，在全球范围内暂无须要集中攻克的地区。

5.3　中国专利态势

由前述分析可知，Nuance 公司目前还是主要致力于本土市场的发展，在全球范围内暂无须要集中攻克的地区。虽然 Nuance 公司在本土之外的各国专利申请量分布差别并不明显，但中国还是略微突出。下面通过对 Nuance 公司在中国的语音识别专利的分析，对 Nuance 公司在中国的发展策略一探究竟。

5.3.1　申请量

截至 2014 年 7 月 18 日，Nuance 公司语音识别专利共有 67 件进入中国。图 5－3－1 是 Nuance 公司语音识别专利中国申请量年代分布情况。

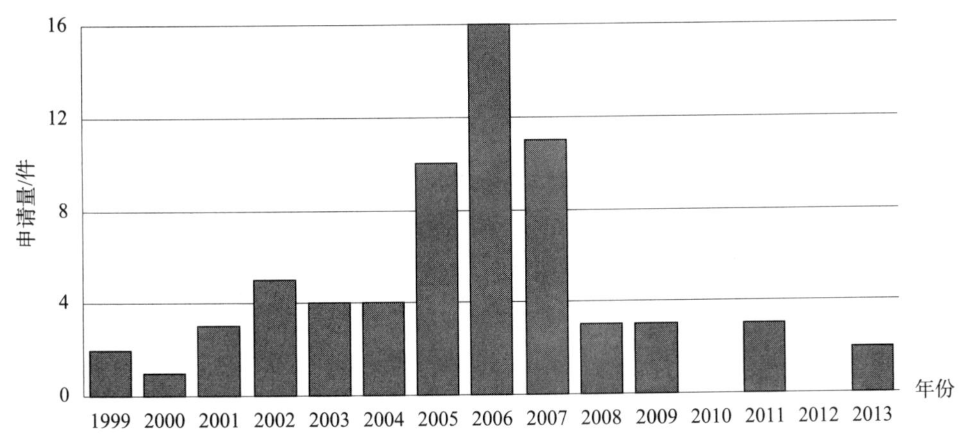

图 5－3－1　Nuance 公司语音识别专利中国申请量年代分布

与 Nuance 公司语音识别专利在全球的申请情况相比，其专利申请在中国起步较晚，直到 1999 年才出现第一件申请，公开号为 CN1321296A，涉及一个会话式计算系统，通过会话虚拟机进行会话式计算。该专利申请于2004年10月13日获得授权，但于2011年10月25日因未缴年费而终止失效，这也是Nuance公司语音识别在中国的专利申请中唯一一个授权后失效的案件。

1999～2004年，Nuance公司在中国的语音识别专利申请一直处于起步状态，每年的申请量不超过5件，直到2005年左右，才开始出现一个申请量高峰。2005～2007年，Nuance公司在中国的语音识别专利量分别为10件、16件和11件，但在短暂的申请高峰之后，Nuance公司在中国的申请量又迅速跌入年均不到5件的低迷状态，2010年和2012年甚至没有一件申请。

从Nuance公司语音识别专利在中国的申请量分布状况上来看，Nuance公司在中国的发展并不是一帆风顺的。

5.3.2 中国申请法律状态

从申请量的分布情况可以推断，Nuance公司在中国的发展并不一帆风顺。事实是否真的如此呢？课题组针对Nuance公司语音识别专利在中国的申请，统计了其每一年的法律状态信息（表5－3－1），从其中国申请的法律状态方面再做进一步分析。

表5－3－1 Nuance公司语音识别专利中国申请的法律状态统计表 单位：件

申请年	专利权维持	未授权失效	授权后失效	公开在审
1999		1	1	
2000	1	0	0	0
2001	3	0	0	0
2002	5	0	0	0
2003	4	0	0	0
2004	3	1	0	0
2005	8	0	0	2
2006	11	5	0	0
2007	9	2	0	0
2008	3	0	0	0
2009	3	0	0	0
2011	0	1	0	2
2013	0	0	0	2

从Nuance公司语音识别专利在中国申请的法律状态统计来看，其申请的授权数量较高，说明Nuance公司的申请质量较高。在其67件中国申请中，仅有一件申请是获得授权后因未缴年费而失效的，其余获得授权的专利均在有效状态，这一方面说明Nuance公司公司对授权专利的维护力度较大，也从另一方面体现出这些授权专利对Nuance公司是十分有价值的。

再从 Nuance 公司在中国获得授权的语音识别专利所涉及的技术领域来看（图 5－3－2），主要分布在语音识别的应用及后端处理两个方面，这也是 Nuance 公司产品在中国推广最重要的两个方面。语言模型也是其产品改进的重要方向，由于汉语与英语及其他希腊语系的语言差别较大，如何能够正确快速地识别出汉语词汇，也是 Nuance 公司语音识别产品需要解决的首要问题。

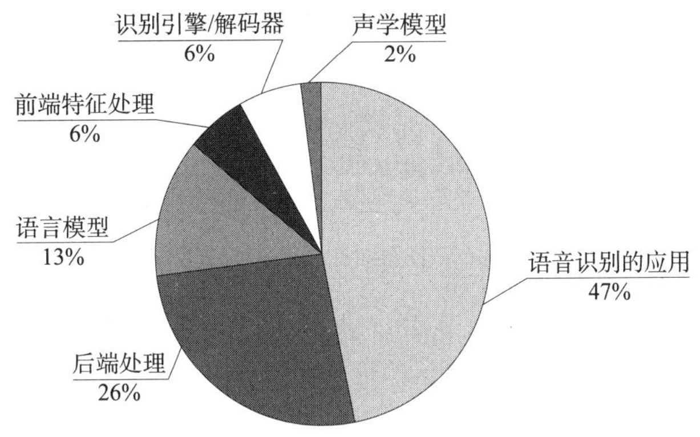

图 5－3－2　Nuance 公司中国授权的语音识别专利技术领域分布

从几年前 Nuance 公司轰轰烈烈入华，发展之路一直波澜不惊，除了在车载语音导航领域有所斩获后，在其他当初誓要拿下的金融、政府、呼叫中心等领域几乎毫无所得。

市场竞争加剧的中国语音市场，早已不是“一单就能打天下”的时代了，中国的语音市场与其他 IT 信息化领域从一开始就由国际企业占据主导地位的格局不同，其主导作用的还是中国的本土企业，而中国语音产业应用领域也仅限于几个相对成熟的行业，服务应用模式还非常单一，也还没有形成特别有代表性的产品。相比较国外市场而言，一个苹果的 Siri 应用就让 Nuance 公司一夜间享誉全球，中国有代表性的产品很难让人记住。

5.4　技术发展态势

5.4.1　技术构成

Nuance 公司语音识别专利申请涉及了其产品应用的各个领域，包括语音内容识别、关键词检索、说话人识别、语种识别和声音分类，并主要集中在产品应用最广泛、需求最大的语音内容识别领域，其专利申请涵盖了作为语音内容识别底层技术的前端特征处理、声学模型、语言模型、识别引擎/解码器和后端处理，以及语音内容识别上层应用，包括移动互联网和呼叫中心等。

从 Nuance 公司语音内容识别专利的申请历史来看（图 5－4－1），与 Nuance 公司语音识别专利申请量总体趋势相对应，语音内容识别专利也是在 2006 年和 2012 年分别出现了两次高峰。Nuance 公司最早在 1997 年即提交了一项有关语音识别的专利，它是

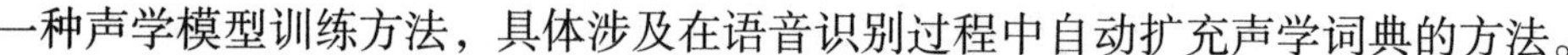

一种声学模型训练方法，具体涉及在语音识别过程中自动扩充声学词典的方法。

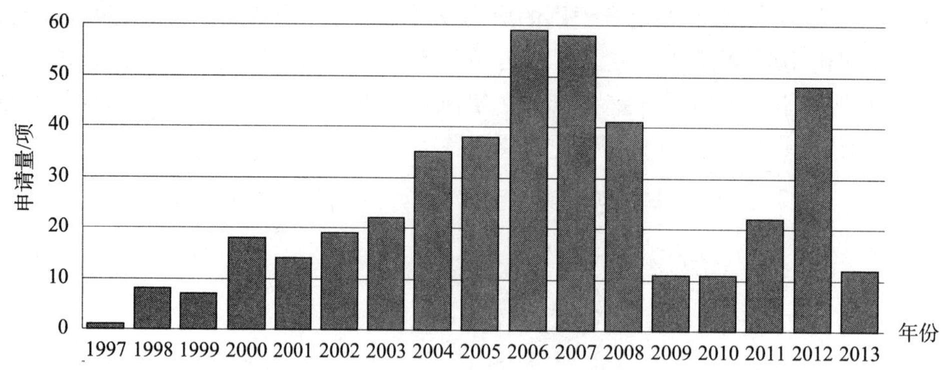

图5-4-1　Nuance公司语音内容识别专利申请量分布

从Nuance公司语音内容识别专利申请量出现的两次高峰来看，第一次高峰持续的时间较长，从2004年至2008年，其申请量一直保持在较高的水平，这一时期，Nuance公司在各技术分支上的申请量都出现了大幅度增长，这与Nuance公司开始在全球范围内全面推进其语音识别产品的市场行为密不可分。相对于第一次高峰，第二次高峰持续的时间较短，且主要集中在语音识别的后端处理和应用方面，这一时期，Nuance公司虽然推出了一系列产品，但其主要改进点在于针对特定用户的定制化服务和改善用户体验方面，对语音识别技术本身的改进并不大，其专利申请的策略正是和其公司产品策略互相呼应。

图5-4-2为Nuance公司语音内容识别专利在各技术分支上的申请量分布。

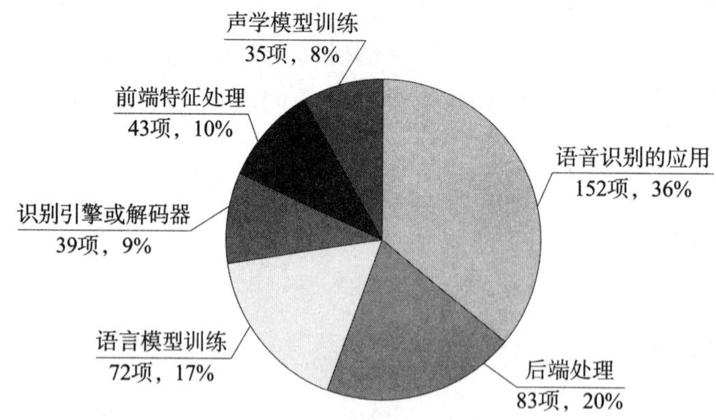

图5-4-2　Nuance公司语音内容识别专利技术分支申请量分布

Nuance公司的技术、应用软件和服务改变了人们进行信息交互和创建、共享以及使用文档的方式，并很大程度上提升了用户体验。每天都有数百万用户以及数千家企业使用Nuance公司解决方案，包括呼叫目录帮助、查询用户信息、听写病历记录、语音网络搜索、导航系统语音识别目的地名称以及制作能够共享和检索的数字文档等应用。因此，不难理解，Nuance公司语音识别专利申请中涉及语音识别应用的申请量占据了总量的36%。

Nuance 公司作为全球最大的语音识别服务提供商，其技术水平一直在业界处于领先水平。语音识别底层处理中的各个步骤对识别结果的好坏都至关重要，Nuance 公司语音识别专利申请在语音识别底层处理的各个步骤方面是否也分布均衡呢？答案是否定的，数据显示，Nuance 公司把重点放在了语言模型训练和后端处理上，这两个技术分支的申请量分别占据了语音内容识别申请总量的 17% 和 20%。为何 Nuance 公司会选择这两个技术分支作为其专利布局的重点方向呢？我们通过对 Nuance 公司的产品进行分析，可以得到答案。Nuance 公司的旗舰产品 T9 智能文字输入法，超过 30 亿部移动设备内置 T9 输入法，已成为业内认同的标准输入法，被众多 OEM 厂商内置，包括诺基亚、索爱、三星、LG、夏普、海尔、华为等，T9 全球市场占有率超过 70%，中国超过 50%，而其最大优势在于支持超过 70 种语言。而语音识别技术在不同语言之间进行切换，其技术难点即在于语音模型的训练。由此可见，Nuance 公司在语言模型的拓扑结构和训练方法方面拥有世界领先的技术实力，能够确保其产品保持如此惊人的市场占有率。

Nuance 公司的目标就是为用户提供高效及令人满意的用户体验，而对语音识别的结果进行后端处理即是改进用户体验中不可或缺的一环。通过对语音识别引擎输出的结果进行可靠性判断、提供最佳的识别结果输出或提供额外的可选择结果，以提高识别结果的容错能力，并对识别结果中文本形式的数字内容（例如电话号码等）进行必要的转换等，可以有效地改善用户体验。正是由于 Nuance 公司在后端处理方面下足了工夫，处处为用户着想，才能使其产品用户遍布全球。

图 5-4-3 为 Nuance 公司语音内容识别各技术分支专利申请的目标国分布。

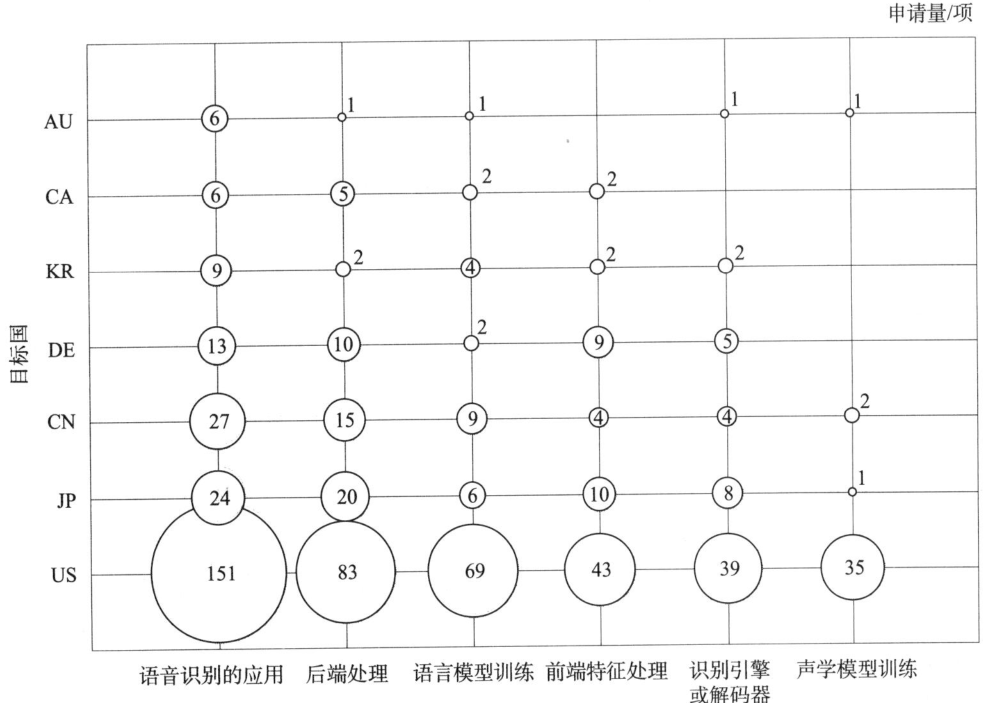

图 5-4-3　Nuance 公司语音内容识别专利各技术分支专利申请的目标国分布

从图5－4－3中可以看出，与Nuance公司语音识别全球申请目标国分布的总体态势基本相同，在语音内容识别的各技术分支上，Nuance公司仍然坚持以美国市场为基础，稳扎稳打，逐步均匀扩张到全球市场的策略。在全球市场中，地位略显突出的为日本和中国市场，各技术分支都有布局。而德国市场也很重要，虽然Nuance公司在声学模型分支上的专利在德国没有布局，但其他技术分支都有德国同族申请，且前端特征处理和语音识别引擎/解码器两个分支上，其布局的申请量甚至超过中国，成为仅次于美国和日本的重要市场。对这6个技术分支的目标国分布情况进行横向比较可以发现，语音识别的应用、后端处理和语言模型训练的布局范围全面，在各主要国家和地区都有同族申请。而剩下的3个技术分支布局的广泛程度稍有欠缺，仅在部分国家和地区中存在同族申请，其中声学模型训练仅在美国、日本、中国和澳大利亚有布局。从各技术分支的目标国分布情况可以看出，语音识别的应用、后端处理和语言模型训练有着突出的重要地位，这也与前面从申请量上分析得出的结论相吻合。

5.4.2 专利布局

对语音内容识别各技术分支的申请量分布进行统计（图5－4－4），可以看出，虽然声学模型训练方面的申请起步时间较早，但申请量一直处于较低的水平，且申请量起伏不大，只在小范围内波动。与此相似的是识别引擎/解码器和前端特征处理的申请量分布，说明Nuance公司在这三个分支上的技术发展水平一直较平稳，且这三个分支也不是其产品技术改进的突破点。

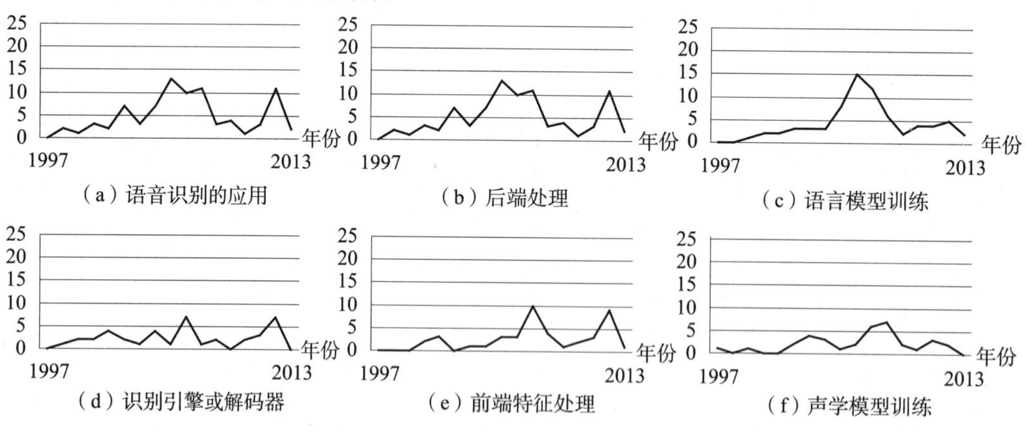

图5－4－4 Nuance公司语音内容识别各技术分支申请量分布

后端处理和语音识别应用方面的申请都是最早出现在1998年，申请量较大，申请量波动也十分明显，同样也是在2006年和2012年分别出现了两次高峰，说明这两个分支是Nuance公司语音识别产品的重要技术改进方向。语言模型训练相关的申请最早出现在1999年，但前期的申请量一直较低，直到2006～2007年，才出现了一次较为明显的高峰，说明在这期间，Nuance公司在支持多语言的语音识别方面出现了重大进展。

在语音内容识别的6个技术分支当中，作为上层技术的语音识别的应用是关键技术和专利重点布局方向，而作为语音内容识别底层技术的5个技术分支中，语言模型训练和后端处理又显得尤为重要。

下面就对语言模型训练、后端处理和语音识别应用这三个技术分支的专利情况作进一步分析。

5.4.2.1 语言模型

就语音识别技术目前的发展来看，许多用户已经享受到了语音技术的优势，但距离真正的人机交流的前景似乎还远。计算机还需要对用户作大量训练才能识别用户的语音，并且，识别率也并不总是尽如人意。换言之，语音识别技术还有一段路需要走，做到真正成功的商业化还必须在很多方面取得突破性进展，这实际就是其技术未来走向。就算法模型方面而言，需要有进一步的突破。目前能看出它的一些明显不足，尤其在中文语音识别方面，语言模型还有待完善，因为语言模型和声学模型正是听写识别的基础，这方面没有突破，语音识别的进展就只能是一句空话。目前使用的语言模型只是一种概率模型，还没有用到以语言学为基础的文法模型，而要使计算机确实理解人类的语言，就必须在这一点上取得进展，这是一个相当艰苦的工作。就自适应方面而言，语音识别技术也有待进一步改进。目前，语音识别系统需要用户在使用前进行几百句话的训练，以让计算机适应用户的声音特征，这必然限制了语音识别技术的进一步应用，大量的训练不仅让用户感到厌烦，而且加大了系统的负担，并且，不能指望将来的消费电子应用产品也针对单个消费者进行训练，因此，必须在自适应方面有进一步的提高，做到不受特定人、口音、或者方言的影响，这实际上也意味着对语言模型的进一步改进。在多语音混合识别以及无限词汇识别方面，目前使用的声学模型和语音模型太过于局限，以致用户只能使用特定语音进行特定词汇的识别，如果突然从中文转为英文，或者法文、俄文，计算机就不知如何反应，而给出一堆不知所云的句子，或者用户偶尔使用了某个专门领域的专业术语，如“信噪比”等，可能也会得到奇怪的反应。这一方面是由于模型的局限，另一方面也是受限于硬件资源，随着两方面的技术进步，将来的语音和声学模型可能会做到将多种语言混合纳入，用户因此就可以不必在语种之间来回切换。此外，对于声学模型的进一步改进，以及语义学为基础的语言模型的改进，也能帮助用户尽可能少或者不受词汇的影响，从而可以实现无限词汇识别。由此可见，语言模型的改进是语音识别技术未来发展的重中之重。

目前常用的语言模型的拓扑结构包括 Ngram 语言模型和神经网络语言模型，其中 Ngram 语言模型是目前语音识别系统中的主流模型，其模型结构简单且效果不比更加复杂的语言模型差，而神经网络语言模型是最新取得较大进展的建模方案，其基本思想还是与 Ngram 模型类似，只是通过神经网络的强大特征聚类能力将一些用法上相近的词聚成类，解决训练数据稀疏而导致的模型不稳定问题。语言模型的训练方法主要包括类 Ngram 语言模型、高阶 Ngram 语言模型、区分性训练和语言模型自适应。

Nuance 公司作为全球最大的语音识别服务供应商，其突出的优势是其产品可以支持多种语言。例如，Nuance 公司推出的适用于 iPhone、iPad 和 iPod Touch 用户的一款语音识别应用软件 Dragon Dictation（中文名称：声龙听写），将用户的语音转换成文字。软件目前支持美国英语、英国英语、澳大利亚英语、法语、德语、意大利语、西班牙语、日语、韩语和中文。T9 智能文字输入法作为 Nuance 公司旗舰产品，最大优势支持超过 70 种语言，Nuance 公司是如何做到对多语言的支持呢？我们从下面的分析中来寻找答案。

1）语言模型专利地域分布

目标国	年份														
	1999	2000	2001	2002	2003	2004	2005	2006	2007	2008	2009	2010	2011	2012	2013
US	1	2	2	3	3	3	8	15	12	6	2	4	4	5	2
JP		2						2	1	1					
CN								5	2	1			1		
DE		1						1							
KR		1			2		2	3	1						
CA								1		1					
AU	1														

（a）Nuance 公司语言模型专利时间地域分布

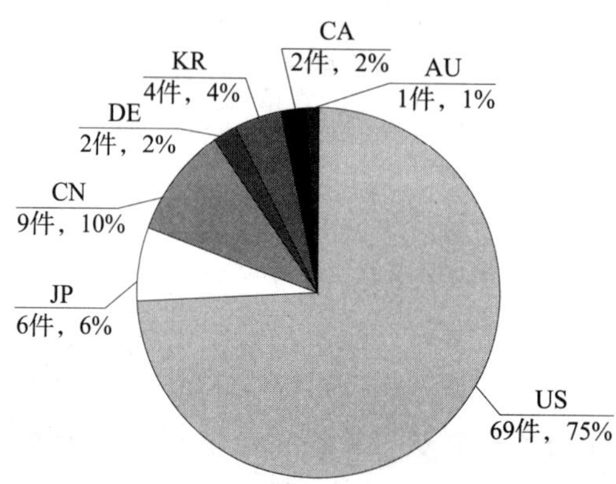

（b）Nuance 公司语言模型专利目标国分布

图 5-4-5　Nuance 公司语言模型专利时间地域分布及目标国分布

数据显示，Nuance 公司在美国、日本、中国、德国、韩国等国家提交了共计 72 件涉及语言模型的专利。其中，美国申请占据总量的 75%，远远超过其他国家和地区，可见，到目前为止，美国一直是 Nuance 公司的大本营，而在其他国家的布局较少。

从时间上来看，Nuance 公司在语言模型技术上的专利布局大致可以分为三个阶段：

（1）1999～2005 年

这一时期的申请量总体较少，且布局主要立足于美国本土。数据显示，2005 年之前，Nuance 公司语言模型专利申请仅有 9 件布局在美国本土以外的国家和区域，其中日本 2 件，德国 1 件，韩国 5 件，澳大利亚 1 件，且这 9 件专利都具有美国同族申请。这一时期，Nuance 公司产品市场主要集中在美国和欧洲等英语国家，不需要在支持多语言方面做过多的改进，相应地，在语言模型训练方面的专利布局也较少。

（2）2006～2008 年

这一时期，Nuance 公司语言模型的申请量出现了明显的增长，且专利布局地区扩大，除美国本土以外，基本覆盖了日本、中国、德国、韩国、加拿大等主要几个语音识别消费市场，这种显著变化可归因于 Nuance 公司产品的全球化发展。2000 年左右，Nuance 公司开始进入中国内地，当时的语音识别市场尚未成熟，Nuance 公司通过合作伙伴将其语音技术引入中国，其中企业用户的呼叫中心是 Nuance 公司的两大重头业务之一。十年前语音技术尚未得到普及，当时国内市场对文字输入的需求相对较高，这也是 Nuance 公司进入中国的重要契机，除了语音识别，它还是全球领先的文字输入方案提供商。2006 ~ 2008 年，Nuance 公司的全球化发展达到顶峰时期，其 T9 智能文字输入法全球市场占有率超 70%，在中国的市场占有率超 50%。相应地，这一时期 Nuance 公司公司也加大了对其产品多语言支持方面的专利保护，不仅在语言模型技术上的专利数量大增，且布局范围也大大扩大。

（3）2008 年之后

在 2006 ~ 2008 年的高峰期之后，Nuance 公司语言模型方面的专利申请趋势又重归平淡。此时，Nuance 公司产品以成功进入除美国本土外的多个国家，成为业内认同的标准输入法，市场占有率也居高不下，此时的 Nuance 公司产品对多语言的支持技术已相对成熟，专利布局也日趋完善，语言模型改进的空间不大，Nuance 公司面对市场需求的转变，也及时改变了其专利布局的策略。

按地域来看，Nuance 公司的语言模型专利布局呈现以下特点：

第一，重视美国本土市场。Nuance 公司在美国的申请占总量的 75%，且保持 1999 年至今，年年都有美国申请。

第二，其他国家的专利布局较少，且分布时间比较集中，多在 2006 ~ 2008 年期间。特别是中国，2006 年之前 Nuance 公司没有相关专利的布局，虽然 Nuance 公司从 2000 年左右即开始进入中国内地，但当时的语音识别市场尚未成熟，Nuance 公司对中国市场及其专利保护不够重视，直到 2006 年 T9 输入法开始广泛应用，才开始重视在中国对相关技术进行专利保护和布局。

第三，Nuance 公司在中国的有效专利多。虽然 Nuance 公司在中国共提交了 9 件语言模型专利申请，仅占申请总量的 10%，但从法律状态来看（表 5 - 4 - 1），目前共有 7 件有效专利，且都为发明专利，可见，虽然专利数量不多，但保护力度高，反映了 Nuance 公司对中国市场的重视程度及其稳扎稳打的专利保护策略。

表 5 - 4 - 1 Nuance 公司语言模型专利中国申请汇总

公开号	发明名称	类型	法律状态
CN101164102A	自动扩展移动通信设备的话音词汇的方法和装置	发明	授权
CN102419974A	处理语音识别的稀疏表示特征的方法和系统	发明	视撤
CN101123090B	通过使用平方根折扣的统计语言的语音识别	发明	授权
CN101276585B	多语言非母语语音识别	发明	授权
CN1952926A	用于从受控对话语法创建混合主导语法的方法和设备	发明	授权

续表

公开号	发明名称	类型	法律状态
CN101197868B	在web页框架中启用语法的方法和系统	发明	授权
CN101211261A	用于创建声音应用的方法和系统	发明	视撤
CN101271689A	用数字化语音中呈现的词来索引数字化语音的方法和装置	发明	授权
CN101211559B	用于拆分语音的方法和设备	发明	授权

2）语言模型专利技术分布

总体来说，Nuance公司在语言模型方面的研究方向比较集中，主要在于语言模型的训练，而语音模型的拓扑结构和文本预处理则涉及较少。表5-4-2列出了Nuance公司涉及语言模型三个手段的申请量。

表5-4-2　Nuance公司语言模型专利分布

技术手段	申请量/件
文本预处理	4
语言模型拓扑结构	4
语言模型训练方法	64

语言模型的训练方法包括类Ngram语言模型、高阶Ngram语言模型、区分性训练和语言模型自适应。

Nuance公司语言模型训练方法的专利主要集中语言模型的自适应，这也印证了其产品支持多语言的性能特点。

Nuance公司语言模型专利对文本预处理和语言模型拓扑结构涉及的较少，主要原因在于用于语言模型训练的文本语料预处理主要是基于规则执行的，技术门槛低，实现难度小，且改进空间不大，而语言模型的拓扑结构发展已较为成熟，短时间内也没有新的拓扑结构提出，因此，拓扑结构也不是技术改进的主要方向。

根据以上分析，可以总结出Nuance公司在语言模型领域的布局策略，就是“有所为有所不为”。一方面，侧重提升产品性能的关键环节“语言模型训练方法”；另一方面，对于技术门槛低或改进空间不大的“文本语料预处理”和“语言模型拓扑结构”战略性放弃。这种有主有次、通盘考虑的专利布局策略对于研发资源相对有限的相关国内企业而言，尤其具有借鉴意义。

5.4.2.2　后端处理

语音识别技术发展到现在，其技术本身已经相对成熟，事实上语音识别引擎已经不是目前最重要的因素了。除了成熟的语音识别引擎，如何能把用户体验做得更好，可以为语音识别企业带来巨大的优势。而对语音识别结果的后端处理这是改善用户体验最方便和快捷的途径。

1）后端处理专利地域分布

Nuance 公司在后端处理方向共申请了 83 件专利。

单位：件

目标国	年份															
	1998	1999	2000	2001	2002	2003	2004	2005	2006	2007	2008	2009	2010	2011	2012	2013
US	2	1	3	2	7	3	7	13	10	11	3	5	1	4	11	3
JP	1	1	2	1	3		3	2	2	3		2				
CN				1	3		1	4	2	3		1				
DE	1	1	2	1	3		1			1						
KR												2				
CA			1					3				1				
AU				1												

（a）Nuance 公司后端处理专利时间－地域分布

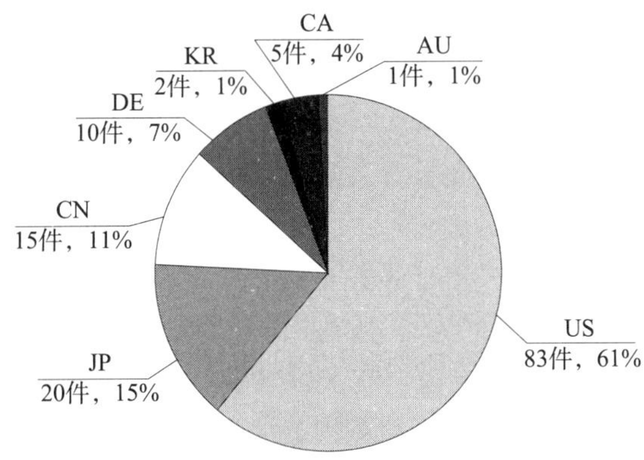

（b）Nuance 公司后端处理专利目标国分布

图 5－4－6 Nuance 公司后端处理专利时间地域分布及目标国分布

从申请量的地域分布来看，Nuance 公司后端处理的专利申请分布与语言模型专利分布相似，都是美国本土的专利申请所占比例较大，在后端处理方面，仍旧凸显出美国市场的地位。

在时间分布上，也与 Nuance 公司语言模型专利的分布类似，2006 年左右，申请量出现了第一个高峰。不同的是，后端处理的专利并没有集中在美国，1999～2008 年，Nuance 公司后端处理专利就已经覆盖了日本、中国、德国、韩国、加拿大和澳大利亚多个国家，且申请量的分布也很均匀。尤其突出的是，Nuance 公司在后端处理方面对日本市场的重视，1998～2009 年，几乎每年都有后端处理的日本申请出现，中国和德国市场也得到 Nuance 公司的重视，不仅申请量大，而且持续时间长，时间跨度大。

为何 Nuance 公司在后端处理方面会如此重视国外市场呢？通过之前的分析我们知道，后端处理是提升用户体验的有效途径，而 Nuance 公司的目标就是为用户提供高效及令人满意的用户体验。日本的许多大企业都是 Nuance 公司的合作伙伴，包括富士通、NTT软件、日本电话广播电台、日本IBM等。由此可见，正是Nuance公司优良的客户体验才使其在日本拥有众多顶尖的合作伙伴，也正是由于Nuance公司拥有如此众多顶尖的合作伙伴，Nuance公司需要更加注重用户体验的改进，尤其是更加重视在日本市场对用户体验的改进，以及对提升用户体验的相关技术进行全面有效的专利保护。

2）后端处理专利技术分布

后端处理主要包括计算置信度、提供多候选、对数字、标点符号进行后处理以及通过多系统融合对识别结果进度校正等。

表5-4-3是Nuance公司后端处理专利在各技术手段上的分布情况。

表5-4-3 Nuance公司后端处理专利各技术手段申请量分布

技术手段	数量/件
计算置信度	27
提供多候选	21
数字、标点符号后处理	7
结果校正	28

从表5-4-3中统计的数据来看，后端处理的三个技术手段中，置信度、多候选和识别结果校正是三个数量较多的方向，且分布均衡，而对数字、标点符号后处理数量较少，可见其并不是Nuance公司最为关心的方面。

数字、标点符号后处理主要是对识别结果中文本形式的数字内容（例如电话号码等）进行必要的转换以改善用户体验。由于对数字、标点符号后处理的方法以规则为主，技术门槛低，实现难度不大，且其对用户体验的改善效果有限，因此不难理解，Nuance公司并没有将其作为研发和专利保护的重点方向。

置信度是用于判断识别结果可靠性的方法，多候选是除了最佳的识别结果输出以外，还提供额外的可选择结果，以提高识别结果的容错能力，结果校正则是通过比较多个系统输出的结果，通过融合、投票等决策方案获得最终的识别效果。这三个方面都可以大大提高识别结果的可靠性和用户友好度，是提升用户体验的有效途径。这三种方法并不是孤立的，其可以组合在一起使用，以达到更好的效果。Nuance公司后端处理专利在置信度、多候选和结果校正三个方面的分布比较平均，可见Nuance公司并没有偏重其中一种改进方法，而是善于将各种方法融会贯通，从而为用户提供最好的结果。

5.4.2.3 语音识别的应用

语音识别技术具有广阔的应用前景，语音识别技术的发展经历了一个漫长的过程，二十多年前还只是科研人员在实验室里描述的一个梦想般的希望，但半导体技术和软件技术两个方面的进步终于促成了这一技术的平民化。软硬件技术的有效结合为我们提供了一种全新的远景，很显然，语音处理正在革新这个世界，因为一旦赋予人类语音以力量之后，任何会说话的人（尤其残疾人）都将自由地应用这种技术。就目前的发展态势以及技术进步来看，已经涉及金融、证券、电信和寻呼、旅游、娱乐等方面，今后它将有可能涉足人类生活的每一领域，语音识别技术商机无限。因此，如何发现新的应用领域和方向、开发新的语音识别应用产品，如何使语音识别产品更好地为各行各业服务，如何使语音识别产品创造更大的价值，是致力于提供语音识别产品的企业需要首当其冲考虑的问题。

作为全球最大的语音识别服务供应商，Nuance 公司每天为数百万用户以及数千家企业提供解决方案，包括呼叫目录帮助、查询用户信息、听写病历记录、语音网络搜索、导航系统语音识别目的地名称以及制作能够共享和检索的数字文档等应用。其产品广泛的应用领域使得 Nuance 公司在语音识别服务业远远领先，使同行企业望其项背。

1）语音识别应用专利地域分布

单位：件

目标国	年份															
	1998	1999	2000	2001	2002	2003	2004	2005	2006	2007	2008	2009	2010	2011	2012	2013
US	5	5	9	3	6	10	20	13	24	18	23	11	1	6	16	7
JP			3	2	2	4	2	1	4	3	3					
CN		1	1	1	1	2	3	4	7	3	1	1				2
DE		1	3	2	2		1	1	1	1	1					
KR			1			2		2	3	1						
CA			1					1	3	1						
AU				1		2	1	1		1						

（a）Nuance 公司语音识别应用专利时间地域分布

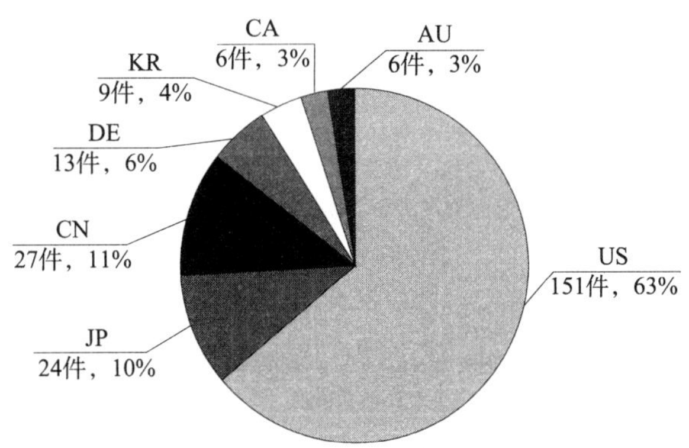

（b）Nuance 公司语音识别应用专利目标国分布

图 5-4-7　Nuance 公司语音识别应用专利时间地域分布及目标国分布

从地域分布上来看，虽然美国的大本营地位仍然不可动摇，所占比例最大，但从绝对数量上来看，Nuance 公司语音识别应用类专利在美国之外的国家和地区的申请量已大幅上升。其中日本达到 24 件，中国达到 27 件，可见就语音识别的应用而言，Nuance 公司公司早已将目光投向全球市场。

从时间分布上来看，Nuance 公司语音识别应用类专利的布局范围很广，特别是

2000 年之后，已经全面覆盖了日本、中国、德国、韩国、加拿大和澳大利亚，而到 2009 年，Nuance 公司语音识别应用类专利又出现了仅在美国申请保护的情况，因此我们推断，至 2009 年，Nuance 公司已基本完成其产品在全球的布局。

2）语音识别应用技术分布

语音识别的应用主要涉及移动互联网、呼叫中心、教育、国防等，其中移动互联网包括查找、录入、控制等，呼叫中心进一步包括关键词检索、自动客服和数据挖掘。

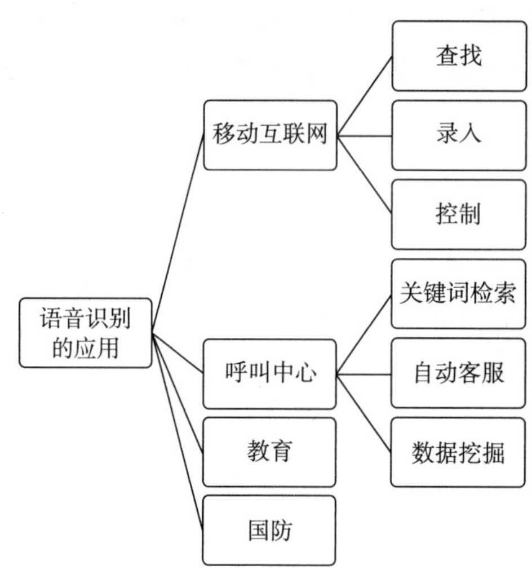

图 5-4-8　Nuance 公司语音识别应用专利分类

Nuance 公司在语音识别应用方面共申请了 153 件专利，其中移动互联网为 97 件，呼叫中心为 56 件。

Nuance 公司的产品种类多种多样，主要可以分为手机 OEM、汽车产品与服务以及企业产品三大块。

其中手机 OEM 产品有：可下载至移动设备的声龙应用程序，包括针对 iPhone、iPad 和 iPod Touch 的一种具有较高易用性的语音识别应用程序 Dragon Dictation（声龙听写），可让用户借助语音方式在 iPhone 和 iPod Touch 上快速、简便、智能地搜索在线内容的 Dragon Search（声龙搜索），具有较高易用性的电子邮件听写应用程序 Dragon for Email（声龙电邮），可提供“四合一”的键盘体验的 Flex T9 for Android（支持 Android 系统的 FlexT9）。

Nuance 公司的移动语音应用程序包括：VSuite，这是一个非特定语者型语音指令和控制架构，借助该架构，用户便能通过语音方式使用手机的主要功能和服务。用户可通过自己的语音来改善整体手机使用体验。Nuance 公司 Voice Control（语音控制）2.0，是一个可定制的综合性架构，有了该架构，用户便可借助语音来获取和使用手机自带或依赖网络的各种功能、应用、服务和内容。Vocalizer 是一个小型嵌入式文本语音转化引擎，可处理由静态记录和动态提示转制而成的音频信息。Nuance 公司的智能文本输入应用程序 T9 意味着用户仅“使用 9 个按键便可完成输入”。T9 是一个预设文本应用程序，它允许用户以“单次按键输入”的方式输入文本，从而充分发挥数字键的作用。XT9 是一个多模式文本输入解决方案，拥有一系列先进的功能，适用于 12 键、20 键、Qwerty 键盘和触摸屏设备。T9 Nav 是一个移动搜索应用，用户可以用它在手机上搜索自己想要的内容。使用时，只需输入前几个字母就能实现搜索功能。T9 Trace 是一个可通过不间断触摸来输入文本的应用程序，这样用户便不必在触摸屏上“看着键盘打字”，而仅需简单地通过“滑行”书写字母便可输入文本。T9 Write 是适用于触摸屏设备的一种笔迹输入解决方案，能够识别超过 40 种语言的手写体字母、数字、符号和标点。T9 Output 是一个富文本渲染引擎和编辑器，能够实现高质量文本渲染和显示，包括复杂的脚本和双向文本。Nuance 公司还提供语音邮件转文本服务，有了该服务，用户便可阅读自己的语音邮件，这样比听语音邮件更省时、随时保持在线，并支持将消息存储在手机里。语音邮件以短信和/或电子邮件的方式发送，从而带给客户一种熟悉、轻松的使用体验。语音邮件一旦生成，语音消息便会立即以语音邮件正文方式被发送，这样互联就变得更加紧密。采用文本发送方式，可确保用户能随时随地接收到信息。Nuance 公司通过遍布全球的移动通讯运营商合作伙伴为客户提供语音邮件的文本转换服务。

Nuance 公司汽车产品与服务主要包括高精度的语音识别技术、声音自然的文本语音转化、语音信号优化处理（SSE）和文本输入解决方案。其中语音识别软件识别语音输入，使驾驶员能够与车载系统进行交互，通过语音输入信息或预设文本。Nuance 公司的语音识别技术具有极高的准确率，即使在嘈杂的环境，如汽车内部也是如此，可识别大量词汇、自然语言理解、多语言模式。文本语音转化（TTS）软件可将文本转换为清晰、易于理解的语音输出，能加强嵌入式和移动式会话应用，借助该技术，驾驶者便能收听已接收的短消息、动态交通资讯或其他信息，能够产生自然的人声、多语言输出、可同时实现语音合成和录音提示。语音信号优化处理（SSE）可消除麦克风输入信号中的噪声，借助 Nuance 公司的多种先进技术，生成音质更佳的语音信号。消除回声、降噪、改善音质和语音识别效果。Nuance 公司文本输入解决方案可令驾驶员能更加舒适、安全地在旅程中输入文本。XT9：预设文本，T9 Write：手写识别，T9 Trace：通过在触摸屏上连续移动手指来输入文本。

Nuance 公司一直助力于推动汽车行业的创新发展，其车载解决方案涵盖了语音识别、语音合成、信号增强和预测文本输入等技术，提供了当今最先进的车内导航系统、娱乐和车辆通信系统的用户交互界面，能显著提高驾驶安全性。驾驶者在驾车时就能通过语音指令安全地与外界保持联系，操控导航系统、汽车信息娱乐系统等车载系统和设备，最大限度地避免手动操作导致失误和分神，从而释放双手和眼睛，确保行车安全。目前，全球十大的汽车制造厂均采用了 Nuance 公司的解决方案，且全球已有超过 1 亿辆汽车和 8000 万部便携导航系统采用了 Nuance 公司的语音技术。

Nuance 公司企业类产品包括企业呼叫中心服务。①金融业的呼叫中心解决方案，Nuance 公司为客户量身定制的电话客户服务解决方案，可帮助金融机构提供高性价比的创新型差异化客户关怀服务。Nuance 公司与美国排名前 15 大银行中的 14 家都有合作，因此Nuance公司对消费者的自助服务使用偏好有着独到的理解，并能为金融机构吸引更多忠实的客户。②保险业的呼叫中心解决方案，Nuance公司为客户量身定制的电话客户服务解决方案，能将来电快速转接至正确的目的地，安全地验证呼叫者的身份，让拥有相关呼叫者数据的经验丰富的呼叫中心坐席为客户提供服务，从而帮助领先的保险公司为客户提供高性价比的差异化服务。③旅游和服务行业的呼叫中心解决方案，Nuance公司为客户量身定制的电话客户服务解决方案，让面对日益复杂的商业环境、日趋激烈的市场竞争、市场合并、监管限制和安全等问题的旅游和服务行业，为客户提供具有差异化的高质客户服务体验。④电信公司和服务提供商的呼叫中心解决方案，Nuance公司为客户量身定制的客户电话服务解决方案能帮助电信公司和服务提供商向客户提供具有差异化的优质服务体验，从而提高客户忠诚度、增加营业收入、降低运营成本、提升营利性。

Nuance公司拥有如此种类繁多的产品，其应用面之广可想而知。而Nuance公司有着极强的专利保护意识，对其各种产品都进行了有效的专利保护。因此，可以看出，Nuance公司语音识别应用专利的布局策略是面面俱到，细致入微。

5.4.3 重点专利

本小节选择语言模型、后端处理和语音识别的应用作为重要技术分支，对Nuance公司在这些技术分支下的重点专利作进一步分析。

5.4.3.1 语言模型

5.3.2节中从地域分布和技术分布的角度对Nuance公司的语言模型专利进行了分析，下面具体介绍几项Nuance公司在语言模型方面的代表性专利，这些专利均已获得授权保护。

（1）在Web页框架中启用语法的方法和系统（CN101197868A）

该专利的申请日为2007年11月15日，优先权日为2006年12月06日，授权日为2012年04月04日。其授权的独立权利要求如下：

一种在Web页框架中启用语法的方法，所述方法包括：

在多模式设备上的多模式应用中接收框架集文档，所述框架集文档包括定义Web页框架的标记；

由所述多模式应用获取显示在每个Web页框架中的内容文档，所述内容文档包括可导航标记元素；

由所述多模式应用为每个内容文档中的每个可导航标记元素产生定义语音识别语法的标记段，包括在每个语音识别语法中插入识别当语音识别语法中的词匹配时待显示的内容的标记和识别将显示所述内容的框架的标记；

由所述多模式应用动态产生规定语音识别语法的标记语言片段，并向自动话音标记语言解释装置提供所述标记语言片段，以启用所有产生的用于语音识别的语法；

由所述多模式应用向自动话音标记语言解释装置提供来自用户的用于识别的语音；

由带有所述多模式应用产生的语音识别语法的所述自动话音标记语言解释装置对

至少部分用于识别的语音进行匹配；以及

将指示代表匹配语音的指令的事件从所述自动话音标记语言解释装置返回至多模式应用。

以下结合图5－4－9来对该技术方案进行说明。

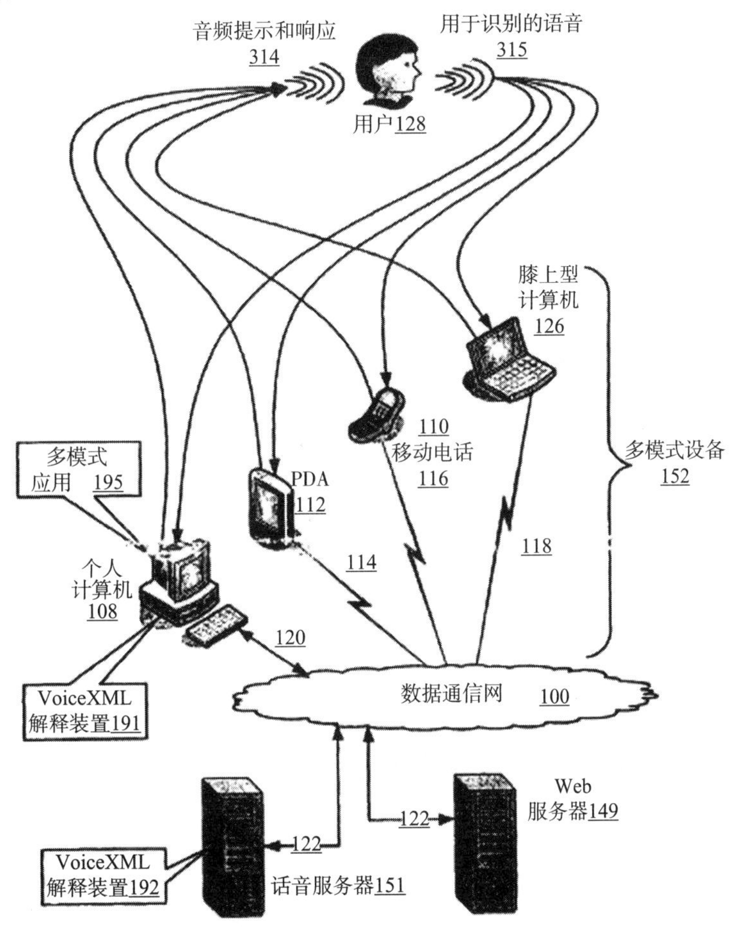

图5－4－9 CN101197868A技术方案

如图5－4－9所示，系统常通过在多模式设比上的多模式应用中接收框架集文档，其中该框架集文档包括定义Web框架的标记；由多模式应用获取显示在每个Web页框架中的内容文档，其中该内容文档包括可导航标记元素；由多模式应用针对每个内容文档中的每个可导航标记元素产生定义语音识别语法的标记段，包括在每个这种语法中查实识别当语法中的词匹配时待显示的内容的标记和识别该内容将显示于何处的框架的标记。以及由多模式应用启用所有产生的用于语音识别的语法，从而在Web页框架中启用语法。典型地，图5－4－9中系统的工作还包括由多模式应用向自动话音标记语言揭示装置提供来自用户的用于识别的语音；由带有启用语法的自动话音标记语言解释装置对至少部分用于识别的语音进行匹配；以及将指示代表匹配语音的指令的事件从自动话音标记语言解释装置返回至多模式应用。

该申请通过同时话音启用所有显示框架中的超链接并设置每个超链接的目标，以便更新的内容出现在适当的框架中，来克服在多模式浏览器中启用语法的技术现状的局限性。

（2）从用户话语中动态构建语法规则基本形式的方法和系统（US2006/0047510A1）

该专利的申请日为2004年08月24日，于2009年02月03日获得授权，其授权的独立权利要求如下：

一种从用户话语中动态构建语法规则基本形式的方法，包括如下步骤：

记录用户话语；

使用该用户话语产生基本形式，产生基本形式的步骤包括向语音可扩展标记语言中引入新元素，以从相关记录中产生基本形式；

使用该基本形式产生至少一个语法规则，并将其添加至使用该基本形式的语法规则中；

将所产生的语法规则添加至语音可扩展标记语言程序的语法文件中；并且

通过重复访问包含该语法规则并可以从相关记录中产生基本形式的表格来创建一用户可用程序和使用该程序的语法。

图5-4-10是从用户话语中动态构建语法规则基本形式方法的流程图。

该专利的技术方案通过向语音可扩展标记语言添加元素和向语音可扩展标记语言平台添加状态变量，动态创佳声学基本形式，从而达到创建或调整预先存在的语法的目的。

5.4.3.2 后端处理

下面具体介绍几项Nuance公司在后端处理方面的代表性专利。

（1）多候选（US2008162136A1）

该专利的申请日为2007年01月03日，于2013年12月17日获得授权。其授权的独立权利要求如下：

一种自动语音识别（ASR）的方法，该方法与多模应用的语音识别语法一起执行，多模应用由可支持用户与多模应用之间多种交互模式的多模设备执行，其中用户交互模式包括声音模式和视觉模式，多模应用可选择的连接至一语法解释程序，所述方法包括：

通过多模应用程序接收语音输入，该语音输入对应于选择或取消选择列表中的一个或多个项目的单个语句；

多模应用程序向语法解释器提供语音输入及与选择列表相关的语音识别语法；

多模应用程序从语法解释器接收解释结果，该解释结果包括至少一个来自语法的匹配单词，其识别选择列表中的至少一个项目，和一个选择或取消选择列表中项目的区分指令，其中该区分指令至少部分基于语音输入；

至少部分的基于区分指令，选择或取消选择列表中与匹配单词相关的至少一个项目。

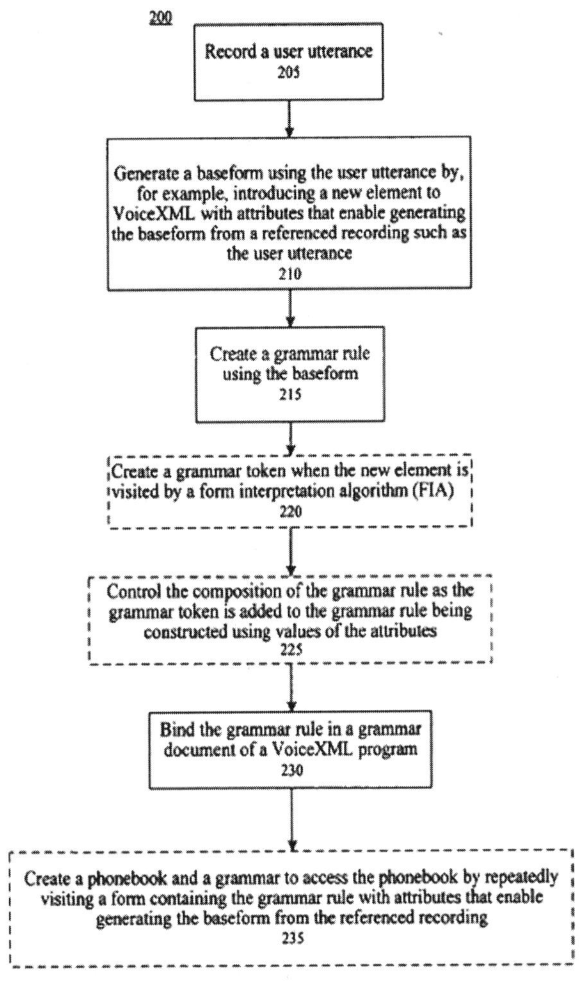

图 5-4-10　US2006/0047510A1 技术方案

图 5-4-11 是 US2008162136A1 专利的技术方案图。

通过该发明要求保护的带有列表的自动语音识别方法，当用户通过语音作出多种选择时，可以明确用户的目的是想选择列表中的项目并取消之前所选的项目，还是将新选择的项目添加至先前已选定的项目中。该方法可以预见用户的意图并通过语音指令在多模应用程序中累积选项。

（2）置信度（US6567778B1）

该专利的申请日为 1999 年 06 月 23 日，于 2003 年 05 月 20 日获得授权。其授权的独立权利要求如下：

一种解释作为接收语音的自然语言的方法，包括如下步骤：

a. 接收多个识别出的单词，其中每个识别出的单词都带有单词置信度；

b. 解析该识别出的单词并导出至少一个与预定主题相关的信息单元；

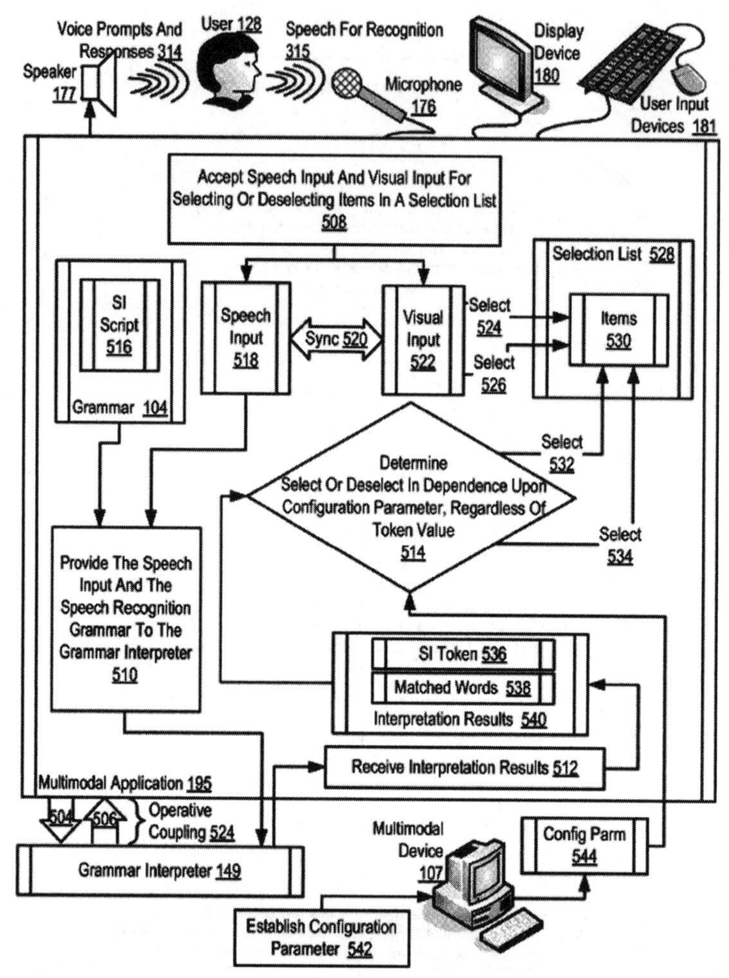

图 5-4-11 US2008162136A1 技术方案

c. 为每个信息单元形成语义置信度，其中语义置信度与每个单词的单词置信度相关，信息单元从该单词中导出。

图 5-4-12 是 US6567778B1 发明的技术方案图。

通过该发明的方法，自然语言解释器和语音识别器可以提供更加准确的识别结果，同时，当识别结果出现问题时，用户只需要重新输入识别结果不正确的部分，而不需要重新输入整个句子。

5.4.3.3 语音识别的应用

下面具体介绍几项 Nuance 公司在语音识别应用方面的代表性专利。

(1) 呼叫中心（US6119087 A）

该专利的申请日为 1998 年 03 月 13 日，授权日为 2000 年 09 月 12 日。其授权的独立权利要求为：

一种通过语音识别在电话网络中有效分配声音呼叫数据的系统结构，该系统结构包括：

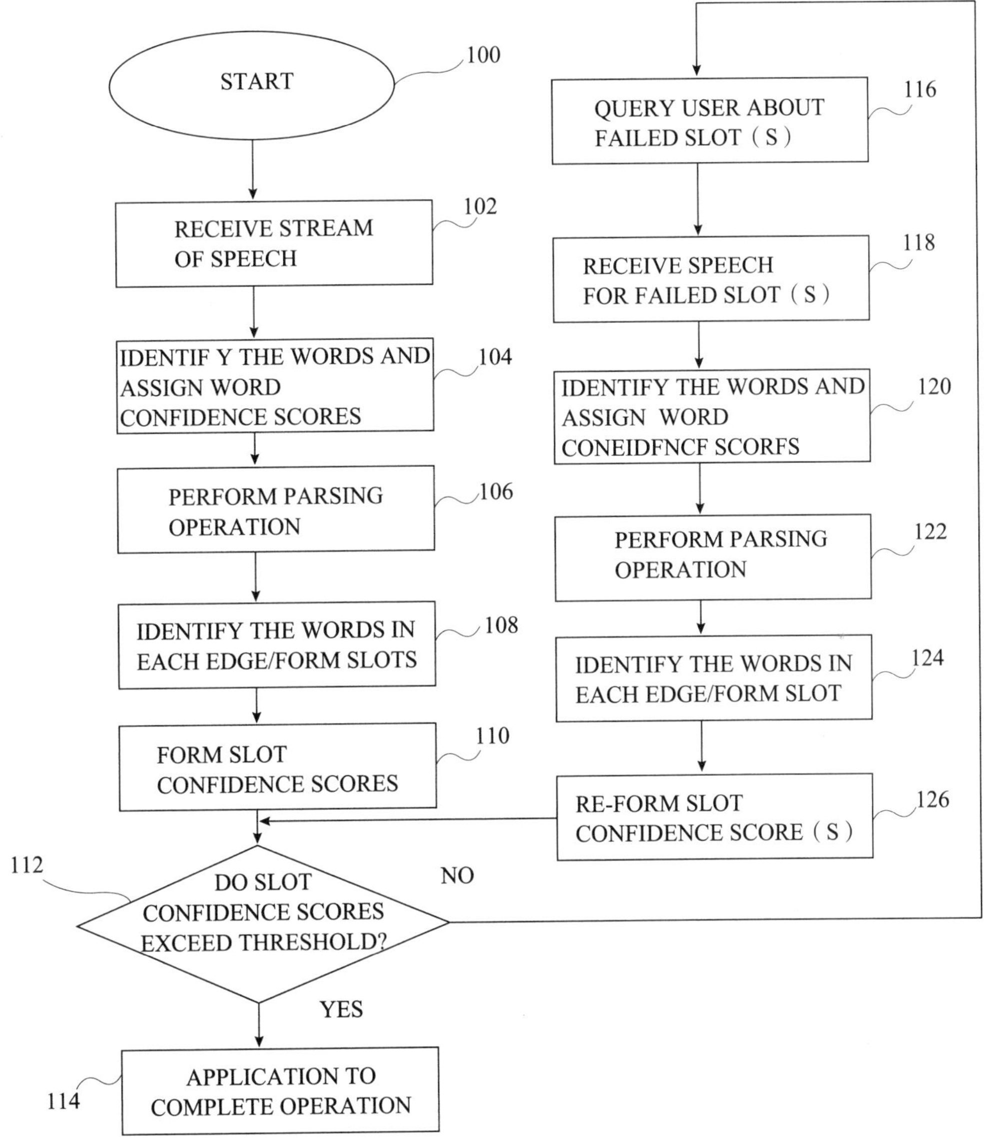

图 5-4-12 US6567778B1 技术方案

a）第一电路，用于从呼叫端接收进来的声音呼叫数据，其中第一电路识别出该呼叫的语法类型；

b）多个处理电路，被配置为处理该声音呼叫数据；

c）一个负载平衡电路，将第一电路和多个处理电路中的每一个连接起来，用于将声音呼叫数据分配至多个处理电路中的优选处理电路中；

其中负载平衡电路使用一准则来选择优选处理电路，该准则包括已分配的语法类型和已知的每个处理电路处理先前接收的同语法类型的呼叫的处理效率。

图 5-4-13 为 US6119087 A 发明系统中为资源管理器分配话音所用的表。

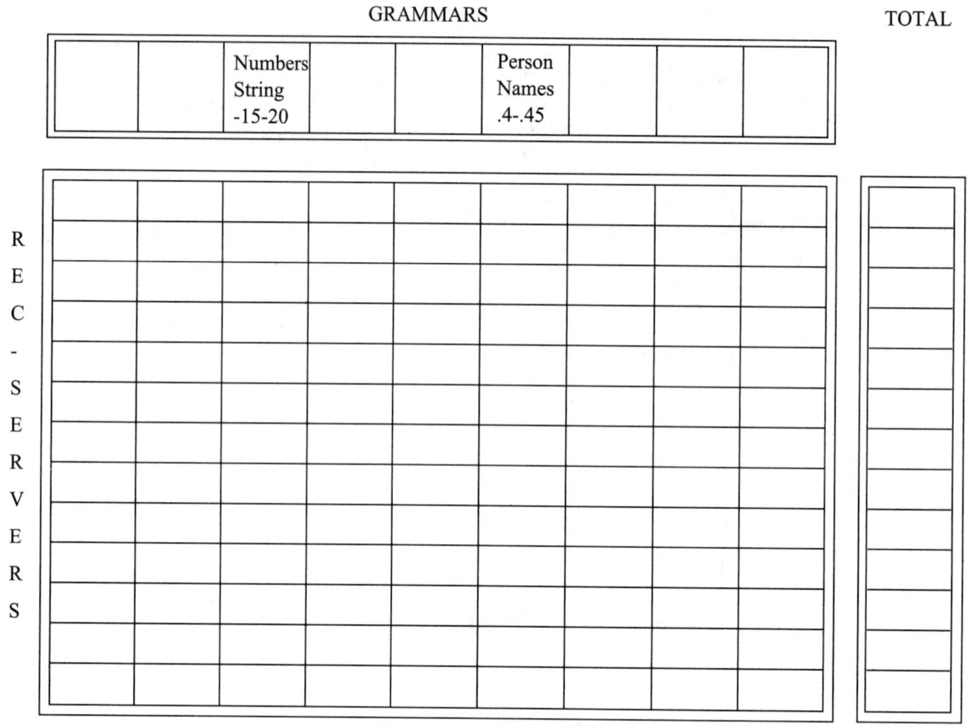

GRAMMARS

TOTAL

		Numbers String -15-20			Person Names .4-.45			

REC-SERVERS

图 5-4-13　US6119087A 技术方案

该发明考虑了特定服务器的容量以及消息的类型，大大提高了呼叫中心的工作效率。

（2）语音录入（CN 1752975A）

该专利的申请日为 2005 年 09 月 13 日，授权日为 2011 年 07 月 06 日，其授权的独立权利要求为：

一种计算机实现的响应语音话语自动填充表格字段的方法，所述方法包括：

生成对应于表格字段的至少一种语法，所述语法以用户简档为基础且包括语义解释串；和

基于所述至少一种语法并且想要语音话语，创建自动填充事件，所述自动填充事件导致用对应于用户简档的数据填充表格字段，并且其中所述生成步骤包括：生成至少一种定义和同步话音表格字段语法的语法，另外还根据包含在语义解释串中的标志短语和值生成自动填充语法。

图 5-4-14 是 CN1752975A 发明系统的通信环境示意图。

按照惯例实现的多模式接口中不存在许多用户期望的能力，例如，根据语音话语来填充表格字段的用户友好能力。而要求用户输入的表格已成为平常之事。该发明正是对多模式浏览器进行扩展，从而提供能用话音实现表格字段的自动填充。

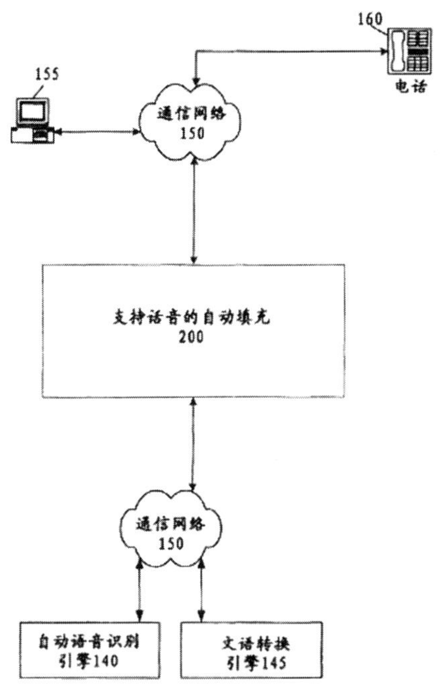

图5－4－14 CN1752975A 技术方案

（3）导航（US8521539B1）

该专利的申请日为2012年03月26日，授权日为2013年08月27日，其获得授权的独立权利要求为：

一种计算机执行的语音识别方法，该方法包括：

将口头问题发送给服务器计算机，该口语问题通过客户端装置记录并作为地理导航系统的输入，该地理导航系统包括一地理导航数据库，其中包含兴趣点位置；

从服务器计算机接收针对口语问题的多个语音识别假设，该多个语音识别假设由第一自动语音识别处理生成，该第一自动语音识别处理将口头问题作为汉语口语来分析；

基于所接收的多个语音识别假设，对口头问题执行第二自动语音识别处理；

基于来自第二自动语音识别处理的识别结果更新多个语音识别假设；

将该多个语音识别假设转换成相应的拼音字符串；

使用模糊匹配处理在地理导航数据库中分别搜索每个拼音字符串，该模糊匹配处理识别出一列与拼音字符串相关的N最佳兴趣点结果；和

通过用户界面将N最佳兴趣点结果列作为可选的兴趣点显示出来，通过用户界面接收从给定的N最佳兴趣点结果列中选定的兴趣点。

图5－4－15是US8521539B1发明处理方法的流程图。

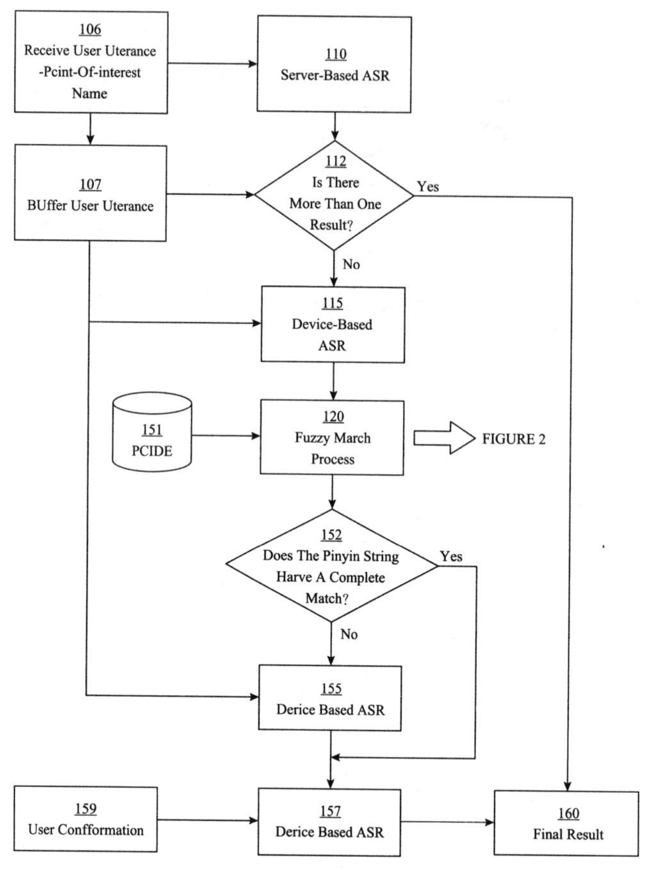

图5－4－15　US8521539B1 技术方案

该发明提供了一种灵活的兴趣点开放语音搜索方法，其包括两个部分。第一部分使用基于云端的识别器，例如在服务器或服务器群上执行的自动语音识别器。第二部分为基于客户端的自动语音识别和处理。因此，包括混合VDE反感的技术可以为客户提供更准确和灵活的使用语音识别技术的途径。该发明的系统和方法可以显著提高基于汉语普通话输入的兴趣点搜索的准确度（错误率降低大概80%），此外，允许用户仅说出部分兴趣点名称即可以进行搜索，大大提升了用户体验。

5.5　产品专利透视

Nuance公司的产品主要分为手机OEM、汽车产品与企业服务三大块。这些产品都涉及语音识别，但根据针对的目标市场不同，语音识别的方法和性能也略有差别。本节将从专利角度对Nuance公司的特色产品作进一步分析透视。

5.5.1 Dragon Dictation（声龙听写）

Dragon Dictation（声龙听写）是针对 iPhone、iPad 和 iPod Touch 的一个简单易用的语音识别应用程序，可让用户在快速讲话的同时直接看到所说的文字或电子邮件信息（比键盘输入速度快五倍），使用声龙听写技术，用户便能用讲话代替手动输入——无论是短信还是篇幅较长的电子邮件，都可以轻松实现。Dragon Dictation（声龙听写）给终端用户带来的实惠包括：比键盘输入速度快五倍、在任何情况下都具有极高的准确性、方便发送短信或电子邮件、性能更高的语音识别技术、通过 Dragon Dictation Notes™可在 iPad 上存储文字内容。❶

Nuance 公司与 Dragon Dictation（声龙听写）相关的专利是一个具有 43 件同族的专利家族，布局地域除美国本土之外，覆盖中国、日本、德国、奥地利等多个国家。限于篇幅，以下表 5－5－1 仅列出其中 4 件中国申请。

表 5－5－1 Nuance 公司声龙听写相关专利列表

公开/公告号	申请日	发明名称	法律状态	同族公开号
CN101297351A	2006－10－16	用于处理口述信息的方法和系统	授权	WO2007049183A1 CN103050117A EP1943641A1 US2013262113A1 US2008235014A1 JP2014013399A JP2009514005A
CN1752975A	2005－09－13	用于支持话音的自动填充的方法和系统	授权	US2006064302A1 US7739117B2 TW200630957A TW1353585BB
CN1770770B	2005－11－01	启用智能的和轻型的语音到文本转录的方法和系统	授权	US2006095259A1 US8311822B2
CN1459091A	2002－03－13	中止自动转换的转换服务	授权	WO02075724A1 EP1374226A1 US2003125951A1 JP2004519729A DE60205095TT2 AT300084TT

❶ [EB/OL]. [2014－07－01]. http: //china. nuance. com/index. htm.

从表5-5-1中可以看出，这4件中国申请均为授权有效状态，表明Nuance公司与Dragon Dictation（声龙听写）相关的专利创新性较高，且这4件专利的同族数量都很多，说明Dragon Dictation（声龙听写）针对的市场面较广，Nuance公司针对该产品在广泛的区域进行了有效的专利保护。其中CN101297351A共有8件同族申请，该授权专利的独立权利要求如下：

一种用于将口述信息处理到动态表格中的方法，所述方法包括以下步骤：

在显示器上向用户显示属于一个图像范畴的图像（3）；

接收与所述图像范畴相关的第一部分口述语音输入，并且在语音识别引擎中将所述第一部分口述语音输入处理为计算机命令，所述计算机命令指示具有与所述第一部分口述语音输入相关联的先前定义的文档结构（4）的相应电子文档；

按照指示得到所述电子文档，由此使所述文档结构（4）与所述图像（3）相关联，其中，所述文档结构包括至少一个文本字段；

在显示单元（5）上向所述用户显示所述动态表格，所述动态表格包括具有所述文档结构（4）的所述电子文档的至少一个部分；

接收第二部分口述语音输入，并在语音识别引擎（6）中将所述第二部分口述语音输入处理为口述的文本；

当所述口述的文本为纯文本时，使所述口述的文本与文本字段相关联；

当所述口述的文本对应于计算机命令时，通过动态地增加或减少在向所述用户显示的所述动态表格中所显示的所述先前定义的文档结构（4）的文本字段的数量，来动态地扩大或缩小所述动态表格，由此管理所述用户所见的所述先前定义的文档结构（4）的复杂度；并且

将所述图像（3）链接到具有所述文档结构（4）和所述口述的文本的所述电子文档，并在数据库（8）中存储所述图像（3）和所述电子文档。

下面结合附图来详细解释其技术方案。

该专利提供一种用于创建文档报告的方法，其中标记所有相关数据，并将其链接到外部数据库。根据该专利的系统提供了一种报告模板，其包含由语音宏自动创建的构件。该语音宏定义了将由作者填充的工作类型字段，以致作者由于可以看到这些工作类型字段，他/她就不会忘记要口述的或往该字段内填充的是什么。例如，一旦作者口述他/她想要口述病人的胸部X射线，就自动插入这一报告的相关构件。这些构件还包括用于在文档完成时在该文档内创建不同节点的标记。采用通用标记语言来创建所述节点，例如扩展标记语言（XML）。照这样，可以毫无错误地将文档的具体部分映射到外部数据库，因而不需要语法分析或编码。

该专利的方法适用于在医学情况下［在非限制性实例中为MRI（核磁共振成像）检查中］将口述信息处理为动态形式，更具体的，用于将动态形式的口述信息链接到外部数据库。

图5-5-1是CN101297351A发明以流程图的方式表示该专利的口述链的示意图。

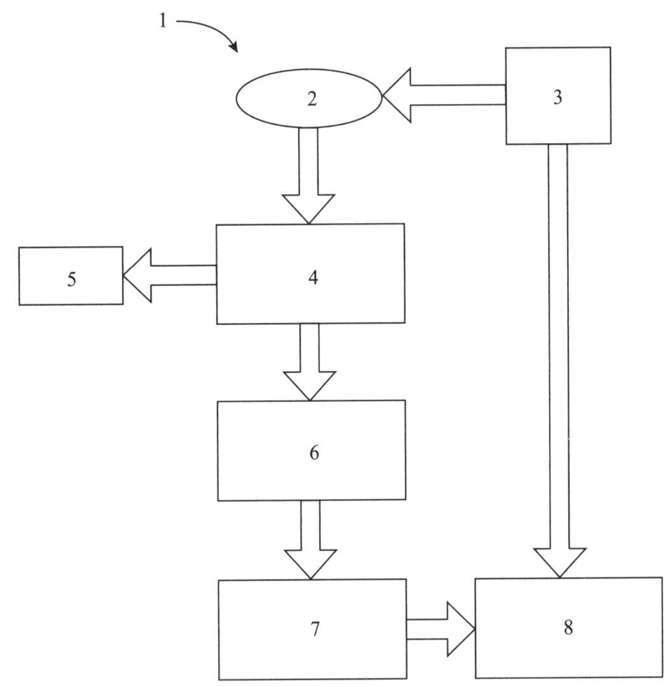

图5－5－1　CN101297351A技术方案

在图5－5－1中显示了根据本发明的口述链。该链开始于作者2，在此情况下为医生；接收图像3，在此情况下是在MRI（核磁共振成像）检查期间由MRI形式创建的图像，例如病人的头部。该图像还可以来源于其他医学图像形式，例如计算机断层造影术（CT）或超声机。医生研究该图像，例如在医学工作站的显示器上。然后，医生口述一个语音宏“MRI报告”，其被发送到模板数据库（未显示）。例如，该语音宏被记录为通过SR引擎中的麦克风和运行在医学工作站或另一个计算机上的SR应用软件所接收的声学信号，其中，例如，该计算机分布在网络中，并可由医生进行访问来进行口述。由SR引擎来处理该声学信号，并将其转换成与 该声学语音宏相对应的计算机命令。在该实例中，语音宏指示应使用用于MRI检查的报告模板4。向模板数据库（未显示）请求模板4。然后得到报告模板4，并且接收来自模板数据库的报告模板4并将其显示在屏幕5上，例如上述医学工作站的屏幕。当在屏幕5上显示用于MRI检查的模板4时，医生将相关的信息，例如纯文本或其他语音宏，口述到报告模板4中。在口述过程中，连续地将口述的信息发送到语音识别引擎6，在语音识别引擎6中处理该信息。语音识别引擎6还可以用于上述的语音宏的SR。最后确定的报告7与相关的图像3彼此链接并存储在数据库8中，然后可以将其发送给电子病历（EPR），其可以例如作为医院信息系统（HIS）的一部分。

对该专利的应用和使用是各种各样的，而且包括多个示意性领域：例如其他任何医学专业（包括心脏病学、肿瘤学、急救医学等），而且还包括法律领域、保险领域以及其他任何可以根据口述的语音（还通过诸如PDA或语音记录器之类的移动设备，这是因为还可以将它们输入到识别引擎中）来创建文本的领域。

5.5.2 声纹验证

Nuance公司声纹验证产品可满足全球领先金融机构、电信服务提供商、医疗保健服务提供商、企业、执法部门和政府机构与日俱增的动态安全需求。Nuance公司声纹验证产品可帮助这些机构提高安全性、确保监管合规性，同时降低成本、为所服务的客户提供更大的便利。

Nuance公司声纹验证产品主要如下。

（1）VocalPassword

VocalPassword是一种声纹验证系统，可在说话者与语音应用进行互动时验证其身份。它支持与文本相关、与文本无关和文本提示技术。VocalPassword与语言和口音完全无关，提供了一种安全、高效、快捷的说话者身份验证方法。该产品的优点在于：降低呼叫中心运营成本、提高自助化程度、利用多因素生物特征技术提高了安全性和提升客户体验。

（2）FreeSpeech

FreeSpeech是一种与文本无关的声纹识别系统，可在自然对话过程中验证呼叫者身份。它与内容、语言和口音无关，能透明地提取验证所需的声纹特征，从而免去向用户提出冗长的验证问题的过程。该产品的优点在于：双因数验证技术确保了FFIEC合规性、提升客户体验、减少呼叫中心的呼叫时长、无须回答验证问题。

（3）声纹验证评估工作室

声纹验证评估工作室可满足专业地规划、测试和分析Nuance公司和其他厂家的声纹识别系统和技术的需求。它可针对不同厂家的产品进行基准测试，以及试验/部署指定产品或研究声纹识别技术。其优点在于：高性价比的评估流程、多种配置和方案以及明确的下限结果和验证流程。[1]

Nuance公司与声纹验证相关的专利共有20件，但仅有一件具有中国同族，可见Nuance公司声纹识别产品在中国市场尚未普及。该件中国同族专利为CN1522431A，其要求保护一种使用行为模型来进行无干扰的说话者验证的方法和系统，于2005年08月03日获得授权，其授权的独立权利要求为：

一种用于验证用户身份的系统，包括：一个会话系统，用于接收来自用户的输入并将所述输入转换成形式命令；以及

一个与会话系统相耦合的行为检验器，用于从输入中提取特征，这些特征包括用户的行为模式，行为检验器适于对输入行为以及一个行为模型进行比较，从而确定是否批准该用户与系统进行交互。

该专利的技术方案具体如下（图5－5－2）：

[1] ［EB/OL］.［2014－07－01］. http：//china. nuance. com/index. htm.

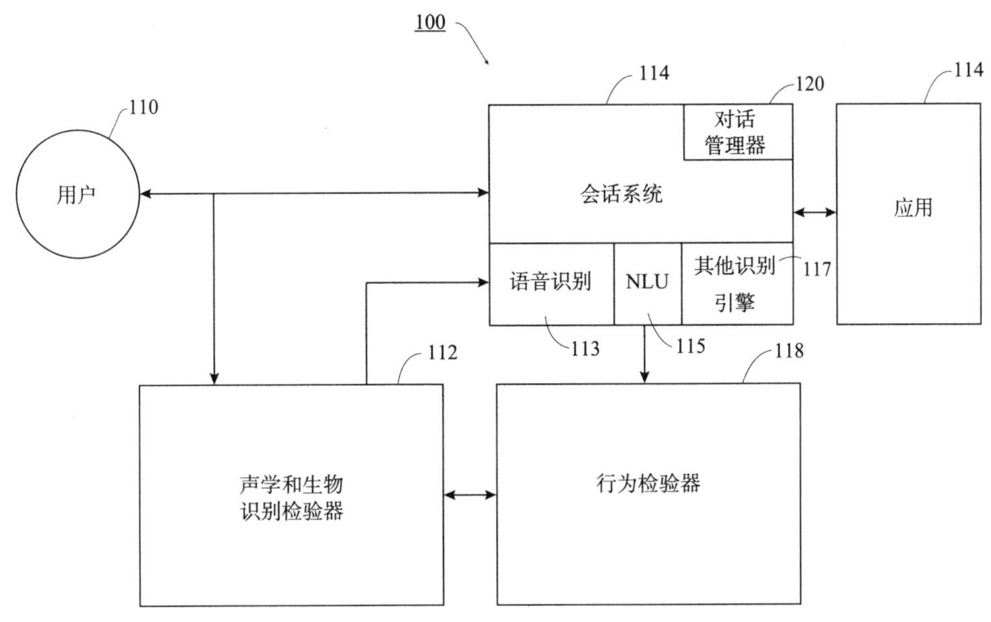

图 5－5－2　CN1522431A 技术方案

图 5－5－2 中所示系统 100 的一个实例包括一个行为检验器 118。来自用户 110 的输入预计是口语发音，但也可以是其他模态，例如手写输入、打字文本或是手势。在使用口语输入的时候，会话系统 114 首先使用在现有技术中已知的语音识别引擎 113 来将口语发音转换为文本。举例来说，如果应用 116 是一个电子邮件应用，那么用户可以说“do I have any new messages”，并且这个口语发音将会由语音识别引擎转换成相应的文本串。此外还使用了诸如手写识别引擎 117 这种本领域已知的恰当技术来将手写输入这类并非口语形式的输入转换相应的文本串。对于解释手势或其他模态而言，这一点同样是成立的。其中都使用了一个恰当的识别引擎。这样一来，所有输入都会转换成系统 100 所理解的可识别形式。

然后使用一个自然语言理解（NLU）引擎 115 来分析文本串或其他经过格式化的信号，以便将其转换成适于在应用 116 内部由系统 100 执行的命令。例如，诸如“do I have any new messages”或“can you check my mailbox”这种句子是具有相同含义的，它们都可以转换成一个形式为 CheckNewMail（）的形式命令。然后将所述形式命令提交给用于执行命令的应用 116。此外还可以使用对话引擎 120 或对话管理器来管理与用户进行的对话，并且执行某些其他功能，例如歧义化解（ambiguity resolution）。

因此，会话系统可以包括语音及其他输入识别引擎、自然语言理解（NLU）引擎 115 以及对话引擎 120。在本领域中，用于构造一个会话系统的方法是已知的。

系统 100 中包含了一个声学和生物识别检验器 112。声学和生物识别检验器 112 负责对用户 110 的身份进行识别和验证。从名义上讲，所述验证是在允许用户 110 访问系统 100 之前执行的。验证处理可以包括对声称是指定用户的某个人的声波标记图（acoustic signature）以及所声称用户的已知声波标记图进行匹配，这个过程是一个声学验证处理。验证处理还可以包括生物识别验证，由此提示某个声称是用户的人回答特定问题，例如口令、母亲的婚前姓、社会安全号等。

该专利的一个优点在于：从并不要求提供来自用户并用于验证目的的附加专用输入这个意义上讲，说话者验证是无干扰的，用户可以照常与系统进行交互，验证需要的信息则是由后台处理自动收集的。而对用户当前行为与已知的过去行为所进行的比较也是所述系统在不对用户产生任何干扰或不便的情况下自动完成的。

5.5.3 Call Steering（来电导航）解决方案

Call Steering（来电导航）解决方案通过自然语言技术为用户提供准确、经济的路由解决方案。自助服务系统，特别是按键式自助系统通常选项复杂，酷似迷宫。这容易导致错误的来电路由，带给客户糟糕的使用体验。错误来电路由转接耗费时间，会令客户感到不悦。Nuance 公司的来电导航解决方案通过单一接入点提供准确、经济的来电路由。来电导航系统会询问呼叫者“有什么可以帮您的吗”，允许客户用自己的语言描述需求，然后，系统将呼叫者转向适当的自助服务，或直接联系呼叫中心。

来电导航能够引导所有的呼入电话。系统可能会听到广泛的需求，比如“是的，我对自己的账单有疑问”或“我，……嗯，我想修改一下我的，恩，账户。”紧接着，Nuance 公司的 SpeakFreely 技术会确定呼叫者的意向。如果客户意向模棱两可，或要求进一步咨询，系统还会向客户进一步提问以确认其意向。使用 Nuance 公司的来电导航系统升级现有的按键式语音系统或交互式语音系统，呼叫中心每年可以节省数百万美元。

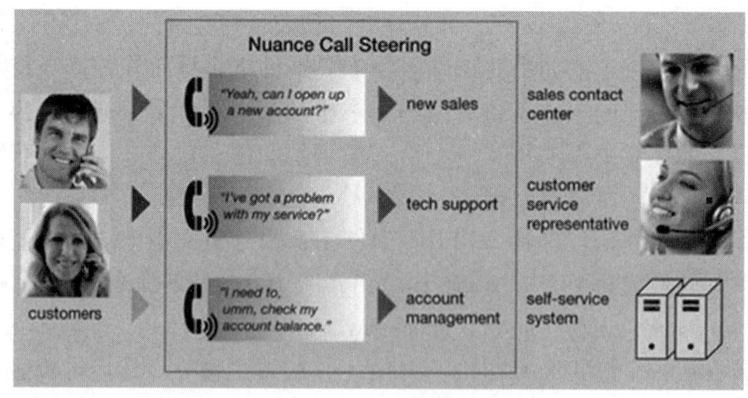

图 5-5-3 Nuance 公司来电导航解决方案

来电导航的优点在于：

① 准确、经济的来电路由。相比于其他来电路由方法，Nuance 公司来电导航可以更少的步骤便让客户来电路由至目标位置。Nuance 公司具有多种经过实践验证的技术，如对话消歧、常用子菜单快捷键和行之有效的恢复策略，它们确保了客户可获得最佳的使用体验。

② 把多个话号接合成一个统一接入点。“我拨的是哪个号码？”来电导航能够作为

拥有不同客户服务号码的多个呼叫中心的中央联络点。

③ 改善客户体验。通过取消复杂的按键菜单、允许用户使用自己的语言描述自身需求，来电导航提供了绝佳的客户服务体验。

④ 降低呼叫中心运营成本。来电导航系统通过缩短通话时间、减少呼叫误转次数、提高总体呼叫自动化率，来降低呼叫中心的运营成本。

⑤ 可靠的技术。Nuance 公司来电导航解决方案基于世界领先的网络语音识别器 Nuance 公司 Recognizer。许多行业领先的交互式语音系统（IVR）平台供应商已认证并使用了该解决方案。此外，Nuance 公司还开发了新的工具和技术，从而加速从自动生成代码到配置和管理工具的多个设计和部署过程。此外，Nuance 公司使用自身领域的专业知识，加速对具体行业的部署和测试。❶

Nuance 公司与来电导航相关的专利共有 57 件，其中中国同族申请有 5 件，如表 5－5－2 所示。

表 5－5－2 Nuance 公司与来电导航相关的中国专利列表

公开/公告号	发明名称	申请日	法律状态	引用频次
CN1909063A	集成语音对话系统	2006－07－27	失效	0
CN101449267A	利用有限资源建立基于资产的自然语言呼叫路由应用程序的方法和装置	2007－06－14	失效	0
CN1321296A	通过会话虚拟机进行会话式计算	1999－10－01	授权	13
CN101207584A	自动提供文本交换服务的方法和系统	2007－11－14	授权	0
CN1706173A	号码簿助理方法和设备	2003－10－08	授权	0

从表 5－5－2 可以看出，5 件中国申请中，有 3 件获得授权，而从专利引用频次上来看，CN1321296A 的引用频次高达 13 次，可见其为 Nuance 公司在来电导航方向的重要专利。

CN1321296A 的技术方案如下，图 5－5－4 为其会话式计算系统的模块图。

图 5－5－4 图解了基于该专利一个实施例的一个会话式计算系统（或 CVM 系统），其中在一个客户端设备或服务器上实现该系统。通常，CVM 提供一个统一协同的多态会话用户界面（CUI）10。CUI 的“多态”特性意味着诸如语音、键盘、输入笔和指点设备（鼠标），触摸屏的各种 I/O 资源可被用于 CVM 平台。CUI10 的“通用”特性意味着无论通过一个桌面计算机，具有有限显示能力的 PDA 还是没有显示能力的电话来实现 CVM，CVM 系统均为用户提供相同的 UI。换句话说，通用性意味着 CVM 系统可以适当地处理具有从纯语音到语音，从语音到多态，即语音＋GUI 并且再到纯 GUI 的能力的设备的 UI。所以，无论访问形态如何，通用 CUI 为所有用户交互提供相同的 UI。

❶ [EB/OL]. [2014－07－01]. http://china.nuance.com/index.htm.

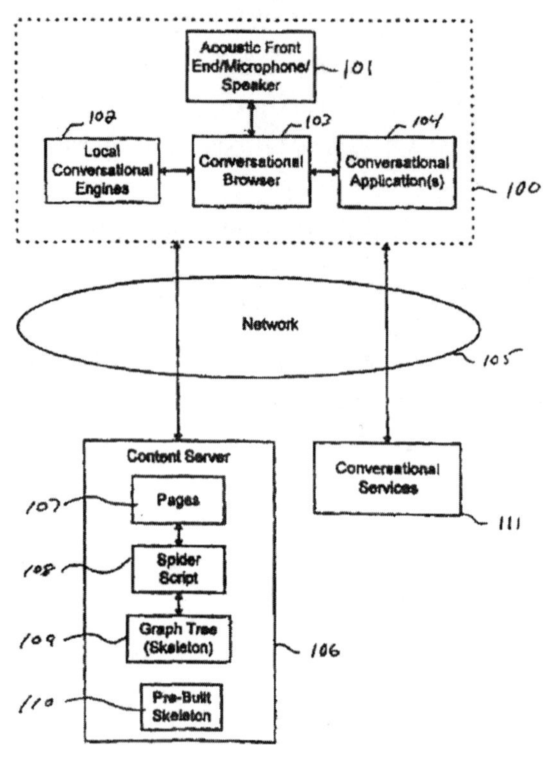

图5-5-4　CN1321296A 一个会话式计算系统的模块图

此外，通用 CUI 的概念扩展到协同 CUI 的概念。具体地，假定多个设备（在多个计算机对等层次内部或之间）提供相同的 CUI，可以通过一个单独的会话——协同接口管理这些设备。即当多个设备以会话方式相连（彼此理解）时，可以通过其中一个设备的一个接口（如单个扩音器）同时控制这些设备。例如，语音可以通过一个统一协同的 CUI 自动控制以会话方式相连的一个智能电话，一个寻呼机，一个 PDA，网络计算机和 IVR，以及一个车载计算机。

CVM 系统还包括多个应用，其中包含可理解会话的应用 11（用会话协议“交谈”的应用）和常规应用 12。可理解会话的应用 11 是被专门编程以便通过会话应用 API13 与一个 CVM 核心层（或内核）进行操作的应用。通常，CVM 内核 14 根据其登记的 CVM 能力和要求控制应用和设备之间的对话并且提供统一的 CVM 用户界面，该界面不单纯是把语音添加成提供会话系统行为特性的 I/O 形态。CVM 系统可以建立在一个常规 OS，API15 和常规设备硬件 16 的顶端并且位于一个服务器或 任何客户端设备（PC，PDA，PvC）上面。由 CVM 内核层 14 管理常规应用 12，其中 CVM 内核层 14 负责通过 OSAPI，GUI 菜单和常规应用的命令以及基础 OS 命令进行访问。CVM 自动操作所有的输入/输出发起方，其中包含会话子系统 18（会话引擎）和常规 OS15 的常规子系统（例如，文件系统和常规驱动器）。通常，会话子系统 18 负责使用适当的数据文件 17（例如，上下文、有限状态语法、词汇表、语言模型、符号查询映射等）把语音请求转换成查询并且把输出和结果转换成口语消息。会话应用 API13 传达 CVM14 的全部信息以便把查询转换成应用调用，反之在输出被提供到用户之前把输出转换成语音并且加以适当的分类。

该专利是一个通过统一会话用户界面跨越多个平台、设备和应用提供会话式计算，并且不仅仅是向现有应用增加语音 I/O 或会话能力，在常规操作系统中建立常规会话应用或单纯集成“语音”的系统。

5.6 Nuance 公司发展策略

Nuance 公司成立于 1992 年，在全球智能语音市场，凭借其先进的语音识别、自然语音处理技术以及优秀的语音解决方案，占据了 60% 以上的市场份额，为三星、摩托罗拉、HTC、福特等公司提供语音技术。2011 年，苹果在其 iPhone 手机上推出语音助手 Siri，引发了移动终端智能语音发展热潮，也让 Siri 背后的技术提供商 Nuance 公司从幕后走向台前，引起业界的极大关注。在中国，Nuance 公司主要市场在车载和移动互联网领域，为主要汽车厂商和移动智能终端厂商提供语音技术。2013 财年，Nuance 公司实现了 18.55 亿美元的营收，同比增长 12.6%。Nuance 公司为何会获得如此巨大的成功，让我们从其多年来的并购与合作中分析原因。参见图 5-6-1 所示其在语音识别领域并购与合作历程。

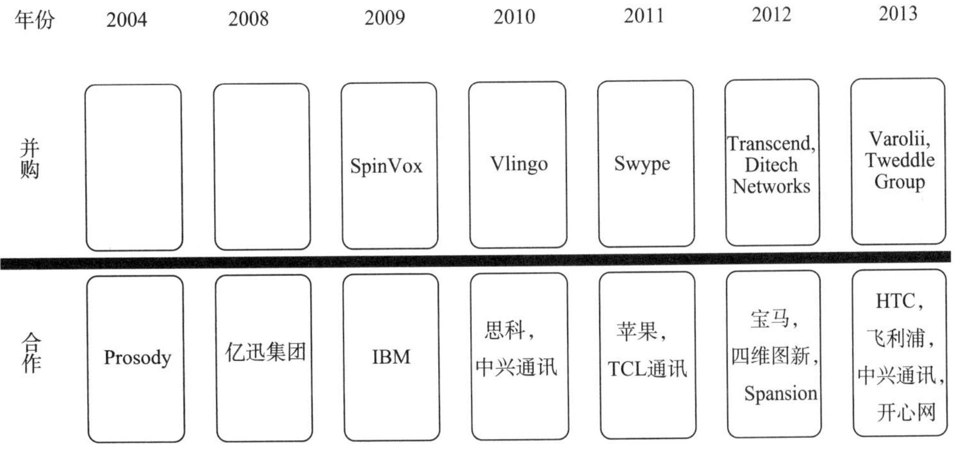

图 5-6-1 Nuance 公司语音识别领域并购与合作历程

5.6.1 Nuance 公司的合作

在 Nuance 公司发展壮大的过程中，时时伴随着与各大企业之间的紧密合作。从 Nuance 公司的合作对象来看，2004 年 Prosody 对 Nuance 公司语音识别产品的支持，2008 年 3 月，亿迅集团与 Nuance 公司成功签署合作协议，成为 Nuance 公司大中华区的专业总代理。2009 年 Nuance 公司和 IBM 为十大行业开发产品，同时提供语音解决方案。2010 年 Nuance 公司为思科 Unity 5.0 提供语音识别功能，与中兴通讯达成战略联盟。2011 年，苹果新数据中心开始使用 Nuance 公司产品。2012 年 Nuance 公司为宝马

7系3系车型提供语音短信读写功能。与四维图新（NAVINFO）达成合作。Spansion整合Nuance公司语音识别技术，提升电子产品反应速度。2013年，Nuance公司推出语音广告产品Voice Ads。HTC One汽车模式应用整合Nuance公司语音技术。另外，Nuance公司为飞利浦打造“听话”的电视；与高德达成战略合作，开发语音导航产品；与中兴通讯联手打造安卓语音产品系列；与开心网合作语音社交产品。2014年，Nuance公司与华为联手为江苏移动打造语音体验。❶

Nuance公司作为全球领先的语音识别服务提供商，其在选择合作伙伴时，对对方的实力要求也很高，以便达到强强联合，开拓更大市场的目的。

5.6.2 Nuance公司的并购

Nuance公司在其发展中还不断通过并购的方式来壮大实力，完善产品线。

2009年，Nuance公司以总值约1.03亿美元的现金和股票购得规模比自己小的同业公司SpinVox，旨在增强自身的语音至文本转换业务；收购Jott，扩张行动部门的语音服务组合。2010年，Nuance公司宣布收购Vlingo，深度整合双方的创新和研发专长，针对市场在集成语音、语言理解和语义处理功能等智能语音界面领域史无前例的需求，进一步开发出更多可应用于多个市场和行业的下一代自然语言界面；收购iPad应用程序Noterize，以增强该公司在语音识别方面的技术优势。2011年，Nuance公司以1亿美元的价格收购了滑动输入法公司Swype，借此改进传统输入功能，从而在输入领域加强竞争力；以1.57亿美元现金收购打印管理与成本回收软件开发商Equitrac，Equitrac的产品被整合到Nuance公司的扫描软件和其他一些专业桌面应用程序中。2012年，Nuance公司公司以约3亿美元的现金价格收购医疗语音转写和编辑服务提供商Transcend，而Transcend可以将Nuance公司的客户群拓展至医保和医院市场；Nuance公司以每股1.45美元的价格收购Ditech Networks，收购总价为2250万美元，Ditech主要开发声音处理技术，供有线服务提供商和移动运营商使用，其最大的客户包括AT&T、Verizon、Sprint Nextel和中国联通。2013年，Nuance公司收购Varolii巩固在云呼叫中心市场中的地位；收购了一家名叫Tweddle Group的汽车内信息通讯服务商，在后者开发的车内系统中集合了如Pandora（音乐）、OpenTable（订餐）等第三方服务。该笔收购价格达到8000万美元。❷

5.6.3 Nuance公司发展特点

通过对Nuance公司发展过程的合作和并购的分析，可以看出，Nuance公司的发展具有几个特点：

① 通过收购壮大实力，完善产品线。长期以来，Nuance公司并购动作不断，除了收购语音领域的创新企业来壮大技术实力外，还积极收购输入法、汽车信息服务等领

❶❷ [EB/OL]. [2014-07-21]. http://www.ctiforum.com/factory/f03_12/www.aculab.com.com/aculab04_0603.htm.

域的企业，以补充和完善自身产品线。

② 始终坚持全球化战略，产品支持多语种，语音库丰富。截至 2012 年底，Nuance 公司公司在全球拥有超过 100 家分公司或办事处，语音识别技术支持约 60 种语言及方言，语音合成支持 39 种语言，图像技术能够支持超过 100 种语言，这为奔驰、宝马等商业巨头提供全球性解决方案奠定了基础。

③ 研发能力强，研发投入大。Nuance 公司全球拥有 1 万多名员工，其中研发人员约 1500 名，专业服务人员约 2000 人。2012 年 Nuance 公司研发投入 2.4 亿美元，占营收的比重为 13.6%。Nuance 公司拥有近 4000 项专利。

④ 在垂直领域深耕细作，不断扩大应用范围。Nuance 公司将其业务划分为医疗保健、手机及消费者、企业、图像四个部门。医疗保健部门主要通过语音识别技术授权获得收入，是 Nuance 公司的最大营收来源。手机及大众消费者领域主要向智能手机、汽车、平板电脑等终端厂商销售语音解决方案，是 Nuance 公司增长最快的业务领域。在汽车领域，包括奥迪、宝马、克莱斯勒、福特、通用、现代、丰田在内的汽车制造商每年有超过 2000 万辆的汽车使用 Nuance 公司的语音、语音合成、自然语言理解解决方案。

⑤ 提供集成解决方案，注重用户体验。Nuance 公司提供的语音解决方案大都集成语音、语言、文本和图像产品组合，能更全面地满足用户的需求。在其开发的下一代智能系统中，也集成了语音、触摸、自然语言理解、图像识别等技术。在产品的研发和推广上，Nuance 公司比较注重用户体验，会选择跟比较关注用户体验的厂商合作，并让 OEM 的产品具有自己的特点。

⑥ 发力智能终端，大力发展新型智能系统。在云计算、物联网、移动互联网等新兴技术和模式的推动下，智能家电、可穿戴设备、智能汽车、智能机器人等新型智能终端不断出现。Nuance 公司积极研发针对这些新型智能终端的下一代智能系统。在 2014 年消费电子展（CES）上，Nuance 公司通过其客户和合作者展示了相关的应用。比如，针对可穿戴设备，Nuance 公司宣布其适用于安卓的声龙移动助理应用已可以定制使用。

相较于 Nuance 公司，国内语音企业在研发投入力量、创新能力、集成应用、行业应用拓展等方面还有一定差距。国内语音企业间的合作、并购、整合步伐也相对缓慢。Nuance 公司的一些成功做法值得国内语音企业学习借鉴。另外，Nuance 公司在中国市场的发展并不理想，其原因除了对汉语和中国市场的理解不到位外，还由于中国本土智能语音企业的有力竞争。

5.7 小　结

Nuance 公司在语音识别行业的霸主地位绝非一日之功，它的成功秘诀中也有不少历史机遇和国家政策支持等因素。就语音识别专利来看，Nuance 公司的专利布局策略及其给国内企业带来的启示可总结如下：

① Nuance 公司专利布局的基本特点是立足美国本土，逐渐扩张到日本和中国等重要市场。这反映了 Nuance 公司的一种发展策略，即首先在核心市场获得知识产权，从而在国际竞争中占据主动，然后向外围市场扩散，从而实现市场份额的最大化。

② Nuance 公司作为全球知名语音企业，虽然有跨国优势，但毕竟对中国本土语音的理解有差异，且 Nuance 公司的语音技术基于统计推断，通过音素（音节）和上下文关系来进行识别，技术本身相对复杂，同时，Nuance 公司针对语音的合作均需收取高昂的授权费，这一点也不符合中国国情。语音的收集与分析，已成为一个国家信息安全的最重要一部分，尤其是美国棱镜计划曝光之后，语音信息安全已受到足够重视。在此背景下，Nuance 公司进入中国市场的难度也很大。国内企业应当抓紧这一时机，利用地理优势，尽快完成在中国本土的专利布局，牢牢占领本土市场。

③ 面对国际巨头的竞争，国内语音企业应放眼长远，加强技术、模式和应用的创新，注重用户体验，充分利用国内庞大的市场和复杂的应用来提升技术水平和应用水平，同时也应加大合作和资源整合，以开放合作、做大共赢的思想共同推进产业发展。

第6章　美国语音识别专利诉讼

语音识别技术是19世纪20年代发展起来的新技术，目的是将人类的语音中的词汇内容转换为计算机可识别的输入，服务于人们的日常生活。语音识别技术发展到现在，已被广泛应用于各个领域，由于其具有广阔的发展前景和商业价值，各个企业对于市场份额的竞争越来越激烈，导致与语音识别相关的法律纠纷逐渐增多。目前，很多大型企业都十分注重于语音识别技术的研发和应用，重视本企业的专利保护。本章以美国各个主要语音研发团队为例，分析其在语音识别方面的诉讼状况。

6.1　专利侵权诉讼整体状况

从美国在语音识别技术领域诉讼的整体概况到具体案件的研究，可以看到，有市场就有竞争，竞争带来诉讼，美国联邦政策在促进创新的同时也引起企业间的竞争，还可以看到影响美国诉讼结果的诉讼请求、诉讼地点、诉讼对象的选择策略等因素的重要性。了解诉讼本身也会引起企业格局的变化，如兼并和收购，希望由此给相关企业一些启示，在激烈的市场竞争中能运用合理的规则，使用专利手段保护自己，打击对手。

通过对美国语音识别领域专利技术的检索，2014年7月11日之前仅在语音识别方面的专利已有850多项申请，经过对美国Westlaw、ALL Cases、Derwent LitAlert、FINT-ITC等多个数据库和互联网检索后，可查到的专利纠纷是61件。以下将对美国语音识别技术领域诉讼案件随年度变化、诉讼发起地区变化以及诉讼涉及的应用技术领域三个方面进行统计分析。

6.1.1　诉讼随年度的变化情况

美国语音识别技术领域专利诉讼案件年度变化趋势，如图6-1-1所示。

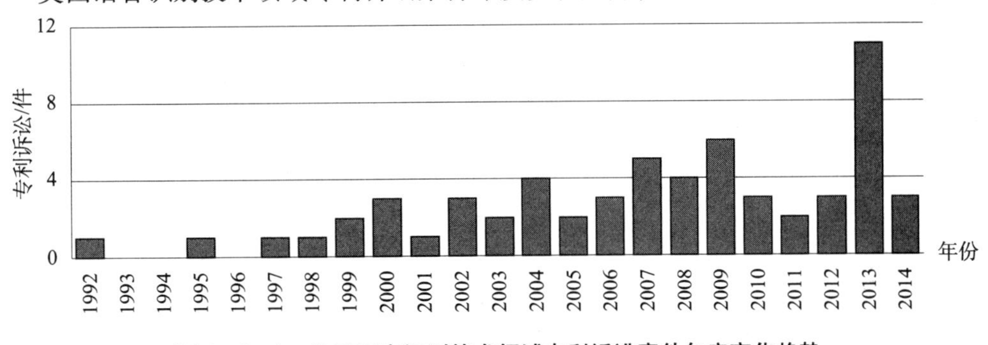

图6-1-1　美国语音识别技术领域专利诉讼案件年度变化趋势

从图6－1－1可以看出，第一件与语音识别技术相关的诉讼发生在1992年，1992～1998年，诉讼案件的数据量波动不大，从1999年开始，诉讼的数量高低起伏，尤其是2013年最多为11件，2014年目前可以检索到的为3件。

数量的变化与语音识别技术的发展情况相关，最初语音识别技术仅是一个设想，研发主体少、研发技术点分散关联性小、专利技术申请量低，同时将专利技术转化为产品进入市场周期长，不能平民化应用，没有了市场竞争关系，因此专利纠纷少。

后来两个技术的出现导致了语音识别技术革命性的发展，其一，半导体技术的发展使得以前只有在巨型机上才能运行的语音识别系统如今在微机上就可以实现，其二，软件技术的演进也使得这项技术走向实用，一些核心算法，如特征提取、语音的声学模型及相应的语言模型、搜索算法及自适应算法等都取得了长足的进展。软硬件技术的有效结合为我们提供了一种全新的远景。很显然，语音识别正在革新这个世界，因为一旦赋予人类语音以力量之后，任何会说话的人（尤其残疾人）都将自由地应用这种技术。

因此，到了20世纪90年代后期，语音识别技术的应用研究到了高潮，尤其是HMM模型和人工神经元网络的成功应用，使得语音识别的性能比以往更优异。随着网络、多媒体时代的来临，语音识别技术全面进入工业、家电、通信、汽车电子、医疗、家庭服务、消费电子产品等各个领域。专利申请量增加，根据市场需求定位的研发方向逐渐统一，专利技术转化为产品周期缩短，微软、苹果、Nuance公司、三星、谷歌等多个大型的研发企业在瓜分占领市场的时候，竞争激烈，专利权的侵权纠纷增多，2013年达到11件。可以预测，随着技术的不断完善和市场份额占比的变化，今后语音识别技术的应用将更加广阔，应用领域交叉点增多，竞争更加激烈，产生的专利权纠纷也会有大量的增长。

6.1.2 诉讼发起地的分布情况

美国的法律体系属于英美法系，主要的法律渊源是各种判例。通过积累之前法院的判决结果，作为以后审理案件的法源参考，通过分析案例归纳出法律的原理原则。美国的法院组织分为联邦法院和州法院两个系统，它们的区别在于管辖范围不同，联邦问题归联邦法院管辖，州问题归州法院管辖。

美国联邦法院是根据美国宪法和美国法律成立的法院，知识产权相关的案件属于联邦法院管辖。联邦法院分为三级，第一级是联邦地方法院，第二级是联邦上诉法院（又称为巡回上诉法院），负责对其管辖区内的联邦地方法院的判决不服而提起的上诉案件，第三级是美国联邦最高法院。目前美国一共有94个联邦地方法院，12个司法巡回区，每个巡回区设立1个联邦上诉法院，共12个上诉法院。1982年成立一个特殊的联邦巡回上诉法院，设在哥伦比亚特区，其管辖范围包括美国所有各州联邦地方法院审理专利侵权案件的上诉案件以及对美国专利商标局驳回案卷的上诉案件。该法院自成立以来，每年都会作出大量的关于专利的判决，它的判决通常被认为是对于美国专

利法的权威性的解释。❶

美国语音识别技术领域相关的诉讼，截止到2014年7月11日可以查到的专利纠纷案件起诉地的分布情况，如图6-1-2所示。

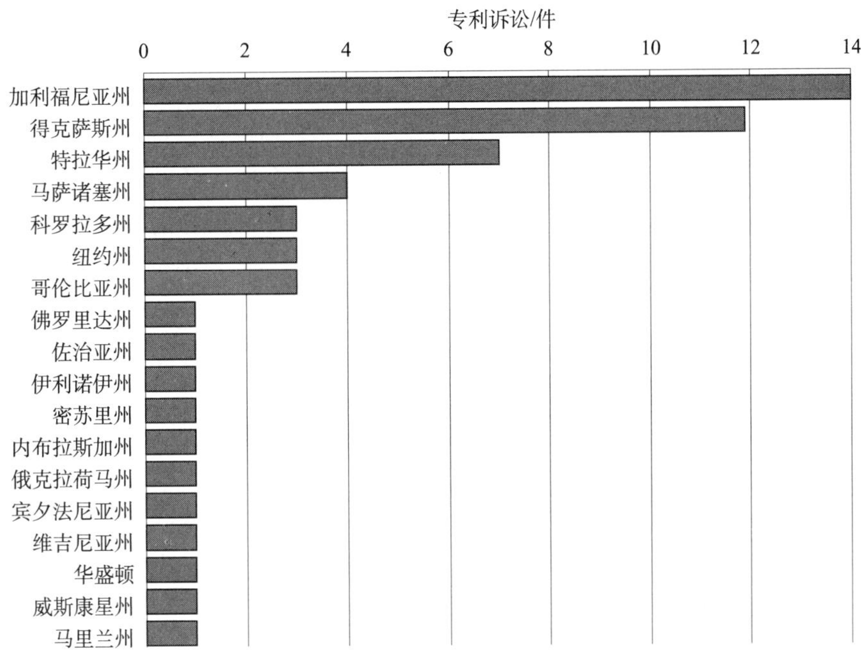

图6-1-2 美国语音识别专利诉讼案件起诉地分布图

由图6-1-2可知，美国语音识别技术方面的诉讼主要集中在加利福尼亚州、得克萨斯州、特拉华州，反映了语音识别产业在美国的分布情况，而在上述三个主要地区的分布情况则如图6-1-3所示。

图6-1-3 美国语音识别专利案件主要起诉地年代分布

❶ 美国联邦法院［EB/OL］.［2013-03-19］. http：//www.docin.com/p-617774999.html.

加利福尼亚州制造业发达，各种新兴电子部门都将总部设于此地。微软总部迁移至加州森尼维尔市墨菲特塔的办公区域内，位于硅谷腹地，西边是谷歌公司总部所在地山景城，南边则是苹果总部所在地库珀蒂诺。可见硅谷是各个主要研发团体集中的地方，必然竞争激烈，从2003年开始，每年都有涉及语音识别技术的专利纠纷，到2014年7月可查到共有14件。

得克萨斯州在美国经济中占有重要地位，是美国经济复苏的“领头羊”，20世纪80年代起经济多元发展，高科技产业兴起，电子等产业领域优势突出。特拉华州位于美国东海岸中间地带，距纽约和华盛顿均不远，尤其适合商业活动。上述两个地区是各个语音识别研发团体活动的主要地带，在研发和商用方面引起的专利纠纷很多，如图6-1-2显示涉及语音识别技术的仅得克萨斯州就有12件，特拉华州有7件。得克萨斯州和特拉华州在新技术的研发和商用上较为广泛，技术竞争和市场竞争，使得这两个州发生诉讼的可能性较高。另外，这两个州的地区法院对于专利案件的审理经验丰富，速度较快，也导致很多专利纠纷提交到这两个州。

大多数美国专利诉讼都发生在多个联邦地区法院中的一个，并非州法院，了解特定联邦地区法院的特点，以及如何可能的将案件从一个法院转移到另一个法院是专利诉讼的一个重要战略问题。

在专利诉讼中，对于选择起诉和应诉的美国联邦地区法院，往往考虑以下几个因素。

（1）是否具有对被告的管辖权

在某些联邦地区法院提起诉讼，该法院必须同时对在诉讼中的问题有“标的管辖权”和诉讼中的被告有“属人管辖权”，以及适当的审判地。根据美国法典28章第1331条和第1338条，所有的美国地区法院对在美国的专利法下所产生的诉讼均有管辖权。联邦巡回法院进一步澄清，在公司作为被告的专利案件中，一般只要法院具有属人管辖权，就具有案件管辖权。因此，司法调查往往集中在是否对被告存在属人管辖权上。

虽然在这一问题的法律分析因法庭所在州的法律不同而略有不同，法院通常遵循最初是由美国联邦最高法院确立的测试，认为如果该公司与州有足够的“最低限度接触”以合理预期到在该州被起诉，则属人管辖权对该公司成立。

最低限度接触考虑通常包括：被告是否在该州经营企业，被告的产品是否在该州销售和推广，被告人是否在该州谈判或签订和约。如果这些接触与诉讼中指控的行为密切相关，与该州的少数接触也可支持属人管辖权的确立。另外，如果接触没有具体涉及指控，只是说明在该州进行一般形式的经营活动，那么则可能需要更多的接触来支持属人管辖权的建立。由于被告经常挑战属人管辖权，因此原告必须能够证明该州对每个被告都存在这种管辖权。

（2）处理案卷的多少和速度如何

由于常常几个州都对被告具有属人管辖权，所以原告会有几个地区法院的选择，需要考虑的因素就是法院对专利案件的审判经验及其审判速度进程。

少数美国联邦地区法院，包括在特拉华州、加利福尼亚州以及位于得克萨斯州东区的法院，往往会处理大量的专利案件，而许多其他地区法院相对处理较少专利案件。在处理了大量专利案件的法院进行诉讼的优点包括：法官对案件诉讼有经验，有更多的专利在先案例，并且，很多地区有特殊的专利案件的“地方专利规则”。对专利法和技术有经验的法官能减少律师花在“教育法庭”上的时间和费用。此外，以往大量的专利意见能使当事人更好地了解法官可能怎样判案。地方专利规则有助于确定该案件的主要行动进程，比如权利要求的解释。这些规则使得当事人更容易进行诉讼日程计划和预算，并帮助各方有效评估和发展其策略。

另外还要考虑联邦地区法院的审案速度。一些地区法院有“火箭日程”之名，迅速处理案件。其他法院因负担过重的案件，可能会较慢的处理案件。若原告想迅速得到判决，避免意外，火箭日程是很好的选择，若原告希望在实际诉讼之前有时间和解，那么较慢的法院更好些。

（3）诉讼技术的审判经验

少数美国联邦地区法院包括在特拉华州、加利福尼亚州、得克萨斯州东区的法院往往会处理电子、IT等领域的大量专利案件，而许多其他地区法院专利案件相对较少。在处理大量专利案件的法院进行诉讼的优点是法官对案件诉讼有经验，有更多的在先专利判例，在审理期间，更容易在法官和律师之间达成默契。

（4）法院在过去的专利案件中曾作出什么类型的判决

法院在过去的专利案件中曾作出什么类型的判决，最终判决中的赔偿金额的多寡等，都会对判断法院是否对该诉讼作出积极反应的战略计划有帮助。例如：得克萨斯州东部地区已作出许多有利于专利持有者的决定。在某些情况下，考虑个别法院的判案记录，对评估特定结果的可能性也是有帮助的，虽然在该案件被提交和地区法院选定前，还不能肯定哪位法官将被分配审理此案。[1]

6.1.3　诉讼涉及专利产品分析

图6－1－4是美国语音识别专利诉讼技术分布图。从中可以看到，美国语音识别技术领域诉讼排在前3位的是手机通信、语音识别系统、语音识别软件，其中，涉及手机通信的专利诉讼最多，有25件，占40%；其次是语音识别系统，有16件，占26%；再次是语音识别软件，有9件，占15%。

最近几年移动通信和互联网发展最快、市场潜力巨大的电信类业务，随着移动互联网的组建成型，智能手机和平板电脑成为移动互联网的主要终端形式，极大提高了语音技术对于市场的渗透率。2011年全球手机销售18亿部，其中智能手机就有4.6亿部，时至今日，2014年智能手机出货量接近12亿部，谷歌预计，目前最新的Android设备大约有25%以上的搜索是通过语音进行的，移动终端市场有望成为语音识别技术的又一快速增长市场。可以说，智能手机已经是最易于民用化、利益高额的商品，市

[1] 美国富理达律师事务所Mary Calkins. 原告如何选择诉讼地和被告如何进行管辖权转移［EB/OL］.［2010－09－28］. http：//www.docin.com/p－83817736.html.

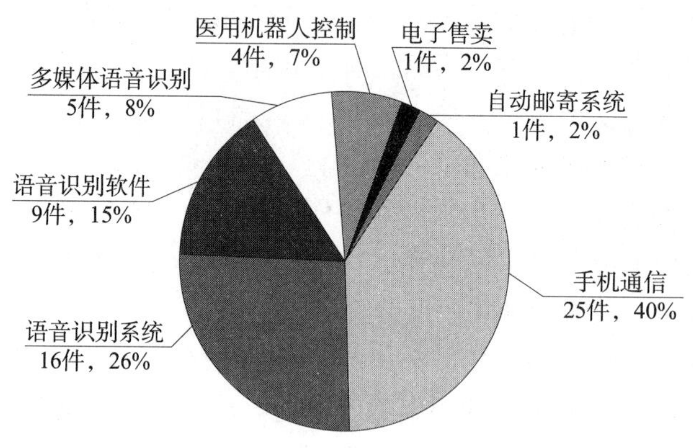

图6-1-4 美国语音识别专利诉讼技术分布

场竞争激烈，尤其是近几年，移动终端语音技术的新应用不断出现，如语音秘书、语音播报、语音输入法、语音听写系统等。国外市场上 Nuance 公司已经推出了针对 iPhone 和 iPad 的语音识别软件，谷歌也于 2010 年推出了基于 Android 系统的语音识别技术，用户可以通过语音命令实现发送邮件、短信、拨打电话和获得驾驶导航信息等功能，三星手机推出灵犀语音助手，苹果推出的是 Siri 语音助手，微软则推出了语音助手 Cortana。可见，现在以及今后，随着在手机通信方面竞争的激烈，关于语音识别技术的纠纷会更多。

语音识别系统应用包括：语音的实时输入、记录、上下文翻译、电话卡系统、呼叫中语音识别、电话自动应答、导航、智能玩具等多个方面，多是嵌入式应用。

语音识别软件应用包括：减少语音识别错误、实时翻译，语音编码技术等，多用于教育市场，通过机器自动对语音的发音水平评价、检错，并给正确指导的技术。

医用机器人控制可以在医疗中解放双手，便于控制，还可以给部分残疾人士提供便利；自动邮寄、电子售卖、呼叫中心、商业语音通信等属于电信级信息服务市场，社会的高速信息化，使得电信级语音产品在电信、金融和互联网等行业或应用领域实现快速推广应用，未来还有可能进一步推广到其他行业，有着广阔的应用前景；多媒体应用、视频通信则是面向语音视频互动的语音增值业务市场。

从上面分析可以看出，语音识别技术的市场前景广阔，几乎可以应用于各个领域，具有便利性、及时性和易用性。现如今，各个研究机构都十分重视专利申请，形成自己的防御体系，以法律的手段保护自己，因此，大量的专利申请及激烈的市场竞争必然导致专利侵权诉讼案件的增多。

6.2 微软语音识别技术领域诉讼案例

6.2.1 诉讼简介

美国语音识别技术领域诉讼中主要的原告和被告有微软、苹果、谷歌、Nuance 公司、索尼、三星、HTC 公司等，其中与微软相关的有 8 个案例，按照时间地区分布如表 6－2－1 所示。

表 6－2－1　微软语音识别诉讼案例时间地区分布

地　区	年　份			
	2000	2003	2010	2013
华盛顿				1
哥伦比亚	3			
科罗拉多州				2
加利福尼亚州		1	1	

上述 8 个案例，按照原告、被告、诉讼技巧、诉讼结果大致分为 3 种情况，下面各取一个案例作出诉讼分析。

6.2.2　诉讼案例

6.2.2.1　美国电话电报公司诉微软

案件号：No. 02 － 0164 MHP（JL）

时间：2003 年 4 月 18 日

法院：美国加利福尼亚北区联邦地区法院

原告：美国电话电报公司

被告：微软

涉及专利：US32，580

诉讼简介：

美国电话电报公司（AT&T）起诉微软侵犯了其专利权，涉及专利为 US32，580。该专利涉及语音编码压缩技术，可以减小音频记录文件的体积，更小体积的音频文件更易于网络的传输，占用更小的存储空间。该小体积声音文件可以应用到数字电话、计算机软件、音频视频会议，语音信息，网络音频通话等。TrueSpeech 声音解码器由加利福尼亚圣克拉拉 DSP 团队开发，1993 年签订专利使用权转让协定，授权给微软使用。微软将该技术应用到其产品中，如产品 Windows 95，但该声音解码器侵犯了美国电话电报公司的语音编码压缩技术，即专利 US32，580。

诉讼结果：由于案件涉及的技术与 DSP 团队密切相关，主要 DSP 团队提出相关证据表明不存在侵权的情况，最后法院判决，美国电话电报公司败诉。

6.2.2.2　微软诉 PHOENIX SOLUTIONS，INC

案件号：No. 2：10 － cv － 03846 － MRP － SSx

时间：2010 年 8 月 18 日

法院：美国加利福尼亚中区联邦地区法院

原告：微软

被告：Phoenix Solutions，Inc

涉及专利：U.S. Patent Nos. 6，633，846（the'846 patent），6，615，172（the'172 patent），6，665，640（the'640 patent），7，050，977（the'977 patent），7，139，714（the'714 patent），7，203，646（the'646 patent），7，225，125（the'125 patent），7，277，854（the'854 patent），7，376，556（the'556 patent），7，392，185（the'185 patent），7，555，431（the'431 patent），7，624，007（the'007 patent），7，647，225（the'225 patent），7，657，424（the'424 patent），and 7，672，841（the'841 patent）。

诉讼简介：

微软认为Phoenix公司侵犯其专利权，共涉及15个专利，与语音识别系统相关，Phoenix公司则主张没有侵权且专利具有有效性。微软提供的互动式语音应答服务（IVR），具有各种商用功能，如应用于美国运通公司的互动式语音应答系统。微软认为Phoenix公司侵犯其专利权，共涉及15个专利，与语音识别系统相关，Phoenix公司则主张没有侵权且专利具有有效性。但Phoenix公司只提交了9个专利的9个权利要求图标证据，其他6个没有提交证据证明是微软侵犯了他们的权利，缺少足够的证据。

诉讼结果：法院认为Phoenix公司没有足够的证据去否决微软的权利，证明无效性。

6.2.2.3 ALLVOICE DEVELOPMENTS U.S.，LLC诉微软

案件号：Case No. C10－2102 RAJ

时间：2013年12月23日

法院：美国华盛顿州西区联邦地区法院

原告：ALLVOICE DEVELOPMENTS U.S.，LLC

被告：微软

涉及专利：US5，799，273

诉讼简介：

2013年12月23日，美国华盛顿西区联邦地区法院，语音识别系统厂商Allvoice公司声称微软的某些操作系统所具有一些功能侵犯了其受到专利法保护的语音识别技术。ALLVOICE公司指出微软侵犯了其US5，799，273专利的部分权利要求，该专利记载了通过接口程序（IAP）连接用户的文本处理应用程序和语音识别引擎，IAP允许用户通过麦克风语音输入，输入内容为用户最终首选内容。US5，799，273专利的语音识别引擎将用户的语音转换可识别的文字，通过计算机口述窗口显示给用户。ALLVOICE公司认为微软应用和销售的Windowsxp、Windowsvisa、Windows 7操作系统，其软件应用的SAPI服务器和文本服务框架（text and services framework）侵犯了专利US5，799，273。

微软争辩：①被告的产品没有权利要求中记载的“audio identifiers”；②被告的产品没有权利要求中记载的“link data”；③被告的产品没有执行“selectively disabling”的步骤，或者存储从“speech recognition engine”接收的音频信息的步骤。

诉讼结果：互有胜负。

6.2.2.4　案例分析

上述3个案例中，微软在诉讼中有胜有负，作为原告或者被告针对不同的情况采取不同的措施：

第一个案例，商业竞争中，收购和并购是很常见公司运作，每次收购并购都伴随相关的产品、技术和专利保护体系的融合。专利技术属于无形资产，其收购意图有从属性收购、经营性收购、对抗性收购、战略性收购。案例中 TrueSpeech 声音解码器技术属于对抗性收购，涉及的技术内容为 DSP 团队转让，且 DSP 团队与美国电话电报公司就 TrueSpeech 声音解码器已有交涉，因此，有 DSP 团队作为主力提出证据，共同合作赢得诉讼。

第二个案例，专利诉讼是没有硝烟的战场，证据就是武器，要想胜，需要考虑多方面，要了解原告和被告对于技术的把握，对方可以有哪些证据，己方需要准备充足的证据，微软在诉讼中各个证据充分，而 Phoenix 公司由于缺少足够的证据而失败。

第三个案例，则是微软和 ALLVOICE 公司双方都准备了充足的证据，互有胜负。

由上可见，诉讼中证据和技巧十分重要。证据包括书证和物证，书证：通常是公证书，专利权人通过市场调查，发现了侵权行为后，通常会向公证机关提出申请，对购买侵权产品的过程及购得的侵权产品进行公证或对侵权现场（如许诺销售）或对侵权产品的安装地进行勘查公证，取得公证书，从而证明被告存在侵权行为；物证：专利权人从市场上购得的侵权产品。

6.3　苹果与三星的专利诉讼案例分析[1]

本诉讼案件分析主要是关于苹果针对三星的产品发起的2件专利侵权诉讼案件，但是每件专利诉讼案件都是以永久禁令为起点，临时禁令为中间过程，金钱赔偿为结局。所谓禁令，顾名思义，如果法院批准了苹果所申请的禁令，其将可以禁止三星的所涉侵权产品在美国地区销售，有效地瓦解三星的所涉产品在美国地区的市场，同时三星对所涉产品前期作出的研发、制造、宣传、销售等一系列付出将得不到预期的回报，而且还会导致三星对新产品推出的拖延。

图6-3-1（见文前彩色插图第10页）显示了苹果与三星的所涉专利诉讼的主要事件，图中红色的箭头代表苹果作出的行为，同时在该红色的箭头上方的红色框中标注了此行为的文字说明，蓝色的箭头代表三星作出的行为，同时在该蓝色的箭头上方的蓝色框中标注了此行为的文字说明，绿色的箭头代表美国加利福尼亚北区联邦地区法院下文简称“北区法院”作出的行为，同时在该绿色的箭头上方的绿色框中标注了此行为的文字说明，橙色的箭头代表美国联邦巡回法院作出的行为，同时在该橙色的箭头上方的橙色框中标注了此行为的文字说明，其中，所有箭头指向行为的另一方；

[1] www. westlaw. com.

白色底色的文字框中的文字所说明的行为是在第一起诉讼案件（包括 Apple I、Apple III 和 Apple IV）中发生的，而灰色底色的文字框中的文字所说明的行为是在第二起诉讼案件（Apple II）中发生的。

如图 6-3-1 所示，第一起诉讼案件（包括 Apple I、Apple III 和 Apple IV）涉及苹果针对三星的 Galaxy S 4G 智能手机、Infuse 4G 智能手机、Droid Charge 智能手机和 Galaxy Tab 10.1 平板电脑的专利诉讼。2011 年 4 月苹果针对三星的该部分产品侵犯其发明专利为由申请永久禁令（Apple I 开始）。案件初期，苹果先针对三星的4 个系列产品侵犯其专利 D618，677、D593，087、D504，889 和 US7，469，381B2 申请了临时禁令。2011 年 12 月，法庭拒绝了苹果的临时禁令请求，而后苹果提出上诉。2012 年 5 月联邦巡回上诉法院只取消并发回关于 D504，889 的临时禁令请求的拒绝。而后苹果更新了其请求，请求基于 D504，889 的对于 Galaxy Tab 10.1 平板电脑的临时禁令，地区法庭批准该临时禁令。2012 年 8 月，法官判定 Galaxy Tab 10.1 平板电脑没有侵犯设计专利 D504，889，北区法院解除了该临时禁令，并拒绝了苹果的永久禁令申请，同时，法官判定三星赔偿苹果 10.4 亿多美元的侵权损失（Apple I 结束）。2013 年 11 月，经过复审，最终判定三星赔偿苹果 9.2 亿多美元的侵权损失（Apple III）。苹果提起上诉，联邦巡回上诉法院拒绝了苹果对于永久禁令的重申动议（Apple IV）。

第二起诉讼案件（Apple II）涉及 2012 年 2 月苹果基于 4 项专利提出对三星的 Galaxy Nexus 智能手机临时禁令，同时，苹果申请了关于 Galaxy Nexus 智能手机永久禁止的动议。2012 年6 月北区法院准予了苹果对专利 US8086604B2 的临时禁令请求，三星提出上诉，联邦巡回上诉法院撤销了北区法院作出的关于三星对专利 US8086604B2 的侵权导致苹果产生不可挽回的损失的裁决。随后，法庭撤销了该禁令。2014 年 7 月，法官判定三星赔偿苹果 1.2 亿美元的侵权损失。

下文将详细介绍这两次诉讼的主要经过。

6.3.1 首次申请永久禁令（Apple I）

案号：11-CV-01846-LHK

法院：美国加利福尼亚北区联邦地区法院

法官：LUCY H. KOH

原告：苹果，加利福尼亚州的公司

被告：三星电子株式会社，韩国公司，
三星电子美国公司，纽约公司，
三星通讯美国责任有限公司，特拉华州的责任有限公司

2011 年 4 月 15 日苹果起诉三星，苹果提出三星对其几个发明和设计专利侵权和对苹果商业外观的削减。只以发明专利为基础，苹果申请永久禁令。在本案件的开始，苹果申请临时禁令，指控三个三星产品（Galaxy S 4G 智能手机、Infuse 4G 智能手机、Galaxy Tab 10.1 平板电脑）侵犯苹果的三个设计专利（D618，677，D593，087，D504，889），以及四个三星产品（Galaxy S 4G 智能手机、Infuse 4G 智能手机、Droid

Charge 智能手机、Galaxy Tab 10.1 平板电脑）侵犯苹果的发明专利（US7，469，381B2）。2011 年 12 月 2 日，北区法院拒绝了苹果的临时禁令请求。2012 年 5 月 14 日，联邦巡回上诉法院维持了北区法院对苹果提出的关于 US7，469，381B2 发明专利和两个设计专利（D618，677，D593，087）的临时禁令请求的拒绝，但是取消并发回关于一个设计专利（D504，889）的临时禁令请求的拒绝。本案中为了本临时禁令请求的最有意义的裁定就是联邦巡回上诉法院对地区法院关于因果关系必要性的使用的认可，该因果关系必要性是用于评估苹果所主张的不可挽回的损失。

联邦巡回上诉法院的意见相关部分是："我们认为北区法院对三星侵权和所提出的苹果损失之间的一些因果关系的陈述是正确的，该所提出的苹果损失作为不可挽回的损失的部分陈述。为了陈述不可挽回的损失，有必要首先陈述侵权带来的损失。如果消费者购买商品的理由不是受专利保护的特征，一侵权产品的销售损失不可能不可挽回地损害专利权所有人。如果受专利保护的特征没有驱动产品的需求，即使被告产品上不存在被侵犯的特征，销售量也可能损失。因此，如果不考虑侵权产品销售量还可能损失，就不能证明不可挽回的损失的可能性。"

联邦巡回上诉法院由此批准了北区法院对不可挽回的损失因素的分析，取消和发回关于一个设计专利（D504，889）的临时禁令请求的拒绝，争论点在于该设计专利是否可能无效。给予该发回案件，苹果更新了其请求，请求基于设计专利（D504，889）的临时禁令，对于 Galaxy Tab 10.1 平板电脑，北区法院批准该临时禁令。

2012 年 8 月 24 日，法官判定 Galaxy Tab 10.1 平板电脑没有侵犯设计专利 D504，889。根据该法官的非侵权判决，北区法院解除了临时禁令。

6.3.2 再次申请永久禁令（Apple II）

案号：12 - CV - 00630 - LHK

法院：美国加利福尼亚北区联邦地区法院

法官：LUCY H. KOH

原告：苹果，加利福尼亚州的公司

被告：三星电子株式会社，韩国公司，

三星电子美国公司，纽约公司，

三星通讯美国责任有限公司，特拉华州的责任有限公司

2012 年 2 月 8 日，苹果提出临时禁令，试图禁止三星电子株式会社、三星电子美国公司和三星通讯美国责任有限公司对三星的 Galaxy Nexus 智能手机的"制造、使用、出售，或者在美国内销售，或者进口到美国"。尽管苹果的控诉宣称一共 8 项专利与 17 件被告产品有关，但是苹果只要求临时禁止 Galaxy Nexus 智能手机，并只基于 4 项专利，分别是：（1）名称为"一种用于在计算机系统内信息检索的通用接口"的专利 US8086604B2，其大致描述了"统一检索"特征；（2）名称为"一种用于在计算机所产生数据的结构上执行操作的系统及方法"的专利 US5946647A，其大致描述了"结构链路"的特征；（3）名称为"通过在解锁图像上执行手势来解锁设备"的专利

US8046721B2，其大致描述了“滑动解锁”特征；以及（4）名称为“用来提供字建议的方法、系统及图形化使用者界面”的专利US8074172B2，其大致描述了“字建议”或“自动纠正”特征。2012年6月7日，北区法院举行了意见听取会。考虑到当事人的意见、辩论和相关的法律，北区法院准予了苹果提出的临时禁止Galaxy Nexus智能手机的请求。

2011年12月，三星的Galaxy Nexus智能手机在美国发布。Galaxy Nexus智能手机是基于安卓系统的智能手机中的最新的三星Galax系列，第一代在2009年发布。2012年6月6日，本请求的意见听取会举行的前一天，苹果请求补充与三星的Galaxy S III产品相关的记录，试图扩大所要求的禁令范围以包括三星Galaxy S III智能手机，苹果起诉该智能手机侵权专利US8086604B2和US5946647A。三星Galaxy S III智能手机于2012年5月29日在英国发布，且将于2012年6月21日在美国发布。2012年6月11日，北区法院驳回了苹果的对于在临时禁令请求中补充与三星的Galaxy S III产品相关的记录的请求。

北区法院准予了苹果对专利US8086604B2的临时禁令请求，该专利涉及允许用户使用一个接口来检索多个位置的原理。北区法院拒绝了苹果对其他三个专利的临时禁令请求。

控诉的同时，苹果申请了关于永久禁止的动议，试图禁止三星的Galaxy Nexus智能手机的销售。2012年6月29日，北区法院禁止三星的Galaxy Nexus智能手机的销售。三星到北区法院延缓正在审理中的禁止令上诉，但是北区法院拒绝了该请求。三星上诉。一开始，北区法院同意了三星提出的对禁止令暂时延缓的动议，正式发布了上诉。

在准予苹果的临时禁令请求的过程中，北区法院又一次寻找受专利保护的特征与所主张的不可挽回的损失之间的因果关系。依靠销售量损失，专利权人试图确认不可挽回的损失，其必须陈述侵权特征是“对产品需求的驱动”，如此，产品存在或缺乏该侵权特征分别对于市场份额的增加或减少是负有责任的。但是，北区法院注释，联邦巡回上诉法院并没有提供“何种标准的证明可以满足申请人的责任”，以陈述受专利保护的特征驱动了被控产品的需求。

苹果主张，在iPhone 4s中的一款个人辅助应用 - Siri，体现了统一检索的专利和驱动了需求。Siri使用语音识别技术使得用户可以通过对他们的手机说话以在多个位置处检索。北区法院同意苹果的主张，证明了受专利保护的特征的重要性的Siri所带来的需求。北区法院总结，“尽管接受了三星的理由，即如广告所展示的，Siri的智能语音识别方面也增加了消费者对iPhone 4s的兴趣，但是苹果已经陈述了涉及统一检索技术的受专利保护的特征是Siri功能的核心，因此Siri是需求的驱动因素”。

三星对于北区法院作出的关于统一检索的专利的裁决提起上诉。苹果没有对北区法院基于其他三项专利的临时禁令请求的驳回提起上诉。在上诉中，联邦巡回上诉法院撤销了北区法院作出的关于三星对统一检索的专利的侵权导致苹果产生不可挽回的损失的裁决。然而，在陈述北区法院意见的缺陷之前，联邦巡回上诉法院阐述了在Apple I案件中确定的因果关系必要性。联邦巡回上诉法院支持：“相关问题并不是所宣称的伤害与侵权产品之间是否存在因果关系，而是可以把销售被控产品的所带来的何种程度的伤害推诿到该侵权行为上。专利权人仅仅建立了所宣称的伤害与该侵权行为之间的不坚固的联系，并同意了远离目录的因果关系必要性。专利权人必须陈述侵权的特征驱动了消费者对被控产品的需求。”

另外，联邦巡回上诉法院发现“删除依其申述的侵权部件将留下特别的特征应用或者价值很小的或不能实施的装置”。

对于北区法院的因果关系必要性的结论，联邦巡回上诉法院认为那些因素不能支持因果关系裁决。

北区法院的裁决指出，购买 iPhone 4s 的一些用户喜欢 Siri，原因是与其他功能相比，其检索结果是综合的。然而，这不能充分地暗示，消费者会因为其改进的综合的检索功能而去购买 Galaxy Nexus。更具体地说，能部分地出售一应用，因为其具体表现一特征，这不必然表示如果只出售其自身，该特征能驱动销量。

联邦巡回上诉法院总结“所声称的侵权与消费者对 Galaxy Nexus 的需求之间的因果关系太空洞无力，以致不能支持不能挽回的损失的裁决”，因此，“对于 Galaxy Nexu 销售的禁止，北区法院滥用了其自由裁量权”。随后，法庭撤销了该禁令。

2014 年 5 月 5 日，在经历了 13 天的审讯和 4 天的审议之后，该专利案件的陪审团作出了裁决。

2014 年 5 月 23 日，苹果依法提出了判断请求和赔偿请求。2014 年 6 月 6 日，三星提出了反对。2014 年 6 月 13 日，苹果请求答辩。

同时，2014 年 5 月 23 日，三星依法提出了判断请求，要求改变。2014 年 6 月 6 日，苹果提出了反对。2014 年 6 月 13 日，三星请求答辩。

以此，在 2014 年 7 月 10 日，北区法院举行了对后审判请求的意见听取会。

考虑到法律、记录和当事人双方的意见，北区法院的判决包括：苹果的专利 US5946647A 的权利要求 9 和专利 US8046721B2 的权利要求 8 有效；三星非蓄意地侵权苹果的专利 US5946647A 的权利要求 9；三星非蓄意地侵权苹果的专利 US8046721B2。最终，苹果获得了 1.2 亿美元的赔偿。

6.3.3 首次永久禁令的申请被否决（Apple III）

同时，该案件进入到审判阶段，2012 年 8 月 24 日，法官正式宣判，26 种三星的产品或者侵犯了苹果的专利中的一个或多个或者冲淡了苹果的商业外观。法官判定三星的侵权对苹果造成 10.4934354 亿美元的损失。由于苹果已经提出了一错误的法律意见和关于部分待裁定的侵权销售的不足证据，北区法院取消了法官损失判定中的 4.10020294 亿美元。2013 年 11 月举行了损失复审以重新计算销售的损失，在持续 6 天的审判和持续 2 天的审议之后，2013 年 11 月 21 日，复审法官判定苹果 2.90456793 亿美元。该 2.90456793 亿美元的判定都只是从产品中分解得到的，参见表 6－3－1。

表6-3-1 三星各涉诉产品经判决而承担的苹果销售损失

三星产品	判决	三星产品	判决
Captivate	$21121812	Gem	$4831453
Continuum	$6478873	Indulge	$9917840
Droid Charge	$60706020	Infuse 4G	$99943987
Epic 4G	$37928694	Nexus S 4G	$10559907
Exhibit 4G	$2044683	Replenish	$3046062
Galaxy Prevail	$22143335	Transform	$2190099
Galaxy Tab	$9544026		

北区法院批准复审法官的损失判定，最终苹果获得了大约9.29780039亿美元的损失判定。

第一次审判之后，基于法官的侵权和冲淡裁决，苹果提议永久性地禁止三星继续侵害案件中的专利和冲淡其商业外观。2012年12月17日，对于与所有待裁定的知识产权，法庭拒绝了苹果的请求。相对于案件中的专利，北区法院拒绝苹果所提议的永久禁止的简要说明如下。

使用4个eBay因素（最高法院认为，专利权人请求永久禁止必须满足4个eBay因素：①其已经遭受了不可挽回的伤害；②在法律上可获得的赔偿，例如金钱损失，对于该伤害的补偿是不充分的；③考虑到原告与被告之间艰辛因素的平衡，批准在平衡法上的补偿；以及④按照永久禁止，不会危害到公众利益），北区法院发现不可挽回的损失、法律赔偿的不充分和公众利益因素都有利于三星并劝告反对永久禁止。北区法院发现，艰辛因素的平衡是中立的。北区法院主张，苹果没有证明三星的侵权行为和苹果所主张的损失之间的因果关系，因此没有确定不可挽回的损失。由于因果关系调查是苹果的对于永久禁止的重申动议，北区法院在一些细节上复审了先前展示的证据。

为了证明因果关系，苹果展示了三类证据：①陈述作为手机选择因素的容易使用的重要性的文献和证词；②可以证明三星故意抄袭受专利权保护的特征的证据；以及③由苹果的专家执行的连带调查。

北区法院发现，容易使用的证词—苹果的第一种因果关系的证据—简直太简单了。该证据包括多个产品观察、媒体文章和涉及iPhone或iPad的触摸屏和界面易于使用的顾问报告。而且，北区法院发现，即便涉及容易使用的苹果的文献和证词，该证据是多轶事趣闻的——不足以建立任何事实只是单个消费者的经验。北区法院认为，苹果起诉的专利只覆盖某些触摸屏特征的特别执行，但是苹果的容易使用证据最多地涉及广泛的触摸屏特征概念，比如“两手指的收缩和轻击”。北区法院决定，依照联邦巡回上诉法院的指导，苹果的证据不能建立必备的因果关系。

苹果提出的包括三星文献的抄袭证据表明，三星相信，三星应当在三星的产品中增加iPhone的触摸屏效果。依赖于北区法院早期的永久禁止命令和联邦巡回上诉法院在 Apple I 案件中的考虑相似抄袭证据的意见，北区法院裁决，苹果的抄袭证据不足以建立因果关系，因为该证据只是“证明了三星所想的总是吸引买主，而不是什么是真正地吸引买主”。

最终，北区法院考虑到从由苹果的专家 Hauser 博士指导的连带调查中提取的证据。Hauser 博士的调查测试消费者购买某个智能手机的意愿和列表特征，该列表特征表征对四个具有不同特征组的变化组合的装置选择的反应。Hauser 博士记录下每个消费者已选择的假定装置，并且对结果进行统计分析，以获得相对于其他被测特征、愿意为每个被测特征付钱的消费者数量。然而，北区法院裁决“超过三星消费者愿意为受专利权保护的特征支付的基本价格而加价的证据，不能等同于消费者是因为其包括受专利权保护的特征才将会购买三星手机而不是苹果手机的证据”。因为北区法院决定，该连带调查“没有致力于对特征的需求和对该特征与许多其他特征混合的综合产品的需求之间的关系”，所以该北区法院支持“苹果的连带调查不能建立任何受专利权保护的特征驱动了消费者对整个产品的需求”。北区法院最终决定，由于苹果不能提供足够的证据来证明三星的侵权行为和苹果所主张的损失之间的因果关系，因此苹果不能证明不可挽回的损失。

至于其他的 eBay 因素，北区法院决定，苹果的专利使用权转让行为暗示了在三星的喜好方面法律补偿的不充分。尤其是，北区法院陈述“苹果的专利使用权转让行为暗示苹果不相信那些专利是极贵重的，如此，对于三星对根据权利要求的发明或涉及的实行可能存在不公平的价格组”。事实再结合北区法院的关于三星对于支付损失判断没有任何困难的结论，使得北区法院决定“苹果将物质上地补偿其伤害而不是禁令”。为了平衡艰辛因素，北区法院决定，“任何一方当事人都不可能被另一方的出口严重地伤害”，因此，该因素为中立的。

最终，北区法院衡量关于维持专利持有者的权利的公众利益，以及关于当购买智能手机或平板电脑时具有多种产品选择的公众利益，并决定“当公众利益喜好专利权的保护时，公众利益将不会夺去手机消费者，该手机侵犯了有限的非核心特征的，或者不会没有清晰的法律许可的权利而去冒险瓦解消费者。”

权衡所有的因素，北区法院决定，衡平法的原则不支持禁令的颁布。苹果的建立三星的侵权行为与其损失之间的因果关系的无能，再结合北区法院判决了损害的不充分和公众利益都不能支持禁令，致使北区法院判决不能给予苹果永久禁止的权利。

6.3.4 对首次永久禁令的否决判决提出上诉（Apple IV）

苹果对 Apple III 案件中的判决提起上诉，联邦巡回上诉法院批准了涉及外观请求的判决，但是取消并发回关于诉讼专利的判决。

起初，联邦巡回上诉法院对 Apple IV 案件的意见强调并阐明了标准，依据该标准北区法院评价永久禁令的请求需要确定 eBay 测试的前两个因素是否满足。对于不可挽回的损失，联邦巡回上诉法院同意在 Apple I 和 Apple II 案件中对于在永久禁令中“平等应用”因果关系的永久禁令裁决。然而，北区法院阐明，当苹果必须说明侵权特征驱动了消费者对被告产品的需求时，苹果没有按照要求说明受专利权保护的特征是消费者购买的唯一理由。相对于说明受专利权保护的特征是消费者购买的唯一理由，苹果更必须说明受专利权保护的特征与对三星产品需求之间的联系。联邦巡回上诉法院又罗列了需要满足的证据的三个例子：①受专利权保护的特征是驱动消费者作出购买决定的多个特征之一；②受专利权保护的特征的包含使得产品变得有效地更加令人满意；以及③受专利权保护的特征的缺乏使得产品变得不再令人满意。

对于苹果的因果关系的证据，联邦北区法院同意北区法院的意见，苹果的容易使用和抄袭的证据太一般以致不能根据其自身建立因果关系。然而，对于 Hauser 博士的调查证据，联邦巡回上诉法院主张，北区法院简单地错误否决了调查结果，只因为 Hauser 博士没有权衡是否是受专利权保护的特征引起了消费者去购买三星产品而不是苹果产品。联邦巡回上诉法院主张，如果 Hauser 博士的调查结果说明“一特征有效地增加了一产品的价格”，该证据应当与说明该特征驱动了该产品的需求有关。该问题变成了轻重之一，其由北区法院评估。因此，北区法院从没有触及那个调查，因为北区法院认为 Hauser 博士的调查证据为不相关的。全体陪审员撤销北区法院作出的因果关系的裁决，并发回重申①评估消费者为受专利权保护的特征消费的意愿的程度，以及②考虑关于 Hauser 博士调查的方法论的三星的其余批判。

该联邦巡回上诉法院也发现，因独立地分析起诉专利，北区法院在 Apple III 案件中存在对于自由裁量权的潜在滥用。联邦巡回上诉法院主张，存在集体查验专利是合乎逻辑的和是在衡平法上有效的事例，例如，当他们都与相同的技术有关或他们组合起来使得一产品更加值钱的时候。联邦巡回上诉法院要求北区法院在发回重审时致力于该问题。在重审时，对北区法院应当集体查验受专利权保护的特征，三星没有提出反对意见，而且北区法院也是这样执行的。

联邦巡回上诉法院也识别出在北区法院对法律补偿因素的不充分的最初分析中的错误。第一，联邦巡回上诉法院反对对三星支付金钱赔偿能力的信心，认为，与侵权者支付一判决的无能力不同，其可以证明损失的无能，被告支付一判决的能力不能对一权利宣告无效，该权利为损失的判定是不充足的赔偿。第二，联邦巡回上诉法院发现北区法院在苹果以前专利许可行为的考虑中的错误。即便有证据说明苹果愿意以某价格向三星许可某些专利的使用，全体陪审员主张，正常的分析应考虑苹果是否愿意将诉讼的实用新型专利许可为三星。在依靠苹果的许可出售作为损失充分性的证据之前，北区法院应该解决苹果的出售是否包括所维护的助理和商业外观的问题。至于记录中涉及的其他苹果的许可（对 IBM 公司、HTC 公司和 Nokia 公司的许可），北区法院的唯一焦点在于苹果的专利是否极贵重和三星是否“离开界限”，使得其忽视了苹果提出的关于三星对那些专利的使用是不同的证据。联邦巡回上诉法院使得记录中的许可关联性成为问题，以不同的理由来区分每个许可。

最后，联邦巡回上诉法院批准北区法院对最后两个 eBay 因素的分析。对于艰辛因素的平衡，北区法院裁定在北区法院的决定中不存在自由裁量权的滥用，由于三星不再销售侵权产品，尽管在零售店中还保存有许多产品，该因素是中立的。对于公众利益因素，联邦巡回上诉法院维持法庭的决定，“禁止令将会产生剥夺公众获得大量非侵权特征的机会的前景”在价值上超过了执行专利权的公众利益。

总而言之，联邦巡回上诉法院裁决，北区法院在分析苹果提出的不可挽回损失和法律补偿不充分的证据时，存在自由裁量权的滥用。发回该案件，北区法院应该和联邦巡回上诉法院的建议一致，重新考虑苹果提出的对于三星侵权其三个专利权的永久禁止令的请求。

发回重审期间，苹果重申其对于三星侵权其专利权的永久禁止令的请求。三星申请反对，并申请答辩。北区法院于 2014 年 1 月 30 日举行了口头辩论。

（1）关于不可挽回的损失

联邦巡回上诉法院主张，对于苹果的不可挽回的损失的问题将由北区法院来评估。在仔细审查了所有的证据之后，北区法院裁决，苹果没有成功地证明三星对受专利权保护的特征的包含使得三星的产品变得令人非常想得到，如此三星的侵权行为没有给苹果带来不可挽回的损失。智能手机和平板电脑是体现了数以百计的特征、发明和部件的综合装置。呈现在北区法院上的包括 Hauser 博士调查的多种消费者调查只是打乱了北区法院判定本案件涉及的三个受权利要求保护的特征是否驱动了消费者的需求。换言之，该证据说明了三个受权利要求保护的特征可能增加装置上诉的胜算，但是苹果没有说明，在众多特征中的该三个特征能够驱动消费者作出他们的购买决定或者驱动消费者的需求。因此，苹果没有履行其必须证明用于建立不可挽回的损失的因果关系的责任。

（2）关于适当的合法补偿

北区法院决定，很难对苹果所声称的不可挽回的损失进行量化。尽管北区法院曾经主张苹果早先的许可行为暗示了合法补偿可能提供合适的赔偿，但是联邦巡回上诉法院的最新指示和北区法院进一步对证据的分析得出了一个不同的决定。苹果早先的许可行为证明，许可三星使用诉讼的专利，以及和苹果许可 IBM、HTC 和 Nokia 相比，具有不同于目前情况的许多因素。

然而，该决定最终对苹果几乎没有帮助，因为北区法院将不会基于三星的侵权行为没有导致的不可挽回的损失而发布永久禁令，尽管金钱补偿不能弥补苹果所遭受的不可挽回的损失。为了说服合法补偿 eBay 因素的不充分性，苹果需要说明建立在第一 eBay 因素的不可挽回的损失是不能通过金钱补偿而弥补的。联邦巡回上诉法院也强调，当没有裁决三星的侵权行为导致了苹果的不可挽回的损失时、不能发布禁令。换言之，仅仅因为三星的合法竞争以一种不能弥补的金钱损害的方式在影响苹果，苹果不能获得永久禁令。如果在该环境下授予苹果禁令，将无视联邦巡回上诉法院的告诫，即专利权人不可以“使用其专利来打压在专利授权价值和显示出发明创造力的贡献之外的竞争获利”。因此，北区法院最终判决，尽管苹果明显不愿意将所诉专利许可给三星，金钱补偿是最合适的弥补损失的方式，以弥补由三星对专利的侵权行为带来的损失，而不是禁令。相应地，第二个 eBay 因素对三星有利。

（3）关于艰辛因素的平衡

联邦巡回上诉法院发现在北区法院早先的分析中，没有滥用自由裁量权，该分析包括艰辛因素的平衡式中立的。双方当事人提出的四个主要争论点中的三个本质上是相同的。

首先，苹果主张，有必要使用禁令来保护苹果以对抗三星未来的侵权行为，三星通过与已经判决侵权的产品最多似是而非地不同的产品来实现未来的侵权行为。苹果同样在联邦巡回上诉法院提出该意见。联邦巡回上诉法院没有在北区法院作出的反对苹果意见的决定建议中发现错误。此外，苹果担心，当三星已经停止了所有侵权产品的销售时、三星将再采用该侵权产品，这是推测的，而且不能证明苹果将在没有禁令的情况下遭受艰辛。

其次，苹果主张，因为苹果拥有比三星小很多的产品生产线，三星对苹果专利的持续侵权行为将对苹果造成特别的伤害，但是针对三星的禁令将极大地影响三星全部产品的销售，全部产品中的一部分在本案件中没有被起诉。

再次，苹果的主张没有成功地倾向于苹果所希望的该因素的平衡，因为三星已经毫无疑问地停止了侵权产品的销售。

三星也提出了两个意见。第一，三星主张，禁令将破坏零售商和批发商之间的关系。北区法院考虑了该意见，裁决三星没有成功地解释“禁令是如何引起其所主张的破坏，或者实际上他们将呈现给三星怎样的艰辛，以作为反对承运人和消费者的艰辛”。进而，可能是更重要的，“出售该侵权产品的承运人已经承担了这类破坏的风险”（选择以某产品来建立生意的人，当该产品被发现侵权，如果针对继续侵权行为的禁令破坏了该生意，可能已经无力去抱怨了）。联邦巡回上诉法院判决，该分析中没有滥用自由裁量权。

三星的第二个主张仅仅是对于艰辛因素的平衡的新意见。三星争辩，正式提出基于专利US7844915B2侵权的禁令将给三星带来艰辛，因为PTO已经在复审中提出了针对专利US7844915B2中所主张的权利要求的无效。北区法院拒绝了三星的这个最新的动议，然而，复审程序还没有完成。关于这一点，可能需要知道专利US7844915B2的复审程序的最终结果。北区法院倾向于USPTO对于现在向专利审查和仲裁部门提出的上诉所作出的官方行为，基于该行为拒绝了苹果对永久禁令的请求。因此，为了艰辛因素的平衡，任何一方当事人都不应当承受任何特别巨大的艰辛，该艰辛来自苹果所更新的对于永久禁令动议的任何结果。北区法院仍裁决该因素是中立的。

（4）关于公共利益

联邦巡回上诉法院也裁决北区法院没有在公共利益微微有利于三星的裁决上滥用自由裁量权。不同于对北区法院已经驳回的US7844915B2专利复审案件的争论，当事人对公共利益因素没有提出新的争论。苹果坚持认为公共利益因素强于专利权，以及对于以物质刺激鼓励未来创新来说，禁令是有必要的。另外，三星强调公众政策，反对基于有限的、非核心特征的侵权而禁止整个产品的销售。早先，北区法院认识到两者的关注点都是有效的，但是裁决对于细小特征的关注对整个产品的无节制控制的施加压力是更引人注目。当公众利益没有有利于专利权保护时，将不会损害手机消费者的权益，该手机侵权有限的、非核心特征，或者不会在没有明确法律权利的情况下冒险瓦解消费者群体。

仅有的新因素是，三星认为在目前的市场中不存在侵权单元。苹果认为，没有证据证明，苹果的任何现有装置与受专利权保护的特征相结合。因此，公众利益稍稍有利于三星。

（5）关于衡平法的权重

北区法院决定，苹果没有履行对许可禁令举证的责任。最重要的是，苹果不能证明三星对苹果专利的侵权与苹果的不可挽回的损失之间的因果关系。联邦巡回上诉法院指示“受专利权保护的特征显著地增加了产品价格的证据”可能“被用来说明该特征驱动了该产品的需求”。基于上述理由，Hauser 博士的调查证据既不能证明受专利权保护的特征影响了产品的价格，也不能证明受专利权保护的特征显著地影响了产品的需求。

此外，不是为了诉讼的目的而建立同时代的消费者调查证据证明了其他的智能手机和平板电脑技术特征有利于消费者对该产品的需求。三星陈述了多个消费者调查——同时由苹果和三星委托来了解消费者喜好——显示了消费者重视大多数的特征。没有一个引导出诉讼内容的市场调查研究询问受专利权保护的特征。面对这些研究，Hauser 博士的调查和苹果的使用简单和复印的证据都不能展示受专利权保护的特征驱动了消费者的需求。

北区法院已经集合评估了受专利权保护的特征，也已经审查了双方当事人提交的所有支持或反对禁令的证据。基于所有的证据，北区法院裁决苹果没能证明三个受专利权保护的技术特征的组合影响了消费者的需求。

最终，基于三星侵犯了苹果的专利，北区法院同意了苹果提出的关于禁止三星在美国销售其 23 种产品的请求，并且每种产品仅仅是有着似是而非的不同。为了说服北区法院批准苹果提出的临时禁令——以禁止如此复杂的装置去合并三个触屏软件特征——苹果承担了举证以证明该三个触屏软件特征驱动了三星产品的消费者需求的责任。相应地，法庭继续注意 Justice Kennedy 的 eBay 观察，“当受专利权保护的发明仅仅是公司生产的产品中的一小部分，……法律赔偿金也可以足以补偿该侵权。”同样，所有的证据都不能说明受专利权保护的发明驱动了消费者的需求。北区法院裁决，在美国市场禁止三星产品的销售是不公平的。

基于上述理由，拒绝苹果对于永久禁令的重申动议。

6.3.5 案件启示

在上述专利诉讼中苹果所坚持的专利 US8086604B2 的独立权利要求 6 涉及一种用于“统一检索”的装置，该统一检索是使用探索法的模块来检索多个数据存储位置。统一检索涉及通过单一界面访问多于一个数据存储位置上的信息的能力。例如，以装备了统一检索的装置，可以允许用户通过输入一单一检索查询而既检索该装置的本地存储器，也检索互联网。而 iPhone 4s 中的 Siri 体现了统一检索的专利和驱动了需求。Siri 使用语音识别技术使得用户可以通过对他们的手机说话以在多个位置处检索。

专利 US8086604B2 的独立权利要求 6 请求保护“一种用于在网络中定位信息的装置，其包括：一界面模块，其设置成接到后来自用户输入装置的输入信息描述符；复数个探索法模块，其设置成检索响应于该接收到的信息描述符的信息，其中，每个探索法模块响应于检索的各自区域和使用不同的、预定义的、响应于该各自区域的探索法算法，其中，该检索区域包括该装置可以访问的存储媒体；一显示模块，其设置成在显示装置上显示由复数个探索法模块定位的信息的一个或多个候选项目”。

苹果主张，三星的 Galaxy Nexus 智能手机中的统一检索应用（速搜索框（QSB））侵权了权利要求 6。QSB 是安卓的特征，是由谷歌开发的源代码开放的移动软件平台。任何软件开发者都可以使用安卓系统来创建用于移动装置的应用，并且任何手机制造商都可以在装置上安装安卓系统。安卓平台的申诉侵权的版本的发布在日期上早于 Galaxy Nexus 的发布，但是在该诉讼中谷歌不是被告。

从本质上讲，苹果和三星的这场围绕智能手机和平板电脑的专利诉讼案件是苹果和安卓两大手机生态系统的对决。该专利诉讼审判结果多次反复，争论点主要围绕三星的侵权行为是否给苹果带来不可挽回的损失，而负有举证责任的苹果不能证明三星对苹果专利的侵权与苹果的不可挽回的损失之间的因果关系，因而，最终该专利诉讼案件都以三星侵权而付出金钱赔偿为结局。该结局并不是苹果最想得到的，首先苹果想获得的是针对三星最新的智能手机和平板电脑的永久禁止令，其次法院所判决的赔偿金额也远远地低于苹果在起诉时提出的赔偿金额。从表面看，对三星的胜诉可以帮助苹果暂时遏制竞争对手的势头，但是最终判定输赢的，是市场。

早在 2007 年苹果推出 iPhone，自此改变了手机行业，苹果的 iPhone 和 iPad 改写了整个移动设备的玩法。同一年，谷歌也推出了安卓系统，同时组建“开放手机联盟”，全面推广安卓智能手机。曾经是苹果的 iPhone 和 iPad 等产品多个重要零部件的供应商的三星，依靠明星机型带动，辅以多产品线战略，其已然成为苹果在智能手机市场的最大竞争对手。苹果对三星的胜诉，对其他的安卓手机厂商也是一种威慑，安卓产业链的不确定性更高了，搭载安卓系统的硬件厂商更容易被起诉。而这些法律风险可能会导致成本上升，从而很有可能逼迫他们转向微软阵营。但是该胜诉还不能真正从市场上破坏安卓系统已经建立起来的生态系统。苹果要想保持领先优势，需要新的诉讼成功和新的吸引消费者的产品出现。苹果对三星的胜诉，可能会使消费者最终承受更高的智能手机价格，但是也鼓励了创新，因为未来如果有公司想与苹果抗衡，只会更加注意与苹果产品在各方面的差别。总之，最终判定输赢的将是市场，而不是法庭。

6.4 小　　结

从上面的研究表明，产品的市场愈活跃，引起的法律纠纷愈多，国内企业研究单位在专利诉讼技巧和策略上要关注以下四个方面。

（1）收集有效证据

对于原告专利权人一方，最重要的是要收集侵权的证据，上述苹果为了获得对三星手机产品的永久禁令，就需要举证三星手机产品给苹果带来了不可挽回的损失，这样的证据并非可以容易的获得。在国内一些侵权纠纷中，同样也存在原告举证困难的情况，原告未必能够顺利购买到侵权产品，但有些侵权产品本身就是假冒他人的产品，上面所写的生产厂家并不一定是真正的侵权厂家，因此，最好直接到生产厂家购买涉嫌侵权的产品，必要时可以采取公证取证，或者通过工商行政管理部门或技术监督部门行使其他职责时，顺便获取侵权证据。原告取证工作最难的是得到对方生产销售的数额，这可以请求法院采取证据保全措施，以获得这方面的证据。获得侵权与侵权数额的证据是原告取胜的关键。

对于被告一方来说，关键是收集一切可以将原告专利无效掉的证据，这些证据包括专利文献、销售发票、产品广告、公开使用证明等。虽然产品发票可以作为无效他人专利的证据，但有时凭发票还不行，因为发票并没有具体描述产品的形状或技术特征。被告找到足以对原告专利构成威胁的证据，这是制胜的关键之一，或是找到证明自己在先使用的有效证据或使用的是自由公知技术的证据，都有可能在诉讼中占据主动。

（2）研究专利技术

对于技术性很强的专利诉讼，研究分析并吃透专利保护范围及相关的技术，是非常重要的。专利诉讼要求律师不仅懂得法律条文及有关规定，更重要的是要求律师必须理解专利技术本身。不懂法律打不好官司，不懂技术同样胜任不了专利诉讼，单从法律条文上是不能解决专利诉讼的有关问题的，特别是在认定某一技术是否构成侵权、是否属于公知技术、是否属于显而易见的技术等，都需要有一定的技术知识。不钻研专利技术是很难胜任专利诉讼的。

（3）巧用法律程序

对于被告而言，最常用的是反诉对方专利无效，从而争取时间寻求其他抗辩方法。而对于原告，在诉讼之前，最好先行对自己的专利启动无效程序，使专利经过一次“实审”的考验，然后再诉他人侵权。或者起诉前首先到国务院专利行政主管部门检索一下自己专利的属性，并出具相应的检索报告。这样可以避免被告利用无效程序带来的许多麻烦。专利诉讼中可以应用的法律程序不少，但前提是必须懂得专利申请与审查及无效等基本程序，这样才有可能在诉讼中运用自如。

（4）重视法院的选择

目前愈来愈多的国内优秀企业走出国门，将技术和产品推广到国外，在遇到纠纷时首先要积极应诉，其次，根据当地法律规则，应重视法院的选择。一个先例，往往能带动无数的试图效仿的追随者，比如并不起眼的加拿大公司 i4i，不但成功扳倒了微软——让得州法官命令微软停止销售其流行的 Word 程序，而且赔偿 2.4 亿美元。这个结局的另一个结果就是微软再次遭到了追随者的专利诉讼。语音识别系统厂商 Allvoice Developments US 以及手机软件开发商 EMG Technology 分别向微软败北的美国得克萨斯州东区联邦法院提起诉讼，认为微软侵犯了其专利。为什么出现这种情况，得克萨斯州东区联邦法院的Davis法官的惊人裁决才是i4i们背后最大的动力。2006年《纽约时报》曾经评论分析，认为该法院在以往的专利纠纷中，显示出偏袒弱势原告的倾向。

案卷号为Misc. No. 944的诉讼中，起诉人Allvoice Developments U. S. , LLC起诉微软侵权，Allvoice's认为微软的Microsoft's XP和Vista操作系统的语音识别功能侵犯其专利US5799273的权利。Allvoice在得克萨斯东部地区法院提出诉讼，对微软的诉讼不利。微软则提交证据表明所有的销售、市场、产品、现有的语音识别技术都位于华盛顿西部地区，要求转交案件华盛顿西部地区地方法院，因为，在西部地区法院更方便、更公平。地区法院通过微软请求，将案件转至华盛顿西部地区法院。

可以预见，随着语音识别技术的成熟度和精确性的提高，新技术、新应用会不断涌现，语音识别将影响到我们生活的各个方面，例如，银行系统、安保系统等，竞争还将加剧，专利与商业利益关系密切，在激烈的市场竞争中专利诉讼必然也会增加。这是一个不可改变的客观事实和普遍规律。

第7章　结论与建议

7.1　结　　论

语音识别技术是非常重要的人机交互技术，发展至今已经是一门交叉学科。回望语音识别的专利状况、关键技术点、重要申请人和专利诉讼，本报告作出以下总结。

7.1.1　梅尔倒谱系数

自1984年开始出现梅尔倒谱系数的专利申请，到2014年3月5日为止，共有全球发明专利申请763项，中国发明专利申请420件。专利申请数量处于前五位的国家或地区主要有中国、美国、日本、韩国和欧盟。在中国专利申请中中国申请人共申请310件，国外申请人共申请110件。从技术构成上看，使用梅尔倒谱系数进行声音分类和语音识别的申请量分别为383项和263项，占据了申请总量的50%和35%，反映出该技术手段发展相对成熟，已经形成一定的专利壁垒。而梅尔倒谱系数与其他特征结合使用方面只有62项专利，仅占全部申请的8%，说明这方面的技术发展还不成熟，在实现上还有很大的研发空间，相应地，专利壁垒也尚未形成，专利申请空间较大，可以作为进一步专利布局的方向。目前，本领域的前沿技术是将语音特征与其他特征结合在一起，进行特定的应用，比如身份验证、音视频同步等。随着多参数应用的普及，梅尔倒谱系数与其他参数结合使用将会成为未来的研究热点。此外，使用梅尔倒谱系数提高抗噪性和运算速度也是进一步研究的方向。在这两方面，由于技术还处在快速发展的阶段，相应的专利申请量也相对较少，申请人在致力于技术改进的同时，也应当注重相应的专利申请，尽早完成新兴技术方向上的专利布局，构建自己的专利壁垒，占领市场先机。

7.1.2　深度神经网络

在深度神经网络领域，截止到2014年5月28日全球发明专利申请240项，中国发明专利申请76件。全球申请人排名中，国外大公司仍旧主导着技术的发展。占据前三位的分别是日本的佳能公司、美国微软和NEC美国研究院。我国申请人在该领域的介入时间也晚于全球其他国家。尽管现在我国内地参与的申请人越来越多，但是这些申请人中相当一部分是高校和研究院所，他们的申请是否能够通过企业转化为产品还未可知。深度神经网络已经逐渐应用到语音识别的各个方面，包括前端特征提取、声学模型的训练、说话人识别、声音分类、语音合成、搜索引擎的交互等方面。近十年来，深度神经网络的训练方法有了突破，深度神经网络的理论和应用问题有了迅速的发展。

深度神经网络作为新兴的技术，专利申请量相对较少，国内企业在理论创新和应用实践两个方面继续进行研发的同时，也应当重视构建新技术的专利壁垒，占领市场先机，保护市场份额。在理论方面，伴随着计算语音、图像、文本等训练数据的快速增长，多机并行 GPU 分布式计算是未来的发展趋势，模型上则由大型线性模型演进到树模型；在应用方面，国内企业应当把深度神经网络与更多的技术领域结合，开发新的功能，不断满足用户的需求，才能始终占据技术和市场的前列。

7.1.3 微　软

微软是目前全球最大的电脑软件提供商，其在语音识别的技术和实力一直处于全球领先水平。在申请量方面，2002～2007 年出现大幅增长，其后一直处于稳定增长中。在申请的目标国方面，微软专利布局的基本特点是立足美国本土，在全球市场广泛布局，这一策略也符合其 IT 巨头的企业定位。微软开始在最早于 1997 年开始在中国申请语音识别专利，虽然其在中国的专利布局晚于全球市场，但其在中国市场的申请量一直处于较高的水平，中国市场得到微软足够的重视，在语音识别领域具有十分广阔的前景。从微软在中国的语音识别专利的法律状态来看，微软获得的授权数量多，而不授权专利的占有量很少，可以看出，微软能够准确把握语音识别专利领域的整体情况，申请的效率高，授权把握大，这样不仅避免了不必要的人力物力的浪费，更能使其语音识别产品得到及时的保护。

按照专利所涉及技术领域和用途，可将微软语音识别专利所涉及的领域分为语音内容识别、关键词检索、语种识别、说话人识别和声音分类 5 个方面，其中语音内容识别为微软在语音识别方面的研发重点和重要专利布局方向。将该技术领域分为 6 个技术分支，分别为前端特征处理、声学模型、语言模型、识别引擎和解码器、后端处理以及语音识别的应用，申请量最多的为语音识别的应用，与其公司的市场定位是相吻合的。在声学模型方面，声学模型拓扑结构的主流框架已经基本成熟，其技术上的改进空间很小，因此申请量较少。在语言模型方面，随着全球一体化的发展，不同国家不同语言之间的交流障碍逐渐减小，语音识别软件也必然要适应这一趋势，可以在不同语言之间实现自由切换，因此，语言模型的申请主要集中在语言模型训练方法上。在前端特征处理方面，降噪一直是研究的重中之重。在后端处理方面，多候选和置信度的申请量相对较大，这两个方面是提高用户体验最直接和有效的手段。

在微软的发展过程中，为了更好地将语音识别技术与其他技术进行结合、取长补短，微软与其他有技术特长的公司进行了多方面的合作或并购。微软始终围绕着自己的最有技术优势的方面，实现企业之间的优势互补，从而达到提高本公司的核心竞争力的目的。

7.1.4 Nuance 公司

作为全球最大的专门从事语音识别软件、图像处理软件及输入法软件研发、销售的公司，Nuance 公司一直是语音自动化市场的领导者，并成为越来越多同行效仿和追赶的对象。

Nuance 公司语音识别领域专利申请在 2006 年和 2012 年分别出现了两次高峰。首次高峰源自语音识别的高速发展，而第二次高峰则是语音识别技术大规模应用的直接体现。Nuance 公司专利布局的基本特点是，立足美国本土，逐渐扩张到日本和中国等重要市场。这反映了 Nuance 公司的一种发展策略，即首先在核心市场获得知识产权，从而在国际竞争中占据主动，然后向外围市场扩散，从而实现市场份额的最大化。

Nuance 公司语音识别专利申请涉及其产品应用的各个领域，根据其产品类型和市场定位，在语音内容识别的 6 个技术分支当中，作为上层技术的语音识别的应用是关键技术和专利重点布局方向，而作为语音内容识别底层技术的 5 个技术分支中，语言模型和后端处理又显得尤为重要。其中在语音识别的应用方面，Nuance 公司对其各种产品都进行了有效的专利保护。Nuance 公司后端处理专利在置信度、多候选和结果校正三个方面的分布比较平均，可见 Nuance 公司并没有偏重其中一种改进方法，而是善于将各种方法融会贯通，从而为用户提供最好的结果。Nuance 公司语言模型训练方法的专利主要集中语言模型的自适应，这也印证了其产品支持多语言的性能特点。

Nuance 公司主要市场在车载和移动互联网领域，为主要汽车厂商和移动智能终端厂商提供语音技术。Nuance 公司虽然有跨国优势，但其进入中国市场的难度也很大。国内企业应当抓紧这一时机，利用地理优势，尽快完成在中国本土的专利布局，牢牢占领本土市场。

7.1.5 美国语音识别专利诉讼

2014 年 7 月 11 日之前，仅在语音识别技术领域，美国相关专利技术就有 850 多项申请，诉讼有 61 件。针对 61 件诉讼案例在年度、发起地、涉及的专利产品等方面分析，可以看到，语音识别技术的发展和应用程度与年度分布成对应关系，2013 年最多有 11 件，2014 年则进入一个缓冲阶段，各个企业处于积蓄力量阶段；发起地主要是加利福尼亚州、得克萨斯州、特拉华州，这三个州是新兴技术的主要集中地和产品销售地区，诉讼案件发生的概率很大；诉讼案件涉及的语音识别产品很多，概括来看主要是手机通信占 40%，语音识别系统应用占 26%，语音识别软件占 15%。

在诉讼案件中与美国微软相关的有 8 件，按照原告、被告、诉讼技巧、诉讼结果可分为三种情况（胜诉、败诉、互有胜负），并以三个案例分别作出分析，可以看到，证据和技巧在专利诉讼中起决定性作用。

在苹果和三星的两个诉讼案例中，苹果坚持其专利的权益，申请针对三星的部分智能手机和平板电脑产品的永久禁令，该诉讼本质上来说是苹果和安卓两大手机生态系统的对决。诉讼案件审理周期长，且审判结果多次反复，原因就在于是否有证据表明三星的侵权行为给苹果带来不可挽回的损失，但是苹果没有收集到有利的证据，因此，虽然最终三星付出赔偿金，该赔偿金不但低于苹果在起诉时提出的赔偿金额，而且不是苹果最希望的针对三星最新智能手机和平板电脑的永久禁令。

诉讼是维护申请人权益的重要手段，需要必要的策略和技巧，而证据就是强大的武器，是取得诉讼胜利的关键，在准备诉讼的过程中，不管是原告还是被告对于相关的专利权涉及的保护范围要理解透彻，提前确定是否需要巧用专利无效的法律程序，是否需要转换法院，对于周期较长的诉讼，要确定是以垄断市场为目的，还是以较大数额的赔偿为目的，准备过程越充分，获得胜诉的机会也就越大。

7.2 建　议

（1）政府的政策规定决定了行业的发展方向

政府的政策规定对行业发展起着重要的引导作用。美国国防先进研究项目局（DARPA）是美国国防部重大科技攻关项目的组织、协调、管理机构和军用高技术预研工作的技术管理部门，引领着美国乃至世界军民高技术研发的潮流。在 DARPA 的推动下，语音产业从国防等国家战略需求领域进入民用领域，美国一直占据先机。语音识别技术也是中国产业发展政策的重点方向。1986 年 3 月中国高科技发展计划（863 计划）启动，语音识别作为智能计算机系统研究的一个重要组成部分而被专门列为研究课题。在“863 计划”的支持下，中国开始了有组织的语音识别技术的研究，并决定了每隔两年召开一次语音识别的专题会议。从此中国的语音识别技术进入了一个前所未有的发展阶段。语音识别研究一直得到了国家自然科学基金项目、国家“863 计划”、电子发展基金以及国家“十五”、“十一五”重点攻关项目的支持。语音识别企业应当牢牢把握政策走向，带领语音产业市场进入一个规模化快速增长阶段。

（2）研发的动力来自市场需求，依靠核心技术占据市场

微软和 Nuance 公司一直比较注重技术的研发和创新。相比之下，国内语音企业在研发投入力量、创新能力等方面与之还有一定差距。当前语音识别领域企业之间的竞争越来越多地取决于技术开发力量的强弱。我国企业对技术虽然有较强的模仿和复制能力，但是由于缺少自主创新的能力和技术创新的主动性，还不能开发出符合企业长期发展以及同外国企业长期抗衡的核心技术。自主研发是形成企业核心竞争力和增强市场竞争力的重要因素。国内企业和科研机构必须加大对研发的投入，提高企业自主创新能力，建立企业为主体、市场为导向、产学研结合的技术创新体系，这也是企业生存、发展和提高综合竞争力的根本途径。

（3）把握自身特点进行专利布局

微软专利布局的基本特点是立足美国本土，在全球市场广泛布局。而 Nuance 公司专利布局的基本特点是，立足美国本土，逐渐扩张到日本和中国等重要市场。能够做好做大有影响力的企业，都有一个共同点就是把握自己在某一领域的特点，有自己的优势。因为市场是公正的，一个企业要存活下来，必须要有自己的特色让后来的竞争者难以插足。国内企业应当根据企业自身的实力和特点，选择适当的专利布局策略，使用专利手段为企业发展保驾护航。

（4）提供集成解决方案，注重用户体验

在微软和 Nuance 公司开发的下一代智能系统中，集成了语音、触摸、自然语言理解、图像识别等技术。在产品的研发和推广上，微软和 Nuance 公司比较注重用户体验，会选择跟比较关注用户体验的厂商合作，并让 OEM 的产品具有自己的特点。在云计算、物联网、移动互联网等新兴技术和模式的推动下，智能家电、可穿戴设备、智能汽车、智能机器人等新型智能终端不断出现。国内企业应当积极研发针对这些新型智能终端的下一代智能系统，为用户提供更好的用户体验，才能夺得市场先机。

（5）通过并购与合作壮大实力

长期以来，微软和 Nuance 公司并购合作动作不断，不断壮大自身的经济实力。在并购或合作中要始终围绕着自己的最有技术优势的方面，实现企业之间的优势互补，从而达到提高本公司的核心竞争力的目的。应当注意的是，企业在并购和合作中，信息的收集和分析是十分必要的。在中国，并购的利润通常远远大于其他规范的市场经济国家，但一定要事先做好调研工作，保证并购合作的顺利进行。

（6）专利诉讼的策略值得国内业界关注和学习

专利技术的发展、需求的增加必然导致市场繁荣、企业增多，专利与商业利益关系密切，在激烈的市场竞争中专利诉讼必然也会增加。这是一个不可改变的客观事实和普遍规律。从研究中可以看到，国外企业积累了丰富的专利诉讼经验，例如对起诉或应诉法院的选择、诉讼期间的合作与并购的灵活运用等。

国内企业在进行专利诉讼时，不仅应当注重起诉应诉策略、市场垄断策略、追索赔偿策略和法院的选择，更需要在平时注重自身核心技术的专利布局，建立和完善专利预警分析机制，做到未雨绸缪。

附　　录

附录表 1　主要申请人名称约定表

约定名称	对应申请人名称及注释
微软	微软；（MICT） MICROSOFT COPR
谷歌	谷歌公司；（GOOG） GOOGLE INC
Nuance 公司	纽昂斯通讯公司；（NUAN－N） Nuance COMMUNICATIONS INC
索尼	索尼公司；索尼株式会社；SONY CORP；SONY MOBILE COMMUNICATIONS AB；SONY ERICSSON MOBILE COMMUNICATIONS AB；SONY ELECTRONICS INC；SONY COMPUTER ENTERTAINMENT INC；SONY UK LTD；SONY PICTURES ENTERTAINMENT；SONY EURO LTD
松下	松下电器产业株式会社；松下电工株式会社； （MATU） MATSUSHITA DENKI SANGYO KK； （MATU） MATSUSHITA ELECTRIC IND CO LTD； （MATU） PANASONIC CORP；MATSUSHITA ELECTRIC WORKS LTD；MATSUSHITA DENKI SANGYO KK；PANASONIC CORP；PANASONIC ELECTRIC WORKS CO
IBM	国际商业机器公司；（IBMC） INT BUSINESS MACHINES CORP
三星	北京三星通信技术研究有限公司；三星电子株式会社；三星电机株式会社；三星重工业株式会社 三星 TECHWIN 株式会社 三星数码影像株式会社 三星电子（中国）研发中心 三星半导体（中国）研究开发有限公司 北京三星通信技术研究有限公司 广州三星通信技术研究有限公司 天津三星电子有限公司 天津三星光电子有限公司 天津三星电子显示器有限公司 三星泰科威株式会社 三星航空产业株式会社 SAMSUNG ELECTRONICS CO LTD，SAMSUNG AVIATION IND CO；LTD，SAMSUNG TECHWIN CO LTD，SAMSUNG AEROSPACE IND LTD，SAMSUNG SDS CO LTD，SAMSUNG DENKAN KK，S1 CORP，SAMSUNG HEAVY IND CO LTD，SAMSUNG ELECTRO－MECHANICS CO，SAMSUNG DIGITAL IMAGING CO LTD，SAMSUNG ELETRONICA DA AMAZONIA LTD
摩托罗拉	摩托罗拉公司；摩托罗拉解决方案公司；摩托罗拉移动公司； （MOTI） MOTOROLA INC

续表

约定名称	对应申请人名称及注释
NEC	日本电气株式会社；（NIDE）NEC CORP；NIPPON；（NIAN－N）NIPPON ANTENNA KK；（NIDE）NIPPON ELECTRIC CO；日本安特尼株式会社；NEC LAB AMERICA INC，NEC RES INST，NEC SOFTWARE CHUBU LTD，NEC LAB AMERICA，NEC SOFTWARE KYUSHU LTD
高通	高通；桑德布里奇技术公司；（QCOM）QUALCOMM INC；（SAND－N）SANDBRIDGE TECHNOLOGIES INC；SANDBRIDGE 芯片厂商；夸尔柯姆股份有限公司
诺基亚	诺基亚公司； （OYNO）NOKIA CORP；（OYNO）NOKIA MOBILE PHOneS LTD
佳能	佳能公司；佳能株式会社；CANON KK；CANON INFORMATION SYSTEMS INC；CANON CO LTD；CANON SOFTWARE KK；CANON HANBAI KK；CANON MJ IT GROUP HOLDINGS
得州仪器	TEXAS INSTR INC
苹果	苹果；（APPY）APPLE INC
东芝	株式会社东芝；TOSHIBA KK；TOSHIBA AMERICA INFORMATION SYSTEMS INC；TOSHIBA IYO SYSTEM KK；TOSHIBA MEDICAL；TOSHIBA SOCIOSYSTEMS KK
卡西欧	卡西欧计算机株式会社；卡西欧计算机公司；CASIO COMPUTER CO LTD；CASIO KEISANKI KK；CASIO HITACHI MOBILE COMMUNICATIONS CO；CASIO KEISANKI KK
韩国延世大学	UNIV YONSEI UNIV YONSEI IND ACADEMIC COOP FOUND
飞利浦	皇家飞利浦电子股份有限公司；皇家飞利浦有限公司；KONINK PHILIPS ELECTRONICS NV；PHILIPS ELECTRONICS UK；NXP BV
柯尼卡美能达	KONICA MINOLTA PHOTO IMAGING KK；KONICA CORP；KONICA MINOLTA HOLDINGS INC
三菱	三菱电机株式会社；MITSUBISHI ELECTRIC INFORMATION TECHNOLO；MITSUBISHI DENKI TOBU COMPUTER SYSTEM KK；MITSUBISHI ELECTRIC RES LAB INC；MITSUBISHI DENKI KK
西门子	西门子合作研究公司；西门子公司；SIEMENS IT SOLUTIONS&SERVICES LTD；SIEMENS OESTERR AG；SIEMENS AG；SIEMENS CORP RES INC；SIEMENS MEDICAL SOLUTIONS USA INC；PANASONIC AUTOMOTIVE SYSTEMS CO AMERICA

续表

约定名称	对应申请人名称及注释
日立	株式会社日立制作所；株式会社日立制作所；日立民用电子株式会社；日立信息通讯工程有限公司；HITACHI EURO LTD；BABCOCK - HITACHI KK；HITACHI LTD
富士	富士胶片株式会社；富士施乐株式会社；FUJI PHOTO FILM CO LTD；FUJI XEROX CO LTD；FUJI DENKI DEVICE TECHNOLOGY KK；FUJI ELECTRIC CO LTD；FUJI FILM CORP；FUJI FILM IMAGING KK；FUJI FILM SOFT-WARE KK
丰田	丰田自动车株式会社；TOYOTA IT KAIHATSU CENT KK；TOYOTA JIDOSHA KK；TOYOTA MOTOR ENG&MFG NORTH AMERICA INC
日本电报电话	NIPPON TELEGRAPH & TELEPHONE CORP；NTT DATA TSUSHIN KK；NTT IDO TSUSHINMO KK
LG	LG 电子株式会社；南京 LG 新港显示有限公司；乐金电子（中国）研究开发中心有限公司；LG ELECTRONICS INC；LG DISPLAY CO LTD；LG IND SYSTEMS CO LTD；LG TELECOM LTD；LG ELECTRONIC CHINA RES & DEV CENT CO；LG INNOTEK CO LTD
上海交通大学	上海交通大学；UNIV SHANGHAI COMMUNICATION；UNIV SHANGHAI JIAOTONG；SHANGHAI COMMUNICATION UNIV；SHANGHAI COMMUNI-CATING UNIV
精工爱普生	精工爱普生株式会社；上海精工科技有限公司；SEIKO EPSON CORP；SEI-KO PRECISION KK
欧姆龙	欧姆龙株式会社；日立欧姆龙金融系统有限公司；OMRON CORP；OMRON KK；OMRON TATEISI ELECTRONICS CO；HITACHI OMRON TERMINAL SOLUTIONS KK

附录表 2-1　移动设备虹膜识别重点专利

序号	公开号	申请人	申请日/优先权日	技术分支	同族数量	进入的国家/地区	入选理由
1	WO0031679A1	IRISCAN	1998-11-25	采集模块	12	US，EP，JP，BR，CA，IL，MX，AU，NO，ZA	在移动设备硬件实现虹膜识别最早的专利申请，同族众多
2	JP2001273498A	松下	2000-03-24	多模态，人机交互	4	EP，US，CN	重要申请人，所有同族被引用次数超过100次
3	JP2002259981A	松下	2001-02-28	特征提取算法	8	EP，US，DE，AT，CN，KR	重要申请人、同族众多，在中国专利权维持
4	JP2004030564A	松下	2002-02-05	模块、算法、人机交互	6	EP，US，CN，KR	重要申请人，同族多，在中国专利权维持
5	JP2009205203A	OKI	2008-02-26	模块，算法	无	JP	重要申请人，关于一个产品提出的系列申请
6	KR20130123859A	三星	2012-05-04	模块，人机交互，算法	2	KR，US	重要申请人、可能进入中国
7	WO2013188039A1	AOPTIX	2012-06-15	模块	2	US	重要申请人的PCT系列申请，可能进入中国

附录表2-2　中远距离虹膜识别重要发明专利

序号	公开号/公告号	申请日/优先权日	进入的国家/地区	技术要点/发明点	申请人	所属技术分支	引用频次	法律状态
1	US6714665B1	1995-12-04	EP；US；WO	2个广角摄像机采集场景，定位人眼，1个窄角摄像机响应于广角摄像机提供的位置信息，调整云台反射镜，来获取高分辨率虹膜图像	SARNOFF	远距，非配合	10	
2	US6081607A	1996-07-25	DE；EP；JP；US	赛马识别装置，拍摄眼，身体数据来获得虹膜颗粒（granule），与数据库比对	OKI	远距，非配合		
3	US2002131622A1	2001-03-15	DE；EP；JP；US	传感器测距，摄像机拍虹膜，LED指示向前向后移动，红外光源	LG	中距	47	
4	WO2005008567A1	2003-07-18	KR；WO	广角相机检测运动的人，窄角相机进行对焦和虹膜采集	延世大学	远距，非配合	13	
5	US2006098097A1	2005-09-13	WO；US	波前编码系统在透镜后面，处理前首先进行相位修正，手机可以前后移动仍准确识别	OMNIVISION CDM OPTICS INC	中距	12	
6	US2007036397A1	2005-01-26	US	利用瞳孔边界分割虹膜图像	霍尼韦尔	远距	24	
7	US2006274918A1	2005-06-03	US；WO	远距离识别需要考虑的具体参数的限定	SARNOFF	远距	11	
8	WO2013109295A2	2011-04-06	EP；KR；WO	图像采集单元，镜子反射人眼图像，用于判断虹膜采集是否可靠	EYELOCK，HANNA KEITH 等	中距	5	
9	US2013188083A1	2011-08-08	US	照明单元改进以过滤出清晰识别人眼特征的环境光，摄像机拍摄，控制单元	新加坡XID技术公司，BRAITHWAITE MICHAEL 等	远距，非配合	52	

附录表 2-3 OKI 的重要专利

序号	公开号	优先权日	进入的国家/地区	技术要点/发明点	申请人	所属技术分支	引用频次	法律状态
1	JPH09161135A	1995-12-13	JP	ATM 机，通过配备摄像头采集顾客的虹膜信息，完成和 ID 卡中存储的虹膜信息的匹配认证	OKI	电子商务	4	
2	JPH09134430A	1996-11-08	JP；KR；CN；WO	个人电脑，通过配备摄像头采集虹膜信息，完成电子交易中的虹膜信息的匹配认证	OKI	电子商务	19	
3	JPH11213047A	1998-01-29	JP	远程电子交易中采用虹膜验证使用者的身份	OKI	电子商务	12	
4	JPH09198531A	1996-01-17	JP	将虹膜识别应用于通关检查	OKI	门禁、通道控制	4	
5	JPH1188516A	1997-09-05	JP	将虹膜识别应用于楼宇的门禁对讲机，依据虹膜识别结果进行语音交互	OKI	门禁、通道控制	2	
6	JP2002153444A	2000-11-21	JP	用户站立在传送带上，将采集摄像头和用户同步传送，完成移动中的虹膜采集和识别	OKI	门禁、通道控制	14	
7	JPH10222469A	1999-01-31	JP	虹膜信息和个人电脑设备的 id 关联存储，保证用户在线信息的安全	OKI	信息安全	4	
8	JP2006113820A	2004-10-14	JP；WO	移动终端的虹膜识别，对捕获的图片进行多角度旋转储存	OKI	信息安全	11	
9	JPH1040375A	1996-07-25	JP；DE；EP；US；EP	马的虹膜数据的采集，并将其身体数据和虹膜关联存储	OKI	动物虹膜识别	41	

附录表2-4　LG和IRIS ID的重要专利

序号	公开号	优先权日	进入的国家/地区	技术要点/发明点	申请人	所属技术分支	引用频次	法律状态
1	KR20000050494A	1999-01-11	KR；US	虹膜采集装置对单眼虹膜进行采集，采用距离传感器检测用户和采集装置之间的距离，采用多个光源进行照明，并且采用冷光镜对可见光进行反射，使近红外光透过以被相机接受，从而获得虹膜图像	LG	其他	53	
2	KR20000061065A	1996-03-23	KR；JP；US	虹膜采集装置在不同位置上设置多个照明光源进行照明，分析在不同光源照明情况下获得的图片的反光点的位置，据此来判断所识别的对象是否为真实的人眼	LG	其他	35	
3	KR20020038162A	2000-11-16	KR	同时采集双眼的虹膜图像并用于虹膜匹配，双眼虹膜图像的同时采集和使用缩短了匹配时间，并且降低了误识率	LG	其他	2	
4	KR20020038163A	2000-11-16	KR；JP；US	在镜头和感光原件之前的光路上，倾斜设置一个角度可以微调的反光镜，使感光元件上成像的双眼之间的距离缩短	LG	其他	15	
5	KR20020086977A	2001-03-15	KR；EP；US；JP；DE	采用在连续的时间间隔内测量用户和相机之间的距离，并输出距离信息，根据处理后的结果在用户不动时调整相机对焦并捕获用户的图像	LG	其他	37	
6	KR20020073654A	2001-03-15	KR；EP；US；JP	在测量用户和相机之间的距离的同时，采用多个指示灯提示用户与相机之间的远近，以及用户和相机之间的对焦角度	LG	其他	45	

续表

序号	公开号	优先权日	进入的国家/地区	技术要点/发明点	申请人	所属技术分支	引用频次	法律状态
7	KR20030056781A	2001-12-28	KR；EP；US；JP；DE；CN	在登记过程中依次打开多个光源，生成与光源对应的虹膜代码分别存储，分类存储匹配	LG	其他	21	
8	KR20030070184A	2002-02-21	KR；EP；US；JP；DE；CN	虹膜识别系统中的眼睛位置显示器，解决以往显示器的“强眼现象的问题”	LG	其他	21	
9	KR20040062247A	2003-01-02	KR；US；CN	照相机的硬件改进，使用了一个用于支撑镜头的驱动筒，并包括用于移动驱动筒进行聚焦和变焦的移动单元，以及用于检测驱动筒位置的位置传感器	LG	其他	14	
10	KR20040029811A	2002-10-02	KR	采用两个相机，实现非配合虹膜图像采集	LG	其他	1	
11	KR20050077847A KR20050077565A KR20050078389A	2004-01-28	KR	采用两种波长的光源同时照明并捕获，采用滤波器将采集的虹膜图像依照波长分离成两个图像，进行虹膜特征的提取	LG	其他	3	
12	KR20070115198A	2006-06-01	KR；WO	用于反射眼部的镜面，和设置在镜面周围的环状光带对用户的位置进行提示	LG	其他	1	
13	KR20090106790A	2008-04-07	KR	左眼和右眼分别采用并列的两个窄角图像传感器在两个光源的照射下捕获眼睛的图片，分别距离计算单元，根据捕获的眼睛的图片计算眼睛到相机的距离，整体使用一个菲涅尔聚焦镜头	IRIS ID	其他	1	

附录表 2－5　重要发明人蔡将秦的专利

公开号	申请日	同族专利	技术手段	技术功效	重要附图
KR20000050494	1999－01－11	KR100320465B US6594377 B1	虹膜图像采集装置可沿着铰链上下旋转，以快速精确的控制在人眼位置	快速、精确获取虹膜图像，小型化、低费用	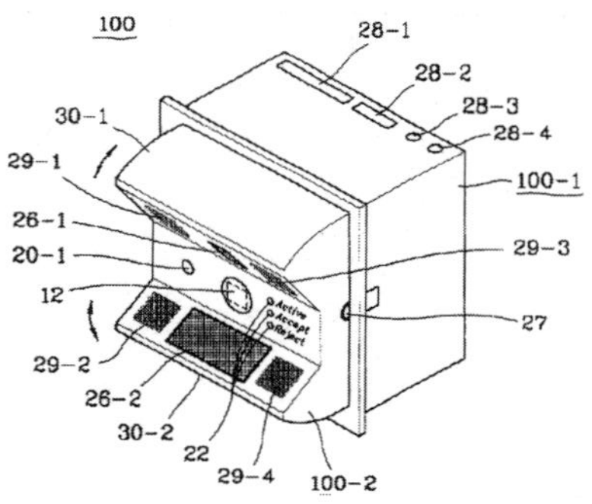
KR20010054571	1999－12－07	KR100619680B1	运动模糊虹膜图像的纠正方法，首先获取来自摄像机的虹膜图像，然后重构虹膜图像进行奇偶域重构；接着重构虹膜中心坐标得到中心位置，最后对修正后的图像进行辨识处理	图像质量评价，提高系统了辨识率	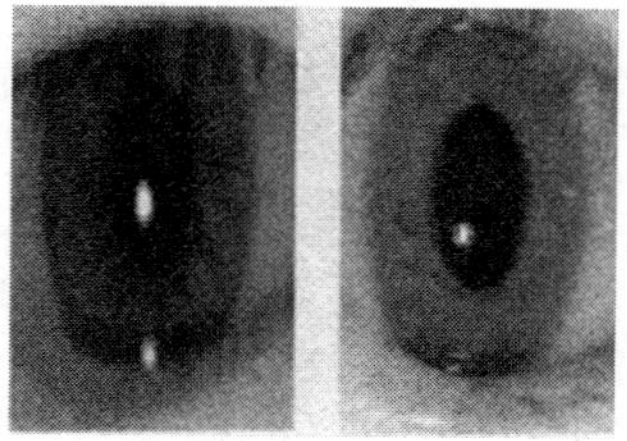
KR20010055014	2001－07－02		虹膜图像采集装置的光源，使用了红外模块的具有不同波长属性的 LED 芯片	提高了虹膜识别系统的识别性能（易用性）	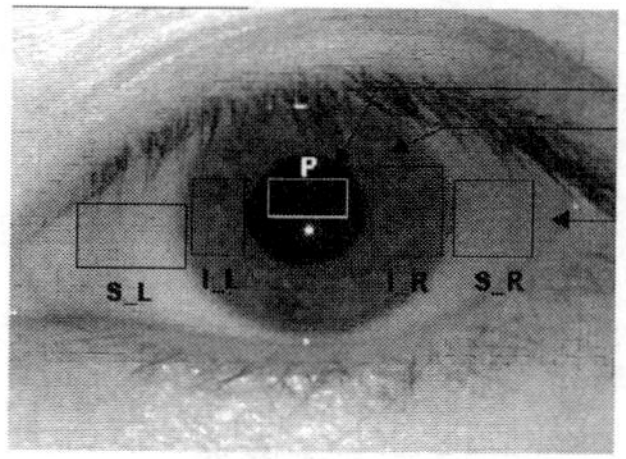

续表

公开号	申请日	同族专利	技术手段	技术功效	重要附图
KR20020073653	2002－03－15	EP1241614A2 US2002131622A1 JP2002352235A KR20020086977A KR100434370B KR100443674B EP1241614B1 DE60209050E DE60209050T2 US7095901B2	提供了一种虹膜识别系统调节焦距的装置，用于参加视频会议的使用者的身份识别，增加了一个距离传感器	提高了系统的准确性，实时性	
KR20020038162	2000－01－16		同时使用双眼虹膜图像进行识别，以减少比对和搜索的时间，简化了摄像头获取图像，通过比较双眼虹膜图像减少了错误的发生（与产品相关的重要专利）	通过采集方法提高了系统的辨识率	
KR20040066630	2003－01－20	KR100551775B	基于实际的人体虹膜几何特性实时区别假体虹膜，获得瞳孔和虹膜图像的亮度差值，即使瞳孔和虹膜的亮度差不大的情况	提高系统安全性的活体检测方法	

续表

公开号	申请日	同族专利	技术手段	技术功效	重要附图
KR100001338B1	2010－07－27	WO2011025150A2 WO2011025150A3 US2012148116A1	允许用户能够精确定位自己的虹膜区域，使得摄像头能够获得高分辨率的虹膜图像。位于身份识别装置操作区域内的识别使用者的眼球可以精确定位，解决视差问题	通过采集设备提高系统的识别效果	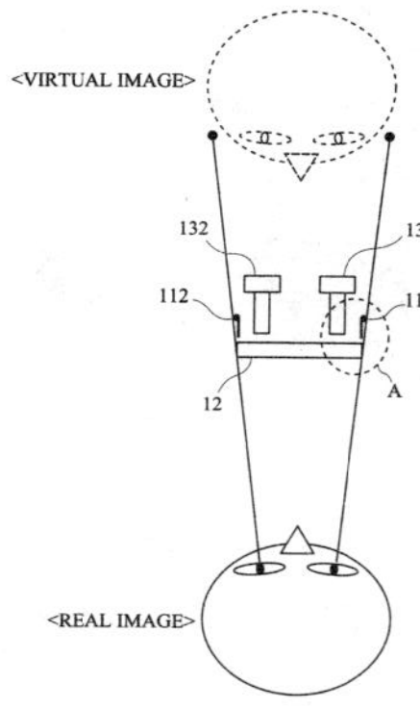
KR120026506B1	2011－11－30	WO2013081349A1	用于虹膜识别系统的部分 CCD 减少，提高了使用效率，CCD 中形成的虹膜图像的尺寸增加，因此分辨率提高	通过采集设备提高图像的分辨率	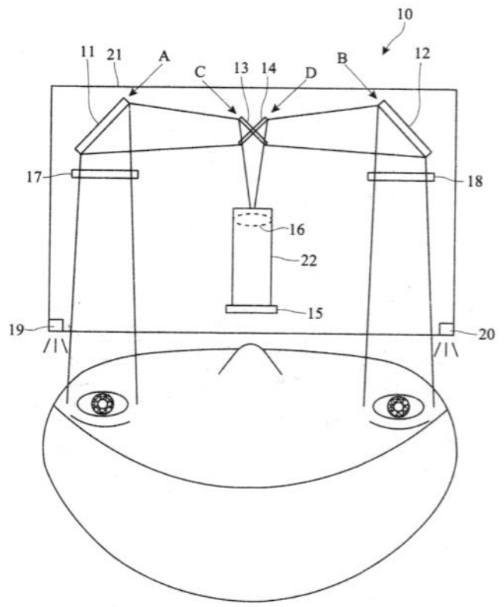

附录表 2-6 重要发明人金大训的（KIM DAE HOON）专利

公开号	申请日	同族号	技术手段	技术功效	重要附图
KR20010094668	2001-11-01		通过网络进行虹膜识别的系统和方法，包括第一订购终端单元通过网络控制输入的输入和输出，虹膜图像采集单元（23）、选择条件输入单元（22）、服务器（30）包括inte-net匹配单元，虹膜识别处理单元和参考图像数据库	系统集成	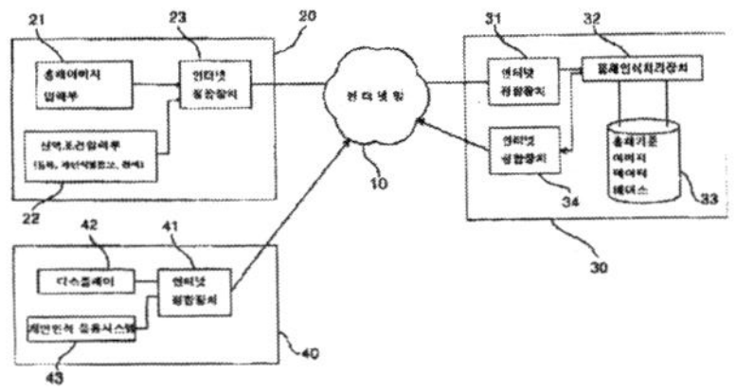
KR20050041465A	2003-10-31		采用移动嵌入式摄像头的虹膜识别系统，采用了一个具有摄像头（10）的移动设备，用于存储和拍摄虹膜图像，通信部（20）通过包括一个具有输入/输出语音信号的语音部（24）将虹膜信息和电话信息与外部通信；本系统采用具有嵌入摄像头的移动通信设备进行虹膜识别，提高虹膜识别的精确性		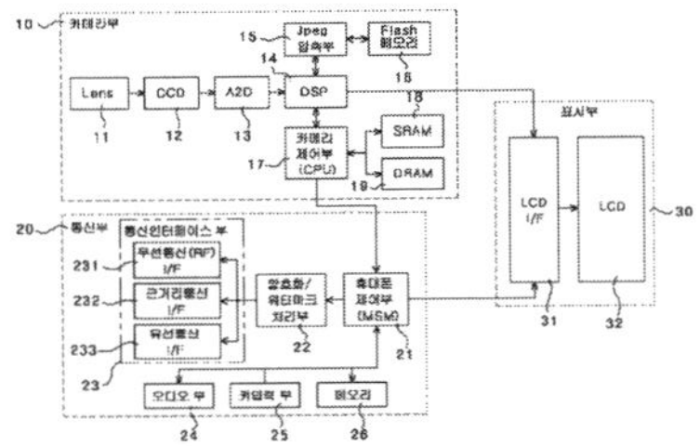

续表

公开号	申请日	同族号	技术手段	技术功效	重要附图
KR20060056805A	2005－09－13	WO2006054827A1 KR100629550BB1 EP1820141A1 AU2005307289A1 CN101073090A AU2005307289A2 JP2008521122 US2009169064A1 CN100552696C IN238546B AU2005307289B2 US8009876B2 CA2588275C	用于虹膜识别的多级可变域分解方法和系统，提供了一种虹膜识别方法和系统，基于虹膜区的内边界和外边界的实际形状，用一般曲线近似内边界和外边界，来确定虹膜区的内边界和外边界，将内边界和外边界之间的区域的部分或全部划分成一个或多个单位扇区，生成与各个扇区对应的虹膜代码；以这样的方式来执行虹膜代码识别的步骤，即，测量生成的代码与存储在数据库中的现存的代码之间的距离，确定距离中的每个是否落入阈值的范围内	特征提取（利用一般的曲线作为边界曲线，以减少误差并提高识别率）	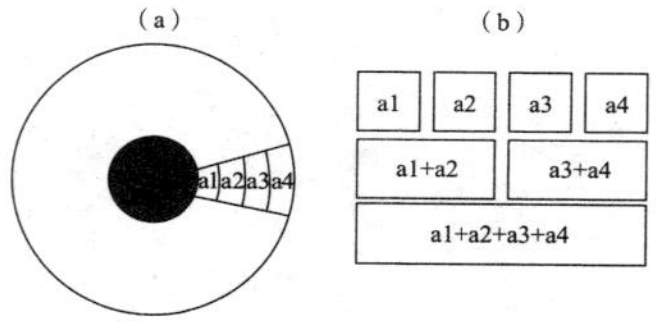
KR20060081380A	2006－01－07	WO2007081122A1 KR100729280B US2008292144A1 CN101366047A JP2009522683A CN101366047B US8085994B2	一种具有立体照相机的移动设备的虹膜识别系统和方法，本发明使用具有立体照相机的移动设备来向用户发送消息，从而很方便地获得虹膜图像。并且，由于能够获得校正后的虹膜图像，因此本发明能够以高识别率进行脸部识别和/或虹膜识别。因此，可以使用较小的移动设备来进行具有高识别率的脸部识别和/或虹膜识别，而不需使用具有自动变焦和自动聚焦功能的昂贵的大尺寸照相机	通过采集设备，提高识别效果	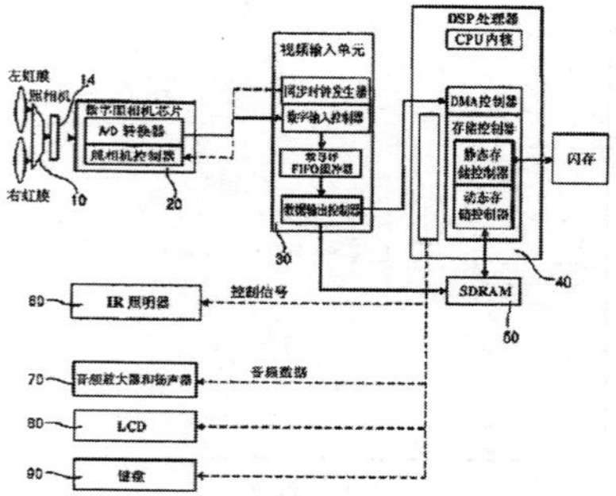

续表

公开号	申请日	同族号	技术手段	技术功效	重要附图
KR20100039526A	2009-10-06	WO2010041861A2 WO2010041861A3 KR100030613BB1 US2011194738A1 CN102209975A US8433105B2	从眼睛图像获取关注区域和/或认知信息的方法，其通过基于与其它眼睛图像的相似度获得关于眼睛图像的关注区域的几何信息并在虹膜识别装置中的预处理过程中使用该几何信息，来增加虹膜识别率	采用特征提取算法提高识别效果	
KR20120103971A	2011-03-24	WO2012124848A1 KR120032553BB1	阻止图像倒置的虹膜采集装置，该虹膜采集装置具有一个与摄像头（11）相连的罩部分（16），屏幕部件处于摄像头内部，摄像头可以在虹膜顶部或底部方向转动，摄像头与指示器相连，还有重力传感器、接近传感器用于产生摄像头方向改变的传感信号，传感器通过微电机控制（对应一款产品 Ir-imagicSeries）	提高识别效果	
KR20130107834A	2012-04-16	WO2013141435A1	虹膜识别系统中的认证摄像机，包括只有内置摄像头的腔室，地磁传感器、重力传感器等。摄像头在单一模式下可以捕获左眼或右眼虹膜图像，利用转动传感器、开关来捕获使用者的脸部特征曲线，因此可以避免虹膜图像的失调	提高识别效果	

附录表2-7 重要发明人 John Daugman 的专利

公开号	申请日	同族专利	技术手段	重要附图
US5291560A	1991-07-15	EP0664037B WO9409446A1 CA2145659C DE6923231D1 DK92921735T AU2808092A HK98114161A AU527798A ES2168261T	采用 Gabor 小波滤波的方法编码虹膜的相位特征，利用归一化的 Hamming 距离实现特征匹配。依据为 Gabor 小波具有与人类简单视觉细胞相似的视觉特性，能够很好地分析现实世界中的各种模式，识别方法的优点是准确度和稳定度都较高，是一套完整的虹膜识别核心算法并成功开发出一个高性能的虹膜识别原型系统，目前大部分商用产品都是基于这个系统进行开发，包括具体步骤：（1）获取图像；（2）定义多个虹膜边界；（3）建立坐标系；（4）定义分析带；（5）分析图像数据；（6）提供辨识代码；（7）通过计算 hamming 距离比较代码；（8）辨识或拒绝目标并提供决策可信度。其采用的是圆模板匹配方法；前期的虹膜定位需要的时间较长	ACQUIRE IMAGE 10 DEFINE PUPILLARY IRIS BOUNDARY 12 DEFINE LIMBIC IRIS BOUNDARY 14 ESTABLISH COORDINATE SYSTEM 16 DEFINE ANALYSIS BANDS 18 ANALYZE IMAGE DATA 20 STORE REFERENCE CODE 22 PRESENT IDENTIFICATION CODE 24 COMPARE CODES TO COMPUTE HAMMING DISTANCES 26 IDENTIFY OR REJECT SUBJECT 28 CALCULATE DECISION CONFIDENCE LEVEL 30
US6753919B1	1999-11-24	AU1745000A DE69942619D1 CA2372124C EP1171996B1 WO0033569A1	一种虹膜图像的快速聚焦评估系统和方法，包括一种手持式的虹膜图像采集仪，与 PC 或笔记本相匹配的单独被选择的视频帧以较低的数据速率传输，提高了手持式虹膜采集仪的灵活性和多功能性，可自动调节光学图像的焦距。通过传统的核变换方法进行卷积，确定谱能量信息，然后基于确定的普能量，用焦距的 score 来表示图像焦点	140 150 120 110 125 130 115 109 107 105 100

续表

公开号	申请日	同族专利	技术手段	重要附图
US2004193893A1	2001-05-18	EP1402681A2 WO02095657A2 US2006235729A1 JP2004537103A AU2002339767A1 CA244758A KR20040000477A AU2002339767A1	提供了一种利用生物数据进行身份认证的方法，首先（1）对预先的生物特征模板进行变换；其次对变换后的模板进行存储，将获取的模板（BT）和存储的模板（TF）进行比较	IRIS IMAGER 702 PROCESSOR 704 DATA STORAGE 706

图 索 引

关键技术一 指纹识别

关键技术二　面部识别

关键技术三　虹膜识别

关键技术四 语音识别

表 索 引

引 言

关键技术一 指纹识别

关键技术二 面部识别

关键技术三 虹膜识别

关键技术四 语音识别

附 录

书　号	书　名	产业领域	定价	条　码
9787513006910	产业专利分析报告（第 1 册）	薄膜太阳能电池 等离子体刻蚀机 生物芯片	50	9 787513 006910 >
9787513007306	产业专利分析报告（第 2 册）	基因工程多肽药物 环保农业	36	9 787513 007306 >
9787513010795	产业专利分析报告（第 3 册）	切削加工刀具 煤矿机械 燃煤锅炉燃烧设备	88	9 787513 010795 >
9787513010788	产业专利分析报告（第 4 册）	有机发光二极管 光通信网络 通信用光器件	82	9 787513 010788 >
9787513010771	产业专利分析报告（第 5 册）	智能手机 立体影像	42	9 787513 010771 >
9787513010764	产业专利分析报告（第 6 册）	乳制品生物医用 天然多糖	42	9 787513 010764 >
9787513017855	产业专利分析报告（第 7 册）	农业机械	66	9 787513 017855 >
9787513017862	产业专利分析报告（第 8 册）	液体灌装机械	46	9 787513 017862 >
9787513017879	产业专利分析报告（第 9 册）	汽车碰撞安全	46	9 787513 017879 >
9787513017886	产业专利分析报告（第 10 册）	功率半导体器件	46	9 787513 017886 >
9787513017893	产业专利分析报告（第 11 册）	短距离无线通信	54	9 787513 017893 >
9787513017909	产业专利分析报告（第 12 册）	液晶显示	64	9 787513 017909 >
9787513017916	产业专利分析报告（第 13 册）	智能电视	56	9 787513 017916 >
9787513017923	产业专利分析报告（第 14 册）	高性能纤维	60	9 787513 017923 >
9787513017930	产业专利分析报告（第 15 册）	高性能橡胶	46	9 787513 017930 >
9787513017947	产业专利分析报告（第 16 册）	食用油脂	54	9 787513 017947 >
9787513026314	产业专利分析报告（第 17 册）	燃气轮机	80	9 787513 026314 >
9787513026321	产业专利分析报告（第 18 册）	增材制造	54	9 787513 026321 >

书　号	书　名	产业领域	定价	条　码
9787513026338	产业专利分析报告（第 19 册）	工业机器人	98	9 787513 026338
9787513026345	产业专利分析报告（第 20 册）	卫星导航终端	110	9 787513 026345
9787513026352	产业专利分析报告（第 21 册）	LED 照明	88	9 787513 026352
9787513026369	产业专利分析报告（第 22 册）	浏览器	64	9 787513 026369
9787513026376	产业专利分析报告（第 23 册）	电池	60	9 787513 026376
9787513026383	产业专利分析报告（第 24 册）	物联网	70	9 787513 026383
9787513026390	产业专利分析报告（第 25 册）	特种光学与电学玻璃	64	9 787513 026390
9787513026406	产业专利分析报告（第 26 册）	氟化工	84	9 787513 026406
9787513026413	产业专利分析报告（第 27 册）	通用名化学药	70	9 787513 026413
9787513026420	产业专利分析报告（第 28 册）	抗体药物	66	9 787513 026420
9787513033411	产业专利分析报告（第 29 册）	绿色建筑材料	120	9 787513 033411
9787513033428	产业专利分析报告（第 30 册）	清洁油品	110	9 787513 033428
9787513033435	产业专利分析报告（第 31 册）	移动互联网	176	9 787513 033435
9787513033442	产业专利分析报告（第 32 册）	新型显示	140	9 787513 033442
9787513033459	产业专利分析报告（第 33 册）	智能识别	186	9 787513 033459
9787513033466	产业专利分析报告（第 34 册）	高端存储	110	9 787513 033466
9787513033473	产业专利分析报告（第 35 册）	关键基础零部件	168	9 787513 033473
9787513033480	产业专利分析报告（第 36 册）	抗肿瘤药物	170	9 787513 033480
9787513033497	产业专利分析报告（第 37 册）	高性能膜材料	98	9 787513 033497
9787513033503	产业专利分析报告（第 38 册）	新能源汽车	158	9 787513 033503